本书由大连市人民政府资助出版

本书由中触媒新材料股份有限公司资助出版

催化与材料化学研究生教学丛书

# 现代催化研究方法新编

## （上册）

辛　勤　罗孟飞　徐　杰　主编

科　学　出　版　社

北　京

# 内 容 简 介

本书在《现代催化研究方法》一书的基础上，根据催化与材料科学技术迅速发展的现状，及时充实新内容、扩大新领域，以"新编版"呈现。本书更注重新技术、新原理的引入和与生产实践相关联的实用性，并增加了能源科技等相关新领域的介绍。全书共分上、下两册。上册包括：物理吸附和催化剂的宏观物性测定、透射电子显微镜、热分析方法、多晶 X 射线衍射分析、化学吸附和程序升温技术、催化过程的拉曼光谱方法、原位红外光谱方法；下册包括：核磁共振方法、表面分析技术基础、多相催化反应动力学、电化学催化研究方法、扫描探针显微镜与纳米光谱技术。

本书可作为催化和材料专业硕士、博士研究生教材，也可作为相关专业科研技术人员的参考书。

**图书在版编目（CIP）数据**

现代催化研究方法新编：全 2 册／辛勤，罗孟飞，徐杰主编. —北京：科学出版社，2018.7

（催化与材料化学研究生教学丛书）

ISBN 978-7-03-058051-1

Ⅰ．①现… Ⅱ．①辛… ②罗… ③徐… Ⅲ．①催化–研究方法 Ⅳ．①O643-3

中国版本图书馆 CIP 数据核字（2018）第 132781 号

责任编辑：李明楠 李丽娇
责任印制：赵 博／封面设计：铭轩堂

科学出版社 出版
北京东黄城根北街 16 号
邮政编码：100717
http://www.sciencep.com

三河市骏杰印刷有限公司印刷
科学出版社发行 各地新华书店经销

\*

2018 年 7 月第 一 版 开本：B5（720×1000）
2025 年 1 月第六次印刷 印张：63 5/8
字数：1280 000

**定价：238.00 元（上、下册）**
（如有印装质量问题，我社负责调换）

# 催化与材料化学研究生教学丛书

## 总策划：辛 勤 徐 杰

**《现代催化化学》**
辛 勤 徐 杰 主编

**《固体催化剂研究方法》**
辛 勤 主编

**《现代催化研究方法新编（上、下册）》**
辛 勤 罗孟飞 徐 杰 主编

**《催化反应工程（上、下册）》**
阎子峰 陈诵英 徐 杰 辛 勤 主编

**《催化史料》**
辛 勤 徐 杰 主编

**《中国催化名家（上、下册）》**
辛 勤 徐 杰 主编

# 丛 书 序

受科学出版社之邀，组织编写一套催化和材料领域研究生教学丛书。与一些同仁讨论、考虑再三，这套研究生教学丛书的定位和作用为何？大家一致认为：应当是在催化和材料领域起"路线图"、"地图"、"标志性建筑"的基本入门知识的作用，强调基础，不求最新。在此基础上启发学生学会利用概念去判断、推理及运用综合分析方法去解决问题，进而培养及提高其科学思维和创新能力。基于此，规划设计了如下教材。

《现代催化化学》，简略给出有关催化的几乎全部主要内容，以期对催化有一大概了解，如催化研究的主要命题、当前科研瓶颈及工业化状况（2016年出版）。

《固体催化剂研究方法》，介绍近20种用于催化和材料方面研究入门的物理化学方法，强调这些方法是如何用于催化和材料研究的（2004年初版，2016年第三次印刷）。

《现代催化研究方法新编（上、下册）》，给出催化和材料领域的科研人员必须掌握的基本方法手段，在第一版基础上充实、更新部分内容（2018年出版）。

《催化反应工程（上、下册）》，给出从实验室研究成果到工业化应用所必需的基础知识，它包含"三传一反"、反应分离等，并通过范例加以说明。这方面内容弥补了目前研究生教育的短板（2017年出版）。

《催化史料》和《中国催化名家（上、下册）》，其设计背景为，化学工业占人类社会 GDP 的 15%～20%，而化学工业 80%产值都是由催化剂和催化过程产生。近百年来中国的催化工业从无到有、从小到大，尤其是改革开放至今中国已发展成 GDP 第二的世界大国，也成长为世界催化大国（当然，要成为催化强国还有很长的路要走）。如此辉煌的业绩同几代催化人的奋发努力分不开，作为后人有必要了解这段历史和有选择地传承。应中国化学会的邀请，我们收集、撰写了 1932～1982 年（吴学周主编，张大煜、蔡启瑞、闵恩泽等撰写）、1982～2012 年（辛勤、林励吾撰写）逾八十年的中国催化发展史，为便于比较，我们还整理了这一历史时期的世界催化发展史，以及法国、日本、俄罗斯（含苏联）等国的催化发展史等。与此同时，我们还用逾十年的时间汇集、收集、撰写了百余位催化名家介绍。在做这些介绍时尽可能做到表达准确、客观、全面，不做评议、修改，允许有歧义，只想将这些"砖头"、"瓦块"收集起来留做他人后用（2017 年出版）。

　　上述是我们关于这套丛书的基本想法，能否实现，待观后效！由于知识面和水平受限必有不到之处，敬请斧正！

辛　勤

2016 年 8 月于大连

# 序

近年来，我国经济实力大增，催化与材料化学研究领域引进了大批高精尖精密仪器设备，但总的来说使用水平不高、利用效率低，极大地影响了人们创新能力的提高和由催化大国向催化强国的发展。2009 年科学出版社出版的《现代催化研究方法》一书给以上研究领域的研究生提供了练就广博和扎实的专业基础本领的好途径，对研究生基础知识的夯实起到了很好的作用，广受好评，已经成为催化及相关领域研究生的主要教材、参考书。

根据目前催化科学和技术的迅速发展状况，该书所涉及的学术知识需要及时充实新内容、扩大新领域。国内各高等院校、企事业研究单位、科研院所从事催化、材料相关研究的队伍相当庞大，对新知识的需求是大量的、多方面的。尽快普及和提高这方面的专业知识有广阔的前景和重要意义；更为了与时俱进，跟上现代科学技术发展的步伐。

在从全国选出的造诣精深的知名教授主讲的七届"现代催化研究方法（高级）讲习班"的讲义基础上，我们对 2009 年出版的《现代催化研究方法》一书进行了如下改造：充实、更新、添加新内容。我们更注重新技术、新原理的引入和与生产实践相关联的实用性，充实更新了内容、更换了部分作者和内容，并考虑到新能源的研究进展，增加了对相关新领域的介绍，作为"新编版"拟于 2018 年下半年出版。希望广大读者喜欢。

感谢大连市人民政府对本书出版的资助！

感谢中触媒新材料股份有限公司对本书出版的资助！

辛　勤　徐　杰

2018 年 6 月

# 《现代催化研究方法》前言

现代化学工业、石油加工工业、能源、制药工业以及环境保护等领域广泛使用催化剂。在化学工业生产中，催化过程占全部化学过程的80%以上。因此，催化科学技术对国家的经济、环境和公众健康起着关键作用。当前，人们对生活质量和环境问题日益重视，而许多现代的低成本且节能的环境友好技术都同催化技术相关，因此，我国已经把催化技术作为国家关键技术之一，这给催化科学和技术的发展提供了更加广阔的前景。

到目前为止，人们认识到的催化剂是一种物质，它通过基元反应步骤的不间断重复循环，将反应物转变为产物，在循环的最终步骤，催化剂再生为其原始状态。更简单地说，"催化剂是一种加速化学反应而在其过程中自身不被消耗的物质"。许多种类的物质都可用来做催化剂，如金属、金属氧化物、硫化物、有机金属络合物及酶等。催化技术已成为调控化学反应速率与方向的核心科学。

催化本身是一门复杂的跨学科的科学。目前，人们已经拥有很多研究和表征催化剂的方法，有的给出宏观层次信息，有的给出微观层次信息。人们还在不断地探索将物理-化学新效应、新现象用于催化剂和催化过程的研究和表征，力求更精确地测定活性位的结构、数量，并向原子-分子层次发展，力求从时间-空间两个方面提高对催化剂表面所发生过程的分辨能力。

为使广大科技工作者较全面、系统地了解催化表征技术的应用和发展，早在1978年和1980年由当时的化工部科技司在上海、南京先后主办了应用光谱技术学习班并出版了《应用光谱技术》一书。《石油化工》杂志自1980年第9卷第4期至1982年第11卷第2期连续刊载了"催化剂研究方法"讲座，并在此基础上于1988年由化学工业出版社出版了《多相催化剂研究方法》一书。由于近代物理技术的发展对催化研究的影响愈来愈大，这些方法的应用使催化研究建立在更直接的实验基础上，从而使催化研究进入到分子水平。考虑到表面科学取得的进展，《石油化工》杂志1990年第19卷第10期至1992年第21卷第4期又连续刊载了"近代物理技术在多相催化研究中的应用"讲座。1994年在大连举办了催化研究中的原位表征技术讨论班，并由北京大学出版社出版了《催化研究中的原位技术》一书。这些讲座和专著出版后受到了国内广大从事催化研究的科技工作者的欢迎和好评。十年过去了，催化科学技术获得了长足的发展。在这一新形势下，我们再次组织了"固体催化剂的研究方法"讲座（《石油化工》杂志1999年第28卷第

12 期至 2002 年第 31 卷第 9 期）。当时，从内容上界定于"固体催化剂"主要是考虑均相和多相催化在研究方法上有许多差异，不易兼容；且目前工业上大宗应用的催化剂都是固体催化剂。在内容的安排上，以催化剂的宏观物性测试：机械性质、形貌、物相（物理吸附、X 射线衍射、电子显微镜、热分析等）；活性相的表征：各种分子探针的谱学方法（化学吸附、色谱、分子光谱、磁共振、能谱、EXAFS/XANES 等）；催化动力学研究：各种动力学研究方法三大部分为主体。2004 年由科学出版社出版了《固体催化剂研究方法》一书。它已成为较全面的教学参考书。

近年来纳米科学与技术的发展和分子光谱、超高分辨电镜等理论和技术的进步使我们能对真实工业催化剂直接进行研究，为催化从技术走向科学提供了非常坚实的基础。又由于国内业界的重视和投入的巨大，增置了大量催化剂研究和表征的仪器设备，为了使其充分发挥作用，2007 年在大连举办了"催化剂表征技术高级学习班"。它使我们认识到：工欲善其事，必先利其器；利器已在手，善事犹难为。要想将这些手段、方法用得好、用的得体，必须做到：原理须清晰，目标当准确；理论助技艺，仪器显威力。根据广大业界同仁和科学出版社的意愿，决定编写以研究生为主要对象的教学用书。本书拟作为材料、催化等领域的硕士、博士研究生的必修课教材，希望能够达到预期的效果。

辛　勤　罗孟飞

2008 年 10 月于中国科学院大连化学物理研究所

# 目　　录

# 第1章

## 物理吸附和催化剂的宏观物性测定

田志坚

多相催化研究的一个根本问题就是固体催化剂的催化性能与它的物理和化学性质的关联。催化剂的物理性质主要包括其表面积、孔尺寸、孔隙率和机械性质等。

互不相溶的两相接触所形成的过渡区域称为界面（interface），有气体参与形成的界面通常称为表面（surface）。多相催化反应发生在固体催化剂的表面，为了获得给定体积最大的反应活性，绝大多数催化剂被制成多孔的，以增大其表面积。然而催化剂内的多孔结构不但会引起扩散阻碍，影响催化剂的活性和选择性，而且还会影响催化剂的机械性质和寿命。

固体内部的裂隙（aperture）及深度大于宽度的空腔（cavity）和通道（channel）均视为孔。含孔的固体称为多孔固体（porous solid）。用孔宽（pore width），如圆柱形孔的孔直径或者裂隙孔的壁间距，定量评价孔尺寸（pore size）。国际纯粹化学和应用化学联合会（IUPAC）推荐将孔按孔尺寸分类如下：大孔（macropore）孔宽大于 50 nm；中孔（mesopore），或称介孔，孔宽为 2～50 nm；微孔（micropore）孔宽小于 2 nm，但还须能被分子渗入。微孔还可被划分为极微孔（ultramicropore，＜0.7 nm）和超微孔（supermicropore，0.7～2 nm）。常说的"纳米孔"（nanopore）指孔宽小于 100 nm 的孔。孔内空间的大小用孔容（pore volume，也称孔体积）定量评价。

多孔固体的表面可分为外表面（external surface）和内表面（internal surface）。通常情况下，外表面是指孔外的表面，内表面指孔内的孔壁表面；但对于含有微孔的多孔固体，习惯上外表面指微孔以外的表面。表面的大小用表面积（surface area）定量评价。

固体催化剂有效的孔和表面必须能被气相或液相反应物分子所触及，孔尺寸、孔容和孔尺寸分布（pore size distribution，PSD）等孔形态（pore morphology）参数和表面积是表征其性能的重要参数，它们都可以通过物理吸附来测量[1-4]。

## 1.1　吸附与物理吸附

吸附作用发生在两相界面上，多相催化研究最关心的是固气表面的吸附。

### 1.1.1　固气表面上的吸附

#### 1. 吸附现象及有关的概念

当一定量的气体或蒸气与洁净的固体接触时，一部分气体将被固体捕获，若气体体积恒定，则压力下降，若压力恒定，则气体体积减小。从气相中消失的气体分子或进入固体内部，或附着于固体表面，前者称为吸收（absorption），后者称为吸附（adsorption）。吸附和吸收统称为吸着（sorption）。多孔固体因毛细凝聚（capillary condensation）而引起的吸着作用也视为吸附作用[5]。

能有效地从气相吸附某些组分的固体物质称为吸附剂（adsorbent）。在气相中可被吸附的物质称为吸附物（adsorptive），已被吸附的物质称为吸附质（adsorbate）。有时吸附质和吸附物可能是不同的物种，如发生解离化学吸附时。

吸附的词义既可以表示吸附质分子吸着在表面这一现象或状态，也可以表示吸附物分子从气相被吸着至表面，表面吸附量增加的过程。而脱附（desorption）的词义只表示吸附过程的逆过程，即表面吸附量减少，吸附质分子离逸表面，重新进入气相的过程。

### 2. 固体表面

固体表面的吸附特性取决于其表面和吸附质的特性及其相互作用，首先是固体的表面特性。

一方面，固体具有刚性和抵抗应力性，其表面原子活动性极小，这决定了其表面几乎不可能处于平衡和等势能状态。因此，固体的表面性质取决于它的形成条件和储存状态，即其具有强烈的"历史"依赖性。因此，研究固体表面的吸附行为，一定要先了解表面的"历史"（处理条件、表面反应和潜在的污染等），并与实际的实验结果一并分析。

另一方面，一个新生成的、洁净的固体表面通常具有非常高的表面自由能。固体无法通过表面塑性流动减小其总界面来降低表面自由能，因而固体表面趋于吸附气体、改变其表面原子的受力不平衡、降低表面自由能。固体表面势能的不均匀性决定了吸附不是一个均匀的过程[6]。

### 3. 物理吸附和化学吸附

固气表面上存在物理吸附（physisorption）和化学吸附（chemisorption）两类吸附现象。二者之间的本质区别是气体分子与固体表面之间作用力的性质[5]。

物理吸附是由范德华力（van der Waals force），包括偶极-偶极相互作用（Keesome force）、偶极-诱导偶极相互作用（Debye force）和色散相互作用（London force）等物理力引起，它的性质类似于蒸气的凝聚和气体的液化。吸附质分子与吸附剂表面的电子密度都没有明显的改变。

化学吸附涉及化学成键，吸附质分子与吸附剂之间有电子的交换、转移或共有。

物理吸附提供了测定催化剂表面积、孔尺寸及孔尺寸分布的方法。而化学吸附是多相催化过程关键的中间步骤，化学吸附物种的鉴定及其性质的研究也是多相催化机理研究的主要内容。另外，化学吸附还能作为测定某一特定催化剂组分（如金属）表面积的技术。

物理吸附和化学吸附的严格界定需要采用如紫外光电子能谱（UPS）、电子顺磁共振（ESR）、红外光谱（IR）和拉曼光谱（Raman）等技术，仔细研究固体表面功函、价态变化和表面吸附物种的结构等信息。但是由于吸附力性质的不同，化学吸附和物理吸附在吸附热、吸附速率、吸附层数、吸附发生的温度、吸附的可逆性和选择性等方面都有显著的区别（表 1-1）。

**表 1-1　物理吸附与化学吸附的基本区别**

| 性质 | 物理吸附 | 化学吸附 |
| --- | --- | --- |
| 吸附力 | 范德华力 | 化学键 |
| 吸附热 | 较小，与液化热相似 | 较大，与反应热相似 |
| 吸附速率 | 较快，不受温度影响，一般不需要活化能 | 较慢，随温度升高速率加快，需要活化能 |
| 吸附层 | 单分子层或多分子层 | 单分子层 |
| 吸附温度 | 沸点以下或低于临界温度 | 无限制 |
| 吸附稳定性 | 不稳定，常可完全脱附 | 比较稳定，脱附时常伴有化学反应 |
| 选择性 | 无选择性 | 有选择性 |

1）吸附热

物理吸附总是放热的。因为固体表面对气体的吸附是一个自发过程，所以此过程的自由能变化一定是负值。物理吸附发生时，吸附质分子被局限于二维的固体表面，失去一个自由度，形成一个更有序的体系，其熵减小。根据热力学关系：

$$\Delta G = \Delta H - T\Delta S \tag{1-1}$$

式中，$\Delta G$ 和 $\Delta S$ 均为负值，则 $\Delta H$ 也必定为负值。因此，物理吸附一定是一个放热过程。物理吸附中生成单层吸附（monolayer adsorption）的平均吸附热通常略高于气体的液化热，其数量级在 10 kJ/mol 水平。

化学吸附大多数是放热的。但如果气体在吸附时发生解离，而且吸附物种在表面有完全的二维移动性，则自由度可能增加，因而 $\Delta S$ 为正值。当 $\Delta S$ 为较大的正值时，$\Delta H$ 也可能为正值，此时化学吸附为吸热过程。这种情况意味着吸附物分子的解离能大于吸附质与表面成键的生成能。化学吸附热通常与它们的化学反应热相当（40～800 kJ/mol）。

由于固体表面的不均匀性，两类吸附热都会随表面覆盖度（coverage，吸附量与单层吸附量的比值）变化而显著改变。

2）吸附速率

在没有毛细凝聚和竞争吸附的情况下，物理吸附过程无活化能，可以迅速达到平衡。在微孔分子筛或活性炭上，物理吸附可能需要相当长的时间达到平衡，这是因为吸附速率受到内扩散的制约，而不是由吸附过程控制。

化学吸附常需要活化能，因此其吸附速率比物理吸附慢得多，只有超过某个最低温度时才以显著的速率进行。当然，非活化的化学吸附在低温下也能以很快的速率进行。

3）吸附层数

物理吸附与蒸气的液化有相似的机理，吸附可以是多层的。固体表面在形成单层物理吸附前就可以形成多层吸附，因此吸附到固体表面的气体量不会受到固体表面积的简单限制。若气体的蒸气压达到其饱和程度，其冷凝和吸附过程同时进行且不可分辨。在中孔内，由于凹液面上的饱和蒸气压小于同温度下平液面上的饱和蒸气压，还会发生毛细凝聚现象。

化学吸附是单层的。物理吸附和化学吸附可以同时发生或交替发生，物理吸附分子可以是化学吸附的前驱物，化学吸附层之上也可能发生物理吸附。

化学吸附过程可以重构固体表面原子的结构排列，但是一般并不改变固体体相中原子的结构排列。如果体相中的原子被置换或重构，则认为发生化学反应。例如，在金属上化学吸附的氧很难被限制于表面一层，它会透入表面，形成一定厚度的氧化层，而镍、钯等金属可以吸收氢而形成相应的氢化物，此时吸收的气体量也会大大超过吸附量。

4）吸附温度

物理吸附在较低的温度即可快速地进行，吸附的气体量随温度的上升而减少。物理吸附类似于气体的冷凝（液化）过程，一般发生在其沸点以下温度。超过临界温度的气体是不能液化的，因此物理吸附发生的温度应该低于气体的临界温度。

临界温度以上气体的吸附称为超临界吸附（supercritical adsorption）。在超临界温度条件下，液体是不可能存在的状态，饱和蒸气压也是没有定义的概念，因此现有的基于经典热力学的吸附理论无法解释超临界温度气体的吸附。一般地，只有在微孔吸附剂上超临界温度气体的吸附才是显著的[7]。研究者认为超临界高压吸附具有良好的工程应用前景，超临界吸附理论的发展有利于推动如纳米材料吸附储氢[8]、超临界萃取等的研究。

化学吸附可看作气体分子与固体表面间发生化学反应。因此，温度对吸附速率的影响与对一般化学反应速率的影响一致，温度越高，达到平衡的时间越短。温度对平衡吸附量的影响因体系不同而不同。同一吸附体系，因吸附位和吸附形式的不同，随温度的变化也可能出现不止一个化学吸附极大值。与物理吸附不同的是，化学吸附量在大大高于吸附物的沸点甚至高于其临界温度时可以很大。

5）可逆性

物理吸附是可逆的。通过交替升高和降低压力或温度很容易构建吸附和脱附循环。吸附和脱附可以反复、定量地进行，而不改变气体和吸附剂的性质。

对多孔固体的物理吸附，由于毛细凝聚的结果，吸附线和脱附线常不相重合，但是这种过程的不可逆性的本质仍是物理的。

非活化的化学吸附弱而且可以可逆进行。活化的化学吸附不容易可逆进行，且脱附困难，脱附下来的物质及脱附后的固体表面常与原样不同。

6）选择性

范德华力普遍存在于分子之间，因此，物理吸附无选择性。但这只是指任何气体在任何固体上都可以发生物理吸附，而并不意味着吸附量与吸附剂和吸附质的本性无关。

化学吸附具有高度的选择性，它只有在吸附质能够与吸附剂形成化学键时才发生。化学吸附的程度可随表面的本性及其预处理而极大地改变。

7）吸附势能曲线

图 1-1 的势能曲线可以说明物理吸附和化学吸附之间的能量关系。

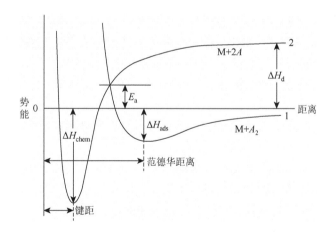

图 1-1　吸附势能曲线

图 1-1 中曲线 1 代表物理吸附能量图。在距离较远时，表面和气体分子之间基本没有吸引力。随气体分子接近表面，范德华相互作用产生引力导致一个能量的极小值，代表了吸附热 $\Delta H_{ads}$；继续接近表面，达到一定距离，即气体分子半径的情况下，在电子云之间产生一些交叠，导致一个排斥相互作用（Born 斥力）。

图 1-1 中曲线 2 代表了化学吸附过程。以一个双原子分子为例，化学吸附可能涉及两个原子之间键的断裂，在距离较远时，需要的能量为这个分子的解离能。由于化学作用力的本质，化学吸附的能量极小值 $\Delta H_{chem}$ 会比 $\Delta H_{ads}$ 深得多，而且发生在较短的距离上。

两条曲线存在一个交点，物理吸附气体分子可以沿着远低于化学吸附能量的路径到达固体表面转为化学吸附。从能量上看，先发生物理吸附而后转变为化学吸附的途径（需能量 $E_a$）要比分子先解离成原子再化学吸附的途径容易得多。因此，物理吸附是化学吸附全过程的一个重要步骤，化学吸附现象一定会以一个物理吸附过程为先导。$E_a$ 为化学吸附活化能。活化能明显依赖于两条能量曲线的形状，不同的体系之间差别很大。若 $E_a < 0$，即为非活化吸附。$E_d = \Delta H_{chem} + E_a$ 为脱附活化能。

8）微孔内的物理吸附

上述关于吸附性质的讨论基于介观或宏观尺度平坦的气固表面，而多相催化研究往往涉及微孔材料（如分子筛）孔道内的吸附行为。微孔内特异的分子吸附场导致其内的物理吸附现象比平坦表面上会发生很大的改变。

分子筛和活性炭等物质微孔发达。由于微孔孔道尺寸仅略大于吸附质分子尺寸，吸附质分子四面都被固体包围。孔内相对孔壁吸附力场的叠加使得其中的吸附势与平坦表面上的吸附势相比明显增强。理论计算表明，在小于两个分子直径的狭缝形孔隙内及在小于六个分子直径的圆形孔隙内会引起吸附势的增强[9]。采用 Lennard-Jones 势能模型计算，在相距分子直径大小的平行孔壁间的吸附势能大约是平坦固体表面吸附势能的 3.5 倍[10]。此外，除了范德华相互作用产生的引力，当吸附质分子与孔壁相当接近时，二者之间的电子云存在一定交叠，还会产生 Born 斥力。

由于相对孔壁吸附力场的叠加，微孔隙内的吸附势得以增强，微孔物质的物理吸附过程热效应较大。

由于吸附势的增强，微孔中存在明显的吸附增强，低相对压力下的吸附质分子就具有相当强的捕捉能力。这种由于微孔内吸附势增强而引起的很低相对压力下的促进吸附机制称为微孔充填（micropore filling），而此相对压力下平坦表面上的吸附还远不足以形成单层[11]。

微孔充填与毛细凝聚在孔被填满的现象上相似，但本质上是不同的。毛细凝聚是毛细孔内的气液相变现象，是取决于吸附液体凹液面特性的宏观现象，发生在中孔以上和中间相对压力；而微孔充填则是取决于吸附质分子与表面之间增强的势能作用的微观现象，发生在微孔内和相对压力很低的情况下，不属于气液相变。

当微孔吸附空间尺寸与吸附质分子相当接近时，排斥作用占主导地位，吸附质需具有一定的动能才能进入纳米空间，即存在一活化能。在活化扩散（activated diffusion）范围内，扩散速率为控制因素，吸附质分子尺寸的微小变化会导致活化能的剧烈变化[12]。当微孔吸附剂的孔尺寸与吸附质分子尺寸相当时，不同吸附质分子的微小尺寸差别可以导致吸附速率大的差异，因而体现出宏观上广义的筛分效应。但这只是一种动力学的选择性，而非热力学的选择性。例如，氮分子和甲烷分子的动力学直径（kinetic dimension）分别为 0.37 nm 和 0.38 nm，氮分子向 4 A 分子筛孔道内的扩散比甲烷快，因而 4 A 分子筛吸附氮、甲烷混合气可以富集氮；而氧分子动力学直径为 0.34 nm，4 A 分子筛吸附氧、氮混合气时又可以分离出氮。以碳分子筛和 4 A 分子筛为吸附剂通过变压吸附（pressure swing adsorption，PSA）而实现的氧气与氮气的分离即利用了该原理。

　　另外，在较低的吸附温度和较低的吸附分压下，吸附质分子没有足够的动能进入整个纳米微孔，由此可能获得反常的低吸附量，这也是扩散控制所致的结果。

　　微孔物质由于其孔道大小和形状的屏蔽作用，使得某些气体分子不能进入孔道而表现出一定的吸附选择性，呈现出狭义的筛分效应。例如，3 A 分子筛孔尺寸过小，只能有效地吸附水分子。4 A 分子筛可以吸附氖、氩、氪、氮、氧、CO、$CO_2$、$CH_4$、$C_2H_6$、$C_2H_4$ 和 $C_3H_6$ 等分子，而不能吸附丙烷和 3 个碳原子以上的有机物。正戊烷和异戊烷分子直径分别为 0.49 nm 和 0.56 nm，利用正戊烷分子略小，可以进入 5 A 分子筛孔道可以分离正戊烷和异戊烷。

　　分子筛孔道内吸附质分子与孔壁除了强的范德华相互作用（主要是色散力）外，不饱和烃和极性分子吸附质的 π 键与分子筛骨架阳离子之间还存在强烈的相互作用。因此，除了均匀孔对吸附物分子的动力学筛分和尺寸筛分作用，分子筛对不饱和烃和极性分子也有强烈的选择性吸附能力。例如，丙烷和丙烯分子直径分别为 0.49 nm 和 0.40 nm，都可以进入 5 A 分子筛，但 5 A 分子筛对丙烯有强烈的选择吸附作用。5 A 分子筛中的 $Ca^{2+}$ 阳离子价数高，有较强的极化作用，对氮分子有较强的作用，也可以应用于变压吸附空气分离制氧。$Li^+$ 的极化能力也很强，而且 X 型分子筛的孔腔更大，因此，锂离子交换的低硅铝比 X 型分子筛比 4 A 和 5 A 分子筛对氮的吸附选择性和吸附量大很多，采用 Li-X 型分子筛的变压吸附过程的空分效率更高。

　　在受限的纳米空间内，不仅固体吸附剂与吸附质之间的相互作用增强[13]，而且吸附质自身之间的相互作用也有变化，这就使得吸附于纳米空间内的物质表现出一些特异的现象，如由流体相转变为类晶体的固相结构[14]。此外，在吸附的同时，吸附剂的固体结构也会发生变化，如沸石晶态的对称性发生改变[15]，活性炭结构单元微晶石墨的层间距会变小[16]。

　　纳米孔道不仅是吸附空间，还是反应场所。特异的分子场增强了分子间的相互作用，必然也影响材料的催化性能[17]。

### 4. 吸附量和吸附曲线

吸附量是一热力学量，是表示吸附现象最重要的参数。吸附量常用一个质量单位吸附剂吸附的吸附质的量（质量、体积、物质的量等）表示。显然，气体在固体表面上的吸附量（$V$）是温度（$T$）、气体平衡压力（$p$）、吸附质（g）及吸附剂（s）性质的函数。

$$V = f[p, T, u(g), w(s)] \tag{1-2}$$

当吸附剂和吸附质固定后，吸附量只与温度和气体平衡压力有关。出于不同的研究目的，常固定其中一个参数，研究其他两个参数之间的关系，它们的关系曲线称为吸附曲线。其中：

$$T = 常数，\quad V = f(p) \text{ 称为吸附等温线（adsorption isotherm）} \tag{1-3}$$
$$p = 常数，\quad V = f(T) \text{ 称为吸附等压线（adsorption isobar）} \tag{1-4}$$
$$V = 常数，\quad p = f(T) \text{ 称为吸附等量线（adsorption isostere）} \tag{1-5}$$

图 1-2 为三类吸附曲线形状示意图，实际体系的吸附曲线非常复杂。

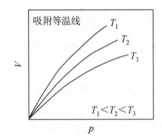 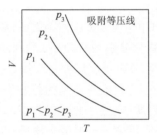 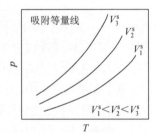

图 1-2　吸附曲线的基本形式

实验上最容易得到的是吸附等温线。吸附等压线和吸附等量线可由一系列吸附等温线求得。吸附现象的描述主要采用吸附等温线，各种吸附理论的成功与否也往往以其能否定量描述吸附等温线来评价。

吸附等温线往往采用吸附量与气体相对压力 $p/p_0$ 的关系表达，$V = f(p/p_0)$，$p$ 为气体吸附平衡压力，$p_0$ 为气体在吸附温度下的饱和蒸气压（吸附温度控制在气体临界温度之下）。

实验测定吸附等温线的原则是，在恒定温度下，将吸附剂置于吸附物气体中，待达到吸附平衡后测定或计算气体的平衡压力和吸附量。测定方法分为静态法和动态法。前者有容量法（volumetric method）、重量法（gravimetric method）等；后者有反气相色谱法（inverse gas chromatography）、流动色谱法等。

容量法和重量法测定吸附等温线都需要真空系统。图 1-3 给出了容量法和重量法经典的实验装置。

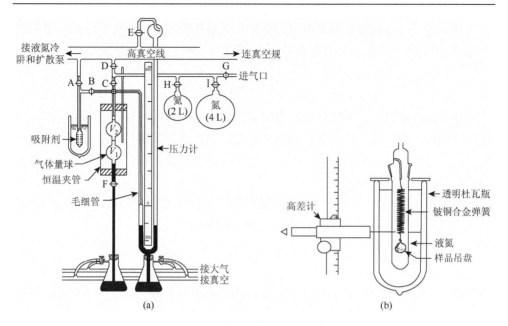

图 1-3　气体吸附等温线测定装置

（a）容量法气体吸附装置示意；（b）重量法 McBain 天平示意

以往吸附装置的构建和吸附等温线的测定都是非常精细而且耗时的工作，现在商品化的吸附仪器已经实现了测定的自动化。

有关吸附等温线的类型、理论模型、测定和应用的内容将在后面的章节论述。

5. 吸附热的测定

吸附过程中的热效应称为吸附热。在吸附研究中除了吸附量外，吸附热也是极重要的参数。吸附大多是放热过程，但是习惯把吸附热都取成正值。由于固体表面的不均匀性，吸附热随表面覆盖度变化而显著改变，所以吸附热可分为积分吸附热（integral heat of adsorption）和微分吸附热（differential heat of adsorption）两类。

在恒温（$T$）、恒容（$V$）和恒定吸附剂表面积（$A$）时，吸附 $n$ mol 气体所放出的热量为积分吸附热。利用一般量热计测出的较长吸附过程的热效应均为积分吸附热。由热力学可知，在上述条件下的热效应为体系的内能变化 $\Delta U$，故吸附 1 mol 气体的积分吸附热 $Q_i$ 为

$$Q_i = \left(\frac{\Delta U}{n}\right)_{T,V,A} \tag{1-6}$$

它反映的是各种不同覆盖度下吸附热的平均值。

在恒温、恒容和恒定吸附剂表面积时，吸附量保持恒定条件下，相当于吸附 1 mol 气体的热效应为微分吸附热 $Q_d$。显然微分吸附热与表面覆盖度有关。

$$Q_d = \left( \frac{\partial \Delta U}{\partial n} \right)_{T,V,A} \tag{1-7}$$

在高真空体系中，先将吸附剂脱附干净，然后用精密的量热计测量吸附一定量气体后放出的热量，这样测得的是积分吸附热。微分吸附热可由积分吸附热与吸附量关系曲线各切点的斜率求出，也可采用量热法测定在已吸附一定量气体后再吸附少量气体所释放的热量得到。

在恒温（$T$）、恒压（$p$）和恒定吸附剂表面积（$A$）的条件下相当于吸附 1 mol 气体的焓变为等量吸附热（isosteric heat of adsorption）$Q_{st}$：

$$Q_{st} = \left( \frac{\partial \Delta H}{\partial n} \right)_{T,p,A} \tag{1-8}$$

恒温、恒压条件下对于指定吸附体系其吸附量为定值，所以，等量吸附热也属于微分吸附热。根据 Clapeyron-Clausius 方程可得

$$Q_{st} = RT^2 \left( \frac{\partial \ln p}{\partial T} \right)_{\Gamma} \tag{1-9}$$

式中，下标 $\Gamma$ 表示吸附量恒定。等量吸附热可应用吸附等量线，以 $\ln p$ 对 $1/T$ 作图所得直线斜率求出。

### 1.1.2　物理吸附的理论模型

#### 1. 吸附理论发展概述

试图建立一种普遍性的吸附理论解释所有的吸附现象是不可能的，也是不必要的。现在广为接受和使用的吸附理论都是从某些假设和理论模型出发，对一种或几种类型的吸附等温线或者实际实验结果给出合理的解释，并能最终导出吸附等温式。吸附等温式的理论推导可以根据动力学、统计力学或热力学来进行。而具有实际应用价值的往往是那些模型简单、参数少的吸附等温式，其中最著名的莫过于 Langmuir 吸附等温式、BET 方程和 Freundlich 吸附等温式等。

19 世纪末至 20 世纪初，由于吸附技术的工业应用和以合成氨技术的工业化为代表的多相催化趋于成熟，吸附作用的重要性得到了广泛的认识，吸附热力学、吸附动力学和吸附模型的理论成果相继发表[18]。

1873～1878 年，J. W. Gibbs 提出 Gibbs 吸附公式，这一成果是吸附理论的基础。Gibbs 法认为界面是二维的，有面积而无体积，Gibbs 吸附公式表达了界面相

浓度、界面张力与温度、压力及体相组成的关系。Gibbs 吸附公式以经典热力学为基础，在推导时未作特别限制，适用于解决一切界面的吸附问题。

1907 年，H. Freundlich 提出经验性的 Freundlich 吸附等温式，式中吸附量与吸附平衡压力的分数指数成正比，只有两个常数。该式隐含着吸附热随覆盖度对数减少的关系，尽管也能用统计方法从理论上予以推导，但该式缺乏清晰的吸附机理图像。

1911 年，R. A. Zsigmondy 将弯曲液面的蒸气压与曲率半径的关系——Kelvin 公式应用于多孔性固体中，提出了毛细凝聚理论，解释了多孔性固体吸附等温线的回滞环（hysteresis loop）现象。

1914 年，M. Polanyi 提出吸附势理论，该理论认为在固体表面存在吸附场，吸附场的作用范围远超过单个分子的直径大小，吸附质分子落入此势能场即被吸附，形成一个包括多层分子的吸附空间。吸附势理论是热力学理论，不涉及吸附的微观机理，而是吸附平衡的宏观表现。M. Polanyi 定量描述了吸附势，虽然这一理论可以根据某温度下的实验吸附等温线数据来推算同一体系其他温度下的吸附等温线，但当时未能给出明确的吸附等温式。

1916 年，I. Langmuir 提出单层吸附理论[19]，基于一些明确的假设条件，得到简明的吸附等温式——Langmuir 方程。该式采用热力学、统计力学和动力学方法均可导出。Langmuir 吸附等温式既可应用于化学吸附，也可以用于物理吸附，因而在多相催化研究中得到最普遍的应用。

1938 年，S. Brunauer、P. H. Emmett 和 E. Teller 基于 Langmuir 单层吸附模型提出一种多分子层吸附理论，并推出相应的吸附等温式——BET 方程[20]。BET 吸附等温式适用于物理吸附，是测定固体表面积的理论依据。基于 BET 公式测定吸附量和计算固体比表面积的方法也被称为 BET 法。

1940 年，S. Brunauer、L. S. Deming、W. E. Deming 和 E. Teller 提出的 BDDT 分类将复杂多样的实际等温线简化为五种类型[21]。后来 J. H. de Boer 对Ⅳ型和Ⅴ型等温线的回滞环做了分类[22, 23]。这些分类方法最终被 IUPAC 采纳[1, 24]。根据吸附等温线的类型和回滞环的形状，可以了解吸附质与吸附剂表面作用的强弱、吸附剂孔的性质及形状等。

1951 年，E. P. Barett、L. G. Joyner 和 P. P. Halenda 运用 Kelvin 公式研究吸附等温线的特征，采用一端封闭的圆柱形孔等效模型进行孔尺寸分布计算，发展了计算中孔孔尺寸分布的 BJH 法[25]。

M. M. Dubinin 等发展了吸附势理论[11]，提出微孔充填理论（theory of bulk filling of micropores，TBFM）来描述微孔吸附剂上的吸附过程，这个理论由 D-R 方程及随后的 D-A 方程来表达。微孔内的吸附机制不是孔壁上的表面覆盖，而是一种类似毛细凝聚的微孔填充。由于微孔孔道内势场能高，孔壁与吸附质分子间的相互作用强烈，在气体相对压力很低的情况下，微孔便可被吸附质分子完全充满。

1947 年，M. M. Dubinin 和 L. V. Radushkevich 将吸附势能与吸附体积联系起来，提出 D-R 方程[26]。该法给出一个由吸附等温线的低中压部分结果来测定微孔孔容的方法。1971 年，M. M. Dubinin 和 V. A. Astakhov 将 D-R 方程推广，导出了适用性更广的 D-A 方程[27]。

1983 年，G. Horvath 和 K. Kawazoe 提出了 Horvath-Kawazoe（HK）方程，该法也以吸附势理论为基础，假设微孔为狭缝形，可以给出微孔孔容相对于孔尺寸的分布曲线[28]。随后，A. Saito 和 H. C. Foley（SF）[29]及 L. S. Cheng 和 R. T. Yang[30]分别推导了圆柱形孔和球形孔模型的 HK 公式。最初的 HK 方法适用于活性炭等狭缝孔材料，修正后的 SF 方法可用于沸石和分子筛。

除了从特定的理论模型出发计算表面积，人们还发展出了许多测定表面积的经验方法。例如，大量研究结果表明，氮气在非孔性固体上的吸附等温线相似，若将吸附量以吸附层数 $n$ 表示，则所有非孔性固体的吸附等温线应当重合。据此原理，1965 年，J. H. de Boer 建立了一种经验的 $t$-曲线作图法[31]，后来 K. S. W. Sing 和 S. J. Gregg 又发展成 $\alpha_s$-曲线法[32]。这两种经验作图法可以把微孔吸附、中孔吸附及毛细凝聚现象区别开来，并计算表面积、微孔和中孔孔容。

上述经典的吸附理论或者半经验方法，大多基于宏观热力学的概念推导和演绎。虽然它们的实用性得到充分的验证，但是其局限性也是明显的。例如，还没有哪一种方法可以从吸附-脱附等温线上获得全部的孔尺寸分布。另外，宏观的热力学方法的准确性是有限的，因为它假设纳米孔中受限的流体具有与自由流体相似的热力学性质。最近的理论和实验工作表明，受限流体与自由流体的热力学性质有相当大的差异，如产生临界点、冰点和三相点的位移等。

最近的二十年来，由于计算机技术的迅猛发展，促进了基于分子统计力学的密度泛函理论（density functional theory，DFT）[33, 34]和蒙特卡罗模拟方法（Monte Carlo simulation，MC）[35, 36]在吸附的分子模拟及孔尺寸分布研究中应用的发展。它们不仅提供了吸附的微观模型，而且更现实地反映了纳米孔中受限流体的热力学性质。

非均匀流体的 DFT 和 MC 模拟方法在分子水平和宏观研究之间建立起一座桥梁，对吸附现象的描述和对孔尺寸分析更加全面、准确。这些方法考虑并计算了吸附在表面的流体和在孔里的流体的平衡密度分布，并可以推导出模型体系的吸附-脱附等温线、吸附热等特性。

量子力学研究多电子体系电子结构发展出了电子密度泛函理论。密度泛函理论体系和数值分析方法的发展使得密度泛函理论的应用越来越广泛。统计力学研究流体的微观结构与宏观性质也建立了针对经典流体的密度泛函理论方法，它特别适用于非均匀流体及具有介观结构的系统。密度泛函理论的核心思想是构筑非均匀体系的巨势泛函 $\Omega[\rho(r)]$，通过巨势最小原理求解平衡时的密度分布 $\rho_{eq}(r)$。根据 $\rho_{eq}(r)$ 和状态方程计算相关热力学性质。

密度函数理论研究吸附现象，考虑了吸附质之间及吸附剂和吸附质之间的作用能，将整个的吸附质与吸附剂之间的作用最终归结为热力学的势能最小原则，即吸附质相的总化学势和吸附物体相的化学势相等。运用这个原则，经过适当的热力学假设，提出热力学模型，并运用这些模型推导出一定的压力和与孔壁一定距离下的分子密度的密度曲线，由吸附质在孔中的密度分布则可以求出其吸附量。在解析实验等温线时，主要通过这些模型等温线与实验等温线的对比，计算出各种孔参数。理论上，这种方法可以进行全孔范围孔尺寸分析。

最概然分布是热力学概率最大的分布。最概然分布原理指出：在含有大量粒子的系统中，最概然分布代表了一切可能的分布。这个原理与熵最大原理完全等价。蒙特卡罗模拟方法建立在统计数学的基础上，利用随机数来对系统进行模拟，产生数值形式的概率分布模型。它在研究吸附现象时，常采用巨正则系综，设定一个温度 $T$、体积 $V$ 和化学势 $\mu$ 不变的开放吸附体系，依据已知的物理化学定律，以统计的方法寻找体系中出现概率最高的结构、状态及有关参数，即模拟被吸附流体（或混合物）与一个自由的（不受约束的）流体库平衡时的状态。模拟结果与实验所看到的限域空间中的吸附状态吻合，则可解得被吸附气体平衡密度分布图及吸附等温线。

DFT 和 MC 法是一种基于高分辨吸附等温线，可以对多孔固体的整个孔尺寸范围（微孔到大孔）进行表征的理论方法，其可靠性在一系列的微孔和中孔材料的孔尺寸分析中得到了验证。

### 2. Langmuir 吸附等温式

I. Langmuir 研究了低压下气体在金属表面的吸附，基于吸附-脱附的分子动力学模型推导出了一个单分子吸附的吸附等温式［式（1-10）］[19, 37]。这一等温式也能用热力学和统计力学的方法推导。

Langmuir 模型的基本假设为：

（1）吸附剂表面存在吸附位，吸附质分子只能单层吸附于吸附位上。

（2）吸附位在热力学和动力学意义上是均一的（吸附剂表面性质均匀），吸附热与表面覆盖度无关。

（3）吸附质分子间无相互作用，没有横向相互作用。

（4）吸附-脱附过程处于动力学平衡之中。

$$\theta = \frac{V}{V_m} = \frac{ap}{1+ap} \tag{1-10}$$

式中，$\theta$ 为表面覆盖度；$V$ 为吸附量（mL，STP，下同）；$V_m$ 为固体表面铺满单分子层时的吸附量（单层吸附量，monolayer capacity）；$p$ 为吸附质气体吸附平衡时的压力；$a$ 为吸附系数，是吸附平衡常数。

图 1-4 为式（1-10）描述的 Langmuir 型吸附等温线，属于 IUPAC 分类的 I 型等温线。在压力很低或者吸附很弱时，$\theta = ap$，吸附量与平衡压力成正比（Henry 定律）；在压力很大或者吸附很强时，$\theta \approx 1$，吸附量为单层吸附量，与压力无关。

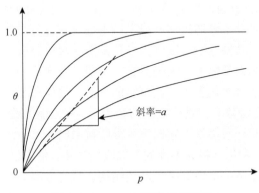

图 1-4  Langmuir 型吸附等温线

Langmuir 吸附等温式可重排为其直线形式：

$$\frac{p}{V} = \frac{p}{V_m} + \frac{1}{aV_m} \qquad (1\text{-}11)$$

以 $p/V$ 对 $p$ 作图可得一直线，直线的斜率为 $1/V_m$，截距为 $1/aV_m$，因而可以方便地求出单层吸附量和吸附平衡常数。

$a$ 是与吸附热 $Q$ 有关的参数，反映固体表面吸附气体的强弱。

$$a = a_0 \exp\left(\frac{Q}{RT}\right) \qquad (1\text{-}12)$$

$a_0$ 与吸附剂表面结构有关。显然只有 Langmuir 假设成立时（吸附热与表面覆盖度无关），$a$ 才为定值。

Langmuir 公式虽然是一个理想的吸附公式，代表了在均匀表面上吸附质分子彼此没有作用，而且吸附是单分子层情况下吸附达到平衡时的规律，但是在实践中不乏与其相符的实验结果。这可能是实际非理想的多种因素互相抵消所致。例如，吸附质分子间的相互作用一般随覆盖度的提高而加强；而同时在不均匀的表面，吸附首先发生在高能的吸附位上，吸附热随覆盖度增加而下降[38]。这两种因素相互抵消，在中等的覆盖度范围（$\theta = 0.1 \sim 0.4$），$a$ 值近似为常数。因而在此范围内物理吸附的吸附等温线可用 Langmuir 公式表征。

但是更多的情况下，固体表面物理吸附单分子层完成后（$\theta = 1$），继续提高吸附相对压力，吸附量仍然持续增加，表明表面发生了多分子层吸附（$\theta > 1$）。Langmuir 公式不能处理多层吸附，由此产生了 BET 吸附模型。

### 3. BET 吸附理论

S. Brunauer、P. H. Emmett 和 E. Teller 把 Langmuir 吸附等温式推广到多分子层吸附[20]。BET 模型保留了 Langmuir 模型中吸附热与表面覆盖度无关及吸附质分子间无相互作用的假设，又补充了：

（1）吸附可以是多分子层的，且不一定完全铺满单层后再铺其他层。

（2）第一层吸附是吸附质分子与固体表面直接作用，其吸附热 $E_1$ 与以后各层吸附热不同；而第二层以后各层则是相同吸附质分子间的相互作用，各层吸附热都相同，为吸附物的液化热 $E_L$。

据此模型，采用与 Langmuir 类似的动力学推导得到了一个无限多层吸附 BET 二常数公式：

$$\theta = \frac{V}{V_m} = \frac{C \times p}{(p_0 - p)\left[1 + (C-1)\dfrac{p}{p_0}\right]} \tag{1-13}$$

式中，$V$ 为吸附量；$p$ 为气体吸附平衡压力；$p_0$ 为气体在吸附温度下的饱和蒸气压。二常数 $V_m$ 为单层吸附量；$C$ 为与吸附热 $E_1$ 和 $E_L$ 及温度有关的常数，反映吸附质与吸附剂相互作用的强弱。

$$C = C_0 \exp\left(\frac{E_1 - E_L}{RT}\right) \tag{1-14}$$

式中，$C_0$ 与吸附、脱附速率有关。

图 1-5 为式（1-13）描述的吸附等温线。

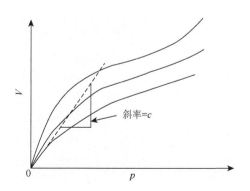

图 1-5　BET 公式描述的吸附等温线

式（1-13）也可整理成 BET 公式的直线形式：

$$\frac{p}{V(p_0 - p)} = \frac{C-1}{V_m C} \times \frac{p}{p_0} + \frac{1}{V_m C} \qquad (1\text{-}15)$$

如以 $\dfrac{p}{V(p_0 - p)}$ 对 $\dfrac{p}{p_0}$ 作图，则应得到一条直线，直线的斜率是 $\dfrac{C-1}{V_m C}$，截距是 $\dfrac{1}{V_m C}$，由此可求得 $V_m$ 和 $C$。从 $V_m$ 可以算出吸附剂表面铺满单分子层时所需的分子数。若已知每个分子的截面积，就可以求出吸附剂的总表面积和比表面积。

$$S = \frac{V_m}{22400} N_A \sigma_m \qquad (1\text{-}16)$$

式中，$S$ 为吸附剂的总表面积；$\sigma_m$ 为吸附质的分子截面积；$N_A$ 为阿伏伽德罗常量。

这就是经典的气体吸附 BET 法测表面积的原理。大量实验数据表明，二常数 BET 公式通常只适用于处理相对压力为 0.05～0.35 的吸附数据。这是由 BET 理论的多层物理吸附模型限制所致。当相对压力小于 0.05 时，不能形成多层物理吸附，甚至连单分子物理吸附层也远未建立，表面的不均匀性就显得突出；而当相对压力大于 0.35 时，毛细凝聚现象的出现又破坏了多层物理吸附。

在处理实际问题时，式（1-14）中 $C_0$ 可近似为 1。一般地：

$$C = \exp\left(\frac{E_1 - E_L}{RT}\right) \qquad (1\text{-}17)$$

若一吸附体系在一定温度区间净吸附热 $(E_1 - E_L)$ 变化不大，近似为常数，则根据测定温度下的吸附等温线，依 BET 二常数方程求得 $V_m$ 和 $C$ 值，计算其他温度的 $C$ 值，就可以预测同一体系其他温度的吸附等温线。

当 $C$ 值大于 2 时，等温线起始段（$p/p_0$ 不大时）凸向吸附量 $V$ 轴，出现一明显的拐点，$C$ 值越大（$E_1 \gg E_L$），等温线起始段越向 $V$ 轴凸出。当 $C = 2$ 时，等温线起始段近似为直线，拐点消失。当 $C < 1$，即 $E_1 \ll E_L$ 时，在等温线起始段，等温线凸向相对压力 $p/p_0$ 轴（图 1-6）。

$C$ 值的大小影响达到单层吸附量 $V_m$ 时的相对压力 $p/p_0$ 的大小。将 $V = V_m$ 代入式（1-13），可得

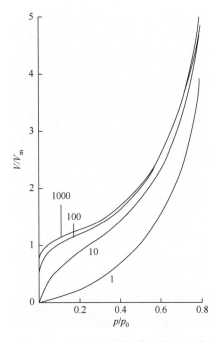

图 1-6　$C$ 值对吸附等温线形状的影响

$$\frac{p}{p_0} = \frac{1}{C^{1/2} - 1} \tag{1-18}$$

将不同的 $C$ 值代入式（1-18），得到表 1-2 中数据。

**表 1-2　不同 $C$ 值时达到单层吸附的相对压力 $p/p_0$**

| $C$ | 0.05 | 0.5 | 1 | 2 | 3 | 10 | 100 | 1000 |
|---|---|---|---|---|---|---|---|---|
| $p/p_0$ | 0.817 | 0.585 | 0.500 | 0.414 | 0.366 | 0.240 | 0.0909 | 0.0306 |

在 BET 公式适用的相对压力为 0.05～0.35，$C$ 值为 3～1000。一般地，以氮气为吸附质，在金属、聚合物和有机物上，$C$ 值为 2～50；氧化物和二氧化硅上，$C$ 值为 50～200；在活性炭和分子筛等强吸附剂上，$C$ 值大于 200。

在推导 BET 公式时，假定了吸附层数不受限制，倘若吸附层数为有限的 $n$ 层，则可得到一个有限层数吸附 BET 三常数公式[39, 40]：

$$\theta = \frac{V}{V_m} = \frac{Cp\left[1 - (n+1)\left(\dfrac{p}{p_0}\right)^n + n\left(\dfrac{p}{p_0}\right)^{n+1}\right]}{(p_0 - p)\left[1 + (C-1)\left(\dfrac{p}{p_0}\right) - C\left(\dfrac{p}{p_0}\right)^{n+1}\right]} \tag{1-19}$$

若 $n = 1$，式（1-19）可简化为 Langmuir 公式。

当 $n = \infty$ 时，$n \approx n+1$，$(p/p_0)^\infty \to 0$，式（1-19）即可演化为二常数 BET 公式。

三常数 BET 公式适用范围比二常数更广，当平衡压力较低时，两公式计算结果相差约 5%，吸附层数增多，两式所得结果趋于接近。三常数 BET 公式应用的相对压力范围较宽（$p/p_0 = 0.6～0.7$），但其仍不能处理毛细凝聚的实验结果。

BET 公式一经发表就得到了广泛的应用，大量的实验数据证明了 BET 模型的实用性和可靠性。BET 理论是多相催化研究领域最重要的基础理论之一，BET 表面积的测定方法也是多相催化研究中最重要的实验工具之一。BET 公式的经典性还表现在著名的 BET 文章[20]在发表后 25 年内的引用次数名列化学类论文第二，时至今日它仍然高居《科学引文索引》（SCI）排行榜前列。

几十年来，对 BET 理论的修正和对 BET 公式的改进几乎没有停止过。对 BET 理论的修正包括：考虑表面的不均匀性、吸附质分子间的横向相互作用、各层吸附热均有不同、吸附层数有限等[41-43]。改进的 BET 公式虽然对某些实验结果的描述更加准确，但是随着公式的复杂和参数的增加，其适用范围却受到了限制。根据"奥卡姆剃刀原理"，最简单朴素的方法就是最有效的，经典 BET 公式的生命力即在于此。

### 4. 吸附等温线的类型

由于吸附剂表面性质、孔尺寸分布及吸附质与吸附剂相互作用的不同，因而实际的吸附实验数据非常复杂。S. Brunauer、L. S. Deming、W. E. Deming 和 E. Teller 在总结大量实验结果的基础上，将复杂多样的实际等温线归纳为五种类型（BDDT 分类）[21]。这一分类也是目前 IUPAC 吸附等温线分类的基础（图 1-7）[1]。

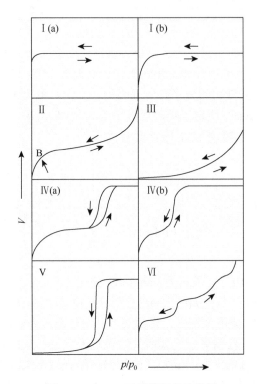

图 1-7　IUPAC 吸附等温线的分类

Ⅰ 型等温线在较低的相对压力下吸附量迅速上升，达到一定相对压力后吸附出现饱和值，吸附量呈现一平台，类似于 Langmuir 型吸附等温线。需要指出的是，Langmuir 公式用以描述物理吸附 Ⅰ 型等温线的情况很少见。只有在非孔性或者大孔吸附剂上，平台饱和值相当于在吸附剂表面上形成单分子层吸附，不形成多层吸附，才能应用 Langmuir 公式。大多数情况下，Ⅰ 型等温线往往反映的是外表面积相对较小的微孔吸附剂（分子筛、微孔活性炭等）上的微孔填充现象，饱和吸附量等于微孔的填充体积（微孔孔容）。可逆的化学吸附也应该是这种吸附等温线。

微孔吸附剂的氮气（77 K）和氩气（87 K）低温吸附 Ⅰ 型等温线又可以分两个亚类：Ⅰ（a）型反映微孔吸附剂具有集中的小于 1 nm 的孔尺寸分布；Ⅰ（b）型说

明微孔孔尺寸分布较宽，甚至可能包括小于 2.5 nm 的中孔。注意 BET 理论也无法应用于解释、分析和处理纯微孔吸附剂的Ⅰ型等温线。

Ⅱ型等温线反映非孔性或者大孔吸附剂上典型的物理吸附过程，这是 BET 理论最常说明的对象。由于吸附质与表面存在较强的相互作用，在低相对压力段，吸附量随相对压力增加而快速上升，曲线上凸。等温线拐点 B 通常出现于单层吸附形成点附近，随相对压力的继续增加，逐步形成多层吸附，达到饱和蒸气压时，吸附层无穷多，导致实验难以测定准确的极限平衡吸附量。

Ⅲ型等温线十分少见。等温线下凹，且没有拐点。吸附量随相对压力增加而缓慢上升。曲线下凹是因为吸附质分子间的相互作用比吸附质与吸附剂之间的强，第一层的吸附热比吸附物的液化热小，以致吸附初期吸附质较难于吸附，而随吸附过程的进行，吸附出现自加速现象，吸附层数也不受限制。但相比Ⅱ型等温线，达到饱和蒸气压时，吸附层数仍是有限的。BET 公式 $C$ 值小于 2 时，可以描述Ⅲ型等温线。

Ⅳ型等温线与Ⅱ型等温线类似，但曲线的中等相对压力段再次凸起，而且还可能出现回滞环，其对应的是多孔吸附剂上出现毛细凝聚现象。在低相对压力段，中孔孔壁上形成单层吸附。在中等的相对压力，由于中孔内毛细凝聚的发生，Ⅳ型等温线较Ⅱ型等温线上升得快。中孔毛细凝聚填满后，如果吸附剂还有大孔或者吸附质分子相互作用强，可能继续吸附形成多分子层，吸附等温线继续上升。但在大多数情况下毛细凝聚结束后，出现一宽度不定的吸附终止平台，并不发生进一步的多分子层吸附。

Ⅳ（a）型等温线在中等的相对压力出现回滞环，表明中孔孔尺寸超过一定的临界宽度 $D_{ch}$（critical hysteresis diameter）。该临界孔宽 $D_{ch}$ 取决于吸附体系和吸附温度，例如，孔宽大于 4.0 nm 的圆柱形孔材料的 77 K 氮气吸附等温线有回滞环，为Ⅳ（a）型。而如果中孔孔尺寸小于 4.0 nm 且分布集中，则 77 K 氮气吸附等温线为完全可逆、没有回滞环的Ⅳ（b）型等温线。对于 77 K 和 87 K 的氩吸附，$D_{ch}$ 则分别为 3.3 nm 和 4.1 nm[44]。理论上，分布集中的筒底为球形的圆筒形和底部逐渐收缩的圆锥形中孔盲孔也表现出Ⅳ（b）型等温线（见后文）。

Ⅴ型等温线与Ⅲ型等温线类似，吸附质与吸附剂表面相互作用弱。但由于中孔内毛细凝聚的发生，在中等的相对压力等温线上升较快，并伴有回滞环。达到饱和蒸气压时吸附层数有限，吸附量趋于一极限值。

Ⅵ型等温线是一种特殊类型的等温线，反映的是无孔均匀固体表面多层吸附的结果（如洁净的金属或石墨表面），台阶表明一个个吸附层的逐层堆叠。实际固体表面大多是不均匀的，很难遇到这种情况。

综上，由吸附等温线的类型可以定性地了解有关吸附剂表面性质、孔尺寸分布及吸附质与表面相互作用的基本信息（表 1-3）。吸附等温线的低相对压力段的形状反映吸附质与吸附剂表面相互作用的强弱；中、高相对压力段反映固体吸附剂表面有孔或无孔，以及孔尺寸分布和孔容大小等。

表 1-3　吸附等温线反映的吸附质与吸附剂表面相互作用和孔尺寸分布信息

| 作用力 | 微孔（<2 nm） | 中孔（2~50 nm） | 大孔（>50 nm） |
|---|---|---|---|
| 作用力强 | Ⅰ型等温线<br>（分子筛、微孔活性炭、细孔硅胶） | Ⅳ型等温线 | Ⅱ型等温线<br>（无孔粉体） |
| 作用力弱 | | Ⅴ型等温线<br>（四氯化碳/硅胶） | Ⅲ型等温线<br>（溴/硅胶） |

### 5. 毛细凝聚现象和回滞环

大量的实验结果显示在Ⅳ型等温线上会出现回滞环（图 1-8），即吸附量随平衡压力增加时测得的吸附分支和压力减小时所测得的脱附分支，在一定的相对压力范围不重合，分离形成环状。在相同的相对压力时脱附分支的吸附量大于吸附分支的吸附量。这一现象发生在具有中孔的吸附剂上，BET 公式不能处理回滞环，需要毛细凝聚理论来解释[45-48]。

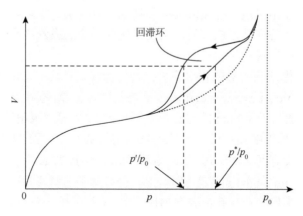

图 1-8　Ⅳ型等温线上的回滞环

毛细凝聚理论认为，在多孔性吸附剂中，若能在吸附初期形成凹液面，根据 Kelvin 公式，凹液面上的饱和蒸气压总小于平液面上的饱和蒸气压，所以在小于饱和蒸气压 $p_0$ 时，凹液面上已达饱和而发生蒸气的凝结，发生这种蒸气凝结的作用总是从小孔向大孔发展，随着气体压力的增加，发生气体凝结的毛细孔越来越大；反之，脱附时，毛细管内凝聚液体的蒸发则随着气体压力的减小由大孔向小孔退缩。

弯曲液面上的饱和蒸气压与液面曲率半径的关系符合 Kelvin 公式 [式（1-20）]，假设液态吸附质与吸附剂完全浸润，液、固之间接触角为 0°。

$$\gamma \tilde{V} \left( \frac{1}{r_1} + \frac{1}{r_2} \right) = -RT \ln \frac{p}{p_0}, \quad \tilde{V} = \frac{M}{\rho} \qquad (1\text{-}20)$$

式中，$\gamma$ 为吸附质液体表面张力；$M$ 为吸附质摩尔质量；$\rho$ 为吸附质液体密度；$r_1$ 和 $r_2$ 为弯曲液面的两个主曲率半径；$p_0$ 为温度 $T$ 时平液面上的饱和蒸气压；$p$ 为相同温度的弯曲液面上的饱和蒸气压。假设毛细管内凹液面为球面，即 $r_1 = r_2$，则：

$$\ln \frac{p}{p_0} = -\frac{2\gamma M}{RT\rho} \times \frac{1}{r} \qquad (1\text{-}21)$$

式中，$r$ 就是与 $p/p_0$ 对应的毛细管孔半径。由 Kelvin 公式 [式（1-21）] 可以计算发生毛细凝聚的孔尺寸与相对压力的关系。表 1-4 为 77.35 K N$_2$ 吸附时，毛细管孔半径 $r$ 与 $p/p_0$ 的相应关系。可以看到，孔尺寸越小，毛细凝聚发生的 $p/p_0$ 越小。

**表 1-4　77.35 K N$_2$ 吸附时 $r$ 与 $p/p_0$ 的相应关系**

| $r$/nm | 1 | 2 | 3 | 5 | 10 | 20 | 50 | 100 | 200 | 1000 |
|---|---|---|---|---|---|---|---|---|---|---|
| $p/p_0$ | 0.3837 | 0.6194 | 0.7267 | 0.8257 | 0.9086 | 0.9532 | 0.9810 | 0.9904 | 0.9952 | 0.9990 |

对回滞环产生的原因，存在吸脱附动力学、热力学及吸附剂孔几何形状效应等多种解释。

R. Zsigmondy[46]认为吸附和脱附过程液态吸附质在孔壁上的接触角不同，吸附时的前进角总是大于脱附时的后退角。因此，根据考虑了液、固接触角不为 0° 的 Kelvin 公式 [式（1-22）]，对同一孔半径 $r$ 的孔，脱附时的平衡相对压力总小于吸附时的平衡相对压力。但这一解释的局限性较大。

$$\ln \frac{p}{p_0} = -\frac{2\gamma M}{RT\rho} \times \frac{1}{r} \cos\theta \qquad (1\text{-}22)$$

式中，$\theta$ 为液态吸附质在毛细管壁上的接触角，液态吸附质能浸润吸附剂，则 $\theta < 90°$。

20 世纪 30 年代，E. O. Kreamer、J. W. Mcbain、A. G. Foster 和 L. H. Cohan 等分别用吸附剂孔的几何形状解释了不同形状回滞环的成因，这些解释都基于直观明晰的吸附-脱附物理模型[47-50]。对于同一现象的解释，直观明晰的模型虽然看似简单，但它方便理解，而且还给人以发挥想象的空间，因而往往比枯燥公式构成的抽象理论容易被人接受。

1）一端开口的均匀圆筒形孔

一端开口的均匀圆筒形孔的筒底为半球形，曲率半径 $r$ 与孔半径相等。当吸附质气体在孔壁上形成吸附液膜后，筒底形成一半球形凹液面（hemispherical meniscus），根据 Kelvin 公式：

$$\ln\frac{p}{p_0} = -\frac{2\tilde{V}\gamma}{rRT} \tag{1-23}$$

筒中部气液界面则是一个圆柱面，而非球面，圆柱形凹液面（cylindrical meniscus）两个主曲率半径 $r_1 = r$，$r_2 = \infty$，则：

$$\ln\frac{p}{p_0} = -\frac{\tilde{V}\gamma}{RT}\left(\frac{1}{r_1} + \frac{1}{r_2}\right) = -\frac{\tilde{V}\gamma}{rRT} \tag{1-24}$$

显然筒底半球形凹液面对应的饱和蒸气压低于筒中部圆柱形凹液面对应的饱和蒸气压。当气体压力大于筒底凹液面对应的饱和蒸气压时发生毛细凝聚，由于圆筒孔径均匀，所以毛细凝聚一旦发生，液体立刻充满孔筒，等温线吸附支直线上升。

脱附一旦开始，在孔口形成一个曲率半径为 $r$ 的半球形凹液面，当气体压力小于此凹液面对应的饱和蒸气压时，液体立刻气化脱附，等温线脱附支直线下降。

故此类孔内脱附与吸附过程可逆，等温线无回滞环，如图 1-9 所示。

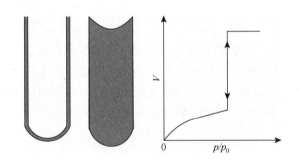

图 1-9　一端开口的均匀圆筒形孔吸附、脱附模型和等温线

2）两端开口的均匀圆柱形孔

两端开口的均匀圆柱形孔不存在筒底。当吸附质气体在孔壁上形成吸附液膜后，气液界面是圆柱面，当气体压力大于此圆柱形凹液面对应的饱和蒸气压时发生毛细凝聚。而脱附时情况与一端开口的均匀圆筒形孔相同，是从半球形凹液面脱附。

根据前面的分析，脱附时的饱和蒸气压小于吸附时的饱和蒸气压，脱附与吸附过程不可逆，故等温线上出现回滞环，如图 1-10 所示。

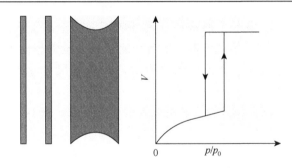

图 1-10　两端开口的均匀圆柱形孔吸附、脱附模型和等温线

3）四面开口的平板型孔

四面开口的平板型孔内吸附质在孔壁上形成两相对的平面吸附液膜，只有多层吸附液膜相遇，或者气体压力达到饱和蒸气压时孔内才充满。而脱附时，平板型孔四周形成的气液界面是圆柱形凹液面。同样脱附与吸附过程不可逆，等温线上出现回滞环。

4）"墨水瓶"孔

"墨水瓶"孔（ink bottle pore）形象地描述了一类带有一个宽度小于空腔尺寸的咽喉孔口［喉管（neck）］的开孔。如图 1-11 所示，口小腹大的"墨水瓶"孔内空腔由底向上半径逐渐增大，孔壁形成吸附液膜后，从"瓶"底半球形凹液面开始发生毛细凝聚，由于气液界面曲率半径逐渐增大，"瓶"体逐渐充满，直至喉管，等温线吸附支吸附量缓慢上升。

脱附时，细小喉管形成的半球形凹液面产生一种"封闭作用"（pore blocking effect）[44]，将"瓶"内液体封住不能蒸发气化。只有气体压力小于此凹液面对应的饱和蒸气压时，喉管液体才气化脱附。而喉管液体一旦脱附，此时气体压力已远小于"瓶"体内凹液面对应的饱和蒸气压，"瓶"内液体立即蒸发，因此脱附支陡峭下落。

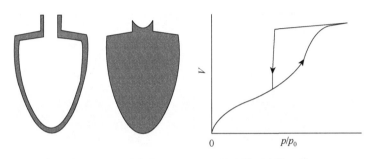

图 1-11　"墨水瓶"孔吸附、脱附模型和等温线

上述分析表明，由于孔形状和孔尺寸的不同，造成了吸附和脱附过程的不可逆，因此，吸附等温线的形状、回滞环的形状和位置也出现了很大的差异。回滞环的宽窄与孔尺寸分布的均匀性有关，一般孔尺寸分布越宽，回滞环也越宽。

J. H. de Boer 将回滞环分为 5 种主要类型（图 1-12～图 1-16），并与吸附剂的孔大概的结构相联系[22]。

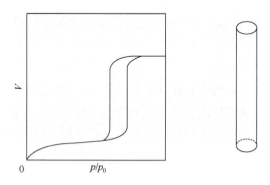

图 1-12　两端开口圆柱形孔结构对应的 A 类回滞环

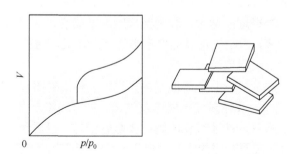

图 1-13　平板狭缝孔结构对应的 B 类回滞环（吸附时难以形成凹液面）

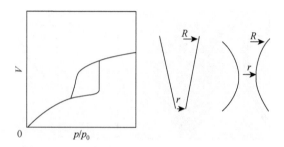

图 1-14　锥形或双锥管状孔结构对应的 C 类回滞环（脱附时逐渐蒸发）

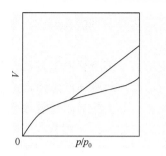

图 1-15　四面开放的倾斜板交叠狭缝结构对应的 D 类回滞环

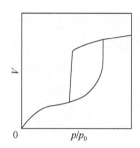
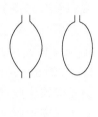

图 1-16　"墨水瓶"孔对应的 E 类回滞环

后来人们根据实际研究结果对 B 类回滞环的形状做了修正。上述五类回滞环中 A 类、B 类和 E 类回滞环最为常见和重要，而 C 类和 D 类回滞环较少见。

基于上述分类，2015 年 IUPAC 将常见的回滞环分成了六类（图 1-17）[1]，其中 H1、H2（a）、H3 和 H4 是 1985 年分类原有的四种类型[24]。

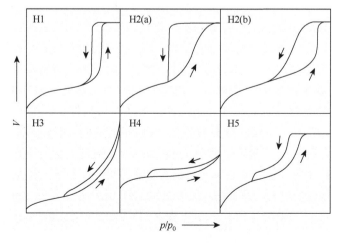

图 1-17　IUPAC 回滞环的分类

　　回滞环的形状及其出现的 $p/p_0$ 区间与吸附剂的孔形态、吸附质种类和吸附温度等有关。

　　理论上，脱附时孔宽最小的孔内部的毛细凝聚液蒸发后，等温线脱附支才与吸附支重合，回滞环自然闭合。换句话说，回滞环自然闭合的 $p/p_0$ 点反映吸附剂上毛细凝聚液最后蒸发的最小孔的孔宽。但大量吸附等温线数据表明，回滞环在低相对压力一侧闭合点 $p/p_0$ 存在一下限。该 $p/p_0$ 下限只与吸附质种类和吸附温度有关，而与吸附剂性质和孔结构无关，例如，77 K 氮吸附等温线回滞环的闭合点不会出现在 $p/p_0 = 0.42$ 之下。这一现象很早就被发现[51, 52]，并曾被认为源于"张力效应"（tensile strength effect）[53]。根据 Young-Laplace 方程，凹液面上附加压强指向气相，大小与液面曲率半径 $r$ 成反比，如果附加压力超过液面能够承受的最大张力，毛细凝聚现象消失。对于给定的吸附质，液面能承受的最大张力对应一个临界相对压力 $(p/p_0)_{TSE}$，根据 Kelvin 公式可以得到与 $(p/p_0)_{TSE}$ 对应的凹液面曲率半径 $r_{TSE}$。一旦气体压力降到 $(p/p_0)_{TSE}$，半径小于 $r_{TSE}$ 的孔口凹液面将不复存在，孔内的毛细凝聚液体自发成核生成气泡而蒸发［空化作用（cavitation）］[52]。

　　目前则更多地直接将该现象称为"空化作用"[44, 54]，认为其发生在喉管尺寸小于某一临界尺寸的"墨水瓶"孔上。以 77 K 的氮吸附为例，脱附过程中随着 $p/p_0$ 的降低，毛细凝聚液体蒸发，孔由大到小逐次排空，当 $p/p_0$ 降到 0.4～0.5 时，虽然气体压力仍高于剩余的孔宽、小于 5～6 nm 的孔和喉管内毛细凝聚液凹液面上的饱和蒸气压，但"墨水瓶"孔空腔内亚稳态毛细凝聚液体中会自发成核、生成气泡而蒸发，此时喉管毛细凝聚依然存在。也就是说，脱附过程中气体压力降至某一临界相对压力，尽管此时"墨水瓶"孔喉管凹液面根据 Kelvin 公式计算的对空腔的"封闭作用"尚未消失，但这种"空化作用"会导致空腔内气体的"提前"突然脱附，造成等温线脱附支突然下降，回滞环闭合。因此，该相对压力不再反映发生毛细凝聚最小孔的孔宽信息，而反映发生空化作用的临界孔尺寸。该临界孔尺寸由吸附质种类和脱附温度决定，提高脱附温度，空化作用发生的临界相对压力会相应提高，对应的临界孔尺寸也增大，而回滞环会变窄并逐渐消失[55]。

　　回滞环在高相对压力一侧闭合点对应吸附剂的全部孔被液态吸附质完全充满，它反映孔性吸附剂的孔尺寸分布特性，而往往与吸附质种类无关（Gurvitsch rule）[56]。如果吸附剂孔尺寸分布较均匀，吸附等温线会出现回滞环闭合的饱和吸附平台，闭合点 $p/p_0$ 反映发生毛细凝聚的最大孔的孔宽。但若不存在饱和吸附平台、闭合点不易分辨，通常取 $p/p_0 = 0.95$ 为回滞环闭合点上限。因为当 $p/p_0$ 接近 1 时，吸附量测量误差很大，而且相对压力变化 1%，孔尺寸变化近 100%（表 1-4），压力测量微小的误差就会导致 Kelvin 方程孔尺寸计算的巨大偏差。所以 $p/p_0 = 0.95$ 是应用 Kelvin 方程计算孔尺寸的可靠上限。

　　H1、H2 和 H5 型回滞环吸附等温线上有饱和吸附平台，反映孔尺寸分布较均匀。

H1 型反映的是两端开口的管径分布均匀的圆柱形孔，H1 型回滞环可在孔尺寸分布相对较窄的介孔材料和尺寸较均匀的球形颗粒聚集体中观察到。

而 H2 型比 H1 型回滞环宽，反映的孔结构复杂，孔形状和孔尺寸分布不好确定，可能包括典型的"墨水瓶"孔、孔尺寸分布不均的圆柱形孔和密堆积球形颗粒间隙孔等。

其中，陡峭的脱附支是 H2（a）型回滞环的明显特征。如前所述，喉管尺寸分布集中且孔宽大于"空化作用"临界尺寸（对 77 K 的氮吸附为 5～6 nm）的"墨水瓶"孔，当喉管半球形凹液面对孔内液体蒸发的"封闭作用"消失，可以造成这种液体立刻气化脱附的现象，脱附相对压力与喉管孔宽的关系符合 Kelvin 公式。这种情况，以 77 K 的氮吸附为例，回滞环闭合点一般在 $p/p_0>0.5$ 之上。但是，如果这个陡峭的脱附支落在"空化作用"发生的临界相对压力范围内（对 77 K 的氮吸附为 0.4～0.5），这时喉管尺寸在回滞环出现的临界宽度 $D_{ch}$ 与"空化作用"临界尺寸之间的"墨水瓶"孔（对 77 K 的氮吸附为孔宽 4 nm 到 5～6 nm 之间）内的毛细凝聚液体都因"空化作用"而气化脱附，因而，脱附相对压力不再真实反映喉管孔宽，而只是表明可能存在喉管孔宽小于"空化作用"临界尺寸的"墨水瓶"孔。

喉管孔宽大于"空化作用"临界尺寸且尺寸分布较宽的"墨水瓶"孔可以造成 H2（b）型回滞环，吸附支平滑的下降反映喉管凹液面由大孔向小孔消退，"封闭作用"逐次消失释放出孔内液体。这种情况，脱附相对压力与喉管孔宽的关系符合 Kelvin 公式。

H3 型和 H4 型回滞环吸附等温线没有明显的饱和吸附平台，表明孔结构很不规整。

H3 型回滞环反映的孔包括平板狭缝结构、裂缝和楔形结构等，由片状颗粒非刚性聚集体材料如黏土等给出。H3 型回滞环等温线的吸附支是 II 型等温线，在高相对压力区域没有表现出吸附饱和。

H4 型回滞环等温线的吸附支是 I 型和 II 型等温线的复合，出现在微孔和中孔混合的吸附剂及含有狭窄的裂隙孔的多孔固体上，如分子筛和中微孔碳材料。

H5 型回滞环不常见，脱附支有两个明显的下降台阶，表明中孔材料上存在两组孔尺寸分布相对集中的中孔（bimodal porosity）。例如，同时存在大孔宽的圆柱形中孔和较小孔宽喉管的"墨水瓶"中孔；或者存在相同孔宽的畅通中孔和部分堵塞中孔，二者吸附时同时充满但脱附时前者先于后者排空[57]。

除了自然闭合，H3 型、H4 型和 H5 型回滞环都可能出现空化作用造成的强制闭合，即脱附支在非常窄的临界相对压力区间（对 77 K 的氮吸附是 $p/p_0=0.4～0.5$）出现一个陡峭的下降而与吸附支闭合，反映可能存在一定数量的喉管孔宽小于"空化作用"临界尺寸的"墨水瓶"孔。

在某些微孔吸附剂上，会出现回滞环在低的相对压力一直不闭合的情况，脱附支一直在吸附支的上方。可能的原因有：微孔吸附剂骨架结构是非刚性的，吸附时发生溶胀；吸附剂微孔孔尺寸与吸附质分子尺寸非常接近，不易脱附；吸附剂与吸附剂发生了化学反应。

上述种种吸附等温线及其上回滞环都是饱和吸附（所有孔被充满）的吸附/脱附等温线，即 $p/p_0$ 从 0 扫描至 1（吸附），然后 $p/p_0$ 再从 1 扫描至 0（吸附）。这样得到的吸附/脱附等温线也称为"边界吸附/脱附等温线"（boundary adsorption/desorption isotherms）。有关吸附剂孔形态与回滞环形状关系的分析，并没有考虑不同尺寸的孔相互连通对吸附/脱附过程造成的影响。即前述的分析假定孔是独立的，各孔内的吸附和脱附互不干扰。这显然与实际情况不符，实际催化剂上的孔往往是连通的，还存在等级结构（hierarchic structure，也称为多级结构）。由于不同尺寸的孔相互连通，导致吸附和脱附途径的不一致，也会在等温线上产生回滞环。因此，对比吸附剂吸附至不同饱和程度后脱附得到的脱附扫描曲线（desorption scanning curves，特征是一条公共的吸附支上分支出一组凸向吸附量轴、汇集于低 $p/p_0$ 一侧闭合点的脱附支），以及脱附到不同程度再吸附得到的吸附扫描曲线（adsorption scanning curves，特征是一条公共的脱附支分支出一组凸向 $p/p_0$ 轴、汇集于高 $p/p_0$ 一侧闭合点的吸附支）的回滞环（sub-hysteresis loops），可以分析吸附剂上孔的规整性和连通情况。例如，对于各孔独立的吸附剂，中孔部分填充所产生的回滞环的吸附支和脱附支下落段与边界吸附/脱附等温线回滞环重合；而对于孔连通的吸附剂，不同吸附饱和程度的回滞环形状可能是不一样的[54, 58-60]。

综上，根据吸附等温线的形状，并配合对回滞环形状和宽度的分析，就可以获得吸附剂孔形态的主要信息。但是需要注意，上述各类型吸附等温线及回滞环都是典型的，它们所反映的孔结构因而也是典型的。实际吸附剂孔形态复杂，而且其上同时存在微孔、中孔及相当比例的外表面，实验得到的吸附等温线和回滞环并不能简单地归于某一种分类，而往往是几类的复合，反映吸附剂"混合"的孔形态特征。因此，分析等温线和回滞环时要抓住主要特征，找出其中的主要孔结构类型。

### 6. 微孔填充理论

M. M. Dubinin[11, 61]等认为由于微孔孔尺寸比吸附质分子大不了多少，微孔内吸附的机理不是孔壁上的表面覆盖，而是与毛细凝聚现象类似的微孔填充，不能用吸附层数描述。由于吸附势的增强，微孔中存在明显的吸附增强，对低相对压力下的吸附质分子就具有相当强的捕捉能力。纯微孔吸附剂的物理吸附行为符合 I 型等温线，在相对压力很低的情况下，微孔便可被吸附质分子完全充满；继续增加相对压力，吸附量不再增加，吸附等温线出现平台。饱和吸附量即微孔孔容。

基于 Polanyi 的吸附势理论，M. M. Dubinin 和 L. V. Radushkevich 导出了从吸附等温线的低、中压部分计算均匀微孔体系微孔孔容的 D-R 方程[26]：

$$\ln V = \ln V_0 - k\left(\ln \frac{p_0}{p}\right)^2 \tag{1-25}$$

式中，$V$ 为吸附量；$V_0$ 为微孔饱和吸附量，即微孔孔容；$k$ 为随吸附质、吸附剂和温度变化的常数。

据 D-R 方程，以 $\ln V$ 对 $\left(\ln \dfrac{p_0}{p}\right)^2$ 作图应得一直线，由截距可计算得微孔孔容。

D-R 方法在低的相对压力（$p/p_0 < 0.01$）下表现出很好的线性，然而其只适用于均匀纯微孔体系（Ⅰ型等温线）。当吸附剂除了大量的微孔外，还有中孔和大孔时，在 $p/p_0$ 较大时，数据偏离直线，D-R 方法不再适用。因为无法计算出由微孔填充和表面覆盖所致吸附量的相对范围。

许多的多孔固体往往兼有微孔、中孔及相当比例的外表面，这时即使吸附等温线表现为Ⅱ型或Ⅳ型，但这并不意味着多孔固体中没有微孔。这种情况下求得吸附剂的微孔孔容就需要将它与其他的孔容分开。

为了描述非均匀微孔体系，M. M. Dubinin 和 V. A. Astakhov 后来将方程指数中的二次方项改为 $m$ 次方，得到 D-A 方程[27]：

$$\ln V = \ln V_0 - k\left(\ln \frac{p_0}{p}\right)^m \tag{1-26}$$

式中，$m$ 代表了微孔孔尺寸分布的离散特性，显然 D-R 方程是 D-A 方程的一个特例。

上述基于 Kelvin 公式对中孔毛细凝聚现象的分析方法和基于吸附势理论对微孔填充的解释和处理方法（包括下文的 HK 方程及其修正），虽然在中孔和微孔分析中得到了广泛的应用，但这些方法本质上还是属于经典的宏观热力学方法。它们假设纳米孔内吸附的吸附质相类似于自由流体，性质与液相本体性质相同，如假设纳米孔内毛细凝聚是一个正常的气-液相变过程。但实际上，纳米孔内限域空间内吸附的受限流体的热力学性质与自由流体存在差异，孔内流体的凝聚和蒸发都处于热力学亚稳态。近年来纳米孔材料特别是规整中孔材料的合成和表征研究发展迅速，但经典宏观热力学方法在解释和分析这些新材料的吸附实验结果时表现出很大的局限性。基于统计力学理论的 DFT 和 MC 方法将分子的行为与流体的宏观性能相关联，能提供更好的反映纳米孔内受限流体热力学性质的微观吸附模型。目前，纳米孔吸附的详细和准确分析已经越来越多地依靠 DFT 和 MC 方法[62-65]。

# 1.2　催化剂的宏观物性测定

催化剂的宏观物性包括其表面积、孔尺寸分布、颗粒度、密度和机械强度等性质。宏观物性的表征和测定不但是催化研究的重要内容，而且是催化剂工业生产过程质量控制的基本手段[66-71]。与其他主要用于基础研究目的的表征方法不同，鉴于催化剂宏观物性测定应用的普遍性及其数据的重要性，宏观物性的测定方法大多是标准化的。

## 1.2.1　表面积

多孔固体表面积分析测试方法有多种，其中气体吸附法是最成熟和通用的方法[72]。其基本原理是测算出某种气体吸附质分子在固体表面物理吸附形成完整单分子吸附层的吸附量，乘以每个分子覆盖的面积［分子截面积（molecular cross-sectional area）］即得到样品的总表面积。吸附剂的总表面积除以其质量称为比表面积（specific surface area，单位为 m²/g），它是表面积的常用表示方式。

在原子尺度上，分子的表面用范德华表面（van der Waals surface）模型描述，即分子暴露的每个原子的范德华半径交叠形成的抽象的几何分界面，代表分子与分子间以物理力（范德华力）相互作用的接触面。但气体吸附法测得的"表面"积并不是吸附剂理论上的范德华表面表面积，而是吸附质分子"可触及表面"（accessible surface）的表面积。形象地讲，吸附质分子（假定为球体）在吸附剂的"范德华表面"滚动，球心轨迹形成的几何面是"可触及表面"（图 1-18）。显然这个假想面的形状和面积均与吸附质分子的大小有关。另外，实际的多孔固体表面并不是理想的二维几何面，而是粗糙不平的，具有所谓的"分形"特性。其测得的面积与测量的尺度之间的指数关系不再是整数 2，而是一个分数（即表面的分形维数）。吸附质分子就是测量表面的尺子，吸附质分子越小，表面复杂的细节不断被探知，测得的表面越大[73, 74]。

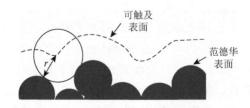

图 1-18　范德华表面和"可触及表面"示意图（吸附质分子球体半径 $r$）

1. 吸附质的选择

气体吸附法测定多孔固体的表面积，数值会因吸附质分子的形状和大小不同而发生变化。对多相催化研究而言，为了尽可能真实地反映化学反应进行时有效的表面积，吸附质分子应该尽量小、接近球形而且对表面惰性。氮、氪和氩等气体都是适合的选择。其中，氮在大多数表面上都可以给出意义明确的 II 型或 IV 型吸附等温线，并且氮气和液氮价格便宜、容易高纯度获得。所以 77 K 下的氮气低温吸附成为最为常用的表面积测试方法。但是在某些情况下，氮气可能与表面发生强的相互作用或者形成化学吸附（如金属表面）；也可能与表面相互作用过弱，形成 III 型或 V 型等温线，而无法确定单层吸附量。这时需要改用其他吸附质，使等温线呈 II 型或 IV 型等温线，但是要避免采用非球形的吸附质分子。

氮还具有四极矩，可与表面的官能团和暴露离子产生诱导作用。因此，氮气在许多沸石分子筛和 MOF 材料上的吸附能力很强，在极低的相对压力下（$p/p_0 \approx 10^{-7}$）就发生微孔填充。如此低的压力，扩散限制也变得很严重，吸附很难达到平衡。而氩没有四极矩，与表面的诱导作用消除，并且其沸点（87.27 K）高于氮的（77.35 K），发生微孔填充的相对压力也高于氮，扩散限制得到缓解。因此，87 K 下的氩气低温吸附比 77 K 下的氮气低温吸附更适合做微孔分析，特别是小于 0.7 nm 极微孔的精确分析。

高纯的氩气容易获得，但 87 K 的低温是不容易获得的，要么用液氩，要么用低温制冷机。而在液氮温度 77 K 下进行氩气低温吸附存在一些问题。首先，此温度比氩的三相点（83.81 K）还低 6.5 K，因此需要控制最高饱和蒸气压 $p_0 = 30.7$ kPa，保证氩为过冷液体；其次，77 K 氩吸附形成的单层吸附层结构对吸附剂的表面结构和化学非常敏感。因此，低温氩吸附一般不用于中孔分析。

273 K 二氧化碳吸附也常用来进行 <0.45 nm 的极微孔或者碳材料的微孔分析，虽然二氧化碳分子非球形而且四极矩较大，但其动力学直径（0.33 nm）小而且 273 K 高温吸附大大消除了低温（相对于 77 K 氮和 87 K 氩）吸附存在的扩散限制。另外，298 K 水吸附也用来对比研究材料的亲/憎水性。

对于表面积只有几个平方米的样品，其吸附量很小，吸附引起的系统压力变化过小，测量的精确度变差。因此，气体吸附法测量低表面积固体不但需要选择在实验温度下饱和蒸气压较小的吸附质，而且还要提高压力测量的灵敏度。在液氮温度下（77 K），过冷氪液体的饱和蒸气压（0.35 kPa）较低，现在常用作测量小表面积固体的吸附质。求算表面积和孔尺寸分布时，吸附质的分子截面积和吸附层厚度是两个非常重要的参数[1]。

1）吸附质分子截面积

吸附质分子截面积的计算有液体密度法、范德华常数法、吸附参比法和分子模拟法等方法。P. H. Emmett 和 S. Brunauer 认为球形吸附质分子在表面以液态按单层六角密堆积，导出计算分子截面积$\sigma_m$的公式[75]：

$$\sigma_m = 1.091 \times \left(\frac{M}{N_A \rho}\right)^{2/3} \qquad (1-27)$$

式中，$M$ 为吸附质摩尔质量；$N_A$ 为阿伏伽德罗常量；$\rho$ 为液态吸附质密度。在 77 K 时，液氮密度 0.808 g/cm³，据式（1-27）计算可得，氮的分子截面积为 0.162 nm²。

原则上吸附质的分子截面积可能受吸附剂表面化学组成、表面结构和孔尺寸的影响而变化，而且采用范德华常数法、分子模拟法等其他方法也计算出了不同的氮分子截面积。但是，在实际应用中，氮分子截面积 0.162 nm² 已经成为计算表面积的标准参数。大量的实验结果证明了这一数值通用可靠，其他吸附质的分子截面积也以其为标准通过吸附参比法测定（表 1-5）。

**表 1-5　不同方法得到的吸附质分子的截面积值（nm²）**

| 吸附质 | 液体密度法 | 范德华常数法 | 吸附参比法 |
|---|---|---|---|
| $N_2$ | 0.162（77 K） | 0.153 | 0.162（标准） |
| Ar | 0.138（77 K）<br>0.142（87 K） | 0.136 | 0.147 |
| Kr | 0.195（77 K） | — | 0.202 |
| $O_2$ | 0.141（77 K） | 0.135 | 0.136 |
| $CO_2$ | 0.170（195 K） | 0.164 | 0.218 |
| $H_2O$ | 0.105（298 K） | 0.130 | 0.125 |
| $CH_4$ | 0.158（77 K） | 0.165 | 0.178 |

通常计算一般采用 1 mL 标准状态（STP）的氮气在表面铺成单分子层覆盖 4.354 m² 面积，1 mL 标准状态的氮气在表面凝聚后（假设密度与同温度下液氮一致）体积为 0.0015468 mL。

2）吸附层厚度

大量的实验结果表明，在非孔性吸附剂上氮的吸附等温线形状相似，而与吸附剂的化学性质无关。将氮吸附量用吸附层数 $n$ 表示，则：

$$n = \theta = \frac{V}{V_m} = \frac{t}{t_m} \qquad (1-28)$$

式中，$t$ 为氮吸附层厚度，氮的单分子层平均厚度 $t_m = 0.354$ nm。显然若将吸附等温线采用吸附量 $n$（或 $V/V_m$，或 $t/t_m$）与气体相对压力 $p/p_0$ 的关系表达，则所有非孔性固体的氮吸附等温线应当重合，该吸附等温线称为标准吸附等温线（standard isotherm）[76]：

$$\frac{V}{V_m} = \frac{t}{t_m} = f\left(\frac{p}{p_0}\right) \qquad (1\text{-}29)$$

对大多数体系，当表面吸附多于单层后，在同一相对压力 $p/p_0$ 下，氮的吸附层厚度 $t$ 值在不同的吸附剂上是相同的。因此，氮吸附层数 $n$，或者吸附层厚度 $t$ 值与相对压力 $p/p_0$ 的关系可用经验公式表示，如：

$$n = \left[\frac{-5.00}{\ln(p/p_0)}\right]^{1/3} \quad \text{(Halsey)} \qquad (1\text{-}30)$$

或者，

$$t = 0.354 \times \left[\frac{-5.00}{\ln(p/p_0)}\right]^{1/3} \quad \text{(Halsey)} \qquad (1\text{-}31)$$

还有，

$$t = 0.1 \times \left[\frac{32.21}{0.078 - \ln(p/p_0)}\right]^{1/2} \quad \text{(Harkins-Jura)} \qquad (1\text{-}32)$$

图 1-19 是 Halsey 经验方程[77, 78]［式（1-31）］和 Harkins-Jura 经验方程[79, 80]［式（1-32）］比较图。另外，$t$ 值与相对压力 $p/p_0$ 的关系也有相应的数据表。

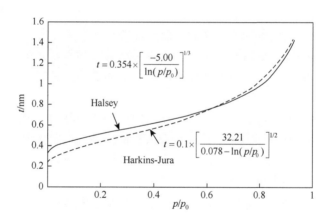

图 1-19　吸附层厚度的经验公式图

### 2. 实验方法 —— 吸附等温线的测定

气体吸附质分子在固体表面形成完整单分子吸附层的吸附量需要通过处理吸附等温线数据求出。如前所述，吸附等温线的测定方法分为静态法和动态法。在此介绍常用的静态容量法和动态流动色谱法。

1）静态容量法

静态容量法可以测定吸附平衡后的平衡吸附量。经典的静态容量法实验需要一套复杂的真空系统［图 1-3（a）］，测量过程要求操作精细而且相当耗时。现在商品化的仪器已经实现了测定的自动化，但其中的基本原理仍然相同。

自动化的比表面测定仪由分析系统和计算机控制系统（操作控制和数据处理程序软件）组成。分析系统有一个或多个样品处理端口和分析端口，样品脱气预处理与吸附测定可以全部相互独立。样品处理端口通过加热、抽空，对样品管中放置的样品进行脱气预处理。分析端口连接有样品管和饱和蒸气压测定管（$p_0$ tube），一般用液氮（液氮杜瓦瓶冷阱）提供低温，机械泵和涡轮分子泵双级泵获取 $10^{-5}$ Pa 的高真空（$p/p_0 \approx 10^{-9}$），一套体积已精确标定、配有精密的压力传感器和电磁阀的管汇系统（manifold）定量给气和测定压力。操作程序控制系统的抽空、注气、加热处理、液氮杜瓦瓶升降和数据采集等，进行样品预处理和吸附测定。数据处理程序可根据用户要求按不同方法处理数据，给出多种报告和关系曲线。随着温度和压力传感器及给气和温度控制系统的不断改进，商品化吸附仪的测量精度在不断提高。

静态容量法测试通常在液氮温度下进行。样品管中放置有预处理后准确称量的吸附剂样品，先经抽真空脱气，再使整个系统达到所需的真空度，然后将样品管浸入液氮浴中，并充入已知量纯吸附质气体（如 $N_2$、Ar，ISO 15901-1：2016 中要求纯度不低于 99.99%，IUPAC[1]建议不低于 99.999%）。吸附剂吸附气体会引起系统压力下降，待达到吸附平衡后测定气体的平衡压力［因这一步骤，容量法也称测压法（manometric method）］，并根据吸附前后体系压力变化计算吸附量。逐次向系统增加吸附质气体量改变压力，重复上述操作，测定并计算得到不同的平衡压力下的吸附量值。

要计算吸附剂的吸附量必须测定样品管的体积和样品的体积，或者直接测定样品管的死体积（dead space），即样品管内未被样品占领的体积［也称为自由体积（free space）或空隙体积（void volume）］。吸附气体量由充入样品管的气体量与吸附平衡后死体积剩余气体量相减得到。

死体积的测定是准确采集数据、精确计算吸附量的基础。因为大多数样品不吸附氦气，而且氦气具有理想气体特性，所以常使用纯氦气（＞99.99%）测定样品管死体积。但对于微孔物质，尤其是活性炭，氦气应谨慎使用。

测试过程中，样品管部分浸没在液氮中，系统存在着两个不同的温区：液氮面之上，为"暖"区，接近室温；液氮面以下，为"冷"区，处于低温。因此，不仅要测定样品管总的死体积，而且还要区分冷死体积和暖死体积，并对低温区域的气体进行非理想气体校正。

样品管死体积越小，特别是冷死体积越小，测量精度也就越高。测试时，选用尽可能小的样品管，并可在样品管颈部放入玻璃填充棒来减小死体积。

吸附量测试时须注意以下问题：

a. 系统的检漏

系统的任何一处，都有可能发生由老化及其他原因引起的漏气。漏气会影响测试的数据并在等温线图上有所反映。自动仪器一般都设置了检漏功能，可以帮助验证存在的漏气源并加以隔离。怀疑有漏气时，一般来说首先要检查样品管的密封情况。

b. 样品的预处理

所有的样品在吸附测定前，都必须通过加热抽空处理将其上吸附的水和其他污染物气体脱附掉。否则样品在分析过程中会继续脱气，抵消或增加样品所吸附气体的真实量，产生错误数据。

从实际角度讲，当样品表面原吸附的气体被脱除到单分子层吸附量的0.1%以下，可认为样品已脱气完全。脱气是否完全可以用下面的方法来测试：抽空系统后关闭样品阀门，使样品与真空系统隔开，观察系统压力上升，如果样品已充分脱气且系统不漏气，压力应该保持15~30 min没有变化。

脱气时，应根据污染物分子的吸附特性选择合适的处理条件，注意不要引起样品性质和结构的改变。多孔材料很容易吸附水，因此脱气时最应该考虑的是水分子。加热脱除分子筛等微孔材料中的水时应该注意水热处理有可能改变分子筛的结晶度，因此应该先在低于100℃条件缓慢抽除大部分的水汽，然后再逐步提高脱气温度。ISO 9277：2010推荐一种控制压力的加热程序（pressure-controlled heating），主旨是控制加热速度维持一个较低的脱气速度，以避免样品结构的改变。很多样品含有化学吸附水、表面羟基或大量的化学结合水，如果脱除这些水，样品的性质就会发生变化。对于这类样品的脱气处理条件，只能凭借经验了。

c. 液氮浴温度

测试时样品浸入液氮浴中，液氮的温度决定了样品的温度和吸附质的饱和蒸气压（$p_0$）。

即使制备所得的液氮纯度足够高（ISO 15901-1：2016中要求＞99%），但在其被转移和放置过程中可能溶解大气中的氧气，这会轻微地增加液氮浴温度。液氮的实际温度可以通过氧气体温度计——氧压表测定。氧压表如图1-20所示。左侧为一个封闭水银压力计，右侧管中充满纯氧，当把液氮杜瓦瓶套到纯氧储管上时，氧气即冷却和液化，达到平衡后，从压力计就可读出在液氮温度下氧的饱和蒸气压$p_0(O_2)$，根据表1-6可查得$p_0(O_2)$对应的液氮温度及相应的氮饱和蒸气压（氮气作吸附质时）。

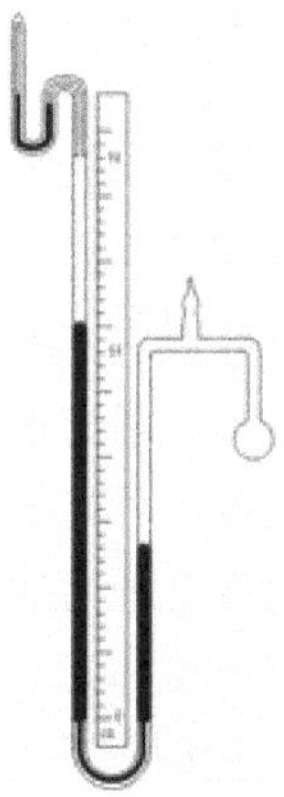

图1-20 气体温度计——氧压表

表 1-6　77～84 K 氮气及氧气的饱和蒸气压

| 温度/K | 工作气体 | $p_0(O_2)/kPa$ | | | | | | | | | |
|---|---|---|---|---|---|---|---|---|---|---|---|
| | | 0.0 | 0.1 | 0.2 | 0.3 | 0.4 | 0.5 | 0.6 | 0.7 | 0.8 | 0.9 |
| 77 | $N_2$ | 97.2 | 98.4 | 99.5 | 100.7 | 101.9 | 103.1 | 104.3 | 105.5 | 106.7 | 108.0 |
| | $O_2$ | 19.7 | 20.0 | 20.3 | 20.6 | 20.9 | 21.2 | 21.5 | 21.8 | 22.2 | 22.5 |
| 78 | $N_2$ | 109.2 | 110.5 | 111.8 | 113.0 | 114.3 | 115.7 | 117.0 | 118.3 | 119.6 | 120.9 |
| | $O_2$ | 22.8 | 23.2 | 23.5 | 23.8 | 24.2 | 24.5 | 24.9 | 25.2 | 25.6 | 25.9 |
| 79 | $N_2$ | 122.3 | 123.7 | 125.1 | 126.5 | 127.9 | 129.3 | 128.1 | 132.2 | 133.6 | 135.1 |
| | $O_2$ | 26.3 | 26.6 | 27.0 | 27.4 | 27.8 | 28.2 | 28.5 | 28.9 | 29.3 | 29.7 |
| 80 | $N_2$ | 136.6 | 138.0 | 139.5 | 141.1 | 142.6 | 144.1 | 145.7 | 147.2 | 148.8 | 150.4 |
| | $O_2$ | 30.1 | 30.6 | 31.0 | 31.4 | 31.8 | 32.2 | 32.7 | 33.1 | 33.6 | 34.0 |
| 81 | $N_2$ | 152.0 | 153.6 | 155.2 | 156.8 | 158.5 | 160.1 | 161.7 | 163.5 | 163.9 | 166.9 |
| | $O_2$ | 34.5 | 34.9 | 35.4 | 35.8 | 36.3 | 36.8 | 37.3 | 37.8 | 38.3 | 38.8 |
| 82 | $N_2$ | 168.6 | 170.4 | 172.1 | 173.8 | 175.7 | 177.4 | 179.3 | 207.7 | 182.9 | 184.7 |
| | $O_2$ | 39.3 | 39.8 | 40.3 | 40.8 | 41.3 | 41.8 | 42.4 | 42.9 | 43.5 | 44.0 |
| 83 | $N_2$ | 186.6 | 188.5 | 190.3 | 192.2 | 194.1 | 196.1 | 198.0 | 199.9 | 201.9 | 203.9 |
| | $O_2$ | 44.6 | 45.1 | 45.7 | 46.3 | 46.8 | 47.4 | 48.0 | 48.6 | 49.2 | 49.8 |
| 84 | $N_2$ | 205.9 | 207.9 | 209.9 | 211.9 | 214.0 | 216.0 | 218.1 | 220.2 | 222.3 | 224.4 |
| | $O_2$ | 50.4 | 51.0 | 51.7 | 52.3 | 52.9 | 53.6 | 54.2 | 54.9 | 55.5 | 56.2 |

　　分析过程中在杜瓦瓶口盖上松紧合适的盖子，杜瓦瓶内向外蒸发的液氮就可有效阻止大气向杜瓦瓶内的渗入。需要指出的是，随着液氮的蒸发，杜瓦瓶中的液氮液面持续地下降，会改变样品管内冷死体积，影响物理吸附分析。采用液位传感伺服系统控制杜瓦瓶冷阱自动升降，可以保持液氮液位与样品管相对位置不变；也可以采用等温夹套技术，在样品管颈外套一多孔材料的套筒，利用毛细效应保证液氮始终在套筒内包围样品管颈，有效维持测试区域的温度恒定。

　　自动吸附仪可以人工输入 $p_0$ 值或由仪器自动测定。

　　d. 样品质量

　　测试前应对样品的表面积有个大概的估计，以确定所需样品质量。氮气吸附时所测样品应能提供 40～120 m$^2$ 的总表面积。小于这个范围，测试结果相对误差较大；大于这个范围，增加不必要的测试时间。当样品有很高的比表面积时，样品质量较少，这时称量过程可能带来较大的误差。建议最少的样品质量不低于 100 mg。注意：样品质量是脱气处理后的质量，如有必要，在吸附测量后须再次称量样品质量以校正之。

　　e. 平衡时间

　　若平衡时间不够，则所测得的样品吸附量或脱附量小于达到平衡状态的量，而且前一点的不完全平衡还会影响到后面点的测定。例如，测定吸附支时，在较低相对压力没有完成的吸附量将在较高的压力点被吸附，这导致吸附等温线向高相对压力方向位移。由于同样的影响，脱附支则向低压方向位移，形成加宽的回滞环，或者产生不存在的回滞环。

分子筛等微孔材料吸附速率受到内扩散的制约，还有一些柔性 MOF 材料因为孔道构型随吸附发生变化需要时间，因此吸附测量时，达到吸附平衡的时间甚至需要数小时。这种情况下设置仪器的实验平衡条件时，除了设定长的测试平衡时间，还可以通过减小仪器内设的平衡压力误差（tolerance）来保证吸附实验确实达到吸附平衡。

2）流动色谱法

流动色谱法不需要真空设备和精确的压力测定设备，不必作死体积校正，操作简单，可以快速准确地获得若干个相对压力下的吸附量，计算吸附剂表面积。流动色谱法的方法原理如图 1-21 所示[81]。

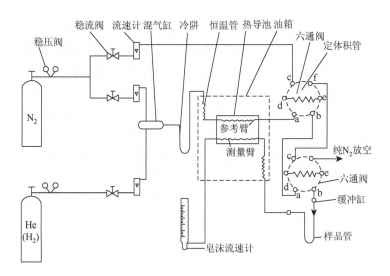

图 1-21  流动色谱法系统

以氮气为吸附质，氦气或氢气为载气。一定流速的载气和氮气混合后通过处于液氮温度的经过脱气处理的样品。当吸附达到平衡后，将液氮浴杯移走，样品管温度上升到室温，热导池检测混合气中氮气的增加，并记录氮气脱附峰面积。脱附完毕，转动平面六通阀向系统注入标准体积的氮气，获得标定峰面积（图 1-22）。比较标定峰和脱附峰面积求出吸附量。氮气在混合气中的比例（氮气流速除以混合气总流速）乘以实验时的大气压即为氮气分压 $p$。用氧气体温度计测定液氮浴温度，查表 1-6 得到该温度下氮气的饱和蒸气压值 $p_0$。改变氮气流速，重复上述操作，即可测出不同相对压力下的吸附量。

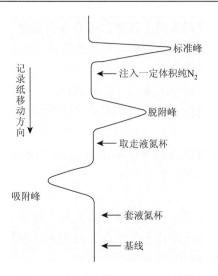

图 1-22　流动色谱法所得实验结果

　　吸附剂样品需经过烘干处理并精确称量，在吸附实验前还需要在样品管内原位高温载气吹扫脱除表面污染物。在整个测定过程中，载气和氮气的流速须精确测定，氮气流速必须保持不变。氮气在混合气中的比例控制在 0.05～0.35（BET 公式适用范围）。另外，标定峰和脱附峰面积要接近，避免热导池响应的非线性造成较大误差。

　　动态的流动色谱法忽略了载气的吸附。样品的脱气采用的是流动脱气，而不是真空脱气。流动脱气可以方便地除去外表面弱结合的吸附水，但对脱除微孔中吸附的水则可能需要相当长的吹扫时间。因此，流动色谱法一般采用单点 BET 法，进行非微孔材料的比表面快速分析。

### 3. 表面积的求算

1）BET 法

BET 法即采用 BET 二常数公式的直线形式，以 $\dfrac{p}{V(p_0-p)}$ 对 $\dfrac{p}{p_0}$ 作图（BET plot），得到直线。直线的斜率是 $\dfrac{C-1}{V_{\mathrm{m}}C}$，截距是 $\dfrac{1}{V_{\mathrm{m}}C}$，则：

$$V_{\mathrm{m}} = \frac{1}{\text{斜率} + \text{截距}} \tag{1-33}$$

从 $V_{\mathrm{m}}$ 算出固体表面铺满单分子层时所需的分子数，进而求出吸附剂的总表面积和比表面积。

　　BET 公式计算表面积基于单层吸附量，而明确的单层吸附只能在非孔性固体材料、大孔固体材料及孔宽大于 4 nm、毛细凝聚不影响吸附单层的中孔固体材料上形成。因此，原则上 BET 法只适合处理 Ⅱ 型和 Ⅵ（a）型吸附等温线，二常数 BET 公式适用范围 $p/p_0$ 一般为 0.05～0.35（更可靠的为 0.05～0.30），对于表面吸附能较高的吸附体系，BET 法的线性范围可能会向低相对压力移动。为保证数据的可靠性，BET 法作图应至少使用五个数据点（图 1-23）。

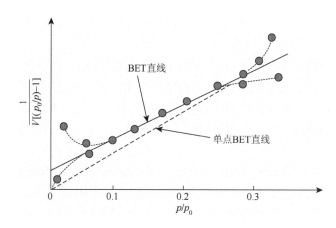

图 1-23　多点 BET 与单点 BET 直线

　　BET 公式计算表面积不能处理含微孔固体的吸附等温线，因为无法将低相对压力下（$p/p_0<0.1$）微孔填充的吸附量扣除，而得到单层吸附量。采用 BET 公式从含微孔的吸附剂吸附曲线上计算得到的表面积，只能称为"特征"或"等效 BET 表面积"（characteristic or equivalent BET area），而不能称为"内表面积"（internal surface area）。对于微孔材料而言，微孔的表面积物理意义并不明确。低相对压力下（$p/p_0<0.1$）微孔填充的饱和吸附量等于微孔的填充体积，即微孔孔容（见后文）。

　　另外，如果吸附剂上含有相当多的 2～4 nm 孔宽的中孔，由于单层吸附完成与毛细凝聚开始的相对压力非常接近，单层吸附量容易显著高估而导致表面积计算值偏大。

　　BET 法计算多孔固体的表面积虽然源于 BET 吸附理论，但实际上，BET 法是一个经验方法。

　　2）单点 BET 法

　　若 BET 二常数公式中 $C$ 值较大时（$C>50$），BET 直线形式可简化为

$$\frac{p}{V(p_0-p)}=\frac{p}{p_0}\times\frac{1}{V_{\mathrm{m}}} \qquad (1\text{-}34)$$

则以 $\dfrac{p}{V(p_0-p)}$ 对 $\dfrac{p}{p_0}$ 作图，得到通过原点的直线（图 1-23），直线的斜率即为 $\dfrac{1}{V_m}$。

式（1-34）也可改写为

$$V_m = V\left(1 - \frac{p}{p_0}\right) \tag{1-35}$$

这样不必作图，利用一个点的 $V$ 与 $p$ 即可计算出 $V_m$，求算出表面积。

大多数表面上，在 $p/p_0$ 为 0.3 时测定吸附量，采用单点法求算得到的表面积与 BET 法（也可称多点 BET 法）的误差小于 5%。因此，单点 BET 法是一个快速准确的表面积测定方法，特别是对于表面性质已知的大孔或者非孔性样品。

3）B 点法和 A 点法

这是在 BET 公式出现前的经验方法。P. H. Emmett 和 S. Brunauer 将 II 型等温线的拐点称为 B 点，将 B 点对应的吸附量视为单层吸附量 $V_m$，并据此求算表面积。根据对 BET 公式 $C$ 值与吸附等温线形状关系的讨论，当 $C=9$ 时，等温线拐点恰好等于单层饱和吸附量 $V_m$；当 $C<9$ 时，$C$ 越小，拐点吸附量越偏离 $V_m$（$C=5$，偏离 21%；$C=3$，偏离 55%）；当 $C=2$ 时，拐点消失；当 $C>9$ 时，拐点吸附量在 $C=50$ 时偏离 $V_m$ 最大（15%），$C$ 值继续增大，拐点吸附量逐渐又与 $V_m$ 接近。

一般当 $C$ 值较大时（$C>100$），等温线有很确定的 B 点。但在实际实验中，有时 B 点难以确定，因此，也可将等温线中等相对压力的平台直线段外延至吸附量轴，得到 A 点，以此点值作为单层吸附量 $V_m$，计算表面积。A 点法求出的表面积小于 B 点法（图 1-24）。

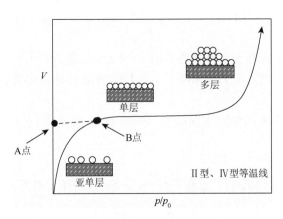

图 1-24　吸附等温线上的 B 点和 A 点示意

4）吸附层厚度法

如前所述，在非孔性固体上，当表面吸附多于单层后，氮的吸附层数 $n$ 或厚度 $t$ 值仅与相对压力 $p/p_0$ 有关，而与吸附剂种类无关。因此，根据 $p/p_0$ 与 $n$（$t$）数据表或者经验公式（Halsey 或 Harkins-Jura 方程），可由某一相对压力下的吸附量实测值计算出非孔性固体的表面积。

现在，许多国际标准组织都已将气体吸附法列为比表面积测试标准，如美国的 ASTM D3663-03（2015）*Standard Test Method for Surface Area of Catalysts and Catalyst Carriers*，ASTM D5604-96（2017）*Standard Test Methods for Precipitated Silica—Surface Area by Single Point B. E. T. Nitrogen Adsorption*。国际 ISO 标准组织的 ISO 9277：2010 *Determination of the Specific Surface Area of Solids by Gas Adsorption—the BET Method*。我国比表面积测试有许多标准，其中最具代表性的国家标准有 GB/T 19587—2017《气体吸附 BET 法测定固体物质比表面积》，GB/T 5816—1995《催化剂和吸附剂表面积测定法》。

## 1.2.2　孔容和孔尺寸分布

ISO 15901 定义，固体内部与外界连通的孔称为开孔（open pore），其中，仅有一个外界连通开口的开孔称为盲孔（blind pore、dead-end-pore）。不与外界连通的孔称为闭孔（closed pore）。

固体催化剂内部对于催化反应有意义的是那些反应物、产物分子可以进出的开孔，这些孔即使不是刻意制造的，也是精心选择的。孔形状、孔尺寸、孔容和孔尺寸分布等孔形态特性对催化剂的活性和选择性都有很大的影响。很多情况下，固体催化剂表现出的活性和选择性并不反映其本征特性，而是由与其孔形态有关的扩散控制所决定的。因此，对催化剂的孔形态进行分析和测定也是催化剂研究中必不可少的内容[82]。

对于具有确定几何特征的孔，孔尺寸可以用其几何特征尺度标示，例如，对于理想的圆柱形孔或者平板孔分别用孔直径和板壁间距（二者统称孔宽）标示。但是，固体催化剂内部的孔其实是极不规则的，实践中无法用纯粹的几何特征值标示。催化剂孔形态参数往往是采用间接测定方法，基于特定的孔形状模型分析确定的。对大多数多孔固体来说，圆柱形孔和平板孔是统计最佳的几何等效孔模型，所以通常把催化剂内部的孔等效视作圆柱形孔或者平板孔，孔尺寸也用等效孔的孔宽标示。由于更多地采用圆柱形孔为等效孔模型，默认孔口为圆形，因此"pore size"一词过去习惯性翻译成"孔径"。本书采用"孔尺寸"代替以往的"孔径"一词，相应的"孔尺寸分布"代替"孔径分布"。需要注意的是，为了使圆柱形孔和平板孔的孔尺寸数值与二者对吸附物分子的容纳能力具有可比性，孔宽指圆柱形孔的孔直径（pore diameter）而不是半径（radius）；孔尺寸分布报告横轴变量也是孔直径。

对于微孔吸附剂，微孔填充的微孔饱和吸附量即微孔孔容。纯微孔吸附剂的孔容对应其 I 型等温线的平台吸附量；中微孔混合吸附剂上微孔填充在 $p/p_0$ 等于 0.01～0.15 之间完成，但此时的总吸附量还包含了外表面上的亚单层吸附量。IV 型等温线表明吸附剂含有中孔，高 $p/p_0$ 段的吸附终止平台吸附量就是中孔和微孔的总孔容，但若此平台不易分辨，总孔容通常取 $p/p_0$ 为 0.95 的吸附量，相应的孔宽为 50 nm。吸附剂的孔容除以其质量称为比孔容（specific pore volume，单位为 $cm^3/g$ 或 mL/g）。

孔尺寸分布指吸附剂中存在的各级孔尺寸按数量、内表面积或体积计算的百分率，通常用不同孔宽 $D_p$ 的孔容 $V_D$（对非微孔吸附剂，也可以是内表面积 $A_D$）随孔宽 $D_p$ 的变化率表示，如 $dV_D/dD_p$-$D_p$ 或 $dV_D/dD_p$-$\lg D_p$，$dA_D/dD_p$-$D_p$ 或 $dA_D/dD_p$-$\lg D_p$。

测定孔尺寸、孔容和孔尺寸分布等孔形态参数可以使用直接观测法，如电镜法。对于具有规整孔结构的多孔固体，直接观测法可以直观地反映其孔几何形状，准确测量其孔宽。但直接观测法测定速度慢，结果代表性和重复性较差，而且试图使用一个或者几个特征尺度值去描述不规则孔的几何特征也是不现实的。因此，催化研究通常采用气体吸附法和压汞法等间接测定法，通过测定流体（如氮气和汞）在孔内的渗透和滞留特性，基于特定的孔分析理论或者模型，分析确定孔形态参数。这一过程等于把被测真实催化剂复杂的孔系统等效为一个流体在其上表现出相同的渗透和滞留行为的具有理想几何形状，如圆柱形、球形或平板狭缝等的模型孔集合。这样得到的孔形态数据是等效模型孔集合的理想孔尺寸分布，只是一种名义值，具有平均或等效的意义，已不再反映真实催化剂内部孔的实际几何特征。显然，等效孔形态数据的获得完全依赖于测定方法（流体分子的性质）和分析理论（所采用的孔模型）。虽然丧失了确定的几何意义，但这一结果恰恰对理解和表征催化剂的吸附能力和催化活性十分有用。因此，用氮和氩低温吸附等温线获得的孔容分布曲线是表征催化剂孔形态的最好手段之一。通过对比规整孔道结构多孔吸附剂的直接和间接观测结果，可以校验孔分析理论或者模型的合理性和准确性。

由于采用的理论和孔模型不同，不同测定方法所得到的孔形态参数往往是不一致的。因此，报告孔尺寸、孔容数据时，需要同时说明测定的实验方法和采用的分析模型。压汞法可应用于测定直径大于 3 nm 的开孔系统，但一般应用于测定大孔。中孔和微孔的分析应用气体吸附法。不同孔宽范围的孔分析理论和模型也不一样，中孔使用 BJH 法、t-plot 法等，微孔分析有 D-R 方程、HK、SF、MP 法等。新发展的非局域密度泛函理论（non-local density functional theory，NLDFT）

方法，可以分析全孔的孔尺寸分布。对于分子不能进入的封闭孔可用小角 X 射线散射或小角中子散射等方法测定，但本节不作介绍。

需要注意的是，目前所有的孔分析理论或者模型都假定各孔互不连通、相互独立，各孔内的吸附和脱附互不干扰。或者说，现有的孔分析理论和模型还只能将孔等效为一组尺寸不同、互不连通的规整几何结构的模型孔集合，而不能处理为一个相互连通的孔网络复杂系统。理解和表征孔之间的连通性，是目前孔形态研究的重要课题[53, 83-85]，需要组合多种表征手段，并发展新的分子模拟和统计力学方法。

### 1. 气体吸附法

气体吸附法测定液氮或液氩在吸附剂上的吸附等温线，采用特定的理论或方法，计算或分析吸附等温线，获得其上孔尺寸分布。经典的宏观热力学吸附理论和一些经验或半经验的方法，在各自适用的有限孔尺寸范围可以给出很好的孔尺寸分布结果。近年来，基于统计力学的 DFT 和 MC 模拟方法的孔尺寸分布分析取得了长足的进展。

1）中孔孔尺寸分布的 BJH 计算法

气体吸附法测定中孔孔尺寸分布基于毛细凝聚现象，Kelvin 公式是中孔孔容和孔尺寸分布的基本计算模型。

由 Kelvin 公式可以计算出给定 $p/p_0$ 所对应发生毛细凝聚的毛细管半径 $r_k$，也称 Kelvin 半径，在此 $p/p_0$ 条件下，所有半径比 $r_k$ 值小的孔全部被毛细凝聚的吸附质充满，因此，吸附等温线上与此相对压力 $p/p_0$ 对应的吸附体积 $V_r$，即为半径小于等于此 $r_k$ 全部孔的总体积。作 $V_r$-$r_k$ 关系曲线，即为孔体积对孔半径的积分分布曲线。在积分分布曲线上用作图法求取当孔半径增加 $\Delta r$ 时吸附量增加的体积 $\Delta V_r$，求出 $\Delta V_r/\Delta r$（或者采用数值方法求出 $dV_r/dr$），以 $\Delta V_r/\Delta r$ 对 $r_k$ 作图，即为孔半径的微分分布曲线。微分分布曲线最高峰对应的半径为最可几半径。

但是，由 Kelvin 公式计算所得半径 $r_k$ 并非真实孔半径 $r_p$（$r_k < r_p$），由 $r_k$ 返算所得的表面积大于吸附剂的真实表面积。A. Wheeler[86]考虑了包括吸附液膜的毛细凝聚过程，指出吸附过程当毛细凝聚现象在孔半径为 $r_p$ 的孔中发生时，孔壁上已经覆盖了厚度为 $t$ 的吸附层，毛细凝聚实际是在吸附膜所围成的"孔心"发生，$r_p = r_k + t$。同理，在脱附过程中，毛细管中凝聚的吸附质液体蒸发后，孔壁上仍然覆盖着厚度为 $t$ 的吸附层（图 1-25）。

E. P. Barett、L. G. Joyner 和 P. P. Halenda 据此原理提出了计算中孔孔尺寸分布的最经典方法——BJH 法[25]。

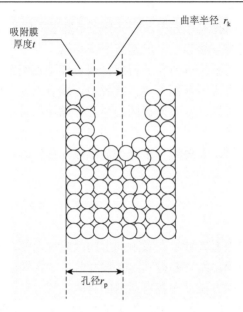

图 1-25　考虑了吸附液膜的毛细凝聚过程

BJH 法采用圆柱形盲孔等效模型，且设定孔之间互不连通，因而在吸附或脱附过程中彼此独立作用；假定中孔内吸附层的厚度 $t$ 仅与相对压力 $p/p_0$ 有关，而与吸附质性质和孔半径无关，采用前述的 Halsey 或 Harkins-Jura 等经验公式计算。在吸附进行时，相对压力 $p/p_0$ 所对应的吸附量 $V$ 不但包含了半径小于发生毛细凝聚 $r_i$ 的所有孔内的毛细凝聚量，而且还包括半径大于 $r_i$ 的孔孔壁上形成液膜的吸附量；相对压力 $p/p_0$ 增加，孔壁上液膜继续增厚，同时毛细凝聚也向大孔推进，即

$$V_{ads}(x_k) = \sum_{i=1}^{k} \Delta V_i [r_i \leqslant r_k(x_k)] + \sum_{j=k+1}^{n} \Delta S_j t_j [r_j \geqslant r_k(x_k)] \qquad (1-36)$$

式中，$V_{ads}(x_k)$ 为 $x_k = p_k/p_0$ 时的总吸附量；此时发生毛细凝聚的 Kelvin 半径为 $r_k$；$\Delta V_i$ 为半径为 $r_i$ 的中孔内的吸附量（$r_i \leqslant r_k$）；$\Delta S_j$ 为半径为 $r_j$ 的中孔的管壁表面积（$r_j \geqslant r_k$）；$t_j$ 为管壁上的液膜厚度；$\Delta S_j t_j$ 为半径为 $r_j$ 的中孔的管壁形成液膜对应的吸附量。

同理，在脱附时，半径为 $r_i$ 的孔脱去毛细凝聚液时，半径大于 $r_i$ 的大孔孔壁液膜也有蒸发，厚度减少，脱附量也是二者的叠加。

据此，BJH 法给出了一套中孔孔尺寸分布计算的递推公式。BJH 法手工推算过程虽然冗长烦琐［参考石油化工行业标准 SH/T 0572—1993（2004）《催化剂孔径分布计算法（氮脱附等温线计算法）》］，但是对应的计算机程序还是很简单的。商品吸附仪一般都附带有此类数据处理程序。

BJH 法作吸附层厚度校正时，假设了中孔内的吸附液膜厚度与平面上的液膜厚度相同，即假设孔内吸附液膜化学势与液体本体化学势相等，但这样的吸附液膜在热力学上是不稳定的。J. C. P. Broekhoff 和 J. H. de Boer 考虑了实际孔中的吸附液膜化学势与液体本体化学势不同，指出吸附液膜厚度不仅与相对压力有关，而且与吸附液膜曲率（即孔半径）有关。他们给出了一套新的吸附液膜厚度关联公式，提出一个能满足热力学平衡条件的 BdB 中孔孔尺寸分布计算法[23, 87, 88]。

如前所述，吸附-脱附过程的不可逆性源于吸附剂中发生毛细凝聚的中孔的几何结构，回滞环中吸附支和脱附支的分离是由于发生凝聚和蒸发时的凹液面情况不同。因此，选择吸附支和脱附支数据分别计算中孔孔尺寸分布时，可能给出不同的结果。应该看到，在计算中孔孔尺寸分布时，需要预先设定孔的形状模型，因此，无论采用吸附支还是脱附支，计算得到的都是一种流体渗透等效孔的孔尺寸分布。而催化研究恰恰关心的是能合理反映催化剂孔结构对内扩散行为影响的结果，并不特别在意催化剂"真实"的孔几何结构。

根据前面对吸附剂孔的几何形状与回滞环形状关系的讨论，一般情况下，催化研究计算孔尺寸建议采用脱附支数据。因为：

（1）对于理想的两端开口的圆柱形孔，吸附支和脱附支重合。

（2）对于两端开口的圆柱形孔，吸附支对应的凹液面是圆柱面，而脱附支对应的才是在孔口处形成的半球形凹液面。

（3）平板孔和由片状粒子形成的狭缝形孔，吸附时不发生毛细凝聚，而脱附支数据才反映真实的孔隙。

（4）对于"墨水瓶"孔等带有喉管的孔，吸附是一个孔空腔内逐渐填满的过程，根据吸附支数据可得到空腔内的孔尺寸分布，但是脱附支能反映喉管的尺寸，而多孔催化剂的内扩散速率恰恰是被孔道最窄的喉管尺寸限制。因此，脱附支是孔大小更好的度量。特别是当交织的孔结构具有几条并行的喉管时，脱附支反映的是其中最粗的喉管尺寸，而这恰好又能正确地反映孔结构对催化剂内扩散的限制作用。

（5）吸附时，在毛细凝聚前可能需要一定程度的过饱和，Kelvin 公式所假定的热力学平衡可能达不到。还有脱附时毛细孔内的凝聚液与液体本体性质接近，而吸附时，物理力（特别是第一层）与液体本体分子间力不一样，这时 Kelvin 公式使用液体本体表面张力与液体的摩尔体积比较勉强。

当然，问题绝不能一概而论。如前节所述，对 77 K 的氮吸附，应用 Kelvin 方程计算发生毛细凝聚的孔尺寸的可靠上限 $p/p_0 = 0.95$，而 $p/p_0 > 0.5$ 的脱附数据才能真实反映发生毛细凝聚的孔尺寸下限。因此，BHJ 法计算中孔孔宽的上限是 50 nm，使用脱附支计算孔宽的下限是 5~6 nm。对于 H2（a）型回滞环，当"墨水瓶"孔喉管宽度小于 5~6 nm 的临界尺寸，脱附支在 $p/p_0 = 0.4~0.5$ 区间因空化作用急剧下降，导致回滞环强制闭合。显然，这时使用脱附支计算，得到的只是这个临界尺寸，而不是真实的孔尺寸分布。同样，如果 H3 型、H4 型和 H5 型回滞环在 $p/p_0 = 0.4\sim0.5$ 区间，脱附支有陡峭的下落，强制闭合处，也是空化作用的结果，这时使用脱附支计算，孔尺寸分布曲线上在 $4\sim6$ nm 之间也会出现一个"假"峰。因此，当分析上述类型回滞环等温线脱附支数据，得出小于 12 nm，特别是 $4\sim6$ nm 集中的孔尺寸分布时，一定要慎重[89]。或者与吸附支分析结果对比，或者采用 NLDFT 方法分析（下文），还可以改变吸附温度甚至吸附质，最好还能通过直接观测法（如 TEM）确认。

如前所述，如果中孔孔宽小于临界宽度 $D_{ch}$，则出现完全可逆、没有回滞环的 IV（b）型等温线。例如，孔宽约 4 nm 的 MCM-41 规整中孔材料 77 K 氮吸附等温线是没有回滞环的 IV（b）型，虽然毛细凝聚造成的等温线台阶跃升在 $p/p_0$ 为 $0.41\sim0.46$ 之间，但平均孔宽计算值 3.2 nm 真实反映了 MCM-41 孔尺寸分布。上述 MCM-41 规整中孔材料改为 77 K 氧吸附，等温线则变成 IV（a）型，回滞环在 $p/p_0$ 为 $0.34\sim0.44$ 之间，以氧吸附数据估算孔宽为 $3.0\sim3.7$ nm[90]。

BJH 法设定孔之间互不连通，即假定孔是相互独立的，各孔内的吸附和脱附互不干扰。由此得到的孔尺寸分布实际等效的是一套互相独立的中孔的孔尺寸分布。为了了解中孔的连通情况，可以做回滞环扫描（hysteresis scanning）实验，对比吸附-脱附扫描曲线与边界吸附/脱附等温线回滞环的形状，研究孔连通性的信息。

2）微孔孔容和孔尺寸分布的测定

对于微孔材料而言，微孔的内表面积物理意义并不明确，而且也没有太大的实际应用价值。如图 1-26 所示，在低相对压力（$p/p_0 < 0.15$）微孔填充形成时，圆柱形微孔内填充的吸附质分子的截面积加和并不反映圆柱形孔孔壁的任何几何特征，而平板狭缝微孔内填充的吸附质分子的截面积总和可能高估了平板狭缝的内壁面积（注意：此 $p/p_0$ 条件外表面尚未形成吸附单层）；然而微孔填充的饱和吸附量反映的恰恰是微孔的可填充体积。因此，微孔孔容和孔尺寸分布是衡量微孔材料孔性质最重要的指标。

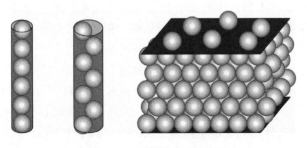

图 1-26　微孔填充示意图

如前所述，外表面积很小的微孔物质的物理吸附等温线通常呈 I 型。在很低的相对压力下，微孔即吸附饱和，等温线出现一平台。常规的吸附测量从 $p/p_0 \approx 0.01$ 开始，虽然可以测得微孔材料的孔容，然而此相对压力下可能大部分微孔已经充满，因此无法测到微孔的孔尺寸分布数据。吸附法测定微孔材料的孔尺寸分布，首先要测准样品在很低相对压力下的吸附等温线，要做到这一点除了要求仪器有高的真空度和高精度压力传感器外，还要选择合适的吸附质分子，以及恰当的样品处理和测定条件。目前的高分辨低压（high-resolution low-pressure）吸附技术可以从 $10^{-6}$ 甚至 $10^{-7}$ 的低相对压力开始测试，得到高分辨吸附等温线。

尽管 $N_2$（77 K）是测量 BET 表面积和中孔孔尺寸分布最常用的吸附质，但它并不一定是测量微孔孔容的最好选择。例如，由于 $N_2$ 分子与分子筛孔道内阳离子存在较强的四极矩诱导相互作用，影响分析结果的真实性。IUPAC 建议选择惰性的球形分子 Ar（87 K）作为吸附质分析微孔更合适。

一般来说，微孔材料与非微孔材料相比，样品脱气处理条件要苛刻一些，原因是排除微孔内的吸附物要比中孔或大孔内的吸附物困难得多。

商品化的自动吸附仪测定死体积是在液氮温度、氦气压力下完成的，而微孔样品在死体积测试过程中，会吸附相当量的氦气，在液氮温度下很难再次把样品抽到与样品脱气后一样干净［这种现象称为氦气截留（helium entrapment）］。这部分氦气会在吸附氮气过程中释放，使得它在超低压力时比没有暴露到氦气中的样品具有更高的平衡压力。把死体积测量和微孔吸附测定分为了两个独立过程可避免氦气截留，即样品在死体积测试后，重新加热脱氦气，然后再进行吸附测试，将已测得的死体积值作为已知参数输入自动吸附仪。同样的原因，微孔样品预处理后气体回充也会造成超低压力时平衡压力值偏高，因此应对微孔样品再进行额外的脱气，以保证脱除回充气，或者选择不回填气体方式分析。

另外，微孔样品的吸附平衡时间也较长。

微孔孔容的求算还需要选择合理的孔模型和相应的计算方法。

a. D-R 方程

D-R 方程［式（1-25）］适用于求算微孔活性炭和分子筛等微孔材料的孔容。以 $\ln V$ 对 $\left(\ln \dfrac{p_0}{p}\right)^2$ 作图应得一直线，由截距可计算得微孔孔容[26]。

但 D-R 方程作图，直线两端通常发生线性偏离。高相对压力下的偏离是受 D-R 方程的适用范围所限，低相对压力下的偏离是由于活化扩散作用。D-R 方程作图也可能形成两条直线，这时可认为微孔样品存在两种尺寸的微孔。

D-R 方程后有多种改进和修正，如 D-A 方程［式（1-26）］[27]、D-R-S 方程[61]等。但总体而言，这些方程适用的吸附体系有限。

b. HK 方程

1983 年，G. Horvath 和 K. Kawazoe 提出了 HK 模型[28]，认为吸附质分子和吸附剂孔壁分子间的相互作用在空间各处相同，推导出一个吸附质分子在狭缝形孔中的平均摩尔势能与微孔孔宽的函数，这个平均摩尔吸附势能等于理想气体的 Gibbs 自由吸附能。HK 方程给出狭缝微孔 77.35 K $N_2$ 吸附发生微孔填充的孔宽 $D_p$ 与相对压力 $p/p_0$ 的关系（表 1-7）[4]，即吸附平衡压力达到对应的 $p/p_0$，孔宽为 $D_p$ 的微孔就由全空转变为完全充满。因此，根据等温线数据可得到吸附量与狭缝形微孔尺寸的对应关系，进而得到微孔孔尺寸分布 $dV_r/dr$-$r$。

表 1-7　狭缝孔内 77.35 K $N_2$ 吸附发生微孔填充的孔宽 $D_p$ 与 $p/p_0$ 的相应关系

| $D_p$/nm | 0.4 | 0.5 | 0.6 | 0.7 | 0.8 | 1.0 | 1.2 | 1.4 | 1.7 | 2.0 |
|---|---|---|---|---|---|---|---|---|---|---|
| $p/p_0$ | $1.8\times10^{-7}$ | $1.2\times10^{-5}$ | $1.7\times10^{-4}$ | $9.6\times10^{-4}$ | $3.2\times10^{-3}$ | $1.4\times10^{-2}$ | $3.5\times10^{-2}$ | $6.3\times10^{-2}$ | $1.1\times10^{-1}$ | $1.6\times10^{-1}$ |

随后，A. Saito 和 H. C. Foley 设定圆柱形孔模型，按照 Horvath-Kawazoe 的方法，推导了适用于沸石分子筛的 SF 微孔分析方法[29]。87.27 K Ar 吸附时，SF 法推出的圆柱形孔内发生微孔填充的孔宽 $D_p$ 与相对压力 $p/p_0$ 的关系见表 1-8[4]。

表 1-8　圆柱形孔内 87.27 K Ar 吸附发生微孔填充的孔宽 $D_p$ 与 $p/p_0$ 的相应关系

| $D_p$/nm | 0.4 | 0.5 | 0.6 | 0.7 | 0.8 | 1.0 | 1.2 | 1.4 | 1.7 | 2.0 |
|---|---|---|---|---|---|---|---|---|---|---|
| $p/p_0$ | $5.7\times10^{-7}$ | $9.8\times10^{-6}$ | $1.4\times10^{-4}$ | $8.7\times10^{-4}$ | $3.1\times10^{-3}$ | $1.5\times10^{-2}$ | $3.9\times10^{-2}$ | $7.2\times10^{-2}$ | $1.3\times10^{-1}$ | $1.9\times10^{-1}$ |

后来，L. S. Cheng 和 R. T. Yang 又推导了球形孔的 HK 公式，并对原始狭缝形微孔 HK 公式进行了修正[30]。

HK 和 SF 方法受孔模型的选择和公式中有关物理参数值影响很大，因此使用时要根据吸附质和微孔样品种类合理选择孔模型和材料物理参数[91, 92]，并在分析报告中说明采用 SF 或 HK 法计算时使用的吸附剂和吸附质参数（adsorbent and adsorptive parameters）。表 1-9 为计算表 1-7 和表 1-8 数据所使用的吸附剂和吸附质参数[4]。

表 1-9　HK 法和 SF 法计算时使用的吸附剂和吸附质参数

| 物理参数 | 吸附剂 | | 吸附质 | |
|---|---|---|---|---|
| | 活性炭 | 沸石 | $N_2$ | Ar |
| 极化率（polarizability）/$10^{-24}$ cm$^3$ | 1.02 | 2.50 | 1.46 | 1.63 |
| 磁化率（magnetic susceptibility）/$10^{-29}$ cm$^3$ | 13.5 | 1.30 | 2.00 | 3.25 |
| 表面原子密度*（surface density）/$10^{18}$ m$^{-2}$ | 38.4 | 13.1 | 6.70 | 8.52 |
| 直径（diameter）/nm | 0.34 | 0.28 | 0.30 | 0.34 |

* 对吸附剂：atoms per square metre of pore wall；对吸附质：atoms per square metre of monolayer

对高硅铝比的 MFI 分子筛进行高分辨低压吸附测量时，经常发现吸附等温线在微孔填充段（对 87 K 氩吸附 $p/p_0 = 10^{-3}$，对 77 K 氮吸附 $p/p_0 = 0.1 \sim 0.2$）出现一个台阶状跃升。研究发现，这是因为 MFI 分子筛骨架与氮和氩之间的强相互作用导致微孔内吸附的氮和氩在对应的 $p/p_0$ 由无序的流体相转变为类晶体的固相结构，所以每个 MFI 分子筛单胞内部由容纳 23 个吸附质分子增加到 30 个，造成了微孔吸附量的骤然提升。这一现象的出现与 MFI 分子筛的骨架结构有关，骨架硅铝比越高，表面组成越均匀，此现象越明显（如在纯硅的 silicalite-1 上）。出现这种现象，如果使用 SF 法处理氩的吸附等温线或者不正确地使用 BJH 法处理氮的吸附等温线（BJH 法不适用于该 $p/p_0$ 区间），会分别得到孔宽集中在 0.8 nm 或者 2 nm 的虚假的孔尺寸分布峰[14, 93]。

在表征比表面积非常大的规整中孔材料时发现，由于其单层吸附量非常大，低相对压力下就有显著的吸附量，如果将这部分吸附误判为微孔填充，则使用 HK 或 SF 方法分析高分辨低压吸附数据，会人为制造出一个 1 nm 左右较宽的孔尺寸分布。而这时使用 t-plot 法作图（见下文），得到的仍是一条过原点的直线，说明是纯的中孔材料，不含微孔[53, 94]。

3）标准吸附等温线对比法

以下介绍的分析中孔的 $t$ 方法[31, 56]、$\alpha_s$ 方法[56, 95]、$n$ 方法[96]和分析微孔的 MP 法[97]等孔形态分析法都不是根据一定的理论模型推导出来的，而是从大量实验数据中归纳总结出的经验方法。实践证明，这些对多层吸附现象的经验表达方式与 BET 多层吸附理论的描述是一致的。

a. $t$ 曲线（$t$-curve）、$t$-plot 和 $t$ 方法（$t$ method）

如前所述，若将非孔性固体的氮吸附等温线采用吸附层厚度 $t$ 与气体相对压力 $p/p_0$ 的关系表达，可得到一条相同的氮标准吸附等温线（通用 $t$ 曲线）。这意味着，当表面吸附多于单层后，在相同的相对压力 $p/p_0$ 下，若不发生毛细凝聚，氮的吸附层厚度 $t$ 值在不同的吸附剂上是相同的。

$$t = \frac{t_m V}{V_m} = f\left(\frac{p}{p_0}\right) \quad (1\text{-}37)$$

式中，$V_m$ 为单层饱和吸附量；$t_m$ 为氮的单分子层平均厚度（0.354 nm）。

在非孔性吸附剂上，当相对压力 $p/p_0$ 增加时仅引起吸附层厚度（吸附层数）的增加，即吸附量 $V$ 与吸附层厚度 $t$ 成正比。

$$V = \frac{V_m}{t_m} t \quad (1\text{-}38)$$

所以，以非孔性吸附剂的吸附量 $V$ 对吸附层厚度 $t$ 作图（$V$-$t$ 曲线或 $t$-plot）

会得到一条过原点的直线，斜率等于 $V_m/t_m$（图 1-27）。显然，若吸附量以表面凝聚的液氮体积为单位（$nm^3$），则此斜率即为样品的表面积。

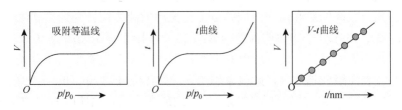

图 1-27　非孔性吸附剂的吸附等温线、标准吸附等温线（$t$ 曲线）和 $V$-$t$ 曲线

　　非孔性吸附剂的 $V$-$t$ 图为一条直线，说明随着吸附量的增加，吸附剂留存的表面积不变。

　　根据氮标准吸附等温线（$t$ 曲线）可求得相对压力 $p/p_0$ 对应的吸附层厚度 $t$ 值，以孔性吸附剂的各个相对压力 $p/p_0$ 下的吸附量数据 $V$ 对 $t$ 作图，则可得到孔性吸附剂的 $V$-$t$ 图。结果表明，随着相对压力 $p/p_0$ 的增加，孔性吸附剂上由于微孔填充或者毛细凝聚现象的发生，样品留存的表面积会发生变化，$V$-$t$ 曲线则可能偏离直线发生弯曲，呈现多种形状（图 1-28）。

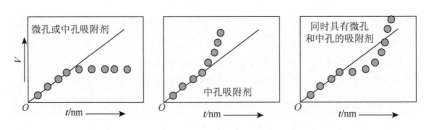

图 1-28　多孔性吸附剂的 $V$-$t$ 曲线（$t$-plot）

　　吸附剂中存在微孔，相对压力增加时发生微孔填充，在很低的相对压力下，$V$-$t$ 曲线就上凸向下偏离直线；而若吸附剂中存在中孔，中等相对压力下发生毛细凝聚，$V$-$t$ 曲线可能向上偏离直线；若吸附剂中同时存在中孔和微孔，$V$-$t$ 曲线则可能呈 S 形。

　　研究 $V$-$t$ 曲线可以获得吸附剂表面积和孔形态的信息。其中，解析微孔吸附剂 $V$-$t$ 图进行微孔形态分析的微孔法常称为 MP 法（见下文）。而一般所谓的 $t$ 方法主要根据 $V$-$t$ 曲线计算非孔性吸附剂的表面积（吸附层厚度法）和分析中孔吸附剂的总表面积、外表面积和中孔孔容等信息（图 1-29）。

　　在低的相对压力 $p/p_0$ 下，中孔吸附剂表面（包括中孔孔壁）逐渐形成吸附层，

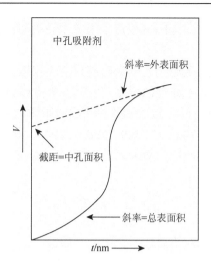

图 1-29　t 方法计算中孔吸附剂表面积和孔容

在毛细凝聚现象出现之前，相对压力的增加仅引起吸附层厚度的增加，$V\text{-}t$ 曲线为一直线段，其斜率反映吸附剂的总表面积；当相对压力增加至中孔内毛细凝聚现象出现时，吸附量急剧增加，而根据标准吸附等温线（$t$ 曲线）得到的吸附层厚度却增加很小，因此，$V\text{-}t$ 曲线迅速上升偏离直线；当毛细凝聚完成后，中孔填满，吸附质继续在吸附剂外表面累积吸附层，此时 $V\text{-}t$ 曲线再次呈一直线，直线斜率反映吸附剂的外表面积，而其截距等于吸附质的中孔孔容。

　　$t$ 方法的一个基本前提是认为氮的吸附层厚度（吸附等温线形状）仅是相对压力 $p/p_0$ 的函数，而与吸附剂的基本性质无关，即对一种吸附质（如氮）只存在一条通用的标准吸附等温线。而实际使用中发现，$V\text{-}t$ 曲线并不是总能通过原点的，这可能是吸附质和吸附剂之间相互作用强度不同造成的。因此，人们对 $t$ 方法提出了不同的改进方式，如针对化学性质不同的吸附剂建立不同的标准吸附等温线，或者根据吸附质和吸附剂之间相互作用强度分类建立一套标准吸附等温线等。

　　b. $\alpha_s$ 方法和 $n$ 方法

　　$\alpha_s$ 方法没有使用吸附层厚度这一概念，而是引入吸附量的一个归一化数值 $\alpha_s$（以相对压力为 0.4 时的吸附量作为归一化量）。以非孔性参考吸附剂上的吸附量归一化值 $n/n_{0.4}$ 对相对压力作图获得 $\alpha_s$ 标准吸附等温线（$\alpha_s$ 曲线），即

$$\alpha_s = \frac{n}{n_{0.4}} = \frac{V}{V_{0.4}} = f\left(\frac{p}{p_0}\right) \tag{1-39}$$

　　对同一类的吸附剂，构建同一的 $\alpha_s$ 曲线，建立 $\alpha_s\text{-}(p/p_0)$ 标准数据。以多孔吸附剂的各个相对压力 $p/p_0$ 下的吸附量数据 $V$ 对 $\alpha_s$ 作图，则可得到多孔吸附剂的

$V$-$\alpha_s$ 图。根据 $V$-$\alpha_s$ 曲线（$\alpha_s$-plot）也可以求算中孔吸附剂的表面积和中孔孔容等数据。

$n$ 方法则认为非孔性吸附剂上的吸附层厚度不仅取决于相对压力，而且取决于吸附质和吸附剂之间相互作用的强度。由于 BET 方程中的 $C$ 常数可以反映吸附质和吸附剂之间相互作用强度，按 $C$ 值不同可将吸附质和吸附剂之间相互作用强度划分为若干级（$C>300$、$300>C>100$、$100>C>40$、$40>C>30$、$30>C>20$）。以非孔性参考吸附剂上的吸附层数 $n$ 对相对压力 $p/p_0$ 作图获得不同 $C$ 值范围的 $n$ 标准吸附等温线（$n$ 曲线）：

$$n=\frac{V}{V_m}=f\left(\frac{p}{p_0},C\right) \tag{1-40}$$

多孔吸附剂 $V$-$n$ 作图时需要选择合适的 $n$ 曲线。对 $V$-$n$ 曲线（$n$-plot）的解释与 $V$-$t$、$V$-$\alpha_s$ 曲线类似，通过原点的直线表示发生多层吸附，由其斜率可以计算吸附质的表面积；根据 $V$-$n$ 曲线的弯曲偏离情况可以分析中孔吸附剂的表面积和中孔孔容等信息。

c. 微孔分析的 MP 法

MP 法是 $t$ 方法的扩展，该方法也基于 $V$-$t$ 图（$t$-plot）进行微孔形态分析（图 1-30）。

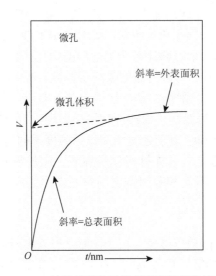

图 1-30　MP 法计算微孔吸附剂表面积和微孔孔容

对于微孔吸附剂，在吸附开始阶段，即 $t$ 或者相对压力 $p/p_0$ 很小时，也可以认为是一个吸附质对总表面的逐渐覆盖过程，$V$-$t$ 曲线一开始也是一段过原点的直线；随着相对压力 $p/p_0$ 的增加，吸附层增厚，微孔填充现象发生，由于部分微孔被充满，吸附剂因而丧失了一部分表面积，即留存的表面积下降，表现为吸附量的下降（被充满的微孔内不能继续发展多层吸附），因而 $V$-$t$ 曲线逐渐向下弯曲；当全部微孔被充满，吸附质在外表面继续吸附，吸附量随吸附层增加再次成正比的增加，$V$-$t$ 曲线变为一段较缓的直线。

综上所述，微孔吸附剂的 $V$-$t$ 曲线必然向下弯曲偏离直线（反之则不然）。MP 法即通过分析 $V$-$t$ 曲线获得微孔吸附剂的表面积、微孔孔容和孔尺寸分布等信息[72]。

如上分析，图 1-30 在低的相对压力 $p/p_0$ 下过原点的直线斜率反映总表面积 $S_T$（对于微孔吸附剂而言，总表面积并无太多的实际意义，此处假设微孔为平板狭缝型，所谓总表面积为平板狭缝的内壁面积加外表面面积。因此，下述分析不适用于圆柱形微孔等）；$V$-$t$ 曲线向下偏离直线表明发生微孔填充现象，大 $t$ 值的直线外推，其截距为微孔总孔容 $V_T$，由其斜率反映外表面积 $S_E$。

$V$-$t$ 曲线的下弯过程，反映了微孔被逐渐填充的过程，解析该段曲线可以求得微孔的孔尺寸分布（图 1-31）。

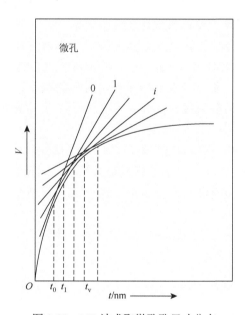

图 1-31　MP 法求取微孔孔尺寸分布

对微孔采用平行板模型，在微孔体积充满的情况下，微孔孔容 $V$、孔壁面积 $S$ 和吸附层厚度 $t$ 有如下关系：

$$V = S \times t \qquad (1\text{-}41)$$

$V$-$t$ 曲线弯曲段，某一点 $t_i$ 的切线斜率即为形成相应吸附层厚度 $t_i$ 时吸附剂留存的表面积 $S_i$。吸附层厚度增加至 $t_{i+1}$，更大的微孔被充满，留存的表面积 $S_{i+1}$ 继续减小，而此时吸附层厚度 $t_{i+1}$ 相应的是新被充满的微孔板间距。因此，第 $i$ 组微孔的孔容 $\Delta V_i$ 为

$$\Delta V_i = \Delta S_i \times \overline{t_i} \tag{1-42}$$

式中，
$$\Delta S_i = S_{i-1} - S_i \tag{1-43}$$

$$\overline{t_i} = \frac{1}{2}(t_{i-1} + t_i) \tag{1-44}$$

由 $\Delta V_i$ 即可得到微孔吸附剂的孔尺寸分布函数。

MP 法也考虑了不同的吸附剂与吸附质之间相互作用存在强弱差别，特别是微孔部分更应如此。一般地，在同一相对压力下，相互作用强的其吸附层厚度要稍大些。因此，MP 法一般也按照 BET 公式 $C$ 值的不同，划分吸附质和吸附剂之间相互作用的强弱关系 $t = f(p/p_0, C)$。按不同 $C$ 值范围选择合适的 $t$ 曲线，将吸附数据由 $V$-$p/p_0$ 图转变为 $V$-$t$ 图。

当然 MP 法也可以采用与微孔吸附剂化学性质相同的非孔性吸附剂作基准物，根据其吸附数据建立特定吸附剂物质（A）的标准吸附等温线 $t = f(p/p_0, A)$。

4）非局域密度泛函理论计算微孔孔尺寸分布

前述的经验或半经验的孔尺寸分布分析方法都建立在一定假设的基础上且有限定的适用范围。相对而言，基于分子统计力学的 DFT 和 MC 模拟方法，不需对吸附机制做假设，在分子水平描述吸附质相的构型，可以比经典的热力学方法更准确地计算吸附等温线，因此在多孔固体孔尺寸分布分析中的应用越来越普遍。

密度泛函理论 DFT 的基本思想为，非均匀流体的自由能可表达为局部密度的泛函。其中 NLDFT 方法，由于其算法相对简单，运算时间短，计算结果具有较高精度，且适用于微孔和中孔全范围，所以成为目前主流的孔尺寸分布分析算法[1, 4, 34, 98-100]。

NLDFT 方法采用巨正则系综构筑限定空间内流体分子的巨势 $\Omega$ 与局部密度分布 $\rho(r)$ 之间的函数关系：

$$\Omega[\rho(r)] = F[\rho(r)] + \int \rho(r)[v_{ext}(r) - \mu]dr \tag{1-45}$$

式中，$F[\rho(r)]$ 为无外场时流体分子的亥氏自由能（intrinsic Helmholtz free energy）$F$ 与 $\rho(r)$ 的函数，包括理想气体自由能（ideal gas free energy）$F_{id}[\rho(r)]$ 和过剩自由能（excess free energy）$F_{ex}[\rho(r)]$，$F_{ex}[\rho(r)]$ 又可分为相吸 $F_{att}[\rho(r)]$ 和相斥 $F_{HS}[\rho(r)]$ 两部分，相吸部分采用平均场近似（MFT），按照 Weeks-Chandler-Anderson 的方法进行处理，相斥部分非均匀硬球流体（inhomogeneous hard-sphere fluids）自由能函数则大多采用 Tarazona[101]提出的平滑密度近似（smoothed density approximation）；$v_{ext}(r)$ 为流体分子在与孔壁距离为 $r$ 时受到的壁面作用势，与选取的孔形状模型

（裂隙、圆柱形或球形）和孔宽有关[102]，孔壁对流体的作用为引起流体非均匀性的原因；$\mu$ 为流体分子化学势。

热力平衡时，满足巨势对局部密度导数为零的条件，即

$$\left[\frac{\delta\Omega[\rho(r)]}{\delta\rho(r)}\right]_{\rho=\rho_{eq}} = 0 \qquad (1\text{-}46)$$

方程式（1-46）叠代求解可求出平衡时的密度分布 $\rho_{eq}(r)$。得到平衡密度分布 $\rho_{eq}(r)$，就可以求算出吸附热和吸附等温线等热力学数据。

根据实验吸附等温线数据确定孔尺寸分布时，首先需要采用统计力学方法计算该吸附体系（吸附质/吸附剂）上的模型吸附等温线作理论参考。通过积分给定孔模型的吸附体系上各个孔宽 $W$，孔内流体的平衡密度分布 $\rho_{eq}(r)$ 可以计算得到一套模型吸附等温线 $N(p/p_0,W)$。模型吸附等温线 $N(p/p_0,W)$ 也就是给定吸附体系孔宽为 $W$ 的"单孔"的模型吸附等温线，实验测定的吸附等温线 $N(p/p_0)$ 即是"单孔"的理论模型吸附等温线 $N(p/p_0,W)$ 乘以该孔宽（$W$）"单孔"的孔尺寸分布函数 $f(W)$ 的积分，即

$$N(p/p_0) = \int_{W_{\min}}^{W_{\max}} N(p/p_0,W)f(W)\mathrm{d}W \qquad (1\text{-}47)$$

通过数值方法求解式（1-47）积分吸附方程（integral adsorption equation，IAE），就能得到吸附剂的孔尺寸分布函数 $f(W)$。式（1-47）也称为通用吸附等温线（general adsorption isotherm，GAI）方程。NLDFT 拟合的吸附等温线与实验测定的吸附等温线吻合程度越高，计算结果越可靠。

NLDFT 计算孔尺寸分布时，选用的一套模型吸附等温线（也称 kernel）必须与实验吸附质/吸附剂体系一致，否则求解出的孔尺寸分布将会有显著错误。另外需要特别注意的是，kernel 的数值取决于孔形状模型、吸附物分子之间（adsorptive-adsorptive，fluid-fluid）及吸附物分子与吸附剂孔壁之间（adsorptive-adsorbent，fluid-solid）交互作用参数（interaction parameters）值，以及体现周边吸附物流体分子影响的权重函数等模型假设的选取。由于孔形状模型的有限和交互作用参数的不确定，NLDFT 拟合吸附等温线与实际吸附等温线在低相对压力段经常存在一定的偏差，特别是分析中微孔复合材料时。NLDFT 计算时，将交互作用参数作为可调参数处理可以降低拟合的偏差，但交互作用参数取值必须能够合理再现气液平衡密度和压力、气液表面张力等流体性质。实践中，还可以通过先拟合一个与吸附剂表面化学结构相似的无孔固体上的标准吸附等温线，来优化交互作用参数取值。

NLDFT 法假设孔壁在分子尺度上是光滑的，这与实际不符。淬火固体密度泛函理论（quenched solid density functional theory，QSDFT）改进方法引入表面粗糙度和各向异性，改善了多种微孔-中孔材料的孔隙表征精度[103]。

目前，NLDFT 法分析吸附等温线已有若干成熟的商业化软件，软件包含求解 IAE 的计算程序，以及不同吸附体系的多套 DFT 模型（kernel 文件）。DFT 方法认为是一种可以从微孔到中孔全范围分析孔尺寸分布的理论计算方法，MCM-41、SBA-15 等具有理想的规整孔道结构中孔材料的发展，为研究吸附和校验 NLDFT 法提供了理想的模型吸附剂，计算孔尺寸分布的正确性已经通过其他如 XRD、TEM 等直接观测方法的结果得到验证，结果的准确性都要高于经典方法。但也应看到，理论模型是对真实的理想化概括，本身受人类认识的限制。而且进行理论计算时，由于真实情况的复杂及理论和现实之间存在计算能力的鸿沟，往往需要引入许多人为的假设和近似。假设和近似越多，理论模型的物理意义就越模糊，结果理论计算方法最终总是蜕变为一种经验的近似。

气体吸附法有关的标准有 GB/T 21650.2—2008《压汞法和气体吸附法测定固体材料孔径分布和孔隙度　第 2 部分：气体吸附法分析介孔和大孔》、GB/T 21650.3—2011《压汞法和气体吸附法测定固体材料孔径分布和孔隙度　第 3 部分：气体吸附法分析微孔》。

### 2. 压汞法

#### 1）基本原理

压汞法（mercury porosimetry）的原理基于汞对一般固体不润湿，界面张力抵抗其进入孔中，欲使汞进入孔则必须施加外部压力。

采用刚性圆柱形孔模型（孔半径 $r$），则抵抗汞进入孔的界面张力是沿着孔壁圆周起作用的，并等于$-2\pi r\gamma\cos\theta$；而克服界面张力的外力（压强 $p$）作用在整个孔截面上，并等于$\pi r^2 p$。平衡时二力相等，则

$$r = \frac{-2\gamma\cos\theta}{p} \tag{1-48}$$

此方程常称为 Washburn 方程[104]。其中，汞的表面张力 $\gamma = 0.48\ \text{N/m}$，而汞与各类物质间的接触角 $\theta$ 为 $135°\sim150°$，通常取平均值 $140°$，所以式（1-48）可简化为

$$r = \frac{735}{p} \tag{1-49}$$

式中，$r$ 以 nm 为单位；$p$ 以 MPa 为单位。

显然汞压入的孔半径与所受外压力成反比，外压越大，汞能进入的孔半径越小。汞填充孔的顺序是先外部，后内部；先大孔，后中孔，再小孔。测量不同外压下进入孔中汞的量即可知相应孔大小的孔容。

压汞法可测的孔尺寸上、下限分别受最低填充压力和最高填充压力限制。目前压汞仪使用压强最大为 $200\sim400\ \text{MPa}$，可测孔半径范围为 $3\ \text{nm}\sim1000\ \text{μm}$。

目前商品化的压汞仪大多实现了计算机自动控制，内置程序软件用于自动数据采集、处理和生成报告，给出包括孔容、孔尺寸分布（积分、微分）、孔表面积、密度、孔隙率和颗粒粒径分布等数据。

2）实验方法

实验时将装有样品的样品池先抽空，然后将汞注满样品池，过剩的汞使之返回储汞器。压力通过液压油传递给汞，升压方式有连续扫描（加压）和步进扫描（加压）两种方式。随着压力升高，汞被压入样品孔内，汞液面下降，用浸入汞的电极检测随着压力的变化汞体积的变化，记录进汞曲线。当压力升到预定的压力值后，仪器自动进行降压，此时可记录退汞曲线。

压汞仪一般都有低压系统和高压系统，二者有独立分开的，也有合并在一起以便进行连续测量的。低压系统主要用来注汞和测量大孔的结构，高压系统是压汞仪最重要的组成部分，用来测量中孔的大小和分布。需要注意的是，压汞法主要适用于测量中孔和大孔，同时为缩短分析时间，保护并延长高压部件寿命，应根据样品测定实际需要设定最高压力，不必都设置到仪器上限。

3）数据处理

将进汞曲线（$V$-$p$ 或 $V$-$\lg p$ 曲线）的横坐标压力转化为相应的孔尺寸，即得到积分进汞孔容分布曲线（$V$-$r$ 或 $V$-$\lg r$ 曲线，图 1-32）；对积分曲线取微分可得到孔容的微分分布曲线（$\mathrm{d}V/\mathrm{d}r$-$r$ 或 $\mathrm{d}V/\mathrm{d}r$-$\lg r$ 曲线）。

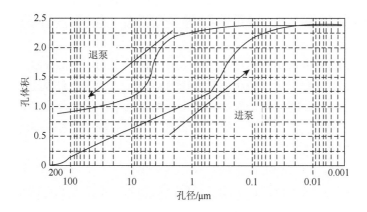

图 1-32　积分进-退汞曲线

以圆柱形孔为统计模型，则汞接触到的表面的表面积 $S$ 为

$$S = \frac{1}{-\gamma\cos\theta}\int_0^{V_t} p\,\mathrm{d}V \tag{1-50}$$

将进汞曲线（$V$-$p$ 曲线）转为 $p$-$V$ 图，积分 $p$-$V$ 曲线下的面积就可求得 $S$。

4）影响压汞法测量的因素

固体样品的复杂性决定了压汞法的测量结果还受到很多因素的影响。

理想的刚性圆柱形孔模型并不能完全等效反映实际多孔固体的孔形和孔网络结构。首先，真实的孔道内孔形结构并不是均匀的，往往存在窄的喉管。进汞时，只有达到了喉管入口半径对应的最大压力后，汞才可能充满整个孔，这种情况下，计算出来的孔尺寸分布将小于实际的孔尺寸（喉管内的空腔），或者说高估了喉管部窄尺寸的孔体积。反过来，退汞时也会有类似的现象，喉管会造成汞的截留和滞后，导致退汞曲线总在进汞曲线上方。其次，孔壁表面粗糙度或表面不均匀性也影响压汞曲线的形状，即使是单一孔形的多孔固体，仍然会出现压汞滞后回线。

一般来说，第一次进汞时，样品颗粒堆积体在外压下会压紧排布，形成密堆积。因此，第一次进汞在低压部分的进汞量主要是补充这部分体积压缩和填充颗粒之间的间隙。而退汞时，这部分汞不被记录。这导致了第一次进汞曲线和退汞曲线不会闭合。反复几次进汞和退汞过程，曲线就可以闭合。

汞和固体表面的真实接触角取决于许多因素。汞的纯净度既影响接触角，也影响表面张力，因此，所用的汞必须经过酸洗、干燥和蒸馏，以保证数据的正确性和重复性。除了汞的洁净度外，还包括固体表面的化学性质、洁净度和粗糙度。在实际测量中接触角一般选用平均值140°，但是在许多情况下，这一做法还是比较粗糙的，导致的孔尺寸分析的误差能达到50%。因此，如果需要得到准确的结果，汞与每一固体样品的接触角都要以实测值为准。另外，表面张力对污染也是敏感的。

压汞法测试中所得到的体积变化，有压入材料内的，也有汞在高压下被压缩部分。虽然汞在压力作用下的压缩量和压缩热而导致的液压油发生的体积膨胀是可以互相补偿一部分的，但是为了提高实验结果的准确性，不装样品的空载实验也是必要的。它可以修正由于汞被压缩而产生的相对侵入体积，以及样品本身、样品管和其他仪器元件产生的误差。

从原理上讲，压汞法可以应用于各种固体物质，在实际操作过程中，对于那些结构能被压缩，甚至在高压下完全被破坏的物质，要求对它的压缩进行修正或只做低压分析。另外，某些金属会与汞反应形成汞齐。

尽管存在上述各种问题，但由于压汞法测量大孔和中孔孔尺寸分布方便快捷，而且能够弥补氮气吸附法在大孔分析方面的不足，因此，它仍然是仅次于物理吸附法的孔形态标准分析手段。有关的标准有 GB/T 21650.1—2008《压汞法和气体吸附法测定固体材料孔径分布和孔隙度 第 1 部分：压汞法》，ISO 15901-1：2016 *Pore size distribution and porosity of solid materials by mercury porosimetry and gas adsorption—Part 1：Mercury porosimetry*，ASTM D4284-12（2017）*Standard Test*

*Method for Determining Pore Volume Distribution of Catalysts by Mercury Intrusion Porosimetry* 等。

### 3. 其他方法

还有一些直接和简便的方法可以测定催化剂的孔容。这些方法的准确性和精确度虽然不高，但是它们在催化研究和催化剂制备过程中有很强的实用性。

称重法：即将催化剂的孔充满某种已知密度的液体，然后称其增重，计算孔容。具体的方法为将已知质量的干燥的催化剂颗粒在蒸馏水中煮沸几分钟，或者置于真空瓶中彻底抽空后浸满水，使水渗入孔内，然后通过小心地过滤、气吹、沥离或者在湿布上碾滚等办法，除去催化剂颗粒间隙水，再称重，计算孔容。

水滴定法测定孔容：将准确称量的干燥的催化剂颗粒或粉末放入锥形瓶中，然后用滴定管滴入蒸馏水，不断摇晃并振荡锥形瓶，使水与粉末混合均匀，当粉末突然成团或者粘在瓶底不动的瞬间即为吸水饱和终点。根据滴入水量计算催化剂孔容。

上述方法测定的催化剂吸水容量可以分别应用于等体积浸渍法和初湿浸渍法制备催化剂时，计算浸渍液的配置浓度。

## 1.2.3　颗粒度测定

### 1. 颗粒和颗粒度

"颗粒"是指在毫米到纳米尺寸范围内具有特定形状的几何体。多相催化研究的一般是固体颗粒。对单颗粒而言，所谓"颗粒度"（particle size）就是颗粒的大小。

在多相催化研究领域中，"颗粒"一词所指的对象丰富而复杂。

狭义的催化剂（工业催化剂、实用催化剂）颗粒（sphere、pellet、granule、cylindrical、trilobe 等）是指人工成型的球、条、片、粉体等模状或不规则形状的具有发达孔系的颗粒聚集体。工业催化剂颗粒度是指在操作条件下，催化剂颗粒不再人为分开的最小基本单元的大小或尺寸。当催化剂颗粒具有显著的几何尺度（如毫米级）和确定的几何特征时（如球体、圆柱体、环、三叶草条等模状），催化剂的尺寸以其实际几何特征尺度标示。

更多的情况下，多相催化研究的"颗粒"以单晶、微粒、粉体及分散在载体上的金属或化合物粒子等分散体系形态出现。其中，原子、分子、离子按晶体结构的规则形成的单晶粒子是"一次颗粒"（primary particles），它们的尺寸一般是纳米级的。若干晶粒聚集成的大小不一的微米级颗粒是"二次颗粒"（second particles，grain）。细小固体颗粒的集合是"粉体"（powder）。

球形颗粒的大小可由其直径独立定义。但是真实颗粒的形状多为不规则体，用一个或者几个尺度数值去描述其尺寸特征是不现实的。因此，表达颗粒大小（颗粒度）的方法放弃了采用任何颗粒形状的概念，而是引入了"粒径"（particle diameter）或者更准确地以"等效粒径"（equivalent particle diameter）的概念来表达。即当被测定颗粒的某种几何学特性（投影、体积、表面积）、物理性质（光学、电学、质量）、物理行为（流体动力学、空气动力学）或者化学吸附特性等性质与某一直径的同质球体最相近时，就把该球体的直径作为被测颗粒的等效粒径。

通常研究的颗粒对象是一个粒子数量庞大的颗粒体系（集合），而且被研究的颗粒并不总是绝对的一样大小，有时大小分布甚至覆盖几个数量级。测量其中单颗颗粒的粒径没有任何意义，需要获得的是关于颗粒体系颗粒平均粒径及粒度分布情况的总体信息。因此，对于颗粒体系，"颗粒度"同时具有平均粒径大小和粒度分布双重含义。

颗粒度测定或分析的目的就是获得颗粒体系各种颗粒的大小尺寸特征和分布的数据。

2. 粒度分布

粒度分布（particles size distribution）就是用特定的仪器和方法表征出的颗粒体系中不同粒径颗粒占颗粒总数（总量）的比例，反映粒子大小的均匀程度。

粒度分布的表达有频率分布（frequency size distribution）和累积分布（cumulative size distribution）两种形式。频率分布又称为微分分布或区间分布，表示与各个粒径相对应的颗粒在颗粒体系中所占的百分数。累积分布也称积分分布，表示小于或大于某粒径的颗粒在颗粒体系中所占的百分数。

百分数的基准可用个数基准（count basis）、面积基准（surface basis）、体积基准（volume basis）和质量基准（mass basis）等表示。

粒度分布可用简单的表格、图形和函数等形式表示。表格法即用列表的方式给出某些粒径所对应的百分比的表示方法。图形法是在直角坐标系中用直方图和曲线等图形方式表示粒度分布的方法。函数法则用函数表示粒度分布，如 Rosin-Rammler 分布函数、正态分布函数等。

表示粒度分布特性的关键指标有：

平均粒径（mean particle size）：通过对粒度分布加权平均得到的一个反映平均粒度的量。

若粒度频率分布函数为 $f(n) = q(x, n)$，$x$ 为粒径，$n = 0$，$f(0)$ 个数分布函数；$n = 2$，$f(2)$ 面积分布函数；$n = 3$，$f(3)$ 体积或质量分布函数，则平均粒径 $\bar{x}(n)$ 可表示为

$$\bar{x}(n) = \frac{\int q(x,n)x\mathrm{d}x}{\int q(x,n)\mathrm{d}x} \tag{1-51}$$

但更多情况下，只能得到粒度区间分布的数据而非分布函数，这时平均粒径 $D[p,q]$ 可以按式（1-52）计算：

$$D[p,q] = \left[\frac{\sum n_i d_i^p}{\sum n_i d_i^q}\right]^{\frac{1}{p-q}} \tag{1-52}$$

式中，$n_i$ 为颗粒粒径分级第 $i$ 组级区间上的颗粒数，分布区间粒径下限数值 $D_i$，区间上限粒径数值 $D_{i+1}$；$d_i$ 为第 $i$ 组级颗粒的直径典型值，取组级区间几何平均值，即

$$d_i = \sqrt{D_i \times D_{i+1}} \tag{1-53}$$

具体有个数平均粒径 $D[1,0]$（算数平均粒径）、个数表面积平均粒径 $D[2,0]$、个数体积平均粒径 $D[3,0]$、表面积平均粒径 $D[3,2]$（Sauter 平均粒径）、体积或质量平均粒径 $D[4,3]$（de Brouckere 平均粒径）等。显然，$D[1,0] = \bar{x}(0)$，$D[3,2] = \bar{x}(2)$，$D[4,3] = \bar{x}(3)$。

需要注意的是，在很多情况下颗粒的粒径个数分布是得不到的，而得到的是粒径面积、粒径体积或者粒径质量分布。则此时：

$$D[3,2] = \frac{\sum s_i d_i}{\sum s_i} \tag{1-54}$$

$$D[4,3] = \frac{\sum w_i d_i}{\sum w_i} \tag{1-55}$$

式中，$s_i$ 和 $w_i$ 为颗粒粒径分级第 $i$ 组级区间上的总颗粒面积和总颗粒体积（质量）；$d_i$ 为区间上、下限几何平均值。

$D_{50}$：一个样品的累计粒度分布百分数达到 50% 时所对应的粒径。它的物理意义是粒径大于它的颗粒占 50%，小于它的颗粒也占 50%。$D_{50}$ 也称中位粒径或中值粒径（median particle size）。

$D_{97}$：一个样品的累计粒度分布数达到 97% 时所对应的粒径。它的物理意义是粒径小于它的颗粒占 97%。$D_{97}$ 常用来表示粉体粗端的粒度指标。类似地，还可以有 $D_3$、$D_{10}$、$D_{90}$ 等。

最频值（mode）：就是频率曲线的最高点所对应的粒径值，也称最可几粒径。

边界粒径：边界粒径用来表示样品粒度分布的范围，由一对特征粒径组成，如（$D_{10}$，$D_{90}$）、（$D_3$，$D_{97}$）等。

### 3. 颗粒度测定技术

等效粒径的概念决定了颗粒度的测定已经失去了通常的几何学测量的意义，

而转化为材料物理、化学性能的测试分析。因此，描述粒径及其分布必须要同时
说明依据的规则和测量的方法。

颗粒度测定的方法很多，实验室常用的有筛分法、显微镜（图像）法、重力
沉降法、离心沉降法、库尔特（电阻）法、小角激光光散射法、动态光散射法、
电镜法、氮气吸附（BET）法等（表 1-10）。要选择合适的测定方法，首先，考虑
颗粒材料的物化性质；其次，其测量上下限要能够覆盖所关心或者欲研究的颗粒
尺寸范围；最后，测量条件尽可能接近材料的使用条件，即对材料的应用有充分
敏感性。

**表 1-10　实验室常用的粒度分析方法及其特点**

| 方法 | 原理、等效粒径和分布 | 工具或仪器 | 测试范围/μm |
|---|---|---|---|
| 筛分法 | 物理筛分<br>筛分等效粒径<br>质量分布 | 标准筛 | $38\sim6000$（Tyler 标准筛）<br>$6000\sim3\times10^5$（非标准筛） |
| 显微镜法 | 图形分析<br>几何学等效粒径<br>个数分布（代表性差） | 光学显微镜<br>SEM<br>TEM | $1\sim6000$（1600 倍）<br>$0.01\sim$（$5\sim3\times10^5$ 倍）<br>$0.001\sim$（$1\times10^6$ 倍） |
| 沉降法 | Stokes 公式<br>流体动力学等效粒径<br>质量分布 | Andreassen 移液管<br>沉降天平<br>光透过重力沉降仪<br>光透过离心力沉降仪<br>X 光透过离心力沉降仪 | $10\sim300$<br>$1\sim300$<br>$10\sim300$<br>$1\sim300$<br>$0.1\sim300$ |
| 电阻法 | 库尔特原理<br>几何学等效粒径<br>个数和体积分布 | 库尔特粒度仪 | $0.4\sim1200$ |
| 小角激光光散射法 | Fraunhofer 衍射理论或 Mie 散射理论<br>光学散射等效粒径<br>截面积分布（Fraunhofer）<br>体积分布（Mie） | 激光粒度仪（Fraunhofer）<br>激光粒度仪（Mie） | $1\sim2000$<br>$0.02\sim3000$ |
| 动态光散射法 | 动态光散射理论<br>流体动力学等效粒径<br>体积分布 | 动态光散射纳米粒度仪 | $0.0001\sim10$ |
| 电泳法 | 电泳光散射原理<br>流体动力学等效粒径<br>体积分布 | Zeta 电位仪 | $0.005\sim30$ |
| BET 比表面积法 | BET 公式<br>表面积等效粒径<br>无粒度分布数据 | 物理吸附仪 | $0.03\sim1$ |
| 空气透过法 | Kozeny-Carman 方程<br>表面积等效粒径<br>无粒度分布数据 | 费氏粒度仪（Fisher subsieve sizer）<br>勃氏透气仪（Blaine permeameter） | $0.2\sim75$ |

续表

| 方法 | 原理、等效粒径和分布 | 工具或仪器 | 测试范围/μm |
|---|---|---|---|
| X 射线衍射线宽化法 | Scherrer 公式<br>X 射线衍射等效粒径<br>很难得到粒度分布 | X 射线衍射仪 | 0.005~0.05 |
| 化学吸附法 | 化学吸附的选择性<br>往往以分散度表示<br>无粒度分布数据 | 化学吸附仪<br>$H_2$、$H_2$-$O_2$、CO 等 | 0.001~0.01 |

颗粒样品往往粒子数量庞大，而且很不均匀。因此，分析时要求严格采样，保证样品具有足够的代表性，能反映所测材料的真实情况。而所有的粒度分析方法都要求颗粒之间不能相互干扰，要求制样时保证分析样具有足够的分散性，以保证数据的可靠和重复性。实践证明，粒度分析时由采样和制样分散步骤带来的误差往往比分析的测定误差更大（图 1-33）。

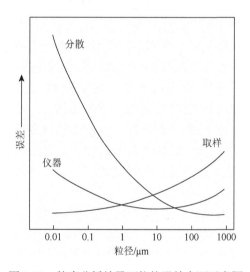

图 1-33　粒度分析结果可能的误差来源示意图

对于大颗粒体系，采样的不均匀是分析结果误差的主要来源；而对于纳米级的细微颗粒，样品的分散是获得准确分析结果的关键。有关各种物料的采样方式和分散办法的规定和建议，在分析前可参考有关的标准和仪器说明。但选择正确的采样和分散技术的前提是对所分析物料的形态、粒径、数量和物料特性等性质有充分的了解和认识。

1）筛分法

筛分法（sieving method）是一种最传统、应用最广的粒度测试方法。它是使颗粒通过不同尺寸的筛孔来测试粒度的。筛分法分干筛和湿筛两种形式，可以用单个筛子来控制单一粒径颗粒的通过率（质量）；也可以用一垛由粗到细按筛号顺序叠起的筛子，同时测量多个粒径颗粒的通过率，并计算出质量分数，获得以质量为基准的筛分粒径分布及平均粒径。筛分法测定所得的筛分径（sieving diameter），以颗粒通过和被截留的粗、细筛孔直径的算术或几何平均值表示。

筛分法所用的筛子有网筛和板筛两种，网筛的网目由金属丝按正方形编织而成。筛子的规格，也称筛号，用筛孔尺寸（aperture size）表示。筛孔尺寸即筛孔对边的中心距（正方形筛孔）或直径（圆孔），筛孔尺寸大于或等于 1 mm，用 mm表示，筛孔尺寸小于 1 mm，用 μm 表示（GB/T 6005—2008《试验筛 金属丝编织网、穿孔板和电成型薄板 筛孔的基本尺寸》）。筛号还常用"目"（mesh）表示，"目"是指在筛面的每英寸（1 英寸 = 2.54 厘米）长度上开有的筛孔数目。由于筛子编网时所用筛丝的直径不同，筛孔大小也不同，不同国家、不同行业的筛网规格有不同的标准，同一目数筛子的筛孔尺寸可能不一样。因此，用目数标示筛子筛号时必须同时标明筛孔尺寸。

标准筛是按法令规格化的一套筛具。我国尚未颁布国家标准套筛，目前国际上常用的标准套筛有国际标准组织（ISO）系列和美国 Tyler 系列。Tyler 标准筛制最细的是 400 目，筛孔尺寸 38 μm。因此，筛分法测定范围在 38 μm 以上。对于粒度大于 6 mm 的物料，所用的筛子一般为非标准筛。

筛分法有手工筛、振动筛、负压筛、全自动筛等多种方式，使用机械力摇动或振动样品使之通过筛孔。颗粒能否通过筛子，与颗粒的取向、筛面的运动形式、筛面上物料载荷量和筛分时间等因素有关。不同的行业有各自的标准化筛分方法。

筛分法的优点是工具便宜、操作简单；分析样品量大，代表性强，数据统计精确度高；能直接提供粒径质量分布。但其缺点是下限只有 38 μm，不能分析更细的颗粒；难以分析黏性物质，不能分析易碎的颗粒样品；分析非规则形状（如杆状）粒子误差大；筛分结果受筛分时间影响大，重复性差；另外，速度慢，分析耗时。

2）显微镜法

显微镜法（microscopy，microscopic method）是一种图像分析法（image analysis），直接观察个别颗粒，根据颗粒投影像测得投影径（projection diameter），获得以个数、面积为基准的粒度分布。光学显微镜可以测定微米级的颗粒，电子显微镜（SEM、TEM）可以测定纳米级的颗粒和晶粒。投影径是几何学等效粒径，常用的表示方式是"投影面积圆等效粒径"（equivalent circular diameter，ECD），即与粒子的投影面积相同圆的直径，也称为 Heywood 径［图 1-34（a）］。

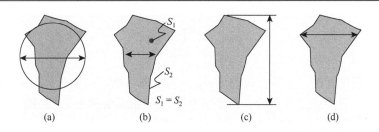

图 1-34　几种几何学等效粒径示意图

（a）Heywood 径；（b）Martin 径；（c）Feret 径；（d）Krummbein 径

几何学等效粒径其他的表示方法还有［图 1-34（b）～（d）］：

Martin 径：又称定方向等分径，是指定方向上，将颗粒投影面积等份分割的弦线（chord length，连接圆周上任意两点的线段）的长度。

Feret 径：任意方向上与颗粒投影面相切的一对平行线间的距离，Feret 径常指其中最宽的一对平行线间的距离。

Krummbein 径：又称同方向最大径，是指定方向上，颗粒投影轮廓内最长弦线的长度。

对于不规则颗粒，各粒径值之间一般存在如下关系式：

$$Feret\ 径 \gg Krummbein\ 径 \gg Heywood\ 径 \gg Martin\ 径$$

为了提高测定的可靠性和数据的代表性，显微镜法要求观察和测量足够多的颗粒数目。对于形状规整、粒度分布窄的颗粒，只要测量几百个颗粒就足够了；但对于形状极不规则、粒度分布很宽的颗粒，则需要测量数万个颗粒。

目前商品化的显微图像颗粒分析仪大多实现了图像的数字化采集和计算机图像处理、分析。除了进行粒度测试之外，显微图像法还常用来观察颗粒的形貌和纹理组织。

显微镜法的优点是光学显微镜便宜，可直接观察颗粒形状和颗粒团聚，透射电镜还可以测定负载型催化剂载体上金属或氧化物的纳米晶粒。其缺点是代表性差，重复性差，只适合测定粒度范围分布窄的样品。另外，其操作烦琐，人工图像分析工作量大、随意性大、速度慢。

3）沉降法

悬浮在液体中的固体颗粒分散体系的动力学稳定性与粒径大小有重要关系。当颗粒较小时，分子热运动产生的布朗运动起主要作用，分散体系趋于稳定；当颗粒较大时，重力产生的颗粒沉降破坏分散体系的稳定性。

在自然重力状态下，如果一个表面光滑的球形颗粒在静止（相对静止）流体中滞流沉降（颗粒所受重力、浮力和运动阻力平衡，匀速沉降），则沉降速度与粒径的关系用 Stokes 公式来描述：

$$d = \left[ \frac{18\eta_0}{(\rho - \rho_0)g} u \right]^{1/2} \qquad (1\text{-}56)$$

式中，$d$ 为颗粒直径；$\eta_0$ 为流体黏度；$\rho$ 为颗粒真密度；$\rho_0$ 为流体密度；$u$ 为颗粒的沉降速度；$g$ 为重力加速度。当雷诺准数 $Re = du\rho_0/\eta_0 < 1$（严格地，应为 $Re < 0.2$，但也可放宽至 $Re < 2$）时，沉降形态为滞流。

　　Stokes 公式表明沉降速度与颗粒直径的平方成正比，大颗粒的沉降速度较快，小颗粒的沉降速度较慢。沉降法（sedimentation method）就是根据不同粒径的颗粒在液体中的沉降速度不同，测量粒径和粒度分布的一种方法。

　　Stokes 公式描述的是颗粒球形的滞流沉降行为。由于沉降阻力与颗粒受力有效面积有关，所以对于不规则颗粒，其表面粗糙程度、形状及投影面积均影响沉降速度和沉降形态。由沉降法所测得的粒径称为 Stocks 径，相当于在流体中与该颗粒具有相同沉降速度的同质球形颗粒的直径。Stocks 径与颗粒的流体动力学（hydrodynamics）性质（如颗粒在流体中运动时的形状取向等）有关，是一种流体动力学等效粒径（equivalent hydrodynamic diameter）。

　　一般对颗粒而言，加速阶段时间很短，通常忽略，可以认为其整个沉降过程是匀速的。沉降速度 $u = H/t$（$H$ 为沉降高度，$t$ 为沉降时间）。由此，自然重力状态下的 $d\text{-}t$ 函数为

$$d = \left[ \frac{18\eta_0 H}{(\rho - \rho_0)gt} \right]^{1/2} \qquad (1\text{-}57)$$

　　在重力场中，细颗粒的沉降速度很小。现代沉降仪大多引入离心沉降方式，由于离心加速度远大于重力加速度，所以在粒径相同的条件下，离心沉降的测试时间将大大缩短。离心沉降速度的表达式在形式上与重力沉降速度表达式一样，只是以离心加速度代替重力加速度：

$$d = \left[ \frac{18\eta_0}{(\rho - \rho_0)\omega^2 r} u_r \right]^{1/2} \qquad (1\text{-}58)$$

式中，$d$ 为颗粒直径；$\eta_0$ 为流体黏度；$\rho$ 为颗粒真密度；$\rho_0$ 为流体密度；$\omega$ 为转动的角速度；$r$ 为颗粒距转动中心的距离；$u_r$ 为颗粒的离心沉降速度。离心沉降时，虽然颗粒的实际运动轨迹是一个半径逐渐扩大的螺旋线，但由于颗粒和流体同时做圆周运动，二者在切向上相对静止，所以离心沉降速度并不是颗粒的实际运动速度 $u$，只是其在径向上的分量 $u_r$。

　　当颗粒匀速沉降时，离心力与摩擦阻力达到平衡。经时间间隔 $t$，颗粒由距转动中心 $r_1$ 运动至 $r_2$ 处，经积分整理式（1-58），离心力状态下的 $d\text{-}t$ 函数为

$$d = \left[ \frac{18\eta_0 \ln(r_2/r_1)}{(\rho - \rho_0)\omega^2 t} \right]^{1/2} \qquad (1\text{-}59)$$

显然沉降法仅适用于单分散体系，不适用于混合物料，而且测定过程要求维持恒定温度。

沉降法是测定粒度的经典方法，测量得到粒径的质量分布，结果代表性强。但对于不规则颗粒体系，颗粒形状与球形的差异程度越大，沉降法测得的 Stocks 径与几何学等效粒径差异也就越大（值偏小）。

用沉降法测定粒度时必须使固体颗粒均匀分散于液体介质中，避免颗粒团聚。沉降液颗粒浓度不宜过大，质量分数最好控制在 0.1%～3%，否则颗粒间的相互作用会干扰沉降过程，容器壁也会对沉降起阻滞作用（颗粒间距离大于粒径 10 倍，沉降容器尺寸大于粒径 100 倍，颗粒干扰和器壁效应可忽略）。

被测定的颗粒不应在分散介质中发生溶解、溶胀。为满足测定的要求，需要调节分散介质的密度和黏度与固体颗粒的密度和尺寸相匹配。对于不易润湿的颗粒还需在液体介质中加入表面活性剂，增大固体与液体的亲和力。

对于密度或者粒径很大的颗粒，若沉降速度太快，沉降形态会进入过渡流或者湍流区，Stokes 公式不再适用，因此，体系最大颗粒的沉降雷诺准数应满足滞流沉降条件。对于小颗粒沉降法测试速度慢，重复性差。另外，非常微细的颗粒（如 $d<0.5\ \mu m$）在介质中的布朗运动会严重干扰沉降过程，沉降法也无法运用。离心沉降可以改善小颗粒的测量过程，拓宽测量下限。一般地，重力沉降测量的粒径范围为 10～300 $\mu m$，离心沉降测量范围为 0.1～10 $\mu m$。

直接测量颗粒的沉降速度是很困难的，但通过测量颗粒体系沉降过程的浓度变化可以间接求得沉降速度。依据浓度测定方法，常见的沉降测定法有移液管法、沉降天平法、沉降管法、比重计法、光透过和 X 射线透过重力（离心力）沉降法等。

移液管法（pipette analysis）：将颗粒均匀分散的沉降液转移带固定位置移液管的 Andreassen 容器（图 1-35），令其自由沉降，在适当的时间，从一定高度处抽吸一定量的悬浊液，烘干悬浊液并精确称量其中的固体颗粒质量。根据 Stokes 公式将时间换算成颗粒直径，从固体颗粒干重变化，求出粒度分布。

沉降天平法（sedimentation balance）：将精密扭力天平上悬挂的沉降盘浸入颗粒均匀分散的沉

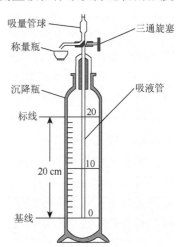

图 1-35　Andreassen 移液管

降液一定深度，连续跟踪记录自由沉降过程沉降盘的质量变化。根据沉降量变化，绘制沉降曲线，求出粒度分布。

光透过和 X 射线透过重力（离心力）沉降法（photosedimentometry，centrifuge photo-sedimentometry）：令颗粒均匀分散的沉降液自由沉降，通过测量不同时刻透过悬浮液光强的变化率来间接地反映颗粒的沉降速度、光的透过量和浓度的关系符合 Lambert-Beer 定律（图 1-36）。

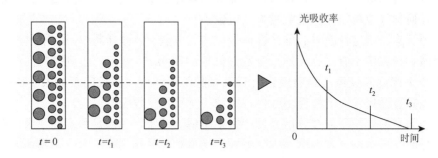

图 1-36　光透过重力沉降法原理示意图

光透过法悬浮液质量浓度一般以 0.02%～0.1%为好，可见光波长较长，检测细颗粒时会发生光散射现象，因此，测量下限大于 5 μm，另外可见光波强度较弱，灵敏度低。选用低能 X 射线作入射光源则可克服上述缺点，测量下限可达 0.1 μm。但 X 射线透过不适于分析高吸收 X 射线物质和强磁性材料。

4）电阻法

电阻法（electrical resistance measurement）常称为库尔特计数法（Coulter counter method）。其工作原理是悬浮在电解液中的不导电颗粒随电解液流入一个负压的小孔管，当其流经小孔时，颗粒体积排除了相同体积的电解液，而导致孔口处电阻发生瞬时变化，在孔管内外设有电极，通过一个恒电流电路记录产生的电位脉冲（图 1-37）。库尔特原理指出电阻变化的大小与颗粒的体积成正比，因此，电位脉冲信号的大小和次数与颗粒的体积大小和数目成正比。库尔特计数法获得的是球体积等效粒径（equivalent spherical diameter），也是一种几何学等效粒径。粒径分布则以个数或体积为基准。

库尔特计数法单只小孔管（对应一个量程）可测量的颗粒尺寸范围在其孔直径的 2%～60%，当测量样品粒度分布较宽（大、小颗粒之比大于 30）时，需要使用多只小孔管（多量程）分别测量。仪器提供的孔直径一般为 15～2000 μm，库尔特计数法量程为 0.4～1200 μm，分辨精度可达 0.001 μm。

库尔特计数法以体积等效粒径表征颗粒粒径，不受颗粒形状影响；它一个个地测量每个颗粒的大小，因而分辨率很高，并能给出颗粒的绝对数目，特别适用

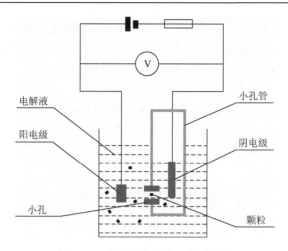

图 1-37　库尔特计数法工作原理图

于检测液体中的稀少颗粒；测量速度快，最高可达每秒 10000 个颗粒，重复性好；样品分析不受分散剂、悬浮液折光率、颜色、形态的影响。

　　库尔特计数法对样品的要求是可分散并悬浮在电解液分散剂中，因此，该法无法测量一些相对密度较大的物质颗粒和憎水的有机材料。如果样品颗粒带电，会抵消其体积占用造成的电阻增加，造成测量失真。该法动态范围小。对于粒度分布宽的样品，虽然使用多只小孔管能解决，但测量数据的归一化处理会带来一定误差，而且样品中的大颗粒容易堵塞小的孔管，特别是，小孔管孔口越小越容易被堵，影响测量顺利进行。库尔特计数法还不适宜测量多孔性颗粒。

　　5）小角激光光散射法

　　小角激光光散射法（low-angle laser light scattering technique）以前也常称为"激光光衍射法"（laser diffraction technique），属于静态光散射技术（static light scattering technique）。仪器常称为激光粒度仪。

　　光束行进方向上的颗粒障碍物对光有散射作用，会使一部分光偏离原来的传播方向而向四周传播。散射是光与物质相互作用的结果，散射角的大小与颗粒的尺寸有关，颗粒越小，散射角越大；散射光的强度包含颗粒的含量信息。小角激光光散射法就是通过某种特定的方式把颗粒均匀地放置到激光光束中，运用光学手段对散射光进行处理，并用光电探测器在不同的角度上测量散射光的强度，数据经过一定的理论处理，得到样品的粒度分布（图 1-38）。

　　散射涉及的理论比较复杂。小角激光光散射法应用了经典的 Fraunhofer 衍射理论（Fraunhofer diffraction theory）和基于电磁波理论的 Mie 散射理论（Mie scattering theory）。

　　对于粒径（$d>1\ \mu m$ 或 $d>40\lambda$）远大于入射光波长 $\lambda$ 的球形颗粒体系，可以认为所有颗粒对光线具有相同的散射效率，颗粒的透光性也可以忽略，此时 Fraunhofer 衍射理论是解析光散射数据的简便方法。大颗粒对光的散射角很小，散射光强度与颗粒投影面积（粒径的平方）和数量成正比。

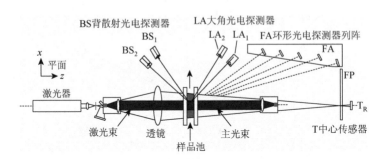

图 1-38　小角激光光散射法光路示意图

当颗粒直径接近入射光波长时，更多的光被散射到很大的角度，散射光的强度与颗粒的大小、颗粒的折光率及入射光强度之间存在复杂的关系；而当颗粒直径远小于入射光波长时，散射变成各向同性，散射光的强度也变得与粒径的六次方成反比。这时需要使用 Mie 散射理论描述散射光场强度分布。

Mie 散射公式是根据 Maxwell 电磁波方程严格推导出的，包含了对光散射行为最严密和全面的预测，适用计算任意大小的颗粒，可以在很宽的粒度范围内得到完全精确的结果（0.02～3000 μm），而 Fraunhofer 衍射公式只是对粒径远大于光波长情况下散射现象的近似和简化描述。Mie 散射理论的数值计算非常复杂，特别是计算大颗粒时。由于受计算能力的限制，早期的激光光衍射分析法只能使用 Fraunhofer 衍射理论近似（这也是该法称为衍射法的原因），光电探测器阵列的探测角度也较小，只能测定微米尺寸以上的颗粒。目前先进的小角激光光散射分析大多全量程使用了 Mie 散射理论，同时采用了①多激光光源配置，使用短波长激光；②增加大角光电探测器甚至背散射光电探测器，扩大探测角度；③使用偏振光强度差散射技术（polarization intensity differential scattering，PIDS）等分析改进技术，改善粒度分析的分辨率，并拓宽了检测上、下限。

Mie 散射理论假设散射颗粒是球形，散射光的强度与颗粒体积相关，小角激光光散射法是利用颗粒对激光的散射特性做等效对比测定等效粒径。因此，实际测量中不规则颗粒的形状、粒径分布特性对最终粒度分析结果影响较大，而且颗粒形状越不规则，粒径分布越宽，分析结果的误差就越大。引入非球形颗粒校正的 Mie 散射公式可以用于不规则颗粒的测定。

小角激光光散射法所得到的是等效散射粒径（与实际被测颗粒具有相同散射

效果的球形颗粒的直径来代表这个实际颗粒的大小），所得到的粒度数据是体积分布，平均粒径是体积平均粒径（$D[4, 3]$，de Brouckere 平均粒径）。

Mie 散射理论假设散射光是不相关的单散射。因此，实际测量中对样品池中颗粒的浓度和分散情况有一定要求，以降低复散射或相干散射影响。目前的激光粒度仪都设计有特殊的分散和进样系统，可以干法进样，也可以湿法进样。

小颗粒的散射与其材料的光学性质关系密切，Mie 散射理论需要预知颗粒的折光指数，这对应用有一定的限制。折光指数有系数匹配、折光仪和平均值等确定方法。对于混合样品，可取主要物质的折光指数。

小角激光光散射法测试具有测量速度快、动态范围大（0.02～3000 μm）、操作简便、重复性好、应用领域广（不仅能测固体颗粒、乳胶颗粒，而且可测雾滴、气泡等的粒度）等优点。但其分辨率低，对于颗粒较均匀的样品，不能给出精确的粒径分布。

6）动态光散射法

动态光散射（dynamic light scattering）也称为准弹性光散射（quasi elastic light scattering，Quels）和光子相关光谱（photon correlation spectroscopy，PCS）。

动态光散射技术是研究纳米颗粒粒度分布的有力手段（1～500 nm）。前述的小角激光光散射法可以理解为静态光散射法（也是弹性光散射），对于远小于光波波长的亚微米级颗粒（<250 nm），由瑞利散射（Rayleigh scattering）理论可知，散射光相对强度的角分布与粒子大小无关，不能够通过对散射光强度的空间分布（Mie 散射理论）来确定颗粒粒度。而动态光散射正好弥补了这一不足。

纳米颗粒在流体中布朗运动的速度与颗粒的大小有关，符合爱因斯坦-斯托克斯方程（Einstein-Stokes equation）：

$$D = \frac{kT}{6\pi\eta R} \qquad (1\text{-}60)$$

式中，$D$ 为扩散系数；$k$ 为玻尔兹曼常量；$T$ 为热力学温度；$\eta$ 为流体的动力学黏度系数；$R$ 为颗粒粒径。

由于多普勒效应（Doppler effect），散射光会产生微小的频率偏移［多普勒频移（Doppler shift）］而谱线增宽［多普勒谱线增宽（Doppler broadening）］。散射光频率漂移 $\Gamma$（散射光频谱半分宽）与扩散系数 $D$ 存在如下关系：

$$\Gamma = \left(\frac{4\pi n}{\lambda}\sin\frac{\theta}{2}\right)^2 D \qquad (1\text{-}61)$$

式中，$n$ 为流体的折光指数；$\lambda$ 为入射波长；$\theta$ 为散射角。

而光谱强度涨落和频率漂移是互相关联的，研究这种由于颗粒运动而产生的散射光的强度涨落和精细结构，称为动态光散射。通过相关技术精确测量颗粒散射光强与时间的函数关系，并进行相关运算，可以得出颗粒粒径及粒度分布。

由于动态光散射是研究粒子的动态行为，所以其得到的也是一种流体动力学等效粒径（equivalent hydrodynamic diameter）。

动态光散射法不引入与颗粒性质有关的任何参数，适用于测定任何物质的纳米颗粒。该法不考虑散射光的复散射和纳米颗粒之间的相互作用，因此，也要求样品池中颗粒的浓度较低，并保持高分散。动态光散射技术对入射光的单色性要求很高，因而也以激光为光源。

7）其他方法

电泳法（electrophoresis）：使用 Zeta 电位分析仪在测量颗粒样品 Zeta 电位的同时可以进行粒度测量。在电场力作用下，带电颗粒在悬浮体系中定向迁移，颗粒迁移率的大小与颗粒粒度有关。依据与动态光散射相同的原理，通过多普勒频移分析技术等方法，测量颗粒电泳迁移率可以计算颗粒粒径及粒度分布。电泳法可以测量粒径为 0.005～30 μm 的颗粒。

BET 比表面积法：通过 BET 比表面积求得与欲测粒子具有等比表面积的球形颗粒的等效粒径 $D$。$D = \phi/S\rho$，其中，$S$ 为比表面积；$\rho$ 为颗粒的密度；$\phi$ 为形状因子，对球体而言，$\phi$ 值为 6。该法只能给出颗粒的表面积平均粒径（$D[3, 2]$，Sauter 平均粒径），而无法给出粒度分布。显然对于测量富含微孔的颗粒应该利用其外比表面积计算平均粒径。

空气透过法（air permeability method）：通过测量一定流速的空气穿过颗粒床层的压降，改变颗粒床层的高度，床层的空隙率将发生变化，使用半经验的 Kozeny-Carman 方程计算颗粒的比表面积及平均粒径，但不能测量粒度分布。空气透过法是一种相对测量方法，不能精确地反映颗粒的真实粒径。该法不适于测定多孔固体。一般只用于无孔大颗粒材料生产的工艺过程和产品质量监控。该法在水泥、冶金和建材等行业广泛使用，并有相应的标准，如 GB/T 8074—2008《水泥比表面积测定方法 勃氏法》、GB/T 11107-1989《金属及其化合物粉末 比表面积和粒度测定 空气透过法》和 ASTM C204-16 *Standard Test Methods for Fineness of Hydraulic Cement by Air-Permeability Apparatus* 等。

X 射线衍射线宽化法：小晶粒的 X 射线衍射峰发生宽化效应，根据谢乐公式（Scherrer equation）可以计算粒径为 5～50 nm 晶粒的直径。但这是一次晶粒子的体积平均大小（晶粒度），并不能反映通常意义上的"颗粒"（二次颗粒）的粒度[105-108]。

化学吸附法：利用化学吸附具有选择性的特点，可以测定如负载型催化剂表面的活性组分的分散度和表面积，进而根据一定的颗粒形状模型计算活性组分的平均粒径。对于负载型催化剂表面的金属颗粒，粒径 $d$（单位 nm）与其分散度 $D$ 之间可以简单地换算：$d≈0.9/D$。

## 1.2.4　密度测定

密度是物质的质量与体积的比值。但对于多孔性的固体催化剂，与其表面积一样，其所占有的空间（体积）也因度量方法的不同而有不同的含义和量值，因此有骨架密度、颗粒密度和堆积密度等子概念之分。对比不同的密度也能揭示催化剂的孔性和颗粒特征。

需要指出的是，文献习惯及不同的组织和机构对固体催化剂各种密度的命名或定义并不一致。本节遵循了文献主要传统，并参照了 ASTM 的有关定义，即 ASTM D3766-08（2013）*Standard Terminology Relating to Catalysts and Catalysis*。

固体催化剂颗粒堆积时的外观体积实际包括了催化剂颗粒本身三维骨架、颗粒内部孔道及堆积时颗粒之间的空隙所占空间。

$$V_{堆积} = V_{隙} + V_{孔} + V_{骨架} \tag{1-62}$$

式中，$V_{堆积}$ 为催化剂外观体积（堆积体积）；$V_{隙}$ 为堆积时颗粒之间的空隙体积；$V_{孔}$ 为颗粒内部开孔所占的体积；$V_{骨架}$ 为固体骨架体积，包括其中封闭孔的体积。

因此，以不同的体积除质量，所得密度的概念也就不同。

### 1. 理论密度

理论密度（theoretical density）是指在原子水平上具有理想规整结构的固体颗粒的总质量与颗粒体积总和之比。但实际的固体催化剂往往是无定形的多种物质的不均匀混合体，因此，理论密度这一概念对固体催化剂而言并没有多少实际意义。

### 2. 骨架密度

骨架体积（skeletal volume）是催化剂颗粒固体骨架及其中包含的封闭孔的总体积（此处参考了 ASTM 的定义）。

骨架体积的测定基于阿基米德原理。将一定质量 $m$ 的多孔颗粒（粉末）浸入可润湿的液体或气体介质中，当润湿性介质完全进入颗粒的间隙和颗粒内的开孔后，颗粒置换出的介质体积即为颗粒的骨架体积 $V_{骨架}$。则骨架密度（skeletal density）：

$$\rho_{骨架} = \frac{m}{V_{骨架}} \tag{1-63}$$

骨架密度的测定方法有氦比重计法和比重瓶法。

（1）氦比重计法（helium pycnometry）以氦气作置换介质。将精确称量的颗粒样品置于样品池中，充高纯氦气至一定压力，然后连通参考池使氦气膨胀。样品池和参考池的体积已知，记录温度和两个过程的平衡压力，根据质量守恒，确定样品的体积，计算出骨架密度。对氦气能渗透进去的材料适合用氮气或 $SF_6$。许多商品化的全自动骨架密度计测量原理即基于氦比重计法。

（2）比重瓶法（specific gravity bottle method）一般以纯水作置换介质。在甘氏比重瓶（Gay-Lussac bottle）中放置适量的颗粒样品，然后通过差重法精确称量样品的质量及其置换出水的质量，计算骨架密度。比重瓶法设备简单、精确度高，但操作略显烦琐。除了水，还可以采用其他与试样润湿但不反应的液体介质（如煤油、苯等）。所测样品必须严格干燥。实验时，样品须完全润湿并注意除气。

英国标准协会（BSI）将包含封闭孔的骨架体积称为表观颗粒体积（apparent particle volume），所对应的密度称为表观颗粒密度（apparent particle density）。BSI定义排除封闭孔的骨架体积为真体积（true volume）或绝对粉末体积（absolute powder volume），对应的密度为真密度（true density，true particle density）或绝对粉末密度（absolute powder density）。

但在文献中真密度（true density）和骨架密度（skeletal density）往往被混淆。

### 3. 颗粒密度

颗粒密度（particle density）即单个颗粒的密度，是一种表观密度（apparent density）。

颗粒体积 $V_{颗粒}$由颗粒内的孔体积 $V_{孔}$和颗粒骨架体积 $V_{骨架}$两部分组成。

$$\rho_{颗粒} = \frac{m}{V_{颗粒}} = \frac{m}{V_{骨架} + V_{孔}} \tag{1-64}$$

常压下，汞只能充填颗粒之间的间隙而不能侵入颗粒内部孔，故可用压汞法测得 $V_{隙}$，求算颗粒密度。压汞法测得的颗粒密度也称汞置换密度，该值的大小与压汞法使用的压力有关。

从骨架密度和颗粒密度可以求得催化剂颗粒的孔隙率（porosity）$\theta$：

$$\theta = \frac{V_{孔}}{V_{颗粒}} = \frac{V_{孔}}{V_{骨架} + V_{孔}} = 1 - \frac{\rho_{颗粒}}{\rho_{骨架}} \tag{1-65}$$

ASTM 引入了包裹体积（envelope volume）和包裹密度（envelope density）的概念表征单个颗粒的体积和密度。包裹体积就是假想在颗粒表面紧密包覆一层膜，膜内包容的体积。显然，包裹体积包含了颗粒的骨架体积和内孔体积，但是由于表面的粗糙性，这一假想膜随观测尺度的不同而变化，膜内也包覆了颗粒外表面的一些粗糙空隙。虽然包裹体积这一概念更接近实际，但从理论上它大于本处所述的"颗粒体积 $V_{颗粒}$"。

商品化的包裹密度分析仪采用了一种高流动性、均匀刚性固体微球包覆所测颗粒样品外表面，并填充颗粒间隙空间（类似于代替了压汞法的置换介质汞），来测定包裹密度。

本处使用的"颗粒密度"概念等同于 BSI 使用的"有效颗粒密度"（effective particle density）。BSI 也有类似于 ASTM 的包裹体积（envelope volume）和包裹密度（envelope density）概念。

### 4. 堆积密度

堆积密度（packing density）定义为质量除以颗粒的堆积体积，它也是一种表观密度。

$$\rho_{堆积} = \frac{m}{V_{堆积}} \tag{1-66}$$

堆积体积是一种外观体积，它与颗粒的形状、装填的方式及容器的形状有关。采用标准化的装填和测定方法或者仪器可以得到重复性很好的颗粒堆积密度。依据测定方法的不同，堆积密度也有多种分类，如振实堆积密度（GB）、松装堆积密度（GB）、振动堆积密度（vibratory packing density，ASTM）、拍击堆积密度（tapped packing density，ASTM）和体积密度（bulk density，ASTM）等。

测堆积密度的标准方法有 GB/T 6286—1986《分子筛堆积密度测定方法》、ASTM D4180-13 *Standard Test Method for Vibratory Packing Density of Formed Catalyst Particles and Catalyst Carriers*、ASTM D4164-13 *Standard Test Method for Mechanically Tapped Packing Density of Formed Catalyst and Catalyst Carriers* 和 ASTM D6683-14 *Standard Test Method for Measuring Bulk Density Values of Powders and Other Bulk Solids as Function of Compressive Stress* 等。

另外，ASTM D3766-08（2013）也使用体积密度（bulk density）一词表示堆积密度；BSI 使用表观粉末密度（apparent powder density）；而美国药典也对 bulk density 和 tapped density 有自己的定义。商品化的仪器测定堆积密度的方法遵循不同的标准，使用数据时要注意。

从颗粒密度和堆积密度可以求得催化剂堆积的空隙分数（空隙率，void fraction）$\varepsilon$：

$$\varepsilon = \frac{V_{隙}}{V_{堆积}} = \frac{V_{隙}}{V_{颗粒} + V_{隙}} = 1 - \frac{\rho_{堆积}}{\rho_{颗粒}} \tag{1-67}$$

在工业生产实践中，固定床反应器催化剂装填还有袋式装填密度（sock loading density）和密相装填密度（dense loading density）等概念，分别指采用相应的催化剂装填方式时，工业催化剂在反应器内的堆积密度。

袋式装填法是通过一个接在催化剂料斗出口的帆布筒，靠自然重力直接把催化剂倒入反应器中的简单装填方法。适用于催化剂易积炭、床层易堵塞的反应过程。其缺点是催化剂装填的不是很均匀，容易产生沟流和热点。

密相装填就是利用专门的装填器，通过空气推进或动能推进的方式将催化剂条均匀地水平分散在催化剂床层截面。密相装填有效地避免了因催化剂条架桥造成的床层空隙，能够强化传质，降低返混、沟流。密相装填密度一般比袋式装填密度大 10%～15%。

## 1.2.5　催化剂机械强度的测定

催化剂的机械强度是指其抵抗各种外界机械应力作用的能力，具有实际意义。工业催化剂从其生产、运输、装填直至工艺运转要经历多种应力，机械强度是判断其可靠性的重要物性技术指标之一。

为保证反应的顺利进行，对于工业催化剂而言，主要关心的还是其在实际工艺运转条件下承受机械应力、磨损和碰撞的能力。固体催化剂的工业应用主要有两种形式：固定床和流化床。因而，固体催化剂的机械强度主要用静态负荷和动态负荷测量。静态时的机械强度主要以抗压碎强度表征；动态时的机械强度则以磨损性能表征。有关的测试方法大多实现了标准化，这些方法的设计原则都是尽可能模拟催化剂在反应器内的实际工况，以保证强度数据对催化剂的应用有充分敏感性。

1. 抗压碎强度测定

1）单颗粒抗压碎强度

代表性的标准有 HG/T 2782—2011《化肥催化剂颗粒抗压碎力的测定》，HG/T 2783—1996（2010）《分子筛抗压碎力试验方法》、ASTM D4179-11（2017）*Standard Test Method for Single Pellet Crush Strength of Formed Catalyst and Catalyst Carriers* 和 ASTM D6175-03（2013）*Standard Test Method for Radial Crush Strength of Extruded Catalyst and Catalyst Carrier Particles* 等。

单颗粒抗压碎强度（grain crushing strength）测定的基本原理是使用颗粒强度测定仪，对处理后的催化剂样品颗粒径向（条形、圆柱形样品）或者点（球形样品）接触施加压力，记录该颗粒被压碎时所施的力。径向抗压碎力以颗粒径向方向的一个长度单位上所受的力表示，单位 N/cm；点抗压碎力以颗粒直径方向上所受的力表示，单位 N。为保证数据的可靠性和代表性，需要测量足够数量的颗粒，数据以抗压碎力均值和变异系数评价试样的抗压碎力及其均匀性。

2）整体堆积抗压碎强度

对于固定床来讲，单颗粒强度并不能直接反映催化剂在床层中整体破碎的情况，因而需要寻求一种接近固定床真实情况的强度测试方法来表征催化剂的整体强度性能，该法即为整体堆积抗压碎强度（bulk crushing strength）。另外，对于许多不规则形状的催化剂强度测试也只能采用这种方法。

整体堆积抗压碎强度测定代表性的标准是 SHELL method SMS-1471。

SMS-1471 测试基本方法如下：使用堆积抗压碎强度仪或自制设备，测试的催化剂颗粒直径应不大于 6 mm；称量 20 cm$^3$ 处理后的催化剂样品放入一个截面积为 600 mm$^2$ 的圆柱体不锈钢样品测量室，催化剂上覆盖直径 3～6 mm（因催化剂颗粒的尺寸而异）的钢球 5 cm$^3$；不断增加的外力通过活塞施加到催化剂上，筛选并称重在不同压力下压碎产生的小于 420 μm 的粉末（通过 ASTM 40 目标准筛）。

堆积抗压强度 $P$ 为获得质量分数为 0.5% 的 420 μm 粉末时的压强（MPa）。

$$P = F / A \tag{1-68}$$

式中，$F$ 为产生 0.5% 粉末时施加在催化剂床上的力，N；$A$ 为样品测量室的截面积，mm$^2$。

也可以通过绘制曲线（压碎粉末质量对压强）报告催化剂的堆积抗压强度。

### 2. 磨损性能测定

#### 1）磨耗率测定

磨耗率（attrition loss）表征动态负荷条件下催化剂颗粒的抗磨损强度。代表性的标准有 HG/T 2976—2011《化肥催化剂磨耗率的测定》、HG/T 3590—1999（2010）《制冷系统用分子筛干燥剂抗磨耗性能的试验方法》及 ASTM D4058-96（2015）*Standard Test Method for Attrition and Abrasion of Catalysts and Catalyst Carriers* 等。

其基本原理是将经过预处理的催化剂样品置于磨耗仪的磨耗筒（rotating drum）内，转动规定的时间，由于摩擦和磨蚀样品产生细小碎颗粒（<850 μm，通过 20 目标准筛），通过筛分称量，计算出磨耗率测定的结果。

$$磨耗率 = \frac{磨耗前后样品的质量差}{磨耗前样品的质量} \times 100\% \tag{1-69}$$

该法适用于片状、球状、挤压成型和不规则颗粒状催化剂。另外，还有一种旋转管式磨耗测试仪（rotating tube，spence method）可同时进行 4 个样品的测试。

#### 2）磨损指数测定

流化床工艺中的催化剂微球因高速气流的冲击而发生相互摩擦，磨损产生的细粉会被气流夹带而损失。流化床催化剂的耐磨性能用磨耗指数（attrition index）

来表征。磨损指数的测定依据 ASTM D5757-11（2017）*Standard Test Method for Determination of Attrition and Abrasion of FCC Catalysts by Air Jets*。

测定方法也称高速空气喷射法，适于测定 10～180 μm 的球体和不规则形状的颗粒。将一定量的微球催化剂放入流化床磨损测定仪，利用特定流速的喷射气流通过样品而发生磨耗，5 h 的测试产生的细粉（小于 20 μm 的颗粒）的质量分数（%）即为空气喷射磨损指数（air jet attrition index，AJI）。

## 参 考 文 献

[1]　Thommes M，Kaneko K，Neimark A V，et al. Pure Appl Chem，2015，87（9-10）：1051

[2]　ISO 15901-1：2016. Evaluation of pore size distribution and porosity of solid materials by mercury porosimetry and gas adsorption—Part 1：Mercury porosimetry. Geneva：International Organization for Standardization，2016

[3]　ISO 15901-2：2006. Pore size distribution and porosity of solid materials by mercury porosimetry and gas adsorption—Part 2：Analysis of mesopores and macropores by gas adsorption. Geneva：International Organization for Standardization，2006

[4]　ISO 15901-3：2007. Pore size distribution and porosity of solid materials by mercury porosimetry and gas adsorption—Part 3：Analysis of micropores by gas adsorption. Geneva：International Organization for Standardization，2007

[5]　赵振国. 吸附作用应用原理. 北京：化学工业出版社，2005

[6]　Myers D. 表面、界面和胶体——原理及应用. 吴大诚，朱谱新，王罗新，等译. 北京：化学工业出版社，2004

[7]　Macnaughton S J，Foster N R. Ind Eng Chem Res，1995，34（1）：275

[8]　孙艳，周理，苏伟，等. 科学通报，2007，52（3）：361

[9]　Everett D H，Powl J C. J Chem Soc，Faraday Trans I，1976，72：619

[10]　Chen S G，Yang R T. J Colloid Interface Sci，1996，177：298

[11]　Dubinin M M. Russ Chem Bull，1991，40（1）：1

[12]　de Jonge H，Mittelmeijer-Hazeleger M C. Environ Sci Technol，1996，30（2）：408

[13]　Derycke I，Vigneron J P，Lambin P，et al. J Chem Phys，1991，94（6）：4620

[14]　Llewellyn P L，Coulomb J P，Grillet Y，et al. Langmuir，1993，9（7）：1846

[15]　Fyfe C A，Strobl H，Kokotailo G T，et al. J Am Chem Soc，1988，110（11）：3373

[16]　刘振宇，郑经堂，王茂章，等. 化学进展，2001，13（1）：10

[17]　Sastre G，Corma A. J Mol Catal A—Chem，2009，305（1-2）：3

[18]　Dabrowski A. Adv Colloid Interface Sci，2001，93：135

[19]　Langmuir I. J Am Chem Soc，1916，38（11）：2221

[20]　Brunauer S，Emmett P H，Teller E. J Am Chem Soc，1938，60（2）：309

[21]　Brunauer S，Deming L S，Deming W E，et al. J Am Chem Soc，1940，62（7）：1723

[22]　de Boer J H//Everett D H，Stone F S. The Structure and Properties of Porous Materials. London：Butterworths，1958：68

[23]　Broekhoff J C P，de Boer J H. J Catal，1967，9（1）：8

[24]　Sing K S W，Everett D H，Haul R A W，et al. Pure Appl Chem，1985，57（4）：603

[25]　Barret E P，Joyner L G，Halenda P P. J Am Chem Soc，1951，73（1）：373

[26]　Dubinin M M，Radushkevich L V. Proceedings of the academy of sciences. Physical Chemistry Section，USSR，1947，55：331

[27]　Dubinin M M，Astakhov V A// Flanigen E M，Sand L B. Molecular sieve zeolites. Ⅱ. Adv Chem Ser，1971，102：69

[28]　Horvath G，Kawazoe K. J Chem Eng Jpn，1983，16（6）：470

[29]　Saito A，Foley H C. AICHE J，1991，37（3）：429

[30]　Cheng L S，Yang R T. Chem Eng Sci，1994，49（16）：2599

[31]　Lippens B C，de Boer J H. J Catal，1965，4（3）：19

[32]　Sing K S W//Everett D H，Ottewill R H. Surface Area Determination，Proc Int Symp 1969. London：Butterworths，1970：25

[33]　Seaton N A，Walton J P R B，Quirke N. Carbon，1989，27（6）：853

[34]　Lastoskie C，Gubbins K E，Quirke N. J Phys Chem，1993，97：4786

[35]　Nicholson D，Parsonage N G. Computer Simulation and the Statistical Mechanics of Adsorption. London：Academic Press，1982

[36]　Razmus D M，Hall C K. AICHE J，1991，37（5）：769

[37]　Langmuir I. J Am Chem Soc，1918，40（9）：1361

[38]　Ritter J A，Al-Muhtaseb S A. Langmuir，1998，14（22）：6528

[39]　Brunauer S. The Adsorption of Gases and Vapours. Vol 1. Oxford：Oxford University Press，1945

[40]　Anderson R B. J Am Chem Soc，1946，68（4）：686

[41]　Rudzinski W，Everett D H. Adsorption of Gases on Heterogeneous Surface. London，San Diego：Academic Press，1992

[42]　Pierotti R A，Thomas H E，Matjevic E. Surface and Colloid Science. Vol 4. New York：Wiley，1971

[43]　Burgess C G V，Everett D H，Nuttall S. Langmuir，1990，6（12）：1734

[44]　Horikawa T，Do D D，Nicholson D. Adv Colloid Interface Sci，2011，169（1）：40

[45]　Coasne B，Grosman A，Ortega C，et al. Phys Rev Lett，2002，88（25）：256102

[46]　Zsigmondy R. Z Anorg Chem，1911，71（4）：356

[47]　Foster A G. Trans Faraday Soc，1932，28：645

[48]　Cohan L H. J Am Chem Soc，1938，60（2）：433

[49]　Kreamer E O//Taylor H S. A treatise on physical chemistry. 2nd ed. New York：D Van Nostrand Company Inc，1931

[50]　McBain J W. J Am Chem Soc，1935，57（4）：699

[51]　Kadlec O，Dubinin M M. J Colloid Interface Sci，1969，31（4）：479

[52]　Burgess C G V，Everett D H. J Colloid Interface Sci，1970，33（4）：611

[53]　Groen J C，Peffer L A A，Perez-Ramirez J. Microporous Mesoporous Mat，2003，60（1-3）：1

[54]　Ravikovitch P I，Neimark A V. Langmuir，2002，18（25）：9830

[55]　Morishige K，Tateishi N，Hirose F，et al. Langmuir，2006，22（22）：9920

[56]　Gregg S J，Sing K S W. Adsorption，Surface Area and Porosity. 2nd ed. New York：Academic Press，1982

[57]　van der Voort P，Benjelloun M，Vansant E F. J Phys Chem B，2002，106（35）：9027

[58]　Everett D H，Whitton W I. Trans Faraday Soc，1952，48（8）：749

[59]　Coasne B，Gubbins K E，Pellenq R J M. Phys Rev B，2005，72（2）：024304

[60]　Tompsett G A，Krogh L，Griffin D W，et al. Langmuir，2005，21（18）：8214

[61]　Dubinin M M. Carbon，1898，27（3）：457

[62]　Evans R，Marconi U M B，Tarazona P. J Chem Phys，1986，84（4）：2376

[63]　Gelb L D，Gubbins K E. Rep Prog Phys，1999，62（12）：1573

[64]　Neimark A V，Ravikovitch P I，Vishnyakov A. J Phys-Condes Matter，2003，15（3）：347

[65]　Coasne B，Galarneau A，Pellenq R J M，et al. Chem Soc Rev，2013，42（9）：4141

[66]　Rouquerol J，Avnir D，Fairbridge C W，et al. Pure Appl Chem，1994，66（8）：1739

[67]　Rouquerol J，Baron G，Denoyel R，et al. Pure Appl Chem，2012，84（1）：107

[68]　Satterfield C N. Heterogeneous Catalysis in Practice. 2nd ed. New York：McGraw-Hill Book Company，1991

[69]　Leofanti G，Padovan M，Tozzola G，et al. Catal Today，1998，41（1-3）：207

[70]　de Lange M F，Vlugt T J H，Gascon J，et al. Microporous Mesoporous Mat，2014，200：199

[71]　刘希尧. 催化剂的宏观物性测定//辛勤. 固体催化剂研究方法. 北京：科学出版社，2004

[72]　严继民，张启元. 吸附与凝聚——固体的表面与孔. 2版. 北京：科学出版社，1986

[73]　Avnir D，Farin D，Pfeifer P. New J Chem，1992，16（4）：439

[74]　Avnir D，Jaroniec M. Langmuir，1989，5（6）：1431

[75]　Emmett P H，Brunauer S. J Am Chem Soc，1937，59（8）：1553

[76]　陈诵英. 催化学报，1983，4（2）：146

[77]　Halsey G J. J Chem Phys，1948，16（10）：931

[78]　de Boer J H，Linsen B G，Osinga T J. J Catal，1965，4（6）：643

[79]　Harkins W D，Jura G. J Am Chem Soc，1944，66（6）：919

[80]　Harkins W D，Jura G. J Am Chem Soc，1944，66（8）：1362

[81]　Nelsen F M，Eggertsen F T. Anal Chem，1958，30（8）：1387

[82]　Novak V，Stepanek F，Koci P，et al. Chem Eng Sci，2010，65（7）：2352

[83]　Seaton N A. Chem Eng Sci，1991，46（8）：1895

[84]　Kaneko K. J Membr Sci，1994，96（1-2）：59

[85]　Rojas F，Kornhauser I，Felipe C，et al. Phys Chem Chem Phys，2002，4（11）：2346

[86]　Wheeler A. Presentations at catalysis symposia. Gibson Island A.A.A.S. Conferences，June 1945 and June 1946

[87]　Broekhoff J C P，de Boer J H. J Catal，1968，10（4）：368

[88]　Broekhoff J C P，de Boer J H. J Catal，1968，10（4）：391

[89]　Groen J C，Perez-Ramirez J. Appl Catal A—Gen，2004，268（1-2）：121

[90]　Branton P J，Hall P G，Sing K S W. J Chem Soc Chem Commun，1993，16：1257

[91]　Horvath G. Colloid Surf A—Physicochem Eng，1998，141（3）：295

[92]　Rege S U，Yang R T. AICHE J，2000，46（4）：734

[93]　Saito A，Foley H C. Micropor Mater，1995，3（4-5）：543

[94]　Storck S，Bretinger H，Maier W F. Appl Catal A—Gen，1998，174（1-2）：137

[95]　Sing K S W，Williams R T. Adsorpt Sci Technol，2005，23（10）：839

[96]　Pierce C. J Phys Chem，1965，72（10）：3673

[97]　Mikhail R Sh，Brunauer S，Bodor E E. J Colloid Interface Sci，1969，26（1）：45

[98]　Cychosz K A，Guillet-Nicolas R，Garcia-Martinez J，et al. Chem Soc Rev，2017，46（2）：389

[99]　Landers J，Gor G Y，Neimark A V. Colloid Surf A—Physicochem Eng，2013，437：3

[100]　Thommes M，Cychosz K A. Adsorpt—J Int Adsorpt Soc，2014，20（2-3）：233

[101]　Tarazona P. Phys Rev A，1985，31（4）：2672

[102]　Ravikovitch P I，Neimark A V. Langmuir，2002，18（5）：1550

[103]　Neimark A V，Lin Y Z，Ravikovitch P I，et al. Carbon，2009，47（7）：1617

[104]　Washburn E W. Phys Rev，1921，17（3）：273

[105]　Scherrer P. Göttinger Nachrichten Math Phys，1918，2：98

[106]　Patterson A L. Phys Rev，1939，56（10）：978

[107]　Burton A W，Ong K，Rea T，et al. Microporous Mesoporous Mat，2009，117（1-2）：75

[108]　Holzwarth U，Gibson N. Nat Nanotechnol，2011，6（9）：534

作者简介 ————————————————————————————

　　田志坚，男，1970 年生，九三学社社员。研究员，博士生导师，国家"万人计划"第二批科技创新领军人才（2016 年入选）。现任中国科学院大连化学物理研究所化石能源与应用催化研究部部长，烷烃转化新催化材料及新过程研究组组长。1991 年于南开大学化学系获学士学位，1995 年在大连化学物理研究所获博士学位，1997～1998 年在比利时根特大学石油化学技术实验室作访问学者。大连化学物理研究所首席研究员（2015 年入选），学院"特聘研究员计划"特聘核心骨干（2015 年入选），国家科技部"中青年科技创新领军人才"（2014 年入选）。主要从事洁净能源领域新催化过程及新催化材料的研究和开发。在 *J. Am. Chem. Soc.* ， *Angew. Chem. Int. Ed.* 等期刊发表 SCI 收录论文 100 余篇，申请专利 100 余件，授权 40 余件。作为负责人开发的润滑油加氢异构脱蜡催化剂及技术于 2008 年和 2012 年在中国石油大庆炼化公司实现两次 20 万吨级工业应用，成果入选 2009 年中国石油集团十大科技进展。2003 年获侯祥麟石油加工科学技术奖，2006 年获国务院特殊津贴，2010 年被评为大连市特等劳动模范，2011 年获中国专利优秀奖，2012 年获中国产学研合作创新成果奖、中国科学院院地合作奖和朱李月华优秀教师奖，2014 年获辽宁省技术发明奖一等奖和中国科学院科技促进发展奖。

# 第 2 章

# 透射电子显微镜

苏党生

催化作用是发生在催化剂表面上的原子或分子的相互作用。为了深入理解其本质，必须弄清楚催化剂的微观结构：形貌、相组成、化学组成、表面结构、负载催化粒子的大小、分布等和催化性能的关系。同样因化学处理及热处理引起的变化都会对催化剂的性能有影响。所以要设计发展高选择性、高活性、长寿命的催化剂，必须对其做出纳米级乃至原子尺度的表征。

在多种传统表征手段中，透射电子显微镜是能够提供催化反应在纳米尺寸信息的技术[1]。很多其他的技术，如 X 射线衍射、X 射线光电谱等，都只能提供百万到亿万个纳米粒子微结构与表面成分的平均值。扫描隧道显微镜、原子力显微镜在测试中对样品要求特别严格，如试样表面要干净且平滑，这是大多数工业催化剂所满足不了的。在现代电子显微镜中，能量高达几十万电子伏特的高能电子入射到固体样品上时，会和其中的原子核及电子发生强烈的相互作用，从原子核附近穿过的大部分入射电子受原子核库仑力作用，运动方向发生变化导致卢瑟福弹性散射。如果样品为晶体，其内部由于质点排列的规律性，散射波在某些方向得以加强并形成衍射波，而在其他方向会相互干涉抵消，最终形成反应晶体规律排列的电子衍射图和电子显微像。除了弹性散射外，入射电子还有可能与试样原子某些能级上的电子碰撞而损失能量，同时样品原子从低能的初态激发到能量更高的激发态。在释放能量的过程中，样品原子会发生能级间的电子跃迁。如果这种碰撞和跃迁发生在靠近原子核的内层电子，就会产生二次电子、X 射线光子和俄歇电子。显然，入射电子的能量损失谱及其产物的能谱反映了固体样品的化学组成和电子结构特征。透射电子显微镜是一门借助于电子显微镜揭示并正确诠释这种相互作用所提供信息的综合学科。

利用现代高分辨电子显微镜和高空间分辨分析电子显微镜研究催化剂能够得到其形貌、微结构、相组成、化学组成等多方面信息。在研究复杂金属氧化物催化剂时，利用原子级或亚纳米级电子能量损失谱（EELS）可以研究氧化态、价键、原子配位状况等[2]。利用扫描透射电子显微镜（STEM）还可以研究催化剂单催化活性位或单原子的分布[3]。利用这一综合技术，我们可以在亚纳米尺度研究催化剂的显微结构与电子结构，加深对催化剂结构与其催化剂性能的理解，为催化化学的发展和新型催化材料的研制提供重要的实验与理论依据。

这一章中我们只讲述透射电子显微镜的基础知识，包括电子与物质的相互作用，电子衍射的基本原理，电子显微镜不同的成像模式和相应的成像机理，并对电子显微镜本身的结构进行简单描述。对两种现代电子显微镜附带的最重要的谱方法，即 X 射线能谱和电子能量损失谱也将进行初步的介绍。最后，还将列举应用透射电子显微镜研究催化剂中金属粒子粒径分布、相组成和化学成分，以及载体与金属粒子的相互作用等应用实例。近十几年中，电子显微及其相关的技术有了长足的发展，多种新技术如雨后春笋般涌现，因此在本章的最后将对这些新技术及其在催化研究的应用做简单阐述。

# 2.1　透射电子显微镜简介

图 2-1 是透射电子显微镜的基本结构。它是由电子源与照明系统、成像系统和记录系统所组成的。分析电子显微镜上还配备有 X 射线能谱谱仪和电子能量损失谱仪。简单而言，电子从灯丝发射出来，经过灯丝和阳极间的电势加速。利用

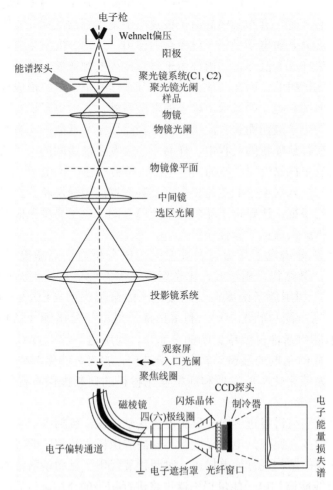

图 2-1　透射电镜的电子光学系统的组成部分示意图。由图可见透射电镜电子光学系统是一种积木式结构，上面是照明系统、中间是成像系统、下面是观察与记录系统及电子能量损失谱系统

会聚透镜和光阑把发射出来的电子会聚形成相应大小的电子束，用来照射样品。与样品相互作用后透的电子被聚焦在物镜的后焦面上并进入第一、第二极中间镜。投影镜形成最后的放大图像或者衍射斑点并投影呈现在荧光屏上。

电子显微镜中的组成部分是图 2-1 所示的各个透镜，其中物镜质量的好坏（如球差系数的大小等）决定了透射电子显微镜的分辨率。现在电子显微镜中用的透镜一般都是磁透镜，由中空的磁性材料做成的极靴及其外面环绕的线圈组成。这一磁场是圆柱体对称的，但其强度在透镜方向上是不均匀的。当一电子束通过这一磁场时会被聚焦到一点。这就是电子显微镜中透镜的工作原理[4]。平时操作电镜时，就是靠改变磁场强度来改变放大倍数或聚焦的，这实际上是通过改变透镜线圈内激磁电流的强度而达到的。下面对透射电子显微镜的基本构造和工作原理进行一个简单的介绍。

## 2.1.1　电子枪

用来产生图像或衍射斑点的电子束是从热灯丝或者从场发射灯丝发射出来的。在热灯丝中，钨或 $LaB_6$ 灯丝被加热到能超过发射热电子所需逸出功的温度。通过这种方法激发出来的电子具有一定的能量分布，而且因为钨或 $LaB_6$ 灯丝具有一定的大小尺寸，从灯丝不同区域均会激发出电子，所以它们只具有有限的时间相干性和空间相干性[4]。要取得高质量的电子显微图像入射电子束需要有很高的相干性。场发射电子枪的灯丝呈非常小的针状，在足够强的电场作用下，电子能够通过隧道效应从灯丝拉出来。由于发射电子的区域非常小，且发射出的电子能量分布较窄，所发射的电子束具有很高的空间和时间相干性。但场发射电子枪的表面必须非常清洁，因此对真空要求高。在较低的真空情况下，通过加热灯丝的方法也能够保持其表面的清洁。在这种情况下，加热同时能提高电子动能，减小发生电子隧道效应所需的能量，有助于电子发射。在商业化的透射电镜中，通常使用这种热场发射灯丝。

被激发出来的电子必须由电镜的照明系统所调制。通常在电子枪和聚光镜之间加非常高的电场来加速这些电子。钨或 $LaB_6$ 灯丝用来作为三叉极系统的阴极，阳极则是中间有孔的接地圆盘。在阳极和阴极之间的栅极称为 Wehnelt 环［图 2-2（a）］。高压电缆连接着阴极和高压箱。电子进入一个负的高压电场（通常是 100～400 kV）加速到需要的电压。一个加在 Wehnelt 环的小的偏压会聚激发电子形成一个发叉状的会聚点。改变 Wehnelt 环的偏压值，可以改变电子束斑的分布。调制电子显微镜时在荧光屏上看到的发叉图像可以用来对中电子枪和调整灯丝加热电流的饱和值。

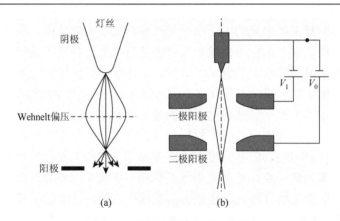

图 2-2　透射电镜电子枪示意图

（a）钨或 LaB$_6$灯丝；（b）场发射电子枪

场发射电子枪的结构不同于热灯丝电子枪。在场发射电子枪中电子枪也作为阴极，但同时使用两个阳极 ［图 2-2 （b）］，第一阳极具有上千伏的正偏压，即抽出电压。它在灯丝尖部产生一巨大电场，通过隧道效应把电子拉出灯丝。脱出的电子通过第二阳极的静电场被加速。两个阳极的合并电场作用就像静电透镜一样控制电子束的位置和大小。为保证电子束的时间相干性，一般热灯丝的偏压或者场发射枪的抽出电压都不能太高。（对于 Tecnai 20 电子显微镜，钨或 LaB$_6$灯丝的最佳偏压一般为 1～2 kV，而场发射枪的最佳抽出电压在 3.8 kV 左右）。同时为保证发射电子的空间相干性，照高分辨像时需避免用最大的电子束斑（spot size）。这是通过照明系统控制的。

### 2.1.2　照明系统

透射电子显微镜的照明系统通常包括两个聚光镜，即第一、第二聚光镜。照明系统的主要作用是根据需要把电子枪产生的电子束调为平行或会聚电子束，并改变电子束斑的大小。电子枪发出的电子源作为第一聚光镜的物，形成缩小的像。通过改变第二聚光镜的焦距可把这一像成为照射样品的平行或会聚电子束。在一般电子显微镜上，第一聚光镜的激发是基本固定的，故电子束的会聚角和强度均由第二聚光镜及其光阑控制（图 2-3）。一般用第二聚光镜光阑减小照射样品的电子束强度，但它同时也减小电子束的会聚角而增加其相干性。在做会聚束照射或者微区分析时，一般要增大电子束的会聚角，电子束斑要非常小（有时要接近纳米级），这时会直接调节第一聚光镜以形成很细小的电子束来照射样品。在现代的扫描透射电子显微镜上还会有第三会聚镜来调整电子束。

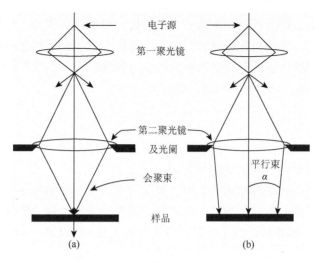

图 2-3　电子显微镜的照明系统示意图

（a）第二聚光镜聚焦形成会聚电子束；（b）第二聚光镜散射形成平行电子束

### 2.1.3　物镜

在透射电子显微镜中，通常置固体试样于物镜的物平面上。物镜的作用是把这些电子会聚在其后焦面上形成衍射斑点，并在其像平面上形成样品的像。物镜为强透镜，而且结构特殊，样品可放在物镜的极靴内[5]。但一般可以仿照光学透镜的原理把物镜系统的光路简单画为图 2-4。这可以简单地解释衍射图和像的形成过程。

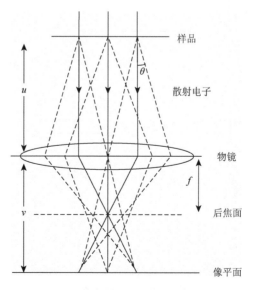

图 2-4　透射电镜成像光路示意图，透镜成像时，物距 $u$、像距 $v$ 和焦距 $f$ 三者之间满足的关系

平行电子束和样品相互作用后被样品散射。对于晶体样品，这种散射以布拉格衍射束的形式向前传播并由物镜聚焦，在其焦距为 $f$ 的后焦面内形成一透射衍射花样。对于理想物镜所有这些衍射束均能达到像距为 $v$ 的像平面干涉成像。如果物镜的物距为 $u$，则物镜的成像公式可表达为

$$\frac{1}{f} = \frac{1}{v} + \frac{1}{u} \tag{2-1}$$

而物镜成像的放大倍数则定义为 $M = v/u$。

很明显，只要把物镜后焦面上的衍射花样或其像平面的样品像投影到荧光屏上，就能得到样品的衍射图和像。这对应于透射电子显微镜的两种基本操作模式（图 2-5），通过下面要讨论的中间镜和投影镜而完成。如果放一光阑在物镜后焦面上，只有通过物镜光阑的电子才能对成像有贡献。物镜光阑决定了图像的衬度和质量，它同时还限制了成像电子的最大散射角，因此可以降低物镜的像差。在电子能量损失谱中，物镜光阑还被作为谱仪的入口光阑[2]。

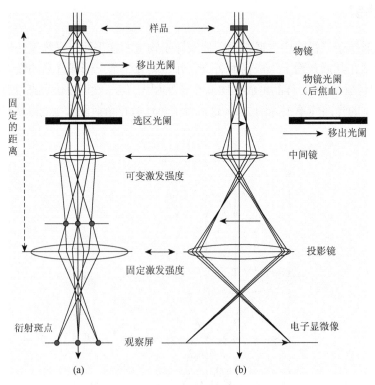

图 2-5　透射电镜两种基本的工作模式

（a）衍射成像；（b）显微成像

## 2.1.4  中间镜和投影镜

物镜的放大倍数非常低，大约 50 倍。这很难看清样品的任何细节，所以在透射电子显微镜中，利用中间镜和投影镜来进一步放大图像，它们合在一起称为成像系统，如图 2-5 所示。物镜后面可紧接两到三个中间镜。电子显微镜的操作模式是通过改变中间镜物距 $u$ 而改变的。为了得到衍射斑点，中间镜的物平面为物镜的后焦面（即衍射斑点为中间镜的“物”）。这时衍射斑点将被投影镜投影到荧光屏上，如图 2-5（b）所示。如果需要观察试样的图像，则需要把物镜的像平面作为中间镜的物平面，这样在荧光屏上即可得到试样的投影像。实验上中间镜和投影镜的成像公式和放大率也可以用上述方程式（2-1）描述。若电镜有多个中间镜和投影镜，整个电子光学系统的放大倍数则是从物镜到投影镜所有透镜放大倍数的乘积。现在一般的电子光学系统都可以提供超过 $10^6$ 的放大倍数。选区光阑所在的平面是物镜的像平面。在成像模式下把选区光阑插入并对中，其所选择的样品区域的图像被投影到荧光屏上。当转到衍射模式时，只有这个光阑选择的样品区域才会对观察到的衍射有贡献。但当选区光阑较小时，选区与衍射斑点的真正形成区域会有一定误差[5]。

## 2.1.5  记录系统

早期图像或衍射斑点是利用曝光方式在底片上记录下来的。今天电子显微镜中的图像记录系统已被数字图像记录系统取代。对数字图像很容易进行加工、提高衬度、提高图像质量、降低噪声等，而且最重要的是数字图像允许我们非常容易地对其进行傅里叶变换，在傅里叶空间中进行相分析，测量晶格参数。除了一般的电视摄像头外，现在更通用的数字化相机一般为电荷耦合器件（charge coupled device，CCD）相机。相机的表面是一层氧化磷闪烁晶体，它把电子图像转换成光子图像，这些光子经过其下面的光导纤维引导到电荷耦合器上。光子在这些小电子井内激发出电子，光子图像又被转换回电子图像。然后每个井内的电子被电路导出来，经由模数信号转化器变成计算机内的数字图像[6]。目前 CCD 相机已被普遍用作电子显微图像和电子能量损失谱记录系统，在新型的电镜中成为标准的记录系统。CCD 相机具有很多优异的性能，如噪声低、动态范围高，十分适合研究对电子束敏感的生物样品、有机物或催化剂。操作电子显微镜时，数字照像系统允许我们在线进行傅里叶变换，可用来监督透镜系统的像散。

## 2.2  电子衍射和成像

### 2.2.1  电子物质相互作用

当电子经过一个原子时，它将发生偏转（散射），这种相互作用称为库仑（Coulombic）作用。弹性散射是电子经过原子核的静电场时发生的轨道偏转。电子在这个过程中不损失能量，但是有动量转换。非弹性散射是由入射电子与原子的电子相互作用而产生的，入射电子损失部分能量传递给原子电子。电子弹性与非弹性散射发生在任何样品中，其发生的概率由其散射截面决定。

使用非常简单的硬球模型，孤立原子对电子的弹性和非弹性散射截面可分别表示为[7]

$$\sigma_{e} = \pi \frac{Z^2 e}{V\theta}$$

$$\sigma_{ie} = \pi \frac{e}{V\theta} \tag{2-2}$$

式中，$V$ 为入射电子势能。式（2-2）给出当电子被原子序数为 $Z$ 的原子散射时，散射角大于 $\theta$ 的概率。弹性散射截面与原子序数的平方成正比，这在讨论扫描透射电子显微镜中的大角弹性散射和 $Z$ 衬度像时非常重要。

图 2-6 概括了透射电子显微镜中的高能入射电子与薄样品相互作用产生的各类电子与光子。有三种典型的透射电子：①透射电子或者未偏转电子（电子穿透样品后没有能量和动量的改变）；②弹性散射电子，包括大角非相干弹性散射电子及相干弹性散射电子（衍射电子）；③非弹性散射电子。同时还有三种在入射电子反方向散射或发射的电子：①二次电子，这是被入射高能电子从样品中击出的电子，通常能量低于 50 eV；②与入射电子相互作用处于激发态的原子退激发时产生的俄歇电子；③与入射电子能量接近的背散射电子。所有这些电子信号均可被用来成像、得到衍射斑点或提供谱的信息。另外，退激发的原子将发射连续或者特征 X 射线及可见光、荧光等。这些光子信号可以收集来做样品成分的定性或定量分析，确定样品元素的分布。

从量子力学的角度来看，电子具有波的性质。为容易理解透射电子显微镜中的成像机制，我们可以把电子描述为波长为 $\lambda$ 的波。波有相干散射与非相干散射。相干散射的电子保持其原来的波长，而发生非相干散射时，电子波长会发生改变。总体上说，除大角卢瑟福散射外，电子的弹性散射是相干散射，非弹性散射是非相干散射。

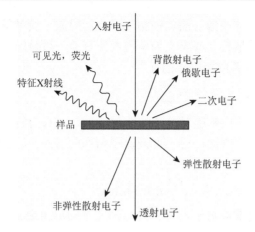

图 2-6　透射电镜中的入射电子与薄样品的相互作用及所产生的各种信号

由单一孤立原子导致的弹性散射电子波可以用电子原子散射因子来描述[8]:

$$f_e(\theta) = \frac{\left(1 + \dfrac{E_0}{m_0 c^2}\right)}{8\pi^2 a_0} \left(\frac{\lambda}{\sin(\theta/2)}\right)^2 (Z - f_X) \qquad (2\text{-}3)$$

式中，$\theta$ 为散射角；$f_X$ 为 X 射线的原子散射因子。显然 $f_e(\theta)$ 是与波长、散射角和原子序数相关的。当波长变小时，它将降低，因此在较高电压下，电子将更容易透过样品。电子原子散射因子同时随着散射角的增加而急剧降低，所以电子散射是一个固体角非常小的向前散射。另外，电子原子散射因子 $f_e(\theta)$ 远大于 X 射线原子散射因子 $f_X$，所以电子对样品的辐照损伤远大于 X 射线对样品的辐照损伤。但是，X 射线谱仪记录信号的时间要远长于透射电子显微镜中记录图像或衍射斑点的时间。

## 2.2.2　电子衍射

### 1. 电子衍射基础

如果电子波和晶体样品相互作用，弹性散射电子是相干性的，可形成衍射斑点[9]。衍射斑点的信号来源于样品中所有原子的相互作用，依赖于材料的原子结构。对于具有长程有序的完整晶体，衍射斑点是非常清晰、规则的。对于非晶材料，如玻璃或液体等样品，衍射将呈现弥散环状，其环的直径和原子平均作用距离相关（即原子的近程有序）。

在晶体样品中，原子的排布是周期、三维、重复的，构成三维晶体的最基本单元是单胞。电子波在这些周期排布的散射中心发生位相相干的散射，在某些特殊的晶体学方向上，这些散射波加强相干形成衍射波。通常用结构因子 $F(\theta)$ 来描述三维晶体对电子的散射。其定义为单胞中所有原子散射因子 $f_i$ 乘以原子位于不同晶面（$h, k, l$）上位置的相因子的和[10]，

$$F(\theta) = \sum f_i e^{i\varphi_i} = \sum f_i e^{i(hx_i + ky_i + lz_i)} \qquad (2\text{-}4)$$

$F(\theta)$ 描述晶体中一个结构单胞对电子的衍射能力，它只与样品的性质，如原子类型（$f_i$）、晶胞中原子的位置（$x, y, z$）及原子所在的晶面（$h, k, l$）有关。电子衍射的强度和结构因子的模平方成正比：

$$I(\theta) \sim |F(\theta)|^2 \qquad (2\text{-}5)$$

衍射花样的角分布及其强度分布包含样品的原子种类和排布方式信息，通常用于研究样品的晶体结构与相组成。

很明显，只有当结构因子 $F(\theta)$ 不等于 0 时，电子衍射束才会在散射角（$\theta$）上被激发。但是电子衍射束只能在入射电子束与晶体之间满足下述布拉格（Bragg）条件时才能够观察到。

### 2. 电子衍射方向

在解释理解晶体对电子波散射形成衍射时，通常采用布拉格方程来描述衍射形成的几何条件。当波长为 $\lambda$ 的电子波入射到任一点阵平面时，在这一点阵面上各个点阵点的散射波相干加强的条件为电子波的入射角与反射角相等，入射线、反射线和晶体法线均在同一平面上（图 2-7）。

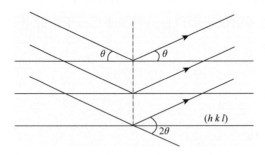

图 2-7　入射电子波与晶面族（$h k l$）的相互作用，电子波的入射角和反射角为 $\theta$

从晶体学中我们知道，晶体的空间点阵可以划分成若干个晶面族，晶面族是一组所有互相平行且面间距相等的平面，以晶面指数 $h$、$k$、$l$ 表示，其晶面间距为 $d_{hkl}$。如图 2-7 所示，当电子波入射到这族晶体面时，若入射波与晶面的交角为 $\theta$，并满足

$$n\lambda = 2d_{hkl} \sin\theta \qquad (2\text{-}6)$$

的关系时，各个点阵平面的散射波将相互加强产生衍射。$n$ 为衍射级数，$h$、$k$、$l$ 称为衍射指数，与其对应的衍射角为 $\theta_{hkl}$，即为衍射方向。

对于立方晶体来说，

$$d_{hkl} = \frac{a}{\sqrt{h^2 + k^2 + l^2}}$$ （2-7）

式中，$a$ 为晶胞参数。因为 $\lambda$ 非常小（例如，在 100 kV 的电子中，其波长 $\lambda$ 等于 0.0037 nm），$\theta$ 也很小，$\sin\theta$ 约等于 $\theta$，故 $\lambda = 2d\theta$。衍射斑点只在当原子面非常接近于平行入射电子束时才会发生。

不管晶体结构因子大小如何，只有当晶体取向和入射电子束满足布拉格方程时，电子束才可能产生衍射。事实上，具有完整三维周期结构的晶体均能导致电子的布拉格衍射，在电子衍射花样中，每一个衍射束形成一个斑点。当样品中的原子呈现某种无序排列时，经其所散射电子不遵从布拉格方程，于是出现弥散散射，称为非布拉格散射。另外当样品变厚时，电子衍射会有动力学效应[5]，某些斑点会变得亮暗不均。当样品太厚时，在衍射图中会出现很多明暗成对的线，标为菊池线，是电子的非弹性散射造成的[5]。

### 3. 倒易空间和倒易点阵

上面提到晶面间距为 $d_{hkl}$ 的所有点阵面对电子束散射只形成一个衍射点。事实上通常更容易在倒易空间中描述晶体衍射（无论是用 X 射线还是电子）。倒易空间的数学定义是正空间的傅里叶变换[9]。晶体学上倒易格子的定义在一般教科书中均有描述[10]，这里就不再重复。简单地讲，晶体波长为 $\lambda$ 的电子束产生的衍射可以通过倒易格子向量 $\boldsymbol{G}(hkl)$ 来表示：

$$\boldsymbol{G}(hkl) = h\boldsymbol{a}^* + k\boldsymbol{b}^* + l\boldsymbol{c}^*$$ （2-8）

该向量是倒易空间中从倒易格子原点指向坐标为 $(h, k, l)$ 的倒易点间的向量，它代表 $(h, k, l)$ 晶面族产生的衍射。其模量（在倒易空间的长度）等于 $(h, k, l)$ 晶面间距的倒数。$h$、$k$、$l$ 为衍射指标，$\boldsymbol{a}^*$、$\boldsymbol{b}^*$、$\boldsymbol{c}^*$ 为倒易晶胞参数，与正空间晶胞参数 $a$、$b$、$c$ 互为倒易正交。事实上，电子显微镜中所得到的电子衍射斑点只是倒易格子中的一部分倒易点，这在下面用 Ewald 球会给出更形象的描述。

### 4. Ewald 反射球

当波长为 $\lambda$ 的单色平面电子波以入射角 $\theta$ 照射到晶面间距为 $d$ 的平行晶面组时，各个晶面的散射波干涉加强的条件满足布拉格关系：$2d\sin\theta = n\lambda$，其中，$n = 1, 2, 3, 4, \cdots$，称为衍射级数，为简单起见，考虑 $n = 1$ 的情况，即可将布拉格方程写成 $2d\sin\theta = \lambda$［式（2-6）］或更进一步写成：

$$\sin\theta = \frac{1}{d}\Big/ 2\left(\frac{1}{\lambda}\right) \tag{2-9}$$

这一关系的几何意义是布拉格角的正弦函数为直角三角形的对边（$1/d$）与斜边（$2/\lambda$）之比。若沿着入射方向以 $1/\lambda$ 为半径，以倒易格子原点为球心作一球，此球面称为 Ewald 反射球。由图 2-8 可知，球面上任意倒易格点 $G$（其模量为 $1/d$）都符合衍射条件式（2-9）而产生衍射，球心指向格子点的方向即为衍射方向。当晶体相对入射电子束有一定取向时，即有一定数量的倒易格子点落在球面上，产生相应数目的衍射点，当改变晶体取向时（在电子显微镜上通常是通过旋转或倾斜样品而改变其取向的），将有另一些倒易格子点落在反射球面上。

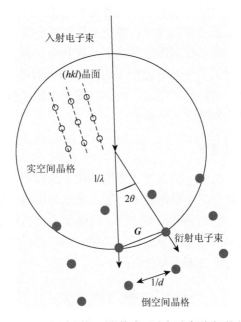

图 2-8　Ewald 球图解，晶格在正空间和倒空间的关系

　　因为电子衍射斑点只是倒格子中的一部分，因此确定正空间晶格点阵并进一步确定单胞结构，需要得到不同方向的电子衍射图。通常要把样品从一个晶带轴倾转到另一个晶带轴，这些倾转取决于电镜物镜中极靴的大小。

　　在利用电子衍射斑点表征催化剂材料时，通常需要解决两类问题：第一类是标明或验证催化剂材料中的相，其化学成分是已知的；第二类稍微困难一些，即在不知其化学成分时，确定催化剂的微结构和相。例如，催化剂或催化剂载体在催化反应中会发生结构与相的变化，其组成元素会流失。为了解决这两种问题，通常的方法就是电子衍射，而从电子衍射花样推算出催化剂的相需要有很好的晶体学知识。

### 5. 衍射斑点的分析

在分析电子衍射花样时,以下两点是非常重要的:

第一,并不是晶体样品所有的晶面都能激发电子衍射,只有那些能够导致电子波加强相干的晶面才能产生衍射斑点。这取决于晶胞的结构因子,例如,对于体心立方晶系,单位晶胞中只有两个独立原子,位于 $r_1 = (0,0,0)$ 和 $r_2 = (1/2, 1/2, 1/2)$ 坐标上,我们把它代入式(2-4)得

$$F = f\{1 + \exp[-\pi i(h+k+l)]\} \tag{2-10}$$

因为只有当 $n$ 分别为偶数或奇数时,$\exp(-\pi i n) = 1$ 或者 $-1$,所以当 $h+k+l$ 是偶数时我们得到 $F = 2f$,但当 $h+k+l$ 为奇数时,$F = 0$。在这种情况下,$(h,k,l)$ 晶面不能给出衍射斑点。所以对于体心立方晶体,只有那些满足 $h+k+l$ 为偶数的晶面,如(110)、(200)、(211)、(220)才能产生衍射斑点。而对于诸如(113)类晶面,将不产生衍射斑点。这个规律称为衍射消光定律,不同的晶系消光规律不同。例如,对于面心立方,只有那些 $h$、$k$、$l$ 都是奇数或者都是偶数的晶面,才产生衍射斑点;而 $h$、$k$、$l$ 为混合值的晶面不会产生衍射斑点。表 2-1 列出了几种常见晶体结构的消光规律[4]。这一消光规律与晶体对 X 射线衍射的消光规律完全一致。

表 2-1 几种常见晶体结构的消光规律,其中 $F$ 是结构因子

| 晶体类型 | 选择关系 | $F$ | 格点数/单胞 | 例子 |
| --- | --- | --- | --- | --- |
| 单斜 | 所有 $h$、$k$、$l$ | $f$ | 1 | 120 |
| 体心立方 | $h+k+l = 2n$ | $2f$ | 2 | 110 |
| 面心立方 | $h$、$k$、$l$ 都是奇数或偶数 | $4f$ | 4 | 111 |
| 密排六方 | $h+2k = 3n$ 且 $l$ 是奇数 | 0 | | 0001 |
| | $h+2k = 3n$ 且 $l$ 是偶数 | $2f$ | 2 | 0002 |
| | $h+2k = 3n\pm1$ 且 $l$ 是奇数 | $f\sqrt{3}$ | | $01\bar{1}1$ |
| | $h+2k = 3n\pm1$ 且 $l$ 是偶数 | $f$ | | $01\bar{1}0$ |

第二,垂直关系。虽然衍射斑点的出现受控于结构因子,但是每个衍射斑点的指数还必须遵循晶带定律,即属于某一晶带轴 $[u,v,w]$ 的所有晶面 $(h,k,l)$ 应满足正交关系:$uh+vk+wl = 0$,这个规律如图 2-9 所示。例如,沿面心立方晶系的 [110] 带轴只有 $(2,-2,0)$ 和 $(1,\bar{1},1)$ 晶面可以产生衍射斑点,而 $(2,2,0)$ 或者 $(1,1,1)$ 衍射斑点不能出现在 [110] 衍射图中,因为它们不满足晶带定律。

如果试样是由无数随机取向的小晶粒组成的多晶样品,则衍射花样为一系列半径为 $r$ 的圆环。所有的 $r$ 值则代表全部能激发电子衍射的晶面的衍射,其强度

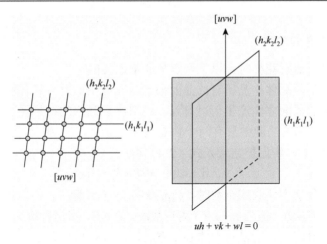

图 2-9　晶带轴和晶面的垂直关系

分布规律取决于这些晶粒的无序排布（图 2-10）。如果多晶样品只含有限的晶粒或晶粒的取向有择优（织构），电子衍射环则为不连续的环，而且某些来源于择优取向晶面的衍射斑点特别亮。所有形貌或者三维受限的样品，如平行于入射电子束的片状试样或者一维纳米结构都将改变衍射斑点的形状[4, 5]。另外具有超细晶粒或者纳米颗粒的样品，其多晶衍射环将呈现一定的宽度。这两种现象在分析纳米材料或者催化剂中的纳米颗粒时具有非常重要的意义。

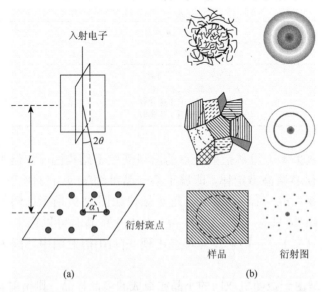

图 2-10　（a）透射电子衍射示意图；（b）非晶、多晶和单晶的衍射斑点示意图

如图 2-10 所示，得到衍射斑点或衍射环后，可以利用 $r/L = 2\theta = \lambda/d$ 来计算某一衍射点所对应的晶面间距。这里 $L$ 称为相机长度。$r$ 是衍射点到（000）透射斑点的距离，与 $1/d$ 成正比。因为电子的波长 $\lambda$ 是固定的，对给定的相机长度 $L$，其与 $\lambda$ 的乘积 $L\lambda$ 是常数，故称为相机常数。相机常数应该用已知结构的标准样品来确定。应该注意的是，在很多情况下只靠一两个 $d$ 值并不能准确确定晶体的唯一结构，例如，很多金属体系有非常接近的晶格常数（晶格常数之间的差别非常接近或者其变化小于透射电镜的误差范围）。在这种情况下，要确定两个晶格参数非常接近的样品，测量两个不同衍射点之间的夹角可能是很有帮助的。

## 2.2.3　透射电子显微镜成像

透射电子显微镜最普通的应用就是观察固体试样的显微像乃至高分辨像。如图 2-5 所示，当把物镜的像平面投影到荧光屏上时，我们将得到样品的放大像。人眼能观察的是像的强度，但在一张电子显微图像中不同区域或者细节的强度亮暗差异则称为像的衬度。当强度均匀、相位相同的电子波从样品传播出后，其振幅和位相均能发生变化，这两类变化都能导致图像细节明暗程度不同，即产生像衬度。一般把电子显微像的衬度分为振幅衬度和相位衬度。电子显微照片中有时同时会包括这两种衬度，但总是有一种衬度占主导地位。振幅衬度可分为质厚衬度和衍射衬度。在透射电子显微镜中的明场或暗场像中会观察到振幅衬度。在样品很薄时，高分辨电子显微像的衬度是由电子波相位变化而产生的，即相位衬度。下面对质厚衬度、衍射衬度和相位衬度均做一简单的介绍，并讨论实验时为得到这三种衬度的最佳效果所应注意的一些事项。

### 1. 质厚衬度

质厚衬度是电子显微成像最常见的衬度。当入射电子穿过薄样品时，与样品原子碰撞而改变方向。由于镜筒直径的限制散射角大于 $10^{-2}$ rad 的电子不会对成像有贡献。样品中密度较大的区域对电子散射的能力强些，会使更多电子的散射角大于 $10^{-2}$ rad，所以这些区域的像衬度会暗一些。另外在样品较厚的区域，多重散射使电子的散射角变大，使经过这一区域的大部分电子不对成像有贡献。这种由于样品密度或者厚度不同而引起的像的衬度变化称为质厚衬度。质厚衬度的物理机制来源于原子对电子的非相干卢瑟福散射。对于薄的固体试样，卢瑟福散射截面正比于样品的有效质量，也就是样品密度和厚度的乘积。电子显微镜中质厚衬度的简单定性解释是样品中平均原子序数 $Z$ 高的区域，散射电子的能力要高于平均原子序数低的区域。因此平均原子序数高的区域在荧光屏上显得发暗。图 2-11 给出的是中等放大倍数时工业用乙苯脱氢催化剂氧化铁的电子显微照片。反应后，催化剂表面积炭。显然，碳的原子序数（6）比 $Fe_3O_4$ 的平均原子序数（17）要小得多，故表面积炭的衬度要比氧化铁亮一些。同时我们看到，氧化铁越厚的地方越暗，这是因为在样品厚的区域大量入射电子被高角散射掉，对成像没有贡献。

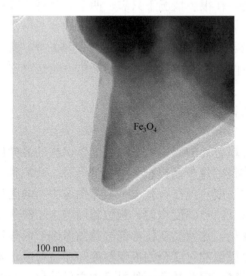

**图 2-11　工业用乙苯脱氢制苯乙烯的氧化铁催化剂电子显微像**

表面积炭和氧化铁因原子序数和厚度不同显示了不同的衬度，氧化铁区域因大量电子被吸收或
大角散射而显得很暗

　　用电子显微镜研究玻璃、聚合物等非晶样品或生物样品时，质厚衬度是唯一的衬度。但是无论是晶体还是非晶样品，只要其密度或厚度发生变化都会改变其对电子的散射能力，所以质厚衬度是透射电子显微成像普遍存在的衬度。如果在物镜的后焦面上插入物镜光阑，限制一部分电子不参加成像（图 2-5），能够提高质厚衬度像的质量（明晰度）。当置物镜光阑于电子显微镜光轴中心时，只有透射电子束能够成像，所得到的像称为明场像。

　　2. 衍射衬度

　　电子衍射是电子显微镜中晶体样品成像的主要衬度机制，特别是在中等放大倍数时，衍射衬度是晶体样品成像的主要衬度。电子穿透晶体样品后，因为透射和衍射的电子强度比例不同，因此用透射电子束或衍射电子束来成像时像的衬度不同，由此得到像的衬度称为衍射衬度。晶体样品的衍射衬度主要是用物镜后焦面上的物镜光阑来控制的。如图 2-12（a）所示，当置物镜光阑于电子显微镜光轴中心时，只有透射电子束通过物镜光阑并在物镜像平面上成像，得到的即是上面所说的明场像。考虑到质厚衬度同时存在，样品满足布拉格条件的区域将发生强烈的电子衍射，因此当这部分电子为物镜光阑遮挡不参加成像时，样品中满足布拉格条件的区域在明场像中将呈现较暗的衬度［图 2-13（a）］。相应地，当只允许一衍射束通过物镜光阑而遮挡住透射电子束，我们将得到所谓的暗场像。样品中满足布拉格条件的区域在暗场像中呈现较亮的衬度［图 2-13（b）］。可以将物镜光阑偏离光轴中心选取某一衍射束成像［图 2-12（b）］，但偏光轴成像容易引起像差。故一般将入射电子束偏移一布拉格角而使衍射电子沿光轴传播通过物镜光阑成暗场像［图 2-12（c）］。这样做的目的是利用近光轴电子成像减小像差。

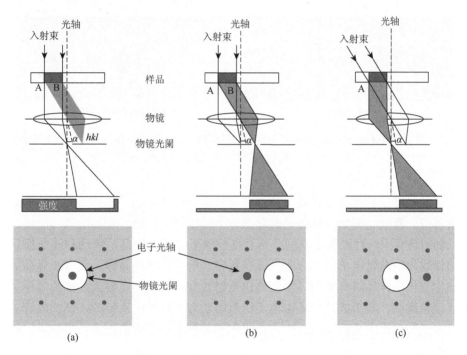

图 2-12　透射电子显微镜中明场像（a）、暗场像（b）的成像机制和偏电子束暗场像（c）

衍射衬度是一种特殊形式的衬度，它只发生在晶体与入射电子束的某些固定取向上。电子衍射只有在相应的晶面与入射束成一定的角度时才会发生，所以我们需要倾转样品使其满足布拉格条件。要得到高质量的暗场像，通常需要将样品倾转到只有一个衍射束被激发的位置，这通常称为双光束条件[5]成像（透射束和一个较强的衍射束）。因为成像的衍射束为 $(h, k, l)$ 晶面所激发，所以含有满足布拉格条件的 $(h, k, l)$ 晶面的区域在暗场像中是明亮的。当材料中多相共存时，其衍射图是多套衍射花样的叠加，此时如果选用某一特殊衍射束用于成像，则在相应的暗场像上，含有能产生该衍射的晶体结构的部分就会呈现明亮的衬度，而不含该种结构的部位则呈暗区（图 2-13）。这很有利于分析催化剂中不同晶粒分布和相分离。

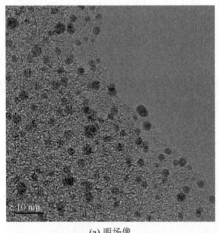

(a) 明场像　　　　　　　　　　　(b) 用(111)衍射束成的暗场像

图 2-13　催化剂 AuPd/activated carbon 的明场和暗场像（conical dark field image），在暗场像中明亮的 AuPd 合金粒子则为满足于布拉格条件

　　衍射衬度如在研究薄膜或大颗粒（只要电子束能穿透）样品中的晶体缺陷时非常有用。有很完善的衬度理论解释晶体中线缺陷（位错）和面缺陷（层错、晶界）的衬度像[5]。对完整等厚的、不含任何缺陷的晶体样品，明场和暗场像只能给出很均匀的散射电子强度分布，没有衬度。所以对完整晶体，只有在样品的厚度发生变化或样品略有弯曲时才能给出衍射衬度，这时能观察到晶体的等厚条纹或等倾轮廓线。其形成机制是由电子衍射的动力学效应所决定的，在一般有关电子显微镜的专著中皆有阐述[4, 5, 8]。催化剂中的纳米粒子通常小于几个纳米，所以一般没有动力学衍射效应，明场像只能给出纳米粒子的形貌。同时由于纳米颗粒体积小，其衍射束非常弱，难以得到高质量的暗场像。因此，研究纳米颗粒的根本方法还是高分辨像。

　　3. 相位衬度：高分辨电子显微像

　　研究催化剂中原子结构最直接有效的方法是高分辨电子显微像。高分辨电子显微学（HRTEM）是自 1970 年发展起来的技术[11, 12]。在随后的十几年里，这一技术只限于能制造或改进电子显微镜电子光学的少数实验室，而且操作高分辨电子显微镜的人员也都是受过专门训练的人员。随着电子显微镜制造技术的不断改进，尤其是引入数字控制和提高电子显微镜的稳定性后，现在一般的商业电子显微镜都具有 0.2 nm 或更高的分辨率。目前高分辨电子显微镜已经变为科研机构甚至于半导体工业很普通的研究式检测手段。同时高分辨电子显微镜的操作也变得越来越简单了。

HRTEM 是利用所谓的相位衬度来给出样品的点阵条纹或原子结构像。这与前述普通电子显微镜在低/中放大倍数时用质厚衬度和衍射衬度来成像是根本不同的。更精确地说，我们所看到的高分辨电子显微像是电子束波相干条纹的二维投影，像的强度是电子波干涉强度的分布。所以高分辨电子显微镜的衬度是不能简单地用样品的密度或厚度做解释的。其正确的解释需求助于波动光学。只有在非常苛刻的实验条件下，才能用样品结构的投影直接一对一地解释高分辨电子显微像的衬度。

高分辨像通常由两束或多束电子波相干成像。一般来说，电子波经过晶体内的电场时总是要发生折射的，电子波要改变其相位和振幅。原子级高分辨像的衬度来源于相位衬度（散射束的振幅在经过样品时改变很小），小的相位偏移是电子波散射或物镜球差引起的。如果样品很薄，我们通常使用弱相位近似法来解释高分辨像的成像原理，即假设电子波经过薄样品后只有相位调制，不存在振幅调制。这样的非常薄的样品称为弱相位体，图像的衬度只与晶体电场势的投影相关。当然，衬度还要被物镜的球差和其欠焦量调制。

当入射电子穿过电势为 $V(x, y)$ 的薄样品时，其电子波的相位将改变。其透射波函数可以表示为

$$\psi(x, y) = \exp[i\sigma V(x, y)] \tag{2-11}$$

式中，$V(x, y)$ 为晶体电势场沿电子入射方向的投影，$\sigma = \pi/\lambda E$ 是相互作用常数。对于非常薄的样品，电子波透射时振幅不变，相位变化也很小，即 $\sigma V(x, y) \ll 1$。在这一弱相位近似下，式（2-11）可以简化为

$$\psi(x, y) = 1 + i\sigma V(x, y) \tag{2-12}$$

当电子波通过物镜时，物镜传递函数对电子波进行调制。综合考虑物镜光阑、散焦效应、球差效应及色差效应的影响，物镜传递函数可以写为

$$A(u, v) = \exp\{2\pi i \chi(u, v)\} B(u, v) D(u, v) \tag{2-13}$$

式中，$B(u, v)$ 为照明电子束发散度引起的衰减包络函数，反应空间相干度；$D(u, v)$ 为色差效应引起的衰减包络函数，反应时间相干性。式（2-13）中 $\chi(u, v)$ 是相位差，可以表示为

$$\chi(u, v) = \frac{1}{2}\Delta f \lambda(u^2 + v^2) + \frac{1}{4}C_s \lambda^3 (u^2 + v^2)^2 \tag{2-14}$$

式中，$C_s$ 为物镜球差系数；$\Delta f$ 为散焦量。考虑到物镜传递函数对电子波的调制，物镜后焦面的电子衍射波 $Q(u, v)$ 为

$$Q(u, v) = \mathrm{FT}[\psi(x, y)] \otimes A(u, v) \tag{2-15}$$

式中，FT 为傅里叶变换。以衍射波 $Q(u,v)$ 为次级子波源，再经过一次傅里叶变换，在像平面重建放大的高分辨像。在弱相位近似下，把式（2-12）代入式（2-15）：

$$Q(u,v) = \{\delta(u,v) + i\sigma V(u,v)\} \otimes A(u,v) \tag{2-16}$$

式中，$\delta(u,v)$ 为 $\delta$ 函数。把式（2-16）做逆傅里叶变换，乘以其共轭函数，即得到像平面上高分辨像的强度：

$$I(x,y) = 1 - i\sigma V(x,y) \cdot \mathrm{FT}\{\sin \chi(u,v)B(u,v)D(u,v)\} \tag{2-17}$$

高分辨像的衬度可表示为

$$C(x,y) = I(x,y) - 1 = -2\sigma V(x,y) \cdot \mathrm{FT}\{\sin \chi(u,v)B(u,v)D(u,v)\} \tag{2-18}$$

很明显，高分辨像的衬度受物镜球差、电子光源的相干性及物镜散焦影响。为简单讨论，如不考虑色差和电子束发散度影响，则像的衬度为

$$C(x,y) = -2\sigma V(x,y) \cdot \mathrm{FT}\{\sin \chi(u,v)\} \tag{2-19}$$

$\chi(u,v)$ 由式（2-14）给出。从上式看出，高分辨电子显微像的衬度与试样的结构不是一对一的。在最理想（无色差等其他因素）的条件下还受物镜衬度传递函数的调制。只有当 $\sin \chi = -1$ 时，

$$C(x,y) = 2\sigma V(x,y) \tag{2-20}$$

这时像衬度与晶体势函数的投影成正比，像反映了样品的真实结构。这显然是照高分辨电子显微像的最佳条件。实际上，对固定的 $C_s$ 值，当物镜聚焦为 Scherzer 最佳欠焦时，$\sin \chi(u,v)$ 在很大的空间频率内接近−1。Scherzer 欠焦值的定义为[13]

$$\Delta f(S) = -1.2\sqrt{C_s}\sqrt{\lambda} \tag{2-21}$$

在弱相位物体近似中，在 Scherzer 欠焦附近，高分辨电子衍射像可以认为是样品电势场在两维上的直接投影，较暗的区域对应着较重的原子柱。在样品很薄时，相位衬度出现在所有的电子显微图像中，只有在高放大倍数下才可以看到。

### 4. 高分辨像的分辨率和解释

在波动光学里，光学显微镜的分辨率定义为

$$R = 0.61\lambda/nr\sin \alpha \tag{2-22}$$

式中，$nr$ 为物体与透镜之间媒介的折射系数；$\alpha$ 为光束相对于光阑的半角。通常光学显微镜的分辨极限是 0.2 μm。可以通过减小光的波长（如使用绿光、蓝光、紫外光等）或者使用折射率高的媒介来得到更高的分辨率极限。在透射电镜中高能电子的波长远远小于光波长，这将大大提高其分辨率。如果不考虑相对论效应时，电子穿过电势为 $U$ 的电场加速得到的德布罗意波长为

$$\lambda = h/p = \frac{h}{\sqrt{2m_0eU}} \tag{2-23}$$

当加速电压是 100 keV 时，电子波长是 0.0037 nm。真空的折射率是 1，电子在透镜中的入射角非常小，约是 $10^{-3}$ rad，电子显微镜的分辨率极限约是 0.2 nm。但是实际上电子显微镜中的分辨率定义不是这样简单。

恰如上面描述的，物镜欠焦量和透镜的质量（球差值）均制约相位像的分辨率。在一台电镜中，电子波长和透镜球差值是固定的，当物镜的欠焦量是 Scherzer 欠焦时，衬度传递函数从负值变为正值的第一个交点值定义为电镜的点分辨率（图 2-14）。这是我们能够期望一台电子显微镜最好的性能，所以电镜分辨率这种定义有新的含义，完全不同于瑞利标准的分辨率。在光学或者扫描电子显微镜中，点分辨率是定义为两个能分辨开的点的最小距离。在透射电镜中，点分辨率是用某一最高空间频率来定义的，低于这一值的空间频率通过电子显微镜光学系统时都具有相同的位相。从另一方面说就是像成在衬度传递函数的平滑部分，这是高分辨成像中控制位相衬度潜在的原则。计算点分辨率的公式为

$$\rho_p = \frac{1}{\sqrt{2\Delta f / C_s \lambda^2}} = 0.66 \times C_s^{1/4} \lambda^{3/4} \tag{2-24}$$

对于普通的 Tecnai20 STwin 电子显微镜，$C_s = 1.2$ mm，$\lambda = 0.0025$ nm，其点分辨率为 0.24 nm。

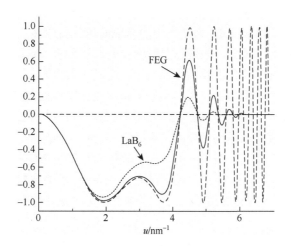

图 2-14　透射电镜的衬度传递函数

高压 200 kV，$\lambda = 0.002508$ nm，$f = -67$ nm，$\alpha = 0.3$ rad，$D_{FEG} = 3$ nm，$D_{LaB_6} = 3$ nm

另外，经常提及的还有电子显微镜的线分辨率。线分辨率也是测量一个电子显微镜分辨的参数。但线分辨率只反映了一台电镜的稳定性，而与上面提到的衬度传递函数没有什么直接关系。用位于一条直线上的两个或者多个衍射束相干就

能得到线条纹像，如利用（100）、（000）和（$\bar{1}$00）等。线分辨率一般均高于点分辨率，例如，Tecnai20 STwin 电子显微镜出厂时检测均可得到 0.14 nm 的线分辨率的金的条纹像。

事实上，一台高分辨电子显微镜的功能还受电子束的时间相干性约束。例如，变不稳、物镜激发电流的变动、电子束微小的能量分布，均能降低电子的时间相干性。这会导致物镜聚焦不全或有一定波动区间。这一效应的结果是衬递传递函数上叠加了一个包络函数［式（2-13）］，使传递函数高频区域巨减。包络函数确定了受光学系统调制的最大截断频率（图 2-14）。当衬度传递函数接近零时，更高的空间频率就不会为物镜传播。一般把这一最大截断频率定义为电镜的信息极限（information limit）：

$$\rho_t = \sqrt{\frac{\pi\lambda\Delta f}{\sqrt{2}}} \qquad\qquad (2\text{-}25)$$

式中，$\Delta f$ 为散焦宽度。另外衬度传递函数还受入射电子束空间相干性影响。当电子束斑大小固定（通常选用不同的聚光镜光阑），看似"平行"的入射电子束总会有一定的非平行成分，即电子束的入射角并不准确为零（一般用照射半角 $\theta_c$ 来表示，对完全理想的平行电子束 $\theta_c = 0$）。

现在通常选用场发射电子枪作高分辨电子显微镜电子源的主要原因就是场发射电子枪的电子束具有很高的相干性。其衬度传递函数随空间频率增加而递减得较慢。相对于用钨灯丝或 $LaB_6$ 为电子源的电镜而言能使更多的高空间频率为物镜所传递，截断频率大。因此，配备场发射枪的电子显微镜具有很高的信息极限，能使很多面间距比点分辨小的晶格成像出来。但这里必须强调一点，场发射枪并不能提高电镜的点分辨率，因为后者是由电子加束电压和物镜的球差系数来决定的。

如果在远离 Scherzer 欠焦的条件下高分辨成像，即使是非常均匀的薄样品，晶格条纹像也不是晶体直接的结构像或其二维投影。另外，样品厚度很小的变化、样品的取向都会强烈地改变高分辨像衬度。金属氧化物等复杂结构的高分辨像，衬度对这些变化尤为敏感。如图 2-15 中计算模拟 $(VO)_2P_2O_7$ 晶格像衬度随欠焦量和样品厚度变化所揭示的，其相位衬度变化之大，使人很难想象其均来源于同一晶体结构。

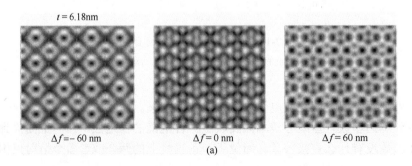

$t = 6.18$nm

| $\Delta f = -60$ nm | $\Delta f = 0$ nm | $\Delta f = 60$ nm |

(a)

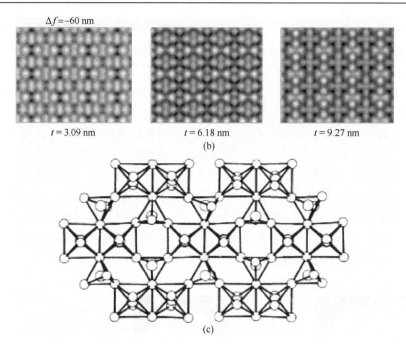

图 2-15　计算机模拟的氧钒基焦磷酸盐高分辨电子显微像衬度

（a）固定样品厚度时像衬度随物镜聚焦的改变；（b）固定物镜聚焦时不同试样厚度引起像衬度的变化（200 kV，
$C_s = 1.2$ mm）；（c）氧钒基焦磷酸盐的结构示意图，氧原子位于多面体（金字塔形或四面体）的顶点，磷原子位于
四面体中心，钒原子位于四面体底面中心或八面体中心

　　在这种情况下，要正确解释高分辨像衬度的唯一方法是计算已知结构的高分辨原子模拟像[14]，并与实验上得到的高分辨像衬度相比较匹配（图 2-16）。另外，实验上通过系统变焦照一系列欠焦量的高分辨图进行计算处理也能得到试样的真实结构像[15]。否则任何直接把晶格像与晶格结构相关联的尝试都可能导致错误。

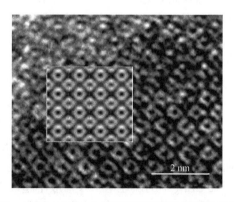

图 2-16　在 Philips CM200 TEM 上得到的氧钒基焦磷酸盐高分辨电子显微像

计算模拟的像衬度与实验的像衬度吻合很好

目前，有很多程序可以模拟计算高分辨电子显微镜图像，可以调整样品的厚度、电子波的波长及透镜的参数（如球差、色差和聚焦量）等来计算已知结构的高分辨电子像（图 2-15 和图 2-16）。

　　除了衬度传递函数及电子显微镜的稳定性决定高分辨像质量外，具体能得到什么样的高分辨像还要看样品的取向。当试样相对电子束的取向刚好使一衍射束 $G$ 被激发时，用物镜光阑选取透射束和这一衍射束相干成像［$G$ 可以是（200）、（220）等低指标衍射束］，所得到的只是平行条纹的晶面像［图 2-17（a）和（b）］。如果样品的某一低指标晶带轴刚好和电子光轴重合，属于这一晶带的很多晶面都能激发布拉格衍射。这时如果用物镜光阑选取多个衍射点来成像，则能够得到样品多个交叉的晶面条纹像，如图 2-17（c）和（d）所示。很明显，即使对一完整晶体样品，如果其相对电子束的取向不合适，是不能得到其高分辨像的，这时唯一的办法就是倾转样品到某一晶轴再成像。

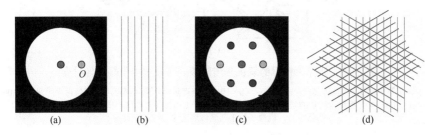

图 2-17　物镜光阑、电子衍射束及其高分辨像关系的简单示意图

## 2.3　扫描透射电子显微镜

　　现代的透射电子显微镜中可以通过改变第一、第二聚光镜的激发强度把电子束调成很小的束斑会聚在样品一点或一非常小的区域。利用电子显微镜附带的扫描控制配件可以通过绕圈控制电子束逐点扫描样品的一长方区域。在扫描每一点的同时，放在样品下面的各种探测器同步接收被散射的电子。把每个扫描位置的电子强度转化为光信号就可以在计算机屏幕上得到扫描放大显微像。具有这一功能的透射电子显微镜也称为扫描透射电子显微镜（scanning transmission electron microscope，STEM）。其中工作基本原理与扫描电子显微镜（scanning electron microscope，SEM）[16]非常相似。只不过在 SEM 中收集起用于成像的电子是二次电子或背散射电子，而在 STEM 收集的是透射电子。另外，在 STEM 中电子加速的电压要远远高于电子在 SEM 中的加速电子（一般不超过 30 kV）。

　　这里值得一提的是，最初的 STEM 的发展是与透射电子显微镜独立的。美国芝加哥大学 Crewe 在 1970 年提出利用非相干高角散射电子束成像并得以实际应用[17]。这种专门的 STEM 在设计上与透射电子显微镜完全相反,即场发射枪位于 STEM 的底部,成像探测系统位于仪器的顶部。但是其透镜的工作原理与普通电镜类同,唯一的要求就是电子束斑要非常小。随着透射电子显微镜制造技术的不断完善,尤其是场发射枪在透射电子显微镜上越来越普遍,现在的商业透射电子显微镜均配有 STEM 功能,可以很方便地从透射转为扫描透射模式工作。

　　STEM 的结构与工作原理示意图如图 2-18 所示,其成像过程与透射电子显微镜的成像过程完全不同。在 TEM 工作模式时,透射电子显微镜电子光学部分〔会聚系统、物镜系统和(放大)投影系统〕的作用分别是辐射样品、成像及交大。在 STEM 模式中,电子光学系统的作用是把入射电子束形成很小的电子探针,探针在样品表面一个长方形内扫描。当扫描电子穿透样品后其振幅因与样品相互作用而变化,正是利用这一变化来调制显示荧光屏上的衬度成像的。电子束扫描样品和控制系统显示屏幕上的扫描是同步的。这是由附加的扫描控制器控制的。从样品中透射的电子由安装在样品下方的各种探测器接收(图 2-18)。一般的 STEM 都配有标准的明场(BF)/暗场(DF)探测器。除晶体试样产生的布拉格反射外,电子散射是旋转对称的,所以,为了实现高探测效率,通常都使用环状(annular)探测器。另外还可配置高角环形探测器(high angle annular detector)用以探测经高角卢瑟福散射的电子。

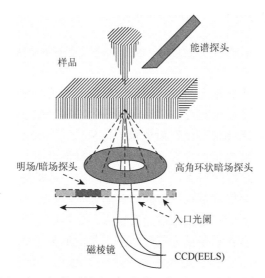

图 2-18　扫描透射电子显微镜工作原理和结构示意图

探测电子部件包括明场/暗场探头、环状/大角环状暗场探头及电子能量损失谱仪器和 CCD 相机

　　SEM 和 STEM 的放大倍数 $M$ 只是简单地显示屏幕上像的宽度 $D$ 与电子探针在样品上描述区域的宽度 $d$ 的比值:

$$M = \frac{D}{d} \tag{2-26}$$

因为屏幕显示的像可以任意地放大或缩小，所以上述定义没有什么实际意义。一般都是在 STEM 的像中加一标尺。这一标尺和扫描像可同时放大或缩小。

电子束斑或电子探针的直径决定扫描透射电子显微镜的空间分辨率，一般在几个纳米量级。为了保证束斑足够小且具有一定的亮度，一般的 STEM 都用场发射电子枪作为电子束源。例如，在会聚透镜上安装球差修正器，其空间分辨率可达到亚纳米级。普通的 STEM 的操作模式有明场像、暗场像及高角暗场像。这是由入射扫描电子与样品相互作用穿透样品后的散射角度的分布而决定的。把不同的散射角区域中的电子收集起来就得到不同的像模式，如图 2-19 所示。

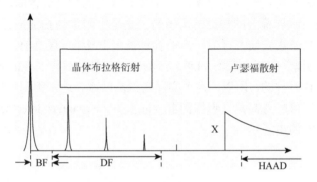

图 2-19　高速电子穿透试样后，散射角度分布及 STEM 各种探测器接收电子信号区域示意图

明场像是通过位于光轴上的探头记录透射电子和很小角度内的散射电子而形成的图像，其中包含了衍衬衬度。暗场像利用的是衍射电子的信号。哪一个衍射信号被收集起来形成暗场像是由透射电镜的像机长（camera length）确定的。一般像机长大时，暗场像探头的收集角小，只有近轴衍射电子对成像有贡献。当采用小相机长时，收集角区间变大，其作用更接近于大角暗场像。STEM 的明场像和暗场像通常用来观察催化剂粒子在载体上的分布，如图 2-20 所示。

前面讲述过，电子的卢瑟福散射角度很大，且其散射截面与原子序数的平方成正比。高角环形探测器正是用来收集这些大角散射电子成像的附件。其得到的扫描像也称为 Z 衬度像。为了能收集到大角散射电子，HAADF 探头一般都安装在电镜荧光屏上方，投影镜下面。Z 衬度像［也称为高分辨或原子分辨原子序数衬度像（high resolution or atomic resolution Z-contrast imaging）］是 STEM 中最重要的成像方法[18]。事实上 Z 衬度像是近年来当代电子显微技术发展的新领域，在材料包括催化剂的分析方面崭露头角[3]。Z 衬度成像通常也称为扫描投射电子显微镜高角环形暗场像（HAADF-STEM）。这种成像技术产生的非相干高分辨像不同于

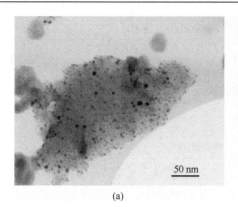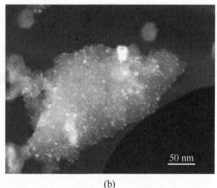

(a)　　　　　　　　　　　　　　　(b)

图 2-20　用 STEM 明场像（a）和暗场像（b）观察的活性炭上负载的 AuPd 合金纳米催化粒子

相干相位衬度的高分辨像。其衬度不同随样品的厚度及电镜的焦距有很大的变化。像中的亮点总是反映真实的原子，并且点的强度与样品中原子密度或原子序数平方成正比[19]。高角环状暗场像可以避免传统电镜中的复杂的衍射衬度和相干成像，易于对电子像做出简单的解释。利用这个技术，我们可以研究低浓度掺杂元素在半导体和沸石类催化剂中的分布，而且能够非常有效地研究催化活性金属簇。

# 2.4　分析电子显微镜

　　分析电子显微镜是指配有 X 射线能谱（EDS）和电子能量损失谱（EELS）的（扫描）透射电子显微镜。分析电子显微镜的基本原理就是记录和分析当高能电子与样品相互作用时所发射的 X 射线信号[20]或分析透射电子的能量损失分布[2, 21]。这两种信号只要有电子束照射到薄样品上就会产生。现在一般的商业化的电子显微镜上均可配备 EDS 和 EELS 附件[4]（图 2-1）。而且随着仪器制备技术的不断发展，用 EDS 或 EELS 做较简单的样品化学成分分析也变得很容易。分析电子显微镜已成为材料科学研究（包括催化剂的研究）比较常用的普通手段。

## 2.4.1　X 射线能谱

　　X 射线能谱是透射电镜中最常用和最方便的化学成分分析方法。前面讲到，高能电子入射到固体样品与原子发生非弹性碰撞会传递给原子内壳层电子足够的能量。当这一能量大于其轨道束缚能时，电子会跃迁离开轨道，这会使原子处于能量较高的激发态。这个过程所产生的电子空穴会被外层电子所填充（退激发）。这一退激发过程可以发射本征 X 射线光子或俄歇电子[4, 20]（图 2-21）。特征 X 射线能量与研究的原子序数关系遵循莫塞莱（Moseley）定律：

$$E = A(Z-1)^2 \tag{2-27}$$

式中，$A$ 为常数；$Z$ 为固体样品组成元素的原子序数。

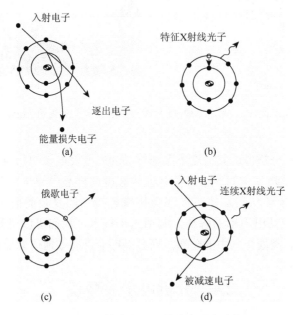

图 2-21　X 射线光子和俄歇电子产生机理

（a）热射电子传递能量给原子内壳层中心使其电离；（b）、（c）原子受激发时产生的本征 X 射线光子或俄歇电子；
（d）入射电子经原子核库仑场减速发射连续 X 射线光子

　　很明显，如果入射电子的能量为 $E_0$，$E$ 为原子的临界激发能，只有能量大于 $E$ 时，入射电子才能从样品中激发出 X 射线光子。$E$ 的值因原子电子所处不同壳层而不同。如果一个原子的 K 层电子被击出，形成的空位由外层电子填充所发射的本征 X 射线是 K 系辐射，类推由外层电子跃迁填充 L 层或 M 层电子空穴所发射的特征 X 射线分别称为 L 系辐射或 M 系辐射。电子跃迁受量子力学的选择定律限定。因为各个能级的电子还有角量子数和内量子数，故自原子退激发产生的本征 X 射线又细分为 $K_\alpha$、$K_\beta$ 辐射等[4]。重要的 X 射线辐射和它的标识见图 2-22。

　　实际上测量到的本征 X 射线峰分布于一连续的 X 射线背底上（图 2-23）。

　　因为入射高能电子穿过样品时会在试样原子核库仑场作用下减速而产生所谓

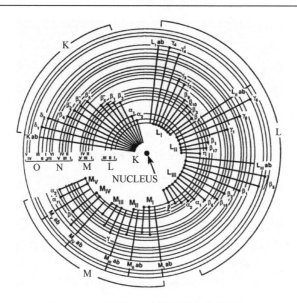

图 2-22　重要的 X 射线辐射和它的标识

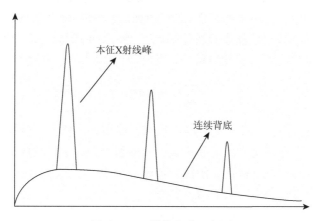

图 2-23　X 射线能谱示意图

连续背底由电子的韧致辐射产生

的韧致辐射（Bremsstahlung）在测量的能谱中以背底形式出现。韧致辐射发射的 X 射线谱是连续的，其能量值可以是小于 $E_0$ 的任何值（$0 < E < E_0$）。用 X 射线能谱做定量化学成分分析时要首先去掉这一连续背景，然后用本征峰强度的积分做定量分析。X 射线能谱的分辨率一般为 100 eV 左右，故本征 X 射线峰并不包含原子在样品中的化学态的准确信息。

　　X 射线能谱最广泛的应用就是对样品的组成元素做定量分析。当样品非常薄时，如上所测得的特色 X 射线的强度为[22]

$$I_A^{\delta} = \varepsilon_A^{\delta} \omega_A^{\delta} Q_A^J \omega_A^J C_A A_A^{-1} t \eta \rho N \frac{\Omega}{4\pi} \qquad (2\text{-}28)$$

式中，$\delta = \alpha, \beta, \eta$ 和 $J = K, L, M$，标识某一本征 X 射线峰（如 $K_\alpha$、$K_\beta$ 等）；$\varepsilon_A^{\delta}$ 为谱仪对 $\delta$ 峰的敏感度；$\omega_A^{\delta}$ 为元素 A 某一特征辐射中 $\delta$ 线所占的分数（如 $K_\alpha / (K_\alpha + K_\beta)$）；$Q_A^J$ 为 $J$ 壳层离化截面（即离化 $J$ 壳电子的概率）；$\omega_A^J$ 为荧光率；$C_A$ 为元素 A 的质量浓度；$A_A$ 为元素 A 的相对原子质量；$t$ 为样品原度；$\rho$ 为样品密度；$\eta$ 为入射电子流的强度；$\Omega$ 为探头所张的固体角；$N$ 为阿伏伽德罗常量。

原则上只要理论上能计算出离化截面和荧光产率的值，使用式（2-28）就可以得到固体样品中元素 A 的绝对含量。但是因为样品的厚度和密度常是未知的，而且电子束流的强度很难精确测得，故用式（2-28）不能准确确定元素在样品中的绝对含量。为避免这一不准确性，通常计算元素 A 和元素 B 本征 X 射线峰的比值来给出两元素的含量百分数：

$$C_A/C_B = k_{AB} I_A/I_B \qquad (2\text{-}29)$$

式中，$C_A$ 和 $C_B$ 分别为元素 A 和 B 的质量分数（%）；$I_A$ 和 $I_B$ 分别为元素 A 和元素 B 在 X 射线能谱中去掉背底后峰的积分强度。比例系数 $k_{AB}$ 是 Cliff-Lorimer 常数，与元素 A 和 B、实验条件及样品的几何形状有关。这个 $k$ 系数（$k$-factor）是对薄膜样品做定量 X 射线能谱分析的基础[20, 22]。如果固体样品包含几个元素，则会有 $N$–1 个独立的方程计算相对成分，第 $N$ 个方程为归一方程：

$$\sum_{i=1}^{n} C_i = 100\% \qquad (2\text{-}30)$$

只要知道 $k$ 系数，很容易计算出试样中所有元素的相对成分。目前在所有的 EDS 系统上这一计算均自动化了。切除背底、峰面积积分、乘以相应的 $k$ 值并最终折算成百分数是自动定量分析计算的四大步骤。

从前面两个方程得出 $k$ 系数的公式为

$$k_{AB} = \frac{\varepsilon_B^{\delta} \omega_B^{\delta} Q_B^J \omega_B^J C_B A_B^{-1}}{\varepsilon_A^{\delta} \omega_A^{\delta} Q_A^J \omega_A^J C_A A_A^{-1}} \qquad (2\text{-}31)$$

虽然 $k_{AB}$ 由计算程序直接给出，但其还有一定的不准确。一是很难精确确定探头对某一元素某一本征 X 射线辐射的量子探测效率；二是虽然离化率和荧光产率能理论上得出，但也有一定的误差。另外，用 K 壳层辐射与其他壳层的辐射（L、M 等）等的 $k$ 系数也有一定的误差。如果有样品成分已知的薄试样，最好的办法是实验上标定 $k$ 系数，这样比较准确，也很容易克服仪器本身的不确定因素。

上面讲述的方法只适用于非常薄的样品，如果样品厚，被激发的 X 射线还没有射出，样品可能就被吸收掉了。这一过程可能激发新的 X 射线光子。另外，对于厚样品，一个入射电子激发多个 X 射线光子的概率也变大。这些因素都使厚样品 X 射线能谱的定量分析变得很不准确。样品厚时应该对定量分析做复杂的原子序数、吸收及荧光效应的修正[4, 20]。因此实验上最简单的途径就是使用薄样品，这与拍高分辨电子显微像时对样品要求一致。

利用分析扫描透射电镜能够得到非常小区域内的图像并对其进行化学成分分析。除上述定量分析外，用电子束对样品做一维扫描时，用 X 射线能谱探测样品在不同位置的能谱，可以得到沿着扫描线的化学成分的分布变化（如跨越多晶样品晶界的线扫描），也可以扫描二维的区域，研究样品中组成元素的二维分布（element mapping）。

## 2.4.2　电子能量损失谱

在 TEM 和 STEM 中通过检测透射电子非弹性散射能量损失分布能得到电子能量损失谱（EELS）。电子能量损失的区域可以从几毫电子伏特到几千电子伏特。图 2-24 显示了 EELS 中几种典型的能量损失信号，它的强度随着损失能量值的增加而递减。在样品厚度小于一个电子散射平均自由程时（当加速电压为 100 keV

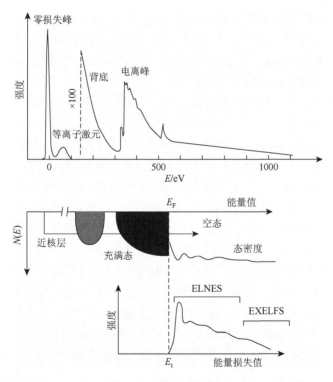

图 2-24　上部分是电子能量损失谱图，下部分是精细结构与费米面上的未占据态密度的关系

时约 100 nm），EELS 记录的强度主要集中在零损失峰上，这包括了所有的弹性散射电子和准弹性散射电子（如激发声子等）。EELS 谱的分辨率定义为零损失峰的半高宽，主要是由电子枪的本征性能决定的。在使用场发射电子枪时，能量分辨率通常为 0.8～1 eV。如果在场发射枪上安装单色器可以将分辨率提高到 0.1 eV 左右甚至更高，但这会极大地降低电子束的强度。

　　EELS 谱的低能段（从 0 到约 50 eV）来源于入射电子对原子外层电子的激发，这一激发通常是非局域性的，可延伸到附近几个原子范围内[23]。对大多数金属样品，低能部分是原子的价电子集体振动激发的等离子体激元峰，价电子密度决定等离子体峰的能量，共振衰减的速率决定峰的宽度[24]。如果样品较厚（大于 100 nm），会出现多重等离子体激元峰，是由入射电子多重散射激发的。多重等离子体激元峰的强度与样品厚度有关，遵循泊松分布[2, 23]。绝缘体低能能损谱区域包括小损失峰，是由入射电子激发其价电子跃迁至费米能级以上的空态而产生的。低能电子能量损失谱通常用来决定样品的厚度 $t$[2]：

$$t/\lambda = \ln(I_t/I_0) \tag{2-32}$$

式中，$I_0$ 为零损失峰的积分强度；$I_t$ 为整个损失谱的积分强度。因为随着能量的增加，损失谱的强度急剧下降（图 2-24），故通常积分到 50 eV 即可；$\lambda$ 为电子非弹性散射的平均自由程。利用式（2-32）可以方便快捷地估计样品的相对厚度。对低能损失谱做 Kramers-Knonig 分析还能给出材料的介电性质[2]，也能推导出绝缘体和半导体的反射率和能隙。

　　电子能量损失谱高能损失部分从大约 50 eV 到几千 eV，是由入射电子和原子内层电子相互作用而产生的。因为高能损失谱的峰值对应于激发一电子离开原子（电离）所需的能量，所以高能损失谱的峰谱通常称为电离峰。这些电离峰是原子的本征峰。在固体中，近费米能级的非占据能态会被化学键改变，导致能带具有复杂的态密度（DOS），这反映在电离峰 30～40 eV 的电离峰近边精细结构上（ELNES）（图 2-24）。电子能量损失谱的电离损失峰近边精细结构与 X 射线吸收近边精细结构（XANES）十分相似，也可以做出类似的解释。由于电子电离损失峰的强度分布不仅取决于原子的散射截面，而且还与末态的状态密度有关，因此，仔细研究电离损失峰的位移和形状（即精细结构），可以得到有关样品原子化学价态及其能带结构的信息。在电离损失峰以上几百个电子伏特范围内有周期较长、振幅较弱的调制结构，它是被入射电子电离出来的出射电子态函数与近邻原子被散射回来的电子波函数之间相干的效应，称为电子能量损失谱广延精细结构（EXELFS）（图 2-24）。电子能量损失谱广延精细结构的理论也是在 X 射线吸收边广延精细结构（EXAFS）的基础上发展起来的。分析这一广延精细结构能给出化合物或非晶材料中某种特定元素（尤其是轻元素）为中心的径向分布函数。其分析方法可参考 EXAFS 进行。广延精细结构振动频率可来确定键长，而振幅则反映了原子的配位数。

近年来一种为能量过滤透射电子显微镜（EFTEM）的新技术有了突破性发展[25]。EFTEM 是用电子能量损失谱仪后的能量选择狭缝选取透射束经过某一特定能量损失的电子来成像。如果只选用零损失电子（即过滤掉所有非弹性散射的电子）成像或形成衍射斑点，则有利于提高像的衬度、衍射斑点的清晰度和高分辨像的信息分辨极限，对电子显微图像的解释比非过滤时得到的像要简单一些。元素制图（element mapping）是采集和处理一系列不同能量位置的图像来得到样品组成元素的二维投影分布（两窗口法、三窗口法及 EELS 的谱图法）。利用 EELS 所有的高空间分辨率，可以得到亚纳米级的高空间分辨元素分布图。

## 2.5　电子显微镜中样品的辐射损伤

前面各章节讲述的是利用电子束和样品相互作用成像，得到衍射斑点，进行元素的定性和定量分析等。这只是利用了高能电子与样品相互作用的有利的一面，但是这种相互作用也会导致样品的结构和化学成分发生变化，这一现象称为样品的电子辐射损伤[4]。

电子辐射损伤与试样的化学组成和结构有关。一般有机化合物的辐射损伤相对于无机晶体要严重。小粒子相对于大粒子在电子束照射下更容易发生损伤，金属氧化物较金属而言也易于在电子束作用下发生变化。辐射损伤的机理可分为轰击效应和辐射裂解（radiolysis）。前者是高能电子直接把样品原子从晶格点阵中打出，形成点缺陷（空穴和间隙原子）。显然当辐射时间长和电子剂量大时，点缺陷的密度会变大。当其数量超过某一临界时，晶格会倒塌而导致相变。轰击效应的另一结果是溅射样品，使样品越来越薄。实际上这两种电子轰击效果是并存的。

辐射裂变是由电子的非弹性散射引起的，由于能量从入射电子传递给原子电子，原子化学键会断裂而电离。另外，由于电子辐射，有能量输入会引起样品局域升温[26]，使原子或分子由于热激活而发生裂解（反应）。这两种效应很易导致试样中轻原子如 O、N 等的丢失；对有机分子，H 的丢失很快而导致样品碳化。对很多金属氧化物、陶瓷材料和矿物质辐射裂解是导致样品辐射损伤的最重要机制。

上面讲述的这几种辐射损失的机理在现在普通电子显微镜的工作电压下都能发生。因此在操作电子显微镜时一定要先弄清楚试样，尤其是催化剂试样对电子辐射的敏感度。一般降低电子辐射剂量（即样品每单位面积承受的电荷量）、冷却样品等均能减轻试样的辐射损失程度和延缓发生辐射损伤的时间[27]。在操作电子显微镜时要确保样品还没有变化时做显微研究。

　　很多高价态的金属氧化物具有催化活性（如 $V_2O_5$，其中 V 呈 + 5 价）。但是因为金属原子的价态高，电子辐射时很容易被还原。因而用电子显微镜研究金属氧化物时一定要小心，通常要使聚光镜均匀散焦减小入射电子束的强度，同时要避免长时间辐射某一固定区以减小辐射剂量。图 2-25 是用高分辨电子显微像跟踪的 $V_2O_5$ 的电子辐射损伤过程。样品的第一张高分辨像给出很完整的晶格条纹[28]，这时样品还几乎没有经受辐射损伤。但随着辐射时间变长，辐射电子剂量变大，高分辨像开始变得模糊，但条纹还是可见。这是因为电子剂量变大时，样品丢失氧原子而出现缺陷。实验上 $V_2O_5$ 在电子束照射下 V 从 + 5 价还原到 + 2 价，结构也从 $V_2O_5$ 变为 VO。很显然，辐射得到的 VO 结构有很多缺陷、不完整。在这一过程中钒的价态变化是用 EELS 研究 V 的电离近边精细结构及电离损失峰化学偏移确定的。具体过程在文献中有详细的描述[28]。

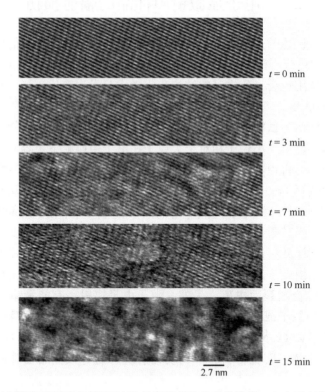

$t = 0$ min

$t = 3$ min

$t = 7$ min

$t = 10$ min

$t = 15$ min

2.7 nm

图 2-25　$V_2O_5$ 试样随不同辐射时间而产生的辐射损伤的高分辨像。在电子束作用下，$V_2O_5$ 失去氧原子还原为 VO（200 kV，电子束流密度为 3 A/cm$^2$）

　　高分辨电子显微像、电子衍射和电子能量损失谱是跟踪样品试样辐射损伤的最佳方法，分别能给出辐射损伤过程中样品形貌、结构和价态的变化[28-31]。研究发现，高价态的金属氧化物比低价态的更易发生辐射损伤。而二氧化钛抵抗辐射损伤的能力要比 $V_2O_5$ 和 $MoO_3$ 强很多。

现在高分辨电子显微镜术被广泛用来研究纳米粒子。纳米粒子因为体积小，所以在电子束照射下不稳定。除了常见的粒子移动现象外，纳米粒子受辐射时也常发生相变并伴随其形状的改变。图 2-26 是负载在 VPO 上 Bi 粒子在电子辐射时发生相变的照片[32]，Bi 粒子发生固相和液相转变。当其为液相时，形状变为球状。因此在研究纳米粒子形状时，只有拍摄在电子束下稳定粒子的照片才能研究其真正的原始形貌。当金属纳米粒子尺度小于 2 nm 时，在高能电子辐射下，其结构和形貌有时只能保证在几秒内稳定。

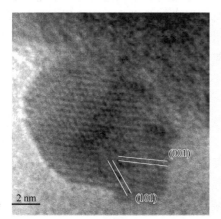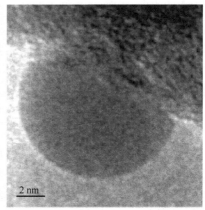

图 2-26　负载在 VPO 上的 Bi 粒子在电子辐射时发生固-液相变的高分辨像

## 2.6　电子显微镜在多相催化中的应用

催化材料种类繁多，包括负载金属粒子、金属、金属氧化物、复合氧化物、硫化物、沸石、活性炭、石墨和近些年发现的碳纳米管等其他纳米材料。理解催化性能和催化剂合成机理需要对其形态、相组成、微观结构、元素组成、电子结构、化学键、氧化态及催化剂金属粒子大小、形状、表面和界面结构等进行表征。原则上讲，这些方面的信息可以通过电子显微技术分析得到[33-36]；可以对单个纳米催化粒子进行高分辨分析。前面所讲的透射电子显微术的衬度成像、电子衍射、高分辨成像、EDX 元素分析、电子能量损失谱、扫描透射显微术等都能用来对催化剂进行充分的表征。下面将列举一些应用实例，首先讲述电镜样品的制备。

## 2.6.1　试样的制备

因为大多数催化剂呈粉末状，所以制备其电镜试样都比较简单，一般无需再减薄样品。通常在超声振动时把催化剂粉末悬浮在溶液中（如乙醇、丙酮或环己烷等）。取一滴悬浮液体置于盖有多孔碳膜的铜或金网上，液体蒸发掉后就制备好了电镜样品。催化剂粉末粒子会黏附在金属网碳膜上，其中一定有粉末粒子悬在或半悬在碳膜的孔上，可以在此处做透射电镜实验。一般把铜或金网放入电镜之前用普通的光学显微镜观察电镜试样的制备好坏。

如果所要研究的工业催化剂颗粒较大，通常用离子减薄方法制备电镜试样。可以先用机械方法把催化剂做成薄片，机械抛光到几微米后用离子束轰击直到试样被离子束轰透为止。这时轰击出的孔附近样品区相当薄，电子束能穿过，可以研究催化剂的微结构等。这一制备技术需要一些专门仪器，应在技术人员指导下工作，耗费时间长。但这一方法很适用于研究金属与载体界面的微结构或者适用于研究阶梯层次结构的多元成分催化剂。当催化剂粉末介于几微米和几百纳米之间时，电子束刚好不能穿过，但颗粒尺度又太小，不利于机械抛光。这时通常把催化剂颗粒离散在溶化态的环氧树脂中。当其冷凝后，对包含催化剂颗粒的环氧树脂进行机械减薄、抛光并最后用离子束减薄。也可以用微切片机（microtomy）把环氧树脂切成几纳米的薄片，在包含催化剂颗粒的薄片区可做电镜研究。微切片是制备生物样品的最佳手段。用离子减薄或切片机制成的样品可以避免因催化剂粒子聚集而得到的较为复杂的二维投影像，更利于研究催化剂粒子表面与体相的差异。

很多催化剂载体是多孔材料，因此做催化剂电镜试样时一定要保证蒸发掉制备时孔吸收的溶液。这对分子筛催化剂的试样制备尤其重要。若电镜试样含水等液体，用高能电子束照射样品时会立刻产生辐射损伤。

## 2.6.2　催化剂粒子大小分布

测定催化剂粒子大小分布是理解催化剂物理和化学性质的一个重要方面，对制备更理想的高转化率的催化剂具有非常重要的意义。但是，这些信息只有对大量催化粒子大小得以准确研究后才能得到。通常，只有电子显微镜分析才能成功得到纳米粒子大小分布。

金属粒子的尺寸分布影响其催化性能的最著名的例子就是纳米金粒子低温催化一氧化碳氧化[37]。实验发现，当纳米金粒子尺寸分布在 2～4 nm 的很窄区域内时，负载在二氧化钛上的金粒子有很高的催化活性。但是当纳米金粒子的大小偏离这一分布时，纳米金的催化活性急剧下降，甚至没有任何活性。很明显，纳米金催化剂的催化性能是由纳米金粒子的大小分布确定的。这里应该注意，粒子尺寸分布和粒子平均大小两个概念有着重要区别。粒子尺寸分布指的是某一大小的粒子分布的概率，而粒子平均大小是基于所有粒子大小尺度得出的一个平均值。不同的粒子尺寸分布有时会给出同样的粒子平均大小。通常，多相催化剂的性能不仅取决于粒子大小的平均值，也依赖于粒子大小的分布。能够给出催化剂粒子尺寸大小分布正是透射电子显微镜优越于 XRD 的长处。利用 XRD 谱中某一低指数的衍射峰的半高宽只能测定粒子的平均大小，而催化剂的具体形态信息（如催化剂粒子是否很好地分布，是否有聚合）是不能从 XRD 分析中得到的。应该指出，不仅催化剂粒子的大小分布，其在载体上的空间分布对理解催化剂活性也很关键。为了准确测定粒子尺寸大小分布，需要对大量的电镜照片上的粒子一一测量得出其尺寸的统计分析。遗憾的是现在还没有可靠的计算机程序能准确无误地自动测量出电子显微照片上纳米粒子的大小尺度。图 2-27 是用于燃料电池的负载在活性炭上的金属 Pt 的粒子电镜照片和大小分布。对于非常小的粒子，需要用高分辨电镜照片才能测量其大小。图 2-27 中所示的 Pt 粒子的大小分布是从几十张高分辨电子显微照片统计出来的。这些大量的电镜照片要照于催化剂电镜试样的不同区域，以便使其更具有代表性。如果粒子尺度大于 10 nm，SEM 也是做催化剂形貌分析及观察统计催化剂粒子大小分布的重要分析手段。

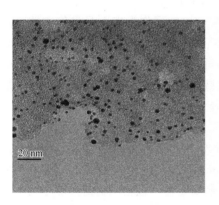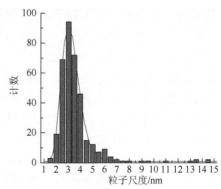

图 2-27　用于燃料电池的活性炭上 Pt 的 TEM 照片和粒径分布

　　在研究负载型金属催化剂性能中一个较为重要的参数是金属原子的分散度（dispersion）。这里分散度的定义是暴露在金属粒子表面的原子数与金属粒子所含总原子数的比。因为只有表面原子能吸附反应物参与催化反应，因此在计算每单位表面原子的催化活性时，必须提前测定计算金属原子的分散度。其计算的前提是确定金属粒子大小分布和其形貌，并从大量高分辨电子显微照片分析测定一负载粒子与载体的几何关系。有这一形貌信息后，能够推算出金属粒子的表面积和体积，进而计算出表面原子数与总原子数的比。具体的数学基础在文献中有详细的描述[38, 39]。

### 2.6.3　金属纳米颗粒的原子结构

随着催化剂颗粒的尺寸变得越来越小，表面能成为决定粒子平衡态形状和结构的一个重要因素。而金属颗粒的催化反应活性与其形状和表面的性质紧密相关。为了确定催化剂粒子形状和表面结构，必须从研究单个粒子的结构着手。20 世纪 70～80 年代常用电子衍射及其他成像技术（如明场像、暗场像、弱束暗场像）来研究（一般尺寸较大）单个颗粒的结构[40-44]。这些技术对研究大颗粒催化粒子依然十分有效。就小粒子而言（小于 10 nm），高分辨电子显微像已经成为研究粒子原子结构的常规手段[45, 46]。通过高分辨像的傅里叶变换，能够得到晶面间距、晶格畸变及其对称性等信息[47]。

金属或半导体小颗粒的结构复杂，可能不是周期性的，也不能简单地用金属常有的立心或面心立方结构来描述。为了准确解释高分辨电子显微像衬度必须做高分辨像模拟计算。事实上，通过计算模拟其在某一高度对性轴上的晶格图像与实验像来匹配确定纳米粒子的结构已成为一种重要的方法。下面的讨论基于电子显微图像模拟，但这里并不涉及具体的模拟细节。

首先我们考虑面心立方的金属，其任一{111}面作为表面是最稳定的，因为（111）面是密排面。这样形成的表面所需断开的键要比其他的晶面形成表面时要少，表面能低[48]。不同晶面的表面能是不同的，一般的规律为 $\gamma\{111\} < \gamma\{100\} < \gamma\{110\}$。因此从能量角度上（111）表面容易形成。显然颗粒同时要倾向于采取球形或类似球形的形状以获得最小表面/体积比，降低其整体的表面能。严格地讲，在没有外力作用的情况下，平衡状态颗粒的外部形状是由最小总表面自由能决定的（在异质结构中，还需加上界面能）。根据 Ino 和 Ogawa 的计算，当颗粒尺寸小于 10 nm 时，多重孪晶（multiple twinning）二十面体的金属颗粒比 Wuff 多面体构型更稳定[42]。除个别例外，一般对于金属而言，颗粒的稳定性顺序为：二十面体多重孪晶＞十面体多重孪晶＞单晶。

下面讨论两种比较常见的多重孪晶颗粒和一单晶颗粒的结构及其高分辨电子显微像衬度。多重孪晶的结构模型最先是由 Ino 提出的，目的是解释在高真空环流中外延生长在氯化钠表面上的金颗粒的电子衍射中 111 衍射点的特殊位置，以及高分辨像的衬度[41]。从那以后，多重孪晶颗粒在金、银、钯、锂、钴和铜的胶体或负载催化剂中均有发现。十面体和二十面体多重孪晶颗粒在金属负载型催化剂中非常普遍。

## 1. 十面体颗粒

一个十面体颗粒是由五个变形的四面体单元组合而成，它们共享一个五次对称轴［对称轴平行于（110）带轴］，共有 10 个{111}面为表面［图 2-28 (a)］。这五个单元依次排列，相互间的一组（111）面为界面而形成孪晶。如果十面体由五个完整的四面体组成，每一个四面体占去 70.5°，5 个只能占去 352.6°，则沿五次对称轴有 7.5°的失配。因此，四面体单元必须产生形变，来分摊失配所引起的应力。十面体的高对称性轴是其五次对称轴，在这个方向上［图 2-28 (a)］，五个四面体单元可以被清晰地成像，相应的傅里叶变换图上有五对（111）衍射[49]。另外当十面体相对于入射电子在如下两个特殊取向时也能得到其高分辨像：一是当某一个四面体的表面作为底面［即垂直于电子束入射方向，图 2-28 (b)］；二是当某一十面体的一条边位于底面内，同时五次对称轴垂直于电子束入射方向［图 2-28 (c)］。图 2-28 给出了当十面体处于图所述三个取向时的高分辨模拟像。如果其取向偏离这三个方向，由高分辨像判断其结构就比较困难，一般一定要做计算模拟[49]。

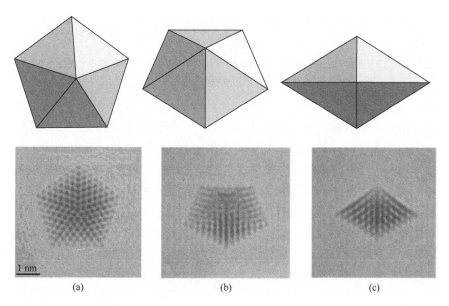

图 2-28　十面体沿着三个方向的结构投影、高分辨像及模拟高分辨像[49]

## 2. 二十面体颗粒

一个二十面体由二十个四面体组成，它们共享二十面体的中心点，其表面由二十个三角形的（111）面组成［图 2-29 (a)］。与十面体一样、二十面体中的四面体单元也必须发生若干形变来填满整个空间。二十面体具有高度对称性，它有十二个五次对称轴、二十个三次对称轴和六十个二次对称轴。二十面体构型的颗粒接近球形，表面能最低，是最容易观察到的纳料颗粒的形态之一。

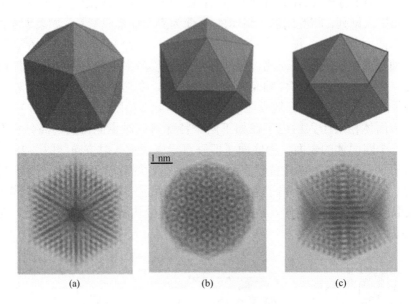

图 2-29　二十面体在三次（a）、五次（b）及二次（c）对称轴方向上的投影结构和相应的高分辨模拟像[49]

　　因为由二十个有形变的四面体单元组成，二十面体颗粒的高分辨像衬度相当复杂。因此必须通过计算机模拟高分辨像来确定其结构。在前面提到的三个高次对称轴方向上，二十面体的高分辨像往往显示很特殊的衬度。图 2-29 显示了二十面体在五次、三次及二次对称轴方向上的投影结构和相应的高分辨模拟像。五次轴沿着所有四面体单元的（110）方向，因此这个取向的高分辨像上由五对（111）晶面条纹和五对（200）晶面条纹干涉而成，组成环状衬度，这是二十面体颗粒特有的衬度。三次轴沿着四面体单元的（111）方向，在这个方向上，入射电子束平行于三次对称轴并垂直于两个相对的表面，可以看到反映多重孪晶的（111）面的晶格条纹。如图 2-29 中的模拟像所示，二十面体颗粒沿其二次对称轴高分辨像的衬度就更复杂了。因为有众多数量的四面体单元参与成像，用高分辨像确认纳米粒子是否具有二十面体结构并不简单。

　　3. 立方八面体颗粒

　　立方八面体可以视为一个正八面体（以{111}面为外表面）由一个具有{100}

表面并以八面体中心为中心的立方体所截而得［图 2-30（a）］[48]。对面心立方结构的单晶，因为通常高分辨电子显微镜只能分辨出（111）和（200）晶面，所以只在两种取向上可以得到立方八面体的原子像衬度，它们是[110]取向［两组（111）晶格条纹和一组（200）晶格条纹］以及在[100]取向［两组（200）晶格条纹］（图 2-30）。通常[110]取向的立方八面体能通过高分辨像被唯一地确认，两条平行于（100）边长于另外四条平行于（111）面的边，但确认一个[100]取向立方八面体有时是困难的，因为一个八面体和立方体在这一取向上产生相同的轮廓。立方八面体偏离[110]和[100]取向时的高分辨衬度可参考有关文献[49]。

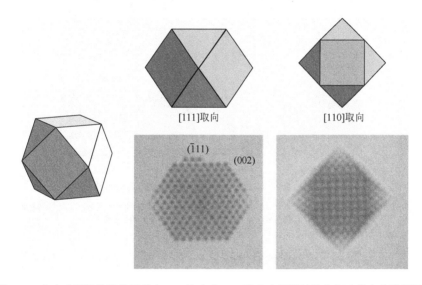

图 2-30　立方八面体的结构及其在[110]取向和[100]取向上投影结构和相应的高分辨模拟像

　　前面所讨论的这三种小粒子的形状只是一些常见的例子，它们的共同特点是形状完整、对称性高。在金属催化剂中，纳米颗粒的形状还往往取决于其他很多因素，包括它们的尺寸、制备方法，催化剂的处理及它们与载体的相互作用。即使对于模型催化剂也很难（如果可能的话）制备得到完全具有同一形状的粒子。如图 2-31 所示，实际的金属催化粒子可能有各种形状。除了上面描述的规则形状纳米粒子外，还经常观察到不规则的粒子。要得到这种不规则形状粒子的三维结构是比较困难的。个别简单的形状可以用 Wulf 模型推演出来。虽然在一些情况下可以确定个别金属颗粒的形貌和结构，但一般不能简单地将一两个金属颗粒的形态与金属粒子催化剂的整体催化性质联系起来。以上讨论的金属颗粒的模型结构只是在催化研究中的理想形态。

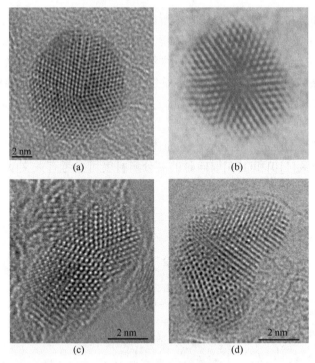

图 2-31　规则与不规则形状金属粒子的高分辨像

（a）负载在碳膜上的呈五次对称（类十面体）的金属粒子；（b）沿五次对称轴拍摄的 Pt 二十面体的高分辨像；
（c）非晶氧化硅上的 Ag 粒子；（d）活性炭上的 Au 粒子

## 2.6.4　二元金属粒子的化学组分和结构

最近，双金属体系在催化反应中的协同效应得到了很多研究。在 20 世纪 80 年代，人们发现金可以催化乙炔氯氢化反应和低温一氧化碳氧化反应[50, 51]。从那以后，对金催化剂的研究显著增加[52]。金的纳米颗粒还对甘油氧化反应（该反应对工业生产生物柴油的副产品甘油的升值有重要意义）和乙醇选择氧化反应均表现出催化活性[53]。例如，在合成金催化剂的过程中加入钯或者铂，由此得到的钯/金和铂/金纳米颗粒的催化活性更高，并且抗失活。二元合金催化剂第一个成功应用是用金-钯双金属催化剂由乙烷、乙酸和氧生产乙烯基乙酸盐单体（VAM）。在电化学领域，有报道称在铂催化剂中加入金有助于提高铂作为电催化剂的利用率[54]。研究二元催化剂是否存在协同效应还是由两种单金属颗粒的混合物组成是一项很有意义的工作。因为有催化活性的金属粒子的尺寸通常小于 5 nm，所以在大多数情况下衍射方法（X 射线或者电子）并不适用。若载体上只有百分之几质量分数的非常小的纳米颗粒，这些粒子的 X 射线衍射谱要么没有信号，要么只有极弱的峰。研究表征双金属体系协同效应的有力方法是电子显微镜及其附属技术。

图 2-32 是一张负载在活性炭上的 1%（质量分数）Pd/Au 催化剂的 TEM 照片。该催化剂的制备方法是首先利用 $BH_4$ 作还原剂在活性炭上固定预先制备的金溶胶，然后在含 Au/活性炭的液体中用 $H_2$ 作还原剂制备 Pd 溶胶。降低钯盐的还原速率可以防止钯原子的偏聚或者同质成核导致单金属相和合金相的混合物[55]。图 2-32 中的电子显微照片表明所制备的金属纳米颗粒均匀地分布在活性炭上。

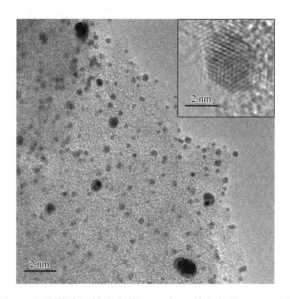

图 2-32　负载在活性炭上的 1% Pd/Au 催化剂的 TEM 照片

为了弄清楚图 2-32 中的粒子是单元粒子的混合物还是双金属粒子，可以使用常规 EDS 和纳米探针 EDS。具体方法如图 2-33 所示。我们首先记录几百个粒子的 EDS 谱，然后会聚电子束只照射某一单个粒子并记录其发射的 X 射线光子。由此可以对单粒子的 EDS 谱和总体 EDS 谱进行比较。单粒子的 EDS 谱应该在若干不同尺寸大小的粒子上重复采样。总体 EDS 谱和有代表性的单个粒子的 EDS 谱如图 2-33 所示。由图 2-33 中总体谱得到的 Au 和 Pd 的比为 6.6∶3.4。而由不同单个粒子 EDS 谱计算得到的 Au 和 Pd 的比几乎和这一值没有区别。这说明所测量的单粒子的化学组成与催化剂总体化学组成一致，催化剂中不存在 Pd 或者 Au 的偏聚。由此可以确定所有粒子都是由 Au-Pd 合金组成，其中 Au 和 Pd 的比接近 6∶4。

要记录单个粒子的 EDS 谱必须使用几个纳米的电子束。在 TEM 中，可通过改变聚光镜激发电流减小束斑尺寸。另一种方法是把电子显微镜从 TEM 模式转换到 STEM 模式而得到极细的电子探针。因为小粒子激发的 X 射线光子非常微弱，用这两种方法获得 EDS 谱都需要长时间收集信号。如果催化剂中含铜元素而需要记录 Cu 信号，则不能使用铜栅来负载催化剂制备电镜样品。

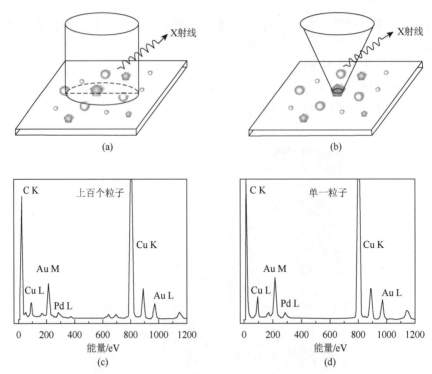

图 2-33　使用常规 EDS（a）和纳米探针 EDS（b）测量粒子化学成分的示意图；
取自几百个纳米粒子的 EDS 谱（c）和只取自单一纳米粒子的 EDS 谱（d）

通过对比大范围内测得 EDS 谱与单个粒子上测得 EDS 谱可以确定单个小粒子的
元素成分与催化剂制备时使用的元素成分

　　利用上述方法可以有效地确定单个双金属粒子的组分和相组分（双金属相或
者单金属粒子的混合物）。可以用高分辨像来研究单个粒子的微结构[55, 56]，得到
清晰的双金属粒子的晶格像。但因高分辨像是相位衬度像，故不能给出晶格中哪
一类是某一金属原子。图 2-34（a）是用于氨分解反应的铁钴催化粒子的高分辨像，

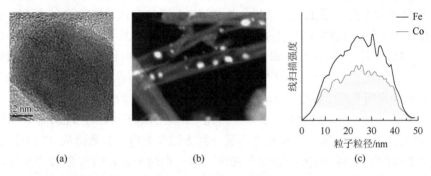

图 2-34　（a）用于氨分解反应的铁钴催化粒子的高分辨像；（b）用 STEM 在图（a）中粒子做
的成像线描述；（c）（b）中的 Fe 和 Co 的成分分布曲线

虽然晶格清晰可见，但并不能从其推断出任何化学信息，包括铁或钴原子的位置。图 2-34（b）是用 STEM 在图 2-34（a）中粒子做的成像线描述。从铁和钴的成分分布曲线得出这一粒子由铁和钴两元素组成。

因为在 STEM 中大角环状成像的衬度与原子序数的平方成正比，因此当双金属粒子中两金属原子序数相差较大时，可以用 $Z$-原子像的方法识别某一原子的位置。图 2-35 给出了 AuPd$_3$ 纳米粒子的 HAADF 高分辨像[57]。因为延伸点缺陷的存在，AuPd$_3$ 粒子表面变得不完整。Au 原子序数比 Pd 大得多，故其衬度不同［图 2-35（c）］，高强度的位置对应 Au 原子，低强度的位置对应 Pd 原子。从强度的线扫描分布可以断定出金原子的位置［图 2-35（c）］。显然，要搞清楚双金属粒子是核壳结构还是真正的合金，或者钯原子是否占据独特位置则需要除常规 HRTEM 以外更复杂的技术，如可能需要用到带球差（$C_s$）校正的 TEM/STEM。最近，结合这些技术并加上分子动力学的计算研究发现 Au-Pd 的合金效应导致新结构的形成并增加粒子表面的粗糙度[57]。

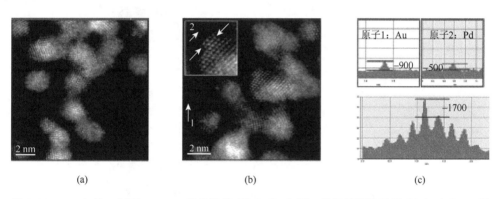

（a）　　　　　　　　　　（b）　　　　　　　　　　（c）

图 2-35　AuPd$_3$ 的 $Z$-衬度 HAADF 高分辨像［（a）和（b）］；单原子描述显示［（c）上方 Pd 原子像的强度为 500，Au 为 900；从原子列的强度线扫描［（c）下部］说明原子列的中部存在一个或更多的金原子[57]

## 2.6.5　金属载体相互作用

在工业多相催化中，负载催化剂在某一特定反应的活性、选择性和稳定性不仅强烈依赖于金属粒子的尺寸、形状、成分和电子结构，而且还取决于金属与载体的相互作用。催化剂小粒子（银、铜、铂、钯、钌、铑和过渡金属）与载体（硅酸盐、铝酸盐、氧化铈、钛酸盐、活性炭等）之间的化学和物理作用是复杂的。这些作用会引起金属粒子的形貌、电子结构和组分上的变化从而影响其催化活性。为掌握催化反应的氧化还原循环和了解工业催化剂的失活机理，研究金属载体相互作用尤为重要。结合各种 TEM 技术（HRTEM、电子衍射、微衍射和高分辨像模拟）[58-62]及 EELS[63]可以对粒子载体的相互作用提供根本的理解。在许多情况下，高分辨电子显微技术是研究这种粒金属-载体相互作用的唯一方法。

对金属与载体的强相互作用的研究工作（strong metal-support interaction，SMSI）是 Tauster 等在 20 世纪 70 年代开始的[64]。他们的实验发现，当对负载在氧化钛上的第Ⅷ族贵金属（Pt、Rd、Ir、Ru、Rh 等）在 500℃经氢气处理后，催化剂在室温下对 $H_2$ 和 $CO_2$ 的吸附减少到近于零。同时对 CO、甲烷反应的活性和选择性都有明显提高。这一工作表明不仅催化剂（贵金属粒子）本身，而且其与载体间的相互作用都对催化剂性能有影响。自 Tauster 发现后，人们已做了大量研究工作，总结起来主要从以下几个方面来解释金属与载体的相互作用（图 2-36）。

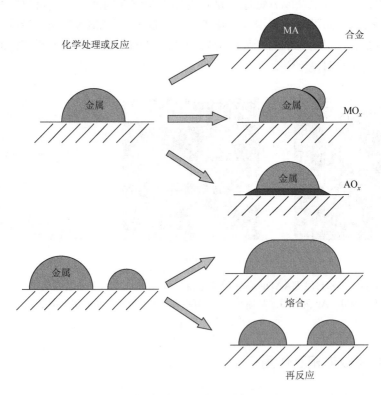

图 2-36　金属与载体相互作用示意图

（1）金属间成键，即金属（如 Pt）与载体中的阳离子（如 $Al_2O_3$ 中的 $Al^{3+}$）形成合金相（如 $Pt_3Al$）。这种金属间成键是多样化的，如 $Pt/Al_2O_3$ 可形成 $Pt_3Al$[65]，也可形成 $Pt_8Al_{21}$[58]，这与 $Pt/Al_2O_3$ 的化学处理条件有关，也和载体的结构相（$\alpha$-$Al_2O_3$ 或 $\beta$-$Al_2O_3$）有关。

（2）金属粒子表面修饰效应：例如，高温处理使载体原子迁移到催化剂粒子表面形成覆盖层[73]。研究发现，对 Pd/TiO$_2$ 系统在 500～600℃进行还原时，由于 TiO$_2$ 被还原成 Ti$_{14}$O$_7$ 后可以在 Pd 粒子表面自由移动，最终把 Pd 完全包覆[59]。

（3）金属与载体的界面形成界面相，如形成金属间化合物使载体部分相变。

（4）金属粒子颗粒大小发生变化，同时金属粒子的形貌也发生改变。这一变化的主要机理有两个：一是金属粒子在高温反应条件下不稳定，沿载体表面扩散聚合成大粒子。另外是经过所谓的 Ostwald 熟化过程[66, 67]，即小粒子的表面原子迁移到大粒子的表面而使其变大，小粒子变小或消失。Ostwald 熟化是较复杂的过程，与粒子中原子的化学势、粒子半径及载体表面活性梯度有关。

图 2-37 中的高分辨电子显微相囊括了几个类型的金属与氧化物载体相互作用的关系。图 2-37（a）显示了在高温还原处理后，Rh/Ce$_{0.8}$Th$_{0.2}$O$_2$ 和 Pt/CeO$_2$ 催化体系中 Rh 与 Pt 金属粒子在载体生长的晶体学关系。它们可平行外延（Rh）或孪晶外延（Pt）结晶生长。但是同样的催化体系，如果在更高的温度对其做还原处理，金属粒子与载体的相互作用发生变化。高温还原会使载体原子沿表面迁移到金属粒子上还将其覆盖上［图 2-37（b）］。这种"覆盖"效应在其他负载型催化剂中也有存在。另外，在高温处理时，Pt 与 CeO$_2$ 也会发生更强的相互作用而生成 CePt$_3$［图 2-37（c）］。图 2-37（d）显示了在高温氧化处理后，负载在 CeO$_2$ 上的 Rh 金属的再分散效应。在 1173 K 做氧化处理后，Rh 的粒子变小，表面也变得清洁。

图 2-37 所举的例子充分显示了高分辨电子显微术研究金属与载体相互作用的潜力。实际上它也是唯一能在原子尺度上研究这一相互作用的方法。但是是否能够得到如图 2-37 所给出的信息除依赖于电子显微镜的分辨率外还要看催化剂粒子与载体和入射电子束的几何关系。

如图 2-38 所示，取决于 TEM 样品与电子束的取向关系有两种方法可用来研究粒子载体的相互作用。第一种方法为侧面成像法（profile imaging），即在粒子

Rh/Ce$_{0.8}$Tb$_{0.2}$O$_{2red}$·773K　　　　Pt/CeO$_{2red}$·773K

平行外延　　　　　　　　　　　　孪晶外延

(a)

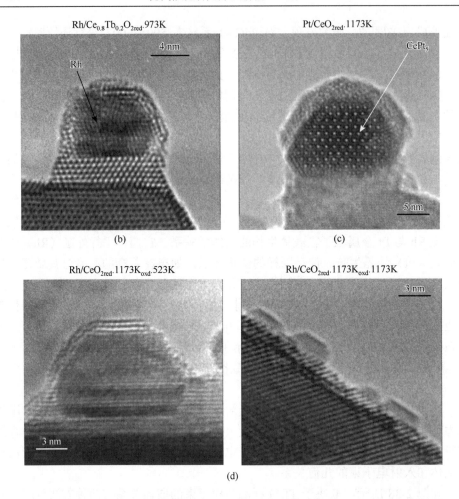

图 2-37　用侧面成像法得到的金属粒子与载体之间强相互作用的高分辨电子显微像

（a）金属粒子与载体的取向外延生长关系；（b）金属粒子经高温处理后由从载体扩散至表面的原子所包裹，注意金属和载体间形成中间相；（c）金属和载体中的阳离子形成金属间化合物（合金相）；（d）金属与载体相互作用的再分散现象。在 1173 K 做氧化处理后负载在 Rh/CeO₂ 上的 Rh 变小，表面变得清洁

与载体界面及粒子的表面与电子束平行时成像，一般均能找到这种取向关系。另外在 TEM 中操作倾转样品台可以得到这样的几何配置，在许多情况下必须制备截面 TEM 样品才能研究界面结构。界面结构与表面结构只能利用图 2-38 所示的侧面成像进行研究。第二种方法为面俯视成像，电子束同时穿过粒子与载体，如果载体足够薄（如氧化物、石墨或者活性炭薄片），那么粒子的形貌、相和化学成分的任何变化都可以研究。但是，在电子束与样品的这种配置下无法研究粒子与载体的界面结构，也无法研究粒子的表面结构。

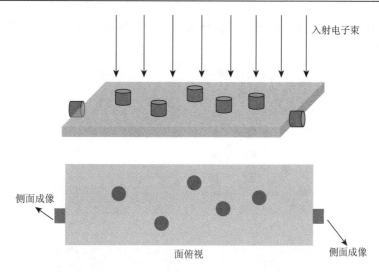

图 2-38　用 TEM 样品与电子束的两种取向关系研究粒子载体相互作用

　　图 2-39（a）显示的是一张负载在无定形二氧化硅上 Pt 粒子的低倍面俯视像[68]。大多数 Pt 粒子的尺寸为 10 nm 左右，呈正方形或长方形，边缘相互平行。通过弱束暗场像可以认定这些粒子为（截断）半八面体[69]。在 873 K 氢气氛围下还原处理后电子显微照片显示这些粒子的形貌发生了很大变化，可以发现由两个长方形组成的粒子［图 2-39（b）中 A 所示］和不规则形状的大粒子［图 2-39（b）中 B 所示］。这些粒子的尺寸大约为 20 nm。另外，许多粒子呈现出盘状带尖锐边缘的形状。很显然，这些处理后的粒子的取向比刚制备的粒子更杂乱。处理前和处理后样品的选区衍射花样分别如图 2-39（c）和（d）所示。这样花样进一步显示了在高温还原时由于粒子与载体相互作用引起的结构变化。图 2-39（c）中的衍射花样与 Pt 单晶[001]衍射花样相同，证明所有新制备的 Pt 粒子的取向是一致的。与之相反，处理后样品的衍射花样中除了不同弥散的点外还有一系列的衍散环。用处理前 Pt 的电子衍射花样做标定，由图 2-39（d）中环和衍射斑点可计算得到其相应的晶面间距。在衍射环中有对应于 Pt 200 和 220 的衍射强度。其他的点对应于 100 和 110 衍射，如图 2-39（d）中箭头所示，但这些衍射对于面心立方结构是禁止的。将所有环和衍射斑点的 $d$ 值与文献中铂硅化合物 $d$ 值相比较可以发现铂与氧化硅载体已生成新相，即立方相 $Pt_3Si$、单斜相 $Pt_3Si$ 和四方相 $Pt_2Si$。那些对应于 Pt 100 和 110 的禁止衍射强度即是由立方相 $Pt_3Si$ 的 100 和 110 衍射或者单斜相 $Pt_3Si$ 的 200、020、002、220、022 和 202 衍射引起的[68]。这些新出现的衍射有相对较强的强度，并与取向一致的 Pt 颗粒的 200 和 220 衍射相重合。这说明还有一定数量规整的 Pt 粒子保持了原来 Pt 的[001]带轴和方位取向。图 2-39（d）中大多数其他衍射斑点或衍射环可归于单斜相 $Pt_3Si$ 和 $Pt_{12}Si_5$。铂与载体相互作用结

果的细节如粒子的融合、原子的重新排布和重结晶等都可以通过高分辨电子显微技术得到。

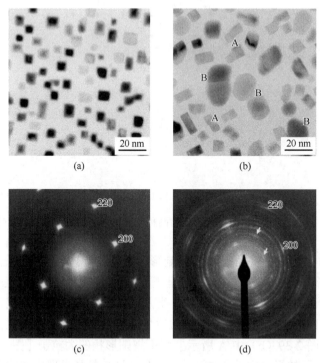

图 2-39　在无定形二氧化硅上新制备的（a）和处理后的（b）Pt 粒子的形貌像及相应的电子衍射图 [（c）和（d）]

在其他负载金属催化剂中也发现了这种在高温下由金属载体相互作用引起的合金效应，如 Pt/CeO₂ 中形成 CePt₅[70]、Pd/SiO₂[71] 中形成 PdSi 合金等。对于负载在 CeO₂ 上的 Rh 催化剂，在极高温度下还原处理的主要效果是引起烧结或形成孪晶。另外在高温或是反应条件下载体本身也可以发生改变。例如，负载在五氧化二钒（V₂O₅）薄膜上的铑催化剂，在 300～573 K 温度区间用 1 bar（1 bar = 10⁵ Pa）O₂ 处理后可使载体变成 V₂O₃、VO₂ 和 V₂O₅ 相的混合物，但在 673 K 温度下氧化处理后可使载体完全再重构成单一的 V₂O₅ 相，而在 723 K 温度下氧化处理还会将 Rh 颗粒转变成（β）Rh₂O₃。在 673 K 温度下用 1 bar 氢气还原纯 V₂O₅ 膜将生成立方相 VO，而还原 Rh/V₂O₅ 膜只需要 473 K 就能生成 VO。如果在 573 K 温度以上还原氧化钒负载的 Rh 颗粒将最终生成 Rh/V 合金结构[72]。

## 2.6.6　催化剂表面结构

催化剂表面科学研究能够提供关于分子在催化剂表面吸附、反应的细节[73]。

催化剂表面和亚表面结构是理解反应原理和合理设计催化剂的关键。但是，目前大多数对催化剂表面的研究工作都是利用量子化学做理论计算或者是使用扫描隧道显微镜、原子力显微镜、低能电子衍射仪等设备在超高真空中研究模型催化剂材料的表面[73, 74]。如用特殊的成像技术，即表面轮廓成像（profile imaging）[75]高分辨电镜能够给出工业催化剂的表面结构。在成像时，使用大的物镜光阑，将样品的低晶轴旋转到和入射电子束平行，在放大倍数足够时能够得到原子尺度的表面轮廓像[33, 75]。使用表面轮廓图，可以同时研究催化剂最外表层的形貌及其相连的晶体、亚表面结构等，这是其他表面表征技术不能直接观察到的。

　　银催化剂广泛地应用在多种催化反应中[76-78]。透射电子显微技术可以研究给出催化剂的多晶微结构与催化反应性能的关系，以及在反应过程中银的催化活性本质等[79]。图 2-40（a）和（b）是用表面轮廓法拍照的银粒子典型的高分辨晶格像[80]。从像中看出，银粒子的内部晶体结构扩展到表层，如图 2-40（a）所示。表面轮廓像能清晰地照出 Ag 表层（111）面上的梯形结构（terrace）。很多表面区域只是由一列原子台阶构成。图 2-40（a）中的表面轮廓像给出的非常清晰的 Ag 表面原子排布情况，就像是 Ag 粒子生长过程的一个瞬间摄影。同样地，图 2-40（b）中的电子显微图显示完整的 Ag（111）面也可作 Ag 的表层，但其两边具有梯形台阶并且有延伸到体内的孪晶。梯形结构、不完整的原子列及孪晶等能够改变 Ag 粒子表面结构形成球形来降低表面能。

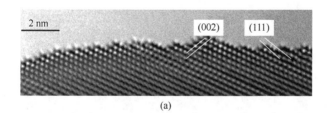

(a)

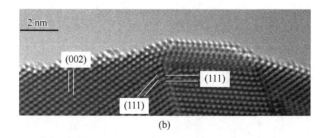

(b)

图 2-40　银粒子两个典型的高分辨表面轮廓像

　　高分辨的晶格条纹像表明所研究的银粒子表面没有重构现象，但是仔细研究

图 2-41 中的高分辨轮廓像还是观察到（111）表面上的微妙修正。图 2-41 中的轮廓像是沿〈110〉晶带轴拍摄的。在这一投影方向上，可观察到两个交叉的{111}面。位于（1$\bar{1}$1）面的 Ag 原子排列平行 Ag 表面，而（$\bar{1}$11）则与（1$\bar{1}$1）面成70.53°角。在图 2-41 中两条平行于（1$\bar{1}$1）面的线分别标注为 1 和 2，而平行于（$\bar{1}$11）面的三条线分别标注为 3、4 和 5，图 2-41 中给出了沿这 5 条线得出的高分辨像中Ag 原子列的轮廓位置。对于理想的银结构，（111）面原子间距是 2.50 Å，但是从1、2、3 线的轮廓图可以得出最外层原子与倒数第二层原子间距是 2.80 Å，明显

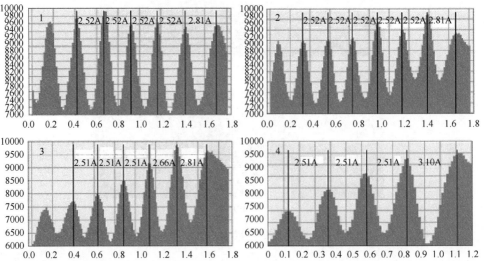

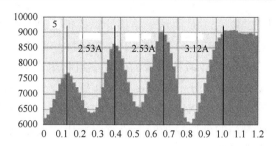

图 2-41　银粒子从外层原子向真空中扩展区域的高分辨像和晶格间距分析

大于块体或表面的原子间距。在（$1\bar{1}1$）面上的原子列同样有扩展，与（$1\bar{1}1$）面成 70.53°角。而这一差异在沿 4、5 线上的位置则为 3.1 Å 左右。

在清洁的金属表面，最外层原子因为缺少外层原子的相互作用而应向晶体内收缩，在阶梯边缘的银原子应该是靠近体内的，即应具有更小的晶面间距。密度泛函理论计算证实了这一点。然而在图 2-41 中外层原子却向真空中扩展，其最可能的解释是在亚表面区域吸附了其他原子。密度泛函理论计算结果发现内层原子间距改变是由于银的表面和亚表面吸附了氧原子[80]。例如，因为亚表面存在氧原子，Ag 粒子最外层原子与倒数第二层原子间距为 2.77 Å，这远大于"纯"银的 2.50 Å，非常接近实际上测定的 2.80 Å。用 DFT 计算出的银表面吸附氧的结构如图 2-42（a）所示。当存在这一表面结构时银原子间的间距和高分辨像的银原子间

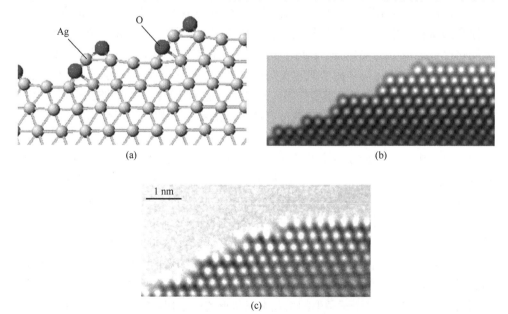

图 2-42　（a）用密度泛函理论计算出的银表面和次表面吸附氧的结构；（b）用这一结构计算
模拟的高分辨电子显微像；（c）实验中得到的银表面电子显微像

的间距最为接近，图 2-42（b）是用这一结构计算模拟的高分辨电子显微像，其衬度与实验像完美匹配［图 2-42（c）］。事实上，20 世纪 90 年代中期德国柏林马普协会 Fritz-Haber 研究所以 Ertl 教授为首的研究小组利用光谱方法发现了 Ag 的表面和亚表面吸附和含氧原子（分别称为 $\alpha$-氧和 $\gamma$-氧）[77, 78]。他们是在含氧条件下用电化学法处理银箔表面，用 XPS 和 TPD 方法得到这一结论的，并推断出因表面和亚表面氧的存在银箔的外层原子间距要发生变化。很显然这一发现对于理解银粒子的催化机制非常重要。

高分辨轮廓像是研究表面及亚表面的有效手段，也被用来研究金属与支持物的相互作用，但是此方法仅适用于修正了物镜球差的高分辨电镜中[33, 81]，否则球差引起的扩张效应使高分辨像中表面周界扩大，这使表面结构的轮廓解释非常麻烦，在很多情况下甚至是不可能的[70]。使用此方法成像时，样品表面必须严格平行于入射电子束，而且金属粒子在电子辐照下必须很稳定。任何电子束引起的粒子（特别是小粒子）结构变化都会造成假象[82]。

## 2.6.7　过渡族金属氧化物催化剂

以过渡金属氧化物为本的催化剂广泛应用于烯烃部分氧化反应中。反应主要是碳氢化合物和氧的化学吸附及这些吸附物种间的相互作用，也称为 Mars-van Krevelen 机理[83]。按照这一机理氧化过程可以分为两个步骤：①吸附的碳氢分子还原金属氧化物催化剂，所消耗的氧化物中的氧原子被纳入生成物中；②气态的氧氧化已被还原了的催化剂。Haber 等报道了在这个氧化还原过程中不仅催化剂表面的氧，而且催化剂体内的氧也参与催化反应[84]。另外发现金属氧化物的缺陷在这一氧化还原反应中起着重要作用。透射电镜是研究材料体内缺陷的理想工具，能够帮助确定催化剂中的反应活性位寻找可能的反应机制[85]。我们将以三氧化钼为例做一简单阐述[86]。

三氧化钼是以 $MoO_6$ 八面体为基本结构单位的。从晶格中移出氧原子将导致相应的结构重组。一种承受这一结构变化的方法是晶体学切向平移（crystall-ographic shear）[87, 88]。切向平移法是通过将共点的八面体结构变为共边八面体结构来消除晶格上的阴离子空位，产生扩展的切向平移面缺陷。具有切向平移结构的钼亚氧化物的典型代表是 $Mo_{18}O_{52}$。切向平移形成机制如图 2-43 所示。把 $MoO_3$ 的结构投影到 $(131)_M$ 面上，通过沿 $[1/2a_M−1/6b_M]$ 方向的切向平移，可以从 $(351)_M$ 面移去氧原子列，调整晶体结构。这里下标 M 表示 $MoO_3$ 晶体结构中的矢量和晶面[89]。在图 2-43（a）中，每个三角形的角及黑三角形的中心代表氧原子，每个钼原子是置于三个氧原子上的。把被移出去的氧原子用圆圈标出，经过切向平移产生 $Mo_{18}O_{52}$ 的三斜晶系［图 2-43（b）］。它的 [100] 晶带轴对应 $MoO_3$ 的 [112] 晶带轴。

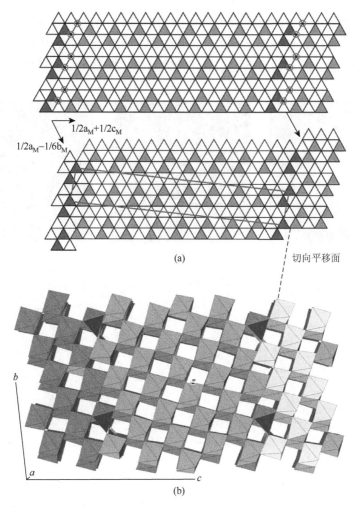

图 2-43　氧化钼是以 $MoO_6$ 八面体为基本结构单位的，引入氧原子的切向平移过程示意图

　　图 2-44（a）是 $Mo_{18}O_{52}$ 沿着[100]方向的衍射照片，图 2-44（b）是厚度为 40 Å 的 $Mo_{18}O_{52}$ 沿着这个方向的模拟衍射斑点。模拟和实验衍射图无论在衍射斑点的位置还是在强度上都十分接近。图 2-44（c）中衍射图中强衍射斑点是 $MoO_3$ 沿[112]晶带轴的（110）和（021）衍射斑点。周期排列的切向平移面（CS）形成的较弱的斑点叠加在 $MoO_3$ 的衍射斑点上。它们平行于 $Mo_{18}O_{52}$ 的（001）面，对应于 $MoO_3$ 的（351）面。以 $Mo_{18}O_{52}$ 为结构模型，其沿[100]方向的高分辨像可以计算模拟出来。图 2-44（d）和（e）给出模拟像与实验像的比较。图 2-44（d）中的周期性亮暗区域是由切向平移面造成的，而图 2-44（e）中的衬度则很均匀，但是这两个区域的衍射斑点却十分相似。所以用高分辨像中直接确定切向平移面既取决于成像条件又需要做像的模拟计算。因为 $Mo_{18}O_{52}$ 具有层状结构，大多数滑移

面或面缺陷都在垂直于[100]方向的层面内，所以沿[100]方向观察衍射斑点和高分辨像是非常方便的，结合图像模拟能够确定切向平移的结构。使用电子衍射高分辨技术和图像模拟还可确定其他钼氧化物的结构，推导其还原程度。

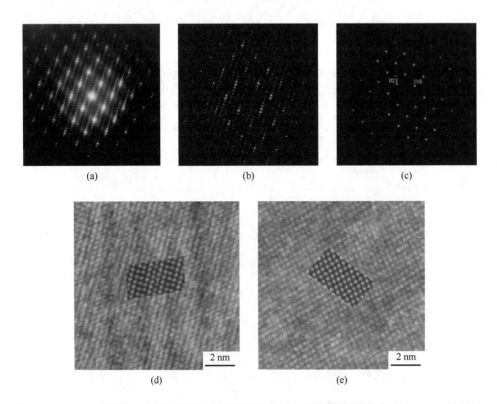

(a)　　　　　　　　(b)　　　　　　　　(c)

(d)　　　　　　　　　　　　(e)

图 2-44　$Mo_{18}O_{52}$ 沿着[100]方向投影的电子衍射斑点（a）和模拟衍射斑点（b）。（c）是 $MoO_3$ 沿[$\bar{1}12$]方向的模拟衍射斑点；（d）和（e）分别为高分辨像和模拟高分辨像的比较

　　这里我们只是给出了一个例子说明如何利用透射电镜技术（高分辨像、衍射斑点和图像模拟）研究氧化物中的面缺陷。事实上，氧化物中的缺陷化学是异常复杂的，与其性能紧密相关。缺陷包括点缺陷［弗仑克尔缺陷（Frenkel defect）和肖特基缺陷（Schottky defect）］、线缺陷（位错）和面缺陷（层错、晶界和切向平移面）[10]，还包括氧化物中的有序-无序排布现象。这种缺陷或化学配比失衡是氧化物能具有催化特性的重要原因，可以使用透射电镜对其进行研究。线缺陷和面缺陷改变图像衍射衬度和衍射花样[5]，在高分辨像中，这些缺陷的衬度依赖于样品的厚度和物镜的欠焦量。当样品不是很薄时，电子衍射动力学会起重要的作用。另外在许多例子中，样品中缺陷的方向和入射电子束方向相同，在高分辨像上是很难看到缺陷的衬度。最近发展的球差校正透射电镜能够观察空位或

填隙原子位置（Z 衬度像），配合图像模拟或者分子动力学计算能够确定晶体的缺陷结构。

## 2.6.8　电子能量损失谱在研究催化材料中的应用

这里介绍一下内壳层电子激发谱（即高能电子能量损失谱）的一些应用。低能电子能量损失谱（即价电子激发谱）的谱特征峰（主要为等离子激元峰）与自由电子或价电子密度有关，但一般均用低能损失谱估计样品的相对厚度，这在前面已有概述了。

### 1. 元素分析

同 X 射线能谱类似，我们也可以利用电子能量损失谱中的电离损失峰对样品元素组成做定量的分析，其步骤也相似。用电子能量损失谱定量分析样品中的轻元素、过渡族金属和稀有元素非常灵敏。测到一损失谱后，先定性地对电子损失峰进行化学元素鉴别，之后要扣除电子损失峰下面的背底而得到该峰的积分面积，即该元素电离损失峰的总强度 $I_A$。当样品很薄时，该强度与样品中的原子数量成正比，与散射截面成反比[2]：

$$I_A = N_A \sigma_A I \tag{2-33}$$

式中，$N_A$ 为样品单位面积上元素 A 的原子数；$\sigma_A$ 为元素 A 的某一壳层电子电离的散射截面；$I$ 为电子束的入射总强度，于是有

$$N_A = \frac{I_A}{\sigma_A I} \tag{2-34}$$

如果样品由两种或多种元素组成，则其元素的成分比为

$$\frac{N_A}{N_B} = \frac{\sigma_B}{\sigma_A} \frac{I_A}{I_B} \tag{2-35}$$

式中，$I_A$ 和 $I_B$ 分别为元素 A 和 B 在 EELS 谱扣除背底之后的强度。式（2-33）～式（2-35）是假定所有入射电子经样品散射收集测量起来的。这相当于电子能量损失谱仪的收集角是无限大，收集的电子能量损失区域也是无限大的。但实验中只能在某一散射角内（0～$\beta$）收集测量激发原子电离后能量损失的电子，而且计算电离损失峰的积分强度也只能局限于某一有限的能量窗口内（$\Delta$），故上面公式中的 $I_A$ 和 $\sigma_A$ 均为散射角为 $\beta$、能量窗口为 $\Delta$ 范围内的值 $I_A(\Delta,\beta)$ 和 $\sigma_A(\Delta,\beta)$，因此有公式为[2]

$$\frac{N_A}{N_B} = \frac{\sigma_B(\Delta\beta)}{\sigma_A(\Delta\beta)} \frac{I_A(\Delta\beta)}{I_B(\Delta\beta)} \tag{2-36}$$

显然 $\Delta$ 和 $\beta$ 值越大，$I_A(\Delta, \beta)$ 和 $\sigma_A(\Delta, \beta)$ 就越接近 $I_A$ 和 $\sigma_A$，实验的误差也就越小[90]。但这往往受其他因素限制，例如，能量积分区间 $\Delta$ 的选择要看电离峰的形状是否和附近的电离峰有重叠等。

从式（2-36）可以看出，要准确测量样品中元素的组成比例，必须要有准确可靠的电离截面值。因为原子为多电子体系，其电离截面计算属颇为复杂的多体量子力学。一般采用近似方法，通常用 SIGMAK（用于 K 层）和 SIGAMAL（用于 L 层）程序计算不同的电离截面理论值[2]。EELS 定量分析软件都可以给出 K 或 L 层电离截面的近似值，但在很多情况下（如用 M 或 N 电离峰做定量分析）要用成分已知的标准样品实验测量元素的散射截面[91]。

因为原子的电子散射截面在低能量损失区间要比在高能量损失区间大得多，故低能损失的入射电子会经过多重散射损失较大的能量进入高能损失区产生背底[2, 92]。当样品变厚时，这一背底会迅速增加，电离损失峰都是叠加在这一背底上的。当样品太厚时，电离损失峰会淹没在背底中而消失（因此实验上用 EELS 做定性分析时，当没有得到需要的电离峰时，先需要验证样品的厚度）。在利用内层电子的电离损失峰进行定量分析时，必须先扣除这一背底强度。经验表明，背底的分布可以近似地表示为 $AE^{-r}$ 的形式，$A$ 和指数 $r$ 的值可以通过对电离损失峰前的一个能量区间的背底强度进行最小二乘法拟合得到，然后再把峰的背底曲线按照 $AE^{-r}$ 外延到电离损失峰曲线的下方，作为电子损失峰的背底予以扣除。但是当样品太厚时（$t/\lambda > 1$），多重电子散射对 EELS 定量分析影响严重，用式（2-36）计算的成分比会与真实成分比偏差很大[90, 92]。对电子能量损失谱的 ELNES 或 EXELFS 进行分析时也要先扣除其背底，其方法也如上所述。

### 2. 内壳层电子电离峰近边精细结构

电子高能损失谱中的内壳层电子电离谱含有未占有状态密度等有关电子状态的信息，可以进行各种材料的电子结构与成键的分析。

碳是催化化学中最常见的元素或材料，除了各种用作载体的碳材料外（活性炭、石墨、工业炭黑、纳米碳管及类金刚石材料等），催化剂上经常有反应过程形成的积炭。有非晶无序的，也有半石墨化的积炭。在实验上通常用电子能量损失谱的电离峰近边精细结构来判断碳材料中的碳键形态。

众所周知，碳可以形成金刚石（$sp^3$）、石墨（$sp^2$）、非晶（$sp^3$ 及 $sp^2$ 混合）及各种纳米碳等不同结构的材料。金刚石具有图 2-45（a）所示的金刚石型晶体结构，碳原子与周围的 4 个碳原子结合（$sp^3$ 杂化，4 配位），这时的 C—C 结合为 $\sigma$ 键。利用 EELS 分析金刚石材料能观察到由激发 1s 电子跃迁至 $\sigma^*$ 反键轨道而产生的损失谱。

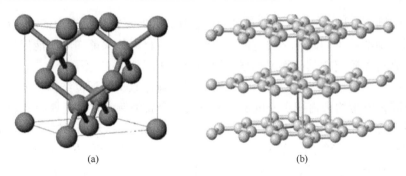

(a) (b)

图 2-45　金刚石（a）和石墨（b）晶体结构模型

石墨具有如图 2-45（b）所示的石墨型晶体结构（六边形层状结构），C 与同一层面上的三个 C 原子结合（$sp^2$ 杂化，3 配位），这时 C—C 键也是 σ 键，结合能与金刚石的 σ 键的结合能一样，但是碳原子本应该有四个结合键，对于 3 配位来说，还剩余一个结合键，这个键与六边形层面外相邻 C 原子结合，形成 π 键。因此用 EELS 分析石墨时，在 K 电离峰升起的能量位置首先可以在 284 eV 处观察到对应于 π 键的 $π^*$ 峰。还可以在 291 eV 处观察到 $σ^*$ 峰。从图 2-45（b）的石墨晶体结构看出，石墨是各向异性的晶体。σ 键和 π 键方向垂直，这一各向异性也反映在电子能量损失谱上。当入射电子束平行或者垂直于石墨的 c 轴时，谱中心 $σ^*$ 与 $π^*$ 峰的相对强度上变化显著（图 2-46）。对于非晶碳材料，在 $π^*$ 的位置上可以测量

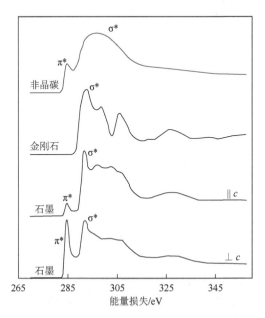

图 2-46　非晶碳、金刚石和石墨的电子能量损失谱

因为石墨结构各向异性，电子束平行 c 轴和垂直 c 轴的损失谱显现明显不同的近峰精细结构

到很小的峰，这表明它只含有少量的 3 配位键。另外 σ*能量位置上的峰变得很宽，这表明 σ 键的原子间距不是一定的。对于金刚石材料如果能在其高能损失谱观察到 π*峰则可以确定在其晶界或晶格有缺陷处有 3 配位的 C 原子。

高能电子能量损失谱的另一个重要应用是确定原子的配位结构、金属原子的价态及固体能带的未占据态密度等。现以过渡金属为例，过渡金属中 d 轨道的一部分是空的，因此其内壳层电子激发谱中有对应于 p→d 跃迁的明锐峰（旧称白线，white line）。但费米能级上的 d 空态密度因原子的配位和氧化态不同而有改变，这反映在过渡金属电离峰 $L_2$（2p1/2→3 d）和 $L_3$（2p3/2→3 d）的峰强度变化和能量值变化（化学位移）。

图 2-47 列举的各种不同氧化钛的 Ti $L_{2,3}$ 电离峰和 O K 电离峰的精细结构。很明显，无论是氧的 K 还是钛的 $L_{2,3}$ 峰结构的能量位置都同钛原子的晶体结构、配位结构和氧化态不同而变化。对常用的三种氧化钛晶体，由于配位场的作用，d 轨道劈裂为 $e_g$ 和 $t_{2g}$ 轨道。这对应于 $L_3$ 的 C、D 和 E 分裂及 $L_2$ 峰的 F、G 分裂，这一轨道劈裂引起的变化在 $Ti_2O_3$ 的损失谱中还可见，但是其变化结构是消失。从图 2-47 看出，钛的氧化态从 1 价变为 4 价时，原子核对其周围电子的作用变化，导致 $L_2$ 和 $L_3$ 的峰值变动，即化学位移。对过渡金属氧化物，可以测定 $L_{2,3}$ 峰的能量位置而确定其价电子态。

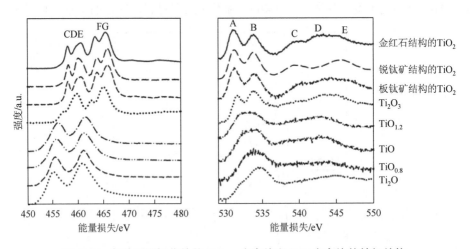

图 2-47　各种不同氧化钛的 Ti $L_{2,3}$ 电离峰和 O K 电离峰的精细结构

在氧化钛中，氧 2p 轨道与钛 d 轨道杂化，因为钛的 3d 轨道劈裂为 $e_g$ 和 $e_{2g}$ 态，在与其氧 2p 轨道杂化形成 σ*和 π*反键态，在晶体氧化钛的氧 K 电离峰上，这一杂化反应在能量损失为 532 eV 和 535 eV 的 A 和 B 分裂峰上。而在精细能量损失区的结构（C～E）则含有氧的 2sp 电子与金属 4s 和 4p 电子杂化的特征。

## 2.7　新型透射电镜

### 2.7.1　球差修正的透射电镜/扫描透射电镜

高分辨像（晶格条纹像）是现代透射电镜中最常用的技术，它能够提供微米或纳米尺度催化剂的原子结构细节，但是因为物镜球差这些结构细节会变得模糊。球差是由电磁透镜中心区域和边缘区域对电子会聚能力不同而造成的。远轴电子通过透镜时被折射得比近轴电子厉害得多，因而由同一物点散射的电子经过物镜后不能汇聚在一点上，而是在物镜像平面上变成了一个漫散圆斑（球差系数 $C_s$ 大于零）（图 2-48）。球差降低透射电镜成像质量表现在几个方面：①图像中漫散点相互重叠，导致图像模糊；②两束不同的电子波相互作用在图像的边缘区域扩展形成菲涅耳条纹，使试样的真实表面不清。利用一系列不同欠焦量的图像可以通过计算重建样品的真实结构[93]，但这是相当费时间的工作。现在，应用在透射电镜上的球差修正技术有了很大的提高，并已经商业化。因为可以把 $C_s$ 降低到很小值，所以球差校正电镜比没有球差校正时具有更高的分辨率（<0.1 nm）[94]。最重要的是，经过校正后，可以得到没有透镜畸变影响的高分辨电子显微图像。用于校正成像系统的球差校正器称为成像校正器（imaging corrector），它位于物镜的像平面后，校正的像由中间镜继续放大（图 2-48）。

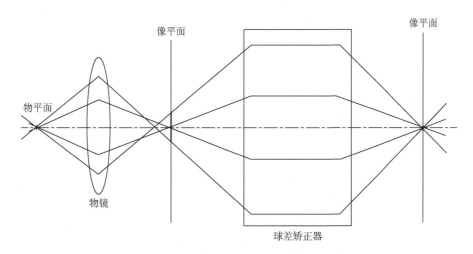

图 2-48　成像系统透镜球差及其修正示意图

现在商业化的第二类透镜球差修正器称为束斑校正器（probe corrector）。为了用扫描透射电子显微镜得到原子像和原子的电子能量损失谱，电子束必须会聚为一个原子大小的电子探针，同时还要保证电子探针有一定的强度以避免无限长记录透射信号。但是由于电磁透镜存在像差，不可能把入射电子束形成最小束斑又保证其有一定强度。与透射模式校正器类似，probe 球差校正器是利用一套四极和六极或八极线圈产生负的球差来抵消透镜组产生的球差[95, 96]。其基本作用是使原离光轴的光线（实际为电子束流）叠加散焦作用，从而补偿常规电镜的物镜带来的会聚偏差。图 2-49 所示为四极-八极联用（quadrupole-octupole）probe 球差校正器的电子光路示意图。$z$ 方向为电镜光轴方向，$x$、$y$ 方向为光斑横截面坐在平面。对于聚光镜（condenser lens）产生的带有正向球差的电子束斑，首先利用一级四极磁透镜（Q1）将其在 $x$ 方向进行拉伸形成高度椭圆形截面，进而通过下面的八极磁透镜（O1）在 $y$ 方向叠加散焦作用（负向球差）并利用二级四极磁透镜（Q2）将束斑复形，于是在第二级八极磁透镜平面（O2）形成了与原来聚光镜出射束斑具有相同形状但在 $y$ 方向叠加了散焦作用（负向球差）的光斑，从而完成了 $y$ 方向的球差调整。同理，在后续光路中，通过运用第三级四极磁透镜、八极磁透镜及第四级磁透镜的组合，完成了光斑在 $y$ 方向的拉伸和 $x$ 方向的散焦作用。最终在物镜前焦面处便获得了与原来聚光镜后焦面形状相同，但对离轴光线叠加

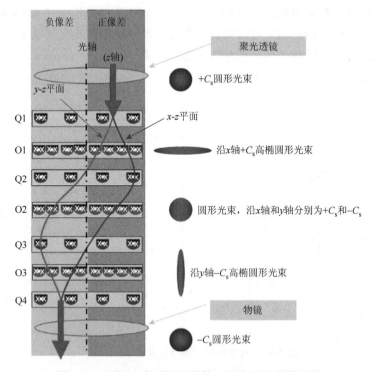

图 2-49　四极-八极联用球差校正器电子光路原理图

通过对电子光斑分别在 $x$、$y$ 方向拉伸并叠加负向球差（散焦效应）实现电子光斑球差系数（从正到负）连续调变
（封底二维码彩图）

了散焦作用（负向球差）从而整个束斑内光线全部能汇聚一点（图 2-48 第二像平面）的较理想质量的束斑，即通过束斑球差修正实现图像分辨率的显著提升。应用束斑校正器，通过计算机自动调整，HAADF-STEM 的 $Z$ 衬度分辨率可从 2 Å 提高到 1.3 Å[97]。同时电子束斑强度增加了一个数量级，从而减小了 $Z$ 衬度像的噪声背底。如果能够进一步修正消除色差和更高阶的几何球差，可以把透射电镜的电子束斑直径提高到 0.5 Å[98]。这将推进扫描透射电子显微镜从纳米尺度走向原子分辨尺度研究材料的结构。

## 2.7.2　高能量分辨率扫描透射电子显微镜

配备了电子能量损失谱仪的透射电镜在化学分析和决定结构比单纯的使用电子衍射和高分辨像有更高的灵活性。用 ELNES 能够在纳米尺度内分析各种材料的局域化学成分和电子结构[2, 99]，但是用热场发射电子枪作电子源的商业 EELS/TEM 系统的能量分辨率通常只有 0.8～1 eV。ELNES 中与电子结构相关的精细结构会湮没在谱中。如果能提高谱的分辨率，并与理论计算比较，将大大提高从电离损失峰近阈精细结构得到的信息的可靠性。

最近，能提高能量分辨率的单色扫描透射电镜（200～300 kV）已经商业化了。提高能量分辨率主要有以下几种方法：①在肖特基场发射枪的前面放置 Wien 能量单色器降低电子能量的分散度；②通过电子衰减装置来提高高压箱的稳定性[100]。同时，美国 Gatan 公司开发了高分辨能量过滤器（high resolution energy filter）。这种过滤器不仅能减小零损失峰位移，而且可以提高电子光学性能。其电子光学部件是在磁棱镜前面添加多极线圈来消除第三级和第四级谱仪偏差。装备了 Wien 单色器、稳定的高压箱和 Gatan 公司的高分辨能量过滤器的透射电镜具有高于 0.1 eV 的能量分辨率，将开辟高分辨电子能量损失谱在固体物理、固体化学和材料科学领域应用的新纪元。

图 2-50 是用装备了 Wien 单色器、稳定的高压箱和 Gatan 公司的高分辨能量过滤器的 Delft FEI TECANI 型透射电子显微镜测量的电子能量损失谱零损失峰[101]。采谱时间长达 32 s，但谱的能量分辨率仍高达 0.22 eV。图 2-51 是用 0.22 eV 能量分辨率采集五氧化二钒晶体中钒的 $L_3$ 电离峰的近阈精细结构，以及用 0.08 eV 能量分辨率采集的钒 $L_3$ 的 X 射线电离近阈精细结构（NEXAFS）。高分辨 NEXAFS 得到的钒 $L_3$ 峰的 P1～P6 的全部精细结构在高分辨 ELNES 上全部出现。虽然 NEXAFS 谱的能量分辨率是 0.08 eV，远高于 ELNES 谱的 0.22 eV，但是 NEXAFS 并没有揭示更多的精细结构的峰特征。值得一提的是，当不用 Wien 单色器时（能量分辨约为 1 eV），图 2-51 中钒 $L_3$ ELNES 上的 P1～P6 的峰精细结构全部消失。

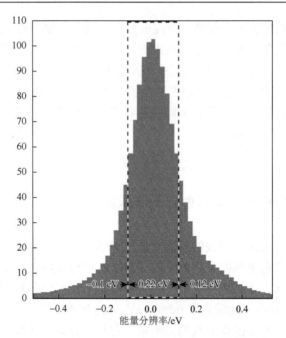

图 2-50　使用装备了 Wien 单色器、稳定的高压箱和 Gatan 公司的图像过滤器的 Delft FEI
TECANI 型透射电镜采集的零损失峰，能量分辨率达 0.22 eV

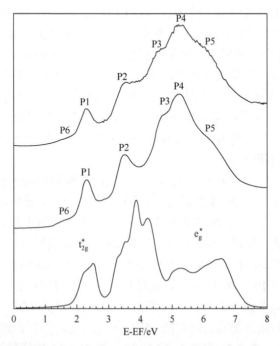

图 2-51　用能量分辨率为 0.22 eV（EELS）和 0.08 eV（XAS）以及模拟的 $V_2O_5$ 中钒的 $L_3$ 峰

　　$V_2O_5$ 的未占据态密度（density of unoccupied state）受钒的 3d 态控制，钒的
3d 态成偶极跃迁允许的电子跃迁的末态，其 $L_{23}$ 电离峰结构可以用钒 3d 的态密度
解释[101, 102]。图 2-51 中也给出了量子力学计算得出的用 0.08 eV 半高宽高斯函数
拟合的钒 $L_3$ 电离峰的精细结构[101]。实验得到的 ELNES 和 NEXAFS 谱中的 P1 和
P2 峰是由钒 3d 导带的劈裂而引起的。劈裂峰的间距分别是 1.1 eV（NEXFAS）和
1.2 eV（ELNES），这和量子力学计算的值 1 eV 符合得非常好。钒 3d 导带中的平
台状分布的 $e_g^*$ 态集中在 4.5~7 eV，在 5 eV 和 6.5 eV 处有两个峰。这两个峰可以
解释实验得到的 ELNES 和 NEXAFS 中的 P4 和 P5 峰，尽管实验谱结构与模型的
精细结构并不完全相同。根据量子力学计算 NEXAFS 谱中位于 1.5 eV 处的 P6 峰
（在 ELNES 谱中非常弱）不能用钒 3d 导带的未占据态解释。它可能是目前能带
计算中没有考虑的表面态引起的。现在的能谱计算还不能解释 ELNES 和 NEXAFS
谱中的 P3 峰的来源。这一实例表明，当使用一系列综合技术提高电子能量损失谱
的分辨率后，透射电镜中配备的能损谱能够提供同步辐射技术相同的信息。这将
基于同一物理原理的对表面敏感的同步辐射方法和对体相敏感的电子能量损失方
法结合起来研究材料的电子结构，而且同时可以利用电子衍射和高分辨像得到纳
米级分辨率的完整结构信息。很明显，这也是对电子能带计算理论与方法的挑战。
提高能量分辨率后另一个新的应用是用高分辨能损谱研究纳米半导体材料的能
隙。但最近的研究表明，相对论效应和电子的切伦科夫辐射会导致用能谱测量能
隙宽度出现很大的偏差[101]。

　　配备单色器的透射电镜不仅能够提高 EELS 的分辨率，而且还可以提高高分
辨像的衬度。因为经单色器后入射电子的能量分布窄了，电子束的时间相干性得
以提高，进而提高图像的衬度。因为衬度传递函数的包络函数[式（2-13）的 $D(u, v)$]
将变宽且下降变缓，倒空间中的频率传播增大，所以透射电镜的信息分辨极限将
被扩展。但是使用单色器的透射电镜是以非常小的入射电子束强度为代价的，例
如，能量分辨率小于 0.1 eV 时，将有 75% 的场发射电子被单色器滤除掉。

## 2.7.3　三维电子显微术

　　TEM 和 HRTEM 都有一个共同的缺点：只能对三维物体进行二维投影成像。
对于一些材料，二维投影分析已经足够；但是对于许多催化剂，二维投影则是一
个局限。许多催化剂通常具有非常复杂的结构，如表面粗糙和微孔介孔，规则和
不规则的通道结构。二维投影会覆盖许多结构特征，使获得三维结构信息变得困
难。首次对催化剂进行三维表征的是荷兰 Utrecht 的 Bram Koster 的研究小组[103]。
其实这一表征方法起源于 20 世纪 60 年代的 X 射线 CT（computer tomograph）扫
描，后来也推广到电子显微镜上，但主要用来分析生物分子的三维结构；成为具

有纳米级分辨率的分析大分子的一个常用工具[104-106]。这一技术只是在最近几年来才被用于材料科学中[107, 108]，但已得到相应的普及。三维电子显微技术（electron tomography）的基本过程就是转动样品，每转动一角度就记录一张电子显微照片。之后用这一系列照片（通常至少要一百张或更多）做重构计算得出样品的三维结构图[109]。

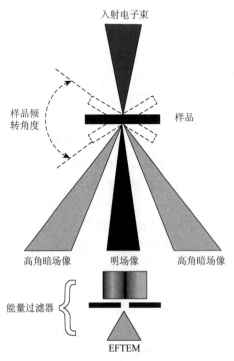

图 2-52　电子投影技术的基本原理示意图

为了计算重构样品的三维结构，每张电子显微图的强度必须是试样在该角度时的质量单调函数，就是说显微像中不能含有衍射衬度[110]。如前所述，晶体的衍射衬度只在某些满足布拉格条件的角度会有，其强度不是试样质厚的线性函数。通过 HAADF 高角环状检测器搜集起来的，散射角大于布拉格衍射角的高角度散射电子像可以排除衍射衬度；这样的话，可近似认为像的强度与试样的厚度和组成元素的原子序数平方成正比。图 2-52 给出了在 STEM 上做的三维电子成像的基本原理示意图。这种方法是用透射电子束扫描样品，HAADF 检测器搜集从不同高角度透射过样品的电子成像[111]。照三维电子显微的转动系列照片需要用特殊制造的样品台，以保证试样能正负转至少 80°。这要加大物镜极靶的空间以便样品转动，这会导致物镜的分辨率下降。通常是加上前述的球差修正器提高分辨率把这一损失弥补回来。

　　就发展趋势而言，三维重构面向更高的空间分辨率，即原子分辨三维重构及更高的能量分辨率，即元素/价态分辨三维重构等两个方向发展。高空间分辨重构着眼于获得纳米颗粒的三维精确原子结构，依赖于整个样品倾转过程中的高度稳定性以确保每张图片的分辨率，同时由于高倍成像下样品承受高电子辐照剂量，重构往往采用低加速电压结合 probe 校正器的搭配。该方面典型工作为美国劳伦斯伯克利国家实验室在 80 keV 下获得 Al 基底中内嵌 Ag 单晶纳米颗粒的原子分辨重构图像[112]。值得一提的是，受限于材料对电子辐照耐受度，目前还无法在确保原子分辨条件下实现元素乃至价态区分，而只能实现单一元素的原子结构重构。另外，对于三维重构技术面向更高能量分辨发展的趋势，主要体现在两个方向：①基于 EELS 的等离子基元三维重构（低能光学吸收行为）及元素价态的三维重构（元素吸收边的精细结构）；②基于高效 EDS 的多元素组分三维重构[113]。

　　三维电子显微术在催化中最重要的应用是测定催化剂的三维结构、纳米粒子的聚合、催化剂活性位（金属粒子）在孔状载体的位置和空间分布[112-115]。通过定量分析可以得到金属粒子在载体表面和在孔径内分布的比例。同时随着上述高能量分辨重构技术的不断突破，从三维尺度表征纳米催化剂的元素分布、表面价态、吸光特性已成为趋势[116]。例如，对于 Fe、Co 基催化剂而言，表征二价、三价组分的空间分布对准确把握反应中气体分子的吸附及活化至关重要，如图 2-53（c）显示了基于带边精细 EELS 谱重构手段获得的 30 nm FeO/Fe$_3$O$_4$ 核壳纳米颗粒中 Fe$^{2+}$ 和 Fe$^{3+}$ 分布；对光催化研究而言，催化剂表面等离子基元震荡特性直接决定了催化剂光响应行为，基于电子能量单色器，通过低能 EELS 三维重构技术可以在小于 0.1 eV 尺度获得单个粒子的不同等离子基元模式（不同响应光波长）的空间立体分布，如图 2-53（a）所示为 100 nm 银立方体的表面等离子基元分布（$\alpha$ 至 $\varepsilon$ 对应基元能量分别为 2.2 eV、2.7 eV、2.9 eV、3.3 eV 及 3.6 eV）。可见下部 4 个顶角基元能量并不同于上面 4 个顶角，表明存在金属与基底耦合作用。基于 EDS 三维重构方面，目前趋势为采用对称分布的多个 EDS 探头，例如，FEI Chemi-STEM 配置 4 SDD 探头，可显著增加信号接收固体角，提升能谱探测效率，缩短重构时

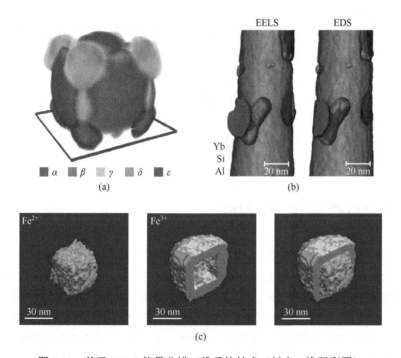

图 2-53　基于 EELS 能量分辨三维重构技术（封底二维码彩图）

间从而降低样品的辐照损伤概率，同时对称分布的 EDS 探头还可以有效减弱样品倾转过程中的周边遮挡引发的阴影效应，提升元素定量精度，如图 2-53（b）所示为 Si、Al 合金中的三维元素分布重构。

## 2.7.4　电子全息成像

除了校正球差能提高电子显微镜的点分辨率外，利用电子全息术也能提高透射电子显微镜的分辨率。电子全息术的基本原理是 Gabor 在 1948 年为试图超越电子显微镜的点分辨率时而提出的[116]。电子全息术以波的干涉和衍射性质为基础产生没有任何透镜畸变的真实图像，包括振幅像和相位像。一般的高分辨电子显微镜中出射的电子波的相位与振幅的像进行了非线性混合，且最终的像衬度受物镜相位传递函数的复杂修饰。电子全息术是通过恢复像的相位和振幅进而再生真实物体信息的技术。实验由两个阶段组成，即电子显微镜记录电子的相位信息及它的再生。前者是在电子显微镜中装入双棱镜，拍摄电子波的相干条纹（即全息照片），后者是对全息图像进行傅里叶变换而再生像的相位与辐射。电子全息术的实验基础是高亮度高相干性的电子源，这是现在场发射电子显微镜所具备的。因此这最近十几年来电子显微镜中的电子全息术推广得很快[117, 118]。

除消除物镜球差的影响外，利用电子全息术还可以研究带电粒子周围的静电场分布及纳米粒子的投影电势像的厚度[119, 120]。前者可以提取粒子中心电荷分布，后者可以用来测定粒子是否包含硬的核心或空洞。另外用电子全息成像术（electron holography）也可以研究磁畴的结构和其周围的场分布[117, 121]。电子全息术在研究催化剂方面的应用还很有限，最近有文献报道用电子全息成像术研究 Au/TiO$_2$ 催化剂中金与二氧化钛界面处的电荷传递，试图解释金粒子低温对一氧化碳氧化的催化机理[122]。

## 2.7.5　原位环境透射电子显微镜

多相催化反应是一个动态过程，催化剂与气体反应物分子在原子尺度上相互作用，活性位的原子结构对其催化性能具有决定性作用。因此，催化剂活性位微观结构的直接观测对于研究催化过程的本质至关重要。Boys 和 Gai 等分别于 1997 年和 1998 年开始使用原位环境透射电子显微镜（ETEM）实时监测催化反应[123, 124]。研究人员将气相反应在透射电镜腔体内进行，采用微分泵进样从而避免气体分子进入电子枪的超高真空。

## 1. 原位环境电镜基本原理及构造

在原位环境透射电子显微镜设计中，与传统透射电子显微镜构造（2.1 节）主要区别在于引入了差分抽气系统。在催化剂附近引入气体并利用微电路 MEMS 技术加热实现催化反应；再在远离催化剂的上下方向通过抽气排除这些气体至电镜外，从而实现原位观察催化剂在反应中结构演化，同时维持显微镜关键部位（电子枪、照明系统等）的真空度，确保电镜正常运行。ETEM 的基本原理如图 2-54 所示[126, 127]，可以简要理解为在传统电镜基础上，通过电镜的聚光镜、物镜及中间镜等处设置抽气通道，借助外置真空泵（主要为分子泵）的连续抽气作用将气体排出镜筒外。环境电镜的真空系统设计关键在于利用气体分子从样品附近向远端扩散过程中需要经过多级光阑，光阑的微米级孔径使得气体分子再通过时两侧产生气压差，从而使气体分压自样品向镜筒两端依次递减（即真空度递增），最终确保气体在扩散到电子枪之前被真空泵全部排出，从而确保电镜稳定工作。另外，受电镜真空抽气系统能力的限制，同时考虑到气体分子散射电子带来的光束质量下降问题，环境电镜中催化剂附近允许的气体压力存在限制。以 FEI 公司的 Titan 系列环境电镜为例，差分抽气系统即便在使用 10 台以上分子泵的情况下，允许气体压力仍然限制在 20 mbar，对于小分子气体如 $H_2$、He 等，允许压力往往低于 10 mbar。如果高于此典型值一方面会带来气体瘀滞破坏真空而引发设备停机的风险，同时大量气体分子对电子束的吸收与散射也使得电镜分辨率急剧下降，以至无法实现催化剂显微结构的观察，从而丧失原位显微表征的能力。

在环境原位电镜中，考虑到催化反应在样品室内壁引发的分子凝聚、积炭等电镜污染问题，往往会在样品室附近配备导流式远程等离子体清洗装置，借助电镜真空系统抽气气流，将产生的等离子体注入样品室，借助氧化电离作用清除内壁上的污染物，确保电镜的真空度和显微性能。此外，除了高空间分辨条件下观察催化剂结构变化，监测反应过程的气体组分变化同样是全方位获取催化反应信息不可或缺的一环。因此除差分抽气系统外，环境电镜在样品室附近设计了残余气体分析系统（residual gas analysis，RGA），主要原理为通过设置一条直插到样品附近的抽气管道，借助分子泵将少量催化剂附近气体采样并送至质谱仪检测，给出反应中的底物和产物种类、含量等信息。值得注意的是，RGA 分析是将气体采样至镜筒外的质谱仪，由于气体跨距离传输会带来信号分析的时延，反应气体分析和催化剂显微表征难以做到完全同步；另一种与 RGA 设计对应的气体检测方案是借助能量损失谱，利用样品室内气体分子对电子束的能量吸收对应于气体分子轨道跃迁的特性，在 EELS 谱低能区（low loss）可以观察到对应气体分子的电子能量吸收现象，这些吸收峰往往成组出现且随气体分子不同而具有特定强度分布，故称为气体分子的"指纹峰"。通过辨识 EELS 谱中的指纹峰种类及相对强度，可以实现气体组分辨识乃至定量[128, 129]。由于能量损失谱信号具有在线激发的特点（原位、实时产生和记录），此种方案可以实现催化剂表面反应过程的实时、原位监测。然而基于 EELS 的气体组分检测方案不利的一点是，电镜光路工作在能量损失谱模式而非成像模式，导致分析气体组分时无法实现催化剂显微结构的成像观察。

在电镜中实现催化剂原位气相反应观察的另一个途径是借助原位气体池技术（gas cell）。此技术基于常规透射电镜，不要求在电镜中直接引入气体环境，而是借助特殊的样品杆前端设计［图 2-55（b）][130]，将固相催化剂颗粒负载到基于

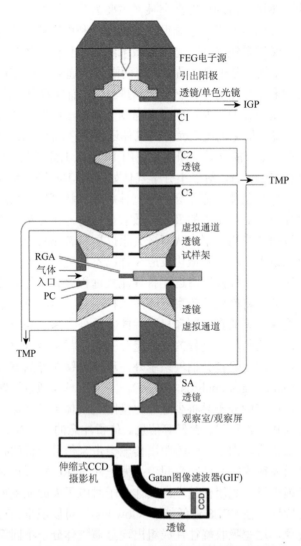

图 2-54　原位环境透射电镜差分抽气系统示意图

MEMS 技术特制的芯片上［图 2-55（c）］，芯片实现精确控温的同时，借助上下两片对电子束透明的氮化硅 Si₃N₄ 薄膜［图 2-55（d）］，将催化剂粉末密封在之间的微腔内，微腔设有进气、出气孔道通过样品台与电镜外控制装置连通［图 2-55（a）］，通入特定气体并将其约束在反应微腔内从而不破坏电镜样品室的真空工作环境，实现在常规电镜下的气氛反应并透过氮化硅薄膜观察催化剂颗粒的微结构演化。由于 gas cell 技术需要构筑上下密封的 Si₃N₄ 薄膜微腔，薄膜强度决定了微腔内可通入的气体压力，最大典型压力值可达 1～2 个大气压，优于原位环境电镜 ETEM 的 20 mbar。但是，gas cell 中为保持氮化硅的必要机械强度而达到几十纳米的厚度反过来会干扰电子束的成像质量，使得电镜分辨率下降。更为不利的是，相比于 ETEM，gas cell 中样品两侧的氮化硅薄膜会干扰 X 射线能谱和电子能量损失谱，影响催化剂的成分及电子态分析。此外，基于 MEMS 技术的微腔气密性如果失控，可能带来气体泄漏，为电镜安全运转带来隐患。

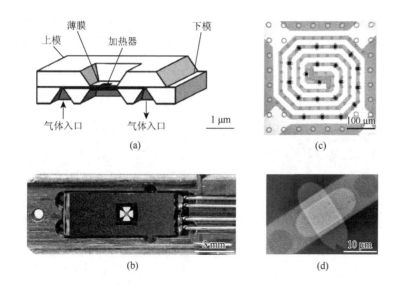

图 2-55　原位环境气体池构造原理

## 2. 原位环境电镜中的催化过程研究

目前，原位环境透射电镜已被广泛用于监测工作状态下的工业催化剂，其化学气氛包括：还原（氢气、烃类、一氧化碳等）、氧化（氧气、二氧化碳等）或水蒸气。其中，对于钒磷酸复合氧化物催化剂的研究尤为成功[131]，所选目标反应为正丁烷选择氧化制马来酐。氧钒基焦磷酸盐相［(VO)₂P₂O₇，简称 VPO］的（010）晶面被认为具有最高的催化活性，主要通过焙烧前驱体(VO)HPO₄·0.5H₂O（简称

VHPO）制得，对该前驱体向活性相转化过程进行原位研究具有重要意义。在原位环境透射电镜中，将 VHPO 前驱体在氮气氛围下加热后发现，前驱体结构转变从 400℃左右开始，绝大部分的 VPO 在 450℃下生成。结合动态电子衍射分析发现，在整个结构变化过程中，所有晶体的结晶程度较高，原子排列的周期性良好，未观测到其他过渡晶相或非晶相的生成。在正丁烷气氛和典型的反应温度（约390℃）下，只有 VPO（201）晶面上的阳离子对烷烃选择氧化起作用，其微结构介于氧钒八面体和磷酸四面体之间。此外，使用原位环境透射电镜进行催化研究的实例还包括铜催化水蒸气重整反应[132]和纳米碳管生长[133]。如图 2-56 所示为在原子分辨尺度下原位观察 $CeO_2$ 负载 Au 颗粒（100）晶面在催化 CO 氧化中的重构行为[134]，可以观察到反应前 Au 单晶纳米颗粒保持了标准的（100）面间距0.20 nm，同时面内原子距离为 0.29 nm；而在催化 CO 氧化过程中，表面 CO 分子吸附导致 Au 的（100）晶面原子发生重构，面内原子间距被压缩为 0.25 nm，面间距离则拉伸至 0.25 nm，由此可见，ETEM 手段为在原子尺度探测催化剂表面重构行为提供了有力保障。当前技术条件下，如匹配超快电子感光相机（基于CMOS 的电子感光元件），有望在毫秒乃至微秒尺度捕捉催化剂在反应中的原子级

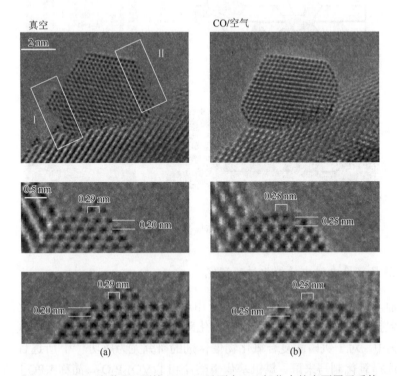

图 2-56　$CeO_2$ 负载 Au 颗粒（100）晶面在 CO 氧化中的表面原子重构

结构变化。图 2-57 所示为 Fe 单个颗粒在费托反应中表面的 Fe₅C₂ 相的生长过程[135]。在环境电镜中引入 CO 与 H₂ 的反应气氛，借助单颗粒电子衍射及暗场像技术 [图 2-57（b）]，在反应 60 min 内追踪了 Fe 颗粒的表面碳化、Fe₅C₂ 成型及生长过程 [图 2-57（a1）～（a3）]。

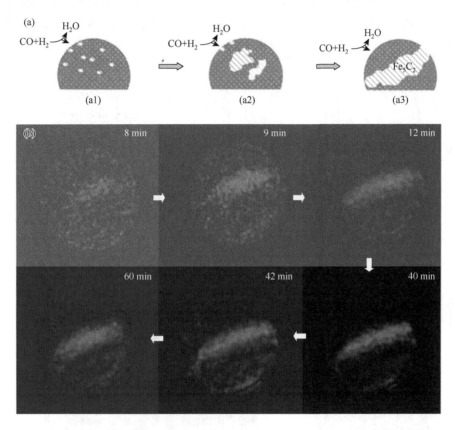

图 2-57　追踪 Fe 纳米颗粒在费托反应中表面 Fe₅C₂ 相演化过程（封底二维码彩图）

### 3. 原位环境电镜表征中的注意事项

应当清醒地看到，现有的原位环境透射电镜技术还受到很多关键因素的制约，例如，高温高压反应条件下催化剂晶体结构的电子辐照损伤较为严重。此外，气体分子可能在高速电子束作用下离子化，产生的等离子体与样品发生作用，大大影响了对催化反应的研究。此外，如前所述，原位环境催化反应需要在特定温度下进行，因此催化剂颗粒需要首先负载到带有 MEMS 控温芯片的氮化硅薄膜上，芯片温度测量的准确与否，直接关系到原位反应中催化剂构效关系的建立，以及与实际反应条件的参考和关联。如图 2-58 所示[136]，由于金属的热膨胀可改变原子间距从而改变电荷密度，进而引发体相等离子体振动频率移动。反之，通过借助 EELS 表征等离子体振动频移，就可以反推出 MEMS 加热微电路中的温度[图 2-58（a）、（b）]。对于早期生产的用于 ETEM 的加热芯片，在纳米尺度的温度均匀性令人担忧，温度差异可达近 80℃ [图 2-58（d）]，这将反映表观数据与实际参数的严重偏离，误导对催化剂构效关系的认知。因此在开展原位环境电镜表征中，温度均匀性问题应该引起关注；值得庆幸的是随着 MEMS 技术及工艺的不断进步，控温精度及均匀度在不断提高。

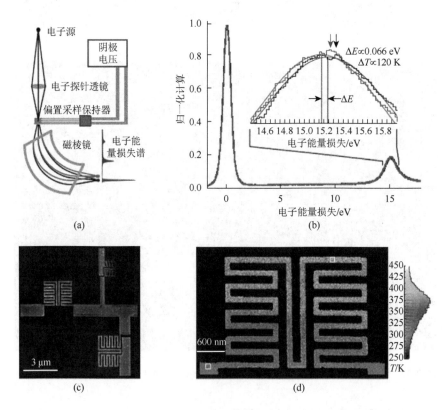

图 2-58　基于 EELS 分析探测 MEMS 加热装置的温度均匀性

## 2.8　透射电子显微镜的局限性及注意事项

同任何其他表征仪器一样，透射电子显微镜也有其局限性。

（1）电子显微像是入射电子透过试样后成的二维投影像，因此用一张电镜照片不能简单地解释试样的三维结构。尤其是催化剂比表面积大、多孔样品多，从一张投影照片不能判断出金属粒子是负载在载体表面还是在载体孔道内部。例如，用纳米碳管作载体制备金属催化剂，透射电镜只能验证制备是否成功，金属粒子是否负载在纳米碳管上。虽然照片可以给出金属粒子大小、分布、形貌的信息，但并不能准确定位金属粒子是在纳米管内部或外部。在普通透射电子显微镜中确定金属粒子是否分布在碳管内外的唯一办法就是转动样品（如±30°）观察金属粒子相对于碳管壁的位置变化。

（2）催化反应中使用的催化剂是大量的，如果是负载型金属粒子催化剂，参加反应的金属粒子上亿。电子显微镜具有高空间分辨率，但给出的是局域信息。一张高分辨电子显微像通常只包括一两个，最多四五个金属粒子的结构像。即使低放大倍数的显微像照出的粒子数目也经常少于一百个（这与粒子的大小有关，粒子太小时，放大倍数太低不利于观察其形貌并测量其直径）。因此做电子显微镜实验时不能照一张高分辨像就做出任何结论。所照的照片一定要有代表性、重复性，不能选择照"漂亮"的区域。确定催化剂结构或相时，不要忽略利用电子衍射技术。电子衍射花样的强度通常来自于几十个或几百个粒子，这使确定催化剂结构更准确些，并更具代表性。

（3）用电子显微技术确定催化剂的粒子大小分布时存在大粒子与小粒子的问题。因为在电子显微照片中大粒子的衬度清晰可辨，因此统计分布时一般不会漏掉。但是当载体厚度不均时，小于 2 nm 的粒子衬度低、强度小，不易观察到。因此做统计分布时除了照大量的电子照片（包括至少几百个粒子到上千个粒子）外，还应注意不要忽略统计小粒子的尺寸，但同时也不能主观地忽略不统计大粒子。实验上，如果要把负载粒子的大小分布与催化剂制备和其催化性能联系起来，所做的统计分布必须基于大量粒子，并不能带有主观性。

（4）除了样品的质厚衬度及扫描透射电子显微镜中的 Z-衬度像的强度与试样的厚度或原子序数平方成正比外，电子显微像的衬度与样品的二维投影结构没有直接线性关系。衍射衬度常带有动力学效应（即衍射束的强度会受样品厚度及试样偏离布拉格条件的大小影响），相位衬度受透镜畸变与欠焦量控制。因此高分辨像中的暗（或明）条纹不是试样的某一晶面的原子排列，而只是具有这一晶面间距的条纹像。除非在 Scherzer 欠焦时衬度传递函数在一大的空间频率内不改变符号，否则不能把高分辨像的亮点（或暗点）用原子排列位置解释。

（5）电子显微镜的放大倍数（和做电子衍射时的相机长度）只是电子显微镜出厂时厂家给出的参考值。如要用电子显微镜精确测量晶格参数，一定要用标样标定放大倍数。注意在高放大倍数时，透镜激磁电流的任何微小变化都会导致电子显微镜的放大倍数（或测定的晶格间距）变化。因此照高分辨像的实验条件（如室温或冷却水的温度）都应与标定时的实验条件一致。最好的办法是用样品中已知的结构定标来测定晶格常数。另外小粒子在倒易空间中的格子点变大（尺寸效应），所以在电子显微镜中即使小粒子不完全处于布拉格条件时也能看见其点阵条纹（对面心立方金属最常见的是{111}晶面的干涉条纹）。但当粒子小于 2 nm 时能测得的点阵间距要比金属晶体的点阵间距大得多。

（6）现代的分析电子显微镜的定量成分分析技术已达到小于 1% 的精确度。但这样的精确度一般都是在研究 X 射线能谱和电子能量损失谱探测极限的专门实验中得到的。因为样品几何条件的限制，计算电离截面时理论值的近似性，切除背底强度引入的误差，在平时表征催化剂试样的实验中通常达不到这样的高度。普通的分析电子显微镜的定量分析若有 5% 的误差是不奇怪的，而且不能在试样上只取一个谱测定其成分，必须针对不同区域做定量分析并给出误差范围。另外现代高空间分辨率的分析电子显微术都能把电子束形成小至 1 nm 的电子束斑和电子探针来做微区成分定量分析，包括能扫描测定试样某一方向直线的化学分析。但是应该注意当样品不是非常薄时，1 nm 直径的电子束射到样品上与试样相互作用时，相互作用的体积空间往往要远大于 1 nm 直径。即由于多重散射，电子束在样品内变宽，所收集的 X 射线光子信号等会来源于几纳米的作用范围，所以真正分析的试样区域通常要比电子束斑大得多。故样品不很薄时，分析电子显微镜的空间分辨率要下降。另外因为入射电子的能量通常在 100 kV 以上，所以 X 射线能谱测定成分是样品的体相成分，不是其表面相成分。

## 2.9　结　束　语

本章介绍了透射电子显微镜的基本构造、操作模式、衬度形成原理及其附属的 X 射线能谱和电子能量损失谱的基本工作原理，并对与电子显微技术有关的最近发展做了一些简单介绍。用所举的应用实例，讲述了如何应用透射电子显微镜对不同催化剂进行表征，并利用其所具有的高空间分辨率和高能量分辨率研究催化材料的表面结构、缺陷化学及电子能带结构等。

事实上，如果能把 TEM、HRTEM、HAADF、EDS 和 EELS 结合起来应用到对催化材料的研究上会得到比前面讲述的几个例子更多的信息，指导催化剂制备，能探索催化剂反应机理。电子显微学已发展成为一专门的学科，要真正掌握这一技术并应用到催化化学中，不仅操作上要熟练，而且还要掌握好晶体学、结构化学、固体物理学和量子力学的知识。随着场发射电子显微镜的日益普及，球差校正器、电子全息术、三维电子显微术及原位环境电镜的发展，电子显微术会发展为研究催化化学的必不可少的工具。

# 参 考 文 献

[1]　Special issue: Characterisation of Catalysis. Ultramicroscopy, 1990: 34

[2]　Egerton E F. Electron Energy Loss Spectroscopy in the Electron Microscopy. New York: Plenum Press, 1996

[3]　Liu J//Wang Z L. Characterization of Nanophase Materials. Weinheim: Wiley-VCH Verlag, 2000

[4]　William D B, Carter C B. Transmission Electron Microscopy: a Textbook for Materials Science. Plenum Press, 1996

[5]　Hirsch P B, Howie A, Nicholson R B, et al. Electron Microscopy of This Crystals. 2nd ed. New York: Krieger, Huntington, 1977

[6]　Janisek J R. Ipt Eng, 1987, 26: 692

[7]　Hall C E. Introduction to Electron Microscopy. New York: McGraw-Hill, 1953

[8]　Reimer L. Transmission Electron Microscopy. 3rd ed. New York: Springer-Verlag, 1993

[9]　Cowley J M. Diffraction Physics. 3rd revised ed. New York, London, Amsterdam: Elsvier Science B. V. 1985

[10]　Kittel C. Introduction to Solid State Physics. New York: John Wiley and Sons, 2004

[11]　Buseck P, Cowley J M, Eyring L. High Resolution Transmission Electron Micrsocpy and Associated Techniques. New York, London, Amsterdam: Oxford University Press, 1988

[12]　Spence J C H. Experimental High-Resolution Electron Microscopy (Monographs on the Physics and Chemistry of Materials). Oxford: Oxford University Press, 1989

[13]　Scherzer O J. Appl Phys, 1949, 20: 20

[14]　Kirkland E J. Advanced Computing in Electron Microscopy. New York and London: Plenum Press, 1998

[15]　Schiske P. Image Processing and Compater Aided Desigh in Electron Optics. New York: Academic Press, 1973: 82

[16]　Reimer L. Scanning Electron Microscopy. Berlin: Springer, 1998

[17]　Crewe A V, Wall J, Langmore J. Science, 1970, 168: 1338

[18]　Pennycook S J, Boatner L A. Nature, 1988, 336: 565

[19]　Pennycook S J, Jesson D E. Ultramicroscopy, 1991, 37: 14

[20]　Hren J J, Goldstein J I, Joy D C. Introduction to Analytical Electron Microscopy. New York: Plenum Press, 1979

[21]　Disko M M, Ahn C C, Fultz B. Transmission Electron Energy-Loss Spectroscopy in Materials Science. Pennsylvania, TMS, Warrendale, 1992

[22]　Cliff G, Lorimer G W. J Microscs, 1975, 103: 203

[23]　Schattschneider P. Fundamental of Electron Inelastic Scattering. Wien: Springer, 1998

[24]　Pines D. Elementary Excitation is Solids. New York: Benjamin, 1963

[25]　Reimer L. Energy Filtering Transmission Electron Microscopy, Springer Seris in Optical Science. New York: Springer Verlag, 1995

[26]　Hobbs L W//Hren J L, Goldstein J I, Joy D C. Introduction to Analytical Electron Micrscopy. New York: Plenum Press, 1979: 437

[27]　Sawyer L C, Grubb D T. Polymer Microscopy. New York: Chapman and Hall, 1987

[28]　Su D S, Wieske M, Beckmann E, et al. Catal Lett, 2001, 75: 81

[29]　Wieske M, Su D S, Beckmann E, et al. Catal Lett, 2002, 81: 43

[30]　Su D S. Anal Bioanaly Chem，2002，374：732

[31]　Wang D，Su D S，Schlögl R，et al. Anorg Chem，2004，630：1007

[32]　Wagner J B，Willinger M G，Müller J O，et al. Small，2006，2：230

[33]　Dayte A K，Smith D J. Catal Rev Sci Eng，1992，34：129-178

[34]　Jose-Yacaman M，Avalos-Borja M. Catal Res Sci Eng，1992，34：55-127

[35]　Liu L//Zhou B，Hermans S，Somorjai G A. Nanotechnology in Catalysis. New York，Boston，Dordrecht，London Moscow：Kluwer Academic/Plenum Publishers，2004，361

[36]　Baker R T，Bernal S，CalvinoJ J，et al. Zhou B，Hermans S，Somorjai G A. Nanotechnology in Catalysis. New York，Boston，Dordrecht，London Moscow：Kluwer Academic/Plenum Publishers，2004：403

[37]　Haruta M. Catal Today，1997，36：153

[38]　Borodzinski A，Bonarowska M. Langmuir，1997，13：5613

[39]　Bernal S，Calvino J J，Cauqui M A，et al. Appl Catal B：Environmental，1998，16：127

[40]　Jose-Yacaman M，Avalos-borja M. Catal Rev-XI Eng，1992，34（1-2）：55-127

[41]　Ino S. J of the Physical Society of Japan，1966，21：346-362

[42]　Ino S，Ogawa S. J of the Physical Society of Japan，1967，22：1365-1374

[43]　Yacaman M J，Domingues J M. J Catal，1980，64：213

[44]　Yacaman M J，Heinemann K，Poppa H. CRC Crtical Rev Sol Stat Mat，1983，10：243

[45]　Marks L D. Rep Prog Phys，1994，57：60364

[46]　Smith D J. Rep Prog Phys，1997，60：1513

[47]　Giorgio S，Nihoul G，Urban J，et al. Z Phys D-Atoms，Molecules and Clusters，1992，24：395-400

[48]　Wang W L//Wang Z L. Characterization of Nanophase Materials. Weinheim：Wiley-VCH Verlag，2000

[49]　Urban J，Sack-Kongehl H，Weiss K. Z Phys，1993，D28：247-255

[50]　Hutchings G J. J Catal，1986，96：292

[51]　Haruta M，Kobayashi T，Sano H，et al. Chem Lett，1987，4：405

[52]　Hutchings G J. Gold Bull，2004，37：3

[53]　Prati L，Villa A，Su D S，et al. //Gaigneaux E M et al. Elsevier Series studies in surface science and catalysis 162. Scientific Bases for the Preparation of Heterogeneous Catalysts. 2006：553-560，200

[54]　Hernandez-Santos D，Gonzalez-Garcia M B，Garcia A C. Electroanalysis，2002，14：1225-1235

[55]　Wang D，Villa A，Porta F，et al. Chemm Comm，2006：1956-1958

[56]　Mejía-Rosales S J，Fernàndez-Navarro C，Peèrez-Tijerina E，et al. J Phys Chem C，2007，111：1256-1260

[57]　Mehua-Rosales S J，Fernandez-Navarro C，Perez-Tigerina E，et al. On the structure of Au/Pd bimetallic nanoparticles. J Phys Chem C，2007，111：1256

[58]　Chu Y F，Ruckenstein E R. J Catal，1978，55：281-298

[59]　Baker R T K，Prestridge E B，Garten R L. J Catal，1979，56：390-406

[60]　Hayek K，Goller H，Penner S，et al. Catal Lett，2004，92：1-9

[61]　Penner S，Wang D，Su D S. Surf Sci，2003，532-545：276-280

[62]　Chen B H，White J M. J Phys Chem，1982，86：3534-3541

[63]　Sun K，Liu J，Nag N，et al. Catal Lett，2002，84：193-199

[64]　Tauster S J，Fung S C，Garten R L. J Am Chem Soc，1978，100：170-175

[65]　Otter G J D，Dautzenberg F M. J Catal，1977，53：116-125

[66]　Ostwald W. Z Phys Chem，1900，6：495-503

[67]　Lifshitz I M，Sloyzov V V. J Phys Chem Solids，1961，19：35-42

[68]　Wang D，Penner S，Su D S，et al. J Catal，2003，219：434

[69]　Rupprechter G，Hayek K，Rendón L，et al. Thin Solid Films，1995，260：148

[70]　Bernal S，Baker R T，Burrows A，et al. Surf Interface Anal，2000，29：411-421

[71]　Jenewein B，Penner S，Gabasch H，et al. J Catalysis，2006，241：155-161

[72]　Penner S，Wang D，Schlögl R，et al. Thin Solid Films，2005，484：10- 17

[73]　Somorjai G A. Introduction to Surface Chemistry and Catalysis. New York：John Wiley and Sons Inc，1994

[74]　Ertl G，J Mol Catal，2002，A 3443：1-12

[75]　Smith D J，Glaisher R W，Lu P，et al. Ultramicroscopy，1989，29：123

[76]　Bron M，Kondratenko E，Trunschke A，et al. Z Phys Chem，2004，218：405-423

[77]　Bao X，Muhler M，Pettinger B，et al. Catal Lett，1993，22：215-225

[78]　Bao X，Muhler M，Schlögl R，et al. Catal Lett，1995，32：185-194

[79]　Claus P，Hofmeister H. J Phys Chem，1999，B103：2766-2775

[80]　Su D S，Jacob T，Hansen T W，et al. Angew Chem Int Ed，2008，47：5005

[81]　Bernal S，Baker R T，Burrows A，et al. Ultramicroscopy，1998，72：135-164

[82]　Wagner J B.，Willinger M G.，Müller J O，et al. Small，2006，2：230

[83]　Mars P，van Krevelen D W. Chem Eng Sci，1954，S3：41

[84]　Haber J，Lalik E. Catal Today，1997，33：119

[85]　Gai P L，Boyes E D. Electron Microscopy in Heterogeneous Catalysis. Institute of Physics Publishing，2003

[86]　Wang D，Su D S，Schlögl R. Cryst Res Technol，2003，38：153-159

[87]　Magneli A. Acta Cryst，1953，6：495

[88]　Wadsley A D//Mendelcorn L. Non-stoichiometric Compounds. New York：Academic，1964：98

[89]　Bursill L A. Acta Cryst，1972，A28：187

[90]　Su D S，Wang H F. Ultramicroscopy，1995，57：323

[91]　Hofer F. Ultramicroscopy，1987，21：63

[92]　Su D S，Zeitler E. Phy Rev B，1994，49：14734

[93]　Schiske P//Hawkes P W. Image Processing and Computer Aided Design in Electron Optics. New York：Academic Press，1973：82

[94]　Hetheringfon C. Materials Today，2004，7：50

[95]　Rose H. Optik，1990，85：19

[96]　Haider M，Rose H，Uhlemann S，et al. J Elec Microsc，1998，47：395-405

[97]　Krivanek O L，Dellby N，Lupini A R. Ultramicroscopy，1999，8：1

[98]　Dellby N，Krivanek O L，Nellist P D，et al. J Electron Microsc，2001，50：177

[99]　Liao Y. Practical Electron Microscopy and Database Global Sino，2013

[100]　Disko M M，Ahn C C，Fultz B. Transmission Electron Energy Loss Spectrometry in Materials Science. EMPMD Monograph Series 2. 1992

[101]　Tiemeijer P C，van Lin J H A，de Jong A F. Microsc Micronanal，2001，7（2）：1130

[102]　Su D S，Hebert C，Willinger M，et al. Micron，2003，34：235-238

[103]　Eyert V，Hock K H. Phys Rev B，1998，57：12727

[104]　Koster A J，Ziese U，Verkleij A J，et al. J Phys Chem，2000，B104：9368

[105]　de Rosier D J，Klug A. Nature，1968，217：130

[106] Hoppe W，Lnager R，Knesch G，et al. Naturwissenschafen，1968，55：333

[107] Koster A J，Grimm R，Typke D，et al. J Struct Biol，1997，120：276

[108] Koster A J，Ziese U，Verkleij A J，et al. J Phys Chem B，2000，104：9368-9370

[109] Koster A J，Ziese U，Verkleij A J，et al. Stud Surf Sci Catal，2000，130：329-334

[110] Midgley P A，Weyland M. Ultramicroscopy，2003，96 (3-4)：413-431

[111] Hawkes P W//Frank J. Electron Tomography：Three-Dimensional Imaging with the Transmission Electron Microscope. New York，London：Plenum Press，1992

[112] Weyland M，Midgley P A. Microsc Microanal. 2001，7 (Suppl. 2)：1162-1163

[113] (a) Möbus G，Inkson B J. Appl Phys Lett，2001，79：1369-1371；(b) van Aert S，Batenburg K J，Rossell M D，et al. Nature，2011，470：374-377；(c) Collins S M，Midgley P A. Ultramicroscopy，2017，180：133-141

[114] Weyland M. Topics in Catalysis，2002，21 (4)：175-183

[115] Midgley P A，Weyland M，Thomas J M，et al. Angew Chem Int Ed，2002，41：20

[116] de Jong K P，Koster A J. Chem Phys Chem，2002，3：776-780

[117] (a) Torruella P，Arenal R，de la Pena F，et al. Nano Lett，2016，6：5068-5073；(b) Nicoletti O，de la Pena F，Leary R K，et al. Nature，2013，502：12469

[118] (a) Ziese U，de Jong K P. Applied Catalysis A：General，2004，260：71-74；(b) Gabor D. Proc Roy Soc，London A1949，197：454

[119] Tonomura A. Electron Holography. New York：Springer-Verlag，1993

[120] Lichte H. Adv Optical and Electron Microsc，1991，12：25

[121] Frost B G，Allard L F，Volkl E，et al. Amsterdam，Elsevier，Science B V，1995：169

[122] Datye A K，Kalakkad D S，Vöikl E，et al. Amsterdam，Elsevier，Science B V，1995：199

[123] Mankos M，Cowley J M，Scheinfein M R. Mater Res Soc Bulletin，XX (October) 1995：45

[124] Ichikawa S，Akita1 T，Okumura M，et al. Journal of Electron Microscopy，2003，52 (1)：21-26

[125] Boyes E D，Gai P L. Ultramicroscopy，1997，67：219

[126] Gai P L，Boes E D. Electron Microscopy in Heterogeneous Catalysis. Bristol：Institute of Physics Publishing，2003

[127] Su D S，Zhang B S，Schlogl R. Chem Rev，2015，115：2818-2882

[128] Hansen T W，Wagner J B，Dunin-Borkowski R E. Mater Sci Technol，2010，26：1338-1344

[129] Miller B K，Crozier P A. Microsc microanal，2014，20：815-824

[130] Tao F，Crozier P A. Chem Rev，2016，116：3487-3539

[131] Wun F，Yao N. Nano Energy，2015，13：735-756

[132] Gai P L. Acta Cryst，1997，B53：346

[133] Hansen P L，Wagner J B，Helveg S，et al. Science，2002，295：2053

[134] Helveg S，López-Cartes C，Sehested J，et al. Atomic-scale imaging of carbon nanofibre growth. Nature，2004，427 (6973)：426-429

[135] Yoshida H，Kuwauchi Y，Jinschek J R，et al. Science，2012，335：317-319

[136] Liu X，Zhang C H，Li Y W，et al. ACS Catal，2017，7：4867-4875

作者简介 ————————————————————

**苏党生**，男，1961 年生。研究员，"千人计划"入选学
者。中国科学院金属研究所和沈阳材料科学国家（联合）实
验室催化材料研究部主任。1983 年和 1986 年于吉林大学分
别获学士学位和硕士学位，1991 年于奥地利维也纳工业大学
物理技术及应用研究所获博士学位，1991 年起在德国马普学
会 Fritz Haber 研究所做博士后。1999 年 7 月起，在德国马普
学会 Fritz Haber 研究所无机化学系任课题组长、电镜实验室
主任。先后兼任中国科学院大连化学物理研究所、华南理工
大学、中山大学客座教授，担任大连理工大学"海天学者"。2008 年当选为中共
中央组织部首批海外高层次人才引进计划（简称"千人计划"）人才。在德期间
主持及负责了 IDECAT、CANAPE、EnerChem 等多个欧盟及马普学会重大项目，
授权欧洲专利两件。2000~2011 年在国际 SCI 期刊发表 300 余篇科技论文，包括：
*Science*，*Angew. Chem. Int. Ed.*，*J. Amer. Chem. Soc.*，*Adv. Mater.*，*Chem. Comm.*，
*J. Catal.*，*ChemSusChem* 等，并先后在 *Msicron*，*Catalysis Today*，*ChemSusChem*，
*ChemCatChem* 作为客座主编出版与高分辨电子显微学、碳催化、能源化学有关的
专辑。

# 第 3 章

## 热分析方法

孙立贤　徐　芬

　　物质在加热或冷却过程中，往往伴随着微观结构和宏观物理、化学等性质的变化，而这些变化通常与物质的组成和微观结构相关联。热分析技术可对这些变化进行动态跟踪测量，从而得到它们随温度或时间变化的曲线，以便分析判断该物质发生何种变化。

　　热分析技术具有仪器操作简便、灵敏、连续、快速、不需做预处理及试样微量化的优点，将其与先进的检测仪器及计算机系统联用，可获得大量可靠的信息。自 1887 年 Lechatelier 提出差热分析至今，随着科技的飞速发展，热分析技术不断发展壮大，目前它已成为各学科领域的通用技术，并在各领域拥有重要的地位。

　　热分析技术在催化方面应用的历史较长，它主要包括以下几个方面：催化剂活性评价、制备条件的选择、组成的确定、金属活性组分价态的确定、金属活性组分与载体间的相互作用、活性组分分散阈值及金属分散度的测定、活性金属离子的配位状态及分布、固体催化剂表面酸碱性的测定、催化剂老化及失活机理、催化剂的积炭行为、吸附剂表面反应机理、催化剂再生和多相催化反应动力学等[1]。可见，热分析技术在催化剂从制备、应用到再生整个过程中，皆能提供有价值的信息；因此它在催化剂研究方面有着十分重要的地位。

　　本章介绍一些常用的热分析方法及原理，然后着重介绍它在催化研究中的一些应用。

# 3.1　热分析的分类[2]

　　热分析（thermal analysis，TA）是在程序控温和一定气氛下，测量试样的某种物理性质与温度或时间关系的一类技术。所谓"物理性质"包括物质的质量、温度、热焓、尺寸、机械、声学、电学及磁学性质等，国际热分析协会（ICTA）根据所测定的物理性质将现有的热分析技术分为 9 类 17 种（表 3-1）。

表 3-1　热分析技术分类

| 热分析方法 | 简称 | 测量的物理量 |
|---|---|---|
| 热重法 | TG | 质量变化 $\Delta m$ |
| 动态质量变化测量 | | |
| 　等温质量变化测量 | EGD | |
| 　等压质量变化测量 | EGA | |
| 逸出气检测 | | |
| 逸出气分析 | | |
| 放射热分析 | | |
| 热微粒分析 | | |

续表

| 热分析方法 | 简称 | 测量的物理量 |
|---|---|---|
| 差热分析<br>升温曲线测量 | DTA | 温度差 $\Delta T$ 或温度 $T$ |
| 差示扫描量热法<br>温度调制式差示扫描量热法 | DSC<br>MTDSC | 热量 $Q$，热容 $C_p$ |
| 热机械分析<br>　热膨胀法<br>　针入度法<br>动态热机械分析 | TMA<br><br><br>DMA | 力学量<br>　长度变化 $\Delta L$ 或体积变化 $\Delta V$<br><br>模量 $G$，内耗 $\tan\delta$ |
| 热发声法<br>热传声法 | — | 声学量 |
| 热光学法 | — | 光学量 |
| 热电学法 | — | 电学量 |
| 热磁学法 | — | 磁学量 |
| 热重法-差热分析<br>热重法-差示扫描量热法<br>热重法/质谱分析<br>热重法/傅里叶变换红外光谱法<br>热重法/气相色谱法<br>微区热分析 | TG-DTA<br>TG-DSC<br>TG/MS<br>TG/FTIR<br>TG/GC<br>μTA | 联用技术<br>　同时联用技术<br><br>　串接联用技术<br><br>　间歇联用技术 |

在此，我们将介绍几种在催化剂研究方面常用的热分析术语。

1）热重（thermogravimetry，TG）；热重分析

热重分析（thermogravimetric analysis，TGA）是在程序控温和一定气氛下，测量试样的质量与温度或时间关系的技术。

2）差热分析

差热分析（differential thermal analysis，DTA）是在程序控温和一定气氛下，测量试样和参比物温度差与温度（扫描型）或时间（恒温型）关系的技术。

3）差示扫描量热法

差示扫描量热法（differential scanning calorimetry，DSC）是在程序控温和一定气氛下，测量输给试样和参比物能量（差）[热流量（差）、热流速率（差）或功率（差）]与温度或时间关系的技术。

（1）热流型（heat-flux）DSC。按程序控温改变试样和参比物温度时，测量与试样和参比物温差相关的热流量与温度或时间的关系。热流量与试样和参比物的温差成比例。

（2）功率补偿型（power-compensation）DSC。在程序控温并保持试样和参比物温度相等时，测量输给试样和参比物热流速率差与温度或时间的关系。

4）温度调制式差示扫描量热法

温度调制式差示扫描量热法（modulated temperature differential scanning calorimetry，MTDSC 或 MDSC）是由 DSC 演变的一种方法，该法是对温度程序施加正弦扰动，形成热流量和温度信号的非线性调制，从而可将总热流信号分解成可逆和不可逆热流成分。即在传统线性变温基础上叠加一个正弦振荡温度程序，最后效果是可随热容变化同时测量热流量。利用傅里叶变换可将热流量即时分解成可逆的热容成分（如玻璃化转变、熔化）和不可逆的动力学成分（如固化、挥发、分解）。

5）联用技术

联用技术（multiple techniques）是在程序控温和一定气氛下，对一个试样采用两种或多种分析技术。

6）热重曲线

热重曲线（thermogravimetric curve，TG curve）：由热重法测得的数据以质量（或质量分数）随温度或时间变化的形式表示的曲线。曲线的纵坐标为质量 $m$（或质量分数），向上表示质量增加，向下表示质量减小；横坐标为温度 $T$ 或时间 $t$，从左到右表示温度升高或时间增长。

7）微商热重曲线

微商热重曲线（derivative thermogravimetric curve，DTG curve）：以质量变化速率与温度（扫描型）或时间（恒温型）的关系图示由热天平测得的数据。当试样质量增加时，DTG 曲线峰朝上；质量减小时，峰应朝下。

8）差热分析曲线

差热分析曲线（differential thermal analysis curve，DTA curve）：由差热分析测得的记录是差热分析曲线（DTA 曲线）。曲线的纵坐标是试样和参比物的温度差（$\Delta T$），按以往已确定的习惯，向上表示放热效应（exothermic effect），向下表示吸热效应（exothermic effect）。

9）差示扫描量热曲线

差示扫描量热曲线（differential scanning calorimetry curve，DSC curve）：图示由差示扫描量热仪测得的输给试样和参比物的能量（差）与温度（扫描型）或时间（恒温型）的关系曲线。曲线的纵坐标为热流量（heat flow）或热流速率（heat flow rate），单位为 mW（mJ/s）；横坐标为温度或时间。按热力学惯例，曲线向上为正，表示吸热效应；向下为负，表示放热效应。

热重分析、差热分析和差示扫描量热分析是在催化研究领域应用较多的热分析技术。

# 3.2 几种常用的热分析技术

## 3.2.1 热重法

### 1. 基本原理

热重法（TG）是测量试样的质量随温度或时间变化的一种技术，如分解、升华、氧化还原、吸附、解吸附、蒸发等伴有质量改变的热变化可用 TG 来测量。这类仪器通称热天平。热失重曲线就是由热天平记录的试样质量随温度变化的曲线，其结构如图 3-1 所示。

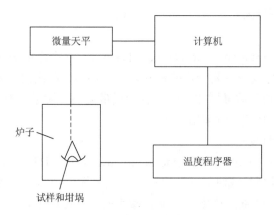

图 3-1　热天平方块图

热天平的基本单元是微量电子天平/石英微天平、炉子、温度程序器、气氛控制器及同时记录这些输出的仪器（如计算机）。通常是先由计算机存储一系列质量和温度与时间关系的数据，完成测量后，再由时间转换成温度。坩埚的种类很多，一般来说坩埚是由铂、铝、石英或刚玉制成的。TG 可在静态、流动态等各种气氛条件下进行。在静态条件下，当反应有气体生成时，围绕试样的气体组成会有所变化。因而试样的反应速率会随气体的分压而变化。一般建议在动态气流下测量，TG 测量使用的气体有 Ar、$Cl_2$、$CO_2$、$H_2$、$N_2$、$O_2$、空气等气体。

### 2. 热重曲线

热重分析得到的是程序控制温度下物质质量与温度关系的曲线，即热重曲线（TG 曲线，图 3-2），横坐标为温度或时间，纵坐标为质量或失重百分数等其他形式表示。其曲线的水平部分（即平台）表示质量是恒定的，曲线斜率发生变化的部分表示质量的变化。

微商热重曲线的纵坐标为质量随时间的变化率 $dW/dt$，横坐标为温度或时间。DTG 曲线表明的是质量变化率，峰的起止点对应 TG 曲线台阶的起止点，峰的数目和 TG 曲线的台阶数相等，峰位为失重（或增重）速率的最大值，即 $d^2W/dt^2 = 0$，它与 TG 曲线的拐点相对应。图中，$\Delta m$ 为质量的变化量；$dm/dt$ 为质量变化的速率；$T_i$ 为质量发生变化的起始分解温度，可表征样品的热稳定性；$T_p$ 为 DTG 峰温。

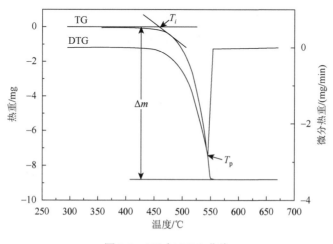

图 3-2　TG 与 DTG 曲线

## 3.2.2　差热分析

### 1. 基本原理

差热分析仪一般由加热炉、试样容器、热电偶、温度控制系统及放大、记录系统等部分组成，其基本原理见图 3-3。将样品和参比放在相同的加热或冷却条件下，同时测温热电偶的一端插在被测试样中，另一端插在待测温度区间内不发生热效应的参比物中，因此试样和参比物在同时升温或降温时，测温热电偶可测定升温或降温过程中二者随温度变化所产生的温差（$\Delta T$），并将温差信号输出，就构成了差热分析的基本原理。可见，当样品在程序加热或冷却过程中无变化时，二者温度相等，无温差信号；而当样品有变化时，二者温度不等，有温差信号，则有温差信号输出，经放大系统放大，由计算机记录整个过程。由于记录的是温差随温度的变化，故称差热分析。按以往已确定的习惯，向上表示放热效应（exothermic effect），向下表示吸热效应（endothermic effect）。

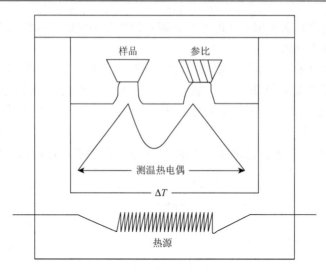

图 3-3　热电偶和温差热电偶

## 2. 差热曲线

DTA 曲线的数学表达式为 $\Delta T = f(T)$ 或 $f(t)$，其记录的曲线如图 3-4 所示。

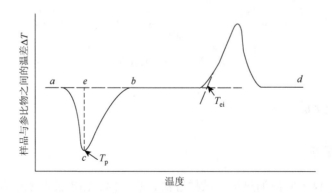

图 3-4　典型 DTA 曲线

图中：

基线：指 DTA 曲线上 $\Delta T$ 近似等于 0 的区段，如 abd。

峰：指 DTA 曲线离开基线又回到基线的部分。峰向下为吸热峰，如 abc；向上则相反。

峰宽：指 DTA 曲线偏离基线又返回基线两点间的距离或温度间距，如 ab。

峰高：表示试样和参比物之间的最大温度差，指峰顶至内插基线间的垂直距离，如 ce。

峰面积：指峰和内插基线之间所包围的面积，如 *abc*。

外推始点：指峰的起始边陡峭部分的切线与外延基线的交点，如 $T_{ei}$ 点。

峰温 $T_p$ 无严格的物理意义，一般来说峰顶温度不代表反应的终止温度，仅表示试样和参比物温差最大的一点，而该点的位置受试样条件的影响较大；所以，峰温一般不能作为鉴定物质的特征温度，仅在试样条件相同时可做相对比较。

国际热分析协会对大量的试样测定结果表明，外推起始温度与其他实验测得的反应起始温度最为接近，因此国际热分析协会决定用外延起始温度来表示反应的起始温度。

### 3.2.3 差示扫描量热法

1. 基本原理

差示扫描量热法（DSC）就是为克服差热分析在定量测定上存在的这些不足而发展起来的一种新的热分析技术。它测量与试样热容成比例的单位时间功率输出与程序温度或时间的关系，通过对试样因发生热效应而发生的能量变化进行及时的应有的补偿，保持试样与参比物之间温度始终保持相同，无温差、无热传递，使热损失小，检测信号大。因此在灵敏度和精度方面都大有提高，可进行热量的定量分析工作。

DSC 量热仪分为热流式和功率补偿式两种，其构造如图 3-5 和图 3-6 所示。

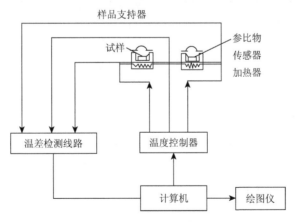

图 3-5 功率补偿 DSC 示意图

功率补偿型差示扫描量热法是采用零点平衡原理，它包括外加热功率补偿差示扫描量热计和内加热功率补偿差示扫描量热计两种。

外加热功率补偿差示扫描量热计的主要特点是试样和参比物放在外加热炉内

加热的同时，都附加具有独立的小加热器和传感器，即在试样和参比物容器下各装有一组补偿加热丝。其结构如图 3-5 所示，整个仪器由两个控制系统进行监控，其中一个控制温度，使试样和参比物在预定速率下升温或降温，另一个控制系统用于补偿试样和参比物之间所产生的温差，即当试样由于热反应而出现温差时，通过补偿控制系统使流入补偿加热丝的电流发生变化。

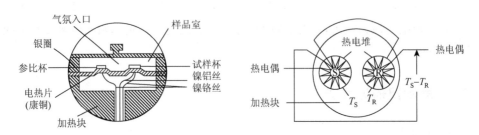

图 3-6　热流式 DSC 差示扫描量热仪示意图（左为热流式；右为热通量式）

内加热功率补偿差示扫描量热计则无外加热炉，直接用两个小加热器进行加热，同时进行功率补偿。

热流型差示扫描量热法主要通过测量加热过程中试样吸收或放出热量的流量来达到 DSC 分析的目的，有热反应时试样和参比物仍存在温度差。该法包括热流式和热通量式，两者都是采用差热分析的原理来进行量热分析。

热流式差示扫描量热仪的构造与差热分析仪相近，热通量式差示扫描量热法的主要特点是检测器由许多热电偶串联成热电堆式的热流量计，两个热流量计反向连接并分别安装在试样容器和参比容器与炉体加热块之间，如同温差热电偶一样检测试样和参比物之间的温度差。由于热电堆中热电偶很多，热端均匀分布在试样与参比物容器壁上，检测信号大，检测的试样温度是试样各点温度的平均值，所以测量的 DSC 曲线重复性好、灵敏度和精确度都很高，常用于精密的热量测定。

### 2. 差示扫描量热曲线

差示扫描量热曲线（DSC 曲线，图 3-7）其数学表达式为 $dH/dt = f(T)$ 或 $f(t)$，其记录的以热流率 $dH/dt$ 为纵坐标、以温度或时间为横坐标的关系曲线，与 DTA 曲线十分相似，这里不再重复。

## 3.2.4　温度调制式差示扫描量热法[3-7]

MTDSC 是由 DSC 演变的一种方法，该法是对温度程序施加正弦扰动，形成热流量和温度信号的非线性调制，从而可将总热流信号分解成可逆和不可逆热流成分。它是在传统线性变温基础上叠加一个正弦振荡温度程序（图 3-8），其升温

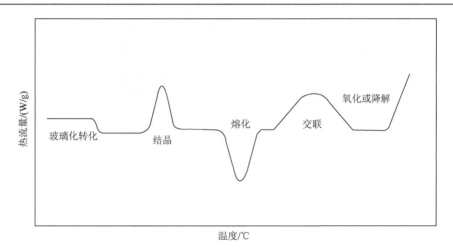

图 3-7　DSC 曲线

效果主要依赖于 3 个变化量的选择：①基础升温速率；②调制周期；③调制幅度。MDSC 测得的热流量与升温速率的原始信号，经过傅里叶变换可将总热流量分解成与热容有关的可逆热量变化和动态的不可逆两部分

（图 3-9、图 3-10），其数学表达式为 $dH/dt = C_p \dfrac{dT}{dt} + f(T,t)$，其中，$C_p \dfrac{dT}{dt}$ 为可逆部分（包括热容、玻璃化转变及大多数熔融）；$f(T,t)$ 为不可逆部分（包括焓恢复、挥发、结晶、热固化、蛋白质变性、淀粉凝胶、分解和一些熔融）。

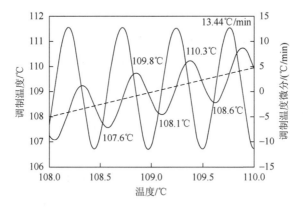

图 3-8　MDSC 升温曲线

MDSC 的曲线形状与传统 DSC 曲线形状完全一样，其总热流等同于普通 DSC 能提供更多的信息，有利于对一些复杂体系进行分析；一次实验可直接测得物质的比热；另外因其基础升温速率缓慢，分辨率提高，同时快速的瞬时升温速率提

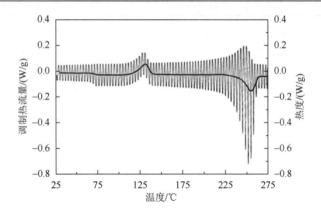

图 3-9　MDSC 原始热流的傅里叶转换

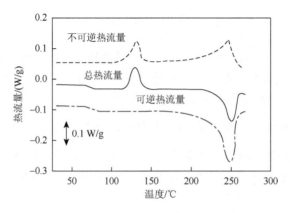

图 3-10　MDSC 实际测量图

高了灵敏度，所以 MDSC 将高分辨率与高灵敏度有机结合为一体，这也是其独特之处。

## 3.3　热分析动力学简介[8]

　　热分析动力学通常是在程序控温条件下，对固体物质的热分解反应进行动力学研究，程序控温可分为等温条件和非等温条件，由于后者比前者具有独特的优点，已逐渐成为热分析动力学的核心。一般所采用的不定温、非均相反应的动力学方程为

$$\mathrm{d}\alpha / \mathrm{d}T = (1 / \beta)k(T)f(\alpha)$$

式中，$\mathrm{d}T$ 为升温速率；$\mathrm{d}\alpha$ 为转化率；$k(T)$ 为速率常数的温度关系式；$f(\alpha)$ 为反应机理函数。

常用的分析方法为

1）Ozawa-Flynn-Wall 方法

常用于处理热重曲线，通常由 4 个以上不同的升温速率 $\varphi$，得到一组随升温速率提高而向高温推移的 TG 曲线。根据下列公式：

$$d(\lg\varphi)/d(1/T) = -0.4567E/R$$

式中，$T$ 为相等质量损失率时与升温速率 $\varphi_1$、$\varphi_2$、$\varphi_3$ 相应的温度 $T_1$、$T_2$、$T_3$，以 $\lg\varphi$ 对 $1/T$ 作图，由斜率求得活化能 $E$。

2）Kissinger 方法

由 4 条以上微商型热分析曲线（如 DTA、DTG 等）的峰值温度 $T_p$ 与升温速率 $\varphi$ 的关系，根据公式：

$$d[\ln(\varphi/T_p2)]/d(1/T_p) = -E/R$$

通过作图法由斜率求得活化能 $E$。

3）Freeman-Carroll 方法

由一条热分析曲线（如 TG）上的若干点的质量损失率、质量损失速率、温度的倒数，求出相邻点间的差值，根据公式：

$$\frac{\Delta\lg\left(\dfrac{d\alpha}{dT}\right)}{\Delta\lg(1-\alpha)} = \frac{E}{4.575}\left[\frac{\Delta\dfrac{1}{T}}{\Delta\lg(1-\alpha)}\right]$$

通过作图法求得活化能 $E$ 与反应级数 $n$。

常用的分析软件为 AKTS 热动力学软件。AKTS 热动力学软件可以对任何类型的热分析数据（DSC、DTA、TGA、TG-MS 或 TG-FTIR）进行动力学分析，所获得的信息有助于催化剂的研究、设计和发展。例如，用 DSC 监测催化过程，所得的信号不仅可用于定性和定量分析，而且可用于描述其热动力学行为。考虑到某些实验条件困难或不可行的环境（如极低的温度等），借助 AKTS 热动力学软件还可预测催化剂的热稳定性，可以更深入地了解催化剂的催化过程及其稳定性、催化活性等方面的问题。其主要的分析过程包括以下三个步骤：①将样品进行 DSC 测试，即实验数据收集；②利用 AKTS 热动力学软件确定反应的动力学特征，将收集得到的数据进行动力学参数计算；③利用确定的动力学参数预测所需温度曲线或任何给定温度下的反应进程。

# 3.4　热分析在催化研究中的应用

2004 版《固体催化剂研究方法》（科学出版社）一书中的第三章较详细地介

绍了热分析化学在催化剂研究中应用的实例，因此本书仅举几个实例来补充说明
其在固体催化剂中的应用情况。

### 3.4.1　催化剂性能方面的研究

#### 1. 焙烧温度对催化剂性能的影响[9, 10]

一般催化剂成型以后，需在不低于其使用温度下，于空气或惰性气流中进行
焙烧。催化剂在该过程中发生物理和化学变化，通过热分解反应，除去化学结合
水、$CO_2$ 等挥发性物质，从而转化为有催化活性的化合物，同时还可提高催化剂
的机械强度，因此合适的焙烧温度是制备高活性催化剂的必要条件。

例如，在合成吗啉催化剂的制备过程中，几种硝酸盐溶液混合在一起，加入
沉淀剂 $Na_2CO_3$ 后发生的反应为

$$2Cu(NO_3)_2 + 2Na_2CO_3 + H_2O \longrightarrow CuCO_3 \cdot Cu(OH)_2 \downarrow + 4NaNO_3 + CO_2 \uparrow$$
$$3Zn(NO_3)_2 + 3Na_2CO_3 + 2H_2O \longrightarrow ZnCO_3 \cdot 2Zn(OH)_2 \downarrow + 6NaNO_3 + 2CO_2 \uparrow$$
$$3Ni(NO_3)_2 + 3Na_2CO_3 + 2H_2O \longrightarrow NiCO_3 \cdot 2Ni(OH)_2 \downarrow + 6NaNO_3 + 2CO_2 \uparrow$$

由此可知，该催化剂在还原活化之前的主要有效成分为 $CuCO_3 \cdot Cu(OH)_2$、
$ZnCO_3 \cdot 2Zn(OH)_2$ 和 $NiCO_3 \cdot 2Ni(OH)_2$。也就是说催化剂的活性组分 NiO、ZnO、CuO
是由上述几种沉淀物的分解反应所得。将上述几种沉淀的混合物过滤、干燥，进
行差热分析，即可得到该体系的 DTA-TG 曲线，如图 3-11（a）所示。

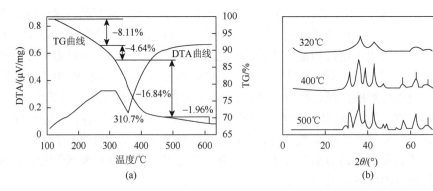

图 3-11　（a）催化剂的热分析曲线（TG/DTA）；（b）催化剂在不同温度下
焙烧后的 XRD 分析曲线

由图 3-11（a）可以看出，TG 曲线在 180℃以前有少量的失重，这是因为脱
除了催化剂表面水分；在 180～420℃，DTA 曲线上出现了明显峰；同时 TG 曲线

上也有较大的失重，这表明该温度区间几种沉淀物进行了分解。$CuCO_3 \cdot Cu(OH)_2$ 在 200℃以上分解为 CuO、$CO_2$ 和 $H_2O$，而 $ZnCO_3 \cdot 2Zn(OH)_2$ 和 $NiCO_3 \cdot 2Ni(OH)_2$ 在 300℃以上可以完全分解为 ZnO、NiO 和 $CO_2$。当温度达到 400℃以后，TG 和 DTA 曲线都接近直线，表明沉淀物分解完成，因此该催化剂的焙烧温度应在 400℃左右。

为了进一步确定最佳焙烧温度，分别在 320℃、400℃、500℃下对所制备的催化剂进行焙烧，并用 XRD 衍射仪分析［图 3-11（b）］并确定其物相。结果表明，320℃时焙烧所形成的物相基本上为非晶型，晶粒未充分形成，衍射峰不明显；当温度达到 400℃时，几种氧化物的衍射峰较为明显；温度超过 400℃达到 500℃出现了几乎同样的衍射结果。但温度过高催化剂易出现烧结现象，将会严重影响催化剂的比表面积、强度等性能。综合热分析和 XRD 衍射的分析结果，认为合成吗啉所用的催化剂的最佳焙烧温度在 400℃左右。

### 2. 催化剂活性成分负载情况的研究[11, 12]

异丁烷与丁烯的烷基化反应是生产高辛烷值汽油的重要途径。目前，工业上生产烷基化汽油使用 HF 或 $H_2SO_4$ 作为催化剂，它们存在严重的环保和安全问题，因而用固体酸催化剂替代液体酸催化剂的研究受到人们的极大关注。罗云飞等[11] 将具有 Keggin 结构的杂多酸固体酸催化材料（12-钨硅酸，记为 12-WSH）负载在 HEMT 沸石上，并利用热分析法研究了 12-钨硅酸在 HEMT 沸石上的负载情况。

图 3-12 中，HEMT 样品仅在 100℃附近出现一个脱水峰；而 12-WSH 则有三个峰，即 61.3℃和 191.4℃的两个吸热峰分别对应于失去结晶水和结构水的过程，522.12℃的放热峰则对应于杂多酸结构的分解。HEMT 负载 1/3 的杂多酸后，在

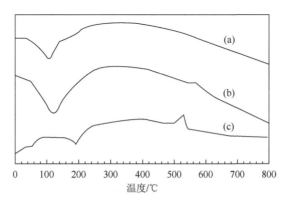

图 3-12　各种催化剂的 DTA 曲线

（a）HEMT；（b）HEMT 负载 1/3 的杂多酸；（c）12-WSH

559.13℃出现一个小的放热峰，这是 12-WSH 的分解峰。与 12-WSH 样品的 522.12℃峰相比，此峰位置向高温方向移动，表明 12-WSH 负载到 HEMT 表面上后，二者之间发生了相互作用。正是由于它们之间存在着相互作用，使得负责后催化剂的稳定性及其对异丁烷与丁烯烷基化反应的催化活性和选择性均有明显提高。

### 3. 钒钛负载型催化剂单分子层结构的研究

钒钛负载型催化剂是一种重要的选择氧化催化剂，$V_2O_5$ 在载体表面的单层分散及存在状态，对于催化剂的活性和选择性有决定性的影响。由于烃类原料在钒钛催化剂上的选择氧化是一个结构敏捷性反应，其催化活性和选择性直接受催化剂钒钛结构中释放出结构氧使其本身还原的能力所支配，所以钒钛之间的键合情况是影响催化剂的还原能力及催化性能的重要因素。

顾民等[13]用热分析法测定了钒钛催化剂的 DTA-TG 还原曲线（图 3-13）。由图可见，在还原 TG 曲线上出现两个失重段。在 DTA 曲线上也出现相应的两个放热峰，这说明催化剂中的钒在此条件下发生了两次还原过程。第一个峰在 470℃左右，该峰由分散在 $TiO_2$ 上的单分子层的钒产生；第二个峰在 545℃左右，由晶态钒产生。由图还可看出，大多数 $V_2O_5$ 以单分子层沉积在锐钛矿型 $TiO_2$ 上，其他的则以结晶钒钛化合物形式存在。由于这两种钒中心的活性不同，因此产生的还原特性也不同。

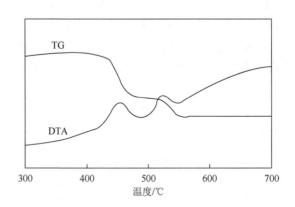

图 3-13　钒钛催化剂的 TG-DTA 还原曲线

### 4. 催化剂活性下降原因的探讨

交联黏土催化剂表面积炭是裂化、异构化、重整、烷基化及酯化等有机反应中常见的现象。为考察 $SO_4^{2-}$ 改性锆交联黏土固体酸催化剂反应后活性下降的原因，林绮纯等[14]对其进行了 DSC 测试，测试结果见图 3-14。可以看出，在 450℃

切换成氧气后，有一个明显的放热峰，这是由催化剂表面积炭氧化成 $CO_2$、$CO$ 等挥发物引起的。因此可以认为积炭覆盖了活性中心或堵塞了孔道，阻止反应物接近活性中心和畅通的孔道，导致催化剂活性下降甚至失活。

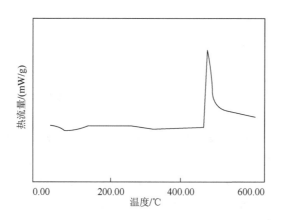

图 3-14　反应后催化剂的 DSC 谱图

### 5. 催化剂组成的确定

催化剂前驱体的正确确定对于催化剂制备条件的选择是很重要的。

以 $CuO\text{-}ZnO\text{-}Al_2O_3\text{-}CrO_x$ 催化剂前驱体组成的确定为例[15]。

对于 $CuO\text{-}ZnO\text{-}Al_2O_3\text{-}CrO_x$ 催化剂是以铜、锌、铝硝酸盐和 $Na_2CrO_4$ 的物质的量比为 $2:2:1:0.25$，采用过量的 $Na_2CO_3$ 为沉淀剂。可能的沉淀反应为

$$2Cu(NO_3)_2 + Na_2CrO_4 + Na_2CO_3 + H_2O \longrightarrow CuCrO_4\cdot Cu(OH)_2\downarrow + 4NaNO_3 + CO_2\uparrow$$
$$2Cu(NO_3)_2 + 2Na_2CO_3 + H_2O \longrightarrow CuCO_3\cdot Cu(OH)_2\downarrow + 4NaNO_3 + CO_2\uparrow$$
$$4Zn(NO_3)_2 + 4Na_2CO_3 + 3H_2O \longrightarrow ZnCO_3\cdot 3Zn(OH)_2\downarrow + 8NaNO_3 + CO_2\uparrow$$
$$2Al(NO_3)_3 + 3Na_2CO_3 + 3H_2O \longrightarrow 2Al(OH)_3\downarrow + 6NaNO_3 + 3CO_2\uparrow$$

按投料物质的量比 $CuO\text{-}ZnO\text{-}Al_2O_3\text{-}CrO_x$ 的前驱体组成列于表 3-2。该沉淀混合物于空气下的分解 DTG 曲线见图 3-15。

表 3-2　$CuO\text{-}ZnO\text{-}Al_2O_3\text{-}CrO_x$ 催化剂的前驱体组成

| 沉淀物 | 摩尔质量/(mmol/g) | $w/\%$ |
| --- | --- | --- |
| $0.5CuCrO_4\cdot Cu(OH)_2$ | 138.52 | 13.19 |
| $1.5CuCO_3\cdot Cu(OH)_2$ | 331.62 | 31.59 |
| $ZnCO_3\cdot 3Zn(OH)_2$ | 423.60 | 40.35 |
| $2Al(OH)_3$ | 156.00 | 14.80 |

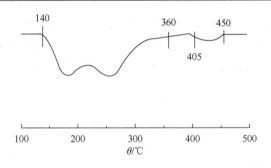

图 3-15　CuO-ZnO-Al$_2$O$_3$-CrO$_x$ 催化剂的 DTG 曲线

由图 3-15 可见，在其 DTG 曲线上，前驱体分解是双馒头峰，其温区为 140～360℃，最后于 450℃完成分解。若铜、锌、铝前驱体的分解产物为 CuCO$_3$ —— CuO + CO↑；ZnCO$_3$ —— ZnO + CO$_2$↑；Cu(OH)$_2$ —— CuO + H$_2$O；2Al(OH)$_3$ —— Al$_2$O$_3$ + 3H$_2$O；而铬酸铜的分解产物为 CuCrO$_4$ —— CuO + CrO$_3$。其理论分解失重与实际分解失重比较列于表 3-3。

表 3-3　CuO-ZnO-Al$_2$O$_3$-CrO$_x$ 催化剂前驱体失重与理论计算值比较

| $m_{样}$/mg | $m_{脱水}$/mg | $m_{净}$/mg | 热分解失重 | | | | |
|---|---|---|---|---|---|---|---|
| | | | $m_{理失}$/mg | $w_{理失}$/% | $m_{实失}$/mg | $w_{实失}$/% | $\Delta w$/% |
| 17.6 | 0.50 | 17.10 | 4.14 | 24.15 | 3.48 | 20.30 | 3.85 |
| 12.0 | 0.40 | 11.60 | 2.80 | 24.13 | 2.52 | 21.72 | 2.41 |
| 13.3 | 0.50 | 12.80 | 3.09 | 24.16 | 2.80 | 21.87 | 2.29 |

由表 3-3 可知，按上述沉淀混合物的含量计算 CuO-ZnO-Al$_2$O$_3$-CrO$_x$ 的前驱体的理论分解失重和实际分解失重相差较大，且理论计算值均大于实际测定值，这说明对该前驱体的沉淀物设计有问题。为找出问题，实验中制备了 CuO-Al$_2$O$_3$（以 Na$_2$CO$_3$ 为沉淀剂）和 CuO-Al$_2$O$_3^*$（以 Na$_2$CrO$_4$ 为沉淀剂）催化剂，并测定了两种催化剂的前驱体的分解 DTG 曲线，将它们比较于图 3-16 中。由图 3-16 可知，CuO-Al$_2$O$_3$ 的前驱体分解是一个尖锐的峰，这个峰主要是 CuCO$_3$·Cu(OH)$_2$ 或 CuCO$_3$ 沉淀分解贡献的。与 CuO-Al$_2$O$_3$ 相比，CuO-Al$_2$O$_3^*$ 的前驱体分解是一个馒头峰，这个峰主要是由 CuCrO$_4$·Cu(OH)$_2$ 沉淀分解贡献的，显然 CuO-ZnO-Al$_2$O$_3$-CrO$_x$ 的前驱体分解呈现双馒头峰是与 Na$_2$CrO$_4$ 参与沉淀有关，即由于 NaCrO$_4$ 的存在致使 CuCO$_3$·Cu(OH)$_2$ 不能生成或只生成 Cu(OH)$_2$。

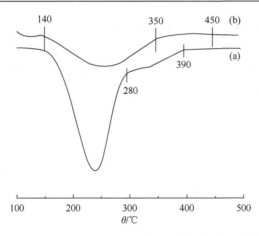

图 3-16　CuO-Al$_2$O$_3$（a）和 CuO- Al$_2$O$_3^*$（b）催化剂前驱体的 DTG 曲线

重新设计沉淀反应为

$$2Cu(NO_3)_2 + Na_2CrO_4 + Na_2CO_3 + H_2O \longrightarrow CuCrO_4 \cdot Cu(OH)_2 \downarrow + 4NaNO_3 + CO_2 \uparrow$$

$$Cu(NO_3)_2 + Na_2CO_3 + H_2O \longrightarrow Cu(OH)_{2\downarrow} + 2NaNO_3 + CO_2 \uparrow$$

$$4Zn(NO_3)_2 + 4Na_2CO_3 + 3H_2O \longrightarrow ZnCO_3 \cdot 3Zn(OH)_2 \downarrow + 8NaNO_3 + 3CO_2 \uparrow$$

$$2Al(NO_3)_3 + 3Na_2CO_3 + 3H_2O \longrightarrow 2Al(OH)_3 \downarrow + 6NaNO_3 + 3CO_2 \uparrow$$

这样 CuO-ZnO-Al$_2$O$_3$-CrO$_x$ 的前驱体可能的组成列于表 3-4。

表 3-4　CuO-ZnO-Al$_2$O$_3$-CrO$_x$ 催化剂的前驱体组成

| 沉淀物 | 摩尔质量/(mmol/g) | $w$/% |
| --- | --- | --- |
| 0.5CuCrO$_4$·Cu(OH)$_2$ | 138.52 | 13.70 |
| 3Cu(OH)$_2$ | 292.62 | 28.95 |
| ZnCO$_3$·3Zn(OH)$_2$ | 423.6 | 41.91 |
| 2Al(OH)$_3$ | 156 | 15.43 |

　　按这个组成重新计算 CuO-ZnO-Al$_2$O$_3$-CrO$_x$ 的前驱体理论分解失重与实际分解失重并比较于表 3-5 中。

表 3-5　CuO-ZnO-Al$_2$O$_3$-CrO$_x$ 催化剂前驱体失重与理论计算值比较

| $m_{样}$/mg | $m_{脱水}$/mg | $m_{净}$/mg | 热分解失重 | | | | |
| --- | --- | --- | --- | --- | --- | --- | --- |
| | | | $m_{理失}$/mg | $w_{理失}$/% | $m_{实失}$/mg | $w_{实失}$/% | $\Delta w$/% |
| 17.6 | 0.46 | 17.14 | 3.63 | 21.18 | 3.48 | 20.30 | 0.88 |
| 12.0 | 0.40 | 11.60 | 2.47 | 21.29 | 2.52 | 21.72 | −0.43 |
| 13.3 | 0.50 | 12.80 | 2.72 | 21.25 | 2.80 | 21.87 | −0.62 |

由表 3-5 可见，CuO-ZnO-Al$_2$O$_3$-CrO$_x$ 的前驱体理论分解失重与实际分解失重符合得很好，说明后一种沉淀物种的设计是正确的。由此证明，采用铬酸钠作为铬源引入时会和硝酸铜生成铬酸铜沉淀，同时抑制了碳酸铜的生成。不同前驱体的生成，构成了异构的金属氧化物，这对催化剂的活性产生了重大影响。

### 6. 固体催化剂表面酸碱性表征

对于许多化学反应，催化剂的选择和它的转化率与其固体表面酸性活性中心的数量、强度密切相关。因此，对催化剂酸/碱性的评价是非常重要的。

固体催化剂表面酸碱性的测量目前主要是利用碱性气体吸附-色谱程序升温热脱附技术，但是在吸附质有分解的情况下，此法准确性差。然而，若利用碱性气体吸附-热重程序升温热脱附技术则可以弥补这一缺陷。同样，采用酸性气体吸附-热重或差热程序升温热脱附技术可以实现对固体催化剂表面碱性的表征。

例如，MCM-14 型多孔铝矾酸盐表面酸性的测量[16]，即在等温条件下，以氨为吸附质，通过测量随压力的增加该固体表面对氨的吸附量，可测得其表面酸性活性中心的数量，并用微量量热法测量其吸附氨时的吸附焓，根据吸附焓的大小就可了解表面酸性的强弱。

图 3-17 为 SiAl$_{32}$C$_{18}$ 和 SiAl$_8$C$_{14}$ 两种铝矾酸盐在 353 K 时，连续两次吸氨循环得到的氨的吸附曲线。从图中可看出，第二次吸氨的量均小于第一次，说明第一次吸附的氨有一部分没有放出来（图 3-17 的实线曲线），其值在 0.2 torr[①] 以后基本上不随压力的增加而增大，这不可逆部分是因为表面酸的活性中心与氨之间的相

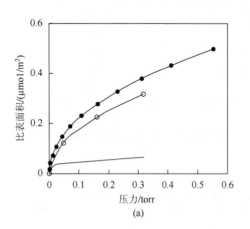
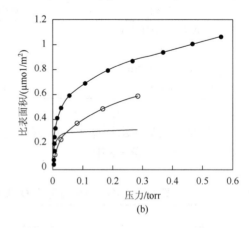

图 3-17　氨的等温吸附曲线

（a）SiAl$_{32}$C$_{18}$；（b）SiAl$_8$C$_{14}$

---

① 1 torr = 1.33322×10$^2$ Pa

互作用引起的，可归于化学吸附。因此由化学吸附量的大小可知固体表面酸性活性中心的多少。而第一次吸附曲线在高压下呈准线性，可将这部分吸附归于物理吸附。0.2 torr 时的不可逆吸附量即为氨的最大吸附量，由图可知 $SiAl_8C_{14}$ 的最大吸附量为 0.29 $mol/m^2$；$SiAl_{32}C_{18}$ 为 0.05 $mol/m^2$。

所以 $SiAl_8C_{14}$ 表面酸性活性点的数量要多于 $SiAl_{32}C_{18}$。而表面酸性点的强度可通过测量氨的吸附焓获得（图 3-18）。由图可知，以上几种材料的吸附焓均未超过强酸点与氨的吸附焓（–80 kJ/mol），即表明上述几种材料表面酸性的强度不强。

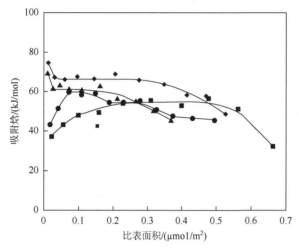

图 3-18　具有不同孔径的 MCM-41 材料的氨的吸附焓

■ $SiAl_{32}C_8$；　◆ $SiAl_{32}C_{12}$；　● $SiAl_{32}C1_8$；　▲ $SiAl_{32}C_{14}$

### 7. 催化活性的提高与其结构关系的研究[14]

钠基膨润土和锆交联钠基膨润土（Zr-CLC）对柠檬酸和正丁醇的酯化反应具有一定的催化活性，但活性都不高，在反应中柠檬酸的转化率都低于 80%；而 $SO_4^{2-}$ 改性的锆交联钠基膨润土固体酸催化剂（$SO_4^{2-}$ /Zr-CLC）的催化活性显著提高，能使柠檬酸的转化率达 96.60%。该催化活性的提高是与其结构相关联的。图 3-19 和图 3-20 是对钠基膨润土和 Zr-CLC 进行的 TGA 测试，以考察改性后催化剂结构的变化结果。

从图 3-19 可看出，钠基膨润土的 TG 曲线有两个明显的失重过程。25～150℃的失重为 9.26%，主要是由原土表面吸附的物理吸附水引起的；150～500℃的失重为 1.867%，主要为层间的吸附水引起的；500～800℃的失重为 2.544%，主要是由结构羟基的脱除引起的。采用 Zr 对原土进行撑柱后，500～800℃的失重为 9.155%，这说明催化剂中结构羟基量明显增多。由于结构羟基的增多，催化剂 Zr-CLC 的活性较钠基膨润土的有所提高。从图 3-20 的 DTA 曲线可以看出，

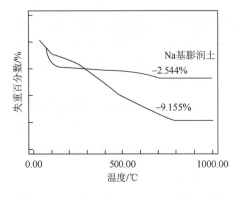

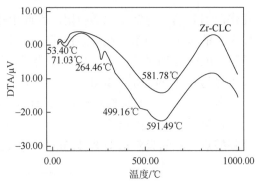

图 3-19　钠基膨润土和 Zr-CLC 的 TG 图　　　图 3-20　Zr-CLC 和 $SO_4^{2-}$/Zr-CLC 的 DTA 图

$SO_4^{2-}$/Zr-CLC 的 DTA 曲线中 53.40℃吸热峰为脱出表面物理吸附水，此后从 153.22℃开始脱出层间吸附水；264.46℃吸热峰为脱出层间键合水和硫酸铵的分解；591.49℃吸热峰为脱出结构羟基，结构羟基的损失造成柱子坍塌，导致催化活性大幅度下降。另外，$SO_4^{2-}$/Zr-CLC 在 499.16℃时出现一个放热峰，而 Zr-CLC 不存在这一情况，前者的放热峰是由 $SO_4^{2-}$ 和 $ZrO_2$ 形成螯合双配位的固体超强酸（$SO_4^{2-}$/$ZrO_2$）放热而引起的，这表明引入 $SO_4^{2-}$ 改性后，$SO_4^{2-}$ 与锆氧化形成了具有超强酸性的结构，使 $SO_4^{2-}$/Zr-CLC 催化剂的酸性得到增强，从而催化活性得到明显提高，使柠檬酸的转化率达 96.60%。

### 3.4.2　动力学研究

热分析是一种动态测量技术，它可以程序设计加热速度，并自动对给定体系提供以温度或时间为函数的某一物性连续变化的曲线，所以可从该曲线获得过程动力学参数。此法比常规动力学实验方法更简便。

1. 多相催化反应动力学研究

例如，采用 DTA-EGA 技术研究在有、无催化剂存在下碳氧化反应动力学，求得纯碳粉和有催化剂存在下的反应活化能和频率因子。以含氧 33.3%的 He-O₂ 混合气体为反应气，碳粉和掺有催化剂的碳粉氧化温度分别为 855℃和 460～670℃。对气体产物进行色谱分析结果表明，碳氧化反应为一级反应，其活化能 E 可根据下式由实验确定：

$$\lg \frac{T_p^2}{\beta} = \frac{E}{2.3RT_p} + \frac{E}{A \times R}$$

式中，$T_p$ 为 DTA 的峰温；$\beta$ 为升温速度；$A$ 为频率因子；$R$ 为摩尔气体常量；$E$ 为活化能。

首先由不同升温速度的 DTA 曲线上得到不同的 $T_p$，然后由 $[\lg T_p^2/\beta]$ 对 $1/T_p$ 作图得一直线。由直线的斜率可求出无催化剂时纯碳粉氧化反应的活化能 $E$ 为 247 kJ/mol，而由直线的截距可求出其氧化反应的频率因子 $A$ 为 $1.76 \times 10^9$，而硫酸亚铁铵作催化剂时活化能约为 163 kJ/mol，频率因子为 $9.96 \times 10^5$。

另外，Papadatos 等[17]采用 DTA 技术对甲苯氧化动力学进行了研究。他们首先测定了不同温度下的甲苯转化率，确定甲苯氧化为一级反应，并由 Arrhenius 方程得

$$\ln\left(\ln\frac{1}{1-\alpha}\right) = -\frac{E}{RT} + \ln\frac{A \times w}{v}$$

式中，$\alpha$ 为产物中甲苯转化摩尔分数；$w$ 为催化剂量；$v$ 为反应物流速；$A$ 为频率因子。

用最小二乘法处理，以 $\ln\left(\ln\dfrac{1}{1-\alpha}\right)$ 对 $1/T$ 作图得到一条直线。由直线的斜率求得在 $Cu_{0.8}Co_{2.2}O_4$ 和 $Ni_{0.2}Co_{2.8}O_4$ 等几种不同催化剂存在时，反应活化能为 37.2～74.5 kJ/mol。

### 2. VPO 催化剂再生动力学研究

了解催化剂的还原和氧化再生阶段的动力学特性，了解每个阶段的反应机理，对于改进该类化学反应工艺非常重要。

以 VPO 催化剂的氧化再生为例[18]，在不同升温速率 $\beta = 2.5$ K/min、5 K/min、10 K/min、20 K/min 下进行程序升温氧化实验。所得 TG-DTG-DTA 热分析曲线形状大致相仿，其中 $\beta = 10$ K/min 时热分析结果如图 3-21 所示。热分析的主要结果

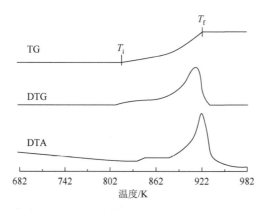

图 3-21　空气中 10 K/min 升温速率下 TG-DTG-DTA 热分析曲线

见表 3-6。其中，$m_0$ 为初始质量；$m$ 为某一时刻或温度下的催化剂质量；$m_\infty$ 为最终质量；增量 $\Delta m = m - m_0$；最大增量 $\Delta m = m_\infty - m_0$；增重率 $(m - m_0)/m_0$；最大增重率 $(m_\infty - m_0)/m_0$；发生氧化反应的总时间 $t_r = (T_f - T_i)/T_p$，$T_i$、$T_f$ 分别为氧化起始和终止温度，$T_p$ 为 DTA 峰顶温度。

表 3-6　不同升温速率下热分析结果

| 升温速率<br>/(K/min) | $T_i$/K | $T_f$/K | $t_r$/min | $\Delta m$/mg | $(m_\infty - m_0)/m_0$<br>/% | $(dm/dt)_{max}$<br>/(mg/min) | $T_p$/K |
|---|---|---|---|---|---|---|---|
| 2.5 | 804 | 887 | 33.2 | 1.28 | 3.78 | 0.05 | 881 |
| 5 | 811 | 906 | 19 | 1.30 | 3.84 | 0.09 | 899 |
| 10 | 818 | 928 | 11 | 1.33 | 3.93 | 0.16 | 920 |
| 20 | 833 | 950 | 5.85 | 1.35 | 3.99 | 0.25 | 944 |

分别从上述 4 种升温速率的热重曲线上求取下列数据：增重量 $\Delta m$、增重率 $(m - m_0)/m_0$、微商热增重速率 $dm/dt$ 和相应的温度 $T$(K)，通过进一步计算获得反应分数 $\alpha = (m - m_0)/(m_\infty - m_0)$，即 $t$ 瞬时（温度为 $T$）的增重与最大增重之比；反应速率 $d\alpha/dt = \beta \times d\alpha/dT = \beta \times (dm/dT)/(m_\infty - m_0)$。部分结果列于表 3-7。

表 3-7　4 种升温速率下热重基础数据

| $\beta = 2.5$ K/min | | | $\beta = 5$ K/min | | | $\beta = 10$ K/min | | | $\beta = 20$ K/min | | |
|---|---|---|---|---|---|---|---|---|---|---|---|
| $T$/K | $\alpha$/% | $dm/dt$<br>(mg/min) | $T$/K | $\alpha$/% | $dm/dt$<br>(mg/min) | $T$/K | $\alpha$/% | $dm/dt$<br>(mg/min) | $T$/K | $\alpha$/% | $dm/dt$<br>(mg/min) |
| 833 | 11.64 | 0.01 | 845 | 10.68 | 0.02 | 853 | 9.67 | 0.02 | 867 | 8.02 | 0.04 |
| 838 | 14.81 | 0.01 | 852 | 13.8 | 0.02 | 863 | 13.49 | 0.03 | 877 | 11.78 | 0.05 |
| 843 | 17.20 | 0.01 | 859 | 18.49 | 0.02 | 873 | 18.58 | 0.04 | 887 | 17.04 | 0.07 |
| 848 | 20.90 | 0.01 | 866 | 23.70 | 0.03 | 883 | 25.45 | 0.05 | 897 | 22.06 | 0.09 |
| 853 | 24.87 | 0.02 | 873 | 29.95 | 0.04 | 893 | 34.61 | 0.07 | 907 | 29.57 | 0.13 |
| 858 | 32.01 | 0.02 | 880 | 38.28 | 0.05 | 903 | 48.85 | 0.12 | 917 | 39.85 | 0.19 |
| 863 | 38.89 | 0.02 | 887 | 51.56 | 0.07 | 913 | 72.26 | 0.16 | 927 | 54.64 | 0.25 |
| 868 | 48.41 | 0.03 | 894 | 73.18 | 0.09 | 923 | 96.18 | 0.03 | 937 | 77.69 | 0.16 |
| 873 | 59.26 | 0.04 | 901 | 92.45 | 0.04 | 927 | 100 | 0.00 | 947 | 97.74 | 0.02 |
| 878 | 75.13 | 0.05 | 908 | 100 | 0.00 | | | | 950 | 100 | 0.00 |
| 883 | 92.33 | 0.03 | | | | | | | | | |
| 888 | 100 | 0.00 | | | | | | | | | |

通常，固体氧化反应的动力学方程可表达为 $d\alpha/dT = (A/B)\exp(-E/RT)f(\alpha)$，$f(\alpha)$

为微分形式的动力学函数。基于这一动力学表达式，采用多种数据处理方法所得活化能 $E$、指前因子 $A$ 及 $f(\alpha)$ 等的结果列于表 3-8。

**表 3-8　VPO 催化剂非等温氧化再生动力学参数**

| 数据处理方法 | $E/(\text{kJ/mol})$ | $A \times 10^{13}/\text{s}^{-1}$ | 最可能的反应机理 | $f(\alpha)$ | 相关因子 |
|---|---|---|---|---|---|
| Ozawa 法 | 238.57 | | | | 0.9978 |
| Freeman-Carroll 法 | 234.16 | | | $(1-\alpha)^{0.43}$ | 0.9202 |
| Coats-Redfern 法 | >200 | | | | 0.9978 |
| Archar-Sharp、Coats-Redfern 对照法 | 254~268 | 7.74 | 收缩的几何形状（球对称），相边界控制的收缩球 | $3(1-\alpha)^{2/3}$ | 0.9751 |
| Phadnis 法 | 268.94 | | | $(1-\alpha)^{2/3}$ | 0.9505 |

从表 3-8 可得，由几种不同的热重动力学数据处理方法所得结果相差不大。尤其是线性相关因子较高时，几种参数计算结果较为接近，并且活化能的值与由 Ozawa 法，即与动力学函数 $f(\alpha)$ 形式无关的处理方法所得到的结果接近。因此认为由相对最严格的方法，即由 Archar-Sharp 与 Coats-Redfern 对照法得到的结果是合理的。即此催化剂氧化再生过程遵守相边界控制的收缩核模型，即氧从气相传递到催化剂粒子表面，与其氧化形成氧化产物层，随后氧穿过产物层到达产物层与未反应核的界面，反应发生在界面上，未反应核不断收缩。

这种 VPO 催化剂氧化再生过程遵守相边界控制的收缩核模型，其反应速率方程为 $d\alpha/dt = A\exp(-E/RT)\left[3(1-\alpha)^{2/3}\right]$。其中 $E = 238.57$ kJ/mol，$A = 7.74 \times 10^{13}$ s$^{-1}$。

### 3.4.3　纯硅分子筛结构的热力学研究[19]

众所周知，物质的焓、熵、自由能是计算相关系、材料的兼容性、优化合成条件的基础数据，对于材料的结构、键的性质、稳定性和反应机理研究也是很重要的信息，而分子筛在固相催化剂中具有举足轻重的地位。通过对石英及各种分子筛的直接量热测量，得到有关的热熔和石英-分子筛的转变焓 $\Delta H_{\text{tran}}^{298}$。并根据

$$S^0(298.15\,\text{K}) - S^0(0\,\text{K}) = \int_{0\,\text{K}}^{298.15\,\text{K}} \frac{C_\text{p}}{T}\,\text{d}T$$

和 Gibbs 自由能 $\Delta G_{\text{tran}}^{298} = \Delta H_{\text{tran}}^{298} - 298.15 \times \Delta S_{\text{tran}}^{298}$ 的关系式，分别计算得到它们的熵和 Gibbs 自由能。

图 3-22 是纯硅分子筛相对于石英的熵与温度的关系。由图 3-22 可知，该系列纯硅分子筛的熵值非常接近，熵在 298.15 K 的变化仅为 1 J/(K·mol)，仅比石英相高出 3.2~4.2 J/(K·mol)，且计算得到的相应自由能也几乎没有差别（表 3-9）。

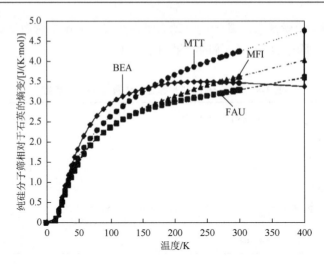

图 3-22　纯硅分子筛相对于石英的熵与温度的关系

**表 3-9　二氧化硅多形体由石英转变成其他多形体的熵、热焓和自由能数据**

| 名称代码 | $\Delta S_{tran}^{298}$ / [J/(K·mol)] | $\Delta H_{tran}^{298}$ /(kJ/mol) | $\Delta G_{tran}^{298}$ /(kJ/mol) |
|---|---|---|---|
| MFIPF | 3.6 | 6.8 | 5.7 |
| MTT | 4.2 | 6.7 | 5.4 |
| FAU | 3.2 | 13.6 | 12.6 |
| BEA | 3.4 | 9.3 | 8 |

这表明 $SiO_2$ 多形体间的转化不存在大的热力学屏障，因此从能量的角度说明了为什么纯 $SiO_2$ 分子筛能形成许多不同的结构。

### 3.4.4　在储氢、制氢领域中的应用

#### 1. 铝水制氢机理的热力学分析[20]

在铝水制氢研究中，由于铝的表面易形成致密的氧化膜而阻止该反应的持续进行。大量的研究表明，在铝中掺杂少量的金属或其他添加剂，能使铝的性质发生较大的变化，导致在铝水解过程中不能生成致密的氧化膜（钝化膜），从而使铝水反应能持续进行。

徐芬等在研究铝水制氢的过程中发现，在铝中添加 $SnCl_2$ 可显著提高铝水解的产氢性能。他们对该制氢材料的 XRD 测试（图 3-23）发现球磨 Al 和 $SnCl_2$ 后出现了新相，即出现金属 Sn，$SnCl_2$ 相消失。这表明在球磨过程中，$Sn^{2+}$ 被还原为金属 Sn。由 EDS 检测分析（表 3-10）可知，Al-$SnCl_2$ 球磨后的材料中确有 Sn 和

Cl 的存在，并且它们均匀分散在 Al 金属颗粒中。这表明在球磨过程中氯元素不会丢失，因为它与初始混合物中的氯元素的含量（8.23%）非常接近。因此，氯元素最可能以 Cl⁻的形式存在于该复合材料中，且可能以 AlCl₃ 或 SnCl₄ 的形式存在。

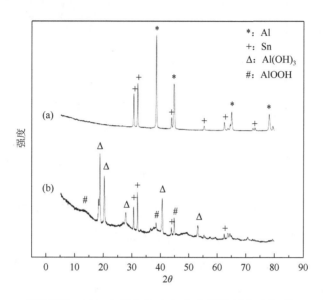

图 3-23　球磨后的 Al-SnCl₂ 复合物（a）和水解反应后（b）的 XRD 图谱

表 3-10　球磨的 Al-SnCl₂ 复合物的 EDS 能谱分析

| 元素 | 质量分数/% | 原子分数/% |
| --- | --- | --- |
| Al | 77.89 | 88.53 |
| Cl | 9.49 | 8.21 |
| Sn | 12.62 | 3.26 |

为了确定 Cl⁻的存在形式，他们对 Al-SnCl₂ 进行了 DSC 测试（图 3-24）。在第一次 DSC 测试曲线中出现两个吸热峰；而第二次 DSC 测试曲线中第一个吸热峰消失，第二个吸热峰依然存在。这表明，第一个吸热峰是不可逆的，第二个吸热峰是可逆的。第二个吸热峰的起始点为 225.2℃，这应该归于金属 Sn（纯 Sn 的熔点为 230℃）的熔化引起的。而不可逆的吸收峰的起始点为 180.9℃。考虑到 SnCl₄ 的沸点为 114.1℃和 AlCl₃ 升华温度为 183℃；显然，这个不可逆的吸收峰应为 AlCl₃ 的升华引起的。

综合 DSC、XRD 和 EDS 分析的结果，证实了球磨过程中发生了固相反应，即 Sn²⁺被还原为金属 Sn，并产生了 AlCl₃。

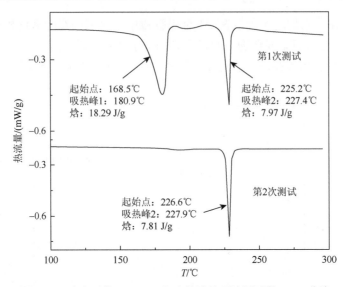

图 3-24　球磨后的 Al-SnCl$_2$ 复合物连续两次测试的 DSC 曲线

### 2. 复合储氢材料放氢性能表征及热动力学研究[21]

对于揭示储氢材料的放氢机理、放氢动力学及催化掺杂改性储氢材料的机理，热动力学分析有着较大的运用价值；因此，其被广泛应用于复合储氢材料的研究中。材料的脱氢性能（如脱氢温度、脱氢量）可借助热力学 Kissinger 方程：

$$\frac{\mathrm{d}\ln\left(\dfrac{\beta}{T_p^2}\right)}{\mathrm{d}\left(\dfrac{1}{T_p}\right)} = -\frac{E_a}{R} \quad (R\text{为摩尔气体常量})$$

计算脱氢反应的表观活化能（$E_a$），这需要首先得到同一样品在不同升温速率（$\beta$）下的 DSC 曲线，以获得该样品在不同条件下的 DSC 曲线的峰温（$T_p$）。

刘淑生等研究了使用活性球磨法制备的纳米 TiH$_2$ 来催化 LiAlH$_4$ 放氢，并分析了该材料的放氢热力学和动力学。他们采用 TGA 分析来表征这 4 种样品的非等温脱氢性能（图 3-25），发现掺杂 TiH$_2$ 能显著降低 LiAlH$_4$ 的起始脱氢温度，且掺杂 TiH$_2^{nano}$ 的效果最好。LiAlH$_4$-TiH$_2^{nano}$ 的脱氢从 75℃到 175℃基本完成，总脱氢量达到 6.3wt%。

为了说明 TiH$_2^{micro}$ 和 TiH$_2^{nano}$ 的作用差异，他们通过 DSC 分析（图 3-26）得到样品两步脱氢的活化能（表 3-11）。由表可知，加入 TiH$_2^{micro}$ 催化剂以后，复合材料的两步脱氢活化能分别由 96.0 kJ/mol 和 92.7 kJ/mol 降低到 82.9 kJ/mol 和 82.5 kJ/mol；而加入 TiH$_2^{nano}$ 后活化能进一步降低，即两步脱氢的活化能降至 76.1 kJ/mol 和 68.5 kJ/mol。这就解释了脱氢性能中出现差异的原因，并进一步说明 TiH$_2^{nano}$ 对 LiAlH$_4$ 脱氢具有更好的催化效果。

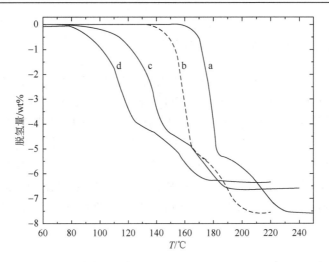

图 3-25　购买的 LiAlH$_4$（a）、球磨处理的 LiAlH$_4$（b）、LiAlH$_4$-TiH$_2^{micro}$（c）和 LiAlH$_4$-TiH$_2^{nano}$
（d）的非等温脱氢曲线（2℃/min）

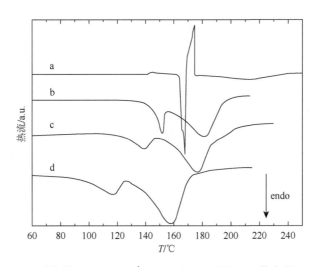

图 3-26　购买的（a）、球磨的（b）、TiH$_2^{micro}$（c）和 TiH$_2^{nano}$（d）掺杂的 LiAlH$_4$ 的 DSC 曲线
（2℃/min）

表 3-11　球磨的、TiH$_2^{micro}$ 和 TiH$_2^{nano}$ 掺杂的 LiAlH$_4$ 的表观活化能

| LiAlH$_4$ 样品 | $E_a$ of Eq.（1）/(kJ/mol) | $E_a$ of Eq.（2）/(kJ/mol) |
|---|---|---|
| 球磨的 | 96.0±0.9 | 92.7±2.3 |
| TiH$_2^{micro}$ | 82.9±1.3 | 82.5±4.0 |
| TiH$_2^{nano}$ | 76.1±2.2 | 68.5±3.5 |

### 3. 燃料电池催化剂的热力学分析[22-24]

Pt/C 是燃料电池中应用最广泛的催化剂。有研究表明，碳材料经历电化学氧化过程，在燃料电池的电极处转化为 $CO_2$。而 Pt 明显加快了碳腐蚀的速率并降低了碳载体的热稳定性。通过探究 TG/DTA 的曲线形状与 Pt 负载的碳微粒之间的相关性，可进一步分析 Pt/C 催化剂中 Pt 纳米颗粒空间分布的均匀性。因此，可通过简单的 TGA 分析，获得更多关于其电催化活性的信息。Leontyeva 等发现（图 3-27），Pt/C 催化剂的催化活性不仅与碳载体热氧化的起始温度（$T_{onset}$）有关，而且与碳载体热氧化的活化能相关。随着催化剂的电催化活性增加，$T_{onset}$ 线性降低，其活化能也相应降低。

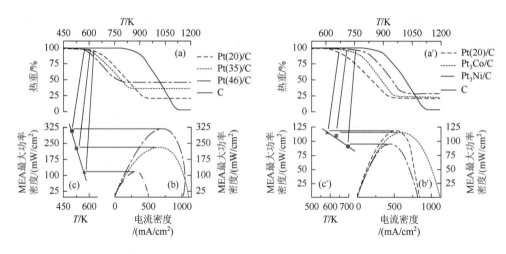

图 3-27　Pt/C 系列催化剂的热重和膜电极测试数据对比图

聚合物电解质燃料电池（polymer electrolyte fuel cells，PEFC）的组成部分之一——催化剂层（catalyst layers，CL），在发生电化学反应的同时进行离子/电子传导和反应气体传输，是电极的核心部分。催化剂层由聚合物膜、衬垫层和催化剂颗粒组成。催化剂层中的聚合物组分在调节离子/电子传输方面起关键作用。为了揭示聚合物膜（Nafion 膜）和催化剂颗粒（Pt/C）之间的相互作用，Sun 等通过 DSC 研究了 Nafion 膜和 Pt/C 颗粒之间的热行为（图 3-28）。观察 Nafion 的总热流曲线，发现在 30~155℃存在吸热过程，从 178℃开始放热。在可逆热流曲线中，在 100~200℃发生了一个阶跃变化。在含 76wt% Nafion 的 CL 的总热流曲线（图 3-29），发现在升温过程中出现了与 Nafion 相似的吸热峰；不同之处是在 125℃左右出现了明显的放热峰。这个放热现象看似是一个动力学过程，因为在这个过程中可逆热流没有发生相应的变化，具体的性质还有待进一步探究。他们通过对比 Nafion 和 CL（含 76wt% Nafion）的热流曲线，发现催化剂层中的 Nafion 膜和 Pt/C 颗粒之间的确存在热行为，这对探究催化剂层的性质是至关重要的。

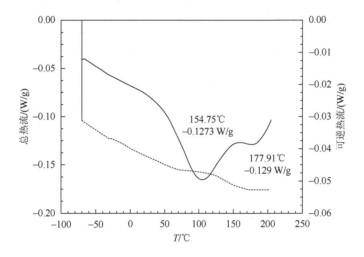

图 3-28　升温过程中 Nafion 的热流曲线（实线：总热流；虚线：可逆热流）

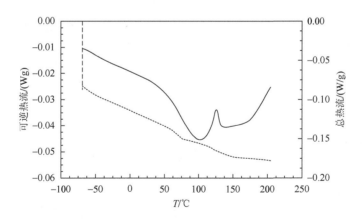

图 3-29　升温过程中 CL（含 76wt% Nafion）的热流曲线（实线：总热流；虚线：可逆热流）

Coutanceau 等通过热重分析和质谱（TGA-MS）联用，研究了 Pt/C 催化剂在不同气氛下的催化活性。图 3-30 为纯碳材料 Vulcan XC72 及 Pt/Vulcan XC72 样品在干的空气气氛下的 TGA-DTG-MS 曲线。从图 3-30（a）可知，碳材料约 800 K 开始燃烧，并且只观察到一个放热峰，说明这是一个单一的放热过程。结合质谱曲线，发现同时产生了二氧化碳和水 [图 3-30（b）]，这说明碳材料基底存在氢化表面作用。从图 3-30（c）观察到，在 Pt/Vulcan XC72 样品中，碳材料的燃烧温度降低到约 600 K，说明铂催化了碳材料的燃烧反应。两种样品的碳燃烧过程存在一些动力学差异：纯碳样品只有一个放热峰，而在含 Pt 样品中明显出现了两个峰。在对应的质谱曲线中观察到，在 623 K 和 723 K 同时产生 $H_2O$、$CO_2$ 和 $O_2$，可能与部分氢化的碳载体的燃烧有关。

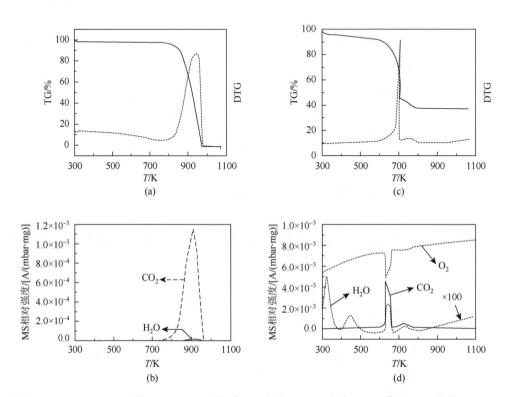

图 3-30　Vulcan XC72 的 TGA-DTG 曲线 [（a）实线：TG；虚线：DTG] 和 MS 曲线（b）；Pt（40wt%）/Vulcan XC72 的 TGA-DTG 曲线 [（c）实线：TG；虚线：DTG] 和 MS 曲线（d），其升温速率为 5 K/min

图 3-31 为纯碳材料 Vulcan XC72 及 Pt/Vulcan XC72 样品在氩气气氛下的 TGA-MS 曲线。Vulcan XC72 样品的 TGA-MS 分析没有检测到有 $H_2O$ 产生。由 Pt/Vulcan XC72 样品的 TGA-MS 曲线可知，在 323～373 K 内，检测到有 $H_2O$ 和 $O_2$ 产生，可能是去除了原本存在于碳孔中物理吸附的 $H_2O$ 和 $O_2$，但没有发现 $CO_2$，说明不涉及燃烧反应。其 TG 曲线在 623 K 处出现第二次失重，同时伴随着 $CO_2$ 和 $H_2O$ 的产生。他们对此有三种不同的解释：①铂催化的表面带有氧化官能团的碳基热分解过程可能产生 $H_2O$ 和 $CO_2$；②表面的水合铂氧化物或铂氢氧化物可能被碳还原生成 $CO_2$ 和 $H_2O$；③水合铂氧化物或铂氢氧化物本身热分解可能产生水

和二氧化碳。但在还原性气氛下，在 423 K 下没有发现 $CO_2$ 和 $H_2O$，说明表面的铂氧化物在室温下被预先还原了。结合 TGA-MS 及其他表征，可知铂表面氧化物为 $Pt(OH)_2$ 而不是 $PtO$ 或 $PtO_2$。反应产物不仅会影响载体本身的性质，还会影响铂颗粒的催化性能，即反应产物可能会使阳极催化剂中毒，因此 TGA-MS 技术对提高催化剂性能也是至关重要的。

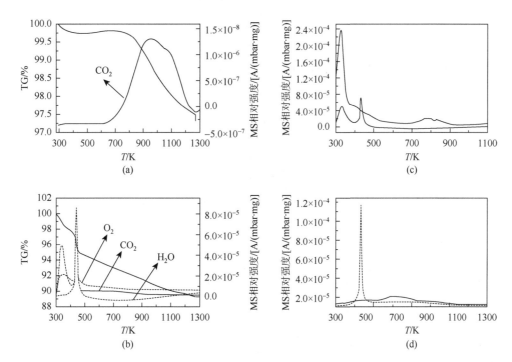

图 3-31　在氩气条件下，升温速率为 5 K/min 时，Vulcan XC72 的 TGA 曲线（a）和对应的 MS
　　　　曲线（c）；Pt（40wt%）/C 催化剂的 TGA（b）和 MS 曲线（d）

# 3.5　热分析联用技术

## 3.5.1　热重分析与 FTIR 光谱仪联用（TG-IR）技术

　　热重分析与 FTIR 光谱仪联用（TG-IR）技术的原理是：将样品置于 TG 分析仪中进行测试，得到试样的 TG 曲线，样品因加热而分解的产物不需要经过任何物理或化学处理而直接进入红外光谱仪，经测试可得到产物的红外光谱，根据试样的 TG 曲线和分解产物的红外光谱，可以对试样的热分解过程进行定量的评价。与传统的热重分析方法相比，热重-红外光谱联用分析的最大优点是：可以直接准确地变化，以及在各个失重过程中的分解或降解产物的化学成分。

Silva 等[25]将一种 Mn(III)水杨醛类配合物固定在活性炭上面得到一种新的多相催化剂，图 3-32 是催化剂的制备过程。

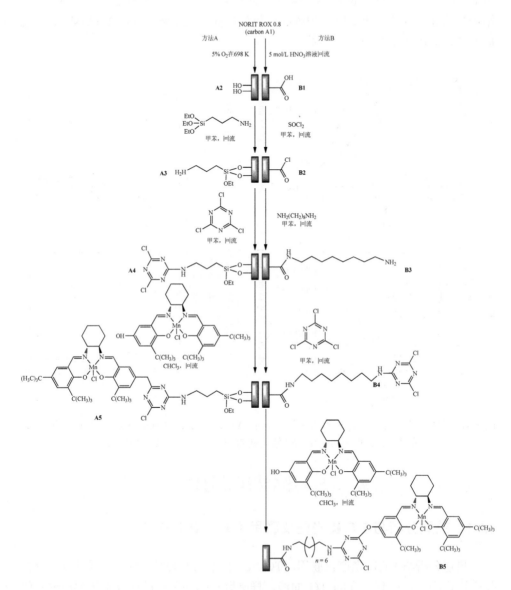

图 3-32　催化剂的制备过程

然后利用 TG-IR 对前驱物和制备的样品进行了表征。其中 A4 的表征结果见图 3-33。

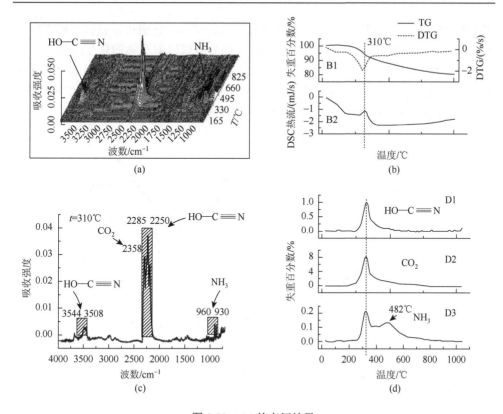

图 3-33 A4 的表征结果

样品在 310℃出现一个强烈且尖锐的 DTG 峰，在 DSC 曲线上伴随着一个大的吸热峰。推测为氰尿酰氯（cyanuric chloride）的分解。根据此温度下的分解产物的红外光谱图，可以确定氰尿酰氯在此时分解产生了氰酸，氰酸在水的参与下又分解成 $CO_2$ 和 $NH_3$。

此外，Hayashi 等[26]制备了一种富勒烯聚合物材料 $C_{60}Pd_n$，这种材料具有很强的吸附有毒气体如甲苯蒸气的能力。将 $C_{60}Pd_n$ 在 0.1%的甲苯蒸气中吸附 24 h 后，对样品进行 TG-IR 实验，结果表明材料在 50～250℃之间持续失重，而放出来的气体就是甲苯。

### 3.5.2 热重分析与质谱仪联用（TG-MS）技术

热重分析与质谱仪联用（TG-MS）技术的原理是：将样品置于 TG 分析仪中进行测试，得到试样的 TG 曲线，样品因加热而分解的产物进入质谱仪，经测试可得到产物的质谱峰，分析得到产生的质谱图。根据试样的 TG 曲线和分解产物的质谱图，可以对试样的热分解过程进行定量的评价。它也可以直接准确地确定每一分解过程变化，以及在各个失重过程中的分解或降解产物的化学成分。

Ötvoös 等[27]使用 TG-MS 手段考察了不同氧化程度的碳纳米表面的氧的含量及去除温度的区别。图 3-34 和图 3-35 表明了加热过程中 $CO_2$ 和 $H_2O$ 的产生情况（MWCNT-81：$KMnO_4$-$H_2SO_4$ 氧化；MWCNT-95：未氧化）

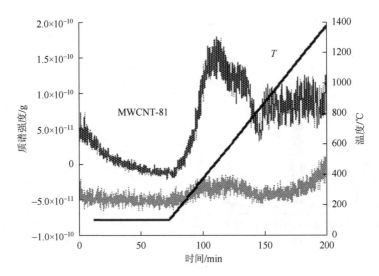

图 3-34　程序升温下碳纳米管 $CO_2$ 生成曲线图

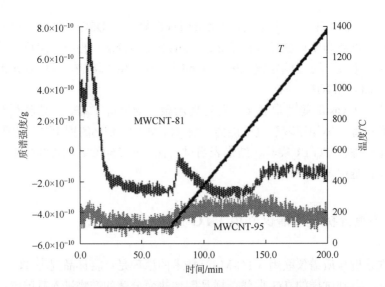

图 3-35　程序升温下碳纳米管 $H_2O$ 生成曲线图

　　由图可以看出，经过氧化处理的碳纳米管加热分解产生的 $CO_2$ 和 $H_2O$ 都要明显地多于未经氧化的碳纳米管，说明经过氧化处理后碳纳米管表面形成许多的含氧基团如羧基、内酯和酸酐等。通过 TG-MS 结果也证明了他们对碳纳米管吸附新戊烷的结论，即碳纳米管表面的含氧基团对碳纳米管吸附新戊烷有重要影响。

　　$CeO_2$ 是一种重要的催化剂，Roggenbuck 等[28]以 CMK-3 为模板，以 $Ce(NO_3)_3$ 为原料，通过浸渍，热处理的方法制备了一种中孔 $CeO_2$ 材料。他们使用 TG-MS 对制备过程进行了原位热分析。结果如图 3-36 所示。

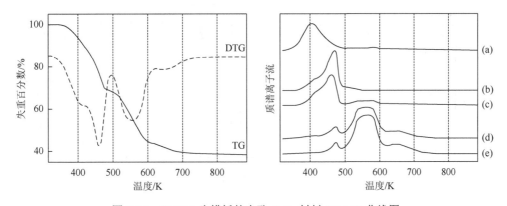

图 3-36　CMK-3 为模板的中孔 $CeO_2$ 材料 TG-MS 曲线图

(a) $H_2O^+$ ($m/z$ = 18)；(b) $NO^+$ （30）；(c) $NO_2^+$ （46）；(d) $CO^+$ （28）；(e) $CO_2^+$ （44）

　　CMK-3 和 $Ce(NO_3)_3$ 通过浸渍混合干燥后，进行热处理，在稍低的温度下，物理吸附的水可能首先被放出来。然后 $Ce(NO_3)_3$ 被分解成 $CeO_2$，相应分解产物出现了 $NO^+$ 和 $NO_2^+$ 离子峰。然后在第二步发生了碳骨架的氧化分解，相应分解产物出现了 $CO^+$ 和 $CO_2^+$ 离子峰。从图上还可发现，在 463 K 时碳骨架已经开始分解，从而与 $Ce(NO_3)_3$ 分解成 $CeO_2$ 相重叠。这就解释了为什么得到的中孔 $CeO_2$ 的结构有序性要低于模板材料 CMK-3。

　　白宗庆等[29]利用 TG-MS 研究了焦炭在甲烷气氛下的热行为。他们发现在较低温度下，焦炭会失去吸附水和挥发分。而在 860℃以上，焦炭会增重，同时在逸出气中发现有氢的存在，而在没有焦炭的空白实验中没有发现氢。这就说明甲烷在焦炭孔内分解为碳的沉积反应是引起焦炭质量增加的原因。而焦炭对甲烷的分解起了催化作用。

### 3.5.3　热重-红外-质谱联用（TG-IR-MS）技术

　　热重-红外-质谱联用（TG-IR-MS）技术是一种近十年才出现的新的联用分析

技术。它综合利用了热重、红外和质谱的特点，使得研究人员能够更准确、更方便地确定物质在受热过程中所产生的变化、变化的程度、所产生的化合物的结构等信息。McGuire 等[30]按图 3-37 搭建了一套 TG-IR-MS 联用装置。

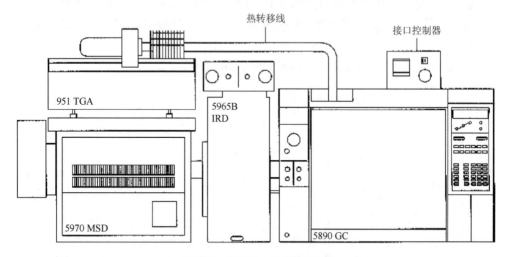

图 3-37　TG-IR-MS 联用装置

　　他们利用这一套联用装置来分析造纸过程中所用机器上的沉积物，图 3-38 和图 3-39 是长网造纸机湿端滚筒上沉积物的分析结果。

　　从热重图（图 3-38）可以看出，沉积物中大部分为无机物，加热到 1000℃以上时还有约 40%的残渣。而考察从 600~1000℃的逸出气的红外和质谱可以发现在这一温度段的逸出气体基本上是 $CO_2$。碱性造纸过程常用 $CaCO_3$ 增白剂，这里的 $CO_2$ 就是来自 $CaCO_3$ 的分解。

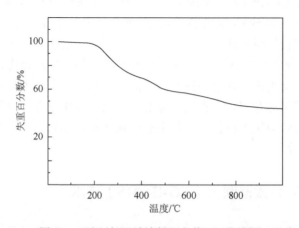

图 3-38　造纸机湿端滚筒沉积物 TG 曲线图

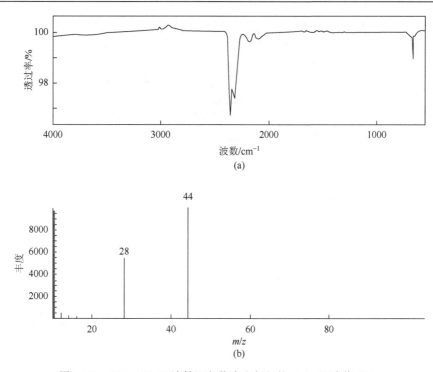

图 3-39　600～1000℃滚筒沉积物逸出气红外（a）及质谱（b）

他们利用 TG-IR-MS 进行的一系列造纸沉积物分析结果都表明，TG-IR-MS 是一种快速、方便且准确的新型的联用分析方法。

虽然 TG-IR-MS 在催化反应研究中的应用还未见报道，但是由于 TG-IR-MS 在确定逸出气结构方面的优势，这一技术应该能在此领域得到广泛的使用。

### 3.5.4　X 射线吸收精细结构谱-差示扫描量热联用（ XAFS-DSC ）技术[31]

X 射线吸收精细结构谱-差示扫描量热联用（XAFS-DSC）技术是几年前出现的一种新的联用分析技术。材料的原子排列或电子结构测量技术（如基于同步加速器的衍射或光谱学技术）与差示扫描量热法联用技术可以在材料对外界条件变化做出响应的情况下同时测量其原子排列或电子结构和热力学状态。

Zalden 等按图 3-40 搭建了一套快速测量 EXAFS-DSC 的联用装置，双箭头是通过 DSC 的样品室的 X 射线束方向，利用该装置测量了非晶材料 $Ge_{15}Sb_{85}$ 的结晶过程。在 514 K 处的第一次结晶与富 Sb 相的结晶有关，并伴有无定形 Ge 的偏析。进一步加热后，形成的非晶 Ge 区在 604 K 处晶化，通过对潜热的定量分析，提出了第一结晶相的 $Ge_{11}Sb_{89}$ 化学计量比。图 3-41 描绘了 $Ge_{15}Sb_{85}$ 在 Ge 边缘与 Sb 边缘的距离与配位数及其 DSC 曲线。

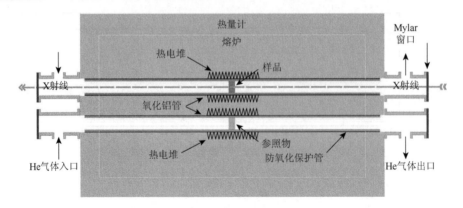

图 3-40　EXAFS-DSC 联用实验装置图

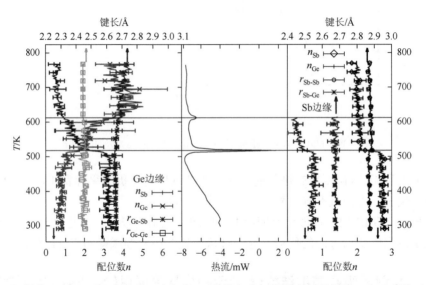

图 3-41　样品 Ge$_{15}$Sb$_{85}$ 在 Ge 边缘（左）与 Sb 边缘（右）的距离与配位数，DSC 曲线（中）

## 3.5.5　X 射线衍射-差示扫描量热联用（XRD-DSC）技术[32]

X 射线衍射-差示扫描量热联用（XRD-DSC）技术是研究固体热反应的一种常见手段。这两种方法相辅相成，对于研究固体热反应十分有效。通常的方法是按顺序进行这两种测试，然而，这样会导致实验条件很难被重复的问题。使用 XRD-DSC 联用，同时对同一样品进行的 XRD 和 DSC 测量，可以克服以上问题。Gao 等利用原位广角 X 射线衍射（wide-angle X-ray diffraction，WAXD）和差示扫描量热（DSC）联用，研究了聚苯乙烯结构的多样性。间规聚苯乙烯（sPS）有四种晶体形态，分别为 $\alpha$、$\beta$、$\gamma$、$\delta$。他们在无规聚苯乙烯（aPS）和 aPS 网络（aPSNW）

中制备了 sPSδ 晶体。通过原位 WAXD-DSC 技术，研究了 aPS 和 aPSNW 中 sPS 的多态性。有助于我们理解约束非晶相对线性聚合物结晶行为的影响。虽然还没发现相关文献关于 XRD-DSC 技术应用在催化反应研究中，但是由于这种特殊的联用测试技术，在温度变化的同时可以同时观察到结构的变化，有望用于在不同温度下原位表征催化剂的结构，这对探究催化剂的结构也是十分有用的。

# 3.6 热分析实验技巧

在进行热分析实验时，其实验条件的选择对热分析结果有一定的影响，下面简单介绍一下实验中常用的一些技巧。

## 3.6.1 升温速率的影响

快速升温易产生反应滞后，样品内温度梯度增大，峰（平台）分离能力下降；DSC 基线漂移较大，但能提高灵敏度、峰形较大；而慢速升温有利于 DTA、DSC、DTG 相邻峰的分离；TG 相邻失重平台的分离；DSC 基线漂移较小，但峰形也较小。

对于 TG 测试，过快的升温速率有时会导致丢失某些中间产物的信息。一般以较慢的升温速率为宜。

对于 DSC 测试，在传感器灵敏度足够，且不影响测样效率的情况下，一般也以较慢的升温速率为佳。

## 3.6.2 样品用量的控制

样品量小可减小样品内的温度梯度，测得特征温度较低些也更"真实"一些；有利于气体产物扩散，使得化学平衡向正向发展；相邻峰（平台）分离能力增强，但 DSC 峰形也较小。而样品量大能提高 DSC 灵敏度，有利于检测微小的热量变化，但峰形加宽，峰值温度向高温漂移，相邻峰（平台）趋向于合并在一起，峰分离能力下降；且样品内温度梯度较大，气体产物扩散也稍差。

一般在 DSC 与热天平的灵敏度足够的情况下，以较小的样品量为宜。

## 3.6.3 气氛的选择

1. 动态气氛、静态气氛与真空

根据实际的反应模拟需要，结合考虑动力学因素，选择动态气氛、静态气氛或真空气氛。

静态、动态与真空气氛的比较：静态下气体产物扩散不易，分压升高，反应移向高温；且易污染传感器。真空下加热源（炉体）与样品之间只通过辐射进行传热，温度差较大。且在两者情况下天平室都缺乏干燥而持续的惰性气氛的保护。一般非特殊需要，推荐使用动态吹扫气氛。若需使用真空或静态气氛，须保证反应过程中释出的气体无危害性。

### 2. 气氛的类别

对于动态气氛，根据实际反应需要选择惰性（$N_2$、Ar、He）、氧化性（$O_2$、air）、还原性与其他特殊气氛等，并做好气体之间的混合与切换。

为防止不期望的氧化反应，对某些测试必须使用惰性的动态吹扫气氛，且在通入惰性气氛前往往需做抽真空-惰性气氛置换操作，以确保气氛的纯净性。

常用惰性气氛如 $N_2$，在高温下也可能与某些样品（特别是一些金属材料）发生反应，此时应考虑使用"纯惰性"气氛（Ar、He）。

气体密度的不同影响到热重测试的基线漂移程度（浮力效应大小）。为确保基线扣除效果，使用不同的气氛须单独做热重基线测试。

### 3. 气体的导热性

常用气氛的导热性顺序为 $He \gg N_2 \approx$ 空气 $> O_2 >$ Ar。

选择导热性较好的气氛，有利于向反应体系提供更充分的热量，降低样品内部的温度梯度，降低反应温度，提高反应速率，能使峰形变尖变窄，提高峰分离能力，使峰温向低温方向漂移；在相同的冷却介质流量下能加快冷却速率；缺点是会降低 DSC 灵敏度。

若采用不同导热性能的气氛，需要做单独的温度与灵敏度标定。

### 4. 气体的流量

提高惰性吹扫气体的流量，有利于气体产物的扩散，有利化学反应向正反应方向发展，减少逆反应；但带走较多的热量，降低灵敏度。

对于需要气体切换的反应（如反应中从惰性气氛切换为氧化性气氛），提高气体流量能缩短炉体内气体置换的过程。

不同的气体流量，影响到热重测试的基线漂移程度（浮力效应）。因此对 TG 测试必须确保气体流量的稳定性，不同的气体流量须做单独的基线测试（浮力效应修正）。

## 3.6.4　坩埚加盖与否的选择

坩埚加盖的优点：

（1）改善坩埚内的温度分布，有利于反应体系内部温度均匀。

（2）有效减少辐射效应与样品颜色的影响。

（3）防止极轻的微细样品粉末的飞扬，避免其随动态气氛飘散，或在抽取真空过程中被带走。

（4）在反应过程中有效防止传感器受到污染（如样品的喷溅或泡沫的溢出）。

坩埚盖扎孔的目的：

（1）使样品与气氛保持一定接触，允许一定程度的气固反应，允许气体产物随动态气氛带走。

（2）使坩埚内外保持压力平衡。

坩埚加盖的缺点：

（1）减少了反应气氛与样品的接触，对气固反应（氧化、还原、吸附）有较大阻碍。

（2）对于有气相产物生成的化学反应，由于产物气体带走较慢，导致其在反应物周围分压较高，可能影响反应速率与化学平衡（DTG 峰向高温漂移），或对于某些竞争反应机理可能影响产物的组成（改变 TG 失重台阶的失重率）。

了解了加盖的目的、优缺点，那么具体做实验时，应如何决定呢？下面简单介绍几种情况：

（1）对于物理效应（熔融、结晶、相变等）的测试或偏重于 DSC 的测试，通常选择加盖。

（2）对于未知样品，出于安全性考虑，通常选择加盖。

（3）对于气固反应（如氧化诱导期测试或吸附反应），使用敞口坩埚（不加盖）。

（4）对于有气体产物生成的反应（包括多数分解反应）或偏重于 TG 的测试，在不污染损害样品支架的前提下，根据反应情况与实际的反应器模拟，进行加盖与否的选择。

（5）对于液相反应或在挥发性溶剂中进行的反应，若反应物或溶剂在反应温度下易于挥发，则应使用压制的 Al 坩埚（温度与压力较低）或中压、高压坩埚（温度与压力较高）。对于需要维持产物气体分压的封闭反应系统中的反应同样如此。

## 3.6.5　DSC 基线

DSC 基线漂移程度的主要影响因素是参比端与样品端的热容差异（坩埚质量差、样品量大小）、升温速率、样品颜色及热辐射因素（使用 $Al_2O_3$ 坩埚时）等。

在实验中，参比坩埚一般为空坩埚。若样品量较大，也可考虑在参比坩埚中加适量的惰性参比物质（如蓝宝石比热标样）以进行热容补偿。

在比热测试时，对基线重复性的要求非常严格。一般使用 Pt/Rh 坩埚，参比坩埚与样品坩埚质量要求相近，基线测试、标样测试与样品测试尽量使用同一坩埚，坩埚的位置尽量保持前后一致。

# 3.7　结　束　语

催化剂的制备和催化反应皆与热现象密切相关，因此热分析能为催化剂制备-催化反应-催化剂失活-催化剂再生等整个过程提供有价值的信息和数据。由于热分析技术是一种动态跟踪技术，具有连续、快速和简便等优点，所供信息与实际反应情况接近，是催化研究中不可缺少的实验技术。利用热分析技术可以确定反应发生的温度，但要同时确定反应产物或机理，有时还需要借助于气相色谱、红外光谱、UV、XRD 和质谱等其他技术，或者采用热分析和它们的联用技术。

# 符　号　说　明

| | |
|---|---|
| $a$ | 产物中甲苯转化摩尔分数 |
| $A$ | 频率因子 |
| ASTM | 美国材料试验标准 |
| $\beta$ | 升温速度 |
| CCTTA，CCS | 中国化学会化学热力学与热分析专业委员会 |
| $C_p$ | 热容 |
| CTTA | 中国化学会化学热力学与热分析学术会议 |
| $d\alpha/dt$ | 转化率 |
| $dH/dt = f(t)$ | 差示扫描量热曲线数学表达式 |
| $dm/dt$ | 质量随时间的变化率 |
| DMA | 动态热机械分析 |
| DSC | 差示扫描量热法 |
| $dT/dt$ | 升温速率 |
| DTA | 差热分析 |
| $E$ | 活化能 |
| EGA | 逸出气体分析 |
| EGD | 逸出气体检测 |
| EGD | 等压质量变化测量 |
| $f(\alpha)$ | 微分形式的动力学函数 |
| $G$ | 模量 |

| GB/T 6425—2008 | 中国国家标准《热分析术语》 |
| --- | --- |
| ICTA | 国际热分析协会 |
| ISO | 国际标准化组织 |
| JIS | 日本工业标准 |
| JTAC | 热分析与量热学杂志 |
| $k(T)$ | 速率常数的温度关系式 |
| MDSC/MTDSC | 温度调制式差示扫描量热法 |
| $n$ | 反应级数 |
| NATAS | 北美热分析学会 |
| $Q$ | 热量 |
| $R$ | 摩尔气体常量 |
| $T$ | 温度 |
| $t$ | 时间 |
| TA | 热化学学报 |
| $\tan\delta$ | 内耗 |
| $T_{ei}$ | 外推起点，即峰的起始边陡峭部分的切线与外延<br>基线的交点 |
| TG | 热重法 |
| TG/FTIR | 热重法/傅里叶变换红外光谱法 |
| TG/GC | 热重法/气相色谱法 |
| TG/MS | 热重法/质谱分析 |
| TG-DSC | 热重法-差示扫描量热法 |
| TG-DTA | 热重法-差热分析 |
| $T_i$ | 质量发生变化的起始分解温度 |
| TMA | 热机械分析 |
| $T_p$ | DTG 峰温 |
| $v$ | 反应物流速 |
| $w$ | 催化剂用量 |
| XRD | X 射线衍射仪分析 |
| $\Delta T$ | 温度差 |
| $\varphi$ | 升温速率 |
| $\mu$TA | 微区热分析 |
| $T_{onset}$ | 碳载体热氧化的起始温度 |
| CL | 催化剂层 |
| XAFS | X 射线吸收精细结构谱 |

| XAFS-DSC | X 射线吸收精细结构谱-差示扫描量热联用 |
| XRD-DSC | X 射线衍射-差示扫描量热联用 |
| WAXD | 广角 X 射线衍射 |
| sPS | 间规聚苯乙烯 |
| aPS | 无规聚苯乙烯 |
| aPSNW | 无规聚苯乙烯网络 |

**附：与热分析有关的国际（国家）学术组织与专业刊物**

（1）国际热分析协会（国际热分析与量热学协会）（International Confederation for Thermal Analysis，ICTA），成立于 1968 年，自第 10 届 ICTA 学术会议（1992 年）将其改称 International Confederation for Thermal Analysis and Calorimetry（ICTAC）。设有术语、标准、教育、组织、量热和动力学专业委员会。

（2）国际化学热力学会议（International Conference on Chemical Thermodynamics，ICCT），主要讨论化学热力学和量热学的最新研究进展，2016 年 8 月，第 24 届国际化学热力学会议在广西桂林召开。

（3）国际热分析会议（国际热分析与量热学会议）（International Conference on Thermal Analysis，ICTA），第 1 届会议是在 1965 年 9 月于苏格兰的亚伯丁（Aberdeen）召开，之后每隔两三年召开一次。现改称 International Conference on Thermal Analysis and Calorimetry（ICTAC）。

（4）国际标准化组织（International Standardization Organization，ISO），是由各国标准化部门联合组建的非政府组织，自 1947 年成立以来，在世界各国的通力协作下，在加强学术交流、促进世界贸易方面起了积极作用。该组织由 135 个国家标准团体组成，在 90 个国家（2000 年）设有联络机构，中国设在中国质量技术监督局（China State Bureau of Quality and Technical Supervision；E-mail：csbts@csbts.cn.net）。ISO 曾制定了有关热分析的一系列国际标准。

（5）北美热分析学会（The North American Thermal Analysis Society，NATAS），创建于 1968 年，之后每年召开一次学术会议。

（6）美国材料试验标准（American Standard of Testing Materials，ASTM），制定了有关热分析的标准实验方法 70 余项。

（7）日本工业标准（Japanese Industrial Standards，JIS），曾制定较为系统的《热分析通则》。

（8）中国国家标准（Chinese National Standards），中国国家标准 GB/T 6425—1986《热分析术语》首次颁布于 1986 年，经过修改，中国国家标准 GB/T 6425—2008《热分析术语》于 2008 年 8 月由中国标准出版社正式出版。

（9）中日双边量热学与热分析学术研讨会（China-Japan Joint Conference on

Calorimetry and Thermal Analysis），首次会议于 1986 年 11 月在杭州召开，之后每 4 年召开一次，第七届中日双边量热学与热分析学术研讨会于 2008 年 5 月由中国科学院化学物理研究所主持召开。

（10）中国化学会化学热力学与热分析专业委员会（Commission of Chemical Thermodynamics and Thermal Analysis，Chinese Chemical Society，CCTTA，CCS）。该委员会于 1979 年在昆明成立，当时是隶属于中国化学会物理化学专业委员会的一个专业组，称"热化学、热力学和热分析专业组"（Committee of Thermal Chemistry，Thermodynamics and Thermal Analysis，CTTT）；不久，称"溶液化学、热化学、热力学和热分析专业委员会"（Commission of Solution Chemistry，Thermal Chemistry，Chemical Thermodynamics and Thermal Analysis，CSTTT）；到 1996 年改称现在这个名称。

（11）中国化学会化学热力学与热分析学术会议（Conference on Chemical Thermodynamics and Thermal Analysis，Chinese Chemical Society，CTTA）。首次会议于 1980 年秋在西安召开，之后每两年召开一次，其中第十四届 CTTA 大会于 2008 年 5 月由中国科学院化学物理研究所主持召开。

（12）热化学学报（*Thermochimica Acta*），1969 年创刊，为半月刊。

（13）热分析与量热学杂志（*Journal of Thermal Analysis and Calorimetry*），1970 年创刊，为月刊。

## 参 考 文 献

[1] 辛勤. 固体催化剂研究方法. 北京：科学出版社，2004

[2] 刘振海. 分析化学手册. 2 版. 第八分册. 北京：化学工业出版社，2000

[3] Reading M，Elliott D，Hill V. Proceedings of the 21st North American Thermal Analytical Society. 1992：145-150

[4] Danley R L. New modulated DSC measurement technique. Thermochimica Acta，2003，402：91-98

[5] Ozawa T，Kanari K. Linearity and non-linearity in DSC：A critique on modulated DSC. Thermochimica Acta，1995，253：183-188

[6] Rasoul C F，Kosior E. Modulated differential scanning，calorimetry：the effect of experimental variables. Journal of Thermal Analysis，1997，50：727-744

[7] 张玉梅，王华平. MDSC 的原理与应用. 中国纺织大学学报，2000，26：118-122

[8] 胡荣祖，史启祯. 热分析动力学. 北京：科学出版社，2001

[9] 郑建东，廖丹葵，韦藤幼，等. 焙烧温度对合成吗啉催化剂性能的影响. 工业催化，2005，13：18-20

[10] 王辉宪，李大塘，欧阳振中. 热分解法制备负载型固体碱催化剂——$K_2O/\gamma-Al_2O_3$. 化学世界，2002，43（12）：623-624

[11] 罗云飞，孙建伟，李全芝. HEMT 沸石负载 122 钨硅酸对异丁烷与丁烯烷基化反应的催化性能. 催化学报，2001，26：550-554

[12] 谭志伟. 稀土固体超强酸催化剂 $SO_4^{2-}/TiO_2/Ce^{4+}$ 的制备及其性能研究. 湖北民族学院学报（自然科学版），2007，25：102-106

[13] 顾民，李伟，吕静兰. 热分析法钒钛负载型催化剂单分子层结构的测定. 石油化工，2003，32：1078-1081

[14] 林绮纯，郭锡坤，林维明. $SO_4^{2-}$ 改性锆交联粘土固体酸催化剂的热分析研究. 天然气化工，2002，27：21-24

[15] 沈伟，徐华龙，陈庚，等. $CuO_2$-$ZnO_2$-$CrO_x$-$Al_2O_3$ 催化剂前驱体组成及分解的热分析研究. 复旦学报（自然科学版），2002，41：409-412

[16] Meziani M J, Zajac J, Jones D J, et al. Number and strength of surface acidic sites on porous aluminosilicates of the MCM-41 type inferred from a combined microcalorimetric and adsorption study. Langmuir，2000，16：2262-2268

[17] Papadatos K, Shelstad K A. Catalyst screening using a stone DTA apparatus 1. Oxidation of toluene over cobalt-metal-oxide catalysis. Journal of Catalysis，1973，28：116-123

[18] 潘向东，梁日忠，李英霞，等. VPO 催化剂再生动力学特性研究. 北京化工大学学报，2002，29：17-19

[19] 李庆华，王景伟，袁昊，等. Alexandra Navrotsky，微孔和介孔材料中的热化学. 化学进展，2006，18：680-686

[20] Xu F, Sun L X, Lan X F, et al. Mechanism of fast hydrogen generation from pure water using Al-$SnCl_2$ and bi-doped Al-$SnCl_2$ composites. International Journal of Hydrogen Energy，2014，39：5514-5521

[21] Liu S, Li Z, Jiao C, et al. Improved reversible hydrogen storage of $LiAlH_4$ by nano-sized $TiH_2$. International Journal of Hydrogen Energy，2013，38（6）：2770-2777

[22] Leontyev I N, Leontyeva D V, Kuriganova A B, et al. Characterization of the electrocatalytic activity of carbon-supported platinum-based catalysts by thermal gravimetric analysis. Mendeleev Communications，2015，25：468-469

[23] Sun C N, More K L, Zawodzinski T A. Investigation of transport properties, microstructure, and thermal behavior of PEFC catalyst layers. ECS Meeting，2010：1207-1215

[24] Sellin R, Clacens J M, Coutanceau C. A thermogravimetric analysis/mass spectroscopy study of the thermal and chemical stability of carbon in the Pt/C catalytic system. Carbon，2010，48（8）：2244-2254

[25] Silva A R, Budarin V, Clark J H, et al. Organo-functionalized activated carbons as supports for the covalent attachment of a chiral manganese（III）salen，complex. Carbon，2007，45（10）：1951-1964

[26] Hayashi A, Yamamoto S, Suzuki K, et al. The first application of fullerene polymer-like materials, $C_{60}Pd_n$, as gas adsorbents. J Mater Chem，2004，14：2633-2637

[27] Ötvös Z, Onyestyák G, Hancz A, et al. Surface oxygen complexes as governors of neopentane sorption in multiwalled carbon nanotubes. Carbon，2006，44（9）：1665-1672

[28] Roggenbuck J, Schäfer H, Tsoncheva T, et al. Mesoporous $CeO_2$: Synthesis by nanocasting, characterisation and catalytic properties. Microporous and Mesoporous Materials，2007，101（3）：335-341

[29] 白宗庆，陈皓侃，李文，等. 热重-质谱联用研究焦炭在甲烷气氛下的热行为. 燃料化学学报，2005，33（4）：426-430

[30] Mcguire J M, Lynch C C. Characterization of nonmicrobiological paper mill deposits by simultaneous TG-IR-MS. Anal Chem，1996，68（15）：2459-2463

[31] Zalden P, Aquilanti G, Prestipino C. New insights on the crystallization process in $Ge_{15}Sb_{85}$ phase change material：A simultaneous calorimetric and quick-EXAFS measurement. J Synchroton Rad，2012，19：806-813

[32] Gao X, Liu R, Huang Y, et al. Clathrate（δ）form crystal transitions of syndiotactic polystyrene in atactic polystyrene networks. Macromolecules，2008，41（7）：2554-2560

作者简介 ———————————————————————————————

　　**孙立贤**，男，1962 年生。教授，博士生导师，中国科学院 "百人计划" 入选学者。桂林电子科技大学材料科学与工程学院院长。"全国优秀科技工作者"，享受国务院政府特殊津贴、英国皇家化学会会士、广西 "八桂学者"，广西壮族自治区优秀专家，辽宁省 "百千万人才工程" 百人层次获得者。曾获德国洪堡基金、日本 NEDO 基金等支持，国家 "863" 计划、"973" 课题、国家自然科学基金等支持。2001 年起任中国科学院大连化学物理研究所材料热化学研究组组长。现任国际化学热力学协会理事，中国化学会化学热力学与热分析专业委员会副主任，国际期刊 *The Journal of Chemical Thermodynamics* 编委，*Journal of Thermal Analysis and Calorimetry* 地区编辑，*International Journal of Electrochemical Science* 编委。近年在 *Energy & Environmental Science*，*Journal of Materials Chemistry A*，*Biosensors & Bioelectronics*，*Crystal Growth & Design*，*Journal of Physical Chemistry C*，*Dalton Transactions*，*International Journal of Hydrogen Energy* 等国内外重要学术刊物发表学术论文 400 余篇，被引用次数 4000 余次，连续入选 2014~2016 年爱思唯尔中国高被引学者榜单，申请和授权发明专利 70 余件。获省部级成果奖 7 项，其中研究开展的 "低维功能材料设计及其储氢和生物传感特性研究" 获 2018 年广西壮族自治区自然科学奖二等奖，"新型（La, Mg）-Ni 储氢合金结构及电化学性能研究" 获 2012 年广西壮族自治区自然科学奖二等奖；"轻质铝合金催化制氢" 获 2012 年辽宁省科技进步奖三等奖。多次担任国际国内学术会议共同主席、分会主席、学术委员会委员等职，并多次应邀作大会邀请报告。

作者简介 ————————————————————————————————

　　**徐芬**，女，1963 年生。教授，博士生导师，桂林电子科技大学材料科学与工程学科学科带头人。作为项目负责人主持完成了国家"863"计划项目一项、国家自然科学基金项目五项。正在联合主持国家自然科学基金-广东联合基金重点基金支持项目一项和正在联合主持广西科技重大专项一项。同时还参与了"973"子课题、自然基金重点项目等多项研究工作。2004 年度国防科学技术二等奖；2006 年获国家总装备部科技进步三等奖；2012 年"轻质铝合金催化制氢"获辽宁省科学技术三等奖、"新型（La, Mg）-Ni 储氢合金结构及电化学性能研究"获广西壮族自治区自然科学奖二等奖及 2017 年"低维功能材料设计及其储氢和生物传感器特性研究"获广西壮族自治区自然科学奖二等奖。在国内外学术刊物发表论文百余篇，其中一篇合作的论文 2009 年获中国百篇最具影响国际学术论文，作为第一申请人申请发明专利 10 余件，其中已授权 4 件。

# 第 4 章

## 多晶 X 射线衍射分析

王颖霞

　　衍射法测定晶体结构是认识物质微观世界最重要的途径和权威方法之一。通过晶体结构的测定，可以了解晶体中原子分子的三维空间排列，获得有关成键、原子分子相互作用的微观信息，从而进一步阐明物质的性质并研究其变化规律，为化学、物理学、材料科学、生命科学等学科的发展提供基础。

　　单晶衍射是结构测定的常规手段，有完善的理论和行之有效的测试和解析方法。然而，在研究工作中，很多物质难以得到合适的单晶样品，更重要的是，绝大多数的材料体系，例如，典型的催化材料需要研究的就是其多晶状态，因此，多晶衍射（也称粉末衍射）便成为研究中不可或缺的手段。多晶 X 射线衍射实验相对易于实现，该方法也是所有衍射法中应用最广泛的一种。

　　多晶与单晶衍射遵循相同的晶体学原理。但与单晶衍射相比，多晶衍射相当于将三维倒易空间的单晶数据变化为以晶面间距 $d$ 值为变量的一维数据，也就是说，$d$ 值相同的衍射会完全重合，$d$ 值相近的数据会发生重叠。因此，多晶衍射方法和技术与单晶既有类似之处，也有其特殊之处。典型的多晶 X 射线衍射图中，以 $2\theta$（$2\theta$ 与晶面间距 $d$ 通过布拉格方程关联）为横坐标，衍射强度为纵坐标给出相关的信息。图 4-1 给出几种常见物质的多晶 X 射线衍射图。

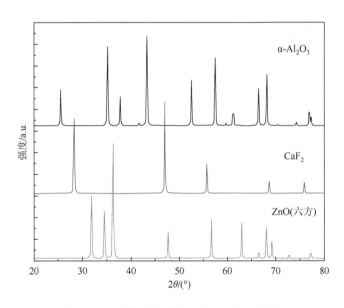

图 4-1　几种常见物质的多晶 X 射线衍射图

　　在多晶 X 射线衍射图上，可以直接读出的信息是：衍射峰的位置、衍射峰的强度和衍射峰的形状。这些信息均反映了晶体的特征：衍射峰是否出现——衍射峰的系统缺失（即系统消光）给出晶体点阵类型和空间群的信息，峰位置在何处由晶胞参数决定；衍射峰强度反映了晶胞中原子位置和分布的状况；而衍射峰的形状与仪器几何光路及条件、晶粒大小、晶格畸变等密切相关。利用多晶衍射数据，可以得到样品的物相组成与含量、晶体的点阵参数、晶粒大小等信息，多晶衍射也可以应用于结构分析——采用 Rietveld 方法进行精修确认结构，甚至可以进行晶体结构的从头确定。

　　如何获得高质量的多晶衍射图，如何正确地提取相应的衍射信息？如何有效地利用这些数据解决研究中的问题？本章将在简要介绍晶体学及衍射基本原理和方法的基础上，结合一些实例分析 X 射线衍射在材料表征中的应用。这些思路也适合催化材料的衍射分析和数据处理。

# 4.1　晶体学基础：周期性与对称性

　　1912 年，德国学者劳埃（Laue）将晶体当作周期性的光栅，利用 X 射线衍射研究晶体结构，这一工作不仅证明了晶体有周期性且周期大小与 X 射线波长相当，也开创了晶体结构研究的新纪元。晶体可以自发形成规则的几何外形，这与其内在结构对称性相关。晶体结构中，原子、分子、离子或原子团周期性地规则排列。了解晶体的特征，掌握晶体的周期性和对称性的知识，是 X 射线衍射分析的基础。

## 4.1.1　晶体的空间点阵与周期性

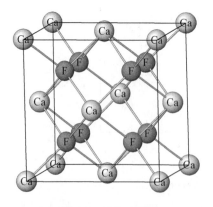

图 4-2　$CaF_2$ 晶胞

　　先看一个晶体的实例——氟化钙（$CaF_2$，也称萤石）。$CaF_2$ 属立方晶系，晶胞示意见图 4-2，其中有 4 个 $Ca^{2+}$，8 个 $F^-$。在 $CaF_2$ 晶体结构中，$Ca^{2+}$ 和 $F^-$ 按一定规律分布，周期性重复排列。$CaF_2$ 晶胞参数为 5.462 Å，可以推算出在体积为 1 $mm^3$ 的晶体中有 $10^{18} \sim 10^{19}$ 个这种重复单元。

　　晶体结构中都存在类似 $CaF_2$ 结构的周期性重复排列。可以说，晶体是具有周期性结构的固体。通常晶体的尺寸远远超过晶体基本结构的重复周期，因而可近似认为，晶体结构是向三维空间无限延伸的。

将晶体结构中相同的部分——基本重复单元，抽象为一个点，这些点在空间的周期性排列，就是空间点阵结构。每一个空间格子都对应于一个空间点阵和相应的平移群 $T = ma + nb + pc$，其中 $m, n, p = 0, \pm 1, \pm 2, \cdots$；$a, b, c$ 为三个互不平行的向量。连接空间点阵中任意两个点阵点的向量，都包括在平移群 $T = ma + nb + pc$ 之中，平移群中任意向量，从一个点阵点出发，必指向另一个点阵点，或者说平移群中的任意向量都能使整个空间点阵复原。

反过来，将点阵点赋予具体重复的东西——"结构基元"，使这些基元按空间点阵的规律分布，便复原出具体的晶体结构。"结构基元"是晶体结构中最小的重复单位。这种基元可以由一个或几个原子、分子、离子按一定的方式组成。在上述所给的 $CaF_2$ 晶体中，基本结构基元由一个 $Ca^{2+}$ 和两个 $F^-$ 构成。

综上可知，晶体具有周期排列的、无限的点阵结构。

## 4.1.2　晶体的对称性

实际晶体具有自发形成的多样但规则的几何外形。通过合理的延伸和推测，可以获得晶体的理想外形，晶体外形最突出的特点就是对称性。晶体宏观对称性反映了其内部结构的对称性。与周期性一样，对称性是晶体学的核心。对称性内涵丰富，鉴于本书重点在于如何处理材料的 X 射线衍射问题，因此，关于对称性的知识不做展开，深入的学习了解可以参考相关的书籍。本节仅就一些重要的概念给予引导说明，便于在考虑衍射和结构问题时形成关联的思路。晶体学有 32 种点群，230 种空间群，根据对称性的不同，晶体分为七大晶系，包含 14 种点阵型式。

### 1. 晶体的宏观对称性与 32 点群

晶体的宏观对称性首先表现在晶体的特定几何外形上，也表现在宏观性质，如导热性能、折射率、硬度、解理性等方面。对称，顾名思义，是相合相称之意。对于任一物体，若包含两个或两个以上的相同部分，可以借助于某种操作使之关联起来，便可以说此物体存在着与该操作相应的对称性。

联系着物体中各个相同部分，能使物体复原的动作，称为对称操作。对称动作所凭借的几何元素（点、线、面）称为对称元素。对称物体包含的全部对称操作，称为对称操作群。对称操作群中所包含的对称操作的数目，或者由对称操作联系起来的等同部分的数目，称为对称性的阶次。

在晶体中，所有可能的对称操作有旋转（$L$）、反映（$m$）、倒反（$i$）、旋转倒反及它们的联合操作。

旋转：对称元素为一假想的直线，称旋转轴。当围绕该直线旋转一定角度后，可使客体复原。旋转过程中，能使客体复原的最小转动角称为基转角，以 $\alpha$ 表示。由于任何图形在旋转 360° 后必然复原，因此 $\alpha$ 一定能整除 360°，即

$$360°/\alpha = n \quad (n \text{ 为正整数})$$

式中，$n$ 为旋转轴的轴次，它表示在围绕旋转轴旋转一周的过程中，图形复原的次数。受晶体的点阵结构限制，晶体中只存在 $n = 1$、2、3、4、6 这五种轴次（分别称为一次轴、二次轴、三次轴、四次轴和六次轴），晶体学中分别以 1、2、3、4、6 表示。进行旋转操作而使图形复原的所有对称操作构成对称操作群，在旋转 360° 过程中使图形复原的次数称为该对称操作的"阶次"。例如，3（三次轴）的对称动作群为 $L$（120°）、$L$（240°）、$L$（360°）（旋转 360° 即恒等操作，也可以写作 1 或 E），阶次为 3。

反映：对称元素为一假想的平面（$m$）。相应的对称动作是对于此平面的反映。如果作垂直于此平面的任意一条直线，则在直线上距对称面两边等距离处一定可以找到两个等同的对应点。这就意味着对称面可将图形分为互成镜像的两个等同部分。若对称面通过坐标原点，并垂直 $x$ 轴，则反映动作的结果，就是将空间任意一点 $A(x, y, z)$ 变为另一点 $A'(-x, y, z)$。其阶次为 2。

倒反：对称元素为对称中心（$i$）。它为一设想的定点，通过该点作直线，则在直线上距该点两边与其等距处一定可以找到相同的两个点。如果将对称中心取为坐标原点，则倒反动作就是将空间任意一点 $A(x, y, z)$ 变为另一点 $A'(-x, -y, -z)$。其阶次为 2。

旋转倒反：也称反轴。其对称元素为一假想的直线和此线上的一定点。当客体围绕直线旋转一定角度后，再继之以定点进行倒反。这一动作是绕直线旋转和对此直线上一定点倒反的联合动作。与旋转轴一样，反轴也只有 $\bar{1}$、$\bar{2}$、$\bar{3}$、$\bar{4}$、$\bar{6}$。在反轴中只有四次反轴（$\bar{4}$）是个独立的操作，它的阶次为 4。$\bar{1}$ 实际上就是对称中心 $i$，阶次为 2；$\bar{2}$ 相当于对称面 $m$；$\bar{3}$ 实际是三次轴和对称中心 $i$ 的组合，其阶次为 6。$\bar{6}$ 是三次轴和与其垂直的对称面的组合，阶次为 6。

通常把旋转动作称为第一类对称操作，而反映、倒反和 $\bar{4}$ 等动作称为第二类对称操作。表 4-1 列出晶体学中的宏观对称元素、书写记号、图形符号和阶次。

**表 4-1　宏观对称元素的表示符号**

| 对称元素 | 书写记号 | 图形符号 | | 阶次 | 等同元素 |
|---|---|---|---|---|---|
| 对称中心 | $i$ | ○ | | 2 | $\bar{1}$ |
| 镜面 | $m$ | （垂直纸面） | （在纸面内） | 2 | $\bar{2}$ |
| 二次旋转轴 | 2 | （垂直纸面） | （在纸面内） | 2 | |

续表

| 对称元素 | 书写记号 | 图形符号 | 阶次 | 等同元素 |
|---|---|---|---|---|
| 三次旋转轴 | 3 | ▲ | 3 | |
| 三次反轴 | $\bar{3}$ | ◬ | 6 | $3+i$ |
| 四次旋转轴 | 4 | ◆ | 4 | |
| 四次反轴 | $\bar{4}$ | ◐ | 4 | |
| 六次旋转轴 | 6 | ⬢ | 6 | |
| 六次反轴 | $\bar{6}$ | ⬡ | 6 | $3+m$（垂直于轴） |

　　在晶体中，可以只有一个对称元素独立存在，也可以有多个对称元素并存。任意两个对称元素组合必将产生新的对称元素，对称元素组合遵循一定的规律：如旋转轴与旋转轴的组合遵循欧拉（Euler）定理，对称面与对称面的组合遵循万花筒定理等。偶次轴和垂直于它的对称面及对称中心，三者之中任意二者的组合，必定产生第三者（注意：对称面与对称中心组合所产生的偶次轴为二次轴）。通过对称中心的奇次轴与反轴，三者之中的任意二者之组合，必定产生第三者。

　　晶体学中宏观对称元素的组合必交于一点，且组合的结果不能产生与晶体周期结构不相容的新对称元素。这是因为，一方面，晶体的外形是有限图形，如果参加组合的旋转轴、反轴、对称面与对称中心等对称元素没有公共交点，其结果就会产生无限个对称元素；另一方面，受点阵平移性质的限制，晶体中不存在五次轴和轴次大于六的旋转轴等，其旋转轴只能有二、三、四、六次轴。另外，在宏观观察中，平移的差异无法区分，微观结构中的螺旋轴、滑移面在宏观上表现为相应的旋转轴和对称面，即宏观上在晶体外形中出现的对称元素是确定的，而它们的组合方式也是确定的，因而晶体学有且只有 32 个点群。

　　只含有第一类对称操作的点群有 11 个：5 个回转群、4 个双面群和 2 个等轴回转群。

　　回转群：只包含一种旋转轴，分别对应于一、二、三、四、六次旋转轴，用 Schoenfiles 记号表示为 $C_n$：$C_1$，$C_2$，$C_3$，$C_4$，$C_6$；双面群：回转群与二次旋转轴组合得到，共有 4 个：$D_2$，$D_3$，$D_4$，$D_6$，阶次分别为 4，6，8，12。等轴回转群：有 2 个，四面体群 $T$ 和八面体群 $O$，对称性的阶次分别是 12 和 24。二者的特征对称元素为四个沿立方体对角线方向的三次轴，作用的结果会导致三个轴相等，故名。

　　第一类对称操作与第二类对称操作进行组合，即将对称中心、对称面、四次反轴加到前述的 11 个点群中去，可得到 21 个点群。

由第一类和第二类操作组合而成的无心点群有 10 个，分别为 $C_{2v}$、$C_{3v}$、$C_{4v}$、$C_{6v}$、$C_s$ $(m)$、$C_{3h}$、$D_{2d}$、$D_{3h}$ 及 $S_4$ 和 $T_d$。

由第一类和第二类操作组合而成的含对称中心的点群有 11 个，分别为 $C_i$、$C_{3i}$；$C_{2h}$、$C_{4h}$、$C_{6h}$；$D_{2h}$、$D_{4h}$、$D_{6h}$；$D_{3d}$；以及高阶群 $T_h$ 和 $O_h$。

32 种点群中，有 21 种无对称中心，11 种含对称中心，这 11 种群也称 Laue 群。X 射线衍射中，当反常散射不严重的情况下，得到的结果均加入对称中心，因此在由衍射数据构建的点阵中，只有 11 种 Laue 群。

32 种点群按其共有的特征对称元素可分为七大类，称七个晶系。描述晶格单元或晶胞的形状和大小的 6 个参数分别为边长 $a$、$b$、$c$ 及夹角 $\alpha$、$\beta$、$\gamma$。某一晶体属于哪个晶系由晶体的对称性决定，晶系的特征对称元素列于表 4-2 中。

**表 4-2　晶系划分、晶胞参数与特征对称元素**

| 晶系 | | 晶胞参数 | 点群 | 对称性要求 |
|---|---|---|---|---|
| 立方（cubic） | | $a=b=c$，$\alpha=\beta=\gamma=90°$ | $T$, $O$, $T_d$, $T_h$, $O_h$ | 沿立方体对角线方向有 4 个三重轴（旋转轴或反轴） |
| 六方（hexagonal） | | $a=b\neq c$，$\alpha=\beta=90°$ $\gamma=120°$ | $C_{3h}$, $C_6$, $C_{6h}$, $D_{3h}$, $C_{6v}$, $D_6$, $D_{6h}$ | 六重轴（旋转轴、反轴或螺旋轴） |
| 四方（tetragonal） | | $a=b\neq c$，$\alpha=\beta=\gamma=90°$ | $S_4$, $C_4$, $C_{4h}$, $D_{2d}$, $C_{4v}$, $D_4$, $D_{4h}$ | 四重轴（旋转轴、反轴或螺旋轴） |
| 三方（trigonal） | 简单 | $a=b\neq c$，$\alpha=\beta=90°$ $\gamma=120°$ | $C_3$, $C_{3i}$, $D_3$, $C_{3v}$, $D_{3d}$ | 三重轴（旋转轴、反轴或螺旋轴） |
| | 菱面体（rhombohedral） | $a=b=c$，$\alpha=\beta=\gamma\neq90°$ | | |
| 正交（orthorhombic） | | $a\neq b\neq c$ $\alpha=\beta=\gamma=90°$ | $D_2$, $C_{2v}$, $D_{2h}$ | 2 个互相垂直的对称面或 3 个互相垂直的二重轴 |
| 单斜（monoclinic） | | $a\neq b\neq c$ $\alpha=\gamma=90°$ | $C_2$, $C_s$, $C_{2h}$ | 1 个对称面或 1 个二重轴 |
| 三斜（triclinic） | | $a\neq b\neq c$ $\alpha\neq\beta\neq\gamma$ | $C_1$, $C_i$ | 无 |

在晶体结构中，将晶体的结构基元抽取为点而形成点阵结构，点阵的对称性可能会高于晶体的对称性。每一个晶系所对应的格子都能容纳最高对称性并直观地将特征对称元素反映出来，由此决定了 7 个晶系中晶体的空间点阵型式只有 14 种，又称布拉维（Bravais）点阵型式（图 4-3）。图 4-3 中表达点阵型式的双字母简写符号中，前面的小写字母代表晶族（其中，六方和三方均归入六方晶族），后面的大写字母代表点阵类型，其含义如下：P 为简单格子或称素格子，源于英文 primitive；$A$、$B$、$C$ 分别对应于在 $bc$、$ac$、$ab$ 面上出现的底心；F 为面心，源于英文 face-centered；I 为体心，源于德文 innenzentriert；R 为菱心，源于 rhombohedral。

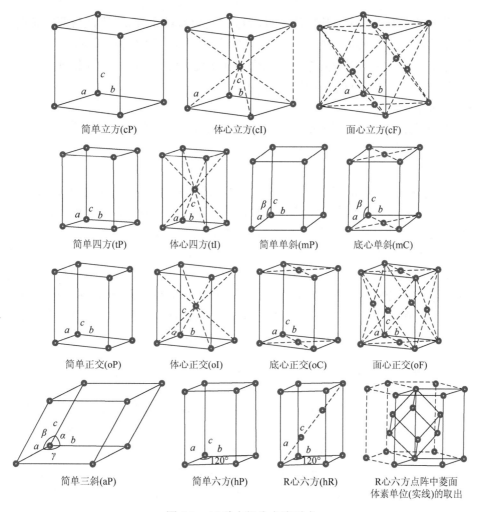

简单立方(cP)　　　体心立方(cI)　　　面心立方(cF)

简单四方(tP)　体心四方(tI)　简单单斜(mP)　底心单斜(mC)

简单正交(oP)　体心正交(oI)　底心正交(oC)　面心正交(oF)

简单三斜(aP)　简单六方(hP)　R心六方(hR)　R心六方点阵中菱面体素单位(实线)的取出

图 4-3　14 种布拉维点阵型式

立方晶系有三种点阵型式：立方素格子（cP），它包含 1 个格子点；立方体心格子（cI），它包含 2 个格子点；立方面心格子（cF），它包含 4 个格子点。

六方晶系特征对称元素是 6 或 $\bar{6}$，最高对称性的点群是 $D_{6h}$，相应的空间格子型式一定要能直观反映出 6 或 $\bar{6}$ 并容纳 $D_{6h}$ 的对称性，这样六方晶系只有一种 P 格子型式（hP）。

三方晶系对应的空间点阵型式，应反映 3 或 $\bar{3}$ 并容纳 $D_{3d}$ 的对称性。其所对应的点阵型式稍微复杂一点，简单三方的点阵型式与六方晶系相同，而菱面体格子（简称 R 格子）可以有两种取法：一是菱面体（菱方）的点阵型式，为素格子，三个边长相等且三个边两两夹角均等于 $\alpha$；二是采用六方晶轴表达，形成含 3 个格子点的复格子，记为 hR。

　　四方晶系中 4 或 $\bar{4}$ 为其特征元素，$D_{4h}$ 为其最高对称点群，因此与四方晶系相应的空间格子型式应能容纳 $D_{4h}$ 的对称性，其点阵型式有 P 和 I 两种。

　　正交晶系要求的对称元素是：两个相互垂直的对称面或三个互相垂直的 2，最高对称性的点群是 $D_{2h}$，与此对应，可以有 P 格子、I 格子、F 格子和 C（底心）格子四种格子。

　　单斜晶系相对应的空间格子应反映出 2 或 m 并能容纳 $C_{2h}$ 的对称性，可以是 P 格子和 C 格子。

　　三斜晶系只有一种 P 格子。

　　在考察一个晶体的宏观对称性时，首先看其特征对称元素是否符合立方晶系的要求，若不是，再看是否是六方，依次再看三方、四方、正交、单斜、三斜。总而言之，先从对称性高的晶系着手，依次寻找。需要注意的是，某一晶系的晶胞参数必然满足表 4-2 中的数值，这是由对称性决定的；但反过来，若晶胞参数符合表中所列数值，则不一定必然为对应的晶系，有可能取低一点的晶系。在通常的衍射数据分析过程中，往往是先通过对所得衍射数据进行指标化得到晶胞参数，按照晶胞参数的取值来判断可能的晶系，这样做大多数情况下也是可以的。只是在进一步的结构分析中，要注意是否符合对称元素的要求。

　　**2. 晶体的微观对称性与 230 种空间群**

　　宏观对称性是晶体内部构造的外在表现，而晶体的内部构造则是宏观对称性得以呈现的基础。晶体内部结构的对称性称为微观对称性。二者的区别在于，前者对应于有限图形，所表现的性质是连续的，只有方向上的区别没有位置上的差异；而后者则不然，晶体的微观结构可以容纳平移这一对称动作，在进行晶体结构分析时，微观对称元素自有其特点和组合规律，给晶体带来不同的特性。

　　1）微观对称元素：螺旋轴和滑移面

　　平移与旋转轴、平移与镜面组合可以产生新的复合对称元素——螺旋轴和滑移面。

　　螺旋轴是一假想的直线，它所对应的对称动作是绕此线旋转，以及沿此直线方向的平移的联合动作。即当图形绕此直线旋转一定角度（$360°/n$）后，再沿此直线方向平移一定距离 t 使图形复原。经过 n 次操作，新产生的点与晶体三维周期的平移对称性相容。螺旋轴按其基转角的大小分为二次、三次、四次、六次轴共四类。按其平移距离的不同，二次螺旋轴只有 $2_1$ 一种，三次螺旋轴分为 $3_1$、$3_2$ 两种，四次螺旋轴分为 $4_1$、$4_2$、$4_3$ 三种，六次螺旋轴则有 $6_1$、$6_2$、$6_3$、$6_4$、$6_5$ 五种。这 11 种螺旋轴的基本操作、图示符号和阶次汇于表 4-3。

**表 4-3　晶体中的螺旋轴**

| 螺旋轴 | 基本操作 | 图示符号 | 阶次 |
|---|---|---|---|
| $2_1$ | $\{2\}\{1/2T\}$ | （垂直纸面） <br>（在纸面内） | 2 |
| $3_1$ | $\{3\}\{1/3T\}$ |  | 3 |
| $3_2$ | $\{3\}\{2/3T\}$ |  | 3 |
| $4_1$ | $\{4\}\{1/4T\}$ |  | 4 |
| $4_2$ | $\{4\}\{2/4T\}$ | | 4 |
| $4_3$ | $\{4\}\{3/4T\}$ |  | 4 |
| $6_1$ | $\{6\}\{1/6T\}$ |  | 6 |
| $6_2$ | $\{6\}\{2/6T\}$ |  | 6 |
| $6_3$ | $\{6\}\{3/6T\}$ | | 6 |
| $6_4$ | $\{6\}\{4/6T\}$ | | 6 |
| $6_5$ | $\{6\}\{5/6T\}$ | | 6 |

　　滑移面为一假想的平面，其对称动作为对于此平面的反映与平行此平面某一方向平移一定距离的联合操作，阶次均为 2。滑移面按其平移的方向与平移量的不同，可分为 $a$、$b$、$c$、$n$、$d$ 和 $e$ 六种。只有面心和体心格子中有可能存在 $d$ 滑移面。滑移面的表示及操作特点列于表 4-4 中。

**表 4-4　晶体中的滑移面**

| 滑移面 | 图示符号 | 滑移面特点与滑移操作方式 | 滑移量 |
|---|---|---|---|
| $a$，$b$，$c$ | — — — — — | 滑移面垂直纸面，滑移在纸面内且与该线平行 | $1/2a$，$1/2b$，$1/2c$ |
| | ············· | 滑移面垂直纸面，滑移在垂直纸面方向 | |
| |  | 滑移面平行纸面，箭头表示滑移方向；无数字表示滑移面恰在纸面上；有分数坐标时，表示滑移面离开纸面高度 | |
| $n$（对角） | — · — · — | 滑移面垂直纸面 | $1/2(a+b)$，$1/2(b+c)$ 或 $1/2(a+c)$ |
| |  | 滑移面平行纸面，箭头表示滑移方向；无数字表示滑移面恰在纸面上；有分数坐标时，表示滑移面离开纸面高度 | |

右上角：续表

| 滑移面 | 图示符号 | 滑移面特点与滑移操作方式 | 滑移量 |
|---|---|---|---|
| d（金刚石） | | 垂直纸面 | 1/4 $(a+b)$，1/4 $(b+c)$ 或 1/4 $(a+c)$ |
| | | 平行于纸面，分数坐标（1/8，3/8）表示滑移面离开纸面高度 | |
| e（双） | | 垂直纸面 | 1/2$a$，1/2$b$，1/2$c$ |
| | | 平行于纸面，分数坐标表示滑移面离开纸面高度 | |

宏观对称元素与微观对称元素是对应存在的。宏观对称动作与微观对称动作只差微小平移量，如果晶体结构中存在螺旋轴，在宏观外形中则消除平移的因素而表现为旋转轴；同理滑移面显示为镜面。

2）空间群与点群的国际记号

在周期性无限延伸的晶体结构中，对称元素组合所形成的对称群即为晶体的空间群。宏观观察中的旋转轴，在微观结构中，不仅仍然可以是旋转轴，还可能是同轴次的各种螺旋轴；镜面，不仅可以是镜面，还可能是各种滑移面。从点群对应的格子型式出发，将其所含旋转轴分为若干种可能的同轴次旋转轴和螺旋轴，将对称面分成若干种可能的对称面和滑移面，进行合理组合，同时满足晶体周期性点阵结构的要求，可以推出与 32 个点群相对应的 230 个空间群，即晶体结构有且只能有 230 种空间群。

一个点群可以对应于一个或多个空间群。例如，点群 $D_2$-222 属正交晶系，它包括 P、I、C、F 四种形式，如果把平移加进去，组合后就可得出与点群 $D_2$-222 同形的 9 个空间群 $D_2^1$-P 2 2 2、$D_2^2$-P 2 2 2$_1$、$D_2^3$-P 2$_1$ 2$_1$ 2、$D_2^4$-P 2$_1$ 2$_1$ 2$_1$、$D_2^5$-C 2 2 2、$D_2^6$-C 2 2 2$_1$、$D_2^7$-F 2 2 2、$D_2^8$-I 2 2 2 和 $D_2^9$-I 2$_1$ 2$_1$ 2$_1$。

P 2 2 2 是空间群的记号，称 Hermann-Mauguin 记号。它按照一定的方式和次序示出相应空间群中包含的各种对称元素及其对应的方向。第一个字母代表点阵类型，后面的记号在一般情况下包含三个位——与点群国际记号的三个位方向相同。在各个晶系中，每个位代表着一个与晶胞的三个基本矢量 $a$、$b$、$c$ 形成确定关系的方向。在对应方向出现的轴与此方向平行，而出现的面则与此方向垂直。各个晶系中三个位相应的方向列于表 4-5 中。

表 4-5　晶体学国际记号中三个位的方向

| 晶系 | 方向 1 | 方向 2 | 方向 3 |
|---|---|---|---|
| 立方 | $a$ | $a+b+c$ | $a+b$ |
| 六方 | $c$ | $a$ | $2a+b$ |

续表

| 晶系 | 方向 1 | 方向 2 | 方向 3 |
|------|--------|--------|--------|
| 四方 | $c$ | $a$ | $a+b$ |
| 三方 | $c$ | $a$ | |
| 正交 | $a$ | $b$ | $c$ |
| 单斜 | $b$ | | |

立方晶系三个位的方向依次是 $a$、$a+b+c$ 和 $a+b$，分别为轴向、体对角线方向和面对角线方向。在三斜晶系中，1 或 $\bar{1}$ 放在第一个位上，不涉及方向。在某些情况下，如在某些位上没有对称元素，可以用 1 来填补空位。

空间群记号有简写和全写两种方式。简写记号示出该群的特征对称元素，它不仅通过给出相应方向上的对称元素而反映出该空间群的特点，也可推出该点群的全部对称元素；全写符号则直接给出更多的信息——对单斜晶系，强调唯性轴的方向，对于带心的空间群，则给出在简写记号中未示出的旋转轴或者螺旋轴等对称元素等。例如，第 10 号空间群，单斜晶系，简写符号为 P $2/m$，隐含唯性轴为 $b$，平行于 $b$ 方向有二次轴，垂直于 $b$ 方向有镜面，全写符号为 P 1 $2/m$ 1，按照 $a$、$b$、$c$ 三个方向依次标示，用 1 填补没有对称元素的方向；第 62 号空间群，简写 P $nma$，全写为 P $2_1/n$ $2_1/m$ $2_1/a$，给出 $a$、$b$、$c$ 的 $2_1$ 信息。有些空间群，简写和全写记号相同，例如，前面示出的 $D_2$ 点群中的 9 个空间群，二者相同。

3）等效点系与等效点系图

每个空间群中对称元素的排布有其特定的规律。《国际晶体学表》（*International Tables for Crystallography*）A 卷中，对于 230 个空间群，给出对称元素系图和等效点系图。对称元素系图有一幅或者多幅，数目和类型与晶系及空间群特点有关。对称元素系图画出了晶体中不同位置、不同方向对应存在的所有对称元素，直观地显示出晶体的对称性；而等效点系图则示出了晶体结构中由对称操作产生的一般等效点系中点的分布与位置。

在晶体结构中任选一个点，通过该空间群所有对称元素的操作而得到的一套等同点的集合为一个等效点系。等效点系从原子排列的方式上体现晶体的对称性。根据相应点是否落在对称元素上，等效点系分为一般等效点系和特殊等效点系。一般等效点系为处在一般位置（不在对称操作上）的等效点系，其等效点的数目等于该空间群所能产生点的最大数目；特殊等效点系为处在对称操作上的等效点系，其有效点的数目等于该空间群所能产生的最大点数除以所处对称元素的阶次。一个晶体结构中可以同时存在着若干个等效点系。

图 4-4 示出 $C_{2h}^5$-P$2_1/c$ 空间群的对称元素系与等效点系图。

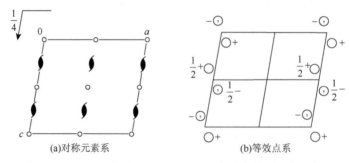

图 4-4　$C_{2h}^5$-P $2_1/c$ 的对称元素系与等效点系图

从对称元素系图可以看出，此空间群存在的对称元素有：对称中心、$2_1$ 螺旋轴和 $c$ 滑移面。将对称中心选为晶格原点，$2_1$ 平行于 $\boldsymbol{b}$ 方向且过 $x=0$，$z=1/4$ 处，$c$ 滑移面垂直于 $\boldsymbol{b}$ 方向过 $y=1/4$。等效点系则列于表 4-6 中。

**表 4-6　P $2_1/c$ 空间群的等效点系**

| 等效点数目 | Wyckoff 符号 | 点的对称性 | 点的坐标 |
|---|---|---|---|
| 4 | e | 1 | $(x, y, z)$ $(-x, y+1/2, -z+1/2)$ $(-x, -y, -z)$ $(x, -y+1/2, z+1/2)$ |
| 2 | d | $-1$ | $(1/2, 0, 1/2)$ $(1/2, 1/2, 0)$ |
| 2 | c | $-1$ | $(0, 0, 1/2)$ $(0, 1/2, 0)$ |
| 2 | b | $-1$ | $(1/2, 0, 0)$ $(1/2, 1/2, 1/2)$ |
| 2 | a | $-1$ | $(0, 0, 0)$ $(0, 1/2, 1/2)$ |

其中，2 和 4 分别表示等效点的数目，a、b、c、d 和 e 为等效点系的记号，按点所处位置对称操作的阶次由高到低从 a 开始依次选取英文字母，通常把二者合并起来，写作 2a、4e 等，称为 Wyckoff 符号。此空间群中，4e 为一般等效点系；2a、2b、2c 和 2d 为特殊等效点系，均处在对称中心上。

对于带心格子，要考虑相应的平移量，即用空间群表中所给坐标和对应复格子的平移量进行加和，获得完整的等效点系。复格子的平移量分别为

底心（C）：$(0, 0, 0)+$，$(1/2, 1/2, 0)+$；

体心（I）：$(0, 0, 0)+$，$(1/2, 1/2, 1/2)+$；

R 心（R）：$(0, 0, 0)+$，$(2/3, 1/3, 1/3)+$，$(1/3, 2/3, 2/3)+$；

面心（F）：$(0, 0, 0)+$，$(0, 1/2, 1/2)+$，$(1/2, 0, 1/2)+$，$(1/2, 1/2, 0)+$。

利用等效点系，可以合理进行晶体结构分析工作并可大大简化分析过程。

### 4.1.3　晶面与晶面符号，晶面指标与衍射指标

按照周期性和对称性的要求，生长出一定的大小和形状的晶体。真实晶体的

大小和形状，随生长条件的不同而改变。但不管晶体外形发育如何，其内在的对称性不变，各晶面的相对空间方位不变，因此可以用每个晶面在晶体中的取向来标记晶面。

由于晶体结构的周期性，晶体中沿不同方向可以取出平行排列的不同晶面。晶体具有点阵结构，晶面必然与平面点阵相平行。因此标记晶面，实际上是标记一族相应的平面格子。

18 世纪末法国学者浩羽（Hauy）提出了有理指数定律：在晶体中可以找到一套坐标轴系，每个晶面在这三个晶轴上倒易截数成简单的互质整数比 $h:k:l$。（$hkl$）即晶面符号，$h, k, l$ 也称密勒指数（Miller indices）。平行的晶面具有相同的晶面符号。

图 4-5 示出 NaCl 的晶胞，图中阴影所示的平面在三个坐标轴 $x, y, z$ 上的截距为 $1a, 1b, 1c$，截数为 $1, 1, 1$，其倒数为 $1, 1, 1$，互质的比值为 $1:1:1$，此平面的密勒指数为 $1, 1, 1$。

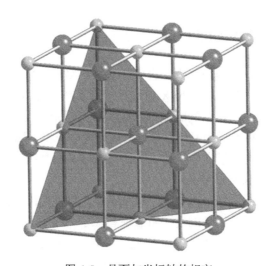

图 4-5　晶面与坐标轴的相交

当晶面平行于某一坐标轴时，截数为无穷大，其倒数等于 0，对应于该轴的指数为 0。如晶面与 $b$ 轴平行，晶面符号为（$h0l$），若同时平行于 $a$ 和 $b$，晶面符号为（$00l$）。

晶面符号（$hkl$）和（$-h-k-l$）分别标记位于原点之两侧而相互平行的两个晶面。

由对称动作联系起来的等同晶面，需将指数冠以正负号，或变换三个指数的位置，如立方体的六个晶面（100）、（010）、（001）、（-100）、（0-10）、（00-1）是等同的，可以一并标记为{100}。

有理指数定律明确地揭示了晶体外形和内部构造之间的关系。晶面的密勒指数越简单，相应的平面点阵族之间的间距越大，面网上点阵点的密度就越大，它所对应的晶面就会得到较快的发育。因此密勒指数也可作为晶体生长状况的标志。

需要指出的是，晶面指数是互质的；但在 X 射线衍射中，常常出现 200、220、242 等指标，此为衍射指标，分别表示（100）、（110）和（121）晶面的二级衍射。衍射指标（$nh\,nk\,nl$）中的 $n$ 为衍射级数。

# 4.2　X 射线的性质及其与物质的作用

1895 年，德国科学家伦琴发现当一束高速电子打在金属表面上时产生波长为 Å 数量级的射线，称为 X 射线。X 射线是波长范围为 $10^{-2} \sim 10^2$ Å 的电磁波。适合晶体结构研究的 X 射线波长一般为 0.5～2.5 Å。

## 4.2.1　X 射线谱：连续谱和特征谱

高速运动的电子打在金属靶上，会发生复杂的效应，能量损失主要以热能的形式耗散，仅有很小一部分转化为 X 射线。X 射线产生有两种情况：一是高速电子与靶材作用，速度减小，损失的能量 $\Delta E$ 以 X 射线形式发射出来，此能量变化是连续的，相应的 X 射线谱也是连续的；二是高速电子将金属元素内层（如 K 层）的电子轰掉，高能级的电子向电子缺失的能级跃迁，能量的变化以 X 射线的形式放出——此过程产生 X 射线特征谱。

晶体结构研究多采用特征 X 射线，多晶衍射光源常用铜靶产生的 $K_\alpha$ 射线。

K 系特征谱线是高速运动的电子将金属靶原子内层的 K 层电子打出，外层电子（L, M, N, …）跳入 K 层并以 X 射线光子形式放出的射线：L→K 射线为 $K_\alpha$，M→K 为 $K_\beta$，依次类推；相应地，能量变化依次增大，波长变短，$\lambda(K_\alpha) > \lambda(K_\beta)$。量子力学计算和测试结果均表明，L→K 跃迁的概率远大于 M→K 的跃迁概率，$K_\alpha$ 射线强度也就高得多。实验给出 $I(K_\alpha) : I(K_\beta) = 5.4 : 1$，即 L→K 跃迁的概率是 M→K 跃迁概率的 5.4 倍。故研究中多选择 $K_\alpha$ 射线。

$K_\alpha$ 由 $K_{\alpha 1}$ 和 $K_{\alpha 2}$ 双线构成。由于量子力学选律的限制，s-s 跃迁禁阻，即不可能产生 2s-1s 的跃迁，只有 2p 亚层的电子可以跳入 1s 能级。p 轨道的角量子数 $l = 1$，轨道-自旋（量子数为 1/2）耦合产生两个亚能级，总量子数分别为 $J = 3/2$、1/2，这两个能级有微小的能级差，因此电子跃迁到 K 层放出的能量不同，形成双线。$K_{\alpha 1}$ 波长略小于 $K_{\alpha 2}$，二者的强度也不同，$I(K_{\alpha 1}) : I(K_{\alpha 2}) = 2 : 1$。在实际工作中，$K_\alpha$ 波长取 $K_{\alpha 1}$ 和 $K_{\alpha 2}$ 波长的加权平均值：$\lambda(K_\alpha) = 2/3\lambda(K_{\alpha 1}) + 1/3\lambda(K_{\alpha 2})$

铜靶所产生的 $K_\alpha$ 射线波长，$K_{\alpha1}$ 为 1.5406 Å，$K_{\alpha2}$ 为 1.5444 Å，加权平均值 $K_\alpha$ 为 1.5418 Å。

## 4.2.2  X 射线与物质的相互作用

X 射线是一种电磁波，照射到物质时，主要是和物质中的电子作用，产生各种效应，如吸收、透过、散射、击出电子等。与晶体学相关，主要考虑吸收效应和散射效应。此处讨论物质对 X 射线的吸收。当一束入射强度为 $I_0$ 的 X 射线通过厚度为 $x$ 的某种均匀物质，透过的强度为 $I$ 与入射强度 $I_0$ 的关系符合朗伯-比尔定律：

$$I = I_0 \mathrm{e}^{-\mu x}$$

式中，$\mu$ 为物质的线吸收系数，它与 X 射线波长、物质的种类和状态有关。将物质的密度 $\rho$ 代入，上式可改写成：

$$I = I_0 \mathrm{e}^{-\frac{\mu}{\rho}\rho x} = I_0 \mathrm{e}^{-\mu_m \rho x}$$

式中，$\mu_m = \mu/\rho$ 称为质量吸收系数，它仅与 X 射线的波长及物质的组成有关，而与物质的状态无关。

质量吸收系数有如下特点：

（1）与原子序数有关，一般原子序数越大，吸收越强，即质量吸收系数越大。但受吸收边的影响，吸收出现锯齿状的波动。图 4-6 给出不同元素对 Cu $K_\alpha$ 的质量吸收系数。

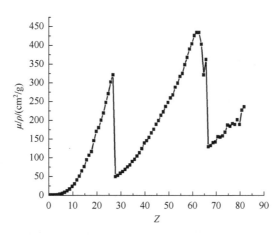

图 4-6  不同元素对 Cu $K_\alpha$ 的质量吸收系数

（2）质量吸收系数具有加和性。对于任一体系，无论该物质是化合物、固溶体，还是混合物，也无论它是固态、液态，还是气态，体系的总质量吸收系数等于体系中各元素的质量吸收系数按质量分数的权重加和：

$$\mu_m = \sum_{i=1}^{n} w_i \mu_{mi}$$

要求得一个体系的质量吸收系数，只要知道各元素的质量吸收系数及其在该体系中的含量，按质量分数进行加和即可。各种元素的质量吸收系数可从（《国际晶体学表》）C 卷，第 230～235 页上的 Table 4.2.4.3 "Mass attenuation coefficient"中查得。

例如，求 CuO 的质量吸收系数。对于 Cu $K_\alpha$ 射线，$\mu_m(Cu) = 51.8 \ cm^2/g$，$\mu_m(O) = 11.5 \ cm^2/g$。CuO 的摩尔质量为 79.6 g/mol，其中 Cu 的质量分数为 0.80，O 的质量分数为 0.20，则氧化铜的质量吸收系数：$\mu_m(CuO) = 51.8 \ cm^2/g \times 0.80 + 11.5 \ cm^2/g \times 0.20 = 43.7 \ cm^2/g$。

### 4.2.3　K 吸收、二次荧光与 X 射线的单色化

图 4-7 中给出 Ni、Mn 的质量吸收系数随波长的变化关系。可以看出，随着波长 $\lambda$ 变小，X 射线的透过性增加，质量吸收系数 $\mu_m$ 变小。但是，当 $\lambda$ 小到某一定波长，物质对 X 射线的吸收大大增强。图 4-7 中，在 $\lambda = 1.90 \ \text{Å}$，Mn 的吸收发生突跃；在 $\lambda = 1.49 \ \text{Å}$，Ni 的吸收显著增大。

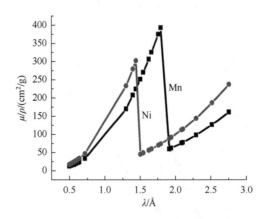

图 4-7　Ni 与 Mn 的质量吸收系数随波长 $\lambda$ 的变化

X 射线光子能量与被照射物质的 K 电子能量相当或略大时，可以将金属中的 K 电子激发出来，从而使入射 X 射线几乎完全用于击出物质的 K 电子，使吸收显著增强的现象称为 K 吸收，相应的 X 射线波长称为 K 吸收边，Mn 和 Ni 的吸收边分别为 1.90 Å 和 1.49 Å。

物质发生 K 吸收时，K 电子击出，外层电子会跳入 K 层填充空位，电子由高

能级降到低能级放出次生 X 射线，$\lambda_{\text{次}} > \lambda_{\text{入射}}$，此 X 射线为二次荧光，二次荧光与入射 X 射线不相干，会使衍射背底变高。

　　例如，Ni 的吸收边为 1.49 Å，Cu 的 $K_\alpha$ 波长为 1.54 Å，光子能量小于 Ni 吸收边的能量，故不会将 Ni 的 K 电子打出；而 Co 的 K 吸收波长为 1.60 Å，Cu $K_\alpha$ 的光子可以把 Co 的 K 层电子击出而产生二次荧光；Mn 的吸收边为 1.90 Å，与 1.54 Å 有一定的偏离，吸收效应比 Co 弱，但也有一定的强度。

　　如上分析可知，当元素的原子序数大于靶材元素的原子序数或远小于靶的原子序数时，不会产生 K 吸收。但当元素的原子序数小于靶元素 2~3 时，会发生 K 吸收，产生较强的二次荧光。另外，也要注意，当原子序数增加到一定程度，可能产生 L 吸收，例如，Ba、La 等元素对 Cu $K_\alpha$ 有较强的吸收。这就意味着，当用 Cu $K_\alpha$ 线作为 X 射线衍射光源时，若分析样品中含有元素钴、锰、钡、镧等元素时将使背景变高，衍射峰强度变弱。

　　X 射线管发射 $K_\alpha$ 特征线的同时，也产生连续光谱及 $K_\beta$ 等特征光谱，为得到纯的 $K_\alpha$ 谱线，可以采用滤波片或单色器。滤波片的滤波原理就是利用 K 吸收，如图 4-8 所示。选择比靶元素原子序数小 1~2 其吸收边介于 $K_\alpha$ 和 $K_\beta$ 之间的元素作滤波片，可以有效地将 $K_\beta$ 吸收掉，而 $K_\alpha$ 大部分可透过。例如，Ni 的 K 吸收波长为 1.49 Å，介于 Cu 的 $K_\alpha$（$\lambda = 1.54$ Å）和 $K_\beta$（$\lambda = 1.39$ Å）之间，可以用作滤波片。滤波片厚度的确定方法：使 X 射线透过滤波片后，$K_\alpha$ 减弱约一半，此时绝大部分 $K_\beta$ 被吸收掉而得到基本上单色化的 $K_\alpha$ 线。

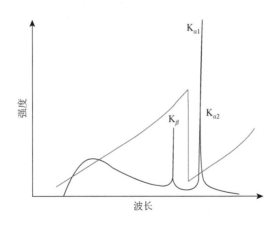

图 4-8　X 射线的单色化

　　X 射线的单色化还可通过晶体单色器进行。根据布拉格方程：$2\,d_{hkl}\sin\theta = \lambda$，对于不同波长的 X 射线，衍射角不同，因此选择合适的晶体、合适的晶面与衍射级数，使强度尽可能大，在某一特定的角度接受 X 射线，即可得到单色 X 射线。

目前 X 射线衍射仪普遍使用的是石墨晶体单色器，利用的是其 002 衍射。为了提高分辨率和强度，晶体制成弯曲形状，使产生的单色光聚焦，提高强度。利用单色器，可获得纯净的 $K_\alpha$ 线，得到背景干净高质量的衍射图谱。随着衍射技术的发展，在高分辨 X 射线衍射仪中，也有采用锗单色器分离得到纯的 $K_{\alpha 1}$。

# 4.3　衍射的几何原理：倒易空间与衍射方法

要清楚地阐明晶体 X 射线衍射的几何原理，需引入倒易空间点阵——倒易格子的概念。倒易格子实际上是一种数学方法，是理解衍射几何和衍射图形、进行衍射仪的设计及处理其他各种衍射问题的强有力工具。在多晶 X 射线衍射中，我们熟悉的布拉格方程 $2d\sin\theta = n\lambda$ 中，$d$ 与 $\sin\theta$ 就是倒易关系。

## 4.3.1　倒易格子与正格子的关系

设有一点阵格子 **T**，它由规定一个素单位的三个向量 $\vec{a}$、$\vec{b}$、$\vec{c}$ 描述，现在引进三个新的向量 $\vec{a^*}$、$\vec{b^*}$、$\vec{c^*}$，它们也能决定一套格子 **T$^*$**。**T$^*$** 为 **T** 的倒易格子。根据倒易格子的定义，向量 $\vec{a^*}$、$\vec{b^*}$、$\vec{c^*}$ 与向量 $\vec{a}$、$\vec{b}$、$\vec{c}$ 的数学关系如下：

$$\vec{a^*}\cdot\vec{a}=1 \quad \vec{a^*}\cdot\vec{b}=0 \quad \vec{a^*}\cdot\vec{c}=0$$
$$\vec{b^*}\cdot\vec{a}=0 \quad \vec{b^*}\cdot\vec{b}=1 \quad \vec{b^*}\cdot\vec{c}=0$$
$$\vec{c^*}\cdot\vec{a}=0 \quad \vec{c^*}\cdot\vec{b}=0 \quad \vec{c^*}\cdot\vec{c}=1$$

**T** 的晶胞体积 $V$ 与各轴向基矢的关系为

$$V = \vec{a}\cdot(\vec{b}\times\vec{c}) = \vec{b}\cdot(\vec{c}\times\vec{a}) = \vec{c}\cdot(\vec{a}\times\vec{b})$$

根据以上关系及矢量之间的关系，可知：

$$\vec{a^*} = \frac{\vec{b}\times\vec{c}}{V} \quad \vec{b^*} = \frac{\vec{c}\times\vec{a}}{V} \quad \vec{c^*} = \frac{\vec{a}\times\vec{b}}{V}$$

同理，有

$$V^* = \frac{1}{V} = \vec{a^*}\cdot(\vec{b^*}\times\vec{c^*}) = \vec{b^*}\cdot(\vec{c^*}\times\vec{a^*}) = \vec{c^*}\cdot(\vec{a^*}\times\vec{b^*})$$

$$\vec{a} = \frac{\vec{b^*}\times\vec{c^*}}{V^*} \quad \vec{b} = \frac{\vec{c^*}\times\vec{a^*}}{V^*} \quad \vec{c} = \frac{\vec{a^*}\times\vec{b^*}}{V^*}$$

将夹角参数代入，可以得到：

$$a^* = b\cdot c\sin\alpha/V \quad a = b^*\cdot c^*\sin\alpha^*/V^*$$
$$b^* = c\cdot a\sin\beta/V \quad b = c^*\cdot a^*\sin\beta^*/V^*$$
$$c^* = a\cdot b\sin\gamma/V \quad c = a^*\cdot b^*\sin\gamma^*/V^*$$

正格子、倒格子的角度参数之间关系为

$$\cos\alpha^* = \frac{\cos\beta \cdot \cos\gamma - \cos\alpha}{\sin\beta \cdot \sin\gamma}$$

$$\cos\beta^* = \frac{\cos\gamma \cdot \cos\alpha - \cos\beta}{\sin\gamma \cdot \sin\alpha}$$

$$\cos\gamma^* = \frac{\cos\alpha \cdot \cos\beta - \cos\gamma}{\sin\alpha \cdot \sin\beta}$$

根据不同晶系晶胞参数和点阵的特点，可以将相关参数代入计算，进行简化，结果如下：

简单立方：$a^* = 1/a$，夹角均为 90°；

简单四方：$a^* = 1/a$，$c^* = 1/c$，夹角均为 90°；

六方和简单三方：$a^* = 1/(a\sin120°)$，$c^* = 1/c$，$\gamma^* = 60°$；

简单正交：$a^* = 1/a$，$b^* = 1/b$，$c^* = 1/c$，夹角均为 90°；

简单单斜：以 $b$ 为唯性轴，$\alpha = \gamma = 90°$，$\beta$ 为斜角，有 $a^* = 1/(a\sin\beta)$，$b^* = 1/b$，$c^* = 1/(c\sin\beta)$ $\alpha^* = \gamma^* = 90°$；$\beta^* = 180° - \beta$。

上述的公式规定了素晶格之间的转化关系，复格子转换稍微复杂一些，可以通过几何作图给出，也可以借助素晶格与复晶格之间的相互转换而实现，此不赘述。可以看出，正格子与倒易格子是一一对应的。由正格子出发，可以分别得到倒易格子 3 个基矢的长度及夹角的数值，可以确定一个倒易格子。倒易格子是正格子的一种数学变换，它有如下性质：

（1）倒易格子也是一种点阵格子，具有点阵格子的所有性质。若原点向任意格子点的矢量表达为

$$\vec{H} = h\vec{a^*} + k\vec{b^*} + l\vec{c^*}$$

则 $\vec{H}$ 垂直于正格子中的平面族（$h'k'l'$），$h'k'l'$ 为互质的密勒指数，上式中，$h = nh'$，$k = nk'$，$l = nl'$。

（2）倒易格子矢量长度与晶面间距之间为倒易关系：

$$|\vec{H}| = \sqrt{\vec{H} \cdot \vec{H}} = 1/d_{hkl} \qquad d_{hkl} = \frac{1}{|\vec{H}|}$$

倒易格子是一种虚格子，它是由晶体内部的点阵格子按照一定的方法转化而来的。倒易格子单位与其正空间的晶格存在确定的对应关系。素晶格的倒易格子也是素格子，体心格子的倒易格子是面心格子，面心格子的倒易格子是体心格子，底心格子的倒易格子仍是底心格子。

## 4.3.2　倒易点阵的应用：X 射线衍射原理

1. Ewald 反射球

晶体衍射发生的条件可以借助倒易格子来讨论。图 4-9 给出晶体倒易格子的

一个平面格子网，晶体位于 $A$ 处，设其倒易格子点阵 $O$ 为原点，倒易格子中任意一点 $B$ 的坐标为 $hkl$，有：$\vec{H} = h\vec{a^*} + k\vec{b^*} + l\vec{c^*}$。

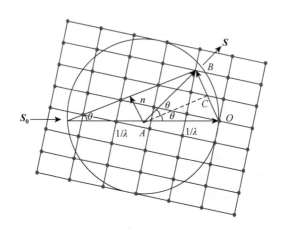

图 4-9　倒易格子与 Ewald 反射球

入射 X 射线 $S_0$ 过晶体的原点 $A$，以 $A$ 为中心，作半径为 $1/\lambda$ 的球面，即为 Ewald 反射球。利用 Ewald 反射球，可以很好地理解 X 射线衍射的原理。

图 4-9 中，存在如下几何关系：$BO = 2OC = 2(1/\lambda)\sin\theta$，即 $2(1/BO)\sin\theta = \lambda$。与 $2d_{hkl}\sin\theta = \lambda$ 比较，可知 $BO = 1/d_{hkl} = |\vec{H}|$。

前已述及，$O$ 点为倒易空间原点，$B$ 为倒易空间的一个格子点。可见，倒易格子中凡是落在反射球球面上的点都会产生衍射，而衍射方向正是球心与格子点的连线方向。

也可以从入射线和衍射线单位矢量来考虑。当晶体在 $B$ 处产生衍射时，代表入射线与衍射线方向的单位向量 $S_0$ 与 $S$ 分别为

$$\overrightarrow{AO} = \frac{\vec{S_0}}{\lambda}, \quad \overrightarrow{AB} = \frac{\vec{S}}{\lambda}$$

根据几何关系：$\overrightarrow{OB} = \overrightarrow{AB} - \overrightarrow{AO}$

$\overrightarrow{OB}$ 为倒易空间的向量 $\vec{H}_{hkl}$，可知在倒易空间中，表示衍射条件的矢量方程为

$$\frac{\vec{S}}{\lambda} - \frac{\vec{S_0}}{\lambda} = \vec{H}_{hkl} = h\vec{a^*} + k\vec{b^*} + l\vec{c^*}$$

根据倒易格子与正格子的数学关系，用正空间的三个基矢分别与上式进行点乘，可以推出：

$$\vec{a} \cdot (\vec{S} - \vec{S_0}) = h\lambda$$

$$\vec{b} \cdot (\vec{S} - \vec{S_0}) = k\lambda$$

$$\vec{c} \cdot (\vec{S} - \vec{S_0}) = l\lambda$$

此即用矢量表示的 Laue 方程。本质上，Laue 方程与布拉格方程完全等价。但是在处理衍射问题时，Laue 方程涉及的参数多，比较麻烦。因此，只含一个角度参数的布拉格方程更为常用。

晶体的衍射方向可通过晶体的倒易格子与 Ewald 反射球的相互作用关系给出。如果让倒易格子相对于反射球进行运动，不同的相接将会给出不同的衍射。对一个给定波长和指定的单晶体而言，必须不断改变晶体方向，使倒易格子与反射球相交，从而得到衍射。对于多晶样品，大量的微晶颗粒无规统计分布，间距相等的晶面对应的倒易点形成倒易球面，与 Ewald 反射球相交而给出衍射。

### 2. X 射线衍射极限球

从图 4-9 也可以看出：在晶体的倒易格子空间中，仅有以 $O$ 点为中心、半径 $R = 2/\lambda$ 的球面内所包含的格子点才可能产生衍射，该球称为衍射的极限球，极限球及其与反射球的关系示于图 4-10。这一点也可以从布拉格公式 $\sin\theta = \dfrac{\lambda}{2}\dfrac{1}{d_{hkl}}$ 得出。由于 $\sin\theta \leqslant 1$，则 $\dfrac{1}{d_{hkl}} \leqslant \dfrac{2}{\lambda}$。即只能收到 $d_{hkl} \geqslant \lambda/2$ 的衍射。

显然，X 射线波长越短，可收集到的衍射范围越大，衍射线越密集；倒易格子越密，收集到的衍射也越多。因此，应根据实验条件、样品要求合理选择 X 射线的波长。一般来说，如果晶体中晶面间距 $d$ 较大，应该采用长波长的 X 射线。目前单晶衍射多采用 Mo 靶（$\lambda = 0.71\,\text{Å}$），可多收集数据点，在多晶衍射中，常采用 Cu 靶（$\lambda = 1.54\,\text{Å}$），以尽可能减少衍射峰的"重叠"。

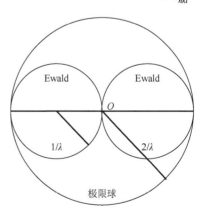

图 4-10　反射球与极限球

### 4.3.3　衍射方法与衍射数据的获得

多晶衍射按其收集衍射强度数据方式的不同可分为照相法和衍射仪法。照相法又分为 Debye-Scherrer 法和聚焦法。目前常用的衍射仪设计多基于聚焦法，因此本节对聚焦法给予简要的介绍，在此基础上讨论衍射仪的设计与衍射数据的获得。

X 射线管发出的 X 射线呈扇形发散，X 射线的平行化不仅会使其强度大大减弱，且得到的 X 射线束仍有一定的发散度，发散的 X 射线使底片背底加重从而使弱衍射更难以分辨出来，衍射的灵敏度差。为有效利用 X 射线，发展了聚焦法。

图 4-11 给出聚焦法示意图。图中，$F$ 为入射线孔，$S$ 为样品。将粉末样品制成与相机曲率半径相同的弯曲面状，底片放在样品与入射线之间，即 $S$ 与 $F$ 之间的大弧为胶片。聚焦法巧妙地利用了"同弧上的圆周角相等"的几何原理。从 $F$ 入射的发散 X 射线照在整个样品上，位置 $A$ 处有一小晶粒的晶面（$hkl$）产生衍射，衍射线与 $FA$ 成 $2\theta$ 角，则位置 $B$、$C$ 晶粒的晶面（$hkl$）也产生衍射，样品中不同位置的同一 $hkl$ 衍射聚焦在底片上，形成一个衍射点 $G$。一个 $hkl$ 衍射对应于一个聚焦的线条，$G_1$、$G_2$ 和 $G_3$ 为不同 $hkl$ 形成的衍射点。

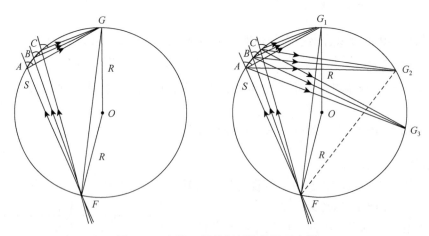

图 4-11　多晶 X 射线衍射聚焦法示意图

聚焦法中，$G$ 可以看作是 $F$ 的"像"，入射点越细，得到的衍射线越细。衍射的 $2\theta$ 越小，聚焦成像越差，$2\theta$ 越大，聚焦成像越好。另外，由于仅在入射线水平方向有聚焦作用，垂直方向没有聚焦作用，所以所用的光源为线焦点，要求垂直发散度尽可能小。图 4-12 中的圆称为聚焦圆，在聚焦相机中此圆的半径为定值。

聚焦法的优点：样品用量少、背底浅、成像清晰、较弱的线条可以显现出来。缺点是容易发生择优取向。为此，粒度要求更细，一般要小到 μm 量级。

多晶 X 射线衍射仪大多基于聚焦法。衍射仪核心部分有 X 射线光源、测角仪、探测器（含记录仪）三大部分。衍射仪设计中，X 射线光源到样品的距离等于样品到探头（探测器）的距离，探头与样品绕同一轴旋转，入射的 X 射线照射到样品上，产生的衍射被探头接收，通过记录部分给出衍射信号。

衍射仪中，以样品为圆心，探测器按确定半径（$R$）运动的部分称为测角仪（图 4-12）。在聚焦法中，从 $F$ 入射的 X 射线照射到样品上，产生了 $G_1$、

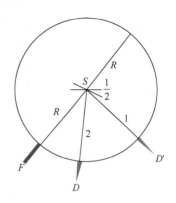

图 4-12　衍射仪中样品与探测器
同心旋转

$F$: 光源；$R$: 扫描半径
$S$: 样品；$D'$、$D$: 探测器

$G_2$、$G_3$ 等衍射（图 4-11），这些衍射中只有衍射 $G_2$ 符合测角仪的设计，即入射线光源到样品的距离等于样品到探头的距离，所以只有 $G_2$ 衍射才能被探头所接受，产生 $G_2$ 衍射的晶面应基本上平行于样品面。

在衍射仪中，对于某一定值半径的聚焦圆，只能探测到一个衍射。为了获得样品产生的所有衍射，就必须不断改变聚焦圆半径，即一个衍射对应于一个聚焦圆。改变聚焦圆半径可通过样品和探头绕同心轴旋转实现，图 4-12 示出旋转的情况。图中 $F$ 点为光源不动，$FS$ 值不变，$S$ 和 $D$ 绕样品表面中心轴按顺时针方向即 $2\theta$ 增大方向旋转。随着探测器位置的变化，$F$、$S$ 和 $D$ 形成不同的聚焦圆，如图 4-13 所示。左图中，$FS = SG_1$，对应一个角度 $2\theta_1$，聚焦圆半径为 $r_1$；右图中，$FS = SG_2$，对应一个角度 $2\theta_2$，聚焦圆半径为 $r_2$。一个聚焦半径对应一个 $2\theta$ 值并且最多只可能产生一条衍射线。

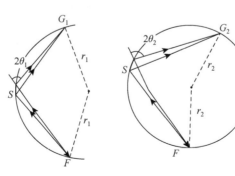

图 4-13　衍射仪中的聚焦圆

$F$: 光源；$S$: 样品；$G_1$、$G_2$: 衍射线；$r_1$、$r_2$: 聚焦半径

因此，要收集样品所有的衍射线，若光源不动，则试样必须旋转，探头也必须跟着旋转，它们的旋转速度必须满足以下关系：样品与探测器同轴转动的转速之比为 1∶2。这是通常所说的 θ-2θ 联动扫描。实现聚焦圆变化的另一种方法：样品保持不动，光源和探测器相向同速转动，此为 θ-θ 联动扫描。这里特别要注意分清扫描半径和聚焦半径的概念。扫描半径指样品到探头的距离即 FS 或 SG，在整个测定过程中是恒定不变的；聚焦半径（指光源 F、样品 S 和探头三点共圆时的半径）在整个扫描过程中随时都在变化。

聚焦法中，要求样品的曲率半径与相机的曲率半径相等。但在衍射仪上，聚焦半径随扫描过程在不断变化，不可能使样品在转动中逐渐弯曲成不同的曲率半径。这就使得在实际工作中，样品只能做成平板状。平板状的样品与聚焦条件有偏离。另外，与聚焦法相同，只有基本上平行于样品面的晶面的衍射才能被接收到，在衍射仪法中，很可能出现择优取向的问题，故样品处理、制备等需要特别小心。例如，对层状结构的样品平行于层的晶面的择优取向严重，为解决此问题，要求样品粒度尽可能小，必要时应加一些冲淡剂以削弱择优取向问题。

尽管实验所需样品量较大，可能存在择优取向等问题，但衍射仪具有显著的优点：分辨率高、背底小、数据收集速度快、衍射角 θ 和相应的衍射强度值可即时读出等。因此，其已经成为常规仪器，是固体材料研究不可或缺的工具。

# 4.4  晶体对 X 射线的衍射

## 4.4.1  衍射峰的位置与晶面间距

任何一个结晶的固体化合物都可以给出一套独立的衍射图谱，其衍射峰的位置及强度完全取决于此物质自身的内部结构特点。晶体 X 射线的基本关系是布拉格方程 $2d\sin\theta = n\lambda$，其中晶面间距 $d$ 与结构直接相关。

利用倒易格子向量 $\vec{H} = h\vec{a^*} + k\vec{b^*} + l\vec{c^*}$ 及其与晶面间距之间的关系，可以求出晶面间距与晶格常数 $a$、$b$、$c$ 及其 3 个夹角 $\alpha$、$\beta$、$\gamma$（或其相应的倒易点阵常数 $a^*$、$b^*$、$c^*$ 及其夹角 $\alpha^*$、$\beta^*$、$\gamma^*$）及衍射指标之间的数学关系：

立方晶系：$\dfrac{1}{d^2} = \dfrac{h^2 + k^2 + l^2}{a^2}$

四方晶系：$\dfrac{1}{d^2} = \dfrac{h^2 + k^2}{a^2} + \dfrac{l^2}{c^2}$

正交晶系：$\dfrac{1}{d^2} = \dfrac{h^2}{a^2} + \dfrac{k^2}{b^2} + \dfrac{l^2}{c^2}$

六方晶系：$\dfrac{1}{d^2} = \dfrac{4}{3}\dfrac{h^2 + hk + k^2}{a^2} + \dfrac{l^2}{c^2}$

单斜晶系：$\dfrac{1}{d^2} = h^2 a^{*2} + k^2 b^{*2} + l^2 c^{*2} + 2hla^* c^* \cos\beta^*$

三斜晶系：$\dfrac{1}{d^2} = h^2 a^{*2} + k^2 b^{*2} + l^2 c^{*2} + 2hka^* b^* \cos\gamma^*$

$\qquad\qquad\qquad + 2klb^* c^* \cos\alpha^* + 2hla^* c^* \cos\beta^*$

三方晶系取六方晶轴时，与六方晶系的表达式相同；对于 R 格子，若取素晶格，即 $a = b = c$，$\alpha = \beta = \gamma$，参照三斜晶系一般表达式，可得到简化式：

$$\frac{1}{d^2} = (h^2 + k^2 + l^2)a^{*2} + 2(hk + kl + hl)a^{*2}\cos\alpha^*$$

晶胞参数不同，晶面不同，对 X 射线衍射方向也不同，衍射角不同，从而确定了衍射图中各峰的位置；而各衍射峰的强度由晶体中的原子分布方式决定。

## 4.4.2　多晶 X 射线衍射峰的强度

在多晶 X 射线中，衍射峰的强度可表示为

$$I_{hkl} = I_0 \left(\frac{e^4}{m^2 c^4}\right)\frac{\lambda^3}{8\pi R^2 V_c^2}\ \frac{1 + \cos^2 2\theta}{2}\ \frac{1}{\sin^2\theta\cos\theta}\,|F_{hkl}|^2\,D\cdot\Delta V\cdot j$$

式中，各参数的意义如下：

$I_{hkl}$ 表示指标为 $hkl$ 的衍射峰的强度；$I_0$ 为入射线 X 射线强度；$e$ 为电子电荷；$m$ 为电子质量；$c$ 为光速；$\lambda$ 为 X 射线波长；$R$ 为样品中心至衍射图距离，即衍射仪的半径；$V_c$ 为晶胞体积。这些参数可以合并为常数项 $K'$。$\theta$ 为布拉格角；$P$ 为极化因子（$P = \dfrac{1 + \cos^2 2\theta}{2}$），与衍射光发生偏振有关；$F_{hkl}$ 为结构因子；$D$ 为温度因子（Debye 因子）；$\Delta V$ 为样品参与衍射的体积；$j$ 为多重度因子。这些参数与物相、结构信息相关。

简化的衍射强度公式可表示为

$$I_{hkl} = K'\cdot P\cdot L\cdot|F_{hkl}|^2\cdot D\cdot\Delta V\cdot j$$

衍射强度公式中，各因子的影响如下：

$L$ 为 Lorentz 因子（$L = \dfrac{1}{2\sin^2\theta\cos\theta}$），与衍射几何有关；$P$ 和 $L$ 均和角度有关，合称 $PL$ 因子，$PL = \dfrac{1 + \cos^2 2\theta}{4\sin^2\theta\cos\theta}$，$PL$ 因子随角度的变化见图 4-14。可以看出，低角度时 $PL$ 因子较大且随衍射角增大而急剧减小，在 $\theta$ 角范围 20°～80°（相应地，$2\theta$ 为 40°～160°）之间，$PL$ 因子变化不大。

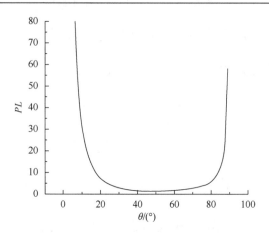

图 4-14　PL 因子随衍射角的变化

温度因子 $D$：实际晶体中，原子并非静止在坐标参数所确定的位置，而是不断地进行热振动，这种振动增大了原子散射波的位相差，减弱衍射强度。作为热振动修正子项，$D$ 随衍射角增大呈指数衰减关系：

$$D = \exp(-B\sin^2\theta/\lambda^2), \quad B = 8\pi^2 U$$

式中，$U$ 为原子位移参数，$U = \langle u^2 \rangle$；$\langle u^2 \rangle$ 是位移振幅的均方值；$B$ 也称温度因子。通常，轻原子的温度因子较大，重原子的温度因子较小。一般来说，无机晶体的温度因子 $B < 1$ Å$^2$；而有机物中含有 C、H、O、N 等轻原子，$B$ 可达 $2 \sim 6$ Å$^2$。可以看出，由于原子的热振动，高角度的衍射强度大大降低。

以上参数中，$PL$ 因子、结构因子 $F_{hkl}$、温度因子均与单晶衍射表达一致。体现多晶衍射特点的分别是样品参与衍射的体积因子 $\Delta V$ 和多重度因子 $j$。

体积因子 $\Delta V$：表示参加衍射的粉末样品的总体积。当考虑吸收效应时，样品参与衍射的有效体积将小于 $\Delta V$。棒状样品高角度吸收弱，低角度吸收强；而平行板样品吸收效应与角度无关，$\Delta V$ 可以 $A_o/2\mu$ 代之，即 $\Delta V = A_o/2\mu$，$A_o$ 为入射光截面，$\mu$ 为线性吸收系数。采用衍射仪、平板样品进行实验时，有效体积 $A_o/2\mu$ 与衍射角 $\theta$ 无关。

多重度因子 $j$，也称倍数因子，对应于衍射中 $d_{hkl}$ 相等的晶面的数目。多晶衍射中，$d_{hkl}$ 相等的晶面的衍射峰叠加在一起。它由晶体的对称性和晶面指标的特点决定。

例如，对于正交晶系：

$hkl$ 衍射，$j = 8$，因为 $hkl$、$\bar{h}kl$、$h\bar{k}l$、$hk\bar{l}$、$\bar{h}\,\bar{k}\,\bar{l}$、$\bar{h}k\bar{l}$、$h\bar{k}\,\bar{l}$、$\bar{h}\,\bar{k}\,\bar{l}$ 的晶面间距相等；

$hk0$ 衍射，$j = 4$，因为 $hk0$、$\bar{h}k0$、$h\bar{k}0$、$\bar{h}\,\bar{k}0$ 的晶面间距相等；

$h00$ 衍射，$j = 2$，因为 $h00$、$\bar{h}00$ 的晶面间距相等。

对于立方晶系，$hkl$ 衍射（$h$、$k$、$l$ 不等且均不等于 0）的多重度因子 $j = 48$。

若晶体的衍射点群属于 $O_h$，则阶次为 48，即上述 48 个衍射强度全等，倍数因子为 48；若衍射点群属于 $T_h$，阶次为 24，即上述 48 个衍射中，分成两组，每组的 24 个衍射强度全等。不同晶系、不同对称性、不同衍射指标的多重度因子不同，参看表 4-7。

表 4-7　对称性、衍射指标与多重度因子

| 对称性 | 衍射类型及其多重度因子 ($j$) | | | | | | |
|---|---|---|---|---|---|---|---|
| 立方晶系 | $hkl$ | $hhl$ | $hk0$ | $hh0$ | $hhh$ | $h00$ | |
| $O_h$ $O$ $T_d$ | 48 | 24 | 24 | 12 | 8 | 6 | |
| $T_h$ $T$ | 24×2 | 24 | 12×2 | 12 | 8 | 6 | |
| 六方/三方晶系 | $hkl$ | $hhl$ | $h0l$ | $hk0$ | $hh0$ | $h00$ | $00l$ |
| $D_{6h}$ $D_6$ $D_{6v}$ $D_{3h}$ | 24 | 12 | 12 | 12 | 6 | 6 | 2 |
| $C_{6h}$ $C_6$ $C_{3h}$ | 12×2 | 12 | 12 | 6×2 | 6 | 6 | 2 |
| $D_{3d}$ $D_3$ $C_{3v}$ | 12×2 | 12 | 6×2 | 12 | 6 | 6 | 2 |
| $C_{3i}$ $C_3$ | 6×2 | 6×2 | 6×2 | 6×2 | 6 | 6 | 2 |
| 四方晶系 | $hkl$ | $hhl$ | $h0l$ | $hk0$ | $hh0$ | $h00$ | $00l$ |
| $D_{4h}$ $D_4$ $C_{4v}$ $D_{2d}$ | 16 | 8 | 8 | 8 | 4 | 4 | 2 |
| $C_{4h}$ $C_4$ $S_4$ | 8×2 | 8 | 8 | 4×2 | 4 | 4 | 2 |
| 正交晶系 | $hkl$ | $h0l$ | $hk0$ | $0kl$ | $h00$ | $0k0$ | $00l$ |
| $D_{2h}$ $D_2$ $C_{2v}$ | 8 | 4 | 4 | 4 | 2 | 2 | 2 |
| 单斜晶系 | $hkl$ | $h0l$ | $hk0$ | | | | |
| $C_{2h}$ $C_2$ $C_s$ | 4 | 2 | 2 | | | | |
| 三斜晶系 | 所有类型，$j = 2$ | | | | | | |
| $C_1$ $C_i$ | | | | | | | |

　　因此，在多晶 X 射线衍射中，衍射强度要综合考虑上述因素的影响。其中，最重要的因素是结构因子 $F_{hkl}$，以下重点讨论。

## 4.4.3　原子的散射因子与晶体的结构因子

### 1. 原子的散射因子

　　物质对 X 射线的散射源于电子的散射，原子中的电子越多，对 X 射线的散射能力越强。所以，重元素的散射能力远远高于轻原子。原子中所有电子对 X 射线散射的综合效应称为原子的散射因子 $f$：

$$f = \frac{E_a}{E_e}$$

式中，$E_a$ 为一个原子的散射振幅；$E_e$ 为一个自由电子的散射振幅。若原子中的电子集中在一点，则散射因子等于电子的数目。原子中，电子并非集中于一点，不同轨道上的电子对 X 射线的散射存在位相差，电子分布在原子周围形成电子云，电子运动状态可以采用波函数表达，综合处理可以得到，原子的散射因子可以表达如下：

$$f = \frac{4\pi}{e} \int_0^\infty r^2 \rho(r) \frac{\sin kr}{kr} \mathrm{d}r, \quad k = \frac{4\pi \sin \theta}{\lambda}$$

式中，$r$ 为电子离核距离；$\rho(r)$ 为电子云密度；$\theta$ 为布拉格角；$\lambda$ 为 X 射线波长。可见，原子的散射因子与电子云密度有关，与 X 射线波长有关，与散射角有关。当散射角 $\theta = 0$，所有电子散射波的位相差为 0，$f$ 等于电子数目 $Z$；当 $\theta \neq 0$，总有相互"抵消"发生，$f < Z$。

根据理论计算[HFS（Hartree-Fock-Slater，自洽场）法，TFD（Thomas-Fermi-Dirac 统计）法]，结合实验数据，得到原子的散射因子的拟合多项式：

$$f\left(\frac{\sin \theta}{\lambda}\right) = \sum_{i=1}^4 a_i \exp\left(-b_i \frac{\sin^2 \theta}{\lambda^2}\right) + c$$

该多项式以 9 个参数表达了原子和离子的散射因子随散射角和波长的变化关系，式中的 9 个参数与原子或离子的电子云分布有关。拟合式中各项系数可以从《国际晶体学表》C 卷表 6.1.1.4 中查到（572～574 页）。图 4-15 给出核外电子数目均为 10 的原子或离子的原子散射因子随 $\sin\theta/\lambda$ 的变化关系。可以看出：

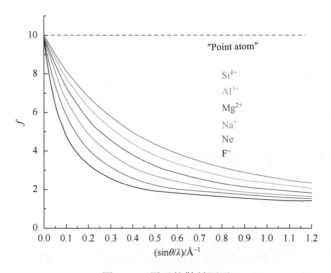

图 4-15　原子的散射因子

（1）原子散射因子随衍射角的增大而减小，这是 X 射线中高角度衍射峰减弱的重要因素。

（2）核外电子数相等的原子实，核电荷越大，核对电子的吸引越强，越接近点原子。

（3）同一原子，最外层电子对低角度有贡献，而对高角度贡献很小；内层电子对所有角度的贡献都较大。

### 2. 晶体的结构因子

晶体的基本单位是晶胞，了解一个晶胞中的原子分布，就可以通过周期叠加而得到整个晶体的结构。晶体的结构因子 $F_{hkl}$ 定义为

$$F_{hkl} = \frac{E_{\text{cell}}}{E_{\text{e}}}$$

式中，$hkl$ 为衍射指标；$E_{\text{cell}}$ 为晶胞中所有原子的散射振幅的叠加，它不仅表示散射振幅，也表示散射波的相角。

与原子散射因子类似，如果晶胞中所有原子都集中在一点，则一个晶胞对 X 射线的散射便是这些原子散射因子的加和。但是，晶胞中，原子各有其位置，各原子对 X 射线的散射波之间存在位相差，因此，晶胞对 X 射线的散射是各原子散射的向量加和。

当晶胞为素格子且只有一个原子 A 时，就将此原子取在原点，有

$$F_{hkl} = f_{\text{A}}$$

结构因子的散射振幅等于 $f_{\text{A}}$，相角 = 0。

如果晶胞为素格子，一个点阵点代表两个原子，将原子 A 位置定为原点，原子 B 位置坐标参数 $(x, y, z)$，二者之间的光程差：

$$\Delta = \vec{r} \cdot (\vec{S} - \vec{S}_0) = (hx + ky + lz)\lambda$$

二者之间的位相差：

$$\phi = \frac{\Delta}{\lambda} \times 2\pi = 2\pi(hx + ky + lz)$$

则结构因子 $F_{hkl} = f_{\text{A}} + f_{\text{B}} \exp(i\phi) = f_{\text{A}} + f_{\text{B}} \exp[i2\pi(hx + ky + lz)]$

示意图见图 4-16，图中 $\alpha$ 表示 $F(hkl)$ 与原点之间的夹角，称为相角。

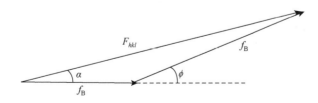

图 4-16　两个原子散射因子的向量加和

如果晶胞中含有 $n$ 个原子，各原子的分数坐标分别为：$(x_1, y_1, z_1)$，$\cdots$，$(x_i, y_i, z_i)$，$\cdots$，$(x_n, y_n, z_n)$，结构因子的一般形式为

$$F_{hkl} = \sum_{i}^{n} f_i \exp[2\pi i(hx_i + ky_i + lz_i)]$$

在反常散射不严重时，晶体衍射强度分布呈现中心对称关系，即 $I_{hkl} = I_{-h-k-l}$，此为 Friedel 定律。从结构因子出发，由以下数学关系，很容易理解：

$$I_{hkl} = |F_{hkl}|^2 = F_{hkl} \cdot F_{hkl}^* = f \exp[2\pi i(hx + ky + lz)] f \exp[-2\pi i(hx + ky + lz)]$$
$$= f \exp[2\pi i(hx + ky + lz)] f \exp[2\pi i(\bar{h}x + \bar{k}y + \bar{l}z)]$$
$$I_{\bar{h}\bar{k}\bar{l}} = |F_{\bar{h}\bar{k}\bar{l}}|^2 = F_{\bar{h}\bar{k}\bar{l}} \cdot F_{\bar{h}\bar{k}\bar{l}}^* = f \exp[2\pi i(\bar{h}x + \bar{k}y + \bar{l}z)] f \exp[-2\pi i(\bar{h}x + \bar{k}y + \bar{l}z)]$$
$$= f \exp[2\pi i(\bar{h}x + \bar{k}y + \bar{l}z)] f \exp[2\pi i(hx + ky + lz)]$$

$|F_{hkl}| = |F_{\bar{h}\bar{k}\bar{l}}|$，X 射线衍射表现出的衍射空间的强度分布有对称中心，均为中心对称点群，属于 11 种 Laue 群。

衍射强度由晶胞中原子位置决定。由实验中得到的强度只能求出结构因子的大小，失去了相角的信息。因此，利用衍射数据解析结构就是在合理提取强度数据后，解决相角问题。

结构因子和晶胞（体积为 $V$）中电子云密度 $\rho(x, y, z)$ 的关系如下：

$$F_{hkl} = \int_V \rho(x, y, z) \exp[i2\pi(hx + ky + lz)]\mathrm{d}V$$

$$\rho(x, y, z) = \frac{1}{V} \sum_h \sum_k \sum_l F_{hkl} \exp[-i2\pi(hx + ky + lz)]$$

二者之间通过傅里叶变换联系，这种变换关系是结构分析的基础。

## 4.4.4　衍射的系统消光

在 4.3 节关于衍射几何的讨论中，倒易空间是一个重要的概念。晶体的衍射可借用其倒易格子来讨论，当倒易格子点与 Ewald 反射球相交时，即产生衍射，衍射方向为反射球心与格子点 $hkl$ 的连线方向。若正空间的格子为复格子，会引起倒易格子点的系统消失，从而导致相应的衍射不出现；考虑晶体的微观对称性，晶体中螺旋轴和滑移面的存在，也会引起衍射的系统缺失。本节通过结构因子计算，也可以给出衍射的系统消光规律。

1. 晶体的格子型式与衍射的系统消光

1）体心格子

若晶胞中有 $n$ 个原子，当晶体的格子为体心复格子时，原子可以分成两套。

若任一个原子位于 $(x, y, z)$，则必然有位于 $(x + 1/2,\ y + 1/2,\ z + 1/2)$ 的一个相同原子与其对应，将这一关系式代入结构因子公式，并进一步展开：

$$F_{hkl} = \sum_i^n f_i \exp[2\pi i(hx_i + ky_i + lz_i)]$$

$$= \sum_i^{n/2} f_i \exp[2\pi i(hx_i + ky_i + lz_i)] + \sum_i^{n/2} f_i \exp\left[2\pi i\left(hx_i + \frac{1}{2}h + ky_i + \frac{1}{2}k + lz_i + \frac{1}{2}l\right)\right]$$

$$= \sum_i^{n/2}\{f_i \exp[2\pi i(hx_i + ky_i + lz_i)]\,[1 + \exp[\pi i(h + k + l)]]\}$$

从上式可见，当 $h + k + l = 2n$，即为偶数时，$F_{hkl} = 2\sum_i^{n/2} f_i \exp[2\pi i(hx_i + ky_i + lz_i)]$，衍射出现；

当 $h + k + l = 2n + 1$，即为奇数时，$F_{hkl} = 0$，衍射不出现。

可见，当晶胞为体心复单位时，倒易格子中 $h + k + l$ 之和为奇数的点全部消失；只有 $h + k + l$ 之和为偶数的点出现。也就是说，倒易格子中，100、010 和 001 均不出现，出现的是 200、020、002、110、101 和 011，这样的格子划出的基本晶胞为面心单位，三个边的边长分别为 $2a^*$、$2b^*$、$2c^*$，即体心格子的倒易格子为面心格子。

2）面心格子

若晶胞中有 $n$ 个原子，当晶体内部的格子为面心复格子时，原子可以分成四套，若晶胞中任一个原子位于 $(x, y, z)$，则必然有另外三个原子分别位于 $(x + 1/2,\ y + 1/2,\ z)$、$(x + 1/2,\ y,\ z + 1/2)$ 和 $(x,\ y + 1/2,\ z + 1/2)$ 三个位置，将这一关系式代入结构因子公式：

$$F_{hkl} = \sum_i^n f_i \exp[2\pi i(hx_i + ky_i + lz_i)]$$

$$= \sum_i^{n/4} f_i \exp[2\pi i(hx_i + ky_i + lz_i)] + \sum_i^{n/4} f_i \exp\left[2\pi i\left(hx_i + \frac{1}{2}h + ky_i + \frac{1}{2}k + lz_i\right)\right]$$

$$+ \sum_i^{n/4} f_i \exp\left[2\pi i\left(hx_i + \frac{1}{2}h + ky_i + lz_i + \frac{1}{2}l\right)\right] + \sum_i^{n/4} f_i \exp\left[2\pi i\left(hx_i + ky_i + \frac{1}{2}k + lz_i + \frac{1}{2}l\right)\right]$$

$$= \sum_i^{n/4}\{f_i \exp[2\pi i(hx_i + ky_i + lz_i)]\,[1 + \exp[\pi i(h + k)] + \exp[\pi i(h + l)] + \exp[\pi i(k + l)]]\}$$

从上式可见，当 $h$、$k$、$l$ 全为奇数或者偶数时，$h + k$、$h + l$ 和 $k + l$ 均为偶数，$F_{hkl} = 4\sum_i^{n/4} f_i \exp[2\pi i(hx_i + ky_i + lz_i)]$，出现衍射。

当 $h$、$k$、$l$ 奇偶混杂时，$h + k$、$h + l$ 和 $k + l$ 三个加和中，有一个为偶数，其余两个均为奇数，则 $F_{hkl} = 0$，衍射不出现。

可见，当晶胞为面心复格子时，倒易格子中 $h$、$k$、$l$ 奇偶混杂的消光，只有全奇全偶的出现。也就是说，倒易格子中，100、010、001、110、101 和 011 均不出现，而出现 200、020、002 和 111，这样的格子划出的基本单位为体心格子，三个边的边长分别为 $2a^*$、$2b^*$、$2c^*$，即面心格子的倒易格子为体心格子。

类似地，可以证明底心格子的倒易格子仍是底心格子。

### 2. 微观对称元素滑移面、螺旋轴引起的系统消光

#### 1）滑移面

若晶体中垂直于 $c$ 轴有 $b$ 滑移面，当晶胞中有一个原子位于 $(x, y, z)$，通过该滑移面作用（设滑移面过 $z = 0$），必然有一个原子位于 $(x, y + 1/2, -z)$，将这一关系式代入结构因子公式：

$$
\begin{aligned}
F_{hkl} &= \sum_i^n f_i \exp[2\pi i(hx_i + ky_i + lz_i)] \\
&= \sum_i^{n/2} f_i \exp[2\pi i(hx_i + ky_i + lz_i)] + \sum_i^{n/2} f_i \exp\left[2\pi i\left(hx_i + ky_i + \frac{1}{2}k + l\overline{z}_i\right)\right] \\
&= \sum_i^{n/2} \left(f \exp[2\pi i(hx_i + ky_i + lz_i)] \left\{1 + \exp\left[2\pi i\left(\frac{1}{2}k + 2l\overline{z}_i\right)\right]\right\}\right)_i
\end{aligned}
$$

若当 $l = 0$，可以消去参数 $z_i$ 的影响，即对于 $hk0$ 指标，有

$$
F_{hk0} = \sum_i^{n/2} \{f_i \exp[2\pi i(hx_i + ky_i)]\, [1 + \exp(k\pi i)]\}
$$

显然，对于 $hk0$ 指标，当 $k = 2n$，即为偶数时，$F_{hk0} = 2\sum_i^{n/2} f_i \exp[2\pi i(hx_i + ky_i)]$，出现衍射；

当 $k = 2n + 1$，即为奇数时，$F_{hk0} = 0$，衍射不出现。

可见，当晶体中存在垂直于 $c$ 轴的 $b$ 滑移面时，倒易格子中 $hk0$ 的点，$k$ 为奇数全部消失；$k$ 为偶数可以出现。因此，在这样的格子中，相当于出现了"缺陷"。

#### 2）螺旋轴

当平行于 $b$ 方向存在 $2_1$ 螺旋轴，当晶胞中有一个原子位于 $(x, y, z)$，通过该螺旋轴作用（设螺旋轴通过 $x = 0$，$z = 0$），必然有一个原子位于 $(-x, y + 1/2, -z)$，将这一关系式代入结构因子公式：

$$
\begin{aligned}
F_{hkl} &= \sum_i^n f_i \exp[2\pi i(hx_i + ky_i + lz_i)] \\
&= \sum_i^{n/2} f_i \exp[2\pi i(hx_i + ky_i + lz_i)] + \sum_i^{n/2} f_i \exp\left[2\pi i\left(h\overline{x}_i + ky_i + \frac{1}{2}k + l\overline{z}_i\right)\right]
\end{aligned}
$$

对于 $0k0$ 的衍射，上式可以化为 $F_{0k0} = \sum_{i}^{n/2} f_i \exp[2\pi i(ky_i)]\,[1+\exp(k\pi i)]$

当 $k=2n$，即为偶数时，$F_{0k0} = 2\sum_{i}^{n/2} f_i \exp[2\pi i(ky_i)]$，出现衍射；当 $k=2n+1$，即为奇数时，$F_{0k0}=0$，衍射不出现。

可见，当晶体中沿 $b$ 存在 $2_1$ 螺旋轴时，倒易格子中 $0k0$ 的点，$k$ 为奇数全部消失；$k$ 为偶数可以出现。在这样的格子中，相当于出现了"缺陷"。类似地，其他螺旋轴也有对应的系统消光规律。

综上，可得如下结论：

（1）当晶体结构为 P 格子且无螺旋轴和滑移面等微观对称元素时，衍射谱中没有任何消光，即倒易格子中没有任何格子点的消失，倒易格子依然保持完整的格子特性。

（2）当晶体结构对应于复格子时，晶体的某些衍射指标 $hkl$ 将发生系统消光，即由复格子向量 $\boldsymbol{A}$、$\boldsymbol{B}$、$\boldsymbol{C}$ 所规定的倒易格子 $\boldsymbol{A}^*$、$\boldsymbol{B}^*$、$\boldsymbol{C}^*$ 中的一些格子点将系统消失，使得倒易格子的格子型式甚至基本矢量发生改变但不破坏格子的特性。

（3）当晶体结构中存在螺旋轴、滑移面时，某些衍射发生系统消光，即倒易格子中某些类型的格子点部分消失，出现"空位缺陷"。例如，当垂直于 $\boldsymbol{b}$ 方向存在 $a$ 滑移面时，在倒易格子中（$h0l$）$h=2n+1$ 的格子点将消失；又如当晶体中平行于 $c$ 轴方向存在 $4_1$ 螺旋轴时，在倒易格子中 $00l$ 这一组位于同一直线上的格子点仅 $l=4n$ 的格子点存在，其他的将消失。

倒易空间点的集合与晶体的衍射指标 $hkl$ 相对应，即在衍射谱中任何一个衍射 $hkl$，必然在这个倒易空间点的集合中存在一个对应坐标为 $hkl$ 的点。也可以说，倒易空间中的任何一点，只要在极限球内，一定可以产生衍射，而这衍射必定属于衍射谱 $hkl$ 中的一个。

结合结构因子和系统消光的分析，我们对影响衍射峰强度的因素进行了讨论。还有一个因素，原消光和次级消光的现象，二者均使实验测得的衍射强度减弱。原消光指理想完整晶体或较大的镶嵌块内部入射线与衍射线相互干涉，这种干涉使得衍射振幅减弱。次消光则源于镶嵌块间的屏蔽作用使得入射线的强度减弱。通常原消光比次消光影响大，晶体若存在原消光也必然存在次消光，因为靠近表面的格子面对内部格子面同样有"屏蔽作用"。原消光现象在晶体尺寸较大、完整性好、衍射强度大且衍射角较小的情况下作用较强，次消光也是在强度大、衍射角较小的衍射中较为严重。由于消光现象的存在，计算值往往比实验所测得的强度高，尤其是晶体较大时，对于衍射角较小的高强度衍射，计算值与实验值相差较大。在多晶衍射中，由于样品晶粒较小，所以消光现象比单晶法影响较弱，但即使是粉末多晶体，低角度衍射线的强度实验值通常也偏小。

对于晶体对 X 射线的衍射，可以给出一个总结：

满足布拉格方程 $2d_{hkl}\sin\theta = n\lambda$ 是衍射出现的必要条件，结构因子 $F_{hkl} \neq 0$ 是衍射发生的充分条件。

在光源一定的条件下，从衍射峰的位置，可以获得倒易空间的参数，进而可以得到正空间的点阵结构，通过系统消光也可以推出点阵格子类型乃至可能的空间群；而衍射峰的强度由晶胞中的原子分布确定，通过强度信息，可以分析晶体结构。这一切，是利用 X 射线数据进行物相鉴定、相含量分析、衍射图的指标化、晶胞参数精修乃至结构精修的基础。

# 4.5　X 射线衍射物相鉴定与相定量分析

## 4.5.1　X 射线衍射物相定性分析

### 1. 物相定性分析基本原理

多晶衍射最基本的功能就是进行固体样品的物相分析。X 射线衍射物相分析的依据，可从两个方面考虑。

首先，任何一个结晶的固体化合物都可以给出一套独立的衍射图谱，其衍射峰的位置及强度完全取决于此物质自身的内部结构特点。晶面间距 $d$ 与晶格常数 $a$、$b$、$c$ 及其夹角 $\alpha$、$\beta$、$\gamma$ 或其相应的倒易点阵常数及衍射指标之间存在确定的数学关系。晶胞参数不同，晶面不同，对 X 射线衍射方向也不同，衍射角不同；各衍射峰的强度由晶体中的原子分布方式决定。

其次，物质不会因为与其他物质混合而引起衍射的变化，即混合物中各物相的衍射互不干扰，彼此独立，衍射图谱是各组成物质物相图谱的简单叠加，因此可用衍射图谱来鉴别晶态物质——将待检物相的衍射图谱与已知物相的衍射图谱相比较。

每种晶态物质都有其独特的 X 射线衍射图谱，二者之间存在一一对应的关系。这就是 X 射线衍射法进行物相定性分析的依据。

### 2. X 射线衍射标准衍射卡片及其检索

#### 1）衍射数据标准卡片

1938 年，J. D. Hanawalt、H. Rinu、L. K. Frevel 三人收集了 1000 种物质的衍射图；并以 $d$-$I$ 数据组代替衍射图，制作了衍射数据卡片。1942 年，美国测试与材料协会（American Society for Testing and Materials，ASTM）将收集到的衍射数据汇编成 1300 张卡片正式出版，简称为 ASTM 卡片。到 1972 年，ASTM 卡片已出版 22 组，其中 1～6 组是 50 年代初的，有机物卡片与无机物卡片分开装盒，7～22 组有机与无机卡片统一编排，每组卡片前面部分为无机物，后面是有机物，与此同时出版了相应的索引。1972 年之后，美国、英国、法国、加拿大等国组织起来成立了粉末衍射标准联合委员会（Joint Committee on Powder Diffraction Standards，JCPDS），负责编辑和出版粉末衍射卡片，简称为 JCPDS 卡，卡片内容和形式均与 ASTM 卡片一致。后来将卡片装订成书以便于查阅，称为粉末衍射文件（powder diffraction files），简称 PDF 卡片。目前，该数据卡片由位于美国的国际衍射数据中心（International Center for Diffraction Data）负责收集和管理，称 ICDD-JCPDS 卡，也简称 ICDD 卡。

现以 26-871 号卡片为例，介绍其基本构成框架与内容。

| (1) 26-871 | | | | | | | | | | 26-872 |
|---|---|---|---|---|---|---|---|---|---|---|

| | d | 2.64 | 4.73 | 2.49 | 5.50 | $MgAl_{11}BiO_{19}$ (3) | | | | ★ |
|---|---|---|---|---|---|---|---|---|---|---|
| (2) | $I/I_1$ | 100 | 75 | 75 | 18 | Magnesium AIuminum Bismuth Oxide | | | | |

| | | | | | d A | I/I₁ | hkl (8) | d A | I/I₁ | hkl |
|---|---|---|---|---|---|---|---|---|---|---|
| (4) | Rad. Cukα λ 1.5418 Filter Ni Dia. Cut off I/I₁ Diffractometer I/I cor. Ref. Verstegen, Philips, Eindhoven, Netherlands | | | | 5.50 4.84 4.73 | 18 6 75 | 004 100 101 | 2.02 2.00 1.958 | 35 11 6 | 206 10$\overline{1}$0 118 |
| (5) | Sys. Hexagonal S.G. P6₃/mmc (194) a₀ 5.603 b₀ c₀ 22.04 A C 3.933 α β γ Z 2 Dx 4.622 Ref. Ibid. | | | | 4.43 4.05 3.67 3.63 3.25 | 50 30 35 17 6 | 102 103 006 104 105 | 1.850 1.732 1.722 1.601 1.585 | 10 7 10 6 20 | 10$\overline{1}$1 11$\overline{1}$0 209 10$\overline{1}$3 217 |
| (6) | εa nωβ εγ Sign 2V D mp Color White Ref. Ibid. | | | | 2.80 2.75 2.71 2.64 2.49 | 45 25 20 100 75 | 110 008 112 107 114 | 1.580 1.552 1.545 1.415 1.400 | 9 30 8 25 | 304 2011 21$\overline{1}$0 220 |
| (7) | Sample KS 108-3, fired from Bi₂O₂CO₃, Mg(NO₃)₂·6H₂O and Al(NO₃)₃·9H₂O at 700℃ and 1400℃. Magnetoplumbite structure. | | | | 2.42 2.41 2.30 2.22 2.20 2.18 2.12 | 8 18 30 10 18 9 45 | 200 201 203 204 0010 109 205 | | | |

FORM M-2

卡片分为不同区域，写有不同信息与符号，其代表的意义分别如下：

（1）卡片号：26-871，26 代表卡片所在组数，871 是卡片号；右上角的数字表示该卡片背面的另一个卡片；在 PDF 文件中右上角数字不存在。

（2）该相的三强线及第一个峰的 d 值与相对强度。

（3）化学式及物质的英文名称，可以是矿物名称；右上角的符号表示卡片数据的可靠度或者数据的获取方式：常见的有★、i、○、C 四种符号，或者为空白。其中，★表示数据非常可靠；i 表示数据比较可靠；空白表示可靠性一般；○表示数据可靠性差；20 组之后某些卡片标记为 C，表示数据是由晶体结构数据计算得到的。个别卡片的记号为 R，表示数据来自 Rietveld 精修结果。

（4）数据收集的实验条件：Rad：辐射种类（如 $CuK_\alpha$）；λ 为波长；Filter 为滤波片；Dia 为相机直径；Cut off 为对称式 Debye 相机刀边口所对张角；$I/I_1$ 为衍射强度的测量方法；Ref. 为此区参考文献。

（5）晶体学数据：包括晶系（sys）、空间群（S. G.）、晶胞参数（$a_0$、$b_0$、$c_0$、$\alpha$、$\beta$、$\gamma$）、晶胞参数的比值（$A$, $C = c_0/a_0$）；计算密度（Dx）、晶胞中所含化学式数目（$Z$）；Ref. 为参考文献（Ibid，意为"同上"，表示和上栏的参考文献相同）。

（6）物质的物性数据：$\varepsilon\alpha$、$n\omega\beta$、$\varepsilon\gamma$ 为折射率；sign 为光性，正或负；$2V$ 为光轴夹角；$D$ 为实验测得密度；mp 为熔点；Color 为样品颜色；Ref. 为此区参考文献。

（7）补充说明：可以空白。有些卡片给出样品来源、制备方法、结构类型、热分析数据等信息。

（8）在所列条件下，收集到的晶面间距 $d$，衍射强度 $I$ 与衍射指标 $hkl$ 值，其中衍射强度以最强峰 $I_1$ 为 100，其他峰根据 $I/I_1$ 的比值取值。有些卡片只有 $d$ 和 $I$ 值，衍射指标未给出，可能该衍射图尚未指标化。

可以看出，从衍射卡片上可以了解物相的基本信息。

2）卡片的检索：卡片索引

卡片索引是一种能帮助使用者从几十万张卡片中迅速查到所需卡片的工具。卡片集索引分为两种：有机索引（organic index to the powder diffraction file）和无机索引（inorganic index to the powder diffraction file）。索引方法有字母索引和数字索引两种。

字母索引（davey index）：按照物相英文名称的字母顺序编排条目，每个条目占一横行。英文名称写在最前面，其后，依次排列着化学式、三强线的 $d$ 值和相对强度、卡片编号，以及参比强度。

无机物索引有两种：物相名称与矿物名称索引。物相索引按物相的英文名称的字母顺序编排条目；矿物名称索引中按此物相的矿物英文名称的字母顺序排列。

有机化合物索引也分两种：名称索引和分子式索引。有机化合物名称索引，即按有机化合物英文名称的字母顺序排列；分子式索引则按此物相所含碳原子的数目顺序排列。

卡片索引集中最实用且用得最多的是字母索引。因为要分析的样品一般都知道其化学组成，据此可以估计样品中可能存在的物相，这样物相分析就可有目的地在可能的化合物中寻找。当待测样品中的物相或元素完全不知时，可以使用数字索引。

数字索引（hanawalt index）：将已经测定的所有物质的最强线的面间距 $d$ 值从大到小按顺序分 87 组，各组的 $d$ 值范围随其包括的物相数目而改变：999.99～8.00（±0.20），7.99～7.00（±0.1），……，3.74～3.60（±0.02），3.59～3.50（±0.02），3.49～3.40（±0.02），3.39～3.32（±0.02），3.31～3.25（±0.02），……，1.37～0.0（±0.01）。在同组中，每条索引按第二个 $d$ 值大小排列，第二个 $d$ 值相同，按第 3 个

$d$ 值大小排列，依次类推，编排成所有的数字索引。考虑到影响强度的因素较复杂，为减少因强度测量的差异而带来的查找困难，前三条衍射线的 $d$ 值轮流占据索引中第一位，分别以 $d_1d_2d_3$、$d_2d_3d_1$、$d_3d_1d_2$ 进行排列，因此同一化合物或同一张卡片在整个数字索引中出现三次，即同一张卡片以三条数字索引出现。

每条索引包括物相的八强线的 $d$ 及其近似的相对强度 $I/I_1$、化学式、名称及卡片的顺序号。相对强度标在 $d$ 值的右下角，X 表示强度最大（约为 100%），数字如 "3" 表示强度约为 30%。在每条索引的前面给出该卡片的可靠度符号。某些条目在卡片号后还有一个比值，称为参比强度值，是该物相与刚玉的参比强度，在相定量分析中具体讨论。有些物质的化学式后面还有数字和字母，其中数字表示晶胞中的原子数目，字母代表晶系（C：立方；H：六方；T：四方；O：正交；R：菱方；M：单斜；A：三斜）。

### 3. 物相分析：实验与判断

物相定性分析的步骤如下：①按要求制样并获得衍射数据；②通过衍射峰的位置根据布拉格方程计算 $d$ 值，读取强度数据，计算相对强度 $I/I_1$；③用字母或数字索引检索 PDF 卡片；④找出相应的卡片进行比对，判定唯一准确的 PDF 卡片。

卡片所载实验条件不可能与实验条件完全一致，即便条件相同，数据也很可能存在系统误差，导致所得衍射图的 $d$ 值与卡片 $d$ 值可能存在差异。实测 $d$ 值与卡片 $d$ 值之间允许误差范围，例如，$d$ 约 1Å，$\pm 0.003$Å；$d$ 约 3.5Å，$\pm 0.03$Å；$d$ 约 8Å，$\pm 0.25$Å；若误差在这个范围内，就认为实测 $d$ 值与卡片 $d$ 值是相符的。实验时也要注意温度与仪器零点的影响。消除仪器误差，可以加入内标物，如石英相 $SiO_2$、$CaF_2$ 等。

在定性分析中，需要注意以下问题：

（1）实验数据与 PDF 卡片上的数据通常不完全一致，如面间距 $d$ 值和相对强度 $I/I_1$ 值。在进行数据对比时，$d$ 值的符合比相对强度符合更重要，相对强度值只作参考。

（2）对于不同晶体，在低角度，$d$ 值相一致的机会很少，而在高角度不同晶体间衍射峰相似的机会较大。因此在相分析中低角区的衍射与卡片数据的符合比高角区的符合更重要。

（3）在多相混合样品中，不同相的某些衍射峰可能互相重叠，因此某些强线实际并不是某一物质的强衍射。如果以其作为最强线去进行分析，就难以得到符合的结果。混合相样品的分析是一项非常细致的工作，一般要经过多次尝试。

（4）有些物质的结构相似，仅点阵常数有不大的差别，原子散射能力也很相似，这时它们的衍射峰差别很小。分析时必须和其他实验方法，如化学分析、电子探针、能谱分析等相结合，才能得出正确结果。

（5）不同编号的同一物质的卡片数据以发表较晚卡片上的数据为准。

（6）混合试样中某相的含量很少或该相的衍射能力很弱时，在衍射花样上该相的花样显示不出来，因此无法确定该物相是否存在。所以这种方法只能确定某相的存在，而不能确定某相的绝对不存在。

粉末 X 射线衍射物相分析，不破坏原样品，快捷方便且准确度高，是固体分析最基本的方法。这一方法的局限性在于灵敏度低，当混合物中某物相含量低于3%时，就很难鉴定出来。样品的衍射图谱质量与物相的衍射能力有关，当样品中某些物相含有重原子，而另外样品为轻原子（C、H、O、N）组成，则轻原子组成的物相更不易鉴别，以致有的物相含量到 40%还鉴别不出来。若物相太多，衍射线重叠严重，也不易鉴定，应采用适宜的方法（重力、磁力等）使某些物相富集或者分离，再分别鉴定。利用 X 射线衍射做物相分析时，通常要和其他分析如化学分析、光谱、X 射线荧光等相互配合。

### 4. 数字化的 PDF

随着计算机技术的发展，数字化PDF及相应的自动检索技术与程序发展迅速。ICDD 提供电子版 PDF。其中，PDF-2 是广泛应用的一个数据库，它包括所有的PDF 卡片及 PDF 卡片上的全部数据，2007 版，共包含 199574 个物相。PDF 提供2 种检索软件，PCPDFWIN 和 ICDD SUITE。前者具有在 PDF-2 中寻找和显示某物相数据的功能，后者实际上是 PCPDWIN 和索引软件 PCSIWIN 的组合。PCSIWIN 具有检索的功能，可以实现元素选择，部分化学名的检索等多种功能。利用计算机的强大计算功能，在卡片中给出一张模拟衍射的棒状图。

PDF-4 是目前 ICDD 重点推荐的数据库，2012 年推出的 PDF 卡片包括 760019种物相的数据。它是一种新式的关系数据库。该数据库中，不是按物相的形式记录，而是把所有数据按其类型（如衍射数据、分子式、$d$ 值、空间群等）存于不同的数据表中，这种类型有 32 种。在一种类型的下面，可有数百子类。这种数据库具有非常强的发掘数据的能力。PDF-4 提供物相的结构数据，还包含了一些软件，可以自动做一些计算拟合工作，如可以从单晶结构数据得到多晶衍射谱；基于仪器构造参数（如狭缝）及晶粒加宽等的引入，可以将实验得到的 $d$、$I$ 数据转变为数字化的衍射谱等。

## 4.5.2　X 射线衍射物相定量分析

多晶 X 射线衍射法也是进行物相定量最得力的工具。物相定性分析是相定量分析的出发点，只有确认了样品中含有指定的物相，相定量才有意义。利用 X 射线衍射进行定量分析时，某一物相的衍射强度随其含量的增加而提高，但是由于吸收作用的影响，含量与强度之间不是简单的正比关系，因此需要进行合理的处理分析。采用衍射仪进行相定量，吸收效应不随 $\theta$ 角而改变，易于校正。

### 1. 多相体系的强度公式

单相体系衍射强度的简化公式为

$$I_{hkl} = K' \cdot P \cdot L \cdot |F_{hkl}|^2 \cdot D \cdot \Delta V \cdot j$$

当选定某一 hkl 指标的衍射峰后，$|F_{hkl}|^2$ 和 $j$ 就是确定的值，Bragg 衍射角 $\theta$ 也是定值，与角度相关的各项也随之确定。因此，对于选定 hkl 的衍射，衍射强度仅是样品受照射有效体积 $\Delta V$ 的函数，将确定的各项值合并为常数 $K$，衍射强度 $I$ 与 $\Delta V$ 的关系为

$$I = K \Delta V$$

可见，被照射的有效体积越大，衍射强度也越大。$I$ 随 $\Delta V$ 变化，所以具有容量性质。使用 Bragg-Bretano 型衍射仪时，有效体积为

$$\Delta V = A_o/(2\mu)$$

式中，$A_o$ 为入射 X 射线的垂直截面积；$\mu$ 为样品的线吸收系数。对于某一 hkl 的衍射峰，强度公式可写为

$$I = K A_o/(2\mu)$$

当样品为多相体系时，各物相能独立地产生衍射。由于 X 射线衍射强度为容量性质，可以将多相体系看成这样一个体系，即各单相体系的体积权重加和。各相的体积分数为

$$v_i = \frac{V_i}{V_t}$$

式中，$v_i$ 为 $i$ 相的体积分数；$V_i$ 为 $i$ 相的体积；$V_t$ 为样品的总体积。

若混合体系由 $n$ 相组成，则：$\sum_{i=1}^{n} v_i = 1$ ， $\mu_t = \sum_{i=1}^{n} v_i \mu_i$

$\mu_t$ 为混合体系的总线吸收系数；$\mu_i$ 为 $i$ 相的线吸收系数。因此，多相体系中 $i$ 相的强度公式为

$$I_i = K_i v_i / \mu_t$$

其中，$\mu_t = \sum_{i=1}^{n} v_i \mu_i$ ，即 $\mu_t$ 是 $v_i$ 的函数，这样 $I_i$ 和 $v_i$ 之间就不是线性关系了。

在讨论样品的吸收效应时，普遍采用质量吸收系数 $\mu_m$，质量吸收系数 $\mu_m$ 与 X 射线的波长有关，但是只与组成物质的元素及其在样品中的质量分数有关，而与其聚集状态无关。质量吸收系数与线吸收系数 $\mu$ 之间的关系为 $\mu_m = \mu / \rho$，这里 $\rho$ 为样品的密度。多相体系中，总质量吸收系数 $\mu_{mt}$ 与总线吸收系数 $\mu_t$ 的关系为

$$\mu_{mt}\rho_t = \mu_t = \sum_{i=1}^{n} v_i \mu_i$$

对于混合体系中的 $i$ 相：

$$v_i = \frac{V_i}{V_t} = \frac{w_i \mu_t}{\rho_i \mu_{mt}}$$

采用质量吸收系数，$n$ 相体系中 $i$ 相的衍射强度公式 $I_i = K_i v_i / \mu_t$ 可以转化为

$$I_i = \frac{K_i}{\rho_i} \frac{w_i}{\mu_{mt}}$$

上式是 X 射线相定量分析最基本的公式。以下所述相定量的各种方法都以此式为出发点。

### 2. 相定量分析基本方法

相定量分析方法有外标法、内标法、参比强度法、自动冲洗绝热法等。各种相定量方法均从相定量分析基本公式出发，这些方法的建立都是为了计算或消去式中的常数 $K_i$ 和总质量吸收系数 $\mu_{mt}$，从而使得可以直接从实验测得的强度数据计算出待求物相的含量。

#### 1）外标法

若多相体系中各相的化学组成相同而结构不同，即混合物由 $n$ 个同分异构体构成，由于质量吸收系数只与物质的化学组成有关，与聚集态无关，即同分异构体的多相体系的质量吸收系数是一个常数，不随各组分的质量分数的变化而改变，恒有 $\mu_{mt} = \mu_{m1} = \cdots = \mu_{mi} = \mu_{mn}$。混合样品中 $i$ 相选定衍射峰的强度为 $I_i = \frac{K_i}{\rho_i} \frac{w_i}{\mu_{mt}}$。

相同实验条件下，纯 $i$ 相样品该峰的衍射线强度为 $I_i^0 = \frac{K_i}{\rho_i} \frac{1}{\mu_{mi}}$，含量为 $w_i = \frac{I_i}{I_i^0}$。

因此，在相同的实验条件下测得纯物相与其在混合样品中指定衍射峰的强度，利用强度数据之比即可求出样品中物相的含量。

外标法原理简单，但局限性也较大，仅适用于上述有限体系，需要纯物质作为外标物，而且要求严格控制实验条件：制样条件（如样品的处理、压样用力情况等）平行，仪器稳定性好，通常需要多次制样和测试以检验衍射强度数据的重复性，以保证测量的准确性。

2）内标法

在 $n$ 相（$n>2$）体系样品中，样品中各组分的质量吸收系数 $\mu_m$ 不同。在此情况下，需要在样品中定量加入一种标准物质 s 相（原 $n$ 相混合体系不含此物相）进行测量，这样的分析方法称为内标法。

在 $n$ 相混合体系中加入一定量的已知内标物 s 后，在新混合体系中原 $n$ 相体系的质量分数为 $w_o$，s 相质量分数为 $w_s$：$w_o + w_s = 1$，则原 $n$ 相体系中质量分数为 $w_i$ 的 $i$ 相在新混合体系中的质量分数：$w_i' = w_i \times w_o$。

在新的混合体系中，总质量吸收系数 $\mu_{mt}'$，根据相定量基本公式，有

$$I_i = \frac{K_i}{\rho_i} \frac{w_i'}{\mu_{mt}'} \qquad I_s = \frac{K_s}{\rho_s} \frac{w_s}{\mu_{mt}'}$$

二者相比，得

$$\frac{I_i}{I_s} = \frac{K_i w_i' / \rho_i \mu_{mt}'}{K_s w_s / \rho_s \mu_{mt}'} = \frac{K_i / \rho_i}{K_s / \rho_s} \frac{w_i'}{w_s} = K \frac{w_i'}{w_s}$$

上式就是内标法的基本公式。该式中消去了混合体系的质量吸收系数，即 $i$ 相强度与内标强度之比与其在混合体系中的含量成正比。在工作中，可准确配制一系列 $i$ 和 s 含量已知的样品，充分混匀，选定内标物和待测相的衍射峰，通过实验求出衍射强度，作 $\frac{I_i}{I_s}$ - $\frac{w_i'}{w_s}$ 图，由斜率即得 $K$ 值。据此可以算出新混合体系中 $i$ 相的含量 $w_i'$，进而推出原体系中的含量 $w_i$。

用于相定量的内标物的选择条件如下：①内标物的测试峰和样品中待测组分的衍射峰尽量靠近，但不重叠，与其他衍射峰也不重叠；②衍射峰强度要足够高；③结晶完整性高，要避免晶粒有择优取向。一般尽量选用立方晶系的物质为内标物；④性质稳定，在 X 射线照射下不会发生变化，也不会和被测样品起化学反应。

内标法所得校正曲线适用于任何含待测物相的多相体系，只要求选用相同的内标物和相同的衍射峰。若校正曲线所用的衍射峰在样品中与其他组分衍射峰重叠，就要另外选择新的衍射峰，可以通过实验重新做校正曲线，也可以通过新的衍射峰与校正曲线中所用衍射峰积分强度的比值，对原来的校正曲线上进行处理——各点乘以该比值，即可得到新选衍射峰的校正曲线，而不必重新做实验。

3）参比强度法

参比强度法是在内标法基础上发展的——本质上还是内标法。该方法中，选用刚玉为参考标准，获得各物相与刚玉质量分数比为 1∶1 时指定衍射峰的强度比值作为参比强度值，在相定量过程中加入内标物后不必做工作曲线，而是通过参比强度、衍射强度、内标物的加入量获得待测相的含量。由于通过一定量的内标物的加入就可以获得待测物相的含量，故将内标物可以看作冲洗剂，也称基体冲洗法。

刚玉（corundum，$\alpha$-Al$_2$O$_3$：$R$-3$c$，$a = 4.759$ Å，$c = 12.992$ Å，$\gamma = 120°$）具有纯度高、稳定性好、易获得且无择优取向等特点，被用作参比物质或称为通用内标物。当将一定量刚玉作为参比物加入体系，选择刚玉（113）衍射峰为参比峰。在同一衍射图中，待测相 $i$ 和刚玉（113）的衍射峰的强度 $I_c$ 的比值为

$$\frac{I_i}{I_c} = \frac{K_i'}{K_c}\frac{w_i}{w_c}$$

任一纯样品与刚玉按 1∶1 混合，关系变为

$$\left(\frac{I_i}{I_c}\right)_{1:1} = K_i\frac{w_i}{w_c} = K_i \quad (w_i : w_c = 1)$$

$K_i$ 称为纯 $i$ 相物质的参比强度，为该相与刚玉（$\alpha$-Al$_2$O$_3$）以质量比 1∶1 混合时，X 射线多晶衍射图中二相最强线的强度比。同样，将内标物 f 和刚玉配制成质量比 1∶1 的混合物，可以求出内标物 f 的参比强度：

$$\left(\frac{I_f}{I_c}\right)_{1:1} = K_f \quad (w_f : w_c = 1)$$

在 $n$ 相混合体系中加入定量的内标物 f 后，在新混合体系中，$i$ 相与内标物 f 的参数关系为

$$\frac{I_i}{I_f} = \frac{K_i}{K_f}\frac{w_i}{w_f} = K\frac{w_i}{w_f}$$

此为参比强度法的基本公式。其中，$K_i$ 和 $K_f$ 均为参比强度。可以看出，体系中任意二组分的强度比正比于二组分的浓度比，比例系数 $K$ 等于二组分的参比强度的比值，与样品中其他组分的存在无关。应用参比强度法时，将一定量的内标物加入样品中，混匀、压样，然后在同一扫描中测出待测相的衍射峰与内标物的测试峰的强度比，即可计算出待测物相的含量，不必再做校正曲线。

对于多相体系，若选刚玉为内标物加入 $n$ 组分混合体系中，$K_f = K_c = 1$，则有

$$\frac{I_i}{I_c} = \frac{K_i}{K_c}\frac{w_i}{w_c} = K_i\frac{w_i}{w_c}, \quad w_i = \frac{w_c}{K_i}\frac{I_i}{I_c}$$

此时工作更为简化。总之，参比强度法选择刚玉作参比物，以其（113）衍射峰为测试峰，测出各物相的参比强度 $K_i$，针对待测的混合多相体系，选一定的内标物，再根据参比强度与衍射峰强度即可求出混合体系中待测相的含量，是一种标准简便的相定量方法。

由于参比强度法统一了参比物，使定量分析工作得以标准化。1972 年之后，JCPDS 卡片给出一些物质与刚玉相比的参比强度数据，就是上节提到在查阅 ICDD-JCPDS 卡片时看到的参比强度值。使用参比强度时注意仪器条件与样品的状况。实验工作中也可以根据需要和样品的特点，自己测定参比强度值。

4）自动冲洗绝热法

在 $n$ 相组成的多相体系中，不加内标物，从一张衍射图上求得各相的含量的方法为自动冲洗绝热法。原理上，自动冲洗绝热法与参比强度法相同。对于 $n$ 相混合体系，任意两相之间存在如下关系：

$$\frac{I_i}{I_f} = \frac{K_i}{K_f}\frac{w_i}{w_f}$$

可以看出，对 $n$ 相组成的体系，任何两项之间都存在这种关系式，两两组合得 $n(n-1)/2$ 个方程，但其中只有 $(n-1)$ 个独立方程，加上各组分的含量之和等于 1，$\sum_{i=1}^{n} w_i = 1$，正好有 $n$ 个独立方程。

对于含 $n$ 相的混合体系，有个 $n$ 未知数 $w_1, w_2, w_3, \cdots, w_k, \cdots, w_n$，若求第一相的含量，可写出如下 $n$ 个方程式：

$$\frac{I_1}{I_i} = \frac{K_1}{K_i}\frac{w_1}{w_i} \quad (i = 1,2,3,\cdots,n)$$

其中，$i = 1$ 的方程是恒等式，非独立方程。以上 $n$ 个方程可改写为 $w_i = \dfrac{I_i}{K_i}\dfrac{K_1}{I_1}w_1$，将各项代入归一化方程 $\sum_{i=1}^{n} w_i = 1$，得

$$w_1 = \left( \frac{K_1}{I_1} \sum_{i=1}^{n} \frac{I_i}{K_i} \right)^{-1}$$

类似地，对体系中任意一相 $i$，有

$$w_i = \left( \frac{K_i}{I_i} \sum_{j=1}^{n} \frac{I_j}{K_j} \right)^{-1}$$

这个公式是自动绝热原理的基本公式。

如果混合样中，各组分都是可以结晶的物质，且均有已知的参比强度 $K_i$ 值，则无需加入冲洗剂，可直接应用上式求算各组分的含量，故称自动冲洗绝热法。当样品中有无定形物质存在时，就不能应用这个公式来计算，而只能向样品中加入内标物处理。

随着计算机软件的发展，基于自动冲洗绝热法原理，近年来利用 Rietveld 原理开展全图无标相定量的工作发展很快，学习了 Rietveld 方法后可以利用软件进行拟合处理。

### 3. 物相定量分析实验方法与注意事项

相定量分析方法有外标法、内标法、参比强度法、自动冲洗绝热法等，在实际工作中，最常用的还是内标法和参比强度法。在利用 X 射线衍射进行物相定量分析时，要注意以下问题：

（1）根据样品情况仔细进行处理和制样，样品尽可能细，通常粒度要小于 15 μm；尽可能消除样品的择优取向。

（2）合理选择衍射条件：管压、管流、狭缝、扫描速度、扫描区间，处理数据审慎，必要时重复测试。

（3）衍射峰强度用积分强度且要有足够大的计数；如果用峰高代替积分强度，要注意仪器型号与实验条件。同种型号仪器的峰高与峰宽的比值随 $2\theta$ 变化相同，而不同型号仪器的峰高与峰宽的比值随 $2\theta$ 变化不同，因此用峰高代替积分强度得到的校正曲线只能在同一型号的仪器上通用。若用积分强度得到校正曲线，不同型号的仪器也可以通用。若欲测组分的晶粒大小在 200 nm 以下，并且不同样品的晶粒大小不一样时，就不能用峰高来代替积分强度。

（4）X 射线衍射相定量分析的灵敏度约 5%。如果衍射得出某物相的含量较高，一般表明该物相的确存在；如果分析出的含量较低，或者含量很低无法给出，则需要仔细分析该物相是否存在，结合样品来源或制备方法、结合化学分析的数据及其他分析表征数据做出判断。

## 4.6　衍射图的指标化

本章开始就提及，在多晶衍射图中，三维倒易空间的数据变化为以衍射角（与晶面间距 $d$ 对应）为变量的一维数据，因此，如何将衍射图还原为三维的倒易点阵——给出每个衍射峰对应的衍射指标，实现晶体点阵的重建——求得晶胞参数 $(a, b, c, \alpha, \beta, \gamma)$，是多晶衍射分析的重要任务之一。由衍射数据出发，推出各个衍射峰对应指标的过程，称为指标化。

指标化的基本依据：

$$d_{hkl} = f(h, k, l, a, b, c, \alpha, \beta, \gamma)$$

或者采用倒易点阵参数，表达式如下：

$$\frac{1}{d^2} = h^2 a^{*2} + k^2 b^{*2} + l^2 c^{*2} + 2hk a^* b^* \cos \gamma^* + 2kl b^* c^* \cos \alpha^* + 2hl a^* c^* \cos \beta^*$$

在上述晶面间距、衍射指标和晶胞参数的关系式中，每个含有 3 个指标参数，在衍射图中，$n$ 条衍射线，可以列出 $n$ 个方程，加上 6 个晶胞参数，一般情况下，

$n$ 个方程含"$3n+6$"个未知数，即便对于对称性最高的立方晶系，也有"$3n+1$"个未知数。从数学上看，指标化似乎是个"无解"的难题。

那么如何进行求解？重在考虑衍射峰的关系和变化规律。衍射指标只能取整数，在衍射图的低角度区域，首先出现指标低的衍射峰。因此，对多晶衍射峰进行指标化的过程是个将尝试和推理结合的过程。以下我们先针对立方晶系讨论解析法，通过这些例子对指标化的基本原理与分析思路有个基本的了解；进一步简要介绍常用的几种指标化程序的特点，讨论指标化结果的分析判据。

### 4.6.1　立方晶系指标化方法：解析法

对于立方晶系，晶面间距、衍射指标和晶胞参数的关系可以为

$$\frac{1}{d_{hkl}^2} = \frac{h^2 + k^2 + l^2}{a^2}$$

为简洁起见，处理不同指标的晶面间距关系时常以 $Q_{hkl}$ 代表 $1/d_{hkl}^2$。立方晶系只有一个晶胞参数 $a$ 需要确定，因此，不同的衍射峰的 $Q$ 值之间存在由晶面指标确定的比例关系：

$$\frac{Q_i}{Q_j} = \frac{h_i^2 + k_i^2 + l_i^2}{h_j^2 + k_j^2 + l_j^2}$$

由于衍射指标 $hkl$ 只能取整数，且在上述关系式中以平方和的形式出现，因此，在选取 $hkl$ 参数时，从小到大按 0, 1, 2, 3, …进行选择和组合即可，依次为：100，110，111，200，210，211，220，（221，300），301，311，222，320，321，400，（410，32），（411，330），331，420，…

可以看出：

（1）简单立方，$Q$ 值的比例关系为：1：2：3：4：5：6：8：9：10：11：12：13：14：16：17：18…，其中缺失 7 和 15…；

（2）体心立方，只有 $h+k+l=2n$ 的衍射可以出现，因此 $Q$ 值的比例关系为：2：4：6：8：10：12：14：16：18：20…，化简后为 1：2：3：4：5：6：7：8：9：10…，其中出现 7；

（3）面心立方，$hkl$ 奇偶混杂的衍射发生系统消光，$Q$ 值的比例关系为：3：4：8：11：12：16：19：20…，不但简单的数值 1、2 缺失，其他很多指标缺失，出现疏密交替的衍射花样。

根据这些关系，从衍射图上，可以对立方晶系的格子类型给出初步判断。立方晶系多晶衍射数据指标化的一般步骤如下。

（1）读出图中的衍射角（$2\theta$），由布拉格方程 $\sin\theta = \lambda/(2d)$，可知采用恒波长辐射源时，$\sin^2\theta$ 的比值与 $Q$ 值的比值相同，因此，可以计算出 $\sin^2\theta$ 值并按从小到大的顺序排列。

（2）计算各 $\sin^2\theta$ 与最小 $\sin^2\theta$ 值的比值。

（3）如比值都接近整数，就化为整数；如有比值不接近整数，通过观察数值关系乘以一个适当的整数如 2、3、$\cdots$，使所有的比值接近整数的值，进一步化为整数。

（4）根据比值关系判断格子类型，确定各衍射峰的指标 $hkl$。

（5）根据布拉格方程 $2d\sin\theta = \lambda$，计算各衍射峰的 $d$ 值，进而计算晶胞参数 $a$。

### 4.6.2　Hesse-Lipson 解析法

这一方法适用于四方、六方与正交晶系。仍基于晶体周期性结构决定的衍射峰之间的变化关系。这里以正交晶系为例，讨论 Hesse-Lipson（赫西-利普森）解析法处理问题的思路。对于含 3 个参数的正交晶系，晶面间距、衍射指标和晶胞参数的关系为

$$\frac{1}{d_{hkl}^2} = \frac{h^2}{a^2} + \frac{k^2}{b^2} + \frac{l^2}{c^2}$$

以下为处理方便，结合布拉格方程 $2d\sin\theta = \lambda$，令 $q_{hkl} = \sin^2\theta_{hkl}$，正交晶系的方程变换为如下形式：

$$q_{hkl} = \sin^2\theta = Ah^2 + Bk^2 + Cl^2$$
$$A = \lambda^2/4a^2 \quad B = \lambda^2/4b^2 \quad C = \lambda^2/4c^2$$

显然，有关联但不同指标的 $q$ 值之间存在如下关系：

$$q_{hkl} = q_{h00} + q_{0k0} + q_{00l} = q_{hk0} + q_{00l}$$
$$= q_{h0l} + q_{0k0} = q_{0kl} + q_{h00} = \cdots$$
$$q_{1kl} - q_{0kl} = q_{100}$$
$$q_{2kl} - q_{0kl} = 4q_{100}$$
$$q_{3kl} - q_{0kl} = 9q_{100}$$
$$\vdots$$

因此，该方法的处理过程是，读出各峰对应的衍射角，求取各衍射角正弦值的平方，由小到大排列，依次相减：

$$\Delta\sin^2\theta_{ij} = \sin^2\theta_i - \sin^2\theta_j \quad (j = 1, 2, 3, \cdots;\ i = j+1, j+2, j+3, \cdots)$$

即依次相减，差值出现的频度及差值之间存在的整数比关系。选出现频度高的差值 $\Delta\sin^2\theta$ 作为轴面衍射的 $\sin^2\theta$，观察原始数据中是否存在 1、4、9 倍数的值，

若存在，则该差值可以认为是 100、010 或 001 的衍射，若设为 100；接着寻找可能的 010 和 001，进行拟合，重复数次，直到所有衍射线均可指标化。

对于单斜和三斜晶系，指标化处理过程更为烦琐复杂，需要尝试，借助于计算机程序是很好的途径。

### 4.6.3　常见指标化程序原理和方法

如上所述，早期指标化主要依靠 d 值比值关系等进行尝试，对于对称性高的晶系，处理尚可，但对于低对称性的晶系，很难找到合适的结果。20 世纪 60 年代以来，随着计算机的发展，出现了多种指标化程序，大大促进了指标化工作的开展。目前，指标化工作主要依赖计算机，计算原理有晶带法、面指数尝试法、连续二分法和蒙特卡罗方法，代表性的软件为 ITO、DICVOL、TREOR 和 McMaile 等。以下介绍 TREOR 和 DICVOL 两种方法。

#### 1. TREOR——晶面指数尝试法

1985 年，Werner 等发表了基于面指数尝试法计算机程序 TREOR。TREOR 基于在倒易空间中的半穷举搜索：选若干低角度的衍射线作为基本晶面的衍射，赋予它们指定范围内的小整数晶面指标 hkl，代入晶面间距与晶胞参数的关系式，求解方程算出晶胞参数，利用解得的参数尝试指标化其余的衍射线，并寻找最可能的解。

例如，对于单斜晶系，

$$Q_{hkl} = \frac{1}{d^2} = h^2 a^{*2} + k^2 b^{*2} + l^2 c^{*2} + 2hla^* c^* \cos \beta^*$$

含有四个待求解的晶胞参数，取四条相互独立的低角度衍射线，赋予其一定的指标（$h, k, l < 3$）进行尝试；计算倒易格子的参数；利用所得参数逐一计算第 5、6、7 等衍射峰并与实验值比较；直到将多条衍射线（几乎所有）加入后，对照合理，有可能是待求的解。

TREOR 程序对单斜及更高对称性晶系，成功率 95%以上。该程序有很多优点，如计算速度快；可指定容忍误差和不能指标化的衍射数目等。缺点是对三斜晶系处理难度较大，不能自动指认空间群和带心晶格，品质因子 $M_{20}$ 和 $F_{20}$（品质因子的含义及获得见后文）可能被低估。

#### 2. DICVOL——二分法

1972 年，Louër 首次提出二分法指标化方法，之后基于此方法的计算机程序

DICVOL 得到发展。DICVOL 从正空间出发，以晶胞边长及夹角为变量，在设定的有限的区间内，用二分法逐步缩小晶胞参数的范围，寻找合理的指标化结果。此处以立方晶系为例说明此法的基本原理。

给定晶胞参数范围：$a$ 在 $a_0$ 和最大值 $a_M$ 之间，每步搜索步长 $p$ 为 0.5 Å，从 $a_0$ 开始计算直到 $a_M$，计算出每一步的 $Q$ 值，进行 $[a_0 + np]$ 到 $[a_0 + (n+1)p]$ 的测试：

$$Q_-(hkl) = \frac{h^2 + k^2 + l^2}{[a_0 + (n+1)p]^2}$$

$$Q_+(hkl) = \frac{h^2 + k^2 + l^2}{[a_0 + np]^2}$$

对于各步计算结果，与所有实验得到的 $Q_{obs}$ 值（一般为前 20 个）进行比较，在误差范围内如果满足：

$$Q_{-,hkl} \leqslant Q_{obs} \leqslant Q_{+,hkl}$$

就把如上区间分成两半，步长变为 0.25 Å，继续计算并测试；找到更接近的数值范围，再分两半，步长 0.125 Å；连续共做 6 次二等分，可使晶胞参数的变化范围限定在 0.5 Å/$2^6$(= 0.0078 Å)之内。

DICVOL 程序的优点是：使用正空间搜索，由于是穷举搜索，原则上不会有遗漏；处理过程首先进行体积较小晶胞的计算，通常可避免产生晶胞体积加倍的赝解。程序的缺点是三斜和单斜晶系计算时间长。

## 4.6.4　指标化结果的判断：品质因子

多晶衍射图指标化在数学上是个多解问题，因此通常可以得到多种结果，如何判断结果的合理性？哪一个是最可能的结果？需要一定的判据对指标化结果的可靠性进行分析，以便选出正确合理的解。最常用的两个品质因子是 de Wolff 提出的 $M_{20}$ 和 Smith 提出的 $F_N$。$M_{20}$ 定义如下：

$$M_{20} = \frac{Q_{20}}{2\bar{\varepsilon} N_{20}}$$

式中，$Q_{20}$ 为观察到（且已指标化）的第 20 条衍射线的 $Q$ 值；$N_{20}$ 为计算 $Q$ 值到 $Q_{20}$ 时所得出的不同 $Q$ 值的个数。显然，观察线条数与计算线条数的比值为 $20/N_{20}$；$\bar{\varepsilon}$ 为 $Q$ 观察值和计算值之间的平均偏差：$\bar{\varepsilon} = \frac{1}{20}\sum_{i=1}^{20}|\Delta Q_i|$。根据 de Wolff 的分析，

当不能指标化的线条少于 2，且 $M_{20} \geqslant 10$ 时结果基本正确。$M_{20} < 6$ 时结果值得怀疑，$M_{20} < 3$ 时几乎没有意义。

$F_N$ 定义为两项的乘积，前一项与准确性有关，后一项与数据完备性有关。

$$F_N = \frac{1}{|\Delta 2\theta|} \frac{N}{N_{预测}}$$

式中，$N_{预测}$ 为到第 $N$ 条观察衍射线的可能衍射线的数目；$|\Delta 2\theta|$ 为 $2\theta$ 观察值与计算值之间偏差绝对值的平均。Smith 建议 $N$ 值取 30，如果衍射线不够 30，则取为全部衍射线数目。$F_N$ 值越大，结果越可靠。很难说 $F_N$ 值多大就对应正确解，但多数正确解 $F_N$ 值在 10 以上。

对于 $M_N$ 和 $F_N$ 相近的指标化结果，要优先选择：①有更高对称性的晶胞；②体积最小的晶胞；③理论衍射线数目小的晶胞。除了考虑品质因子 $M$ 和 $F$ 外，进一步综合判断：

（1）最初输入的全部衍射线是否都能被指标化，未被指标化的衍射线要找出解释。

（2）未参与最初指标化的低角度弱峰和高角度峰是否能基于所得晶胞给以恰当的指标？若可以，标志结果较可靠。

（3）如果指标化结果中含有明确的系统消光规律，则结果更可靠。

（4）通过检索数据库，找到具有类似结构的化合物；与电子衍射的结果一致。

（5）如已知分子式和样品密度，可根据单胞内的分子数 $Z$ 为整数来判断结果是否合理。对有机分子，晶胞体积 $V$ 和晶胞内分子个数 $Z$ 之间有如下近似关系：$V \approx 18 Z N_{NHA}$，$N_{NHA}$ 是分子中非氢原子（C、N、O 等）的总数。

（6）用多种计算程序，都得到相同的结果。

进一步，考虑处理物相的基本结构参数，如键长、键角的关系等，化学上合理；在此基础上，根据指标化结果，进行全谱拟合，最终能解出合理的晶体结构。

综上，指标化是结构分析的基础。首先，指标化的结果不仅给出每个衍射峰对应的晶面指标，同时也得到了晶胞参数（$a$，$b$，$c$，$\alpha$，$\beta$，$\gamma$），实现晶体点阵和倒易点阵的重建；指标化也能给出晶体对称性的重要信息（晶体所属的晶系、点阵类型、可能的空间群等）。其次，用一套晶胞参数（$a$，$b$，$c$，$\alpha$，$\beta$，$\gamma$）能成功指标化衍射图中所有衍射线，是确认样品为单相的重要依据。根据指标化所得的晶胞参数、样品的实际组成和已知结构的原子结构参数计算得出衍射图并与实验衍射图对照，可以判明样品是否与已知化合物具有相同的晶型。指标化也是晶胞参数精修衍射分析方法的基础。

在指标化原理分析与程序开发方面，我国有多位学者做出了贡献。代表性的工作是中国科学院物理研究所董成教授开发的 PowderX 程序，该程序基于 TREOR 原理，采用友好的用户界面，可读入多种数据格式，方便地进行数据处理，也可以给出不同的数据格式，是一个很好的指标化软件。

## 4.7 衍射峰的宽化与 Scherrer 方程

和布拉格方程一样，Scherrer 方程也是在多晶衍射数据分析中应用最多的一个方程。利用 X 射线衍射峰的宽化效应，根据 Scherrer 方程可以求出晶粒大小——一次聚集态在垂直于某一晶面方向的平均厚度，即平均晶粒度。本节我们从讨论 Scherrer 方程的物理意义出发，推导出近似的方程，严格的数学推导简要介绍，重点分析其应用。

### 4.7.1 Scherrer 方程：物理意义与数学表达

如果一个小晶体在垂直于（$hkl$）晶面方向上共有间距为 $d$ 的格子面 $p$ 层（图 4-17），则在该方向上晶体厚度 $D_{hkl} = pd_{(hkl)}$。当入射 X 射线方向与晶面（$hkl$）之间夹角符合布拉格反射时，相邻两个晶面反射线之间的光程差为波长的整数倍：

$$2d\sin\theta = n\lambda$$

当 $\theta$ 角变化了一个很小的角度 $\delta$ 时，则有一个附加的光程差 $\Delta l$，为

$$2d\sin(\theta + \delta) = n\lambda + \Delta l$$

为理解不同厚度的晶粒与 X 射线的作用而导致衍射峰宽化的物理意义，我们先定性讨论波叠加与峰的宽化，给出近似的 Scherrer 方程。然后，再从波的叠加角度，推出 Scherrer 方程。

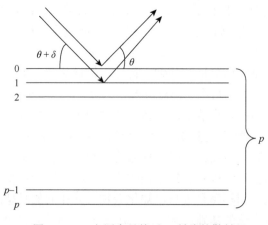

图 4-17　一定厚度晶粒对 X 射线的散射

1. Scherrer 方程的物理意义

在布拉格公式 $2d\sin\theta = n\lambda$ 中，$d$ 为任意指标（$hkl$）晶面的相邻面间距，晶面（$hkl$）对应于晶体内部一组相互平行的平面点阵。对入射和反射 X 射线而言，这些面为等程面，同一格子面组中不同层所反射的 X 射线有光程差。因此对于衍射 $hkl$，只需讨论其对应格子面族（$hkl$）中层间的相互干涉作用。

根据光学原理，当光程差为波长的一半，即 $\Delta l = \lambda/2$，光波完全相消，振幅为零——这里可以看成衍射的起峰之处。对于厚度为 $p$ 层的晶粒（图 4-17），当入射线在 $\theta$ 角附近偏离了一个很小的角度 $\delta$ 时，有以下关系：

$$2d\sin\theta = n\lambda$$
$$2\times 2d\sin\theta = 2\times n\lambda$$
$$2\times 2d\sin(\theta+\delta) = 2\times n\lambda + \Delta l$$

若 $\delta$ 变化到某一数值，使得第 $p/2$ 层与起始层的光程差 $\Delta l = \lambda/2$，则二者的散射波相消，依次类推，第 1 层和第（$p/2+1$）层，第 2 层和第（$p/2+2$），…，第（$p/2-1$）层和第 $p$ 层两两相消，衍射不出现，此时存在以下关系：

$$\Delta l_{(p/2-\text{Layer}0)} = \lambda / 2$$
$$(p/2)2d\sin\theta = (p/2)n\lambda$$
$$(p/2)2d\sin(\theta+\delta) = (p/2)n\lambda + \lambda/2$$

利用三角函数的变换关系：$\sin(\theta+\delta) = \sin\theta\cos\delta + \cos\theta\sin\delta$

并进行合理近似：当 $\delta$ 较小，$\cos\delta = 1$，$\sin\delta = \delta$（弧度值），可以得到：

$$(p/2)2d\sin(\theta+\delta)$$
$$= (p/2)2d(\sin\theta\cos\delta + \cos\theta\sin\delta)$$
$$= (p/2)2d\sin\theta + (p/2)2d\,\delta\cos\theta$$
$$= (p/2)\,n\lambda + pd\delta\cos\theta$$

有　　$(p/2)\,n\lambda + pd\delta\cos\theta = (p/2)n\lambda + \lambda/2$

又知 $pd = D_{hkl}$，则 $D_{hkl}\delta\cos\theta = \lambda/2$。

注意，以上讨论的对布拉格角 $\theta$ 的偏离角度 $\delta$ 是从开始衍射峰起始处考虑，在以 $2\theta$ 为横坐标的衍射图中，衍射峰的半高宽 $\beta \approx 2\delta$，可得

$$\beta_{hkl} = \frac{\lambda}{D_{hkl}\cos\theta}$$

此即联系晶粒大小和半峰宽的近似 Scherrer 方程。

2. Scherrer 方程的数学推导

Scherrer 方程中，有个系数 0.89 来自何处？从光学原理出发，利用严格的数学处理，可以得到此系数。前已述及，晶面（$hkl$）对应于晶体内部一组相互平行

的平面点阵，晶面间距为 $d$。当 $\theta$ 角变化了一个很小的角度 $\delta$ 时，相邻晶面的光程差为

$$\Delta l = 2d\sin(\theta + \delta) = n\lambda + 2\delta d\cos\theta$$

对应的位相差为

$$\Delta\varphi_0 = \frac{2\pi\,\Delta l}{\lambda} = 2n\pi + \frac{4\pi\,d\,\,\delta\cos\theta}{\lambda}$$

由于指数或三角函数的周期性，有

$$\Delta\varphi_0 = \frac{4\pi\,d\,\,\delta\cos\theta}{\lambda}$$

当振幅为 $E_0$ 的 X 射线照射到一定厚度的晶粒上（图 4-17），小晶体中格子面族（$hkl$）中各平面层 $1, 2, \cdots, p$ 反射该电磁波的场强分别为

$$E_1 = E_0\exp\left[i2\pi\left(\frac{t}{\tau} - \frac{x}{\lambda}\right) + \varphi_0\right]$$

$$E_2 = E_0\exp\left[i2\pi\left(\frac{t}{\tau} - \frac{x + \Delta l}{\lambda}\right) + \varphi_0\right] = E_1\exp(i\Delta\varphi_0)$$

$$\vdots$$

$$E_p = E_0\exp\left[i2\pi\left(\frac{t}{\tau} - \frac{x + (p-1)\Delta l}{\lambda}\right) + \varphi_0\right] = E_1\exp[i(p-1)\Delta\varphi_0]$$

相邻两个波的位相差为 $\Delta\varphi_0$，将以上 $p$ 个波相叠加，可得

$$E = E_1\{1 + \exp(i\Delta\varphi_0) + \exp(2i\Delta\varphi_0) + \cdots + \exp[i(p-1)\Delta\varphi_0]\}$$

$$= E_0\exp\left[i2\pi\left(\frac{t}{\tau} - \frac{x}{\lambda}\right) + \varphi_0\right]\sum_{k=0}^{p-1}\exp(ik\Delta\varphi_0)$$

当 $p$ 个向量合成后，合成向量与第一个向量的夹角为（$\alpha = p/2\,\Delta\varphi_0$），见图 4-18。根据光学原理和级数求和公式，这 $p$ 个向量合成后的振幅为

$$\varepsilon = E_0\sum_{k=0}^{p-1}\exp(ik\Delta\varphi_0) = E_0\left[\sin\left(\frac{p}{2}\Delta\varphi_0\right)\bigg/\sin\left(\frac{1}{2}\Delta\varphi_0\right)\right]$$

$$= E_0 p\sin\left(\frac{p}{2}\Delta\varphi_0\right)\bigg/\left[\frac{p}{2}\Delta\varphi_0\right]$$

当 $\Delta\varphi_0 = 0$，$\varepsilon$ 取最大值，$\lim\limits_{\alpha \to 0}\left[\dfrac{\sin\alpha}{\alpha}\right] = 1$，

$$\varepsilon_{\max} = pE_0$$

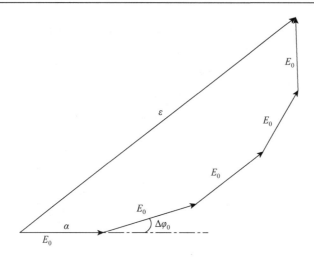

图 4-18　电磁波向量的叠加

衍射强度与振幅的平方成正比

$$\frac{I}{I_{\max}}=\frac{(\varepsilon)^2}{(\varepsilon)_{\max}^2}=\frac{\left[E_0 p\sin\left(\frac{p}{2}\Delta\varphi_0\right)\Big/\left(\frac{p}{2}\Delta\varphi_0\right)\right]^2}{(E_0 p)^2}=\sin^2\left(\frac{p}{2}\Delta\varphi_0\right)\Big/\left(\frac{p}{2}\Delta\varphi_0\right)^2$$

令 $\Phi=p\Delta\varphi_0=\dfrac{4\pi\delta pd\cos\theta}{\lambda}$，在半高宽处，有

$$\frac{I_{1/2}}{I_{\max}}=\frac{(\varepsilon)_{1/2}^2}{(\varepsilon)_{\max}^2}=\sin^2\left(\frac{\Phi}{2}\right)\Big/\left(\frac{\Phi}{2}\right)^2=\frac{1}{2}$$

要求得 $\Phi$ 值，可通过 $\sin^2\left(\dfrac{\Phi}{2}\right)\Big/\left(\dfrac{\Phi}{2}\right)^2$ 对 $\dfrac{\Phi}{2}$ 作图，见图 4-19。注意，这里 $\Phi$ 值的单位是弧度。由图中可读出，$\Phi/2=1.40$。将这一关系代入 $\Phi=p\Delta\varphi_0=$ $\dfrac{4\pi\delta pd\cos\theta}{\lambda}$ 和 $\Delta\varphi_0=\dfrac{4\pi\delta d\cos\theta}{\lambda}$，得

$$\Phi=p\Delta\varphi_0=\frac{4\pi\delta pd\cos\theta}{\lambda}=2\times1.40$$

这里的 $\delta$ 直接对应衍射峰半高宽处对布拉格角 $\theta$ 的偏离角度，衍射图中以 $2\theta$ 为横坐标，故由样品晶粒引起的衍射峰宽化的半峰宽 $\beta_{hkl}$ 与 $\delta$ 的关系为：$\beta_{hkl}=4\delta$，又知样品的厚度 $D_{hkl}=pd$，代入后即得 Scherrer 公式：

$$\beta_{hkl}=\frac{0.89\lambda}{D_{hkl}\cos\theta}$$

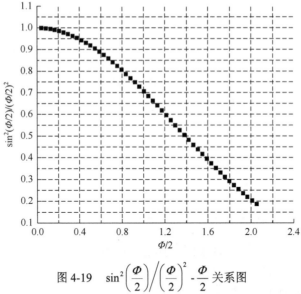

图 4-19　$\sin^2\left(\dfrac{\Phi}{2}\right)\bigg/\left(\dfrac{\Phi}{2}\right)^2$ - $\dfrac{\Phi}{2}$ 关系图

## 4.7.2　衍射峰分析与 Scherrer 方程应用

由实验所获得的衍射峰半高宽 $B$，是 $K_{\alpha_1}$、$K_{\alpha_2}$ 双线辐射、晶粒大小因子、仪器因子等共同作用的结果。利用 Scherrer 公式，从衍射峰半高宽测定平均晶粒大小，需要提取出纯由晶粒因子引起的衍射峰宽。要得到晶粒大小引起的半高宽 $\beta$，必须对衍射峰宽度 $B$ 进行仪器因子分离，$K_{\alpha_1}$、$K_{\alpha_2}$ 双线分离等处理。下面我们对这些校正步骤进行讨论。

### 1. 仪器因素的处理

实验所得多晶衍射图中，衍射峰的宽化包含仪器因素和样品因素——即衍射图谱可以看成仪器因子 $g(x)$ 与晶粒因子 $f(x)$ 的卷积（convolution）。卷积的数学概念很清楚，简单来说，所谓的"卷积"，就是用一个函数"调制展开"另一个函数，进一步的了解可以参看数学书籍。衍射峰处理的第一步就是分离仪器因素，数据处理也不麻烦，可借助计算机程序完成。随着仪器的改进，仪器贡献的半峰宽一般都可以控制在 0.05°甚至更小，因此，当晶粒不是很大时，可以忽略仪器因素，或者简单地减去仪器引起的半峰宽。

### 2. $K_{\alpha_1}$ 和 $K_{\alpha_2}$ 的双线加和与分离度

衍射实验通常采用的 X 射线光源为 $K_\alpha$ 辐射，$K_\alpha$ 是由 $K_{\alpha_1}$ 和 $K_{\alpha_2}$ 双线组成的，

二者的强度比近似等于 2∶1。二者的峰形函数形式类似，但由于 $K_{\alpha_1}$ 和 $K_{\alpha_2}$ 射线的波长存在 $\Delta\lambda$ 差异，它们所产生的衍射峰有一差值 $\Delta(2\theta)$，这两个衍射峰线性叠加，给出实验衍射图，如图 4-20 所示。

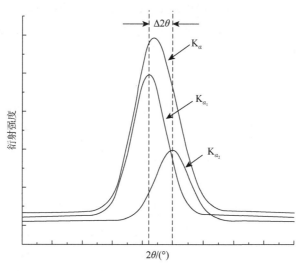

图 4-20　$K_{\alpha_1}$ 和 $K_{\alpha_2}$ 衍射的叠加

由于 $K_{\alpha_1}$ 和 $K_{\alpha_2}$ 波长不同，$K_{\alpha_1}$ 和 $K_{\alpha_2}$ 衍射峰位置相差 $\Delta(2\theta)$，当产生 $hkl$ 衍射时，对应的衍射峰极大值 $2\theta_1$ 和 $2\theta_2$ 位置分别由布拉格方程确定：

$$2d\sin\theta_1 = n\lambda_1$$

$$2d\sin\theta_2 = n\lambda_2$$

有 $\Delta(2\theta) = 2(\theta_2 - \theta_1)$。$\alpha_1$ 与 $\alpha_2$ 双线分离度为

$$\frac{2d(\sin\theta_2 - \sin\theta_1)}{2d\sin\theta} = \frac{\lambda_{K_{\alpha_2}} - \lambda_{K_{\alpha_1}}}{\lambda_{K_\alpha}} = \frac{\Delta\lambda}{\lambda_{K_\alpha}}$$

利用三角函数变换关系，合理近似后可得 $K_{\alpha_1}$ 和 $K_{\alpha_2}$ 之间的双线分离度与角度的关系：

$$\Delta(2\theta) = \frac{2\Delta\lambda}{\lambda_{K_\alpha}}\mathrm{tg}\theta$$

对铜靶，$\lambda_{K_{\alpha_2}} = 154.44\ \mathrm{pm}$, $\lambda_{K_{\alpha_1}} = 154.06\ \mathrm{pm}$，

$$\Delta\lambda = 0.38\ \mathrm{pm}, \quad \lambda_{K_\alpha} = 154.18\ \mathrm{pm}$$

可得双线分离度：

$$\Delta(2\theta) = \frac{2\Delta\lambda}{\lambda_{K_\alpha}} \text{tg}\theta = 0.2246\text{tg}\theta$$

铜靶、钼靶和铁靶的 $\Delta(2\theta)$-$2\theta$ 曲线见图 4-21。可以看出，波长越短，分离越严重；低角度时，双线分离度较小，而随角度增大，二者分离越来越明显。从 $\Delta(2\theta)$-$2\theta$ 曲线可以方便地查出衍射峰在不同（$2\theta$）角的分离度。

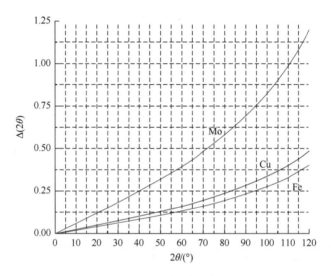

图 4-21  不同光源双线分离度与角度的关系

### 3. $K_{\alpha_1}$ 和 $K_{\alpha_2}$ 的双线分离

$K_{\alpha_1}$ 和 $K_{\alpha_2}$ 产生的衍射峰存在一定的分离度 $\Delta(2\theta) = 2(\theta_2 - \theta_1)$，对某一 $hkl$ 衍射时，若衍射峰起始的位置分别为 $2\theta_1$ 和 $2\theta_2$，显然，在 $2\theta_1$ 至 $[2\theta_1 + \Delta(2\theta)]$ 之间，$K_{\alpha_2}$ 无贡献；同理，在 $[2\theta_2 - \Delta(2\theta)]$ 至 $2\theta_2$ 之间，$K_{\alpha_1}$ 无贡献。

为了从实验图谱中分离出 $K_{\alpha_1}$ 辐射所产生的衍射峰，需要进行合理的处理。由于二者的叠加为线性加合，分离方法也比较简单。可以按 $\Delta(2\theta)/n$ 的等间隔划分实验所得的衍射图，如图 4-22 所示。从第 1 到第 $n$ 区间内，没有 $K_{\alpha_2}$ 衍射的贡献。这里，取 $n=3$，已知 $I(\alpha_1)/I(\alpha_2) = 2/1$，可以给出以下关系：

$$I_1 = I_1(\alpha_1)$$
$$I_2 = I_2(\alpha_1)$$
$$I_3 = I_3(\alpha_1)$$
$$I_4 = I_4(\alpha_1) + I_4(\alpha_2) = I_4(\alpha_1) + 1/2 I_1(\alpha_1)$$

$$I_4(\alpha_1) = I_4 - 1/2I_1(\alpha_1)$$
$$I_5 = I_5(\alpha_1) + I_5(\alpha_2) = I_5(\alpha_1) + 1/2I_2(\alpha_1)$$
$$I_5(\alpha_1) = I_5 - 1/2I_2(\alpha_1)$$
$$I_6 = I_6(\alpha_1) + I_6(\alpha_2) = I_6(\alpha_1) + 1/2I_3(\alpha_1)$$
$$I_6(\alpha_1) = I_6 - 1/2I_3(\alpha_1)$$
$$\vdots$$
$$I_i = I_i(\alpha_1) + I_i(\alpha_2) = I_i(\alpha_1) + 1/2I_{i-3}(\alpha_1)$$
$$I_i(\alpha_1) = I_i - 1/2I_{i-3}(\alpha_1)$$

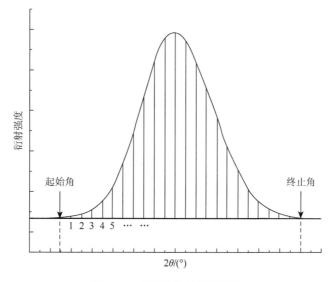

图 4-22　衍射峰的等间隔划分

利用强度加和的关系，通过上述公式可以求出所有角度 $K_{\alpha_1}$ 贡献的强度 $I(\alpha_1)$，得到 $I(\alpha_1)$-$2\theta$ 关系，获得纯 $K_{\alpha_1}$ 的衍射图。应当注意，采用这种方法得到 $I_i(\alpha_1)$，从起始角到衍射峰最大值之后的约中间位置，即峰值后的约一半处，具有较好的准确性；但是，再往后，因为 $I_i(\alpha_1)$ 与 $1/2I_{i-n}(\alpha_1)$ 的差值越来越小，测量的随机误差会使所得 $I_i(\alpha_1)$ 误差较大，曲线发生起伏，因此，分离出的 $I(\alpha_1)$ 曲线在后半部分准确性较差。

### 4. Scherrer 公式的应用

得到晶粒宽化而引起的半峰宽后，可以利用 Scherrer 公式计算晶粒大小。图 4-23 给出晶粒大小与衍射峰宽的关系曲线。可以看出，当晶粒尺寸小于几十纳米，衍射才开始有明显宽化，当小于 10 nm，宽化较为明显（约 1°），当约 5 nm，衍射峰半高宽可达约 2°，若晶粒进一步变小，则信号可信度变差。因此，利用 Scherrer 公式，直接用实验半峰宽计算晶粒大的适宜晶粒大小范围为 2～20 nm。

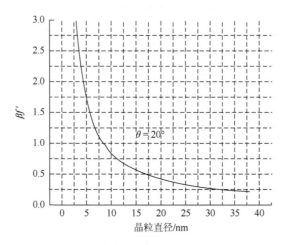

图 4-23　晶粒大小与衍射峰宽化

通过 Scherrer 公式求取晶粒大小时，应当注意：

（1）当用半高宽 $\beta_{hkl}$ 时，$D_{hkl}$ 代表垂直于（hkl）晶面的厚度。

（2）（hkl）晶面大小与 $\beta_{hkl}$ 无关，半高宽 $\beta_{hkl}$ 只与晶粒在垂直于（hkl）晶面方向上的厚度有关。

（3）$D_{hkl}$ 越大，$\delta$ 越小，表示衍射峰收敛越快；$D_{hkl}$ 越小，$\delta$ 越大，表示衍射峰收敛越慢。

（4）Shcerrer 公式适宜的范围为 3～100 nm。晶粒太小，衍射峰宽化严重，实验数据误差较大；而晶粒大于一定值，宽化效应很弱，由晶粒宽化引起的半峰宽可以忽略。

以上讨论的是结晶生长较好、无晶格畸变的情况。如果存在晶格畸变，则需要分离畸变和晶粒大小的效应。实际工作中，晶粒变小也往往伴随着晶格畸变，因此，衍射峰会更为复杂。

## 4.8　多晶 X 射线衍射结构分析的重要方法——Rietveld 法

晶体结构解析通常由单晶衍射数据确定。然而，由于许多化合物难以得到单晶，有些材料的性质是在多晶状态下体现，因此利用多晶 X 射线衍射数据开展结构分析，是必须进行的工作。早期的多晶结构分析，主要是通过提取积分强度数据，采用与单晶分析类似的方法解决。由于多晶衍射存在衍射峰的重叠问题，合理分配衍射强度难度很大，可以取得的有效数据少，只能用于一些相对简单的结构分析且准确度较差。20 世纪 60 年代，Rietveld 提出了解决这一难题的"全图拟合方法"，使得基于多晶衍射数据的结构精修成为结构分析的重要方法之一。峰形拟合物相分析与晶胞参数修正、晶体结构精修、无标相定量、结构从头解析等，Rietveld 方法已经深入到多晶衍射分析的各个方面。

## 4.8.1　Rietveld 方法的基本原理

Rietveld 方法处理多晶数据时，不再进行衍射峰的分离，而是反其道而行——将利用初始模型计算得到的强度数据分解，与各实验点数据关联，进行分析。其基本要点如下：

（1）采用步进扫描的实验数据：收集一套高质量的步进扫描数据，得到的每个数据点都是一个观测点。

（2）设置初始模型：对于拟分析的物相找到或者建立较为合理的初始结构模型。

（3）峰形函数拟合与应用：通过对实验数据的拟合，找到一个合适的数学函数模拟衍射峰，利用此函数将由初始模型计算出的衍射强度分解为与步进实验数据各步对应的计算值。

（4）最小二乘法全图拟合：将实验数据与理论数据进行比较，采用最小二乘法进行全图拟合，进行初始结构参数的修正，获得与实验数据对应的晶体结构参数。

1. 衍射数据收集

高质量的衍射实验数据是结构分析的基础。

要得到准确的数据，既要保证样品品质和制备，也要合理选择衍射仪器并调整好仪器状态，确定衍射几何和基本条件（如管压、管流、狭缝等）。用于结构分析的样品，要求结晶良好，晶粒大小适宜（研磨至 10 μm 以下），尽可能消除择优取向。根据仪器的光路不同，制样时可采用不同的样品架。例如，对于采用 Bragg-Brentano 几何的仪器，最好选择较大的样品架，如铝框架；对于采用 Debye-Scherrer 几何的仪器，可选择毛细管装样。以保证大量晶粒随机统计分布。根据样品的特点，选择角度范围、步长、每步停留时间等。一般 $2\theta$ 起始角从第一个峰之前 2°～3°开始，终止角到 120°～130°，步长选 0.01°～0.02°，停留时间数秒——根据仪器功率、探测器效率等确定。选择的原则，考虑使最强衍射峰最高处计数为两万左右。计数时间长，衍射强度高，信噪比好，统计误差小，弱峰明确。但是，强到一定程度，差别不大——甚至可能引入另外的"误差"——导致拟合好度变差。这一问题在后面结合 $R$ 因子讨论。

**2. 初始结构模型的设定**

Rietveld 分析是一种精修方法，需要从一个合理的晶体结构近似模型开始，设定参数的初值。初始模型可以参考异质同晶类似结构、固溶体等，也可以根据样品组成、化学键与晶胞组成等信息通过结构分析建立，或从高分辨电子显微像中推得。接近正确的部分结构通过 Rietveld 修正确认后，进一步可以通过 Fourier 差值分析得到整个结构。

**3. 峰形函数**

峰形函数（profile-shape-function）选择非常重要。用于描述粉末衍射峰的代表性函数 $\Omega$ 见表 4-8。

**表 4-8　多晶衍射图拟合常用的峰形函数**

| 函数类型 | 函数表达式 | 半峰宽 $H^a$ |
|---|---|---|
| Gausisan | $\Omega_0(x) = G(x) = a_G \exp(-b_G x^2)$ <br> $a_G = \dfrac{2}{H}\sqrt{\dfrac{\ln 2}{\pi}}$　$b_G = \dfrac{4\ln 2}{H^2}$　$\beta_G = \dfrac{1}{a_G}$ | $H^2 = u\tan^2\theta + v\tan\theta + w$ |
| Lorentzian | $\Omega_1(x) = L(x) = \dfrac{a_L}{1 + b_L x^2}$ <br> $a_L = \dfrac{2}{\pi H}$　$b_L = \dfrac{4}{H^2}$　$\beta_L = \dfrac{1}{a_L}$ | $H^2 = X\tan\theta + [Y + F]/\cos\theta$ |
| Modified Lorentzian（Ⅰ） | $\Omega_2(x) = ML(x) = \dfrac{a_{ML}}{(1 + b_{ML}x^2)^2}$ <br> $a_{ML} = \dfrac{4\sqrt{\sqrt{2}-1}}{\pi H}$　$b_{ML} = \dfrac{4\sqrt{\sqrt{2}-1}}{H^2}$ | $H^2 = X\tan\theta + [Y + F]/\cos\theta$ |
| Modified Lorentzian（Ⅱ） | $\Omega_3(x) = IL(x) = \dfrac{a_{IL}}{(1 + b_{IL}x^2)^{2/3}}$ <br> $a_{IL} = \dfrac{\sqrt{2^{2/3}-1}}{\pi H}$　$b_{IL} = \dfrac{4\sqrt{2^{2/3}-1}}{H^2}$ | $H^2 = X\tan\theta + [Y + F]/\cos\theta$ |
| Voigt | $\Omega_4(x) = G(x) \otimes L(x) = \displaystyle\int_{-\infty}^{+\infty} L(x-u)G(u)\mathrm{d}u$ | — |
| Pseudo-voigt | $\Omega_5(x) = pV(x) = \eta L'(x) + (1-\eta)G(x)$ | — |

a. 本列中，$u$、$v$、$w$、$X$、$Y$、$F$ 为描述半峰宽随衍射角 $\theta$ 变化关系的参数

对于某衍射峰，取布拉格角处的 $2\theta_i = 0$，向两边展开。用于进行峰形展开的函数各有特点，例如，Gaussian 函数图形变化较缓，拖尾效应小；而 Lorentzian 函数图形变化较快，拖尾效应大。图 4-24 分别是两个简单的 Gaussian 函数和 Cauchy 函数（可以认为是最简单的 Lorentzian 函数）的曲线。

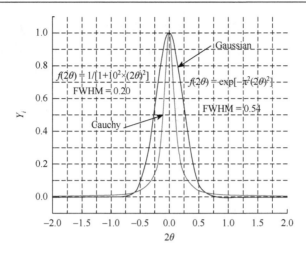

图 4-24　Gaussian 函数和 Cauchy 函数

对于粉末中子衍射，峰形函数接近于 Gaussian 函数；而对于 X 射线衍射，则为 Gaussian 函数与 Lorentzian 函数的"组合"，采用二者的卷积形式为 Voigt 函数，二者的权重加和则为 Pseudo-Voigt 函数。峰形函数与仪器、样品特性密切相关。得到衍射数据后，通过对实验数据进行拟合，确定相应的函数类型及参数。

### 4. 最小二乘法全图拟合

由初始结构模型计算出衍射强度——该强度为某一衍射指标的积分强度：

$$I_{hkl} = K \cdot P \cdot L \cdot |F_{hkl}|^2 \cdot D \cdot \Delta V \cdot J$$

确定了峰形函数后，可以通过峰形函数将积分强度展开，得到按 $2\theta$ 角展开的强度：

$$Y_{c,j} = I_{hkl} \otimes \Omega$$

考虑某一角度处，可能有来自不同衍射指标的贡献，并将背景数据 $Y_b$ 加入，有

$$Y_{i,c} = A(2\theta_i)\sum_n S_n \sum_h I_{n,hkl}\Omega_n(2\theta_i - 2\theta_B) + Y_b(2\theta_i)$$

式中，$Y_{i,c}$ 为角度 $2\theta_i$ 处的强度计算值；$A(2\theta_i)$ 为吸收和照射面积强度校正；$n$ 为对角度 $2\theta_i$ 处强度有贡献的各物相，对 $n$ 加和表示对所有物相进行加和，对 $hkl$ 加和表示对所有衍射指标进行加和。$S_n$ 为比例因子；$2\theta_B$ 为布拉格角；$I_{n,hkl}$ 为 $n$ 物相不同指标 $hkl$ 积分强度，$\Omega_n$ 为峰形函数；$Y_b(2\theta_i)$ 为背景值。

可以采用数学多项式拟合背景函数，求得不同角度处的背景值，也可以通过选择读入背景值而采用内插法获得所需角度的数值。

利用计算机程序，逐点比较衍射强度的计算值（$Y_{i,c}$）和实验值（$Y_i$），用最小二乘法调节晶胞参数、原子坐标参数和峰形函数参数等，使计算值与实验值尽可能吻合，即拟合的剩余因子尽可能小。一般用加权剩余差方因子 $R_{wp}$ 作为判据：

$$R_{wp} = \left[ \frac{\sum\limits_{i=1}^{n} w_i (Y_i - Y_{i,c})^2}{\sum\limits_{i=1}^{n} w_i Y_i^2} \right]^{\frac{1}{2}}$$

式中，$w_i = 1/\sigma_i^2$，$\sigma_i = \sqrt{Y_i}$。

相关的其他因子有 $R_p$ 和 $R_{exp}$，二者的定义如下：

$$R_p = \frac{\sum\limits_{i=1}^{n} \left| (Y_i - Y_{i,c}) \right|}{\sum\limits_{i=1}^{n} |Y_i|}$$

$$R_{exp} = \left[ \frac{N-P}{\sum\limits_{i=1}^{n} w_i Y_i^2} \right]^{\frac{1}{2}}$$

式中，$R_{exp}$ 是统计学期望的误差；$N$ 为测量数据的点数；$P$ 为精修参数的数目。最小二乘法的拟合结果由拟合优度（GOF）值定义为

$$GOF = \frac{R_{wp}}{R_{exp}}$$

GOF 数值接近于 1 表示拟合结果令人满意。如果数值为 1.5 或更高，参数或者理论模型的选择可能需要考虑。这里需要注意的是，衍射数据强度过高，可能导致 GOF 数值增大：

$$GOF = \frac{R_{wp}}{R_{exp}} = \left[ \frac{\sum\limits_{i=1}^{n} w_i (Y_i - Y_{i,c})^2}{N-P} \right]^{\frac{1}{2}}$$

这也是为什么有时候一些数据强度低，看起来不太好，但 GOF 值都较小的原因。所以，作为精修结果的判据，要合理理解 $R$ 因子。精修后，通常 $R$ 因子＜10%，但有时也会出现 $R$ 因子较大如达约 20% 的情况，这就要针对具体体系、具体结构分析：对于一些较为致密的无机化合物，数据质量好、结构合理时 $R$ 因子可以很小，而对于一些多孔结构如沸石，由于孔道中存在溶剂或者无序分布的物种，则 $R$ 因子会比较大。关键是从结构化学角度分析，结构要合理。

## 4.8.2　峰形拟合

要从多晶衍射数据中解析结构，需要提取不同衍射指标的数据，这又回到了本章一开始就提到的难题——多晶衍射峰的重叠问题。随着高速计算机的发展和高分辨衍射仪的使用，全图分解（whole powder pattern decomposition，WPPD）成为多晶衍射数据分析中解决这一问题的重要方法。在这一过程中，采用"分解"拟合而不是去卷积的方法来处理多晶衍射图。目前常用的两种方法分别是 1980 年 Pawley 提出的"Pawley 方法"和 1988 年 Le Beil 提出的"Le Beil 方法"。

### 1. Pawley 方法

此方法中，不考虑结构因子，而是从实验数据出发，拟合衍射图。随衍射角变化的衍射图由以下参数确定：

（1）每个衍射指标 hkl 的强度 $I_{hkl}$，若有 N 个衍射指标，就有 N 个强度参数。

（2）确定衍射峰位置的晶胞参数 a、b、c、α、β、γ，共 6 个参数。

（3）仪器零点修正，1 个参数。

（4）峰宽参数 u、v、w 3 个参数。

（5）与峰形函数选取相关的其他参数，如表示函数中 Lorentzian 成分和 Gaussian 成分参数 η 等，有 m 个参数。

在 Pawley 方法中，对衍射图进行最小二乘法全图拟合，拟合的参数包括衍射强度及上述（2）～（5）项中所述的各项参数，共有 N + 10 + m 个。拟合中，调整各参数和各衍射指标的强度值，获得衍射图的计算曲线，得到峰形函数。对于分离度较好的衍射峰，峰强由实验强度确定，而对于衍射峰重叠严重的峰，特别是当两个衍射峰的峰位之差 $\Delta 2\theta$ 小于数据的步长，需要采用硬性的限定：按各指标的衍射强度相等分配实验强度；若衍射峰严重重叠但尚可以分开，则采用软性的强度约束：从衍射峰强均匀分配出发进行修正，获得各指标的衍射值。在这一拟合过程中，参数达 N + 10 + m 个，因此，需要进行大量的计算工作，重叠严重的衍射峰强度的分配可能不尽合理。

### 2. Le Beil 方法

Le Beil 方法又称 Le Beil 拟合（Le Beil fitting）。与 Pawley 方法类似之处是，在 Le Beil 法中，仍然选用了（2）～（5）中的 10 + m 个参数进行最小二乘法拟合，但衍射强度不纳入拟合中，而是采用了一种"赋值-计算-赋值"的循环过程来确定强度。不需结构模型，Le Beil 法赋予各衍射峰一个大致的初值作为"计算值"，利用 Rietveld 拟合程序，采用所赋计算值对实验观察值进行分配，计算所得观察值再设为新的计算值，对 $10 + m$ 个参数进行最小二乘法修正，不断循环，直到收敛。

这一方法，有时也称为衍射强度分配法，对于任何数目重叠的衍射峰均适用。因为起始的衍射强度从任意的赋值开始，因此数据达到收敛，需要相当多的迭代步骤——但是由于各步参与最小二乘法进行修正的参数只有晶胞参数和峰形函数参数，各步运行很快，总体运行时间大大缩短。注意，由于拟合过程中将实验值赋作计算值，故原则上 $R$ 因子应趋于 0。

这两种方法各有其特点。Pawley 法不仅给出强度，而且示出误差；Le Beil 法快速而通用。这两种方法也有其不足：解决重叠严重的衍射峰的强度分配仍是难题。特别是对于对称性高的晶系，由于劳埃对称性导致的衍射峰完全重叠，程序只能均分衍射强度。这也是多晶衍射本身固有的问题。

尽管如此，峰形拟合为多晶衍射图的分析和广泛应用提供了坚实的基础。这两种方法的提出，最初是为了从多晶衍射数据中合理提取各衍射峰的强度，以便进一步解析结构。实际应用中，峰形拟合可以提供更多的信息。第一，在没有合适的结构模型，或者只需要了解准确的晶胞参数的情况下，可以通过峰形拟合快速处理衍射图，得到相关的信息；第二，峰形拟合有助于判断空间群的设定是否合理，例如，对于 *Pnma* 或 *Pbma* 空间群，很难看出哪个更合理，通过峰形拟合，可以很快给出选择；第三，峰形拟合可以给出衍射图计算值和理论值的直观比较，直接显示体系是单一物相还是含有杂相；第四，由于峰形拟合的计算强度与结构无关，因此，$R$ 因子可以尽可能地减小，这也提示，表征含结构参数的 Rietveld 精修结果的 $R$ 因子不可能更低。目前，在进行 Rietveld 结构精修之前，往往先进行峰形拟合，以确定晶胞参数、峰形函数等，当峰形拟合满意后，代入结构参数，进行 Rietveld 精修，若结果显示衍射峰依然吻合很好，只是 $R$ 因子略有升高，那么结构模型正确；反之，若代入结构参数精修后，计算值和实验值差别很大，则说明相关参数偏离较大，甚至整个结构模型不适合，需要重新考虑。

当然，峰形拟合提取数据主要的目的还是解析结构。通过峰形拟合，提取出的不同指标的强度数据与单晶衍射的数据类似，采用处理单晶数据的程序和方法，可以解析出结构模型，这一结构模型可以作为初始模型再引入 Rietveld 结构精修之中。

# 4.9　多晶 X 射线衍射数据分析数例

## 4.9.1　晶胞参数的精修

在催化剂的研制中，为调节其性能，通常是对已知的体系进行修饰和改性，例如，通过掺杂或者取代改变物相的组成，物相与结构的变化首先体现在晶胞参数上。外来离子是否引入？引入后原物相结构是否保持？结构有怎样的细微改变等等，是了解催化剂结构进而理解其性能的出发点。因此，通过峰形拟合，可以确认所得物相是否为预期的物相，是否含有杂相，也可以得到准确的晶胞参数，进而对催化、吸附等性能给予分析和说明。

在沸石催化剂中，常通过控制骨架硅铝比而调节其稳定性、获得适宜的酸强度和酸量，通过离子交换或者孔道的修饰而调制其催化性能，等等。这些处理，通常不会改变物相的基本结构类型，但会引起晶胞参数的变化。X、Y 沸石是应用最广泛的沸石，二者具有相同的骨架结构类型 FAU，如图 4-25 所示。骨架基本单元是 β 笼 [图 4-25（a）]，β 笼通过双六元环 [图 4-25（b）]，按照金刚石型拓扑方式彼此连接 [图 4-25（c）]，形成三维骨架结构，连接中自然形成了"八面沸石"笼 [图 4-25（d）]。八面沸石笼由 18 个四元环（6 组 3 联四元环）、4 个六元环和 4 个十二元环围绕而成，空间相当空旷，又称超笼。

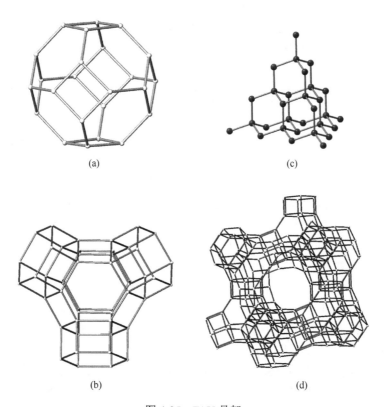

（a）

（c）

（b）

（d）

图 4-25　FAU 骨架

（a）β 笼；（b）β 笼通过双六元环连接；（c）金刚石结构；（d）FAU 骨架及其中的超笼

理想的 FAU 骨架属立方晶系，空间群为 *F d*-3*m*，晶胞参数主要随骨架元素组成而改变。组成为 I(Ca$^{2+}$，Mg$^{2+}$Na$^+$₂)₂₉(H₂O)₂₄₀I[Al₅₈Si₁₃₄O₃₈₄]的天然八面沸石 *a* = 24.74 Å)，结构中沿<111>方向存在有效孔径为 7.4 Å×7.4 Å 的十二元环孔道，是一种三维的大孔沸石。X-、Y-沸石也具有 FAU 骨架结构，组成可用通式[Al$_n$Si$_{24-n}$O₄₈]$^{n-}$表示，硅铝比可以在一定范围内变化。一般将硅铝比低于 2～3 的沸石称为 X 型，而高于此值的称 Y 型。随铝含量的降低，结构稳定性增加，晶胞参数变小，X-沸石的晶胞参数为 24.86～25.05 Å，Y-沸石的晶胞参数为 24.3～24.85 Å。实际工作中，也可以通过后处理调节骨架的组成，如通过酸处理脱铝、通过碱处理脱硅等。处理之后体系的变化首先体现在晶胞参数上，对于 X-沸石和 Y-沸石体系，晶胞参数的大小和硅铝比之间存在一定的关系：

$$\frac{n_{Si}}{n_{Al}} = \frac{25.858 - a}{a - 24.191}$$

式中，*a* 为以 Å 为单位的晶胞参数值。可见，可以通过晶胞参数的变化推测沸石骨架的硅铝比，从而在理解结构和组成的基础上，认识性能的变化规律。

## 4.9.2  催化材料物相的确认与相定量

莫来石（mullite）是一种化学式为 Al₆Si₂O₁₃的硅铝复合氧化物，有天然矿物，也可以在高温下合成。莫来石可用作高温耐火材料，也可以作为载体材料等。现有莫来石和刚玉的混合样品一份，需要利用多晶 X 射线衍射数据（如果没有特别指出，实验室所用衍射仪默认为铜靶）确定体系中莫来石的含量。

根据 X 射线相定量原理，先取莫来石和刚玉的纯样品，按照质量比 1∶1 配制混合样品，选取适宜的衍射峰，求取参比强度。莫来石属正交晶系，*Pbam* 空间群，晶胞参数 *a* = 7.588（2）Å，*b* = 7.688（2）Å，*c* = 2.889（1）Å；刚玉的参数在第 4.5.2 小节已给出，空间群 *R*-3*c*，选取六方晶轴，晶胞参数 *a* = 4.759 Å，*c* = 12.992 Å，*γ* = 120°。图 4-26（a）给出根据晶体学结构参数计算出的莫来石和刚玉的衍射图，并标出较强峰的衍射指标，其中标 c 的衍射峰属于刚玉。可以看出，此体系中，莫来石 220 指标（2*θ* = 33.2°）的衍射峰和刚玉 110 指标（2*θ* = 37.8°）衍射峰都比较独立且二者相距不远，强度适宜，故选择此二峰为参考。根据两个衍射峰的强度，求得莫来石的参比强度值比 *K* = 0.79。

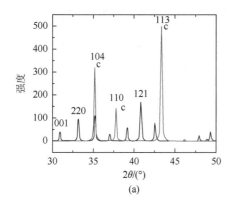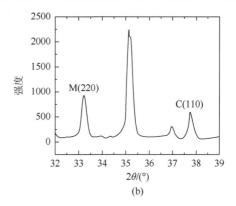

图 4-26　莫来石和刚玉的衍射图

（a）计算模拟图；（b）实验图谱

混合样品的衍射图见图 4-26（b）。从图中可以读出二者的强度 $I_M(220)$ 和 $I_C(110)$，根据相定量公式：

$$\frac{I_M}{I_C} = \frac{K_M}{K_C}\frac{w_M}{w_C} = K\frac{w_M}{w_C}$$

且

$$w_M + w_C = 1$$

可得莫来石含量（质量分数 $w_M$）的计算公式：

$$w_M = \frac{I_M(220)}{0.79 I_C(110) + I_M(220)} \times 100\%$$

### 4.9.3　ZnO 晶粒大小分析

ZnO 是纳米材料研究的重要化合物之一，控制条件，可以得到大小、形貌不同的氧化锌。根据多晶衍射峰的半峰宽可以获得晶粒大小的信息。ZnO 属六方晶系，$P6_3mc$ 空间群，晶胞参数 $a = 3.243$ Å，$c = 5.195$ Å，$\gamma = 120°$。选 ZnO 的 100 指标的衍射峰（$2\theta = 31.7°$），选择适宜的扫描速度（1°/min），得到衍射数据，如图 4-27（$K_\alpha$）所示。

所得多晶衍射图为 $K_{\alpha_1}$ 和 $K_{\alpha_2}$ 混合光源的衍射图，必须扣除 $K_{\alpha_2}$。图中示出扣除 $K_{\alpha_2}$ 后的衍射线。通过合理作图，可以量得该衍射峰的半峰宽 $B = 0.30°$。此半峰宽为仪器和样品共同作用的结果，为消除仪器的影响因素，获得反映样品晶粒大小的衍射峰宽化效应，绘制了实验半峰宽与晶粒引起的半峰宽的工作曲线，如图 4-28 所示。

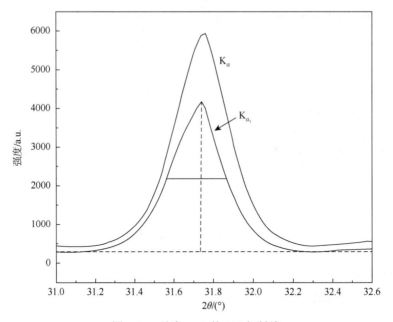

图 4-27 纳米 ZnO 的 100 衍射峰

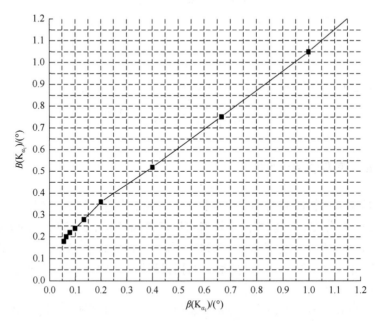

图 4-28 实验半峰宽（$B$）与晶粒半峰宽（$\beta$）的关系曲线

图 4-28 的工作曲线通过以下方式得到：①选择结晶良好且晶粒大小约 10 μm 的标准样品如 $\alpha$-石英，在待测峰的附近选择一个衍射，获得衍射数据，画图并进行函数拟合，所得拟合函数反映了仪器因素导致衍射峰展宽的效应；②利用合理

的函数模拟晶粒大小引起的宽化效应。一般认为晶粒大小引起的宽化接近于 Lorentian（Cauchy）函数，此处选择 Cauchy 函数：

$$\Omega(x) = \frac{1}{1+k^2x^2}; \quad k^2 = \frac{4}{\beta^2}$$

式中，$\beta$ 为半峰宽（单位取弧度），与函数中的常数 $k$ 存在确定的数学关系。改变常数 $k$ 可得不同的函数，$k$ 越大，$\beta$ 越小。工作中可以反过来考虑，给定不同的半峰宽 $\beta$，求出 $k$ 值，得到不同 $k$ 值的 Cauchy 函数。将标准样品得到的仪器函数与模拟得到的对应于不同晶粒大小宽化效应的函数卷积，即可得到仪器和样品共同贡献而对应的半峰宽（$B$）与样品晶粒大小半峰宽（$\beta$）的工作曲线，如图 4-28 所示。从图中可以读出，$B = 0.30°$ 时，$\beta = 0.15° = 0.0026$ 弧度。根据 Scherrer 公式：

$$\beta_{hkl} = \frac{0.89\lambda}{D_{hkl}\cos\theta}$$

已知 $\lambda = 1.5406$ Å，$2\theta = 31.7°$，可以求出 $D_{100} = 55$ nm。即该 ZnO 的一次聚集态颗粒在垂直于（100）方向的平均厚度为 55 nm。

### 4.9.4 已知沸石及其修饰结构的解析与精修

菱沸石是天然存在且可以人工合成的沸石之一。其骨架结构（CHA）中的基本单元为双六元环（D6R），D6R 采取…ABCABC…的立方密堆积方式排列，相邻 D6R 间通过四元环连接成三维骨架，在垂直于[001]方向形成开口尺寸为 3.8 Å×3.8 Å 的八元环孔道，如图 4-29 所示。菱沸石虽为小孔沸石，其结构中独特的 CHA 笼使得它在吸附分离及催化领域具有重要的应用。

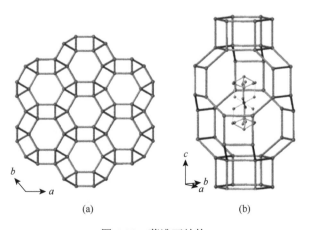

(a)                                  (b)

图 4-29 菱沸石结构

（a）CHA 骨架垂直于 $c$ 方向的投影；（b）骨架中的 CHA 笼及笼中的有机模板剂分子（封底二维码彩图）

　　菱沸石的传统制备方法中，多采用较为昂贵的 $N, N, N$-三甲基金刚铵为模板剂。本工作中，选择简单的三甲基环己基铵离子（以 $M_3CyN^+$ 表示）为模板剂，合成出富硼的系列菱沸石 B-CHA-$n$（$n$ 为编号，$n = 1 \sim 4$。$n$ 越大，骨架中的含硼量越高）。样品在 580℃空气中煅烧 8 h，除去孔道中的有机物，得到煅烧后的菱沸石 B-CHA-$nc$（c表示煅烧后）。通过 Rietveld 分析，研究了含硼量的变化对沸石骨架结构和性质的影响。

　　菱沸石属三方晶系，空间群为 $R$-3 $m$（No. 166），晶胞参数为 $a = 13.399$ Å，$c = 14.694$ Å。结构模型采用单晶解析的结果，利用多晶衍射数据进行 Rietveld 精修时，根据 ICP 元素分析结果设定 Si、B 的占有率并保持固定，采用各向同性的结构因子，同种原子的温度因子相同，$M_3CyN^+$ 处在孔道中且活动空间大，存在部分无序，温度因子也相对较大，在精修时采用参数约束法使键长键角保持合理。

B-CHA-1（a）及其煅烧产物 B-CHA-1c（b）的 Rietveld 精修拟合图示见图 4-30，

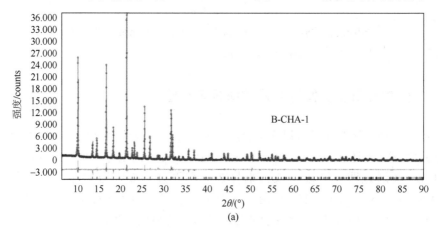

(a)

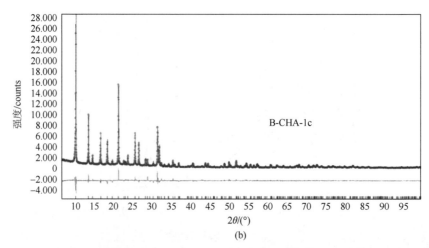

(b)

图 4-30　B-CHA-1（a）及其煅烧产物 B-CHA-1c（b）的 Rietveld 精修拟合结果（封底二维码彩图）

表 4-9 和表 4-10 分别给出 B-CHA-1 及其煅烧产物 B-CHA-1c 的晶体学参数。系列样品煅烧前后的晶胞参数汇总于表 4-11 中。

表 4-9　B-CHA-1 结构中原子位置特点、坐标、占有率和温度因子（$B$）

| 原子 | 位置 | $x$ | $y$ | $z$ | 占有率 | $B/\text{Å}^2$ |
|---|---|---|---|---|---|---|
| Si | 36$i$ | 0.1049（1） | 0.4378（1） | 0.7695（1） | 0.92 | 0.92（7） |
| B | 36$i$ | 0.1049（1） | 0.4378（1） | 0.7695（1） | 0.08 | 0.92（7） |
| O1 | 18$h$ | 0.1202（2） | −0.1202（2） | 0.1298（0） | 1 | 1.00（8） |
| O2 | 18$g$ | 0.018（3） | 1/3 | 5/6 | 1 | 1.00（8） |
| O3 | 18$f$ | 0.7346（3） | 0.7346（3） | 0 | 1 | 1.00（8） |
| O4 | 18$h$ | 0.2362（2） | 0.4724（4） | 0.7857（30） | 1 | 1.00（8） |
| N | 6$c$ | 1/3 | 2/3 | 5/6 | 0.5 | 6.9（5） |
| C1 | 18$h$ | 0.2810（7） | 0.5620（14） | 0.0048（20） | 0.5 | 6.9（5） |
| C2 | 3$b$ | −1/3 | 1/3 | 5/6 | 1 | 6.9（5） |
| C3 | 18$h$ | 0.2761（13） | 0.5522（26） | 0.2140（8） | 1/3 | 6.9（5） |
| C4 | 18$h$ | 0.3954（13） | 0.7906（26） | 0.0175（28） | 1/3 | 6.9（5） |
| C5 | 6$c$ | 1/3 | 2/3 | 0.9881（32） | 0.5 | 6.9（5） |
| WO1 | 9$e$ | 1/6 | 1/3 | 1/3 | 1/3 | 20（2） |
| WO2 | 36$i$ | 0.6076（72） | 0.5434（81） | 0.9035（62） | 1/12 | 20（2） |

表 4-10　煅烧后样品 B-CHA-1c 结构中原子位置特点、坐标、占有率和温度因子

| 原子 | 位置 | $x$ | $y$ | $z$ | 占有率 | $B/\text{Å}^2$ |
|---|---|---|---|---|---|---|
| Si | 36$i$ | 0.1032（3） | 0.4400（3） | 0.7694（2） | 0.92 | 0.71（22） |
| B | 36$i$ | 0.1032（3） | 0.4400（3） | 0.7694（2） | 0.08 | 0.71（22） |
| O1 | 18$h$ | 0.1218（3） | −0.1218（3） | 0.1342（15） | 1 | 1.33（18） |
| O2 | 18$g$ | 0.0195（5） | 1/3 | 5/6 | 1 | 1.33（18） |
| O3 | 18$f$ | 0.7355（3） | 0.7355（3） | 0 | 1 | 1.33（18） |
| O4 | 18$h$ | 0.2342（3） | 0.4684（6） | 0.7856（5） | 1 | 1.33（18） |
| WO1 | 18$h$ | 0.1238（20） | 0.0619（10） | 0.2941（18） | 0.5 | 24.6（8） |
| WO2 | 18$h$ | 0.2419（5） | 0.4838（10） | 0.2600（8） | 1 | 24.6（8） |

表 4-11　　菱沸石样品硅硼比、煅烧前后物相结构精修的晶胞参数与残差因子

| 样品 | Si/B 比 | $a/\text{Å}$ | $c/\text{Å}$ | $V/\text{Å}^3$ | $R_{wp}$ |
|---|---|---|---|---|---|
| B-CHA-1 | 11.8 | 13.3626（3） | 14.6898（3） | 2271.6（1） | 8.03% |
| B-CHA-2 | 10.9 | 13.3611（4） | 14.6884（5） | 2270.8（2） | 9.04% |
| B-CHA-3 | 8.25 | 13.3642（3） | 14.6896（3） | 2272.1（1） | 8.06% |
| B-CHA-4 | 6.9 | 13.3651（7） | 14.6863（8） | 2271.9（4） | 9.05% |
| B-CHA-1c | 11.8 | 13.4547（6） | 14.6633（7） | 2298.8（2） | 9.03% |
| B-CHA-2c | 10.9 | 13.4456（6） | 14.6600（7） | 2295.2（2） | 9.08% |
| B-CHA-3c | 8.25 | 13.432（1） | 14.640（1） | 2287.6（4） | 8.06% |
| B-CHA-4c | 6.9 | 13.42（1） | 14.63（1） | 2283（5） | 8.02% |

　　比较图 4-30 中（a）和（b）可以看出，煅烧前后两图中衍射峰位置基本相同，但是衍射强度差别显著。首先，（b）图中低角度的衍射峰的相对强度显著增大，这也是一般多孔材料的典型特征，因为模板剂在孔道中会对低角度的衍射产生较为显著的抵消作用；其次，较高角度的衍射峰相对强度变化较小，这主要是骨架原子的贡献。表 4-9 和表 4-10 给出的原子坐标参数等数据，可以进一步了解精修的参数设置及晶体结构的变化。可以看出，骨架元素的结构参数变化不大，说明模板剂除去后，样品骨架结构几乎不变。B-CHA-1c 结构参数中，有两个标记为 WO 的原子，代表以水分子存在的氧原子，这些氧原子位于孔道中，说明除去模板剂的样品有很强的吸水性。

　　由表 4-11 的数据可以看出，未煅烧的 B-CHA 样品，随着硼含量的提高，晶胞体积变化不明显；而煅烧后的样品，晶胞体积随着掺硼量的提高而逐渐收缩。煅烧前后样品的晶胞体积变化之所以表现不同，是因为煅烧前菱沸石孔道里存在有机模板剂，刚性的模板剂占据在 CHA 笼里，起到空间填充和支撑的作用，抑制了晶胞在 $c$ 方向上的收缩；煅烧后，孔道中的"模板剂"被移除，因骨架中 $B^{3+}$ 取代 $Si^{4+}$，$B^{3+}$ 半径小的作用得以体现。八元环的孔径尺寸也由高硅体系的 3.8 Å×3.8 Å 缩小为 3.6 Å×3.7 Å，因此表现出良好的气体选择性吸附性能。这一点由下述吸附实验得以证实。

　　在 273 K、760 mmHg 的测试条件下，B-CHA-$nc$($n$ = 1～4)对 $CO_2$ 和 $CH_4$ 两种气体的吸附等温线分别如图 4-31 所示。四个样品对 $CO_2$ 的吸附量分别为 3.39 mmol/g、3.57 mmol/g、3.39 mmol/g、3.12 mmol/g，而对 $CH_4$ 的吸附能力则相对较弱，吸附量分别为 0.44 mmol/g、0.48 mmol/g、0.42 mmol/g、0.40 mmol/g。它们对 $CO_2$ 和 $CH_4$ 的选择性吸附比分别为 8.68、8.9、10.03、7.98。B-CHA 沸石对 $CO_2$ 和 $CH_4$ 两种气体的选择性吸附主要原因在于，CHA 沸石的八元环窗口尺

寸为 3.6～3.7 Å，动力学直径为 3.3 Å 的 $CO_2$ 气体可以自由通过窗口，而较大尺寸的 $CH_4$ 气体（动力学态直径为 3.9 Å）则难以通过。

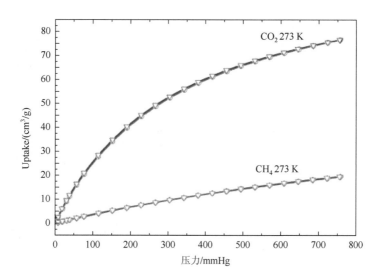

图 4-31　B-CHA-1 对纯 $CO_2$ 和纯 $CH_4$ 气体的吸附脱附曲线

### 4.9.5　新型沸石的合成与结构解析：从 RUB-39 到 RUB-41

以二甲基二丙基铵离子为模板剂，活性 $SiO_2$ 在 150～175℃的水热条件下反应生成层状硅酸盐 RUB-39，RUB-39 经灼烧处理得到 RUB-41。粉末 X 射线衍射数据指标化结果给出，RUB-39 和 RUB-41 均属单斜晶系，$P\,2/c$ 空间群，晶胞参数分别为 $a = 7.3264$ Å，$b = 10.719$ Å，$c = 17.5055$ Å，$\beta = 115.673°$和 $a = 7.3413$ Å，$b = 8.7218$ Å，$c = 17.1668$ Å，$\beta = 114.155°$。比较两套参数可以发现，二者的显著区别是参数 $b$，相差约 2.0 Å，这意味着 RUB-39 层间以氢键连接，受热后发生脱水缩合转变为三维沸石骨架结构；在转化过程中，参数 $a$、$c$、$\beta$ 基本不变，表明前驱体 RUB-39 是层状硅酸盐，在缩合过程中其层板结构保持不变。指标化结果为结构解析提供了线索。

沸石结构以四面体为初级结构单元，四面体之间通过共顶点连接，自有其特点。查找沸石骨架图谱，发现 RUB-41 与已知沸石——片沸石的骨架拓扑 HEU 密切相关，HEU 属单斜晶系，$C\,2/m$ 空间群，晶胞参数 $a = 17.767$ Å，$b = 17.958$ Å，$c = 7.431$ Å，$\beta = 115.93°$。比较二者的晶胞参数，可以发现：层板参数相同（$a$ 和 $c$ 交换），$b$ 参数 RUB-41 是 HEU 的一半。由此，推断二者可能具有相同的层结构。HEU 层由 4-4＝1 基本结构单元连接形成，如图 4-32（a）所示。进一步比较，发现在 HEU 骨架中，相邻层间以镜面关联，按照···ABAB···的模式堆积，而在 RUB-41 结构中，相邻层以对称中心关联，按照···AAAA···的方式堆积——这也正好说明了 $b$ 参数的关系。

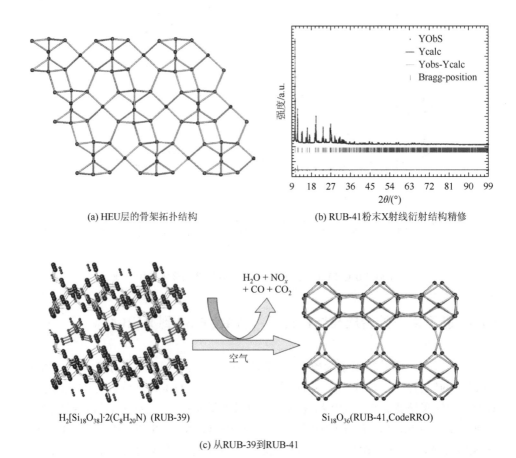

(a) HEU层的骨架拓扑结构　　　　　　　　(b) RUB-41粉末X射线衍射结构精修

$H_2[Si_{18}O_{38}]\cdot2(C_8H_{20}N)$ (RUB-39)　　　　　　　$Si_{18}O_{36}$(RUB-41,CodeRRO)

(c) 从RUB-39到RUB-41

图 4-32　层状硅酸盐 RUB-39 向三维结构的新沸石 RUB-41 的转化（封底二维码彩图）

从晶体化学原理出发，搭建出晶体结构模型，推出 5 个独立的 Si 原子位置并根据 $SiO_4$ 四面体的连接特点导出 10 个独立的氧原子位置。通过 Rietveld 方法精修并确认了结构 [图 4-32（b）]；进一步，通过结构重组由粉末 X 射线衍射数据解析出 RUB-39 的结构。基于此，对层状硅酸盐 RUB-39 向沸石 RUB-41 转换的过程给出了一个清晰的解释 [图 4-32（c）]。RUB-39 结构中，有机模板剂在层间排列完全有序。RUB-39 经煅烧处理，相邻两层的端羟基脱水缩合，在层间形成二维十×八元环孔道，转变为 RUB-41。沿[100]方向的十元环有效孔径为 4.0 Å×6.5 Å，沿[001]方向的八元环有效孔径为 2.7 Å×5.0 Å。

RUB-41 既是一种新沸石，也具有新的骨架拓扑类型，被国际沸石协会结构专业委员会认可并给出骨架编码 RRO。基于其微孔结构特点，RUB-41 具有良好的分离性能，已被巴斯夫公司应用于小分子异构体，如正丁烷和异丁烷、1-丁二烯和反-2-丁烯等体系的分离。

## 4.10　Debye 方法简介与低维材料散射图的模拟

利用粉末 X 射线衍射，可以获得物相组成、物相含量、晶粒大小和物质结构等信息，是材料分析的重要手段。然而，传统上，以上信息的获得均基于三维有序的晶体结构。在催化材料中，活性相通常高度分散，以小颗粒、低维度的形态存在，这些材料的 X 射线散射/衍射图谱弥散、宽化且信号较弱，采用基于三维周期性结构的分析难以得到准确的结果，这一问题也一直是催化领域活性组分分析的难点。近年来，随着同步辐射等大型装置的建设和应用，可以得到高强度、高分辨的散射/衍射数据，与此同时由于高性能计算机的发展，处理程序不断改良且计算速度大大提高，低维材料、有序无序结构的研究成为可能，基于 Debye 方法、利用 PDF（对分配函数）解析低维体系、有序无序结构等已成为国际上研究的重点。本节将对此方法给一简要介绍，给出分析示例。

### 4.10.1　有序-无序结构 X 射线散射原理

从最基本的物理图像出发，考虑物质对 X 射线的散射，结构因子可以用 Debye 方程描述：

$$|F(hkl)|^2 = \sum_j f_j^2 + \sum_i \sum_{j \neq i} f_i f_j^* \frac{2\sin(2\pi r_{ij})}{2\pi r_{ij}}$$

式中，$f_i$ 和 $f_j$ 分别为任意两个原子的散射因子；$r_{ij}$ 为两原子之间的距离。Debye 方程适应于任意体系。根据体系的结构参数，获得所有原子的分布坐标，即可计算出相应的散射因子，并不要求结构必须是周期性的。因此，对于低维及有序-无序材料，如纳米材料、一维、二维等材料的散射图谱分析具有良好的普适性。该方法的缺点是计算量大，结构参数需要设置，因此需要掌握该方法的原理并利用合理的软件进行处理。本节选择两种常见的催化用材料 $MoS_2$ 和薄水铝石进行分析。根据晶体结构的基本数据，利用 Discus 程序进行处理，推出了用于计算 $MoS_2$、薄水铝石在单层和多层状态下散射效应的参数，获得了不同尺度晶粒的散射图。

## 4.10.2　（拟）薄水铝石散射/衍射图的模拟与结构分析

薄水铝石（AlOOH）焙烧可以转化为重要的催化剂载体 $\gamma$-$Al_2O_3$，控制薄水铝石的形貌和结构对于获得性能良好的 $\gamma$-$Al_2O_3$ 非常重要。薄水铝石属正交晶系，$Cmcm$ 空间群（63），晶胞参数 $a = 2.861$ Å，$b = 12.246$ Å，$c = 3.692$ Å。在薄水铝石结构中，层内氧原子按立方密堆积排列，铝离子处于氧原子形成的八面体空隙中，层间通过氢键连接，如图 4-33 所示。

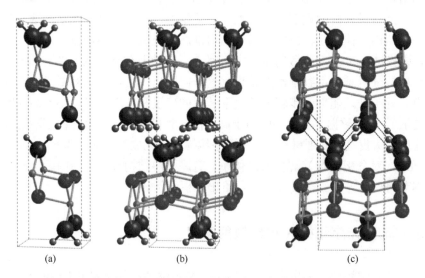

(a)　　　　　　　　　　(b)　　　　　　　　　　(c)

图 4-33　薄水铝石的晶体结构（大球：氧；中球：铝；小球：氢）

（a）晶胞示意图；（b）层内原子连接关系；（c）层间通过氢键连接（封底二维码彩图）

鉴于薄水铝石层内原子采用密堆积结构，作用较强，而层间通过氢键连接，作用较弱，因此，该物质倾向于形成薄层状的结构。从晶体结构可以看出，层平行于 $ac$ 面，即与 $b$ 轴垂直，每个晶胞中包含两个层。为得到单层模拟的散射图，对晶胞进行转换，采用 $P1$ 空间群，$a$、$c$ 参数不变，$b$ 方向取原晶胞的一半，导出晶胞中的原子位置，给出单层"AlOOH"的结构参数如下：空间群 $P1$，晶胞参数：$a = 2.861$ Å，$b' = b/2 = 6.123$ Å，$c = 3.692$ Å。$\alpha = 90°$，$\beta = 90°$，$\gamma = 90°$。晶胞中含有的 6 个原子及其坐标为：Al（0.0，0.644，0.75），Al（0.5，0.356，0.25），O（0.0，0.582，0.25），O（0.5，0.418，0.75），O（0.0，0.16，0.25），O（0.5，0.84，0.75），依据这些结构参数，进行单层衍射图的模拟。采用原晶胞进行两层和多层的模拟。图 4-34 示出不同大小和维度得到的散射/衍射模拟图，图中"$l*m*n$"数字中，$l$ 和 $n$ 分别表示 $a$ 和 $c$ 方向重复的晶胞数目，$m$ 表示层数。

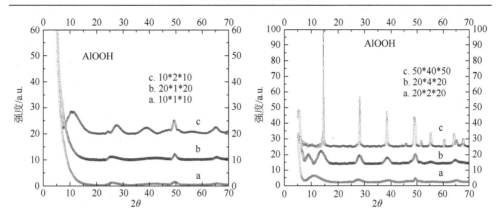

图 4-34　不同大小和维度的薄水铝石的散射/衍射模拟图

可以看出，当只有一层厚度时，散射非常弱，$0k0$ 指标完全不出现，$hkl$ 指标对应的峰宽化严重，只有 $h0l$ 指标的峰相对较锐一些；当随着层数的增加为两层，在低角度出现一个宽化的散射峰，与 $k$ 相关的峰可以出现但宽化严重；而随层数的进一步增加，散射效应增强，峰强度增大且逐步变窄；至"50*40*50"，得到的模拟图谱表现出衍射图的特征，与通过单晶数据基于三维周期结构计算得到的理论衍射图非常相近。

以上图谱可用于薄水铝石的控制合成与结构对比分析。进一步，如何将其与焙烧产物 $\gamma$-$Al_2O_3$ 进行关联，如何通过合理参数设置引入缺陷而获得 $\gamma$-$Al_2O_3$ 的散射/衍射模拟图，是需要进一步探讨的问题。

### 4.10.3　二硫化钼散射/衍射图的模拟与结构分析

作为加氢脱硫催化剂的活性相，确定二硫化钼在载体上的分布状态和结构是理解其催化活性的关键。活性相结构形貌随处理条件、载体表面的变化会变化，且可能存在共生共存的情形。通过设置反映活性相的结构特征的参数，进行不同维度和尺寸的二硫化钼散射/衍射图的模拟，对理解其结构和性能具有参考价值。

与薄水铝石类似，$MoS_2$ 也是层状结构，层间通过 van der Walls 作用结合，因此，$MoS_2$ 也倾向于形成薄层片晶。$MoS_2$ 层间可以有不同堆积方式，催化剂活性相中常见的是 2H 型，空间群 $P6_3/mmc$，晶胞参数 $a = 3.150$ Å，$b = 3.150$ Å，$c = 12.300$ Å。层沿着 $c$ 方向堆积。综合文献的工作，常见的 $MoS_2$ 片晶层分布在 1~10 层，因此，通过结构分析、设定参数，拟合得到不同层数（单层处理方法类似于薄水铝石）、层宽可变的 $MoS_2$ 散射/衍射图，见图 4-35，图中的"$l*m*n$"数字，$l$ 和 $m$ 分别表示 $a$ 和 $b$ 方向重复的晶胞数目，$n$ 表示 $c$ 方向的层数。

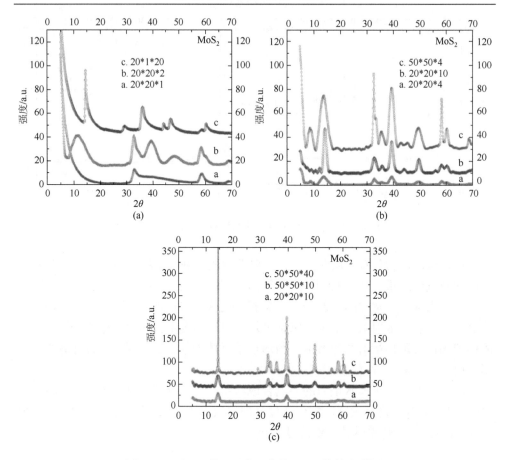

图 4-35　不同层数、层宽可变的 $MoS_2$ 散射/衍射图

可以看出：①单层体系，00*l* 指标完全不出现，*hkl* 指标对应的峰宽化严重，只有 *hk*0 指标的峰相对较锐一些，即为观察到在约 32.8°（100）和 58.5°（110）的衍射峰；②随着层数增加为两层，在低角度出现一个宽化的散射峰，与 *l* 相关的峰出现但宽化严重；③随层数的进一步增加，散射效应增强，峰强度增大且逐步变窄；④至"50*50*40"，得到的模拟图谱表现出衍射图的特征，与通过单晶数据基于三维周期结构计算得到的理论衍射图非常相近。值得一提的是，图 4-35（a）中的曲线 c 和通常观察到的衍射图较为相似，而该图的维度参数为"20*1*20"，说明在实际的体系中，的确存在相当程度的层堆积——这种堆积和材料的催化活性相关。综合图中的散射和衍射曲线，可以认为，实际体系的衍射图是多种粒子散射叠加的结果。以此为基础，可以进行实际衍射峰的分析和指认。

另外，也可以收集高分辨的散射数据，基于 Debye 方法、利用 PDF（对分配函数）解析低维体系的结构，此不赘述，有兴趣的读者可以参看文献[10]。

　　前已述及，由于衍射仪器方法的改进，在实验室即可获得高强度、高分辨的多晶衍射数据，特别是随着大科学装置——同步辐射源、中子源等的建立，多晶衍射数据的分辨率和完整性都有了很大的提高，加之计算机发展而促成的相关数据采集和分析软件的发展和广泛应用，粉末衍射数据晶体结构解析的方法发展迅速，也已经成为结构解析的重要方法之一。因此，了解晶体学和 X 射线衍射的基本原理，可以更好理解多晶衍射获得的信息，有效地利用多晶 X 射线数据解决研究中的问题。

## 参 考 文 献[①]

[1] 林炳雄等. 多晶 X 射线衍射（讲义）. 北京大学内部教材

[2] 周公度，郭可信，李根培，等. 晶体和准晶体的衍射. 2 版. 北京：北京大学出版社，2013

[3] 梁敬魁. 粉末衍射法测定晶体结构（上下册）. 北京：科学出版社，2003

[4] Young R A. The Rietveld Method. Oxford：Oxford University Press，1993

[5] Breck D W. Zeolite Molecular Sieves：Structure，Chemistry，and Use. New York：1974

[6] Baerlocher C H，Meier W M，Olson D H. Atlas of Zeolite Framework Types，6th Ed.，Elsevier，2007 Also see the home page：http：//www. iza-structure. org

[7] Wang Y X，Gies H，Marler B，et al. The synthesis and crystal structure of zeolite RUB-41 obtained as calcination product of a layered precursor, a systematic approach to a new synthesis route. Chemistry of Materials，2005，17：43-49

[8] Wang Y X，Gies H，Lin J H. Crystal structure of the new layer silicate RUB-39 and its topotactic condensation to a micropo-rous zeolite with framework type RRO. Chem Mater，2007，19：4181-4188

[9] Liang J，Su J，Wang Y X，et al. CHA-type zeolites with high boron content：synthesis，structure and selective adsorption properties. Microporous and Mesoporous Materials，2014，194：97-105

[10] Proffen T. Analysis of disordered materials using total scattering and the atomic pair distribution function. Reviews in Mineralogy & Geochemistry，2006，63：255-274

---

　　① 作者考虑到本章所引用的参考文献中一部分为综合性引用，难以与文中一一对应，故本章参考文献在文中不标序号，且所列文献均给出了书名或者文章的题目，相信读者会了解其引用指向

作者简介 ——————————————————————————————

**王颖霞**，女。教授，博士生导师，北京大学化学与分子工程学院。1985 年、1988 年、1997 年在北京大学分别获学士、硕士和博士学位。2001～2003 年在德国波鸿鲁尔大学做博士后。1988 年 7 月留校任教，1990～2000 年任讲师，2000 年 8 月～2012 年 7 月任副教授，2012 年 8 月起任教授。兼任全国科学技术名词审定委员会化学名词审定委员会委员、中国晶体学会理事和粉末衍射委员会专业委员、中国物理学会中子散射委员会专业委员等职。主讲"普通化学""无机化学""多晶 X 射线衍射"等课程，2002 年获教育部"霍英东青年教师教学优秀奖"。从事无机固体化合物的合成、结构与性能的研究工作，研究方向有"新型沸石分子筛的合成、结构与性能""复合氧化物功能材料的光电磁性质"等。熟悉粉末 X 射线衍射的原理、仪器与方法，研究特长是利用 X 射线衍射结合电子衍射、中子衍射数据解析晶体结构。在新型沸石与微孔材料体系得到了多种新化合物，如 RUB-$n$（$n$=39，41～44，50，RUB-41 的研究 2004 年获波鸿鲁尔大学发明奖）和 PKU-$n$（$n$=9～15，17，20～22），其中有 2 种被国际沸石协会结构专业委员会确认为具有新型骨架结构的沸石，骨架编码分别为 RRO( RUB-41 )和 PUN( PKU-9 )。

致谢：本章 4.1～4.6 节的撰写过程参考了林炳雄教授编写的北京大学内部教材《多晶 X 射线衍射》讲义，第 4.7 节参考了董成教授在第 10 届粉末衍射学术会议上的相关文章。部分内容是参考文献[2]第 7 章的缩写，特此说明并向各位老师表达谢意和敬意。

# 第 5 章

# 化学吸附和程序升温技术

罗孟飞　鲁继青

　　吸附是基本的表面现象之一，它不仅是了解许多主要工业过程的基础，而且是表征固体催化剂颗粒表面和孔结构的主要手段。更重要的是，吸附是催化反应的基元步骤之一，通过它可以研究固体催化剂的结构性质和反应动力学，是研究固体催化剂的主要方法。

　　吸附的发生是由于吸附质物质分子与吸附剂表面发生相互作用。根据这种相互作用的强弱，吸附过程可以分为两大类：物理吸附和化学吸附。物理吸附与化学吸附的主要差别如表 5-1 所示。

**表 5-1　物理吸附与化学吸附的特性比较**

| 物理吸附 | 化学吸附 |
| --- | --- |
| 由范德华力引起，无电子转移 | 由共价键或静电力引起，有电子转移或共享 |
| 吸附热较小（10～30 kJ/mol） | 吸附热较大（50～960 kJ/mol） |
| 无选择性 | 特定的或有选择性的 |
| 用抽真空可以除去物理吸附层 | 只有同时用加热和抽真空的办法才能除去化学吸附层 |
| 低于吸附气体临界温度时发生多层吸附 | 单层吸附 |
| 仅在临界温度时明显发生 | 通常在较高温度时发生 |
| 吸附速率很快，瞬间发生 | 吸附速率可快可慢，有时需要活化能 |
| 整个分子吸附 | 通常解离成原子、离子或自由基 |
| 吸附剂影响不强 | 吸附剂有强的影响（形成表面化合物） |
| 许多情况下两者的界线不明显 | |

　　由上可以看出，物理吸附的吸附热很低，接近于吸附质的冷凝热。物理吸附时不会发生吸附质的结构变化，而且吸附可以是多层的，以至于吸附质能充满孔空间。高温下一般很少发生物理吸附。物理吸附通常是可逆的，吸附速率很快，以至于无需活化能就能很快达到平衡。与化学吸附不同，物理吸附没有特定性，能自由地吸附于整个表面。物理吸附的这些特点特别适合于固体颗粒的表面积和孔结构测量。而化学吸附则是有选择性的单层吸附，需要较高的吸附热，在吸附质分子与表面分子间有真正的化学成键，因此一般是不可逆的。这些特点使化学吸附常用于研究催化剂活性位的性质和测定负载金属的金属表面积或颗粒大小。

　　多相催化过程是通过基元步骤的循环将反应物分子转化为反应产物的过程。一般来说，催化循环包括扩散、化学吸附、表面反应、脱附和反向扩散五个步骤。在化学吸附与多相催化关联的长期研究中，归纳出以下两个经验规则。

　　（1）一个催化剂产生催化活性的必要条件，是至少有一种反应物在其表面上进行化学吸附。也就是说催化剂只有当其对反应物分子（至少是一种）具有化学吸附能力时，才有可能催化其反应。

（2）为了获得良好的催化活性，催化剂表面对反应物分子的吸附要适当。多相催化需要的是较弱并且快速的化学吸附。单位表面上的反应速率和在相同覆盖度时与反应物的吸附强度成反比。

由上可以看出，化学吸附是多相催化过程中的一个重要环节，而且反应物分子在催化剂表面上的吸附，决定了反应物分子被活化的程度及催化过程的性质，如活性和选择性。因此，研究反应物分子或探针分子在催化剂表面上的吸附，对于阐明反应物分子与催化剂表面相互作用的性质、催化作用的原理及催化反应的机理具有十分重要的意义。

本章将从化学吸附的基本原理出发，阐述化学吸附在多相催化研究中的应用，并介绍如何利用程序升温技术研究固体催化剂的氧化还原性能及该技术在多相催化中的应用。

# 5.1　化学吸附的基本原理

## 5.1.1　化学吸附过程简单的热力学讨论

化学吸附遵循化学热力学的基本规律。吸附是自发进行的过程，它应伴有自由焓的降低。另外在吸附时，被吸附物自由度的数目比吸附前也有所减少。例如，由 $n$ 个原子组成的理想气体分子，具有 3 个平动自由度、3 个转动自由度、$3n-6$ 个振动自由度，被吸附在表面上后，就失去全部或部分平动自由度，其余自由度的数目也减少。因此，由于吸附的结果，被吸附物的熵也减少。根据热力学的基本关系式可知

$$\Delta G(吸) = \Delta H(吸) - T\Delta S(吸) \tag{5-1}$$

由于 $\Delta G(吸) < 0$、$\Delta S(吸) < 0$，所以 $\Delta H(吸) < 0$，因此吸附是放热过程。每一个吸附过程都有其特有的吸附热 $q[q = -\Delta H(吸)]$。如果吸附过程用式（5-2）表示：

$$A+S \rightleftharpoons AS \tag{5-2}$$

式中，S 为表面吸附位；A 为吸附物。

吸附过程的平衡常数可表示为

$$K = \frac{[AS]}{[S][A]} \tag{5-3}$$

式中，$K$ 为吸附平衡常数；[S] 为吸附位的表面浓度。

$$\Delta Z(\text{吸}) = -RT \ln K \tag{5-4}$$

所以

$$K = e^{-\Delta Z(\text{吸})/RT} \tag{5-5a}$$

或者

$$K = e^{-\Delta S(\text{吸})} e^{-\Delta H(\text{吸})/RT} \tag{5-5b}$$

又由于 $-\Delta H(\text{吸}) = q$，所以

$$K = K_0 e^{q/RT} \tag{5-6}$$

式（5-6）表明，吸附的平衡常数随温度的升高而减小。也就是说，随着温度的升高，吸附量减少。

### 5.1.2　吸附速率

根据气体动力学理论，在气相体系中气体分子和表面的碰撞速率（$r_{\text{col}}$）与分子运动速率（$\bar{v}$）和气体的浓度（$C$）有关。

$$r_{\text{col}} = \frac{\bar{v} C}{4} \tag{5-7}$$

分子运动速率 $\bar{v}$ 由公式 $\bar{v} = (8k_B T / \pi m)^{1/2}$ 给出，其中 $k_B$ 为玻尔兹曼常量；$T$ 为热力学温度；$m$ 为分子质量。根据理想气体方程 $pV = nRT$，或 $pV = Mk_B T$（$M$ 为气体分子数目），可以得到 $C = M / V = p / k_B T$，因此碰撞速率可以写为

$$r_{\text{col}} = p / (2\pi m k_B T)^{1/2} \tag{5-8}$$

需要注意的是，并不是所有的碰撞都会引起化学吸附，因此引入了黏着概率（sticking probability）$S$ 的概念。黏着概率定义为碰撞过程中导致化学吸附的那部分碰撞，通常小于 1。所以，吸附速率可以写为

$$r_{\text{ad}} = Sp / (2\pi m k_B T)^{1/2} \tag{5-9}$$

$S$ 可以用式（5-10）表达为

$$S = \sigma f(\theta) e^{-E_{\text{ad}}/RT} \tag{5-10}$$

式中，$\sigma$ 为几何因子；$E_{\text{ad}}$ 为吸附活化能；$f(\theta)$ 为表面覆盖度的函数。在干净的金属表面，初始的 $S_0$ 值可以很大，接近于 1，但也与吸附分子和金属的暴露表面有很大关系，如表 5-2 所示[1, 2]。

**表 5-2　干净金属表面上的初始黏着概率 $S_0$**

| 金属 | 吸附物 | | | | | | | | | 参考文献 |
|---|---|---|---|---|---|---|---|---|---|---|
| | $H_2$ | CO | $N_2$ | $Cl_2$ | $Br_2$ | $I_2$ | $O_2$ | O | $O_3$ | |
| W（100） | 0.18 | 0.5 | 0.4 | | | | | | | [1] |
| W（110） | 0.07 | 0.9 | 0.004 | | | | | | | [1] |
| W（111） | 0.23 | — | 0.01 | | | | | | | [1] |
| Ge | | | | 0.25 | 0.3 | 0.3 | 0.02 | 0.4 | 0.3 | [2] |
| Si | | | | 0.35 | 0.35 | — | 0.04 | 0.5 | 0.4 | [2] |

将两式合并后，可以得到：

$$r_{ad} = \sigma f(\theta) e^{-E_{ad}/RT} \, p \, / \, (2\pi m k_B T)^{1/2} \tag{5-11}$$

通常情况下，$\sigma$ 与 $E_{ad}$ 会随着覆盖度的变化而变化，因此式（5-11）也可写为

$$r_{ad} = \sigma(\theta) f(\theta) e^{-E_{ad}(\theta)/RT} \, p \, / \, (2\pi m k_B T)^{1/2} \tag{5-12}$$

如果吸附表面非常不均匀，导致不同的 $S$ 和 $E_{ad}$ 值，那么必须将表面分割成许多均匀的区域，然后进行积分。

### 5.1.3　脱附速率

与吸附过程不同，脱附也有一个活化过程，脱附需要一个与吸附热（$Q_{ad}$）相等的能量才可以进行。脱附速率等于：

$$r_{des} = k_{des} f'(\theta) e^{-E_{des}/RT} \tag{5-13}$$

式中，$k_{des}$ 为速率常数；$f'(\theta)$ 为覆盖度函数，而 $E_{des} = Q_{ad} + E_{ad}$。

与吸附过程一样，脱附速率常数 $k_{des}$ 和脱附活化能 $E_{des}$ 在吸附剂表面也会随覆盖度而变化，因此脱附速率可以写为

$$r_{des} = k_{des}(\theta) f'(\theta) e^{-E_{des}(\theta)/RT} \tag{5-14}$$

对于一个简单的单分子脱附过程，一个被吸附的分子在具有所需活化能时，能够在一个振动周期内从表面脱附，因此，脱附速率也可写为

$$r_{des} = v L \theta e^{-E_{des}/RT} \tag{5-15}$$

式中，$v$ 为振动频率；$L$ 为吸附位密度。将两式比较可以得到：

$$k_{des} = v L \tag{5-16}$$

$k_{des}$ 的值一般为 $10^{28}/(s \cdot cm^2)$，因为 $v$ 一般为 $10^{13} \, s^{-1}$，而 $L$ 的值一般为 $10^{15} \, cm^{-2}$。

## 5.2　化学吸附的基本规律——三种模型的吸附等温式

吸附平衡可用等温式、等压式或等量式表示。吸附等温式是比较常用的，它可由一定的表面和吸附层的模型假定出发，通过动力学法、统计力学法或热力学法推导出来。

### 5.2.1　Langmuir 吸附等温式

Langmuir 吸附等温式又称单分子层吸附理论，是建立在理想表面和理想吸附层概念的基础上，反映了理想吸附的规律。Langmuir 吸附等温式有以下 4 个假设。

（1）吸附只能发生在空吸附位上。

（2）每个吸附位只能吸附一个分子或原子，也就是说当吸附分子达到单分子层时表面达到饱和覆盖度。

（3）吸附热与覆盖度无关，也就是说被吸附分子之间无相互作用。

（4）吸附和脱附过程一般处于平衡状态。

在平衡条件下，吸附速率和脱附速率相等，因此：

$$r_{ad} = \sigma f(\theta) e^{-E_{ad}/RT} p / (2\pi m k_B T)^{1/2} = r_{des} = k_{des} f'(\theta) e^{-E_{des}/RT} \tag{5-17}$$

可以得到：

$$P = \frac{k_{des}(2\pi m k_B T)^{1/2}}{\sigma} \cdot \frac{f'(\theta)}{f(\theta)} \cdot e^{Q_{ad}/RT} = 1/K \frac{f'(\theta)}{f(\theta)} \tag{5-18}$$

在非解离吸附情况下：

$$f(\theta) = 1 - \theta \tag{5-19}$$

$$f'(\theta) = \theta \tag{5-20}$$

可以得到：

$$p = \theta / K(1 - \theta) \tag{5-21}$$

$$\theta = n / n_m = Kp / (1 + Kp) \tag{5-22}$$

如果将 $\theta$ 用实验可测定得物理量——吸附量 $V$ 和饱和吸附量 $V_m$ 表示，$\theta = V / V_m$，则上述等温线方程可以化为实验可以测定的线性方程：

$$\frac{p}{V} = \frac{1}{KV_m} + \frac{p}{V_m} \tag{5-23}$$

　　$p$ 和 $V$ 可由实验测定，根据实验结果作 $p/V$-$p$ 图，得一直线，由斜率求出 $V_m$，这就是单分子层饱和吸附量。由它可得出表面上吸附位的数目，由式（5-23）的截距，可求出吸附平衡常数 $K$，它是与吸附热有关的常数。

　　实验结果服从式（5-21）、式（5-22）的吸附，就是均匀表面上的单位吸附，即一个分子在一个吸附位上的吸附。其吸附热不随表面覆盖度变化。

　　如果吸附过程伴有分子解离（也包括一个分子与两个吸附位作用），例如，$H_2$ 在金属表面上的吸附，由吸附动力学方程式，可求出这类吸附的 Langmuir 公式：

$$f(\theta) = (1 - \theta)^2 \tag{5-24}$$

$$f'(\theta) = \theta^2 \tag{5-25}$$

因此：

$$p = \theta^2 / K(1-\theta)^2 \quad 或 \quad \theta = K^{1/2}p^{1/2} / (1 + K^{1/2}p^{1/2}) \tag{5-26}$$

其线性方程为

$$\frac{p^{1/2}}{V} = \frac{1}{K^{1/2}V_m} + \frac{p^{1/2}}{V_m} \tag{5-27}$$

　　服从这一方程的吸附为双位吸附，即一个分子与两个吸附位作用。

　　如果一个分子与表面上 $n$ 个吸附位作用，Langmuir 吸附等温线方程可以用式（5-28）表示

$$\theta = \frac{(Kp)^{1/n}}{1 + (Kp)^{1/n}} \tag{5-28}$$

　　Langmuir 当初从动力学概念得到的方程式，后来从统计热力学得到了严格的证明。只要满足上述 4 条基本假设，Langmuir 公式的规律一定会得到。即使是在比较复杂的吸附情况下，它仍是吸附过程规律的基础。就像其他理想定律一样，Langmuir 定律也带有近似的性质，它反映的是理想吸附层的概念。

## 5.2.2　Freundlich 吸附等温式

　　绝大部分固体表面的性质是不均匀的。在不均匀表面上的吸附，特别是在低的平衡压力下，Langmuir 吸附等温线方程不能描述实验结果。在这种情况下应用 Freundlich 从经验归纳出的等温式有时却相当有效。这一表达式为

$$\theta = cp^{1/a} \quad (a > 1) \tag{5-29}$$

式中，$c$ 和 $a$ 为常数，都与温度有关，一般随温度的升高而减小。

因为 Freundlich 吸附等温式也是压力的幂函数，因此在很宽的压力范围内该等温式和 Langmuir 等温式是非常类似的。

Freundlich 等温式也能用统计热力学方法从理论上推导出来。在推导中假定固体表面上吸附位的能量分布为吸附热随覆盖度对数下降的形式，见式（5-30）。

$$Q_{ad} = -Q_{adm} \ln \theta \tag{5-30}$$

式中，$Q_{adm}$ 为饱和吸附热。

将不均匀表面分成若干小的单元，假定每一个小单元 $\theta_i$ 都服从 Langmuir 吸附等温式，也就是 $\theta_i = K_i p / (1 + K_i p)$，$n_i$ 为 $i$ 型吸附位占总吸附位的分数，因此，总覆盖度 $\theta = \sum n_i \theta_i$。

假设不同单元上的吸附常数 $K_i$ 的值很接近，那么总覆盖度可以表示为如下的积分形式：

$$\theta = \int n_i \theta_i d_i \tag{5-31}$$

进一步推导可以得出式（5-32）：

$$\theta = (a_0 p)^{RT/Q_{adm}} = c p^{1/a} \tag{5-32}$$

其中，

$$c = a_0^{RT/Q_{adm}} \qquad a = Q_{adm} / RT$$

式中，$a_0$、$Q_{adm}$ 为常数。

$a$ 可理解为与吸附物种之间相互作用有关的常数，通常情况下，大于 1 的 $a$ 认为是被吸附分子之间相互排斥的结果。

Freundlich 吸附等温式的实验表达式为式（5-33）。

$$\ln V = \ln V_m + \frac{RT}{Q_{adm}} \ln a_0 + \frac{RT}{Q_{adm}} \ln p \tag{5-33}$$

式中，$V$ 为吸附量；$V_m$ 为单分子层饱和吸附量。

由式（5-33）可检验实验结果是否符合 Freundlich 等温式并可求出有关常数。

### 5.2.3　Temkin 吸附等温式

在 Freundlich 等温式中，假设吸附热随着覆盖度增加呈指数下降，但在实验中却经常发现吸附热随覆盖度增加呈线性或者非线性下降。在推导 Temkin 吸附等温式时，假定表面吸附位的能量分布特征为微分吸附热 $Q$ 随覆盖度 $\theta$ 的增加线性下降。计算如下：

$$Q_{ad} = Q_{ad0}(1 - \alpha \theta) \tag{5-34}$$

式中，$Q_{ad0}$ 为覆盖度为 0 时的初始吸附热；$\alpha$ 为常数。

应用 Langmuir 吸附等温式与这种能量分布的表面时，可以证明在 $\theta = 0$ 和 $\theta = 1$ 之间的中等覆盖度范围内的吸附等温式为

$$\theta = \frac{RT}{\alpha Q_{ad0}} \ln(K_0 e^{Q_{ad0}/RT} p) = A_0 \ln(B_0 p) \tag{5-35}$$

$q$ 的减小或者是由表面不均匀性引起的，或者是均匀表面上被吸附分子之间的排斥力造成的。按照 Temkin 的推导方式，也可以得到同样的数学表达式。

Temkin 吸附等温式的实验表达式为

$$V = V_m (RT / \alpha Q_{ad0})(\ln B_0 + \ln p) \tag{5-36}$$

以上三种吸附等温式中吸附热和覆盖度的关系如图 5-1 所示。

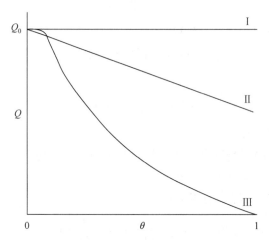

图 5-1　三种吸附等温式中吸附热 $Q$ 随覆盖度 $\theta$ 的变化

I：Langmuir 等温式；II：Temkin 等温式；III：Freundlich 等温式

## 5.3　动态分析方法理论

当固体物质或预吸附某些气体的固体物质在载气中以一定的升温速率加热时，检测流出气体组成和浓度的变化或固体（表面）物理和化学性质变化的技术，称为程序升温技术。根据预处理条件和气体性质不同，可分为程序升温脱附（TPD）、程序升温表面反应（TPSR）、程序升温氧化（TPO）和程序升温还原（TPR）等。程序升温技术在固体表面和催化研究中占有异常重要的地位，它可以得到其他方法难以得到的大量信息。

### 5.3.1　程序升温脱附基本原理[3]

固体物质加热时，当吸附在固体表面的分子受热到能够克服逸出所需要越过的能垒（通常称为脱附活化能）时，就产生脱附。由于不同吸附质与相同表面，或者相同吸附质与表面上性质不同的吸附中心之间的结合能力不同，脱附时所需的能量也不同。所以，热脱附实验结果不但反映了吸附质与固体表面之间的结合能力，也反映了脱附发生的温度和表面覆盖度下的动力学行为。其参数包括：脱附活化能（$E_d$）、脱附过程的级数（$n$）、频率因子（$\gamma_n$）。脱附过程的变量包括：表面覆盖度（$\theta$）、时间（$t$）、温度（$T$）。当 $E_d$ 与 $\theta$ 无关时，表面是均匀的；当 $E_d$ 是 $\theta$ 的函数时，表面是不均匀的。一般来说，对于某一个吸附态，脱附速度可以按照 Wigner-Polanyi 方程来描述：

$$N = -V_m \, d\theta/dt = A\theta^n \exp[-E_d(\theta)/RT] \tag{5-37}$$

式中，$V_m$ 为单层饱和吸附量；$N$ 为脱附速率；$A$ 为脱附频率因子；$\theta$ 为单位表面覆盖度；$n$ 为脱附级数；$E_d(\theta)$ 为脱附活化能，是覆盖度 $\theta$ 的函数；$T$ 为固体表面温度。

通过测定固定温度下的脱附速率，可以得到吸附在固体表面气体的脱附活化能和活化熵。但是，在 TPD 中，温度是连续改变的，速度同时依赖于时间和温度，并且温度与时间呈直线变化。当预吸附分子的固体按线性方式连续升温时，吸附分子的脱附速率按照式（5-37）变化。脱附速率取决于温度和覆盖度。开始升温时，覆盖度很大，脱附速率急剧地增加，脱附速率主要取决于温度；随着吸附分子的脱出，覆盖度 $\theta$ 值也随之下降，当小至某值时，脱附速率由 $\theta$ 决定，同时，脱附速率开始减小；最后当 $\theta = 0$，速度也变成零。如果把催化剂置于 He、Ar 或 $N_2$ 等所谓惰性载气流中，并在流路的下游设置气相色谱仪的热导鉴定器或其他分析仪器（如质谱仪）进行监测，则可以得到如图 5-2 所示的脱附速率与温度的关系图，称为 TPD 谱。

从 TPD 谱图可获得以下定量信息：①吸附类型（活性中心）的数目；②吸附类型的强度（能量）；③每个吸附类型中质点的数目（活性中心密度）；④脱附反应级数（吸附质点的相互作用）；⑤表面能量分布（表面均匀性程度）。

TPD 法的主要优点在于：①设备简单；②研究

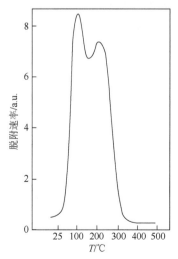

图 5-2　典型的 TPD 谱图

范围大，几乎可包括所有的实用催化剂；③原位考察吸附分子和固体表面的反应情况，提供有关表面结构的众多信息。

### 5.3.2　TPD 实验装置和谱图定性分析

1. 实验装置

用热导检测的常见 TPD 实验装置流程见图 5-3。整个系统分为：①气体净化和切换单元；②反应和控温单元；③分析测量单元。

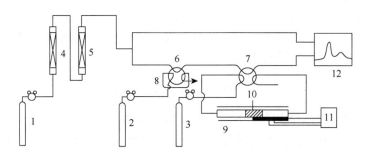

图 5-3　TPD 实验流程图

1. He；2. 吸附气体；3. 预处理气体；4. 脱氧剂；5. 脱水剂（5A 分子筛）；6、7. 六通阀；8. 定量管；9. 加热炉；10. 固体物质；11. 程序升温控制系统；12. 热导池

切换六通阀 6 使载气不经过待测的固体物质，只让预处理气体通过。选择一定的温度、一定的气体预处理固体物质后，使固体物质保持某一温度，切换六通阀 6 使载气流经固体物质，通过六通阀 7 脉冲进某一吸附气体。当脉冲进样时，由于固体物质的吸附，第一个脉冲出来的峰面积最小（或没有峰），随着脉冲次数增加，峰面积增大，直到峰面积不变，可以认为固体物质表面已被吸附质吸附饱和（图 5-4）。

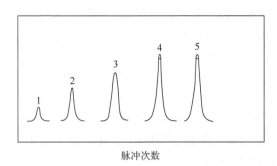

脉冲次数

图 5-4　脉冲次数和峰面积变化情况

取达到饱和时的峰面积为标定峰（以 $A_0$ 表示），已知每次脉冲进入的气体量体积（标冲状态）为 $V_0$，吸附量可按式（5-38）计算：

$$V = \frac{V_0}{A_0}[(A_0 - A_1) + (A_0 - A_2) + (A_0 - A_3) + \cdots] \tag{5-38}$$

待吸附饱和后，继续用载气吹扫至热导基线平衡，以脱除物理吸附，然后进行程序升温。随着固体物质温度上升，预先吸附在固体物质表面的吸附分子，因热运动开始脱附。检测流出气体中脱附物的浓度变化，可得到 TPD 曲线（图 5-2）。

在许多情况下，由于吸附物与固体物质发生反应或吸附分子解离等化学过程，脱附产物并不是单一的原始吸附物质，其性质往往比较复杂。这时，应用质谱检测。

### 2. 谱图定性分析

对于特定的 TPD 谱图可以做如下定性分析。

脱附峰的数目表征吸附在固体物质表面不同吸附强度吸附物质的数目；峰面积表征脱附物种的相对数量；峰温度表征脱附物种在固体物质表面的吸附强度。

### 3. 试验条件对 TPD 的影响

为了得到重复而可靠的 TPD 曲线，应选择适宜的载气流速（一般为 30～50 mL/min）；固体物质的装填量一般为 50～200 mg，粒度为 40～80 目。预处理应严格控制，应有较好的升温线性关系。

影响 TPD 峰形的因素很多。除了载气流速、固体物质的粒度和装量外，特别要注意升温速率。升温速率过大时，TPD 峰容易重叠，造成信息损失；而升温速率过小时，既会使 TPD 信号减弱，也会使实验时间延长。因此，选择合适的升温速率很重要，一般采用 10～20℃/min 为宜。

## 5.3.3　TPD 过程中动力学参数的确定[4, 5]

Cvetanovic 和 Amenomiya[5]于 1967 年提出了另一种处理 TPD 动力学的方法。为了简化理论处理，他们提出以下简化假设：①脱附过程不发生再吸附；②脱附为一级脱附过程；③固体表面是均匀的；④不存在扩散过程。吸附分子在固体表面的脱附速率可用下式表示：

$$N = -\frac{\mathrm{d}\theta}{\mathrm{d}t} = k_\mathrm{d}\theta - k_\mathrm{a}C(1-\theta) \tag{5-39}$$

$$-V_\mathrm{m}\frac{\mathrm{d}\theta}{\mathrm{d}t} = V_\mathrm{m}k_\mathrm{d}\theta - k_\mathrm{a}C(1-\theta) \tag{5-40}$$

$$FC = V_\mathrm{s}[V_\mathrm{m}k_\mathrm{d}\theta - k_\mathrm{a}C(1-\theta)] \tag{5-41}$$

式中，$V_m$ 为当表面覆盖度 $\theta = 1$ 时，单位体积固体相的饱和吸附量；$k_d$ 和 $k_a$ 分别为脱附和吸附速率常数；$C$ 为载气中吸附质的浓度；$F$ 为载气流速；$\theta$ 为覆盖度；$V_s$ 为固体相的体积。从式（5-41）可以得到：

$$C = \frac{V_s V_m k_d \theta}{F + V_s k_a (1-\theta)} \tag{5-42}$$

因程序升温，即

$$T = T_0 + \beta t \tag{5-43}$$

式中，$T_0$ 为初始温度；$\beta$ 为升温速率；$t$ 为升温时间。

将式（5-43）代入式（5-40），得

$$-V_m \beta \frac{\mathrm{d}\theta}{\mathrm{d}T} = V_m k_d \theta - k_a C(1-\theta) \tag{5-44}$$

从式（5-42）和式（5-44）可得

$$C = -\frac{V_s V_m \beta}{F} \frac{\mathrm{d}\theta}{\mathrm{d}T} \tag{5-45}$$

对于均匀表面，脱附速率常数 $k_d$ 与表面覆盖度无关，只与温度有关，即

$$k_d = A e^{-E_d/RT} \tag{5-46}$$

由于吸附过程不发生再吸附，即

$$V_s k(1-\theta) \ll F \tag{5-47}$$

因此，式（5-42）可简化为

$$C = \frac{V_s V_m k_d \theta}{F} \tag{5-48}$$

将式（5-48）代入式（5-45），得

$$\frac{\mathrm{d}\theta}{\mathrm{d}T} = -\frac{k_d \theta}{\beta} \tag{5-49}$$

将式（5-46）代入式（5-49），得

$$\frac{\mathrm{d}\theta}{\mathrm{d}T} = -\frac{\theta A}{\beta} e^{-E_d/RT} \tag{5-50}$$

从式（5-45）和式（5-50）的关联中，可求得

$$C = -\frac{V_s V_m \beta}{F} \cdot \frac{\mathrm{d}\theta}{\mathrm{d}T} = -\frac{V_s V_m \beta}{F} \left[ -\frac{\theta A}{\beta} e^{-E_d/RT} \right] = V_s V_m \cdot \frac{A}{F} \cdot \theta e^{-E_d/RT} \tag{5-51}$$

在 TPD 曲线的峰顶处,

$$dC/dT = 0$$

因此

$$\frac{\partial \theta}{\partial T} = \frac{V_s V_m A}{F} \cdot \frac{\mathrm{d}(\theta \mathrm{e}^{-E_d/RT})}{\mathrm{d}T} = 0$$

即

$$\frac{\mathrm{d}(\theta \mathrm{e}^{-E_d/RT})}{\mathrm{d}T} = 0 \tag{5-52}$$

解此微分方程,即得

$$(k_d)_M = \beta \, E_d/R\,T_M^2 \tag{5-53}$$

根据式(5-46),得

$$(k_d)_M = A \exp(-E_d/RT_M) = \beta \, E_d/R\,T_M^2 \tag{5-54}$$

这里的下角标 M 指 TPD 峰的最高点。

在已知加热速率 $\beta$ 时,假定指前因子 $A$ 也已知,从式(5-54)可看出,脱附活化能和 $T_M$ 具有对应关系。

式(5-54)可写为

$$2\ln T_M - \ln \beta = E_d \,/\, RT_M + \ln(E_d/AR) \tag{5-55}$$

原则上,改变 $\beta$ 值,便有相应的 $T_M$ 值。在不知道 $A$ 值的情况下,通过 $2\ln T_M - \ln \beta$ 对 $1/T_M$ 作图,就可得脱附后活化能 $E_d$。图 5-5 是烯烃吸附在氧化铝上程序升温脱附得到的 $2\ln T_M - \ln \beta$ 对 $1/T_M$ 作图的例子[5]。由式(5-55)计算得到的 $E_d$ 和 $A$ 列于表 5-3 中。

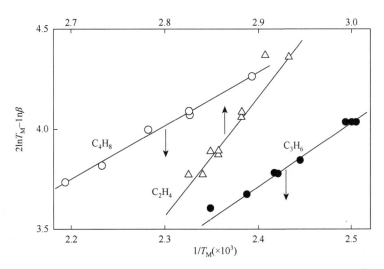

图 5-5 氧化铝 I 中心上的 $C_2H_4$、$C_3H_6$ 和 $C_4H_8$ 的 $2\ln T_M - \ln \beta$ 对 $1/T_M$ 作图

表 5-3　烯烃在 $Al_2O_3$ 上脱附活化能（kcal/mol）和指前因子（$A$）

| 吸附剂 | | $C_2H_4$ | $C_3H_6$ | $C_4H_8$ |
|---|---|---|---|---|
| 氧化铝中心 I | $E_d$ | 26.8 | 14.2 | 12.1 |
| | $A$ | $1.6×10^5$ | $6.8×10^5$ | $1.2×10^4$ |

上述 TPD 动力学的处理方法，需测定不同升温速率 $\beta$ 时的峰顶温度 $T_M$，用作图法求脱附活化能 $E_d$ 和指前因子 $A$，因此实验工作量较大。而杨上闰利用谱线重叠法，通过一条 TPD 谱线的方法来得到脱附活化能 $E_d$ 和指前因子 $A$，详细的内容请参见文献[6]。

### 5.3.4　还原过程基本原理[7]

等温条件下还原过程一般可用成核模型和球收缩模型来解释。球形金属氧化物和 $H_2$ 反应生成金属和 $H_2O$ 的过程为 $MO(s)+ H_2(g) \longrightarrow M(s)+ H_2O(g)$。

成核模型：当氧化物和 $H_2$ 接触开始反应，经过时间 $t_1$ 后，首先形成金属核；由于核变大和新核的形成增加，使得反应界面（金属核和氧化物之间的界面）增加，反应速率加快。但是，当核进一步增加和扩大，核之间相互接触，这时，反应界面开始变小，反应速率减慢。图 5-6 是还原过程的成核机理和 $\alpha$-$t$、$d\alpha/dt$-$\alpha$ 的变化。

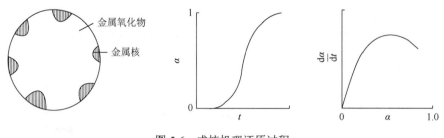

图 5-6　成核机理还原过程

球收缩模型：球收缩模型认为，反应开始界面最大，随后不断下降。即开始反应时，迅速成核并形成很薄的金属层，随着反应不断深入，$r_1$ 逐渐变小（即反应界面变小），反应速率下降。此模型与成核模型的区别在于：球收缩模型成核速度很快，并形成金属薄层。图 5-7 显示了球收缩模型和按球收缩模型还原过程 $\alpha$-$t$、$d\alpha/dt$-$\alpha$ 的变化情况。

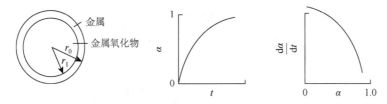

图 5-7　球形收缩机理还原过程

在程序升温条件下，还原过程可以写为

$$G + S \longrightarrow P$$

式中，$G$ 为 $H_2$；S 为氧化物；P 为产物。

某一温度下的反应速率可表达为

$$反应速率 = \frac{\mathrm{d}[G]}{\mathrm{d}t} \ 或 \ \frac{\mathrm{d}[S]}{\mathrm{d}t} = K[G]^p[S]^q \tag{5-56}$$

根据 Arrhenius 方程：

$$K = A\mathrm{e}^{-E/RT} \tag{5-57}$$

对于程序升温还原，温度是时间的函数，即

$$\beta = \frac{\mathrm{d}T}{\mathrm{d}t} \tag{5-58}$$

式中，$\beta$ 为线性加热速率。所以

$$-\frac{\mathrm{d}[G]}{\mathrm{d}t} = -\frac{\beta \mathrm{d}[G]}{\mathrm{d}T} \tag{5-59}$$

或

$$-\frac{\mathrm{d}[S]}{\mathrm{d}t} = -\frac{\beta \mathrm{d}[S]}{\mathrm{d}T} \tag{5-59'}$$

在这些条件下，反应与气体浓度无关，方程式（5-56）可写为

$$\frac{\mathrm{d}\alpha}{\mathrm{d}t} = K(1-\alpha)^q \tag{5-60}$$

式中，$\alpha$ 为时间；$t$ 为还原分数。结合式（5-57）、式（5-58）和式（5-60），积分可得

$$\int_0^\alpha [\mathrm{d}\alpha / (1-\alpha)^q] = \left(\frac{A}{\beta}\right) \int_0^T \mathrm{e}^{-E/RT} \mathrm{d}T \tag{5-61}$$

对右边积分进行近似处理，可得

$$\frac{1-(1-a)^{1-q}}{1-q} = \frac{ART^2}{\beta E}\left[1-\frac{2RT}{E}\right]e^{-E/RT} \tag{5-62}$$

取对数（$q \neq 1$）：

$$\ln\left[\frac{1-(1-\alpha)^{1-q}}{T^2(1-q)}\right] = \ln\frac{AR}{\beta E}\left[1-\frac{2RT}{E}\right]-\frac{E}{RT} \tag{5-63}$$

当 $q = 1$ 时，由式（5-61）得

$$\ln\left[-\ln\frac{(1-\alpha)}{T^2}\right] = \ln\frac{AR}{\beta E}\left[1-\frac{2RT}{E}\right]-\frac{E}{RT} \tag{5-64}$$

然而，这种方法并不实用，因为获得的 TPR 信息大多数是还原气浓度（如 $H_2$）与温度的关系。这种 TPR 图谱由几个峰（或一个）组成。对于流动反应体系，用下式可表示还原过程 $H_2$ 浓度的变化：

$$\Delta[G] = [G]_{进}-[G]_{出}$$

假定气流是"活塞"流，在反应器 dz 单元中，$H_2$ 的消耗速率可表示为

$$r = f\,dx/dz \tag{5-65}$$

式中，$f$ 为气体进气速率；$dx$ 是在 dz 单元中的转换分数。在低转化率时，通过反应器后的气相组成保持常数。这样，式（5-65）积分得到：

$$r = fx$$

其中，

$$f = F[G], \quad x = \Delta[G]/[G]$$

速率可写为

$$r = F\Delta[G] \tag{5-66}$$

将式（5-56）对 $T$ 微分：

$$\frac{d(rate)}{dT} = A\exp(-E/RT)\left[[G]^p[S]^q\frac{E}{RT^2}+q[G]^p[S]^{q-1}\frac{d[S]}{dT}+p[G]^{p-1}[S]^q\frac{d[S]}{dT}\right] \tag{5-67}$$

在最大速率处：

$$d(rate)/dT = 0 \tag{5-68}$$

式（5-66）为

$$d[G]/dT = 0 \tag{5-69}$$

最大速率处的参数用下标 M 表示，即式（5-67）可写为

$$0 = \frac{E}{RT_M^2} + \frac{q\mathrm{d}[S]_M}{[S]_M \mathrm{d}T} \tag{5-70}$$

结合式（5-56）、式（5-57）、式（5-59）和式（5-70）得到：

$$\frac{E}{RT_M^2} = \left[ \frac{A[G]_M^p q[S]_M^{q-1}}{\beta} \exp(-E/RT) \right] \tag{5-71}$$

两边取对数，整理后，得

$$2\ln T_M - \ln\beta + p\ln[G]_M + (q-1)\ln[S]_M = E/RT_M + \text{常数} \tag{5-72}$$

这样，如果已知 $p$ 和 $q$ 值，式（5-72）左边与 $1/T$ 作图，直线的斜率为 $E/R$。

理论上，可以将 $p$ 和 $q$ 代入式（5-72）获得气体和固体的反应级数。然而，固体的反应级数通常是分数，且式（5-72）对 $q$ 值不敏感。如果假定 $q=1$，式（5-72）可写为

$$2\ln T_M - \ln\beta + p\ln[G]_M = E/RT_M + \text{常数} \tag{5-73}$$

对于 CuO 还原，发现 $p=0$ 时，$E$ 与 $H_2$ 浓度有关；然而，当 $p=1$ 时，$E$ 值与浓度无关。

氢溢流现象：溢流是指在某一物质表面形成的活性物种，并转移到在相同条件下自身不能吸附或不能形成活性物种的另一物质表面。在多相催化剂中，溢流现象相当普遍。在多组分催化剂中，由于活性组分性质不同，有的氧化物容易还原。因此，当容易还原的氧化物在较低温度时还原生成金属后，如果该金属对 $H_2$ 具有解离活化作用，那么，$H_2$ 在金属表面解离成还原活性更强的原子氢。原子氢经过金属–氧化物界面，溢流到氧化物表面与氧化物反应，使氧化物还原。由于原子氢的还原性比分子氢强，因此，存在氢溢流时，氧化物的还原温度会明显降低；同样，如果催化剂由金属-氧化物组成，且该金属具有解离氢的能力，结果也相同。具有这种功能的金属很多，如 Pt、Pd、Ag、Cu、Ni 等。其中，贵金属的氢溢流作用尤其突出。

由于 TPR 过程很难避免氢溢流，为图谱分析带来了某些复杂因素。因此，对实验得到的 TPR 图谱，应综合分析，全面考虑。有时，为了消除氢溢流对还原行为的影响，应选择溢流作用较小的 CO。用 CO 替代 $H_2$ 作为还原气，称为 CO-TPR。

## 5.3.5　程序升温氧化原理

程序升温氧化（TPO）的原理同程序升温还原基本类似，是在一定升温速率的条件下，用氧化性气体如 $O_2$，对催化剂及其表面物种进行氧化的过程，主要应用于研究催化剂表面的积炭物种生成机理[8]。

### 5.3.6　程序升温表面反应

程序升温表面反应（TPSR）是指在程序升温过程中，同时发生表面反应和脱附。使用此技术大致有两种做法。一是首先将已经过预处理的催化剂在反应条件下进行吸附和反应，然后从室温程序升温至所要求的温度，使在催化剂上吸附的各表面物种边反应边脱附出来；二是用作脱附的载气本身就是反应物，在程序升温过程中，载气（或载气中某组分）与催化剂表面上反应形成的某吸附物种一面反应一面脱附。显然，无论是哪种方式，都离不开吸附物种的反应和产物的脱附。实际上，TPD 和 TPSR 没有严格的区分。

## 5.4　TPD 技术在催化剂表面酸碱性和氧化还原性能研究中的应用

当碱性气体分子接触固体催化剂时，除发生气-固物理吸附外，还会发生化学吸附。吸附作用首先从催化剂的强酸位开始，逐步向弱酸位发展，而脱附则正好与此相反，弱酸位上的碱性气体分子脱附的温度低于强酸位上的碱性气体分子脱附的温度，因此对于某一给定催化剂，可以选择合适的碱性气体（如 $NH_3$、吡啶等），利用各种测量气体吸附、脱附的实验技术测量催化剂的强度和酸度。其中比较常用的是程序升温脱附法，通过测定脱附出来的碱性气体的量，从而得到催化剂的总酸量。通过计算各脱附峰面积含量，可得到各种酸位的酸量。

下面我们举几个具体的实例来说明 TPD 技术在催化中的应用。

### 5.4.1　$NH_3$、$C_2H_4$ 和 $1\text{-}C_4H_8$ TPD 研究含硼分子筛的酸性质[9]

分子筛的酸中心类型和酸中心数目对分子筛的催化作用起着重要作用，不同的催化反应所需要酸的强度和性质不同。有许多方法可用于表征固体物质的酸性，其中碱性气体脱附法是研究固体物质酸性质的常用方法之一。Xu 等报道了用 $NH_3$、$C_2H_4$ 和 $1\text{-}C_4H_8$ TPD 研究含硼分子筛的酸性质[9]，这三种吸附质的碱性强度为 $NH_3 > 1\text{-}C_2H_4 > C_4H_8$。实验选用的 6 种分子筛的组成见表 5-4。

表 5-4　不同 B 和 Al 取代的 ZSM-5 和 ZSM-11 分子筛的组成

| 样品 | 结构 | Al 含量/(μg/g) | B 含量/(μg/g) | Si/(Al + Si) |
|------|------|------|------|------|
| A | [B]-ZSM-5 | 0 | 2400 | 75 |
| $B_1$ | [Al, B]-ZSM-11 | 330 | 2200 | 77 |

续表

| 样品 | 结构 | Al 含量/(μg/g) | B 含量/(μg/g) | Si/(Al + Si) |
|------|------|------|------|------|
| $B_2$ | [Al，B]-ZSM-11 | 330 | 2800 | 61 |
| $C_1$ | [Al，B]-ZSM-5 | 330 | 2500 | 50 |
| $C_2$ | [Al，B]-ZSM-5 | 330 | 5200 | 34 |
| D | [Al，B]-ZSM-5 | 3000 | 710 | 58 |

图 5-8 是分子筛上 $NH_3$-TPD 图谱，所有样品在 438 K 处均有一个脱附峰，而样品 D 在 635 K 高温处有一个较弱的脱附峰。没有观察到样品 $B_1$、$B_2$、$C_1$ 和 $C_2$ 的高温峰，是由于样品中 Al 含量太低。图 5-9 是分子筛上丁烯（1-$C_4H_8$）TPD 图谱。样品 A 或样品 Na-D（样品 D 经钠交换）没有丁烯脱附峰，对于 $B_1$、$B_2$、$C_1$ 和 $C_2$ 样品，丁烯脱附峰强度随着硼含量俱增。$B_1$ 和 $B_2$ 样品只有一个峰，$C_1$ 和 $C_2$ 样品有两个峰，而样品 D 的两个峰明显向低温移动。图 5-10 是乙烯的 TPD 图谱。样品 A 或样品 Na-D 没有丁烯脱附峰，$B_1$ 和 $B_2$ 也没有任何脱附峰，而样品 $C_1$、$C_2$ 和 D 有两个脱附峰。比较样品 $C_1$ 和 $C_2$ 可以看出，丁烯峰随着硼含量的增加而增加。从图 A、B、C 可以看出，不同样品的脱附峰有较大区别，这表明硼和铝的含量对分子筛酸性影响较大。

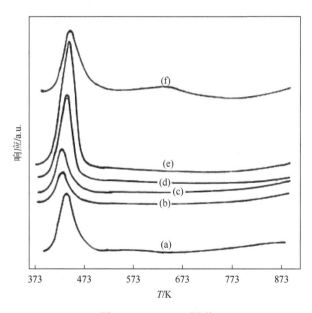

图 5-8　$NH_3$-TPD 图谱

（a）A；（b）$B_1$；（c）$B_2$；（d）$C_1$；（e）$C_2$；（f）D

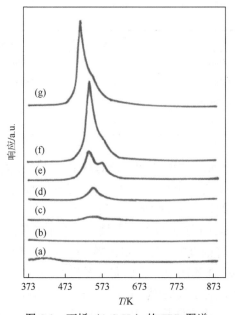

图 5-9　丁烯（1-C₄H₈）的 TPD 图谱

（a）Na-D；（b）A；（c）B₁；（d）B₂；（e）C₁；（f）C₂；（g）D

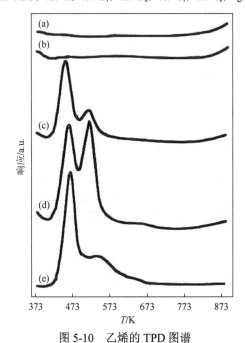

图 5-10　乙烯的 TPD 图谱

（a）B₁；（b）B₂；（c）C₁；（d）C₂；（e）D（信号/8）

表 5-5 是 NH₃、C₂H₄ 和 C₄H₈ 在分子筛上的吸附数据。Xu 等[14]认为 NH₃ 是酸

位的定量探针分子，NH₃ 吸附量对应于 B 和 Al 元素取代的骨架数；而乙烯和丁烯则不同，样品 A 和 Na-D 不吸附丁烯，样品 B₁ 和 B₂ 的丁烯吸附量明显低于 NH₃ 吸附量，而 C₁ 和 C₂ 样品对丁烯吸附量则大于 Al 和 B 的化学计量数。样品 D 的丁烯吸附量是 NH₃ 的 5 倍，这表明丁烯在分子筛表面发生了聚合，每个酸位吸附了 5 个丁烯分子。对于乙烯也可做类似解释。应该注意，用热导检测到的信号是脱附物质热量的信号总和，并不能说明脱出物种的化学组成。$C_2H_4$ 的脱附产物经冷阱收集后，用 FID 分析的结果发现，脱出物中除原始吸附物外，还有许多其他物质，且相对分子质量均大于乙烯，表明乙烯脱附过程在催化剂表面发生了聚合。

表 5-5　NH₃、$C_2H_4$ 和 $C_4H_8$ 的吸附数据

| 样品 | (B + Al)/u.c. | NH₃/u.c. | $C_2H_4$/u.c. | $C_4H_8$/u.c. |
|---|---|---|---|---|
| A | 1.28 | 1.30 | 0.00 | 0.00 |
| B₁ | 1.25 | 0.73 | 0.00 | 0.30 |
| B₂ | 1.56 | 1.01 | 0.00 | 0.69 |
| C₁ | 1.94 | 2.00 | 0.51 | 2.18 |
| C₂ | 2.85 | 2.99 | 1.17 | 4.37 |
| D | 1.02 | 1.02 | 8.06 | 5.08 |

注：u.c. 为 unit cell 的缩写，指单位晶胞

根据 NH₃、乙烯和丁烯的 TPD 结果，Xu 等[14]认为，分子筛表面有三种吸附位（图 5-11）。吸附位 II 能吸附 NH₃、丁烯和乙烯；吸附位 I 能吸附 NH₃ 和丁烯，不吸附乙烯；吸附位 0 只能吸附 NH₃，不吸附丁烯和乙烯。由于样品 A 不吸附丁烯和乙烯，故只有吸附位 0，没有吸附位 I 和吸附位 II；同理可以认为，样品 B₁ 和 B₂ 既有吸附位 0，又有吸附位 I，就是没有吸附位 II；然而，样品 C₁ 和 C₂，由于丁烯的吸附量远大于 NH₃ 吸附量，故认为样品 C₁ 和 C₂ 没有吸附位 0。由此可见，采用碱强度不同的吸附质，可表征催化剂表面酸位的种类。

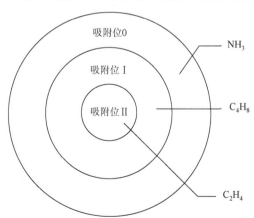

图 5-11　分子筛表面的三种吸附位

吸附位 0 吸附 NH₃；吸附位 I 吸附 NH₃ 和丁烯；吸附位 II 吸附 NH₃、丁烯和乙烯

### 5.4.2　脱铝 MCM-49 分子筛的结构、酸性及苯与丙烯液相烷基化催化性能[10]

　　张钰等采用硝酸回流和水蒸气两种处理方法对用动态水热法合成的纳米 MCM-49 分子筛进行脱铝改性，并利用 NH$_3$-TPD 对分子筛进行了表征。图 5-12 和图 5-13 分别为采用硝酸回流和水蒸气处理进行脱铝后的 NH$_3$-TPD 图谱。图 5-12 中，可以明显看到 NH$_3$-TPD 程序升温脱附曲线上存在两个脱附峰，低温峰（219℃）代表弱酸位吸附氨的脱附，高温峰（365℃）代表强酸位吸附氨的脱附。硝酸脱铝没有改变 MCM-49 分子筛酸强度分布，但弱酸中心和强酸中心的量都有所降低，随着酸浸温度的提高和酸浸时间的延长，酸量下降愈加明显。从水蒸气脱铝 MCM-49 的 NH$_3$-TPD 表征结果（图 5-13）来看，水蒸气处理能够对 MCM-49 分子筛进行有效的脱铝，在总酸量降低的同时，强酸量的降低更加明显。当水蒸气处理温度提高至 600℃时，弱酸峰和强酸峰都向低温方向迁移，即高温水蒸气脱铝导致 MCM-49 分子筛的酸中心强度降低。作者对比了不同条件处理的催化剂对丙烯液相烷基化催化性能的影响。在实验条件下，MCM-49 分子筛的丙烯转化率为 99.5%，异丙苯的选择性为 73.6%。脱铝改性降低了烷基化反应活性和异丙苯的选择性，提高了收率。与脱铝前 MCM-49 分子筛相比，常温下经硝酸处理 5 h 的脱铝 MCM-49 分子筛在保持催化活性相当的情况下，异丙苯收率提高了 5.3%。

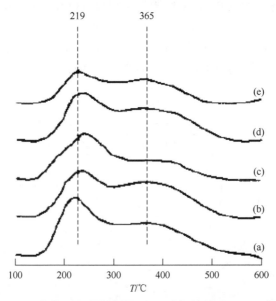

图 5-12　硝酸处理脱铝的 MCM-49 分子筛的 NH$_3$-TPD 图谱

（a）HMCM-49；（b）D-85-3；（c）D25-5；（d）D85-5；（e）D85-10

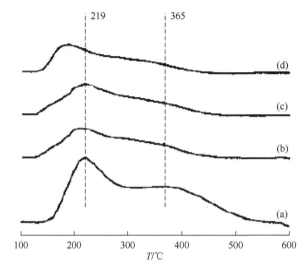

图 5-13 水热处理脱铝的 MCM-49 分子筛的 NH₃-TPD 图谱

（a）HMCM-49；（b）SD-550-3；（c）SD550-6；（d）SD600-3

## 5.4.3 掺 Ag 对氧化锰八面体分子筛催化 CO 氧化性能的影响[11]

胡蓉蓉等采用回流法在酸性介质中合成了掺杂贵金属 Ag 的氧化锰八面体分子筛（OMS-2），并利用 CO-TPD 和 O₂-TPD 对催化剂进行了表征，如图 5-14和图 5-15 所示。

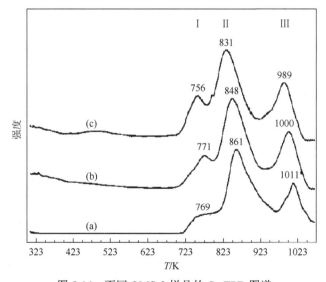

图 5-14 不同 OMS-2 样品的 O₂-TPD 图谱

（a）OMS-2；（b）0.1% Ag/OMS-2；（c）0.5% Ag/OMS-2

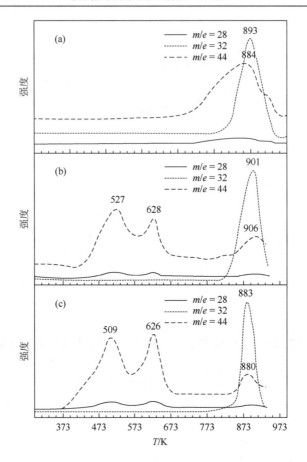

图 5-15　不同 OMS-2 样品的 CO-TPD 图谱

（a）OMS-2；（b）0.1% Ag/OMS-2；（c）0.5% Ag/OMS-2

　　图 5-14 为各样品的 $O_2$-TPD 实验结果。从图中可以看出，随着温度的升高，OMS-2 样品表面的氧物种（$m/e = 32$）分别在 769 K、861 K、1011 K 处出现了三个明显的脱附峰，表明样品存在三种氧物种。从其峰强度大小可以判断，较低温度的氧脱附峰 I 为材料表面的吸附氧，较高温度的氧脱附峰 II 和 III 为氧化锰的表层和体相晶格氧。随着氧从表面不断地迁移和脱附，材料的钾锰矿结构逐步遭到破坏，孔道塌陷，发生烧结。掺入 Ag 后，样品出现类似的氧脱附峰，但各脱附峰的峰温均有一定程度的降低，而且随着 Ag 量的增加，脱附峰 II 的峰温降低的趋势最为明显。这表明掺入 Ag 后，材料表面晶格氧的扩散速度增大，容易发生迁移并脱附出来，因而比未掺 Ag 的材料具有更强的氧化性能。

　　图 5-15 为各样品的 CO-TPD 实验结果，实验中对 $m/e = 28$、32、44 的信

号同时进行检测。从图中可以看出，各催化剂表面几乎未出现 $m/e = 28$ 的信号峰，而大多以 $m/e = 44$ 信号峰出现。这说明 CO 在催化剂表面发生了化学吸附，并与表面晶格氧发生了氧化反应，最后形成 $CO_2$ 物种脱附出来。这一现象同时也证实了在掺杂 Ag 的氧化锰表面，CO 的氧化遵循氧化还原反应机理。比较图中 OMS-2 和 Ag/OMS-2 材料的 $CO_2$ 脱附峰可以发现，Ag 的掺入对 CO 的吸附有较明显的影响。在 OMS-2 表面，只出现了一个较高的 $CO_2$ 脱附信号峰，说明 CO 在氧化物活性中心的吸附态形式可能以较稳定的碳酸盐或羧化物为主。而 Ag/OMS-2 材料出现了三个 $CO_2$ 的脱附信号峰，说明 Ag 掺入促进了 CO 的吸附。根据 CO 分子轨道和电子结构的特点，贵金属 Ag 与氧化物表面活性位的协同作用也能促进新的 CO 吸附态产生。由于新形成的吸附峰具有更大的脱附面积和更低的脱附温度，因此这两种新吸附态能更好地活化 C—O 键，促进 CO 的氧化。

## 5.5　TPR、TPO 技术在催化剂氧化还原性能研究中的应用

### 5.5.1　CuO-CeO₂ 催化剂中 CuO 物种的确认[12]

CuO-CeO₂ 催化剂具有良好的催化性能，广泛应用于 CO 低温氧化、$NO_x$ 转化、$CH_4$ 催化燃烧、合成甲醇及燃料电池等领域。近几年，人们对 CuO-CeO₂ 催化剂进行了广泛的研究。但是由于 CuO-CeO₂ 催化剂中存在多种 Cu 物种形式，不同的 Cu 物种对 CO 氧化的贡献难以确定。Luo 等对 CuO-CeO₂ 催化剂体系中的 CuO 物种进行了深入的研究。他们采用柠檬酸溶胶-凝胶法制备了铜含量为 10 mol% 的 CuO-CeO₂ 催化剂，分别在空气中 800℃焙烧 4 h，得样品 A8；另外部分催化剂先在 $N_2$ 中 800℃焙烧后再在空气中 400℃焙烧 4 h，得到样品 N8A4。并将部分 N8A4 和 A8 进行了硝酸处理以除去催化剂中表面高分散的 CuO 和晶相 CuO 物种，得到样品 N8A4H1 和 A8H1。

样品 N8A4 和 A8 经硝酸处理前后的 CO 氧化活性变化见图 5-16。从图中可以明显地看出，样品 N8A4 活性高于 A8，这是由于 N8A4 具有较大的比表面积和较小的晶粒。这两个样品经硝酸处理后活性均有显著的下降。然而经硝酸处理后的样品 N8A4H1 和 A8H1 活性基本一样。

为了解释上述结果，作者对上述样品做了 CO-TPR 表征，结果见图 5-17。样品 N8A4 在 120℃和 175℃附近分别出现两个低温还原峰 α 和 β；然而经硝酸处理后，α 峰消失，仅剩下 β 峰。样品 A8 可以观测到位于 175℃附近的 β 峰和处于 β 峰高温方向的肩峰 γ，而经硝酸处理后 γ 峰消失，β 峰变得更加对称。结合 XRD 结果，

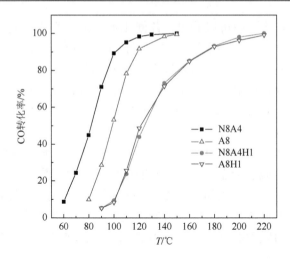

图 5-16　催化剂 N8A4-10 和 A8-10 酸处理前后的 CO 氧化活性

说明 α 峰是由催化剂表面高分散的 CuO 物种还原引起的，γ 峰是由晶相 CuO 的还原引起的，而 β 峰则归属于进入 $CeO_2$ 晶格的 $Cu^{2+}$ 的还原。因此 $CuO\text{-}CeO_2$ 催化剂中存在三种形式的 CuO 物种，它们分别为催化剂表面高分散的 CuO、晶相 CuO 和进入 $CeO_2$ 晶格的 $Cu^{2+}$。

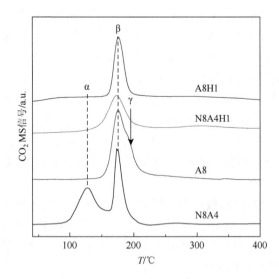

图 5-17　催化剂 N8A4-10 和 A8-10 酸处理前后的 CO-TPR 图谱

根据含有不同 CuO 物种的催化剂在 100℃时 CO 氧化反应的转化率，可以获得以 Cu 为单位计算的 $CuO\text{-}CeO_2$ 催化剂的单位反应速率（specific rate），结果列于表 5-6。从表中看出，这几个样品具有不同的反应速率。样品 N8A4 的最高 [101.8 mmol$_{CO}$/(g$_{Cu}$·h)]，而 N8A4H1 和 A8H1 的最小 [21.3 mmol$_{CO}$/(g$_{Cu}$·h)]。考虑到样品 N8A4 含有高分散的 CuO 物种和进入 CeO$_2$ 晶格的 Cu$^{2+}$物种，样品 A8 含有晶相 CuO 物种和进入 CeO$_2$ 晶格的 Cu$^{2+}$物种，而 N8A4H1 和 A8H1 仅含有进入 CeO$_2$ 晶格的 Cu$^{2+}$物种，我们又计算出了这三种 CuO 物种各自的单位反应速率，结果同样列于表 5-6。从表中可以明显地看到：高分散的 CuO 物种对 CO 氧化贡献最大 [183.3 mmol$_{CO}$/(g$_{Cu}$·h)]，晶相 CuO 其次 [100.4 mmol$_{CO}$/(g$_{Cu}$·h)]，CeO$_2$ 晶格中的 Cu$^{2+}$贡献最小 [21.3 mmol$_{CO}$/(g$_{Cu}$·h)]。

**表 5-6　不同 CuO 物种的 CO 氧化反应速率（100℃）**

| 催化剂 | CuO 质量分数/% | | | 反应速率 | | 单位反应速率/ [mmol$_{CO}$/(g$_{Cu}$·h)] | | |
| --- | --- | --- | --- | --- | --- | --- | --- | --- |
| | $a+b$ | $b$ | $b+c$ | [mmol$_{CO}$/(g$_{cat}$·h)] | [mmol$_{CO}$/(g$_{Cu}$·h)] | $a$ | $b$ | $c$ |
| N8A4 | 3.76 | — | — | 3.83 | 101.8 | 183.3 | 21.3 | — |
| A8 | — | — | 3.76 | 2.28 | 60.6 | — | 21.3 | 100.4 |
| N8A4H1 | — | 1.89 | — | 0.40 | 21.3 | | 21.3 | |
| A8H1 | — | 1.89 | — | 0.40 | 21.3 | | 21.3 | — |

注：$a$ 为表面高分散 CuO；$b$ 为进入 CeO$_2$ 晶格的 Cu$^{2+}$；$c$ 为体相 CuO

### 5.5.2　Ce-Ti-O 固溶体的氧化还原性能表征[13]

Luo 等采用溶胶-凝胶法制备了一系列 Ce$_x$Ti$_{1-x}$O$_2$ 固溶体氧化物，并利用 H$_2$-TPR 表征了氧化物的氧化还原性能，如图 5-18 所示。对于 $x>0.3$ 的样品，分别在 650℃和 850℃处出现两个还原峰，而对于 Ce$_{0.2}$Ti$_{0.8}$O$_2$ 样品只有一个在 680℃处的还原峰，对于 Ce$_{0.1}$Ti$_{0.9}$O$_2$ 样品只有一个互相重叠的还原峰，TiO$_2$ 则在所测温度范围内无还原。650℃的低温还原峰随着 TiO$_2$ 含量的增加逐渐向高温方向移动，而高温还原峰则无明显变化。此外，低温还原峰的强度随 TiO$_2$ 含量的增加而加强，并在 $x=0.4$ 时达到最大值。相比之下，高温还原峰的变化比较复杂，当 $x$ 从 1 降低到 0.6 时，该峰强度下降。但当 $x=0.4$、0.5、0.6 时，该还原峰的强度增加并在 $x=0.5$ 时达到最大值。从系列固溶体的还原峰的相对面积看，650℃处还原峰面积的增加主要是由 TiO$_2$ 的含量增加引起的，而在 850℃处出现的尖锐还原峰可能和样品中出现的立方相有关。

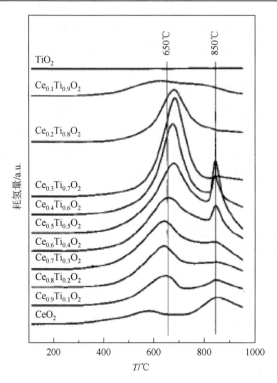

图 5-18  $Ce_xTi_{1-x}O_2$ 固溶体的 TPR 图谱

表 5-7 列出了 $Ce_xTi_{1-x}O_2$ 复合氧化物的耗氢量和样品中 $CeO_2$ 的还原程度（假设样品中只有 $CeO_2$ 被还原）。可以看到，$Ce_xTi_{1-x}O_2$ 复合氧化物的耗氢量远大于纯的 $CeO_2$，表明 $TiO_2$ 的加入促进了 $CeO_2$ 的还原。$x = 0.2 \sim 0.6$ 时，被还原的复合氧化物中 Ce 的平均价态为 +3，远高于纯 $CeO_2$ 中 Ce 的平均价态 +3.8。这表明制备的 $Ce_xTi_{1-x}O_2$ 复合氧化物具有比 $CeO_2$ 更高的储氧能力。

表 5-7  $Ce_xTi_{1-x}O_2$ 复合氧化物的耗氢量

| $x$ | 耗氢量/(mmol/g)[a] | 还原样品的组成 | |
| --- | --- | --- | --- |
| | | $Ce_xTi_{1-x}O_y$[b] | $CeO_{y'}-TiO_2$[c] |
| 0 | 0 | 2.00 | |
| 0.1 | 0.356（0.016） | 1.97 | 1.70 |
| 0.2 | 1.072（0.050） | 1.90 | 1.50 |
| 0.3 | 1.250（0.062） | 1.86 | 1.53 |
| 0.4 | 1.920（0.096） | 1.79 | 1.49 |
| 0.5 | 2.144（0.108） | 1.73 | 1.46 |
| 0.6 | 1.964（0.098） | 1.73 | 1.55 |

续表

| $x$ | 耗氢量/(mmol/g)[a] | 还原样品的组成 | |
| --- | --- | --- | --- |
| | | $Ce_xTi_{1-x}O_y$[b] | $CeO_{y'} - TiO_2$[c] |
| 0.7 | 1.830（0.092） | 1.73 | 1.63 |
| 0.8 | 1.428（0.072） | 1.78 | 1.75 |
| 0.9 | 1.384（0.070） | 1.78 | 1.76 |
| 1.0 | 0.580（0.030） | 1.90 | 1.90 |

a. 耗 $H_2$ 量根据 TPR 峰面积积分计算，括号内为误差；

b. 混合氧化物总的还原程度；

c. 混合氧化物 $CeO_2$ 的还原程度

　　由于大部分氧化催化剂工作在氧化还原条件下，因此氧化还原能力是一个重要的指标。图 5-19 和图 5-20 分别为 $Ce_{0.8}Ti_{0.2}O_2$ 和 $Ce_{0.4}Ti_{0.6}O_2$ 样品在第一次 TPR 还原后，经过不同再氧化温度后，进行再次 TPR 的图。与新鲜样品相比，再氧化过后样品的还原峰变弱。对于 $Ce_{0.8}Ti_{0.2}O_2$ 样品，第二次还原的峰位置并没改变，而对于 $Ce_{0.4}Ti_{0.6}O_2$ 样品，第二次还原的峰位置向低温方向偏移。通过比较峰面积，可以发现 $Ce_{0.8}Ti_{0.2}O_2$ 样品在 500℃、300℃、100℃再氧化后的样品耗氢量为新鲜样品的 98%、80% 和 80%，而对于 $Ce_{0.4}Ti_{0.6}O_2$ 样品，该比例分别为 90% 和 78%，说明 $Ce_{0.8}Ti_{0.2}O_2$ 样品与 $Ce_{0.4}Ti_{0.6}O_2$ 相比，更容易被再次氧化。上述结果表明，由于 $TiO_2$ 的引入，形成了 $Ce_xTi_{1-x}O_2$ 固溶体，使体相氧更容易被还原，导致 $Ce^{4+}$ 与 $Ce^{3+}$ 之间的快速相互转化。

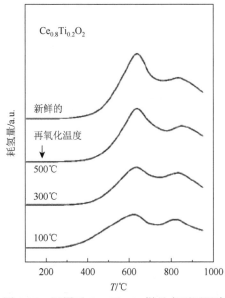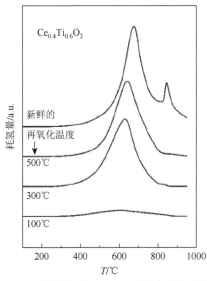

图 5-19　还原后 $Ce_{0.8}Ti_{0.2}O_2$ 样品在不同温度氧化后 TPR 图谱　　　　图 5-20　还原后 $Ce_{0.4}Ti_{0.6}O_2$ 样品在不同温度氧化后的 TPR 图谱

### 5.5.3　PdO/CeO₂ 催化剂的还原性能[14]

图 5-21 是 PdO/CeO₂ 催化剂的 H₂-TPR 图谱。纯 PdO 只有一个还原峰，峰顶温度 55℃。所有的 PdO/CeO₂ 催化剂均只有一个还原峰，且峰顶温度均高于纯 PdO。这表示 CeO₂ 抑制了 PdO 的还原，随着负载量的增加，还原峰温逐渐向低温方向移动，并且峰形变窄。负载量超过 2% 后，TPR 峰顶温度不变。与催化剂的 CO 氧化活性相比[14]，催化剂还原温度与 CO 氧化活性具有对应关系。值得注意的是，如果 TPR 峰顶温度与 CO 氧化活性这种对应关系成立的话，那么，纯 PdO 的 CO 氧化活性应该高于 PdO/CeO₂ 催化剂。此外，PdO/Al₂O₃ 催化剂的还原温度低于 PdO/CeO₂ 催化剂[16]，但是后者的 CO 氧化活性明显高于前者，显然，上述还原温度与 CO 氧化活性的对应关系不能成立。XRD 结果表明[14]：CeO₂ 表面 Pd 物种以晶相和非晶相两种形式存在。低负载量时还原温度升高意味着分散态的 PdO（非晶相）与 CeO₂ 相互接触且被 CeO₂ 所隔离。这种分散程度越大，PdO-CeO₂ 之间的相互作用也越强，这可能是 PdO 较难还原的原因之一。

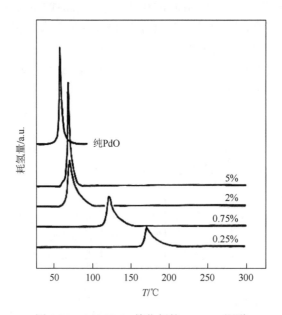

图 5-21　PdO/CeO₂ 催化剂的 H₂-TPR 图谱

由于所有催化剂的 H₂-TPR 结果，均只有一个还原峰，所以，不能由通过 H₂-TPR 来区别催化剂表面高分散的 PdO 物种和晶相 PdO。主要原因是 Pd 的氢溢流作用。

由于催化剂表面可能存在金属 Pd，而金属 Pd 又有较强氢溢流作用，无法从 $H_2$-TPR 图谱来区别催化剂中晶相和高分散 PdO。因 CO 不能解离，且溢流比 $H_2$ 困难。所以，作者用 CO 作为还原剂进行 CO-TPR。图 5-22 是 PdO/$CeO_2$ 催化剂的 CO-TPR 图谱。在实验温度范围内，没有发现 $CeO_2$ 消耗 CO 信号；而纯 PdO 在 320℃处出现一个 CO 消耗峰。有趣的是，当用 CO 作还原剂时，PdO/$CeO_2$ 催化剂有三个 CO 消耗峰（用 α、β 和 γ 表示）；而用 $H_2$ 作还原剂时，只有一个还原峰。从图 5-22 可见，当 Pd 负载量为 5%和 10%时，观察到三个 CO 消耗峰（α、β、γ）；负载量降低到 2%时，γ 峰消失；进一步降至 0.75%和 0.25%时，只有一个 α 峰。随着 Pd 负载量增加，α 峰向低温方向移动，且峰面积也随之增加，γ 峰向高温方向移动，而 β 峰温度基本不变。但负载量超过 2%时，α 峰面积则保持不变。因此，α 峰存在饱和现象，γ 峰温度接近纯 PdO 的 CO 消耗峰温度。根据以上实验结果，可以分析推测，α 峰可能是高分散 PdO 物种，该物种是低温 CO 氧化的活性物种；γ 峰归属为晶相 PdO；β 峰的归属比较困难，可能是晶粒比 γ 物种小的晶相 PdO。由于 $CH_4$ 氧化活性与 α 峰不存在任何对应关系，故 α 物种不可能是 $CH_4$ 氧化活性中心；而 β 物种和 γ 物种可能是 $CH_4$ 氧化活性中心，因为 β、γ 峰变化与 $CH_4$ 氧化活性有一定的对应关系。所以，可以认为高分散的 PdO 是 CO 氧化的活性物种，晶粒较大的 β（或 γ）物种是 $CH_4$ 氧化活性物种。

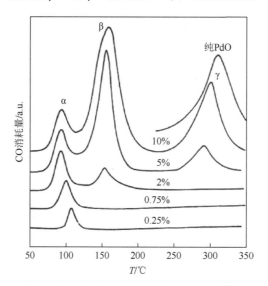

图 5-22　PdO/$CeO_2$ 催化剂的 CO-TPR 图谱

从 $H_2$-TPR 和 CO-TPR 比较可以发现，由于氢溢流，有时会给 $H_2$-TPR 的结果带来许多复杂因素。因而，选用 CO-TPR，能提供更丰富的还原物种信息。但高温时，CO 容易发生歧化反应而生成 $CO_2$。这一点在实际操作中应特别注意。

### 5.5.4　V$_2$O$_5$/TiO$_2$催化剂的氧化还原性能研究[16]

Besselmann 等利用 TPR 和 TPO 手段研究了 V$_2$O$_5$ 及 V$_2$O$_5$ 负载量为 1%和 8% 的 V$_2$O$_5$/TiO$_2$ 催化剂。H$_2$-TPR 谱图如图 5-23 所示。

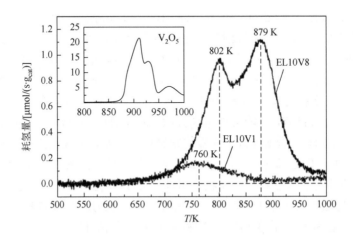

图 5-23　V$_2$O$_5$、EL10V1（1%V$_2$O$_5$/TiO$_2$）和 EL10V8（8%V$_2$O$_5$/TiO$_2$）催化剂的 H$_2$-TPR 图谱

从图中可以看出，对于 V$_2$O$_5$ 样品，在 910 K、932 K、971 K、1044 K 和 1102 K （后两个未显示），对应于由 V$_2$O$_5$ 转变为 V$_2$O$_3$ 的中间过程，通过结合 XRD 数据，可以判定第一个还原峰为 V$_2$O$_5$ 到 V$_6$O$_{13}$ 的转化，第二个还原峰为 V$_6$O$_{13}$ 到 VO$_2$ 的转化，最后一个还原峰为 V$_2$O$_3$ 的形成。对于负载型催化剂，高 V$_2$O$_5$ 负载量的催化剂 EL10V8（8wt% V$_2$O$_5$/TiO$_2$）有两个还原峰，分别位于 802 K 和 879 K。相比于纯 V$_2$O$_5$，该催化剂的还原温度降低了约 100 K，这是由于载体 TiO$_2$ 的存在促进了还原性能。802 K 处的还原峰被认为是单层分散的 V$_2$O$_5$ 的还原，而 879 K 处的高温还原峰则是聚合态 V$_2$O$_5$ 的还原。对于低 V$_2$O$_5$ 负载量的催化剂 EL10V1 （1wt% V$_2$O$_5$/TiO$_2$），只有一个位于 760 K 处的还原峰，归属于单层分散的 V$_2$O$_5$ 物种的还原。

图 5-24 是上述催化剂经过 H$_2$-TPR 后再进行 TPO 后得到的结果。纯 V$_2$O$_5$ 样品有两个位于 751 K 和 843 K 的氧化峰，与 TPR 中的还原峰相比，TPO 的氧化温度降低。从峰形来看，TPO 中的峰对应于 TPR 中的还原峰，表明 VO$_x$ 的氧化过程。结合耗氧的峰面积，可以判定低温处氧化峰（751 K）是由于 V$_2$O$_3$ 氧化为 VO$_2$，而高温处氧化峰（843 K）是由于 VO$_2$ 氧化为 V$_2$O$_5$。EL10V8 样品在 562 K 处有一个肩峰，并在 647 K 处有一个强氧化峰。EL10V1 样品在 668 K 处有一个弱氧

化峰。这两个样品的氧化峰也可以与 TPR 中的还原峰结合起来，说明 V 物种的氧化和还原是可逆的。

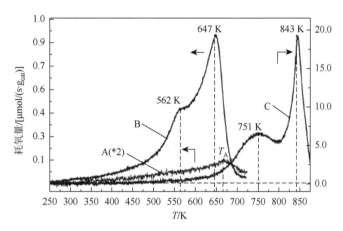

图 5-24　$V_2O_5$、EL10V1（1% $V_2O_5/TiO_2$）和 EL10V8（8% $V_2O_5/TiO_2$）催化剂经 $H_2$-TPR 后再进行 TPO 的图谱

　　结合上述 TPR 和 TPO 结果，可以看出与纯 $V_2O_5$ 样品相比，负载型 $V_2O_5/TiO_2$ 催化剂更容易被还原和氧化，说明载体 $TiO_2$ 的存在促进了氧化还原性能。进一步也说明了在高负载量催化剂 EL10V8 中，聚合态的 $V_2O_5$ 物种很容易被氧化但很难被还原，而低负载量催化剂上，单层分散的 $V_2O_5$ 物种很容易被还原但很难被氧化。

## 5.5.5　钴/氧化铝催化剂表面积炭研究

　　13%（质量分数，下同）$Co/Al_2O_3$ 和 8% $Co/Al_2O_3$ 催化剂经 400℃ $H_2$ 还原 2 h 后，通过 $CH_4/CO_2 = 0.93$ 的混合气在 700℃ 反应 1 h 积炭后进行 TPO 研究。结果，见图 5-25 和图 5-26。从图可见，13% $Co/Al_2O_3$ 催化剂在 130℃、270℃和 536℃附近分别出现三个 $CO_2$ 峰；148℃、218℃和 275℃附近处出现三个 $H_2O$ 峰；在 266℃和 540℃附近出现两个 $O_2$ 的消耗峰。而 8% $Co/Al_2O_3$ 催化剂的 $CO_2$、$H_2O$ 和 $O_2$ 峰相对简单，高温峰消失。作者结合 $CH_4/CO_2$ 的 TPD 实验，认为低温（<150℃）出现的 $CO_2$ 峰是催化剂表面吸附 $CO_2$ 引起的，较高的温度出现的 $CO_2$ 则是由催化剂表面积炭引起的。因此，在相应的温度上出现耗氧峰。而 $H_2O$ 峰来源于两个方面：一方面由于反应过程中发生水煤气逆变换反应，生成的 $H_2O$ 吸附在催化剂上，升温时脱附（该 $H_2O$ 峰不与 $CO_2$ 脱附峰伴生，和 $O_2$ 的消耗峰伴生）；另一方面反应过程中的催化剂表面结焦形成（$x>y$），从而 TPO 过程中 $CO_2$ 和 $H_2O$ 脱附峰及耗 $O_2$ 峰同时出现。

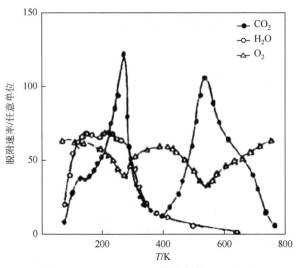

图 5-25　13% $Co/Al_2O_3$ 催化剂的 TPO 图谱

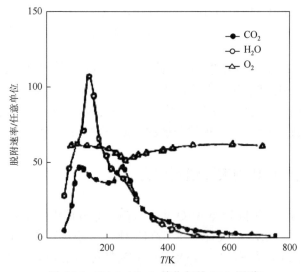

图 5-26　8% $Co/Al_2O_3$ 催化剂的 TPO 图谱

　　从 $Co/Al_2O_3$ 的烧炭过程的分析得到，13% $Co/Al_2O_3$ 上有两种积炭（结焦）中心，而 8% $Co/Al_2O_3$ 上只有一种积炭（结焦）中心，这些中心与催化剂表面存在的 Co 与 $Al_2O_3$ 不同的作用程度有关。

## 5.5.6　$H_2$-TPR 过程中的一些定性及定量方法

　　TPR 技术在催化研究中发挥了重要作用，但由于其本身的特点，该技术也存在一定的局限性。例如，通过 TPR 得到的谱图往往是表面和体相的混合（即包含了表面氧化物和体相氧化物的还原），而在催化反应中，催化剂表面氧化物往往是关注的重点（因为反应发生在催化剂表面），因此如何通过 TPR 技术来区分表面和体相氧化物物种极其关键，但在普通的 TPR 谱图中则比较难以实现。因此，研究者发展了一些实用的分析方法，来区分催化剂表面和体相氧化物的还原情况。下面通过几个例子来具体说明。

Zimmer 等[17]发展了一个经验公式：

$$\frac{N_{total}}{M_{sample}} = a + b \times \frac{A_{sample}}{M_{sample}}$$

式中，$N_{total}$ 为某一还原峰的耗氢量；$M_{sample}$ 为样品的质量；$A_{sample}$ 为样品的比表面积；$a$ 和 $b$ 为常数。以 $N_{total}/M_{sample}$ 和 $A_{sample}/M_{sample}$ 作图，如果能得到一条直线，就说明该还原峰是表面氧化物的还原。根据这一公式，Wang 等[18]对一系列不同温度焙烧的 $CoCr_2O_4$ 尖晶石样品进行了 $H_2$-TPR 测定，得到的谱图如图 5-27（a）所示。已知经 400℃、500℃、600℃、700℃焙烧的样品（分别标记为 $CoCr_2O_4$-4、$CoCr_2O_4$-5、$CoCr_2O_4$-6 和 $CoCr_2O_4$-7）的比表面积分别为 91.3 $m^2$/g、51.9 $m^2$/g、23.2 $m^2$/g 和 6.1 $m^2$/g，$H_2$-TPR 测试中样品装样量皆为 25 mg。图 5-27（a）中样品低温还原峰（α 峰）对应的耗氢量分别为 0.734 mmol/g、0.403 mmol/g、0.186 mmol/g 和 0.051 mmol/g。该还原峰可归属为催化剂中高价态 $Cr^{6+}$ 的还原（由于 $CoCr_2O_4$ 尖晶石中存在大量的缺陷位导致 Cr 物种价态升高），但其是否属于表面 $Cr^{6+}$ 物种的还原却难以归属。因此，根据上述公式和已知参数进行作图，如图 5-27（b）所示。可以看到作图后对数据进行拟合后得到了一条完美的直线，说明该还原峰是由表面 $Cr^{6+}$ 的还原引起的。

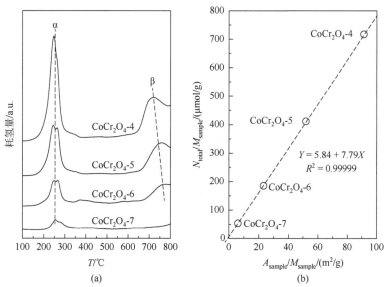

图 5-27　（a）$CoCr_2O_4$-4、$CoCr_2O_4$-5、$CoCr_2O_4$-6 和 $CoCr_2O_4$-7 催化剂的 $H_2$-TPR 图谱；（b）对应的 $A_{sample}/M_{sample}$-$N_{total}/M_{sample}$ 关系图

此外，A. T. Bell 等[19, 20]认为，催化剂的低温还原性可用初始耗氢速率来进行评估，即样品第一个还原峰中前 25%的氧的脱除速率。通过对 TPR 数据的处理，可以对不同样品的初始耗氢量进行定量计算，从而区分样品的可还原性能。根据该理论，Liu 等[21]制备了一系列具有规则三维大孔结构的 $La_{0.6}Sr_{0.4}MnO_3$ 复合氧化物（简称为 LSMO）和负载型的 Au 催化剂（$x$Au/LSMO，$x = 3.4$ wt%～7.9 wt%），并用于 CO 和甲苯的催化氧化反应。图 5-28（a）是各催化剂的 $H_2$-TPR 谱图，图 5-28（b）则是数据处理后得到的初始耗氢量与温度关系图。从图 5-28（b）可以明显看出，在相同初始耗氢速率情况下（$Y$ 轴数值相同），各催化剂的还原温度递减规律为 6.4Au/LSMO＜7.9Au/LSMO＜3.4Au/LSMO＜LSMO≈6.2Au/bulk LSMO＜bulk LSMO。该变化规律与催化剂的反应活性相一致（即还原温度越低，反应活性越好），意味着催化剂的低温可还原性在催化反应中起到了关键作用。

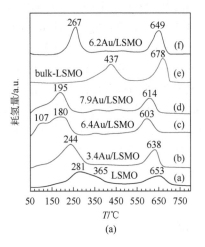
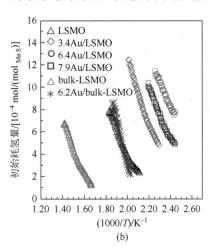

图 5-28　（a）各催化剂的 $H_2$-TPR 谱图；（b）各催化剂的初始耗氢量与温度关系图（封底二维码彩图）

## 5.6　TPSR 技术在催化剂机理研究中的应用

Zagli[22]研究了一氧化碳在 $Ni/Al_2O_3$ 催化剂上的甲烷化反应动力学。为此，按如下程序进行实验（吸附都是在室温下进行）：①将饱和吸附 CO 的催化剂脉冲引入 $H_2$，直到不再吸附为止，在 He 载气流中进行 TPSR；②催化剂用含 25% $H_2$ 和 75% He 气流中的 CO 饱和吸附，然后在 $H_2$-He 气流中 TPSR。图 5-29 是实验①的结果。$CH_4$ 在 340℃出现一个宽峰。水峰的起始温度与 $CH_4$ 基本相同，拖尾明显。有 CO 和 $CO_2$ 脱附峰。图 5-30 是实验②的程序反应谱。$CH_4$ 在 225℃出现一个窄峰。有两个 $H_2O$ 峰，低温峰峰形和峰温与 $CH_4$ 相同；而高温峰则从 350℃开始，只在 150℃附近有一个宽大的 CO 峰；然而，未见有 $CO_2$ 脱附。

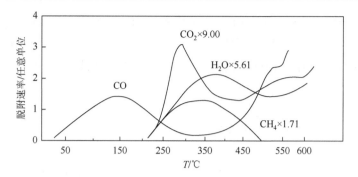

图 5-29　CO 和 $H_2$ 共吸附在催化剂上的程序升温反应图谱

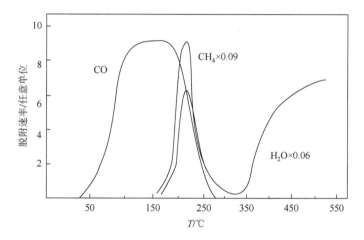

图 5-30　吸附 CO 和流动 $H_2$ 状态下催化剂上的程序升温反应图谱

从上述共吸附结果看，催化剂即使饱和吸附了 CO，也还能吸附大量氢。这说明 CO 和 $H_2$ 吸附在两种不同中心上，且甲烷在开始生成 $CO_2$ 的温度下出现。对在流动氢中的程序反应，在相同温度下，以相同峰形生成了等量甲烷和水（指第一个水峰）。这意味着甲烷和水生成速度受相同基元步骤控制。文献提出，若表面碳是甲烷化的中间物，则同时生成甲烷和水的速度步骤控制就不可能是这种碳（或氧）与吸附氢的反应。因为氧和吸附氢的反应速率很快。故认为速度控制步骤必然是 CO 的 C—O 键断裂。笔者还指出，反应包括下列步骤：

（1）　$CO(g) \rightleftharpoons CO(a)$

（2）　$CO(a) \rightleftharpoons C(a) + O(a)$

（3）　$CO(a) + O(a) \longrightarrow CO_2(a) \longrightarrow CO_2(g)$

（4）　$2H(a) + O(a) \longrightarrow H_2O(a) \longrightarrow H_2O(g)$

（5）　$C(a) + 4H(a) \longrightarrow CH_4(a) \longrightarrow CH_4(g)$

显然，对反应（1），由于没有足够的氢，反应（3）与反应（5）的速度相当。对实验（2），反应（5）要比反应（3）快得多。这就是为什么在共吸附实验中能见到 $CO$、$CO_2$、$CH_4$ 和 $H_2O$ 脱附，而在流动氢中则能见到 $CO$、$CH_4$ 和 $H_2O$ 脱附的缘故。

## 5.7　总　　结

程序升温技术，本质上是一种温度谱，其研究对象是特定的探针或反应物分子与催化剂表面特定部位的相互作用，因此，该技术所得到的信息对催化研究尤其重要。由于程序升温技术能获得吸附态分子之间的相互作用及其化学变化，成为表面反应机理研究的一种重要手段。许多催化剂特别是氧化催化剂的催化性能往往取决于活性组分的氧化-还原性质，而程序升温还原和程序升温氧化技术是目前研究催化剂氧化-还原性能最为有效和方便的手段。因此，程序升温分析技术在催化的基础研究和应用研究中得到了十分广泛的应用。

### 参 考 文 献

[1]　Gardner C L，Casey E J. Catal Rev，1974，9：115-145

[2]　Madix R J，Susu A. J Catal，1973，28：316-321

[3]　刘君佐. 石油化工，1980，9：13-19

[4]　Cvetanovic R J，Amenomiya Y. Catal Rev Sci Eng，1972，6：21-48

[5]　Cvetanovic R J，Amenomiya Y. Adv Catal，1967，17：103-149

[6]　杨上闰. 催化学报，1983，4：57-65

[7]　Hurst N W，Gentry S J，Jones A，et al. Catal Rev Sci Eng，1982，24：233-309

[8]　Eser S，Venkataraman R，Altin O. Ind Eng Chem Res，2006，45：8956-8962

[9]　Xu W Q，Suib S L，Oyoung C L. J Catal，1993，144：285-295

[10]　张钰，吴淑杰，杨胥微，等. 高等学校化学学报，2007，28：1319-1324

[11]　胡蓉蓉，程易，谢兰英，等. 催化学报，2007，28：463-468

[12]　Luo M F，Song Y P，Lu J Q，et al. J Phys Chem C，2007，111：12686-12692

[13]　Luo M F，Chen J，Chen L S，et al. Chem Mater，2001，13：197-202

[14]　罗孟飞，浙江大学博士学位论文，1999

[15]　罗孟飞，边平凤，郑小明. 应用化学，1998，15（4）：113-114

[16]　Besselmann S，Freitag C，et al. Phys Chem Chem Phys，2001，3：4633-4638

[17]　Zimmer P，Tschope A，Birringer R. J Catal，2002，205：339-345

[18]　Wang Y，Jia A P，Luo M F，et al. Appl Catal B：Environ，2015，165：477-486

[19]　Chen K D，Xie S B，Bell A T，et al. J Catal，2001，198：232-242

[20]　Dai H X，Bell A T，Iglesia E. J Catal，2004，221：491-499

[21]　Liu Y，Dai H，Deng J，et al. J Catal，2013，305：146-153

[22]　Zagli A E，Falconer J L，Keenan C A. J Catal，1979，56：453-467

作者简介 ————————————————————————

　　**罗孟飞**，男，1963 年生。教授、博士生导师。1983 年毕业于杭州大学化学系；1999 年获浙江大学理学博士学位；1999～2001 年于中国科学院大连化学物理研究所做博士后研究，2002～2003 年于日本北九州市立大学做博士后研究。浙江师范大学研究员，浙江省二级教授。现任先进催化材料教育部重点实验室主任、浙江省固体表面反应化学重点实验室主任。中国化学会催化委员会委员。研究领域涉及铈基固溶体的合成和原位表征；挥发性有机物（VOCs）催化燃烧；消耗臭氧层物质（ODS）替代品合成催化剂。完成和承担国际基金 4 项，发表学术论文 200 多篇，授权发明专利 30 件。

 作者简介 ————————————————————————

　　**鲁继青**，男，1974 年生。博士，教授。1995 年毕业于华东理工大学精细化工系；2002 年获中国科学院大连化学物理研究所理学博士学位；2002～2006 年于日本产业综合技术研究所做博士后研究；2006 年至今任浙江师范大学研究员。研究领域涉及选择性氧化和选择性加氢反应催化剂的设计合成与表征；挥发性有机物（VOCs）催化燃烧。完成和承担国际基金 4 项，发表学术论文 100 多篇。

# 第 6 章

## 催化过程的拉曼光谱方法

冯兆池　李　灿

拉曼光谱是一项重要的现代分子光谱技术，是研究物质分子结构的有力工具，其在化学、物理和生物科学等诸多学科领域具有广泛的应用。自 20 世纪 70 年代起拉曼光谱被应用于催化领域的研究，在负载型金属氧化物、分子筛、原位反应和吸附等研究中取得了丰富的成果。

拉曼光谱与红外光谱一样，属于分子振动光谱，同样能给出分子结构的有效信息。但由于拉曼光谱信号较弱，在拉曼光谱于 19 世纪 20 年代末被发现以来，一直没有得到很好的应用。这一时期拉曼光谱的研究集中在分子结构和动力学方面，包括对拉曼光谱和共振拉曼现象的理论解释。19 世纪 60 年代，随着激光技术的出现，以激光为激发光源的激光拉曼光谱技术得到普及，并开始在催化研究的应用中得到迅速发展。

拉曼光谱具有如下几个方面的研究优势：①拉曼光谱能够提供催化剂本身及表面上物种的结构信息，这是认识催化剂和催化反应最为重要的信息。②拉曼光谱容易实现原位条件下（高温、高压、复杂体系）的催化研究，特别是由于水的拉曼峰比较弱，因而拉曼光谱特别适于对催化剂制备过程从水相到固相的实时研究。③近年来随着探测器灵敏度的大幅度提高和光谱仪的改进，拉曼光谱仪的信噪比大大提高。但催化研究中荧光干扰问题和灵敏度相对较低仍然是拉曼光谱原位研究催化过程的难题。采用紫外激光作为激发光源的紫外拉曼光谱技术有效地解决了催化研究中所遇到的荧光干扰问题。④将原位拉曼光谱表征技术与反应产物测量相结合的催化原位在线反应的 opreando 技术得到了广泛重视，将 operando 技术和拉曼成像技术、近场原位拉曼技术相结合的新技术实现光谱技术、成像技术和反应过程的一体化研究将进一步推动拉曼光谱催化表征技术的发展。

本章在简要介绍拉曼光谱的基本原理及其实验技术后，重点介绍拉曼光谱在催化研究中的进展，特别是最近几年的发展所取得的一些新结果。

# 6.1　拉曼光谱原理简述

## 6.1.1　拉曼效应

印度物理学家 C.V. Raman（拉曼）于 1928 年以灯的某一波长作光源，照射苯、$CCl_4$ 等液体，将散射光通过分光棱镜，用眼睛或摄谱仪观察，发现在光散射过程中，除了与入射光频率 $v_0$ 相同的强的瑞利（Rayleigh）散射光外，还发现在瑞利散射光的两侧还对称地分布一系列其他频率的非弹性散射光，其强度比瑞利散射光弱得多，通常只为瑞利光强度的 $10^{-9} \sim 10^{-6}$。这种光的频率发生改变的非弹性散射现象称为拉曼散射效应，频率发生改变的散射光称为拉曼散射光[1]。拉曼由于这一杰出工作于 1929 年获得了诺贝尔物理学奖。几乎在同时，苏联物理学家兰斯别尔格和曼捷斯塔姆在研究石英的光散射时也发现了相同的效应，并称这种散射为联合散射[2]，而法国学者罗卡德[3]和卡巴尼斯[4]则是在研究气体的光散射时观察到了这种效应。

拉曼谱线的频率虽然随入射光频率而变化，但拉曼散射光的频率和瑞利散射光频率之差却基本上不随入射光频率而变化，而只与样品分子的非弹性散射即只与分子振动和转动能级有关。其中频率大于瑞利线的拉曼散射光称为反斯托克斯光（anti-Stokes light），而频率小于瑞利线的拉曼散射光称为斯托克斯光（Stokes light），瑞利线与斯托克斯线频率的差值称为拉曼位移。其中斯托克斯光的强度比反斯托克斯线的强度强几个数量级。拉曼谱线强度与入射光的强度和样品分子的浓度成正比。利用拉曼效应与样品分子的上述关系，可对物质分子的结构和浓度进行分析研究，在此基础上建立了拉曼光谱法。

直到 1960 年发现激光以后，才使拉曼光谱得以迅速发展。激光拉曼光谱具有以下几个特点：激光是一种高度单色光源，单色亮度高，激光的方向性强，光束发散角小，可聚集在很小的面积上，能对极微量的样品进行测定。同时激光的偏振性好，可简化退偏振的测量。随着可调谐激光器的发展，能够根据被测物质的特点，选择合适的激发波长进行共振拉曼光谱研究和紫外拉曼光谱可以避开强荧光信号的干扰，因而激光拉曼光谱，广泛用于物质的鉴定和分子结构的分析等领域，也成为催化研究的有力工具。

## 6.1.2　拉曼光谱的基本理论

### 1. 拉曼散射的经典理论

根据电磁辐射的经典理论，单色光照射到样品，将在样品的分子中产生振荡的感应电偶极矩，这个振荡的感应电偶极矩又可视为辐射源，发射出瑞利散射光和拉曼散射光。因此光散射现象这样的经典解释是：频率为 $v_0$ 的入射电磁场使分子的电子云发生变化，感生出振荡的电磁多极子，振荡多极子又产生电磁辐射。如果发出的电磁辐射频率与入射辐射频率 $v_0$ 相同，这就是瑞利散射。如果发出的电磁辐射频率与入射辐射频率 $v_0$ 不同，而为 $v_0 \pm v_m$，其中 $v_m$ 为分子的振动频率，形成拉曼散射。因此拉曼效应是外电场产生的感生电偶极矩被分子振动运动调制而产生的散射。

设入射光是频率为 $v_0$ 的单色光，其电场强度为

$$E = E_0 \cos 2\pi v_0 t$$

当入射光不是很强时，感应电偶极矩 $p$ 可以近似地表达为分子极化率 $\alpha$ 与电场强度 $E$ 的乘积：

$$p = \alpha E$$

式中，$\alpha$ 为极化率张量。

分子的感生电偶极矩随电场强度的变化而变化，有

$$p = \alpha E_0 \cos 2\pi v_0 t$$

由于分子中各原子核在其平衡位置附近不断地振动，分子的极化率也将随之不断地改变。把极化率张量的每一个分量在平衡位置处按简正坐标进行泰勒级数展开

$$\alpha = \alpha_0 + \left\{\frac{\partial \alpha}{\partial q}\right\}_0 q + \cdots$$

式中，$q$ 为振动频率 $v_m$ 的简正坐标，$q = q_0 \cos 2\pi v_m t$。则分子感生电偶极振动为

$$P = \left(\alpha_0 + \left\{\frac{\partial \alpha}{\partial q}\right\}_0 q_0 \cos 2\pi v_m t + \cdots\right) E_0 \cos 2\pi v_0 t$$

$$= \alpha_0 E_0 \cos 2\pi v_0 t + \left\{\frac{\partial \alpha}{\partial q}\right\}_0 q_0 \cos 2\pi v_m t \cdot E_0 \cos 2\pi v_0 t + \cdots$$

$$= \alpha_0 E_0 \cos 2\pi v_0 t + \frac{1}{2}\left\{\frac{\partial \alpha}{\partial q}\right\}_0 q_0 E_0 [\cos 2\pi (v_0 - v_m)t + \cos 2\pi (v_0 + v_m)t] + \cdots$$

由此可知感生电偶极，第一项为与入射光同频率的瑞利散射项；第二项和第三项分别为拉曼散射的斯托克斯和反斯托克斯散射项。

振动的感生电偶极引起的散射强度为

$$I = k'_\omega \omega_s^4 p^2 \sin^2 \theta$$

其中，

$$k'_\omega = \frac{1}{32\pi^2 \varepsilon_0 c_0^3}$$

式中，$\varepsilon_0$、$c_0$ 分别为真空介电常数和真空中的光速。

因此，拉曼散射是电偶极子以频率 $v_0$ 振动时，被频率为 $v_m$ 的分子振动调制而形成的。

从上式可知，只有 $\dfrac{\partial \alpha}{\partial q} \neq 0$，即分子极化率发生变化时，才是拉曼活性的，否则为非拉曼活性。

拉曼散射的经典理论虽然能解释拉曼散射和瑞利散射的频率，但不能解释拉曼散射和瑞利散射中斯托克斯和反斯托克斯线的强度为什么相差几个数量级。

### 2. 拉曼散射的量子理论

单色光与分子相互作用所产生的散射现象可以用量子力学理论完全解释。按照量子理论，频率为 $v_0$ 的入射单色光，可看作单光子能量为 $hv_0$ 的光子束，$h$ 是普朗克（Planck）常量。当光子作用于分子时，可能发生弹性和非弹性两种碰撞。在弹性碰撞过程中，光子与分子之间不发生能量交换，光子仅改变运动方向，而不改变其频率，这种弹性散射过程对应于瑞利散射；在非弹性碰撞过程中，光子与分子之间发生能量交换，光子不仅改变运动方向，而且还发生光子的一部分能量传递给分子，转变为分子的振动或转动，或者光子从分子的振动或转动得到能量。在这两种过程中，散射光子的频率都发生变化。散射光子得到能量的过程对应于频率增加的反斯托克斯拉曼散射；散射光子失去能量的过程对应于频率减小的斯托克斯拉曼散射。

图 6-1 为拉曼和瑞利散射的量子能级图，处于基态 $E_0$ 的分子的电子受入射光子 $hv_0$ 的激发跃迁到受激虚态，而受激虚态是不稳定的，所以电子又很快跃迁回基态 $E_0$，把吸收的能量 $hv_0$ 以光子的形式释放出来，这就是弹性碰撞，为瑞利散射。跃迁到受激虚态的电子还可以跃迁到电子基态中的振动激发态 $E_n$ 上，并释放出能量为 $h(v_0-v_m)$ 的光子，这就是非弹性碰撞，所产生的散射光为斯托克斯线。处于受激虚态的电子若跃迁回基态，放出能量为 $h(v_0 + v_m)$ 的光子，即为反斯托克斯线，这时分子失掉了 $hv$ 的能量。在常温下，根据玻尔兹曼分布统计，处于基态的分子占绝大多数，所以通常斯托克斯线比反斯托克斯线强得多。

由此可知，拉曼散射光和瑞利散射光的频率之差——拉曼位移与物质分子的振动和转动能级有关。不同的物质有不同的振动和转动能级，因而有不同的拉曼位移。对于同一物质，若用不同频率的入射光照射，所产生的拉曼散射光频率也不相同，但其拉曼位移却是一个确定的值。因此，拉曼位移是表征物质分子振动、转动能级特性的一个分子本征物理量。

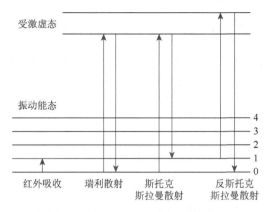

图 6-1　拉曼和瑞利散射的量子能级图

由经典拉曼散射公式 $I = k'_\omega \omega_s^4 p^2 \sin^2\theta$ 量子化可直接得到量子力学的拉曼散射公式。

感生电偶极：

$$(\tilde{p}^{(1)}_{\rho_0})_{fi} = (\tilde{\alpha}_{\rho\sigma})_{fi} \tilde{E}^i_{\sigma_0}$$

这里感生电偶极 $p$ 为便于计算取复数形式，真实情况下取其实数部分——余弦部分。则感生电偶极振荡产生的感应电场强度为

$$\tilde{E}^s_\rho = \frac{\mathrm{e}^{ikR}\sin\theta}{4\pi\varepsilon_0 c_0^2 R}(\ddot{\tilde{p}}^{(1)}_\rho)_{fi}$$

拉曼散射光的强度为

$$I^s_{\rho_0} = \left(\frac{k}{R}(\tilde{\alpha}_{\rho\sigma})_{fi}\omega_s^2 \tilde{E}^i_{\sigma_0}\right)^2 = \frac{k^2}{R^2}\omega_s^4 I^i_{\sigma_0}(\tilde{\alpha}_{\rho\sigma})^2_{fi}$$

其中极化率的导数（Kramers、Heisenberg 和 Dirac 跃迁极化率）：

$$(\tilde{\alpha}_{\rho\sigma})_{fi} = \frac{1}{\hbar}\sum_{r\neq i,f}\left\{\frac{\langle f|\hat{p}_\rho|r\rangle\langle r|\hat{p}_\sigma|i\rangle}{(\omega_{ri}-\omega_0-i\Gamma_r)} + \frac{\langle f|\hat{p}_\sigma|r\rangle\langle r|\hat{p}_\rho|i\rangle}{(\omega_{rf}+\omega_0+i\Gamma_r)}\right\}$$

$$k = \frac{1}{32\pi^2\varepsilon_0 c_0^3}$$

对于斯托克斯拉曼散射：

$$I^s_{\rho_0} = \frac{k^2}{R^2}(\omega_0-\omega_{fi})^4 I^i_{\sigma_0}(\tilde{\alpha}_{\rho\sigma})^2_{fi}$$

对于反斯托克斯拉曼散射：

$$I_{\rho_0}^{AS} = \frac{k^2}{R^2}(\omega_0 + \omega_{fi})^4 I_{\sigma_0}^i (\tilde{\alpha}_{\rho\sigma})_{fi}^2$$

式中，$i$、$f$、$r$ 分别代表电子跃迁的初始态、末态和跃迁中间态。即拉曼散射与入射频率的四次方约成正比，与距离平方成反比，与极化率的导数的平方成正比，与入射强度成正比。

### 6.1.3　荧光的发生机制

分子的一个电子态由许多振动态及振动态所包含的许多转动态组成，因此电子态包含很多精细结构，构成一准连续的能带。当物质分子受光照射时，可以部分或全部地吸收入射光的能量，使处于电子基的分子被激发跃迁到第一电子激发态或更高电子激发态的振动和转动能级上。处于激发态的分子是不稳定的，它通过无辐射跃迁降到第一电子激发态的最低振转能级上，然后通过辐射跃迁的去活化过程回到基态。辐射跃迁的去活化过程产生光子的发射，伴随着荧光或磷光的现象。按分子激发态的类型来划分时，由第一电子激发单重态所产生的辐射跃迁而伴随的发光现象称为荧光；而由最低的电子激发三重态所产生的辐射跃迁，其发光现象称为磷光。

## 6.2　拉曼光谱实验技术的发展

自从 20 世纪 60 年代将激光器用于拉曼光谱仪后，拉曼光谱仪得到了飞速的发展。如今的拉曼光谱仪无论在检测精度和测试范围上都是以前的拉曼光谱仪所不能相比的。图 6-2 是激光拉曼光谱仪的示意图，它主要由激光光源、外光路系统、样品池、光谱仪、检测和记录系统五部分组成。

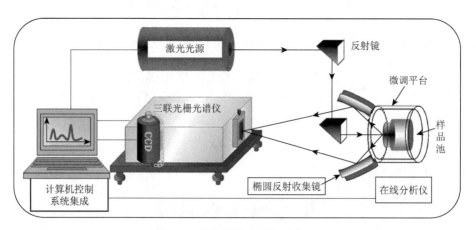

图 6-2　激光拉曼光谱仪示意图

## 6.2.1　激光光源

激光是拉曼光谱仪的理想光源。近几年来，可调谐激光器的研制成功促进了共振拉曼光谱和相干反斯托克斯技术的发展。锁模激光器和激光全息技术的成功应用分别使时间分辨光谱和傅里叶变换拉曼光谱得以实现。

目前用于产生激光的激光器种类繁多，并且新的激光器还在不断出现。迄今，已发现数百种材料可以用于制造激光器。根据所用的材料不同大致可把激光器分为气体激光器、固体激光器、半导体激光器、染料激光器和掺钛蓝宝石激光器五大类。

### 1. 气体激光器

气体激光器的类型最多，在拉曼光谱仪中的应用也最广泛。它包括原子气体激光器、离子气体激光器、分子气体激光器及准分子激光器。

原子气体激光器包括各种惰性气体激光器和各种金属蒸气激光器。其中氦氖激光器是目前国内最常用的激光器，也是研究得最为成熟的激光器。但是这类激光器的输出功率较低，输出功率仅有几毫瓦到一百毫瓦。

离子气体激光器的输出功率一般要比原子气体激光器高，可以达到几十瓦。其激光介质主要有氖、氩、氙、氯、氮、氧、碘及汞等离子。在多种离子气体激光器中，应用得最多的是氩离子激光器。它可以产生 10 种波长的激光，其中最强的是 488 nm（蓝光）和 514.5 nm（绿光）。

分子气体激光器以二氧化碳最为重要，它的特点是输出功率高，可以达到几千瓦乃至更高的激光功率。近年又成功研制在一定范围内可以调谐的二氧化碳激光器，使它的用途更加广泛。

近几年来，准分子激光器得到了迅速的发展，并越来越广泛地应用于拉曼光谱仪。准分子是指那些在受激状态稳定，而在基态则不稳定，容易解离的分子。解离后的原子或原子团不管它是同类型还是不同类型的，现在人们都统称为准分子，所以准分子的组合形式是多种多样的，主要有稀有气体卤化物准分子激光器和金属卤化物准分子激光器等。准分子激光器具有输出功率高的优点，并且准分子激光器的激光波长范围很宽，可以一直从红外区覆盖至紫外区域，其中最具有实用价值的是紫外准分子激光器。

### 2. 固体激光器

固体激光器主要有红宝石激光器、掺钕的钇铝石榴石（YAG）激光器、掺钕的玻璃激光器等。这类激光器的特点是输出功率高，并且体积小又很坚固。其中YAG 激光器是一种比较有用的固体激光器，其激光波长为 1064 nm。它效率高，阈值低，很适合于用作连续工作的器件。其输出功率已达到几千瓦，而且还在向更高的水平发展。同时由 1064 nm 激光倍频的 532 nm、355 nm、266 nm 和 213 nm 激光器也成为常用激光激发光源。

### 3. 半导体激光器

它在所有的激光器中是效率最高、体积最小的一种激光器。半导体激光器可以通过改变电流、外部磁场、温度或压力微调输出激光的频率，或者通过改变半导体合金的组分而能在 320～45000 nm 的范围内进行调谐。近年来，半导体泵浦的 460 nm、514 nm 和 488 nm 由于具有功耗小、激光功率稳定、易于操作的优势，逐渐代替传统的氩粒子激光器。

### 4. 染料激光器

染料激光器是目前研究得比较成熟、应用最普遍的一类可调谐激光器。它以染料作为激活介质，当激励光源照射染料时，染料分子的电子从基态跃迁到激发态，并又很快地把能量传给周围的分子而无辐射地弛豫到激发态的最低振动能级上，然后电子再跃迁到基态的振动能级上，同时发射出荧光，并且荧光一般与吸收带成镜反射像。由于荧光光谱的宽谱带是耦合到电子态的振动能级之间跃迁的结果，这种展宽本质是均匀的，其储藏的能量的大部分可调谐到单个发射线，这是染料激光器的独特优点。染料激光器由于其本身固有的特性，使其输出激光可以在很宽的波段范围内连续平稳地调谐，这极大地方便了一些特殊拉曼光谱（如共振拉曼光谱）的研究。

### 5. 掺钛蓝宝石激光器

掺钛蓝宝石激光器也是目前研究得比较成熟、应用非常普遍的一类可调谐激光器。掺钛蓝宝石激光器是一种新型的固体可调谐激光器，除了具有结构简单、运转方便、性能稳定、寿命长、室温运转等一般固体激光器所具有的特点外，其最突出的特点是调谐范围宽，可输出 660～1200 nm 的连续波可调谐激光，脉冲纳秒/皮秒/飞秒可调谐激光。辅之以倍频技术，可实现 330～600 nm 的二倍频输出、220～400 nm 的三倍频和 193～300 nm 的四倍频激光输出。可以满足激光共振拉曼光谱激发光源的要求。

## 6.2.2　外光路系统

外光路系统一般是指在激光器之后、单色器之前的光学系统，它的作用是为了有效地收集拉曼散射光。

在外光路系统中，气体激光器输出的激光会有杂线，需经过光栅或滤光片等，以消除激光中可能混有的其他波长的激光及气体放电的谱线。纯化后的激光经光斑整形后聚焦为平行传输的激光，经反射镜或棱镜改变光路再由透镜准确地聚焦在样品上。样品所发出的拉曼散射光再经聚光透镜准确地聚集在单色仪的入射狭缝上。

### 6.2.3　样品池

样品池通光部分通常采用熔融石英材料，这样样品池可以用于从紫外到近红外区域的所有波长的激光激发光源的激发。特别是由于熔融石英杂质少，在紫外拉曼光谱采集中熔融石英不会发出荧光信号干扰样品拉曼信号的采集。样品池可以根据实验要求和样品的形状和数量而设计成不同的形状。

1971 年，Kiefer 和 Bernstein[7]设计了一个用来测量固体样品的池子。随后，Brown 等[8]增加了马达旋转，使样品处于旋转状态，以避免样品被打坏。之后 Cheng 等[9]设计了气氛可控、可旋转的原位催化研究样品池。随后 Makovsky 等[10]设计了可以用于超高真空实验的类似的样品池，这个池子是由一个可旋转的、能延伸到中心由分级玻璃金属密封的杆和石英样品池组成，如图 6-3 所示。

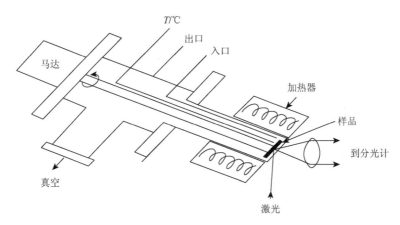

图 6-3　可用于高温原位研究催化剂的超高真空拉曼池[10]

此外，还有一些其他的池子用于催化剂的拉曼光谱研究[11, 12]。Sophn 和 Brill[13]设计了一个可用于高温（500℃）和高压（35 MPa）研究的液体样品池。上面设计的这些池子收集样品的拉曼散射常在 60°～90°的范围内。也有一些在其他角度收集样品散射信号，得到催化剂的拉曼光谱[14]，如图 6-4 所示。图 6-4（a）和（b）是 180°背散射来收集样品信号的池子，而图 6-4（c）是 90°散射示意图。

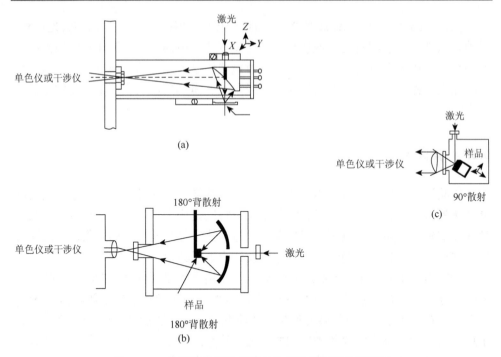

图 6-4　一些不同角度收集样品拉曼散射信号的示意图

（a）（b）180°背散射；（c）90°散射[14]

　　李灿等[15]设计了用于紫外拉曼光谱研究催化剂的拉曼池，如图 6-5 所示。该池子采用180°背散射收集方式，可用于催化剂的原位吸附和原位反应研究。

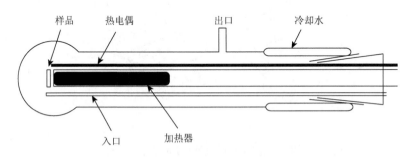

图 6-5　原位紫外拉曼光谱样品池[15]

## 6.2.4　光谱仪

　　由于激光照射到样品后散射的光中绝大部分为瑞利散射光，拉曼散射光强度仅为瑞利散射光强度的 $10^{-9} \sim 10^{-6}$，散射光由外光路系统收集进入光谱仪。光谱仪通常采用色散型拉曼光谱仪，它应具有杂散光小、色散度高等特点。单联光谱仪的杂散光一般为 $10^{-4}$，为了降低瑞利散射光对检测强度较弱的拉曼散射光的影响，通常采用双光谱仪（杂散光为 $10^{-8}$），有时甚至采用三联光谱仪（杂散光为 $10^{-12}$）来进一步降低杂散光，提高分辨率。但光谱仪中反射镜的反射率一般为 90%～95%，光栅的反射率一般小于 50%～90%，多联光谱仪中光栅和反射镜会使光通量降低，一般只有在科研级研究中采用多联光栅光谱仪，以降低杂散光，进行微弱拉曼信号的检测。近年来，光谱仪都通常配置 3 或 4 块光栅，这样通过配置紫外、可见、近红外区的光栅，可以实现宽范围激光激发的拉曼光谱研究。

### 6.2.5　检测和记录系统

激光拉曼光谱仪早期通常采用光电倍增管作探测器，利用光子计数器或锁相放大器进行拉曼信号检测。由于拉曼散射强度很弱，这就要求光电倍增管要有高的量子效率和尽可能低的热离子暗电流。同时随着拉曼光谱测量范围的增加，探测时间也非常长。近年来，液氮冷却的光电耦合探测器（CCD）或风冷或水冷的 CCD 器的出现，可以实现宽拉曼检测范围的同时检测，大大提高探测器的灵敏度和信噪比，节省探测的总时间。

由探测器输出的信号经放大，输出到计算机上。

## 6.3　拉曼光谱在催化研究领域中的应用

拉曼光谱应用于催化领域的研究始于 20 世纪 70 年代。1977 年，Brown、Makovsky 和 Rhee 研究小组[8, 16, 17]成功地将拉曼光谱应用于商品化的 $MoO_3/\gamma-Al_2O_3$ 和 $CoO-MoO_3/\gamma-Al_2O_3$ 催化剂的研究。拉曼光谱与红外光谱都能得到分子振动和转动光谱，但分子的极化率发生变化时才能产生拉曼活性，对于红外光谱，只有分子的偶极矩发生变化时才具有红外活性，因此二者有一定程度的互补性，而不可以互相代替。拉曼光谱在某些实验条件下具有优于红外光谱的特点，因此拉曼光谱可以充分发挥它在催化研究中的优势：

（1）红外光谱一般很难得到低波数（200 $cm^{-1}$ 以下）的光谱，但拉曼光谱甚至可以得到几十个波数的光谱。而低波数光谱区反映催化剂结构信息，特别如分子筛的不同结构可在低波数光谱区显示出来。

（2）由于常用载体（如 $\gamma-Al_2O_3$ 和 $SiO_2$ 等）的拉曼散射截面很小，因此载体对表面负载物种的拉曼光谱的干扰很少。而大部分载体（如 $\gamma-Al_2O_3$、$SiO_2$ 和 $TiO_2$ 等）在低波数的红外吸收很强，在 1000 $cm^{-1}$ 以下几乎不透过红外光。

（3）由于水的拉曼散射很弱，因此拉曼比红外更适合进行水相体系的研究。

这对于通过水溶液体系制备催化剂过程的研究极为有利，对于水溶液体系的反应研究也提供了可能性。

人们对激光拉曼光谱在催化领域的应用进行了大量的研究，下面介绍几个有代表性的工作。

### 6.3.1　金属氧化物催化剂

过渡金属氧化物催化剂是一类重要的烃类选择氧化催化剂[18-22]。通过对金属氧化物的拉曼光谱研究可以得到以下信息：①金属氧化物的晶相结构；②金属氧化物的相变过程；③金属氧化物活性位的配位结构；④在催化氧化反应中金属氧化物催化剂的变化。

钼酸铁（iron molybdate）催化剂被用于甲醇氧化生成甲醛的反应中[23, 24]，它是最早使用拉曼光谱研究的金属氧化物催化剂。研究结果表明，商品化的钼酸铁催化剂中晶相结构的分布不均匀，是由 $MoO_3$、$Fe_2(MoO_3)_4$ 及二者的混合物组成的，如图 6-6 所示。反应后催化剂的表征结果显示样品是由 $MoO_3$（主要的拉曼谱峰在 996 $cm^{-1}$、821 $cm^{-1}$、667 $cm^{-1}$ 和 285 $cm^{-1}$）、$Fe_2(MoO_3)_4$（主要的拉曼谱峰在 965 $cm^{-1}$、776 $cm^{-1}$ 和 348 $cm^{-1}$）和两种氧化物的混合相组成。甲醇氧化催化研究表明 $MoO_3$ 的活性远低于 $Fe_2(MoO_3)_4$，它的主要作用是保持催化剂表面的 Mo 的浓度，因为表面 Mo 富积的催化剂具有更高的活性和选择性[25]。

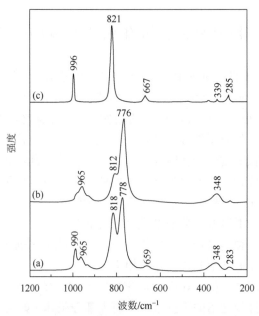

图 6-6　拉曼光谱分析钼酸铁甲醇氧化催化剂[23, 24]

（a）$MoO_3$ 和 $Fe_2(MoO_3)_4$ 混合物；（b）$Fe_2(MoO_3)_4$；（c）$MoO_3$

钼酸铋（bismuth molybdate）催化剂在丙烯氧化反应中有重要应用，因此对其结构的拉曼光谱研究受到关注。研究结果表明，催化剂组成和制备方法的不同会导致钼酸铋催化剂中含有多种不同的相，如 $Bi_2Mo_3O_{12}$、$Bi_2Mo_2O_9$、$Bi_2MoO_6$ 和其他更高 Bi/Mo 比的物相。其中 $Bi_2Mo_2O_9$ 是反应活性相，但也可能存在少量其他的铋钼相[26-29]。

V-Mg-O 催化剂在丙烷的氧化脱氢中具有好的活性和选择性。随钒含量和焙烧温度的变化，V-Mg-O 催化剂会形成三种不同的相，对于哪一种相具有更好的烯烃选择性仍存在许多争议[30]。Gao 等[30]用柠檬酸法制备出 $MgV_2O_6$、$\alpha\text{-}Mg_2V_2O_7$ 和 $Mg_3V_2O_8$ 三种纯的 V-Mg-O 相，用拉曼和其他表征手段研究了样品晶相和焙烧温度的关系及与反应性能的关联。他们发现焙烧温度对 $MgV_2O_6$ 相的粒子尺寸和形貌有很强的影响，$\alpha\text{-}Mg_2V_2O_7$ 具有最高的丙烯选择性，其次是 $Mg_3V_2O_8$，最差的是 $MgV_2O_6$，这一顺序与这些相的还原性质是一致的。

V-P-O 催化剂在烃类选择氧化中有很强的应用背景。V-P-O 催化剂中含有多种不同的物相，其中$(VO)_2P_2O_7$被认为是活性相[31-33]。$(VO)_2P_2O_7$制备的前驱体一般是 $VO(HPO_4)\cdot0.5H_2O$，人们采用原位拉曼对从 $VO(HPO_4)\cdot0.5H_2O$ 到 $(VO)_2P_2O_7$ 的相变过程进行了研究，发现催化剂前驱体在相变过程中不是一个局部规整的变化过程，在相变的最初阶段出现了无序的物相。$(VO)_2P_2O_7$晶相表面最初存在着无序的物相，表面的非晶相（无序的物相）暴露于反应气氛后会转变为有序的晶相[34-36]。$(VO)_2P_2O_7$催化剂初始不断增长的催化性能是与非晶相的缓慢晶化有关。

非原位条件下拉曼光谱已广泛应用于氧化钼、氧化钨、氧化铬、氧化钒、氧化镍、氧化铋[37-43]等体相金属氧化物的研究。近年来体相金属氧化物在工作条件下的原位拉曼光谱研究也得到了很大的发展。铋-钼催化剂的还原和再氧化是最早使用原位拉曼光谱研究的体相金属氧化物之一[44]。研究结果揭示了这些体相混合金属氧化物在氧化反应条件下的多功能性质：①通过桥式 Mo-O-Bi 中氧原子可以发生 α 位脱氢；②在 Mo-O-Mo 点上，氧或 NH 官能团可插入丙烯基中间体中；③氧分子的解离吸附主要发生在 Bi-O-Bi 位上。然而，必须指出的是这些拉曼结果反映的主要是这些金属氧化物催化剂的体相结构，不是其表面的信息。

## 6.3.2　负载型金属氧化物催化剂

负载型金属氧化物催化剂被广泛应用于许多工业催化过程中，如烷烃脱氢、烯烃聚合、烯烃置换、有机物的选择氧化、氨化和还原及有机物的消除等反应中。负载型金属氧化物一般是指在氧化物载体（如 $Al_2O_3$、$TiO_2$、$ZrO_2$、$SiO_2$ 等）上形成的二维表面金属氧化物，有时也形成小的晶相氧化物结构。晶相氧化物在下列情况下较易形成：①催化剂合成中前驱体盐在载体表面分散困难；②载体和金属氧化物存在相互作用；③负载量超过单层分散量。

由于高分散的金属氧化物相一般都有很强的拉曼信号，而氧化物载体（如 $Al_2O_3$、$SiO_2$ 等）的拉曼信号通常都较弱，因此拉曼光谱是研究负载型金属氧化物催化剂的理想手段。用拉曼光谱研究的负载型金属氧化物主要包括：氧化钒[45-47]、氧化铬[45, 48]、氧化钼[45, 49]、氧化铌[45, 50, 51]、氧化铼[45]、氧化钨[45]、氧化镍[52]等。最早的负载型氧化物的拉曼光谱研究始于 20 世纪 70 年代末期，主要集中在 V 族、VI 族和 VII 族的过渡金属元素。

早期拉曼光谱研究主要集中在负载型金属氧化物的结构随负载量的变化。Medema 等[53]对 $MoO_3/\gamma\text{-}Al_2O_3$ 和 $CoO\text{-}MoO_3/\gamma\text{-}Al_2O_3$ 催化剂进行了研究。对 $MoO_3/\gamma\text{-}Al_2O_3$ 催化剂的研究表明，表面四种类型的钼物种取决于负载量：负载量低于 5% 时为四配位钼物种，10%～15% 时主要为六配位钼物种，随负载量的提高出现 $Al_2(MoO_4)_3$ 结构，最后在负载量为 20%～30% 时出现了晶相氧化钼。钴助剂的加入导致四配位钼物种的减少和聚合钼物种的增加。

Jeziorowski 和 Knozinger[54]研究了表面钼物种同溶液 pH 的关系。图 6-7 给出了不同 pH 制备的 3wt% 和 8wt% $MoO_3/\gamma\text{-}Al_2O_3$ 的拉曼光谱，他们发现在 pH 为 6 和 pH 为 11 时制备的 3wt% $MoO_3/\gamma\text{-}Al_2O_3$ 样品，仅观察到孤立的钼物种。因此，他们认为低负载量样品表面仅存在孤立的钼物种，与制备时的 pH 无关。对于 8wt% $MoO_3/\gamma\text{-}Al_2O_3$ 样品，pH = 6 浸制的催化剂在 950 $cm^{-1}$ 给出 Mo＝O 端基的伸缩振动，而在 pH = 11 浸制时，Mo＝O 端基伸缩振动相应的谱峰位移到 961 $cm^{-1}$，这种位移表明了表面物种缩合的本性，即 Mo-O-Mo 桥键不同程度的作用。

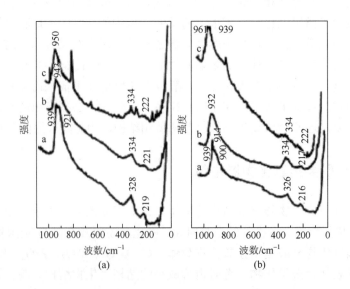

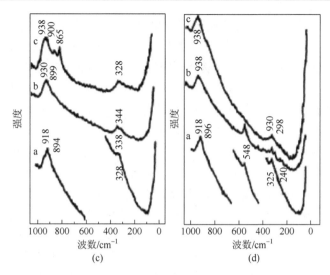

图 6-7 不同 pH 浸制所得 8wt% MoO₃/γ-Al₂O₃[（a）pH = 6；（b）pH = 11]和 3wt% MoO₃/γ-Al₂O₃
[（c）pH = 6；（d）pH = 11]的拉曼光谱[54]

a. 湿态；b. 393 K 干燥；c. 773 K 焙烧

Zingg 等用 Raman、XPS、ISS 和 XRD 等手段对表面钼物种随负载量的变化进行了研究[55]。在理论单层的三分之一以下是四配位的氧化钼，随后出现的是六配位的氧化钼；达到理论单层时形成了 Al₂(MoO₄)₃ 结构，在更高负载量时出现了晶相的氧化钼。焙烧时间的延长和温度的提高有利于形成四配位的 Al₂(MoO₄)₃ 结构。

对负载型氧化钨的研究结果也是类似的。在理论单层的 65% 以下形成了四配位的氧化钨，随后是六配位的氧化钨，到达理论单层后形成了晶相氧化钨。Al₂(WO₄)₃ 只在某些研究中被探测到[56, 57]。

对负载型氧化钒催化剂的拉曼光谱表征[58]表明有两种类型的钒物种：表面的与载体键合的钒物种及晶相的五氧化二钒。Wachs 等[59, 60]对不同负载量的 V₂O₅/TiO₂ 进行了表征，负载量在理论单层以下的催化剂在 850～1000 cm⁻¹ 出现了很宽的谱峰，被归属于单层分散的氧化钒。到达单层后在 997 cm⁻¹ 处出现了一个尖锐的谱峰，被归属于晶相氧化钒的 V＝O 伸缩振动峰。

谢有畅等曾报道了氧化物和盐类在载体表面自发分散的现象，当分散物与载体混合后在低于其熔点的适当温度下处理就可以自发分散到载体表面[61]。根据晶相金属氧化物拉曼谱峰出现时的负载量可以预测表面单层分散容量。通过实验测定，第 V～Ⅶ 族金属氧化物的单层分散容量一般为 4～5 原子/nm²。但氧化铼催化剂由于形成了二聚结构，分散容量只有正常情况的一半[45]。表面的氧化钒由于排列得特别紧密，其单层分散容量可达 7～8 原子/nm²[45]。载体中的一

个例外是 $SiO_2$，由于 $SiO_2$ 与表面金属氧化物的相互作用很弱，因此其单层分散容量仅为 $1\sim3$ 原子$/nm^2$[45]，几乎无法形成单层结构，而是以体相聚合态为主。

　　负载金属氧化物的结构很容易受到空气中水分子的影响而发生变化，在暴露空气的情况下表面负载的金属氧化物的物种是水合的，水合表面物种的分子结构取决于表面水层零电点时的 pH[62-65]，并且与相同 pH 水溶液中对应的金属含氧酸盐的聚合结构类似。在脱水条件下表面物种的结构会发生很大变化，以负载型氧化钼为例，脱水后除原来的聚合物种外，又形成了只有一个端基 Mo＝O 键的高度扭曲的独立结构 [如$(Si—O—)_3Mo＝O$]，导致 M＝O 对称伸缩振动峰向高波数方向位移了 $50\sim60$ 个波数，再次水合后该峰又可逆恢复到原来的波数位置。在脱水和水合过程中 Mo＝O 对称伸缩振动峰在 $900\sim1000\ cm^{-1}$ 可逆变化[45, 66, 67]，这是由于水的吸附改变了表面钼物种的结构，因此改变了 Mo＝O 对称伸缩振动峰的频率位置。为了更深入地从本质上了解氧化钼催化剂结构与拉曼谱峰的关系，Wachs 等[68-72]在总结了大量数据的基础上对 M＝O 伸缩振动峰的峰位与键级和键长的关系给出了经验公式。

　　对其他类型氧化物（如 $V_2O_5$、$CrO_3$、$MoO_3$、$WO_3$、$Nb_2O_5$、$Re_2O_7$）的研究也发现了类似的结果。图 6-8[73]给出水合和脱水状态下 $V_2O_5/SiO_2$ 催化剂的拉曼光谱，水合 $V_2O_5/SiO_2$ 是由 V—O—V 桥键相连形成的二维高度扭曲的正四面体 $VO_5$ 单元聚合体，且通过六个 Si—OH—V 氢键稳定于氧化硅表面。其拉曼光谱显示特征的 $V_2O_5 \cdot nH_2O$ 谱峰，端基 V＝O 键（$1026\ cm^{-1}$），桥式 V—OH—V 和/或 V—O—V 键[反对称伸缩振动（$674\ cm^{-1}$）、对称伸缩振动（$524\ cm^{-1}$）和弯曲振动（$227\ cm^{-1}$）]和一个 $V_2O_5 \cdot nH_2O$ 的晶格振动（$168\ cm^{-1}$）。脱水状态下 $V_2O_5/SiO_2$ 催化剂给出的孤立$(Si—O—)_3V＝O$ 物种的拉曼光谱，显示了端基 V＝O 键（$1045\ cm^{-1}$）和 $VO_4$ 单元（$355\ cm^{-1}$）的存在。在脱水 $V_2O_5/SiO_2$ 催化剂的拉曼光谱中没有观察到 V—O—V 键和 $V_2O_5 \cdot nH_2O$ 晶格振动的谱峰。在 $1070\ cm^{-1}$、$920\ cm^{-1}$ 和 $490\ cm^{-1}$ 弱的谱峰是氧化硅载体的谱峰，与负载的 $V_2O_5$ 物种无关。水合和脱水 $V_2O_5/SiO_2$ 催化剂的拉曼光谱结果表明了在暴露于不同的环境后表面金属氧化物物种的变化。

　　第Ⅷ族负载型过渡金属（Fe、Co、Ni 等）氧化物的拉曼光谱与第Ⅴ～Ⅶ族元素完全不同，结构中没有端基 M＝O 键，因此波数最高的谱峰出现在 $500\sim800\ cm^{-1}$ 处，谱峰强度也明显减弱。另外，与第Ⅴ～Ⅶ族金属氧化物相比，第Ⅷ族负载型金属氧化物在水合和脱水过程中拉曼光谱并不发生变化[74-76]。

　　最近的文献主要报道了在不同反应气氛下，负载型金属氧化物分子结构和氧化态的变化。原位研究对于了解氧化物的结构与催化活性、选择性的关系是十分重要的。早期的原位拉曼光谱研究在还原气氛下负载型氧化物的结构变化。如 $MoO_3/Al_2O_3$ 是商品化的加氢脱硫催化剂，氧化钼物种在 $H_2/H_2S$ 气氛下会导致二

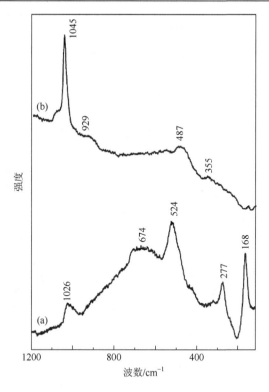

图 6-8　水合（a）和脱水（b）状态下 V$_2$O$_5$/SiO$_2$ 催化剂的拉曼光谱[73]

维的表面氧化钼物种还原为钼氧硫物种并最终形成 MoS$_2$ 的晶相结构[77]，负载在 TiO$_2$ 上的 V$_2$O$_5$ 被用于二甲苯选择氧化为邻苯二甲酸酐和用 NH$_3$/O$_2$ 选择催化还原 NO$_x$ 的催化剂。V$_2$O$_5$ 的小晶粒被 H$_2$ 还原为 V$_2$O$_3$，在 O$_2$ 气氛下又被重新氧化为 V$_2$O$_5$[78]。

　　原位拉曼对金属氧化物的光谱研究主要集中在氧化反应中其结构的变化。在两个可比较的氧化反应的研究中可以很好地观察到，不同反应环境对 SiO$_2$ 负载的表面钼物种的影响，如图 6-9 所示[79]。脱水条件下氧化硅负载氧化钼的拉曼光谱在 980 cm$^{-1}$ 左右给出孤立的表面钼物种的 Mo ═ O 端基振动，800 cm$^{-1}$、600 cm$^{-1}$ 和 500～300 cm$^{-1}$ 的谱峰为氧化硅载体的拉曼谱峰。在甲烷氧化反应中，表面钼物种保持了脱水状态的含有一个端基 Mo ═ O 键的结构 [图 6-10（a）和（b）][79]；而在甲醇氧化的反应中[80]，表面的钼物种转化为晶相的 β-MoO$_3$ 颗粒（894 cm$^{-1}$、842 cm$^{-1}$ 和 768 cm$^{-1}$），这是由于在反应气氛下形成了可移动的 Mo-OCH$_3$ 物种。用与表面物种作用较强的 Al$_2$O$_3$ 代替相互作用较弱的 SiO$_2$，在甲醇氧化反应中表面钼物种的性质也会改变[81]。以上研究表明可以使用原位拉曼技术在真实工作条件下，研究不同的反应气氛和载体相互作用对表面活性相结构的影响。

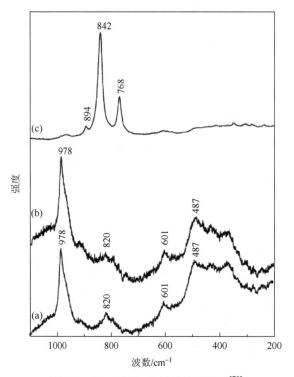

图 6-9　MoO₃/SiO₂ 的原位拉曼光谱[79]

（a）He/O₂ 气氛下 500℃脱水；（b）500℃下甲烷氧化；（c）300℃下甲醇氧化

　　拉曼光谱在负载型金属氧化物的研究中发挥了很重要的作用，不但得到了表面物种的结构信息，而且能将结构与反应活性和选择性进行很好的关联，这在催化研究中是非常重要的。但是，由于载体一般有很强的荧光干扰，使一些氧化物，特别是低负载量氧化物的常规拉曼光谱研究遇到了很大的困难。

### 6.3.3　负载型金属硫化物

　　负载型硫化钼、硫化钨催化剂是由相应的负载型金属氧化物在 H₂/H₂S 气氛下程序升温制得的，在工业上主要用作加氢精制催化剂。在这样的工业条件下，二维表面金属氧化物转变为二维或三维金属硫化物。与负载金属氧化物相比，负载金属硫化物的拉曼光谱研究相对较少，这是黑色的硫化物相对可见光的吸收较强，导致信号较弱。然而拉曼光谱能较易检测到小的金属硫化物微晶。图 6-10 给出了非负载的晶相 MoS₂ 的拉曼光谱，在 $380\ cm^{-1}$ 和 $405\ cm^{-1}$ 处出现两个归属为晶相 MoS₂ $E_{2g}^{1}$ 和 $A_{1g}$ 的谱峰，而负载型晶相硫化钼的谱峰比晶相硫化钼的谱峰宽得多[82]。钴助剂的加入导致硫化钼的谱峰发生位移，强度减弱，这是由 Co-Mo-S 相及黑色的 Co-S 相的形成造成的[83, 84]。拉曼光谱还没有被用于表面二维结构的硫化钼的研究，也未能得到 Co-S 和 Ni-S 相的拉曼光谱，因为这些物种的拉曼散射非常弱。

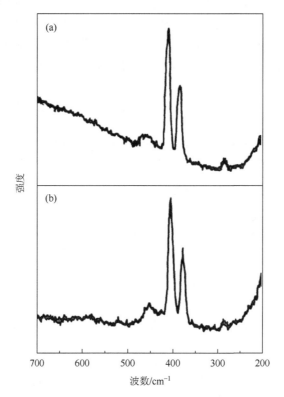

图 6-10　非负载 MoS$_2$ 的拉曼光谱[82]

（a）暴露于空气中；（b）氩气氛中

## 6.3.4　分子筛

沸石型分子筛和分子筛型无机微孔材料在催化、吸附和离子交换等领域中有广泛的应用。其中在催化领域中，分子筛被用于裂解、异构化、烷基化、聚合、脱氢、羰基化、芳构化等很多重要的工业催化过程中。Angel 于 1973 年第一次将拉曼光谱用于分子筛骨架研究[85]，迄今，天然和合成分子筛骨架研究已经得到了很大的发展。以下主要介绍对分子筛骨架结构的拉曼光谱的表征工作。

### 1. 分子筛的骨架振动

分子筛拉曼光谱的最强峰一般出现在 300～600 cm$^{-1}$，该峰被归属于氧原子在面内垂直于 T—O—T 键（T 指 Si 或 Al）的运动[86-88]。人们通过对各种不同分子筛的研究，总结出了 $\nu_{s(T-O-T)}$ 的频率与分子筛的结构单元，如环大小、平均 T—O—T 键角和 Si/Al 值之间的对应关系[87]。

一般来说较小的环对应于较高的 $\nu_{s(T-O-T)}$ 频率。只含有偶数环（4MR、6MR、8MR、10MR、12MR）的分子筛该谱峰出现在 500 $cm^{-1}$ 处。含有五元环的分子筛 $\nu_{s(T-O-T)}$ 的谱峰出现在 390～469 $cm^{-1}$，具体位置取决于分子筛的环的种类。例如，Ferrierite 含有五元环、六元环、八元环和十元环，该峰出现在 430 $cm^{-1}$。而 MFI 和 MOR 含有四元环、五元环、六元环、八元环、十元环和十二元环，该谱峰出现在 390 $cm^{-1}$ 和 460 $cm^{-1}$[87]。表 6-1 给出一些常规分子筛的 T—O—T 振动频率和其相应的环数。

表 6-1　一些常规分子筛的 T—O—T 振动频率和其相应的环数[87]

| 样品 | 峰位/$cm^{-1}$ | | | | | |
|---|---|---|---|---|---|---|
| | T—O—T 弯曲振动 | | | | T—O—T 对称伸缩振动 | T—O—T 反对称伸缩振动 |
| | 8MR | 6MR | 5MR | 4MR | | |
| NaX | | 290，380 | | 508 | | 995，1075 |
| NaY | | 305，350 | | 500 | | 975，1055，1125 |
| NaA | 280 | 338，410 | | 488 | 700 | 977，1040，1100 |
| L | 225 | 314 | | 498 | 800 | 986，1098，1125 |
| ZSM-5 | | 294 | 378 | 440，470 | 820 | 975，1028，1086 |
| MOR | 240 | | 405 | 470，482 | 812 | 1145，1165 |
| Beta | | 336 | 396 | 428，468 | | 1064，1120 |

$\nu_{s(T-O-T)}$ 谱峰的位置也依赖于 T—O—T 的键角。较大的键角使 T—O—T 键的力常数下降，导致 $\nu_{s(T-O-T)}$ 谱峰向低频率位移。Dutta 等[86]研究了拉曼谱峰和分子筛结构 T—O—T 键角的关系，表 6-2 和图 6-11 给出了他们的研究结果。$\nu_{s(T-O-T)}$ 谱峰的位置同时也依赖于交换阳离子的种类。在 TlA-KA-NaA-LiA 系列分子筛中，从 TlA 到 LiA 分子筛 $\nu_{s(T-O-T)}$ 谱峰频率从 482 $cm^{-1}$ 增加到 497 $cm^{-1}$[89, 90]。这是由于电子效应，即较小的阳离子对骨架的弯曲有较强的诱导作用，使得 T—O—T 键有较小的键角，从而使 $\nu_{s(T-O-T)}$ 谱峰出现在较高的频率。

表 6-2　一些常规分子筛的拉曼振动频率和其相应的 T—O—T 键角[86]

| 分子筛 | 拉曼谱峰/$cm^{-1}$ | T—O—T 键角/(°) |
|---|---|---|
| Cs-D | 521 | 136.1 |
| Na-X | 515 | 139.2 |
| Na-Y | 505 | 142.2 |
| Li-A | 497 | 141.2 |
| Na-A | 490 | 148.3 |
| Na-P | 487 | 147.6 |
| K-R | 486 | 146.8 |
| 麦羟硅钠石 | 472 | 151 |

一般分子筛的基本结构单元是 $SiO_4$ 和 $AlO_4$ 四面体，骨架中每个氧原子都为相邻的两个四面体所共有，这些基本结构单元按一定组合和排列方式形成不同结构的分子筛[91]。事实上，对于硅铝分子筛，其环数和 T—O—T 键角不同的最直接原因是铝原子的插入。因此，Si/Al 值是影响分子筛拉曼振动频率的一个很重要的因素。八面沸石中掺杂少量的铝会导致在 298 cm$^{-1}$、312 cm$^{-1}$、492 cm$^{-1}$ 和 510 cm$^{-1}$ 的拉曼谱峰宽化，这是由 $Al^{3+}$ 在骨架中的随机分布引起的[92]。当铝含量高时，具有拉曼活性的谱峰发生明显位移，强度明显增强。这一效应对于在 500 cm$^{-1}$ 左右的反对称伸缩振动模式最为显著。Dutta 及其合作者们[92,93]在 A 型、X 型和 Y 型分子筛中观察到了这类谱峰位移。如图 6-12 所示[92]，在纯硅八面沸石拉曼谱图中，对应于 141° 和 147° 的 Si—O—Si 键角的强而锐的谱峰 480 cm$^{-1}$ 和 510 cm$^{-1}$，随着 Si/Al 值的增加而逐渐宽化并向高频轻微移动。

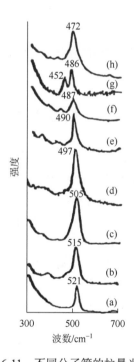

图 6-11　不同分子筛的拉曼光谱[86]

（a）Cs-D；（b）Na-X；（c）Na-Y；（d）Li-A；（e）Na-A；（f）Na-P；（g）K-R；（h）合成麦羟硅钠石；激光线，457.9 nm；狭缝宽度，6 cm$^{-1}$

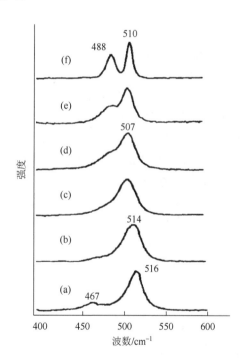

图 6-12　Si/Al 值不同的八面沸石的拉曼光谱图[92]

（a）1；（b）1.3；（c）2.6；（d）3.3；（e）4.5；（f）∞

在 850～1210 cm$^{-1}$ 区域出现的拉曼谱峰一般被归属于 Si—O 键的伸缩振动峰。不同位置的 Si—O 键的键长不同，因此与相邻 Al—O 键的偶合程度不同。较大的 T—O—T 键角（Si—O 键键长较短）相邻的 $SiO_4$ 和 $AlO_4$ 的偶合程度较大，因此使 Si—O

键的频率增加和 Al—O 键的频率降低。在 NaA 分子筛中，三个不同频率的 Si—O 键的伸缩振动峰被归属于晶格中不同的氧原子，称为 $O_1$、$O_2$ 和 $O_3$ 的位置[90, 94]。在 X 型分子筛中 954～1066 cm$^{-1}$ 的四个谱峰归属于四个不同位置的晶格氧[92]。

对于大多数分子筛，在 600 cm$^{-1}$ 和 850 cm$^{-1}$ 及低频部分的谱峰几乎没有什么鉴定结构的价值。703 cm$^{-1}$ 和 738 cm$^{-1}$ 的谱峰首先被归属为 A 型分子筛的 Al—O 反对称伸缩振动模式[94]。在 ZSM-5 拉曼图中，在 800 cm$^{-1}$ 和 900 cm$^{-1}$ 可明显观察到归属为 Si—O 对称伸缩振动的谱峰[95]。在八面沸石分子筛中，在 750～900 cm$^{-1}$ 范围内有一组三个或四个谱峰对离子交换比对 Si/Al 值更为敏感，这些谱峰与四面体笼中 Si 原子的运动有关[92]。A 型分子筛在低波数处的两个拉曼谱峰 337 cm$^{-1}$ 和 410 cm$^{-1}$，对 Si/Al 值和除 Li$^+$ 以外的其他离子交换都不敏感，因此它们被归属为双环的扭曲和环呼吸运动[96]。

### 2. 杂原子分子筛

过渡金属杂原子分子筛的研究中一般用 960 cm$^{-1}$ 谱峰的增强来证明骨架杂原子的存在[97-99]。迄今该峰的归属尚存在争议，曾被归属于 Ti＝O 键、Ti—O 伸缩振动、硅羟基、与钛相关的缺陷位或 Ti—O—Si 桥键等[100-104]。非骨架的钛物种（锐钛矿）的谱峰在 144 cm$^{-1}$、390 cm$^{-1}$ 和 627 cm$^{-1}$ 处出现，可见拉曼光谱对非骨架钛物种非常灵敏。也有对其他杂原子分子筛的研究[105]。

Prakash 和 Kevan 用拉曼光谱研究了 Nb 取代的 Silicalite-1[106]。拉曼谱图在 930 cm$^{-1}$ 和 970 cm$^{-1}$ 给出两个谱峰，这些谱峰在 Silicalite-1 的拉曼谱图中并不存在，可归属为 Nb—O—Si 的伸缩振动，被认为是在骨架中存在四面体 Nb 原子的证据。Kosslick 等也研究了 MFI 分子筛骨架的 Ge 原子同晶取代效应[105]。除了在 350～400 cm$^{-1}$ 观察到对 Si—O—Si 或 Si—O—Ge 变形振动最灵敏的拉曼谱峰外，还发现 685 cm$^{-1}$ 的拉曼谱峰随着 Ge 含量的增加逐渐增强，该谱峰被归属为 Si—O—Ge 的对称伸缩振动，对应于分子筛骨架中四面体配位的 Ge。随着 Ge 含量的增加，T—O—T 变形振动谱峰向高波数移动，而 Si—O—Si 的对称伸缩振动谱峰向低波数移动，说明 Ge 的掺杂引起了 T—O—T 键角的减小。最近，利用紫外共振拉曼光谱在过渡金属骨架杂原子表征研究中取得了重要进展，详细内容在后面介绍和讨论。

### 3. 分子筛的合成

由于水溶液本身的拉曼信号较弱，因此可以在液相和固相同时跟踪分子筛的合成过程。如果分子筛的合成过程是从硅溶胶开始的，在 450～460 cm$^{-1}$ 出现一个宽峰，被归属于玻璃态硅的拉曼光谱[107-109]。对 A 型、X 型和 Y 型分子筛的研究表明，在液相中首先探测到 620 cm$^{-1}$ 的谱峰，被归属于 Al(OH)$_4^-$ 的拉曼峰[108-112]。随时间延长该峰消失，说明 Al 很快进入了固相。同时在液相中出现了 780 cm$^{-1}$ 的强峰以及 441 cm$^{-1}$ 和 919 cm$^{-1}$ 的弱峰，这是典型的单聚硅物种 [SiO$_2$(OH)$_2^{2-}$] 的特征峰。在 601 cm$^{-1}$ 和 1025 cm$^{-1}$ 出现的弱峰是二聚硅物种的特征峰[109, 110, 112]。这些数据表明，在最初的合成阶段铝离子进入固相中而硅离子释放到溶液中。

在晶化过程的最初阶段固相溶胶的拉曼光谱在 460 cm$^{-1}$、800 cm$^{-1}$ 和 1000 cm$^{-1}$ 出现了谱峰，表明固相仍处于无定形状态。对 Y 型分子筛的研究表明，首先在低波数区出现了 440 cm$^{-1}$ 和 361 cm$^{-1}$ 的谱峰，说明形成了六元环。随后在 500 cm$^{-1}$ 出现了谱峰，说明带有四元环的方钠石结构形成了[109]。而对于 A 型和 X 型分子筛，500 cm$^{-1}$ 左谱峰的出现说明在最初阶段形成了四元环[108]。

在 Mordenite 和 ZSM-5 的合成过程中，最初出现的仍然是玻璃态的硅物种。ZSM-5 的合成过程中，新峰只有在晶化以后才会出现[107]。而 Mordenite 分子筛最初出现的是 495 cm$^{-1}$，说明形成了四元环的结构。随后出现了 402 cm$^{-1}$ 和 465 cm$^{-1}$ 的宽峰，证明有五元环的结构出现[107]。

Dutta 等[113]详细研究了 A 型分子筛的合成，包括溶胶的形成及其晶化过程。图 6-13 清楚地显示了 A 型分子筛的拉曼谱峰 336 cm$^{-1}$、407 cm$^{-1}$、491 cm$^{-1}$、

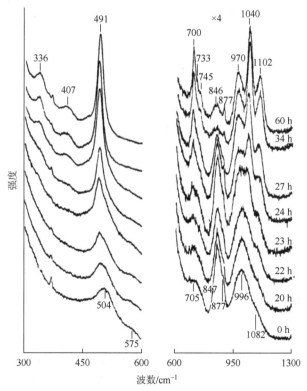

图 6-13　A 型分子筛合成过程中不同晶化时间的拉曼光谱[113]

以 8.6 Na$_2$O∶1Al$_2$O$_3$∶1SiO$_2$∶556H$_2$O 作为初始材料

700 cm$^{-1}$、733 cm$^{-1}$、745 cm$^{-1}$、970 cm$^{-1}$、1040 cm$^{-1}$ 和 1102 cm$^{-1}$ 随晶化时间的变化。图 6-13 中 504 cm$^{-1}$ 的拉曼谱峰相应于 XRD 表征的由 SiO$_4$ 和 AlO$_4$ 四面体随机无序构成的四元环无定形溶胶。在溶胶向晶相转变过程中，450 cm$^{-1}$、847 cm$^{-1}$ 和 960 cm$^{-1}$ 拉曼谱峰强度下降，504 cm$^{-1}$ 和 496 cm$^{-1}$ 的谱峰发生位移。504 cm$^{-1}$ 谱峰向低波数方向位移表明胶体和 Al(OH)$_4^-$ 相互作用构成了间隔的四元环结构，并在成核过程中形成了 A 型分子筛的晶核。

Dutta 等[109]又研究了 Y 型分子筛晶化过程中液相和固相的拉曼光谱，并探索了老化时间的影响。在最初晶化时，首先在 620 cm$^{-1}$ 观察到强的拉曼谱峰。老化 6 h 后，在 780 cm$^{-1}$ 出现强的拉曼峰，并在 441 cm$^{-1}$ 和 919 cm$^{-1}$ 观察到弱的拉曼峰，这些是单一 [SiO$_2$(OH)$_2^{2-}$] 物种的特征谱峰。更长时间的老化后，归属为二聚硅物种的弱谱峰在 601 cm$^{-1}$ 和 1025 cm$^{-1}$ 出现，这些与 Roozeboom 等[110]的结果相似。在 Y 型分子筛合成的固相拉曼光谱中，440 cm$^{-1}$ 和 361 cm$^{-1}$ 谱峰是铝矽酸盐六元环的特征谱峰。根据环尺寸和 $\nu_{s(T-O-T)}$ 频率的关系，可以认为在分子筛成核过程中在铝硅相中存在着六元环结构。图 6-14 给出了 Y 型分子筛以这些环作为构建单元的成核过程，这是一个经过四元环形成方钠石笼的过程。

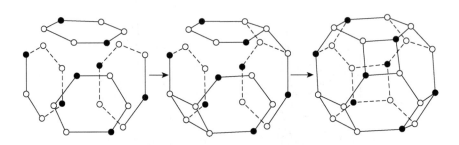

图 6-14　Y 型分子筛成核过程示意图[109]

Dutta 等[95]还研究了 ZSM-5 的合成过程。图 6-15（a）和（b）显示了在 300～650 cm$^{-1}$ 和 650～1550 cm$^{-1}$ 区域内固相晶化过程中各阶段的拉曼谱图。最初在低波数区，可观察到归属为硅铝骨架的一个宽的谱峰 460 cm$^{-1}$，这是在早期合成阶段最有显著特征的拉曼谱峰，是典型的无定形或玻璃硅的特征峰，被归属为五元环或六元环的 $\nu_{s(Si-O-Si)}$。在加热 4 天后，XRD 可检测到晶相的生成，此时固相的拉曼光谱也有很明显的变化。硅铝分子筛骨架的 373 cm$^{-1}$、432 cm$^{-1}$、473 cm$^{-1}$ 和 820～832 cm$^{-1}$ 谱峰强度明显增加。在 A 型和 Y 型分子筛合成的中间阶段，在 500 cm$^{-1}$ 出现了归属为四元环的谱峰，这在 ZSM-5 的合成过程中没有观察到，表明五元环是最初的原始结构，而不是四元环。

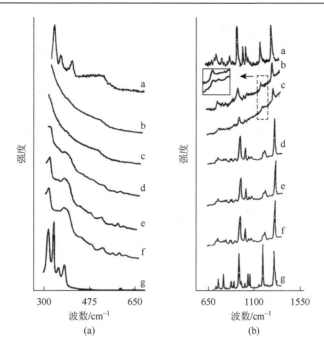

图 6-15　在 300~650 cm$^{-1}$（a）和 650~1550 cm$^{-1}$（b）两个波段内 ZSM-5 晶化过程各阶段的
拉曼谱图[95]

a. 0.5 mol/L 溴化四炳基氨，分子筛晶化各阶段的固体样品；b. 1 天；c. 3 天；d. 4 天；e. 6 天；f. 9 天；g. 溴化
四炳基氨晶体

　　在分子筛科学发展的过程中，拉曼光谱远不如红外光谱应用得那样广泛。一
方面拉曼散射强度的本征灵敏度较低，另一方面分子筛样品的荧光干扰很强，所
以很难得到信噪比很好的拉曼光谱。分子筛样品的荧光主要来自过渡金属离子（如
$Fe^{3+}$、$Cr^{3+}$ 和 $Mn^{2+}$）、有机物杂质和含铝分子筛的酸性位等[114]。过渡金属杂质所
导致的荧光可以通过使用纯度较高的原料来克服；可通过氧化过程或强光照射降
低有机物杂质引起的荧光；通过焙烧也可以减弱酸性位引起的荧光干扰。但是荧
光干扰仍然是分子筛拉曼表征的最主要问题。

## 6.3.5　表面吸附研究

　　1970 年和 1971 年，Hendra 和 Loader 等[115-117]报道了在硅和硅铝化合物表面
的 $CCl_4$、$Br_2$ 和 $CS_2$ 等物种吸附的拉曼光谱，首次研究了化学吸附和物理吸附对
化合物特征振动模式的影响。
　　随后一些研究小组[118-120]以吡啶为探针对氧化物表面的酸性进行了研究，这
是对吡啶在氧化物表面的化学吸附和识别 Brönsted 和 Lewis 酸的红外研究的补充。

可监控的谱峰包括吡啶在 1000 cm$^{-1}$ 左右的环振动和在 3000 cm$^{-1}$ 左右的 CH 伸缩振动。吸附态吡啶的光谱，包括它们的谱峰宽度、位置和相对强度，是通过与液态吡啶的光谱相比较而归属的。吡啶和氧化物表面的相互作用程度是通过 Lewis 酸配位物种的振动位置来显示的。如液态吡啶的 C—N 伸缩振动在 991 cm$^{-1}$，在 TiO$_2$ 上吸附后位移到 1016 cm$^{-1}$，在 Al$_2$O$_3$ 上吸附后位移到 1019 cm$^{-1}$，在 SiO$_2$-Al$_2$O$_3$ 上吸附后位移到 1020 cm$^{-1}$，在 Al$_2$O$_3$ 上吸附后位移到 1019 cm$^{-1}$。早期拉曼光谱研究 Al$_2$O$_3$ 表面的吸附包括硝基苯、石蜡和腈（CH$_3$CN、C$_2$H$_5$CN 和 C$_6$H$_5$CN）[122, 123]。石蜡和腈在 Al$_2$O$_3$ 表面上在 25℃ 的反应可能是第一个表面物种随反应时间变化的拉曼光谱研究。

Angell[123]用拉曼光谱研究了 CO$_2$、丙烯、乙腈和丙烯酸在 A 型、X 型和 Y 型分子筛上的吸附。这些分子吸附后的拉曼谱峰与其液态的拉曼谱峰基本相似。仅是丙烯的 C＝C 伸缩振动频率和乙腈的 C≡N 伸缩振动有很大的差别，这正是吸附效应的显示。

Schede 和 Cheng[119]对 γ-Al$_2$O$_3$、不同负载量的 MoO$_3$/Al$_2$O$_3$ 和 CoO-MoO$_3$/Al$_2$O$_3$ 催化剂的吡啶吸附进行了研究。他们发现表面 Lewis 酸随负载量的不同发生变化，并与表面物种的结构进行了关联。表 6-3 列出了吡啶吸附在 MoO$_3$/Al$_2$O$_3$ 和 CoO-MoO$_3$/Al$_2$O$_3$ 上的拉曼谱峰位置。Lewis 酸位上配位的吡啶在 1017 cm$^{-1}$ 有一谱峰。Mo 负载量在 5%～10% 时，Brönsted 酸位上配位的吡啶在 1047 cm$^{-1}$ 有一谱峰。在加入 CoO 后，Brönsted 酸位消失。随着 Mo 含量的增加到晶相 MoO$_3$ 的出现，没有观察到 Lewis 酸性的降低。

表 6-3　吡啶在 MoO$_3$/Al$_2$O$_3$ 和 CoO-MoO$_3$/Al$_2$O$_3$ 上吸附的拉曼谱峰位置[119]

| 样品（负载量） | 吡啶吸附物种谱峰位置/cm$^{-1}$ | | | 液态吡啶谱峰/cm$^{-1}$ | |
| --- | --- | --- | --- | --- | --- |
| δ-Al$_2$O$_3$ | 998 | | 1017 | 991 | 1032 |
| Mo（1.25） | 1000 | | 1017 | 991 | 1032 |
| Mo（2.5） | 1002 | 1006 | 1017 | 991 | 1032 |
| Mo（5） | 1004 | 1008 | 1017 | 991 | 1032 |
| Mo（7.5） | 1004 | 1008 | 1017 | 991 | 1032 |
| Mo（10） | 1004 | 1008 | 1017 | 991 | 1032 |
| Mo（15） | | 1008 | 1017 | | |
| Co（3）Mo（1.25） | | | 1014（弱） | | 1032 |
| Co（3）Mo（2.5） | | | 1014 | 991 | 1032（弱） |
| Co（3）Mo（5） | | | 1014 | 991（弱） | 1032 |
| Co（3）Mo（10） | | | 1014 | 991 | 1032 |

续表

| 样品（负载量） | 吡啶吸附物种谱峰位置/cm⁻¹ | | 液态吡啶谱峰/cm⁻¹ |
| --- | --- | --- | --- |
| Co（3）Mo（15） | 1014（宽） | | 1032 |
| Co（0.5）Mo（7.5） | 1016 | 991 | 1032 |
| Co（1）Mo（7.5） | 1016 | 991 | 1032 |
| Co（2）Mo（7.5） | 1014 | 991 | 1032 |
| Co（3）Mo（7.5） | 1014 | 991（弱） | 1032（弱） |

对其他一些不饱和烃类、卤代烃、噻吩和苯的吸附研究[124-127]表明，表面吸附物种与它们在液相中的拉曼谱图有很大不同。这是表面物种与载体的相互作用导致表面物种的对称性发生改变，使一些拉曼非活性的谱峰可以被观察到。通过对拉曼谱峰的分析可以得到表面吸附物种的吸附方式。

关于吸附分子拉曼光谱的研究还包括在金属表面 CO 的吸附研究。例如，在 Ni 单晶表面得到了 CO 的线式和桥式两种吸附[128, 129]。

拉曼光谱的吸附分子研究与红外光谱相比有自己的特点。由于一般载体的红外光谱在 1200 cm⁻¹ 以下范围内有很强的吸收，而拉曼光谱受载体的影响很小，因此可以在此范围内得到表面物种的拉曼光谱。而且红外和拉曼光谱可以互补，结合起来可以更好地研究表面物种的结构。但是，吸附分子的拉曼光谱研究远远不如红外光谱开展得那么普遍，这是由于拉曼光谱的原位研究存在一定的困难，其中荧光干扰和灵敏度较低是最大的问题。

### 6.3.6　原位反应研究

拉曼光谱用于原位反应研究有其独特的优势：

（1）气相光谱的干扰非常弱，因而能在高温高压工作条件下获得催化剂的原位拉曼光谱。

（2）固体吸附剂或载体的拉曼散射一般都很低，特别是最典型的载体氧化物如氧化硅和氧化铝等，能得到低频区表面吸附物种的拉曼光谱。

（3）在红外光谱中，高温时遇到的问题是来自样品和样品池的黑体辐射。当用短波长或紫外激光作为激发线时，在拉曼光谱上可以避免黑体辐射产生的干扰。

烯烃部分氧化和氨氧化的催化剂钼酸铋有许多不同的相组成，其中 $Bi_2Mo_2O_9$ 是反应活性相。Glaeser 等[130]第一次报道了烯烃选择氧化原位激光拉曼光谱的研究，提供了催化剂活性位结构识别的信息。他们首先用 1-丁烯、丙烯、甲醇和氨等探针分子还原钼酸铋催化剂，然后用标记的 $^{18}O_2$ 对催化剂进行再氧化，来确定催化剂对丙烯氧化和氨氧化反应的活性中心。他们发现与多功能位上 Bi—O—Bi 相关的孤对电子与 $O_2$ 的化学吸附、还原和解离是有关的。Laskier 和 Schrader[131] 用原位拉曼光谱研究了正丁烷氧化催化剂 VPO。他们发现有两种活性中心位，分别对应于完全燃烧和选择氧化。Volta 等[132-134]研究了丁烷氧化过程中的 VPO 催化剂。他们发现 $(VO)_2P_2O_7$ 相在反应条件下是稳定的，而 $\delta$-$VOPO_4$ 相在反应过程中会转变为 $\alpha$-$VOPO_4$。

$CH_4$ 和 $O_2$ 或 $N_2O$ 在碱性催化剂上氧化偶联可得到 $C_2$ 产品[135]。Dissanayake 等[136]对 Ba/MgO 催化剂的 XPS 研究表明，催化剂的本征活性与其近表面的 $O_2^{2-}$ 有很大的关系，用原位拉曼光谱在反应条件下也可检测到过氧离子的存在，其谱峰为 820～850 $cm^{-1}$[137]。图 6-16 给出了 Ba/MgO 催化剂在 800℃氧气气氛下处理后，冷却到不同温度的拉曼光谱图。Ba/MgO 催化剂在 100℃的拉曼光谱在 842 $cm^{-1}$ 给出一强谱峰，这一谱峰在纯 $BaO_2$ 的光谱中可以观察到，被归属为 $O_2^{2-}$ 物种的 O—O 伸缩振动。829 $cm^{-1}$ 和 821 $cm^{-1}$ 两个弱的谱峰，在纯 $BaO_2$ 的光谱中也可观察到，可归属为处于不同环境的 $O_2^{2-}$ 物种。随着温度的升高，842 $cm^{-1}$ 这一主峰向低波数移动且谱峰变宽，强度下降。他们认为谱峰的宽化和强度下降是由高温条件下无序度的增加和 $BaO_2$ 的降解所致。这种变化和他们的 $CH_4$ 催化性能是一致的。这种 $O_2^{2-}$ 物种在 $La_2O_3$ 和 Na 修饰的 $La_2O_3$ 催化剂上也能观察到[138]。用激光拉曼光谱表征加入 30% BaO 或 $BaX_2$ 的 $Nd_2O_3$ 催化剂，发现其表面有双氧物种如 $O_2^{2-}$、$O_2^{n-}$、$O_2$ 和 $O_2^{\delta-}$ 的存在[139]。双氧物种的产生是 $Ba^{2+}$ 取代 $Nd^{3+}$ 产生的晶格缺陷所引起的。$Nd_2O_3$ 的甲烷氧化偶联催化活性，特别是 $C_2$ 产品的选择性，由于这种双氧物种的存在得到很大的提高。

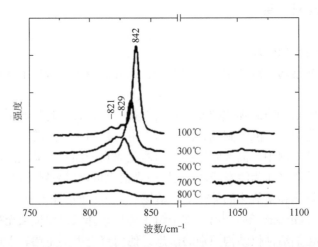

图 6-16　Ba/MgO 催化剂在 800℃氧气气氛下处理后，冷却到不同温度的拉曼光谱图[137]

Lunsford 等[140-143]用原位激光拉曼光谱详细研究了 BaO/MgO 催化剂上 NO 和 $N_2O$ 的降解反应，他们发现 $N_2O$ 降解的反应步骤为：①$N_2O$ 和表面 $O^{2-}$ 反应给出 $N_2$ 和表面 $O_2^{2-}$ 物种；②两个表面 $O_2^{2-}$ 物种反应给出 $O_2$ 和两个表面 $O^{2-}$；③$O_2$ 和两个表面 $O^{2-}$ 反应给出非活性的 $O_2^{2-}$ 物种。

## 6.4　紫外拉曼光谱仪在催化材料中的应用研究

### 6.4.1　传统拉曼光谱遇到的困难和解决方法

常规拉曼光谱仪多将可见激光作为激发光源，其激发的拉曼光谱也多位于可见区范围内。在催化研究中会受到同样位于可见区的荧光光谱信号的干扰。荧光通常比拉曼信号强几个数量级。在存在荧光干扰的情况下，甚至难以得到拉曼光谱。因此荧光干扰是常规可见激光拉曼光谱在催化中进行应用研究的主要制约因素。另外，一些深颜色的样品在可见区吸收很强，很难得到拉曼光谱。

为了消除或降低荧光背景的干扰，可以采用以下方法：

（1）强光照射法。若被分析的样品或溶剂中有微量荧光物质，用强光照射可以使其荧光大大降低。

（2）猝灭法。在产生荧光的物质中加入含溴化合物、含碘化合物、硝基化合物、重氮化合物、羰基化合物及某些杂环化合物等荧光猝灭剂，使荧光熄灭以消除其干扰。在拉曼光谱分析中，常采用硝基苯及其衍生物来降低或消除荧光干扰。

（3）蒸馏、重结晶和萃取等分离手段。若荧光干扰是样品的杂质所引起的，可通过蒸馏、重结晶、萃取和过滤等方法将杂质预先除去。

（4）利用产生荧光和拉曼光谱的时间差来消除。拉曼信号的产生时间一般在皮秒（$10^{-12}$ s）量级，荧光信号由于存在弛豫效应，其产生时间一般在纳秒（$10^{-9}$ s）量级。利用纳秒或皮秒脉冲激光作光源，在脉冲激光激发样品的瞬间，进行拉曼信号采集。在激光脉冲的纳秒之后，利用光电开关挡去荧光信号从而避免荧光的干扰。

（5）紫外拉曼光谱法。采用紫外激光作为激发光源，将拉曼光谱的测量区域移动从可见区移动到紫外区，不但能避开荧光干扰问题，而且能解决深颜色样品的吸收问题，同时用于拉曼信号强度与激光频率的四次方约成正比，可以增强本征拉曼信号的灵敏度。特别是当紫外激光位于样品的吸收带时，会产生共振效应，可以探测极低样品浓度的拉曼信号。

荧光一般出现在可见和近紫外区，因此以可见激光为激发光源的拉曼光谱经常受到荧光的干扰。将激发光源从近紫外和可见区移开是解决这一难题的方法之一。移开激发波长可以有两种方法：

（1）将激发波长向近红外（＞700 nm）方向移动可以避开大部分荧光，因为近红外光频率低，一般不会激发电子吸收带（图 6-17），很多研究者通过采用傅里叶变换拉曼光谱得到了没有荧光干扰的拉曼光谱[5, 6]。

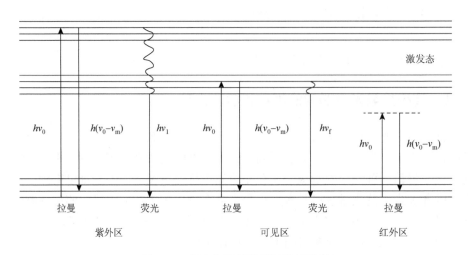

图 6-17　荧光和拉曼散射过程示意图

（2）将激发波长向深紫外（＜300 nm）方向移动。采用紫外激光作为激发光源，由于紫外光能量较高，物质分子吸收紫外光后，处于电子基态的分子被激发跃迁到一个高于第一电子激发态的虚态能级，然后通过两种形式回到电子基态：第一种从虚态能级直接跃迁回电子基态，即瑞利或拉曼散射过程。第二种从虚态能级通过无辐射跃迁降到第一电子激发态的最低振转能级上，然后通过辐射跃迁回到电子基态，这是荧光或磷光的辐射过程。由于在虚态能级和第一电子激发态之间有一个间隙，所以拉曼信号出现在比荧光波长更短的区域，从而很有效地避开荧光干扰。

综上所述，常规拉曼光谱已经应用到催化研究中的很多方面，取得了丰富的成果，但仍存在许多的问题。其中荧光干扰和灵敏度较差是阻碍常规拉曼光谱得到广泛应用的最大问题。近年来在避开荧光干扰和灵敏度方面做了大量探索，已取得重要进展。

近年来，拉曼光谱技术的不断发展，如时间分辨拉曼光谱、共焦拉曼光谱、表面增强拉曼光谱、近场共焦拉曼光谱、原子力与拉曼成像联用光谱、光诱导力与拉曼成像联用光谱不断出现，使得拉曼光谱仪可在原位工作条件下对催化剂的结构变化、活性相的组成、反应中间物等进行检测，很大地拓展了拉曼光谱在催化研究领域的应用。但由于激光导致的样品脱水、相变、部分还原，甚至完全降解等及荧光干扰和固有的低灵敏度仍然限制了其在原位表征中的进一步应用。

## 6.4.2　共振拉曼光谱

常规拉曼光谱实验中，使用的激发线波长远离化合物的电子吸收谱带，由此得到的光谱的形状与激发波长的关系只是服从激光频率的四次方的关系。但当激发光源的接近或落在化合物的电子吸收光谱带内时，某些拉曼谱带的强度将大大增强，这种现象称为共振拉曼效应。共振拉曼光谱的理论是基于共振拉曼效应（resonance Raman effect）。1953 年，Shorygin 首次在实验上观察到共振拉曼效应[144]。

共振拉曼效应可以由 Kramers、Heisenberg 和 Dirac 跃迁极化率公式解释：

$$(\tilde{\alpha}_{\rho\sigma})_{fi} = \frac{1}{\hbar} \sum_{r \neq i,f} \left\{ \frac{\langle f|\hat{p}_\rho|r\rangle\langle r|\hat{p}_\sigma|i\rangle}{(\omega_{ri} - \omega_0 - \mathrm{i}\Gamma_r)} + \frac{\langle f|\hat{p}_\sigma|r\rangle\langle r|\hat{p}_\rho|i\rangle}{(\omega_{rf} + \omega_0 + \mathrm{i}\Gamma_r)} \right\}$$

当激光的频率 $\omega_0$ 与吸收的频率 $\omega_{ri}$ 接近时，跃迁极化率的第一项的分母会近为 0，因此跃迁极化率会是物理无穷大，因此共振拉曼谱带的强度将大大增强。其物理图像如图 6-18 所示，当激发频率接近或重合于分子的一个电子吸收带时，电子的跃迁过程由基态跃迁到激发态的振动中间态上。常规过程的拉曼跃迁为虚拟中间态变为真实的中间态，其跃迁概率会极大提高，因而拉曼有效散射截面异常增大，则某一个或几个特定的拉曼带强度会急剧增加，一般比正常的非共振拉曼带强度增大 $10^4 \sim 10^6$ 倍，甚至出现正常拉曼效应中观察不到的泛频及组合振动频率的谱峰。

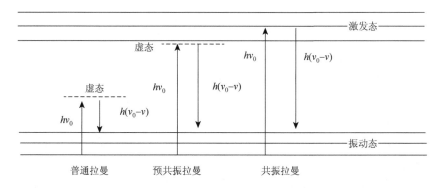

图 6-18　拉曼散射和共振拉曼散射（只绘出斯托克斯跃迁）

可将拉曼散射截面的公式简化为

$$\sigma \propto 1/(h\nu_0 - h\nu_m)(h\nu_0 + h\nu_m)$$

式中，$\sigma$为拉曼散射截面；$h\nu_0$为电子基态和激发态的能级差，而$h\nu_m$为基态和虚态的能级差，即入射激光的能量。

　　共振效应使拉曼测量有很高的选择性。图 6-19 为激发线波长接近化合物吸收带时产生共振拉曼效应的情况[145]。

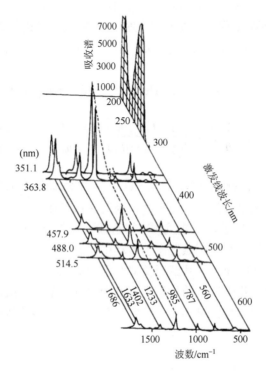

图 6-19　激发波长和共振拉曼的关系[145]

　　共振拉曼光谱具有以下优点：

　　（1）灵敏度高，可检测低浓度和微量样品。

　　（2）通过共振拉曼谱带强度随激发线的关系可以给出有关分子振动和电子运动相互作用的信息。

　　（3）在共振拉曼偏振测量中，有时可以得到在正常拉曼效应中不能得到的关于分子对称性的信息。

　　（4）利用标记分子集团的共振拉曼效应，可研究大分子聚集体的局部结构，因而共振拉曼光谱法已成为研究有机分子、离子、生物大分子甚至活体组织的有利工具。

　　共振拉曼光谱已用于研究物质分子和多核离子的电子能级的跃迁及其结构、

一系列过渡金属络合物分子的构象和几何构型、自由基反应动力学和生物大分子样品的结构等方面。

## 6.4.3　傅里叶变换拉曼光谱

传统的可见拉曼光谱虽然得到了迅速的发展，被广泛应用于催化研究的各个领域，但荧光干扰一直是阻碍其进一步发展的主要制约因素，而傅里叶变换拉曼光谱（Fourier-transform Raman spectroscopy，FT-Raman）在消除荧光干扰方面具有显著的优越性。由于 FT-Raman 光谱一般采用波长 1064 nm 的近红外激光作为激发光源，分子的荧光不被激发，可以避免许多样品拉曼光谱中的荧光干扰，因此，FT-Raman 光谱日益受到人们的重视。

FT-Raman 光谱以近红外激光为激发光源，并引进了傅里叶变换红外光谱仪中常用的傅里叶变换技术。FT-Raman 光谱主要由光源、迈克耳孙干涉仪和检测器组成。其中干涉仪是最重要的组成部件，目前 FT-Raman 光谱仪使用的干涉仪都是利用 FTIR 仪器常用的干涉仪，将分束器换成石英型，以利于近红外光透过。

近年来，FT-Raman 光谱逐渐应用于催化研究中[146-149]。Huang[146]用 FT-Raman 研究了二甲苯在 ZSM-5 分子筛上的吸附，他们通过观察二甲苯同分子筛孔壁相互作用而引起的谱峰变化，来检测分子筛的晶化过程。发现在二甲苯吸附于 ZSM-5 分子筛上后，与纯二甲苯的主要不同在 C—H 振动范围内，吸附后这些部分的谱峰向高频方向位移，这是由 C—H 振动模式受到分子筛骨架限制而引起的。Löffler 和 Bergmann[150]研究了焙烧和脱水对分子筛骨架的影响，他们发现 AlPO$_4$-18 和 SAPO-34 分子筛经焙烧脱水后在拉曼谱图中难以观察到其骨架振动谱峰，吸附微量水后，如图 6-20 所示其骨架振动谱峰又出现了。

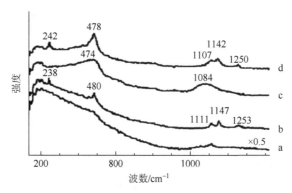

图 6-20　AlPO$_4$-18（a、b）和 SAPO-34（c、d）的 FT-Raman 光谱图[150]

a、c：焙烧脱水；b、d：焙烧脱水后再部分吸水

FT-Raman 光谱也存在明显的不足之处：①因为散射光强度与激发光频率的四次方成正比，采用频率较低的红外光会使检测灵敏度大幅度降低；②红外区的探测器还很不成熟，与可见区的光电倍增管相比，灵敏度至少差两个数量级[151]；③样品的热辐射对红外波段的拉曼光谱有很大的干扰；④一些稀土离子和过渡金属离子的电子态跃迁处于近红外区域，因此仍然无法避开荧光。由于以上这些原因，使近红外波段的拉曼光谱仪的应用受到限制，特别是在原位催化研究中受到限制，因为样品不能升太高温度（<150℃），许多实用催化剂在近红外区也有荧光。

### 6.4.4　表面增强拉曼光谱

自 1974 年 Fleischmann 等[152, 153]首次从电化学池中银电极表面单分子吡啶吸附物种的拉曼光谱中发现表面增强拉曼散射（Surface Enhanced Raman Scattering, SERS）以来，这方面工作发展非常迅速，理论和实验研究均有大量报道，目前已成为拉曼光谱中一个非常活跃的领域。

关于 SERS 的机理，基本上有两种观点：一是强调物理增强为主的电磁机理[154]，认为 SERS 起源于激发光和 Raman 散射光被粗糙的金属表面局部电场增强，即 $P=\alpha E$ 中的 $E$ 增大；二是强调化学增强为主的化学吸附机理[155]，认为 SERS 是由吸附分子与金属之间的电荷转移而引起的分子极化率增加，即 $P=\alpha E$ 中的 $\alpha$ 增大。许多分子都能够产生 SERS 效应，如 Ag、Au、Cu、Fe、Co、Ni、Al、In、Li、Na、K 等，常用的是 Ag、Cu、Al 和 In。获得活性金属表面的方法有溶胶法[156, 157]、电化学还原法[158, 159]、真空蒸馏法[160, 161]、化学沉积法[162]和粉末压缩法[163]等。

早期表面增强拉曼光谱的研究多集中于明确什么材料和条件可得到样品的 SERS 信号，以及对观察到的增强效应的理论解释。近年来，SERS 在催化研究中的应用，拓展了高压条件下固-液和固-气界面吸附和反应的原位研究。但是，利用 SERS 研究所有的金属和金属氧化物表面增强是不可能的，研究最多的是 Ag、Au 和 Cu。在这三种常用的基质上可进行有机分子、$SO_2$、$NO_x$、CO、$NH_3$ 和金属氧化物等物质的吸附和反应研究。

Pettenkofer 等[164]用 SERS 研究了多孔 Ag 薄膜上 $O_2$、$N_2$ 和 CO 的吸附，他们观察到了 $N_2$ 和 CO 增强的拉曼谱带，但 $O_2$ 的拉曼谱带并没有被明显增强。若在吸附吡啶和乙烯以前，在 Ag 表面先吸附少量的 $O_2$，吡啶和乙烯吸附物种增强的谱带会很大衰减。他们认为这可能是 $O_2$ 的存在减少了其他分子在表面的吸附浓度，引起了其他分子的解离，改变了表面形态。

Feilchenfeld 和 Siiman[165]研究了 $CrO_4^{2-}$ 在 Ag 溶胶中吸附的 SERS。图 6-21 显示了吸附的 $CrO_4^{2-}$ 在 600 $cm^{-1}$ 到 1000 $cm^{-1}$ 范围内随激发光频率变化的表面

增强拉曼光谱。Cr—O 键伸缩振动模式最大增强接近 $1.1 \times 10^5$，此时激发光波长为 580.0 nm。

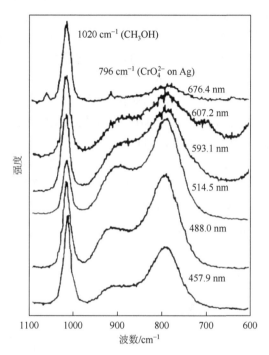

图 6-21　吸附的 $CrO_4^{2-}$ 随激发光频率变化的表面增强拉曼光谱[165]

Tadayyani 和 Weaver[166]报道了在 $HClO_4$ 溶液存在下 Au 电极上 CO 吸附的 SERS。C—O 伸缩振动频率随电极上电压的改变在 2080~2110 cm$^{-1}$ 之间变化。没有电压时，C—O 振动频率在 2015 cm$^{-1}$，这与 CO 在催化剂表面的吸附频率是完全一致的。

SERS 具有极高的灵敏度和选择性等多种独特的优点，从而无论在科学研究或是实际应用等领域中都有广阔的前景。但是正如前面提到的，由于在 SERS 研究中对样品的制备技术要求很高，对实际催化剂来说是不容易实现的，且能产生 SERS 信号的金属和金属氧化物也是有限的，这些使得 SERS 在催化研究中的进一步应用受到了限制。

### 6.4.5　共焦显微拉曼光谱

共聚焦技术的原理早在 1957 年就已提出，并于 1967 年被用于光学切片分析。

1977 年，该技术首次用于拉曼光谱学。近年来，共焦显微技术才真正在拉曼技术中得到应用[167]。共焦拉曼显微镜的工作原理如图 6-22 所示，即将激光束经入射针孔（H1）聚焦于样品表面，样品表面的被照射点在探测针孔（H2）处成像，其信号由在 H2 后的检测器收集（光路如实线所示），而当激光在样品表面是散焦时，样品处的大部分信号被 H2 挡住（光路如虚线所示），无法通过针孔到达检测器。当将样品沿着激光入射方向上下移动，可以将激光聚焦于样品的不同深度，这样所采集的信号也将来自样品的不同深度，实现样品的剖层分析。可以看出这种结构的最大特点就是可以有效地排除来自聚焦平面之外其他层信号的干扰。显微镜头的数值孔径越大，探测针孔的直径越小，仪器的共焦性能就越好[168]。共焦显微拉曼具有如下的优点：①高灵敏度，可用于弱拉曼信号的测量；②共聚焦技术的使用则使显微镜下激光在样品上的焦点准确地通过针孔，从而很大程度地提高了纵向空间分辨率，可研究直径为 1 μm 的样品，用于原位多层材料测量。同时，共焦显微系统本身还具有较高水平方向的空间分辨率，而这一分辨率仅取决于显微镜头的放大倍数和所用的激光波长。

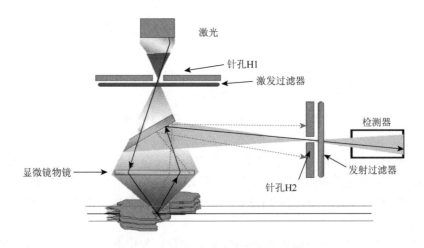

图 6-22　共焦显微拉曼结构示意图

　　由于共焦显微拉曼具有上述的优点，使其在催化领域的应用逐渐受到关注。利用该技术研究催化剂，可在亚微空间分辨率下检测多相催化剂。钼基混合氧化物催化剂被广泛用于选择氧化反应，SEM-EDX（扫描电境-能量弥散 X 射线）成像表明 Mo、V 和 W 混合氧化物催化剂中几种元素分布是不均一的[169]。混合氧化物催化剂的 XRD 仅给出无定形相的衍射峰，拟合后表明可能有两种物相存在，无定形的 $MoO_3$ 和无定形的 $Mo_5O_{14}$。Mestl[169]用共焦显微拉曼研究了催化剂结构随 Mo、V 和 W 含量变化的变化。他们在 30×30 μm 催化剂区域内获得了 1000

个拉曼光谱，图 6-23（a）给出了这一系列光谱中三个差异很大的光谱图。在所有谱图中，没有观察到正方晶系特征的拉曼谱峰（666 cm$^{-1}$、820 cm$^{-1}$ 和 995 cm$^{-1}$），而在 984 cm$^{-1}$、845 cm$^{-1}$、805 cm$^{-1}$、696 cm$^{-1}$ 和 685 cm$^{-1}$ 观察到谱峰的存在。由于 Mo、V 和 W 在这个区域内都有拉曼谱峰，这取决于它们的配位环境和对称性。因而将这些谱峰直接归属于某一特定的物种是不可能的。Mestl[169]用化学统计法从 1000 个光谱中模拟得到两个主要组分的光谱图，如图 6-23（b）中虚线所示。图 6-23（b）中实线分别为纯晶相 MoO$_3$、WO$_3$ 和 V$_2$O$_5$ 的拉曼光谱。分析表明组分 1 的拉曼光谱［图 6-23（b）中上部的虚线］可能是主要含有 Mo 和 W 的缺氧的 MoWO$_{3-x}$ 结构。组分 2 的拉曼光谱［图 6-23（b）中上部的虚线］相似于 V$_2$O$_5$ 的拉曼光谱，表明这一组分可能是无定形 V$_2$O$_5$ 的贡献。综合其他分析方法的结果，作者认为在钼基混合氧化物催化剂中，缺氧的 MoO$_{3-x}$ 组分优先在小的高 V 含量样品区域内形成，而 V$_2$O$_5$ 型氧化物是在具有 Mo 和 W 均匀分布的剩余区域内形成的。

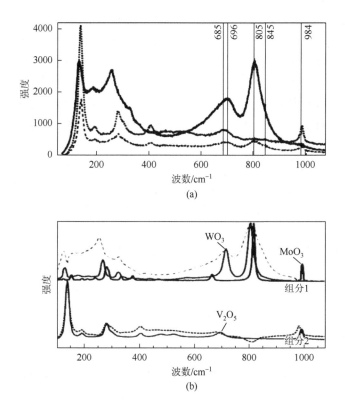

图 6-23　Mo、V、W 混合氧化物催化剂的共焦拉曼显微光谱图（30 μm×30 μm）[169]

（a）在所记录的 1000 个拉曼光谱中三个差异很大的光谱图；（b）从 1000 个光谱图中用化学计法得到的两个独立的主要组分的光谱（虚线）。作为参考的晶相 MoO$_3$、WO$_3$ 和 V$_2$O$_5$ 的拉曼光谱（实线）

　　田中群等[170]用共焦拉曼显微技术研究了在电催化和燃料电池中有重要意义的甲醇氧化过程。利用共焦显微拉曼可以剖层分析的特点，他们将激光聚焦于电极表面，使得拉曼信号主要来自电极表面吸附物种，而当把激光聚焦在电极表面之上时，拉曼信号则主要来自体相溶液，因而通过改变激光聚焦点与电极表面的距离，他们得到了反应过程中各物种随离电极表面距离 $d$ 变化的浓度梯度关系。实验中，他们不仅检测到该体系发生解离吸附的中间产物（CO），还同时监测到溶液成分的变化。他们的研究表明，共焦拉曼光谱可以作为一种多功能的界面研究和分析技术。但由于共焦技术的使用，在一定程度上会破坏样品，并且使原位检测催化反应变得困难。

## 6.4.6　紫外拉曼光谱

　　拉曼光谱虽然被应用于催化领域的研究，并在负载型金属氧化物、分子筛、原位反应和吸附等研究中取得了一些研究成果，但荧光干扰和灵敏度较低等问题限制了拉曼光谱更为广泛的应用。传统的拉曼光谱一般采用可见激光作为激发光源，由于可见区极易产生荧光，而荧光的强度往往是拉曼强度的几万倍甚至百万倍，因此使用可见激光作为光源的拉曼光谱经常受到荧光的干扰，有时甚至得不到光谱。另外，一些深颜色的样品对可见光吸收很强，也很难得到拉曼光谱。将激发波长从可见区移到紫外区（<300 nm）能够避开荧光的干扰。

　　物质分子吸收紫外光后，处于电子基态的分子被激发跃迁到一个高于第一电子激发态的虚态能级，从虚态能级直接跃迁回电子基态，即瑞利或拉曼散射过程。从虚态能级通过无辐射跃迁降到第一电子激发态的最低振转能级上，然后通过辐射跃迁回到电子基态，这是荧光或磷光的辐射过程。由于在虚态能级和第一电子激发态之间有一个间隙，所以拉曼信号出现在比荧光波长更短的区域，从而有可能避开荧光干扰，如图 6-24 所示。1997 年中国科学院大连化学物理研究所建成国内第一台连续波紫外共振拉曼光谱仪[171]，并将其应用于研究催化研究中。紫外共振拉曼光谱仪解决了催化研究中长期以来难以解决的荧光干扰难题。对于那些可见拉曼中有强的荧光背景，如硫酸化的氧化锆[172]、催化剂积炭失活[173, 174]、负载型过渡金属氧化物[175]、过渡金属杂原子分子筛[176]、金属氧化物相变[177]等进行了研究并取得了一系列过去文献中从未报道过的新结果。

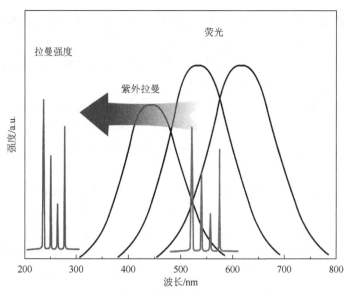

图 6-24 紫外拉曼避开荧光干扰的示意图

图 6-25 为紫外拉曼光谱仪的结构示意图。光源采用的是美国相干（Coherent）公司生产的腔内倍频氩离子激光器（Innova 300 Fred）和 KIMMON 公司生产的 IK-3351R-G 氦镉激光器。腔内倍频的紫外激光器是将氩离子激光器的可见激光经腔内 BBO 晶体倍频后，得到多条单线的紫外激光，常用的有 514.5 nm 倍频所得的 257.2 nm 和 488 nm 倍频所得的 244 nm 激光线。He-Cd 激光器可以提供 325 nm 的激光输出。

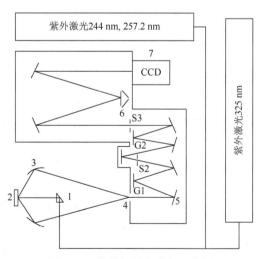

图 6-25 紫外拉曼光谱仪示意图

1. 全反射棱镜；2. 样品；3. 椭球镜；4. 入射狭缝；5. 反射镜；6. 光栅（G3）；7. CCD 探测器

外光路系统采用 180°背向散射方式进行信号采集，收集镜采用椭圆收集镜解决了常规透镜在紫外区难以使用并随激发波长的变化不需要进行焦距的调节，背向散射信号经紫外镀膜的椭球镜反射收集会聚到光谱仪的入射狭缝进入分光系统，非常利于进行紫外拉曼光谱的研究。

拉曼光谱仪为采用三光栅光谱仪结构。为适应紫外波段的研究，光栅和反射镜均采用了紫外区的镀膜。前两块光栅处于镜像对称位置，进行光谱的色散相减，其作用是利于中间狭缝去除滤掉瑞利线。去除瑞利线的散射光经第三块光栅 G3 分光后照射到 CCD 探测器进行检测。

液氮冷却 CCD 探测器采用背向探测和紫外增强，使其可以在紫外区进行信号检测的量子效率达到 50%以上。液氮冷却 CCD，具有极低的暗电流噪声［1～3 电子/（像元·小时）］，可以瞬时快速地采集信号，采集速率可达毫秒级。

进一步发展的紫外光谱仪采用三联光谱仪结构，每联光谱仪在线配置三块光栅。可从紫外区到可见区（200～700 nm）的较宽范围内进行拉曼光谱研究。光谱分辨率在紫外区为 $2.0\ cm^{-1}$，在可见区为 $1.0\ cm^{-1}$。

紫外拉曼光谱具有灵敏度高和避开荧光干扰等优势，同时由于很多化合物的电子吸收带在紫外区，还可以进行共振拉曼光谱的研究，因此其在催化研究中具有很大的优势和潜力。

### 1. 催化剂积炭失活的研究[179]

催化剂表面的积炭物种主要是一些高度脱氢的含碳化合物，如烯烃、稠环芳烃、石墨前驱体和石墨等。这些物种的形成机理和表面状态很难研究。虽然拉曼光谱在理论上讲应该是一种理想的表征表面积炭的技术，但由于碳氢化合物有很强的荧光干扰，很难用可见拉曼光谱进行表征。积炭的谱峰主要出现在 1360～$1400\ cm^{-1}$、1580～$1640\ cm^{-1}$ 和 2900～$3100\ cm^{-1}$ 三个区域，分别被归属为 C—H 变形振动、C＝C 伸缩和 C—H 伸缩振动。通过对这些谱峰的位置和相对强度的分析可以区分烯烃、聚烯烃、芳烃、聚芳烃、类石墨等不同形态的积炭。采用紫外激发线，不但使拉曼散射截面增加，而且有效避开荧光干扰，得到信噪比很好的紫外拉曼光谱。对 ZSM-5 和 USY 在碳氢转化过程中的研究表明，两种催化剂的积炭生成动力学过程是不同的[173, 174, 178, 179]。图 6-26 为甲醇在不同分子筛上转化反应过程中积炭物种的紫外拉曼光谱图。在 SAPO-34 的紫外拉曼光谱图中出现了 $1414\ cm^{-1}$、$1616\ cm^{-1}$、$1628\ cm^{-1}$、$2822\ cm^{-1}$ 和 $2974\ cm^{-1}$ 五个谱峰。其中，$1414\ cm^{-1}$ 谱峰为 $CH_3$ 的变形振动，$1616\ cm^{-1}$ 和 $1628\ cm^{-1}$ 的谱峰为烯烃的 C＝C 伸缩振动，$2822\ cm^{-1}$ 和 $2947\ cm^{-1}$ 的谱峰分别为 C—H 键的对称和反对称伸缩振动，而在 ZSM-5 和 USY 的紫外拉曼谱图中未检测到 C—H 振动区间的谱峰，表明在 SAPO-34 中形成的积炭物种主要是由富含氢的烯烃和聚烯烃分子组成。

ZSM-5 的紫外拉曼谱图中 1425 cm$^{-1}$ 和 1615 cm$^{-1}$ 谱峰分别归属为芳烃和取代芳烃的 C—H 变形振动和 C≡C 伸缩振动，USY 的紫外拉曼谱图中 1604 cm$^{-1}$ 谱峰为聚芳烃的 C≡C 伸缩振动。这一结果表明，SAPO-34、ZSM-5 和 USY 分子筛在甲醇转化反应中形成了不同的积炭物种，这是由它们不同的酸性和孔结构所决定的[179]。

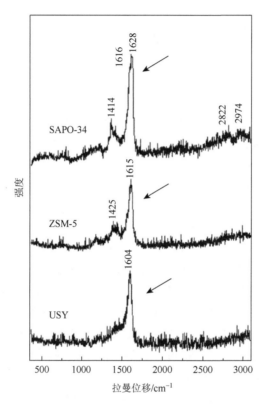

图 6-26　甲醇在不同分子筛上转化反应过程中积炭物种的紫外拉曼光谱图[179]

李键[180]还用紫外拉曼光谱考察了不同类型的烯烃分子在分子筛和氧化铝表面的吸附与反应，并将不同积炭物种和 1600 cm$^{-1}$ 附近的谱峰相关联，结果如图 6-27 所示。

### 2. 负载型过渡金属氧化物催化剂的研究[181]

负载型过渡金属氧化物在许多重要的工业催化反应中有广泛的应用，因此是传统拉曼光谱研究中一个很活跃的领域。但由于可见拉曼光谱的灵敏度低和荧光干扰问题，以前的研究主要集中在较高负载量催化剂上。而研究低负载量催化剂

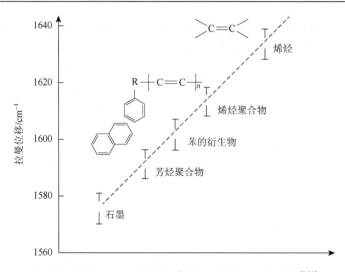

图 6-27　催化剂表面积炭物种与拉曼谱峰位置关联图[180]

才能够给出表面物种与载体相互作用的直接信息。由于过渡金属氧化物在紫外区有荷电跃迁吸收，因此选择合适的紫外激光进行共振激发，可以很有效地得到低负载量催化剂的紫外拉曼光谱。

　　李灿等将紫外拉曼光谱研究应用于低负载量 γ-Al$_2$O$_3$ 负载的氧化钼催化剂的研究中，结果表明，由于避开了荧光干扰，激发波长变短和共振效应，使信号灵敏度大幅度提高，甚至可以得到负载量低于 0.1wt% MoO$_3$/γ-Al$_2$O$_3$ 催化剂的拉曼光谱[175, 181]。图 6-28 为 0.1wt% MoO$_3$/γ-Al$_2$O$_3$ 催化剂紫外可见漫反射光谱和拉曼光谱。在紫外可见漫反射光谱中主要出现两个吸收峰，其中 220 nm 谱峰被归属于四配位氧化钼的吸收峰，而 280 nm 的谱峰被主要归属为六配位氧化钼的吸收峰。并且发现以 488 nm 激光线为激发光源的可见拉曼图中没有得到任何拉曼信号，只有很强的荧光背景。激发光源从 488 nm 移至 325 nm，尽管有荧光干扰，但仍然得到了拉曼光谱图。将激发光源移至 244 nm 则完全避开了荧光干扰，得到了信噪比很好的拉曼光谱图。

　　244 nm 激光激发的拉曼光谱中出现了归属为四配位 Mo ＝ O 键的 325 cm$^{-1}$ 和 910 cm$^{-1}$ 的弯曲及对称伸缩振动峰，以及在 1802 cm$^{-1}$ 和 2720 cm$^{-1}$ 归属为 Mo ＝ O 键对称伸缩振动的二倍频和三倍频峰。由于 244 nm 激光线位于 Mo ＝ O 键的荷电跃迁区，共振效应使 Mo ＝ O 键对称伸缩振动模的基频、倍频和三倍频的谱峰强度同时发生增强，从而得到了传统拉曼光谱无法得到的倍频和三倍频峰。由于 325 nm 的激发线位于 Mo—O—Mo 桥键的紫外吸收带，325 nm 激光线激发的拉曼光谱中可观察到位于 837 cm$^{-1}$ 和 1670 cm$^{-1}$ 的六配位 Mo—O—Mo 反对称伸缩振动的基频和倍频峰。因此选用 244 nm 和 325 nm 作为激发光源可以有效区

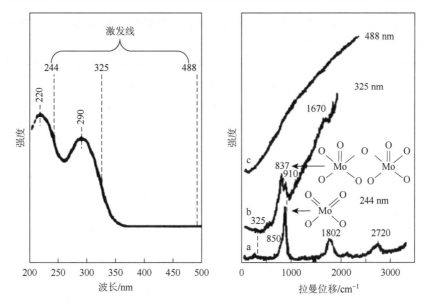

图 6-28　0.1wt% MoO$_3$/γ-Al$_2$O$_3$ 催化剂紫外可见漫反射光谱和紫外拉曼光谱[175]

分表面钼物种的配位结构。这些结果表明，在极低负载量时四配位和六配位物种同时存在，这与过去高负载量催化剂的研究结果不同，以前推测认为在低负载量时只有四配位氧化钼存在。另外，由于紫外共振拉曼增强效应，极低负载量氧化物催化剂的研究成为可能。

　　李灿等还利用紫外拉曼光谱研究了负载型 MoO$_3$ 催化剂的制备和焙烧过程，结果表明，在湿润状态时表面物种的配位结构不仅与浸制液的 pH 有关，而且与载体的性质有关[181]。在焙烧后，几乎所有催化剂的表面钼物种都发生了聚合，导致四配位物种的减少和六配位物种的增加。他们用紫外拉曼光谱灵敏地检测到负载氧化钼物种随载体表面 pH 改变而发生的配位状态的变化，发现表面 pH 是决定表面钼物种配位结构的重要因素。由于绝大部分过渡金属氧化物在紫外区有吸收，这项研究也可以推广到其他氧化物的研究。紫外拉曼光谱是研究低负载量氧化物催化剂表面配位结构的一项有力工具，这对催化剂制备科学的发展具有重要的意义。

### 3. 原位紫外拉曼光谱在 X 型分子筛合成机理研究中的应用[203]

　　微孔分子筛是多孔材料中一个非常重要的家族。多孔材料的共同特征是具有规则而均匀的孔道结构，其中包括孔道与窗口的大小尺寸和形状[182, 183]。尽管目前已有大量的分子筛被合成出来，但是要更广泛地开发新型沸石分子筛，实现微孔分子筛的分子设计与定向合成，必须展开对分子筛生成过程与晶化机理的深入研究。沸石的生成涉及硅酸根的聚合态和结构；硅酸根与铝酸根间的缩聚反应；硅铝酸根的结构；溶胶的形成、结构和转变，凝胶的生成和结构；结构导向与沸石的成核，沸石的晶体生长；介稳相的性质和转变等。只有对上述科学问题进行深入研究才能从根本上认识沸石的生成过程与机理[184]。到目前为止，已经提出了很多关于分子筛长程有序晶体结构形成的机理[185-191]。这些机理大多涉及了分子筛的成核及晶体生长，包括初始原料的消耗及基本单元的形成。但是，对其生成过程的基本理解至今仍没有达成共识[192]。

人们应用了各种现代化的测试与表征手段，包括 X 射线晶体衍射分析[193]、核磁共振[194]和电镜[195]来研究分子筛合成机理。上述表征手段大多是在非原位的条件下进行的，这就需要间歇性的停止反应，并从反应体系中取出中间物来分析。然而，分子筛大多是在高温高压的水热体系中合成出来的。在反应中将产物取出可能导致这些中间物种的结构性质发生明显的变化，失去了研究的价值[196]。另外，由于反应的复杂性，很难得到全面的信息[197]。

原位表征技术可以在分子筛合成过程当中测定中间物种，不仅可以连续全面地跟踪反应过程，而且得到的是最真实、可靠的信息。所以，发展一种可以原位检测分子筛合成过程的表征技术就具有了极其重要的意义[198-200]。

由于水的拉曼散射截面非常小，所以拉曼光谱可以用来研究分子筛合成过程中的液相信号及固相信号[201]。分子筛合成中，通常存在大量富含羟基的化合物和模板剂。而这些物质都可以产生极强的荧光，极大干扰常规拉曼光谱的测量。而紫外拉曼光谱可以避开分子筛合成中间物种产生荧光的干扰而增加灵敏度。这些优点为紫外拉曼光谱原位研究分子筛合成机理提供了可能性[202]。

Fan 等[203]通过特殊设计的应用与水热体系的原位拉曼光谱池结合紫外拉曼技术，成功地应用紫外拉曼光谱来原位跟踪研究水热条件下分子筛合成体系中中间物种的产生及演变直至分子筛晶体的形成。基于原位拉曼光谱、理论计算结合 X 射线衍射分析、核磁共振谱，提出 X 型分子筛合成中液相和固相的可能机理。

图 6-29 是用于研究水热合成分子筛的原位拉曼池。这个原位池的设计模拟高温高压下反应釜中合成反应的真实情况。原位池被铜制的加热线圈所环绕。一个透镜通过硅橡胶密封于原位池的顶部，该透镜用来将激光聚焦于原位池中被研究样品的表面上。利用透镜作为原位池的窗口所获得的拉曼信号是利用平面镜作为窗口获得拉曼信号的 3～4 倍。在分子筛合成的水热条件下，它能够耐受 250℃的高温和 40 bar（1 bar = $10^5$ Pa）的高压。为了更好地研究合成反应中的液相和固相，实验中采用了两种类型的样品池。通过用一个深的样品池可以把激光聚焦到液相中用来研究液相 [图 6-29（b）]，用一个浅的样品池可以使激光聚焦到液相和固相的分界面上，从而实现对固相的研究 [图 6-29（c）]。

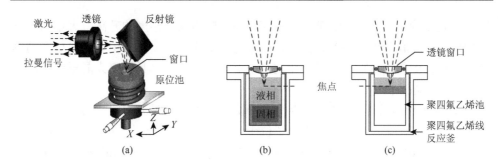

图 6-29　（a）原位拉曼池；（b）焦点在液相研究液相的原位拉曼池；（c）焦点在固相研究固相的原位拉曼池

图 6-30 给出了在 373 K，水热条件下液相的原位拉曼光谱图。最初的谱图中有一个中心位于 500 cm$^{-1}$ 的宽峰，以及位于 774 cm$^{-1}$、920 cm$^{-1}$ 和 1060 cm$^{-1}$ 的几个比较明显的谱峰。500 cm$^{-1}$ 附近的谱峰是归属于无定形的硅铝凝胶前驱体。1060 cm$^{-1}$ 的谱峰是由于在合成过程中碱性凝胶吸收空气中的 $CO_2$ 所形成 $CO_3^{2-}$ 离子产生的谱峰[204]。位于 774 cm$^{-1}$ 和 920 cm$^{-1}$ 谱峰的变化趋势是一致的。这一对谱峰被归属为液相中的单态硅物种[205-207]。图 6-30 的插图给出了整个晶化过程中位于 774 cm$^{-1}$ 谱峰的强度对应时间的变化曲线图。774 cm$^{-1}$ 谱峰强度随着晶化温度的升高而逐渐加强，晶化到 120 min 时达到最大值，随后随着反应时间的延长谱峰强度逐渐下降。这样的结果说明合成过程中存在大量的单态硅物种，并且单态硅物种参与了整个晶化过程。这样一个过程可以描述如下：在最初的阶段，无

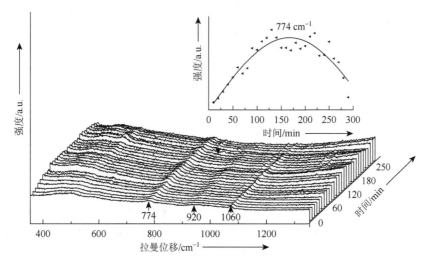

图 6-30　373 K，水热条件下 X 型分子筛合成过程中液相的原位拉曼光谱图

插图：774 cm$^{-1}$ 谱峰强度随时间变化的曲线图

定形的硅凝胶和液相中的物种处于平衡状态。随着反应温度的升高，大量的单态硅物种从硅凝胶前驱体中解聚出来。随着反应的进行，晶体的生长需要更多的单态硅物种。到晶化后期几乎所有无定形前驱体都被消耗并且转变为晶形结构，不再解聚出单态硅物种。

图 6-31 给出了在 373 K，水热条件下固相的原位拉曼光谱图。初始的凝胶处于无定形状态，在拉曼光谱上给出了位于 500 cm$^{-1}$、575 cm$^{-1}$（肩峰）、774 cm$^{-1}$、920 cm$^{-1}$ 和 1060 cm$^{-1}$ 的谱峰。整个晶化过程中固相的位于 774 cm$^{-1}$ 和 924 cm$^{-1}$ 与液相的位于 774 cm$^{-1}$ 和 924 cm$^{-1}$ 谱峰的变化趋势有着很明显的不同。在整个晶化过程中，固相位于 774 cm$^{-1}$ 谱峰的强度一直增强。同时，固相中 774 cm$^{-1}$ 和 924 cm$^{-1}$ 谱峰的存在说明一部分单态硅物种吸附在固相表面或者是陷于固相中间。

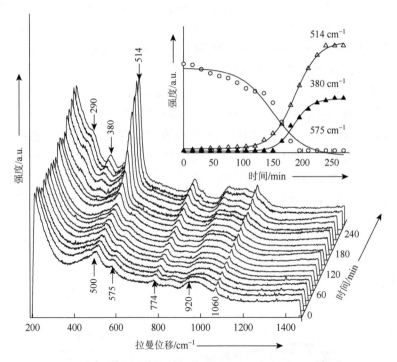

图 6-31　373 K，水热条件下 X 型分子筛合成过程中液相的原位拉曼光谱图
插图：514 cm$^{-1}$、380 cm$^{-1}$ 和 575 cm$^{-1}$ 谱峰强度随时间变化的曲线图

图 6-31 中位于 500 cm$^{-1}$ 谱峰的存在说明前驱体中含有大量的四元环结构单元[208,209]。随着反应温度的升高，位于 500 cm$^{-1}$ 的谱峰变得更加突出并且位移到 514 cm$^{-1}$。514 cm$^{-1}$ 的谱峰被归属于晶化完全的 X 型分子筛的四元环呼吸振动谱峰。随着反应的进行，对应于 X 型分子筛的特征峰 298 cm$^{-1}$ 和 380 cm$^{-1}$ 逐渐显现并且增强。298 cm$^{-1}$ 和 380 cm$^{-1}$ 的谱峰是由分子筛结构中双六元环的呼吸振动所引起的。

它们的出现和 514 cm$^{-1}$ 谱峰的存在说明 X 型分子筛的形成是与四元环、六元环结构的存在密切相关的[210]。图 6-31 的插图给出了 514 cm$^{-1}$ 谱峰的强度随反应时间变化的曲线图。晶化 150 min 后，谱峰的强度显著增强，这与 XRD 的结果是一致的。

值得注意的是，575 cm$^{-1}$ 的谱峰在反应刚开始就存在，并且随着反应时间的进行强度逐渐下降（图 6-31 插图）。当谱图中出现 298 cm$^{-1}$ 和 380 cm$^{-1}$ 的谱峰时，位于 575 cm$^{-1}$ 的峰基本消失。这就说明 575 cm$^{-1}$ 的谱峰与分子筛骨架的形成是直接相关的。很明显，575 cm$^{-1}$ 谱峰代表着合成中一种关键物种。位于 550～600 cm$^{-1}$ 的谱峰被归属为 Al—O—Si 的伸缩振动[211]。Guth 等报道了在强碱条件下硅铝溶液中存在 577 cm$^{-1}$ 的谱峰，并把它归属为硅铝阴离子[212, 213]。通过实验可以证实 575 cm$^{-1}$ 的谱峰来自于固相。并且随着凝胶中硅铝比的变化，575 cm$^{-1}$ 的谱峰和 500 cm$^{-1}$ 的谱峰的强度同时发生变化。这就说明 575 cm$^{-1}$ 的谱峰与四元环结构单元有关。575 cm$^{-1}$ 的谱峰可能是和四元环结构单元相关的 Al—O—Si 结构。然而，575 cm$^{-1}$ 的谱峰位置与四元环呼吸振动谱峰位置相差很远，说明 575 cm$^{-1}$ 的谱峰所代表的 Al—O—Si 可能是以支链的形式存在[214]。通过理论计算，他们确认了 575 cm$^{-1}$ 的谱峰来自于位于四元环支链的 Al—O—Si 弯曲振动。

根据原位拉曼光谱和理论计算结果，图 6-32 给出了 X 型分子筛可能的合成机理：在合成的最初阶段，无定形的硅铝凝胶不断地解聚、溶解，从而形成可溶性的单态硅物种，对应于拉曼光谱上 774 cm$^{-1}$ 谱峰的存在。前驱体当中存在着大量的四元环结构单元，其中的一些四元环可能以支链的形式存在。四元环结构单元之间相互连接形成部分结晶的分子筛结构。在拉曼光谱上表现为 500 cm$^{-1}$ 的谱峰移

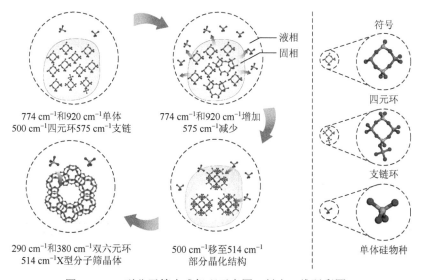

774 cm$^{-1}$ 和 920 cm$^{-1}$ 单体
500 cm$^{-1}$ 四元环 575 cm$^{-1}$ 支链

774 cm$^{-1}$ 和 920 cm$^{-1}$ 增加
575 cm$^{-1}$ 减少

液相
固相

符号

四元环

支链环

290 cm$^{-1}$ 和 380 cm$^{-1}$ 双六元环
514 cm$^{-1}$ X 型分子筛晶体

500 cm$^{-1}$ 移至 514 cm$^{-1}$
部分晶化结构

单体硅物种

图 6-32　X 型分子筛合成机理示意图（封底二维码彩图）

动到 514 cm$^{-1}$。在这个过程中，液相中的单态硅物种不断地富集和参与分子筛骨架的形成。对应于液相中 774 cm$^{-1}$ 谱峰强度的减弱和固相中 774 cm$^{-1}$ 谱峰的增强。分子筛结构中的四元环和双六元环呼吸振动（514 cm$^{-1}$、290 cm$^{-1}$ 和 380 cm$^{-1}$ 的谱峰）的出现说明分子筛已经晶化完全[215]。无定形的前驱体最后基本上都转化为晶相的分子筛结构，而晶相结构的分子筛不再解聚、溶解出单态硅物种。

### 4. 杂原子分子筛表征[216]

大部分分子筛催化剂有较强的荧光干扰问题，原因之一是制备分子筛时残留的有机模板剂和合成原料中的杂质引起荧光。因此在进行可见拉曼光谱表征前往往需要长时间的焙烧来消除荧光干扰。即使如此，很多分子筛的可见拉曼光谱表征也是很困难的。Li 等[176, 216]以 244 nm 紫外激光作为激发光源对 TS-1 分子筛进行了表征，通过紫外激光有选择性地激发了 TS-1 分子筛中 Ti—O 之间的荷电跃迁，使与骨架钛直接相关的拉曼峰共振增强，得到钛进入骨架的最直接证据。图 6-33 为 TS-1 和 Silicalite-1 分子筛的紫外可见漫反射光谱和紫外拉曼光谱。TS-1 的紫外可见漫反射光谱在 220 nm 处有吸收峰，该峰被归属于 Ti—O—Si 键骨架氧和钛之间的 pπ-dπ 的荷电跃迁，而 Silicalite-1 在紫外区没有吸收。TS-1 分子筛的紫外拉曼与可见拉曼光谱相比，出现了 490 cm$^{-1}$、530 cm$^{-1}$、1125 cm$^{-1}$ 三个新的谱峰，这是骨架钛和骨架晶格氧原子之间的电荷跃迁受到紫外激光的激发后产生的共振拉曼峰，由于共振效应使骨架钛物种相关的拉曼谱峰增加了几个数量级。

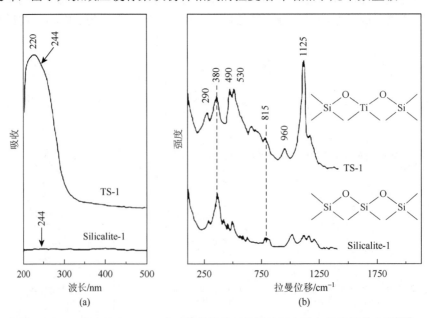

图 6-33　TS-1 和 Silicalite-1 分子筛的紫外可见漫反射光谱和紫外拉曼光谱[176]

对其他杂原子分子筛的研究也得到了类似的结果[217, 218]。图 6-34 是 Si-MCM-41 和 V-MCM-41 分子筛的紫外拉曼光谱图[183]。Si-MCM-41 分子筛在 490 cm$^{-1}$、610 cm$^{-1}$、810 cm$^{-1}$ 和 970 cm$^{-1}$ 处出现四个谱峰，与可见拉曼光谱的谱峰是类似的。在 V-MCM-41 分子筛的紫外拉曼光谱中，490 cm$^{-1}$ 谱峰变宽，在 930 cm$^{-1}$ 和 1070 cm$^{-1}$ 出现两个新的谱峰。930 cm$^{-1}$ 的谱峰为骨架外聚合氧化钒的 V＝O 对称伸缩振动峰，而 1070 cm$^{-1}$ 的谱峰为骨架四配位氧化钒的 V＝O 对称伸缩振动峰。作者认为在可见拉曼光谱中未发现 930 cm$^{-1}$ 和 1070 cm$^{-1}$ 两谱峰，是由于 244 nm 波长的激发线激发了骨架钒和非骨架钒物种的荷电跃迁，因此共振效应使这两个峰的强度增强，从而同时得到了骨架钒和非骨架钒物种的紫外拉曼光谱的谱峰。

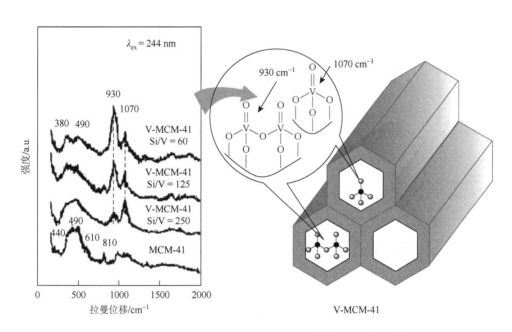

图 6-34　Si-MCM-41 和 V-MCM-41 分子筛的紫外拉曼光谱图

图 6-35（a）为 Fe-ZSM-5 的紫外可见漫反射谱图，Fe/ZSM-5 的紫外可见吸收光谱图中最特征的吸收带位于 211 nm 和 245 nm，它们被归属为分子筛中的骨架氧到骨架位铁原子的荷电跃迁产生特征吸收带。图 6-35（b）～（d）是三条不同激发线激发的拉曼光谱图：244 nm 激光位于分子筛骨架铁的铁氧核电跃迁吸收带；325 nm 激光处于它的吸收带边；而 532 nm 激光远离荷电跃迁吸收带。在 244 nm 激发的紫外拉曼光谱图中，除了位于 290 cm$^{-1}$、380 cm$^{-1}$ 和 800 cm$^{-1}$ 等分子筛骨架的特征峰以外，244 nm 还激发出了 516 cm$^{-1}$、1005 cm$^{-1}$、1115 cm$^{-1}$ 和 1165 cm$^{-1}$

四个新峰。这些峰在纯的 ZSM-5 中是没有的，它们的存在应该与骨架铁的进入有关。在 325 nm 激发的紫外拉曼光谱中我们看到了位于 1005 cm$^{-1}$ 的谱峰，另外 516 cm$^{-1}$、1115 cm$^{-1}$ 和 1165 cm$^{-1}$ 的谱峰也存在于该谱图当中，只是与 244 nm 激发的拉曼谱峰相比，它们的强度弱了很多。与 244 nm 和 325 nm 激发的拉曼光谱相比，532 nm 激发的拉曼光谱中只有位于 1005 cm$^{-1}$ 的谱峰。这四个谱峰可以分为两类，一类是 516 cm$^{-1}$、1115 cm$^{-1}$ 和 1165 cm$^{-1}$，它们是直接与骨架铁物种相关的。1005 cm$^{-1}$ 是由铁的引入引起的，但它是一个非共振的拉曼谱峰。根据对钛硅分子筛的归属，516 cm$^{-1}$ 和 1165 cm$^{-1}$ 可以归属为对称和反对称的 FeOSi 四面体的振动模式。此外，利用紫外拉曼光谱作者还检测到了 ZSM-5 分子筛中痕量铁的存在，这说明紫外共振拉曼光谱是一项表征分子筛中骨架杂原子的灵敏而又可靠的手段。

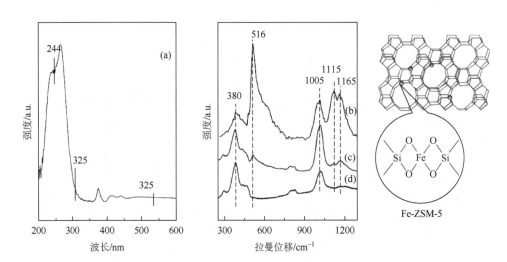

图 6-35　Fe-ZSM-5（Si/Fe = 76）的紫外可见漫反射谱图（a），244 nm（b）、325 nm（c）和 532 nm（d）激发的拉曼光谱图（封底二维码彩图）

### 5. 氧化物表面相变的研究[177, 222, 229]

固体金属氧化物物相结构的表征对于许多领域如材料科学、地球科学、化学物理科学特别是其中的多相催化领域是非常重要的。许多多晶相氧化物如 $ZrO_2$、$TiO_2$ 等由于其独特的物理化学性质，在材料和催化领域有极广泛的应用。然而无论是在材料领域还是催化领域，这些氧化物不同的晶相结构对其作为材料和催化剂的性能有很大的影响，为了认识这些多晶相氧化物表面和体相的晶相结构与其性质的关系，仔细研究这些氧化物的晶相及相变过程是非常必要的。

Li 等[177]利用紫外拉曼光谱研究了氧化锆的表面相变过程。图 6-36（a）和（b）分别给出了氧化锆样品在不同温度焙烧后的紫外拉曼光谱和 XRD 谱图。在样品的紫外拉曼光谱［图 6-36（a）］中，作者发现在 400℃焙烧样品后，可以观察到四方和单斜混合相的拉曼谱峰，500℃焙烧后，四方相谱峰完全消失，仅有单斜相的谱峰被观察到。升温到 700℃，单斜相谱峰进一步增强。但是 XRD 图谱的结果显示 400℃焙烧后，氧化锆主要以四方相结构存在，甚至焙烧样品在 700℃后，仍然能观察到四方相的存在。作者也检测了不同温度焙烧后样品的可见拉曼光谱。他们发现可见拉曼与 XRD 的结果非常相似，而与紫外拉曼的结果却明显不同。作者认为这种差异的原因是：一般来讲，拉曼散射信号是同时来自样品体相和表面的。

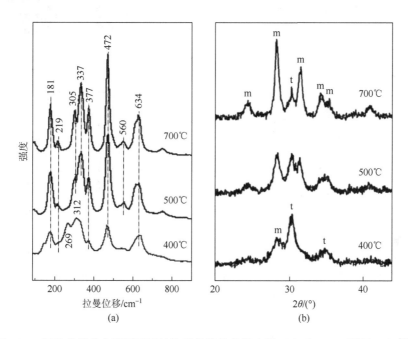

图 6-36　氧化锆样品在不同温度焙烧后的紫外拉曼光谱（a）和 XRD 谱图（b）[177]

但当样品对激发和散射光有很强的吸收时，来自于体相的信号会很大程度地衰减，拉曼谱图反映的主要是样品表面区的信息。特别是，大多数过渡金属氧化物对紫外光有很强的吸收，因而紫外拉曼光谱对这些样品的表面信息比体相信息更为灵敏。由于大多数样品在可见区都没有吸收，因此可见拉曼光谱给出的是体相和表面二者混合的信息。

根据紫外拉曼、可见拉曼和 XRD 的结果，作者提出了如图 6-37 中所示的一个描述氧化锆相变的示意图。当氧化锆被一紫外激光激发时，如 244 nm 激光，由于其对紫外区激发光和散射光的吸收使得来自体相的信号很难从这种吸收中逃逸出来，仅有来自表面的散射光能从吸收中逃逸出来。因此，紫外拉曼信号多数是来自氧化锆样品表面的信息。氧化锆相变是一个从表面到体相的过程，即单斜相首先在四方相晶粒的表面形成。尽管单斜相是热力学更稳定的相，但由于动力学的原因，从四方相到单斜相的相变需要一个缓慢地从表面到体相的过程。图 6-37 中也给出了一个描述紫外拉曼、可见拉曼和 XRD 获得样品不同信息的形象插图。从此插图中可以发现，XRD 和可见拉曼的信号主要来自于样品的体相，而紫外拉曼是表面灵敏的技术。

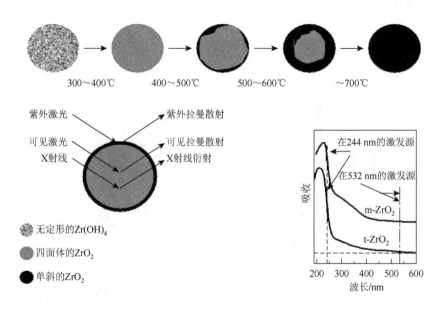

图 6-37　氧化锆经不同温度焙烧相变的紫外拉曼、可见拉曼光谱和 XRD 所得信息示意图
插图：单斜相和四方相氧化锆的紫外可见吸收光谱[177]（封底二维码彩图）

　　在此基础上，Li 等[220, 221]也研究了掺杂氧化锆的相变过程，从紫外拉曼光谱、XRD 和可见拉曼光谱的结果看，尽管由于稳定剂的加入，四方相能稳定存在于样品体相，但是四方相在表面仍不能稳定，极易转变为单斜相；特别是当稳定剂含量低时，样品表面完全处于单斜相结构。稳定剂在样品表面含量足够高时，样品可完全稳定在四方相。
　　在对氧化锆研究的基础上，Li 等[222]应用紫外拉曼光谱对氧化钛的相变机理尤其是表面相变机理进行了研究。图 6-38（a）和（b）分别为不同温度焙烧后氧化钛粉末样品的 XRD 和可见拉曼谱图。图 6-38（a）中的"A"和"R"分别代表锐钛矿和金红石晶相。如图所示，焙烧温度达到 550℃时除了锐钛矿的特征衍射峰之外，在 27.6°、36.1°、41.2°和 54.3°还出现了金红石的特征衍射峰，表明在此温度时发生了从锐钛矿到金红石的相变。随着焙烧温度的升高，锐钛矿的特征衍射峰的强度逐渐降低，而金红石的特征衍射峰的强度不断增强，即随着温度的增加，锐钛矿逐步向金红石转变。当焙烧温度达到 750℃时，锐钛矿的特征峰完全消失，即相变完成。从可见拉曼谱图［图 6-38(b)］上可以看出，当温度增加到 550℃时，一个非常弱的金红石的特征峰出现在 445 cm$^{-1}$，这也进一步表明了在 550℃发生了锐钛矿到金红石的相变。当样品在 580℃焙烧之后，观察到金红石的另外两个特征峰 235 cm$^{-1}$ 和 612 cm$^{-1}$。当温度继续增加时，金红石特征峰的强度不断增加，而锐钛矿的峰强度逐渐减少，温度达到 700℃时，可见拉曼的结果表明金红石是主要的晶相结构，但在 515 cm$^{-1}$ 仍然能观察到非常弱的锐钛矿的谱峰，温度升高到 750℃时，锐钛矿的特征峰完全消失，相变完成。

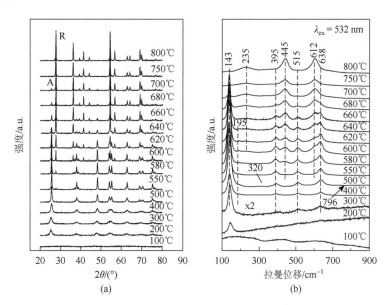

图 6-38　氧化钛样品在不同温度焙烧后的 XRD（a）和可见拉曼谱图（b）[222]

他们的研究表明，在研究氧化钛的相变过程中，可见拉曼光谱得到的结果和 XRD 类似，反映的主要是样品体相的信息。作者在研究氧化锆的相变时发现紫外拉曼对于在紫外区有强吸收的材料是一种表面灵敏的技术，而氧化钛在紫外区有强吸收，因此来自于体相的信息由于样品的吸收而极大地衰减，所以紫外拉曼光谱反映的主要是氧化钛的表面信息。

图 6-39 给出了不同温度焙烧后氧化钛粉末样品的紫外拉曼谱图。当样品在 500℃焙烧后，可以明显观察到锐钛矿的特征峰（143 cm$^{-1}$、195 cm$^{-1}$、

395 cm$^{-1}$、515 cm$^{-1}$、638 cm$^{-1}$），焙烧温度达到 680℃，紫外拉曼的结果表明样品仍处于锐钛矿晶相，然而 XRD［图 6-38（a）］和可见拉曼［图 6-38（b）］的结果显示在 550～680℃这个温度区间，锐钛矿逐渐转变为金红石相。只有当温度升高到 700℃时，在紫外拉曼光谱上才能观察到金红石的特征峰（235 cm$^{-1}$、445 cm$^{-1}$、612 cm$^{-1}$）。在 750℃焙烧之后，样品的表面仍处于锐钛矿和金红石相的混合晶相，但是在此温度焙烧的样品，XRD 和可见拉曼光谱的结果都表明体相的锐钛矿已经完全相变为金红石晶相。焙烧温度升高到 800℃以上，紫外拉曼光谱上只能观察到金红石的特征峰。结合 XRD、可见拉曼光谱和紫外拉曼光谱的结果，他们发现氧化钛的体相和表面的相变同样存在不同步的现象，表面上锐钛矿的相变要滞后一些，因此作者认为氧化钛的相变是从团聚粒子的体相开始的，逐渐发展到表面区域。同时他们提出了如图 6-40 所示的团聚氧化钛粒子相变模型。

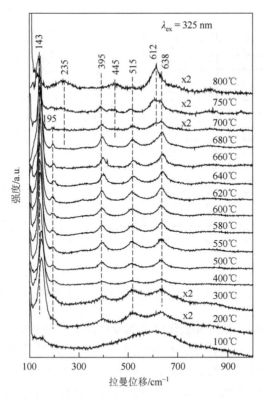

图 6-39　氧化钛经不同温度焙烧的紫外拉曼图[222]

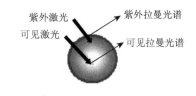

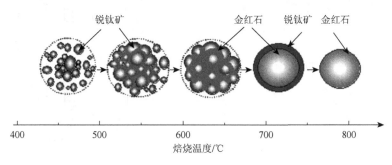

图 6-40　氧化钛经不同温度焙烧相变的紫外拉曼、可见拉曼光谱和 XRD 所得信息示意图[222]
（封底二维码彩图）

氧化钛因其合适的禁带宽度、较高的光化学稳定性及无毒等性能而被广泛应用于光催化制氢和太阳能电池的研究中。由于光生电子和空穴要迁移到光催化剂的表面上才能与表面吸附的分子发生反应，因此氧化钛的表面性质在光催化反应中具有重要的作用。研究表明氧化钛的晶相结构是影响其光催化性能的重要因素之一[223-228]，但是关于表面晶相如何影响光催化性能的研究尚未报道。在研究氧化钛的相变的基础上，Li 等[223]又对具有不同表面晶相的氧化钛进行了光催化性能的研究。

他们采用光催化分解水作为指标反应，考察了在不同温度焙烧的氧化钛催化剂的产氢活性。图 6-41 实线和虚线分别表示的是不同温度焙烧后各样品体相及表面金红石的含量。他们发现只要表面上处于锐钛矿相时（焙烧温度＜680℃），即使是体相的锐钛矿-金红石含量有很大差别，样品的产氢活性基本没有明显变化。当 TiO$_2$ 样品在 700℃和 750℃焙烧之后，光催化活性有所提高。对于这两个样品而言，体相中基本上均处于单一金红石晶相，但是样品表面处于锐钛矿和金红石的混合晶相。上述结果表明当样品表面处于混合晶相时（700℃和 750℃焙烧的样品），样品具有最高的光催化活性。当焙烧温度升高到 800℃时，TiO$_2$ 的表面完全处于金红石晶相，产氢活性急剧降低。他们认为，700℃和 750℃焙烧的样品之所以具有最高的光催化活性，是因为在 TiO$_2$ 表面的锐钛矿-金红石的异相结有利于电子-空穴分离，从而提高光催化活性。

为了验证上面所述的实验结果，他们采用浸渍并且焙烧的方法制备了金红石负载的锐钛矿样品，并通过重复浸渍和焙烧过程逐渐增加表面锐钛矿的含量。每次制备的样品标记为 TiO$_2$(A)/TiO$_2$(R)-$n$，其中 $n$ 为浸渍的次数。最后将不同样品进行了光谱表征及光催化分解水产氢活性的测试。

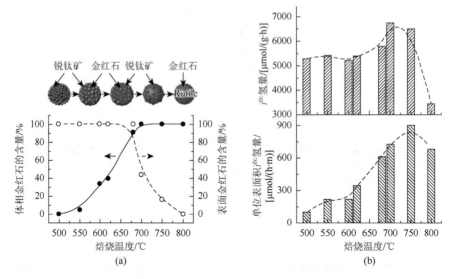

图 6-41　（a）不同温度焙烧后 TiO$_2$ 样品体相（实线）和表面（虚线）金红石含量；（b）不同温度焙烧后 TiO$_2$ 的表观 [μmol/(h·g)] 和本征 [μmol/(h·m$^2$)] 光催化分解水产氢活性[223]（封底二维码彩图）

　　图 6-42 为 TiO$_2$(A)/TiO$_2$(R)样品在 400℃焙烧后的 XRD [图 6-42（a）] 和紫外拉曼光谱图 [图 6-42（b）]。可以看出，随着负载量的增加，XRD 的结果表明锐钛矿的含量几乎没有变化。从紫外拉曼光谱上看，对于经过焙烧的 TiO$_2$(A)/TiO$_2$(R)-1 样品，位于 236 cm$^{-1}$ 和 445 cm$^{-1}$ 处的金红石特征谱峰消失，仅在 165 cm$^{-1}$ 和 612 cm$^{-1}$ 处出现两个宽峰，这可能是由于无定形 TiO$_2$ 覆盖了金红石载体部分表面，所以金红石载体的拉曼信号大幅度减弱甚至消失。

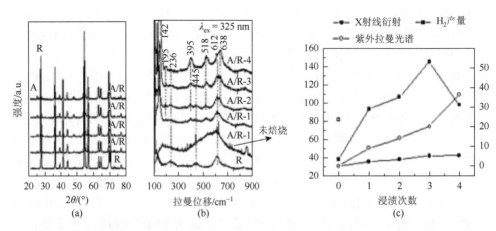

图 6-42　TiO$_2$(A)/TiO$_2$(R)-n 样品在 400℃焙烧后的（a）XRD 图谱；（b）紫外拉曼光谱；（c）单位表面积的光催化产氢活性根据 XRD 和紫外拉曼所估算的锐钛矿的含量也表示在图中[223]

　　TiO$_2$(A)/TiO$_2$(R)-1 样品在 400℃焙烧之后，开始观察到出现在 142 cm$^{-1}$ 和 395 cm$^{-1}$、518 cm$^{-1}$ 和 638 cm$^{-1}$ 处的锐钛矿的特征谱峰，而且随着浸渍次数的增加，锐钛矿特征谱峰逐渐变得明显，金红石的特征谱峰明显减弱。当浸渍次数从 1 次增加到 4 次时，采用紫外拉曼计算的结果表明，表面锐钛矿含量从 10%增加到 36%。采用上述方法制备的锐钛矿主要分布在金红石载体的表面上，而且分布在金红石表面上锐钛矿的量可以通过增加浸渍次数来实现。图 6-42（c）给出了 TiO$_2$(A)/TiO$_2$(R)-$n$ 样品单位表面积的光催化分解水产氢活性。根据 XRD 和紫外拉曼计算的锐钛矿含量也表示在图 6-42（c）中。没有经过焙烧的 TiO$_2$(A)/TiO$_2$(R)-1 样品其活性非常低，甚至比金红石载体的光催化活性还要低。这可能是因为金红石的表面上覆盖了一层无定形 TiO$_2$ 的原因。与载体金红石相比，经过焙烧之后的 TiO$_2$(A)/TiO$_2$(R)-$n$ 系列样品的光催化活性大幅度增加。相应 XRD 的结果表明，TiO$_2$(A)/TiO$_2$(R)-$n$ 系列样品体相金红石的含量基本上没有发生变化，然而 TiO$_2$(A)/TiO$_2$(R)-$n$ 系列样品的光催化活性却发生很大变化。上述这些结果表明，相比于体相晶相，光催化活性更多地取决于表面区的晶相。可以看出，TiO$_2$(A)/TiO$_2$(R)-3 样品的光催化活性基本上是纯金红石载体的 4 倍。这个结果表明在锐钛矿和金红石之间存在着协同效应。而这种协同作用可以归因于分布于金红石表面的锐钛矿和金红石之间形成了半导体结，从而有利于光生电子和空穴的分离，提高了光催化活性。而对于 TiO$_2$(A)/TiO$_2$(R)-4 样品来说，光催化活性又有所降低，他们认为此时金红石表面基本上被锐钛矿所包覆，使得暴露的锐钛矿-金红石的结的数目减少，从而使得活性有所降低。

　　除了对氧化锆、氧化钛等简单氧化物的表面相变进行研究，Li 等[229]还对钼酸铁复合氧化物催化剂的表面相组成进行了研究。图 6-43（a）和（b）分别为不同温度焙烧后钼酸铁样品的可见拉曼和紫外拉曼谱图。

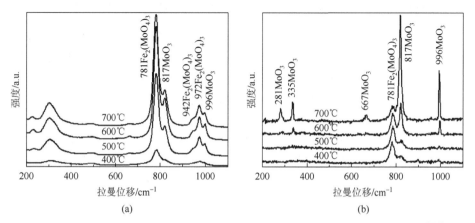

图 6-43　钼酸铁样品在不同温度焙烧后的可见拉曼（a）和紫外拉曼（b）谱图[229]

从可见拉曼谱图［图 6-43（a）］可以看出随着焙烧温度的升高，三价铁的钼酸盐［$Fe_2(MoO_4)_3$］与三氧化钼（$MoO_3$）的特征峰相对强度变化不大；而紫外拉曼光谱［图 6-43（b）］结果表明，随着焙烧温度的升高，三氧化钼的特征峰强度不断增加，在 700℃焙烧后，主要显示为三氧化钼的特征峰。由于钼酸铁也是一类在紫外区有强吸收的材料，他们的结果表明，随着焙烧温度的升高，三氧化钼逐步在表面富集。

为了进一步验证他们提出的结论，他们利用 SEM 对不同温度焙烧的样品进行了考察。从扫描电镜（图 6-44）上可以看出，在 500℃焙烧的样品［图 6-44（a）］主要为球形颗粒的聚集体，当样品在 700℃焙烧［图 6-44（b）］后，除了颗粒的长大，还可以明显观察到棒状物种的出现。文献一般认为这种形貌为三氧化钼的特征形貌，而且他们的 EDX 结果也表明棒状区域为富钼区域，此结果证实了随着焙烧温度的升高，三氧化钼逐步在表面富集。

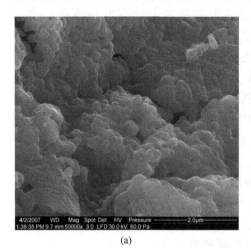 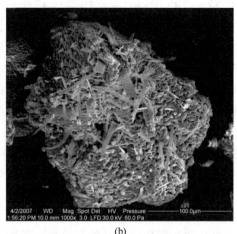

（a）　　　　　　　　　　　　　　　（b）

图 6-44　钼酸铁样品在 500℃焙烧后（a）和 700℃焙烧后（b）的 SEM 图[229]

李灿等的研究表明了紫外拉曼不仅对研究如氧化锆、氧化钛及钼酸铁等系列在紫外区有强吸收的材料的表面相变及表面相组成具有优势，而且对研究半导体材料的光催化性能具有很大的优势。

紫外拉曼光谱由于避开荧光干扰和灵敏度的提高，在很大程度上拓宽了拉曼光谱在催化中的应用。由于紫外区的共振拉曼效应与分子和功能集团的电子跃迁有关，紫外共振拉曼光谱将提供比正常拉曼光谱更多的信息，特别是提供有关分子结构和电子态的信息。

# 6.5　展　　望

从 1928 年起，拉曼光谱的发现距今已有 70 余年。激光技术的兴起使拉曼光谱成为激光分析中最活跃的研究领域之一。激光拉曼和红外光谱相辅相成，成为进行分子振动和分子结构鉴定的有力工具。近年来，随着材料科学、激光和同步加速器技术及纳米技术的重大进展，为拉曼光谱在催化研究等各领域的应用提供了越来越多的机会和可能性。在催化研究领域中，拉曼光谱比其他技术的优越性在于，可以较容易地实现原位检测，可在高温高压下表征催化剂的变化，不受气相或载体的干扰。同时，由于紫外拉曼和共焦显微拉曼光谱等新的拉曼技术的出现，解决了拉曼光谱早期存在的一些问题，如荧光干扰、固有的灵敏度低等。近年来随着纳秒、皮秒激光器的出现及其他光谱技术的不断革新，将使时间分辨拉曼光谱、近场共焦拉曼光谱、原子力与拉曼成像联用光谱、光诱导力与拉曼成像联用光谱在催化中的应用成为可能，这一技术可达到高的时间分辨和空间分辨，从而能进一步拓展拉曼光谱在催化中的应用范围，使拉曼光谱成为传统催化、光催化、材料合成和其他研究领域中一个越来越重要的表征手段。

## 参 考 文 献

[1]　Raman C V，Krishnan K S. Nature，1928，121：501

[2]　Landsberg G，Mandelstam L. Naturwissenshaften，1928，16：557

[3]　Card Y R. Compt Rend，1928，186：107

[4]　Cabannes J. Compt Rend，1928，186：1201

[5]　Rava R P，Spiro T G. J Phys Chem，1985，89：1856

[6]　Frank C J，Redd D C B，Gansler T S. Anal Chem，1994，66：319

[7]　Kiefer W，Bernstein H J. Appl Spectrosc，1971，25：609

[8]　Brown F R，Makovsky L E，Rhee K H. J Catal，1977，50：162

[9]　Cheng C P，Ludowise J D，Schrader G L. Appl Spectrosc，1980，34：146

[10]　Makovsky L E，Diehl J R，Stencel J M. Raman Spectroscopy for Catalysis. New York：Van Nostrand Reinhold CO，Inc，1989：33

[11]　Stencel J M，Bradley E B. Rev Sci Instrum，1978，49：1163

[12]　Arunkumar K A，Marzouk H A，Bradley E B. Rev Sci Instrum，1984，55：905

[13]　Spohn P D，Brill T B. Appl Spectrosc，1987，41：1152

[14]　Stencel J M. Raman Spectroscopy for Catalysis. New York：Van Nostrand Reinhold CO，Inc，1989：36

[15]　熊光. 紫外拉曼光谱在分子筛和担载型氧化钼催化剂研究中的应用. 大连：中国科学院大连化学物理研究所博士学位论文，1999

[16]　Brown F R，Maskovsky L E，Rhee K H. J Catal，1977，50：385

[17]　Brown F R，Maskovsky L E. Appl Spetrosc，1977，31：44

[18]　Thomas C T. Catalytic Processes and Priven Catalysis. New York：Academic Press，1970

[19]　Wachs E. Characterization of Catalytic Materials. Boston：Butterworth-Heinemann，1992

[20]　CentiG，Trifiro F. New Development in Selective Oxidation. Amsterdam：Elsevier，1990

[21]　Corberan C，Bellon V. New Developments in Selective Oxidation. Amsterdam：Elsevier，1994

[22]　Grasselli R K，Oyama S T，Gaffney A M，et al. 3rd World Congress on Oxidation Catalysis. Amsterdam：Elsevier，1997

[23]　Leroy J M，Peirs S，Tridot G. C R Acad Sci，Ser，1971，C 272：218

[24]　Villa P L，Szabo A，Trifiro F，et al. J Catal，1977，47：122

[25]　Wang C B，Cai Y，Wachs I E. Langmuir，1999，15：1223

[26]　Mehicic M，Grasselli J G//Grasselli J G，Bulkin B J. Analytical Raman Spectroscopy. New York：Wiley，1991：325

[27]　Matsuura R S. Hirakawa K. J Catal，1980，63：152

[28]　Hardcastle F D，Wachs I E. J Phys Chem，1991，95：10763

[29]　Hoefs E V，Monnier J R，Keulks G W. J Catal，1979，57：331

[30]　Gao X T，Ruiz P，Xin Q，et al. Catal Lett，1994，23：321

[31]　Guliants V V，Benziger J B，Sundaresan S，et al. Catal Today，1996，28：275

[32]　Mose T P R，Schrader G L. J Catal，1985，92：216

[33]　Batis N H，Batis H，Ghorbel A，et al. J Catal，1991，128：248

[34]　Hutchings J G，Desmartin-Chomel A，Oller R，et al. Nature，1994，368：41

[35]　Guliants V V，Benziger J B，Sundaresan S，et al. Catal Lett，1995，32：379

[36]　Wachs I E，Jehng J M，Deo G，et al. Catal Today，1996，32：47

[37]　Hardcastle F D，Wachs I E. J Raman Spectrosc，1990，21：683

[38]　Hardcastle F D，Wachs I E. J Raman Spectrosc，1995，26：397

[39]　Weckhuysen B M，Wachs I E. J Chem Soc，Faraday Trans，1996，92：247

[40]　Hardcastle F D，Wachs I E. J Phys Chem，1991，95：5031

[41]　Hardcastle F D，Wachs I E. Solid State Ionics，1991，45：201

[42]　Jehng J M，Wachs I E. Chem Materials，1991，3：100

[43]　Hardcastle F D，Wachs I E. J Solid State Chem，1992，97：319

[44]　Glaeser L C，Brazdil J F，Hazle M A S，et al. J Chem Soc，Faraday Trans 1，1985，81：2903

[45]　Wachs E. Catal Today，1996，27：437

[46]　Deo G，Wachs I E，Haber J. Crit Rev Srf Chem，1994，4：141

[47]　Wachs E，Weckhuysen B M. Appl Catal A：General，1997，157：67

[48]　Weckhuysen B M，Wachs I E，Schoonheydt R A. Chem Rew，1996，96：3327

[49]　Mestl G，Srinivasan T K K. Catal Rev Sci Eng，1998，40：451

[50]　Jehng J M，Wachs I E. Catal Today，1990，8：37

[51]　Jehng J M，Wachs I E. Catal Today，1993，16：417

[52]　Hardcastle F D，Wachs I E. Catal，1993，10：102

[53]　Medema J，van Stam C，de Beer V H J，et al. J Catal，1978，53：386

[54]　Jeziorowski H，Knozinger H. J Phys Chem，1979，83：1166

[55]　Zingg D S，Makovsky L E，Tischer R E，et al. J Phys Chem，1980，84：2898

[56]　Salvati L，Makovsky L E，Stencel J M，et al. J Phys Chem，1981，85：3700

[57]　Tiltarelli P，Iannibello A，Villa P L. J Solid State Chem，1981，37：95

[58]　Rozeboom F，Mittelmeijer-Hazeleger M C，Moulijn J A，et al. J Phys Chem，1980，84：2783

[59]　Wachs E，Chan S S，Saleh R Y. J Catal，1985，98：102

[60]　Wachs E，Chan S S，Chersich C C，et al. J Catal，1985，91：366

[61]　Xie Y C，Tang T Q. Adv Catal，1990，37：1

[62] Chan S S, Wachs I E, Murrell L L, et al. J Phys Chem, 1984, 88: 583

[63] Wang L, Hall W K. J Catal, 1983, 82: 177

[64] Stencel J M, Makovsky L E, Diehl J R, et al. J Raman Spectrosc, 1984, 15: 282

[65] Deo G, Wachs I E. J Phys Chem, 1991, 95: 5889

[66] Stencel J M, Makovsky L E, Sarkus T A, et al. J Catal, 1984, 90: 314

[67] Payen E, Kasztelan S, Grimblot J, et al. Journal of Raman Spectroscopy, 1986, 17: 233

[68] Hardcastle F D, Wachs I E. J Raman Spectrosc, 1990, 21: 683

[69] Hardcastle F D, Wachs I E. J Raman Spectrosc, 1995, 26: 397

[70] Weckhuysen B M, Wachs I E. J Chem Soc, Faraday Trans, 1996, 92: 247

[71] Hardcastle F D, Wachs I E. J Phys Chem, 1991, 95: 5031

[72] Hardcastle F D, Wachs I E. Solid State Ionics, 1991, 45: 201

[73] Wachs I E//Lewis I R, Edwards H G M. Handbook of Raman Spectroscopy Routledge, USA, 2000

[74] Vuurman M A, Wachs I E. J Mol Catal, 1992, 77: 29

[75] Vuurman M A, Stujkiens D J, Oskam A, et al. J Chem Soc, Faraday Trans, 1996, 2: 3259

[76] Chan S S, Wachs I E. J Phys Chem, 1991, 95: 5889

[77] Schrader G L, Cheng C P. J Catal, 1983, 80: 369

[78] Wachs E, Chan S S. Appl Surf Sci, 1984, 20: 181

[79] Banares M A, Spencer N D, Jones M D, et al. J Catal, 1994, 146: 206

[80] Banares M A, Hu H, Wachs I E. J Catal, 1994, 150: 407

[81] Hu H, Wachs I E. J Phys Chem, 1995, 99: 10911

[82] Muller, Weber T. Appl Catal, 1991, 77: 243

[83] Brown F R, Makovsky L E, Rhee K H. J Catal, 1997, 50: 385

[84] Payen E, Dhamelincourt M C, Dhamelincourt P, et al. Appl Spectrosc, 1982, 36: 30

[85] Angel C L. J Phys Chem, 1973, 77: 222-227

[86] Dutta P K, Shieh D C, Puri M. Zeolites, 1988, 8: 306

[87] Dutta P K, Rao K M, Park J Y. J Phys Chem, 1991, 95: 6654

[88] Pilz W Z. Phys Chem (Leipzig), 1990, 271: 219

[89] de Kanter J J P M, Maxwell I E, Trotter P J. J Chem Soc Chem Commun, 1972, 733

[90] Dutta P K, Del Barco B. J Phys Chem, 1985, 89: 1861

[91] Knops-Gerrits P P, Li X Y, Yu N T, et al. Proceedings of the 13th International Zeolite Conference, France, 2001

[92] Dutta P K, Twu J. J Phys Chem, 1991, 95: 2498

[93] Dutta P K, Del Barco B. J Phys Chem, 1988, 92: 354

[94] Dutta P K, Del Barco B. J Chem Soc, Chem Commun, 1985, 1297

[95] Dutta P K, Puri M. J Phys Chem, 1987, 91: 4329

[96] No K T, Bae D H, John M S. J Phys Chem, 1986, 90: 1772-1780

[97] Deo G, Turek A M, Wachs I E, et al. Zeolites, 1993, 13: 365

[98] Pilz W, Peuker C, Tuan V A, et al. Ber Bunsenges Phys Chem, 1993, 97: 1037

[99] Zecchina, Spoto G, Bordiga S, et al. Stud Surf Sci Catal, 1991, 69: 251

[100] Astorino E, Peri J B, Willey R J, et al. J Catal, 1995, 157: 482

[101] Ingemar Odenbrano C U, Lars S, Andersson T, et al. J Catal, 1990, 125: 541

[102] Busca G, Ramis G, Gallardo Amores J M, et al. J Chem Soc Faraday Trans, 1994, 90: 3181

[103] Scarano D，Zecchina A，Bordiga S，et al. J Chem Soc，Faraday Trans，1993，89：4123

[104] Notari B. Stud Surf Sci Catal，1987，37：413

[105] Kosslick H，Tuan V A，Fricke R，et al. J Phys Chem，1993，97：5678

[106] Prakash A M，Kevan L. J Am Chem Soc，1998，120：13148-13155

[107] Twu J，Dutta P K，Kresge C T. J Phys Chem，1991，95：5267

[108] Dutta P K，Shieh D C. J Phys Chem，1986，90：2331

[109] Dutta P K，Shieh D C，Puri M. J Phys Chem，1987，91：2332

[110] Roozeboom F，Robson H E，Chan S S. Zeolites，1983，3：321

[111] Mcnicol B D，Pott G T，Loos K R. J Phys Chem，1972，76：3388

[112] Twu J，Dutta P K，Kresge C T. Zeolite，1991，11：672

[113] Dutta P K，Shieh D C. J Phys Chem，1986，90：2331-2334

[114] Knops-Gerrits P P，de Vos D E，Feijen E J P，et al. Microporous Mat，1997，8：3

[115] Hendra P J，Loader E J. Trans Faraday Soc，1971，67：828

[116] Hendra P J，Horder E J，Loader E J. Chem Commun，1970：563

[117] Loader E J. J Catal，1971，22：41

[118] Hendra P J，Turner I D M，Loader E J，et al. J Phys Chem，1974，78：300

[119] Schrader G L，Cheng C P. J Phys Chem，1983，87：3675

[120] Hendra P J. SPEX Speaker，1974，1：24

[121] Winder H，Dinine V Z. Fur Chem，1970，10：64

[122] Turner I D M. Ph D thesis，Southampton，1974

[123] Angell C L. J Phys Chem，1973，77：222

[124] Cooney R P，Curthoys G，Tam N T. Advan Catal，1975，24：293

[125] Egeton T A，Hardin A H. Catal Rew Sci Eng，1975，11：71

[126] Egeton T A，Harbin A H，Kozirovski Y，et al. J Catal，1974，32：343

[127] Tam N T，Cooney R P，Curthoys G. J Colloid Interface Sci，1975，51：340

[128] Kiefer W，Bernstein H J. Appl Spectrosc，1971，25：609

[129] Kiefer W，Bernstein H J. Mol Phys，1972，23：835

[130] Glaeser L C，Brazdil J F，Hazle M A，et al. J Chem Soc，Faraday Trans I，1985，81：2903

[131] Lashier M E，Schrader G L. J Catal，1991，128：113

[132] Hutchings G C，Desmartin-Chomel A，Olier R，et al. Nature，1994，368：41

[133] Ben Abdelouahab F，Olier R，Ziyad M，et al. J Catal，1995，157：687

[134] Ben Abdelouahab F，Olier R，Guilhaume N，et al. J Catal，1992，134：151

[135] Lunsford J H//Ertl G，Knozinger H，Weitkamp J. Handbook of Heterogeneous Catalysis. Vol. 4. Weinheim：Wiley-VCH，1997：1843

[136] Dissanayake D，Lunsford J H，Rosynek M P. J Catal，1993，145：286

[137] Lunsford J H，Yang X，Haller K，et al. J Phys Chem，1993，97：13810

[138] Mestl G，Knozinger H，Lunsford J H. Ber Bunsenges Phys Chem，1993，97：319

[139] Au P C T，Liu Y W，Ng C F. J Catal，1998，176：365

[140] Xie S，Mestl G，Rosynek M P，et al. J Am Chem Soc，1997，119：10187

[141] Mestl G，Rosynek M P，Lunsford J H. J Phys Chem，1997，101：9321

[142] Mestl G，Rosynek M P，Lunsford J H. J Phys Chem，1997，101：9329

[143]　Mestl G，Rosynek M P，Lunsford J H. J Phys Chem，1998，102：154

[144]　Brandmuller J，Kiefer W. Physicist's View，Fifty years of Raman Spectroscopy，Spex Speaker，1978，23：310

[145]　朱自莹，顾仁敖，陆天虹. 拉曼光谱在化学中的应用. 沈阳：东北大学出版社，1998：32

[146]　Huang Y. J Am Chem Soc，1996，118：7233-7234

[147]　Huang Y，Jiang Z. Microporous Mater，1997，12：341-345

[148]　Huang Y，Havenga E A. Langmuir，1999，15：6605-6608

[149]　Huang Y，Qiu P. Langmuir，1999，15：1591-1593

[150]　Löffler E，Bergmann M. Proceeding of 13th International Zeolite Conference. Monpelil，France，2001，A-14-P-31

[151]　刘竞清. 现代科学仪器，1991，4：31

[152]　Fleischmann M，Hemdra P J，McQuillan A J. Chem Phys Lett，1974，26：16

[153]　Jeanmaire D J，van Duyne R P. J Electroanal Chem Interfacial Electrochem，1977，84：1

[154]　Gerstein J I，Natzan A. J Chem Phys，1980，73：3023

[155]　Veba H. Surf Sci，1983，131：347

[156]　Sheng R S，Zhu L，Morris M D. Analyt Chem，1986，58：1116

[157]　Yoo N S，Lee N S，Hanazak I. J Raman Spectrosc，1992，23：239

[158]　田中群，林图强，连渊智. 中国科学（B 辑），1990，33：1025

[159]　Fleischmann M，Sockalingum Musiani M M. Spectroscopy Acta，1990，46A：285

[160]　Rowe I E，Shank C V. Phys Rev Lett，1980，44：1770

[161]　Pockrand. Chem Phys Lett，1982，92：509

[162]　Ni F，Cotton T M. Anal Chem，1986，58：3159

[163]　Matsuta H，Hirokawa K. Surf Sci Lett，1986，172：L555

[164]　Pettenkofer C J，Eickmans J，Erturk U，et al. Surf Sci，1985，151：9

[165]　Feilchenfeld H，Siiman O. J Phys Chem，1986，90：2163

[166]　Chang S C，Hamelin A，Weaver M J，Surface Science，1990，239：543

[167]　Sharonov S，Nibiev I，Chourpa I. J Raman Spectrosc，1994，25：669

[168]　任斌. 厦门：厦门大学博士学位论文，1998

[169]　Mestl G. J Mol Catal A：Chem，2000，158：45

[170]　任斌，李筱琴，谢冰，等. 光谱学与光谱分析，2000，20：648

[171]　李灿等. 一种紫外拉曼光谱仪. 中国专利申请号 98113710.5

[172]　Li C，Stair P C. Catal Lett，1996，36：119

[173]　Li C，Stair P C. Stud Surf Sci Catal，1996，101：881

[174]　Li C，Stair P C. Catal Today，1997，33：353

[175]　Xiong G，Li C，Feng Z，et al. J Catal，1999，186：234

[176]　Li C，Xiong G，Xin Q，et al. Angew Chem Int Ed，1999，38：2220

[177]　Li M J，Feng Z C，Xiong G，et al. J Phys Chem B，2001，105：8107

[178]　Li C，Stair P C. Stud Surf Sci Catal，1997，105：599

[179]　Li J，Xiong G，Feng Z C，et al. Micro Meso Mater，2000，39：257

[180]　李键. 分子筛上积碳的原位紫外拉曼光谱研究. 大连：中国科学院大连化学物理研究所硕士学位论文，1999

[181]　Xiong G，Feng Z，Li J，et al. J Phys Chem B，2000，104：3581

[182]　Barrer R M. Hydrothermal Chemistry of Zeolites. London：Academic Press，1982

[183]　Davis M E，Lobo R F. Chem Mater，1992，4：756-768

[184] Xu R R，Pang W Q，Yu J H，et al. Chemistry of Zeolites and Related Porous Materials. John Wiley & Sons，Ltd，2007

[185] Cundy C S，Henty M S，Plaisted R J. Zeolites，1995，15: 342-352

[186] Burkett S L，Davis M E. J Phys Chem，1994，98: 4647-4653

[187] Regev Y C，Kehat E. Zeolites，1994，14: 314-319

[188] Corkery R W，Ninham B W. Zeolites，1997，18: 379-386

[189] Dokter W H，van Garderen H F，Beelen T P M，et al. Angew Chem Int Ed，1995，34: 73-75

[190] Tsapatsis M，Lovallo M，Davis M E. Micropor Mater，1996，5: 381-388

[191] Mintova S，Olson N H，Bein T. Angew Chem Int Ed，2000，38: 3201

[192] Fan W，O'Brien M，Ogura M，et al. Phys Chem Chem Phys，2006，8: 1335-1339

[193] Francis R J，Price S J，O'Brien S，et al. Chem Commun，1997: 521-522

[194] Chen B H，Huang Y N. J Am Chem Soc，2006，128: 6437-6446

[195] Mintova S，Olson N H，Bein T. Science，1999，283: 12-14

[196] Francis R J，O'Hare D. J Chem Soc，Dalton Trans，1998: 3133-3148

[197] Valtchev V P，Bozhilov K N. J Am Chem Soc，2005，127: 16171-16177

[198] Pelster S A，Kalamajka R，Schrader W，et al. Angew Chem Int Ed，2007，46: 2299-2302

[199] Shi J M，Anderson M W，Carr S W. Chem Mater，1996，8: 369-375

[200] Norby P. J Am Chem Soc，1997，119: 5215-5221

[201] O'Brien M G，Beale A M，Richard C，et al. J Am Chem Soc，2006，128: 11744-11745

[202] Xiong G，Li C，Li H，et al. Chem Commun，2000: 677-678

[203] Fan F，Feng Z，Li G，et al. Chem Eur J，2008，14: 5125 - 5129

[204] Twu J，Dutta P K，Kresge C T. J Phys Chem，1991，95: 5267-5271

[205] Roozeboom F，Robson H E，Chan S S. Zeolites，1983，3: 321-328

[206] Guth J L，Caullet P，Jacques P，et al. Bull Soc Chim France，1980，121: 3-4

[207] Twu J，Dutta P K，Kresge C T. Zeolites，1991，11: 672-679

[208] McMillan P. Am Mineral，1984，69: 622-644

[209] Maston D W，Sharma S K，Philpotts J A. Am Mineral，1986，71: 694-704

[210] Dutta P K，Shieh D C，Puri M J. Phys Chem，1987，91: 2332-2336

[211] McKeown D A，Galeener F L，Brown J，et al. Solids，1984，68: 361-378

[212] Guth J L，Caullet P，Jacques P，et al. Bull Soc Chim Fr，1980，121: 3-4

[213] Dutta P K，Shieh D C. J Phys Chem，1986，90: 2331-2334

[214] Mora-Fonz M J，Catlow C R A，Lewis D W. Angew Chem Int Ed，2005，44: 3082-3086

[215] Xiong G，Yi Y，Feng Z C，et al. Micro and Meso Mater，2001，42: 317-323

[216] Li C，Xiong G，Liu J K，et al. J Phys Chem B，2001，105: 2993

[217] Xiong G，Li C，Li H Y，et al. J Chem Soc，Chem Commun，2000: 677

[218] Yu Y，Xiong G，Li C，et al. J Catal，2000，194: 487

[219] Xiong G，Yu Y，Xiao F，et al. Microporous Mesoporous Mat，2001，42: 317

[220] Li C，Li M J. J Raman Spectroscopy，2002，33: 301

[221] Li M J，Feng Z C，Ying P L，et al. Phys Chem Chem Phys，2003，5: 5326

[222] Zhang J，Li M J，Feng Z C，et al. J Phys Chem B，2006，110: 927

[223] Zhang J，Xu Q，Feng Z C，et al. Angew Chem Int Ed，2008，47: 1766

[224] Karakitsou K E，Verykios X E. J Phys Chem，1993，97: 1184

[225]　Tada H，Tanaka M. Langmuir，1997，13：360

[226]　Rivera A P，Tanaka K，Hisanaga T. Appl Catal B：Environ，1993，3：37

[227]　Ding Z，Lu G Q，Greenfield P F. J Phys Chem B，2000，104：4815

[228]　Zhu J，Zheng W，He B，et al. J Mol Catal A，2004，216：35

[229]　Xu Q，Jia G Q，Zhang J，et al. J Phys Chem C，2008，112：9387

作者简介 ————————————————————————

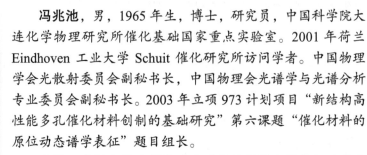

　　**冯兆池**，男，1965 年生，博士，研究员，中国科学院大连化学物理研究所催化基础国家重点实验室。2001 年荷兰 Eindhoven 工业大学 Schuit 催化研究所访问学者。中国物理学会光散射委员会副秘书长，中国物理会光谱学与光谱分析专业委员会副秘书长。2003 年立项 973 计划项目"新结构高性能多孔催化材料创制的基础研究"第六课题"催化材料的原位动态谱学表征"题目组长。

　　主要从事催化剂及催化反应过程的原位光谱表征（紫外激光拉曼光谱，可见激光拉曼光谱，紫外激光诱导荧光光谱、红外光谱、时间分辨红外光谱和时间分辨荧光光谱）及催化量化计算研究。研制国际首台应用于催化研究的紫外到可见区连续可调的共振拉曼光谱仪并在微孔/介孔分子筛结构表征、掺杂 Fe 微孔/介孔分子筛中骨架 Fe 物种及骨架外 Fe 物种鉴定、微孔/介孔分子筛合成过程及相应的原位催化反应等催化研究中取得了重要应用。

　　曾负责和参加 973 项目课题各 1 项、负责国家自然科学基金 4 项，参加国家自然科学基金 2 项，负责完成中国科学院项目 2 项，负责国家重大科研装备研制项目 1 项。获 2005 年分析测试协会科学技术奖一等奖、辽宁省教育委员会科学技术进步奖三等奖。在包括 *J. Phys. Chem.*、*J. Catal.*、*Angew. Chem. Int. Ed.* 等学术期刊上发表论文 70 余篇。

作者简介 ————————————————————————————————

　　**李灿**，男，1960 年生。理学博士，研究员，博士生导师。2003 年当选中国科学院院士、2005 年当选发展中国家科学院院士、2008 年当选欧洲人文和自然科学院外籍院士。中国科学院大连化学物理研究所催化基础国家重点实验室主任，中法催化联合实验室中方主任，中国科学院大连化学物理研究所学位委员会主任。中国化学会催化委员会主任、中国物理学会光散射委员会主任、国际催化学会理事会副主席、英国皇家化学会 Fellow。主要从事催化材料、催化反应和催化光谱表征研究工作。在国际上最早利用紫外拉曼光谱应用于催化研究，筹建了具有自主知识产权的国内第一台用于催化材料研究的紫外共振拉曼光谱仪；采用无机—有机杂化合成将均相手性催化剂引入 $SiO_2$ 表面和 MCM-41 纳米孔中合成手性催化材料；发展了乳液催化柴油超深度脱硫技术等。目前正在进行甲烷的活化和转化研究、烯烃环氧化的绿色催化研究、燃料超深度脱硫、太阳能光催化分解水和重整生物质制氢及太阳能光伏电池材料研究、固体表面和纳米孔中多相手性催化研究，以及催化新材料合成和原位光谱表征研究等。

# 第 7 章

## 原位红外光谱方法

辛　勤　王秀丽　陈　涛

　　催化在国民经济中的作用：据统计，80%以上的化学工业涉及催化技术，催化剂的世界销售额超过 100 亿美元/年，催化技术所带来的产值达百倍以上。在发达国家由催化技术直接和间接的贡献达到 20%～30% GDP。因此可以说催化技术是化学工业的核心技术，而催化新反应、新材料、新表征方法是催化技术发展的基础。如何进一步提高催化剂的活性、选择性和稳定性成为催化研究的永恒主题。下图给出了实际应用领域所采用的催化剂和催化材料。

化学反应器

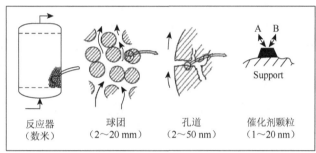

催化反应的空间尺度

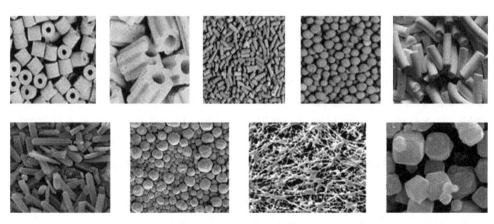

实用催化剂和催化材料

　　至今在诸多的催化剂表征方法中，分子光谱，尤其是红外光谱在催化和材料研究中是最有前景和应用最广泛的原位表征方法。一般认为在气固催化反应过程中首先是反应物吸附在催化剂表面上，之后被吸附分子或者同另一被吸附分子反应，或者与气相分子反应，最后生成的产物脱附，使表面再生以实现催化循环。过去，对大多数催化反应机理的研究和控制是通过经验方法进行的。也就是从对反应物和产物的动力学观察来推论表面中间物，并以此来阐明反应机理。这些方法可以获得许多重要信息和对催化作用的深入理解，但是由于没有确切的有关表面吸附物种结构方面的信息为依据，用上述方法所获得的结果存在相当大的不确定性，并且无法深入下去。由吸附分子的红外光谱可以给出表面吸附物种的结构信息，尤其可以得到在反应条件下吸附物种结构的信息。所以在许多年以前人们就对红外光谱用于催化作用研究十分感兴趣。目前红外光谱技术已经发展成为催化研究中十分普遍和行之有效的方法。研究的对象可以从工业上实用的负载催化剂、多孔材料到超高真空条件下的单晶或薄膜样品。它可以同热脱附（TPD）、四极质谱（MS）、色谱（GC）等近代物理方法在线联合，获得对催化作用机理更为深入的了解。如果同原位 X 射线衍射仪、超高分辨分析电镜、热分析质谱技术相结合可研究催化剂和功能材料的相变、体相组成结构的变化，以及表面官能团的变化。从分子固体的红外光谱和拉曼光谱还可以研究分子晶体的对称性，畸变晶体纵向和横向的变化及缺陷造成的影响。本章主要介绍红外光谱应用于催化剂表面吸附物种和催化剂表征方面（探针分子的红外光谱）及反应动态学方面的研究。

在这一领域，第一个进行吸附分子红外光谱研究的是荷兰的 DeBoer，他在 1930 年研究了有机分子在碱金属卤化物上的吸附。之后，苏联 Tempe нин 研究了氨在 $Fe/Al_2O_3$ 和 $Fe/SiO_2$ 上的吸附。而真正引起人们兴趣的工作是美国 Eischens 等在 1954 年研究了 CO 在 Pt 和 Ni 上吸附的红外光谱。这些工作给人们以很大的启示。至今很多催化体系都已利用红外光谱进行了研究，并获得了有重要价值的信息。Eischens、Little、Hair 综述了 20 世纪 60 年代以来所获得的结果。Basila、Yates、Miller、Blyholder、Pritchard 等进一步评述了 20 世纪 70 年代以来的进展。Sheppard 等综述了 20 世纪 80 年代以来 CO 和烃类分子在过渡金属上吸附的振动光谱。虽然红外光谱在催化研究中获得了广泛的应用，尤其在参考光谱已知的情况下可以有效地识别吸附物种的结构，但方法本身仍存在一定的局限性。例如，①利用最广泛的透射方法在研究载体催化剂时，由于大部分载体在低于 $1000~\text{cm}^{-1}$ 就不透明了，所以很难获得这一波数以下的吸附分子的光谱；②金属粒子可以具有不同的暴露表面，边、角、阶梯、相间界面线等，所以这些都对吸附分子的光谱产生影响，使得吸附态的光谱宽化，因而解释起来比较困难；③由于催化反应过程中，催化剂表面上反应中间物的浓度一般都很低，寿命也很短（尤其是反应活性的承担者），而一般红外光谱的灵敏度不够高，跟踪速度也不够快［一般傅里叶变换红外光谱（FTIR）只是在毫秒级水平］；④红外光谱只适用于有红外活性的物质。与红外光谱方法互补的是拉曼方法。长期以来，拉曼光谱方法由于灵敏度等原因一直未能在吸附态研究中发挥重要作用，但采用激光作光源，提高了散射光的强度后，以及探测器方面的进步，拉曼光谱开始较多地应用于吸附物种和催化剂表征的研究中。

随着光谱技术和纳米科学与技术发展，这些局限性将会逐步得到克服（详见以后章节）。本章目的是概括地介绍透射红外方法、漫反射方法和发射光谱方法等应用于催化研究的情况。为了方便对这方面研究工作的了解，笔者列出了一些必要的工具书和资料，请参阅文献[1]～文献[14]。

## 7.1　红外光谱的基本原理和获取原位红外光谱的方法

原则上，光子、电子、中子都可以作为探针——激发源。光子作为激发源的振动光谱获得了最广泛的发展。由于技术上相对简单和广泛的适用性，透射红外吸收光谱（infrared transmission-absorption spectroscopy）和漫反射红外光谱（diffuse reflectance spectroscopy）获得了最广泛的应用。激光拉曼光谱（laser Raman spectroscopy）最近也获得了比较多的应用。红外发射光谱（infrared emission spectroscopy）和衰减全反射谱（attenuated total reflection，ATR）在一些特殊样品和体系的研究中也得到了较多的应用。相反地，光声光谱（optoacoustic spectroscopy）等由于技术上的原因应用较少。非弹性电子隧道光谱（inelastic electron tunneing spectroscopy）是以电子为激发源，它可以给出模型样品的高分辨的光谱，但是由于技术和设备上的原因用得也很少。非弹性中子散射谱（inelastic neutron scattering spectroscopy）是以中子为激发源，也可以获得很好的振动光谱，尤其对氢分子和原子有很好的分辨能力。但是由于设备庞大而应用得较少。

当固体物质同电磁波相互作用时，其能量平衡可以由下式描述：

$$A + R + T = 1$$

式中，$A$ 为吸收总能量的贡献；$R$ 为反射或散射的总能量的贡献；$T$ 为透射总能量的贡献。原则上，为了获得漂亮的红外光谱图，当样品吸收适当强时，并且散射能量弱时可以利用透射法；而样品散射或反射能量大时，则应利用漫反射方法；当样品吸收很强时，可用发射方法。

### 7.1.1　透射红外吸收光谱

1. 样品的制备

将红外光谱应用于催化剂研究需要解决的第一个技术问题就是样品制备。由于研究对象不同，在红外研究中发展了许多样品制备方法，如金属蒸膜技术、气溶胶膜方法。但目前最广泛应用的是载体催化剂压片制备方法，这里将着重介绍这种方法。在这一类样品中一个共同的特点是折射率比较高，所以要获得一张好的红外谱图，困难之一就是由入射光散射引起的。Smith 等讨论了这一复杂过程。简单地说，散射损失取决于样品和周围介质之间的折射率之差、所用的入射光波长及样品粒子的大小。因此，为了减少散射损失样品粒子大小应小于所用红外光波长（$\lambda > d$）。在近红外区一般散射损失很大，而在远红外区散射损失较小，但是在此区域物质的体相吸收很大，所以一般在 1000 cm$^{-1}$ 以下通常很难获得质量好的红外光谱。

在红外光谱分析中常用的掺 KBr 压片方法和石蜡糊方法对催化剂表面性质研究有相当大的局限性，尤其不能用于原位研究，只能在少数研究中应用。

目前，非压片制样方法用得比较少，所以着重讨论自支撑片子的制备方法。用这种方法制样首先是 McDonald 在 1958 年提出的，这种片子一般压成圆形，但光谱仪的狭缝像一般是 25 mm×6 mm，所以为了充满红外光束，片子直径最好是 15～25 mm。图 7-1 是压片用的两种冲模。

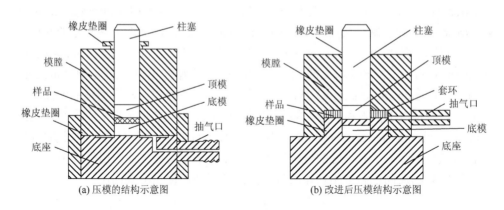

(a) 压模的结构示意图　　　　　　(b) 改进后压模结构示意图

图 7-1　压片用的两种冲模示意图

压片用的冲模由模腔、柱塞、顶模、底模和底座等组成。模腔和底座材料可用不锈钢，而顶模、底模和柱塞则由钼钢或工具钢（45#钢）做成。顶模和底模要经过精磨和淬火，光洁度一般要求在▽13～14 以上，平面性要求在±1 μm 以内。

为了压出足够薄的片子，加料一定要均匀。对于压催化剂片子，根据笔者使用的情况看，图 7-1（b）所示冲模适合于制备催化剂样品，较容易获得足够薄的片子。经改进后的冲模由于可以均匀加料，便于控制片子的厚度，因此打片的成功率明显提高。打片的压力随样品种类而异，通常在 70～110 atm（1 atm = 1.01325×

$10^5\,Pa$）。除此之外，粉体的粒度一般要小于红外光入射波长。为了减少黏模，往往采用云母片作为垫片。

对样品最佳透过率（厚度）的选择，在实际研究中不是样品厚度越薄越好，也不是越厚越好。最合适的样品厚度应由样品本身的吸收和散射所限制。因为随样品厚度的增加，吸附分子的吸收带强度越来越强，同时可利用的部分能量也越来越小。一般选择在 $4000\,cm^{-1}$ 处透射率在 10%～30%最好。

2. 吸收池结构和性能

红外光谱用于催化剂表面研究时，除了样品制备外，另一个关键问题是需要一个结构和性能适合于催化研究用的红外吸收池。自从 Eischens 等获得吸附分子的红外光谱以来，人们就不断改进吸收池的结构和性能，以适应不同研究对象的要求。研究者往往根据需要，自己设计加工吸收池。近年来，已经有适合于催化剂表面性质研究的吸收池商品化，研究者也可根据需要进行选购。

在设计红外吸收池时主要应考虑：

（1）能在吸收池内进行焙烧、流动氧化还原、抽高真空（脱气）、吸附、反应等处理。

（2）吸收池可以随时移出或移入红外光谱仪的光路中，而不受上述处理的影响。

（3）在吸附和反应时，记录的红外光谱应不受气相组分的影响。

（4）尽可能减少吸收池本底对样品的干扰。

图 7-2 是辛勤等使用了多年的一种简单吸收池，带水冷和外加热。这种池子外壁和中心样品之间，在 200℃时温差小于 27℃，而在外壁温度为 500℃时，真空条件下温差可达 100℃[15]。李灿等曾利用这种吸收池进行了甲烷在氧化铈、氧化镁、HY 分子筛上低温化学吸附研究。

图 7-3 是最简单的高温红外吸收池[16]。Peri 等利用这种池子研究了 $SiO_2$、$Al_2O_3$、$Al_2O_3$-$SiO_2$ 上的结构羟基。利用小磁铁把样品从加热区移动到红外光谱的光路中，温度可从室温至 800℃，并可抽高真空。这种池子（全部由石英玻璃做成）的缺点是，在温度高时池壁和中心样品间实际温差较大，最大可达 100℃。

图 7-4 所示吸收池是为研究 W/$Al_2O_3$ 上 CO 吸附时所设计的[17]。这种池子可在室温至 1000℃范围内使用。采用双光束池可以进行动态研究。

图 7-5 是一种代表性的双束吸收池[18]，全部用石英做成，采用内加热式，盐片附近和磨口均加水冷套管。样品温度可从–195～600℃，真空可达 $1.3\times10^{-4}\,Pa$（$10^{-6}\,torr$）。可通气体进行流动氧化还原等预处理。由于采用双光束操作，气相组

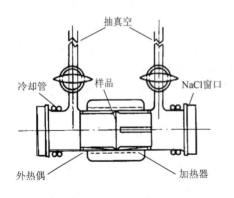

图 7-2　红外吸收池（单池）

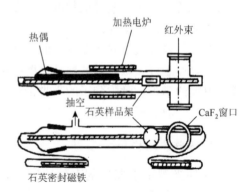

图 7-3　高温红外吸收池

元的吸收均可被补偿。因此可以用来在反应定态下研究吸附物种（原位差分光谱）。吸收池也可以通过波纹管连接到真空系统或反应系统上。

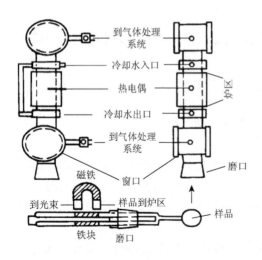

图 7-4　高温双束石英红外池结构图

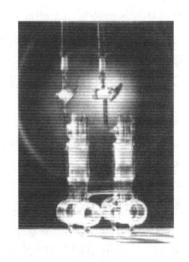

图 7-5　双束石英红外吸收池

　　最近，郭洪臣等设计组建了一套用于气固催化反应研究的双光束红外光谱系统，如图 7-6 所示[19]。该系统主要由两台单光束红外光谱仪及双光束红外反应池组成。双光束红外反应池由完全相同的样品池和参考池连接而成，样品池和参考池处于同一水平线上并分别对应于样品光谱仪和参考光谱仪。使用该系统同步采集样品光束和背景光束谱图，可排除实时状态下的气体分子振动光谱干扰和加热条件下产生的发射光谱干扰，从而得到实时气固催化反应条件下催化剂表面吸附物种随反应时间变化的真实信息。

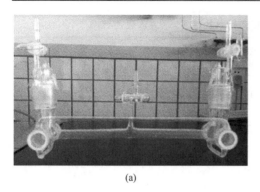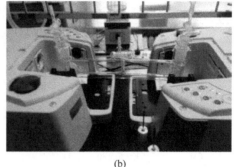

(a)　　　　　　　　　　　　　　　　　　(b)

图 7-6　　（a）双光束高温石英原位透射红外样品池；（b）operando 双光束 FTIR 光谱仪

图 7-7（a）和（b）是廖运琰等研制的可控气氛、压力、温度的金属不锈钢红外吸收池[20]。这种池子可在高温高压下使用，同时也可以同色谱、质谱在线联合，广泛地用于 CO 加氢、甲酰化及醇合成等原位研究。

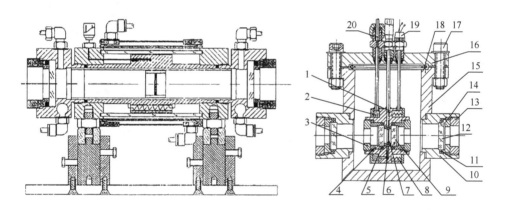

图 7-7　　（a）高温高压高真空石英原位透射红外样品池；（b）原位微反红外吸收池

1. 铬镍合金/镍铝合金；2. 预热密封件；3. 内固定螺栓；4. 扣环；5. O 形圈；6. 分配器；7. 样品盘；8. 加热器；9. 内窗口（CaF₂）；10. 外窗口支撑体；11. O 形圈；12. 外窗口（CaF₂）；13. 外固定螺栓；14. 扣环；15. 下法兰；16. 上法兰；17. 螺栓；18. 铜垫圈；19. 加热器的接头；20. 入口

总之，人们为了研究对象的需要，设计了各种不同结构的红外吸收池。但是，至今没有一种吸收池可以满足所有研究的要求，现在出现了一些商品化的吸收池如原位漫反射池、高温池、低温池、衰减全反射池等。

制作适用于不同需求的红外吸收池需要各种窗口材料，为了方便读者参考，表 7-1 给出了常用的红外窗口材料及其性能表，近年来硒化锌晶体也获得较为广泛的应用。

表 7-1　红外窗口材料的性质

| 材料 | 使用范围/cm$^{-1}$ | 反射损失*/1000 cm$^{-1}$ | 溶解度(20℃)/[g/(100 mL)] | 相对价格 | 物理性质 |
|---|---|---|---|---|---|
| NaCl | >5000 至 625 | 7.5% | 40 | 1.0 | 溶于水，硬但易抛光和切割，潮解慢 |
| KBr | >5000 至 400 | 8.5% | 70 | 1.2 | 溶于水，较软但易抛光和切割，潮解慢，价格高，范围宽 |
| CsI | >5000 至 180 | 11.5% | 80 | 7.8 | 溶于水，软且易划伤，不能切割，潮解慢 |
| CaF$_2$ | >5000 至 1000 | 5.5% | 难溶 | 3.5 | 难溶于水，耐酸碱，不潮解，忌用于铵盐溶液 |
| BaF$_2$ | >5000 至 750 | 7.5% | 不溶 | 6.2 | 类似于 CaF$_2$，对热和机械振动敏感 |
| SrF$_2$ | >5000 至 850 | 6% | 不溶 | 5.1 | 类似于 CaF$_2$，对热和机械振动敏感 |
| AgCl | >5000 至 450 | 19.5% | 不溶 | 6.6 | 不溶于水但溶于酸和 NH$_4$Cl 溶液，可延展，长期暴露于紫外光变暗，腐蚀金属及合金 |
| AgBr | >5000 至 280 | 25% | 难溶 | | 难溶于水，软且易划伤，冷变形长期暴露于紫外光变暗 |
| KRS-5 | >5000 至 250 | 28% | 0.1 | 9.1 | 微溶水，溶于碱但不溶于酸，软且易划伤，冷变形，剧毒 |
| infrasil（SiO$_2$） | >5000 至 2850 | NA | 不溶 | | 不溶于水，溶于 HF 溶液，微溶于碱难切割 |
| poly-ethylene | 625 至 10 | NA | 不溶 | 1.6 | 不溶于水，耐溶剂，软易溶胀，难清洗，可压片 |

\* 两个面上的反射损失；NA 表示不透明

### 3. 傅里叶变换红外光谱

通常所说的红外光谱一般指的是入射光波数范围为 400～4000 cm$^{-1}$ 的中红外光谱。从 20 世纪以来，红外光谱仪器经历了从棱镜分光光谱仪至光栅分光光谱仪，再到傅里叶变换红外光谱仪的发展过程。与棱镜光谱仪或光栅光谱仪相比，傅里叶变换红外光谱仪具有波数定位准、光谱分辨率高、光谱采集速度快、信噪比高等优点，因而得到了广泛的应用。

傅里叶变换红外光谱仪的核心部件是迈克耳孙（Michelson）干涉仪，其结构和工作原理如图 7-8 所示。迈克耳孙干涉仪由分束器、定镜和动镜组成。光源发出的红外光经准直镜后成为平行光并进入干涉仪，到达与光束传播方向呈 45°放置的分束器后，一部分光（约占总光强的 50%）透过分束器而射向动镜，另一部分光（约占总光强的 50%）发生反射而射向定镜。经动镜和定镜反射后的光束再次射向分束器并分别发生反射和透射后离开干涉仪。所以从干涉仪出来的红外光是由两束红外光相叠加的干涉光。通过动镜位置的移动可以改变这两束红外光的光程差。

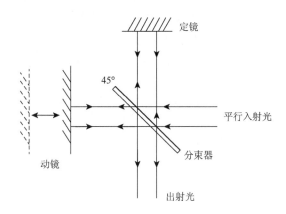

图 7-8　迈克耳孙干涉仪结构和工作原理示意图

为了更好地理解在迈克耳孙干涉仪中多色光的干涉情况，首先考虑单色光干涉的情况。设某一波长为 $\lambda$、光强为 $I$ 的红外单色光平行入射到反射率和透射率均为 50% 的理想分束器上。又设从干涉仪出来的红外光是由 $\alpha$ 光束和 $\beta$ 光束相叠加的干涉光，则 $\alpha$ 和 $\beta$ 光束的光强均为 $\frac{1}{4}I$（入射光两次经过分束器）。$\alpha$ 和 $\beta$ 光束的电场强度可分别表示为 $A\cos(\omega t + \varphi_1)$ 和 $A\cos(\omega t + \varphi_2)$，其中，$A$ 为振幅；$\omega$ 为角频率；$\varphi_1$ 和 $\varphi_2$ 为相位。则该干涉光的电场强度可表示为

$$E = A\cos(\omega t + \varphi_1) + A\cos(\omega t + \varphi_2) = 2A\cos\left(\frac{\varphi_1 - \varphi_2}{2}\right)\cos\left(\omega t + \frac{\varphi_1 - \varphi_2}{2}\right)$$

从上式可知，该干涉光的振幅为 $2A\cos\left(\dfrac{\varphi_1 - \varphi_2}{2}\right)$，角频率 $\omega$ 没有改变，相位为 $\dfrac{\varphi_1 - \varphi_2}{2}$。由于光强正比于振幅的平方，可以知道该干涉光的光强和 $\alpha$、$\beta$ 两束光的相位差或光程差直接相关。由于 $\alpha$ 或 $\beta$ 光束的光强均为 $\frac{1}{4}I$，则干涉光光强 $I'(\delta)$ 为

$$I'(\delta) = I\cos^2\left(\frac{\varphi_1 - \varphi_2}{2}\right) = 0.5I[1 + \cos(\varphi_1 - \varphi_2)]$$

$$= 0.5I\left[1+\cos\left(2\pi\frac{\delta}{\lambda}\right)\right]=0.5I\left[1+\cos(2\pi\nu\delta)\right]$$

式中，$\delta$ 为光程差；$\nu$ 为波数。当 $\alpha$、$\beta$ 两光束相位差为 $\pi$ 的偶数倍，或者其光程差为半波长的偶数倍时，干涉光光强 $I'$ 最大，等于入射光光强 $I$。当 $\alpha$、$\beta$ 两光束相位差为 $\pi$ 的奇数倍，或者其光程差为半波长的奇数倍时，干涉光光强 $I'$ 为 0。这里应该注意的是，考虑到光从光疏物质射向光密物质表面并发生反射时会发生半波损失，且 KBr 分束器表面所镀膜层物质的折射率一般介于空气和 KBr 晶体材料之间。因此，当动镜和定镜到分束器的距离相等时，$\alpha$、$\beta$ 两光束的光程差并不是 0，而是 $\frac{1}{2}\lambda$。此时的相位差为 $\pi$。在干涉仪工作时，动镜以匀速运动，改变 $\alpha$ 和 $\beta$ 光束的光程差，从而改变 $\alpha$、$\beta$ 光束的相位差。此时检测器会检测到干涉光的光强随着光程差的改变而在 $0\sim I$ 之间呈周期性余弦变化，从而得到干涉图。图 7-9（a）为 2000 cm$^{-1}$（波长 $\lambda=5000$ nm）的单色光经过迈克耳孙干涉仪后得到的干涉图。

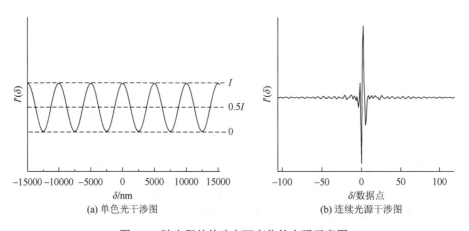

图 7-9　随光程差的改变而变化的光强示意图

当入射光为连续光时，可以将连续光看成是由很多的波数为 $\nu$ 到 $\nu+\mathrm{d}\nu$、光强为 $I(\nu)$ 的单色光组成的。每一个单色光的干涉图类似于图 7-9（a）所示，而连续光总的干涉图为所有这些单色光干涉图的叠加，即

$$I'(\delta)=\int_0^{+\infty}0.5I(\nu)[1+\cos(2\pi\nu\delta)]\mathrm{d}\nu$$

在实际的光谱测量中，还有几个因素对检测器测到的光强信号有影响。首先不可能找到完全理想的分束器。即使对某波数红外光来说其反射率和折射率均为 50% 的理想分束器，对其他波数的红外光的反射率和折射率也会有所不同。也就是说对不同波数的红外光来说，分束器的效率是不同的。另外，红外检测

器并不是对所有波数的红外光都能均匀地响应。对于某一固定的仪器，上述因素对于不同波数红外光强信号的影响是不变的。考虑到这些影响因素后，上式可修正为

$$I'(\delta) = \int_0^{+\infty} 0.5B(\nu)[1 + \cos(2\pi\nu\delta)]\mathrm{d}\nu$$

式中，$B(\nu)$为经仪器特性修正后的光源中不同波数红外光的光强。

　　图 7-9（b）为一般红外光谱测试中得到的以 400～4000 cm$^{-1}$ 连续红外光为光源的干涉图。图中横坐标为数据采集点，纵坐标为在各个数据采集点时检测器采集到的红外干涉光的总光强。这里的数据采集点和 α、β 光束的光程差直接相关。每两个相邻数据点之间对应着恒定的光程差间隔。在傅里叶变换红外光谱中，一般都是用 He-Ne 激光器来控制数据的采集，即让 He-Ne 激光光束和红外光光束一起进入迈克耳孙干涉仪，并用一个独立的检测器来专门检测从干涉仪出来的激光干涉信号。He-Ne 激光干涉图是一类似于图 7-9（a）所示的余弦波，但波长不同。He-Ne 激光的单色性非常好，波长为 632.9 nm。红外干涉图信号的采集正是用激光干涉信号来触发的。在中红外和远红外光谱测量中，一般每经过一个 He-Ne 激光干涉图上的余弦波周期采集一个红外干涉光光强信号的数据点。这样，这些数据点间隔的光程差恒定为 632.9 nm，即动镜每移动 316.45 nm 时采集一个红外干涉光的光强信号，从而得到红外干涉图。仅从单波长的激光干涉图上无法得知光程差为 0 的数据点，但从连续光源干涉图中能够知道 0 光程差的位置。从红外干涉图上可以看到，在光程差为 0 的位置附近，总的干涉光光强信号起伏比较大，而在远离 0 光程差的位置，光强信号起伏较小。这是因为当光程差为 0 时，所有波数的红外光都发生相长干涉，所以此处理论上的光强为最大。在 0 光程差位置附近，大多数波数的红外光同向发生不同程度的相消或相长干涉，所以总的干涉光光强信号起伏大，而在远离 0 光程差的位置，有些波数的红外光发生不同程度的相消干涉而另一些波数的红外光则发生不同程度的相长干涉，在其相互抵消后总的干涉光光强信号起伏不大。

　　从上述公式可知，连续光作光源时所得干涉光总光强 $I'(\delta)$ 由两部分组成。一部分为常数项 $\int_0^{+\infty} 0.5B(\nu)\mathrm{d}\nu$，和光程差没有关系；另一部分为和光程差直接相关的余弦调制项 $\int_0^{+\infty} 0.5B(\nu)\cos(2\pi\nu\delta)\mathrm{d}\nu$，是干涉光总光强中关键的一项，携带有重要的信息。设 $I''(\delta) = \int_0^{+\infty} B(\nu)\cos(2\pi\nu\delta)\mathrm{d}\nu$。从数学上来说，函数 $I''(\delta)$ 是光源光谱分布函数 $B(\nu)$ 的傅里叶余弦变换。如果通过实验测量获得函数 $I''(\delta)$ 的信息，则可通过傅里叶逆变换的数学过程来得到光源光谱分布函数 $B(\nu)$，即光谱测量中我们所需要的不同波数红外光的光强信息。

$$B(\nu) = \int_0^{+\infty} I''(\delta)\cos(2\pi\nu\delta)\mathrm{d}\delta$$

总的来说，在傅里叶变换红外光谱采集过程中，迈克耳孙干涉仪中的动镜匀速扫描以改变α、β光束的光程差，激光检测器检测激光干涉信号以确定一系列等光程差间隔的数据点，同时红外检测器测得总的红外干涉光的强度随光程差的改变而变化的干涉图，最后对红外干涉图进行傅里叶变换以得到光源光谱分布函数 $B(\nu)$。红外干涉图中的常数项对傅里叶变换的数学处理过程没有影响。关于傅里叶变换及其逆过程、快速傅里叶变换等相关知识，感兴趣的读者请自己查阅相关的数学书籍。

傅里叶变换红外光谱仪和色散型红外光谱仪相比，具有以下优点：

（1）具有非常高的光谱分辨本领。一般的棱镜光谱分辨率达到 $1\ \mathrm{cm}^{-1}$ 已经很不容易了，而一般光栅光谱仪最好也不超过 $0.2\ \mathrm{cm}^{-1}$，但傅里叶变换光谱仪在整个光谱范围达到 $0.1\ \mathrm{cm}^{-1}$ 的分辨率并不困难，现在商品傅里叶红外光谱仪光谱的分辨率已经能达到 $0.01\ \mathrm{cm}^{-1}$ 以下。

（2）具有非常高的波数准确度。因为动镜的位置是用单色性非常好的激光作为基准测定出来的，光程差可以测定得非常精确，从而最后计算出来的光谱的波数一般很容易准确至 $0.01\ \mathrm{cm}^{-1}$，而且不需要校谱。棱镜或光栅型红外光谱仪波数准确度不高，而且需要经常用标准光源来对光谱的波数位置进行校对。

（3）具有很短的扫描时间。一般棱镜或光栅式仪器扫描一个全谱需几分钟，最快也需几十秒，而傅里叶变换红外光谱仪可以在 $1\ \mathrm{s}$ 内进行全扫描，因此可以用来观测一些瞬时反应，最快可以在毫秒级时间范围内进行光谱跟踪。

（4）可研究很宽的光谱范围，一般可覆盖 $11000\sim10\ \mathrm{cm}^{-1}$ 的范围。

（5）具有很高的灵敏度和信噪比。一般的色散型光谱仪为了保证一定的光谱分辨能力，需利用合适的狭缝或光阑截取一定的辐射能，因而损失了不少信号强度。另外，由于色散型光谱仪扫描速度慢，在同样时间内能够完成的扫谱次数少，而傅里叶变换红外光谱仪则可通过多次扫谱并平均来提高信噪比。所以一般来说在相同的测试条件下傅里叶变换红外光谱具有更高的灵敏度和信噪比。

为了便于读者比较，我们给出了国际上主要生产傅里叶变换红外光谱仪和激光拉曼光谱仪及激光器的生产厂家，见表 7-2。

表 7-2　世界上分子光谱仪器生产厂家

| 公司名称 | 国别 | 仪器种类 |
| --- | --- | --- |
| Perkin-Elmer | 美国 | FTIR、FT-Raman |
| Bio-Rad | 美国 | FTIR、FT-Raman |
| Bruker | 德国 | FTIR、FT-Raman |

续表

| 公司名称 | 国别 | 仪器种类 |
| --- | --- | --- |
| Nicolet | 美国 | FTIR、FT-Raman |
| Jasco | 日本 | FTIR、FT-Raman |
| Bomem | 加拿大 | FTIR |
| Shimadzu | 日本 | FTIR |
| Hitachi | 日本 | FTIR |
| Speex | 美国 | Raman |
| Dilor | 法国 | Raman |
| Jobin-Yvon | 法国 | Raman |
| EG&G | 法国 | Raman |
| Spectra-Tech.Inc. | 美国 | 光谱附件 |
| Spectra-Physics.Co. | 美国 | 激光器 |
| Princeton Instruments Ins. | 美国 | 探测器 |
| Coherent Co. | 美国 | 激光器 |
| Acton Research Co.（ARC） | 美国 | 单色仪、光度计 |

## 7.1.2　漫反射红外光谱

早在 20 世纪 70 年代，Körtüum 和 Griffihs 等已经从理论上论述了漫反射红外光谱（DRIFT）的基本原理。漫反射红外光谱可以测量松散的粉末，因而可以避免由压片而造成的扩散影响。它适用于测量散射很强的样品，目前已在催化剂研究中得到了广泛的应用。通常用 DRIFT 或 DRIFTS 来表示漫反射傅里叶变换红外光谱。红外漫反射辐射的收集通常采用椭圆（ellipsoidal）镜收集器聚焦于探测器上。其红外吸收光谱用 Kubelka-Munk 函数来描述：

$$\frac{K}{S} = \frac{(1 - R_\infty)^2}{2R_\infty}$$

式中，$K$ 为吸收系数，为频率的函数；$S$ 为散射系数；$R_\infty$ 为无限厚的样品的反射比（一般厚度在几毫米范围即可满足上述条件）。

通常，漫反射辐射测量采用积分球，积分球是 FTIR 的一个附件。一般为了避免法线方向的反射均采用非法线方向的入射角。即固定的离轴（off-axis）椭圆镜子，如图 7-10 和图 7-11 所示。最近 Korte 和 Otto 设计了一个（light-pipe Blocker）光楔可以隔断法线方向的反射影响。利用这些漫反射附件可以获得质量很好的漫反射红外光谱。目前，大多数 FTIR 仪器均设有做漫反射的功能，即 Kubelka 模，如果配备漫反射池均可以方便地进行漫反射研究。为了进一步做一些原位红外光谱研究，人们设计了可控气氛和压力的原位漫反射池，可以在室温至 400～500℃、真空或加压条件下进行原位研究，详见图 7-12。

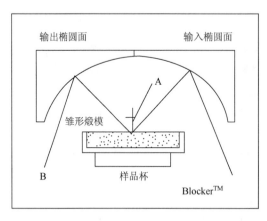

图 7-10　漫反射池原理图

图 7-11　漫反射附件照片

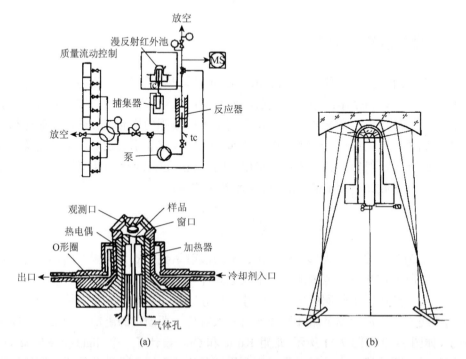

(a)　　　　　　　　　　　(b)

图 7-12　（a）原位漫反射池和气路连接图；（b）漫反射原位红外样品池及其外光路设计

## 7.1.3　红外发射光谱

物质的红外发射强度随温度升高而增大，在一定温度下，红外辐射的强度随频率的变化与物质本身的结构性质有一定的关系。因此，从原理上讲，可根据物质的红外辐射所提供的结构信息对其进行分析。这种关系早已被人们所认识，并在天文遥测中得到应用，但由于红外探测器灵敏度和仪器的限制，红外发射技术在催化剂和其他材料的表征研究中一直未得到大的发展。20 世纪 70 年代以后，由于高灵敏度红外探测器的发展和傅里叶变换红外光谱的应用使红外发射光谱在催化剂及其他材料的表征研究中逐渐得到重视。当前，红外光谱仪专门为做发射光谱设置了发射模件，可以方便地测定发射光谱。

Kirchhoff 定律很好地描述了物质的红外辐射规律，在任一指定温度下辐射通量密度（$W$）与吸收率（$a$）之比对任何材料来说都是一个常数，并等于该温度下绝对黑体的辐射通量密度（$W_{bb}$），即

$$W/a = 常数 = W_{bb}$$

根据 Kirchhoff 定律，在热平衡下一个物体的辐射能量等于其吸收能量，故物体的发射率（$e$）应该等于其吸收率：$a = e$。

对于理想黑体，可以完全吸收辐射到其上面的所有能量，故 $W_{bb} = 1$，其发射率也最大。对于一般物体，其吸收率小于黑体的吸收率，相应地，其发射率也低于黑体的发射率，故又常称为灰体，其发射率为 0～1。在一般情况下，设一个物体接受到辐射能时其透射率为 $t$，反射率为 $r$，吸收率为 $a$，则由能量守恒条件可知有下述关系：

$$t + r + a = 100\% = 1$$

在近似条件下，设固体样品的反射率极小时，上式变为

$$t + a = 1 \quad 或 \quad t + e = 1$$

即 $e = 1 - t$。

上式说明透射率与发射率之间有直接对应关系。如果测得了以发射率为纵坐标的发射光谱，可容易地将其变换为透射光谱。但要在一定温度下测定样品的吸收率或发射率并不容易，必须要准确测定该样品的辐射通量密度 $W$ 和黑体的辐射通量密度 $W_{bb}$。一般情况下测得的发射度为 $\varepsilon = W/W_{bb}$，并不完全是上述定义下的发射率，但它能基本上代表样品的发射率。

根据光谱发射率，辐射源可细分为三类：黑体、灰体和选择性辐射体。对于黑体和灰体我们可认为其辐射强度随辐射光波呈光滑连续函数，而对于选择性辐射体，除具有像灰体那样的本体辐射外，在一定的频率处产生特征的辐射峰，这些特征的辐射峰实际上起源于物体分子的选择振动跃迁，即由激发态（主要为第

一激发态）向基态跃迁而辐射特征频率的光。严格来说选择性辐射体也是一种灰体，但是由于其包含的选择性辐射峰正对应着物体的特征红外振动，所以可通过检测物体的红外发射光而获得红外振动光谱。

为了获取样品的红外发射光谱，除具备红外光谱仪外，需要一套适合于待测样品的发射光谱池。对于一般的有机定性分析，可将待测物涂敷于一可加热样品支撑物上，将样品温度升高于室温即可检测到样品的红外发射谱。在多相催化剂及一些其他固体材料的表征研究中，要求能够对样品进行各种条件下的处理，并在处理的原位条件下摄取光谱，因此需要一种适合于原位研究的多功能红外发射池。关于发射光谱池的设计文献中有一些报道。例如，Primet 等曾设计了一种用于催化研究的的红外发射池，可在池内对样品进行真空处理，样品温度可升到250℃，样品衬底由不锈钢抛光而制得。Borello 等用石英和 Pyrex 玻璃烧制成一种红外发射池，使用金片作为衬底。

图 7-13 是在文献的基础上进一步改进的红外发射光谱池[21, 22]，其外壳由不锈钢制成（没有用玻璃以避免外界光的干扰），池内加热和样品架部分由石英烧制而成，池内部分和池体之间用法兰盘密封。用电炉丝加热样品，热电偶测量温度，样品可加热到 700℃，用 KBr 和 NaCl 盐片作窗口。加热样品时窗口和法兰盘由冷却水套保护。样品支撑片由不锈钢片镀金做成，以避免在高温下支撑片的氧化和样品与支撑片之间的反应。实验时，可将此红外发射池连接于真空系统或各种气路上，以对池内样品进行焙烧、氧化还原及反应等处理，并在这

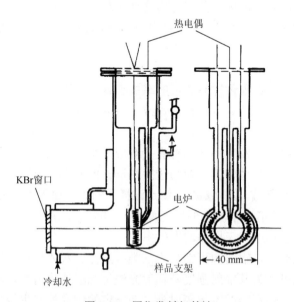

图 7-13　原位发射红外池

些处理过程中原位获取红外发射光谱。将红外发射池置于傅里叶变换红外光谱仪的发射口（有些仪器没有设置发射口，可将红外发射池置于仪器光源位置），将红外发射光引入仪器的正常光路中，其余部件（如分束器、探测器等）与一般的透射红外相同。

　　将待测的多相催化剂或其他固体样品研磨成细粉后用有机溶剂（丙酮或乙醇）调制成悬浮液，然后将此悬浮液均匀涂于支撑片上。文献[21]、[22]所介绍的工作采用 MCT 和 DTGS 探测器，KBr 分束板，红外发射光谱在 BOMEM DA-3 FTIR 和 Perkin-Elmer 1800 FTIR 光谱仪上摄取。

　　在文献中，红外发射光谱的强度表示比较混乱，还没有统一的要求。一般情况下，仪器所记录的单光束光谱的强度可标为 Emission。根据定义，发射率（emissivity）是样品辐射通量密度 $W$ 与黑体辐射通量密度 $W_{bb}$ 的比值：$\varepsilon = W/W_{bb}$。但测定黑体辐射通量密度比较困难，也可直接取相同温度下样品的发射光 $L$ 和黑体的发射光 $L_{bb}$ 之比（$L/L_{bb}$）作为发射光谱的一种强度表示，可称为发射度（emittance）。在实际测量中我们曾采用涂炭黑的腔作为黑体测得本底光谱，并在同样条件下测得样品的光谱，将上述两种光谱相比可近似得到发射度 emittance。最近，进一步用灰体代替黑体测本底光谱，也能得到很好的红外发射光谱，但所得到的发射率不是物理上严格定义的发射率。然而在研究中测绝对的发射率或发射度并不重要，所以直接用样品支撑片近似作为灰体，同时作为参考样品，在不同温度下先测得本底发射光谱，采用比光谱的办法扣除本底光谱，这样得到的光谱不仅扣除了样品支撑片的发射光，而且消除了仪器光路吸收和发射的影响。把由上得到的发射光谱的强度称为相对发射度（relative emittance，RE），设样品单光束光谱为 $L_s(T)$，本底的单光谱为 $L_r(T)$，则相对发射度可写为

$$RE = L_s(T)/L_r(T)$$

　　假设在同样条件下黑体的发射光谱为 $L_b(T)$，上式又可写为

$$RE = L_s(T)/L_r(T) = [L_s(T)/L_b(T)]/[L_r(T)/L_b(T)] = \varepsilon_s/\varepsilon_r$$

即相对发射度是样品的发射度与参比的发射度之比，故称为相对发射度。采用相对发射度后可以有效地避免本底和仪器本身的干扰。除此之外，样品的厚度有一定的影响，这是由样品的自吸收造成的。

## 7.1.4　衰减全反射红外光谱

　　20 世纪 60 年代初，衰减全反射（attenuated total reflection，ATR）红外附件已经出现，但受色散型红外光谱仪性能的限制，ATR 技术的应用比较局限。到 20 世纪 80 年代初，将 ATR 技术应用到傅里叶变换红外光谱仪上，产生了傅里叶变换衰减全反射红外光谱仪（attenuated total internal reflectance Fourier transform

infrared spectroscopy，ATR-FTIR）。ATR-FTIR 作为红外光谱法的重要实验方法之一，克服了传统透射红外测试的不足，极大地扩展了红外光谱的应用范围。

　　衰减全反射光谱以光辐射在两种介质的界面发生全内反射为基础[23, 24]。如图 7-14 所示，当满足条件：介质 1（反射元件）的折射率 $n_1$ 大于介质 2（样品）的折射率 $n_2$，即从光密介质进入光疏介质，并且入射角 $\theta$ 大于临界角 $\theta_c$（$\sin\theta_c = n_2/n_1$）时，就会发生全反射。当红外光被样品表面反射时，是穿透了样品表面一定深度后才反射出去的。因此如果在特定频率范围内有样品的吸收，则相应的入射光被吸收，在反射光中相应频率的部分形成吸收带，这就是 ATR 光谱。

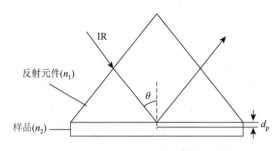

图 7-14　红外光在界面发生全反射

　　根据 Maxwell 理论，当一光束进入样品表面后，辐射波的电场强度衰减至表面处的 1/e 时，该光束穿透的距离定义为穿透深度 $d_p$，即

$$d_p = \frac{\lambda_1}{2\pi n_1 \sqrt{\sin^2\theta - (n_2/n_1)^2}}$$

式中，$\lambda_1$ 为红外光在反射介质中的波长；$\theta$ 为入射角；$n_1$ 和 $n_2$ 分别为晶体材料和样品的折射率。穿透深度 $d_p$ 取决于光束的波长、反射材料和样品的折射率及入射角。常用红外光谱测试的红外光波长为 2.5～25 μm，这说明 ATR 光谱通常反映界面微米级或更薄层的光谱信息。根据上述公式，穿透深度与光的波长成正比。光的波长越长，穿透深度越大，红外测试的灵敏度越高。穿透深度与入射角的关系如图 7-15 所示，当入射角非常接近临界角时，穿透深度将急速增大；而在入射角远远大于临界角时，穿透深度的变化则较缓慢；但小于临界角时，几乎所有能量都进入样品。另外，尽可能使样品与 ATR 晶体的反射面严密接触，提高接触效率，是提高 ATR 光谱质量的必然要求。

　　为了增强 ATR 吸收峰强度，提高信噪比，增加全反射次数，现代 ATR 附件多使用多重全反射附件，如图 7-16 所示。红外光投射到一梯形反射元件上，全反射次数可达 20～50 次，样品的总穿透深度大大增加。反射次数 $N$ 计算公式如下

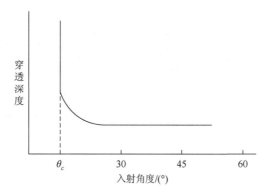

图 7-15　穿透深度与入射角的关系曲线

$$N = \frac{l}{d}\cot\theta$$

式中，$l$ 为全反射晶体的长度；$d$ 为两个反射面间的距离；$\theta$ 为入射角。其中，ATR 晶体的长度 $l$ 和面间距 $d$ 是固定的，而入射角 $\theta$ 可在一定范围内变化。因此，减小入射角可增加全反射次数，增加了总穿透深度，是提高 ATR 信号强度的有效方法。

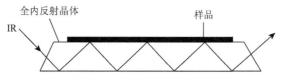

图 7-16　多重内反射的形成

　　在选择红外衰减全反射装置所使用的晶体材料时，应主要考虑的因素包括折射率、化学稳定性、光谱范围和机械强度等。由于大多数有机物的折射率在 1.5 以下，根据 $n_1 < n_2$ 的要求，衰减全反射的红外透过晶体的折射率要大于 1.5，常用的晶体包括：KRS-5、硒化锌（ZnSe）、锗（Ge）、硅（Si）等（表 7-3）。通常 ATR 晶体做成菱形，样品放到晶体的两个较大的侧面上。晶体的几何尺寸受到全反射次数和光谱仪光源光斑大小的约束。

表 7-3　常用晶体材料的性质

| 晶体材料 | 折射率（$n$） | 光谱范围/cm$^{-1}$ | 其他特征 |
| --- | --- | --- | --- |
| KRS-5 | 2.4 | 20000～250 | 具有优良的透射性，受酸性和烷烃类物质影响，材质较软，易着色，有毒 |
| ZnSe | 2.43 | 20000～650 | 受强酸和烷烃类物质影响，受混合介质影响，吸收磁性、放射性离子 |

续表

| 晶体材料 | 折射率（$n$） | 光谱范围/cm$^{-1}$ | 其他特征 |
|---|---|---|---|
| Ge | 4.0 | 5500~830 | 完全不溶于水，与强烷烃发生反应，质脆 |
| Si | 3.4 | 8300~1500 | 价格低廉，极硬，在其相对较窄的透光范围可给出优良的结果 |

## 7.1.5　红外合频技术用于催化剂表征研究[25-27]

　　传统的红外光谱在广泛应用于催化研究的同时，在某些方面也显示出了一些不足。例如，在研究某些反应体系中表面物种的动态过程时，其灵敏度往往还无法满足要求。实际上，为了满足各种研究的需要，人们一直在从不同角度去探索各种新的方法和技术，其中 SFG 方法就是人们进行这种探索的一种尝试。

　　红外-可见和频产生（SFG）表面振动光谱是 20 世纪 80 年代后期发展起来的一项表面和界面十分灵敏的光谱技术[25, 26]。它的原理是基于物质表面的非线性光学现象。众所周知，非线性光学过程的产生要求介质是非中心对称的，一般物质的体相都是中心对称的，不能产生二次非线性现象，不过在物质的表面或界面，对称性会遭到破坏，二次非线性光学现象就可以产生。SFG 技术是用一系列非线性光学晶体元件将一束激光分为两路，即一束可调红外光（IR）和一频率固定的可见光（vis），两束光同时照射到样品表面上，由非线性效应得到二者和频（SF）的信号，即 $\omega_{SF} = \omega_{vis} + \omega_{IR}$（$\omega$ 为频率），然后利用光电倍增管检测 SF 信号，从而得到物质的表面信息。其装置示意图如图 7-17 所示。

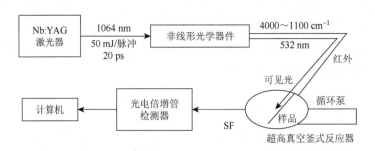

图 7-17　SFG 表面振动光谱仪器示意图

　　SFG 技术具有以下几个特点：

（1）SFG 是表面和界面灵敏的光谱技术，甚至能够检测到次表层的表面物种。SF 信号位于可见或近红外区，光电倍增管作为检测器在这一区域最灵敏，这同样提高了 SFG 技术的灵敏度。

（2）SFG 信号来自表面或界面，不受体相和气相反应物的影响，可以在反应条件下检测表面物种或捕获反应中间物种。

（3）SFG 仪器避免了使用较难得到和娇贵的红外元件，有较好的实用性和适应性。

（4）可以在很宽的温度（250～1000 K）和压力（超高真空至几个大气压）范围内工作，作为桥梁将超高真空的研究与真实反应条件下的研究连接起来。

（5）SFG 振动光谱的选律是：振动模式必须同时具有红外和拉曼活性。

SFG 表面振动光谱虽然发展起来才十几年，但是人们已经利用其取得了很多有意义的研究结果[28-31]。下面是一个很典型的利用 SFG 弥补过去对烯烃加氢机理认识不足的例子。

Somorjai 等[28, 29, 31]利用 SFG 研究了一系列低碳烯烃的加氢。结果表明，π吸附的乙烯、丙烯和异丁烯是反应的中间物，乙川（次乙基）、丙川（次丙基）和丁川（次丁基）物种以及相应的双σ表面物种加氢速度非常缓慢，属于旁观者，而这些表面物种以前一直被人们认为是加氢反应的重要参与者。下面以乙烯在 Pt（111）单晶上的加氢反应为例，来说明 SFG 技术的应用。

图 7-18（a）给出了乙烯在 Pt（111）上加氢过程中的 SFG 谱图，表面上有三种物种：π和双σ吸附的乙烯及乙川。抽空后，谱图中只有乙川峰存在，表明π和双σ吸附的乙烯只有在乙烯气相中才能存在。再次加入反应气所得谱图［图 7-18（b）］表明，π吸附的乙烯谱峰完全恢复，而双σ吸附的乙烯谱峰强度明显减弱，即它与乙川物种占据相同的表面位，二者之间存在竞争吸附。比较（a）、（b）两图所得的 TOF 值几乎相同，而单独的乙川加氢实验表明其反应速率非常缓慢，并且它的预吸附并不影响乙烯加氢的 TOF 值，从而可以排除乙川为反应中间物；同时，图 7-18（b）表明，虽然双σ吸附的乙烯明显减少，反应的 TOF 值并没有变化，如果它为反应中间物，则乙川的预吸附（二者竞争吸附）应当影响 TOF 值，但结果并非如此。这些分析表明，π吸附的乙烯应当是反应的中间物。

SFG 不仅可应用在金属表面，还可应用于气液、液固界面和电化学等方面。如今，SFG 技术已被广泛应用于化学、物理学、环境学、医学和生物学等领域，有着很广阔的发展前景。但是，同其他技术一样，它也有不足和有待完善的地方，具体有以下几点：

（1）它只能应用于平整的表面，粗糙和多孔的表面不能被研究。

（2）高功率的激光可能会对样品有损害。

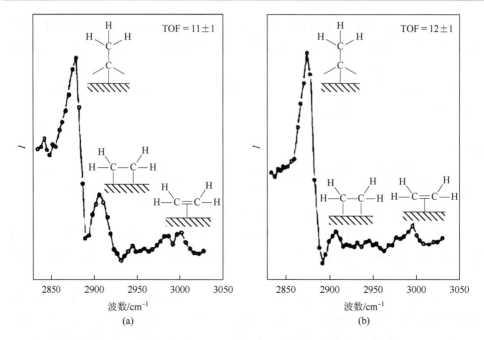

图 7-18　（a）$C_2H_4/H_2/Ar$（35/100/615 torr）在 Pt（111）上室温反应的 SFG 谱图；（b）在（a）
　　　　　抽空后，重新进入相同的混合气反应的 SFG 谱图

（3）红外光 IR 的频率范围有限（1100～4000 cm$^{-1}$），许多有用信息不能得到。
需要开发相关的光学材料。

### 7.1.6　时间分辨红外光谱

近几十年来，随着科学技术的日新月异，各种时间分辨光谱（time-resolved
spectrum）技术得到了快速的发展。时间分辨光谱通过在不同尺度的时间坐标上
采集一系列的光谱来获取光谱随时间变化的动力学信息，是研究和观测各种瞬态
物理和化学过程的有力工具。时间分辨红外光谱是指光谱采集范围在红外区（包
括近红外、中红外和远红外）的时间分辨光谱，一般有时间分辨红外吸收光谱和
时间分辨红外发射光谱。

根据时间分辨率的不同要求，需要采用不同的方法技术来实现时间分辨红外
光谱的采集。当时间分辨率要求不高，如在分钟或小时级的时间尺度范围内采集
红外光谱时，普通的稳态红外光谱就能够满足实验的需要。对于时间分辨率在秒
级或毫秒量级的时间分辨红外光谱采集，一般采用快速扫描傅里叶变换红外光谱
技术来实现，而棱镜和光栅分型红外光谱由于单次扫描所需要的时间过长而无
法达到要求。快速扫描时间分辨红外光谱的工作原理和普通傅里叶变换红外光谱

基本一样，不同的是在快速扫描模式下，干涉仪中的动镜运动速度加快，最快可以在几十毫秒内就完成一次扫描。另外，快速扫描对检测器和数据采集卡的响应速度也有更高的要求。快速扫描时间分辨红外光谱对于其所测试的体系没有什么特殊要求，具有广阔的应用空间，在催化反应及光催化领域的研究中已发挥了重要的作用[32]。在快速扫描光谱采集过程中，随着时间分辨率的提高，所得谱图的信噪比会随之下降。为解决谱图信噪比低的问题，可以对所研究的动力学过程独立分开地进行多次时间分辨光谱采集，即获得多个光谱随时间而变化的三维谱图组，之后再将这多个三维谱图组按照对应的时间序列来进行光谱的累积和平均，最后得到一个信噪比明显提高了的时间分辨三维谱图。H. Frei 教授课题组在用快速扫描时间分辨红外光谱研究光催化水氧化机理中正是采用这种方法，同时获得了较高的时间分辨率和较好的谱图信噪比[33]。

纳秒或微秒量级的时间分辨红外光谱采集需要采用快速响应的 MCT 检测器和快速响应的模数转换及数字存储设备。在纳秒或微秒量级的时间分辨光谱测试中首先给待测体系某种扰动（如光激发、热激发、材料的机械拉伸等），之后以扰动的给予为时间零点测得体系从被扰动开始到恢复为基态过程中的红外吸收或发射的动力学信息。实验测试中通常需要被测试体系的动力学过程重复进行成百上千次，因而对所测试动力学过程的可重复性有非常高的要求。纳秒时间分辨红外光谱常用来研究一些光化学、光电转化、材料拉伸后的形变复原等动力学过程。在光栅扫描纳秒时间分辨红外吸收光谱采集中，光栅先停在某一位置以选取一定波长的红外入射光照射到样品上，然后给予样品某种扰动，同时将 MCT 检测器的交流响应 AC 信号放大后输入给高频的数字示波器（即快速响应的模数转换及数字存储设备），从而得到扰动引起的红外光强变化的信息，即 $\Delta I(t)$。一般需多次重复扰动—复原的过程并对采集到的 $\Delta I(t)$ 信号进行平均以提高信噪比。在给予扰动之前，对 MCT 检测器的直流输出 DC 信号进行斩波并由示波器进行信号采集以得到扰动之前的背景光强信号 $I_0$。最后，由下式计算扰动引起的红外吸光度随时间而变化的动力学曲线：

$$\Delta A(t) = -\lg \frac{I_0 + \Delta I(t)/g}{I_0}$$

式中，$g$ 为 AC 信号的放大倍数。得到一个波数下的 $\Delta A(t)$ 后，再将光栅移到另一个位置，并得到另一个波数下扰动引起的红外吸光度随时间而变化的动力学曲线。依次进行下去，可以得到一系列动力学曲线。将这一系列动力学曲线按波数顺序排列在一起就组成了一个三维的时间分辨光谱图。日本的 A. Yamakata 等研究人员最早采用纳秒光栅扫描时间分辨红外光谱研究了 $TiO_2$ 半导体光催化剂中光生电子的红外吸收和衰减动力学过程[34]。

纳秒级傅里叶变换时间分辨红外光谱需采用步进扫描技术来实现。在步进扫描采样过程中，动镜先停在某一固定位置，然后采集 $\Delta I(t)$ 信号，其获取 $\Delta I(t)$ 信号的方法原理和光栅扫描基本一样，但此时 MCT 检测器 AC 放大信号的带宽较窄，以滤去变化较慢的各种信号。之后动镜移动到下一个位置并同样获得该位置下的 $\Delta I(t)$ 信号动力学曲线。在动镜位置移动的时候由 MCT 的 DC 输出采集背景光强 $I_0$ 信号。在完成整个动镜位置的扫描后，对不同动镜位置下的 $I_0$ 信号进行傅里叶变换以得到扰动前的背景光谱。然后计算 $I_0 + \Delta I(t)/g$，并按动镜位置次序将计算后所得动力学曲线排在一起组成三维的时间分辨干涉图。最后对每个时间间隔点上的干涉图进行傅里叶变换并和背景光谱一起按照吸光度公式计算得到三维的时间分辨红外吸收光谱。

步进扫描技术和光栅扫描时间分辨红外光谱相比仍保持了傅里叶变换红外光谱的光谱分辨率高和波数位置准的优势，但其缺点也非常明显。首先是灵敏度不如光栅扫描型时间分辨红外光谱。前者 $\Delta A$ 的检测限一般为 $10^{-4} \sim 10^{-3}$，而后者可达 $10^{-6} \sim 10^{-5}$ 量级。其次，在步进扫描采样中需要在一系列不同的动镜位置下进行动力学曲线的采集。和光栅扫描时间分辨红外光谱相比，同样光谱分辨率条件下步进扫描需采集的动力学曲线的数目要多得多，因而增加了时间分辨光谱的采集时间，且对被测试体系动力学过程的可重复性有更高的要求。在一些液体光化学体系的步进扫描测试中常采用循环流动的红外样品池以增加待测体系动力学行为的可重复性。另外，步进扫描不能像光栅扫描时间分辨光谱那样很方便地测量某个红外波数下瞬态吸收随时间而变化的动力学曲线。在步进扫描测试中要获得某个波数下的动力学曲线，必须先完成整个时间分辨光谱的采集，之后才能从三维的时间分辨光谱图中抽取出某个波数下的瞬态吸收随时间而变化的动力学曲线。最后，步进扫描的时间采集范围一般局限在纳秒和微秒量级，对于一些发生在毫秒甚至秒级时间范围的慢动力学过程的研究无能为力，而光栅扫描型时间分辨红外光谱则不存在此问题。为解决步进扫描模式中不能方便获取动力学曲线和无法研究一些较慢动力学过程的问题，可以对步进扫描采集方式进行适当改进：使动镜固定在某一位置并按照和光栅扫描实验同样的方法来获取动力学曲线 $\Delta A(t)$。此时的动力学曲线反映的是经扰动后的被测体系对整个红外入射光的瞬态吸收动力学过程。实验中还可以根据需要采用各种带通红外滤光片来选取一定波数范围的红外光作为入射光。李灿课题组采用步进扫描时间分辨红外光谱及改进后的采样模式研究了 $TiO_2$ 光催化剂中光生电子的红外瞬态吸收及衰减动力学过程，观察到牺牲剂存在条件下 $TiO_2$ 中长寿命电子直接参与产氢反应的动力学过程[35]。

在纳秒和微秒时间分辨红外光谱中，也可以采用波长连续可调的红外激光作为入射光来提高灵敏度和信噪比。翁宇翔教授课题组采用这种纳秒时间分辨红外光谱技术研究了 $TiO_2$ 中光生电子向深能级注入和在纳米粒子间转移的动力学过程[36]。

　　飞秒和皮秒量级的时间分辨红外光谱一般采用传统的 Pump-Probe 技术,其采样原理以飞秒时间分辨近红外吸收光谱为例来说明。图 7-19 是日本 Iwata 教授课题组的飞秒时间近红外光谱装置的结构示意图[37]。首先是由飞秒蓝宝石自锁模激光器（mode-locked oscillator）输出高频的 800 nm 飞秒激光,经再生放大器（regenerative amplifier）放大后输出 800 nm、1 kHz、功率达 3.5 W 的飞秒脉冲激光。之后将此飞秒激光分为两束,一束功率很低的 800 nm 飞秒激光经聚焦后入射到蓝宝石 Sapphire 晶体上。由于非线性光学效应,此时可以产生波长连续的（850～1600 nm）飞秒近红外光。该近红外光经过光学延迟平台（delay stage）后被 ZnSe 光楔分为两束,分别作为入射到样品上的探测光和用于监测及校正探测光光强抖动的参考光,并由两台配有近红外多通道检测器的光栅光谱仪分别进行光谱采集。另一束功率（接近再生放大器的输出功率）很高的 800 nm 飞秒激光经过光参放大器（OPA）后获得波长连续可调（250～400 nm）的飞秒激光来作为激发样品的激发光。探测光和激发光之间的时间延迟由光学延迟平台来控制。光学延迟平台上装有两面用于反射近红外探测光的反射镜,这两面反射镜可以随延迟台一起在光学平台上做水平移动,其移动的距离能够在 1 μm 量级上精确地控制。实验前首先要确定时间零点,即使激发光和探测光同时到达样品。之后调节延迟平移台的位置,使探测光滞后于激发光某一个时间间隔,并进行相应的光谱采集以获得该时间间隔点的红外吸收光谱。例如,以光在空气中的传播速度为 $3.0\times10^{8}$ m/s 来计算,当控制延迟平移台从时间零点位置处向上方（图 7-19）移动 15.0 μm 的距离

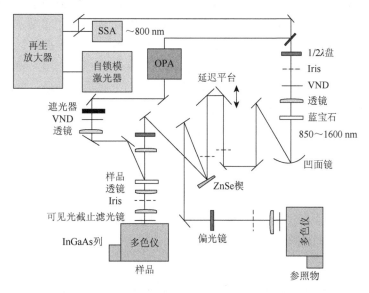

图 7-19　飞秒时间分辨近红外光谱装置结构示意图

时，则使探测光到达样品位置的光程比激发光的光程长 30.0 μm，此时探测光到达样品的时间滞后于激发光 100 fs。在完成一个时间间隔点的近红外吸收光谱采集后，使延迟平移台移动到下一个位置并完成下一个时间间隔点的光谱采集。以此类推，逐点采集，最后得到光谱随时间而变化的三维飞秒时间分辨近红外吸收光谱。Iwata 教授课题组采用这套装置研究了 $TiO_2$ 中光生电子被捕获的超快动力学过程[37]。

## 7.1.7　近场光学红外光谱

传统的光谱成像技术中一般需用到各种光学透镜组，其成像及检测的光学空间分辨率受光学衍射极限的限制，因此中红外波段的分辨率在微米量级，从而极大地限制了红外光谱成像技术的实际应用。将扫描近场光学显微镜（scattering-type scanning near-field optical microscopy，S-SNOM）与傅里叶变换红外光谱仪联用，实现了纳米级分辨率的傅里叶变换红外光谱（fourier-transform infrared nanospectroscopy，Nano-FTIR）的采集，对材料表面纳米级分辨率形貌成像的同时，获取纳米级空间分辨率的红外光谱。目前，Nano-FTIR 的光学空间分辨率最高可达 20 nm[38]。

Nano-FTIR 的基本原理，是探测在金属化探针针尖尖端形成的、与针尖曲率半径大小相当的纳米级增强光源与探测分子之间的相互作用，来获得纳米级的光学空间分辨率。这是因为红外吸收光谱为线性吸收，信号增强因子与分子所处电场强度的平方成正比。Keilmann 小组在 Nano-FTIR 方面做出了重要的工作，对针尖-样品耦合体系进行了合理的近似，如图 7-20 所示[39]。由于探针针尖最尖端部分与样品的相互作用远大于针尖锥形主体部分与样品的相互作用，将探针针尖看作是一个靠近尖端的复介电常数为 $\varepsilon_t$、半径为 $a$ 的金属极化小球；同时假设复介电常数为 $\varepsilon_s$ 的待测样品占据了下半表面，并且在下半平面只由小球的极化电场极化。得到针尖-样品耦合复杂体系的有效极化率为

$$\alpha_{eff} = \alpha(1+\beta) / \{1-\alpha\beta[16\pi(a+z)^3]\}$$
$$\alpha = 4\pi a^3 (\varepsilon_t - 1) / (\varepsilon_t + 2)$$
$$\beta = (\varepsilon_s - 1) / (\varepsilon_s + 1)$$

式中，$z$ 为针尖尖端离样品的距离；$\alpha$ 为金属球的极化率；$\beta$ 为样品的介电响应函数。所以，收集到的样品散射信号为

$$I_s = \alpha_{eff}^2 I_i$$

根据上述公式可知有效极化率 $\alpha_{eff}$ 与针尖尖端离样品的距离 $z$ 呈非线性变化。测试过程中，$z$ 随着时间呈周期性变化（探针以频率 $\Omega$ 振动），根据傅里叶

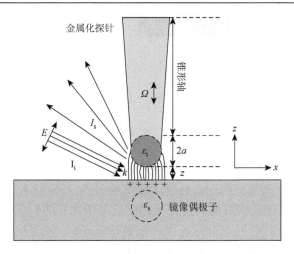

图 7-20　针尖-样品复杂体系近场偶极子耦合模型

其中，$I_i$ 和 $I_s$ 分别为入射到探针针尖尖端的光强和从针尖-样品耦合体系散射出的光强；$E$、$k$ 分别为入射光的电矢量振动方向及传播波矢；$\Omega$ 为探针的机械振动频率

级数展开，可知受周期调制的散射信号由频率为 $\Omega$ 的信号和高次谐波 $n\Omega$ 信号组成。因此可以通过对机械振动调制频率 $\Omega$ 或高次谐波 $n\Omega$ 进行解调和放大获得纯的近场信号。

## 7.1.8　原位及 operando 红外光谱技术

　　催化剂的构效关系依然是现代多相催化最重要的研究问题。催化剂的表面随着环境条件（温度、压力、气相或液相组成等）的变化是动态变化的，因此在反应条件下建立催化剂的动态构效关系是至关重要的，这也是发展原位光谱研究催化反应机理的重要意义。但是，由于缺乏反应产物的分析，原位光谱的研究结果缺少催化剂构效关系的直接证据。当原位光谱在真空或非反应条件下测试时，这一问题就尤为突出。因此，发展同时进行催化剂表征检测和在线产物分析的 operando 光谱技术，是解决这一问题的重要策略。Tamaru[40]提出了一个所谓"动态处理"方法，这种方法是基于在催化剂工作状态下考察非定态和定态条件下吸附物种的动态行为，同时测定总包反应速率。因此可以获得催化剂工作表面动态信息。原则上这种方法可以推广到其他实验手段，是一种行之有效的方法。

　　图 7-21 给出了 operando 红外光谱技术的示意图。众多的研究工作者，在原位红外池的基础上，设计改进而得到 operando 原位池，从而实现原位红外光谱采集的同时，使用质谱在线分析检测反应产物的组成，从而得到反应结构和反应中间物的直接关系。

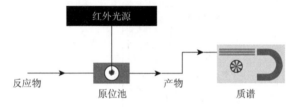

图 7-21　operando 红外光谱技术的示意图

　　稳态同位素瞬态动力学分析（steady-state isotopic transient kinetic analysis，SSITKA）技术是一种重要的 operando 红外光谱技术。SSITKA 技术结合了稳态和瞬态技术，可给出催化剂表面和反应机理的近分子水平的信息。图 7-22 给出了 SSITKA 技术的示意图[41]。SSITKA 的一般操作原理为，在催化剂稳定运行的条件下，快速引入同位素瞬态物种来代替其中一种反应物（如 $H_2/^{12}CO/Ar \rightarrow H_2/^{13}CO/Kr$），为了确定反应器中滞留气体的组成，惰性气体也同时切换。由于反应在等温等压下进行，催化剂表面在同位素切换过程中没有变化，因此使用该技术可以高效地研究反应机理。反应物和产物通常用在线色谱分析定量，瞬态响应物种通过质谱进行记录和监测。通过分析原物种和同位素物种随时间的变化规律，可以得到分子水平催化反应机理的信息。

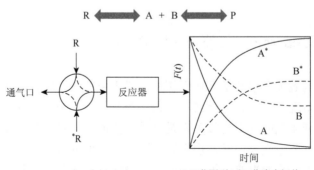

图 7-22　SSITKA 技术的示意图

MS：质谱

　　SSITKA 是在近分子水平上研究多相催化反应，可得到催化剂表面反应中间体的动力学信息，如反应中间体浓度、反应活性、速率常数等信息。这一技术已经被广泛用于表面催化反应研究中，研究了载体、活性相、粒子尺寸、助剂等对反应中间体的影响。与先进模拟处理相结合，可进一步促进表面反应机理的认识。

## 7.2　吸附分子的特征和它的红外光谱诠释

7.1 节从不同方面介绍了获得催化剂和吸附分子红外光谱的方法、手段，对于从事利用分子光谱方法进行催化剂表征研究的人员，除了上述有关实验上的技术关键、实验技巧外，最感困难的问题就是谱图分析，即如何从获得的谱带及其变化对谱带进行归属，进而得到有关它的结构和相互作用的信息及其变化规律。

从图 7-23 我们可以看到气相 CO 的红外光谱（上）CO 除了振动运动外，还可转动，也就是 CO 气相红外光谱是 CO 分子的振动-转动光谱。图 7-23（下）可以看到液态的 CO 分子已经不能转动了，只有振动光谱，而图 7-23（中）可以看到，物理吸附在 $SiO_2$ 上的 CO 由于同 $SiO_2$ 上的 OH 相互作用，使 CO 的振动、转动受到了很大的影响。

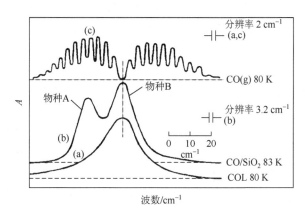

图 7-23　CO 不同状态下 IR 谱图的比较

图 7-24 是 CO 化学吸附在 $Pt/Al_2O_3$ 上的红外光谱。CO 和 Pt 中心的相互作用已经非常明显地改变了 CO 的结构和性能。

对于简单体系，人们可以利用简正振动来解释实验结果——通过简正振动坐标分析基频、谱带归属和结构的关联。但是，催化剂表征研究中主要涉及化学吸附。化学吸附中则由于吸附分子与表面形成某种键合，吸附分子的红外光谱比吸附前可以有较大的变化，除了可以出现新的吸附键（表面键）的键伸缩振动等谱带外，还可以影响原来分子的振动频率，导致一定的位移，如果在吸附后分子的化学结构有所改变（如双键打开等），则相应的振动改变更大。此外，固体点阵的晶格振动与化学吸附分子的振动频率相近时（一般在低频区）要发生偶合，这就使得对低频区光谱的解释更要小心。化学吸附分子的振动光谱尽管可以有较大的变化，

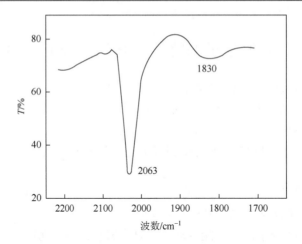

图 7-24　CO 在 3% Pt/γ-Al$_2$O$_3$ 上化学吸附的 IR 谱图

但是它仍保留着吸附前的许多光谱特征。这有利于对吸附分子的鉴别，通过吸附前后光谱的对比，就可以获得有关吸附物种的信息，进而关联有关的催化现象。

利用红外光谱来识别表面吸附分子与一般红外光谱鉴别分子的方法相同，大多是基于识别基团特征频率或同已知化合物的红外光谱相对照，这一方法至今仍是十分有效和成功的。为了说明如何从吸附分子的红外光谱中推断出吸附分子的结构，下面举例说明。

吸附态 CO 的红外光谱：从气相 CO 分子的红外光谱知道，CO 分子只有一种振动方式（3×2–5＝1），当它和转动结合时（振动光谱），在 2110 cm$^{-1}$、2165 cm$^{-1}$ 出现双峰（不出现 Q 支、O 间隙）[图 7-23 曲线（c）]。这是平行带的特征，即偶极矩变化平行于 CO 分子轴。当 CO 吸附在过渡金属上时，转动结构完全消失（图 7-24）。

如果吸附态 CO 具有 M—C≡O 构型，应属于 $C_{\infty v}$ 点群，则群的不可约表示为 $\Gamma = 2A_1 + E_1$。$A_1$ 类振动平行于键轴，有两个基频分别为 C—O 键和 M—C 键的伸缩振动，$E_1$ 类振动垂直于键轴，为二重简并变角振动；因此预期吸附态的 M—C≡O 应当有三个红外活性的振动出现。如果具有—C＝O 构型，属于 $C_{2v}$ 点群，则群的不可约表示为 $\Gamma = 2A_1 + 2B_1 + 2B_2$。$A_1$ 类为面内伸缩振动，有两个基频分别为 C—O 键和 M—C 键的伸缩振动；$B_1$ 类振动为面内变角振动，有两个基频；$B_2$ 类振动为面内变角振动，也有两个基频。预期吸附态应当有 6 个具有红外活性的振动基频（3×4–6＝6）。但至今人们还没有完全看到这些谱带。目前人们在 Pt/Al$_2$O$_3$、Pt/SiO$_2$、Pt 多晶膜、Pt（111）、Pt（100）及多晶 Pt 带上，利用透射法、反射法、电子能量损失谱（EELS）等方法，只获得两个或三个谱带，分别在 2070～2040 cm$^{-1}$、1870～1810 cm$^{-1}$（480 cm$^{-1}$）。

由于实验上还不能获得 CO 吸附在 Pt 上（以及其他过渡金属上）的全部谱带，由振动分析理论上解决归属问题有困难。为了解决这个问题，Eischens 等采用类比方法。他们从已知结构的金属羰基化合物的红外光谱总结出如下规律：凡是端基羰基化合物的 $v_{co}$ 高于 2000 cm$^{-1}$，而桥基羰基化合物的 $v_{co}$ 低于 2000 cm$^{-1}$（图 7-25）。

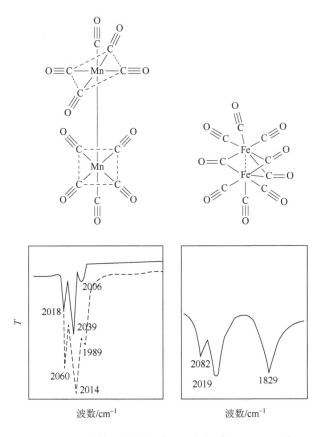

图 7-25　$Mn_2(CO)_{10}$、$Fe_2(CO)_9$ 结构和红外光谱——气相谱 $Mn_2(CO)_{10}$ 在 $CCl_4$ 中的红外光谱

Eischens 等把这一规律推广到吸附态 CO，即把 $v_{co} > 2000$ cm$^{-1}$ 归属为线式 CO 吸附态，把 $v_{co} < 2000$ cm$^{-1}$ 归属为桥式 CO 吸附态。这一观点已为大多数人所接受，并在许多体系中从不同方面得到证实。

$CO_2$ 和 $H_2$ 在 ZnO 表面上的吸附态：$CO_2$ 和 $H_2$ 在 ZnO 上反应达到定态时（200℃），记录 ZnO 表面的红外光谱如图 7-26 所示。发现在 1369 cm$^{-1}$、1379 cm$^{-1}$、1572 cm$^{-1}$ 和 2870 cm$^{-1}$ 处出现红外吸附带。利用室温 HCOOH 蒸气吸附在 ZnO 上也出现同样的吸收带，可以推知 $CO_2$ 和 $H_2$ 在 ZnO 表面上形成 HCOO—吸附物种，

因为 1369 cm$^{-1}$ 和 1572 cm$^{-1}$ 吸收带是 —O—$\overset{\displaystyle O}{\overset{\|}{C}}$— 基的对称和反对称伸缩振动产生的谱带。2870 cm$^{-1}$ 和 1379 cm$^{-1}$ 吸收带是 C—H 的伸缩和面内剪式振动产生的谱带。利用氘取代 C—H 中的 H 原子，由 C—D 键振动的同位素位移，2190 cm$^{-1}$ 和 1342 cm$^{-1}$ 分别是 CD 的伸缩振动和面内剪式振动，进一步证实了上述归属。

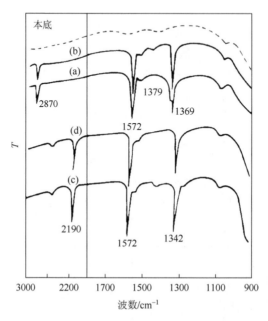

图 7-26　在 ZnO 上吸附态的红外光谱

（a）$CO_2 + H_2$；（b）HCOOH；（c）$CO_2 + D_2$；（d）DCOOD

$C_2H_4$ 在 Ni/SiO$_2$ 上的吸附：在室温下在 Ni/SiO$_2$ 上的吸附，是解离吸附还是非解离吸附，一直有争议。Eischens 和 Pliskin 利用红外光谱解决了这一问题。

解离吸附时：

$$M+C_2H_4 \longrightarrow \quad \underset{M\ \ \ M}{HC\!=\!CH} \qquad \underset{M\ \ M}{H\ \ H}$$

或

$$M+C_2H_4 \longrightarrow \quad \underset{M}{\overset{CH_2}{\underset{|}{CH}}} \quad , \quad \underset{M}{H}$$

非解离吸附时：

$$M+C_2H_4 \longrightarrow \begin{array}{cc} CH_2 & CH_2 \\ | & | \\ M & M \end{array}$$

或

$$M+C_2H_4 \xrightarrow{+H} \begin{array}{c} CH_3 \\ | \\ CH_2 \\ | \\ M \end{array}$$

$C_2H_4$ 在 Ni/$SiO_2$ 上吸附的红外光谱吸收带分别为：2860～2940 $cm^{-1}$、1450 $cm^{-1}$ 及 3020 $cm^{-1}$ 附近有很弱的吸收带。从上述吸收带归属可知，2860～2940 $cm^{-1}$ 是饱和烃中 C—H 伸缩振动，1450 $cm^{-1}$ 吸收带是 $\diagdown CH_2$ 基的变角振动，而 3020 $cm^{-1}$ 是烯烃伸缩振动的特征频率。从这些谱带的出现，可以得到的结论是，大部分 $C_2H_4$ 在 Ni/$SiO_2$ 上是非解离吸附（双键打开），每一个 C 原子用一个键同 Ni 原子键合，另一个键同另一个 C 原子键合，其余键同 H 原子键合，在 3020 $cm^{-1}$ 的弱吸收说明也发生少量的解离吸附。

当这个样品用 $H_2$ 处理后，产生新的吸收带分别在 2960 $cm^{-1}$、2920 $cm^{-1}$、1460 $cm^{-1}$ 和 1380 $cm^{-1}$，这些带是—$CH_3$ 和 $\diagdown CH_2$ 特征带。从这些谱带的存在可以得出结论，表面物种加氢成吸附的乙基。因此，仔细分析 C—H 伸缩和弯曲振动频率，可以获得被吸附烃类的结构信息。

在光谱谱带指认过程中相关纯化合物的光谱往往具有重要借鉴作用，为了读者方便，给出下面两个网址可获得各纯物质的分子光谱和质谱：http: //webbook.nist. gov/chemistry，http: //chemexper.com/。

催化剂表征对于了解催化剂结构和组成在预处理、诱导期和反应条件下及再生过程中所发生的变化是至关重要的。催化反应机理的知识，特别是结构、动态学和沿催化反应途径中生成的反应中间物的能量学，可为开发新催化剂和改良现有催化剂提供更深刻的认识。原位谱学观察又是阐明反应机理、分子与催化剂相互作用的动态学和中间物结构的最有效的技术。这些研究还可以提供有关催化剂和底物相互作用和有关活化势垒的热力学方面信息。反应机理和动力学的研究，特别是对催化反应中间物的原位观察，对发展催化科学是非常必要的。因为这些研究结果提供了催化作用的全面知识，有助于阐明催化剂结构和功能的关系。

图 7-27 给出了红外光谱应用于催化研究中的各个领域的框图。在这些研究中，探针分子的红外光谱，如 CO、$CO_2$、NO、$NH_3$、$C_5H_5N$ 等，可以提供催化剂表面"活性位"信息，受到了广泛的注意。近年来发展起来的双分子探针方法得到了更广泛的应用。

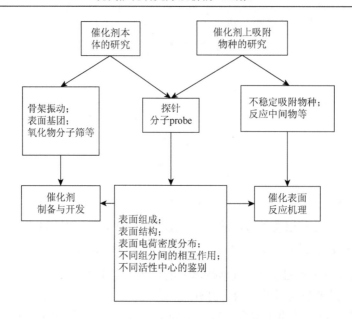

图 7-27　红外光谱应用于催化研究的各个领域框图

## 7.3　红外光谱应用于金属催化剂表征

金属催化剂尤其是负载型金属催化剂，是在工业上有广泛应用的一大类催化剂，涉及许多反应，如加氢、脱氢、重整、芳构化、氨合成等。为了解决催化剂的活性、选择性和稳定性问题，人们采用化学吸附方法、TPR-TPD 方法、电子能谱方法及红外光谱等许多方法进行了大量的研究。红外光谱主要用来研究催化剂表面组成、载体和助剂作用，以及活性相之间的相互作用等。

近年来对合金催化剂开展了广泛的研究，Moss、Whally、Sinfelt、Ponec、Clarke、Sachtler 和 van Santen 等在这方面做了大量的工作，大部分研究第Ⅷ族和ⅠB 族间的合金，如 Pt-Au、Pt-Ag、Ni-Cu 及 Pt-Rh、Pt-Ru、Pt-Re、Pt-Sn、Pt-Mo、Pt-W 等。在第二种金属引入后，明显改变了催化剂的活性和选择性，如图 7-28 所示[42]。Cu-Ni 合金催化剂对环己烷脱氢和乙烷氢解成甲烷的活性，受到 Cu 原子分数的明显影响。随 Cu 原子分数增加，Cu-Ni 催化剂对乙烷氢解活性明显下降；而对环己烷加氢的活性直至 Cu 原子分数 90%以前没有明显变化，超过 90%才显著下降。目前在解释合金催化剂的选择性、活性和稳定性变化时，一般认为是由几何效应和电子效应所致。为了阐明几何效应和电子效应的作用本质，除了利用电子能谱等物理方法外多采用化学吸附方法、TPD 方法及红外光谱方法研究。

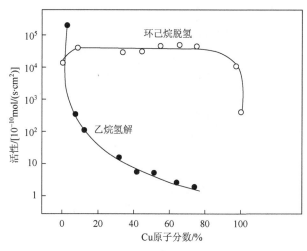

图 7-28　Cu-Ni 合金组成对乙烷氢解成甲烷和环己烷脱氢成苯的活性的影响
（活性是指 316℃时的反应速率）

### 7.3.1　催化剂表面组成的测定

Sinfelt 和 Sachtle 指出，合金催化剂表面组成可以同体相有明显差别并导致催化性能的显著不同。例如，Cu-Ni 合金催化剂，由于表面组成的变化，催化性能发生明显变化。因此，近年来发展了测定催化表面组成的许多方法，如二次离子质谱（SIMS）、离子散射谱（ISS）和俄歇电子能谱（AES）等，但是，这些方法大多具有如下两方面的局限：

（1）仪器设备价格高昂，一般实验室不易普及；

（2）测得数据不是最表面层，因此不太容易和催化反应性能相关联。

利用一般化学吸附方法测定双金属催化剂的表面组成，仅限于第Ⅷ族元素和ⅠB 族元素组成的合金催化剂，而对于第Ⅷ族之间及其他过渡金属间的双金属催化剂通常是无能为力的。利用两种气体混合物在双组分过渡金属催化剂的竞争化学吸附，通过红外光谱测定其强度的方法，可以测定双金属负载催化剂的表面组成。

利用双分子探针进行催化剂表面组成测定的典型例子是 Ramanmoorthy 和 Gonzalez[43]用 CO 和 NO 共吸附对 Pt-Ru 双金属催化剂的红外研究，图 7-29 是 CO 和 NO 混合气在 38%Ru-Pt/SiO$_2$ 上竞争吸附的红外光谱。竞争吸附结果：CO 吸附在 Pt 中心上（2068 cm$^{-1}$）；NO 吸附在 Ru 中心上（1800 cm$^{-1}$、1580 cm$^{-1}$）。

三个峰在室温抽空都是稳定的。因此选择如下实验条件可以表征双金属催化剂样品：①在 6.67 kPa（50 torr）CO 气氛下使样品达到吸附平衡，然后在室温抽空 15 min；②同过量的 NO 吸附平衡，然后在室温抽空 15 min；③再暴露在 6.67 kPa

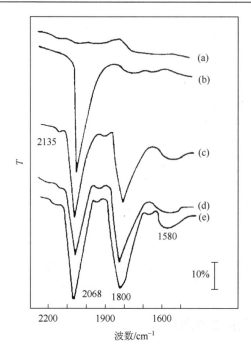

$T$

2135

(a)

(b)

(c)

(d)
(e)

1580

10%

2068　1800

2200　　1900　　1600

波数/cm$^{-1}$

图 7-29　在 25℃时，CO 和 NO 共吸附在含 38%Ru 的 Pt-Ru/SiO$_2$ 上的红外光谱

（a）本底；（b）全部覆盖 CO；（c）NO 加至单层吸附；（d）加过量的 NO；（e）池子抽空 5 min 后再加 6.67 kPa
（50 torr）的 CO（25℃）

（50 torr）的 CO 中 30 min。此时，CO 吸附峰（约 2070 cm$^{-1}$）强度和 NO 吸附峰
（1810 cm$^{-1}$）强度即可作为 Ru-Pt/SiO$_2$ 表面浓度的测量，其谱带强度经归一化处理
后即可进行定量计算。

　　图 7-30 和表 7-4 为上述处理后的定量结果，可以看出：①随 Ru%增加，NO
峰（约 1800 cm$^{-1}$）相对于 CO 峰（约 2070 cm$^{-1}$）强度增加；②除谱带强度增强
外，NO 吸收峰向高波数位移；③CO 谱带（2070 cm$^{-1}$）随 Ru%含量增加，谱带
强度减弱；④CO 谱带随 Ru%含量增加向低波数位移。

表 7-4　NO 和 CO 在 Pt-Ru/SiO$_2$ 催化剂上吸附数据

| 项目 | Ru 原子分数/% | | | | | | |
|---|---|---|---|---|---|---|---|
| | 100 | 80 | 62 | 38 | 22 | 10 | 0 |
| Pt/Ru$_{bulk}$ | 0 | 0.250 | 0.615 | 1.630 | 3.560 | 9.000 | ∞ |
| $A_{CO}$ | — | 0.0517 | 0.617 | 0.482 | 0.417 | 0.215 | — |
| $A_{NO}$ | — | 0.204 | 0.914 | 0.381 | 0.267 | 0.072 | — |
| $A_{CO}/A_{NO}$ | 0 | 0.253 | 0.675 | 1.27 | 1.56 | 2.98 | ∞ |
| $v_{CO}/cm^{-1}$ | 2030 | 2050 | 2055 | 2068 | 2065 | 2074 | 2070 |
| $v_{NO}/cm^{-1}$ | 1820 | 1817 | 1805 | 1800 | 1801 | 1804 | 1760 |

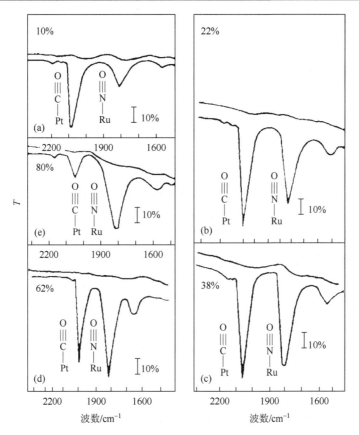

图 7-30 在不同体相组成的 Pt-Ru/SiO$_2$ 样品上 CO 和 NO 吸附的红外光谱

(a) 10%；(b) 22%；(c) 38%；(d) 62%；(e) 80% Ru/Pt + Ru

根据 d-π 反馈模型，说明由于 Ru 向 Pt 转移电子 Pt—C 键逐步变强，C═O 键变弱，Pt—C≡O 反馈程度增加。Ru 含量增加，导致 Ru—N═O 中 Ru—N 键变弱，N═O 键加强。如果消光系数 $K_{CO}$ 和 $K_{NO}$ 及吸附构形系数 $S_{CO}$ 和 $S_{NO}$ 与表面组成无关（$A$ 为吸收率），则

$$A_{CO} = K_{CO} \cdot S_{CO}(Pt)_s$$

$$A_{NO} = K_{NO} \cdot S_{NO}(Ru)_s$$

当 $A_{CO}/A_{NO}$ 对 Pt$_b$/Ru$_b$ 作图时，得图 7-31 $A_{CO}/A_{NO} \propto$ Pt$_b$/Ru$_b$。可以看出相当一部分是直线关系，也就是表面和体相组成一致，进而也说明用双探针红外光谱方法可以测定双金属负载催化剂的表面组成，这样的方法有两个优点：①测得结果是最表面层的组成；②表面没有发生畸变，但仍存在需要进一步改进的地方：如定量精度还不够高、理论消光系数变化规律不十分清楚、化学计量数随组成变化规律有待于进一步研究。

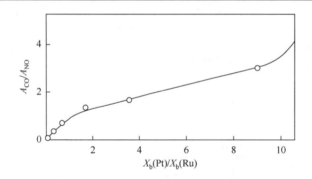

图 7-31　$A_{CO}/A_{NO}$ 对 $(Pt)_b/(Ru)_b$ 的关系图

$(Pt)_b$ 和 $(Ru)_b$ 表示体相组成原子分数

## 7.3.2　几何效应和电子效应的研究

1974 年，Soma-Noto 和 Sachtler[44]研究了 Pd-Ag/SiO$_2$ 催化剂中的几何效应。Pd、Ag 金属总含量为 9%，合金物相及组成利用 X 射线衍射测定，合金晶粒大小用 X 射线谱线宽化法和电镜测定。从图 7-32 红外实验结果知道：

（1）CO 吸附在 Pd 上，高于 2000 cm$^{-1}$ 谱带是 Pd—C≡O（弱）带，而低于 2000 cm$^{-1}$ 是桥式吸附的 C = O（强）带；

（2）当 Ag 含量增加时，桥式 CO 吸附态的红外吸收带强度明显下降，以至完全消失，线式 CO 吸收带强度明显增加。

上述实验事实证明，在 Pd-Ag/SiO$_2$ 体系内，Ag 对 Pd 起稀释作用。由于 Ag 含量增加，成双存在的 Pd 浓度减少。因而桥式 CO 减少，线式 CO 增加，也就是几何效应在 Pd-Ag/SiO$_2$ 体系中是催化剂对 CO 吸附性质改变的主要影响因素。在 Cu-Ni 体系也存在类似效应。

后来有研究人员在 Cu-Ni 体系中进一步实验发现：

（1）线式 CO 吸附态和桥式 CO 吸附态比值变化与利用系统方法算出的双金属原子对（如 Ni、Pd）表面浓度随合金组成变化不一致；

（2）由合金化引起谱带的化学位移大于 CO 覆盖度变化引起的化学位移。

上述事实只用几何效应是无法解释的。1976 年，Primet 和 Sachtler 又利用傅里叶红外光谱仪（Digilab FTS14）重新研究了 Pd-Ag 体系（所用样品完全相同）。采用双束结构吸收池扣除了在载体上的吸收。主要实验结果如图 7-33 和图 7-34 所示。

线式 CO 及桥式 CO 吸附态红外吸收强度变化规律和 Soma-Noto 等的结果一致。

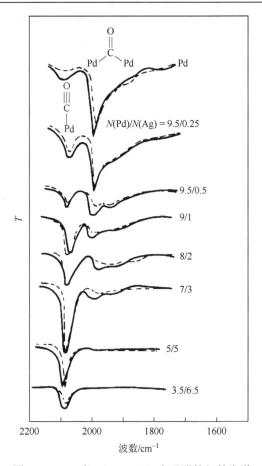

图 7-32 CO 在 Pd-Ag/Al₂O₃ 上吸附的红外光谱

----$P_{CO}$ = 0.01 torr ——$P_{CO}$ = 0.5 torr

进一步发现 CO 吸收带随合金组成变化发生位移，根据 d-π 反馈模型，CO 吸收带的波数向低波数位移，说明由金属反馈到 CO 分子的电子增加，Ag 含量增加，位移加大。

从图 7-34 中 Ra = $S_L/(S_L + S_m)$ 的变化看出，当 Ag 含量大于 5%时，即使用 Ag 原子全部把 Pd 原子包围，也难以解释 $S_L/(S_L + S_m)$ 值是如此高。基于电镜和 X 射线衍射分析，所得粒子大小或形状变化也不可能引起这样大的变化。而覆盖度变化引起的 CO 化学位移只有 9 cm⁻¹（2062～2053 cm⁻¹），但 Ag 含量从 0～65%变化引起的化学位移为 29 cm⁻¹（2078～2049 cm⁻¹），如图 7-35 所示。因此，只用几何效应来解释不能令人满意。根据 d-π 反馈原理说明 Pd-Ag 合金化过程中，Ag 含量增加使 Pd 的 d 电子密度增加，这一结果同磁性研究结果一致。但是 Pd 的 d 电子密度增加有两种可能：Ag 的 s 电子转移到 Pd 的 d 带；Pd 的 s 电

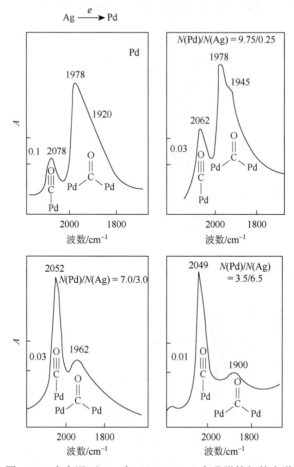

图 7-33　在室温下 CO 在 Pd-Ag/Al$_2$O$_3$ 上吸附的红外光谱

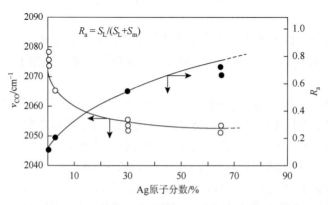

图 7-34　$v_{CO}$ 和 $R_a = \dfrac{S_L}{S_L + S_m}$ 随合金组成的变化

$S_L$ 为线式 CO 吸附态的积分光密度；$S_m$ 为多中心 CO 吸附态的积分光密度

子转移到 Pd 的 d 带。其中哪一种是主要的，还没有判据能够说明。总之，由 Ag 含量增加导致 CO 吸附带红移加大，说明 Pd-Ag 之间存在电子效应。即对于 Pd-Ag/SiO$_2$ 体系几何效应和电子效应同时存在，在 Ni-Cu 体系也发现了类似现象。

从上述实验结果可以看出，在高分散金属催化剂中引入第二金属组元，显著改变催化剂的吸附甚至催化性能的原因与几何效应和电子效应都有关系。在负载型 Ru/SiO$_2$ 催化剂中添加第二金属组元 Cu 之后，可以明显地降低乙烷氢解和 CO 加氢活性，同时 H$_2$、CO 吸附量也明显下降，并与 Ru 的分散度有关。Cu 对 Ru 的催化性能和吸附性能的明显影响引起了人们的浓厚兴趣。Ertl 等[45]将 Ru 的单晶表面上溅射 Cu 作为模型催化剂，利用 LEED、H$_2$ 和 CO 的化学吸附及功函数测量等手段进行研究，结果发现 Ru-Cu 之间相互作用导致 Ru 的部分电荷转移到 Cu 上。郭燮贤、辛勤等[46]利用红外、H$_2$ 及 CO 化学吸附和 TPD 及 TEM 等手段研究了不同 Cu/Ru 原子比的 Ru-Cu/SiO$_2$ 体系，从 CO 在 Ru、不同 Cu/Ru 原子比的 Ru-Cu/SiO$_2$ 和 Cu/SiO$_2$ 上吸附的红外光谱发现，Ru 上 CO 吸附态的红外谱带随 Cu/Ru 原子比增加红移，高频带的相对丰度减少（图 7-36）；并且室温吸附 H$_2$ 后作 TPD，其 H$_2$ 脱附温度随 Cu/Ru 原子比增加而下降。基于上述实验事实，说明虽然体相的 Ru 和 Cu 不相混溶，但分散在 SiO$_2$ 表面上时可以明显地相互作用；从 Ru 上 CO 吸附态的谱带随 Cu/Ru 原子比增加而红移的现象，表明 Cu 向 Ru 转移了电子；同时发现 Cu 对在 SiO$_2$ 表面的 Ru 粒子有"簇化"再分散的作用。实验结果表明，Cu-Ru 之间相互作用的强弱和电子转移的方向受到载体性质及预处理条件的影响。

另外，Rohemond、Levy 和 Primet 等[47-49]在仔细研究了 PtRh/Al$_2$O$_3$ 催化剂上发现：H$_2$ 化学吸附和环己烷脱氢反应活性有很好的线性关系。进而，详细考查了 CO 和 NO 在 PtRh/Al$_2$O$_3$ 催化剂上竞争化学吸附的红外光谱，发展了利用 CO 和 NO 共吸附红外光谱方法测定三效催化剂 PtRh/Al$_2$O$_3$ 的表面组成方法。他们发现：NO 在 Rh/Al$_2$O$_3$ 上在 473 K 吸附一夜后只有约 1910 cm$^{-1}$ 一个谱峰，对应于 Rh$^2$-NO$^+$ 物种。在 NO 气氛下，将 Pt/Al$_2$O$_3$ 经过同样处理之后，CO 在 298 K 吸附只有约 2085 cm$^{-1}$ 一个谱峰。这样利用已知分散度的单一金属样品进行归一化校正后，在 473 K 吸附 NO 后在 298 K 吸附 CO 的实验条件，将其应用于负载量为 3% 的 PtRh/Al$_2$O$_3$ 催化剂，其 Pt/Rh 值从 0.4 到 3 的 4 组样品，可以分别测定 Pt、Rh 表面组成。这样测得的表面总原子数同化学吸附结果十分相符。并且发现，在 PtRh/Al$_2$O$_3$ 表面有 Rh 的富集现象。

在此基础上，他们进一步利用 NO 在 473 K 吸附后在 298 K 吸附 CO 的 FTIR 方法，研究了模型和商业用的 PtRh/Ce-Al$_2$O$_3$ 催化剂，Ce 的加入明显改变了 Pt 吸附 CO 的性能，还发现 1273 K 老化后表面上发生离析，在表面上测不出 Rh。

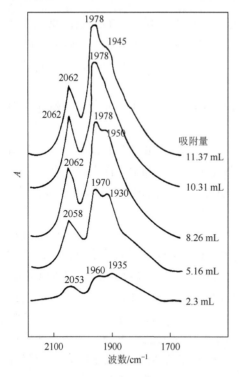

图 7-35　在不同覆盖度下 CO 吸附于 Pd-Ag
　　　　合金/SiO₂ 上的红外光谱

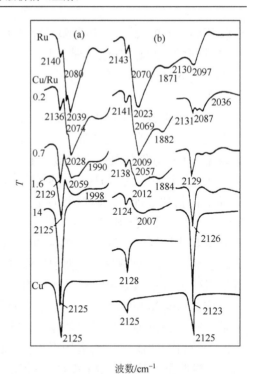

图 7-36　Cu/Ru 原子比对 Ru、Ru-Cu、Cu/SiO₂
　　　　上 CO 吸附态红外光谱的影响

（a）$P_{CO} = 6.7 \times 10^3$ Pa，室温下吸附的红外谱带；
（b）室温抽空后的红外谱带

　　Bell[50, 51]、Boccuzzi[52]等在甲醇合成、水煤气变换反应方面也做了引人注目的工作。

## 7.3.3　吸附分子相互作用研究

　　由于 CO 吸附在过渡金属表面时，存在 d-π 反馈，$v_{CO}$ 同 d-π 反馈程度有密切关系，因反馈键占 CO 结合能的大部分（有人计算了 CO 在 Ni 上吸附的结合能有84%是反馈键贡献的）。CO 和过渡金属之间的反馈键，同金属本身的 d 轨道情况有密切关系。因此，通过 CO 吸附态的红外吸收带的化学位移，可以考察其他分子在吸附时或在金属组元之间发生的电子转移过程。

　　当能够给出电子的 Lewis 碱共吸附在 Pt 上时，根据 d-π 反馈原理，吸附在 Pt 上的 CO 伸缩振动向低波数位移。如与 H₂O（$I_p = 12.6$ eV）共吸附时，实验测得 $v_{CO}$ 由 2065 cm⁻¹ 位移到 2050 cm⁻¹。由于 H₂O 分子用氧的孤对电子同 Pt

成键（配位键），使 Pt 的反馈程度略增，因而 $v_{CO}$ 向低波数位移。而与 $NH_3$（$I_p = 10.5$ eV）共吸附时，实验测得 $v_{CO}$ 由 2065 cm$^{-1}$ 位移到 2040 cm$^{-1}$。因为 $NH_3$ 用氮上的孤对电子同 Pt 成配键，使 Pt-CO 之间的反馈程度加强，导致 $v_{CO}$ 向低波数位移。当 $C_5H_5N$（吡啶，$I_p = 9.2$ eV）共吸附时，实验测得 $v_{CO}$ 由 2065 cm$^{-1}$ 位移到 1990 cm$^{-1}$。因 $C_5H_5N$ 是利用氮的孤对电子同 Pt 成键，$C_5H_5N$ 的 $I_p$ 比 $NH_3$ 的 $I_p$ 低，更容易给电子到 Pt 上，所以明显改变 Pt-CO 之间的 d-π 反馈，导致较大的红移现象。

当接受电子的受主化合物共吸附在 Pt 上时，根据 d-π 反馈原理，使得 $v_{CO}$ 向高波数位移。例如，HCl（$\gamma = 12.8$ eV）共吸附在 Pt/Al$_2$O$_3$ 上时，发现 $v_{CO}$ 由 2065 cm$^{-1}$ 位移到 2075 cm$^{-1}$。而 $O_2$（$\gamma = 12.1$ eV）共吸附时，发现 $v_{CO}$ 由 2050 cm$^{-1}$ 位移到 2131 cm$^{-1}$（O≡C—Pt—O）。

从上述实例可以看出，由 $v_{CO}$ 的化学位移方向、大小可以有效地判断吸附过程中的电子转移方向和程度。例如，为了解释苯加氢和苯与 $D_2$ 交换反应，Farkas 提出解离化学吸附模型[14b]：

而 Horiuti 和 Polanyi 提出非解离吸附模型[14b]：

后来 Garnett 又提出了 π 络合物模型[14b]，认为 $C_6H_6$ 电荷转移到 Pt 上，并认为 π 络合物是苯加氢的中间态。但是，上述模型由于利用 C—H 键振动，只能区别双键是否打开，而难以区别电子转移方向。所以长期以来 π 络合物模型一直未能得到实验上的证明。

Primet 等[53]利用 CO 作为探针分子考察了 $C_6H_6$ 吸附在 Pt 上时电子转移的过程。其结果如图 7-37 所示。吸附 CO 后再吸附 $C_6H_6$，可看到 >3000 cm$^{-1}$ 谱带存在，说明 $C_6H_6$ 同 Pt 键合时，大 π 键没有破坏，即 $v_{C-H}$ 仍具有不饱和 $\diagdown C = C \diagup$ 上 C—H 键的性质，同时 $v_{CO}$ 由 2065 cm$^{-1}$ 红移至 2025 cm$^{-1}$。而在加氢后，$v_{C-H} <$ 3000 cm$^{-1}$，呈现出饱和烃 C—H 的特征，而 $v_{CO}$ 又位移至 2055 cm$^{-1}$。共吸附 $C_6H_6$ 可使 $v_{CO}$ 向低波数转移，根据 d-π 反馈原理，说明 $C_6H_6$ 在 Pt 上吸附时电子是由 $C_6H_6$ 转移到 Pt 上，并且在 Pt 表面形成 π 络合物吸附态，加氢后这一作用明显降低。

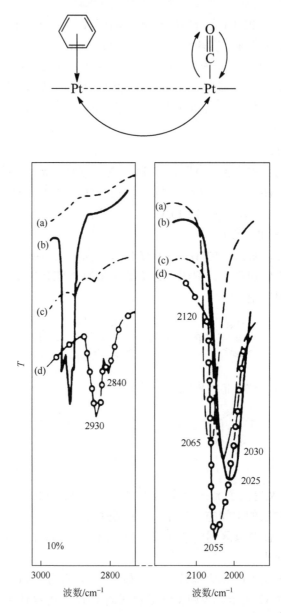

图 7-37　$C_6H_6$ 对 CO 吸附态在 $Pt/Al_2O_3$ 上的 IR 谱带影响

（a）CO 吸附后（$\theta = 0.2$），$v_{CO} = 2065\ cm^{-1}$；（b）引入 $6.7 \times 10^3\ Pa$（50 torr）$C_6H_6$ 后，$v_{CO} = 2025\ cm^{-1}$；
（c）室温抽空后，$v_{CO} = 2030\ cm^{-1}$；（d）在室温引入 $6.7 \times 10^3\ Pa$（50 torr）$H_2$，$v_{CO} = 2055\ cm^{-1}$

　　通过上述例子说明，利用 CO 作为分子探针，可以有效地考察吸附态之间的活性中心和助剂间的相互作用和电子转移过程[54]。这些结果和方法可广泛应用于催化剂中毒、再生的研究，深刻理解中毒机理。

## 7.4　红外光谱方法应用于氧化物、分子筛催化剂的表征研究

### 7.4.1　体相氧化物的结构和活性相研究

氧化物、复合氧化物在催化剂、载体及材料方面具有十分广泛的应用。因此，有关它的结构、活性相和制备过程研究意义重大。当前，应用的比较多的和有效的手段是红外光谱、拉曼光谱和 X 射线衍射、热分析、电镜等方法。这些方法的联合利用可提供十分丰富的结构方面的信息。下面仅举一些典型的例子来说明。

#### 1. 氧化钛的物相研究[10]

通常有两种 $TiO_2$ 应用于催化材料：金红石（anatase）和锐钛矿（rutile）。锐钛矿属于 $P_2^4/mnm$（$D_{4h}^{14}$）空间群，基于点群分析，这种结构的 $TiO_2$ 有 4 个红外活性和 4 个拉曼活性基振动模。单晶的 $TiO_2$ 红外光谱出现在 479 $cm^{-1}$、386 $cm^{-1}$、289 $cm^{-1}$ 和 189 $cm^{-1}$；而粉末的红外光谱是 680 $cm^{-1}$、610 $cm^{-1}$、425 $cm^{-1}$ 和 350 $cm^{-1}$。人们发现谱带的位置变化明显与制备方法和杂质的性质、强度有密切关系[10]。谱带宽化通常被归属为粉末粒子的表面缺陷（图 7-38）。高度还原的锐钛矿谱带形状发生变化并出现新的谱带，它被认为是亚氧化钛的生成 [$TiO_x$（$0.7 \geqslant x \geqslant 1.3$）] 所致。

图 7-39 是纳米 $TiO_2$ 的拉曼光谱。人们发现，当 $TiO_2$ 粒子粒径小于 40 nm 时在拉曼光谱中出现两个新带，685 $cm^{-1}$ 和 100 $cm^{-1}$。它是由表面效应引起表面的弛豫造成的；其谱带强度与粒子粒径有线性关系。他们也发现拉曼光谱谱带

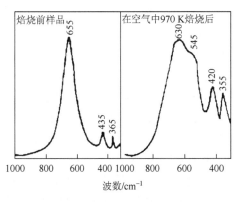

图 7-38　锐钛矿粉的红外光谱

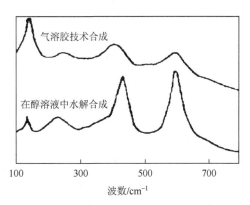

图 7-39　纳米相 $TiO_2$ 的拉曼光谱

位移与锐钛矿缺氧程度有关。根据简振坐标分析金红石属于 $I_2^4/amd$（$D_{4h}^{19}$）空间群，预期有 6 个拉曼活性和 3 个红外活性的基频振动模。实验中发现拉曼谱带分别在 144 cm$^{-1}$、197 cm$^{-1}$、399 cm$^{-1}$、519 cm$^{-1}$ 和 639 cm$^{-1}$。利用拉曼光谱可以有效地研究它们的相变过程。在 1070 K 锐钛矿转变成金红石。锐钛矿可以在 723 K 以下稳定存在。

### 2. 钼酸铵、偏钒酸铵和钨酸铵热分解研究[55, 56]

钼酸铵、偏钒酸铵和钨酸铵分别是制备负载氧化钼、氧化钒和氧化钨及含这些氧化物的多相催化剂的主要原料。以氧化钼、氧化钒和氧化钨为活性组分的催化剂已广泛应用在多相催化过程中。人们越来越认识到多相催化剂的性能与制备方法及处理过程有密切的关系，因此研究催化剂在制备过程的变化对于认识和改进催化剂是非常重要的，特别是催化剂制备过程中活性相的形成机理一直是催化剂制备表征中很关心的问题。采用原位傅里叶变换红外发射光谱跟踪考察钼酸铵、偏钒酸铵和钨酸铵的热分解过程，进而考察负载钼酸铵、负载偏钒酸铵的焙烧热分解过程，可以对催化剂焙烧过程有所了解。

图 7-40 给出了钼酸铵在 100～500℃热分解过程的红外发射光谱。在 100℃钼酸铵尚未分解，其发射光谱中有 1665 cm$^{-1}$、1415 cm$^{-1}$、940 cm$^{-1}$、900 cm$^{-1}$、850 cm$^{-1}$ 等峰，这与 KBr 压片后的透射红外光谱基本相符，其中 1665 cm$^{-1}$ 是结晶水的特征峰，1415 cm$^{-1}$ 为铵根的特征峰，1000 cm$^{-1}$ 以下的峰主要归属为钼酸根。当温度升到 200℃时，1665 cm$^{-1}$ 峰显著减弱，其余诸峰变化不大，说明结晶水在 200℃左右脱附。继续升温到 300℃，1665 cm$^{-1}$ 峰已完全消失，1415 cm$^{-1}$ 峰也大幅减弱，同时在 1300～700 cm$^{-1}$ 区的变化很大，在 1115 cm$^{-1}$ 和 1065 cm$^{-1}$ 出现两个弱峰，在 985 cm$^{-1}$、900 cm$^{-1}$ 产生两个强峰。这些谱峰已与 MoO$_3$ 的谱峰基本相似，表明铵根在 300℃左右分解。铵根分解的同时钼酸根开始向 MoO$_3$ 结构转化。在 400℃时，1415 cm$^{-1}$ 峰已完全消失，相应地 MoO$_3$ 的特征峰 1115 cm$^{-1}$、1065 cm$^{-1}$、985 cm$^{-1}$、890 cm$^{-1}$ 和 825 cm$^{-1}$ 完全形成。由 400℃升到 500℃红外发射光谱变化不大，表明钼酸铵在 400℃左右已完全转化为 MoO$_3$。为了进一步确定钼酸铵在热分解过程的相变温度，还进行了钼酸铵的程序升温热分析考察，结果如图 7-41 所示，钼酸铵的热分析谱图上有三个明显的吸热峰：139℃、235℃和 330℃，对比红外发射光谱可知，139℃峰是结晶水脱附的吸热峰，235℃峰则为铵根的分解吸热峰。但从图 7-40 可看出，在 300℃仍有铵根的特征峰 1415 cm$^{-1}$，故 330℃峰可归属为第二步脱铵的热解峰。从化学式分析知钼酸铵脱氨成为钼酸，钼酸进一步缩水后转化为 MoO$_3$，所以 330℃峰除了第二步铵分解外，还包含缩水的吸热峰，这两种过程可能是同时进行的。钼酸铵的基本化学单元中含两个铵根，这两个铵根可能不是同时分解的，而是分步分

解的。第一步可能为简单的脱氨，第二步铵分解与缩水同时进行。从红外发射光谱看，第一步脱氨后其光谱已与原钼酸铵的光谱相差较大，而与 $MoO_3$ 的光谱接近。

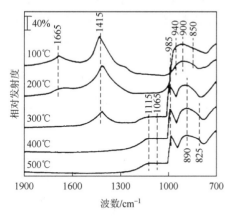

图 7-40　钼酸铵在热分解过程的原位红外
发射光谱（DTGS 探测器）

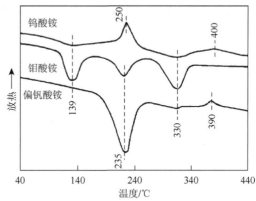

图 7-41　偏钒酸铵、钼酸铵和钨酸铵的热
分析图

偏钒酸铵在升温热分解过程中获得的原位红外发射光谱收集在图 7-42。在 100℃，主要是偏钒酸铵的特征峰，其中 1415 $cm^{-1}$ 归属为铵根，1000～700 $cm^{-1}$ 的峰归属为偏钒酸根。在 200℃时，1665 $cm^{-1}$ 结晶水峰完全消失，1415 $cm^{-1}$ 峰显著减弱，同时在 1300～700 $cm^{-1}$ 区的谱峰变化也很大，偏钒酸根的光谱特征已变化很大。当温度升到 300℃时，1415 $cm^{-1}$ 峰完全消失，在 1300～700 $cm^{-1}$ 区出现 $V_2O_5$ 的特征峰——1010 $cm^{-1}$ 和 850 $cm^{-1}$。从 300℃到 500℃谱峰变化不大，说明铵根在 300℃以前已完全分解，钒酸铵在 300℃以前也已完全转化为 $V_2O_5$。偏钒酸铵的热分析图（图 7-41）上只在 235℃处有一个吸热峰，这个结果与图 7-42 的红外发射光谱相吻合，235℃峰正是 1415 $cm^{-1}$ 峰所标志的铵根的分解吸热峰。因偏钒酸铵化学式中只含一种铵根，故铵根分解后偏钒酸铵直接转化为 $V_2O_5$，这种转化在 300℃以前已完成。与钼酸铵的分解不同，偏钒酸铵的分解只经一步铵分解即转化为 $V_2O_5$。

图 7-43 显示了钨酸铵在热分解过程中的红外发射光谱。在 100℃摄取的光谱与钼酸铵和偏钒酸铵在同样条件下的光谱相似，谱图 7-43 上主要是结晶水（1670 $cm^{-1}$）、铵根（1415 $cm^{-1}$）和钨酸根（1000～700 $cm^{-1}$）的峰。此外，在 1340 $cm^{-1}$ 处有一个峰，可能是具有不同配位环境的另一种铵根的特征峰。随温度升高，1340 $cm^{-1}$ 峰很快消失，可能是这种铵根转化为正常的铵根或分解脱附。除此外，在 200℃下得到的光谱与 100℃下的光谱变化并不明显。当温度升到 300℃，

1670 cm$^{-1}$ 已完全消失，铵根的峰 1415 cm$^{-1}$ 略有减弱，说明结晶水在 300℃前已脱附，但铵根尚未完全分解。在 400℃，1415 cm$^{-1}$ 峰已完全消失，相应地在 1000 cm$^{-1}$ 以下区域的谱图也发生显著变化，960 cm$^{-1}$ 和 925 cm$^{-1}$ 峰消失，890 cm$^{-1}$ 峰变得突出。进一步升温到 500℃，整个谱图没有变化，意味着铵根在 400℃之前已完全分解，WO$_3$ 也基本形成。虽然钨酸铵和钼酸铵在热分解过程中红外发射光谱基本相似，但热分析结果却相差较大，见图 7-41。在钨酸铵的热分析图上 139℃和 330℃处两个吸热峰，但在 250℃和 400℃处有两个放热峰，显然 139℃峰是结晶水的脱附吸热峰，330℃为第二步铵分解的吸热峰。250℃的放热峰反映出在第一步铵分解的同时伴随着其他相变过程的发生。在 400℃的放热峰可能意味着 WO$_3$ 进一步转化为更稳定的晶相。

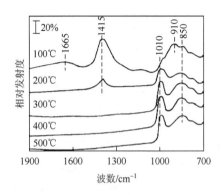

图 7-42　偏钒酸铵在热分解过程的原位红外
发射光谱（MCT 探测器）

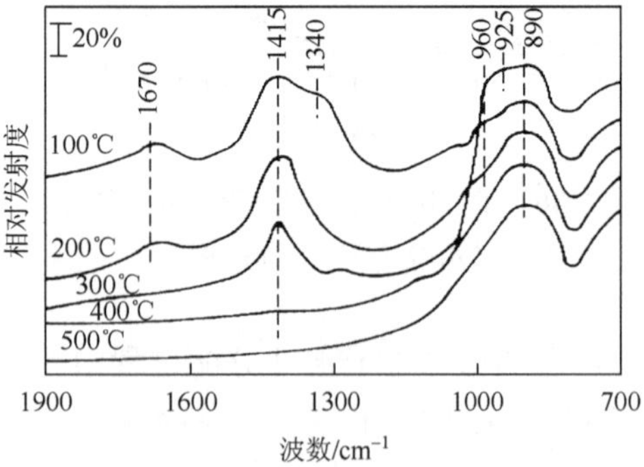

图 7-43　钨酸铵在热分解过程的原位红外发
射光谱（MCT 探测器）

### 3. 丙烷氧化脱氢制丙烯的钒镁氧（V-Mg-O）催化剂活性相表征[57-59]

丙烷氧化脱氢制丙烯是低碳饱和烃活化和转化的一个重要课题，到现在为止在众多的催化体系中 V-Mg-O 被认为是最为有效的催化剂。所以在丙烷氧化脱氢制丙烯的研究中 V-Mg-O 体系是最为关注的催化剂，由于一般化学方法制备的催化剂总是有多种 V-Mg-O 物相共存，且因制备方法和预处理条件不同而异，因此，文献中经常出现相互矛盾的结果，对活性相的归属各不相同，至今还不清楚究竟哪种物相是最理想的活性相。因而，为了鉴别 V-Mg-O 催化剂的活性相，采用"分离变数"的方法巧妙地利用柠檬酸法在较低焙烧温度下获得较大比表面的 V-Mg-O 三种纯相（偏钒酸镁 MgV$_2$O$_6$、正钒酸镁 Mg$_3$V$_2$O$_8$ 和焦钒酸镁 α-Mg$_2$V$_2$O$_7$）。

由图 7-44、图 7-45 和图 7-46 的 X 射线衍射、红外光谱和拉曼光谱可以清楚地分辨出这三种纯相，并且发现有很好的对应关系。通过对这三种纯相的反应研究发现其活性顺序为：α-Mg₂V₂O₇＞Mg₃V₂O₈＞MgV₂O₆，并同它们相应的氧化还原（redox）性质是一致的。与实际催化剂的结果相对照，实验结果还表明，两种纯

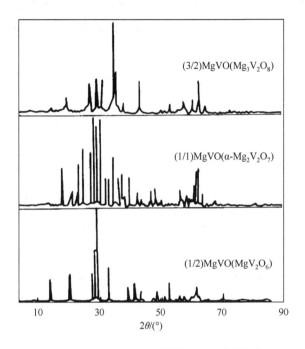

图 7-44　不同 Mg/V 值的样品 X 射线衍射图

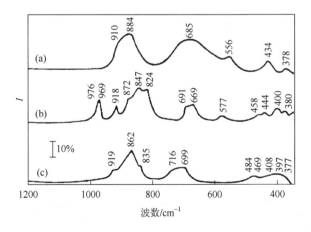

图 7-45　不同 Mg/V 值的样品红外光谱

（a）（1/2）MgVO（MgV₂O₆）；（b）（1/1）MgVO（α-Mg₂V₂O₇）；（c）（3/2）MgVO（Mg₃V₂O₈）

相共存时活性相间存在协同作用，这种协调作用能够显著提高丙烷氧化脱氢的活性。通过原位红外和拉曼光谱研究进一步澄清了 V-Mg-O 催化剂活性相归属的争论，同时也看出：V-Mg-O 在不同载体上（TiO$_2$、Al$_2$O$_3$ 等）三种纯相分布的相对变化，载体的性质决定了表面上的 V-Mg-O 物种的结构和性质，表面钒氧化物的浓度和 Mg/V 值是决定丙烷氧化脱氢活性的主要因素。研究还证明 V-Mg-O 催化剂的丙烷氧化脱氢活性，不能简单地与 V-Mg-O 纯相关联。

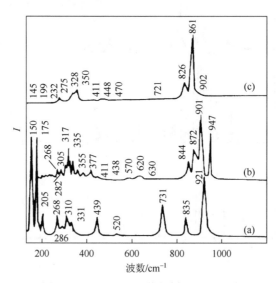

图 7-46　不同 Mg/V 值的样品拉曼光谱

（a）（1/2）MgVO（MgV$_2$O$_6$）；（b）（1/1）MgVO（α-Mg$_2$V$_2$O$_7$）；（c）（3/2）MgVO（Mg$_3$V$_2$O$_8$）

### 4. 分子筛骨架振动的研究

利用 X 射线衍射和红外光谱相结合可以确定分子筛的骨架结构和骨架振动的关系。从结构上看，分子筛的结构可分为一级结构单元（硅、铝四面体）、二级结构单元（S$_{4,6,8}$）环（单元环中的正四面体数为 4、6、8）、双环和具有较高对称性的多面体。因此分子筛的骨架振动可分为两类：一类是硅、铝四面体内的键振动，称为内振动，它对骨架结构变化不敏感；另一类是以四面体为整体的振动，称为外振动。表 7-5 给出了 Y 型分子筛的红外光谱归属。

表 7-5　Y 型分子筛（Si/Al = 2.5）的红外谱带归属

| 谱带归属 | | 波数范围/cm$^{-1}$ | 谱带归属 | | 波数范围/cm$^{-1}$ |
|---|---|---|---|---|---|
| 内四面体 | 反对称伸缩振动 | 1250～950 | 内四面体 | 四面体变形振动 | 420～500 |
| | 对称伸缩振动 | 720～650 | | | |

续表

| 谱带归属 | | 波数范围/cm$^{-1}$ | 谱带归属 | | 波数范围/cm$^{-1}$ |
|---|---|---|---|---|---|
| 外部键合 | 双环振动 | 650~500 | 外部键合 | 对称伸缩 | 750~800 |
| | 开孔振动 | 300~420 | | 反对称伸缩 | 1050~1150 |

　　由于在硅铝四面体内，Al—O 键较长，Al 的电负性比 Si 小，而 Si、Al 的质量相近，所以随 Si/Al 值减小导致力常数减小、波数降低。因此根据分子筛骨架振动频率的变化可以测得其 Si/Al 值。四面体外部键合振动是由骨架振动引起的，因此对分子筛的结构变化是敏感的。所以利用分子筛骨架振动的红外光谱，就可以考察分子筛的结晶过程和热稳定性。曾有人利用红外光谱与 X 射线衍射相结合的方法，详细考察了 ZSM-5 分子筛的骨架振动和热稳定性的关系，发现约 1230 cm$^{-1}$ 和约 550 cm$^{-1}$ 谱带对 ZSM-5 分子筛的骨架结构变化十分敏感，见表 7-6 和图 7-47。

**表 7-6　焙烧温度对 ZSM-5 沸石骨架振动的影响**

| 焙烧温度/℃ | 吸收带的波数/cm$^{-1}$ | | | | |
|---|---|---|---|---|---|
| 300 | 1222 | 1094 | 790 | 547 | 451 |
| 420 | 1223 | 1093 | 792 | 549 | 451 |
| 600 | 1224 | 1099 | 797 | 551 | 453 |
| 700 | 1226 | 1100 | 801 | 553 | 453 |
| 800 | 1230 | 1103 | 800 | 554 | 453 |
| 900 | 1229 | 1102 | 802 | 554 | 452 |
| 1000 | 1130 | 1102 | 801 | 555 | 451 |

　　随温度升高，约 1230 cm$^{-1}$ 谱带向高波数位移，当加热至 1100℃时，沸石骨架结构破坏，约 1230 cm$^{-1}$ 谱带则完全消失。进一步还发现约 1230 cm$^{-1}$ 谱带对 ZSM-5 沸石的 Si/Al 值很敏感，约 1230 cm$^{-1}$ 谱带的化学位移同 ZSM-5 沸石中铝的摩尔分数呈直线关系，如图 7-48 和图 7-49 所示。这给人们的启示是可以利用红外光谱测定分子筛的 Si/Al 值。

## 7.4.2　表面羟基的研究[14]

　　氧化物尤其是大比表面的结构羟基和许多催化反应有密切关系，如脱水反应、甲酸分解反应。而表面结构羟基的性质又同表面酸性有密切的关系。所以长期以来，人们进行了大量的研究。其中大部分研究着眼于氧化物表面羟基结构、性质

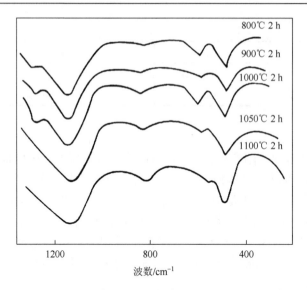

图 7-47　ZSM-5 沸石在不同温度下焙烧后的红外光谱图

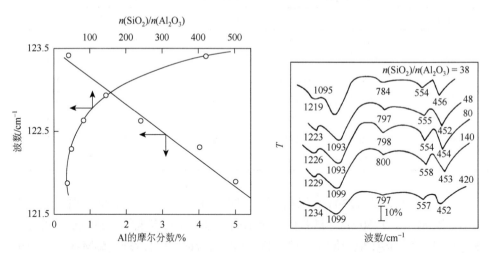

图 7-48　不同硅铝比的 HZSM-5 沸石的红外
光谱图

图 7-49　HZSM-5 硅铝比同约 1230 cm⁻¹ 红外
谱带位置的关系

及同酸性中心的关系，进而同反应性能相关联。研究表面羟基的方法很多，但卓有成效的是红外光谱法，在这方面代表性的研究是 Peri 等所进行的工作。

### 1. SiO₂ 表面羟基

图 7-50 和图 7-51 给出了 SiO₂ 在不同温度下脱水后的红外光谱及在 800℃脱水后与同位素交换后的红外光谱。可以发现，吸附水对结构羟基影响很明显。非

常有趣的是，800℃脱水后 SiO₂ 表面结构羟基有转动结构（P 支、R 支），表明 OH 基在 SiO₂ 表面上可以自由转动，而在其他表面从未发现这一现象。

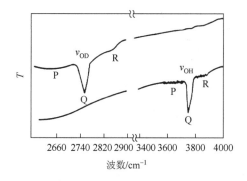 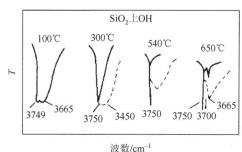

图 7-50  800℃脱水 SiO₂ 上和 D₂ 交换的 IR 光谱（OH，OD/SiO₂）

图 7-51  不同温度下脱水的 SiO₂ 上 OH 的 IR 光谱

虚线表示脱水后在 27℃下再进 16 torr H₂O 气的 IR 光谱

在表面结构羟基的研究中首先吸附的水分子导致识别表面羟基的困难，由于表面结构羟基和吸附水的羟基出现在同一波数范围（3200～3800 cm⁻¹）。然而，水分子的变形振动（$v_2$）出现在 1600～1650 cm⁻¹ 之间，相反，表面硅羟基的变形振动则出现在 870 cm⁻¹。因此，区分两个物种成为可能。但是，对于 Al₂O₃/H₂O、TiO₂/H₂O 体系则不太有效。利用两种物种的合频：水分子的合频（$v_2 + v_3$）和表面结构羟基的合频（$v_{OH} + \delta_{OH}$）则可有效地区分。吸附在 SiO₂ 上水的（$v_2 + v_3$）一般出现在 5100 cm⁻¹ 和 5300 cm⁻¹（取决于脱水程度），而表面硅羟基的合频（$v_{OH} + \delta_{OH}$）一般在 4550 cm⁻¹。如图 7-52 所示，其第一倍频则出现在 7285 cm⁻¹。

第二个问题是表面结构羟基的可接近程度，如图 7-53 所示。在 473 K 脱水后的硅溶胶表面，在 3740 cm⁻¹ 出现一尖谱带、宽的谱带在 3660 cm⁻¹ 和一肩峰在 3550 cm⁻¹。由同位素交换结果看出，3740 cm⁻¹ 峰、3550 cm⁻¹ 峰是可接近的，而 3660 cm⁻¹ 峰是不可接近的（3740 cm⁻¹ OH→2760 cm⁻¹ OD；3550 cm⁻¹ OH→2630 cm⁻¹ OO）。上述结果表明通过羟基的变形振动或组频带及同位素交换方法可以有效地研究多孔材料结构羟基及其分布。

### 2. Al₂O₃ 表面的结构羟基

Peri 和 Hannan[16]由γ-Al₂O₃ 紧密立方堆积的最几暴露表面[100]逐步脱水的热重分析结果，利用统计方法，采用电子计算机处理和红外光谱法相结合，提出了 Al₂O₃ 表面羟基模型，并找出了与红外光谱的对应关系。γ-Al₂O₃ 经严格控制的脱

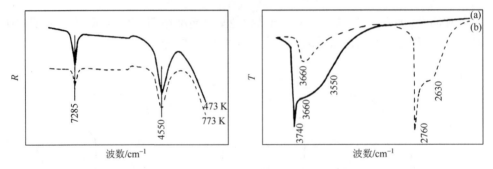

图 7-52　在 473 K 和 773 K 脱 OH 后 SiO$_2$ 表
　　　　面在近红外漫反射光谱

图 7-53　在 473 K 热处理后 SiO$_2$ 表面 OH（a）
　　　　和 OD（b）的红外光谱

水后，从红外光谱发现，存在着五个不同吸收带，对应于五种不同的结构羟基，如图 7-54、图 7-55 和表 7-7 所示。

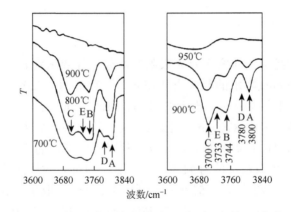

图 7-54　不同温度下抽空后 Al$_2$O$_3$ 表面 OH 的 IR 光谱

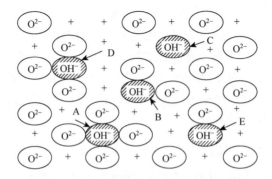

图 7-55　γ-Al$_2$O$_3$ 脱水后结构羟基模型

+ 表示下面一层的 Al$^{3+}$

表 7-7　严格控制的脱水后 γ-Al$_2$O$_3$ 的表面羟基

| 类型 | $\nu_{OH}$/cm$^{-1}$ | 最近邻配位数 | 类型 | $\nu_{OH}$/cm$^{-1}$ | 最近邻配位数 |
|---|---|---|---|---|---|
| A | 3800 | 4 | D | 3780 | 3 |
| B | 3744 | 2 | E | 3733 | 1 |
| C | 3700 | 0 | | | |

进一步研究发现，各种结构羟基电子云密度为：A>D>B>E>C。即 A 类部位最负，碱性最强；C 类最正，酸性最强；B 类部位近于中性。

### 3. SiO$_2$-Al$_2$O$_3$ 表面的结构羟基

经严格控制脱水的 SiO$_2$-Al$_2$O$_3$ 表面上的 OH（OD）红外光谱和 SiO$_2$ 表面相似，也在 3750 cm$^{-1}$（$\nu_{OH}$）和 2760 cm$^{-1}$（$\nu_{OD}$）处有一强吸收带。为了研究 SiO$_2$-Al$_2$O$_3$ 表面的 OH 性质，采用氢受主化合物吸附后的 IR 光谱来表征表面 OH 的酸性强度。由于同吸附质的键合作用引起羟基伸缩吸收带的化学位移，从该位移可估计有关 OH 基的酸性，并可识别表面 OH 的类型。

从图 7-56 和表 7-8 可以看出，含 75%SiO$_2$ 的 SiO$_2$-Al$_2$O$_3$ 表面 OH 在吸附 H 受主化合物（C$_6$H$_6$、CH$_3$CN）后，使 3750 cm$^{-1}$ 吸收带强度减小，并在低波数处发展成两个峰，说明 SiO$_2$-Al$_2$O$_3$ 在表面存在两种 OH，如表 7-8 所示。这两种 OH 所对应的构型为 LF$_1$ 模型是≡Si—OH，类似于纯 SiO$_2$ 表面；LF$_2$ 模型是≡Al—(OH)—Si≡，其酸性较强，类似于脱阳离子的分子筛，其四面体的 Si$^{4+}$ 被 Al$^{3+}$ 取代。

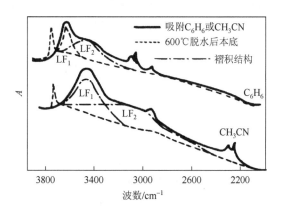

图 7-56　600℃脱水 SiO$_2$-Al$_2$O$_3$（75%SiO$_2$）表面 OH 的 IR 光谱

表 7-8　　SiO$_2$-Al$_2$O$_3$ 表面 OH/OD 同吸附 C$_6$H$_6$ 和 CH$_3$CN 相互作用

| 谱带类型 | | C$_6$H$_6$ | | CH$_3$CN | | OH 和 OD 自由伸缩/cm$^{-1}$ |
| --- | --- | --- | --- | --- | --- | --- |
| | | $\nu$/cm$^{-1}$ | 峰半宽/cm$^{-1}$ | $\nu$/cm$^{-1}$ | 峰半宽/cm$^{-1}$ | |
| OH | LF$_1$ | 3460 | 80 | 3440 | 240 | $\nu_{OH}$: 3750 |
| | LF$_2$ | 3520 | 200 | 3200 | 650 | |
| OD | LF$_1$ | 2680 | 60 | 2580 | 160 | $\nu_{OD}$: 2760 |
| | LF$_2$ | 2590 | 140 | 2400 | 460 | |

图 7-57 给出了 SiO$_2$、Al$_2$O$_3$、SiO$_2$-Al$_2$O$_3$ 表面结构羟基与 CD$_4$ 同位素交换结果。发现羟基的 H 与 CD$_4$ 交换能力与酸性没有直接关系。SiO$_2$ 上的羟基中的质子最难交换。

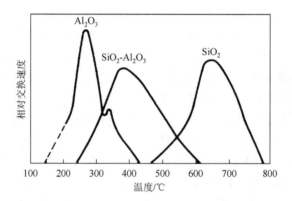

图 7-57　　SiO$_2$、Al$_2$O$_3$、SiO$_2$-Al$_2$O$_3$ 表面结构 OH（OD）与 CD$_4$ 交换能力

苏联学者 Kazanski[60]曾利用漫反射光谱（diffuse reflectance spectra）方法深入地研究了表面羟基的红外和近红外光谱。如果将羟基振动近似为双中心的非谐振子模型，其振动态可以表示为

$$W_x = W_e(n + 1/2) - W_e X(n + 1/2)^2 \qquad (7-1)$$

式中，$W_x$ 为实验测得振动频率；$W_e$ 为简正频率；$X$ 为非谐振因子；$n$ 为振动能级数。

其 Morse 势能函数为

$$U(r) = D[e^{-\beta(\gamma - \gamma_0)} - 1]^2 \qquad (7-2)$$

式中，$\gamma$ 和 $\gamma_0$ 分别为振动原子的平均距离和瞬间距离；

$$\beta = 2.48 \times 10^7 (W_e X_e \mu)^{0.5}$$

$$D = W_e/4X$$

式中，$\mu$ 为约化质量；$X_e$ 为谐振子在势能曲线底部基频跃迁 0→1 的非谐振因子。

则解离能为

$$D_0 = W_e/4X - W_e/2 \tag{7-3}$$

当 $\rho = \mu_{OD}/\mu_{OH}$，并且 $\rho^{0.5} = X_H/X_D$，对于不同的氧化物和分子筛体系 $\rho^2 \approx 1.889$，即利用 $W_D$ 和 $W_H$ 的实验数据（$W_D$ 和 $W_H$ 分别为 OD 和 OH 的伸缩振动频率）。可从式（7-4）和式（7-5）求出 $W_{eH}$ 和 $X_H$（$W_{eH}$ 和 $X_H$ 分别为 OH 和 OD 基团伸缩振动的简正频率）：

$$W_{eH} = \rho^{0.5}(\rho W_D - W_H)/(\rho - \rho^{0.5}) \tag{7-4}$$

$$X_H = (\rho W_D - \rho^{0.5} W_H)/[2(\rho W_D - W_H)] \tag{7-5}$$

（也可由倍频和频带计算得到）。

将式（7-4）、式（7-5）代入式（7-3）得

$$D_0 = W_H(\rho W_D - W_H)/[2\rho^{0.5}(\rho^{0.5} W_D - W_H)] \tag{7-6}$$

由 $W_{eH}/W_{eD} = (\mu_{OD}/\mu_{OH})^{1/2} = [(2 + 2M_O)/(2 + M_O)]^{1/2}$ 得

$$M_O = [(W_{eH}/W_{eD})^2 - 1]/[1 - 1/2(W_{eH}/W_{eD})^2] \tag{7-7}$$

式中，$M_O$ 为羟基中氧原子的有效质量。

根据上述公式由羟基和氘化羟基的基频可分别算出质子解离能、势能曲线、非谐振因子、相应的简正频率和羟基中氧原子的有效质量。从氧原子的有效质量，可进一步讨论羟基振动和晶格振动的相互作用（一般 $M_O \leqslant 16$）。$M_O$ 越小，表明羟基伸缩振动和晶格振动相互作用越大。而羟基质子解离能（质子转移活化能）同 B 酸中心的酸性及固体表面催化性能有密切联系。尤其是可以根据吸附分子在吸附前后羟基和氘化羟基谱带的化学位移，计算出有效质子转移活化能（$D_{eff}$）。

如果吸附分子的主要影响是增加羟基的非谐振性时，即 $W_e$ 保持不变，则可从一个羟基的基振动红外跃迁的化学位移求出质子转移活化能。吸附前羟基的伸缩振动基频为 $W_{0\rightarrow1} = W_e - 2 W_e X$，而吸附后为 $W_{0\rightarrow1} = W_e - 2 W_e X'$，$X' = (W_e - W'_{0\rightarrow1})/2 W_e$。又 $D_{eff} = W_e/\Delta X$，代入后得

$$D_{eff} = W_e^2/[2(W_e - W_{0\rightarrow1})] \tag{7-8}$$

又 $D_0 = W_e/4X$，

$$X = (W_e - W_{0\rightarrow1})/2 W_e$$

代入后得

$$D_0 = W_e^2/[2(W_e - W_{0\rightarrow1})]$$

故

$$D_{eff}/D_0 = 2XW_e^2/(2XW_e + \Delta W) \tag{7-9}$$

式中，$\Delta W = W_{0\rightarrow1} - W'_{0\rightarrow1}$。

将上述公式计算的结果列于表 7-9 和表 7-10。由表 7-9 可说明不同吸附分子可以导致不同的质子转移活化能降低；而从表 7-10 可以看出，吸附分子的存在明

显改变分子筛中羟基质子转移的活化能，但对硅胶上羟基质子转移活化能却没有什么影响。这些结果对深入理解反应条件下酸催化反应机理有重要意义。

表 7-9　不同分子同多孔玻璃表面羟基间相互作用

| 吸附分子 | $W_{0\to1}$/cm$^{-1}$ | $W_{0\to2}$/cm$^{-1}$ | $W_e$/cm$^{-1}$ | $x/10^2$ | $D_{eff}^a$/(kcal/mol) | 分子对质子的亲和力/eV |
|---|---|---|---|---|---|---|
| 自由羟基 | 3749 | 7326±5 | 3920 | 2.2 | 124 | |
| 六氟代苯 | 3710 | 7260±6 | 3870 | 2.1 | 130 | |
| 环己烷 | 3700 | 7230±5 | 3970 | 2.2 | 120 | 6.00 |
| 水 | 3680 | 7170 | 3870 | 2.2 | 120 | 7.14 |
| 甲苯 | 3610 | 7030±20 | 3800 | 2.5 | 105 | 7.25 |
| 对二甲苯 | 3600 | 6970±20 | 3830 | 3.0 | 85 | 7059 |
| 丙酮 | 3420 | 6400±50 | 3860 | 5.7 | 40 | 8.10 |
| 四氢呋喃 | 3280 | 6100±50 | 3740 | 6.1 | 35 | — |
| 氨 | 2960 | 不存在 | 不存在 | | 20 | 9.00 |

a. 1 cal = 4.1868 J

表 7-10　不同 OH 基同 C$_6$H$_6$ 的相互作用

| 体系 | 吸附前 | | 吸附后 | | $D_0$ /(kcal/mol) | $D_{eff}$/(kcal/mol) |
|---|---|---|---|---|---|---|
| | $W_H$ | $W_D$ | $W_H$ | $W_D$ | | |
| SiO$_2$ | 3749 | 2763 | 3630 | 2673 | 118 | 122 |
| 金红石 | 3735 | 2755 | 3605 | 2660 | 111 | 104 |
| 锐钛矿 | 3670 | 2705 | 3480 | 2575 | 115 | 85 |
| | 3650 | 2690 | 3460 | 2560 | 116 | 85 |
| | 3720 | 2745 | 3515 | 2615 | 119 | 66 |
| HY | 3640 | 2685 | 3350 | 2490 | 108 | 65 |

由于强烈的本底，过去人们一直无法获得羟基变形振动的信息（700～1100 cm$^{-1}$）。Kustov 等[61]基于分子筛强烈散射近红外光的性质，利用漫散射红外和近红外光谱方法详细地考察了分子筛的基频、倍频和组频。它们发现可以由羟基的伸缩振动（$v_{OH}$）和变角振动（$\delta_{OH}$）的组频（$v_{v+\delta}$）、伸缩振动的基频和倍频，通过式（7-11）求出变角振动频率 $\delta_{OH}$。

$$v_{v+\delta}^{OH} = v_{0\to1}^{OH} + \delta_{0\to1}^{OH} - X_{12} \tag{7-10}$$

$$v_{2v+\delta}^{OH} = v_{0\to1}^{OH} + \delta_{0\to1}^{OH} - 2X_{12} \tag{7-11}$$

式中，$X_{12}$ 为两振动模式的相互作用系数。对分子筛来讲，它同 SiO$_2$ 的值相近（$2\times10^2$）。根据式（7-11）和不同分子筛的实验测量值，进行计算的结果见表 7-11。

表 7-11　在分子筛中不同 OH 基的组频和变角振动频率

| OH 类型 | 样品 | $\nu_{0\to1}^{OH}$ | $\nu_{0\to1}^{OH} + \delta_{0\to1}^{OH}$ | $\delta_{0\to1}^{OH}$ |
|---|---|---|---|---|
| 端基 Si—OH | SiO$_2$ | 3745 | 4540 | 795 |
| | SA-8[a] | 3745 | 4560 | 820 |
| | 丝光沸石 | 3745 | 4550 | 805 |
| | Y 型分子筛 | 3745 | 4570 | 825 |
| | X 型分子筛 | 3745 | 4580 | 835 |
| 桥式<br>≡Si（OH）Al≡ | 脱阳离子 X 型<br>（在超笼中） | 3660 | 4650 | 990 |
| | | | 4690 | 1030 |
| | 阳离子 X 型 | 3660 | 4620 | 960 |
| | | | 4675 | 1015 |
| | 脱阳离子 Y 型<br>（在超笼中） | 3645 | 4660 | 1015 |
| | 阳离子 Y 型 | 3645 | 4670 | 1025 |
| | 脱阳离子 Y 型<br>（在方钠石笼中） | 3555 | 4610 | 1055 |
| | 脱阳离子丝光 | 3610 | 4660 | 1050 |
| | 阳离子丝光 | 3620 | 4675 | 1055 |

a. Si 含量为 80%的无定形硅酸铝

从表 7-11 可以看到，SiO$_2$、无定形硅酸铝、X 型、Y 型、丝光型分子筛都在 3745 cm$^{-1}$ 处有一个 $\nu_{\nu+\delta}^{OH}$ 吸收带，但在变角振动吸收带位置方面，SiO$_2$ 中的 Si—OH 和无定形硅酸铝、X 型、Y 型、丝光型分子筛中的 Si—OH（超笼中）却有明显不同；而桥式羟基则同端式羟基的变角振动可以相差 180～250 cm$^{-1}$。这些结果表明变角振动对羟基周围环境变化比伸缩振动基频有更大的灵敏度。例如，X 型分子筛在桥式羟基基频区只有一个吸收带在 3650 cm$^{-1}$，而在组频区则出现两个吸收带，分别在 4650 cm$^{-1}$ 和 4690 cm$^{-1}$。这表明在 X 型分子筛表面有两种 OH 基，但在基频范围是无法分辨的。他们还发现分子筛中交换不同阳离子对 $\delta_{0\to1}^{OH}$ 有明显影响。

上述结果表明，氘化羟基方法和羟基的近红外光谱研究，对深入表征固体表面羟基的性质具有十分重要的意义。

## 7.4.3　固体表面酸性的测定[62-65]

酸性部位一般看作是氧化物催化剂表面的活性部位。在催化裂化、异构化、聚合等反应中烃类分子和表面酸性部位相互作用形成正碳离子，是反应的中间化合物。正碳离子理论可以成功地解释烃类在酸性表面上的反应，也对酸性部位的存在提供了强有力的证明。

为了表征固体酸催化剂的性质，需要测定表面酸性部位的类型（Lewis 酸、Brönsted 酸）、强度和酸量。测定表面酸性的方法很多，如碱滴定法、碱性气体吸附法、热差法等，但这些方法都不能区别 L 酸部位和 B 酸部位。红外光谱法则广泛用来研究固体表面酸性，它可以有效地区分 L 酸和 B 酸。

利用红外光谱研究表面酸性，通常利用氨、吡啶、三甲基胺、正丁胺等碱性吸附质，其中应用比较广泛的是吡啶和氨。下面着重讨论利用吡啶吸附的红外光谱来研究固体酸。

Parry[63]首先提出了利用吸附 $C_5H_5N$ 测定氧化物表面上的 L 酸和 B 酸。$C_5H_5N$（$pK_a = 9$）碱性弱于 $NH_3$（$pK_b = 5$），它能同弱酸部位反应。图 7-58 中（a）是 $C_5H_5N$ 在氯仿中的红外光谱；（b）是 $C_5H_5N$ 同典型的电子对受体 $BH_3$ 的络合物在氯仿溶液中的红外光谱；（c）是 $C_5H_5N$ 在氯仿中和 HCl 形成的($C_5H_5N$：$H^+$)$Cl^-$ 的红外光谱。

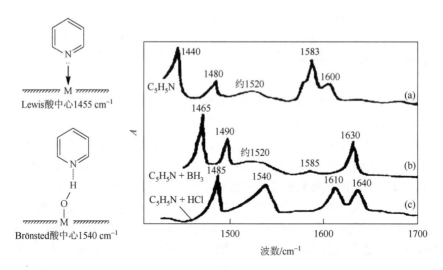

图 7-58　吡啶分子吸附在 B 酸、L 酸中心上模型图和 $C_5H_5N$、$C_5H_5N + BH_3$、$C_5H_5N + HCl$ 在氯仿中的红外光谱

（a）$C_5H_5N$；（b）$C_5H_5N + BH_3$；（c）$C_5H_5N + HCl$

$C_5H_5N + BH_3$ 中的 $C_5H_5N$ 类似于 $C_5H_5N$ 吸附在 L 酸部位，而($C_5H_5N$：$H^+$)$Cl^-$ 类似于 $C_5H_5N$ 吸附在 B 酸部位。在氯仿中的 $C_5H_5N$，相当于物理吸附的 $C_5H_5N$ [（a）中约 1520 cm$^{-1}$ 的宽峰是由溶剂氯仿引起的]。因此利用在 1640~1440 cm$^{-1}$ 范围光谱上的差异，可以区别物理吸附吡啶和配位到 L 酸部位的吡啶及吸附在 B

酸部位的吡啶，其谱带归属见表 7-12，即 $C_5H_5N$ 分子面内环变形振动吸收带是 1580 cm$^{-1}$ 和 1572 cm$^{-1}$：吸附在 B 酸部位后，在 1540 cm$^{-1}$ 出现特征峰。分子 $C_5H_5N$ 骨架上的 C—H 变形振动在 1482 cm$^{-1}$ 和 1439 cm$^{-1}$ 出现吸收峰，而吸附在 L 酸部位后，特征峰在约 1450 cm$^{-1}$。所以，一般利用 1540 cm$^{-1}$ 吸收带表征 B 酸部位，约 1450 cm$^{-1}$ 吸收带表征 L 酸部位。由于 N$^+$—H 键（吸收峰在 2450 cm$^{-1}$）随氢键作用变化大，不易确定。所以一般不用吸收该带表征 B 酸部位。在酸性测定中为排除物理吸附 $C_5H_5N$ 的影响，应在吸附后再在 150℃ 下抽空后测定其红外光谱。

表 7-12　被吸附 $C_5H_5N$ 的不同吸附带的归属

| 相互作用类型 | | 波数/cm$^{-1}$ | | | |
| --- | --- | --- | --- | --- | --- |
| | | Mode 19b | Mode 19a | Mode 8a | Mode 8b |
| 物理吸附（室温可抽除） | PyP | 1445 | 1490 | 1579 | |
| H—键（150℃可抽除） | PyH | 1450 | 1490 | 1595 | |
| L 酸部位 | PuL$_I$ | 1457 | 1490 | 1615 | ～1575 |
| | PyL$_{II}$ | | | 1625 | |
| B 酸部位 | PyB | 1540 | 1490 | 1640 | ～1620 |

### 1. SiO₂ 和 Al₂O₃ 上吡啶吸附

从图 7-59 可以看出吡啶在 SiO₂ 吸附只是物理吸附。150℃抽空后，几乎全部脱附，进一步表明纯 SiO₂ 上没有酸性中心。Al₂O₃ 上吡啶吸附的红外光谱（图 7-60）看出在 Al₂O₃ 表面只有 L 酸中心（1450 cm$^{-1}$），看不到 B 酸中心。

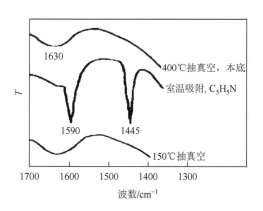

图 7-59　$C_5H_5N$ 在 SiO₂ 上吸附的 IR 光谱

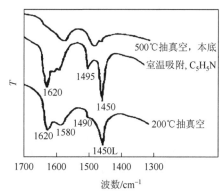

图 7-60　$C_5H_5N$ 在 Al₂O₃ 上吸附的 IR 光谱

## 2. SiO₂-Al₂O₃ 表面酸性测定

图 7-61 是吡啶吸附在 SiO₂-Al₂O₃ 表面上的红外光谱。在 200℃抽空后于 1600～1450 cm⁻¹ 范围内出现 1540 cm⁻¹，表明存在 $C_5H_5N—H^+$（同图 7-58 相比），即在 SiO₂-Al₂O₃ 表面除存在 L 酸部位外，还存在 B 酸部位。在 SiO₂-Al₂O₃ 表面加少量 H₂O 后，从图 7-61 中看出，$C_5H_5N$ 吸附在 B 酸部位（1540 cm⁻¹）的浓度增加，而在 L 酸部位（1450 cm⁻¹）的浓度减少。

（1）在 SiO₂-Al₂O₃ 表面至少存在三种 L 酸部位，一种同 SiO₂-Al₂O₃ 混合相有关（加水可转变成 B 酸），另外两种一强一弱同 Al₂O₃ 相有关（加水不能转变成 B 酸）。

（2）随 Al₂O₃ 含量增加，L 酸部位增加，主要是增加弱酸部位。

（3）$C_5H_5N$ 的吸收峰在 1615 cm⁻¹ 和 1625 cm⁻¹。

（4）混合相增加，强酸部位增加。

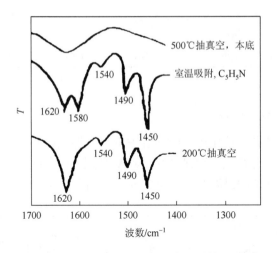

图 7-61　$C_5H_5N$ 在 SiO₂-Al₂O₃ 上吸附的 IR 光谱

利用类似的方法，可以研究复合氧化物和分子筛的表面酸性，在此不一一介绍。

利用 NH₃ 吸附的红外光谱也可以识别 L 酸和 B 酸。当 NH₃ 吸附在 L 酸部位时，是用氮的孤对电子配位到 L 酸部位上，其红外光谱类似于金属离子同 NH₃ 的配位络合物。被吸附 NH₃ 的反对称伸缩振动 $\nu_{N-H} \approx 3330$ cm⁻¹，变形振动 $\delta_{N-H} \approx 1610$ cm⁻¹。NH₃ 吸附在 B 酸部位接受一质子形成 $NH_4^+$。被吸附的反对称伸缩振动 $\nu_{N-H} \approx 3230$ cm⁻¹，变形振动 $\delta_{N-H} \approx 1430$ cm⁻¹（表 7-13）。因此，利用 NH₃ 吸附可以区分 B 酸部位和 L 酸部位（主要以 $\delta_{N-H}$ 变形振动来区别）。

表 7-13　NH₃ 吸附在硅酸铝上的红外光谱归属[14b]

| 波数/cm⁻¹ | | | 吸附形式 ᵃ | 归属 |
|---|---|---|---|---|
| Basila | Cant | Fripiat | | |
| 3341 | 3335 | | LNH₃ MNH₃ | $v_3(e)$, $v_{NH}$ |
| 3280 | 3280 | | LNH₃ MNH₃ | $v_3(a_1)$, $v_{NH}$ |
| 3230 | 3270 | | NH₄⁺ | $v_3(t_2)$, $v_{NH}$ |
| 3195 | | | NH₄⁺ | $v_1(a_1)$, $v_{NH}$ |
| 1620 | 1610 | 1595 | LNH₃ MNH₃ | $v_4(d)$, $\delta_{HNH}$ |
| 1432 | 1440 | 1420 | NH₄⁺ | $v_4(t_2)$, $\delta_{HNH}$ |

a. LNH₃ 是指 NH₃ 分子吸附在 L 酸部位；NH₄⁺ 是指 NH₃ 分子吸附在 B 酸部位；MNH₃ 是氢键结合的 NH₃

### 3. 沸石上吡啶吸附

从图 7-62 看到，400℃脱水后 HY 沸石出现三个羟基峰 3744 cm⁻¹、3635 cm⁻¹、3545 cm⁻¹，吡啶吸附再经 150℃抽空后，3635 cm⁻¹ 明显减弱，而 1540 cm⁻¹（B）和 1450 cm⁻¹（L）出现。经过 420℃抽空后，B 酸中心上吸附的吡啶（1540 cm⁻¹）和 L 酸中心上吸附的吡啶仍十分强，并且 3635 cm⁻¹ 羟基峰也未能恢复。表明 HY 沸石表面 3635 cm⁻¹ 峰的羟基是非常强的 B 酸中心。同时 HY 沸石表面的 L 酸中心也是强酸中心。

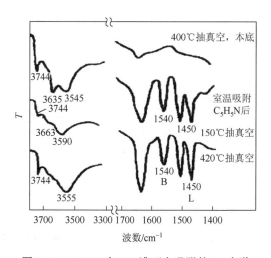

图 7-62　C₅H₅N 在 HY 沸石上吸附的 IR 光谱

由甲醇制低碳烯烃反应时人们发现，HZSM-5 具有很好的活性，尤其发现经

P 改性的 P-ZSM-5 沸石可使 $C_2^=$ 的选择性明显提高，而 Mg 改性的 Mg-ZSM-5 沸石可使 $C_3^=$ 选择性明显提高，详见表 7-14。

**表 7-14　甲醇在分子筛上的反应结果**

| 项目 | | HZSM-5 | | PZSM-5 | | MgZSM-5 | |
|---|---|---|---|---|---|---|---|
| 反应温度/℃ | | 474 | 548 | 475 | 553 | 478 | 551 |
| 空速/h$^{-1}$ | | 4.7 | 4.0 | 3.4 | 4.2 | 4.3 | 3.9 |
| 甲醇转化率/% | | 100 | 100 | 100 | 100 | 100 | 100 |
| 产物分布/% | $C_1^0$ | 2.8 | 4.8 | 1.4 | 7.3 | 1.3 | 7.9 |
| | $C_2^=$ | 11.3 | 22.5 | 29.7 | 37.6 | 23.0 | 27.3 |
| | $C_2^0$ | 0.8 | 0.9 | 0.8 | 0.7 | 0.3 | 0.5 |
| | $C_3^=$ | 13.0 | 21.1 | 33.5 | 32.3 | 45.7 | 38.5 |
| | $C_3^0$ | 12.8 | 7.2 | 10.6 | 2.6 | 0 | 0 |
| | $C_4^=$ | 6.7 | 7.1 | 12.7 | 6.4 | 16.5 | 10.1 |
| | $C_4^0$ | 16.6 | 9.3 | 9.5 | 1.1 | 3.3 | 1.1 |
| | $C_5^+$ | 36.6 | 27.2 | 1.9 | 12.0 | 10.0 | 14.7 |
| | $C_2^= \sim C_4^=$ | 31.0 | 50.7 | 75.8 | 76.4 | 85.2 | 75.9 |
| | $C_2^= \sim C_4^= / C_2^0 \sim C_4^0$ | 1.0 | 2.9 | 3.6 | 17.4 | 23.7 | 47.4 |
| | $C_2^= / C_3^=$ | 0.9 | 1.1 | 0.9 | 1.2 | 0.5 | 0.7 |

注：反应原料是 30%甲醇和 70%水

　　为了进一步阐明这一现象，蔡光宇等[65]利用 $C_5H_5N$、$NH_3$ 吸附的红外光谱、$NH_3$ 的 TPD 和 ESCA 等手段综合考察了 HZSM-5、MgZSM-5、PZSM-5 沸石的表面性质。从 $NH_3$ 的 TPD 结果发现，HZSM-5 沸石表面存在两类酸性中心（强、弱），见图 7-63～图 7-65。而 P 和 Mg 改性后使其强酸部位大为减少。用了以沸石骨架振动谱带为内标的计算机红外差谱方法，从吸附 $NH_3$ 后的红外光谱发现，P 改性 HZSM-5 沸石（PZSM-5）时，P 的作用主要是"杀掉"大部分强的 B 酸中心（位于 3611 cm$^{-1}$ 位置的羟基），而 Mg 改性 HZSM-5 沸石（MgZSM-5）时，Mg 的作用是"杀掉"大部分强 B 酸中心外，还形成一部分 L 酸中心。从 ESCA（表 7-15）结果发现，P 改性使得表面 Si/Al 值增加，$O_{1s}$、$Si_{2p}$、$Al_{2p}$ 结合能没有变化。而 Mg 改性使得表面 Si/Al 值减少，$O_{1s}$、$Si_{2p}$ 和 $Mg_{2p}$ 的结合能有位移并且谱带宽化。由此推知，P 的作用主要是同 Al 上羟基作用；Mg 的作用有二，其一是中和表面

酸性羟基产生 $Al_2O_3$ 离析相，其二是 $Mg^{2+}$ 同 $Si^{4+}$ 相互作用形成 L 酸部位。这些结果很好地解释了 P 和 Mg 的作用。

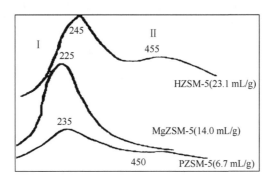

图 7-63　$NH_3$ 的程序升温脱附（吸附 $NH_3$ 温度 100℃）

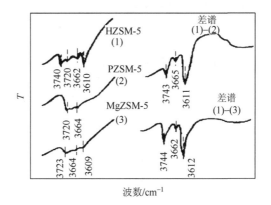

图 7-64　HZSM-5、MgZSM-5、PZSM-5 沸石上 OH 的 IR 光谱及差谱（样品在 400℃脱水 4 h）

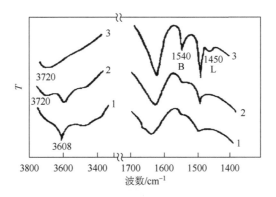

图 7-65　$C_5H_5N$ 在 HZSM-5 沸石上吸附的 IR 光谱

$C_5H_5N$ 吸附依 1→3 顺序增加，样品在 500℃脱水

表 7-15　XPS 分析结果（eV）

| 样品 | O$_{1s}$ | | Al$_{2p}$ | | Si$_{2p}$ | | P$_{2p}$ | | Mg$_{2s}$ | | Mg$_{2p}$ | |
|---|---|---|---|---|---|---|---|---|---|---|---|---|
| | $E_B$ | $\Delta E_{1/2}$ | $E_B$ | $\Delta E_{1/2}$ | $E_B$ | $\Delta E_{1/2}$ | $E_B$ | $\Delta E_{1/2}$ | $E_B$ | $\Delta E_{1/2}$ | $E_B$ | $\Delta E_{1/2}$ |
| Al$_2$O$_3$ | 531.4 | 3.3 | 74.0 | 2.5 | — | — | — | — | — | — | — | — |
| Al$_2$O$_3$-P | 531.4 | 3.3 | 74.1 | 2.7 | — | — | 134.0 | 2.7 | — | — | — | — |
| HZSM-5 | 532.8 | 2.3 | 74.2 | 2.3 | 103.1 | 2.2 | — | — | — | — | — | — |
| PZSM-5 | 532.7 | 2.4 | 74.3 | 2.5 | 103.2 | 2.3 | 134.2 | 2.6 | — | — | — | — |
| MgZSM-5 | 532.1 | 3.0 | 74.3 | 3.8 | 102.6 | 2.9 | — | — | 89.0 | — | 50.2 | 2.6 |
| MgO | 529.7 | — | — | — | — | — | — | — | — | — | 19.0 | 2.3 |

在酸性表征研究中除了研究酸中心类型、强弱外，有关酸中心的分布也是人们非常关心的课题。为了研究酸中心的分布往往采用不同大小尺寸的探针分子。为了方便，表 7-16 列出了部分探针分子的临界直径值供参考。

表 7-16　一些胺的碱度（p$K_b^a$）和临界直径

| 样品 | p$K_a$ | 临界直径/Å |
|---|---|---|
| C$_4$H$_4$NH | 0.40 | 6 |
| C$_6$H$_5$NH$_2$ | 4.63 | 6.5～7.0 |
| C$_6$H$_5$NH | 1.20 | 6.5～6.8 |
| C$_5$H$_5$N | 5.21 | 6.5～6.8 |
| C$_5$H$_3$(CH$_3$)$_2$ | 6.6 | 7.0 |
| NH$_3$ | 9.26 | 2.6 |
| (CH$_3$)$_3$N | 9.80 | |
| (CH$_3$)$_2$NH | 10.78 | |
| (CH$_3$)NH$_2$ | 10.67 | |
| $n$-(C$_4$H$_9$)$_3$N | 9.93 | 9.0 |
| (C$_2$H$_5$)$_3$N | 10.67 | 8.0 |
| C$_5$H$_{11}$N（哌啶） | 11.12 | 6.0～6.1 |
| $n$-C$_4$H$_9$NH$_2$ | | 4.3 |
| C$_6$H$_5$NHCH$_3$ | 4.40 | |
| C$_6$H$_5$N(CH$_3$)$_2$ | 4.38 | |

a. p$K_b$ = 14−p$K_a$

### 4. 沸石表面酸性中心空间分布的测定[66]

利用不同截面积的探针分子可以测定酸性中心的空间分布，加拿大的 A. Ungureanu 等利用吡啶（$C_5H_5N$）和 2, 6-二丁基吡啶（2, 6-ditertbutylpyridine-DTBPy）研究了不同结晶度的 ZSM-5 分子筛的酸中心分布；并同甲苯（toluene）和 1, 3, 5-三甲基苯（1, 3, 5-trimethylbenzene）烷基转移指标反应相关联得到了很好的结果。

从表面积、孔分布测定知 Al-Meso 的介孔硅铝平均孔经在 30 Å；UL-ZSM-5 是具有微孔和介孔结构的不同结晶度的 ZSM-5，平均孔径在 40～80 Å；ZSM-5 则是只有微孔结构的分子筛（孔径在 6 Å 左右）。在不同结晶度的 ZSM-5 表面看到具有两种结构羟基分别在 3745 cm$^{-1}$（OH）和 3612 cm$^{-1}$（Al—OH—Si）。负的羟基峰对应于吡啶吸附在其上的 B 酸 1540 cm$^{-1}$ 峰。

图 7-66 吡啶（临界直径在 6 Å 左右）吸附测得的是总的酸中心，包括介孔和微孔表面的中心，即 3740 cm$^{-1}$ 和 3612 cm$^{-1}$ 均可被吡啶吸附检测到。相反，从图 7-67 可以看出利用 DTBPy 由于其截面积是 11.5 Å$^2$，进不到微孔中则不能检测出 3612 cm$^{-1}$ 酸中心，也进一步证明此中心是存在于微孔内以及部分孔口处。从表 7-17 氨吸附量看出随结晶度提高酸中心数（尤其是 B 酸中心）明显增加；酸强度明显加强。这些数据表明 DTBPy 分子可接近的 B 酸中心数和外表面 B 酸所占百分数是：Al-Meso＜UL-ZSM-5-2＜UL-ZSM-5-4＜ZSM-5。

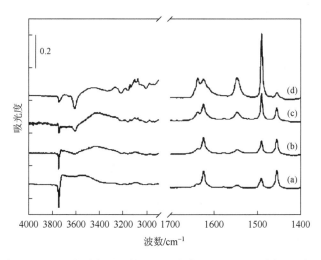

图 7-66　吡啶在 200℃吸附并随之脱附的 FTIR 减谱（相对于相同样品仅在 400℃抽空所得吡啶的吸附脱附光谱）

（a）Al-Meso；（b）UL-ZSM-5-2-0.1N；（c）UL-ZSM-5-4-0.1N；（d）ZSM-5

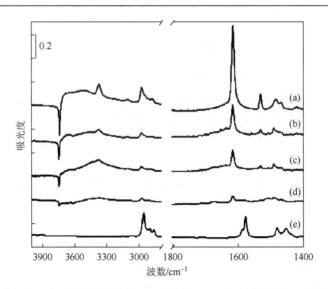

图 7-67　DTBPy 在 150℃吸附脱附的 FTIR 减谱（相对于相同样品仅在 400℃抽空所得到的
DTBPy 的吸附脱附光谱）

（a）Al-Meso；（b）UL-ZSM-5-2-0.1N；（c）UL-ZSM-5-4-0.1N；（d）ZSM-5；（e）纯 DTBPy

**表 7-17　硅铝酸盐材料的酸性数据概览**

| 样品 | $v_{OH}{}^a$/cm$^{-1}$ | $T_{des}{}^b$ / ℃ | Brönsted/Lewis$^c$ | $v_{totNH_3}{}^d$ /(μmol/ g) |
| --- | --- | --- | --- | --- |
| Al-Meso | 3745 | 200～300 | 0.5 | 188 |
| UL-ZSM-5-2-0.1N | 3745, 3612 | 300～400 | 0.9 | 281 |
| UL-ZSM-5-4-0.1N | 3745, 3612 | 300～400 | 1.6 | 261 |
| ZSM-5 | 3745, 3612 | >400 | 6.0 | 518 |

a. 羟基类型振动归属；

b. 吡啶由 Brönsted 酸性位脱附的温度（由吡啶的分步脱附决定）；

c. Brönsted/Lewis 比例（由被吸附的吡啶在 150℃脱附的 FTIR 确定）；

d. 脱附的氨的总量（由 NH$_3$ 的 TPD 实验确定）

在上述酸性表征基础上同 1, 3, 5-三甲基苯（TMB）和甲苯的烷基转移指标反应相关联发现：由于 TMB 的分子临界直径大于 10 Å，反应只在外表面进行，其反应活性、选择性同外表面 B 酸中心数和酸强度有很好的关系。

5. 耐水 L 酸中心

水解反应是有机化学和工业生产中的重要反应，通常使用均相或负载的 B 酸作为催化剂在水介质中进行。而均相 L 酸在水中发生分解或不可逆钝化，难以应用到水解反应中。多相 L 酸催化剂由于其不溶于水、易于分离等特性，从环境和实际应用的角度来看，是水解反应的潜在催化剂。研究报道，Sn 分子筛、三氟甲磺酸金属盐、金属氯化物等都有耐水 L 酸位，可在水溶液中稳定存在。王峰等制备得到了具有耐水 L 酸位的 $CeO_2$ 并成功将其用于水解反应[67]。$CeO_2$ 催化剂的吡啶吸附红外光谱图 7-68 中，未观测到 $1540\ cm^{-1}$ 吡啶红外吸收峰，说明 $CeO_2$ 表面基本没有 B 酸位。而 $1440\ cm^{-1}$ 和 $1600\ cm^{-1}$ 吡啶红外吸收峰很强，表明 $CeO_2$ 催化剂表面有大量的 L 酸位。在进一步的水气吸附实验中，$1440\ cm^{-1}$ 峰出现宽化，同时向低波数位移。在 $1430\ cm^{-1}$ 处观测到一个肩峰，应归属为水与吡啶的络合物。这些结果证明，在水汽存在条件下，L 酸位可稳定存在，且 L 酸位的表面密度可达到 $0.051\ mmol/g$。这一具有耐水 L 酸位的 $CeO_2$ 催化剂在水解反应中表现出优异的反应活性。

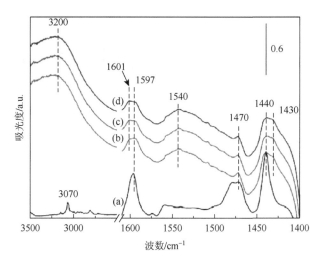

图 7-68　$CeO_2$ 催化剂上吡啶吸附的红外光谱图

$CeO_2$ 本身（a）及水吸附 1 min（b）、3 min（c）、5 min（d）后

## 7.4.4　氧化物表面氧物种研究和低碳烃的活化[68-73]

甲烷是烃类分子中组成最简单、结构对称性高、化学上非常惰性的分子，从基础研究角度认识甲烷为代表的低碳烃活化机理具有极大的学术意义。但是，正由于甲烷分子的惰性，使得甲烷分子很难吸附在催化剂表面上，尤其在正常温度条件下，甲烷分子与催化剂表面相互作用时间非常短暂，很难直接观察到它在表面的活化过程。而氧化物表面的氧物种研究由于表面（尤其碱性氧化物表面）存在一层稳定的碳酸盐，去除这一保护层很困难，使得这方面研究很少进行。

鉴于上述困难，近年来在采用了"化学捕集"技术、同位素交换技术和低温原位红外光谱方法相结合应用于上述研究取得一些关于表面氧物种和甲烷活化的重要信息。下面是进行化学捕集、同位素交换和获取低温红外光谱实验用的真空装置和高低温原位红外池，如图 7-69 和图 7-70 所示。

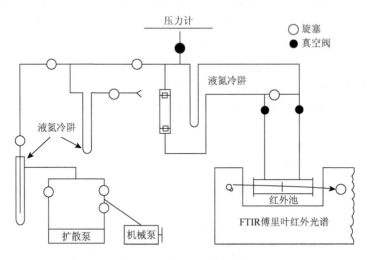

图 7-69　原位真空装置

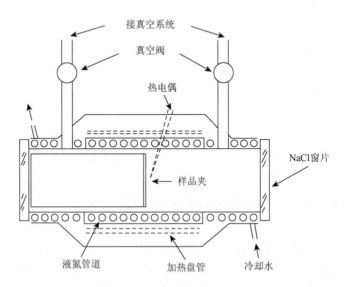

图 7-70　高低温原位红外池

在这些研究中采用了高低温一体化的吸附和反应红外吸收池，并与抽真空和内循环反应器相结合，催化剂可在 1000 K 以上温度进行氧化处理，以去除表面碳酸盐保护层，又可骤冷至 173 K 进行氧物种和甲烷吸附态的红外光谱研究。

图 7-71 是经过 1000 K 温度下经纯 $O_2$ 长时间处理后再经抽高真空获得纯净的 $CeO_2$ 表面，骤冷至 210 K，氧（$^{16}O_2$）吸附后的红外光谱［图 7-71（a）］，结合顺磁共振谱的结果，认为 1128 $cm^{-1}$ 谱带是 $^{16}O_2^-$ 物种；而 883 $cm^{-1}$ 谱带是 $^{16}O_2^{2-}$ 物种。为了进一步确认上述归属，作者又用 $^{18}O_2$ 进行同位素实验［图 7-71（b）］。从 $^{16}O_2 \rightarrow {}^{18}O_2$ 的同位素位移，进一步确认了 1065 $cm^{-1}$ 谱带是 $^{18}O_2^-$，而 835 $cm^{-1}$ 谱带是 $^{18}O_2^{2-}$ 物种。这一实验结果表明在新鲜的 $CeO_2$ 表面至少存在 $O_2^-$ 和 $O_2^{2-}$ 两种氧物种。

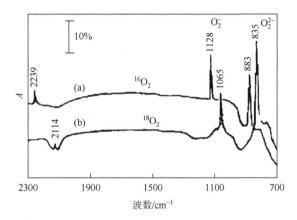

图 7-71　$CeO_2$（H）表面 $O_2^-$ 和 $O_2^{2-}$ 吸附物种的红外光谱（273 K）

(a) $^{16}O_2$；(b) $^{18}O_2$

新鲜的 $CeO_2$ 表面上甲烷低温吸附的红外光谱，见图 7-72 和表 7-18。

表 7-18　甲烷振动模式和 $CeO_2$ 表面上吸附态甲烷的红外谱带（$cm^{-1}$）

| 振动模式 | 气相 | 吸附态 | 位移 |
| --- | --- | --- | --- |
| $\nu_1$，伸缩振动 | 2917（ia） | 2875 | 42 |
| $\nu_2$，变形振动 | 1533（ia） | — | — |
| $\nu_3$，伸缩振动 | 3019 | 3008 | 11 |
| | | 2990 | 29 |
| $\nu_4$，变形振动 | 1306 | 1308 | -2 |

注：—表示没有观测；ia 表示红外无活性

可以发现：由于甲烷吸附在 $CeO_2$ 表面上时在 2875 $cm^{-1}$ 出现强吸收峰，而气相 $CH_4$ 在 2917 $cm^{-1}$ 有一 Raman 峰并无红外活性。它表明 $CH_4$ 吸附在新鲜的 $CeO_2$ 表面导致 C—H 键的振动由 Raman 活性能变为红外活性（对称性下降），并且和

自由 $CH_4$ 分子相比存在 $42\ cm^{-1}$ 的化学位移，这表明甲烷分子被活化。这一认识进一步由 $CD_4$ 同位素实验和同 CO 共吸附的双分子探针方法所证实。深入的研究发现，$CH_4$ 在 $CeO_2$、MgO、$Al_2O_3$、HZSM-5 分子筛上活化的程度（$\nu_{CH}$ 的红移）不同[$CeO_2$：$42\ cm^{-1}$；MgO：$27\ cm^{-1}$；$Al_2O_3$：$17\ cm^{-1}$]，如图 7-73 所示，可参见文献[74]。

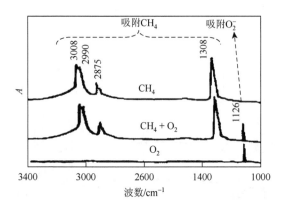

图 7-72　$CH_4$、$O_2$、$CH_4$ 和 $O_2$ 吸附在 $CeO_2$ 上的红外光谱（173 K）

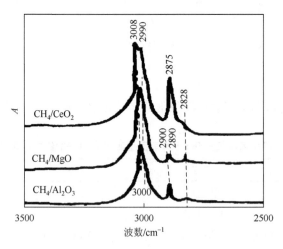

图 7-73　$CH_4$ 吸附在 $CeO_2$、MgO、$Al_2O_3$ 上的红外光谱（173 K）$\nu_1$ 的红移

$CeO_2$：$42\ cm^{-1}$；MgO：$27\ cm^{-1}$；$Al_2O_3$：$17\ cm^{-1}$

### 7.4.5　室温下甲烷在 Zn/ZSM-5 上吸附、活化、反应研究[77]

催化剂的晶面取向、表面缺陷等在分子吸附、活化、脱附过程中起着至关重要的作用。$CeO_2$ 是极易被还原的材料，其表面氧缺陷的氧化/还原循环是决定其

催化性能的决定性因素。Yang 等通过 CO 探针红外，研究了 $CeO_2$（111）单晶晶面氧缺陷的化学活性[75]。CO 在理想 $CeO_2$(111)晶面的反射红外吸收谱图（IRRAS）（图 7-74）显示，CO 的红外振动峰位于 2154 $cm^{-1}$，而在还原后的 $CeO_2$（111）表面的 CO 振动峰位于 2163 $cm^{-1}$。CO 在缺陷位的红外峰显示出 10 $cm^{-1}$ 的蓝移，这一波数变化远远小于原来的预期，且不同于 $TiO_2$ 等材料上缺陷位吸附红移的现象。为认识和理解这一反常行为，归属缺陷吸附红外峰，作者借助理论计算进行归属，认为 2154 $cm^{-1}$ 的红外振动峰来源于紧邻缺陷的六配位 $Ce^{4+}$ 上吸附的 CO，而非离氧缺陷更远处的七配位 $Ce^{3+}$ 上吸附的 CO。这一结果证明了配位结构在氧化物表面的化学相互作用中起决定性作用。

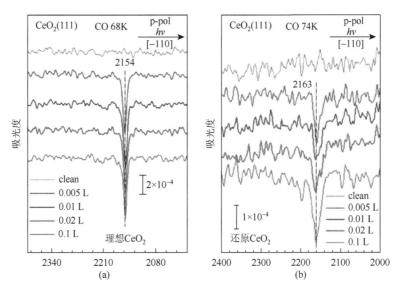

图 7-74　理想（a）和还原（b）$CeO_2$（111）单晶上不同 CO 吸附量条件下的反射红外吸收谱图（IRRAS）（封底二维码彩图）

　　Yang 等进一步研究了 $CeO_2$ 单晶不同晶面上甲醇的吸附行为，如图 7-75 所示[76]。$CeO_2$（110）表面吸附的 C—O 仅有 1108 $cm^{-1}$ 处的一个红外峰，归属为单齿配位甲氧基物种。而 $CeO_2$（111）表面吸附的 C—O 的红外吸收光谱要复杂得多，其中，1108 $cm^{-1}$ 的红外峰归属为（111）晶面台阶处所暴露的少量（110）晶面上吸附的 CO。而 1085 $cm^{-1}$ 和 1060 $cm^{-1}$ 的强吸收带归属为单层吸附的甲醇分子层，这一吸附层由氢键化的甲醇盐物种和分子吸附的甲醇物种组成。这些归属主要是基于不同甲醇覆盖度时，多种吸附结构模型的理论计算模拟结果。这些结果揭示了甲氧基 C—O 键伸缩振动峰的红移与甲氧基氧原子配位的 Ce 阳离子数不存在直接关系。

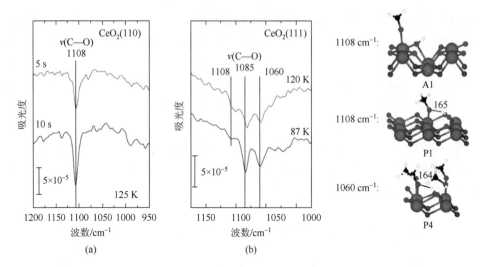

图 7-75　CeO₂（110）（a）和 CeO₂（111）（b）单晶上甲醇吸附的反射红外
吸收谱图（IRRAS）（封底二维码彩图）

我们都知道 Zn²⁺ 改性的 HZSM-5 是低碳烃芳构化反应的催化剂。

V. B. Kazansky 教授利用原位 DRIFT 方法研究浸渍法和 770 K 时与锌蒸气反应两种方法制备 ZnZSM-5、HZSM-5 和 NaZSM-5 上甲烷的吸附发现：

甲烷在 ZnZSM-5 上的吸附行为，图 7-76～图 7-78 上出现的特征谱带同气相甲烷分子的 C—H 非对称伸缩振动波数相比低 200 cm⁻¹，同对称伸缩振动谱带相比低 100 cm⁻¹。表明甲烷在 Zn²⁺ 上的吸附大大强于其在 H⁺ 和 Na⁺ 上的吸附。室温下甲烷在 ZnZSM-5 上的吸附行为是可逆的。

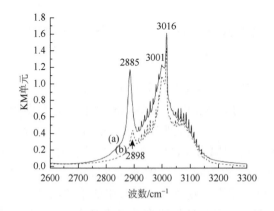

图 7-76　甲烷在钠型（a）、氢型（b）ZSM-5 分子筛上吸附的 DRIFT 谱图

吸附温度：室温；平衡压力：100 torr

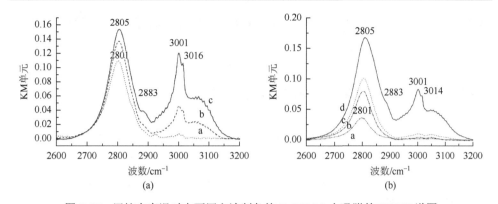

图 7-77　甲烷在室温时在不同方法制备的 ZnZSM-5 上吸附的 DRIFT 谱图

（a）浸渍法制备 ZnZSM-5：a 为 1 torr，b 为 6 torr，c 为 15 torr；（b）高温蒸汽法制备 ZnZSM-5：a 为 0.07 torr，b 为 0.5 torr，c 为 1 torr，d 为 15 torr

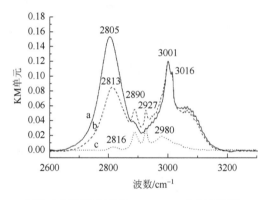

图 7-78　甲烷在浸渍法制备的 ZnZSM-5 上解离吸附 DRIFT 谱

a. 室温吸附，15 torr；b. 样品在甲烷气氛下，473 K 加热 1 h；c. 室温下对 b 抽空 1 h

473 K 时，甲烷发生异裂解离吸附，导致桥联羟基及烷基锌的形成。解离吸附还阻碍接下来的甲烷或氢的分子吸附。

解离吸附在分子筛结构中 $[AlO_2]^-Zn^{2+}$ 位和 $[AlO_2]^-$ 位，其机理如下：

$$[AlO_2]^-Zn^{2+} + [AlO_2]^- + CH_4 \longrightarrow [AlO_2]^-Zn^{2+}CH_3^- + [AlO_2]^-H^+$$

所观察到的在室温下不同寻常的甲烷吸附的大幅度扰动和解离吸附与 $Zn^{2+}$ 吸附中心的正电荷的部分补偿有关。

## 7.5　加氢精制催化剂活性相和助剂作用研究（硫化物催化剂）

加氢精制是炼油工业四大支柱工艺之一。其催化剂牌号有上百种，但大部分为 Co、Mo、Ni、W 的不同组合，工业上所用的催化剂载体大多为 $Al_2O_3$，工作状态均为硫化物。人们为了优选工业催化剂进行了大量的基础研究[78-80]。下面针对活性相方面做简单介绍。

## 7.5.1　MoO₃/Al₂O₃ 的表面结构及状态[81-83]

氧化钼是许多工业催化剂的主要成分。由于钼离子存在多种价态，如 +6、+5、+4、+3、+2 和 0 价，而不同的催化反应活性中又与特定价态和配位状态的钼离子密切相关，弄清各种条件下的 Mo 离子表面状态与活性的关系，一直是人们致力探索的课题。

利用原位激光拉曼光谱（LRS）和 CO、NO 双分子探针的红外光谱相结合研究氧化及还原的 Mo/Al₂O₃，将 10% Mo/Al₂O₃ 在不同温度下进行氢处理，可以得到不同价态分布的钼离子。文献中常用的探测方法是 XPS 和 EPR，但只能提供不同价位钼离子的总的相对丰度，而与真正的活性中心并不能直接相关。CO、NO 作为探针分子可以选择吸附在配位不饱和的钼离子活性中心上，通过 CO、NO 吸附分子的红外光谱变化可以直接反映各种配位的情况。图 7-79 给出了经不同温度还原后的 10% Mo/Al₂O₃ 吸附 CO，共吸附 CO + NO 的红外谱图。在 473 K 以下还原，没有吸附峰产生，这说明表面没有配位不饱和的活性中心。573 K 以上还原后，CO 吸附产生约 2183 cm⁻¹ 和 2174 cm⁻¹ 谱峰，且随还原温度升高峰位下降，峰强增大。CO 与 NO 共吸附后，CO 峰分为两个：约 2200 cm⁻¹ 和约 2134 cm⁻¹，这表明 CO 吸附在两种中心上。单独吸附时，只表现为两种峰的叠合，而与 NO 共吸附时，其中一种 CO 吸附受到共吸附 NO 影响而红移，这就将两种中心区分开来。另外，NO 孪生吸附峰存在（1812 cm⁻¹、1708 cm⁻¹）并未影响 CO 吸附峰强度，它说明 NO 主要吸附在另一种 Mo 中心上。

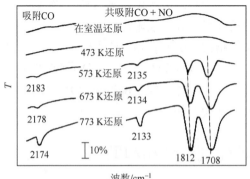

图 7-79　在 10% Mo/Al₂O₃ 上 CO 吸附和 CO-NO 共吸附的红外光谱

探针分子的红外光谱还不能充分说明催化剂的表面状态。激光拉曼光谱可以提供关于表面活性相结构的信息。为了与红外实验条件相对应，样品经脱水后原位获取拉曼光谱图 7-80。氧化态的 10% $Mo/Al_2O_3$ 表面存在 3 种 Mo 物种：多聚钼氧物种、单钼氧物种及由于载体上的金属离子杂质而产生的 $MoO_4^{2-}$。在 600 K 以下还原，并未观察到新的拉曼峰。而 600 K 还原后，出现 280 $cm^{-1}$ 和 748 $cm^{-1}$ 两个新峰，归属为还原态的钼物种，主要由 5 配位的 $Mo^{5+}$、4 配位 $Mo^{4+}$ 和 3 配位的 $Mo^{3+}$ 组成。由此可以解释红外光谱的各谱峰。$Mo^{5+}$ 只有 1 个配位不饱和位，所以只能吸附 1 个 CO 分子（峰位约 2200 $cm^{-1}$）。$Mo^{4+}$ 有 2 个配位不饱和位，所以产生 $(NO)_2$ 孪生峰（峰位 1810 $cm^{-1}$、1706 $cm^{-1}$）。$Mo^{3+}$ 由 3 个配位不饱和位，可以单独吸附 1 个 CO 形成四面体配位的 $Mo^{3+}(CO)$，又可再吸附 2 个 NO 形成八面体配位的 $Mo^{3+}(CO)(NO)_2$（峰位 2134 $cm^{-1}$、1823 $cm^{-1}$ 和 1731 $cm^{-1}$）。这样，根据 CO、NO 共吸附的红外光谱，就可以鉴别不同价位和配位状态的钼离子活性中心。这对了解负载 Mo 催化剂的表面状态与活性的关系具有重要意义。例如，在氢解反应和同位素反应中，极少量的 CO 和 NO 就能完全毒化催化剂活性，这表明这些反应的活性与可配位的 $Mo^{3+}$ 有关，因为只有 $Mo^{3+}$ 才能既与 CO 作用，又与 NO 作用而导致失活。

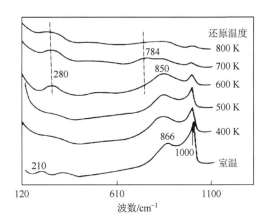

图 7-80　10% $Mo/Al_2O_3$ 的拉曼光谱

## 7.5.2　Co 对 $Mo/Al_2O_3$ 表面状态的影响[84-86]

Co-$Mo/Al_2O_3$ 是重要的加氢脱硫（HDS）催化剂，Co 作为助剂对 $Mo/Al_2O_3$ 表面结构及状态的影响决定其催化性能。通过激光拉曼光谱原位研究发现，Co 氧化物的加入改变了 $Al_2O_3$ 上负载的钼氧化物的表面结构（图 7-81）。在 Co 负载量低于 2% 时，虽尚未形成 $CoMoO_4$（拉曼谱峰为 932 $cm^{-1}$），但在 920~930 $cm^{-1}$

观察到一宽峰，可归属为 Co-Mo-O 相互作用相，是 CoMoO$_4$ 晶相的前身态。Co与 Mo 氧化物表面相的作用，首先表现为 Co 与多聚钼氧物种的作用，降低了表面钼物种的聚合度。由此四面体钼物种相对含量随 Co 浓度的增加而增加。将 2%Co～10% Mo/Al$_2$O$_3$ 经氢还原处理，发现 Co 的加入并未改变 Mo 氧化物的还原性，同样是在 600 K 还原后，出现一 280 cm$^{-1}$ 微弱峰。这主要是由于 Co-Mo-O 相互作用的生成，减少了表面钼氧物种浓度，因而还原后生成的还原态钼物种减少，谱峰减弱。还原相钼物种的减少同时也由 CO、NO 的红外吸附谱峰变化所反映出来，即随 Co 含量增加，钼离子吸附的 CO 峰以及 NO 峰逐渐降低。作为前身态 Co-Mo-O 的相互作用相的生成，对 Co-Mo/Al$_2$O$_3$ 催化剂的 HDS 活性提高起到了很大的作用。

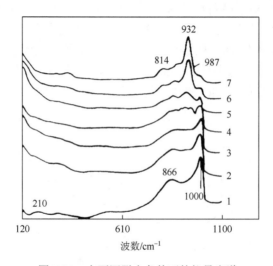

图 7-81　在不同脱水条件下的拉曼光谱

1. 10% Mo/Al$_2$O$_3$；2. 0.2%Co～10% Mo/Al$_2$O$_3$；3. 0.5%Co～10% Mo/Al$_2$O$_3$；4. 1%Co～10% Mo/Al$_2$O$_3$；
5. 2%Co～10% Mo/Al$_2$O$_3$；6. 4%Co～10% Mo/Al$_2$O$_3$；7. 6%Co～10% Mo/Al$_2$O$_3$

### 7.5.3　WO$_3$/Al$_2$O$_3$ 的表面结构及状态[87]

WO$_3$/Al$_2$O$_3$ 及其衍生的体系是许多工业催化反应中的重要催化剂。但是，由于 WO$_3$/Al$_2$O$_3$ 非常难还原，因而有关 WO$_3$/Al$_2$O$_3$ 表面活性相表征信息文献报道很少。对还原态的 WO$_3$/Al$_2$O$_3$ 利用 CO 和 NO 竞争化学吸附方法进行系统的红外表征研究时，实验中发现（图 7-82）：当 CO 吸附在 H$_2$ 还原的 23.4%WO$_3$/Al$_2$O$_3$ 表面时，随还原温度增高逐步出现 2198 cm$^{-1}$、2176 cm$^{-1}$ 和 2154 cm$^{-1}$ 3 个吸收峰；当 CO 和 NO 共吸附时，2176 cm$^{-1}$ 和 2154 cm$^{-1}$ 峰消失，而 2198 cm$^{-1}$ 基本不变，在 2117 cm$^{-1}$ 处出现新峰，并且 NO 吸收峰 1801 cm$^{-1}$、1777 cm$^{-1}$、1725 cm$^{-1}$ 和

1691 cm$^{-1}$ 出现，根据真空脱附实验发现 2198 cm$^{-1}$ 峰不稳定很容易抽掉。并且，2117 cm$^{-1}$、1801 cm$^{-1}$ 和 1725 cm$^{-1}$ 同步增强和减弱。参照 LRS 和 TPR 的实验结果，可以认为 CO 还原态 WO$_3$/Al$_2$O$_3$ 表面吸附时，存在 W$^{5+}$CO（2198 cm$^{-1}$）、W$^{4+}$（Ⅰ）(CO)（2176 cm$^{-1}$）和 W$^{4+}$（Ⅱ）(CO)（2154 cm$^{-1}$）3 种吸附态，W$^{4+}$（Ⅰ）中心和 W$^{4+}$（Ⅱ）中心是由不同配位状态引起。当 CO 和 NO 共吸附时，形成 COW$^{4+}$(NO)$_2$ 共吸附态（2117 cm$^{-1}$、1801 cm$^{-1}$、1725 cm$^{-1}$），如图 7-82 中的式（1）所示。

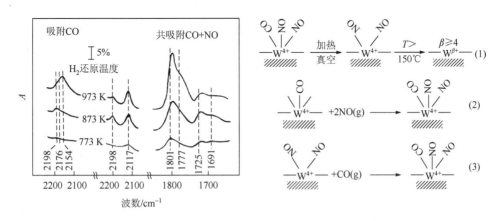

图 7-82　CO 吸附和同 NO 共吸附在 23.4%W/Al$_2$O$_3$ 上的红外光谱

（1）在 773 K H$_2$ 还原；（2）在 873 K H$_2$ 还原；（3）在 973 K H$_2$ 还原

COW$^{4+}$(NO)$_2$ 共吸附的形成同 CO 和 NO 的吸附次序有密切关系，并且 W 负载量和还原程度对其也有强烈影响。基于上述对于 H$_2$ 还原 WO$_3$/Al$_2$O$_3$ 表面，利用双探针红外光谱法可以有效地区分出三种 W 中心：W$^{5+}$ 和配位状态不同的两种 W$^{4+}$中心。当 CO 和 NO 共吸附时都能形成 COW$^{4+}$(NO)$_2$ 共吸附物种。

## 7.5.4　加氢脱硫（HDS）催化剂活性相研究[88-96]

在石油炼制过程中应用的加氢脱硫催化剂，通常是用 Co 或 Ni 作助剂的 Co-Mo/Al$_2$O$_3$ 或 Ni-Mo/Al$_2$O$_3$ 硫化态催化剂。在众多的基础研究中，其主要争论是有关 Co 或 Ni 助剂的作用问题。为此，文献上提出了许多理论模型。丹麦 Topsoe 提出了"CoMoS"相模型[88,89]，比利时 Delmon 提出了协同作用模型[90,91]等，这些问题长期争论不休的一个主要原因是原位信息不多。辛勤和 Delmon 等[92-95]利用 CO 和 NO 双探针共吸附研究了硫化态 Co-Mo/Al$_2$O$_3$ 表面活性相及其助剂 Co 的作用。

　　在硫化的 Co/Al$_2$O$_3$、Mo/Al$_2$O$_3$ 和 Co-Mo/Al$_2$O$_3$ 上吸附 CO 时发现（图 7-83）：CO 在 Co/Al$_2$O$_3$ 上吸附呈现线式（2057 cm$^{-1}$）和桥式（1788 cm$^{-1}$）谱带，在 Mo/Al$_2$O$_3$ 上只有线式谱带（2112 cm$^{-1}$），而在 Co-Mo/Al$_2$O$_3$ 上只在 2065 cm$^{-1}$ 出现一吸收峰。当 CO 和 NO 共吸附时，Co/Al$_2$O$_3$ 上线式和桥式 CO 消失，吸附态 NO 红外谱带出现（1857 cm$^{-1}$、1791 cm$^{-1}$）。在 Mo/Al$_2$O$_3$ 上 CO + NO 共吸附时，线式 CO 吸收带 2097 cm$^{-1}$ 强度没有明显变化，但是，NO 吸收带（1790 cm$^{-1}$、1701 cm$^{-1}$）出现。在 Co-Mo/Al$_2$O$_3$ 上 CO 和 NO 共吸附时吸附态 CO 谱带从 2065 cm$^{-1}$ 位移至 2072 cm$^{-1}$ 并且强度明显下降，在 Co 中心和 Mo 中心上吸附的 NO 谱带（1851 cm$^{-1}$、1790 cm$^{-1}$ 和 1694 cm$^{-1}$）同时出现。上述结果表明：Co 中心上吸附的 CO 可以被 NO 取代，而 Mo 中心上的 CO 不能被 NO 取代。因此，Co-Mo/Al$_2$O$_3$ 样品上 2065 cm$^{-1}$ 谱带应当是 Co 中心和 Mo 中心上吸附 CO 的加和。其共吸附结果和 Mo/Al$_2$O$_3$ 结果相比，可以发现在 Co-Mo/Al$_2$O$_3$ 样品中的 Mo 中心不同于 Mo/Al$_2$O$_3$ 中的 Mo 中心（吸附态谱带位移 25 cm$^{-1}$ = 2097 cm$^{-1}$～2072 cm$^{-1}$）。它表明 Co-Mo/Al$_2$O$_3$ 中的 Mo 中心还原度高于 Mo/Al$_2$O$_3$ 中的 Mo 中心。这一变化作者认为是 H-Spillover 现象所致，即在硫化还原过程中吸附在 Co 中心上的 H$_2$ 解离并溢流到附近的 Mo 中心上将其还原从而调变了 Mo 中心，这一调变机制由如下实验事实得到了进一步的证明 [图 7-83（c）]。当利用预硫化的 Mo/Al$_2$O$_3$ 和 Co/Al$_2$O$_3$ 机械混合样品再硫化后（此时 Co-Mo 之间相互作用可以忽略）进行 CO 和 NO 共吸附实验，其结果见图 7-84（a）和图 7-84（b），和图 7-83（c）结果相近，这表明机械混合的 Co/Al$_2$O$_3$ 和 Mo/Al$_2$O$_3$ 通常不可能存在 Co-Mo 之间相互作用或形成 CoMoS 相，但从硫化后共吸附的红外光谱实验结果看，由于 Co 中心的存在促进了 Mo 中心的

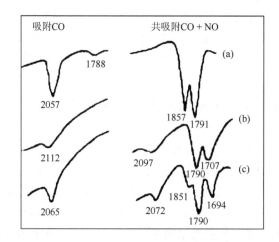

图 7-83　CO 和 NO 共吸附的红外光谱

（a）2% Co/Al$_2$O$_3$；（b）10% Mo/Al$_2$O$_3$；（c）2%Co～10% Mo/Al$_2$O$_3$

还原（Mo 中心上 CO 吸附态谱带位移）。这一促进作用是通过 H-Spillover 机理进行。这些结果也进一步表明双探针分子方法用于助剂和活性相相互作用研究是行之有效的。

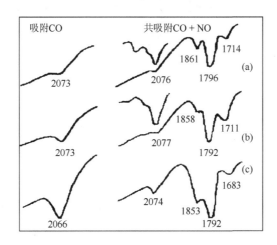

图 7-84　CO 和 NO 共吸附的红外光谱

（a）6% Co/Al$_2$O$_3$ 和 10% Mo/Al$_2$O$_3$ 机械混合；（b）Co$_9$S$_8$ 和 10% Mo/Al$_2$O$_3$ 机械混合；（c）HR306 Co-Mo/Al$_2$O$_3$ 硫化样品

进一步利用双分子探针的红外光谱研究硫化态 Ru-Mo/Al$_2$O$_3$、Ru-Co-Mo/Al$_2$O$_3$ 中 Ru 的助剂效应时，发现 Ru 的加入大大提高了 CO 和 NO 吸附峰的峰强，这表明 Ru 的存在产生了更多的配位不饱和 Mo 中心，由此提高了催化剂 HDS 和 HDY 的活性。

丹麦的 Topsoe[96]利用 NO 作为探针分子成功地表征了硫化态的 Co/Al$_2$O$_3$、Mo/Al$_2$O$_3$ 和 Co-Mo/Al$_2$O$_3$ HDS 催化剂的活性相。图 7-85(a)是 NO 吸附在 Mo/Al$_2$O$_3$ 上出现了两个吸附峰。图 7-85（b）是 NO 吸附在 Co/Al$_2$O$_3$ 上也出现了两个吸附峰，但谱带位置不同。图 7-85（c）是 NO 吸附在 Co-Mo/Al$_2$O$_3$ 上的红外光谱。图 7-85（d）是 NO 吸附在机械混合的 Co-Mo/Al$_2$O$_3$ 上的红外光谱。比较图 7-85（c）和图 7-85（d）可以发现由于 Co 的存在减少了表面 Mo 中心数（可吸附 NO 的中心），从上述结果表明利用探针分子 NO 可以滴定表面 Co 中心和 Mo 中性数。

Koizumi 和 Yamada 等[97]利用漫反射红外光谱方法研究了高压下工作状态的 Co-Mo/Al$_2$O$_3$ HDS 催化剂表面 NO 吸附。他们发现利用 5% H$_2$S/H$_2$ 混合气在漫反射池内硫化时，常压下和高压下（5.1 MPa）NO 在 Co-Mo/Al$_2$O$_3$ 催化剂表面吸附有很大区别（图 7-86）。

由图 7-86 看出 NO 在 Mo 中心吸附的 1690 cm$^{-1}$ 吸收带随硫化压力增加而消

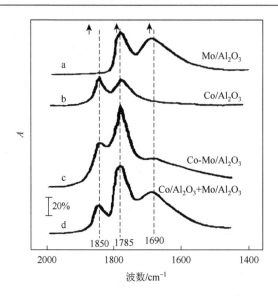

图 7-85　NO 吸附在 Mo、Co 和 Co-Mo HDS 催化剂上的红外光谱

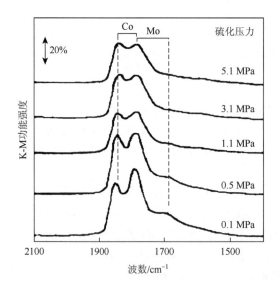

图 7-86　NO 在高压硫化的 Co-Mo/Al₂O₃ 上吸附的 DRIFT 谱

失。NO 在 Mo 中心上的吸附明显减弱进一步说明催化剂硫化压力对表面的配位不饱和中心（CUS）的形成具有重要影响。随硫化压力增加 Co 的 CUS 增加而 Mo-CUS 明显减弱。从图 7-87 看出这一压力效应对机械混合的 Co-Mo/Al₂O₃（Co/Al₂O₃ + Mo/Al₂O₃）不明显。

　　至于为什么硫化压力会对 HDS 催化剂表面 CUS 中心形成产生重要影响是仍

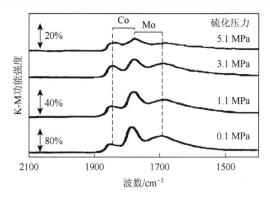

图 7-87　NO 在机械混合的 Co/Al₂O₃ + Mo/Al₂O₃ 上的 DRIFT 谱

然需要进一步探讨的课题。它也说明在工作状态下研究催化剂表面活性相及其相互作用时，原位漫反射红外光谱方法可以提供丰富的信息。

　　氮化物催化剂在催化领域广泛应用并起着重要作用，其中，氮化铁是氮化物催化剂的典型代表。众多研究人员，针对氮的引入对主体铁催化剂性质的影响进行了深入研究，但氮化铁催化过程的本质还依然不清楚，特别是对表面活性物种的精确理解，关于活性位是 Fe 位、N 位，还是 Fe-N 位还需进一步指认。王丽等使用原位探针红外光谱对氮化铁的 N 活性位进行了研究，如图 7-88 所示[98]。

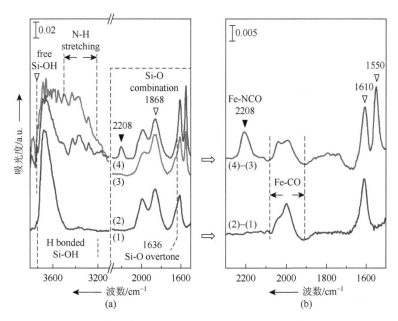

图 7-88　（a）（1）Fe/fumed SiO₂；（2）CO 吸附在 Fe/fumed SiO₂；（3）Fe₂N/fumed SiO₂；（4）CO 吸附在 Fe₂N/fumed SiO₂ 的红外光谱图。（b）（4）－（3）和（2）－（1）的差谱

对于 Fe/fumed $SiO_2$ 来说，CO 的吸收峰位于 2040 $cm^{-1}$ 和 2002 $cm^{-1}$，归属为不同 Fe 位点上的线式吸附 CO。对于 $Fe_2N$/fumed $SiO_2$ 来说，在 2208 $cm^{-1}$、1610 $cm^{-1}$ 和 1550 $cm^{-1}$ 出现了新的吸收峰。其中，1610 $cm^{-1}$ 和 1550 $cm^{-1}$ 的吸收峰归属为 $NH_2$ 的变形振动模式，而 2208 $cm^{-1}$ 的吸收峰归属为线式吸附在 N 位点上的 CO，形成 NCO 吸附物种，表明 $Fe_2N$/fumed $SiO_2$ 催化剂上除表面 Fe 位点外，表面 N 位点可能具有高的反应活性。更进一步使用 $NH_3$ 和 $H_2$ 作为探针分子进行原位红外光谱研究，进一步证实了 $Fe_2N$ 催化剂表面 N 位点为高活性的反应位点，这一研究结果直接揭示了氮化铁催化剂上存在高活性的 N 催化活性位。

## 7.6　原位红外光谱应用于反应机理的研究

长期以来人们研究了各种分子在催化剂表面的吸附态获得了许多有意义的信息。但是这些信息都是在反应没有发生时测得的。为了阐明催化作用机理，仅利用这样的反应物和产物分别测得的吸附数据是不够的，往往在反应条件下（或反应定态下）吸附物种类型、结构、性能与吸附条件下吸附物种类型、性能有着很大的差别。所以在阐明催化作用机理时，进行反应条件下吸附物种研究是十分必要的。而在反应条件催化剂表面不只存在一种吸附物种，并且不是所有的吸附物种都一定参与反应，因此如何在多种吸附物种中识别出参与反应的"中间物"是非常重要的课题。

### 7.6.1　HCOOH 在 $Al_2O_3$（ZnO）催化剂上的分解机理

甲酸分解是催化选择脱水和脱氢的典型反应[14b]，即

$$HCOOH \quad \boxed{\begin{array}{c} Al_2O_3 \\ 150℃ \\ ZnO \end{array}} \quad \begin{array}{l} H_2O + CO \\ H_2 + CO_2 \end{array}$$

基于先前的红外光谱研究，发现在 $Al_2O_3$ 和 ZnO 表面都存在 $HCOO^-$ 吸附态。因此一直认为 $HCOO^-$ 是反应的中间物。Tamaru[40]采用动态处理方法研究了甲酸的分解反应。在 100℃甲酸吸附时，于 1000～4000 $cm^{-1}$ 范围的谱图类似于甲酸铝的谱图。如图 7-89 所示，在 2915 $cm^{-1}$、1625 $cm^{-1}$、1407 $cm^{-1}$ 和 1390 $cm^{-1}$ 的吸收可分别归属为 CH 伸缩振动（$v_{CH}^s$），O—C—O 反对称伸缩振动（$v_{O-CO}^{as}$），CH 面内变形振动（$\beta_{CH}$）和 O—C—O 对称伸缩振动（$v_{O-C-O}^s$）。表面 OH 的伸缩振动频率（$v_{OH}$）

在 3580 cm$^{-1}$。利用 DCOOD 的同位素位移，$v_{OH}^s = 2650$ cm$^{-1}$、$v_{CD}^s = 2200$ cm$^{-1}$、$\beta_{CD} = 1029$ cm$^{-1}$ 进一步证实了上述归属。说明甲酸在 Al$_2$O$_3$ 上形成吸附态

$$
\begin{array}{c}
H \\
| \\
C \\
O^{\diagup\diagdown}OH \\
|\quad\quad| \\
{-}Al{-}O
\end{array}
$$

。没有发现 CO、CO$_2$ 或甲酸分子吸附态。为鉴定反应中间物，将已知量甲酸引入反应系统，用循环系统的压力和组成变化来测定总包反应速率，在催化剂上的吸附物种同时用红外方法测量，发现在反应温度下真空中 Al$_2$O$_3$ 催化剂上 HCOO$^-$吸附态的分解速率比在同样温度和覆盖度下甲酸蒸气分解速度小两个数量级。

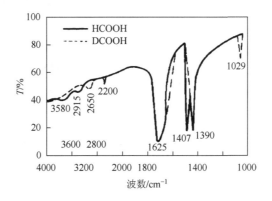

图 7-89　甲酸吸附在γ-Al$_2$O$_3$上的红外光谱

　　为考察在 Al$_2$O$_3$ 表面 HCOO$^-$和 OH 的动态行为，将 DCOOD 引入反应系统使分解反应达定态时，把气相中的 DCOOD 迅速用 HCOOH 置换并继续反应。红外光谱测得表面吸附物种变化如图 7-90 所示。DCOO$^-$和 HCOO$^-$吸附量由 $v_{CO}$ 和 $v_{OH}$ 带强度来计算。结果指出，在 Al$_2$O$_3$ 上的 DCOO$^-$消失，但在气相中作为甲酸蒸气出现，说明 DCOO$^-$没有直接分解成反应产物。表面 OD 迅速被 OH 所置换，当预先用盐酸或乙酸处理 Al$_2$O$_3$ 时，发现对甲酸分解速率没有影响，吸附的乙酸也没有发生明显的分解，也没有发现乙酸离子和甲酸有明显的交换反应。由于用盐酸和乙酸预处理，可使 Al$_2$O$_3$ 表面的甲酸离子浓度减小到十分之一，但活性却没有变化。这进一步说明甲酸离子不是反应中间物。用类似方法考察 Al$_2$O$_3$ 上甲酸解离吸附形成的表面 OH 和 Al$_2$O$_3$ 本身的 OH 动态行为，发现在 Al$_2$O$_3$ 表面本身固有的质子可用 H$_2$O 中的质子交换。而甲酸质子在 180℃ 以下则不能交换。但是由于甲酸在 Al$_2$O$_3$ 表面解离吸附形成的质子则既可同 H$_2$O 中质子交换，也可同甲酸中

的质子交换。说明甲酸解离吸附在 $Al_2O_3$ 上形成的质子十分活泼，参与了反应。从密闭系统中的 C、H、O 物料平衡计算出反应过程中吸附在 $Al_2O_3$ 上的 $HCOO^-$、$H_2O$、质子的分量，并测出在反应气体中反应物和产物的分压，求得在定态下总包反应速率方程：

$$r = \frac{kp_{\text{HCOOH}}(\text{H}^+)}{1 + b(\text{H}_2\text{O})_{\text{ads}}} \tag{7-12}$$

其反应机理如下：

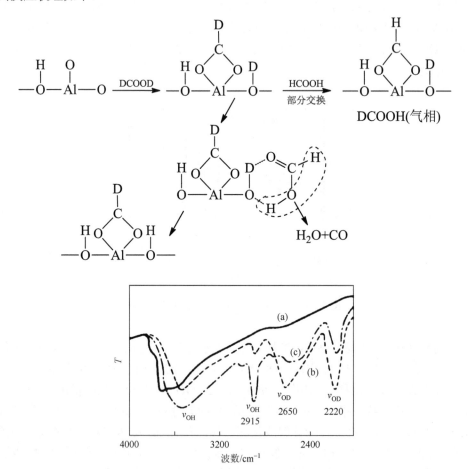

图 7-90　甲酸在γ-$Al_2O_3$上分解的动态处理

（a）190℃本底谱；（b）吸附的 DCOOD；（c）同 HCOOH 反应（气相出现 DCOOD）

上述机理说明，HCOOH 吸附在 $Al_2O_3$ 上形成的 OH 只起提供质子的作用，类似于液相催化反应中 $H_2SO_4$ 的作用。而 $HCOO^-$ 则不参与反应，不是反应的中间物。当然这并没有排除在其他反应条件下通过甲酸离子分解的可能性。但通过甲酸离子分解比上述机理需要较高的活化能，即若通过甲酸离子分解要在较高的温度下进行。

利用同样方法在研究 HCOOH 在 ZnO 表面分解时，红外光谱研究发现，在 ZnO 表面也存在 HCOO⁻吸附态，但和 Al₂O₃ 不同，ZnO 表面上的 HCOO⁻参与反应，是反应的中间物，并且甲酸在 ZnO 上分解控速步骤是 HCOO⁻分解，HCOO⁻分解速率等于甲酸分解的总包速率。反应按如下步骤进行：

## 7.6.2　利用 DRIFT 和 TPSR 技术研究甲醇的合成

Cu/ZnO/Al₂O₃ 催化剂从 1966 年起开始应用于甲醇合成和水煤气变换工业生产，由于高分散 Cu［Cu 60%、ZnO 30%和 Al₂O₃ 10%（均为质量分数）］对红外光强吸收，因而利用透射方法不可能进行研究。文献中发表的有关甲醇合成的红外研究结果都是在 Cu 含量低于 15%时获得的数据，虽然甲醇方面进行了大量的研究，但仍然有许多问题未能得到解决：①在由 CO-CO₂-H₂ 合成甲醇过程中 C 源是什么？表面中间物种是什么？②催化剂循环的定位：金属 Cu 表面还是 ZnO 表面？③Cu 和 ZnO 之间是否有协同作用？

Rozovskii 及其合作者[99]通过动力学研究结论是：①甲醇是由 CO₂ 加氢来的而不是 CO；②CO 通过水煤气变换反应转变为 CO₂；③水煤气变换反应步骤与甲醇合成反应是无关的。

Klier 和他的同事[100]以及 Finn 等[101]认为：甲醇是从 CO 来的，CO₂ 保持在部分氧化的催化剂表面。他们还提出活性中心解离在 ZnO 母体上的 Cu⁺物种。

Edwards 和 Shrader[102]基于 Zn-Cu 和 Zn-Cu-Cr 催化剂（低含量 Cu 约 10%）的红外实验结果认为：甲醇合成是 CO 吸附在 Cu⁺，然后插入 OH 中在 ZnO 表面形成碳酸盐，然后加氢成甲醛、甲氧基最后生成甲醇。他们认为甲酸盐物种是甲酸合成和水煤气变换反应共同的中间物。

从上述可以看出有关甲醇合成机理是一个重要的论题。

Neophytides 等[103]利用原位红外漫反射和程序升温反应技术研究了在工业催化剂上甲醇合成机理。

作者在详细研究了 $CO_2 + H_2$、$CO + H_2$ 和 $CH_3OH$ 在 ZnO 部分氧化的多晶 Cu 的基础上，发现在 ZnO 和部分氧化多晶 Cu 上，只有 $CO_2$ 和 $H_2$ 共吸附时能形成甲酸盐中间物，多晶 Cu 样品上甲酸盐分解可形成甲醇，而 ZnO 上甲酸盐分解时只形成 $CO_2$、CO 和 $H_2$。

图 7-91 是 9% $CO_2$ 和 91% $H_2$ 共吸附（60% Cu，30% ZnO，10% $Al_2O_3$）和 $CH_3OH$ 吸附在 ICI 催化剂上的漫反射红外光谱，两者很相似。它表明：1600 $cm^{-1}$ 是吸附在 Cu 上的表面甲酸盐的 O—C—O 键的反对称伸缩振动；而对称伸缩振动在 1360 $cm^{-1}$。$ZnAl_2O_4$ 上的甲酸盐的红外吸收峰分别出现在 1375 $cm^{-1}$，双碳酸盐的红外吸收在 1530 $cm^{-1}$，单碳酸盐吸收在 1466 $cm^{-1}$ 和 1383 $cm^{-1}$（碳酸盐物种通常是在 $Al_2O_3$ 表面上）。

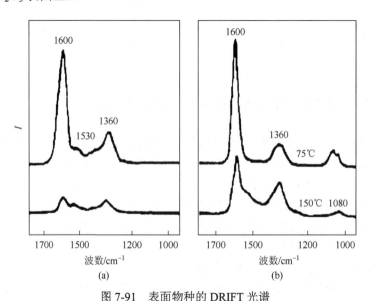

图 7-91　表面物种的 DRIFT 光谱

（a）9%$CO_2$ + 91%$H_2$ 于 200℃在 ICI 催化剂上共吸附；（b）甲醇在 ICI 催化剂上吸附

图 7-92 是 TPSR 的结果。发现在催化剂表面 TPSR 时有甲醇和 $CO_2$、CO、$H_2$ 出现，并且催化剂上（Cu-ZnO-$Al_2O_3$-ICI）甲醇脱出温度比纯 Cu 催化剂上脱出温度低。它表明在 Cu-ZnO-$Al_2O_3$ 催化剂上甲醇合成是通过甲酸铜盐加氢进行的，甲酸铜盐是甲醇合成的关键中间物。甲酸铜盐加氢至甲氧基比 ZnO 上甲酸盐加氢容易进行。铜甲酸盐只由 $CO_2$ 和 $H_2$ 共吸附形成，看来 ZnO 甲酸盐只是水煤气变换反应的中间物。

从反应历程看在甲醇合成中，ZnO 的贡献是有限的。其主要作用是通过相互作用调变 Cu 的电子性质，氧阴离子从 ZnO 上溢流到金属铜上增加了金属功函数，进一步增加了 Cu-ZnO-$Al_2O_3$ 催化剂使甲酸盐物种加氢至甲氧基以及甲醇的活性。

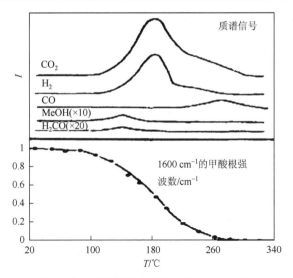

图 7-92　表面甲酸根的释出的 TPSR 结果

利用 TPSR 和 DRIFTS 相结合，同时利用在线质谱和色谱分析，可以为阐明吸附物种性质和反应机理提供强有力的手段。

### 7.6.3　甲醇合成中助剂乙醇的作用[104]

工业上合成甲醇是一个十分成熟的反应，它需要在高温、高压，而单程 CO 转化率只有 20%左右，通常认为反应按机理 1 进行。

甲醇合成机理 1：

$$CO + CH_3OH \longrightarrow (RONa) \longrightarrow HCOOCH_3 \qquad (1)$$

$$HCOOCH_3 + 2H_2 \xrightarrow{\text{催化剂}} 2CH_3OH \qquad (2)$$

$$\overline{\qquad\qquad CO + 2H_2 \longrightarrow CH_3OH \qquad\qquad} (3)$$

当反应中加入乙醇时反应发生明显变化，它可以在低温、低压进行，单程 CO 转化率可达 50%~80%。经考查探索反应可能按机理 2 进行。

甲醇合成机理 2：

$$CO + H_2O \Longleftrightarrow CO_2 + H_2 \qquad (4)$$

$$CO_2 + H_2 + ROH \Longleftrightarrow HCOOR + H_2O \qquad (5)$$

$$HCOOR + 2H_2 \Longleftrightarrow CH_3OH + ROH \qquad (6)$$

$$\overline{\qquad\qquad CO + 2H_2 \longrightarrow CH_3OH \qquad\qquad} (3)$$

为了印证上述推论 Ruiqin Yang 设计了图 7-93 原位吸附、反应的 DRIFT 流程。

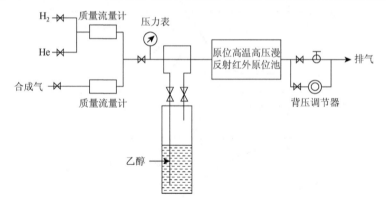

图 7-93　原位 DRIFT 研究吸附、反应的流程

　　从图 7-94 和表 7-19 的谱带归属看同文献结果相似在催化剂表面形成了：ZnO（H-COO-Zn）、Cu（H-COO-Cu）甲酸羧基物种和 ZnO（CH₃O-Zn）甲氧基物种。

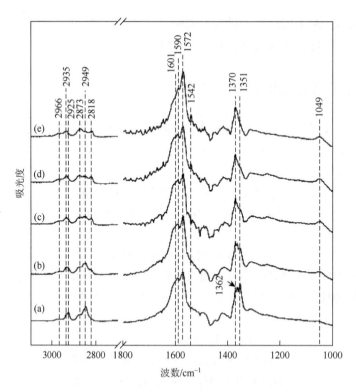

图 7-94　合成气在 Cu/ZnO 吸附的 DRIFT 光谱

空速：20 mL/min；温度：443 K；压力：大气压
（a）10 min；（b）40 min；（c）2 h；（d）3 h；（e）（d）后通 He 20 min

**表 7-19　CO/CO₂/H₂ 吸附在 Cu/ZnO 表面物种的红外谱带归属**

| 频率/cm⁻¹ | 归属 | 物种 |
|---|---|---|
| 2966（sh）<br>2873 | $\nu(CH)$ | |
| 1590（sh）<br>1572 | $\nu_{as}(OCO)$ | |
| 1370<br>1362 | $\nu_s(OCO)$ | b-HCOO-Zn |
| 2925<br>2849 | $\nu(CH)$ | |
| 1542（sh） | $\nu_{as}(OCO)$ | |
| 1351 | $\nu_s(OCO)$ | b-HCOO-Cu |
| 2935<br>2818 | $\nu(CH)$ | |
| 1049 | $\nu(C\!-\!O)$ | CH₃O-Zn |
| 1601 | $\delta(OH)$ | H₂O-Cu |

从图 7-95 甲酸羧基物种 ［b-HCOO-Zn：2966 cm⁻¹（sh）、2873 cm⁻¹、1590 cm⁻¹（sh）、1572 cm⁻¹、1370 cm⁻¹、1362 cm⁻¹；b-HCOO-Cu：2925 cm⁻¹、2849 cm⁻¹、1542 cm⁻¹（sh）、1351 cm⁻¹］加氢结果看到在 493 K 以下这些物种没有明显被加氢。但是在 523～573 K 时明显被分解和加氢，在气相中发现甲醇。

从图 7-96、图 7-97 和表 7-20 吸附甲酸盐同乙醇的反应：首先甲酸盐在 2849 cm⁻¹、1270 cm⁻¹、1362 cm⁻¹、1351 cm⁻¹ 的吸附谱带消失，在 2962 cm⁻¹、2925 cm⁻¹、2861 cm⁻¹、1380 cm⁻¹、1101 cm⁻¹ 和 1052 cm⁻¹ 出现的谱带可归属于乙氧基在 Cu/ZnO 上的吸附，在 2933 cm⁻¹、1562 cm⁻¹、1451 cm⁻¹、1049 cm⁻¹ 和 1023 cm⁻¹ 出现的谱带可归属于乙酸盐物种在 Cu/ZnO 上的吸附，在 1551 cm⁻¹、1534 cm⁻¹ 和 1428 cm⁻¹ 出现的谱带可归属于碳酸盐物种在 Cu/ZnO 上的吸附。甲酸盐同气相乙醇反应生成甲酸乙酯物种。

图 7-98、图 7-99 和图 7-100 表明甲酸乙酯在石英砂上没有明显的加氢。而在 Cu/ZnO 催化剂上却被加氢成甲醇和乙醇。进一步研究表明是催化剂中 Cu 上解离吸附的氢将其加氢。

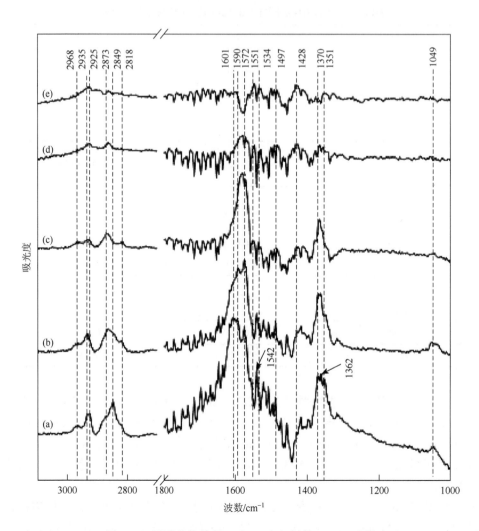

图 7-95　甲酸盐物种在 Cu/ZnO 上加氢的 DRIFT 光谱

（a）甲酸盐在 Cu/ZnO 上吸附；（b）在 443 K 加氢；（c）在 493 K 加氢；（d）523 K 加氢；（e）在 573 K 加氢

表 7-20　乙醇和乙酸吸附在 Cu/ZnO 上表面物种的红外谱带归属

| 乙氧基谱带/cm⁻¹ | | 羧酸基谱带/cm⁻¹ | 碳酸盐谱带/cm⁻¹ |
|---|---|---|---|
| 2961 | | | |
| 2925 | $v$(CH) | 2933 $v$(CH) | |
| 2889 | | | |
| 2861 | | | |

续表

| 乙氧基谱带/cm⁻¹ | | 羧酸基谱带/cm⁻¹ | | 碳酸盐谱带/cm⁻¹ | |
|---|---|---|---|---|---|
| 1380 1440 | $\delta(CH)$ | 1562 1451 | $\nu(OCO)$ | 1551 1534 | |
| 1101 1052 | $\nu(C—O)$ | 1049 1023 | $\rho(CH_3)$ | 1428 1345 | $\nu(COOO)$ |

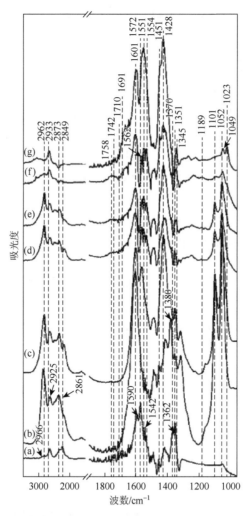

图 7-96　吸附的甲酸盐物种在不同温度同乙醇反应的 DRIFT 光谱

（a）吸附的甲酸盐物种；（b）298 K；（c）343 K；（d）373 K；（e）393 K；（f）443 K；（g）443 K He 气吹扫 20 min

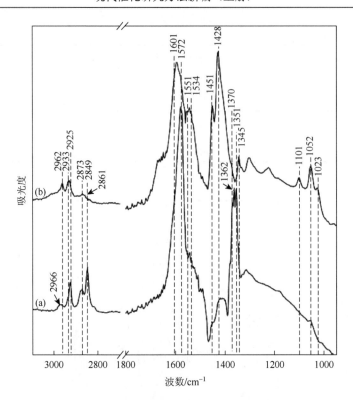

图 7-97　常压、443 K 在 Cu/ZnO 上合成甲醇反应的原位 DRIFT 光谱

（a）甲酸盐吸附物种；（b）引入乙醇后 He 气吹扫 1 h 20 min

据此作者提出利用乙醇作助剂由合成气低温合成甲醇的机理（M is Cu/ZnO），如图 7-101 所示。

合成气（CO、$CO_2$、$H_2$）在 Cu/ZnO 催化剂上形成甲酸盐物种同气相或物理吸附的乙醇反应形成乙基甲酸盐（甲酸乙酯）中间物种。最后气相或物理吸附的甲酸乙酯被 Cu 上氢原子还原成甲醇和乙醇。

由于乙醇的助催化作用，反应温度显著降低。为了加速反应需在反应系统引入大量乙醇，当没有乙醇或乙醇很少时反应很难在 443 K 完成。

甲酸乙酯中间物是低温合成反应的关键，它改变了通过甲氧基的反应机理。

## 7.6.4　光催化反应机理

通过光催化反应将太阳能转化为化学能，是太阳能利用的一种重要方式，有望在实现人类社会可持续发展的征程中发挥巨大作用，因而具有重要的意义。半导体光催化过程中，光催化剂首先吸收入射光子产生光生电子和空穴，光生电子

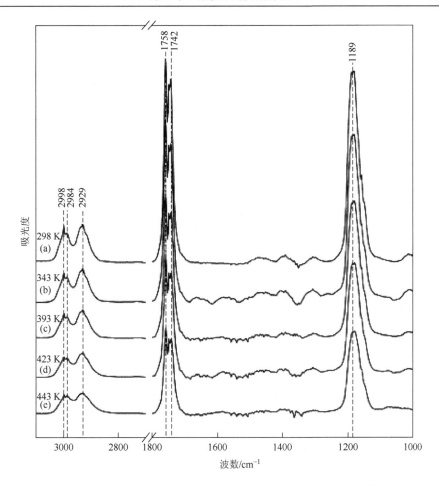

图 7-98　常压下甲酸乙酯在石英砂上加氢的原位 DRIFT 光谱

（a）298 K；（b）343 K；（c）393 K；（d）423 K；（e）443 K

和空穴随后经历扩散、捕获、复合及参与表面光催化氧化-还原反应等过程，从而实现光能-化学能的转化。因此，光催化不仅与传统催化中反应物、产物、中间物种等在催化剂表面的吸脱附等行为密切相关，同时还受到光生载流子在催化剂本体内及界面处的动力学过程的决定性影响。原位红外光谱和时间分辨红外光谱在认识理解光催化反应机理的研究中起到了举足轻重的作用。众多研究工作者以模型催化剂 $TiO_2$ 光催化剂为例，使用红外光谱技术对光催化反应机理进行了深入研究。

　　光催化分解水制氢气和氧气是太阳能转化的重要途径，其中光催化水氧化是全分解水的瓶颈反应。水氧化产氧过程是四空穴转移过程，往往涉及多种反应中间物种，特别是不同状态的氧物种。原位红外光谱是研究反应中间物种和反应机

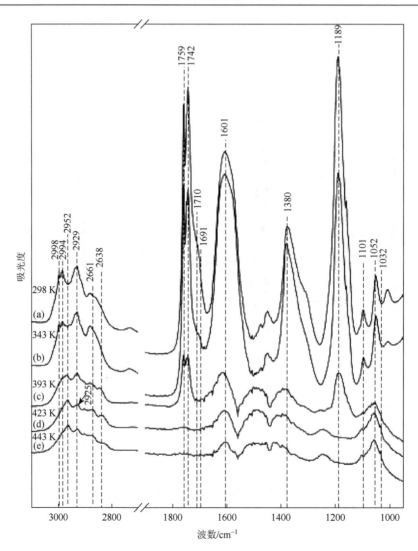

图 7-99　常压下甲酸乙酯在 Cu/ZnO 上加氢的原位 DRIFT 光谱

（a）298 K；（b）343 K；（c）393 K；（d）423 K；（e）443 K

理的重要技术和方法。近年来，红外光谱在光催化水氧化机理研究工作中越来越受到重视。Nakamura 等利用由金刚石单晶和 ZnSe 晶体组成的全反射红外池原位研究了光激发条件下金红石 TiO₂ 纳米颗粒产氧的关键中间物种（图 7-102）[105]。他们的研究表明，Fe³⁺ 为电子牺牲试剂条件下，金红石 TiO₂ 表面光激发后存在最大吸收峰位于 838 cm⁻¹ 和 812 cm⁻¹ 的两个中间物种，随后通过荧光和同位素交换等实验将这两种中间物种分别归属为 TiOOH 和 TiOOTi。由此他们提出了在 TiO₂ 表面，由 H₂O 分子亲核进攻表面晶格氧空穴生成上述中间物的反应路径。

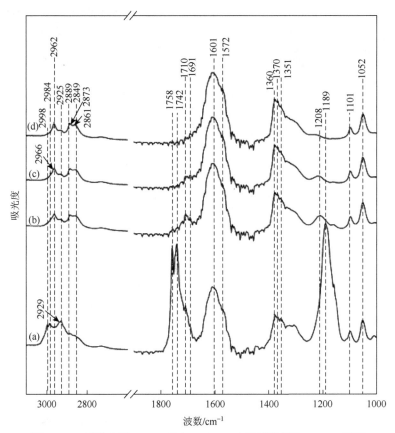

图 7-100　甲酸乙酯 298 K 时在 Cu/ZnO 上吸附的原位 DRIFT 光谱

（a）吸附甲酸乙酯 1 min；（b）He 气吹扫 1 min；（c）He 气吹扫 2 min；（d）He 气吹扫 15 min

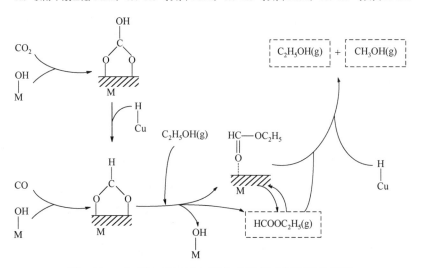

图 7-101　合成气（CO/CO$_2$/H$_2$）低温反应制甲醇的机理

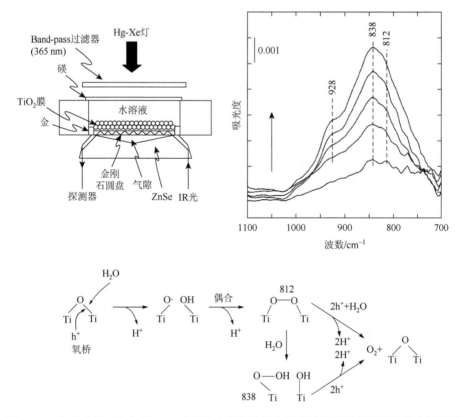

图 7-102　红外光谱对金红石 $TiO_2$ 光催化水氧化机理中间物种的表征及推测的反应机理图

　　Frei 等利用快速扫描的 FTIR 研究了 $Co_3O_4$ 纳米粒子在光敏剂敏化条件下的放氧动力学（图 7-103）[106]。该方法利用迈克耳孙干涉仪动镜的快速移动实现毫秒量级红外谱图的获得。他们发现样品在 300 ms 脉冲光激发后存在大量未放出的 $1013\ cm^{-1}$ 氧中间物种。结合同位素实验和动力学分析，他们提出 $1013\ cm^{-1}$ 对应的为三空穴氧化生成的过氧双核物种，并认为其是放氧的关键中间物种，提出了水氧化的机理图。

　　另外，半导体光催化剂中的光生电子吸收近红外和中红外光，而光生空穴在此波长范围内基本没有光吸收，不会对光生电子的吸收信号产生干扰。因此时间分辨红外光谱技术是研究光生电子动力学的最有效技术之一。李灿研究组在国内首次使用步进扫描时间分辨红外光谱，研究 $TiO_2$ 光催化机理，观察到了 $TiO_2$ 中光生电子在中红外范围内特征的宽吸收谱，其吸光度随红外波数的减小而逐渐增加，如图 7-104 所示[35]。该吸收被归属为浅束缚能级和导带自由电子的红外吸收。这些光生电子的衰减过程在微秒到毫秒量级，在光催化过程中起着重要作用。进一步研究光催化重整甲醇机理，发现甲醇存在时，Pt/P25 $TiO_2$ 中的光生电子在微

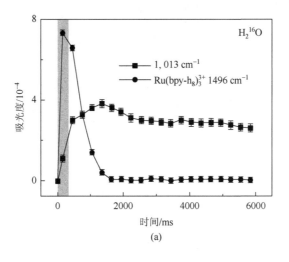

(a)

(b)

图 7-103　Co₃O₄ 纳米粒子在 Ru(bpy-h₈)₃³⁺ 光敏剂敏化条件下放氧气过程中 1013 cm⁻¹ 吸收峰在 300 ms 光脉冲后的强度衰减图（a）及提出的水氧化机理示意图（b），1013 cm⁻¹ 对应 3 空穴氧化过氧双核物种

秒量级基本不衰减，直到毫秒到秒时间范围才明显衰减（图 7-105）。增加气相甲醇或者水汽，可以明显促进 Pt/P25 TiO₂ 中的光生电子的衰减。结合 Pt/TiO₂ 光催化重整甲醇制氢的活性结果，提出分子态吸附的水及甲醇促进了质子转移，从而促进 Pt 上的产氢反应。

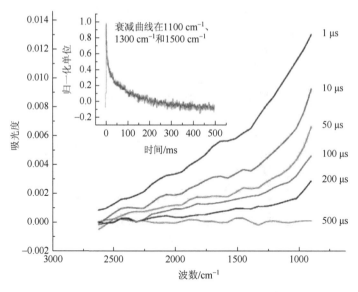

图 7-104　TiO$_2$ 的时间分辨红外光谱图

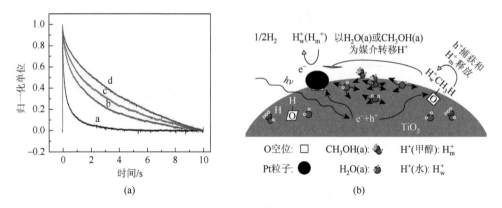

图 7-105　（a）Pt/TiO$_2$ 的时间分辨红外衰减曲线；（b）Pt/TiO$_2$ 光催化重整甲醇机理的示意图

（a）中，a 为约 20 torr CH$_3$OH 气氛下；随后抽真空，b 为 0.5 min，c 为 2.5 min，d 为 15 min（封底二维码彩图）

### 7.6.5　电催化反应机理

　　电催化反应发生在固体电极/电解质溶液界面，在燃料电池、超级电容器、光电催化等体系中广泛存在。控制固液界面电场，可实现对电催化反应速率和方向的控制。电催化体系中，由于固液界面溶剂分子的作用和影响，特别是电压的作用下，使电催化作用机理比较复杂。在电催化反应进行的同时，将红外光引入固液界面，原位探测界面结构，检测表面吸附物种及成键取向情况，监测反应物、中间物种和产物的实时变化等，从而在分子水平上深入认识电催化机理，因而具有十分重要的意义。

　　要实现固液界面的红外光谱研究，需要克服以下三个障碍：①溶剂分子（通常情况下为水分子）对红外能量的大量吸收；②固体电催化剂表面反射红外光导致部分能量损失；③表面吸附分子量少，满单层情况下仅 $10^{-8}\,mol/cm^2$ 左右。这些障碍的存在导致信号非常微弱，需采用薄层电解池、电位差谱和各种微弱信号检测技术来提高信噪比，从而得到具有足够高信噪比的电化学原位红外光谱。图 7-106 给出了一种常用的电化学原位红外池[107]。实验中，调整电极使其表面与红外窗片紧密接触，形成很薄的液体薄层电解池，从而尽量减少红外光被溶剂吸收的量，达到减少红外能量损失的目的。Vess 和 Wartz 的研究表明，只有当液层厚度小于 130 μm 时才能得到较高信噪比的红外光谱。电位差谱即是在保持其他实验条件不变的情况下，仅改变电极电位，然后进行差减归一化运算得到结果光谱。另外锁相检测、偏振调整等技术也常用于红外微弱信号的检测中。

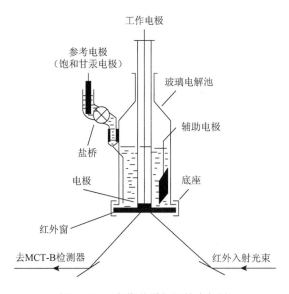

图 7-106　电化学原位红外电解池

　　电化学原位红外光谱可以在金属材料（包括单晶）、半导体材料、碳材料等任何固体电极表面获得，因此在电催化机理的研究中得到了广泛的应用。在深入认识电催化剂表面结构、氧化还原反应机理、吸附分子在电极表面的成键和取向、电位对双电层结构的影响、导电聚合物在电极表面的聚合过程及组分分析等方面，电化学原位红外光谱的研究都在分子水平上给出了重要的研究证据和结果，推动了电催化研究的更深层次发展。

与传统催化相类似，电催化研究中，也可以使用 CO、NO 为分子探针研究电催化剂的表面结构。Lin 等在经过一定电化学处理的多晶 Rh 电极上首次检测到两种 CO 孪生吸附态。如图 7-107 所示，用较快的电位扫描速度 1.5V/s 时，在 -0.275~2.4 V 电位区间处理 Rh 电极，可在其表面形成一层 Rh 原子簇氧化物膜，从而使吸附的 CO 给出一对宽的 IR 吸收峰（2166 cm$^{-1}$ 和 2122 cm$^{-1}$）；负电位下，电极表面金属氧化物被还原，但 CO 仍以孪生态形式吸附在电极表面，其 IR 吸收峰红移到 2012 cm$^{-1}$ 和 2032 cm$^{-1}$，半峰宽减小[108]。

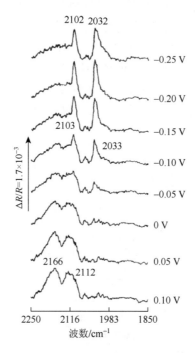

图 7-107　CO 吸附在 Rh 电极上的电化学原位红外光谱图

具有简单结构的有机小分子电催化氧化机理的研究一直备受关注，这是因为，甲醛、甲酸、乙醇、乙二醇及多羟基多碳醇等是燃料电池的重要原料，认识其在单晶电极和各类修饰电极上的电氧化过程，在基础理论和实际应用中都有重要意义，电化学原位红外光谱在这一研究领域发挥了重要作用。以甲醇为代表，大量的研究指出，甲醇的电催化氧化反应遵循双途径反应机理，即

　　电化学红外光谱研究发现，在单晶电极 Pt（100）和 Pt（111）上甲醇催化可产生两类毒性中间体：位于 2050 cm$^{-1}$ 左右的线式吸附物种 $CO_L$ 和位于 1800 cm$^{-1}$ 附近的 CO 多重态吸附物种 $CO_m$。毒性中间体的氧化难易程度与铂单晶电极表面的原子排列结构有关，起始氧化电位顺序为 Pt（111）＜Pt（110）＜Pt（100），这证明甲醇的电催化氧化是表面结构敏感反应。Jiang 等使用原位电化学红外光谱研究了硼的引入对直接甲酸燃料电池稳定性的改善机制，如图 7-108 所示，在 Pd/C 电极上观测到了明显的 $CO_B$ 带，而硼的引入使 Pd 表面积累的 CO 发生了实质性的减少，这些吸附的 CO 物种应该是主要的毒性中间体，毒性中间体的减少显著改善了燃料电池的性能[109]。

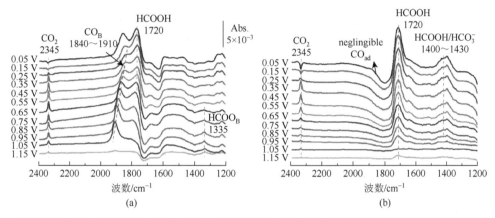

图 7-108　3.0 mol/L 甲酸＋0.5 mol/L $H_2SO_4$ 溶液中 Pd/C（a）和 Pd-B/C 在开路电压 300 s 后（b）测试得到随电势变化的红外光谱图

1.25 V 的红外光谱图作为参考光谱（封底二维码彩图）

　　光电催化过程中除涉及光的作用外，外加偏压的作用也至关重要，近来，电化学原位红外光谱被用于光电催化水氧化机理的研究中[110]。Zandi 等在光电催化水氧化的原位条件下，使用红外光谱研究了 $Fe_2O_3$ 光阳极的水氧化机理，观测到 898 cm$^{-1}$ 处的新的红外吸收中间物种（图 7-109）。这一中间物种与外加偏压和光

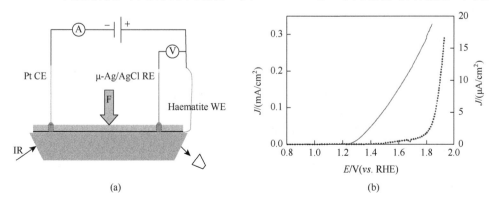

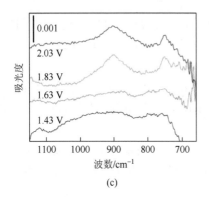
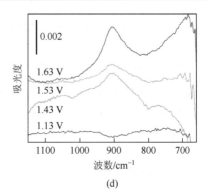

图 7-109　（a）原位红外电化学实验装置示意图；（b）暗态（虚线）及光照条件（实线）下氧化铁光阳极的 $J\text{-}V$ 曲线；电化学（c）及光电化学（d）水氧化过程中红外光谱图

照存在明显的依赖关系，仅在光电催化水氧化发生情况下存在，归属为高价铁氧中间物种 $Fe^{IV}\!=\!O$，这一物种应为水氧化过程中第一步空穴氧化过程的中间产物，为认识光电催化水氧化机理提供了重要证据。

## 参 考 文 献

[1]　Eischens R P，Pliskin W A. Adv Catal，1958，10：2-54

[2]　Little L H. Infrared Spectra of Adsorbed Species. London：Academic Press，1966

[3]　Hair M L. Infrared Spectroscopy in Surface Chemistry. New York：Dekker，1967

[4]　Basila M R V. Appl Spectros Rev，1968，1：289

[5]　Yates J C. Catal Rev，1969，12：113

[6]　Sheppard N，Cruz C D L. Adv Catal，1996，41：1-105

[7]　Sheppard N，Cruz C D L. Adv Catal，1998，42：181-301

[8]　Fierro J L G. Stud Suf Sci Catal，1990，57：67-104

[9]　Imelik B，Verdrine J C. Physical Techniques for Solid Materials. New York：Plenum Press，1994：11-44

[10]　Ertl G，Knozinger H，Weitkamp J. Knozinger，Handbook of Heterogeneous Catalysis. Weinheim：VCH-WILLEY Company，1997：539-574

[11]　Bellamy L J. 复杂分子的红外光谱. 黄维恒等译. 北京：科学出版社，1975

[12]　Pincha S. Infrared Spectra of Labelled Compounds. New York：Academic Press，1971

[13]　Nakamoto K. Infrared Spectra of Inorganic and Coordination Compounds. New York：Wiley-Interscience，1970

[14]　（a）辛勤. 催化研究中的原位技术. 北京，北京大学出版社，1993；（b）尹元根. 多相催化剂研究方法. 北京：化学工业出版社，1988：545-636；（c）廖远琰，洪碧凤，蔡俊修. 化学物理学报，1992，5（5）：390-394

[15]　李灿，辛勤. 自然科学进展，1994，4（5）：632-634

[16]　Peri J B，Hannan R B. J Phys Chem，1960，64：1526-1520

[17]　严玉山，张慧，聂其祥，等. 石油化工，1992，21（1）：5-9

[18]　辛勤，梁广智，张慧，等. 石油化工，1980，9（8）：461-467

[19]　刘家旭，王吉垒，周微，等. 催化学报，2017，38（1）：13-19

[20]　廖远琰，洪碧凤，蔡俊修. 化学物理学报，1992，5（5）：395-398

[21]　李灿，王开力，辛勤，等. 物理化学学报，1992，6（1）：64-69

[22]　李灿，张慧，王开力，等. 物理化学学报，1994，8（1）：33-37

[23]　Andanson J M，Baiker A. Chem Soc Rev，2010，39：4571-4584

[24]　黄红英，尹齐. 中山大学研究生学刊（自然科学、医学版），2011，32：20-31

[25]　Zhu X D，Suhr H，Shen Y R. Phys Rev B，1987，35：3047-3058

[26]　Shen Y R. Nature，1989，337：519-521

[27]　Basini L. Catal Today，1998，41：277-285

[28]　Cremer P，Su X，Shen Y R，et al. J Am Chem Soc，1996，118：2942-2949

[29]　Su X，Cremer P，Shen Y R，et al. J Am Chem Soc，1997，119：3994-4000

[30]　Du Q，Superfine R，Freysz E，et al. Phys Rev Lett，1993，70：2313-2316

[31]　Somorjai G A，Rupprechter G. J Phys Chem B，1999，103：1623-1638

[32]　Davo-Quinonero A，Bueno-Lopez A，Lozano-Castello D，et al. Chemcatchem，2016，8（11）：1905-1908

[33]　Zhang M，Respinis M，Frei H. Nature Chem，2014，6（4）：362-367

[34]　Yamakata A，Ishibashi T，Onishi H. J Mol Catal A：Chem，2003，199：85-94

[35]　Chen T，Feng Z H，Wu G P，et al. J Phys Chem C，2007，111（22）：8005-8014

[36]　Zhao H，Zhang Q，Weng Y X. J Phys Chem C，2007，111（9）：3762-3769

[37]　Iwata K，Takaya T，Hamaguchi H，et al. J Phys Chem B，2004，108：20233-20239

[38]　Huth F，Govyadinov A，Amarie S，et al. Nano Lett，2012，12：3973-3978

[39]　杨忠波，王化斌，彭晓显，等. 红外与毫米波学报，2016，34：87-98

[40]　Tamaru K. Appl Spectrosc Rev，1975，9：133

[41]　Ledesma C，Yang J，Chen D，et al. ACS Catal，2014，4：4527-4547

[42]　Bennett L H. The Electron Factor in Catalysis on Metals. Washington：NBS Special Publication，1975：475

[43]　Ramamoorthy R，Gonzalez R D. J Catal，1979，58：188-197

[44]　Somanoto Y，Sachtler W N H. J Catal，1974，32：315-324

[45]　Shimizu H，Christmann K，Ertl G. J Catal，1980，61：412-429

[46]　Guo X，Xin Q，et al. Processing of 8th International Congress on Catalysis，Berlin，1984：599

[47]　Rogemond E，Essayem N，Frety R，et al. J Catal，1997，166：229-235

[48]　Levy P J，Pitchon V，Perrichon V，et al. J Catal，1998，178：363-371

[49]　Rogemond E，Essayem N，Frety R，et al. J Catal，1999，186：414-422

[50]　Fisher I A，Chakraborty A K，Bell A T. J Catal，1997，172：222-227

[51]　Schilke T C，Fisher I A，Bell A T. J Catal，1999，184：144-156

[52]　Boccuzzi F，Chiorino，Manzoli M，et al. J Catal，1999，188：176-185

[53]　Primet M，Mathieu M V，Sachtler W N H. J Catal，1976，44：324-427

[54]　Niemantsverdriet J W. Spectroscopy in Catalysis. VCH（Federal Republic of Germany），1995

[55]　Li C，Xin Q，Wang K，et al. Appl Spectrosc，1991，45：874-882

[56]　Li C，Zhang H，Wang K，et al. Appl Spectrosc，1993，47：56-61

[57]　Gao X，Ruiz P，Xin Q，et al. Catalysis Letters，1994，23：321-337

[58]　Gao X，Xin Q，Guo X. Appl Catal A：General，1994，114：197-205

[59]　Gao X，Ruiz P，Xin Q，et al. J Catal，1994，148：56-67

[60]　Kazanski V B. Chemistry Review Soviet Sci Rev B，1979，1：69

[61]　Kustov L M，Borovkov V Y，Kanzansky V B. J Catal，1981，72：149-159

[62]　Busca G. Catal Today，1998，41：191-206

[63]　Parry E P. J Catal，1963，2：371-379

[64]　Scokart P O，Declerck F D，Sempels R E，et al. J Chem Soc Faraday Trans，1977，73：359-371

[65]　蔡光宇，辛勤，王祥珍，等. 催化学报，1985，6（1）：50

[66]　Ungureanu A，Hoang T V，Trong O D，et al. Appl Catal A，2005，294：92-105

[67]　Wang Y H，Wang F，Song Q，et al. J Am Chem Soc，2013，135：1506-1515

[68]　Li C，Domen K，Onishi T，et al. J Catal，1989，123：436-442

[69]　Li C，Xin Q，Guo X. Catal Lett，1992，12：297-306

[70]　Li C，Domen K，Muruya K，et al. J Am Chem Soc，1989，111：7683-7687

[71]　Li C，Xin Q . J Chem Soc，Chem Commun，1992：782-783

[72]　Li C，Xin Q. J Phys Chem，1992，96：7714-7718

[73]　Li C，Li G，Xin . J Phys Chem，1994，98：1933-1938

[74]　Li C，Li G，Yan W，et al. Symp on Methane and Alkane Conversion Chemistry，207th ACS，San Diego，March，
　　　1994：13-18

[75]　Yang C W，Yin L L，Bebensee F，et al. Phys Chem Chem Phys，2014，16：24165-24168

[76]　Yang C W，Bebensee F，Nefedov A，et al. J Catal，2016，336：116-125

[77]　Kazansky V B，Serykh A I，Pidko E A. J Catal，2004，225：369-373

[78]　Delmon B. Stud Surf Sci Catal，1989，53：1-40

[79]　Topsoe H. Preceedings of 4th European Congress on Catalysis，KNZ Rimini，Italy，1999

[80]　Delmon B，Froment G F. Catal Rev Sci Eng，1996，38：69-100

[81]　Topsoe H. Stud Surf Sci Catal，1990，53：77-102

[82]　Xin Q，Gao X. Proceeding of China-Denmark Symposium on Catalysis，Kobenhygen，Denmark，1991

[83]　Gao X，Xin Q，Guo X. J Catal，1994，146：306-309

[84]　Gao X，Xin Q. Catal Lett，1993，18：409-418

[85]　Xin Q，Gao X. Progress in Natural Science，1995，5（3）：273-282

[86]　Xiao F S，Xin Q，Guo X. Appl Catal，1993，95：21-34

[87]　Yan Y S，Xin Q，Jiang S C，et al. J Catal，1991，131：234-341

[88]　Prins R，de Beer V H J，Somorjai G A. Catal Rev Sci Eng，1989，31（1，2）：1-42

[89]　Portela L，Grange P，Delmon B . Catal Rev Sci Eng，1995，37（4）：699-731

[90]　Startsev A N. Catal Rev Sci Eng，1995，37（3）：353-423

[91]　Topsoe H，Clausen B S，Topsoe N Y，et al. Ind Eng Fundam，1986，25（1）：25-36

[92]　Xin Q，Delmon B，et al. Proceedings of 9th ICC，1988，1：66-73

[93]　Xin Q，Wei Z B，et al. Proceedings of 2nd Int Conf Spillover，Leipzig，1989：196

[94]　李新生，侯震山，魏昭斌，等. 物理化学学报，1991，7（6）：673-680

[95]　肖丰收，应品良，辛勤，等. 燃料化学学报，1992，20（2）：113-120

[96]　Topsoe N Y，Topsoe H. J Catal，1983，84：386-401

[97]　Koizumi N，Yamazaki M，Yamada M，et al. Catal Today，1997，39：33-34

[98]　Wang L，Xin Q，Zhao Y，et al. ChemCatChem，2012，4：624-627

[99]　Rozovskii A Y，Kagan Y B，Lin G I，et al. Kinet Katal，1976，17：1132

[100]　Kilier K. Adv Catal，1982，31：243-310

[101]　Finn B P，Bulko J B，Kobylinski T B. J Catal，1979，56：407-429

[102]　Edwards J F，Schrader G L. J Phys Chem，1984，88：5620-5624

[103]　Neophytides S G，Marchi A J，Froment G F. Appl Catal A，1992，86：45-64

[104]　Yang R，Fu L，Zhang Y T，et al. J Catal，2004，228：23-35

[105]　Nakamura R，Nakato Y. J Am Chem Soc，2004，126：1290-1298

[106]　Zhang M，de Respinis M，Frei H. Nat Chem，2014，6：362

[107]　孙世刚，贡辉. 石油化工，2001，30（10）：806-814

[108]　Lin W F，Sun S G. Electrochimica Acta，1996，41：803-809

[109]　Jiang K，Chang J F，Wang H，et al. ACS Appl Mater Interfaces，2016，8：7133-7138

[110]　Zandi O，Hamann T W. Nature Chem，2016，8：778-783

作者简介 ————————————————————————

　　**辛勤**，男，研究员、博士生导师。1962 年毕业于吉林大学。曾任催化基础国家重点实验室学术委员会副主任、中国科学院大连化学物理研究所学位委员会副主任、中国化学会催化专业委员会秘书长。现任《催化学报》顾问，中国化学会催化委员会顾问委员，中国科学院大连化学物理研究所咨询委员会副主任。享受国务院政府特殊津贴。

　　主要从事直接醇燃料电池、纳米材料、催化原位表征等催化基础研究。主持了同比利时天主教鲁汶大学催化和材料中心、西班牙石油和催化研究院、英国利物浦大学表面科学和催化研究中心、法国里昂大学、意大利米兰大学、希腊 Thessalia 大学、挪威科技大学、美国通用汽车公司、韩国三星集团公司九个长期国际合作项目。他发展的原位红外光谱方法、双分子探针方法技术和装备先后为国内外近百个实验室采用。

　　在国内外期刊发表 500 余篇研究论文，Web of Science 检索引用率一万余次。中英文专著 9 部。2014 年入选 Thomson Reuters（汤森路透）发布的 21 个主要学科领域"全球最有影响力科学家"榜单；2015 年入选爱思唯尔公布的"世界最高被引科学家"榜单。1994 年由于组建催化基础国家重点实验室所做出的贡献荣获由国家教育委员会、国家科学技术委员会、中国科学院等七部委联合颁发的"金牛奖"。

　　获国家发明二等奖 1 次，国家自然科学奖二等奖 1 次，教育部自然科学奖一等奖 1 次，辽宁省自然科学奖一等奖 1 次，中国分析测试协会科学技术奖一等奖 1 次（CAIA 奖）；中国科学院自然科学奖、发明奖和科技进步奖（二等奖以上奖励计 7 次），辽宁省自然科学奖二等奖 1 次，国家自然科学基金委员会优秀奖一次。两次获中国科学院优秀博士生导师奖和一次杰出贡献教师奖。2016 年获中国科学院杰出科学技术成就奖。

作者简介 ————————————————————————————————————

　　**王秀丽，**女，1982 年生。博士，副研究员。博士毕业于中国科学院大连化学物理研究所，曾在英国帝国理工大学从事博士后研究。2011 年至今在中国科学院大连化学物理研究所工作，主要从事光（电）催化分解水机理的超快光谱方面的研究。

 作者简介 ————————————————————————————————————

　　**陈涛，**男，1977 年生。2008 年博士毕业于中国科学院研究生院。现为大连海洋大学讲师，中国科学院大连化学物理研究所 503 组访问学者。

本书由大连市人民政府资助出版

本书由中触媒新材料股份有限公司资助出版

催化与材料化学研究生教学丛书

# 现代催化研究方法新编

## （下册）

辛　勤　罗孟飞　徐　杰　主编

科学出版社

北　京

# 内 容 简 介

本书在《现代催化研究方法》一书的基础上，根据催化与材料科学技术迅速发展的现状，及时充实新内容、扩大新领域，以"新编版"呈现。本书更注重新技术、新原理的引入和与生产实践相关联的实用性，并增加了能源科技等相关新领域的介绍。全书共分上、下两册。上册包括：物理吸附和催化剂的宏观物性测定、透射电子显微镜、热分析方法、多晶 X 射线衍射分析、化学吸附和程序升温技术、催化过程的拉曼光谱方法、原位红外光谱方法；下册包括：核磁共振方法、表面分析技术基础、多相催化反应动力学、电化学催化研究方法、扫描探针显微镜与纳米光谱技术。

本书可作为催化和材料专业硕士、博士研究生教材，也可作为相关专业科研技术人员的参考书。

**图书在版编目（CIP）数据**

现代催化研究方法新编：全 2 册 / 辛勤，罗孟飞，徐杰主编. —北京：科学出版社，2018.7

（催化与材料化学研究生教学丛书）

ISBN 978-7-03-058051-1

Ⅰ. ①现…　Ⅱ. ①辛…　②罗…　③徐…　Ⅲ. ①催化–研究方法
Ⅳ. ①O643-3

中国版本图书馆 CIP 数据核字（2018）第 132781 号

责任编辑：李明楠　李丽娇
责任印制：赵　博 / 封面设计：铭轩堂

科　学　出　版　社 出版
北京东黄城根北街 16 号
邮政编码：100717
http://www.sciencep.com

三河市骏杰印刷有限公司印刷
科学出版社发行　各地新华书店经销
*
2018 年 7 月第 一 版　开本：B5（720×1000）
2025 年 1 月第六次印刷　印张：63 5/8
字数：1280 000
**定价：238.00 元（上、下册）**
（如有印装质量问题，我社负责调换）

# 催化与材料化学研究生教学丛书

## 总策划：辛 勤 徐 杰

### 《现代催化化学》
辛 勤 徐 杰 主编

### 《固体催化剂研究方法》
辛 勤 主编

### 《现代催化研究方法新编（上、下册）》
辛 勤 罗孟飞 徐 杰 主编

### 《催化反应工程（上、下册）》
阎子峰 陈诵英 徐 杰 辛 勤 主编

### 《催化史料》
辛 勤 徐 杰 主编

### 《中国催化名家（上、下册）》
辛 勤 徐 杰 主编

# 丛 书 序

受科学出版社之邀，组织编写一套催化和材料领域研究生教学丛书。与一些同仁讨论、考虑再三，这套研究生教学丛书的定位和作用为何？大家一致认为：应当是在催化和材料领域起"路线图"、"地图"、"标志性建筑"的基本入门知识的作用，强调基础，不求最新。在此基础上启发学生学会利用概念去判断、推理及运用综合分析方法去解决问题，进而培养及提高其科学思维和创新能力。基于此，规划设计了如下教材。

《现代催化化学》，简略给出有关催化的几乎全部主要内容，以期对催化有一大概了解，如催化研究的主要命题、当前科研瓶颈及工业化状况（2016年出版）。

《固体催化剂研究方法》，介绍近20种用于催化和材料方面研究入门的物理化学方法，强调这些方法是如何用于催化和材料研究的（2004年初版，2016年第三次印刷）。

《现代催化研究方法新编（上、下册）》，给出催化和材料领域的科研人员必须掌握的基本方法手段，在第一版基础上充实、更新部分内容（2018年出版）。

《催化反应工程（上、下册）》，给出从实验室研究成果到工业化应用所必需的基础知识，它包含"三传一反"、反应分离等，并通过范例加以说明。这方面内容弥补了目前研究生教育的短板（2017年出版）。

《催化史料》和《中国催化名家（上、下册）》，其设计背景为，化学工业占人类社会GDP的15%~20%，而化学工业80%产值都是由催化剂和催化过程产生。近百年来中国的催化工业从无到有、从小到大，尤其是改革开放至今中国已发展成GDP第二的世界大国，也成长为世界催化大国（当然，要成为催化强国还有很长的路要走）。如此辉煌的业绩同几代催化人的奋发努力分不开，作为后人有必要了解这段历史和有选择地传承。应中国化学会的邀请，我们收集、撰写了1932~1982年（吴学周主编，张大煜、蔡启瑞、闵恩泽等撰写）、1982~2012年（辛勤、林励吾撰写）逾八十年的中国催化发展史，为便于比较，我们还整理了这一历史时期的世界催化发展史，以及法国、日本、俄罗斯（含苏联）等国的催化发展史等。与此同时，我们还用逾十年的时间汇集、收集、撰写了百余位催化名家介绍。在做这些介绍时尽可能做到表达准确、客观、全面，不做评议、修改，允许有歧义，只想将这些"砖头"、"瓦块"收集起来留做他人后用（2017 年出版）。

　　上述是我们关于这套丛书的基本想法，能否实现，待观后效！由于知识面和水平受限必有不到之处，敬请斧正！

辛　勤

2016 年 8 月于大连

# 序

近年来，我国经济实力大增，催化与材料化学研究领域引进了大批高精尖精密仪器设备，但总的来说使用水平不高、利用效率低，极大地影响了人们创新能力的提高和由催化大国向催化强国的发展。2009年科学出版社出版的《现代催化研究方法》一书给以上研究领域的研究生提供了练就广博和扎实的专业基础本领的好途径，对研究生基础知识的夯实起到了很好的作用，广受好评，已经成为催化及相关领域研究生的主要教材、参考书。

根据目前催化科学和技术的迅速发展状况，该书所涉及的学术知识需要及时充实新内容、扩大新领域。国内各高等院校、企事业研究单位、科研院所从事催化、材料相关研究的队伍相当庞大，对新知识的需求是大量的、多方面的。尽快普及和提高这方面的专业知识有广阔的前景和重要意义；更为了与时俱进，跟上现代科学技术发展的步伐。

在从全国选出的造诣精深的知名教授主讲的七届"现代催化研究方法（高级）讲习班"的讲义基础上，我们对2009年出版的《现代催化研究方法》一书进行了如下改造：充实、更新、添加新内容。我们更注重新技术、新原理的引入和与生产实践相关联的实用性，充实更新了内容、更换了部分作者和内容，并考虑到新能源的研究进展，增加了对相关新领域的介绍，作为"新编版"拟于2018年下半年出版。希望广大读者喜欢。

感谢大连市人民政府对本书出版的资助！

感谢中触媒新材料股份有限公司对本书出版的资助！

辛　勤　徐　杰

2018年6月

# 《现代催化研究方法》前言

现代化学工业、石油加工工业、能源、制药工业以及环境保护等领域广泛使用催化剂。在化学工业生产中，催化过程占全部化学过程的80%以上。因此，催化科学技术对国家的经济、环境和公众健康起着关键作用。当前，人们对生活质量和环境问题日益重视，而许多现代的低成本且节能的环境友好技术都同催化技术相关，因此，我国已经把催化技术作为国家关键技术之一，这给催化科学和技术的发展提供了更加广阔的前景。

到目前为止，人们认识到的催化剂是一种物质，它通过基元反应步骤的不间断重复循环，将反应物转变为产物，在循环的最终步骤，催化剂再生为其原始状态。更简单地说，"催化剂是一种加速化学反应而在其过程中自身不被消耗的物质"。许多种类的物质都可用来做催化剂，如金属、金属氧化物、硫化物、有机金属络合物及酶等。催化技术已成为调控化学反应速率与方向的核心科学。

催化本身是一门复杂的跨学科的科学。目前，人们已经拥有很多研究和表征催化剂的方法，有的给出宏观层次信息，有的给出微观层次信息。人们还在不断地探索将物理-化学新效应、新现象用于催化剂和催化过程的研究和表征，力求更精确地测定活性位的结构、数量，并向原子-分子层次发展，力求从时间-空间两个方面提高对催化剂表面所发生过程的分辨能力。

为使广大科技工作者较全面、系统地了解催化表征技术的应用和发展，早在1978年和1980年由当时的化工部科技司在上海、南京先后主办了应用光谱技术学习班并出版了《应用光谱技术》一书。《石油化工》杂志自1980年第9卷第4期至1982年第11卷第2期连续刊载了"催化剂研究方法"讲座，并在此基础上于1988年由化学工业出版社出版了《多相催化剂研究方法》一书。由于近代物理技术的发展对催化研究的影响愈来愈大，这些方法的应用使催化研究建立在更直接的实验基础上，从而使催化研究进入到分子水平。考虑到表面科学取得的进展，《石油化工》杂志1990年第19卷第10期至1992年第21卷第4期又连续刊载了"近代物理技术在多相催化研究中的应用"讲座。1994年在大连举办了催化研究中的原位表征技术讨论班，并由北京大学出版社出版了《催化研究中的原位技术》一书。这些讲座和专著出版后受到了国内广大从事催化研究的科技工作者的欢迎和好评。十年过去了，催化科学技术获得了长足的发展。在这一新形势下，我们再次组织了"固体催化剂的研究方法"讲座（《石油化工》杂志1999年第28卷第

12 期至 2002 年第 31 卷第 9 期）。当时，从内容上界定于"固体催化剂"主要是考虑均相和多相催化在研究方法上有许多差异，不易兼容；且目前工业上大宗应用的催化剂都是固体催化剂。在内容的安排上，以催化剂的宏观物性测试：机械性质、形貌、物相（物理吸附、X 射线衍射、电子显微镜、热分析等）；活性相的表征：各种分子探针的谱学方法（化学吸附、色谱、分子光谱、磁共振、能谱、EXAFS/XANES 等）；催化动力学研究：各种动力学研究方法三大部分为主体。2004年由科学出版社出版了《固体催化剂研究方法》一书。它已成为较全面的教学参考书。

近年来纳米科学与技术的发展和分子光谱、超高分辨电镜等理论和技术的进步使我们能对真实工业催化剂直接进行研究，为催化从技术走向科学提供了非常坚实的基础。又由于国内业界的重视和投入的巨大，增置了大量催化剂研究和表征的仪器设备，为了使其充分发挥作用，2007 年在大连举办了"催化剂表征技术高级学习班"。它使我们认识到：工欲善其事，必先利其器；利器已在手，善事犹难为。要想将这些手段、方法用得好、用的得体，必须做到：原理须清晰，目标当准确；理论助技艺，仪器显威力。根据广大业界同仁和科学出版社的意愿，决定编写以研究生为主要对象的教学用书。本书拟作为材料、催化等领域的硕士、博士研究生的必修课教材，希望能够达到预期的效果。

辛　勤　罗孟飞

2008 年 10 月于中国科学院大连化学物理研究所

# 目　　录

# 第 8 章

# 核磁共振方法

贺鹤勇　韩秀文

　　魔角旋转固体核磁共振（MAS NMR）谱广泛地用于分子筛等多相催化剂的结构表征[1, 2]。相比于 X 射线衍射方法（XRD）得到长程有序的晶体结构信息，固体 MAS NMR 技术能提供所研究的核的局部结构和配位等重要信息。当催化材料为短程有序甚至为非晶态结构时，通过固体 MAS NMR 技术依然可获得相关的结构信息。因此，固体 MAS NMR 技术的发展为多相催化剂的结构研究提供了一种强有力的结构研究工具，已成为催化材料结构表征的最重要技术之一。MAS NMR 结合 XRD 等技术，可提供更完整的催化剂结构信息[3]。

　　无机材料的固体 NMR 研究起始于 20 世纪 80 年代早期，其中应用于分子筛的结构研究占有重要地位[4, 5]。近些年来随着固体 NMR 技术的飞速发展，一维和二维（包括 $^1$H、$^{13}$C、$^{27}$Al、$^{29}$Si、$^{31}$P 等）固体高分辨 MAS NMR 技术已被广泛地应用于研究分子筛骨架结构、催化过程及催化活性等，主要应用于：①分子筛骨架的组成和结构测定、骨架脱铝和铝的引入对结构的影响、非骨架铝的性质和数量；②阳离子位置的确定；③Brönsted 和 Lewis 酸位的性质研究；④晶体孔道内吸附物的化学状态及催化性质分析；⑤分子筛中有机模板剂的结构、状态和分子筛生长机理研究；⑥积炭的性质和分布等。总之，固体 MAS NMR 技术已成为研究分子筛等催化剂结构和多相催化反应的独特和有用的工具。特别值得一提的是，近年来原位（*in situ*）MAS NMR 技术在多相催化研究领域的应用得到了飞跃的发展。原位 MAS NMR 是指模拟实际催化反应条件下进行的 MAS NMR 实验，它已被应用于催化剂结构、催化过程和催化机理的研究[3, 6]。为了深入了解催化反应机理，并得到有关催化剂活性位结构及反应动力学的信息，必须分析反应物、反应中间物和产物的结构，探索它们与活性位的相互作用。因为大多数多相催化剂是多孔材料，因此，表面电子能谱等技术在多相催化研究中受到限制；原位粉末 XRD 方法适合确定反应中的催化剂结构变化，但无法检测有机分子；红外和拉曼光谱可检测有机物，但吸收峰重叠和消光系数值的不确定性，使数据分析变得十分复杂。然而，$^{13}$C MAS NMR 谱能够根据有机分子的特征化学位移来区分反应物、中间物及产物。因此，利用 $^{13}$C 标记的反应物，原位 MAS NMR 成为跟踪反应进程、探索反应机理的一种有效工具。

# 8.1　固体高分辨核磁共振技术：MAS NMR 和 CP/MAS NMR

　　固体分子不同于液态分子可进行快速分子运动及快速交换，固体分子内的多种强相互作用导致固体 NMR 谱线严重宽化。引起固体 NMR 谱线宽化的因素主要有以下几种。

　　（1）核的偶极-偶极相互作用：它包括同核或异核间的偶极-偶极相互作用，其大小取决于核的磁矩和核间距。另外，固体样品中核的运动受限，因此与流体样品相比偶极-偶极相互作用增强；像 $^1H$ 等磁矩较大的丰核，偶极-偶极相互作用很强。核的偶极-偶极相互作用是引起固体谱线增宽的主要因素之一。

（2）化学位移各向异性：当分子对于外磁场有不同取向时，核外的磁屏蔽及核的共振频率出现差异，产生化学位移各向异性。在溶液中，分子的各向同性快速运动将化学位移各向异性平均为单一值。而固体谱中化学位移的各向异性使谱线加宽，对于球对称、轴对称和低对称性的分子，其固体 NMR 谱线呈现不同的宽线峰形。

（3）四极相互作用：自旋量子数大于 1/2 核均存在四极相互作用，溶液中分子的快速翻转运动平均掉了四极相互作用，观察不到峰的四极裂分。其固体谱由于四极偶合作用而使谱线大大加宽。

（4）自旋-自旋标量耦合作用引起谱线加宽。

（5）核的自旋-自旋弛豫时间过短引起谱线加宽。

因此，固体 NMR 与液体 NMR 有诸多不同。如上所述，固体谱线宽、分辨率低，通常线宽大于 100 kHz；而液体分子的快速运动把导致谱线增宽的各种内部相互作用平均为零，使液体谱线窄、分辨率高，如 $H_2O$ 的液体谱线宽小于 1 Hz。因此，为了消除固体中核的各种相互作用，以得到高分辨的固体 NMR 谱，固体 NMR 谱仪与液体 NMR 谱仪有很大的不同。固体 NMR 谱仪需要配置魔角旋转（MAS）探头和相应的技术，固体 NMR 谱仪还需要高的射频功率（1000 W），以获得短的射频脉冲和宽的激发谱宽，而液体谱通常只是 100 W 射频功率。此外，固、液 NMR 实验方法也有很大的不同。随着科学技术的发展，各种具有特殊功能的探头如 HR-MAS 探头和纳米探头（Nano-probe）研制成功，并且固体 NMR 波谱技术得以发展，如一些液体 NMR 的多脉冲实验方法可以用于固体 NMR 检测中，使得二者的差别逐渐在缩小。

根据核的自旋量子数（$I$），NMR 可观测核可分为以下几类：

$I = 1/2$：$^1H$、$^{13}C$、$^{29}Si$、$^{15}N$、$^{31}P$、$^{129}Xe$、$^{195}Pt$ 等；

$I$ 为半整数的四极核（$I = 3/2$、$5/2$、$7/2$、$9/2$）：$^{11}B$、$^{23}Na$、$^7Li$、$^{27}Al$、$^{51}V$、$^{93}Nb$ 等；

$I$ 为整数的四极核（$I = 1$、$3$ 等）：$^2H$、$^{14}N$、$^6Li$、$^{10}B$ 等。

自旋量子数为 1/2 的核呈现偶极-偶极相互作用和化学位移各向异性；而四极核除存在偶极-偶极相互作用和化学位移各向异性外，一般以强的四极相互作用为主。

采用一维和二维 NMR 实验、双共振或多共振 NMR 实验技术，可获得催化剂如下的信息：①原子的配位状态；②不同原子核之间的空间连接关系、核间距离；③活性中心结构、主-客体（或界面）相互作用等；④动力学（运动）性质。

## 8.1.1　固体 NMR 的发展过程

固体 NMR 的发展过程主要是围绕提高信号的分辨率和检测灵敏度，建立核与核之间的关联。20 世纪四五十年代时，固体 NMR 还是宽线 NMR；1958 年 Andrew 和 Lowe 发展了魔角旋转技术（magic angle spinning，MAS），大大消除了化学位移各向异性和同核偶极-偶极相互作用，使谱线大大窄化；1962 年 Hartmann 和 Hahn 提出了交叉极化技术（cross polarization，CP）并得到了发展，通过极化转移，增强稀核的灵敏度，稀核的固体 NMR 检测有了突破性进展；1968 年 Waugh 等实现了固体多脉冲技术如 WAHUHA 四脉冲技术，用以消除同核偶极-偶极相互作用实现同核去偶；1988 年 Pines 等发展了双旋转（DOR）和动角旋转（DAS）等技术，旨在消除半整数四极核中心跃迁的二阶四极作用，但由于需要特殊探头而限制了其推广使用；1989 年 Schaffer 和 Gullion 实现了旋转回波双共振实验，即 REDOR 实验，开创了测量固体异核间距离和建立核空间联系的先河；1994 年 Spiess 实现了双量子魔角旋转实验（DQ-MAS），建立了测量同核核间距和核空间联系的方法，这些方法在固体生物大分子与药物分子的相互作用的研究中上得到了广泛的应用；1995 年 Frydman 建立了多量子魔角旋转脉冲序列（MQ-MAS），在通用的商业谱仪上，不需要任何特殊的硬件要求，实现了消除半整数四极核中心跃迁的二阶四极作用，促进了四极核的 NMR 研究上了一个台阶。

## 8.1.2　魔角旋转固体核磁共振技术（MAS NMR）[7]

固体粉末谱呈现化学位移各向异性，其化学位移屏蔽张量主值为 $\delta_{11}$、$\delta_{22}$ 和 $\delta_{33}$，其各向同性化学位移为 $\delta_{iso} = 1/3\,(\delta_{11} + \delta_{22} + \delta_{33})$，化学位移各向异性的张量差 $\Delta\delta = \delta_{33} - 1/2\,(\delta_{11} + \delta_{22})$，不对称因子为 $\eta = (\delta_{22} - \delta_{11})/(\delta_{33} - \delta_{iso})$。从静态谱中可以直接得到化学位移张量的三个主值，旋转边带的包络线就是粉末线型，拟合旋转边带也可以得到化学位移张量的三个主值。为了使固体 NMR 谱线窄化，除了采用高功率 $^1$H 去偶技术外，最主要的一种技术为魔角旋转（MAS）。此技术是将固体样品置于与外磁场夹角为 54.7° 的轴旋转。

核在旋转情况下的磁屏蔽常数 $\sigma_{rot}$：

$$\sigma_{rot} = \sigma_{iso} + \frac{1}{2}\,(3\cos^2\beta - 1)\cdot\frac{\delta}{2}\,[3(\cos^2\theta - 1) + \eta\sin^2\theta\cos2\phi] \qquad (8\text{-}1)$$

式中，$\beta$ 为样品与外磁场方向的夹角；$\sigma_{iso}$ 为各向同性磁屏蔽常数；$\delta$、$\eta$ 反映屏蔽矩阵的各向异性和非对称性；$\theta$、$\phi$ 为屏蔽环境的取向。

式（8-1）后一项是固体样品中特有的化学位移各向异性项，当 $\beta = 54.7°$ 时，$\cos^2\beta = 1/3$，$(3\cos^2\beta - 1) = 0$，则 $\sigma_{rot} = \sigma_{iso}$，也就是说，将固体样品置于 $\beta = 54.7°$ 旋转时，就可以极大程度地消除化学位移各向异性作用。类似地，根据旋转速度的大小，部分偶极-偶极相互作用和四极相互作用也可以消除，从而得到固体高分辨谱。因此，54.7° 被称为魔角，而样品管在魔角位置上的整体转动就称为魔角旋转。在通常情况下，转速可达几千赫（kHz）或十几千赫，这样可以消除化学位移各向异性相互作用，但由于转速不够高，只能部分地消除偶极-偶极相互作用。现代谱仪配置的样品管（转子）直径为 2.5 mm 的探头，转速可达 30 kHz 以上，可以极大地消除偶极-偶极相互作用。而最新商业化的 0.7 mm 转子的探头，其转速更可达 111 kHz。

## 8.1.3　交叉极化/魔角旋转固体核磁共振技术（CP/MAS NMR）[8]

CP（cross polarization）即交叉极化。$^{13}$C、$^{15}$N 和 $^{29}$Si 等稀核的丰度低且磁旋比小，NMR 检测灵敏度低，而且往往这些核的自旋-晶格弛豫时间长，检测时需要的弛豫延迟较长。交叉极化方法是使丰核（如 $^{1}$H）与稀核（如 $^{13}$C）的射频场（$B_1$）满足 Hartmann-Hahn 匹配条件（$I = 1/2$）：$\gamma_S B_{1S} = \gamma_I B_{1I}$（S 是稀核，I 是丰核），实现了丰核向稀核的极化转移，从而大大增强了稀核共振信号强度，如 $^{1}$H-$^{13}$C 的交叉极化可使 $^{13}$C 信号增强 $\gamma_H/\gamma_C = 4$ 倍。在 CP 的脉冲序列中要实现两个核的自旋锁定，其弛豫延迟取决于丰核（$^{1}$H）的 $T_{1\rho}$，往往 $^{1}$H 的 $T_{1\rho}$ 比 $^{13}$C 短得多，因此大大提高了信号累加的效率，特别是对检测季碳有利。CP/MAS 技术与 $^{1}$H 高功率去偶相结合可以获得高灵敏、高分辨的固体 NMR 谱，综合结果是 CP 技术大大提高了稀核固体 NMR 谱的检测灵敏度。但值得注意的是，交叉极化的基础是稀核和丰核的偶极-偶极相互作用，不同化学环境的稀核周围丰核的数量和运动状态不同，交叉极化的效率不同，因此，通过一般 CP 技术所得到的结果无定量信息。

交叉极化技术可对分子筛的结构与吸附性质等提供许多有用的信息。最初 CP/MAS 技术主要针对 $I$ 为 1/2 核之间的研究，如 $^{1}$H→$^{13}$C、$^{1}$H→$^{29}$Si 等。进一步 $^{1}$H 与四极核（如 $^{27}$Al、$^{17}$O 等）的 CP/MAS 实验在分子筛的研究中也得到了广泛应用。$I$ 为 1/2 与 $I$ 为半整数四极核之间的交叉极化，如 $^{1}$H→$^{27}$Al、$^{1}$H→$^{23}$Na、$^{31}$P→$^{27}$Al 等，其 Hartmann-Hahn 匹配条件为 $\nu_{1A} = (I + 1/2)\nu_{1B}$，其中 A 代表 $I$ 为 1/2 核，B 为四极核，如 $^{27}$Al 的自旋量子数 $I$ 为 5/2，对于 $^{1}$H→$^{27}$Al 的 CP，在静态条件下 $\nu_{1H} = 3\nu_{1Al}$，当 $\nu_{1H} = 50$ kHz 及 $\nu_{1Al} = 16.7$ kHz 时，满足 Hartmann-Hahn 匹配条件，便可实现 $^{1}$H→$^{27}$Al 的 CP。

## 8.1.4　高功率 $^1$H 去偶技术

在 MAS 条件下，同时在 I 通道上（如 $^1$H 通道）采用 RF 照射异核去偶技术，则可以获得高分辨的固体 NMR 谱图。异核去偶技术主要有连续波照射去偶（CW decoupling）和 TPPM（two-pulse phase-modulated）去偶技术，CW 去偶是采用最简单的单脉冲连续照射到 $^1$H 上，通过射频照射平均掉 $^1$H 对 $^{13}$C 等其他异核上的作用，消除 $^1$H 对 $^{13}$C 等其他异核的偶合，使 $^{13}$C NMR 谱线窄化；TPPM 去偶技术是目前应用最广的去偶脉冲技术，是采用二脉冲相位调制的方法照射到 $^1$H 上，消除 $^1$H 对 $^{13}$C 等其他异核的偶合，其去偶效率要远高于 CW 方法。

固体中核之间存在很强的同核偶极作用，魔角旋转可以平均掉偶极哈密顿各向异性的空间部分；采用同核去偶脉冲技术通过施加脉冲操纵自旋的转动而消除偶极哈密顿各向异性的自旋部分，保留各向同性部分。但当同核间的偶极作用很大时，如 $^1$H 和 $^{19}$F 核的同核偶极作用（HD）为 100 kHz，只有满足快速魔角旋转条件，即 $\omega R \gg |HD|_{max}$，才可能消除同核偶极作用。除非使用如 8.1.2 小节中提及的转速达 111 kHz 的超高速 MAS 探头，一般探头的魔角旋转速度难以达到如此高的转速，所以 MAS 技术通常无法消除同核偶极作用。

# 8.2　分子筛结构的 MAS NMR 研究

分子筛作为催化剂、催化剂载体、离子交换材料等广泛地应用于工业中。沸石分子筛为硅酸铝微孔分子筛，其分子式可以写为：$M_{y/x}^{x+}[(AlO_2)_y(SiO_2)_{1-y}]·nH_2O$，$[(AlO_2)_y(SiO_2)_{1-y}]$ 为沸石分子筛骨架，由 $SiO_4$ 和 $AlO_4$ 四面体构成，或称为 T 位。$SiO_4$ 四面体呈电中性，$AlO_4$ 四面体带一负电荷，因此每个 $AlO_2$ 单元需要一个正电荷来平衡，沸石分子筛离子 $M^{x+}$ 用于中和骨架的电负性。另外，沸石分子筛孔道中还存在水分子。各种各样的沸石分子筛都具有自己独特的晶体骨架结构，这些特有的骨架结构决定了分子筛对大小和形状不同分子的选择催化特征。针对构成分子筛骨架原子 $^{29}$Si、$^{27}$Al、$^{17}$O、$^{31}$P 等核的 MAS NMR 研究已提供了大量分子筛结构和化学的微观信息，非常直接地反映骨架的晶体结构，对揭示分子筛催化剂结构与催化活性关联和指导分子筛的合成提供了许多有用的信息。

## 8.2.1　$^{29}$Si MAS NMR 研究

$^{29}$Si 是 $I = 1/2$ 核，天然丰度为 4.6%。$^{29}$Si 化学位移范围在 500 ppm 左右，但大多数分子筛的 $^{29}$Si 化学位移均在 120 ppm 范围内。$^{29}$Si 化学位移取决于分子筛

的基本结构，即 Si（$n$Al）（$n = 0 \sim 4$）和 Si—O—Si 键角。此外，结晶性和磁场强度等都影响线宽。

### 1. 低硅铝比分子筛

低 Si/Al 值分子筛的 $^{29}$Si MAS 研究开展得早，并有大量的文献报道。含单一结构不等价位分子筛的 $^{29}$Si 谱最多可出现五条可分辨的谱峰，对应于五种可能的 SiO$_4$ 四面体结构，自高场到低场依次为 Si（0Al，4Si）、Si（1Al，3Si）、Si（2Al，2Si）、Si（3Al，1Si）和 Si（4Al，0Si）共振峰[3]。根据 Loewenstein 规则[9]，在晶格中不存在 Al—O—Al 结构，可由五种 $^{29}$Si 峰面积（$I$）计算出 Si/Al 值[3]：

$$\text{Si/Al值} = \sum_{n=0}^{4} I_{\text{Si}(n\text{Al})} \bigg/ \sum_{n=0}^{4} 0.25 n I_{\text{Si}(n\text{Al})} \tag{8-2}$$

由 $^{29}$Si MAS NMR 谱和式（8-2）计算出的 Si/Al 值是骨架的 Si/Al 值，与传统的化学分析法（包括骨架 Al、非骨架 Al 和杂质 Al）比较，可得到非骨架铝的量。

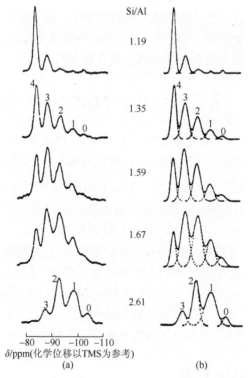

$\delta$/ppm(化学位移以TMS为参考)

图 8-1　不同硅铝比八面沸石的 $^{29}$Si MAS NMR 实验谱（a）和理论计算谱（b）[10]*

*NMR 谱的纵坐标表示峰强度，在谱图中可调节（浮动），示意图中一般无纵坐标。本书余谱图同此处理

图 8-1 显示了不同 Si/Al 值八面沸石的 $^{29}$Si MAS NMR 谱及用式（8-2）计算出的 Si/Al 值，图中（a）是实验谱，（b）是拟合谱（理论计算谱），可由拟合谱得到各个 $^{29}$Si 峰强度[10]。

$^{29}$Si 的自旋-晶格弛豫时间（$T_1$）较长，因此需要采用足够长的弛豫延迟时间，以得到可靠的 $^{29}$Si MAS NMR 谱的定量数据。另外，由于 $^{29}$Si 的自然丰度低，$^{29}$Si MAS NMR 谱的灵敏度低，可以将 $^{29}$Si CP/MAS 技术与 $^{29}$Si MAS 技术相结合，若 CP/MAS 谱中某一谱峰明显增高，表明归属为此谱峰的 Si 存在 SiOH。但 CP/MAS 谱不可用于定量分析。

## 2. 高硅分子筛

高硅分子筛的 $^{29}$Si MAS NMR 谱不同于低硅分子筛。图 8-2 显示了几种低 Si/Al 值 [（a）～（d）中上图] 和高 Si/Al 值 [（a）～（d）中下图] 分子筛的 $^{29}$Si MAS NMR 谱[11]，高硅分子筛谱图中只出现 Si（0Al）和极少量的 Si（1Al）信号，谱线变窄，因为高硅分子筛中 Al 含量很少，Si-Al 偶极作用大大减弱。而低 Si/Al 值分子筛中大量 Al 的存在使谱线宽化，MAS 并没有完全消除 Al 核的偶极作用。高硅分子筛的另一个特点是 Si（0Al）信号偏向高场，所观察到的峰的数目和强度直接反映了一个单胞中结构不等价位的数目和含量。例如，八面沸石和 A 型分子筛只有一个单一的晶格位和完全相同的硅同系物，因此只出现一个尖锐的单峰 [图 8-2（a）]；丝光沸石有 $16T_1$、$16T_2$、$8T_3$ 和 $8T_4$，$^{29}$Si 谱中显示出 2：1：3 强度比的谱线 [图 8-2（b）]，其中有两个位的谱峰重叠；Ω 型分子筛有 $24T_1$ 和 $12T_2$ 位，$^{29}$Si 谱出现强度比为 2：1 的两个峰 [图 8-2（d）]，很容易归属为 $T_1$ 和 $T_2$ 位。由图中的高硅谱也可看出，尽管都是 Si（0Al）谱峰，其化学位移值不同。用于计算 Si/Al 值的式（8-2）只适用于具有单一 T 位的分子筛系统。

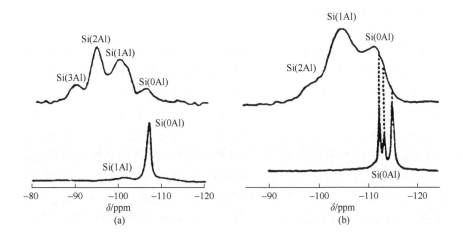

$\delta$/ppm
(a)　　　(b)

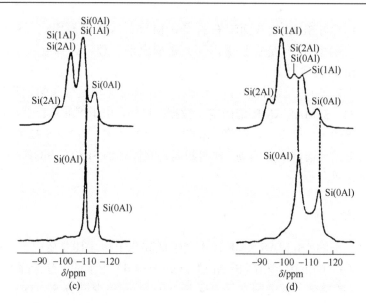

图 8-2　低 Si/Al 值（各分图上半部）和高 Si/Al 值（各分图下半部）的八面沸石和 A 型（a）、
丝光沸石型（b）、菱钾沸石型（c）和 Ω 型分子筛（d）的 $^{29}$Si MAS NMR 谱[11]

　　高硅分子筛 $^{29}$Si MAS NMR 谱窄的谱线为研究分子筛的结构提供了有益的信息。图 8-3 显示了 ZSM-5 室温下吸附对二甲苯的 $^{29}$Si MAS NMR 谱[12]，随吸附量的变化，谱图发生了很大的变化。ZSM-5 具有正交或单斜晶格，分别对应占有率均为 1 的 12 个或 24 个 T 位。当吸附 0.4 分子/单胞时，谱图变化不大，仍呈现对应单斜晶格 24 个 T 位的 24 条谱线，当吸附量增加到 1.6 分子/单胞时，谱图完全变为 12 条谱线，这表明发生了由单斜晶格向正交晶格的转变，在吸附量为 0.4～1.6 分子/单胞时，两种晶格以不同比例并存。

## 8.2.2　$^{27}$Al MAS NMR 研究

　　除了 $^{29}$Si 核外，$^{27}$Al 是分子筛骨架另一个很重要的核。$^{27}$Al 的天然丰度为 100%，化学位移范围在 450 ppm 左右，大多数分子筛的 $^{27}$Al 共振范围在 100 ppm 左右。$^{27}$Al 是自旋量子数为 5/2 的四极核，由于固体中四极相互作用，对于自旋量子数为非整数的 $^{27}$Al 核，只有（ + 1/2↔ –1/2）中心跃迁可观测到，这个跃迁的线形畸变和位移已不受一级相互作用的影响，仅与二级相互作用有关，其他允许的跃迁因为谱线太宽和位移太远而无法直接观测。$^{27}$Al 的四极作用引起谱线的增宽效应与磁场强度成反比，在高磁场和快速旋转情况下可得到高质量的 $^{27}$Al MAS NMR 谱，采用 10°以下小扳倒角的强射频脉冲可得到定量可靠的谱。图 8-4 是 Y 型分子筛在 23.45 MHz 和 104.22 MHz 的 $^{27}$Al MAS NMR 谱[13]，同样的分子筛在高磁

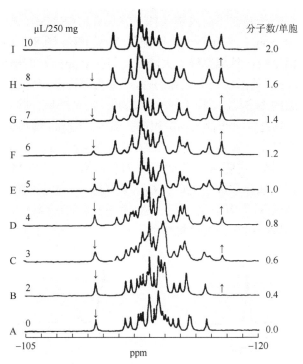

图 8-3　ZSM-5 分子筛上不同对二甲苯吸附量的室温 $^{29}$Si MAS NMR 谱[12]

场获得的 $^{27}$Al 谱线窄，畸变小。因四极相互作用一般很强且受魔角旋转的转速限制，MAS 可以大大减小，但一般不能完全消除四极相互作用。因此，采用高场谱仪研究 $^{27}$Al 等四极核有利于获得高分辨的图谱。结构完整的沸石分子筛中 Al 的环境均为 Al(4Si)，四面体 Al 只出现一般在 50~65 ppm 的单个共振峰。$^{27}$Al MAS NMR 化学位移对不同配位的 Al 物种十分敏感，因此可以用 $^{27}$Al MAS NMR 谱区分沸石分子筛中六配位非骨架铝（0 ppm 左右）和四配位骨架铝。

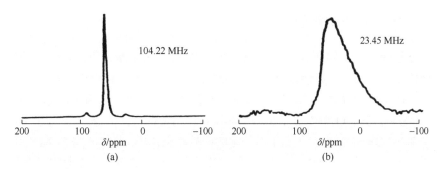

图 8-4　Y 型分子筛在 9.4 T（$^1$H 为 400 MHz）（a）和 2.1 T（$^1$H 为 90 MHz）（b）磁场下的 $^{27}$Al MAS NMR 谱[13]

图 8-5 是 Y 型分子筛在不同脱铝条件下的 $^{27}$Al MAS NMR 谱[14]，结构规整的 Y 型分子筛仅在 58 ppm 左右出现一个四配位骨架铝峰 [图 8-5（a）]；与 SiCl$_4$ 反应后，发生了脱铝反应，骨架铝峰大大降低，但在 0 ppm 左右出现八面体非骨架铝峰，同时在 100 ppm 处出现一个很强的峰，归属为脱铝反应生成的 NaCl 和 AlCl$_3$ 在高温下反应生成的 Na[AlCl$_4$]峰 [图 8-5（b）]；经水洗后，除掉了 Na[AlCl$_4$]，100 ppm 峰消失，但更多的非骨架铝沉积在孔道中，0 ppm 峰增强 [图 8-5（c）]；进一步水洗或进行离子交换除去了孔道中大量非骨架铝 [图 8-5（d）]。图 8-5（c）和（d）中谱线的宽化，说明 Al 物种环境不对称性增加。$^{27}$Al MAS NMR 谱的线宽主要取决于核四极耦合常数（NQCC，$C_Q = e^2qQ/h$，$q$ 为电场梯度张量的 $z$ 分量，$eQ$ 为核四极矩）和不对称因子 $\eta$。由于 $^{27}$Al 谱峰宽度对 Al 核的对称性十分敏感，因此高度不对称环境会引起谱线严重增宽，直至一些 $^{27}$Al 信号难以被观测到。

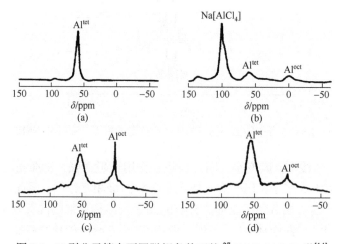

图 8-5　Y 型分子筛在不同脱铝条件下的 $^{27}$Al MAS NMR 谱[14]

（a）原样；（b）与 SiCl$_4$ 反应后样品；（c）水洗后的 b 样品；（d）多次水洗后的 b 样品

### 8.2.3　$^{17}$O MAS NMR 研究

在分子筛骨架结构研究中，$^{17}$O MAS NMR 谱也很重要。$^{17}$O 同 $^{27}$Al 一样，也是四极核（$I = 5/2$），但天然丰度只有 0.037%，通常需要 $^{17}$O 富集。$^{17}$O MAS NMR 谱同时受化学各向异性位移效应和核四极矩的影响。A 型分子筛中 $^{17}$O 只有 Si—$^{17}$O—Al 结构，其 $^{17}$O 谱峰显示出较小的四极作用特性，而高硅 Y 型分子筛中 $^{17}$O 只含有 Si—$^{17}$O—Si 结构，却显示出一定的四极相互作用。图 8-6 是 Si/Al 比为 2.74 的 NaY 分子筛的 $^{17}$O NMR[15]，NaY 分子筛的 $^{17}$O 静态谱和 MAS 谱均可由两个组分（Si—$^{17}$O—Si 和 Si—$^{17}$O—Al）模拟组成。由 Si—$^{17}$O—Si 和 Si—$^{17}$O—Al 两个组分峰的面积可以计算出 Si/Al 值，这样算出的数据仅仅是骨架中的 Si/Al 值。

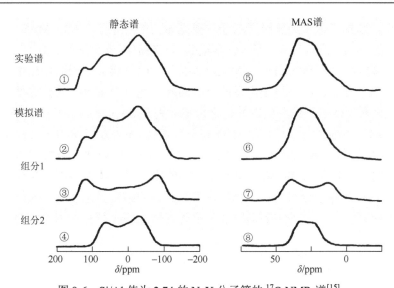

图 8-6　Si/Al 值为 2.74 的 NaY 分子筛的 $^{17}$O NMR 谱[15]

①静态实验谱；②用③和④参数组成的模拟谱；③Si-$^{17}$O-Si 组分；④Si-$^{17}$O-Al 组分；⑤MAS 谱；
⑥用⑦和⑧参数组成的模拟谱；⑦Si-$^{17}$O-Si 组分；⑧Si-$^{17}$O-Al 组分

　　自旋量子数为半整数的四极核，如 $^{23}$Na（$I = 2/3$）、$^{27}$Al 和 $^{17}$O 等核的 NMR 研究引起了人们的极大兴趣，为了获得四极核的重要参数（NQCC 和 $\eta$）和最大限度消除四极相互作用，人们先后发展了多种技术，如 2D 章动谱[16]、变角实验[17]、动态变角（dynamic angle spinning，DAS）[18]、双旋转（double rotation，DOR）[19] 和多量子谱[20]等。2D 章动谱的 $F_2$ 域为化学位移和不同四极作用的总和，相当于 1D MAS 谱，$F_1$ 域投影的线形反映核四极偶合常数和不对称因子，可以区分某些四极参数相差较大的物种；变角实验基于样品在不同角度旋转对消除四极相互作用有不同效果，很大程度上取决于不对称因子 $\eta$，通过对变角实验谱线拟合并与理论谱对照，得到四极参数，区分不同物种；双旋转实验用两个转子，装样品的内转子装进一个外转子，内转子除了本身旋转外还随外转子绕一个锥面旋转，选择两个转子的旋转角度，消除二阶四极作用；动态变角实验只有一个转子，转子的旋转轴在相对于外磁场方向的两个不同角度（$\theta_1$ 和 $\theta_2$）之间改变，$\theta_1$ 和 $\theta_2$ 可以取一整套互补角，但是样品在每个取向上停留的时间是不同的，取决于所选择的每对互补角，当 $\theta_1 = 37.38°$ 和 $\theta_2 = 79.19°$ 时，转子在两个角度上的停留时间才一样，其结果能极大程度地消除二阶四极作用，得到四极核高分辨的固体谱。这些实验均需要特殊的旋转装置。近几年，由 Frydman 和 Harwood 提出的多量子魔角旋转技术（MQ MAS）[20]要比 DOR 和 DAS 等简单得多，可为四极核的研究提供非常有用的信息，特别适用于自旋-晶格弛豫时间短和具有较小四极耦合常数的核。MQ MAS 实验通常采用一个简单的二脉冲序列得到一个二维谱[21]，用不同的脉冲相位循环，选择三量子或五量子跃迁，得到相应的三量子（3Q）MAS 或五量子（5Q）MAS NMR 谱。图 8-7 是 $^{17}$O 富集的 Na-ZSM-5 分子筛的 2D $^{17}$O 3Q MAS 谱[22]，$F_2$ 域投影为正常的 1D $^{17}$O MAS NMR 谱，两个相关峰表明样品中有两种不同的 $^{17}$O 物种存在，$F_1$ 域投影出现两个分离峰，通过对图 8-7 的数据处理，可直接得到这两种 $^{17}$O 物种的各向同性化学位移分别在 50 ppm（Si—O—Si）和 33 ppm（Si—O—Al），NQCC 分别为 5.3 MHz 和 3.5 MHz，$\eta$ 为 0.12 和 0.29，根据这些四极参数可模拟 1D MAS NMR 谱，得到两种物种的浓度分别为 80% 和 20%。由此可见，多量子 MAS NMR 谱对研究分子筛催化剂等固体材料中的半整数四极核 $^{27}$Al、$^{23}$Na、$^{17}$O 等十分有用，能提供许多有意义的结构信息，近年来已开展了许多相关的研究[23, 24]，它的主要局限性是不适宜研究四极相互作用很大的物种。

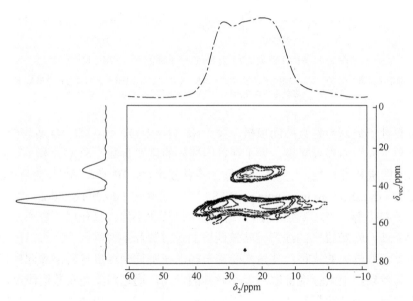

图 8-7　水合 Na-ZSM-5 分子筛 2D $^{17}$O 3Q MAS 谱[22]

## 8.2.4　$^{31}$P MAS NMR 研究

$^{31}$P 核的自旋量子数为 1/2，天然丰度为 100%，是一种很适宜 NMR 研究的灵敏丰核。许多含 P 的磷酸铝分子筛（AlPO$_4$-11 等）及含 P、Si、Al 的 SAPO 类型分子筛等，除了研究其 $^{29}$Si 和 $^{27}$Al MAS NMR 谱外，还可用 $^{31}$P MAS NMR 方法研究结构变化。图 8-8 显示了 AlPO$_4$ 分子筛 VPI-5 的原位变温 $^{31}$P MAS NMR 谱，室温下 VPI-5 具有三个强度比为 1∶1∶1 的 $^{31}$P 峰，对应于其空间群 $P6_3$ 结构中三个占有率为 1∶1∶1 的 P 结构位，随着温度的升高，三个 $^{31}$P 峰最后变成强度比为 2∶1 的两个峰，对应于其空间群 $P6_3cm$ 结构中两个占有率为 2∶1 的 P 结构位[25]。

## 8.2.5 $^{47,\,49}$Ti MAS NMR 研究

$^{49}$Ti 核 $I = 7/2$，天然丰度为 5.51%；$^{47}$Ti 核 $I = 5/2$，天然丰度为 7.28%。这两种核的天然丰度不算很低，但有很大的四极相互作用，NMR 谱线很宽，而且属于低频共振核，在磁场强度为 9.4 T 时，$^{47}$Ti 和 $^{49}$Ti 共振频率分别为 22.547 MHz 和 22.552 MHz。钛硅分子筛 TS-1 和 ETS-10 是令人瞩目的新型分子筛，TS-1 是一种高硅 MFI 型分子筛，骨架中有 0.1%～2.5% 的 Si 原子被 Ti 原子所取代，而 ETS-10 是一种大孔分子筛，由于其特殊的孔结构和电荷分布而显示出特殊的催化性质。图 8-9 显示了 SrTiO$_3$、TS-1 和 ETS-10 分子筛的 Ti MAS NMR 谱[26]，图 8-9（a）中显示 SrTiO$_3$ 的 $^{49}$Ti（–864 ppm）和 $^{47}$Ti（–1133 ppm）两条较窄的峰，这说明其 Ti 的四极相互作用较小；而图 8-9（b）和（c）谱分别显示 TS-1 在 34 ppm 和 ETS-10 在 67 ppm 的 $^{49}$Ti

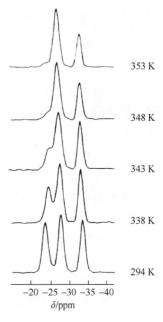

图 8-8 AlPO$_4$ 分子筛 VPI-5 的原位变温 $^{31}$P MAS NMR 谱[25]

MAS NMR 谱峰，由于存在很强的四极相互作用，谱峰很宽，灵敏度低，均需要几十万次累加才能得到 Ti MAS NMR 谱。

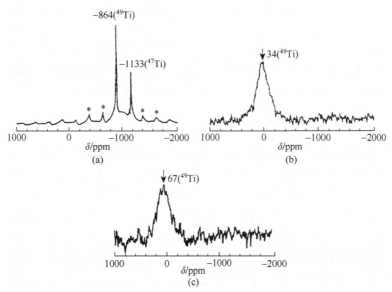

图 8-9 SrTiO$_3$（a）、TS-1（b）和 ETS-10（c）的 $^{47,\,49}$Ti MAS NMR 谱[26]

*为旋转边带

# 8.3　固体 NMR 在催化剂酸性研究中的应用

固体表面酸性是多相催化领域中的一个重要课题，它对于研究催化剂活性和理解催化反应机理具有重要意义。固体催化剂的表面酸性质包括酸的类型、强度、密度及可接近性（酸性位的空间）。目前常见的表征催化剂表面酸性的方法包括红外光谱和吡啶吸附红外光谱、NH$_3$ 程序升温脱附法、Hammett 指示剂法、微量热法、反气相色谱法等。以广泛使用的红外光谱和 NH$_3$ 程序升温脱附法为例，红外光谱由消光系数带来了所研究基团的定量困难及峰重叠导致分辨率低，NH$_3$ 程序升温脱附法无法分辨酸的类型，这些问题影响了酸性的全面研究。与其他方法相比，固体核磁共振技术即可直接采用 $^1$H MAS NMR 技术研究催化剂表面 B 酸性质，又可采用(CH$_3$)$_3$P、$^{15}$N-吡啶（Py）、$^{13}$CO 等探针分子进行研究。固体核磁共振技术不仅可以区分酸的类型、强度、密度，还兼具定量的优点，通过使用不同尺寸的探针分子，还能获得酸性位的空间信息。

## 8.3.1　$^1$H MAS NMR 技术研究催化剂表面不同结构的羟基

作为重要的酸催化剂，分子筛的 Brönsted 酸位与骨架桥式羟基相关联，随着固体 NMR 技术的不断发展，$^1$H MAS NMR 技术成为研究催化剂表面 B 酸位的最直接方法。固体中质子的偶极-偶极相互作用很强，质子的化学位移范围小，很难得到高分辨的 $^1$H MAS NMR 谱。随着固体核磁技术的不断发展，采用高速魔角旋转[27]、具有特殊效果的脉冲序列（如 CRAMPS，combined rotational and multiple-pulse spectroscopy 等）[28]、$^2$H 同位素稀释催化剂表面质子[29]及催化剂表面充分预处理等方法，使得 $^1$H MAS NMR 技术为研究固体表面酸性提供更多更准确的信息。

在酸性研究实验前，需要对样品进行真空脱水处理，然后装入转子或吸附探针分子。最初采用玻璃封管法，催化剂装入玻璃管中，在真空系统中抽空并吸附气体后，用火焰密封玻璃管制成小安瓿。此技术很难达到玻璃管均匀对称，装入 NMR 转子后，转速一般小于 4 kHz。Haw 等[30]设计了一套名为"CAVERN"的装置（图 8-10），催化剂平铺在床层上，加热脱水和吸附都能均匀进行，催化剂装入转子后通过连杆将转子密封。这种原位处理装样装置能有效防止装样时水的引入，并能使转子达到较高的转速。我们也设计了一套功能上类似于"CAVERN"的装置，催化剂处理好后，通过捣杆原位装入 NMR 转子中，然后通过支架中的帽密封转子，这样原位装样的转子最高转速可达 12 kHz[31]。

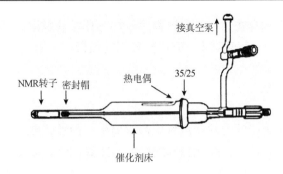

图 8-10　催化剂抽空处理、吸附及原位转移入 NMR 转子的 CAVERN 装置[30]

一般说来，分子筛表面的 OH 基可进行如下归属[1, 6]：

−0.5～0.5 ppm：分子筛外表面或游离于骨架外的与金属离子相连的羟基（M—OH）；

1.2～2.2 ppm：分子筛缺陷位或端基的硅羟基（Si—OH）；

2.8～3.6 ppm：与骨架铝相连并与周围氧原子形成氢键的非骨架铝羟基（Al—OH）；

3.6～4.3 ppm：位于分子筛大笼或孔道中的桥式羟基（SiOHAl）；

4.6～5.2 ppm：位于八面沸石型分子筛小笼中的桥式羟基（SiOHAl）；

5.2～7.0 ppm：HZSM-5 和 Hβ 分子筛中与骨架有静电作用的第二种桥式羟基（SiOHAl）。

Brunner[27]考察了 $^1$H 化学位移($\delta_H$)与其 IR 谱中对应的 OH 基的振动波数($\nu_{OH}$)之间的关系，得出经验公式式（8-3）和式（8-4）：

分子筛表面孤立 OH：$\delta_H$（ppm）$= 57.1 - 0.0147\nu_{OH}$（$cm^{-1}$）　　　　（8-3）

存在氢键的表面 OH：$\delta_H$（ppm）$= 37.9 - 0.0092\nu_{OH}$（$cm^{-1}$）　　　　（8-4）

但是，对于与一些金属离子（如 $Mg^{2+}$、$Ca^{2+}$等）相连的 OH，以上公式有偏差。

在 HZSM-5 分子筛的低温 $^1$H MAS NMR 谱中，Brunner[27]观察到在 7.0 ppm 处存在一个宽峰，半峰宽约 1250 Hz，远大于其他三种羟基的峰宽，同一样品的红外漫反射谱上在 3250 $cm^{-1}$ 处也有一个宽带，这两个值能很好地符合上述公式。该宽峰归属为与分子筛骨架有静电作用的第二种桥羟基[27, 32]，以区别于 4.0 ppm 处的孤立桥羟基。

Freude 等[33]研究了 HNaY 分子筛的脱羟基过程，$^1$H 和 $^{27}$Al MAS NMR 谱的定量结果表明，桥羟基浓度的降低与四配位骨架铝原子的减少相等，这种脱羟基过程不同于 Uytterhoeven 等[34]提出的骨架上两个桥羟基缩合脱水后形成一个骨架三配位铝的脱羟基模型。邓风等[35]在研究不同温度下焙烧的 HZSM-5 样品时也发现有两种脱羟基机制存在，即脱羟过程中一部分伴随着脱铝，另一部分只脱羟基不脱铝，铝仍处于分子筛骨架上，但这部分铝的四极作用增强变得"不可观测"。

## 8.3.2　酸强度测定

采用探针分子吸附的方法能很好地测定固体中的酸强度。其中强碱性分子氘代吡啶吸附后能有效地区分酸性和非酸性的 OH 基团[32]，吡啶分子与 Si—OH 形成氢键络合物后，其 $^1H$ 化学位移从 2.0 ppm 移到大约 10 ppm 处，而桥羟基与其形成的吡啶离子则移向更低场，在 15.5～19.5 ppm 之间。也可用弱碱分子来鉴别酸性，不同碱性的吸附分子使桥羟基有不同的低场位移。在 123 K 的低温下，Haw 等[36]观察到了乙烯分子吸附在 HZSM-5 分子筛上，使桥羟基向低场位移 2.7 ppm，而在同样条件下，CO 和乙烷分子则使桥羟基分别向低场位移 1.8 ppm 和 0.6 ppm。Biaglow 等[37]研究了 125 K 下丙酮-2-$^{13}C$ 吸附在 HZSM-5、HZSM-22、HY、SAPO-5 等分子筛上的 $^{13}C$ MAS NMR 谱，当每个桥羟基吸附一个丙酮分子时，相对于纯的丙酮分子，在 SAPO-5 分子筛上-$^{13}CO$-基团向低场位移了 10.1 ppm，在 HY 上向低场位移 12 ppm，在 HZSM-5 上向低场位移 15 ppm，在 HZSM-22 分子筛上向低场位移 18.7 ppm，在 $AlCl_3$ 和 100% $H_2SO_4$ 上向低场位移 37 ppm，而 $SbF_5$ 上向低场位移 42 ppm。酸性越强，羰基的 $^{13}C$ 化学位移越移向低场。因此，用吸附丙酮-2-$^{13}C$ 分子的 $^{13}C$ MAS NMR 方法来测定分子筛中 B 酸位的强度是一种很有效的方法。

吸附三甲基膦（trimethyl phosphin，TMP）和三甲基氧膦（trimethyl phosphine oxide，TMPO）探针分子的 $^{31}P$ MAS NMR 谱的 $^{31}P$ 化学位移对 B 酸强度也是很敏感的，B 酸强度越强，化学位移越移向低场。

我们曾采用探针分子全氟丁胺 [$(n-C_4F_9)_3N$] 吸附在 HZSM-5 分子筛上，报道了用它来定量区分分子筛中内外表面的酸性[31]，由于全氟丁胺的分子直径（0.94 nm）远大于 ZSM-5 分子筛的孔径（0.55 nm），故其只能吸附在分子筛的外表面。如图 8-11 所示，在吸附全氟丁胺后的 $^1H$ MAS NMR 谱中，3.9 ppm 处的 B 酸的峰强明显降低，而 6.0 ppm 处的峰强有所增加，这是由外表面的 B 酸与全氟丁胺质子化后向低场位移所致，故可以通过定量拟合吸附前后 3.9 ppm 处的峰面积，计算出外表面的 B 酸含量，以同样方法也可计算出外表面非骨架铝的含量。我们还发现吸附全氟丁胺后硅羟基均向低场位移了 0.2～0.3 ppm，故大部分硅羟基是位于分子筛外表面上。

## 8.3.3　利用探针分子探测催化剂表面的 Lewis 酸中心

NMR 技术研究 Lewis 酸性质只能采用探针分子，适于研究的探针分子大部分

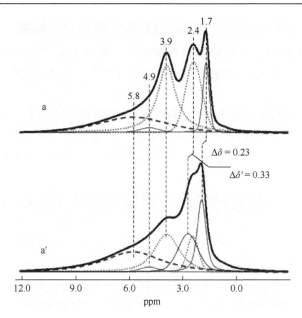

图 8-11　HZSM-5 分子筛上吸附全氟丁胺前 a 和后 a′的 ¹H MAS NMR 谱[31]

需同位素标记，一般探针分子既能研究 L 酸也能区分 B 酸。¹³CO 可用来探测固体表面的 L 酸中心，吸附的 CO 的 ¹³C 化学位移与其气态时相差较大，但无论在室温还是低温下，吸附在 L 酸上的 CO 与物理吸附及吸附在 B 酸位上的 CO 均存在互相交换，这使得在谱图上无法直接检测吸附在 L 酸位上的 CO 化学位移，需通过计算才能获得，吸附在 L 酸上的 CO 的 ¹³C 化学位移在 300～400 ppm 之间[38]。

　　¹⁵N 标记的吡啶分子或氨分子的 ¹⁵N MAS 或 CP/MAS NMR 谱能较好地区分分子筛上的 L 酸和 B 酸中心。Maciel 等[39]研究了 ¹⁵N-吡啶分子在无定形硅铝上吸附的 ¹⁵N CP/MAS NMR 谱，并进行了如下归属：B 酸位上吸附吡啶的 ¹⁵N 在 205 ppm 左右，吸附在 L 酸位上的约在 260 ppm 处，吸附在弱酸位羟基上形成氢键的在 290～300 ppm，而液态吡啶在 315 ppm 处。由此可见，¹⁵N NMR 谱的优点是化学位移范围大，易于区分不同的酸中心，但 ¹⁵N 的天然丰度低，需要同位素富集。

　　采用三甲基膦（TMP）作为 NMR 探针来区分 B 酸和 L 酸已有不少报道。与 ¹⁵N 核相比，³¹P 不需要同位素富集，也不需要采用 CP/MAS 技术。Lunsford 等[40] 首先研究了 TMP 在 HY 分子筛上的 ³¹P MAS NMR 谱，–3～–1 ppm 处谱峰为 TMP 与 B 酸位形成的(CH₃)₃PH⁺；–60～–32 ppm 处谱峰为 TMP 与 L 酸位形成的络合物；物理吸附的 TMP 在 –68 ppm 左右。由于 B 酸位上膦峰远离其他膦峰，所以可直接测定表面 B 酸中心数目，而 L 酸络合物和物理吸附的膦峰很靠近，故不易直接定量测定 L 酸的中心数目。此外，Coster 等[41]观察到 TMP 在超强酸 $ZrO_2/SO_4^{2-}$ 上吸附时，除了与 B 酸和 L 酸位结合的共振峰外，在 26 ppm 处还出现一个强信号，将其与吸附苯胺后的 ESR 结果比较后，认为此峰应为 TMP 与超强 L 酸中心的络合物。

　　总之，固体 NMR 已成为研究多相催化剂酸性的有力工具，能得到其他方法难以得到的信息，在定量方面优于红外光谱，但在 L 酸研究方面，一般需采用同位素富集的探针分子，相比之下，三甲基膦不失为一个较好的 NMR 探针。

# 8.4　催化剂表面吸附分子的 NMR 研究

　　研究催化剂表面上吸附分子的化学性质及催化反应中间产物结构是从分子水平阐明催化反应机理的关键，NMR 技术已被广泛用于催化剂表面吸附分子的状态、氢溢流的研究[42]。此外，多相催化过程很大程度上取决于反应物在催化剂表面的吸附行为，而惰性气体氙（Xe）是一种非常理想的探针分子，许多研究表明，$^{129}Xe$ 是研究多孔物质，特别是分子筛结构的有效工具[43, 44]。

## 8.4.1　分子筛晶体孔道中吸附有机物的化学状态

　　HZSM-5 分子筛上甲醇转化成碳氢化合物是催化工业上有代表性的重要反应。甲醇转化的反应机理，特别是第一个 C—C 键的生成机理及甲醇分子与分子筛骨架的相互作用一直是有争议的。为了得到明确的结论，人们曾用 $^1H$ MAS NMR 方法研究了甲醇在 HZSM-5 分子筛上的吸附性质[45, 46]。由甲醇吸附在 HZSM-5 上的 $^1H$ MAS NMR 谱看出，甲醇中 OH 共振峰比其在 $CDCl_3$ 中向低场位移 3.1 ppm，这是由于液体甲醇中 OH 基之间存在氢键，O—H 键的静电极化作用使其 $^1H$ 去屏蔽；当甲醇吸附在 HZSM-5 分子筛上时，除了出现 4.1 ppm 处甲基峰外，OH 峰在 9.1 ppm 处，这样大的低场位移，必定是由于形成了很强的氢键和/或醇的质子化。实际上，不管是吸附 $CD_3OH$、$CH_3OD$ 还是 $CD_3OD$，所有羟基的化学位移均在 9.1 ppm 左右，这说明所有的 $^1H$ 在 NMR 时域上是等价的，这是由于在甲醇形成的氢键中，端基甲醇分子与 B 酸位的桥氧形成氢键，每个甲醇分子中的甲氧基离子是相同的，这样一个以氢键相连的带电簇可以在分子筛晶体孔道中转动，使羟基的 H 变成等价的。当每个 B 酸只覆盖两个甲醇分子时，OH 信号由 9.1 ppm 移向 10.5 ppm，这说明 B 酸位 H 与吸附的甲醇的 OH 发生了快速交换。由此可知，用吸附甲醇中 OH 的低场位移可以有效地测量固体酸催化剂的供质子能力，低场位移越大，B 酸位酸性越强。HY 和 HL 分子筛中甲醇 OH 的位移小于 HZSM-5 分子筛中甲醇 OH 位移，与 HY 和 HL 的低酸性相符。分子筛吸附甲醇后

OH 的低场位移对分子筛的类型十分敏感。另外发现，Si/Al 比相同的 HZSM-5
分子筛，当合成方法不同时，其吸附甲醇的 OH 低场位移也不同。钠型分子筛
NaZSM-5 上吸附甲醇时，OH 峰比液体甲醇向高场位移 1 ppm，这是由于甲醇
通过氧与 Na$^+$配位，打断了氢键。对于 NaZSM-5、NaY 和 NaA 分子筛，吸附
甲醇的 OH 低场位移依次增加，这说明甲醇与分子筛骨架形成氢键的可能性依
次增加。

　　$^{13}$C MAS NMR 也是研究吸附甲醇与分子筛相互作用的有效方法。图 8-12 是
甲醇吸附在 SAPO-5 上的 $^{13}$C MAS NMR 谱[47]，20℃时在 50 ppm 出现一个窄峰，

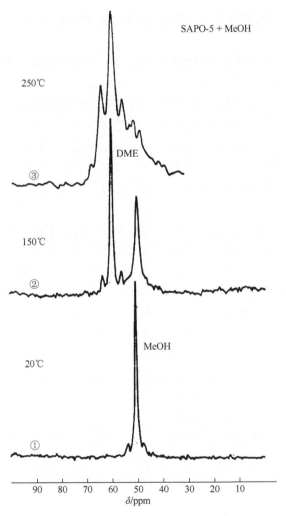

图 8-12　甲醇吸附在 SAPO-5 上的 $^{13}$C MAS NMR 谱[47]

①室温；②150℃加热 10 min；③250℃加热 10 min

是相对高运动性的甲醇分子共振峰；当 150℃加热 10 min 时，37%的甲醇转化成二甲醚，峰形较窄，这表明分子仍然有很大的运动性；进一步 250℃加热 10 min 后，谱峰加宽，为典型的固体谱，除了甲醇峰外，还出现一个新峰，其化学位移与二甲醚相近，归属为与骨架相连的甲氧基（$CH_3$—O—Si）反应中间物；继续加热到 300℃，甲醇转化成烯烃和烷烃的混合物，谱线又变窄，产物的流动性增强。检测结果显示了从一个弱键甲醇分子到一个强键的反应中间物，最后又生成了弱键的碳氢产物。研究结果表明，吸附有机分子的 $^1H$ 和 $^{13}C$ MAS NMR 研究，可对确定各类分子筛的反应中间物和探索反应机理，提供十分重要的证据。

## 8.4.2　分子筛吸附探针分子 $^{129}Xe$ 的 NMR 研究

惰性气体 Xe 是一种十分理想的探针分子，$^{129}Xe$ NMR 已被用于研究各种结晶或无定形孔材料中 Xe 的吸附与扩散、结构（短程结晶性）、比表面积、积炭、各种吸附相的分布及分子筛内部自由体积、阳离子和金属在分子筛微孔内的分布等[41, 42, 47]。$^{129}Xe$ 核自旋量子数 $I = 1/2$、天然丰度为 26.4%，$^{129}Xe$ 核的共振频率比 $^{13}C$ 高 10%，若不考虑弛豫时间，$^{129}Xe$ NMR 核的检测灵敏度是 $^{13}C$ 的 31.8 倍。虽然单原子 $^{129}Xe$ 的 $T_1$ 很长，但吸附到分子筛后，受顺磁物种及痕量杂质的影响，$T_1$ 大大降低，使 $^{129}Xe$ NMR 成为一种很方便的、检测灵敏度高于 $^{13}C$ 的 NMR 研究方法。

$^{129}Xe$ 核的球形电子云很大，对它的周围环境十分敏感。吸附 Xe 后，分子筛结构、组成和孔道的任何微小变化都会影响 $^{129}Xe$ 的电子云密度，从而改变 $^{129}Xe$ 共振峰的化学位移，NMR 参数对 Xe 分子周围环境的敏感性而使 $^{129}Xe$ NMR 成为分子筛结构研究的重要手段。

吸附 Xe 的化学位移是几项贡献之和，对应于各种不同的干扰：

$$\delta = \delta_0 + \delta_E + \delta_M + \delta_{Xe\text{-}Xe} + \delta_S + \delta_{SAS} \tag{8-5}$$

式中，$\delta_0$ 为 Xe 气体在吸附压力外推为零时的化学位移，$\delta_0 = 0$，作为化学位移的参考；$\delta_E$ 和 $\delta_M$ 为分子筛中阳离子电场和磁场的贡献，对于小离子，如 $Na^+$、$Li^+$、$H^+$等，其 $\delta_M = 0$，室温下 $\delta_E$ 可忽略不计；$\delta_{Xe\text{-}Xe}$ 为 Xe-Xe 相互作用的贡献，与 Xe 吸附浓度有关；$\delta_S$ 为分子筛孔道硅铝壁与氙相互作用的贡献，这一项直接与分子筛的孔道结构有关；$\delta_{SAS}$ 为孔内强吸附位的贡献。Xe 探针分子提供的信息一般由 $^{129}Xe$ 化学位移 $\delta = f(n)$ 曲线得到，$n$ 为每克无水固体吸附的 Xe 原子数。

1. 孔结构研究

为了从 $^{129}Xe$ 化学位移得到未知结构分子筛的自由空间或结构缺欠的精确数据，用平均自由程 $\bar{l}$ 将 $\delta_S$ 与内部体积的大小和形状关联起来[48]。$\bar{l}$ 是一个 Xe 原子在分子筛内自由空间无规运动时，两次连续碰撞之间运动的距离平均值。Fraissard 等首先提出一个关系式：$1/\delta_S = (1+\bar{l}/a)/\delta_a$，其中 $\delta_a$ 与分子筛结构有关，因此也与 $\bar{l}$ 有关；$\bar{l}$ 直接与分子筛内部体积的大小和形状有关，这样就可以根据 $^{129}$Xe 的 $\delta_S$ 的大小分析分子筛的孔性质。

当仅含有一种类型孔结构的分子筛吸附 Xe 时，其 $^{129}$Xe 谱只出现吸附位的单线共振峰，对于大孔分子筛，如 Y 型和 ZK4 等，其 Xe-Xe 原子碰撞的贡献是各向同性时，$\delta = f(n)$ 曲线是一条直线，斜率 $d\delta/dn$ 正比于局部 Xe 原子密度，而反比于分子筛内部自由体积；窄通道分子筛（孔径为 4～7.5 Å）中 Xe-Xe 原子碰撞是各向异性的，$\delta = f(n)$ 曲线斜率随每个笼或部分通道吸附的 Xe 原子数而增加。$\delta = f(n)$ 曲线外推到 Xe 浓度为零时的 $\delta_S$（$\delta_{n\to 0}$）大小与结构密切相关，当孔道或笼很小或 Xe 原子的扩散受到更大限制时，$\delta_{n\to 0}$ 变大。对于小孔分子筛，Si/Al 值相对更为重要，当平均自由程不变时，$\delta_S$ 也会发生变化，必须考虑分子筛表面化学组成的影响。

当 Xe 原子在具有两种类型孔道的分子筛上吸附时，若不同吸附位 Xe 的交换速率较慢，可检测到两个 $^{129}$Xe 信号。丝光沸石的孔结构是由一维通道和在垂直方向连接一个边袋组成，如果温度低得足以阻止 Xe 原子在这两种吸附位之间交换，它的 $^{129}$Xe 谱有两个信号分别对应通道和边袋，这两个信号的合并温度取决于阳离子的性质。H 型丝光沸石的合并温度是 273 K，Na 型丝光沸石的合并温度为 370 K，若是 Cs$^+$，其边袋不吸附 Xe，只有一条谱线。Moudrakovski 等用二维 NMR 方法研究确定了在主通道和边袋之间 Xe 变换的速率常数[49]。当观测到对应于不同类型自由空间多个 $^{129}$Xe 信号时，给定总 Xe 浓度，可以利用谱线强度作为温度和阳离子位置的函数来研究不同自由空间中 Xe 的分布，由此可得到分子筛结构（内部生长和结晶）的有用信息。

$^{129}$Xe NMR 可以用来研究分子筛的结晶性。在一定压力下，原位观测合成过程中的分子筛的 $^{129}$Xe 谱线，与结晶完好的标准分子筛的谱线强度比较可以确定前者的结晶度；若室温下非晶相吸附 Xe 量可以忽略，则比较被测样品与标准分子筛的 $\delta = f(n)$ 曲线斜率，由二者的斜率比也可测量结晶度。在某些情况下，分子筛的处理会得到第二种孔性质，$^{129}$Xe NMR 谱中会出现一条新的谱线，在 Y 型和丝光沸石中都观察到这种现象。

## 2. 分子筛组成和结构研究

$^{129}$Xe 的化学位移与分子筛化学组成，特别是电荷数，即 Si/Al 值有关，当低温和孔径较小时，这种依赖关系更为明显。大量研究表明，八面沸石类型的分子筛，随着 Si/Al 值增大，Al 含量减少，$\delta_S$ 值成倍减少，但这种变化是非线性的，它取决于孔大小和脱铝形成的非骨架铝物种。对于窄孔道的 ZSM-5 和 ZSM-11 分

子筛，$\delta_S$ 与 Al 浓度的依赖关系大于大笼的八面沸石，而且 $\delta_S$ 与 Al 含量呈线性关系[50]，值得注意的是，在每个晶胞含两个 Al 原子时，该直线出现了断裂，如图 8-13 所示。这是由于在这个浓度下，Xe 与分子筛孔道壁的相互作用（$\delta_S$）发生了变化。由此可见，$^{129}$Xe NMR 可以完全区分 ZSM-5 和 ZSM-11 这样结构类似的分子筛。

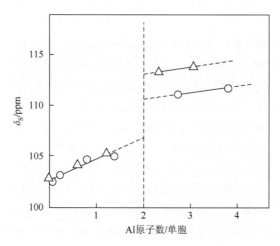

图 8-13 　$\delta_S$ 对应骨架 Al 含量的变化图[50]

○，NaZSM-5；△，NaZSM-11

分子筛结构不同，$^{129}$Xe 的 $\delta = f(n)$ 曲线完全不同。例如，两种高硅分子筛 ZSM-48 和 Nu-3 吸附 Xe 的 $\delta = f(n)$ 曲线呈现完全不同的变化规律，ZSM-48 的 $\delta = f(n)$ 曲线是一条斜率很大的直线，截距约 108 ppm；而 Nu-3 分子筛的 $\delta = f(n)$ 曲线是一条很平缓的曲线，在低覆盖率时 $\delta$ 值几乎不变，这种曲线特征与其结构有关，分子筛中各笼由不对称八元环分开，Xe 通过的速率很慢，在低覆盖度时，Xe 相隔很远，不存在 Xe 之间的相互作用，$\delta_{Xe-Xe}$ 为零，因而 $\delta$ 与吸附量无关[43]。

### 3. 阳离子的影响

当 Xe 原子在某些吸附位是强吸附时，必须考虑 $^{129}$Xe 化学位移中 $\delta_{SAS}$ 项的贡献。在低吸附压时，$\delta_{SAS}$ 的贡献占优势；当压力增加时，吸附便可发生在弱吸附位，观察到化学位移降低，它是 $\delta_{Xe-Xe}$ 和 $\delta_{SAS}$ 的权重平均；在更高压时，$\delta_{Xe-Xe}$ 相互作用又占主导，随吸附压增加，$\delta$ 增加，因此 $\delta = f(n)$ 曲线有一个最低点。在 X 型和 Y 型分子筛中含有 $Mg^{2+}$、$Ca^{2+}$、$Zn^{2+}$、稀土离子 $Y^{3+}$、$La^{3+}$、$Ce^{3+}$，甚至顺磁离子 $Ni^{2+}$、$Co^{2+}$ 和 $Ru^{3+}$ 等阳离子时，都观察到了这种特征。当 Xe 原子仅仅与超笼中的阳离子相互作用时，可以确定阳离子的位置。

大量研究表明，室温下 X 和 Y 型分子筛中 $H^+$ 和 $Na^+$ 对 $^{129}$Xe NMR 的影响是忽略不计的[44]，并且与 Si/Al 值和 H$^+$ 或 Na$^+$ 的数量无关。可用 $\delta_{n\to 0}$ 表征分子筛结构，$\delta$ 值随 Xe-Xe 原子之间相互作用而增加。$\delta = f(n)$ 曲线取决于阳离子类型，离子越重，$\delta$ 越大，如 KY 和 RbY 分子筛的 $\delta_{n\to 0}$ 分别是 78 ppm 和 99 ppm。

Bonardet 和 Fraissard 研究了 MgY 分子筛上吸附 Xe 的 $^{129}$Xe NMR 谱[48]，当离子交换度 $\lambda < 53\%$ 时，Mg$^{2+}$ 位于方钠石笼中或在六方棱柱中，$\delta$ 变化与 NaY 一样，与 Xe 浓度呈线性关系；当 $\lambda > 53\%$ 时，Mg$^{2+}$ 位于超笼中，对应每一个 $\lambda$ 值，$\delta = f(n)$ 曲线都出现最低点，$\lambda$ 越高，$\delta = f(n)$ 曲线最低点越移向高浓度，$\delta_{n\to 0}$ 大约正比于 Mg$^{2+}$ 吸附的 Xe 原子核处电场的平方。二价阳离子的 $\delta = f(n)$ 曲线显示出较大的低场位移和抛物线特征，主要是由于二价阳离子产生的强电场引起 Xe 原子的高度极化和 Xe 电子云的畸变。对于顺磁离子 Ni$^{2+}$ 和 Co$^{2+}$，必须考虑 $\delta_M$ 项对化学位移的贡献，这项可以很大以致使 $\delta$ 值达几千 ppm。在这种情况下，可以研究阳离子的位置和氧化态。对于每种离子交换度，都可以由改变预处理温度来研究二价阳离子环境的变化及从超笼的迁移。

三价阳离子交换的八面沸石类型分子筛（Y$^{3+}$-NaY、La$^{3+}$-NaY、Ce$^{3+}$-NaX 和 Y$^{3+}$-NaX）的 $^{129}$Xe NMR 研究显示，其 $\delta = f(n)$ 曲线也是呈具有最低点的抛物线形，这表明 Xe 在超笼内三价离子上的吸附仍为强吸附。相反，CeX、LaX 和 LaY 分子筛上 Xe 的位移表明 Ce$^{3+}$ 和 La$^{3+}$ 位于六方棱柱或方钠石笼中，并不吸附 Xe 原子。顺磁离子 Ru$^{3+}$ 引起 $^{129}$Xe 谱线很大的低场位移，由其化学位移和线宽变化可知，室温下还原时，Ru 颗粒高度分散并位于分子筛笼内，然而真空下发生金属迁移[51]。

### 4. 确定吸附相的分布

Gedeon 等首先用 $^{129}$Xe NMR 研究了 HY 分子筛不同脱水度时水的分布[52]。用 $C$ 代表相对水的浓度，饱和水含量 $C = 1$。实验结果表明，$\delta_{n\to 0}$ 随分子筛含水量降低而迅速减少，到 $C = 0.15$ 后（相当于每个方钠石笼中有四个水分子）保持不变，这说明当 $C < 0.15$ 时，Xe 原子的平均自由程不变化，因此，超笼和六方棱柱已完全脱水，剩下的水分子位于方钠石笼中。实验还发现从 $C = 1$ 到 $C = 0.4$ 时，$^{129}$Xe 的 $\delta = f(n)$ 曲线斜率也迅速降低，之后保持不变，这表明从 $C = 1$ 到 $C = 0.4$，能够吸附 Xe 原子的微孔自由体积逐渐增加，当 $C < 0.4$ 时，保持不变，超笼中的水已完全脱除。因此，$0.15 < C < 0.4$ 时，水分子对孔产生一些堵塞，取决于水化程度，在窗口的脱水几乎不影响内部孔径，但使 Xe 原子更容易在 $\alpha$-笼之间扩散。

Liu 等用 $^{129}$Xe NMR 考察了 NaY 和 NaX 分子筛中吸附有机物苯的分布[53]。室温下苯在晶体孔道内扩散很慢，吸附 120 天后，$^{129}$Xe NMR 谱出现了几个共振峰，这表明苯分子非均匀地分布在分子筛笼中，当样品加热到 523 K 保持 10 h，则出现一个单峰，对应于苯的均匀分布。$^{129}$Xe NMR 谱线宽度（$\Delta H$）随苯的平均覆盖度 $\theta$ 发生很大的变化，当 $\theta < 2.5$ 时，$\Delta H$ 随 $\theta$ 增加而线性增加，这是由于可

接受 Xe 原子的自由体积减小或者吸附苯的位间跳跃增加而引起平均自由程的减少。其线宽与 Xe 浓度无关，这表明 Xe 原子可以在超笼之间快速运动，减少了 Xe-Xe 间的相互作用。当 $2.5 < \theta < 3.5$ 时，$\Delta H = f(\theta)$ 曲线在 $\theta = 3$ 处出现了一个极大值，其位置取决于 Xe 的吸附量。这是因为苯-Na 络合物向超笼中心协同迁移引起分子的重排，而 Xe 原子和苯分子之间存在一个相互的障碍。在 $\theta > 4$ 时，$\Delta H$ 重新增加，这表明苯在超笼的有限自由空间内有协同的相互作用，当 $\theta > 4.5$ 时，苯分子排列在超笼内，Xe 原子不可能再进入。

### 5. 分子筛中积炭研究

分子筛催化剂在化学反应过程中生成的积炭沉积在微孔中并堵塞活性位或使酸位中毒而引起催化剂失活，这是催化过程中一个十分严重的问题。实践证明，$^{129}$Xe NMR 是确定积炭后内部笼体积、积炭性质和分子筛失活类型的有力手段。详细内容将在第 8.6 节中叙述。

## 8.5　分子筛和分子筛催化反应的原位 MAS NMR 研究

研究有机分子的多相催化反应主要是通过分析反应物、反应中间物和产物的结构，进一步探索和证明反应机理。实践证明，通过改变反应温度、压力、流速、接触时间等实验条件，原位 MAS NMR 技术很适宜跟踪反应历程，研究反应物、中间物和产物结构变化及相互作用，是探索反应机理十分有效的方法。

### 8.5.1　原位 MAS NMR 研究方法

在过去的研究中，主要有三种方法实现多相催化反应的原位 NMR 研究。

（1）间歇式方法（batch-like condition）：把催化剂和反应物封装在一个很均匀的安瓿内，安瓿尺寸与 NMR 转子匹配，使之能紧密地装入 NMR 转子内，以实现较高速的魔角旋转（3～4 kHz），或直接封装在转子中，配以特别的盖子[54, 55]。安瓿/转子在不同温度和压力下反应一定时间后用液氮中止反应，进行室温 NMR 检测，或将安瓿/转子在 NMR 探头内原位加热，直接进行变温 MAS NMR 检测。NMR 检测后，重新加热安瓿到某一温度，冷却中止反应后再进行 NMR 检测。一系列的检测结果将原位跟踪反应全过程，检测反应物在催化剂上的吸附、中间物的生成、反应物与产物间的转化过程。这种原位 MAS NMR 方法灵活，使用 $^{13}$C 标记化合物进行反应时，更有利于 NMR 检测，可以定量研究所有气态和吸附态的反应物、中间物和产物的行为，便于获得较全面的反应信息。但该方法是在检测前封装反应物与催化剂，得到的产物分布与流动反应器中观测的结果有很大的差别。

（2）流动体系 MAS 探头：至今还没有商业流动体系探头问世，但有几个实验室发表了自行设计的流动体系 MAS 探头。第一个流动体系 MAS 探头是 Hunger 和 Horvath 用一个商业 Bruker MAS 探头改进的[56]，将气体注入管接入 7 mm 的 NMR 转子盖子的中心并插入底部，气体流过催化剂床层，在转子的顶部流出。在正常流动压力下，气体可升温至 423 K，MAS 转速可达 3 kHz。他们又采用 GC 分析收集的产物[57]，这项研究可将流动体系中获得的 MAS NMR 结果与管式反应器比较。Goguen 和 Haw[58]基于一个使用 Pencil 转子的 Chemagnetics 探头设计了一个类似的探头，测试温度可提高到 532 K。此后，两种基于 MAH（magic-angle-hopping）原理的流动体系探头得到了报道[59, 60]，MAH 开展的是一个二维实验，第一域记录各向同性化学位移，第二域检测各向异性化学位移，转子的转速只需几赫兹。与 1D 实验相比，MAH 方法灵敏度大大降低且能研究的催化体系受到限制。Isbester 等[61]设计了流动变温 MAS 探头，改进了气流的隔离操作，把转子的驱动和支撑区域与流动区域分开，样品可加热到 573 K 以上，达到了一个流动体系 MAS 探头的基本要求。用该装置测试了六甲基苯在 2 kHz 转速时的 CP/MAS NMR 谱，并且原位观察了甲醇在 HZSM-5 分子筛上吸附反应过程，实现了流动状态下的 NMR 检测。

（3）高压探头：到目前为止，已采用三种方法获得了高压流动相 NMR 谱[62]：①蓝宝石 NMR 管，它可以用在商业 NMR 谱仪的探头中，获得高压 MAS NMR 谱，但用于制造样品管的蓝宝石结晶中存在微小的缺陷而不可预示压力的极限；②毛细管 NMR，将石英毛细管缠绕多圈后填充进商业 5 mm 或 10 mm NMR 样品管中，毛细管内体积很小，可以安全地获得高压；③金属容器，这种方法需要特殊的配置，采用非标准探头和压力容器。其中一个最佳设计是由 Toroid 检测器代替商业 NMR 谱仪探头中采用的 Helmholtz 检测器[63]，Toroid 检测器的特点是具有很大的固有线圈有效性并且可将射频场（$B_1$）全部包含在 Toroid 线圈内，大大减小了高压容器壁的磁偶合作用，从而可以设计出具有高信噪比和较小尺寸的高压容器并且最有效地检测出内含的样品。目前高压 Toroid NMR 探头可在 300 atm（1 atm = 1.01×$10^5$ Pa）和高到 250℃下操作，使得这些探头非常适宜原位研究一些催化过程。采用 Toroid 探头已检测了在各种溶剂中磷取代的羰基钴催化剂在催化和非催化条件下的 $^{31}$P NMR 谱，观察到了在氢和磷化氢存在和不存在时，各种物种与 CO 压力的依赖关系[64]。

### 8.5.2　原位 MAS NMR 研究催化反应机理

原位 $^{13}$C MAS 和 CP/MAS 方法是最常用的研究催化反应机理的手段之一。用原位 $^{13}$C MAS 方法研究催化苯和丙烯反应生成异丙苯的反应机理是一个典型的例子[65]。异丙苯是工业生产苯酚、丙酮和 $\alpha$-甲基苯乙烯的重要中间体，在微孔分子筛上，如 ZSM-5 和 ZSM-11，异丙苯生成的同时，总是伴随着向正丙苯的转化反应，后者是副反应，抑制或减少这种副反应是人们追求的目标。因此，深入了解异丙苯生成和转化的机理是十分必要的。原位反应器是采用封闭的 NMR 样品池和间歇式检测方法，由 NMR 谱图中反应物与产物共振峰的强度与初始状态反应物峰强度相比，可得到转化率和反应产率。当丙烯-2-$^{13}$C 或丙烯-1-$^{13}$C 吸附在 H-ZSM-11 上，与过量苯反应后，$^{13}$C 谱图中较弱的 128 ppm 谱峰为苯和异丙苯的芳碳共振峰，34 ppm 和 24 ppm 的共振峰分别为异丙苯的 $\alpha$-$^{13}$C 和 $\beta$-$^{13}$C，这表明丙烯与苯的烷基化反应是快速和完全的。而异丙苯在酸性催化剂上转化生成正丙苯取决于催化剂和反应条件，可能发生分子内和分子间转化[66, 67]，用 $^{13}$C 标记的反应物能很好地区分这两种途径。可进行两种简单的实验，见表 8-1。

表 8-1　$^{13}$C 标记的苯和异丙苯异构化反应机理[65]

注：● 代表 $^{13}$C 富集碳原子

第一个实验的反应物是 $^{13}$C 富集异丙苯中的芳环碳，异丙苯脂肪链和苯是天然丰度，若产物是富集的正丙苯和非标记的苯，则该反应为分子内转化；反之，若产物为 $^{13}$C 富集的苯和非标记的正丙苯，则表明反应为分子间转化。第二个实验的反应物是 $^{13}$C 富集苯，而异丙苯为天然丰度，分子内反应产生非标记的正丙苯和标记的苯，分子间反应生成标记的正丙苯和非标记的苯。由此，便可依靠产物的 $^{13}$C 化学位移值来确定其结构和推测反应机理。图 8-14 为异丙苯与苯 473 K 时在 HZSM-11 分子筛上反应的 $^{13}$C MAS NMR 谱，图 8-14（a）显示了 $^{13}$C 标记异丙苯和天然丰度的苯（非标记苯）为反应物，反应前可观察到 149 ppm 处的异丙苯上苯环的 $^{13}$C-1 峰；加热 60 min 后，异丙苯苯环的 $^{13}$C-1 峰完全消失，这说明异丙苯已转化成正丙苯，但无正丙苯苯环的 $^{13}$C-1 特征峰（143 ppm），而苯的共振峰很强，这说明生成了天然丰度的正丙苯和 $^{13}$C 富集的苯，反应途径为分子间转化。图 8-14（b）是 $^{13}$C 标记苯和天然丰度异丙苯的 $^{13}$C MAS NMR 谱，反应前观察不到天然丰度的异丙苯，加热到 60 min 时，在 143 ppm 出现了 $^{13}$C 富集正丙苯苯环的 $^{13}$C-1 共振峰，也证明了异丙苯异构化是分子间反应。异丙苯分子间异构化有 $S_N1$ 和 $S_N2$ 两条烷基转移途径，如图 8-15 所示[68]，$S_N1$ 转移是异丙苯断裂生成 2-丙基离子，重排生成不稳定的 1-丙基离子或环丙烷离子，最后生成正丙苯 [（1a）和（1b）]；$S_N2$ 路线的中间产物是 1, 2-二苯基-1-甲基乙烷。当分别用 $^{13}C$ 标记异丙苯烷基链的 $\alpha$-C 和 $\beta$-C 时，不同的反应机理形成正丙苯产物中 $^{13}C$ 的分布不同，如表 8-2 所示。对于两种标记的异丙苯，表 8-2 中反应经（1b）途径的产物是 $^{13}C$ 在正丙苯的 $\alpha$、$\beta$、$\gamma$ 位的机会相等；而反应经（1a）和（2）途径的产物分布相同，$\alpha$-$^{13}C$ 标记的异丙苯全部转化成 $\beta$-$^{13}C$ 标记的正丙苯，而 $\beta$-$^{13}C$ 标记的异丙苯转化成 $\alpha$-$^{13}C$ 和 $\gamma$-$^{13}C$ 标记的正丙苯，各占一半。

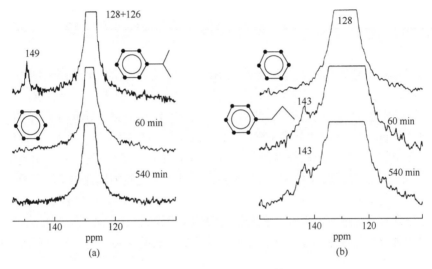

图 8-14　$^{13}C$ 标记异丙苯和非标记苯（a）和 $^{13}C$ 标记苯和非标记异丙苯（b）反应前后的 $^{13}C$ MAS NMR 谱[65]

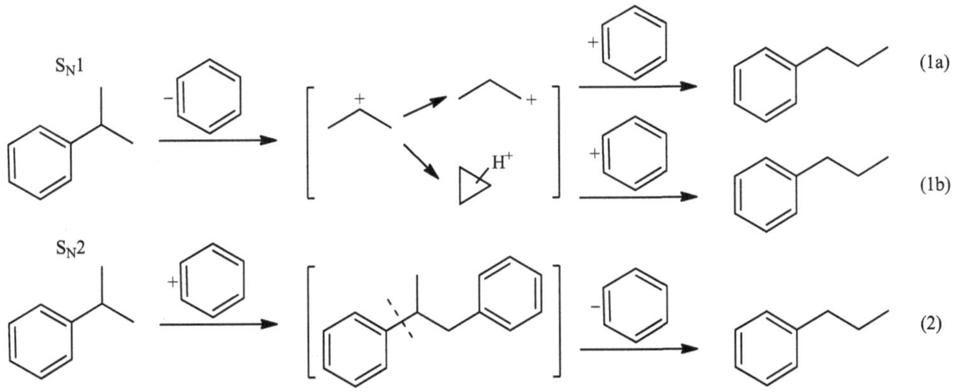

图 8-15　异丙苯转化为正丙苯的分子间烷基转移途径[68]

**表 8-2　不同 $^{13}$C 标记位的异丙苯异构化机理及产物正丙苯的 $^{13}$C 分布[65]**

| 反应途径 | (异丙苯结构) | (异丙苯结构) | |
|---|---|---|---|
| （1a） | 100% | 50% | 50% |
| （1b） | 33% | 33% | 33% |
| （2） | 100% | 50% | 50% |

注：● 为 $^{13}$C 标记碳原子

图 8-16 是 473 K 时异丙苯和苯在 HZSM-11 上反应的 $^{13}$C MAS NMR 谱，图 8-16（a）是 $\alpha$-$^{13}$C 标记的异丙苯与天然丰度苯（非标记苯）为反应物，反应前（上图）只出现 34 ppm 处 $\alpha$-$^{13}$C 的共振峰，反应 15 min 后，出现正丙苯的 $\beta$-$^{13}$C 特征峰（25 ppm），这说明是遵循机理（1a）或（2）；图 8-16（b）是 $\beta$-$^{13}$C 标记的异丙苯，反应前（上图）只出现 $\beta$-$^{13}$C 共振峰（24 ppm），反应 15 min 后，出现正丙苯的 $\alpha$-$^{13}$C 和 $\gamma$-$^{13}$C 共振峰（38 ppm 和 14 ppm），该结果也有力地证明了异丙苯转化成正丙苯是采用图 8-15 和表 8-2 中路线（1a）或（2）。进一步区分（1a）或（2）路线，是根据压力对反应速率的影响，通过改变 NMR 样品池的空体积来改变压力，结果发现，异丙苯异构化速率随压力变化而非线性增加，表明这必定是双分子反应，反应中间物是 1,2-二苯基-1-甲基乙烷，确定了异丙苯的异构化反应机理是分子间的 $S_N2$ 路线。为了弄清分子筛的内外表面对反应的贡献，将 HZSM-11 催化剂的外表面进行甲硅烷基化，定量分析 NMR 谱，发现异丙苯异构化的结果与原有的催化反应结果类似，这说明中孔分子筛中异丙苯异构化反应发生在晶体孔道内，即分子筛的内表面。由此可见，原位 MAS NMR 实验是研究反应机理的有效手段。

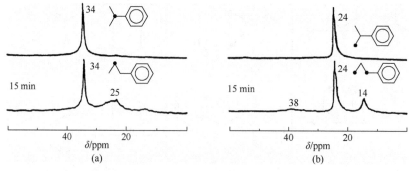

图 8-16　异丙苯和苯在 473 K HZSM-11 上反应前后的 $^{13}$C MAS NMR 谱[65]

（a）$\alpha$-$^{13}$C 标记异丙苯与非标记苯；（b）$\beta$-$^{13}$C 标记异丙苯与苯（苯/异丙苯 = 8）

# 8.6　MAS NMR 技术研究积炭引起的分子筛失活

在催化工业中，对催化剂不仅要求其具有高催化活性和选择性，而且具有高稳定性和长寿命。因此，催化剂失活是一个十分重要的技术和经济问题。在加氢裂化和甲醇转化等催化过程中，分子筛催化剂的积炭往往是降低催化剂活性进而使其失活的主要因素，深入了解催化剂失活的类型和失活速率及积炭的性质十分必要。积炭是指反应中生成的各种有机物沉积在催化剂表面从而引起催化剂的失活。积炭的形成和对分子筛的作用取决于分子筛的孔结构、反应物的性质和反应条件（温度、压力等）。例如，氢型丝光沸石的快速失活是由于孔道内积炭分子的存在，所有活性位不可能与反应物接触，这就是由孔堵塞而引起的分子筛失活[69]。而HY 和 HZSM-5 分子筛，虽然都有三维晶体结构，但积炭的性质及积炭和失活的速率完全不同[70]。HY 的积炭是非均匀的，最强的酸位首先受到积炭的影响，而HZSM-5 的活性位是等强度的，积炭是均匀的。这两种分子筛的积炭失活不能用孔的堵塞来解释，而是活性位中毒引起的。多种化学和物理技术可用来研究积炭的化学性质、组成、积炭位置、活性位数量的变化及分子筛失活的类型等，其中NMR 方法是最为重要的方法之一。固体高分辨 NMR 的发展，使得 $^{13}$C、$^{27}$Al、$^{29}$Si、$^{1}$H、$^{129}$Xe MAS NMR 等技术均可用来研究积炭引起的催化剂失活。

## 8.6.1　$^{13}$C MAS NMR 研究分子筛积炭

$^{13}$C 核 $I = 1/2$，天然丰度 1.10%，检测灵敏度是质子的 $1.59 \times 10^{-2}$，多用 $^{13}$C CP/MAS NMR 技术和高磁场研究分子筛积炭，其 $^{13}$C 化学位移范围为 0～300 ppm，由 $^{13}$C 谱峰位置区分积炭的类型，如脂肪碳、烯碳、芳香碳或聚芳烃等。因为不同类型碳的交叉极化效果不同，$^{13}$C CP/MAS NMR 谱无法用于定量确定积炭量。

1982 年，Derouane 等[71]首先用原位 $^{13}$C MAS NMR 方法确定了甲醇转化过程中的 HZSM-5 和 H-丝光沸石上的积炭。HZSM-5 上的积炭为分布较宽的脂肪族化合物（10～40 ppm）、一些芳香化合物（125～145 ppm）及直链及支链烯烃（150 ppm），其中支链烷烃多于直链烷烃；H 型丝光沸石上的积炭是分布较窄的脂肪烃（13～25 ppm），但芳香碳区很宽（130～170 ppm），这表明存在聚合芳烃。Derouane 等[72]研究了乙烯在 HZSM-5 分子筛上反应后积炭的 $^{13}$C CP/MAS NMR 谱，295 K 时乙烯在脱水 HZSM-5 上吸附和生成了直链烷烃聚合物（13.5 ppm、24.0 ppm 和 33.0 ppm），宽的谱峰显示了聚合物的谱线特征；分子筛吸水后经 573 K 处理的 $^{13}$C 谱峰明显窄化，说明高分子量的聚合物已裂解生成直链和支链低碳脂肪烷烃，同时还观察到了乙苯共振峰。上述结果说明积炭的性质与组成不仅与不同类型分子筛的结构有关，而且与反应物和反应条件密切相关。Lange 等[73]研究了乙烯在 H 型丝光沸石原位反应积炭的 $^{13}$C MAS NMR 谱，发现 500 K 以下低温和 500 K 以上积炭的结构不同，低温积炭多为直链和支链烷烃，高温积炭多为聚合芳烃；低温积炭不受分子筛中铝含量的影响，而高温积炭与铝含量有关。HZSM-5 分子筛上甲醇转化成烃类化合物的积炭研究还发现，只有部分碳原子可由 NMR 检测，随着积炭量的增大，可检测碳的百分含量减少。当积炭量为 0.85% 时，可检测到所有的积炭，当达到 23.6% 的最高积炭量时，只有 29% 的积炭可由 NMR 检测。损失的大部分 $^{13}$C 信号的原因是多方面的，其一是 $^1$H 的自旋-自旋弛豫时间太短而降低了 $^1$H→$^{13}$C 交叉极化的效率；其二是高积炭量时，在分子筛的外表面生成导电性的石墨结构，干扰了探头的调谐，降低了 $^{13}$C 检测灵敏度；其三是在高积炭量的结构中，含有芳环离域电子和缺陷位的顺磁中心特征，降低 $^1$H→$^{13}$C 交叉极化效率。能够由 NMR 检测的积炭基本上是在分子筛孔道内的，高含量积炭的分子筛表面物种主要是石墨，因此没有 NMR 信号。这些石墨堵塞了分子筛表面的孔口，阻碍了甲醇在通道内的扩散和产物扩散出孔道，从而使分子筛失活。不同类型分子筛上积炭的 $^{13}$C 信号损失程度也不同。

总之，由 $^{13}$C NMR 提供的信息基本上是积炭的化学特征，它取决于分子筛的孔结构、反应物的性质和反应温度等。在某些情况下，$^{13}$C NMR 可以提供积炭中间物的信息。然而，$^{13}$C NMR 方法研究积炭有其局限性，难以得到准确的积炭量数据，只有在轻微积炭或低温积炭的情况下，才可以粗略估计积炭量和确定积炭的性质，但不能区分分子筛孔道内和外表面的积炭[75]。

### 8.6.2 $^{29}$Si MAS NMR 和 $^{27}$Al MAS NMR 研究分子筛积炭

填充了孔道的积炭影响骨架 $^{29}$Si 和 $^{27}$Al 核的周围环境，而使其 MAS NMR 谱发生变化，因此 $^{29}$Si MAS NMR 和 $^{27}$Al MAS NMR 技术可用来研究分子筛积炭，提供积炭对分子筛骨架的影响。

1. $^{29}$Si MAS NMR

图 8-17 显示了 HZSM-5 分子筛积炭前后的 $^{29}$Si MAS NMR 谱[70]。当积炭在 10%（质量分数）以下时，$^{29}$Si 谱变化不大，当积炭到 16.5% 和 23.6% 时，谱峰移向低场，峰形发生扭曲并且谱线增宽，半峰宽由 143 Hz 增加到 218 Hz，峰形及位置类似含四丙基胺模板剂的 ZSM-5 分子筛（TPA-ZSM-5）的 $^{29}$Si 谱。随着积炭的增加，$^{29}$Si 信号迅速下降，由于分子筛中积炭取代了孔道中顺磁性氧，降低了 $^{29}$Si 和 $^1$H 的自旋-晶格弛豫速率，增大了 Si 的自旋-晶格弛豫时间 $T_1$，使得在一定的脉冲循环时间（如 10 s）内，磁化矢量不能充分弛豫，从而降低了信号强度。$^1$H→$^{29}$Si 交叉极化（$^{29}$Si

CP/MAS NMR）信号的增强与吸附物中氢的含量有关[71]，这一研究结果可以扩展到积炭的研究中，在积炭量由 0.85%变化到 9.6%时，$^{29}Si$ CP/MAS NMR 信号强度与积炭量也呈线性关系[70]，而积炭量为 23.6%时，$^{29}Si$ CP 信号强度只是积炭 9.6%时的一半，这是由于高积炭分子筛表面上生成大量石墨，$^{1}H$ 数目减少，降低了 $^{1}H{\rightarrow}^{29}Si$ 交叉极化效率。$^{29}Si$ CP 信号强度对应于每个晶胞中含氢原子数目，与积炭量（碳的数目）相比可以得到 H/C 值，在 HZSM-5 分子筛上测得的结果表明，积炭量为 0.8%时，H/C 值为 0.9，积炭量为 9.6%时，H/C 值为 0.5，积炭量为 23.6%时，H/C 值为 0.1[75]。

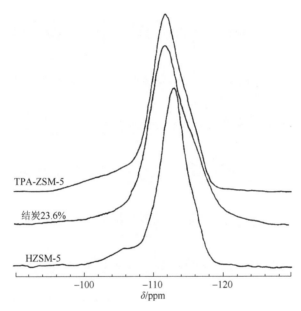

图 8-17　TPA-ZSM-5、积炭 23.6%的 HZSM-5 和空气中 HZSM-5 的 $^{29}Si$ MAS NMR 谱[75]

## 2. $^{27}Al$ MAS NMR

$^{27}Al$ MAS NMR 信号强度、位移、峰宽与积炭量密切相关。图 8-18 显示了积炭量对骨架 $^{27}Al$ 信号强度、宽度和化学位移的影响[75]，由三条曲线的变化规律看出，随积炭量增加，骨架 $^{27}Al$ 峰强度降低，峰宽增加，化学位移向高场移动，这是积炭分子取代了分子筛中水使水含量减少，而且使 Brönsted 酸位上 H$^{+}$在铝核周围停留更长的时间，从而改变了铝核周围的电场梯度而引起四极相互作用的加强和位移，它是自旋-自旋弛豫 $T_2$ 变短引起的谱线加宽与二阶四极相互作用的共同影响。积炭后 $^{27}Al$ 谱的变化与吸附烷烃和催化剂脱水效应很类似，随着 $^{27}Al$ 峰宽的增加，骨架 $^{27}Al$ 化学位移向高场移动[76]。当积炭量增大时，积炭分子覆盖了分子筛 Brönsted 酸位，改变了骨架铝的对称性且增加了 $^{27}Al$ 的四极偶合常数，$^{27}Al$

核四极偶合常数越大，$^{27}$Al 信号越弱，NMR 可观察到的铝核越少。这种情况下，催化剂失活主要是由 Brönsted 酸位中毒引起的。

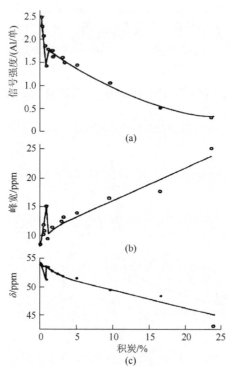

图 8-18　积炭含量对 $^{27}$Al NMR 信号强度（a）、峰宽（b）和化学位移（c）的影响[75]

　　图 8-19 是一种脱铝 HZSM-5 分子筛上丙酮转化期间的 $^{27}$Al MAS NMR 谱[77]，初始样品的 $^{27}$Al 谱出现两个共振信号 [图 8-19（a）]，60 ppm 的 A 信号为四配位骨架 Al，0 ppm 的 R 信号为非骨架 Al。当积炭量为 10.7% 时 [图 8-19（b）]，A 峰变宽，B 峰变成一个肩峰，若将催化剂部分氧化使积炭量降为 5.5% 时 [图 8-19（c）]，A 峰重新窄化，而 B 峰重新出现，只是强度比初始状态低，这种现象说明在 HZSM-5 分子筛上，非骨架铝物种参与了积炭的生成。在脱铝的 HY 分子筛上，正己烷裂解积炭样品的 $^{27}$Al MAS NMR 谱中，除了出现骨架铝和非骨架铝信号外，还出现了一个 30 ppm 共振峰，它归属为易变形和易碎的晶格铝，随积炭量增加，该峰强度增加，说明积炭后，引起某些骨架铝破碎，形成了 30 ppm 铝物种。因此，在相当高积炭量分子筛中，一些骨架铝也卷入了积炭的生成。

　　综合分析 $^{29}$Si 和 $^{27}$Al MAS NMR 实验结果，可以研究积炭对分子筛的影响、积炭后分子筛脱氧和脱水量，即积炭占有的体积，结合催化活性的测量，进而得到酸位中毒或孔道堵塞的催化剂失活的信息。

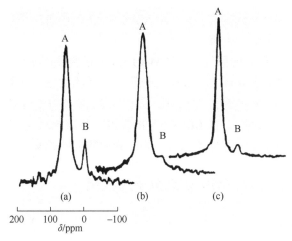

图 8-19　丙酮在 HZSM-5 上积炭行为的 $^{27}Al$ MAS NMR 谱[77]

（a）未积炭；（b）10.7%积炭；（c）5.5%积炭，部分氧化

### 8.6.3　$^1H$ MAS NMR 研究分子筛积炭

$^1H$ MAS NMR 也是研究分子筛积炭的有效方法，它可以提供积炭后分子筛中仍有活性的 Brönsted 酸位信息。通过脉冲场梯度的自扩散测量可以确定积炭的位置和孔内与外表面扩散的变化。当已知积炭量时，可通过 $^1H$ MAS NMR 谱确定 H/C 值，进而确定分子筛晶体孔道内和外表面上积炭化合物的性质。对分子筛中吸附分子进行 $^1H$ 自旋-晶格和自旋-自旋弛豫时间 $T_1$ 和 $T_2$ 的测量，可以得到积炭分子在分子筛孔道中的分布信息。Lechert 等[78]研究了不同脱铝程度的 HY 分子筛在 530 K 丁烯转化过程中的积炭情况，比较分子筛积炭前后吸附正丁烷和苯的能力及 $^1H$ 的 $T_1$ 和 $T_2$ 弛豫时间，分析积炭的性质。与积炭前样品相比，积炭后分子筛吸附正丁烷的能力降低不大，但 $^1H$ 的 $T_1$ 和 $T_2$ 值减小，表明吸附的正丁烷分子的重新取向运动受到很大阻碍，积炭附近分子的堆积发生了变化；吸附苯的情况恰恰相反，$^1H$ 的 $T_1$ 和 $T_2$ 值变化不大，表明积炭对苯分子的运动影响很小，但吸附能力却大大降低，说明苯分子主要位于分子筛孔道之间的窗口，分子绕着它们的二重轴运动，同时伴随着相邻位之间的跳跃。因此，可用吸附分子 $^1H$ 弛豫时间的测量结果来分析积炭分子在分子筛孔道中的分布。

$^1H$ MAS NMR 谱是测定积炭后仍有活性的 Brönsted 酸位数量的有力方法。Ernst 等[79]研究了 HZSM-5 分子筛积炭前后的 $^1H$ MAS NMR 谱，2.0 ppm 是 Si—OH 峰，4.2 ppm 是 B 酸中心，积炭前 B 酸相对含量很大，积炭后 B 酸的峰强降低，而 Si—OH 含量大大增加，而且还出现一个很大的宽峰，这是由积炭分子或由酸羟基与积炭分子强偶极相互作用所致。根据 B 酸峰强度的降低可以计算出积炭后

仍存在的活性 B 酸位的数量。参考 $^{27}$Al MAS NMR 谱中骨架铝积炭后的变化，分析出积炭使 B 酸位发生了中毒。

总之，在分子筛积炭的研究中，$^1$H MAS NMR 谱主要用于估算 B 酸位的数量，结合 $^{27}$Al MAS NMR 谱等确定积炭引起分子筛失活的类型。此外，测量吸附的探针分子的弛豫时间和脉冲梯度 $^1$H NMR 谱可以提供积炭在分子筛晶体孔道中的分布信息，当已知积炭量时，$^1$H MAS NMR 谱可以测量积炭前后的 H/C 值，但 $^1$H MAS NMR 谱测出的 H/C 值是含孔道内和外表面的全部积炭的数值。

### 8.6.4　吸附氙的 $^{129}$Xe NMR 研究分子筛积炭

测定不同分子筛在不同反应条件下积炭后的吸附氙 $\delta = f(n)$ 曲线，可获得分子筛结构和反应物性质对积炭影响的信息，确定积炭性质和积炭后分子筛结构的变化。

1988 年，Ito 等首先将 $^{129}$Xe NMR 技术用于正己烷及丙烯裂化的 HY 分子筛积炭研究[80]。图 8-20 显示了正己烷为反应物时 HY 分子筛不同积炭情况下 $^{129}$Xe 的 $\delta = f(n)$ 曲线。未积炭样品（HY）和积炭量 5.5%（He-5）曲线互相平行，说明

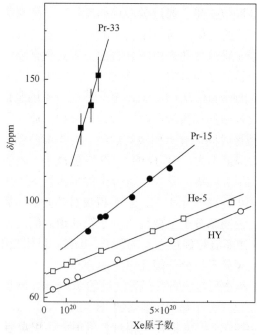

图 8-20　HY 分子筛吸附 Xe 的 $^{129}$Xe NMR 化学位移与 Xe 吸附量关系图[80]

HY：未积炭样品；He-5：己烷裂解生成 5.5%积炭样品；Pr-15 和 Pr-33：分别为丙烯裂解生成 15%和 33%积炭样品

二者的 $\delta = f(n)$ 曲线斜率相同，但 $\delta_{n \to 0}$ 值不同，He-5 直线 $\delta_{n \to 0}$ 值增大，表明氙在超笼间的扩散减少，积炭位于超笼之间的窗口上。当丙烯为反应物，积炭分别为 15%（Pr-15）和 33%（Pr-33）时，与未积炭样品相比，$\delta = f(n)$ 直线的斜率及 $\delta_{n \to 0}$ 均增加很大，根据积炭和未积炭样品斜率之比，可以计算出积炭为 15% 和 33% 的分子筛可吸附 Xe 的体积分别降低 52% 和 90%。这表明积炭后不仅分子筛孔体积大大降低而且部分积炭位于晶体的外表面，阻碍 Xe 进入超笼。33% 积炭样品的 $^{129}$Xe 谱出现两个峰，一个是很宽且低场位移很大的谱峰（157 ppm），为吸附在与积炭相连的超笼中的 $^{129}$Xe；另一峰出现在 10 ppm，与 Xe 压力无关，是吸附在分子筛孔道内积炭形成的中孔或微笼中的 $^{129}$Xe，这些结果直接显示了积炭的位置。

　　Barrage 等[81]系统地研究了庚烷裂解时失活的 HY 分子筛中积炭的分布。未积炭样品的 $\delta = f(n)$ 曲线在低 Xe 浓度时出现一个最低点，并且随温度升高 $\delta_{n \to 0}$ 增大，这是 Xe 与非骨架铝的强吸附位相互作用的特征，并且与非骨架 Al 有关，$^{27}$Al NMR 谱也证明了这一点。当积炭量为 3%、10.5% 和 15% 时，$\delta = f(n)$ 曲线全部变成直线，这表明最初始的积炭是位于或接近于非骨架 Al 物种，积炭阻碍了非骨架 Al 物种与 Xe 原子的相互作用，消除了曲线中的最低点。而且，当积炭量达到 3% 时，庚烷裂解的活性丧失一半多，这说明非骨架 Al 物种在反应初始对 HY 分子筛裂解活性起主导作用。低积炭量样品（3%）的 $\delta = f(n)$ 曲线斜率和 $\delta_{n \to 0}$ 随温度升高而发生变化，斜率变化较小，与初始样品相近，自由体积几乎不受影响，但 $\delta_{n \to 0}$ 增加了，说明 Xe 的扩散受阻，积炭初始是非均匀的并且主要沉积在超笼的窗口上；当积炭量增加到 10% 时，$\delta = f(n)$ 曲线的斜率和 $\delta_{n \to 0}$ 都增加，但与吸附温度无关，此时积炭的生成更均匀，且超笼内也生成积炭，将其直径减少到约为 Xe 原子的动态直径，温度升高，Xe 原子扩散未受到阻碍，所以斜率增加，但 $\delta = f(n)$ 曲线与温度无关；在积炭量很高时（15%），$^{129}$Xe 谱出现三条谱线，低场的一条宽峰，其化学位移值随 Xe 浓度呈线性变化，第二条谱线出现在 44 ppm，与 Xe 压力无关，0 ppm 峰是氙气的共振峰。三条谱线说明 Xe 吸附在不同的位置上，相互之间在 NMR 时域内没有交换。其 $\delta = f(n)$ 曲线斜率与 10.5% 积炭量的样品相同，但 $\delta$ 值增加很大，表明 Xe 的平均自由通道很小，Xe 扩散严重受阻，许多笼被积炭堵塞，积炭不仅大大减小了内部自由体积，而且在分子筛晶孔之间形成了微孔或中孔，斜率相同表明积炭主要影响晶孔的外表面。以同样的方法，人们对 HZSM-5 分子筛的积炭也进行了大量研究，确定了不同积炭量时积炭的分布[82-84]。

　　总之，分子筛吸附 Xe 后测定 $^{129}$Xe NMR 的 $\delta = f(n)$ 曲线，可以直接得到内部积炭位置及积炭量信息，能够显示分子筛结构和反应物性质对积炭和再生的影响。

# 8.7　结　束　语

综上所述，固体高分辨 NMR 技术在催化和无机材料科学的研究中有极其重要的应用，特别在催化剂结构、吸附位和活性位确定，以及通过反应物、中间产物和产物结构探索反应机理和反应动力学及解决催化过程中积炭等重大问题的研究中，原位固体高分辨 NMR 技术发挥了重要作用。将书中所提到的各项技术相结合及与其他谱学方法互补，能提供更完整的结构和机理信息和有意义的结论。然而，与液体高分辨 NMR 技术相比，固体 NMR 的测试和分析方法仍存在一些不够完善之处，该项技术还处在发展之中，仍有许多理论和技术问题需要解决。

## 参 考 文 献

[1]　Klinowski J. Chem Rev，1991，91（7）：1459-1479.

[2]　Bell A T，Pines A. NMR Techniques in Catalysis. New York：Marcel Dekker Inc，1994.

[3]　Fyfe C A，Feng Y，Grondey H，et al. Chem Rev，1991，91（7）：1525-1543.

[4]　Lippmaa E，Magi M，Samoson A，et al. J Am Chem Soc，1980，102（15）：4889-4893.

[5]　Klinowski J，Thomas J M，Audier M，et al. J Chem Soc，Chem Commun，1981，11：570-571.

[6]　Ivanova I I，Derouane E G. Stud Surf Sci Catal，1994，85：357-390.

[7]　Andrew E R，Bradbury A，Eades R G. Nature（London），1958，182（4650）：1659-4659.

[8]　Pines A，Gibby M G，Waugh J S. J Chem Phys，1973，59（2）：569-590.

[9]　Loewenstein W. Am Mineral，1954，39（1-2）：92-96.

[10]　Klinowski J，Ramdas S，et al. J Chem Soc，Faraday Trans，1983，2（78）：1025-1050.

[11]　Fyfe C A，Gobbi G C，et al. Chem Lett，1983，10：1547-1550.

[12]　Fyfe C A，Strobl H，Kokotailo T，et al. J Am Chem Soc，1988，110（11）：3373-3380.

[13]　Fyfe C A，Gobbi G C，Hartman J S. J Magn Res，1982，47（1）：168-173.

[14]　Klinowski J，Thomas J M，Fyfe C A. Inog Chem，1983，22（1）：63-66.

[15]　Timken H K C，Turner G L，Gilson J P，et al. J Am Chem Soc，1986，108（23）：7231-7235.

[16]　Kentgens A P M，Lemmens J J M，Geurts F M. J Magn Reson，1987，71（1）：62-74.

[17]　Ganapathy S，Schramm S，Oldfield E. J Chem Phys，1982，77（9）：4360-4365.

[18]　Samson A，Lippmaa E. J Magn Reson，1989，84（2）：410-416.

[19]　Mueller K T，Wu Y，Chmelka B F，et al. J Am Chem Soc，1991，112（1）：32-38.

[20]　Frydman L，Harwood J S. J Am Chem Soc，1995，117（19）：5367-5368.

[21]　Massiot D，Touzo B，Trumeau D，et al. Solid State NMR，1996，6（1）：73-83.

[22]　Amoureux J P，Bauer F，Ernst H，et al. Chem Phys Lett，1998，285（1）：10-14.

[23]　Wang S H，Xu Z，Baltisberger J H，et al. Solid State NMR，1997，8（1）：1-16.

[24]　Hunger M，Sarv P，Samoson A. Solid State NMR，1997，9（2-4）：115-120.

[25]　Rocha J，Kolodziejski W，He H Y，et al. J Am Chem Soc，1992，114（12）：4884-4888.

[26]　Okuhara T，Nishimura T，Watanabe H，et al. J Mol Catal，1992，74（1-3）：247-256.

[27]　Brunner E. J Mol Struct，1995，355（1）：61-85.

[28]　Pfeifer H，Freude D，Hunger M. Zeolites，1985，5（5）：274-286.

[29]　Decanio E C，Edwards J C，Bruno J W. J Catal，1994，148（1）：76-83.

[30]　Munson E J，Murray D K，Haw J F. J Catal，1993，141（2）：733-736.

[31]　Zhang W，Ma D，Liu X，et al. J Chem Soc，Chem Commun，1999，12：1091-1092.

[32]　Hunger M. Catal Rev-Sci Eng，1997，39（4）：345-393.

[33]　Freude D，Froehlich T，Hunger M，et al. Chem Phys Lett，1983，98（3）：263-266.

[34]　Uytterhoeven J B，Christner L G，Hall W K. J Phys Chem，1965，69（6）：2117-2126.

[35]　邓风，杜有如，叶朝辉，等. 自然科学进展，1994，4（6）：817-822.

[36]　Haw J F，Hall M B，Alvarado-Swaisgood A E，et al. J Am Chem Soc，1994，116（16）：7308-7318.

[37]　Biaglow A I，Gorte R J，Kokotailo G T，et al. J Catal，1994，148（2）：779-786.

[38]　Brunner E，Pfeifer H，Wutscherk T，et al. Z Phys Chem，1992，178（2）：173-178.

[39]　Maciel G E，Haw J F，Chuang I S，et al. J Am Chem Soc，1983，105（17）：5529-5535.

[40]　Lunsford J H，Rothwell W P，Chen W. J Am Chem Soc，1985，107（6）：1540-1546.

[41]　Coster D J，Bendana A，Chen F R，et al. J Catal，1993，140（2）：497-509.

[42]　邓风，岳勇，杜有如. 催化研究中的原位技术. 北京：北京大学出版社，1993.

[43]　杜有如，杨瑞华. 石油化工，1991，20（10）：718-731.

[44]　薛志元，戴森林，李全芝. 催化研究中的原位技术. 北京：北京大学出版社，1993.

[45]　Mirth G，Lercher J A，Anderson M W. J Chem Soc，Faraday Trans，1990，86（17）：3039-3044.

[46]　Anderson M W，Barrie P J，Klinowski J. J Phys Chem，1991，95（1）：235-239.

[47]　Anderson M W，Klinowski J. J Chem Soc，Chem Commun，1990，13：918-920.

[48]　Bonardet J L，Fraissard J. Catal Rev-Sci Eng，1999，41（2）：115-225.

[49]　Moudrakovski I L，Ratcliffe C I，Ripmeester J. Appl Magn Reson，1995，8（3-4）：385-399.

[50]　Chen Q J，Springuel-Huet M A，Fraissard J，et al. J Phys Chem，1992，96（26）：10914-10917.

[51]　Shoemaker R，Apple J. J Phys Chem，1987，91（15）：4024-4029.

[52]　Gedeon A，Ito T，Fraissard J. Zeolites，1988，8（5）：376-380.

[53]　Liu S B，Ma L J，Lin M W. J Phys Chem，1992，96（20）：8120-8125.

[54]　Carpenter T A，Klinowski J，Tennakoon D T B. J Magn Reson，1986，68（3）：561-563.

[55]　Haw J F，Richardson B R，Oshiro I S. J Am Chem Soc，1989，111（6）：2052-2058.

[56]　Hunger M，Horvath T. J Chem Soc，Chem Commun，1995，14：1423-1424.

[57]　Hunger M，Horvath T. J Catal，1997，167（1）：187-197.

[58]　Goguen P，Haw J F. J Catal，1996，161（2）：870-872.

[59]　Macnamara E，Raftery D. J Catal，1998，175（1）：135-137.

[60]　Keeler D A，Xiong J，Lock H，et al. 215th National Meeting of the American Chemical Society. Dallas，TX，1998：48-52.

[61]　Isbester P K，Zalusky A，et al. Cataly Today，1999，49：363-375.

[62]　Helm L，Merbach A E，Pavell D H. High-pressure Techniques in Chemistry and Physics：A Practical Approach. Oxford：Oxford Press，1997.

[63]　Rathke J W. J Magn Reson，1989，85（1-3）：150-155.

[64]　Kramarz K W，Klingler R J，Fremgen D E，et al. Catal Today，1999，49（4）：339-352.

[65]　Derouane E G，He H Y，Hamid S B D，et al. Catal Lett，1999，58（1）：1-19.

[66]　Best D，Wojciechowski B W. J Catal，1977，47（1）：11-27.

[67]  Fukase S, Wojciechowski B W. J Catal, 1988, 109（1）: 180-186.

[68]  Jacobs P A. Carboniogenic Activity of Zeolites. New York: Elsevier, 1977.

[69]  Magnoux P, Cartraud P, Mignard S, et al. J Catal, 1987, 106（1）: 242-250.

[70]  Derouane E G. Stud Surf Sci Catal. Amsterdam: Elsevier Science B.V., 1985, 20: 221.

[71]  Derouane E G, Gilson J P, Nagy J B. Zeolites, 1982, 2（1）: 42-46.

[72]  Derouane E G, Gilson J P, Nagy J B. J Mol Catal, 1981, 10（3）: 331-340.

[73]  Lange J P, Gutsze A, Karge H G. Appl Catal, 1988, 45（2）: 345-356.

[74]  Bonardet J L, Barrage M C, Fraissard J. J Mol Catal, A: Chem, 1995, 96（2）: 123-143.

[75]  Meinhold R H, Bibby D M. Zeolites, 1990, 10（3）: 146-150.

[76]  Meinhold R H, Bibby D M. Zeolites, 1990, 10（2）: 74-84.

[77]  Bonardet J L, Barrage M C, Fraissard J. Proc 9th Int Zeolite Conf. Butterworh-Heinemann, 1993, Vol II: 475-476.

[78]  Lechert H, Basler W D, Jia M. Catal Today, 1988, 3（1）: 23-30.

[79]  Ernst H, Freude D, Hunger M, et al. Stud Surf Sci Catal, 1991, 65: 397-404.

[80]  Ito T, Bonardet J L, Fraissard J, et al. Appl Catal, 1988, 43（1）: L5-L11.

[81]  Barrage M C, Bonardet J L, Fraissard J. Catal Lett, 1990, 5（2）: 143-154.

[82]  Tsiao C, Dybowski C, Gaffney A M, et al. J Catal, 1991, 128（2）: 520-525.

[83]  Barrage M C, Bauer F, Ernst H, et al. Catal Lett, 1990, 6（2）: 201-208.

[84]  Campbell S M, Bibby D M, Coddington J M. J Catal, 1996, 161（1）: 350-358.

作者简介 ————————————————————————

　　**贺鹤勇**，男，1962 年生。教授、博士生导师。教育部"长江学者"特聘教授，国家杰出青年科学基金获得者。1984 年毕业于复旦大学化学系，获理学学士学位。1984～1989 年任复旦大学化学系助教。1989～1990 年英国伦敦帝国理工学院化学系访问学者。1990～1993 年师从 J. Klinowski 教授，在英国剑桥大学化学系攻读并获理学博士学位。毕业后任剑桥大学化学系固体核磁共振实验室 Manager。1997～2000 年任英国利物浦大学化学系 Leverhulme 催化中心 Principal
Scientist。2000 年起任复旦大学化学系教授，博士生导师，现任 *J. Molecular Catalysis A: Chemical* 编委会委员，《催化学报》编委会委员，《波谱学报》编委会委员，中国化学会催化专业委员会委员，中国物理学会波谱学专业委员会委员，国务院学位委员会第六、七届学科评议组化学组成员。主要科研工作为多相催化和固体核磁共振。已发表学术论文 300 余篇，他引 11000 余次。

作者简介

　　**韩秀文**，女。1964 年毕业于北京理工大学，曾任中国科学院大连化学物理研究所催化基础国家重点实验室研究员，博士生导师，全国波谱专业委员会委员，《波谱学杂志》编委。

　　长期从事 NMR 波谱学和结构化学研究工作。1987～1988年赴瑞士、联邦德国进修现代脉冲 NMR 理论和实验技术，回国后一直工作在国内高场和现代脉冲 NMR 研究领域，承担完成了多项国家基础性重大项目、国家自然科学基金、国际合作、中国科学院重点及省市科委科研项目。从事了二维NMR 和固体高分辨 NMR 波谱学研究，在有机化合物及天然产物结构研究、新铂抗癌药物及功能性皂苷的合成及结构、生物分子溶液构象研究、天然及合成高分子材料结构研究、均相催化、不对称催化机理、固体催化剂结构、性质及催化机理的原位研究等方面取得了一系列卓有水平的研究成果。250 余篇研究论文发表在国际和国内重要学术刊物上，申请了多项发明专利。曾先后多次赴瑞士、德国、美国、日本等国和中国香港、中国台湾等地进修和开展合作研究。培养和协助年轻导师培养了多名博士研究生。

　　**主编注：**

　　为了与时俱进，跟上现代科学技术的进步，本章是复旦大学化学系贺鹤勇教授在中国科学院大连化学物理研究所韩秀文、张维萍、包信和教授于 2008 年为《现代催化研究方法》一书撰写的核磁共振方法基础上，经过重新梳理加工并将前七届学习班的 PPT 新内容和近年来新的研究结果追加进来融合而成新的一章，纳入本书。希望和大家共享！

# 第 9 章

## 表面分析技术基础

盛世善

　　表面科学是 20 世纪 60 年代发展起来的一门学科，现已成为国际上最活跃学科中的一员。固体材料表面的组成、结构及化学状态等与体相有很大的差别，而固体材料表面的特性对材料的化学与物理性能产生影响。当前随着材料科学、能源科学、催化科学、环境科学、信息技术等及其相关产业的快速发展，对表面分析的需求日渐增加。同时，随着计算机技术、超高真空技术、精密机械加工技术、高灵敏度电子测量技术的高速发展，表面分析技术也取得了长足进步。

　　常见的表面分析技术有：X 射线光电子能谱（XPS）、俄歇电子能谱（AES）、紫外光电子能谱（UPS）、低能离子散射谱（LEISS）、二次离子质谱（SIMS）等。而 XPS、UPS、AES 与 ISS 可在同一台谱仪中实现，用同一个电子能量分析器。

# 9.1　关 于 表 面

### 1. 表面的定义

　　两种异态物质之间紧密接触层被称为界面，而物体与真空或气体接触的界面称为表面，现表面分析方法着重研究的是固体表面，即气-固两相的界面（在特殊情况下也可研究某些特殊的液态物质的所谓表面，如离子液体）。

### 2. 表面层的厚度

　　表面层的厚度是指固体最顶层的单原子层？固体外表最上面的几个原子层？或是厚度达几微米的表面层？说法不一。

　　一般认为，表面层为一到两个单层（单原子或分子层），表面分析的信息来自零点几纳米到几纳米深处。

　　对金属而言，在表面 $1\ cm^2$ 表面层区域内约有 $10^{15}$ 个原子，而在 $1\ cm^3$ 的立方体内的原子总数约为 $10^{23}$ 个原子，所以表面与本体原子的百分数为 $10^{-6}\%$。

### 3. 表面的特性

　　固体的表面性质在很大程度上受材料固态特性的影响，但表面是固体的终端，是晶体三维周期结构与真空间的过渡区，其物理、化学性质与体相不同。在稳定状态，即动力学与热力学平衡的前提下，表面的化学组成、原子排列、原子振动状态均有别于体相。

　　由于表面向外一侧无邻近原子，表面上存在不饱和的化学键，形成悬挂键，故表面有很活泼的化学性质。同时固体内部的三维周期结构也在此中断，致使表面原子的电子状态也有异于体相。

表面分析是研究表面的形貌、化学组成、原子结构（或原子排序）、原子态（原子运动与状态）、电子态（电子结构）等信息的实验技术。

### 4. 真实表面的保持

在通常的大气环境下，一个新鲜的表面很快就被组成大气的各类气氛所沾污。表 9-1 列出了常温（25℃）不同压强下，氮分子在一表面上形成单层的时间。表 9-2 则表示在不同压强下气体分子所呈现的物理状态。

**表 9-1  常温下空气中 $N_2$ 分子的几个参量**

| 气体压强/torr | 平均自由程/cm | 分子密度/(个/cm³) | 分子碰撞率/[个/(cm²·s)] | 形成单层时间/s |
|---|---|---|---|---|
| 760 | $6.7 \times 10^{-6}$ | $2.46 \times 10^{19}$ | $2.9 \times 10^{23}$ | $2.9 \times 10^{-9}$ |
| 10 | $5.1 \times 10^{-4}$ | $3.25 \times 10^{17}$ | $3.8 \times 10^{21}$ | $2.2 \times 10^{-7}$ |
| $10^{-3}$ | 5.1 | $3.25 \times 10^{13}$ | $3.8 \times 10^{17}$ | $2.2 \times 10^{-3}$ |
| $10^{-6}$ | $5.1 \times 10^3$ | $3.25 \times 10^{10}$ | $3.8 \times 10^{14}$ | 2.2 |
| $10^{-9}$ | $5.1 \times 10^6$ | $3.25 \times 10^7$ | $3.8 \times 10^{11}$ | $2.2 \times 10^3$ |
| $10^{-14}$ | $5.1 \times 10^{11}$ | $3.25 \times 10^2$ | $3.8 \times 10^6$ | $2.2 \times 10^8$ |
| $10^{-17}$ | $5.1 \times 10^{14}$ | 0.325 | $3.8 \times 10^3$ | $2.2 \times 10^{11}$ |

注：1 torr≈133.32 Pa

当一物体处于压强 $10^{-4}$ Pa、温度 300 K、$N_2$ 气氛中，每秒在每平方厘米的表面上会有 $3.88 \times 10^{14}$ 个分子的碰撞，而典型的固体表面约为 $10^{15}$ 原子/cm²。所以，在 $10^{-4}$ Pa 的环境下，几秒就可盖满一个单层。

**表 9-2  不同压强下气体分子所呈现的物理状态**

| 真空区域 | 压强范围/Pa | 物理现象 |
|---|---|---|
| 低真空 | $10^3$～大气压 | $\lambda < d$，气体分子间碰撞 |
| 中真空 | $10^{-1}$～$10^3$ | $\lambda = d$，气体分子间及气体分子与容器器壁的碰撞 |
| 高真空 | $10^{-6}$～$10^{-1}$ | $\lambda > d$，气体分子与容器器壁的碰撞 |
| 超高真空 | $10^{-10}$～$10^{-6}$ | 形成单分子层时间较长 |
| 极高真空 | 低于 $10^{-10}$ | 容器内分子数目较少 |

注：$\lambda$ 为分子平均自由程；$d$ 为容器（假设为筒形或球形）直径

表面被覆盖满一单层称为 1 Langmuir（简称 L），而 1 L 约为 $10^{-4}$ Pa·s。

超高真空范围为 $10^{-10}\sim10^{-6}$ Pa，所以只有在超高真空的环境下才能使一较为真实的表面在相当长的时间内（$10^2\sim10^6$ s）得以保持，以完成一次真正的表面分析。同时也使在实验中的出射粒子（主要是电子）尽量少与气体分子碰撞，从而能量无损地到达能量分析器。

所以说，没有超高真空就没有表面科学！

现各类出版物对压强单位的标定不完全一致，故在此列出常用压强单位换算表供参照，见表 9-3。

**表 9-3　常用压强单位换算表**

| | 帕/Pa | 托/torr | 微米汞柱/μmHg | 微巴/μbar | 毫巴/mbar | 大气压/atm | 工程大气压/atm | 英寸汞柱/inHg | 磅/英寸²/(lb/in²) |
|---|---|---|---|---|---|---|---|---|---|
| 1 Pa | 1 | $7.5\times10^{-3}$ | 7.5 | 10 | $10^{-2}$ | $9.86923\times10^{-6}$ | $1.0197\times10^5$ | $2.953\times10^{-4}$ | $1.450\times10^{-4}$ |
| 1 torr | 133.32 | 1 | $10^3$ | 1333.2 | 13322 | $1.31579\times10^{-3}$ | $1.3595\times10^{-3}$ | $3.937\times10^{-2}$ | $1.934\times10^{-2}$ |
| 1 μmHg | 0.13332 | $10^{-3}$ | 1 | 1.3332 | $1.3332\times10^{-3}$ | $1.31579\times10^{-6}$ | $1.3595\times10^{-6}$ | $3.937\times10^{-5}$ | $1.934\times10^{-5}$ |
| 1 μbar | $10^{-1}$ | $7.5\times10^{-4}$ | $7.5\times10^{-1}$ | 1 | $10^{-3}$ | $9.86923\times10^{-7}$ | $1.0197\times10^{-6}$ | $2.953\times10^{-5}$ | $1.450\times10^{-5}$ |
| 1 mbar | $10^2$ | $7.5\times10^{-1}$ | $7.5\times10^2$ | $10^3$ | 1 | $9.86923\times10^{-4}$ | $1.0197\times10^{-3}$ | $2.953\times10^{-2}$ | $1.450\times10^{-2}$ |
| 1 atm | 101325 | 760 | $760\times10^3$ | $1013.25\times10^3$ | 1013.25 | 1 | 1.0333 | 29.921 | 14.696 |
| 1 atm | 98066.3 | 735.56 | $735.56\times10^3$ | 980663 | $980663\times10^{-3}$ | 0.967839 | 1 | 28.959 | 14.223 |
| 1 inHg | 3386 | 25.4 | $25.4\times10^3$ | $3.386\times10^4$ | 33.86 | $3.342\times10^{-2}$ | $3.453\times10^{-2}$ | 1 | $4.912\times10^{-1}$ |
| 1 lb/in² | 6896 | 51.715 | $51.716\times10^3$ | $6.3895\times10^4$ | 68.95 | $6.805\times10^{-2}$ | $7.031\times10^{-2}$ | 2.086 | 1 |

不同的表面分析方法其原理与所获信息都不同，表 9-4 与图 9-1 示出几种常用表面分析方法与所能提供的信息。

**表 9-4　几种常用表面分析技术的检测信息**

| 分析技术 | 检测信号 | 元素范围 | 信息深度 | 主要携带信息 |
|---|---|---|---|---|
| SIMS 二次离子质谱 | 二次离子 | H-U | $0.5\sim300$ nm | 化学成分 化学结构 |
| TOF-SIMS 飞行时间二次质谱 | 二次离子 | 所有元素 | 200 nm（扫描模式） | 化学成分 化学结构 |

续表

| 分析技术 | 检测信号 | 元素范围 | 信息深度 | 主要携带信息 |
|---|---|---|---|---|
| AFM/STM<br>原子力/扫描隧道显微镜 | 原子力<br>隧穿电流 | 固体表面 | 最上层原子 | 物理形貌 |
| ISS<br>离子散射谱 | 离子 | He~U | 单层 | 原子结构 |
| AES/SAM<br>俄歇电子能谱/扫描俄歇微探针 | 俄歇电子 | Li~U | 0.5~10 nm | 化学组成<br>化学态 |
| UPS<br>紫外光电子能谱 | 光电子 | Li~U | 0.5~10 nm | 价带结构 |
| ESCA，XPS<br>X 射线光电子能谱 | 光电子 | Li~U | 0.5~10 nm | 化学组成<br>化学态 |

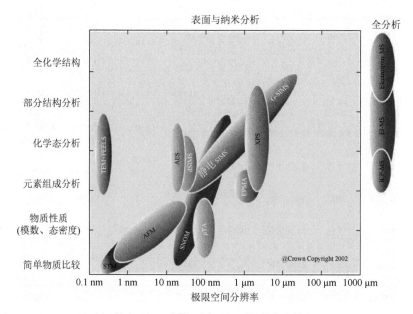

图 9-1　几种常用表面分析方法提供的信息内容与范围

XPS——X 射线光电子能谱（X-ray photoelectron spectroscopy）。一定能量的 X 射线光子轰击样品表面，从表面组成原子的核外电子轨道激发出电子，测量出射电子的动能，可精确确定出射电子的结合能，以确定表面的元素组成及该元素所处的化学环境（化学态）。

AES——俄歇电子能谱（Auger electron spectroscopy）。除了使用千电子伏的电子束轰击样品表面外，与上述过程大致相似，可确定表面的元素组成。

UPS——紫外光电子能谱（ultra-violet photoelectron spectroscopy）。与 XPS 原理一致，以一定能量的紫外光光子辐照样品表面，从表面组成原子的价电子轨道激发出电子，测量出射电子的动能，以获得样品表面价带谱线，从而可得样品功函数、费米与真空能级、最高分子占用轨道、最高分子占用态等信息。

SIMS——二次离子质谱（secondary ion mass spectroscopy）。SIMS 有两种形式，即动态和分子 SIMS。高能（keV）初级离子束轰击表面，使用质谱仪分析出射的二次原子和团簇离子。

ISS——离子散射谱（ion scattering spectroscopy）。使用离子束轰击表面，离子束被表面的原子散射，通过测量离子的散射角和能量，用来计算目标样品的组成和表面结构。

EELS——电子能量损失谱（electron energy loss spectroscopy）。低能（几 eV）电子轰击表面并激发振动，检测与激发的振动相关的电子能量损失。

INS——非弹性中子散射（inelastic neutron scattering）。中子轰击表面，由于激发振动而发生能量损失。对含有氢键的样品效率最高。

LEED——低能电子衍射（low energy electron diffraction）。低能（几十 eV）电子束轰击表面，电子被表面结构衍射，从而能够推断其结构。

STM——扫描隧道显微镜（scanning tunnelling microscopy）。在表面上方非常近的距离处，在导电表面上扫描尖锐的针尖，监测表面和针尖之间的电子电流，可产生高空间分辨率的表面物理和电子密度图。

AFM——原子力显微镜（atomic force microscopy）。与 STM 类似，但可适用于非导电表面，监测表面和针尖之间产生的力，产生表面形貌图。

在应用表面分析技术时应记住这两个原则：①在任何情况下，重要的是必须了解待研究材料的特性、所需获得的信息、使用分析手段的能力和局限性；②不要奢望仅采用一种技术（包括现行所有常用的分析与表征技术）能解决、解释与满足全部需求。

# 9.2　X 射线光电子能谱（XPS）

X 射线光电子能谱全称为 X-ray photoelectron spectroscopy（XPS），早期也被称为 ESCA（electron spectroscopy for chemical analysis），是一种使用电子能谱仪测量 X 射线光子辐照样品表面所产生的光电子和俄歇电子能量分布的方法。

## 9.2.1　XPS 历史进程[1-3]

赫兹（Hertz）在 19 世纪 80 年代注意到，在光辐照下电气系统中的金属接触有增强火花的能力。哈尔瓦克（Hallwachs）于 1888 年观察到，当锌板暴露在紫外（UV）光下时，带负电的锌板会失去电荷，但带正电的锌板不受影响。1899

年，汤普森（Thompson）发现，光照下的锌板有亚原子粒子（电子）被发射出来。最后，在 1905 年，爱因斯坦（Einstein）利用普朗克（Planck）1900 年的能量量子化的概念，正确解释了所有这些观察到的现象，是光源的光子直接将能量转移到原子内的电子，致使无能量损失的电子出射。普朗克因对能量量子化概念的贡献在 1918 年获得诺贝尔奖。而爱因斯坦由于解释了光电效应于 1921 年获得诺贝尔奖。简要发展历程如图 9-2[4]所示。

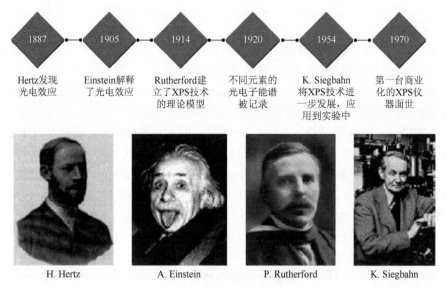

图 9-2　XPS 的发展历程

1954 年，瑞典皇家科学院院士、Uppsala 大学物理研究所所长 K. M. Siegbahn 教授（其父为 1924 年诺贝尔奖得主 Manne Siegbahn 教授）研制出世界上第一台光电子能谱设备（用 Cu $K_{\alpha_1}$ 激发源，$\lambda = 0.15418$ nm，$h\nu \approx 8042.6$ eV，其实还不能算现代概念的表面分析仪），如图 9-3 所示，精确测定了元素周期表中各种原子的内层电子结合能。

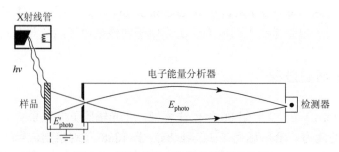

图 9-3　早期光电子能谱仪原理示意图

直到 20 世纪 60 年代，他们在硫代硫酸钠的研究中发现 S 原子周围化学环境的不同，会引起 S 内层电子结合能（S 2p）的显著差异后[5]，如图 9-4、图 9-5

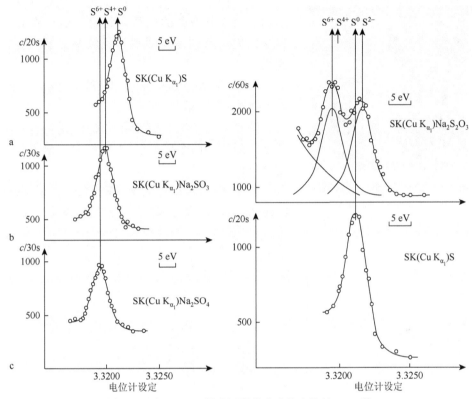

图 9-4　用 Cu $K_{\alpha_1}$ 激发源激发含硫化合物的 S 2p 谱

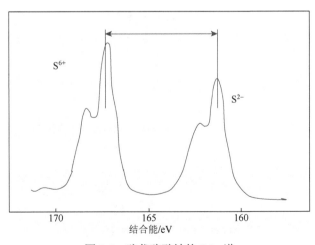

图 9-5　硫代硫酸钠的 S 2p 谱

图 9-6　K. M. Siegbahn 教授获
1981 年诺贝尔物理学奖

所示，$S^{6+}$ 的 S 2p 与 $S^{2-}$ 的 S 2p 的电子结合能差了约 6 eV，光电子能谱才引起科学界的广泛关注。

原子内层电子结合能的变化可以提供分子结构、化学态方面的信息。此后，XPS 在表面科学研究，特别是材料科学领域得到了广泛的应用。

为此，K. M. Siegbahn 教授获得了 1981 年的诺贝尔物理学奖，见图 9-6。

图 9-7 为三氟乙酸乙酯的 C 1s 谱。有着不同基团配位的四个碳原子的 1s 峰呈现出不同的化学位移。

图 9-8 为含碳有机物 PET（poly-ethylene terephthalate），聚对苯二甲酸乙二酯表面的 C 1s

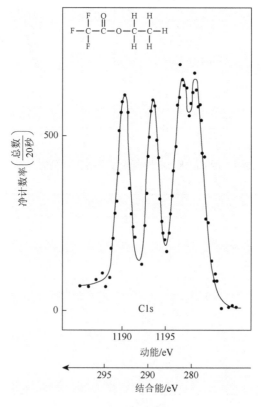

图 9-7　三氟乙酸乙酯的 C 1s 谱

与 O 1s 谱[6]，明显地分出了不同化学态的三个碳物种与两个氧物种，这进一步说明 XPS 能提供样品表面元素的化学态信息。

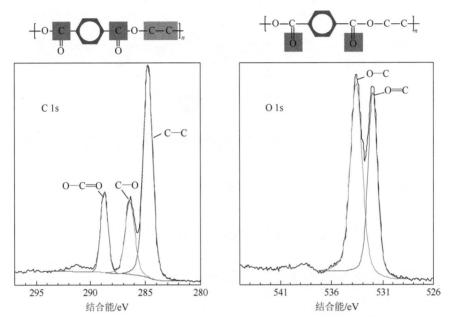

图 9-8  PET 的 C 1s 与 O 1s 谱

## 9.2.2  XPS 基本原理

1. 基本原理

XPS 的基本原理就是光电效应，或称为光致发射、光电离。

样品被特征能量的光子辐照，测量样品出射的光电子的动能，从中获得所需信息。

原子中不同能级上的电子具有不同的结合能。当一束能量为 $h\nu$ 的入射光子与样品中的原子相互作用时，单个光子把全部能量给原子中某壳层（能级）上一个受束缚的电子。

如果光子的能量大于电子的结合能 $E_b$，电子将脱离原来受束缚的能级，剩的能量转化为该电子的动能。这个电子最后以一定的动能从原子中发射出去，成为自由电子，原子本身则成为激发态的离子。图 9-9 为 X 射线激发出氧原子核外 K 能级的 O 1s 电子示意图，图 9-10 为 X 射线激发 Cu 样品表面出射各能级电子的示意图。

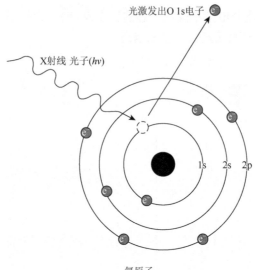

图 9-9　X 射线激发氧原子核外 O 1s 电子示意图

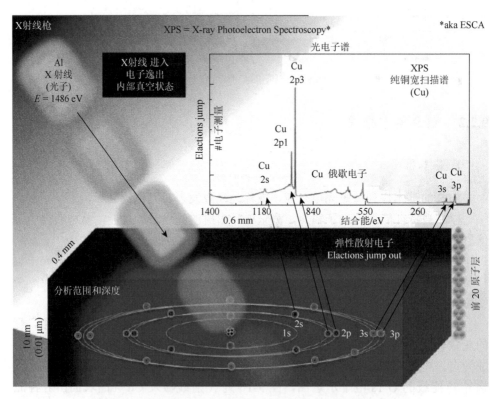

图 9-10　X 射线激发 Cu 样品表面出射各能级电子的示意图

　　导电样品与谱仪有良好的电接触并共同接地，这使样品与谱仪的费米能级处于相同的能级，如图 9-11 所示[7]。而对绝缘样品，样品与谱仪的费米能级不处于相同的能级，如图 9-12 所示[7]。

　　从激发到发射的光电发射过程极快（$10^{-16}$ s）。这个过程的基本物理概念可以由爱因斯坦方程描述，简单地表述为

$$E_k = hv - E_b - \Phi_{sp}\tag{9-1}$$

式中，$E_k$ 为出射的光电子的动能，eV；$hv$ 为 X 射线源光子的能量，eV；$E_b$ 为特定原子轨道上的结合能，eV；$\Phi_{sp}$ 为谱仪的功函数，eV（谱仪的功函数主要由谱仪材料和状态决定，对同一台谱仪基本是一个常数，而与样品无关，其平均值为 $3\sim5$ eV）。

　　图 9-13 为金原子核外各壳层电子结合能，目前所常用的 X 射线源其光子能量（Mg $K_\alpha$ = 1253.6 eV，Al $K_\alpha$ = 1486.6 eV）仅能激发出 4 s 能级以外各壳层的电子，比 4 s 更内层的电子则无法被激发出。

　　图 9-14 为常见的纯金样品表面 XPS 全扫描谱，可以观察到 Au 4s 能级以外各能级的光电子峰。

　　其实，当光子作用于样品表面原子使某壳层的电子出射的同时，还会伴随次级（弛豫）过程。

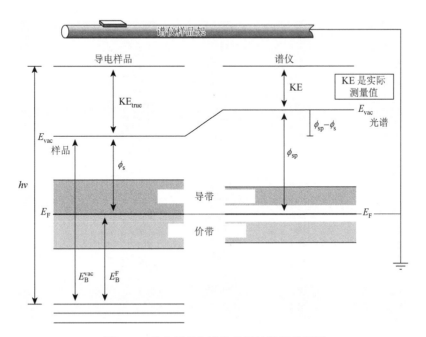

图 9-11　导电样品与谱仪共同接地的能级图

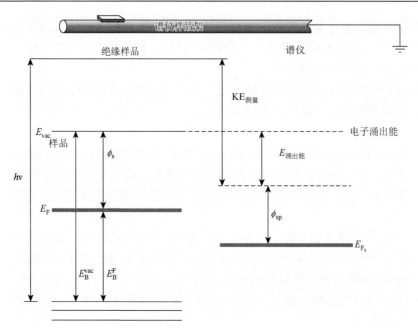

图 9-12　谱仪与电绝缘样品的能级图

金原子核外电子结合能

| 轨道 | eV | Label |
|---|---|---|
| 1s | 80725 | K |
| 2s | 14353 | L$_I$ |
| 2p$_{1/2}$ | 13734 | L$_{II}$ |
| 2p$_{3/2}$ | 11919 | L$_{III}$ |
| 3s | 3425 | M$_I$ |
| 3p$_{1/2}$ | 3148 | M$_{II}$ |
| 3p$_{3/2}$ | 2743 | M$_{III}$ |
| 3d$_{3/2}$ | 2291 | M$_{IV}$ |
| 3d$_{5/2}$ | 2206 | M$_V$ |
| 4s | 762.1 | N$_I$ |
| 4p$_{1/2}$ | 642.7 | N$_{II}$ |
| 4p$_{3/2}$ | 546.3 | N$_{III}$ |
| 4d$_{3/2}$ | 353.2 | N$_{IV}$ |
| 4d$_{5/2}$ | 335.1 | N$_V$ |
| 4f$_{5/2}$ | 87.6 | N$_{VI}$ |
| 4f$_{7/2}$ | 83.9 | N$_{VII}$ |
| 5s | 107.2 | O$_I$ |
| 5p$_{1/2}$ | 74.2 | O$_{II}$ |
| 5p$_{3/2}$ | 57.2 | O$_{III}$ |

图 9-13　金原子核外各壳层电子结合能

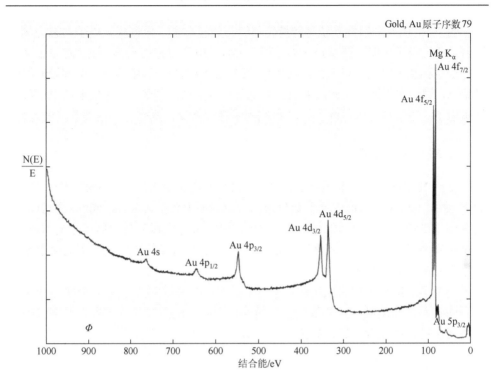

图 9-14　纯金样品表面的 XPS 全扫描谱（0～1000 eV）

由于电离过程产生的终态离子是不稳定的，处于高激发态，它会自发发生弛豫（退激发）而变为稳态。这一弛豫过程分为辐射弛豫和非辐射弛豫两种，前者发射 X 荧光，后者发射出俄歇电子，如图 9-15[8]所示。

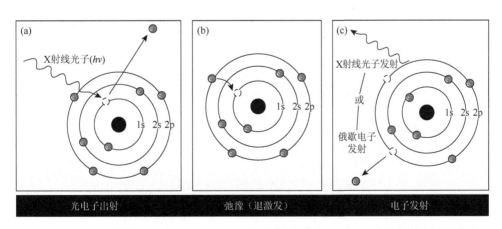

图 9-15　光子作用于样品表面原子使某壳层的电子出射的同时，还伴随弛豫（退激发）过程

图 9-15（a）X 射线光子将能量转移给芯能级电子，导致从 $n$ 电子初态的光电发射，即光电子出射；图 9-15（b）处于（$n-1$）电子状态的原子，通过将电子从更高能级退到空的空穴进行重排；图 9-15（c）由于 9-15（b）中的电子降到较低的能量状态，原子可以通过从较高能级发射电子释放多余的能量。这个发射的电子称为俄歇电子。原子也可以通过发射 X 射线光子释放能量，被称为 X 射线荧光的过程。

### 2. XPS 的信息深度

虽然 X 射线可以容易地穿透固体，但很明显电子穿透能力小得多。对于 1 keV 的 X 射线（XPS 激发源的典型数量级），X 射线将穿透 1000 nm 或进入物质，而具有该能量的电子仅穿透约 10 nm。由于这种差异，所以测量出射电子的 XPS 技术仅对表面灵敏。在最上表面区域以下，由 X 射线激发的出射电子不能穿透足够的厚度而从样品中逸出。

光电子从产生处向表面运动，会遇到弹性与非弹性散射，方向会发生变化。如果遇到非弹性碰撞，其能量也会受损失，光电子能量受损，便失去所携带的元素特征信息，而成为本底，如图 9-16 所示。

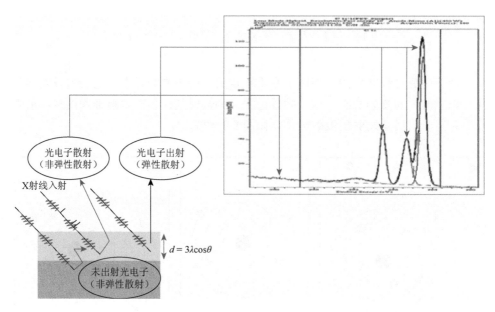

图 9-16　XPS 采集信息深度与谱线本底形成示意图

XPS 采集到的出射光电子来自深度 $d$：

$$d = 3\lambda\cos\theta \tag{9-2}$$

式中，$\theta$ 为出射电子与样品面法线的夹角；$\lambda$ 为光电子"非弹性散射"平均自由程，平均自由程与出射电子能量的关系见图 9-17[9]。

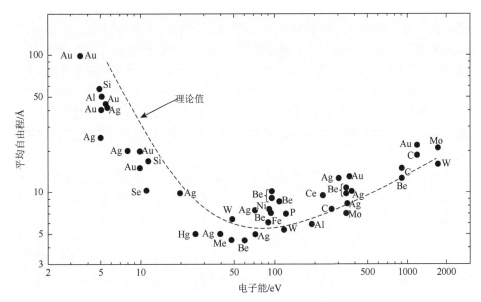

图 9-17　平均自由程与出射电子能量的关系

不同深度表面层贡献光电子的强度不一（按总出射光电子强度为 100% 计）：当深度为 $\lambda$ 时信号强度为 63.2%、$2\lambda$ 时信号强度为 86.5%、$3\lambda$ 时信号强度为 95.0%、$4\lambda$ 时信号强度为 98.2%、$5\lambda$ 时信号强度为 99.3%、$\infty$ 时信号强度为 100%。

而进行表面分析的光电子必须是能量无损地到达表面的，所以只能是在深度很浅处产生的。

一般定义 X 射线光电子能谱的采样深度为光电子"非弹性散射"平均自由程 $\lambda$ 的 3 倍。而出射的光电子经过 $3\lambda$ 行程后，仅剩总量的 5%。

XPS 的采样深度与光电子能量和材料性质有关。

各类材料 $\lambda$ 的经验数据，可用 1979 年 M. P. Seah 和 W. A. Dench 的经验公式粗略算得[10]：

对纯元素：　　　　　　　　$\lambda^* = 538E^{-2} + 0.41(\delta E)^{1/2}$　　　　　（9-3a）

对无机化合物：　　　　　　$\lambda^* = 2170E^{-2} + 0.72(\delta E)$　　　　　（9-3b）

对有机化合物：　　　　　　$\lambda^{**} = 49E^{-2} + 0.11E^{1/2}$　　　　　（9-3c）

式中，$E$ 为光电子能量，eV；$\delta$ 为单原子层厚度，nm；$\lambda^*$ 单位为单层数；$\lambda^{**}$ 单位为 mg/cm$^2$。

在一般情况下，各种材料的采样深度又粗略地估计为：金属样品为 0.5～2 nm；无机化合物为 1～3 nm；有机物为 3～10 nm。

### 3. 原子核外电子能级的划分

原子中单个电子的运动状态可以用量子数 $n, l, m_1, m_s$ 来表示。其中，$n$：主量子数；每个电子的能量主要取决于 $n$。$n$ 增加，$E$ 增加。$n$ 可以取 1, 2, 3, 4, …，分别对应着 K, L, M, N, …壳层。$l$：角量子数，决定了电子云的几何形状。不同的 $l$ 值将原子内的壳层分为几个亚层，即能级。$l$ 值与 $n$ 有关，0, 1, 2, …, $(n-1)$ 分别对应着 s, p, d, f, …能级。在给定的壳层上，$l$ 增加，$E$ 增加。$m_1$：磁量子数，决定了电子云在空间伸展的方向（取向）。给定 $l$ 后，$m_1$ 可以取 $[-l, +l]$ 的任何整数。$m_s$：自旋量子数，表示电子绕其自身轴的旋转取向。与上述 3 个量子数无关，取 $+1/2$ 或者 $-1/2$。

另外，原子中的电子既有轨道运动又有自旋运动。它们之间存在着耦合（电磁相互）作用，使得能级发生分裂。对于 $l>0$ 的内壳层，这种分裂可以用内量子数 $j$ 来表示。其数值为

$$j = |l + m_s| = |l \pm 1/2|$$

所以，对于 $l=0$，$j=1/2$；对于 $l>0$，则 $j = l+1/2$ 或 $l-1/2$。即，除 s 能级不发生分裂外，其他能级均分裂为两个能级：在 XPS 谱图中出现双峰，如图 9-18[11]所示。

$$l = 0 \cdots s; \quad l = 1 \cdots p; \quad l = 2 \cdots d; \quad l = 3 \cdots f$$

在 XPS 谱图分析中，单个原子能级用两个数字和一个小写字母（共 3 个量子数）表示，如 Ag 原子的 $3d_{5/2}$、$3d_{3/2}$。

s 能级的内量子数 1/2 通常省略。例如，C 的 1s 能级没有分裂，在 XPS 谱图上只有一个峰，表示为：C 1s。

一般 XPS 实验中采集相关元素的电子能谱是其芯（内）能级谱，如 C 1s、Al 2p、Ag 3d、Au 4f 等，因为这些能级的光电子谱线强度强，分辨好。当然，如需要也可采集其他能级的光电子谱（需在入射光子的能量范围内）。

表 9-5 列出了量子数、电子能级光谱学符号、电子能级 X 射线学符号之间的关联。

**表 9-5　量子数、电子能级光谱学符号、电子能级 X 射线学符号**

| 量子数 | | | 电子能级 | |
| --- | --- | --- | --- | --- |
| $n$ | $l$ | $j$ | X 射线符号 | 光谱学符号 |
| 1 | 0 | 1/2 | K | $1s_{1/2}$ |
| 2 | 0 | 1/2 | $L_1$ | $2s_{1/2}$ |
| | 1 | 1/2 | $L_2$ | $2p_{1/2}$ |
| | | 3/2 | $L_3$ | $2p_{3/2}$ |

续表

| 量子数 | | | 电子能级 | |
|---|---|---|---|---|
| $n$ | $l$ | $j$ | X 射线符号 | 光谱学符号 |
| 3 | 0 | 1/2 | $M_1$ | $3s_{1/2}$ |
| | 1 | 1/2 | $M_2$ | $3p_{1/2}$ |
| | | 3/2 | $M_3$ | $3p_{3/2}$ |
| | 2 | 3/2 | $M_4$ | $3d_{3/2}$ |
| | | 5/2 | $M_5$ | $3d_{5/2}$ |
| 4 | 0 | 1/2 | $N_1$ | $4s_{1/2}$ |
| | 1 | 1/2 | $N_2$ | $4p_{1/2}$ |
| | | 3/2 | $N_3$ | $4p_{3/2}$ |
| | 2 | 3/2 | $N_4$ | $4d_{3/2}$ |
| | | 5/2 | $N_5$ | $4d_{5/2}$ |
| | 3 | 5/2 | $N_6$ | $4f_{5/2}$ |
| | | 7/2 | $N_7$ | $4f_{7/2}$ |
| 5 | 0 | 1/2 | $O_1$ | $5s_{1/2}$ |

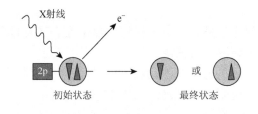

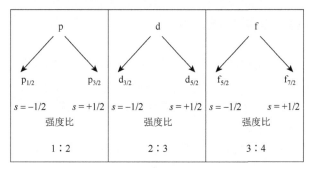

图 9-18　p、d、f 轨道的能级分裂与分裂后的强度比

## 4. 光致电离的概率

电离截面是指当原子与外来荷能粒子发生作用时，发生电子跃迁产生空穴的

概率。当荷能粒子为光子时，则称为光致电离。

当光子与材料相互作用时，从原子中各个能级发射出的光电子的数目是不同的，有一定的概率。光电效应的概率用光致电离截面 $\sigma$ 表示，定义为某能级的电子对入射光子的有效能量转移面积，或者一定能量的光子从某个能级激发出一个光电子的概率。$\sigma$ 与电子所在壳层的平均半径 $r$，入射光子的频率 $\nu$ 和受激原子的原子序数 $Z$ 有关。

在入射光子的能量一定的情况下，有如下规律：①同一原子中半径越小的壳层，光致电离截面 $\sigma$ 越大；②电子结合能与入射光子的能量越接近，光电效应截面 $\sigma$ 越大；③不同原子中同一壳层的电子，原子序数越大，光致电离截面 $\sigma$ 就越大。

光电截面 $\sigma$ 越大，说明该能级上的电子越容易被光激发。与同原子其他壳层上的电子相比，它的光电子峰的强度就大。经常使用的各元素各能级的光致电离截面（或相对灵敏度因子）有两个数据库：

●  Scofield 的理论光致电离截面数据库（即一定量的光子作用到样品上，所产生光电子数目的一个相对计算值），基于 C 1s = 1；如表 9-6[12]、图 9-19 所示。

●  Wagner 的实验灵敏度因子数据库（即在某类谱仪上真实测量大量已知化合物，计算出的相对灵敏度因子），基于 F 1s = 1。

图中，横坐标为原子序数；纵坐标为基于 C 1s = 1 的光致电离截面；曲线为原子核外电子能级。

当然，现在各谱仪生产商在各自的谱仪上都配置了不同的所谓灵敏度因子数据库，但这都是基于上述两个数据源。

XPS 是一种表面灵敏的分析方法，具有很高的表面检测灵敏度，可以达到 $10^{-3}$ 原子单层，但对于体相检测灵敏度仅为 0.1%左右。

### 9.2.3　XPS 仪器与主要组成部件

图 9-20 为笔者使用过的部分不同厂商、不同时期、不同型号的 XPS 表面分析仪器的主要部件。

XPS 实验必须与 X 射线激发源和测量低通量电子所需的复杂部件相关。构成现代 XPS 仪器主要部件如下：

●  配套的高、超高真空系统（快速进样室、样品制备室、主分析室）
●  电子能量分析器与探测器、二次电子探测器
●  激发源
●  用于 XPS：Mg/Al 双阳极 X 射线源、单色化 Al $K_\alpha$ X 射线源；
　　用于 AES：电子枪；
　　用于 UPS：紫外光源；

表 9-6　Scofield 的由 Al Kα（1486.6 eV）激发的各元素核外电子能级的 σ（光致电离截面）值

Al Kα: 1486.6 eV
C 1s = 1.00

| 元素 | Z | 总能量 | 1s 1/2 | 2s 1/2 | 2p 1/2 | 2p 3/2 | 3s 1/2 | 3p 1/2 | 3p 3/2 | 3d 3/2 | 3d 5/2 | 4s 1/2 | 4p 1/2 | 4p 3/2 | 4d 3/2 | 4d 5/2 | 5s 1/2 |
|---|---|---|---|---|---|---|---|---|---|---|---|---|---|---|---|---|---|
| H | 1 | 0.0002 | 0.0002 | | | | | | | | | | | | | | |
| He | 2 | 0.0082 | 0.0082 | | | | | | | | | | | | | | |
| Li | 3 | 0.0576 | 0.0568 | 0.0008 | | | | | | | | | | | | | |
| Be | 4 | 0.202 | 0.1947 | 0.0072 | | | | | | | | | | | | | |
| B | 5 | 0.508 | 0.486 | 0.0220 | 0.0001 | 0.0001 | | | | | | | | | | | |
| C | 6 | 1.05 | 1.000 | 0.0477 | 0.0005 | 0.0010 | | | | | | | | | | | |
| N | 7 | 1.89 | 1.80 | 0.0867 | 0.0043 | 0.0043 | | | | | | | | | | | |
| O | 8 | 3.09 | 2.93 | 0.1405 | 0.0065 | 0.0126 | | | | | | | | | | | |
| F | 9 | 4.68 | 4.43 | 0.210 | 0.0161 | 0.0317 | | | | | | | | | | | |
| Ne | 10 | 6.70 | 6.30 | 0.296 | 0.0347 | 0.0683 | | | | | | | | | | | |
| Na | 11 | 9.14 | 8.52 | 0.422 | 0.0654 | 0.1287 | 0.0064 | | | | | | | | | | |
| Mg | 12 | 12.11 | 11.18 | 0.575 | 0.1125 | 0.221 | 0.0285 | | | | | | | | | | |
| Al | 13 | 1.35 | | 0.753 | 0.1811 | 0.356 | 0.0535 | 0.0011 | 0.0022 | | | | | | | | |
| Si | 14 | 1.87 | | 0.955 | 0.276 | 0.541 | 0.0808 | 0.0047 | 0.0093 | | | | | | | | |
| P | 15 | 2.52 | | 1.18 | 0.403 | 0.789 | 0.1165 | 0.0124 | 0.0244 | | | | | | | | |
| S | 16 | 3.33 | | 1.43 | 0.567 | 1.11 | 0.1465 | 0.0262 | 0.0512 | | | | | | | | |
| Cl | 17 | 4.31 | | 1.69 | 0.775 | 1.51 | 0.1852 | 0.0486 | 0.0947 | | | | | | | | |
| Ar | 18 | 5.49 | | 1.97 | 1.03 | 2.01 | 0.227 | 0.0821 | 0.1597 | | | | | | | | |
| K | 19 | 6.90 | | 2.27 | 1.35 | 2.62 | 0.286 | 0.1229 | 0.239 | | | 0.0069 | | | | | |
| Ca | 20 | 8.55 | | 2.59 | 1.72 | 3.35 | 0.351 | 0.1720 | 0.335 | | | 0.0268 | | | | | |
| Sc | 21 | 10.39 | | 2.91 | 2.17 | 4.21 | 0.411 | 0.221 | 0.429 | 0.0017 | 0.0025 | 0.0314 | | | | | |
| Ti | 22 | 12.46 | | 3.24 | 2.69 | 5.22 | 0.473 | 0.276 | 0.537 | 0.0055 | 0.0081 | 0.0355 | | | | | |
| V | 23 | 14.84 | | 3.57 | 3.29 | 6.37 | 0.536 | 0.339 | 0.657 | 0.0125 | 0.0184 | 0.0394 | | | | | |
| Cr | 24 | 17.43 | | 3.91 | 3.98 | 7.69 | 0.596 | 0.400 | 0.773 | 0.0254 | 0.0387 | 0.0161 | | | | | |
| Mn | 25 | 20.39 | | 4.25 | 4.74 | 9.17 | 0.674 | 0.485 | 0.938 | 0.0424 | 0.0622 | 0.0464 | | | | | |
| Fe | 26 | 23.61 | | 4.57 | 5.60 | 10.82 | 0.745 | 0.569 | 1.10 | 0.0624 | 0.1017 | 0.0497 | | | | | |
| Co | 27 | 27.10 | | 4.88 | 6.54 | 12.62 | 0.818 | 0.660 | 1.27 | 0.1082 | 0.1582 | 0.0529 | | | | | |
| Ni | 28 | 30.90 | | 5.16 | 7.57 | 14.61 | 0.892 | 0.757 | 1.46 | 0.1619 | 0.236 | 0.0560 | | | | | |
| Cu | 29 | 34.90 | | 5.46 | 8.66 | 16.73 | 0.957 | 0.848 | 1.63 | 0.240 | 0.349 | 0.0221 | | | | | |
| Zn | 30 | 39.22 | | 5.76 | 9.80 | 18.92 | 1.00 | 0.968 | 1.86 | 0.330 | 0.480 | 0.0618 | | | | | |
| Ga | 31 | 44.09 | | 6.07 | 11.09 | 21.40 | 1.13 | 1.10 | 2.11 | 0.442 | 0.643 | 0.0882 | 0.0062 | 0.0116 | | | |
| Ge | 32 | 49.42 | | 6.31 | 12.52 | 24.15 | 1.23 | 1.24 | 2.39 | 0.578 | 0.842 | 0.1119 | 0.0199 | 0.0377 | | | |
| As | 33 | 48.73 | | | 14.07 | 27.19 | 1.32 | 1.39 | 2.68 | 0.741 | 1.08 | 0.1357 | 0.0417 | 0.0792 | | | |
| Se | 34 | 51.78 | | | 13.66 | 28.90 | 1.43 | 1.55 | 2.98 | 0.934 | 1.36 | 0.1605 | 0.0724 | 0.1375 | | | |
| Br | 35 | 9.91 | | | | | 1.53 | 1.72 | 3.31 | 1.16 | 1.68 | 0.1863 | 0.1129 | 0.215 | | | |
| Kr | 36 | 11.31 | | | | | 1.64 | 1.89 | 3.55 | 1.42 | 2.06 | 0.213 | 0.1643 | 0.312 | | | |
| Rb | 37 | 12.91 | | | | | 1.75 | 2.07 | 4.00 | 1.72 | 2.49 | 0.251 | 0.214 | 0.411 | | | 0.0070 |
| Sr | 38 | 14.52 | | | | | 1.86 | 2.25 | 4.37 | 2.04 | 2.99 | 0.291 | 0.265 | 0.510 | | | 0.0251 |
| Y | 39 | 16.45 | | | | | 1.98 | 2.45 | 4.75 | 2.44 | 3.54 | 0.329 | 0.311 | 0.599 | 0.0125 | 0.0181 | 0.0306 |
| Zr | 40 | 18.44 | | | | | 2.10 | 2.64 | 5.14 | 2.87 | 4.17 | 0.367 | 0.357 | 0.689 | 0.0348 | 0.0502 | 0.0348 |
| Nb | 41 | 20.57 | | | | | 2.22 | 2.84 | 5.53 | 3.35 | 4.86 | 0.402 | 0.398 | 0.767 | 0.0812 | 0.1166 | 0.0157 |
| Mo | 42 | 22.90 | | | | | 2.33 | 3.04 | 5.94 | 3.88 | 5.62 | 0.465 | 0.445 | 0.860 | 0.1298 | 0.1864 | 0.0169 |
| Tc | 43 | 25.39 | | | | | 2.45 | 3.23 | 6.36 | 4.46 | 6.47 | 0.479 | 0.494 | 0.955 | 0.1934 | 0.277 | 0.0179 |
| Ru | 44 | 28.06 | | | | | 2.57 | 3.44 | 6.78 | 5.10 | 7.39 | 0.519 | 0.554 | 1.05 | 0.274 | 0.393 | 0.0188 |
| Rh | 45 | 30.97 | | | | | 2.70 | 3.64 | 7.21 | 5.80 | 8.39 | 0.560 | 0.595 | 1.15 | 0.373 | 0.535 | 0.0197 |
| Pd | 46 | 34.03 | | | | | 2.81 | 3.83 | 7.63 | 6.56 | 9.48 | 0.598 | 0.641 | 1.24 | 0.510 | 0.75 | |
| Ag | 47 | 37.33 | | | | | 2.93 | 4.03 | 8.06 | 7.38 | 10.66 | 0.641 | 0.700 | 1.36 | 0.638 | 0.911 | 0.0212 |
| Cd | 48 | 40.87 | | | | | 3.04 | 4.22 | 8.50 | 8.27 | 11.95 | 0.692 | 0.762 | 1.49 | 0.778 | 1.11 | 0.0558 |

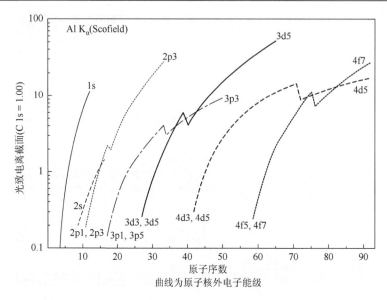

图 9-19　Scofield 理论光致电离截面分布图（Al $K_\alpha$ 激发源）

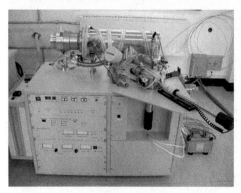

图 9-20　不同厂商、不同时期、不同型号的 XPS 表面分析仪器

　　用于 ISS：离子源。
- 低能离子源
- 电子中和枪
- 多自由度样品架
- 仪器操控与数据采集及处理的计算机系统
- 其他组件

1. 真空系统

　　一般由快速进样室、样品制备室、主分析室（图 9-21）及真空泵组与压强测量部件组成。

图 9-21　有三个真空腔室：快速进样室、样品预处理室和分析室组成的表面分析仪器

　　1）快速进样室

　　表面分析仪器都配备快速进样室，其目的是在不破坏分析室超高真空的前提下进行快速进样。快速进样室体积较小，能在短时间内快速达到 $10^{-3}$ Pa 以上的高真空。一般快速进样室以旋片真空泵为前级的涡轮分子泵组为主泵。有的还设有可对样品进行还原、反应等处理的高压气体反应池，这对那些对大气敏感的样品很有必要。

　　2）样品制备室

　　可达到与谱仪分析室一样的超高真空，可配大束斑高速离子枪、蒸发镀膜器、样品断裂台、试样层剥器等。可在制备室对样品进行一些必要的预处理，如样品的热处理、蒸镀、清洁刻蚀、断裂、分层等。

　　有的谱仪则把快速进样室设计成带样品制备室功能的复合型。

各室之间都有大口径隔离阀，样品在各室间均能由传输机构灵活地转移、传送。

3）分析室

这是仪器的核心腔室，是安置电子能量分析器、X 光源（双阳极、单色器）、电子枪、离子枪、电子中和枪、质谱计、样品架等部件的谱仪主体，并预留一些备用法兰，腔体由高导磁 μ 合金（Fe18%、Ni75%、Cr2%、Cu5%）制成。分析室对真空的要求最高，达 $10^{-8}$ Pa 量级。一般以涡轮分子泵组或溅射离子泵为主泵，另带有辅助抽空功能的钛升华泵。

4）各类真空泵

图 9-22 为表面分析仪器常配的真空泵。旋片式机械泵：气体传输型真空泵，作为真空系统的初级抽空与主泵（油扩散泵、涡轮分子泵）的前级真空泵，其真空能达 $10^{-2}$ Pa 量级；涡轮分子泵：气体传输型真空泵，现常作为超高真空系统的主泵。但不能单独使用，需与前级泵（旋片真空泵、隔膜泵或涡旋泵）配合成泵组，真空能达 $10^{-8}$ Pa 量级；钛升华泵：一种静态气体捕集型泵，其抽速极高，作为超高真空系统辅助抽空用；溅射离子泵：静态气体捕集型超高真空泵，真空能

(a)　　　　　　　　　　　　　　　(b)

(c)　　　　　　　　　　　　　　　(d)

图 9-22　各类真空泵

（a）：旋片式机械泵；（b）：涡轮分子泵；（c）：钛升华泵；（d）：溅射离子泵

达 $10^{-8}$ Pa 量级,不少超高真空系统用其作主泵,也用于场发射电子源的差分抽空。但其启动压强较低, 需与前级抽气单元配合运行。

5）系统压强测量与控制

低真空（前级真空）测量：一般采用热传导真空规，有热偶规与热阻规两种，统称 PIRANI 规，主要用于 0.1~100 Pa 压强范围的测量。

超高真空测量：可采用热阴极电离真空规，即 B-A 规或调制 B-A 规；现大部分采用冷阴极外磁场电离规（其原型为 Penning 规）。两者的测量压强下限达 $10^{-8}$ Pa 量级。

谱仪的系统控制程序设定一合适的压强控制值，只有系统压强低于该值时才能开启各激发源。

2. 电子能量分析器组件

分析器系统由收集（预减速）透镜、能量分析器和检测器三部分组成，如图 9-23 所示。

1）电子能量分析器

XPS 实验最常见的电子能量分析器是静电场型半球 180°电子能量分析器（SCA），它被归类为色散分析器，即进入分析器的电子被静电场所偏转。分析器外壳应由双层 μ 合金材料制成，以实现对外磁场的良好屏蔽。其直径不一，常见的直径分别有 220 mm、300 mm、330 mm、400 mm、450 mm 等。

分析器由半径为 $R_1$ 和 $R_2$ 的两个同心半球组成。在半球上施加 $\Delta V$ 的电位，使外半球为负，内

图 9-23　静电场型半球电子能量
分析器组件外形

半球相对于中心线处的电位为正，一定能量范围的电子可以成功地从分析器入口行进至出口，而不与其中任一半球碰撞。图 9-24 为半球形电子能量分析器示意图。

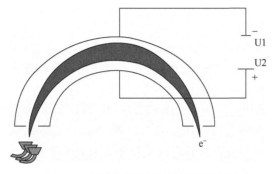

图 9-24　半球形电子能量分析器示意图

2）预减速透镜

图 9-25 为加预减速透镜的能量分析器系统结构示意图。

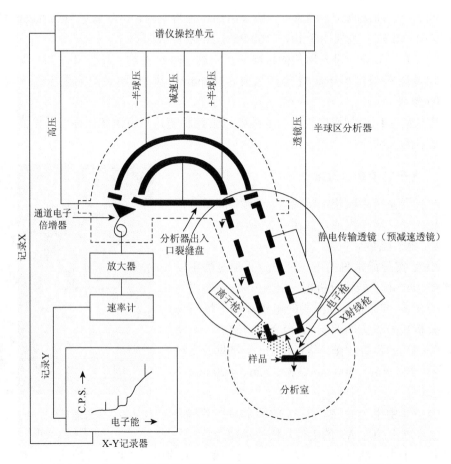

图 9-25　加静电传输透镜（预减速透镜）的能量分析器系统结构示意

预减速透镜的作用：

分辨能力与传输特性是能量分析器的最重要性能，但两者是矛盾的。加大半球的半径可以在相同传输下提高分辨能力，或在相同分辨能力下改善传输特性，但这样分析器整体的尺寸就得加大。

现有了预减速透镜，经预减速后动能从 $E_0$ 减到 $E_0'$，分析器的底分辨率则由 $R_b$ 变为 $R_b'$，然而，$R_b' = (E_0/E_0')R_b$。所以，整个系统（预减速透镜加能量分析器）的底分辨率仍为 $R_b$，而对半球分析器的底分辨率的要求就降低了。

这样半球分析器的尺寸也不用再加大，便于机械制作；预减速透镜拉开了样品与分析器的距离，便于分析室结构上的安排；另外，这样也避免了由于电子直接撞击分析器的入口而产生的次级电子进入分析器，从而降低本底噪声。

电子能量分析器工作模式分两种：

（1）固定通过能量模式（FAT 或 CAE），内、外半球间的电位差恒定，如图 9-26 所示[13]。

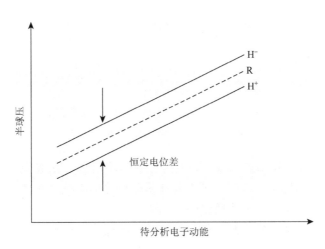

图 9-26　半球分析器在 CAE 模式下的工作方式

H⁻：外半球电位；H⁺：内半球电位；R：中心电位

运行方式：采用多级透镜，可获不同的减速比，但使透过率下降；固定分析器偏转聚焦电压，扫描透镜电压，减速进入能量分析器的电子的动能到一固定值，此值为通能（pass energy）。

特点：对于所有光电子峰，都将保持恒定的绝对分辨率 $\Delta E$，由于分析器分辨率定义为 $\Delta E/E$，其中 $E$ 是电子通过分析器时的能量。对于给定的分析器，该比值是常数，所以如果 $E$ 是固定的（恒定通能），则整个能量标尺上分辨能力不变。

这种关系还表明，通能越低，$\Delta E$ 将越小。然而，在较小的通能下，能量的分辨能力提高，但信号强度就会降低。通常使用 5～25 eV 的通能，以获取高分辨的XPS 谱；采用 100～200 eV 的通能，则用于获取全扫描谱。

高动能端传输率低，低动能端传输率高，但信噪比低。由于通能恒定，则检测效率就相同，这样有利于定量分析（面积法），适合 XPS 分析。

（2）固定减速比模式（FRR 或 CRR），内、外半球间的电位差不恒定，如图 9-27 所示[13]。

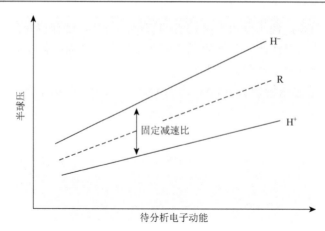

图 9-27　半球分析器在 CRR 模式下的工作方式

H⁻：外半球电位；H⁺：内半球电位；R：中心电位

运行方式：仅采用单级透镜，因而透过率高而恒定；$\Delta E/E$ 恒定，但整个能量标尺上分辨能力不均匀；信号电子进入能量分析器前，被减速到它初始动能的固定百分比，能量分析器与电子透镜同步扫描。

特点：高动能端传输率高，低动能端传输率低，但信噪比高；由于通能的不同，所以检测效率不同，不利于定量分析，所以 XPS 分析不采用这种模式，但适合 AES（峰对峰高度法）。也可用于 UPS 分析，这是由于在 UPS 分析时，UV 源的能量低（He $I$ = 21.21 eV），录谱时扫描范围较窄。

另一种常见的静电式电子能量分析器是筒镜型电子能量分析器（CMA），它由内、外两圆筒镜组成，在两筒镜间加 $\Delta V$ 的电位，使得外筒电位为负，内筒电位为正。一定能量范围的电子可以成功地从内、外筒间通过到出口，而不与其中任一筒壁碰撞。该类能量分析器多用于 AES 谱仪，图 9-28 为 CMA 的结构图[14]。

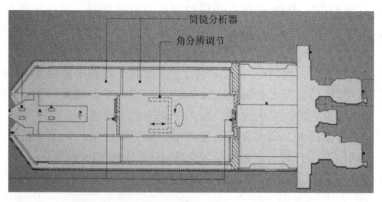

图 9-28　筒镜型电子能量分析器（CMA）结构图

3）探测器

由于电子能谱检测的电子流非常弱，一般在 $10^{-11} \sim 10^{-8}$ A，现在商品仪器一般采用电子倍增器件来测量电子的数目。电子倍增器件主要有两种类型：单通道电子倍增器（channeltron）和多通道板检测器（MCP）。

单通道电子倍增器由一端具有锥形收集开口另一端为金属阳极的螺旋形玻璃管构成，其内壁涂有高电子发射率的材料，两端接有高电压。当一个电子打到锥形口内壁后，可发射出更多的电子，并进一步被加速和发生更多的级联碰撞，最后在阳极端得到一较大的电子脉冲信号，可有 $10^6 \sim 10^9$ 倍的电子增益。为提高数据采集能力，减少采集时间，近代谱仪越来越多地采用 3、6、7、9 单通道电子倍增器阵列来作为检测器。这些单通道电子倍增器沿能量色散方向排列，每一个都收集不同的能量，其输出最后由数据系统按能量移位后相加，这样大大提高了谱仪的探测灵敏度。图 9-29 为通道式电子倍增器外形与工作原理。

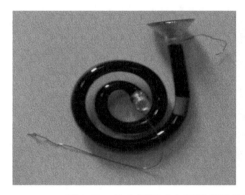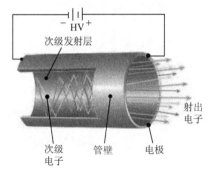

图 9-29　单个通道式电子倍增器外形（左）与工作原理（右）图

现在有些谱仪还配有多达 256 通道的探测器，可同时获得各个扫描点的元素成分和化学态信息，从而获得样品表面高灵敏度化学态图像，如光电子角分布谱、浓度空间分布图、薄膜厚度图及 XPS 成像。

但要注意，微通道板上单个通道的增益比通道电子倍增器的增益要小得多。

### 3. X 射线激发源

用于 XPS 实验的 X 射线通常将高能（约 10 keV）电子束撞击阳极靶而产生。在阳极的原子中产生内空穴，同时发射荧光 X 射线和电子，而 XPS 实验中使用的是荧光 X 射线。常用的阳极及其特征发射线的能量列在表 9-7 中。特定荧光 X 射线的强度比背景发射（轫致辐射）高几个数量级。每一个阳极，X 射线发射能量是固定的。

K 层电子被击出的过程称为 K 系激发，电子向 K 层跃迁引起的辐射为 K 系辐射；L 系也是同样定义。

电子跃迁所引起的辐射分别表示为 $\alpha$、$\beta$、$\gamma$···，电子由 L 到 K，M 到 K 所引起的辐射分别定义为 $K_\alpha$ 与 $K_\beta$。则 $2p^{3/2} \rightarrow 1s$ 为 $K_{\alpha 1}$；$2p^{1/2} \rightarrow 1s$ 为 $K_{\alpha 2}$；$2p \rightarrow 1s$（多重电离）为 $K_{\alpha'}$，$K_{\alpha 3}$，$K_{\alpha 4}$，$K_{\alpha 5}$，$K_{\alpha 6}$。

1）Mg/Al 双阳极 X 射线源

XPS 所采用 X 射线激发源的要求：①能经受高能电子的轰击，并产生本征线宽较窄的辐射；②能产生能量足以激发元素周期表中除 H、He 外的所有元素中至少一个芯能级的电子出射；③该材料易制成阳极靶，并能在超高真空环境下运行；④由于轰击阳极电子的大部分能量是转换为热量，故阳极需水冷。所以，制成阳极的材料（在高导无氧铜面上镀阳极材料）应具有良好的导热性，以确保被高能电子轰击时产生的热量及时被冷却液导出。

通过筛选与实际使用，认为 Mg 与 Al 是最合用的阳极材料。

图 9-30 为 Mg/Al 双阳极 X 射线源的示意图[13]。

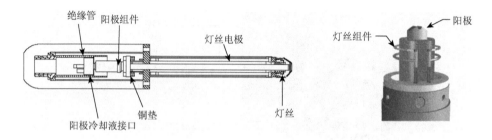

图 9-30　Mg/Al 双阳极 X 射线源示意图（左），Mg/Al 双阳极及灯丝组件（右）

如配置了多个阳极就能提供多个 X 射线能量。现大多数谱仪只配一个或两个阳极，其中 Al 靶（Al $K_\alpha$ 1486.6 eV，波长 0.83412 nm）和 Mg 靶（Mg $K_\alpha$ 1253.6 eV，波长 0.98915 nm）是非单色化源中最常见的，而 Al 靶又是单色源中最常见的。表 9-7 列出了 Mg、Al 阳极产生 X 射线的能量分布，表 9-8 列出常用 X 射线阳极材料的特征能量和线宽，图 9-31 是由 Mg $K_\alpha$ 为激发源测得石墨的 C 1s 谱[14]，从谱图中可看出一系列 C 1s 伴峰存在。

表 9-7　Mg、Al 阳极产生 X 射线的能量分布

| X 射线 | Mg | | Al | |
| --- | --- | --- | --- | --- |
| | 能量/eV | 相对强度 | 能量/eV | 相对强度 |
| $K_{\alpha 1}$ | 1253.7 | 67.0 | 1486.7 | 67.0 |
| $K_{\alpha 2}$ | 1253.4 | 33.0 | 1486.3 | 33.0 |
| $K_{\alpha'}$ | 1258.2 | 1.0 | 1492.3 | 1.0 |

续表

| X 射线 | Mg | | Al | |
|---|---|---|---|---|
| | 能量/eV | 相对强度 | 能量/eV | 相对强度 |
| $K_{\alpha3}$ | 1262.1 | 9.2 | 1496.3 | 7.8 |
| $K_{\alpha4}$ | 1263.1 | 5.1 | 1498.2 | 3.3 |
| $K_{\alpha5}$ | 1271.0 | 0.8 | 1506.5 | 0.42 |
| $K_{\alpha6}$ | 1274.2 | 0.5 | 1510.1 | 0.28 |
| $K_\beta$ | 1302.0 | 2.0 | 1557.0 | 2.0 |

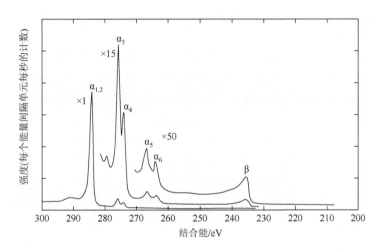

图 9-31　Mg $K_\alpha$ 为激发源测得石墨的 C 1s 谱，可看出一系列 C 1s 伴峰存在

表 9-8　常用 X 射线阳极材料的特征能量和线宽

| 阳极材料 | 发射线 | 能量/eV | 本征线宽/eV |
|---|---|---|---|
| Mg | $K_\alpha$ | 1253.6 | 0.7 |
| Al | $K_\alpha$ | 1486.6 | 0.85 |
| Si | $K_\alpha$ | 1739.5 | 1.0 |
| Zr | $L_\alpha$ | 2042.4 | 1.7 |
| Ag | $L_\alpha$ | 2984 | 2.6 |
| Ti | $K_\alpha$ | 4510 | 2.0 |
| Cr | $K_\beta$ | 5415 | 2.1 |

　　双阳极 X 射线源的发射直接撞击样品，虽然这样提供了高的 X 射线通量，能激发较多的光电子，但是它有以下几个缺点：①强度较弱（卫星）X 射线荧光线的发射也将撞击样品，导致在 XPS 谱中出现其他伴峰；②阳极产生的大量次级电

子进入能量分析器而形成高的本底；③高能电子，韧致辐射和热量会撞击样品，这可能导致样品降解；④灯丝蒸发的金属原子沾污被测样品的表面；⑤分析时样品表面由于脱附产生的气体进入 X 光源，会损坏灯丝与阳极靶。

为尽量避免上述现象的发生，所以在 X 射线源和样品之间放置薄的相对 X 射线透明的箔，以消除上述对 XPS 测试的影响。对于 Al 和 Mg 阳极，通常使用约 2 μm 厚的 Al 箔（铝窗）。这是由于 Al 的 X 射线 K-吸收边在 Al $K_{\alpha 1}$、$K_{\alpha 2}$ 与 Mg $K_{\alpha 1}$、$K_{\alpha 2}$ 特征 X 射线辐射能量之上，故对 Al $K_{\alpha 1}$、$K_{\alpha 2}$ 与 Mg $K_{\alpha 1}$、$K_{\alpha 2}$ 的强度衰减很小，从而吸收连续背景（大于 1.5 keV）的 X 射线，过滤杂散射线，以获得较好信噪比的 XPS 谱。

2）单色化 X 射线源

鉴于上述 Mg/Al 双阳极 X 射线源的欠缺之处，最佳的能产生单一能量 X 射线的方法是使用单色器。

现大部分 XPS 谱仪所配的单色源是高能电子源、Al 阳极与石英晶体的组合。

α-石英六方柱面（1010 面）的晶格间距为 0.425 nm，而对于波长为 0.834 nm 的 Al $K_{\alpha}$ 辐射线在 78.5° 的角度处能满足布拉格（Bragg）衍射方程。

$$n\lambda = 2d\sin\theta \tag{9-4}$$

式中，$n$ 为衍射级数；$\lambda$ 为 X 射线波长；$d$ 为晶面间距；$\theta$ 即布拉格角（衍射角）。

X 射线以 $\theta$ 角入射到平行晶面，再以同样角度发生反射，而 X 射线的光程取决于反射晶面。如果两个相邻的晶面都反射 X 射线，其晶面间距为 $d$，则 X 射线的光程差为 $2d\sin\theta$。如果此光程差为波长的整数倍，则 X 射线相长干涉；如果不等则为相消干涉。

X 射线单色器的外形如图 9-32 所示；结构示意如图 9-33 所示；用于 Al $K_{\alpha}$ 单色器的 Al $K_{\alpha}$ X 射线源结构如图 9-34 所示[13]。

图 9-32　配置在 XPS 谱仪上的 Al $K_{\alpha}$ X 射线单色器的外形图

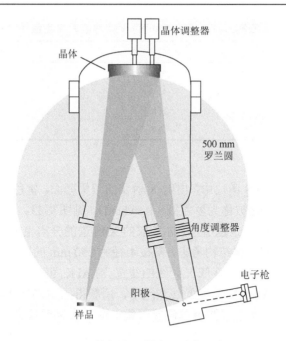

图 9-33　单色化 X 射线源结构示意图

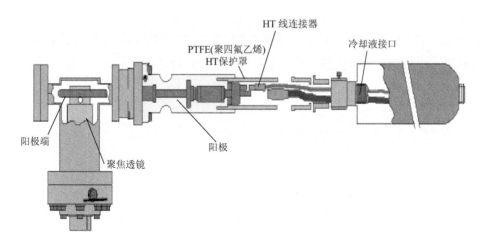

图 9-34　用于单色器的 Al $K_\alpha$ X 射线源结构示意图

这配有 $\alpha$-石英六方柱面（1010 面）的单色器，除适合 Al $K_\alpha$ 辐射外，也可用于其他 X 射线辐射源与其他级数的衍射。但除一级衍射外，其余多级衍射的强度则要弱。表 9-9 为适用于 $\alpha$-石英六方柱面（100 面）的单色器的 X 射线辐射源与衍射级数。

表 9-9　适用于 α-石英六方柱面（1010 面）的单色器的 X 射线辐射源与衍射级数

| 衍射级数 | X 射线类型 | 能量/eV |
|---|---|---|
| 1 | Al $K_\alpha$ | 1486.6 |
| 2 | Ag $L_\alpha$ | 2984.3 |
| 3 | Ti $K_\alpha^a$ | 4510.0 |
| 4 | Cr $K_\beta$ | 5946.7 |

a. 勉强适合

　　在有单色器的 XPS 谱仪中，出射 X 射线的阳极靶面、单色器晶体曲面与被测样品面处于同一圆，这被称为罗兰圆（Rowland），见图 9-33。这罗兰圆半径越大，则单色化的 X 射线线宽就越窄，由此获取的 XPS 谱的分辨也就越好。一般谱仪从晶体的尺寸与分析室几何结构考虑，常按半径为 250 mm 的罗兰圆进行整机设计。

　　配置单色器的优点：①降低 X 射线的线宽，对 Al $K_\alpha$ 可从 0.8 eV 降至约 0.25 eV（理论上可至 0.16 eV）。X 射线的线宽越窄，所获得的 XPS 谱峰的分辨就越好，如图 9-35、图 9-36a 所示；②用单色器可获小束斑的 X 射线束，便于进行小面积与线扫描及面扫描成像的 XPS 测试；③消除了非单色化 Al $K_\alpha$ 源高韧致辐射本底的影响，如图 9-35、图 9.36b[13] 所示；④对 Al $K_\alpha$ 而言，经过单色化后仅输出 $K_{\alpha_1}$ 与 $K_{\alpha_2}$（$K_{\alpha_1}$ 与 $K_{\alpha_2}$ 由于能量仅差 0.3 eV，波长太接近而现行的单色器无法分开），则消除了非单色化 Al $K_\alpha$ 源的 $K_{\alpha_3}$ 与 $K_{\alpha_4}$ 线产生伴峰影响，如图 9-37 所示；⑤由于发热源（阳极靶）远离样品，所以避免了热辐射对样品表面的破坏。

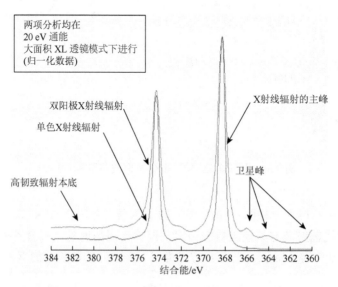

图 9-35　比较使用单色化 Al $K_\alpha$（下曲线）与双阳极 Al $K_\alpha$（上曲线）所获 Ag 3d 谱

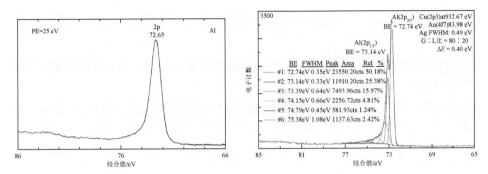

图 9-36a　比较使用双阳极 Al $K_{\alpha}$（左图）与单色化 Al $K_{\alpha}$（右图）所获 Al 2p 谱

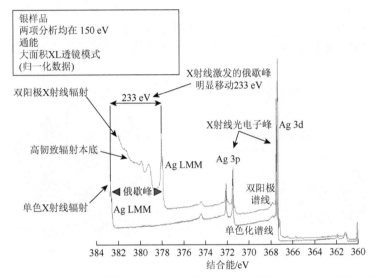

图 9-36b　比较使用单色化 Al $K_{\alpha}$ 与双阳极 Mg $K_{\alpha}$ 所获 Ag 3d 宽扫描谱中的
韧致辐射本底

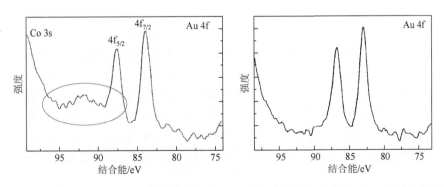

图 9-37　对试样 1%Au/Co-CeO$_2$ 使用非单色化 Al $K_{\alpha}$ 源（左图）与单色化 Al $K_{\alpha}$ 源（右图）所测
得 Au 4f 谱的比较。左图圈内为 Co 3s 与 Ce 4d 由非单色化 Al $K_{\alpha}$ 源的 $K_{\alpha_3}$ 与 $K_{\alpha_4}$ 线产生的伴峰

### 4. 离子源（枪）

离子枪可分为带差分抽气可细聚焦扫描型与非聚焦非扫描型两类，离子源处于正加速电位。

差分抽气可细聚焦扫描型离子枪一般置于谱仪的分析室，用于 XPS 或 AES 剖面分析、SIMS 的一次源、ISS 的一次源及进一步清洁样品表面用。

非聚焦非扫描型离子枪一般是采用热灯丝或冷阴极的大束斑高速型枪，常置于样品制备室，用于快速、大面积清洁样品表面。

常用的惰性气体是氩，也有用液态金属、$C_{24}$ 或 $C_{60}$ 的。而最新的是采用 Ar 气体团簇，其团簇由 2000～3600 个氩原子组成。图 9-38[6]为 Ar 气体团簇离子枪外形与内部结构，该离子枪既可以采用团簇模式（团簇原子数可控），也可采用单氩离子模式，结构较复杂。

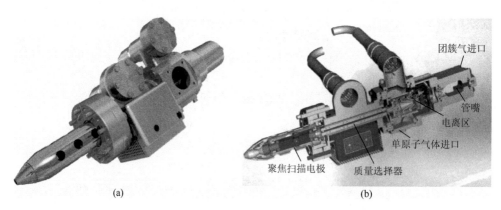

(a)　　　　　　　　　　　　　　　　　　(b)

图 9-38　Ar 气体团簇离子枪外形（a）与内部结构（b）

在使用离子枪清洁样品表面或进行深度分析时，由于单 Ar 离子束在轰击样品的同时会破坏样品的表面状态，特别对有机物和聚合物样品表面更会造成严重的化学破坏。而气体团簇离子枪产生离子束，经过韦恩过滤器过滤，离子束轰击到样品表面，其初始动能就会分配到 2000～3000 个氩离子上，获得更低的冲击能量，对样品的破坏很小。特别在对有机物和聚合物进行深度分析时，不破坏其化学状态，适用于多种有机物和聚合物材料表面低损伤的清洁和溅射深度剖析。图 9-39[6]为 $Ta_2O_5$ 薄膜样品经 200 eV 单氩离子源与 2000 氩团簇离子源刻蚀后表面的 Ta 4f 谱，可发现用单氩离子源刻蚀后样品表面出现了还原态的 Ta，而团簇离子源刻蚀后样品表面状态没变化。图 9-40[6]为 PMMA（聚甲基丙烯酸甲酯）样品经单氩离子源与 2000 氩团簇离子源刻蚀后的 C 1s 谱，可发现用团簇离子源刻蚀后样品表面状态没被破坏。

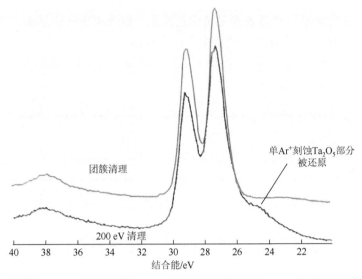

图 9-39　分别用 200 eV 单氩离子与 2000 氩团簇离子源清洁 $Ta_2O_5$ 薄膜表面后的 Ta 4f 谱

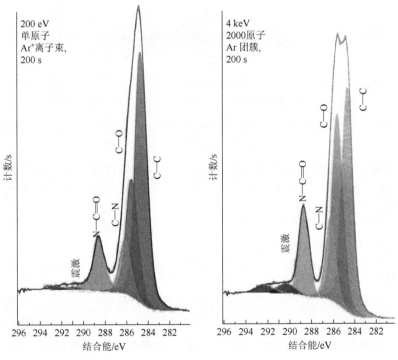

图 9-40　PMMA 样品经单氩离子源（左图）与 2000 氩团簇离子源（右图）刻蚀后的 C 1s 谱

## 5. 电子中和枪

早期的电子中和枪仅发射低能电子束，结构如图 9-41 所示[13]。现因考虑到一般绝缘样品在超高系统里其表面是负电荷富集，故采用带低能氩离子束与低能电子束的双束中和枪，图 9-42 为双束中和的原理图。

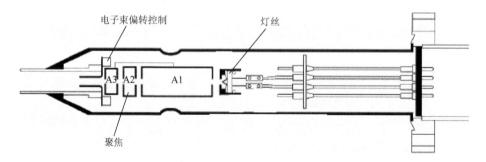

图 9-41　经典单束电子中和枪结构示意图

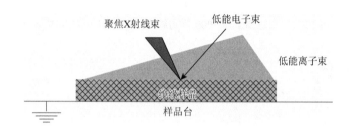

图 9-42　同时采用低能离子束和低能电子束进行中和的原理图

电子中和枪的作用，其主要作用是减小绝缘样品表面的荷电，使作为内标的相应峰移到所定的位置（使用单色化 X 光源分析绝缘与半导体样品时需使用）；另外，还能消除样品表面的荷电不均匀，样品表面荷电不均会出现多重裂分谱峰。

### 6. 高精度多自由度样品架

高精度、多自由度样品架置于仪器分析室，是安放被测样品的仪器重要部件。可作 $x$、$y$、$z$ 轴向精细移动，绕主轴偏转，样品台自旋转、前倾等运动模式。

（1）为达到最佳的样品分析位置，样品架作 $x$、$y$、$z$ 轴向移动与绕主轴倾斜。

（2）样品架绕主轴倾斜还可作不破坏样品表面的变角 XPS 浅层深度分析。

（3）样品架配合旋转样品托则可用于离子刻蚀，XPS 深度分析，使刻蚀深度均匀，所获深度分布信息更准确。

（4）有的样品架还附带加热与冷冻功能，用作样品（单晶）退火处理，并可配合质谱作热脱附（TDS）实验。

早期谱仪分析室内的样品架是手动操控，现在则均采用计算机操控伺服电机精确调节。

### 7. 仪器操作、控制与数据采集及处理的计算机系统

每台谱仪都配有各生产厂商独立研制的仪器控制、数据采集与处理专用软件。

仪器控制软件包括：真空系统控制，各腔室间阀门控制，电子能量分析器模式控制，X 射线源、电子中和源、离子源、UV 源（如已配置）与俄歇电子枪（如已配置）等控制，样品架位置调节。

数据采集与处理软件：仪器功能选择、实验参数设置与实验数据处理、数据库等。

### 8. 其他组件

用于样品定位的 CCD 摄像部件，用于真空系统剩余气体 RGA 检测或作热脱附 TDS 实验的四级质谱计（作 RGA、TDS 等），用于观察系统内况的外照明光源等。

## 9.2.4　XPS 实验方式

传统 XPS 分析给出固体表面某一小区域的元素组成及其化学态（即原子价态或化学环境）和元素的相对含量的信息。

现代 XPS 分析技术还能提供元素及其化学态在表面横向及纵向（深度）分布的信息，即 XPS 线扫描和深度剖析，表面元素及其化学态的空间分布和浓度分布（即成像 XPS）。

### 1. 常规 XPS 分析即所谓的点分析

可使用 Mg-Al 双阳极或单色化的 X 射线源，若使用单色化 X 射线源再配合电子能量分析器透镜部分的光阑即可实现小面积的 XPS 分析，目前最小采样面积直径可小至 9 μm。

### 2. 深度剖面分析

常用的深度剖面分析方法有两种：一种是破坏性的，以获得距表面深度深于 10 nm 的样品组分变化的信息；另一种则是非破坏性的，但仅能获得被检测样品表面 1～10 nm 内组成变化的信息。

1）破坏性深度剖面分析方法，即采用离子刻蚀的方法

先用常规方法分析样品的原始表面，然后进行一定时间的离子刻蚀，离子束

的能量为几百电子伏至几千电子伏。刻蚀到一定深度后，停止刻蚀，进行 XPS 测试，由此循环至所需的深度。图 9-43 为该实验方法的示意图。

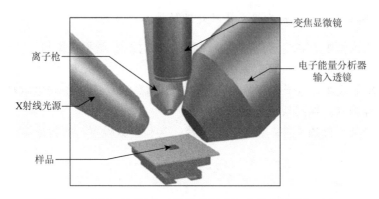

图 9-43　用离子刻蚀方法测样品组成深度分布的设备示意

　　因为聚焦离子束是斜向作用于样品表面，故样品被刻蚀区域所出现的弧坑不可能是均匀的，特别是坑的边缘部分，这样测得的深度剖面分析数据就会不准确，有偏差，所以要求离子刻蚀的区域要大于 XPS 分析采集出射光电子的范围，且使用特殊的可旋转样品托安置被测样品。最理想的刻蚀面积应是测试面积的 100 倍，这才能确保测试区域处于刻蚀区域的中心平坦位置。

　　图 9-44 左上图所示的是样品安置在一般样品托上，斜入射离子束刻蚀样品的剖面；右上图则为使用旋转样品托离子刻蚀后的剖面；下图为理想刻蚀面积与测试面积的关系示意。

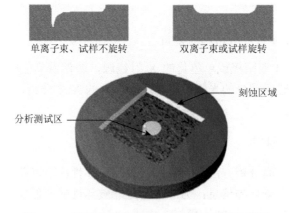

图 9-44　理想的刻蚀面积与分析测试区域的关系

　　实验中除需使用高纯或超纯的氩气外，真空室还需保持高的真空环境，要注意系统内残余气氛的组成，因为刻蚀后的新鲜表面是极其敏感的，如果系统环境中有活性气氛，则会改变新鲜表面的化学组成。

图 9-45 和图 9-46 提供了 XPS 深度剖面分析实例，该方法不仅提供了样品组成元素随深度变化的数据，还提供了不同深度各组成元素的化学态信息。

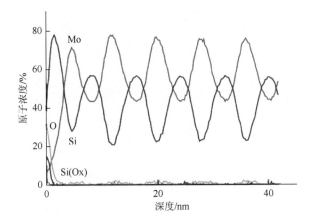

图 9-45　多层结构硅-钼镜片的 XPS 深度剖面分析

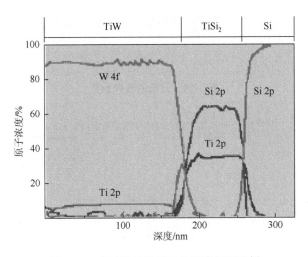

图 9-46　多层半导体材料的深度剖面分析

刻蚀深度的标定：常用一已知准确厚度的薄膜样品，在指定的离子束压、束流密度、刻蚀面积下对该样进行深度剖面分析，以获得一时间（刻蚀深度）与某元素的分布曲线，从而测算出在该刻蚀条件下对某物质的刻蚀速率。

常用的标准厚度薄膜样品是 Ta 基体上用阳极化工艺制得的 $Ta_2O_5$ 层，其层厚控制十分精确。图 9-47 为氧化层厚 30 nm 的 $Ta_2O_5/Ta$ 薄膜标准样的 XPS 剖面分析，图中显示了 O 1s 和 Ta $4f_{7/2}$ 的强度随溅射时间的变化而变化。而 $Ta_2O_5$ 层的厚度则为图中Ⅰ段和Ⅱ段与Ⅲ段 50% 之和在横坐标上的投影段。

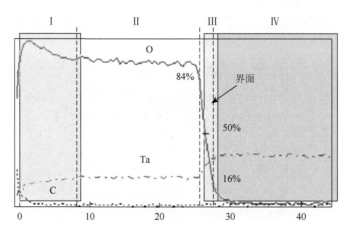

图 9-47　30 nm $Ta_2O_5/Ta$ 薄膜标样的 XPS 剖面分析

横坐标为厚度（nm）；纵坐标为光电子强度

　　各元素对应参照物（如 $Ta_2O_5$）的溅射率可参考表 9-10[15]、表 9-11 列出的数据。

表 9-10　元素的溅射系数

图例说明：
- 原子序数 = Z（左上）
- 元素 = A（右上）
- 电离势(eV) = P（左中）
- 氩离子对应的溅射系数/keV = S（右中）
- 电子亲和势(eV) = EA（左下）

| 元素 | Z | P(eV) | S(keV) | EA(eV) |
|---|---|---|---|---|
| H | 1 | 13.6 | | 0.75 |
| He | 2 | 24.59 | | 0 |
| Li | 3 | 5.39 | 1.47 | 0.62 |
| Be | 4 | 9.32 | 0.9 | <0.5 |
| B | 5 | 8.30 | 0.58 | 0.28 |
| C | 6 | 11.26 | 0.5 | 1.26 |
| N | 7 | 14.53 | 0.83 | 0 |
| O | 8 | 13.62 | 1.87 | 1.46 |
| F | 9 | 17.42 | | 3.4 |
| Ne | 10 | 21.56 | | 0 |
| Na | 11 | 5.14 | 4.9 | 0.55 |
| Mg | 12 | 7.65 | 3.1 | 0 |
| Al | 13 | 5.99 | 1.84 | 0.44 |
| Si | 14 | 8.15 | 1.47 | 1.39 |
| P | 15 | 10.49 | 2.0 | 0.75 |
| S | 16 | 10.36 | 2.34 | 2.08 |
| Cl | 17 | 12.97 | | 3.62 |
| Ar | 18 | 15.76 | | 0 |
| K | 19 | 4.34 | 8.2 | 0.5 |
| Ca | 20 | 6.11 | 4.13 | <0.5 |
| Sc | 21 | 6.54 | 2.05 | 0.19 |
| Ti | 22 | 6.82 | 1.67 | 0.08 |
| V | 23 | 6.74 | 1.55 | 0.53 |
| Cr | 24 | 6.77 | 2.0 | 0.67 |
| Mn | 25 | 7.44 | 2.88 | 0 |
| Fe | 26 | 7.87 | 2.0 | 0.16 |
| Co | 27 | 7.86 | 1.96 | 0.66 |
| Ni | 28 | 7.64 | 2.03 | 1.16 |
| Cu | 29 | 7.73 | 2.52 | 1.23 |
| Zn | 30 | 9.39 | 6.7 | 0.3 |
| Ga | 31 | 6.0 | 3.43 | 0.3 |
| Ge | 32 | 7.9 | 2.42 | 1.2 |
| As | 33 | 9.81 | 3.1 | 0.81 |
| Se | 34 | 9.75 | 4.48 | 2.02 |
| Br | 35 | 11.81 | | 3.36 |
| Kr | 36 | 14.00 | | 0 |
| Rb | 37 | 4.18 | 12.2 | 0.49 |
| Sr | 38 | 5.70 | | <0.5 |
| Y | 39 | 6.38 | 2.4 | 0.43 |
| Zr | 40 | 6.84 | 1.7 | 0.31 |
| Nb | 41 | 6.88 | 1.45 | 0.89 |
| Mo | 42 | 7.10 | 1.45 | 0.55 |
| Tc | 43 | 7.28 | 1.57 | 1.14 |
| Ru | 44 | 7.37 | 1.45 | 1.14 |
| Rh | 45 | 7.46 | 1.9 | 0.56 |
| Pd | 46 | 8.34 | 2.75 | 1.30 |
| Ag | 47 | 7.58 | 4.4 | 0 |
| Cd | 48 | 8.99 | 9.6 | 0.30 |
| In | 49 | 5.79 | 4.4 | 0.30 |
| Sn | 50 | 7.34 | 3.55 | 1.15 |
| Sb | 51 | 7.84 | 4.55 | 1.15 |
| Te | 52 | 9.01 | 3d | 1.97 |
| I | 53 | 10.44 | 6.0 | 3.06 |
| Xe | 54 | 12.13 | | 0 |
| Cs | 55 | 3.89 | 15.3 | 0.5 |
| Ba | 56 | 5.39 | | <0.5 |
| La | 57 | 5.58 | 2.63 | 0.5 |
| Hf | 72 | 7.0 | 2.05 | 0 |
| Ta | 73 | 7.89 | 1.89 | 0.32 |
| W | 74 | 7.98 | 1.5 | 0.82 |
| Re | 75 | 7.88 | 1.6 | 0.12 |
| Os | 76 | 8.7 | 1.55 | 1.12 |
| Ir | 77 | 9.1 | 1.82 | 1.57 |
| Pt | 78 | 9.0 | 2.17 | 2.13 |
| Au | 79 | 9.23 | 3.3 | 2.31 |
| Hg | 80 | 10.44 | | 0 |
| Tl | 81 | 6.11 | | 0.30 |
| Pb | 82 | 7.42 | 6.4 | 0.37 |
| Bi | 83 | 7.29 | 5.78 | 0.95 |
| Po | 84 | 8.42 | | 1.9 |
| At | 85 | 9.5 | | 2.8 |
| Rn | 86 | 10.75 | | 0 |
| Fr | 87 | | | |
| Ra | 88 | 5.20 | | |
| Ac | 89 | 6.9 | | |
| Ce | 58 | 5.47 | 2.72 | <0.5 |
| Pr | 59 | 5.42 | 3.25 | <0.5 |
| Nd | 60 | 5.49 | 3.55 | <0.5 |
| Pm | 61 | 5.55 | | <0.5 |
| Sm | 62 | 5.63 | 5.79 | <0.5 |
| Eu | 63 | 5.67 | 6.68 | <0.5 |
| Gd | 64 | 6.14 | 2.95 | <0.5 |
| Tb | 65 | 5.85 | 5.05 | <0.5 |
| Dy | 66 | 5.93 | 4.1 | <0.5 |
| Ho | 67 | 6.02 | 3.9 | <0.5 |
| Er | 68 | 6.10 | 3.75 | <0.5 |
| Tm | 69 | 6.18 | | <0.5 |
| Yb | 70 | 6.25 | 8.1 | <0.5 |
| Lu | 71 | 5.43 | 2.9 | <0.5 |
| Th | 90 | 7.0 | 2.12 | |
| Pa | 91 | | | |
| U | 92 | 6.08 | 2.4 | |

表 9-11　氩离子对应于各元素的溅射系数（原子/离子），Ar⁺能量（eV）

| 元素 | 200 eV | 600 eV | 1000 eV | 2000 eV | 元素 | 200 eV | 600 eV | 1000 eV | 2000 eV |
|---|---|---|---|---|---|---|---|---|---|
| Ag | 1.6 | 3.4 | 4.6 | 6.3 | Ni | 0.7 | 1.5 | 2.1 | 3.0 |
| Al | 0.35 | 1.2 | 1.5 | 1.9 | Os | 0.4 | 0.95 | | |
| Au | 1.1 | 2.8 | 3.5 | 5.6 | Pd | 1.0 | 2.4 | | |
| Be | 0.18 | 0.80 | | | Pt | 0.6 | 1.6 | | |
| C | 0.05 | 0.2 | | | Re | 0.4 | 0.9 | | |
| Co | 0.6 | 1.4 | | | Rh | 0.55 | 1.5 | | |
| Cr | 0.7 | 1.3 | | | Ru | 0.41 | 1.3 | | |
| Cu | 1.1 | 2.3 | 3.2 | 4.3 | Si | 0.2 | 0.5 | 0.6 | 0.9 |
| Fe | 0.5 | 1.3 | 1.4 | 2.0 | Ta | 0.3 | 0.6 | | |
| Ge | 0.5 | 1.2 | 1.5 | 2.0 | Th | 0.3 | 0.7 | | |
| Hf | 0.35 | 0.83 | | | Ti | 0.2 | 0.6 | | |
| Ir | 0.43 | 1.2 | | | U | 0.35 | 1.0 | | |
| Mn | 0.4 | 1.8 | | | W | 0.3 | 0.6 | | |
| Mo | 0.4 | 0.9 | 1.1 | 1.3 | Zr | 0.3 | 0.75 | | |
| Nb | 0.25 | 0.65 | | | | | | | |

离子刻蚀的副效应，首先是择优溅射（尤其是处理金属合金），由于一定能量的氩离子对各元素的溅射系数不一，当氩离子轰击样品时，有的元素易被刻去，有的则不然。这样就造成新表面层的组成与原始组成不一样，影响测得数据的准确性与可靠性。

另外，是热效应，离子轰击会使样品表面发热，加剧分子运动，使样品表面状态不稳定。

还有就是离子注入、样品表面局部被还原（如硝酸盐、磷酸盐和碳酸盐等在 1～3 keV 的氩离子轰击下可转化为氧化物。如果一种金属存在多种氧化态，则最高价态的氧化物特别易于被还原）、表面粗糙度增加、样品表层重构（聚合物的组成变化会明显）、污染分析室等。

所以建议在进行氩离子刻蚀时应选用低能离子束；大面积、长时间的样品表面清洁尽量不在分析室而在制备室内进行。

2）非破坏性深度剖面分析方法，即变角 XPS 深度分析

具体就是改变 X 射线入射角，对应的则是精确地改变被测样品面的倾斜角度。

XPS 测得的样品表面信息，其实是表面与近表面多层（原子层或分子层）信息的叠加，如图 9-48 所示[15]。而来自各层的信息是不同的，这也就是变角深度分析的基本概念。

变角 XPS 深度分析能提供不同深度的元素组成与其化学态信息，但由于测得的信息深度有限，只能适用于表面层非常薄（1～10 nm）的体系。

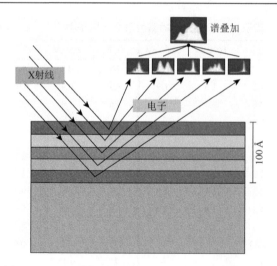

图 9-48　XPS 采集到的光电子信息是多层信号的卷积

其原理是利用 XPS 的采样深度与样品表面出射的光电子的接收角的正弦关系，可以获得元素浓度与深度的关系。图 9-49 为变角 XPS 深度分析的示意图[16]。

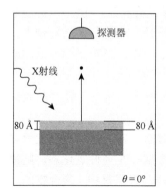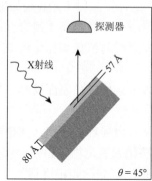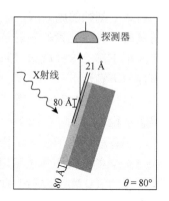

图 9-49　变角 XPS 深度分析的示意图

图中，$\theta$ 为出射角，定义为进入分析器方向的电子（出射电子）与样品法线间的夹角。取样深度（$d^*$）与实际深度（$d$）及出射角（$\theta$）的关系如下：

$$d^* = d\cos\theta = 3\lambda\cos\theta \qquad (9\text{-}5)$$

式中，$\lambda$ 为非弹性散射平均自由程。

当 $\theta$ 为 0°时，XPS 的采样深度最深，增大 $\theta$ 可以获得更多的表面层信息；当 $\theta$ 为 85°时，可以使表面灵敏度提高 10 倍。

图中 X 射线源和检测器始终保持在固定位置，随着样品倾斜，有效采样深度以 $\cos\theta$ 为因子而减小，但出射的光电子在所有的出射角度仍然都穿过 8 nm 深度。

图 9-50 为一 Si 基底上 SiO₂ 薄层的变角 XPS 深度分析数据。

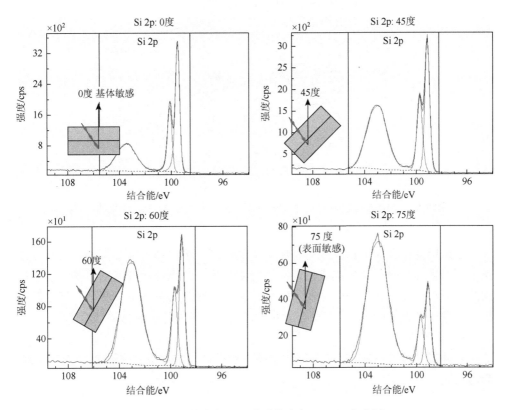

图 9-50  Si 基底上 SiO₂ 薄膜的变角 XPS 深度分析

图 9-51 为 Pd-Ag 合金膜的变角 XPS 深度分析，可明显地看出不同深度 Ag 与 Pd 的含量与化学态的变化（峰型与峰位的变化）。

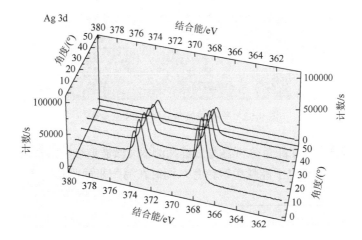

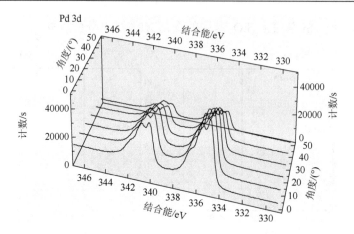

图 9-51　Pd-Ag 合金膜的变角 XPS 深度分析，上图为 Ag 3d，下图为 Pd 3d

在运用变角深度分析技术时，除需用高精度、多自由度样品架外，还必须注意下面因素的影响：①单晶表面的点阵衍射效应；②表面粗糙度的影响；③表面层厚度应小于 10 nm；④样品表面应与样品架 $x$ 轴轴心处于同一平面；⑤绝缘样品应注意荷电补偿的变化[①]；⑥合适的录谱范围，考虑化学位移的幅度[①]。

3）平行成像

一种新的浅层 XPS 深度分析方法是平行探测（结合位敏探测器），图 9-52[6] 为示意图。

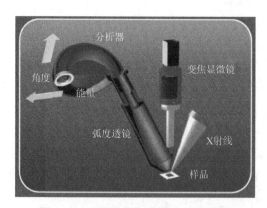

图 9-52　平行成像角分辨 XPS 示意图

由传输透镜、半球能量分析器与二维探测器（微通道板）结合进行平行探测，在一个平面上收集光电子能量色散信息，同时在另一平面收集光电子的角分布信

---

① 同样适合 Ar[+]刻蚀的剖面分析

息。不需转动样品，便可获得大于 60°范围的角度分布数据，经计算机处理后得无损的浅层元素化学态深度分布图。

特点：①真正的浅层固定小区域的元素化学态深度分布信息；②分析面积不变；③对绝缘样品表面的荷电补偿不变；④适用较大样品等。

### 3. XPS 的线分布测试

这项实验方法是得益于小束斑单色化 X 射线源与电子光学技术，利用细聚焦 X 射线束在待测样品表面线性移动（或 X 射线束固定，而样品作相对的线性移动），可测得样品面上元素及其化学态的线性强度分布与变化。图 9-53[17]为一样品面上有大小不一的铟斑，进行 XPS 线分布测试，可清楚地显示铟斑的强度分布。

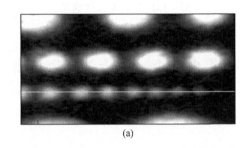

(a)

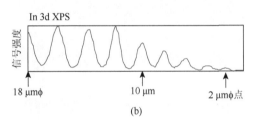

(b)

图 9-53　表面不同尺寸 In 斑点的 XPS 线扫描

（a）为样品的二次电子像，横向直线为所需进行 XPS 分析的部位；　（b）为样品表面 XPS 测得的铟斑分布图（取 In 3d 谱），纵坐标为 In 3d 的信号强度

### 4. XPS 成像

与上述的 XPS 线扫描一样，这种 XPS 成像方法也是得益于小束斑单色化 X 射线源与电子光学技术，利用细聚焦 X 射线束在待测样品表面进行 X-Y 扫描（或 X 射线束固定，而样品作相对的移动），可得样品面上元素及其化学态的分布图。

成像的方式因不同的谱仪而不同，常见的方法有四种：

（1）X 射线扫描成像（mapping）：以精细聚焦的电子束扫描阳极，产生的细 X 光束经单色器后再成一条扫描的聚焦 X 光束，在样品表面进行 X-Y 扫描，图 9-54[17]为该模式示意图。

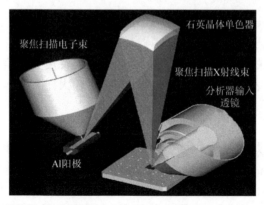

图 9-54　聚焦的电子束扫描阳极，产生的细 X 射线光束经单色器后在样品表面
成一扫描的聚焦 X 射线光束

（2）移动样品以实现光电子束扫描成像（mapping）：固定细聚焦的 X 射线光束，而安置样品的样品台在计算机精确控制下进行 X-Y 细微扫描，如图 9-55（a）所示。

（3）在能量分析器的透镜中间加静电偏转板，偏转板加扫描电压对采集到光电子束 X-Y 扫描，见图 9-55（b）。

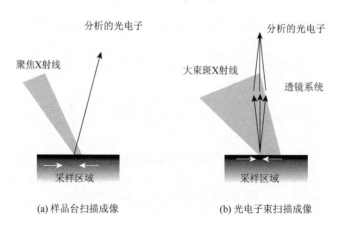

（a）样品台扫描成像　　　　　　　　（b）光电子束扫描成像

图 9-55　两种光电子束扫描成像方式

（4）平行成像法：这是最新的照相式成像技术（imaging），图 9-56 显示两种照相式 XPS 成像的电子能量分析器组件。

由传输透镜、半球能量分析器与二维探测器（微通道板）结合进行平行探测，在一个平面上收集光电子能量色散信息，同时在另一平面收集光电子的角分布信息。实现定量化的 XPS 成像，每一个像素点都包含一个谱，对其峰拟合可再现化学态空间分布。

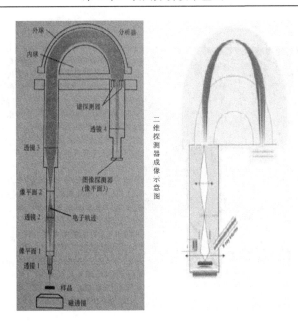

图 9-56　由传输透镜、半球能量分析器与二维探测器（微通道板）结合进行平行探测成像

图 9-57[6]、图 9-58 为两 XPS 化学态成像（扫描式）的实例。

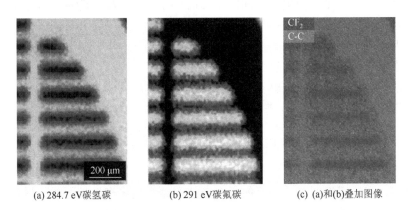

(a) 284.7 eV碳氢碳　　　　(b) 291 eV碳氟碳　　　　(c) (a)和(b)叠加图像

图 9-57　聚酯衬底上条形碳氟化合物的 C 1s 化学态成像

## 9.2.5　电子结合能、初态效应与化学位移

电子结合能（$E_b$）代表了原子中电子与核电荷（$Z$）之间的相互作用强度，这可用 XPS 方法直接测定，也可以用量子化学"从头计算法"算的。理论计算结果能与 XPS 测得的结果进行比较，这样就能更好地解释实验现象。

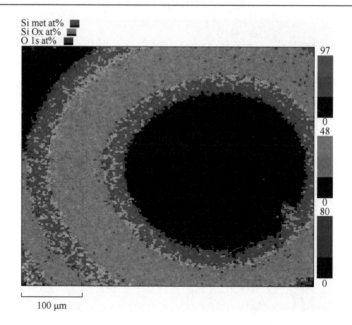

图 9-58　一硅片表面硅、氧化硅、氧的分布的 XPS 像

　　电子结合能是体系的初态 i（原子有 $n$ 个核外电子）与终态 f（原子被电离，有 $n-1$ 个电子和一个自由电子）间能量的简单差，即：$E_b = E_f(n-1)-E_i(n)$。

　　光电子发射的三步模型：
- 吸收光子能量和电离（初态效应）
- 原子响应和光电子产生（终态效应）
- 电子向表面输运并逸出

所有这些过程都对 XPS 谱的结构有贡献。

　　1）关于初态效应

　　初态只是在光电发射过程前原子的基态。如果原子的初态能量发生变化，如与其他原子形成化学键，则原子中电子的结合能将发生变化。结合能的变化称为化学位移。在一级近似下，元素的所有芯能级结合能将产生相同的化学位移（例如，硅原子与氧原子结合，即生成 Si—O 键，则 Si—O 键的 Si 2p 和 Si 2s 峰相对于单质 Si 的 Si 2p 和 Si 2s 峰的化学位移将是相似的）。

　　通常认为初态效应是观察到的化学位移的主要因素，因此随着元素氧化程度的增加，从该元素出射的光电子的结合能也将增加。对于大多数样品，用初态效应来解释化学位移还是合理的。

　　2）化学位移的某些经验规律

　　通常认为位移随该元素的化合价升高而增加，①同一周期主族元素符合上述规律，但过渡金属元素不然，如 Cu、Ag 等；②位移量与同该原子相结合的原子的电负性之和有一定的线性关系；③对某些化合物，位移与由 NMR 和 Moessbauer 测得的各自特征位移量有一定线性关系；④位移与宏观热力学参数有一定联系（图 9-59）。

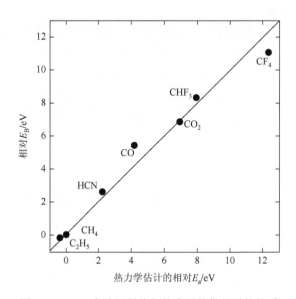

图 9-59　C 1s 实验测得值与热力学估算能量的关系

## 9.2.6　终态效应及伴峰

在光电发射过程中，由于终态的不同，电子结合能的数值就有差别。电子的结合能与体系的终态密切相关，因此这种由电离过程引起的各种激发产生的不同体系终态对电子结合能的影响称为终态效应。

电离过程中除了弛豫现象外，还会出现多重分裂，样品受 X 射线辐照时产生多重电离的概率虽较低，但却存在多电子激发过程，每吸收一个光子出现多电子激发过程的总概率可高达 20%。最可能发生的是两电子过程，其概率大致是三电子过程的 10 倍。

较为典型的两电子过程是电子的震激（shake up）和震离（shake off）等激发状态。这些复杂现象与体系的电子结构密切相关，它们在 XPS 谱图上表现为除正常光电子主峰外，还会出现若干伴峰，使得谱图变得复杂。

### 1. 震激（卫星）峰

这是光激发与光电离作用同时发生的现象。内层电子的光电发射后的终态弛豫（退激发）通常导致外层电子的激发。这种激发使 X 射线源的光子除了使用较大的能量激发出内层光电子外，还有一部分能量被原子吸收，使另一壳层的电子激发到更高能层。

震激属单极激发和电离，电子激发过程只有主量子数改变，电子的角量子数和自旋量子数均不变。

震激消耗能量，这将使最初形成的光电子动能下降，震激峰的动能比正常光电子的动能低。所以，在光电子主线的结合能的高能端，离主线约几个 eV 的能量位置产生震激卫星峰。图 9-60 为震激峰示意图。

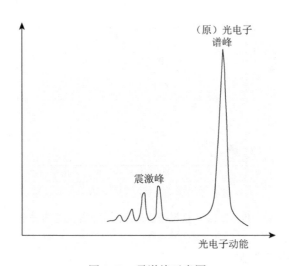

图 9-60　震激峰示意图

由于电子的震激是在光电发射过程中出现的，本质上也是一种弛豫过程，所以对震激峰的研究可获得原子或分子内弛豫信息。同时震激峰的结构还受到原子化学环境的影响，它的表现对研究分子结构是很有价值的。例如，$Cu/CuO/Cu_2O$ 系列化合物，用通常的结合能位移来鉴别它们是困难的。但是这三种化合物中 Cu 的 $2p_{3/2}$ 和 $2p_{1/2}$ 电子谱线的震激峰却明显不同，其中 Cu 和 $Cu_2O$ 没有明显的 $2p_{3/2}$ 谱线的震激峰，而 CuO 却有很明显的震激峰，这可以帮助判别 Cu 的化学态，如图 9-61 所示。而图 9-62 显示了几种二价 Cu 化合物 2p 光电子峰及与其对应的震激峰，可以发现不同的二价含 Cu 化合物除其 2p 光电子峰有差别外，其对应的震激峰差别更大。

震激现象在顺磁性化合物中发生得很普遍，而且稀土元素震激峰的强度甚至可以同光电子能谱的主线相比拟，有时还可能有多个震激峰出现。图 9-63 是三价 Ce 与四价 Ce 的 3d 光电子峰及与其对应的震激峰，可以发现在四价 Ce 的 3d 光电子谱中，对应 $3d_{5/2}$ 与 $3d_{3/2}$ 各有两个震激峰，还可以发现震激峰的强度超过了光电子主峰。

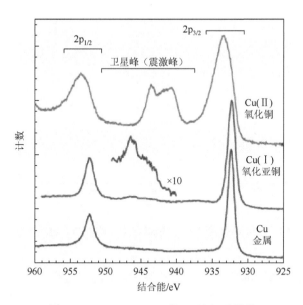

图 9-61　$Cu/CuO/Cu_2O$ 的 2p 峰与震激峰

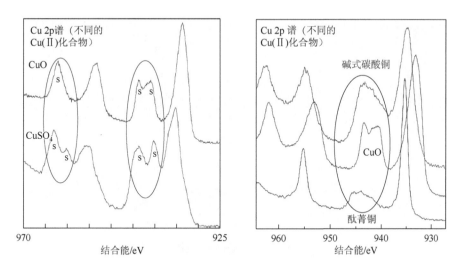

图 9-62　几种二价 Cu 化合物 2p 光电子峰及与其对应的震激峰（圈内部分）

## 2. 震离峰

在光电发射中，由于内壳层形成空位，原子中心电位发生突然变化将引起价

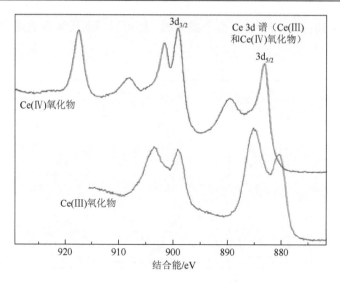

图 9-63　三价 Ce 与四价 Ce 的 3d 光电子峰及与其对应的震激峰

壳层电子的跃迁。如果价壳层电子跃迁到非束缚的连续状态成为自由电子，则成为电子的震离，即从某个能量开始，出现连续的较高本底台阶。图 9-64 为震离峰的示意图。

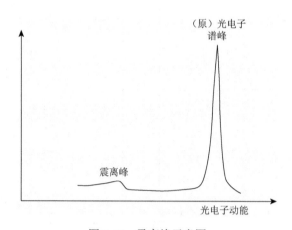

图 9-64　震离峰示意图

　　震离与震激一样，均属单极激发和电离，电子激发过程只有主量子数改变，电子的角量子数和自旋量子数均不变。震离与震激一样消耗能量，这将使最初形成的光电子动能下降。震离信号极弱而被淹没于背底之中，一般很难测出，在实际测试中常常被忽略。图 9-65 为 Ne 1s 光电子峰与其震激与震离峰示意图。

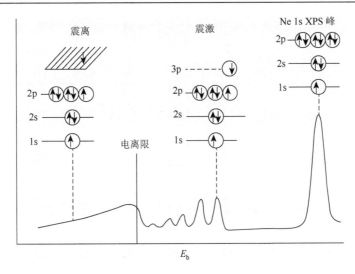

图 9-65　Ne 1s 光电子峰与其震激与震离峰示意图

### 3. X 射线激发的俄歇跃迁谱线

在 XPS 实验用能量 100～3000 eV 的 X 射线辐射源时，绝大部分元素除出射光电子外，同时还出射俄歇电子，所以 XPS 谱中常常伴有俄歇跃迁谱线。俄歇峰的动能也与元素所处的化学环境有密切关系。同样可以通过俄歇峰的化学位移与峰形的变化来研究元素的化学态。由于俄歇跃迁涉及三电子过程，其谱峰化学位移量往往比光电子峰的要大得多。有时候光电子峰位移不明显时，可以利用俄歇峰的位移和峰形，提供元素化学状态信息。图 9-66 显示了 Zn 与 ZnO 的 Zn 2p 谱（较难区分）及 X 射线激发的 Zn LMM 俄歇谱线（峰位与峰形差别较大）。

### 4. 等离子激元能量损失峰

光电子的能量损失谱线是由于部分光电子在超越固体表面时，不可避免地要同原子（分子）发生非弹性散射，因而损失能量。当光电子能量在 100～1500 eV 范围内时，出射的光电子所经历的非弹性散射的主要方式是激发固体材料的自由电子的振荡，产生等离子激元。而等离子激元使光电子在从固体体内到表面的出射过程中损失能量。这种能量损失不同于一般的非弹性散射，等离子激元的能量损失是特征的、量子化的（ELS）。

在固体中，等离子激元能量损失线的形状非常复杂。对于金属，通常除了在光电子峰的低动能端的 5～20 eV 处观察到主要损失峰外，还有一系列次级峰。图 9-67 为金属铝的 2s 光电子峰与一系列的能量损失峰；图 9-68 为金属镁的价带谱与 Mg 2p 光电子峰的等离子激元能量损失峰。对于非导体，通常是一系列长拖尾峰。

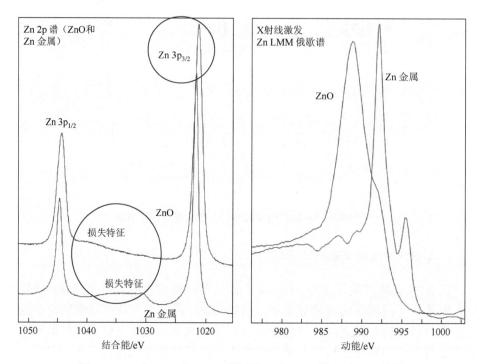

图 9-66　Zn 与 ZnO 的 Zn 2p 谱图及 Zn 与 ZnO 的 Zn LMM 谱图

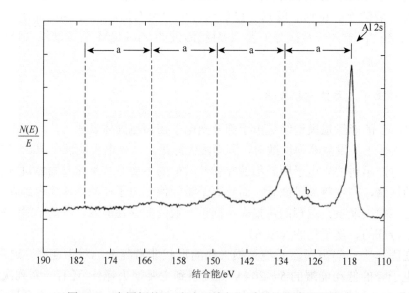

图 9-67　金属铝的 2s 光电子峰与一系列的能量损失峰

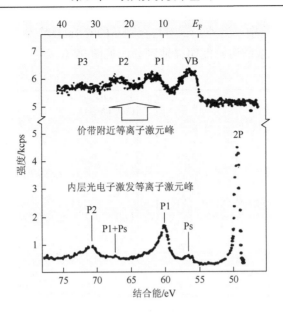

图 9-68　上曲线为金属镁的价带谱与等离子激元峰，下曲线为 Mg 2p 光电子峰及等离子激元峰

## 9.2.7　XPS 分析中除芯能级谱外其他初级结构谱线的应用

这些初级结构谱线除芯能级光电子谱线外，还有俄歇电子谱线，其他能级光电子与价电子（外层）谱线。

在进行 XPS 实验时经常遇到同元素不同状态的谱峰峰位相近与峰形相似的情况，分辨较难，如 Cu 与 $Cu_2O$ 的 Cu 2p 谱、Zn 与 ZnO 的 Zn 2p 谱、Ag 与 $Ag_2O$ 与 AgO 的 Ag 3d 谱、含碳化合物的 C 1s 谱等。

解决这些问题的方法就是采录在 X 射线能量范围内出现的其他谱线，如取俄歇跃迁谱、其他能级的光电子谱或外层电子（价带）谱。

### 1. X 射线激发的俄歇跃迁谱线的应用

XPS 谱中常常伴有俄歇跃迁谱线。俄歇峰的动能也与元素所处的化学环境有密切关系。同样可以通过俄歇峰的化学位移与峰形的变化来研究元素的化学态。由于俄歇跃迁涉及三电子过程，其谱峰化学位移量往往比光电子峰的要大得多。有时候光电子峰位移不明显时，可以利用俄歇峰的位移和峰形，提供元素化学状态信息。图 9-69（a）图为 CuO、$Cu_2O$ 及 Cu 的 Cu 2p 峰，可以发现 $Cu_2O$ 与 Cu 的 Cu 2p 峰位相近与峰形相似，难以区别。而从图 9-69（b）图所示的 CuO、$Cu_2O$ 及 Cu 的 X 射线激发的 Cu $L_3VV$ 俄歇谱线，发现 $Cu_2O$ 及 Cu 的 Cu $L_3VV$ 俄歇谱线峰位与峰形均有差别。另外，石墨与金刚石的 C 1s 谱基本一致，难区别，而 X 射线激发的 C KLL 俄歇谱则能明显地区分，见图 9-70。

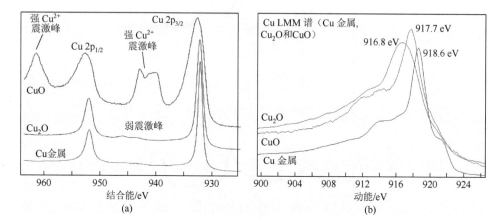

图 9-69　（a）为 CuO、Cu$_2$O 及 Cu 的 Cu 2p 峰；（b）为 CuO、Cu$_2$O 及 Cu 的 X 射线激发的 Cu L$_3$VV 俄歇谱线

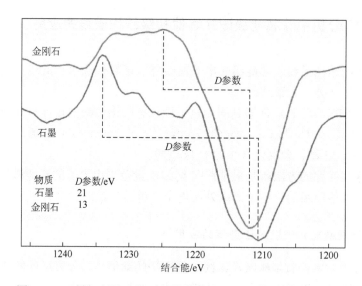

图 9-70　石墨与金刚石由 X 射线激发的 C KLL 俄歇谱（微分谱）

值得注意的是，C. D. Wagner 在 1972 年系统地研究了 XPS 谱线中的俄歇谱线，发现某元素的最尖锐俄歇谱线的动能 EK$_A$ 减去其最强光电子线的结合能 EB$_P$ 所得到的值（俄歇参数）与荷电状况无关，仅与该元素所处的化学环境（化学态）有关。所以，俄歇参数不仅避免了非良导体试样的荷电影响，还具有元素化学态的

表征效果。因为，俄歇参数结合了两种谱线（光电子与俄歇）的化学位移，可用来更有效地鉴别元素的化学态。

Auger 参数以 $\alpha$ 表示：

$$\alpha = EK_A - EB_P \tag{9-6}$$

但有时 $\alpha$ 会出现负值，故有了修正的俄歇参数 $\alpha'$：

$$\alpha' = \alpha + h\nu = EK_A + EB_P \tag{9-7}$$

式中，$EB_P$ 为最强光电子线的结合能；$EK_A$ 为最尖锐俄歇线的动能。

$\alpha$ 与激发源光子能量和样品表面的荷电位移无关，常以 Auger 参数图的形式表示，使化学态不同但光电子峰位又相近而难分辨的峰，利用 Auger 参数的差别有可能加以区分。如图 9-71 所示[18]，（b）为不同含 Cu 化合物的 Cu 2p 与 Cu $L_3$VV 参考峰位及 $\alpha'$ 参考值，（a）则为有名的 Wagner 图。

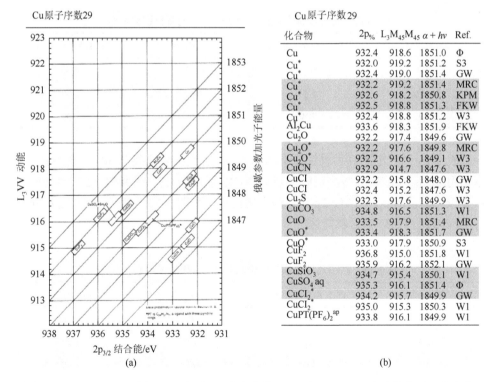

图 9-71　（a）Wagner 图；（b）部分 Cu 化合物的 Cu 2p 与 Cu $L_3$VV 参考峰位及 $\alpha'$ 参考值

2. 外层电子 s 轨道的多重裂分谱线的应用

外层电子 s 轨道的裂分是由于价壳层中存在未配对电子，这现象普遍发生在过渡元素及其化合物中。

根据外层 s 能级谱线是否裂分、裂分间距的大小、谱线能量的位移和峰形变化，还能确定某元素的化学状态。由于裂分间距与样品表面荷电状态无关，这有利于绝缘样品的分析。

以 Mn 3s 为例，其外层轨道为 $3d^5 4s^2$，由于 Mn 3d 有未成对的价电子，致使 Mn 3s 与 3d 耦合，从而生成多个终态，使 Mn 3s 发生多重裂分，图 9-72 为 MnO、$Mn_2O_3$ 与 $MnO_2$ 的 Mn 2p 与 Mn 3s 谱，可以发现三种氧化锰的 Mn 2p 谱线差异较小，而它们的 Mn 3s 谱线的峰位与多重裂分间距则不同，表 9-12 列出几种含锰化合物的 Mn 3s 谱线的多重裂分间距，从中还可发现其裂分间距大小的某个规律，即与电负性之和有关。

表 9-12　几种含锰化合物的 Mn 3s 谱线的多重裂分间距

| Mn 化合物 | Mn 3s 裂分间距 $\Delta E$ | Mn 化合物 | Mn 3s 裂分间距 $\Delta E$ |
|---|---|---|---|
| MnO | 6.10 | $MnBr_2$ | 4.80 |
| $Mn_2O_3$ | 5.40 | $MnCl_2$ | 6.00 |
| $MnO_2$ | 4.50 | $MnF_2$ | 6.40 |

表 9-13 则列出了几种含铁化合物的 Fe 3s 谱线的多重裂分间距。更有意义的是利用 Fe 3s 多重裂分谱线还能区别 $\alpha\text{-}Fe_3O_4$ 与 $\gamma\text{-}Fe_3O_4$，图 9-73（a）和（b）显示 $\alpha\text{-}Fe_3O_4$ 与 $\gamma\text{-}Fe_3O_4$ 的 Fe 2p 谱，两者难区分，而图 9-73（c）和（d）是 $\alpha\text{-}Fe_3O_4$ 与 $\gamma\text{-}Fe_3O_4$ 的 Fe 3s 谱，就能区分了。

表 9-13　铁和几种含铁化合物的 Fe 3s 谱线的多重裂分间距

| Fe 化合物 | Fe 3s 裂分间距 $\Delta E$ | Fe 化合物 | Fe 3s 裂分间距 $\Delta E$ |
|---|---|---|---|
| Fe | 3.90 | Fe | 3.90 |
| $Fe_2O_3$ | 7.30 | FeS | 6.30 |
| $FeBr_3$ | 4.90 | $FeBr_2$ | 4.20 |
| $FeCl_3$ | 6.20 | $FeCl_2$ | 5.60 |
| $FeF_3$ | 6.70 | $FeF_2$ | 6.00 |

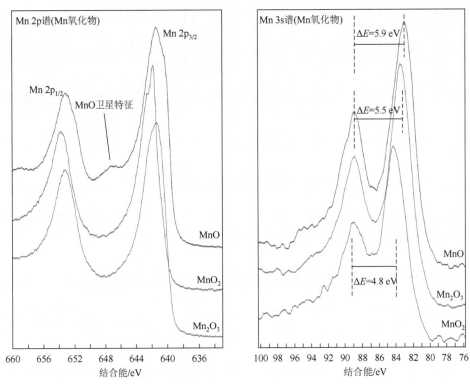

图 9-72　MnO、$Mn_2O_3$ 与 $MnO_2$ 的 Mn 2p 与 Mn 3s 谱

### 3. 价壳层光电子谱的应用

在含碳有机物的 XPS 分析中，常常遇到内层光电子谱线极为相似难以区分的情况，尤其是同分异构体。而价壳层光电子谱线对有机物的价键结构很敏感，其价电子谱常成为有机聚合物唯一特征的指纹分析，具有表征聚合物材料分子结构的作用。图 9-74 为聚甲基丙烯酸正丁酯（poly-n-butyl methacrylate，PBMA）的三

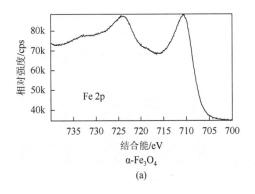

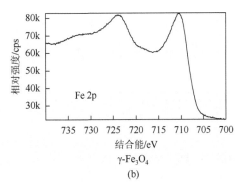

(a) α-$Fe_3O_4$　　　　　　(b) γ-$Fe_3O_4$

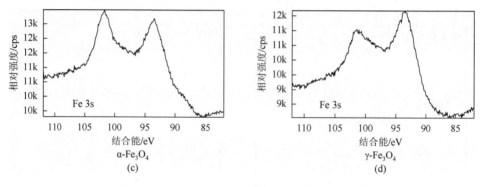

图 9-73　α-Fe₃O₄ 与 γ-Fe₃O₄ 的 Fe 2p 谱和 Fe 3s 谱

个同分异构体的 C 1s 谱线与价带（C 2s、C 2p）谱线，可以看出它们的 C 1s 谱线是一样的，但外层的价电子谱则有差别，能加以区分。

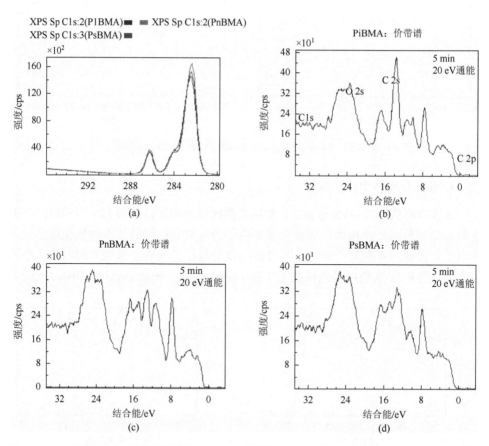

图 9-74　PBMA 的三个同分异构体的（a）C 1s 谱线与（b）、（c）、（d）价带（C 2s、C 2p）谱线

图 9-75 为聚乙烯与聚丙烯的价带谱线，它们的 C 1s 谱线是一样的；图 9-76 为石墨与金刚石的价带谱线，而它们的 C 1s 谱线也极为相似，从价带谱能看出差别。

同样，对其他含同一元素的化合物，如果该元素内层电子谱线相似，也可采用价带谱加以区分。如 SnO 与 $SnO_2$ 的 3d 谱相似，而它们的价带谱线则有明显差别，如图 9-77 所示。

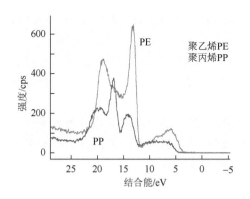

图 9-75　聚乙烯与聚丙烯的价带谱线

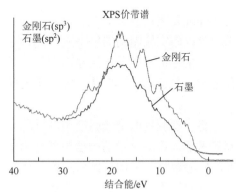

图 9-76　金刚石与石墨的价带谱线

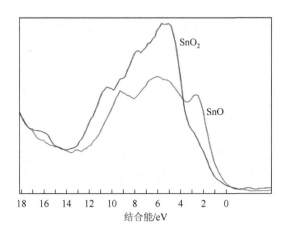

图 9-77　SnO（下）与 $SnO_2$（上）的价带谱

但要注意的是，要从价带谱的结构来分析材料的能带结构，需要对材料的能带结构进行一定的理论模型计算，以与实验得到的价带谱结果进行比较。

### 9.2.8　XPS 定量（半定量）分析

在表面分析中不仅需要定性地确定试样的表面元素种类及其化学状态，而且希望能测得它们的含量，并对谱线强度作出定量解释。

XPS 定量分析的关键是要把所观测到的信号强度转变成元素的含量，谱线强度则与扣除本底后的谱峰下所属的面积有关。这峰下面积又与每种元素在表层厚度 10 nm 以内的含量有关。因此，通过测量峰面积并对其适当的仪器因子进行校正，可以确定检测到的每个元素的百分比。

定量分析基础是一级原理模型，从光电子发射的"三步模型"出发，即吸收和电离（初态效应），原子响应和光电子产生（终态效应），电子向表面输运并逸出。

将所观测到的谱线强度和激发源，待测样品的性质及谱仪的检测条件等统一起来考虑，形成一定的物理模型。由于模型涉及较多的因素，目前还缺乏必要精度的实验数据，因此一级原理模型计算还未得到真正应用。

通常用于这些计算的方程是[19]：

$$I_{ij} = KT(\text{KE})L_{ij}(\gamma)\sigma_{ij}\int n_i(z)e^{-z/\lambda(\text{KE})\cos\theta}\mathrm{d}z \tag{9-8}$$

式中，$I_{ij}$ 为元素 i 的特定光电子峰 j 的面积；$K$ 为仪器常数；$T(\text{KE})$ 为分析器的传输函数；$L_{ij}(\gamma)$ 为元素 i 的 j 轨道角度不对称因子；$\sigma_{ij}$ 为来自元素 i 的特定光电子峰 j 的光致电离截面；$n_i(z)$ 是在表面下方距离 z 处的元素 i 的浓度；$\lambda(\text{KE})$ 为非弹性平均自由程长度，$\theta$ 是相对于样品表面法线测量的光电子出射角。方程式（9-8）适合无定形样品。

如果是单晶样品，则出射光电子因衍射会导致峰值强度偏离上述方程所预测的值。

仪器常数 $K$ 包含诸如 X 射线通量、被辐照的样品面积和分析器接受光电子的立体角等参量。角度不对称因子 $L_{ij}(\gamma)$ 以光电子发射的轨道类型和入射的 X 射线与发射的光电子之间的角度 $\gamma$ 而算出。$L_{ij}(\gamma)$ 的变化通常很小，对于固体通常被忽略。

分析器的传输函数包括收集透镜，能量分析器和检测器的效率。现进行 XPS 分析时仪器是以恒定通过能模式运行，这时无论发射电子的初始动能 KE 如何，它们最终都以恒定的能量通过能量分析器，这要求收集透镜将入射电子的动能降低到通过能量。在这种情况下，光电子的动能传输函数的唯一变化就是由于透镜系统中的延迟而导致的，这可以通过实验确定，大多数仪器制造商也提供有关仪器传输函数的信息。

光致电离截面 $\sigma_{ij}$ 是入射 X 射线将从元素 i 第 j 个轨道产生光电子的概率。$\sigma_{ij}$ 值通常取自 Scofield 的计算结果，其部分数值列于表 9-14[12]。另外，实验确定的 Wagner 值也可采用，如表 9-15 所示。

$\lambda$ 为光电子衰减长度，取决于样品类型（元素、无机物质或有机物质）和光电子的 KE。

$\cos\theta$ 项说明了当样品的表面法线旋转离开接收透镜的轴线时，采样深度的减小。这在前面有关章节已作描述。

此外，XPS 的定量分析还与检测器检测效率、样品表面粗糙度因子及谱峰形成效率等有关。

表 9-14　Scofield 计算的各元素各能级的光致电离截面值（理论元素灵敏度因子）

| 元素 | 1s | 2s | 2p$_{1/2}$ | 2p$_{3/2}$ | 3s | 3p$_{1/2}$ | 3p$_{3/2}$ | 3d$_{3/2}$ | 3d$_{5/2}$ | 4s | 4p$_{1/2}$ | 4p$_{3/2}$ | 4d$_{3/2}$ | 4d$_{5/2}$ | 4f$_{5/2}$ | 4f$_{7/2}$ |
|---|---|---|---|---|---|---|---|---|---|---|---|---|---|---|---|---|
| C | 284 [1.00] | | | | | | | | | | | | | | | |
| N | 399 [1.80] | | | | | | | | | | | | | | | |
| O | 532 [2.93] | 24 [0.141] | | | | | | | | | | | | | | |
| F | 686 [4.43] | 31 [0.210] | | | | | | | | | | | | | | |
| Al | | 118 [0.753] | 73 [0.181] | 73 [0.356] | | | | | | | | | | | | |
| Si | | 149 [0.955] | 100 [0.276] | 99 [0.541] | | | | | | | | | | | | |
| P | | 189 [1.18] | 136 [0.430] | 135 [0.789] | 16 [0.112] | | | | | | | | | | | |
| S | | 229 [1.43] | 165 [0.567] | 164 [1.11] | 16 [0.147] | | | | | | | | | | | |
| Ti | | 564 [3.24] | 461 [2.69] | 455 [5.22] | 59 [0.473] | 34 [0.276] | 34 [0.537] | | | | | | | | | |
| Cu | | 1096 [5.46] | 951 [8.66] | 932 [16.73] | 120 [0.957] | 74 [0.848] | 74 [1.63] | | | | | | | | | |
| Ag | | | | | 717 [2.93] | 602 [4.03] | 571 [8.06] | 373 [7.38] | 367 [10.66] | 95 [0.644] | 62 [0.700] | 56 [1.36] | | | | |
| I | | | | | 1072 [3.53] | 931 [5.06] | 875 [10.62] | 631 [13.77] | 620 [19.87] | 186 [0.959] | 123 [1.11] | 133 [2.23] | 50 [1.69] | 50 [2.44] | | |
| Au | | | | | | | | 759 [1.92] | 644 [2.14] | 546 [5.89] | 352 [8.06] | 334 [11.74] | 87 [7.54] | 84 [9.58] | | |

**表 9-15　由 PHI 谱仪公司提供的各元素某能级的元素灵敏度因子**

图例说明：

| 项目 | 示例值 | 含义 |
|---|---|---|
| Atomic number | 9　1.0 | PHI sensitivily factor* for designated photoelectron transition |
| Elernenl symbol | F | |
| Most intense photoelectron transition | 1s　685 | Binding energy, most intense photoelectron transition |
| Nost intense Auger transition | KLL　647 | Kinetic energy, most intense Auger transition |

元素数据（原子序数 Z | 元素符号 | 灵敏度因子 | 最强光电子跃迁（结合能） | 最强俄歇跃迁（动能））：

| Z | 元素 | 灵敏度 | 光电子跃迁 | 俄歇跃迁 |
|---|---|---|---|---|
| 1 | H | | | |
| 2 | He | | | |
| 3 | Li | 0.025 | 1s | KLL 43 |
| 4 | Be | 0.074 | 1s 112 | KLL 103 |
| 5 | B | 0.159 | 1s 187 | KLL 177 |
| 6 | C | 0.296 | 1s 285 | KLL 264 |
| 7 | N | 0.427 | 1s 402 | KLL 380 |
| 8 | O | 0.711 | 1s 531 | KLL 509 |
| 9 | F | 1.0 | 1s 685 | KLL 555 |
| 10 | Ne | 1.340 | 1s 863 | KLL 818 |
| 11 | Na | 1.585 | 1s 1072 | KLL 994 |
| 12 | Mg | 0.252 | 2p | KLL 1186 |
| 13 | Al | 0.193 | 2p3/2 73 | LMM 68 |
| 14 | Si | 0.283 | 2p 99 | LMM 120 |
| 15 | P | 0.412 | 2p 130 | LMM 151 |
| 16 | S | 0.570 | 2p 164 | LMM 193 |
| 17 | Cl | 0.770 | 2p 196 | LMM 215 |
| 18 | Ar | 1.011 | 2p 242 | LMM |
| 19 | K | 1.30 | 2p 924 | LMM 248 |
| 20 | Ca | 1.634 | 2p 347 | LMM 290 |
| 21 | Sc | 1.678 | 2p 399 | LMM 333 |
| 22 | Ti | 1.798 | 2p 454 | LMM 419 |
| 23 | V | 1.912 | 2p 512 | LMM 473 |
| 24 | Cr | 2.201 | 2p 574 | LMM 578 |
| 25 | Mn | 2.42 | 2p 638 | LMM |
| 26 | Fe | 2.686 | 2p 707 | LMM |
| 27 | Co | 3.255 | 2p 778 | LMM |
| 28 | Ni | 3.653 | 2p 853 | LMM |
| 29 | Cu | 4.798 | 2p 933 | LMM 919 |
| 30 | Zn | 3.354 | 2p3/2 1022 | LMM 992 |
| 31 | Ga | 3.341 | 2p3/2 1117 | LMM 1038 |
| 32 | Ge | 3.100 | 2p3/2 1217 | LMM 1145 |
| 33 | As | 0.570 | 3d 42 | LMM 1228 |
| 34 | Se | 0.722 | 3d 56 | LMM 1306 |
| 35 | Br | 0.895 | 3d 69 | MNV 97 |
| 36 | Kr | 1.096 | 3d 87 | |
| 37 | Rb | 1.318 | 3d 111 | MNN 102 |
| 38 | Sr | 1.578 | 3d 134 | MNN |
| 39 | Y | 1.867 | 3d 156 | MNV 131 |
| 40 | Zr | 2.216 | 3d 179 | MNV 150 |
| 41 | Nb | 2.517 | 3d 202 | MNV 168 |
| 42 | Mo | 2.867 | 3d 228 | MNV 188 |
| 43 | Tc | 3.266 | 3d 253 | MNN |
| 44 | Ru | 3.696 | 3d 280 | MNN 246 |
| 45 | Rh | 4.179 | 3d 307 | MNN 275 |
| 46 | Pd | 4.643 | 3d 335 | MNN 302 |
| 47 | Ag | 5.198 | 3d 368 | MNN 328 |
| 48 | Cd | 4.477 | 3d 405 | MNN 358 |
| 49 | In | 3.777 | 3d 444 | MNN 384 |
| 50 | Sn | 4.095 | 3d 485 | MNN 411 |
| 51 | Sb | 4.473 | 3d 528 | MNN 438 |
| 52 | Te | 4.925 | 3d 573 | MNN 465 |
| 53 | I | 5.337 | 3d 619 | MNN 492 |
| 54 | Xe | 5.702 | 3d 670 | MNN 545 |
| 55 | Cs | 6.032 | 3d5/2 726 | MNN 569 |
| 56 | Ba | 6.361 | 3d5/2 781 | MNN 601 |
| 57 | La | 7.708 | 3d 636 | MNN 633 |
| 72 | Hf | 2.221 | 4f 14 | NNN 181 |
| 73 | Ta | 2.959 | 4f | NNN 181 |
| 74 | W | 3.327 | 4f | NNN 180 |
| 75 | Re | | 4f 51 | NNN 178 |
| 76 | Os | | 4f 61 | NNN 176 |
| 77 | Ir | 4.217 | 4f | NNN 176 |
| 78 | Pt | 4.674 | 4f 71 | NNN 170 |
| 79 | Au | 5.240 | 4f 84 | NNN 163 |
| 80 | Hg | 5.797 | 4f 101 | NOO 81 |
| 81 | Tl | | 4f 118 | NOO 88 |
| 82 | Pb | 6.968 | 4f 137 | NOO 96 |
| 83 | Bi | 7.632 | 4f 157 | NOO 104 |
| 84 | Po | | | |
| 85 | At | | | |
| 86 | Rn | | | |
| 87 | Fr | | | |
| 88 | Ra | | | |
| 89 | Ac | | | |

镧系：

| Z | 元素 | 灵敏度 | 光电子跃迁 | 俄歇跃迁 |
|---|---|---|---|---|
| 58 | Ce | 7.399 | 3d 884 | MNN 654 |
| 59 | Pr | 6.356 | 3d 932 | MNN 690 |
| 60 | Nd | 4.697 | 3d 981 | MNN 729 |
| 61 | Pm | 3.754 | 3d 1034 | MNN 773 |
| 62 | Sm | 2.907 | 3d 1081 | MNN 805 |
| 63 | Eu | 2.210 | 4d 128 | MNN 850 |
| 64 | Gd | 2.207 | 4d 140 | MNN 885 |
| 65 | Tb | 2.201 | 4d 146 | MNN 1076 |
| 66 | Dy | 2.198 | 4d 152 | MVV 1119 |
| 67 | Ho | 2.189 | 4d 160 | MVV 1173 |
| 68 | Er | 2.184 | 4d 167 | MVV 1214 |
| 69 | Tm | 2.172 | 4d 175 | |
| 70 | Yb | 2.169 | 4d 182 | |
| 71 | Lu | 2.156 | 4f | |

锕系：

| Z | 元素 | 灵敏度 | 光电子跃迁 | 俄歇跃迁 |
|---|---|---|---|---|
| 90 | Th | 7.498 | 4f7/2 333 | NOV 68 |
| 91 | Pa | | | |
| 92 | U | 8.476 | 4f7/2 337 | NOV 75 |
| 93 | Np | | | |
| 94 | Pu | | | |
| 95 | Am | | | |
| 96 | Cm | | | |
| 97 | Bk | | | |
| 98 | Cf | | | |
| 99 | Es | | | |
| 100 | Fm | | | |
| 101 | Md | | | |
| 102 | No | | | |
| 103 | Lr | | | |

　　如果用这两套元素灵敏度因子分别对同一组数据进行计算，可能所得结果不同。

　　Scofield-理论元素灵敏度因子数据库，基于 C 1s = 1，需要增加一项来说明分析的深度（即 λ，通常取 $KE^{0.6}$）。

　　Wagner-实验元素灵敏度因子数据库，基于 F 1s = 1，需要增加一项来修正不同类型仪器配置的电子能量分析器所产生的因子（半球形或筒镜形），这可通过乘以峰动能来实现（λ 项已包含在里面）。

　　定量计算采用的方法有：元素灵敏度（峰高与峰面积灵敏度）因子法、标准样品分析法（标样法）。

　　标样法需制备一定数量的标准样品作为参考，标准样品应具有已知明确的组成、组成深度分布均匀、化学态稳定与内外均无污染物。但标准样品的表面结构和组成难于长期稳定和重复使用，故一般实验研究均不采用。

　　目前 XPS 定量分析多采用元素灵敏度因子法，元素灵敏度因子是由标样得出的经验校准常数。利用特定元素谱线强度作参考标准，测得其他元素相对谱线强度，求得各元素的相对含量，元素灵敏度因子法只是一种半经验性的相对定量方法。

　　一般使用元素灵敏度因子法准确度优于 15%，在同一仪器上使用标准样品测量准确度优于 5%。但要注意，对于任一元素并非所有的 XPS 峰都有相同的强度与元素灵敏度因子，要选择具有最大元素灵敏度因子的峰，使灵敏度最高；另外，每一元素在复杂混合物中，其灵敏度会变化。

现各仪器制造商都提供各元素、部分能级光电子峰的灵敏度因子，一般会有峰强度（面积）与峰高度的元素灵敏度因子。一般在分析 XPS 的宽扫描谱时，可用元素的峰高灵敏度因子以估算样品表面组成元素的相对原子比，但误差很大。而在进行窄扫描谱分析时，应使用元素的峰强度（面积）灵敏度因子。

对某一固体试样中两个元素 i 和 j，已知它们的元素灵敏度因子 $S_i$ 和 $S_j$，并测出各自特定谱线强度 $I_i$ 和 $I_j$，则它们的原子浓度比为

$$\frac{n_i}{n_j} = \frac{I_i / S_i}{I_j / S_j} \tag{9-9}$$

推荐一个简易的半定量计算表面相对原子比近似公式：

$$\frac{n_i}{n_j} = \frac{I_i}{I_j} \times \frac{\sigma_j}{\sigma_i} \times \frac{EK_j^{0.5 \, [20]}}{EK_i^{0.5}} \tag{9-10}$$

式中，$n$ 为表面原子数目；$I$ 为 XPS 的峰强度，以峰面积计算；$\sigma$ 为相对元素的相应能级的电离截面，取 Scofield 计算的数据（C 1s = 1.00）[6]；EK 为光电子动能。EK = $hv$–BE（Mg K$_\alpha$，$hv$ = 1253.6 eV；Al K$_\alpha$，$hv$ = 1486.6 eV）。

对于单质材料，分析深度 $\lambda$ 与元素种类无关，只与电子的动能有关。如果光电子的动能在 100～2000 eV 之间，则近似与 EK$^{0.5}$ 成正比。

需强调的是，XPS 的真正定量分析很难，涉及因素太多，而且各种定量计算方法都有其局限性，特别上述的元素灵敏度因子对应的是单质。所以，它给出的常常是一种半定量的分析结果。分析结果所表示的是相对含量而不是绝对含量，所提供的（半）定量数据是以相对原子分数含量表示的，而不是平常所使用的质量分数。

## 9.2.9　XPS 数据的后期处理

获得测试结果后，需对数据（谱图）进行分析处理。

### 1. 荷电校正

进行精确的荷电校正，使谱线都落在正确的能量标尺上。

## 2. 使用非单色化激发源，需进行卫星峰扣除

对于采用非单色化 X 射线源获取的两个（组）能量接近的光电子谱线的复杂谱线，高结合能处光电子峰的卫星峰（由 $K_{\alpha3}$、$K_{\alpha4}$ 激发）可能与处于低结合能的光电子峰重叠，例如，在分析含钒氧化物时，O 1s 与 V 2p 连在一起，而 O 1s 的卫星峰正好与 V 2p 重叠，则需要用仪器所提供的程序进行卫星峰扣除。要注意，不同的 X 射线源，其产生的卫星峰峰位与强度是不一样的。

## 3. 光电子峰的识别，定性分析

在宽扫描谱上进行各元素各光电子谱线的识别，读取某元素的某能级光电子高分辨窄扫描谱以确定该元素的化学态，完成定性分析。

## 4. 适度的谱线平滑处理

如果待测元素的表面含量低，经常遇到所获谱线质量不高，这时可对谱线作适当的平滑处理。但平滑处理会使谱线变形、失真，所以尽可能不作平滑处理。

## 5. 本底扣除

在窄扫描谱上进行合适区域的本底扣除，以测算出峰面积进行表面元素相对含量的（半）定量计算。

本底的形成是由于出射的光电子在离开表面前会发生多次碰撞而产生损耗了能量的非弹性散射电子及次级电子，从而在光电子谱峰的高结合能（低动能）侧相当宽的范围内形成本底，同时 X 射线源也产生韧致辐射本底，本底信号强度随光电子动能降低而增加。

本底扣除方法有线性与非线性两种，图 9-78 显示 Cu $2p_{3/2}$ 峰的线性与非线性（shirley）本底的差别。

线性扣除法适合于纯金属样品谱线，方法简单、可操作性强，但缺乏理论依据；而非线性扣除法适合所有样品的谱线，其扣除方法有多种，如下所述。

（1）shirley 本底，这是用得最普遍的。其是在动能高于和低于该峰处，或在有意义峰处拟合测量谱时计算的本底。这样给定的动能处的本底，是与本底以上较高动能处的谱峰总面积成固定比例，适用于谱峰两端较为平坦的台阶状峰形。图 9-79[7]显示了如所选择的本底扣除错误，则线性本底与非线性本底带来的误差比较。图中 1 点为不合理的扣除点，2 点为合理的扣除点，明显看出非线性本底扣除法的误差要小很多。

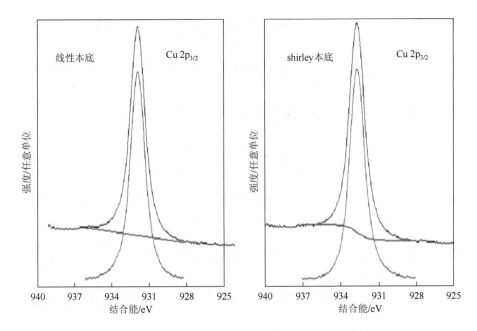

图 9-78　Cu 2p$_{3/2}$ 峰的线性与非线性（shirley）本底

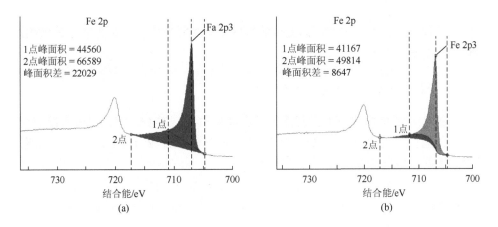

图 9-79　选择不同本底扣除范围，线性本底与非线性本底带来的误差比较

（a）线性；（b）非线性

（2）smart 本底，它源于 shirley 本底，但能反复调整本底位置，使本底不会移到数据曲线之上，比 shirley 本底更为合适，对有较宽能量范围的双峰谱进行定量分析时很有用。图 9-80[3]为对 Ba 3d 谱用 shirley 本底与 smart 本底作非线性本底扣除，证明 smart 本底扣除适用于宽能量范围的双峰谱。

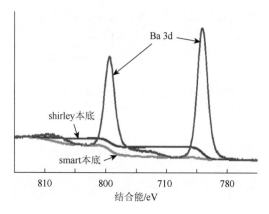

图 9-80　Ba 3d 谱采用 shirley 本底与 smart 本底作非线性本底扣除比较

（3）sickafus 本底。为一选定单项指数律的本底，用来描述二次电子级联强度与发射电子动能之间的函数关系。

（4）tougaard 本底。用关于相对于能量损失的微分非弹性散射截面模型和表面区发射原子的三维分布模型所得到的强度分布。

### 6. 退（去）卷积

该步骤是用各谱仪生产厂商提供的软件处理实验数据，去除谱仪与 X 射线线宽对谱峰的宽化影响。

### 7. XPS 数据谱线的曲线拟合（俗称分峰）

现在对 XPS 数据进行曲线拟合处理已成为常规，这对分析种种原因而出现的 XPS 谱线重叠有重要意义。常用于同元素不同化学态合成谱线的解析，以判断该元素的不同化学态分布。

但特别要注意的是，这曲线拟合仅仅是 XPS 数据谱线的后期处理，人为的随意性极大。

需进行曲线拟合的谱线应是有较佳的信噪比、高质量的，这在采集谱图时要选择选合适的通能（以获高的分辨）、短的步长与足够的循环次数。

选用合适的曲线拟合软件，早期使用 Origin 8，这个软件处理单个峰还可以，现很少用；后又出现 XPS peak 41，现仍有不少使用者；较好的是 Casa XPS，能处理各类谱线。另外，各仪器生产商随机配备的数据处理软件，均可使用。

进行谱线的曲线拟合时要注意以下几点：

（1）在进行谱线的曲线拟合时，首先要考虑到其合理的化学与物理意义，判断可能的峰重叠数目，确定需拟合出谱峰的峰位，切忌无中生有。

（2）其次选择拟合参数。

（a）合理的谱峰 FWHM：合理的谱峰半高宽选择，以采集谱线时谱仪（电子能量分析器）的分辨能力参考表 9-16[21]给的数据进行对比得出，其值不能过小，也不能过大。

表 9-16    纯元素、纯氧化物与化合物的基本 XPS 数据

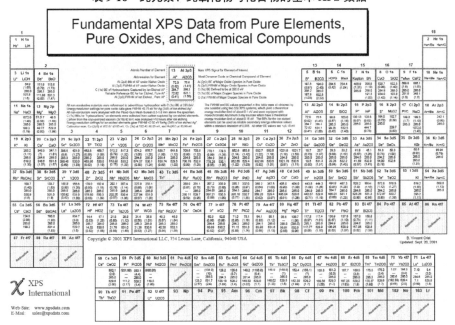

（b）选择合适的高斯线型分量与洛伦茨线型分量的比例。合适的高斯线型分量与洛伦茨线型分量比例的选择，这关系到光电子谱线的形状。一般认为出射的光电子呈高斯线型分布，而经过电子透镜与能量分析器后则呈高斯与洛伦茨复合线型分布。图 9-81 为纯高斯线型与纯洛伦茨线型的比较[13]，两者的差别很明显。

（c）在对过渡金属的 2p 轨道谱线进行曲线拟合时，不能按一般的对称峰形处理，这是由于终态效应的多电子激发过程，致使过渡金属的 2p 轨道谱线不对称，如图 9-82 所示的金属钴的不对称 Co 2p 谱。这类谱线拟合较复杂，需采用拖尾函数或不对称函数，图 9-83 为某谱仪生产商[13]提供的几种拖尾线型函数。

（d）在对自旋裂分双重谱线进行曲线拟合时，还应考虑到两个峰的合理间距、强度比、半高宽比。

麻烦的是，两个峰的间距无规律可循，有的元素氧化态的两峰间距大于还原态，有的则反之。图 9-84 显示的分别为 Ti 与 Cr 的还原态及氧化态的 2p 轨道自旋裂分双重谱线，可以看出，Ti 的氧化态 2p 谱线两峰间距小于还原态，而 Cr 的

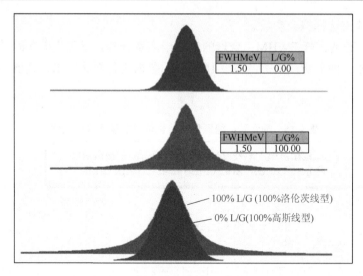

图 9-81　100%高斯线型（深色），100%洛伦茨线型（浅色）及两者的比较

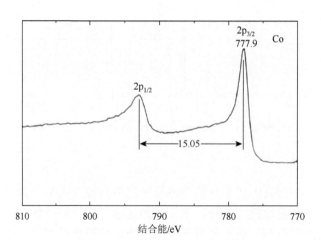

图 9-82　金属钴的不对称 Co 2p 谱线

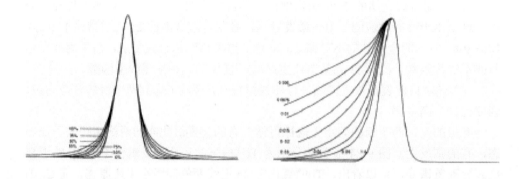

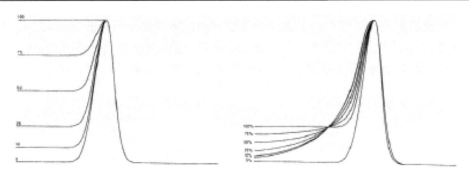

图 9-83　几种拖尾线型函数（第一幅图为正常对称线型）

氧化态 2p 谱线两峰间距则大于还原态。这就需要在进行谱线曲线拟合处理时，多
对照已公布的参考样品谱图与参考文献数据。

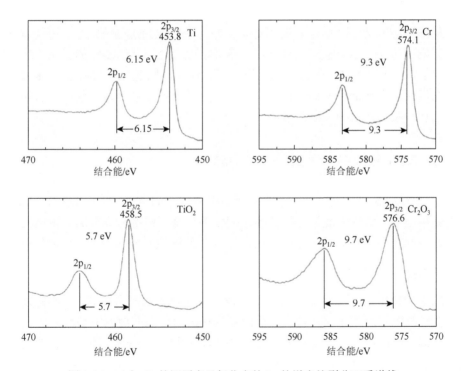

图 9-84　Ti 与 Cr 的还原态及氧化态的 2p 轨道自旋裂分双重谱线

自旋裂分双重谱线的强度比应遵照下列比例：

$2p_{1/2} : 2p_{3/2} = 1 : 2$，3p 线基本符合，4p 则不到此比例；

$3d_{3/2} : 3d_{5/2} = 2 : 3$，4d 线基本符合；

$4f_{5/2} : 4f_{7/2} = 3 : 4$。

但也有例外，从图 9-84 的左下角 $TiO_2$ 的 Ti 2p 谱图中可看出 $2p_{1/2}$ 与 $2p_{3/2}$ 不符合 1∶2 这个比例，这是由于 Coster-Kronig 跃迁的影响，使 $2p_{1/2}$ 损失部分能量。关于 Coster-Kronig 跃迁与超 Coster-Kronig 跃迁，见图 9-85[4]。

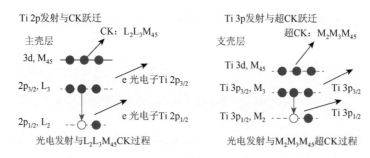

图 9-85　Coster-Kronig 跃迁、超 Coster-Kronig 跃迁影响 Ti 2p 及 Ti 3p 出射

从图 9-85 中看出，由于 C-K 跃迁，Ti $2p_{3/2}$ 受 $L_3M_{45}M_{45}$ 的影响，不受 $L_2L_3M_{45}$ C-K 影响；而 Ti $2p_{1/2}$ 既受 $L_2M_{45}M_{45}$ 的影响，也受 $L_2L_3M_{45}$C-K 的影响。对于超 C-K，Ti $3p_{3/2}$ 不受 $M_2M_3M_{45}$ 超 C-K 影响；而 Ti $3p_{1/2}$ 则受 $M_2M_3M_{45}$ 超 C-K 影响。

在用软件进行谱线的曲线拟合时，还需随时调整某些参数，使拟合后的结果合理，且与原始谱线的参差和最小。

## 9.2.10　XPS 分析中常遇到的一些问题

在进行 XPS 分析前、中与后会遇到许多问题，如 XPS 的检出范围、信号强度与分辨能力、谱仪的能量标尺校准、XPS 的伴峰、绝缘样品表面的荷电校正、各种谱线的重叠、对被测样品的要求、实验中 X 射线对样品表面的副效应等。

### 1. XPS 的检出范围

XPS 的检出范围*，即所谓的表面待测元素相对含量的最低值，一般是以被检测元素的表面相对原子比（包括表面污染物在内的表面全部原子个数）表示。

早期仪器的相对灵敏度较低，约为 1% 的相对原子百分比。现在的仪器由于采用了多通道的探测器（电子倍增器阵列或微通道板），其相对探测灵敏度大大提高，可达约 1‰相对原子百分比。当然，这 1‰仅是估计，主要还涉及下列因数。

（1）各元素的特定电子轨道的光致电离截面 $\sigma$ 值，以使用 Al $K_\alpha$ 辐射源为例（取自 Scofield[6]）。

----

* 有种提法为所谓的"检出限"，这种提法不妥。实际上无检出极限，因为辐射源的功率可再提高，检测器的灵敏度也可再提高

如 C 1s = 1.00、O 1s = 2.93、Al 2p = 0.537、Ti 2p$_{3/2}$ = 5.22、Cu 2p$_{3/2}$ = 16.73、Ag 3d$_{5/2}$ = 10.66、Au 4f$_{7/2}$ = 9.58 等，各元素的特定电子轨道的光致电离截面 $\sigma$ 值相差很大，有时会有一个数量级以上的差别。如一样品表面有铜与铝，且是相同含量（表面原子浓度），则检出铜就比铝容易得多。

（2）待测样品的物理因数，即样品的尺寸、致密程度与表面粗糙程度。总之，实验时采样区域内被检元素的绝对量直接关系到出射光电子的数量，而样品表面过于粗糙，则出射的部分光电子因散射而不能进入能量分析器透镜入口。

2. 信号强度与分辨能力

XPS 谱线的分辨能力以 FWHM（谱线的半高宽）表示，信号强度也就是灵敏度。

在 XPS 实验中测得的光电子谱线的宽度主要取决于：①样品表面组成元素各能级光电子本征信号的自然宽度，但元素所处的化学状态不同则谱线的分辨有差别，而且无规律可言。同时，在信息深度范围内各单层间元素化学态的微小差别也会加宽谱线的宽度，因为测得的光电子信号是信息深度范围内数个单层信号的卷积；②X 射线源的本征线宽，如单色化 Al K$_\alpha$ 的理论极限线宽为 0.16 eV，实际上要高于此值；③电子能量分析器及透镜的参数，在 CAE 模式下的通过能选择；④样品自身的物理状况因素，表面的粗糙程度会加宽光电子谱线的宽度；⑤在采样区域内表面的微分荷电及信息深度范围内各单层的微分荷电，也会引起谱峰宽化，特别是测试绝缘样品时；⑥周边微弱磁场的影响，使出射电子发散。但用了高导磁的 μ 合金材料作磁屏蔽，这种影响能大大减弱。

在进行 XPS 测试时，不能一味追求高分辨率或高信号强度。分辨高，信号强度就差；信号强度高，分辨必然差。图 9-86 显示了信号强度与分辨能力（FWHM）的关系，图 9-87 则是在 CAE 模式下选择不同通能测得 PET 材料 C 1s 谱的实例。

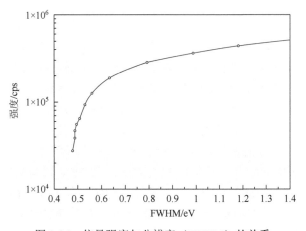

图 9-86　信号强度与分辨率（FWHM）的关系

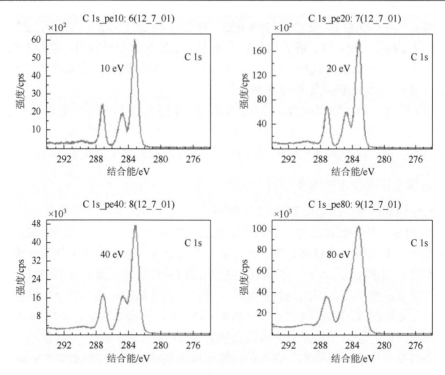

图 9-87　在 CAE 模式下选择不同通能测得 PET 材料的 C 1s 谱

### 3. 谱仪的能量标尺校准

用电子能谱对样品进行表面组成和化学态测定时，必须准确地给出各谱线的能量位置，特别在作元素化学态分析时，有时化学位移只有零点几电子伏，因此对能量标尺的精确定标是十分重要的。

一般商品化谱仪在出厂前已对它的能量标尺进行了校准。但在实际使用过程中，特别是谱仪维修后，谱仪的能量分析器能量扫描的线性度、稳定性及谱仪功函数值会发生变化，这些变化可能会造成结合能读数的偏差。因此在实际操作时，必须定期对谱仪能量标尺进行校准，以维持仪器的精确性。

对固体样品，测得谱峰所对应的结合能是以费米能级作为参考零点，因此标尺零点的标定意义是十分清楚的。通常是选择在费米边附近有高状态密度的纯金属 Ni 或 Pd 作为标样，在谱仪处于最高分辨率的工作状态下，在结合能零点附近得到一个急剧向上弯曲的谱峰拐点，这便是谱仪的坐标零点。

定准了费米边，就需用一些洁净的纯金属（纯的金、银与铜），用其内能级的锐光电子线对能量标尺的低、中、高位置进行标定，使谱仪测得的能量与所选标样的标准谱线能量（对应国际标准）准确一致，并使谱仪能量标尺是线性的。表 9-17 为洁净的金、银、铜标准样各光电子线的标准峰位。

表 9-17　洁净的金、银、铜标准样各光电子线的标准峰位

| 标准样 | Al $K_\alpha$ | Mg $K_\alpha$ |
|---|---|---|
| Cu 3p | 75.14 | 75.13 |
| Au $4f_{7/2}$ | 83.98 | 84.00 |
| Ag $3d_{5/2}$ | 368.26 | 368.27 |
| Cu $L_3MM$ | 567.96 | 334.94 |
| Cu $2p_{3/2}$ | 932.67 | 932.66 |
| Ag $M_4NN$ | 1128.78 | 895.75 |

对作能量标尺校准用的标准样品，Au、Ag、Cu、Ni 或 Pd 的纯度均要优于
99.9%，其样品表面 C、O 等杂质的含量需达到 C 1s 与 O 1s 的强度均低于主光电
子峰的 1%（3%）。有国际标准[22]作参照。

### 4. XPS 的伴峰（即 XPS 谱线的次级结构）

在 XPS 测试中除能获得被测样品表面所含元素的光电子峰外，还有多种伴峰
出现，主要有震激、震离、等离子激元、能量损失、俄歇等峰，这些峰的成因在
前面章节已作描述。在进行 XPS 分析时均需注意，判别出哪些是主光电子峰，哪
些是伴峰。

而对非单色化的 X 射线源（Mg $K_\alpha$ 与 Al $K_\alpha$），还需考虑到除 $K_{\alpha1}$、$K_{\alpha2}$ 外的
$K_{\alpha'}$、$K_{\alpha3}$、$K_{\alpha4}$、$K_{\alpha5}$、$K_{\alpha6}$ 与 $K_b$ 等辐射的影响。这在有关 X 射线源章节已作了
描述。

另外，要注意的是，在使用非单色化 X 射线源（Mg/Al 双阳极）时，有时在
测得的谱图上会出现不明的谱峰（鬼线），这是由于杂质辐射引起的：制作阳极靶
时不慎，使 Mg 靶面上有 Al，Al 靶面上有 Mg；谱仪在低真空下运行，使阳极靶
靶面氧化；X 射线源使用过度，致使靶面缺损露出了铜衬底。表 9-18 为杂质辐射
引出伴峰（鬼线）的位置与成因。

表 9-18　非单色化 X 射线中杂质辐射引出伴峰（鬼线）的位置与成因

| 杂质辐射 | 成因 | Mg 靶 | Al 靶 |
|---|---|---|---|
| Mg $K_\alpha$ | 双阳极靶面不纯 | | 233.0 eV |
| Al $K_\alpha$ | 双阳极靶面不纯 | −233.0 eV | |
| O $K_\alpha$ | 靶面氧化 | 728.7 eV | 961.7 eV |
| Cu $L_\alpha$ | 靶面缺损 | 323.9 eV | 556.9 eV |

## 5. 绝缘样品表面的荷电校正

绝缘样品进行 XPS 分析时，样品光电子不断从表面出射，而样品表面不能及时得到足够的补充电荷，导致在分析区域出现"电子亏损"而使样品表面呈正电位，以致光电子谱峰向高结合能方向位移，这就是荷电效应，属物理位移。在荷电状态稳定的情况下，整套谱峰曲线发生平移。图 9-88 为 XPS 分析导电样品时的荷电补偿示意图，而非导电样品则无法获得地面电荷的补偿。

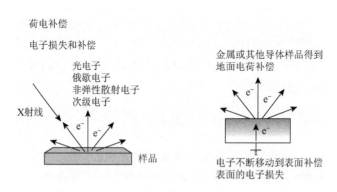

图 9-88　XPS 分析导体样品时的荷电补偿示意图

解决绝缘样品荷电影响所采用的方法如下所述。

（1）最方便，最常用，但也可能是最不准的是以样品表面污染碳（C—C、C—H）的 C 1s 轨道结合能（284.6～285.0 eV）为内标，逐个校正已采集的 XPS 谱中的其他谱峰的峰位。由于含碳物种种类繁多，其 C 1s 轨道结合能也各不相同，所以必须定准作荷电校正基准的碳物种的归属。表 9-19 为各类含碳官能团的 C 1s 轨道结合能参考值。

表 9-19　各类含碳官能团的 C 1s 轨道结合能参考值[*]

| 官能团 | 结合能/eV |
|---|---|
| C—H, C—C | 285.0 |
| C—N | 286.0 |
| C—O—H, C—O—C | 286.5 |
| C—Cl | 286.5 |
| C—F | 287.8 |
| C＝O | 288.0 |
| N—C＝O | 288.2 |
| O—C＝O | 289.0 |

续表

| 官能团 | 结合能/eV |
|---|---|
| $\underset{\|}{\overset{O}{\overset{\|}{C}}}$ N—C—N | 289.0 |
| $\underset{\|}{\overset{O}{\overset{\|}{C}}}$ O—C—N | 289.6 |
| $\underset{\|}{\overset{O}{\overset{\|}{C}}}$ O—C—O | 290.3 |
| —$\underline{C}H_2CF_2$— | 290.6 |
| —$\underline{C}F_2CF_2$ | 292.0 |
| —$\underline{C}F_3$ | 293-294 |

\* 获得的结合能由官能团所处的特定环境而定，大部分变化范围为±0.2 eV，也有一些会大一些

（2）以样品中稳定的某组成的某一峰作内标，如负载型催化剂的 $SiO_2$ 的 Si 2p 与 $Al_2O_3$ 的 Al 2p 轨道的结合能值作荷电校正的基准。但各种 $SiO_2$ 与 $Al_2O_3$ 的表面状态也不是都一样，其 Si 2p 与 Al 2p 轨道的结合能值都有差异，这从表 9-20[21]的氧化铝的 Al 2p 轨道的结合能值能看出。

表 9-20  氧化铝的 Al 2p 轨道的结合能值（虚线框范围内）

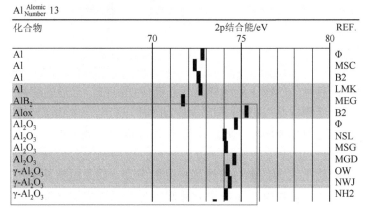

（3）在样品表面蒸不连续的痕量金，取 Au $4f_{7/2}$ = 84.0 eV（BE）为内标。但步骤复杂，难控制。沉积金是为了在样品表面得到金属标准值，在整个绝缘体表面沉积一薄层（0.5~0.7 nm）纯金。假设沉积的金层和样品表面荷电相同，则样品的结合能可以参照金的结合能。在大多数材料上沉积金时，Au 形成小岛。当金覆盖度小于一个单层，可能存在金与衬底的相互作用。除了样品的结合能发生变

化外，这种作用还会引起 Au 4f$_{7/2}$ 峰的化学位移，此化学位移的大小随覆盖程度而变化[23, 24]，从而会导致金结合能与所期望的金参考值不同。另外，还必须注意在金"岛"和试样间可能出现非均匀荷电。

还有一种不可取的方法，即在绝缘粉末样品中混入 Au 粉或石墨粉等，以测得的 Au 4f 或 C 1s 作为荷电校正的基准。这些粉末会深入样品，改变了试样的对地阻抗（不可测），使荷电状况变得混乱。

（4）Ar 是稳定的惰性元素，向绝缘样品表面注入低能量的 Ar，以 Ar 2p 轨道结合能作为荷电校正的基准。但 Ar 的注入可能会改变样品的化学性质，从而导致结合能的位移，甚至引起谱峰的分裂。测得的 Ar 2p 轨道的结合能，也会由于弛豫效应（退激发）随基体不同而改变。这从表 9-21[21]可以发现在不同基体上的 Ar 2p 轨道结合能的差异。

**表 9-21　Ar 2p 轨道在不同基体上的结合能差别**

Argon，Ar 原子序数 18

| 化合物 | 2p$_{2/2}$ 结合能/eV |
|---|---|
| | 235　　　　　240　　　　　245 |
| Ar (in C) | |
| Ar (in C) | |
| Ar (in Fe) | |
| Ar (in Cu) | |
| Ar (in Ag) | |
| Ar (in Ag) | |
| Ar (in Pt) | |
| Ar (in Au) | |
| Ar (in Au) | |

所以说，没有唯一的校正绝缘样品表面荷电的方法，合理的就可以。

现在在进行绝缘样品 XPS 分析时，都会同时开启电子中和源向样品表面补充低能电子，以一定的参考峰位（如污染碳的 C 1s 能级）调节电荷补偿量，使样品表面达到电中性。

但在使用单色化 X 射线源分析绝缘样品时发现，如果电荷补偿不足则出现谱峰畸变与分裂，所以需注意，不能电荷补偿不足，而要采取适度的过中和模式。图 9-89 为过中和式示意图；图 9-90 与图 9-91 为两组试样以"欠中和"与"过中和"模式测试的实例（实验时使用 Thermo-Fisher ESCALAB 250xi 电子能谱仪，Mono Al K$_\alpha$ 辐射源；采样面积：$\Phi = 650\ \mu m^2$；PE = 20 eV）。

图 9-91 更能说明绝缘样品表面荷电补偿不足对测试结果的影响，左图 Mo 3d$_{3/2}$ 的高结合能处出现一肩峰，如错误的分析就认为出现了比 Mo$^{6+}$ 更高化学态的 Mo 物种，这是不可能的，Mo 的最高化学态只能是 +6 价。

如果电子强度足够大

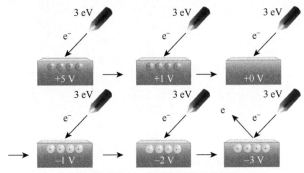

在平衡状态下，表面电位=电子束能量

通常，在平衡状态下，表面电位<电子束能量

图 9-89　过中和模式示意图

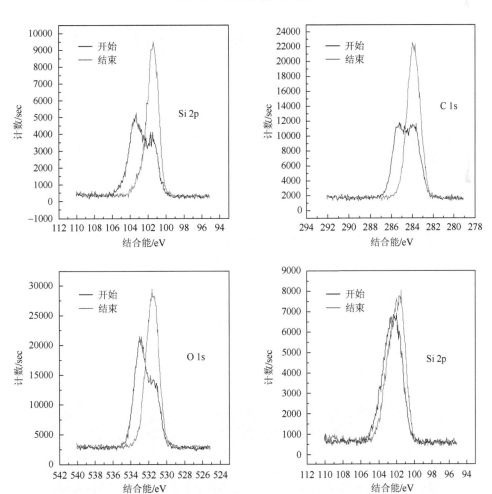

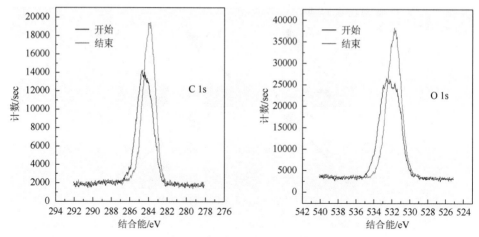

图 9-90　两个 SiO$_2$ 样品荷电补偿不足（深色谱线）与过荷电补偿（浅色谱线）
所得 Si 2p、C 1s 与 O 1s 谱

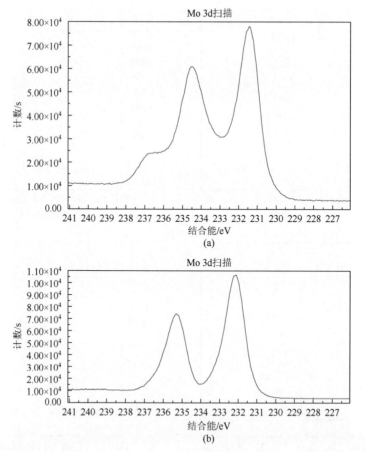

图 9-91　MoO$_3$ 样品荷电补偿不足（a）与过荷电补偿（b）所得的 Mo 3d 谱

## 6. XPS 分析中常发生的谱线重叠

在进行 XPS 实验时，所取得的谱图（窄范围扫描谱）不一定是单一元素某能级的光电子谱，而经常是与其他谱线重叠的复杂谱，这需要尽量避免。

1）某元素的芯能级光电子谱与另一元素的某能级光电子谱重叠

这类谱线重叠经常发生。如 C 1s 与 Ru 3d、Ni $2p_{3/2}$ 与 La $3d_{3/2}$、Al 2p 与 Pt 4f 及 Ni 3p 和 Cu 3p、Co 2p 与 Ba 3d 等。图 9-92 显示 Al 2p 与 Pt 4f 及 Ni 3p 谱线的复杂重叠，图 9-93 显示 CoO 的 Co 2p 谱与 BaO 的 Ba 3d 谱完全重叠，图 9-94 为 Pd-Au/Al$_2$O$_3$ 催化剂 Au 4d 与 Pd 3d 谱线部分重叠。

解决方法除在后期数据处理时对重叠谱线采取曲线拟合外，还可以在测试时加录其他能级的光电子谱或价带谱，如对 Pd-Au/Al$_2$O$_3$ 催化剂可加录 Pd 3p，但一般其他能级的光电子峰强度均较弱，而且分辨也差些。

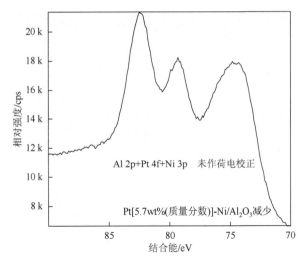

图 9-92　经还原后的 Pt-Ni/Al$_2$O$_3$ 催化剂 Al 2p 谱线与 Pt 4f 及 Ni 3p 重叠

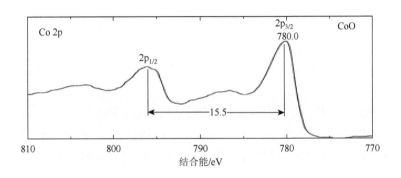

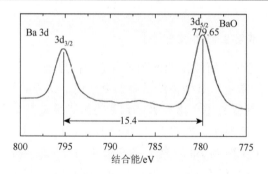

图 9-93　CoO 的 Co 2p 谱与 BaO 的 Ba 3d 谱完全重叠

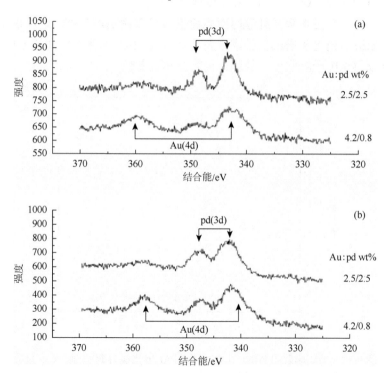

图 9-94　Pd-Au/Al$_2$O$_3$ 催化剂 Au 4d 与 Pd 3d 谱线部分重叠

2）光电子谱与 Auger 跃迁谱的重叠

这种现象也经常出现，特别是在采用非单色化与单色化 Al K$_\alpha$ 辐射源对过渡元素测试时。

例如，采用 Mg K$_\alpha$ 激发源时，N KVV 与 Ce 3d；O KVV 与 Co 2p、Ba 3d；F KLL 与 Mn 2p；Na KLL 与 C 1s、K 2p、Ca 2p；Ti LMM 与 La 3d、Ni 2p；V LMM 与 Co 2p、Ba 3d；Mn LMM 与 Mn 2p、Fe 2p；Co LMM 与 Sn 3d；Ni LMM 与 Sn 3d；Cu LMM 与 Pd 3d、Cd 3d 等。

采用 Al K$_\alpha$（含单色化）激发源时，F KLL 与 La 3d；Na KLL 与 Sn 3d；Mg KLL 与 Ca 2p、Rh 3d；Fe LMM 与 Co 2p；Co LMM 与 Co 2p、Fe 2p；Ni LMM 与 Mn 2p；Zn LMM 与 Sn 3d；Ce M45N45N45 与 La 3d$_{5/2}$；O KVV 与 Nd 3d 等。

图 9-95 为采用 Mg K$_\alpha$ 与 Al K$_\alpha$（含单色化）激发源测得过渡金属铁、钴、镍的俄歇峰位置（结合能 eV），及部分过渡与稀土元素内能级光电子峰位（结合能 eV），可以看出在采用 Al K$_\alpha$（含单色化）激发源时，部分过渡元素与稀土元素的内能级光电子峰与部分过渡元素的俄歇峰重叠现象。

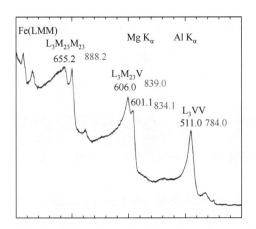

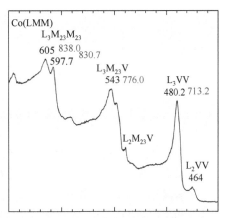

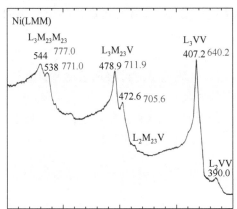

Mn 2p$_{3/2}$ 638.8 eV(Mn$^0$)
Fe 2p$_{3/2}$ 706.8 eV (Fe$^0$)
Co 2p$_{3/2}$ 777.9 eV (Co$^0$)
Ni 2p$_{3/2}$ 852.3 eV (Ni$^0$)
La 3d$_{5/2}$ 834.9 eV(La$^{+3}$)
Ce 3d$_{5/2}$ 881.6 eV(Ce$^{+4}$)

图 9-95　采用 Mg K$_\alpha$（深色数字）与 Al K$_\alpha$（浅色数字）激发源测得过渡金属铁、钴、镍的俄歇峰位置（结合能 eV），右下角为部分过渡与稀土元素内能级光电子峰位（结合能 eV）

由于俄歇峰峰形不规则，不对称，且峰很宽，故如果要在实验后期作光电子与俄歇的重叠峰的曲线拟合则很复杂，难以得到合理的结果。比较好的解决方法就是更换 X 射线激发源（需配备双阳极谱仪），Mg K$_\alpha$ 与 Al K$_\alpha$ 辐射源的光子动能差 233 eV，这样俄歇峰出现在结合能坐标上的位置也差了 233 eV，见图 9-96[13]。

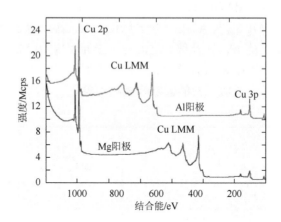

图 9-96　Mg $K_\alpha$ 与 Al $K_\alpha$ 激发源测得 Cu LMM 峰的差值为：1486.6 eV–1253.6 eV = 233 eV

一个特例：在内能级光电子峰与俄歇跃迁峰重叠的众多例子中有一个特别的个案，就是含钴样品的精确 XPS 分析难点。

钴基催化材料广泛地用在化学、化工、能源等领域，如 Fischer-Tropsch 合成常用的 Pt-Co/$Al_2O_3$、Ru-Co/$TiO_2$、Co/$SiO_2$、Co/SBA-15、Co/AC 等催化剂；$LaCoO_x$、$BaSrCoFeO_x$、La（Zr）$BaFeCoO_x$ 等混合导体透氧膜；超低温氧化 CO 的纳米 $Co_3O_4$ 催化剂；作为固体氧化物燃料电池阴极的 $SmSrCoO_x$ 等。

而含钴的样品在进行 XPS 测试时，不管是使用 Mg $K_\alpha$ 激发源还是使用单色化的 Al $K_\alpha$ 激发源，都难获得满意的 Co 2p 谱。也就是说，目前凡已发表的论文中引用单色化 Al $K_\alpha$ 激发源所收录的 Co 2p 谱线的都有欠缺。

若开启 Mg $K_\alpha$ 激发源，则发现 Co $2p_{3/2}$ 就落在 O KLL 俄歇跃迁的一个峰上，除非该样品是纯钴，且表面没有氧。图 9-97[18]为使用 Mg $K_\alpha$ 激发源时 CoO 的 Co 2p 与 O KLL 跃迁的重叠。

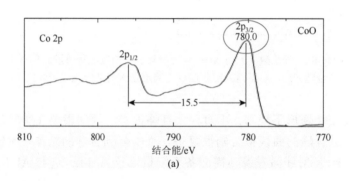

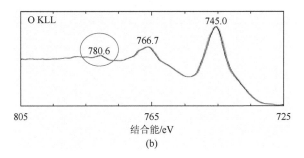

图 9-97　使用 Mg Kα 激发源时 CoO 的 Co 2p 谱（a）与 O KLL 跃迁谱（b）

若开启 Al Kα 激发源（含单色化源），则情况更复杂，无论是纯钴还是含钴化合物其 2p 能级都与 Co L₃M₂₃V 俄歇跃迁重叠。从图 9-98[18] 与图 9-99[25] 分别用 Mg Kα 激发源与单色化 Al Kα 激发源所获得的纯 Co 的 XPS 宽扫描谱可以发现，与 Co 2p 相比较的 Co L₃M₂₃V 俄歇跃迁峰强度与峰宽度相当可观，足以影响所录 Co 2p 谱峰峰位与强度的准确性。图 9-100 为单色化 Al Kα 激发源所获的纯 Co 样品的 Co 2p 谱，在谱峰的低结合能处明显发现 Co L₃M₂₃V 俄歇跃迁的存在。

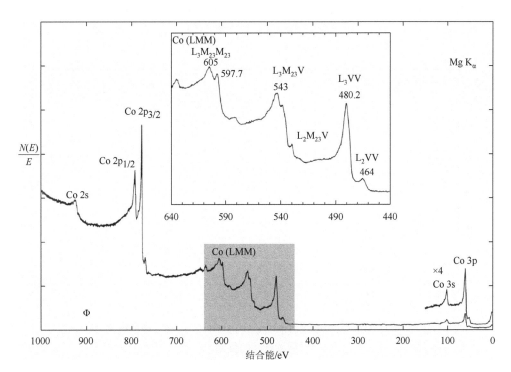

图 9-98　Mg Kα 激发源所获纯 Co 的 XPS 宽扫描谱，显示 Co L₃M₂₃V 俄歇跃迁峰的强度与峰宽相当可观

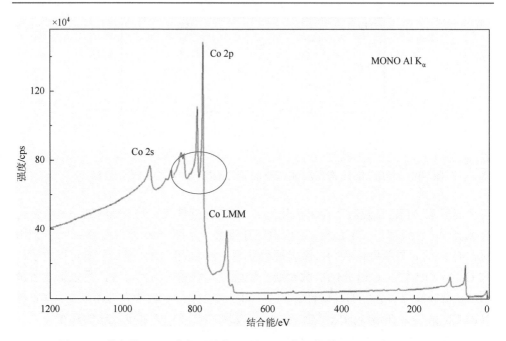

图 9-99　单色化 Al K$_\alpha$ 激发源所获 Co 的 XPS 宽扫描谱，Co 2p 与 Co L$_3$M$_{23}$V
俄歇跃迁全部重叠（圈位置）

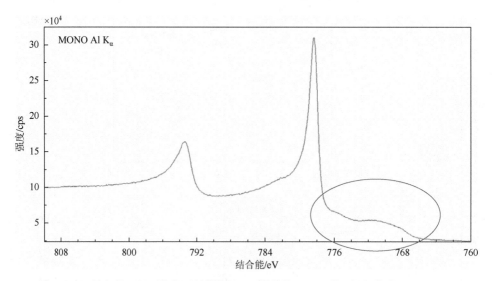

图 9-100　单色化 Al K$_\alpha$ 激发源所获的纯 Co 样品的 Co 2p 谱，圈部位为 Co L$_3$M$_{23}$V
俄歇跃迁的位置

　　除忽略这个谱峰重叠现象外（为绝大部分已发表的论文所采纳），目前可采用
的解决方法有以下几种。

（1）录取 Co 3s 或 Co 3p 能级谱，但 Co 3s 或 Co 3p 能级的光致电离截面很小，如样品表面 Co 含量很低就难获合用的谱。

（2）选用其他 X 射线源，如 Ti $K_\alpha$、Zr $L_\alpha$、Cr $K_\alpha$、Ag $L_\alpha$ 等辐射源。但这些辐射源的本征线宽都较宽，故所获 XPS 谱线分辨会差些，所得谱线的强度也弱，见表 9-21。并且目前难找到在这些 X 射线源辐射下各元素、各能级的光致电离截面数据，若要进行定量分析就需采取标准样品对照方法，难度大。

现在有仪器生产商已采用单色化的 Ag $L_\alpha$ 辐射源，因为 Ag $L_\alpha$ 的波长（0.416 nm）差不多是 Al $K_\alpha$（–836 nm）的一半，对 Al $K_\alpha$ 单色器石英晶体 [$\alpha$-Quartz（1010）六方柱面] 为二级衍射，与单色化 Al $K_\alpha$ 可同用一单色器。但单色化 Ag $L_\alpha$ 射线强度比单色化 Al $K_\alpha$ 弱了许多，本征线宽也宽于单色化 Al $K_\alpha$，见表 9-22，所测得的谱线分辨也较差，另外由于暂无 Ag $L_\alpha$ 辐射源对各元素各能级的光致电离截面数据，进行定量计算也难，需采用参照样品法（对照已知表面元素组成的样品）。

**表 9-22　各种 X 射线激发源有关参数**

| 辐射源 | 能量 $h\nu$/eV | 与 Al $K_\alpha$ 能量比 | 本征线宽/eV | 单色化线宽 |
|---|---|---|---|---|
| Mg $K_\alpha$ | 1253.6 | 0.84 | 0.7 | |
| Al $K_\alpha$ | 1486.6 | 1.00 | 0.85 | 0.25 |
| Ag $L_\alpha$ | 2984.4 | 2.00 | 2.6 | 1.2 |
| Cr $K_\alpha$ | 5417.0 | 3.64 | 2.1 | |
| Ti $K_\alpha$ | 4510.9 | 3.03 | 2.0 | |
| Zr $L_\alpha$ | 2042.4 | 1.37 | 1.7 | |

然而，用单色化 Ag $L_\alpha$ 辐射源对含钴样品进行 XPS 分析所获的 Co 2p 谱线就显得真实，见图 9-101，小图谱线 A、C、E[25]用单色化 Ag $L_\alpha$ 辐射源测得。可看出，Co LMM 俄歇跃迁峰已远离 Co 2p 峰，但所采集的谱峰强度均很弱，分辨也差。

（3）使用非单色化 X 射线激发源时某元素的芯能级光电子谱与另一元素的由 $K_{\alpha3}$、$K_{\alpha4}$（$L_\alpha$ 辐射也类似）辐射产生的伴峰重叠，如 V 2p 与 O 1s 的伴峰、Au 4f 与 Si 2p 的伴峰等，如图 9-102（a）所示；出现这类情况就必须从重叠谱中扣除，各仪器所附的数据处理系统软件都有这功能，图 9-102（b）为（a）谱线扣除 O 1s 伴峰后的谱线。

总之，在预计会发生各类谱线重叠的情况下，应尽量采录较高分辨的谱（选较低的通能，较短的步长），以方便实验后期数据处理时的曲线拟合。

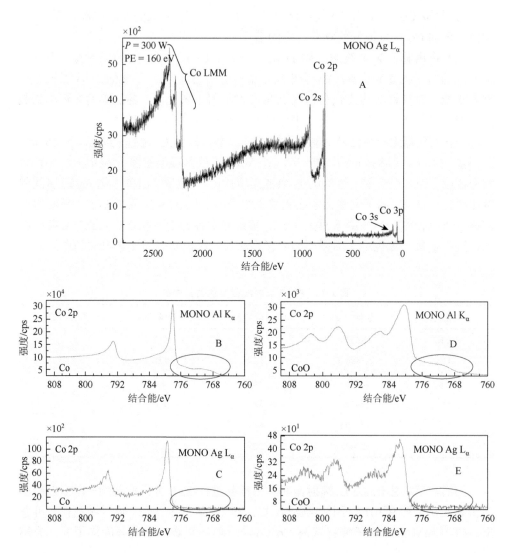

图 9-101　用单色化的 Ag $L_\alpha$、Al $K_\alpha$ 辐射源分别测得纯 Co 与 CoO 的 Co 2p 谱的对比，（A、C、E）使用 Ag $L_\alpha$ 单色源；（B、D）使用 Al $K_\alpha$ 单色源；圈部位为用 Al $K_\alpha$ 单色源时 Co $L_3M_{23}V$ 俄歇跃迁的位置

### 7. XPS 分析对被测样品的要求

进行 XPS 分析的样品是有具体要求的，不是所有样品都可以进行表面分析。如要使谱仪保持良好的状态，则必须拒绝分析任何带有腐蚀性、强挥发性、强磁性与放射性的样品，且样品尺寸不宜过大，厚度也需控制。

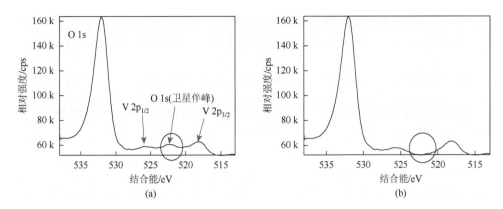

图 9-102　使用非单色化 Mg $K_\alpha$/Al $K_\alpha$ X 射线激发源测试 Mo-V-Te-Nb 样品，所获 O 1s + V 2p 谱。
O 1s 的伴峰（圈位置）与 V 2p 谱线重叠（a）；已作 O 1s 的伴峰扣除后（圈位置）
的 O 1s 与 V 2p 谱线（b）

1）粉末状样品

用超高真空专用双面胶带粘已干燥的粉体，或把粉体压成薄片（最好），或将硬的颗粒或粉体压嵌入软的纯金属箔（如 In、Al 箔，但需注意 In、Al 箔的纯度与表面污染程度，还要留意 In、Al 材料各自的各能级 XPS 谱峰的位置），再固定在样品台上，确认粉末不脱落。

2）含有挥发性物质的样品

在样品进入真空系统前必须清除掉挥发性物质，可将样品置于真空烘箱处理，高蒸气压的元素：汞、碲、铯、钾、钠、砷、碘、锌、硒、磷和硫等。

3）表面有污染的样品

在进入真空系统前必须用低碳溶剂如正己烷，丙酮等洗去样品表面的油污。最后再用乙醇或乙醚洗掉有机溶剂，再自然干燥。

4）带有微弱磁性的样品

光电子带有负电荷，在磁场作用下由样品表面出射的光电子就会偏离接收角，最后不能到达分析器。此外，当样品的磁性很强时，会使分析器及样品架磁化。因此，绝对禁止带有磁性的样品进入分析室。一般对于具有弱磁性的样品，可以通过退磁的方法去掉样品的微弱磁性。

5）有机样品

要确定该样品在真空中不再挥发，且能经得起 X 射线的辐照，不分解。如可能需启用冷冻样品台，但需考虑分析室残余气体在样品上吸附的影响。

6）对 X 射线敏感的样品

有的被测样品对光敏感，特别是光电材料。在进入分析室正式录谱前，可能需用 X 射线辐照相当长的时间，使样品表面的荷电稳定。

7）对待新制备的硫、碘、溴等化合物样品

务必谨慎，防止游离态的硫、碘、溴等析出，污染系统，污染其他样品。

**8. 在超高真空系统内 X 射线辐照对样品表面状态的影响，即所谓的副效应**

副效应明显地表现在样品表面处于氧化状态元素的被还原，在实例章节所出示的这些实验结果可看出这种现象的普遍性。而且不仅对样品表面低含量、高分散的元素有影响，就是对有较完整的纯材料镀层都有影响，见图 9-106。这与在分析有机样品时需防材料分解一样，在实际 XPS 分析中必须注意，以免得不到真实的表面信息。

1）实例

见图 9-103～图 9-109，除图 9-103 取自某文章外，其余均是笔者实测的结果。可看出经 X 射线辐照后，氧化状态的元素均不同程度地被还原。

从图 9-103，可看出随 X 射线辐照时间的延长，含 Au 样品表面的 $Au^{3+}$ 最终都被还原；图 9-104 为 $Ce^{4+}$ 被部分还原成 $Ce^{3+}$；图 9-105 则是 CuO 最后被还原为 $Cu_2O$；图 9-106 更说明 X 射线辐照对样品表面元素化学态的影响，即使有较厚完整镀层的样品也受其影响，高价的氧化铜被还原成低化合价；图 9-107 与图 9-108

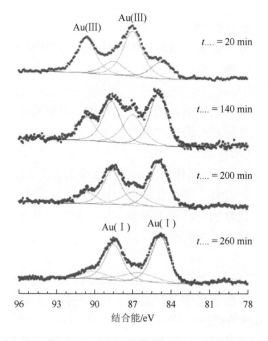

图 9-103　Au 4f 谱，显示随 X 射线辐照时间的增加样品表面氧化态的金被还原的过程

说明这种影响涉及多种表面所含的元素；图 9-109 直观地反映了 X 射线辐照样品表面后，可肉眼观察到表面的形貌的变化。这些实验结果都提醒 XPS 实验的实施者能重视这副效应，在实验中尽可能地避免强 X 射线长时间的辐照样品，以免破坏样品表面的原始真实状态。

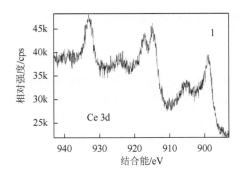
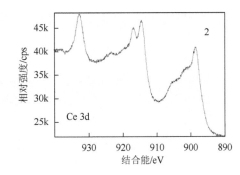

图 9-104　纳米颗粒 CeO₂ 的 Ce 3d 谱

1. 起始；2. 经 X 射线辐照 20 min 后的 30 次扫描叠加谱，已出现低价态的 Ce

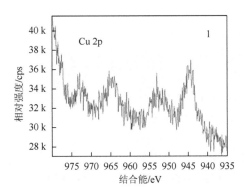
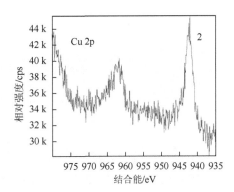

图 9-105　2%Cu/SiO₂-Al₂O₃ 催化剂的 Cu 2p 谱

1. 起始；2. 经 X 射线辐照 1 h 后，CuO 被还原

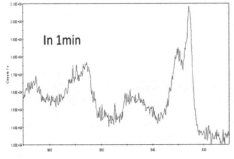
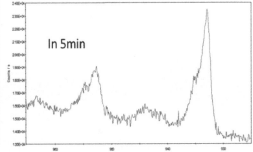

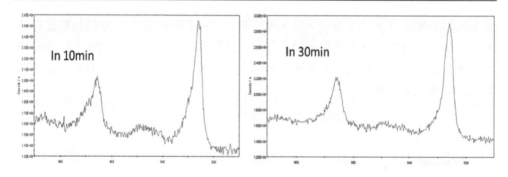

图 9-106　钢丝表面 Zn-Cu 镀层的 Cu 2p 谱线随 X 射线辐照时间的变化，即表面 Cu 化学态的变化

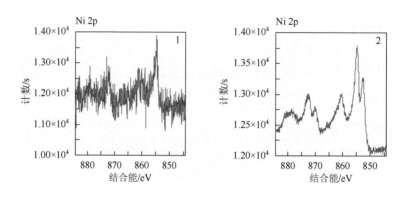

图 9-107　Ni-Cl/TiN-Sn 材料的 Ni 2p 谱

1. 起始；2. 经 X 射线辐照 2 h 后的 100 次扫描叠加谱

## 2）副效应成因分析

副效应的成因比较复杂，可推测为：①在超高真空条件下，X 射线辐照在样

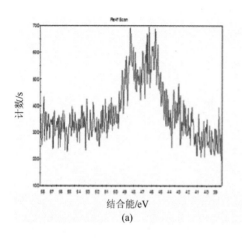

(a)

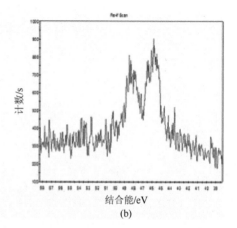

(b)

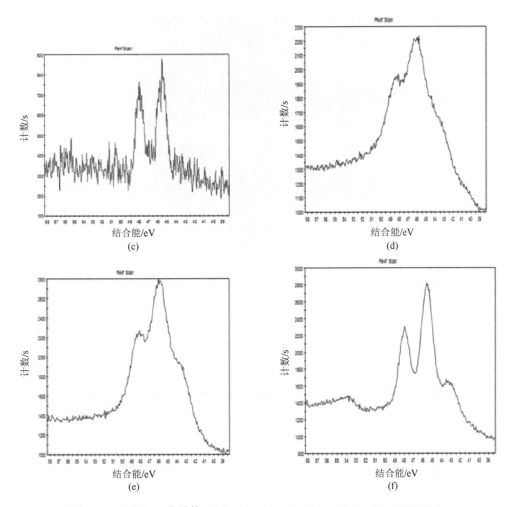

图 9-108　不同 Re 含量的（0.5wt%、1.0wt%、2.0wt%）Re-15wt%Ni/Al$_2$O$_3$
临氢胺化催化剂的 Re4f 谱

（a）、（b）、（c）：起始；（d）、（e）、（f）：经 X 射线辐照 33 min 后的 50 次扫描叠加谱

品表面引起的热效应导致表面金属元素还原；②X 射线辐照诱导样品表面羟基脱附或分解；③由于 XAES 过程 Auger 电子出射使价带产生空穴，致使 M—O 键断裂，产生氧缺陷。

总之，XPS 是在所有表面分析技术中应用最广的一项，而且现在仪器自动化程度越来越高，操作方便，随仪器所附的软件也日臻完善。但有时不能过分依赖仪器的自动化，依赖峰识别、数据自动处理等软件功能，以免出错。

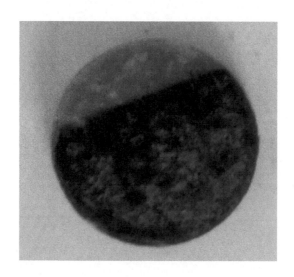

图 9-109　　1%Pt/SiO$_2$ 催化剂经 X 射线辐照（测试）150 min 后的表面颜色变化

上部：未辐照区域；下部：辐照区域

# 9.3　紫外光电子能谱（UPS）

紫外光电子能谱全称为 ultraviolet photoelectron spectroscopy（UPS）。

20 世纪 60 年代英国伦敦帝国学院 David Turner 首先提出并成功应用于气体分子的价电子结构的研究中[26]。真空紫外光电子能谱为研究者们提供了简单直观和广泛地表征分子和固体电子结构的方法。主要用于研究固体和气体分子的价电子和能带结构以及表面态情况。角分辨 UPS 配以同步辐射光源，可实现直接测定能带结构。

## 9.3.1　UPS 基本原理

紫外光电子能谱的基本原理与 XPS 一样，是基于 Einstein 光电方程。紫外光电子能谱是利用真空紫外光子照射被测样品，测量由此引起的光电子能量分布的一种谱学方法。图 9-110[4]显示紫外光电子能谱的基本构成。

紫外光子激发气体分子（原子）价轨道电子或激发固体中价带电子，即获得反映这两个体系的价电子结构的 UPS 谱。

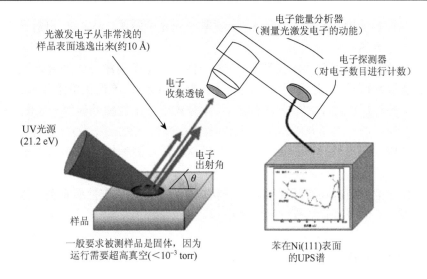

图 9-110　紫外光电子能谱仪构成示意图

对气体分子（原子）体系的光电离：能量为 $h\nu$ 的入射光子从分子中激发出一个电子以后，留下一个离子，这个离子可以振动、转动或以其他激发态存在。

如果激发出的光电子的动能为 $E_K$，则

$$E_K = h\nu - I - E_v - E_r \qquad (9\text{-}11)$$

式中，$I$ 为电离电位，把原子中的外层电子从基态激发至无穷远处，即脱离原子的束缚，使原子成为离子所需要的能量称为电离电位，其能量范围在紫外光子能量区域内。图 9-111 为某些典型轨道的电离电位范围；$E_v$ 为分子离子的振动能，$E_v$的能量范围是 $0.05 \sim 0.5$ eV；$E_r$ 为转动能，$E_r$ 的能量更低，至多只有千分之几电子伏，目前无法测得；$E_v$ 比 $I$ 小得多，只有用高分辨紫外光电子谱仪（分辨能力为 $10 \sim 25$ meV），才能观察到振动精细结构。

在忽略分子、离子的平动与转动能前提下，紫外光子激发固体表面的价带电子能量满足如式（9-12）：

$$E_K = h\nu - E_b - \Phi \qquad (9\text{-}12)$$

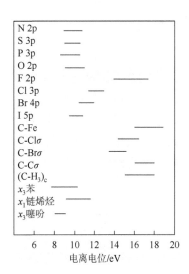

图 9-111　某些典型轨道的电离
电位范围

式中，$E_K$ 出射光电子动能，eV；$hv$ 入射紫外光光子能量，eV；$E_b$ 出射光电子结合能，eV；$\Phi$ 逸出功。

　　UPS 的工作原理及所用仪器与 XPS 一样，只是所用激发源为紫外光，而紫外光的能量远低于 X 射线，线宽较窄（约为 0.01 eV，单色化可达 1 meV），只能使原子的外层价电子、价带电子电离。可分辨出分子的振动能级（约 0.05 eV），甚至是转动能级（约 0.005 eV）等精细结构。作为 XPS 手段的重要补充，UPS 被广泛地用来研究气体样品的价电子和精细结构及固体样品表面的原子、电子结构[27]。

　　UPS 的谱带结构和特征直接与分子轨道能级次序、成键性质有关。因此对分析分子的电子结构是非常有用的一种技术。

## 9.3.2　UPS 设备

　　UPS 谱仪除光源外，其余配置都与 XPS 谱仪一样，所以这两者一般共处同一台谱仪。

　　关于紫外光源，一般的 UPS 采用的光源是惰性气体放电中产生的共振线，惰性气体有 He、Ne、Ar、Kr、Xe 等，部分惰性气体的光子能量由表 9-23 列出。

表 9-23　部分惰性气体的光子能量

| 惰性气体 | He I | He II | Ne I | Ne II | Ar I | Ar II |
|---|---|---|---|---|---|---|
| 光子能量/eV | 21.2 | 40.8 | 16.8 | 26.9 | 11.7 | 30.3 |

　　UPS 光源最常用的惰性气体是 He，其中 He I 辐射来自中性原子的跃迁，He II 辐射来自一次电离的离子。表 9-24 列出 He 各种辐射的光子能量与相对强度。由于这类光子的能量能激发所有固体物质中的价带电子，所以没有可透过的窗口材料可采用。而在大气气氛中这类光子又会被吸收，故只能在真空环境下使用，称为真空紫外。

表 9-24　He 各种辐射的光子能量与相对强度

| 辐射线型 | 光子能量/eV | 光子能量相对强度/% |
|---|---|---|
| HeIα | 21.22 | 约 82 |
| HeIβ | 23.08 | 约 8 |
| HeIγ | 23.74 | |
| HeIδ | 24.04 | |
| HeI | 24.21 | |

续表

| 辐射线型 | 光子能量/eV | 光子能量相对强度/% |
| --- | --- | --- |
| HeIIα | 40.81 | 约 10 |
| HeIIβ | 48.37 | |
| HeIIγ | 51.02 | |
| HeIIδ | 52.24 | |

图 9-112 的图片为一种常用的无窗口真空放电紫外光源的外形，为保持分析室的超高真空环境，紫外灯采用两级差分抽空。

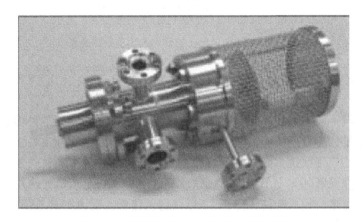

图 9-112　常用的无窗口真空放电紫外光源

上述真空放电紫外气体放电灯的结构如图 9-113 所示。

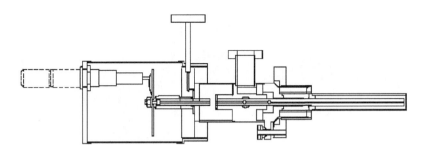

图 9-113　真空放电紫外光源结构示意图

图 9-114 为一单色化的紫外光源，它能产生光子能量（波长）单一，本征线宽极窄（优于 1 meV）的紫外光子束。

UV单色仪
斑点大小<500 μm；线条宽度<1 meV；
光电流Helα>20 nA；HellI>8 nA

图 9-114　一种单色化的紫外光源及主要参数

### 9.3.3　UPS 的应用

紫外光电子能谱通过测量价壳层光电子的能量分布，得到各种信息。它最初主要用来测量气态分子的电离能，研究分子轨道的键合性质及定性鉴定化合物种类。现在它的应用已扩大到体表面研究，因为在固体样品中，紫外光电子有最小逸出深度。因而紫外光电子能谱特别适于固体表面状态分析。可应用于表面能带结构分析（如聚合物价带结构分析），以获得价带谱。图 9-115 显示用 UPS 测得能区别三价钛与四价钛的价带谱线。

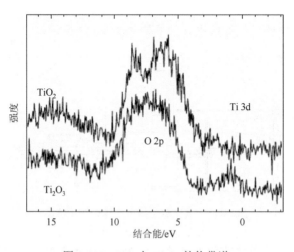

图 9-115　TiO$_2$ 与 Ti$_2$O$_3$ 的价带谱

图 9-116 显示在用 XPS 测得的 C 1s 无法判定某试样是聚乙烯（PE）或聚丙

烯（PP）情况下，用 UPS 获取其价带谱，再与聚乙烯与聚丙烯价带谱线作比对，
就断定其是聚丙烯（PP）。

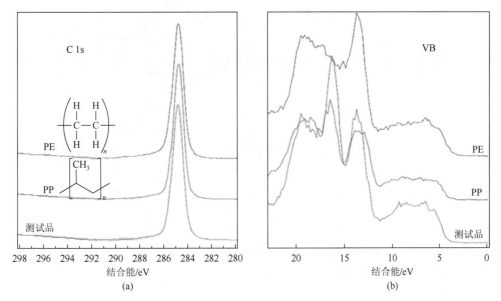

图 9-116　聚乙烯与聚丙烯的 C 1s 谱 ［（a）XPS 测得］与价带谱 ［（b）UPS 测得］

　　UPS 测定可获得材料的功函数值（真空能级与费米能级的能量差）、分子最高
占据轨道（HOMO）与最高占有态（HOS）的位置等信息，进一步的研究用于表
面原子排列与电子结构分析及表面化学研究（如表面吸附性质、表面催化机理研
究）等方面。图 9-117 为以 He I 共振线（21.2 eV）测得纯金样的价带谱，并出示

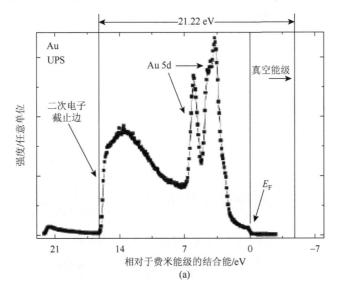

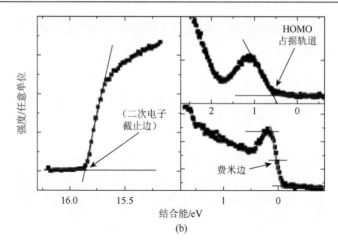

图 9-117　（a）Au UPS 价带谱；（b）费米边、二次电子截止边与分子
最高占据轨道的截取方法

了费米边、二次电子截止边与分子最高占据轨道的截取方法。从而用了式（9-13）
算出纯金的功函数（图 9-118）。

功函数计算公式：

$$\Phi = h\nu - E_{cutoff} + E_{fermi} \tag{9-13}$$

式中，$\Phi$ 为功函数；$h\nu$ 为紫外光光子能量；$E_{cutoff}$ 为二次电子截止边能量；$E_{fermi}$ 为
费米边。

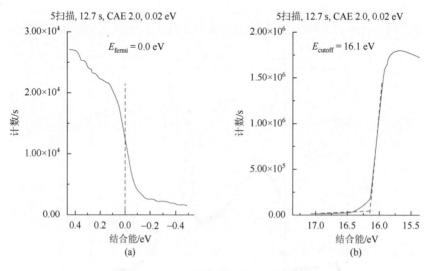

图 9-118　UPS 测得纯金样品的功函数

（a）高分辨的费米边谱线；（b）二次电子截止边谱线

以测量 Au 的功函数为例：实验采用 He I 共振线，即 $hv = 21.2$ eV；从图 9-118[4] 得出 $E_{fermi} = 0$ eV；$E_{cutoff} = 16.1$ eV。则纯金样品的功函数为 5.1 eV。

### 9.3.4　UPS 与 XPS 的简单比较

（1）UPS 入射光子能量低，穿透深度比 XPS 浅，适用外层电子轨道研究，而 XPS 则适合内层。XPS 测得的电子信息深度约 30 个原子层，而 UPS 则更加表面敏感，约 10 个原子层。

（2）在采录价带谱时，UPS 录谱的强度与分辨均优于 XPS。图 9-119[4] 为用两种方法录得 Ag 价带谱的强度与分辨比较，可明显地看出差别。

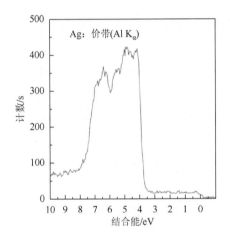
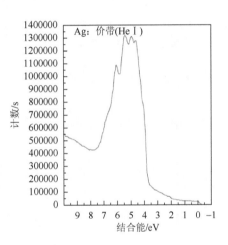

图 9-119　Ag 的价带谱

左图采用 Al $K_a$ 激发源；右图采用 He I 共振线

（3）正是因为 UPS 有较高的分辨率（一般本征线宽 0.01 eV），对样品表面吸附的气体能分开分子振动能级（约 0.05 eV），如果使用单色化源甚至能分开分子的转动能级（约 0.005 eV）。当然，在进行 XPS 分析样品时，样品表面吸附的气体分子中原子内层电子被激发后留下的离子也存在振动与转动激发态，但出射的内层电子结合能比离子的振动能与转动能高许多，X 射线的本征线宽又比紫外光宽许多，所以就无法分辨出振动或转动的精细结构。因此，可以说在当前几种成熟的电子能谱方法中，仅有 UPS 才能研究分子的振动结构。

（4）在 XPS 分析时，当由于原子的化学环境发生变化时，一般就可发现内层电子能级的化学位移。而 UPS 主要涉及分子的价壳层电子能级，成键轨道上的电子属于整个分子，故谱峰较宽，不易精确测到化学位移，一般是靠谱峰形状变化来判别。

UPS 研究固体表面时，所测得的光电子能量分布不直接代表其状态分布。然而可以通过简化的数学模型计算来解释光电子能量分布与状态分布的关系。真正严谨的 UPS 解释要涉及分子轨道理论，而这就需进行繁复的量子化学计算。所以，清晰地解释 UPS 谱要比解释 XPS 谱难。

### 9.3.5　UPS 实验要点

1. 样品表面的洁净程度

正是因为 UPS 涉及的是分子价壳层的电子能级，成键轨道上的电子属于整个分子，同时大多数原子的价电子都出现在这能量区域，所以就要求被测的样品必须表面洁净，不然样品表面污染物（碳、氧等）的价电子线会影响测试结果。图 9-120 为清洁（氩离子刻蚀）前、后 Au 的价带谱[4]，可以看出清除了表面污染物所测得的价带谱中，费米边、HOS 与 HOMO 能级等清晰分明，这才是可用的数据。

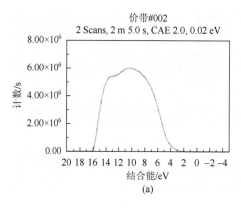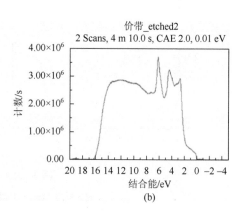

图 9-120　清洁前（a）与清洁后（b）Au 的价带谱

2. 严格地讲，绝缘样品特别是粉末状绝缘样品不适合进行 UPS 实验

粉末样品的粉末表面都有无法去除的污染层。

3. 导电样品与样品台需良好的电接触（接地）

进行绝缘衬底上导电薄膜的 UPS 测试时，需将导电层接地。

4. UPS 其他实验要点

（1）仪器分析室的真空度与残余气体组成，系统真空度应优于 $10^{-9}$ mbar；

（2）合适负偏压的选择，一般选-5 V；

（3）能量分析器透镜部分上下光阑的选择与调节；

（4）气源的纯度，优于 99.999%；气路管道要短，无泄漏；

（5）UV 束斑较大，达 mm 级，故样品不宜过小；

（6）需考虑 UV 对样品表面的副效应。

# 9.4　俄歇电子能谱（AES）

俄歇电子能谱全称为 Auger electron spectroscopy（AES）。

## 9.4.1　AES 历史进程

俄歇电子能谱也是当今重要的表面化学分析工具。1923 年，法国物理学家 Pierre Auger 发现在 X 射线轰击下由于气体电离引起电子的 $\beta$ 发射，并在 Welson 云室中观察到了俄歇电子的径迹[28]。这种电离过程可以由电子激发，也可由与 P. Auger 相同使用光子激发。前种情况通常称为俄歇过程，而后一种情况也称为光子诱导的俄歇电子过程（参见 XPS 介绍章节）。

当年 Pierre Auger 发现了 Auger 电子，但因其信号太弱，一直未受重视。到 1967 年 Harris 采用微分法和锁相放大技术，才大大提高了对俄歇信号的检测能力。1969 年 Palmberg 采用筒镜型电子能量分析器（CMA），使俄歇电子能谱仪的性能有了很大提高。

开始 AES 谱仪都采用锁相放大器，录得的是 AES 微分谱；随微电子与计算机技术的发展，现可直接采录高信背比的 AES 积分谱（直接谱）。

AES 有很高的表面灵敏度，采样深度比 XPS 浅，适合表面的定性与定量分析，也可用于表面元素化学态的研究。

新型 AES 谱仪的电子束束斑直径已小于 10 nm，适合微电子与纳米材料分析。

## 9.4.2　AES 分析原理

Auger 电子产生过程较复杂，涉及三个电子跃迁过程。当足够能量的粒子（光子、电子或离子）与原子碰撞时，原子内层轨道上的电子被激发后产生空穴，成激发态正离子。激发态正离子不稳定，需通过退激发（弛豫）回到稳态。在退激发过程中外层轨道的电子向该空穴跃迁并释放能量，该能量以非辐射弛豫形式发射出同轨道或更外层轨道的电子，这就是 Auger 电子，其能量不依赖于激发源的能量与类型，如图 9-121 所示。

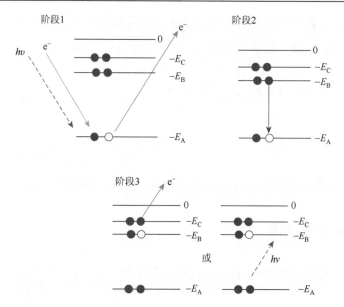

图 9-121　产生 Auger 电子的三电子跃迁过程，阶段 3 右侧为荧光过程

其实，初级电子轰击样品时会发生除出射 Auger 电子外的其他过程，有次级（二次）电子、背散射电子与发射特征 X 射线（荧光），如图 9-122 所示。但由于

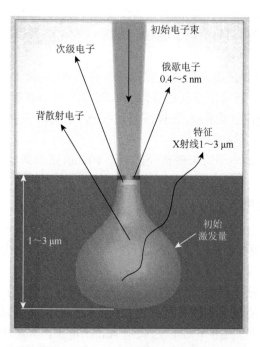

图 9-122　初级、次级、Auger、背散射电子与特征 X 射线分布示意图

能量在千伏的 Auger 电子有较短的衰减长度，故仅前几个原子层（2～10 层）出射的 Auger 电子能逃逸出。所以与 XPS 相比较，AES 更适合表面分析。

Auger 电子的动能。在 XPS 分析中出射光电子的能量一般以结合能表示，而在 AES 分析中 Auger 电子的能量则以动能表示，而且对各能级的命名也有区别。见表 9-25。图 9-123 为俄歇跃迁的命名方式示意图。

表 9-25　AES 与 XPS 对原子核外各电子壳层的命名

| AES 标识 | K | $L_1$ | $L_2$ | $L_3$ | $M_1$ | $M_2$ | $M_3$ | $M_4$ | $M_5$ | $N_1$ | $N_2$ | $N_3$ | $N_4$ | $N_5$ |
|---|---|---|---|---|---|---|---|---|---|---|---|---|---|---|
| XPS 标识 | 1s | 2s | $2p_{1/2}$ | $2p_{3/2}$ | 3s | $3p_{1/2}$ | $3p_{3/2}$ | $3d_{3/2}$ | $3d_{5/2}$ | 4s | $4p_{1/2}$ | $4p_{3/2}$ | $4d_{3/2}$ | $4d_{5/2}$ |

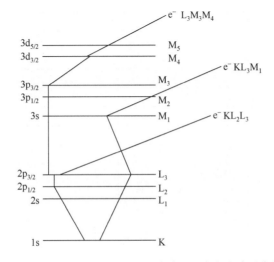

图 9-123　KLL、KLM、LMM 俄歇跃迁命名方式示意图

在入射（初级）电子束能量足够高时，以电离能为 $E_W$ 激发元素 Z 的内能级 W（可以是 K、L、M…）的一个电子（称为次级或二次电子）产生空穴，成为激发态正离子。激发态正离子通过退激发（弛豫）回到稳态。在退激发过程中外层轨道能级为 $E_X$ 电子向该空穴跃迁并释放能量，电子在能级 W 和 X 之间的跃迁，释放出对应于 $\Delta E = E_W - E_X$ 的能量，该能量以非辐射弛豫形式发射出同轨道或更外层轨道 $E_Y$ 能级的电子，出射（第三个）电子的动能对应于涉及的三个电子能级之间的能量差减去样品的功函数 $\Phi_e$。现样品与仪器有良好的接触（即样品和仪器的费米能级相同），则原子序数为 Z 的元素和能级 W、X 和 Y 之间的俄歇跃迁的动能如下：

$$E_{WXY} = E_W(Z) - E_X(Z+\Delta) - E_Y(Z+\Delta) - \Phi_A \qquad (9\text{-}14)$$

式中，$\Phi_A$ 为仪器的功函数；W、X 和 Y 为涉及俄歇过程的三个电子轨道的能级（即

KLL、LMM、MNN），部分元素的核外电子结合能参考值见表 9-26[29]。Δ 为初级电子将原子电离后，电子能级向更高结合能位移的值，其近似值约为 0.5 eV。而谱仪的功函数通常为 4 eV 左右。

以 $C_{KLL}$ 为例，可算得碳 $C_{KLL}$ 跃迁的大致能量 $E_{KLL} = 285 - 6 - 6 - 4 = 269$（eV）

表 9-26　部分元素的核外电子结合能参考值

| Z | 元素 | 1s$_{1/2}$ K | 2s$_{1/2}$ L$_1$ | 2p$_{1/2}$ L$_2$ | 2p$_{3/2}$ L$_3$ | 3s$_{1/2}$ M$_1$ | 3p$_{1/2}$ M$_2$ | 3p$_{3/2}$ M$_3$ | 3d$_{3/2}$ M$_4$ | 3d$_{5/2}$ M$_5$ |
|---|---|---|---|---|---|---|---|---|---|---|
| 1 | H | 14 | | | | | | | | |
| 2 | He | 25 | | | | | | | | |
| 3 | Li | 55 | | | | | | | | |
| 4 | Be | 111 | | | | | | | | |
| 5 | B | 188 | | 5 | | | | | | |
| 6 | C | 285 | | 6 | | | | | | |
| 7 | N | 399 | | 8 | | | | | | |
| 8 | O | 532 | 24 | 8 | | | | | | |
| 9 | F | 686 | 31 | 9 | | | | | | |
| 10 | Ne | 867 | 45 | 18 | | | | | | |
| 11 | Na | 1072 | 63 | 31 | | 1 | | | | |
| 12 | Mg | 1305 | 89 | 52 | | 2 | | | | |
| 13 | Al | 1560 | 118 | 74 | 73 | 1 | | | | |
| 14 | Si | 1839 | 149 | 100 | 99 | 8 | | | | |
| 15 | P | 2149 | 189 | 136 | 135 | 16 | 10 | | | |
| 16 | S | 2472 | 229 | 165 | 164 | 16 | 8 | | | |
| 17 | Cl | 2823 | 270 | 202 | 200 | 18 | 7 | | | |
| 18 | Ar | 3202 | 320 | 247 | 245 | 25 | 12 | | | |
| 19 | K | 3608 | 377 | 297 | 294 | 34 | 18 | | | |
| 20 | Ca | 4038 | 438 | 350 | 347 | 44 | 26 | | 5 | |
| 21 | Sc | 4493 | 500 | 407 | 402 | 54 | 32 | | 7 | |
| 22 | Ti | 4965 | 564 | 461 | 455 | 59 | 34 | | 3 | |
| 23 | V | 5465 | 628 | 520 | 513 | 66 | 38 | | 2 | |
| 24 | Cr | 5989 | 695 | 584 | 757 | 74 | 43 | | 2 | |
| 25 | Mn | 6539 | 769 | 652 | 641 | 84 | 49 | | 4 | |
| 26 | Fe | 7114 | 846 | 723 | 710 | 95 | 56 | | 6 | |
| 27 | Co | 7709 | 926 | 794 | 779 | 101 | 60 | | 3 | |
| 28 | Ni | 8333 | 1008 | 872 | 855 | 112 | 68 | | 4 | |
| 29 | Cu | 8979 | 1096 | 951 | 932 | 120 | 74 | | 2 | |
| 30 | Zn | 9659 | 1194 | 1044 | 1021 | 137 | 90 | | 9 | |

通常说的俄歇跃迁是跃迁电子的主量子数与原始空位的主量子数不同的非辐射跃迁，如 KLL、LMM、MNN。

但同时还会存在另一类跃迁，这在第 9.2.9 小节与图 9-85 中已提及：①Coster-Kronig（C-K）跃迁：填充电子或发射电子所处壳层的主量子数与原始空位所处壳层主量子数相同，如 $L_1L_3M_1$ 等。②超级 Coster-Kronig（C-K）跃迁：原始空位、填充电子及发射电子所处壳层的主量子数都相同，如 $L_1L_2L_3$ 等。

图 9-124[30]给出了从元素 Li 开始其余所有元素的主要俄歇跃迁范围，这样就很容易查到所感兴趣元素的某俄歇跃迁的范围。因为俄歇跃迁至少需要三个电子，所以只能分析原子序数大于、等于 3 也就是从 Li 开始的元素。

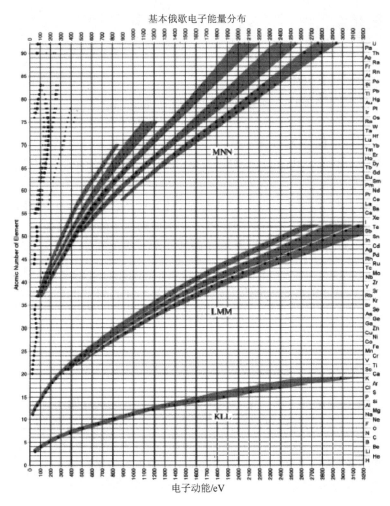

图 9-124　从元素 Li 开始所有元素的主要俄歇跃迁范围图

### 9.4.3　AES 相关仪器

图 9-125[17]为两种型号高性能商品扫描俄歇谱仪*外形图，右图是主机安置在一防环境扰动气流与声波的"噪声隔离罩"内，以降低谱仪的抖动。

Ulvac-PHI 700 SAM谱仪　　　　　　　　　　Ulvac-PHI 710 SAM谱仪

图 9-125　两种型号的高性能扫描俄歇谱仪外形图

俄歇电子能谱仪与 XPS 谱一样，其主要部分是激发源（电子枪）和静电式电子能量分析器。也与 XPS 谱仪一样，二者均放置于本底压强低于 $10^{-9}$ mbar 的超高真空系统中。

不少表面分析仪器同时具有 XPS 与 SAM 功能，就是在第 9.2 节所述的 XPS 谱仪的分析室内加装电子枪，共同使用一个半球形电子能量分析器。

而单功能 SAM 谱仪，特别是高性能的 SAM 谱仪则使用筒镜型能量分析器（CMA）。

SAM 谱仪的安置条件要高于一般 XPS 谱仪，除一般的恒定温湿度、防磁、防震外，要求更高程度的减震（独立地基或加隔震装置）、周围无气流扰动与噪声影响、极低的接地电阻（小于 1 Ω）等。

1. 激发源

AES 的激发源是电子源，电子枪又分两大类，其优缺点如下所述。

热灯丝型：常用的灯丝材料有 W、W-Re、$LaB_6$，结构简单、维修与更换方便、价格低，但亮度较低、较高的能量发散、寿命较短、电子束束斑较大；场发射型：亮度高、低能量发散、长寿命，但结构复杂（需配单独的溅射离子泵）、维修复杂、维修成本高、价格昂贵。

---

\* 现 AES 谱仪均有 SAM（扫描俄歇微探针 scanning Auger microprobe）功能，故也称为 SAM 谱仪

场发射电子源的简单原理：

肖特基发射式（热场）的操作温度为 1800°K，它是在钨（100）单晶上镀 $ZrO_2$ 覆盖层，由于 $ZrO_2$ 的电子逸出功函数小，$ZrO_2$ 为 2.7～2.8 eV，而 W（100）是 4.5 eV，从而将功函数从 4.5 eV 降至 2.8 eV，而外加高电场更使电位障壁变窄变低，使电子很容易以热能的方式跳过能障（并非穿隧效应）从针尖表面射出。该电子源所需真空度约 $10^{-9}$～$10^{-8}$ mbar，这与场发射电镜一样，需另加溅射离子泵，以抽除灯丝工作时脱出的气体。

场发射电子枪的发射电流稳定度高，发射的总电流大。所以具备亮度高、稳定性好、束斑和色散较小等特点，是综合性能最好的电子枪，可以实现 10 nm 的俄歇检测模式。

## 2. 电子能量分析器

常见的电子能量分析器有半球形 SCA 与筒镜型 CMA，这 SCA 能量分析器及工作模式在第 9.2.3 节电子能量分析器小节已作介绍。

CMA 特点：

· 进入分析器的电子在内、外筒间呈"纺锤"状，所以有宽接受角（2π）与高传输率；

· 能安置同轴电子枪，如图 9-126 所示，在俄歇成像时无影子效应，图 9-127、图 9-128[17] 比较了 CMA 与 SCA 的成像效果；

· 通过改变内外筒的电位进行 Auger 电子能量扫描；

· 一般 CMA 无预减速，CMA 的分辨能力随电子动能而变，低动能段与高动能段分辨能力不一致。

而 XPS-SAM 多功能谱仪则采用半球形电子能量分析器，在作 AES 分析时所采用的工作模式不同于 XPS 分析时，而用固定减速比（FRR 或 CRR）模式。

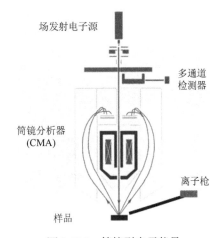

场发射电子源

多通道
检测器

筒镜分析器
(CMA)

离子枪

样品

图 9-126　筒镜型电子能量
分析器与同轴电子枪

## 3. 谱仪的其他部件

其他部件基本与 XPS 谱仪一样，快速进样室、用于总压力读数的真空计、用于测量系统残余气体的分压质谱计、用于样品清洁或薄膜深度分析的扫描差分抽气离子枪及用于成像的二次电子收集器。

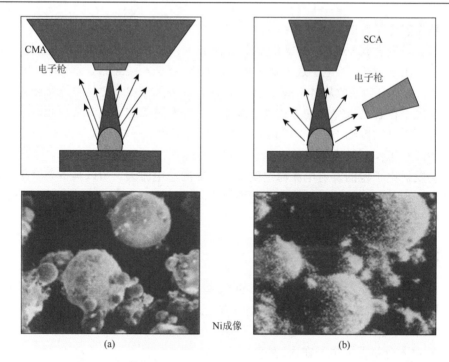

图 9-127　CMA 成像无阴影影响（a），SCA 成像有阴影影响（b）

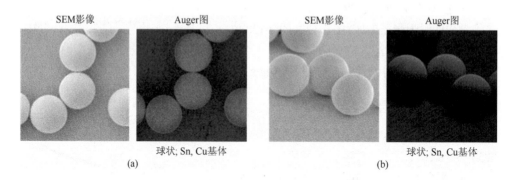

图 9-128　CMA（a）与 SCA（b）成像效果比较

## 9.4.4　AES 实验方式

早期 AES 谱仪都采用锁相放大器，录得的是 AES 微分谱；而现在的谱仪则直接采录高信背比的 AES 积分谱，如图 9-129[31]所示。

1. 点分析与多道分析

这是最常采用的 AES 分析方式，电子束工作模式为静态。

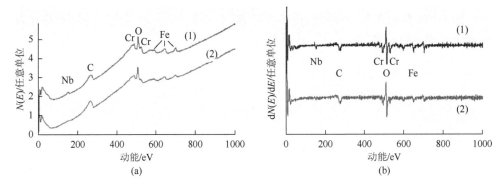

图 9-129　氧化的铁-铬-铌合金 AES 分析

（a）为直接谱（积分谱）；（b）为微分谱

图 9-130 为 X 射线窗口材料 $Si_3N_4$ 薄膜的 AES 分析，薄膜完整区表面主要有 Si、N、C 和 O 元素；在缺损区则表面 C 与 O 含量很高，而 Si 与 N 含量很低，这说明在缺损区 $Si_3N_4$ 薄膜已分解。

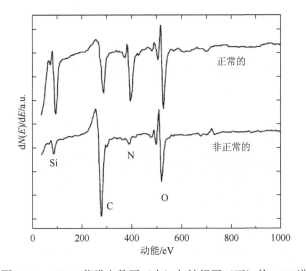

图 9-130　$Si_3N_4$ 薄膜完整区（上）与缺损区（下）的 AES 谱

多道分析是谱仪分段采集某些元素特定俄歇跃迁的谱线，最后（半）定量计算出这些元素在表面的相对含量（相对原子比）。

**2. 深度剖面分析**

电子束工作模式仍为静态，需有离子枪配合，且电子束与离子束共聚焦于样品面，也采用多道采集模式。实验要点及厚度测定见第 9.2.4 小节。

图 9-131 为正常芯片与被沾污芯片的 AES 深度分析，可发现沾污后的芯片表面氧化层厚度是正常芯片的几十倍[17]。

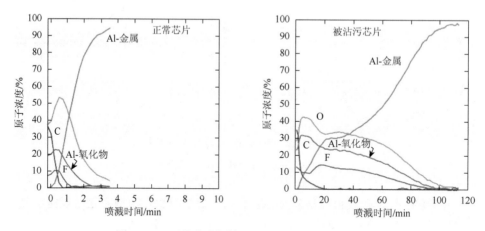

图 9-131　正常芯片与被沾污芯片 AES-profile 分析

### 3. 线扫描分析

微聚焦电子束运行线性扫描模式。

图 9-132[17]清晰地显示了 10 nm As-Al/10 nm Ga-Al 四层超晶格结构样品的 Ga 的线分布。

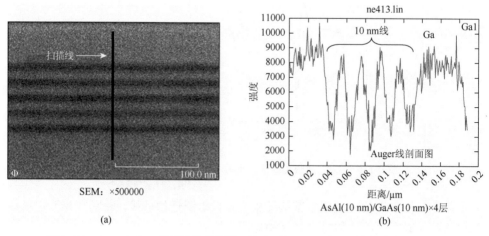

图 9-132　GaAs/AlAs 多层结构表面的二次电子像（a）和 Ga 线性分布图（b）

### 4. 面扫描成像

微聚焦电子束运行逐行 X-Y 扫描模式。

　　还是上节进行 AES 线扫描的这个 GaAs/AlAs 多层结构样品，图 9-133（b）为表面 Ga 的面分布扫描俄歇像[17]。

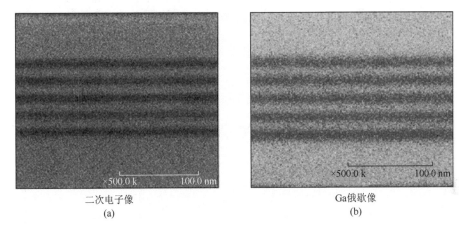

二次电子像
(a)

Ga俄歇像
(b)

图 9-133　GaAs/AlAs 多层结构 Ga 元素的面分布图

（a）为二次电子像；（b）为俄歇像

## 9.4.5　俄歇分析获得元素化学态信息——化学位移

　　AES 分析除能获取样品表面组成元素信息外，还能得到表面元素的化学态信息，有时甚至优于 XPS 分析。图 9-134 与图 9-135 出示了纯铝与氧化铝分别用 AES 和 XPS 测试的结果。用 AES 分析，纯铝与氧化铝的 Al KLL 跃迁谱峰型与峰位差别很大，很容易判别；而用 XPS 测得的 Al 2p 谱差别就小些。在 XPS 相关章节提到用 Cu $L_3VV$ 俄歇跃迁谱进行 $Cu^0$、$Cu^+$、$Cu^{2+}$ 化学态分析更能证明这点，这主要是俄歇电子的出射是三电子过程。表 9-27 列出部分元素还原态与氧化态的 XPS 位移与 AES 位移的差别。

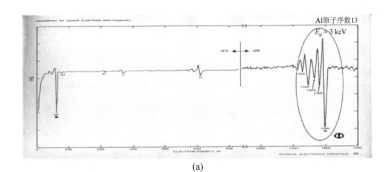

(a)

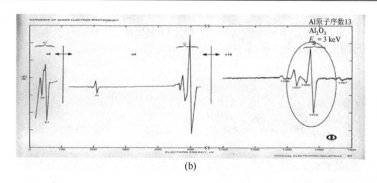

(b)

图 9-134　金属铝（a）与 $Al_2O_3$（b）的 AES Al KLL 谱（圈内）

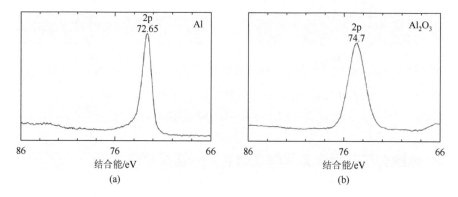

图 9-135　XPS 测得的金属铝（a）与 $Al_2O_3$（b）的 Al 2p 谱

表 9-27　部分元素还原态与氧化态的 XPS 位移与 AES 位移比较

|  | XPS 位移量/eV | AES 位移量/eV |
|---|---|---|
| Al-$Al_2O_3$ | 2.0（2p） | 18（KLL） |
| Mg-MgO | 1.7（2p） | 14（KLL） |
| Cu-$Cu_2O$ | <0.1（$2p_{3/2}$） | >1.2（$L_3VV$） |
| Zn-ZnO | 0.3（$2p_{3/2}$） | 3.6（$L_{45}M_{45}M_{45}$） |
| Ag-$Ag_2SO_4$ | 0.2（$3d_{5/2}$） | 3.7（$M_4N_{45}N_{45}$） |
| Cd-CdS | 0.3（$3d_{5/2}$） | 2.5（$M_{45}N_{45}N_{45}$） |
| In-$In_2O_3$ | 0.5（$3d_{5/2}$） | 3.5（$M_4N_{45}N_{45}$） |

## 9.4.6　定量（半）分析

该分析方法一般都采用相对灵敏度因子，计算方法：

$$x_A = \frac{I_A / s_A}{\sum\limits_i^n I_i / s_i} \tag{9-15}$$

式中，$x_A$ 为元素 A 的原子分数；$I_A$ 为元素 A 的 AES 强度；$S_A$ 为元素 A 的相对灵敏度因子。

由于俄歇峰（直接谱）比较宽，一般采用取其微分谱的峰对峰高度作为峰强度。

峰对峰强度灵敏度因子随激发源能量不同而变，图 9-136 分别列出电子束能量为 3 keV（a）与 5 keV（b）时的元素各俄歇跃迁的相对灵敏度因子分布[30]。

## 9.4.7　俄歇分析中常遇到的问题

### 1. 仪器校准

对于精确的测量，必须使用校准了的仪器。为了从峰值能量正确识别表面元素组成及其化学态，需要校准能量标尺。为了得到定量信息，使用灵敏度因子并与其他仪器进行比较，而强度标尺要进行线性校准。

早期一般仅用金、银、铜标准样对能量标尺进行校准：

Au MNN = 2024 eV；Ag MNN = 356 eV；Cu LMM = 920 eV。

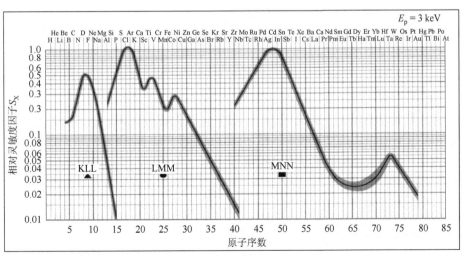

(a)

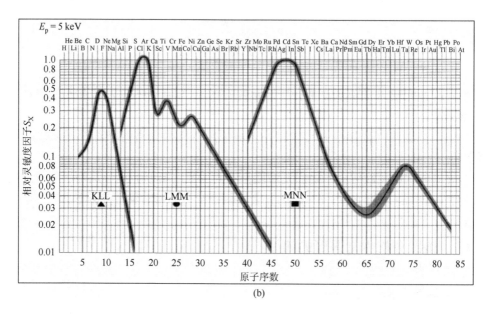

图 9-136　电子束能量分别为 3 keV（a）及 5 keV（b）的元素相对俄歇电子灵敏度

现在可依据 ISO（国际标准化组织）已公布的相关标准进行该项工作，相关 ISO 标准如下：

- ISO 17973—中等分辨率 AES—用于元素分析的能量标尺校准。
- ISO 17974—高分辨率 AES—用于元素和化学态分析的能量标尺校准。
- ISO 21270—XPS 和 AES—强度标的线性。
- ISO 24236—AES—强度标的重复性和稳定性。

这样就使谱仪的校准有章可循。

#### 2. 俄歇谱线重叠

在进行俄歇测试时，轻元素由于俄歇跃迁数量较少，俄歇峰识别比较容易；而较重的元素有较多数量的跃迁，易发生谱线干扰。图 9-137 列出从元素 Cr 至 Cu 的俄歇跃迁谱，可以发现它们的 LMM 跃迁是一个重叠一个，而这范围正是钢铁材料 AES 分析的关键位置，给分析带来难度。这需要在测试前定准谱峰不重叠的位置，多与标准谱图和相关参考文献对照。

#### 3. 对待测样品的要求

AES 技术对样品有要求，通常仅分析固体导电与半导电样品。如绝缘样品表面的导体（印刷电路板、LCD、集成电路、磁头等）、导体材料表面的绝缘体（Si

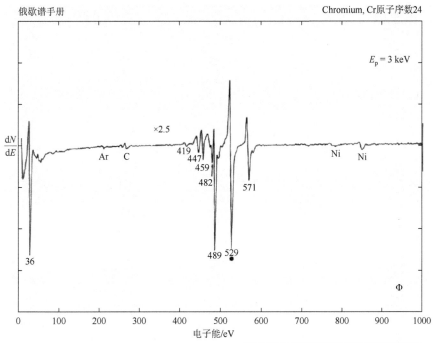

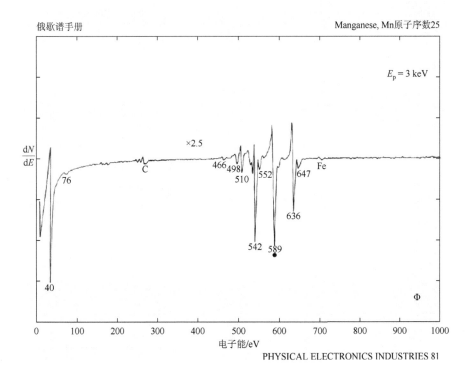

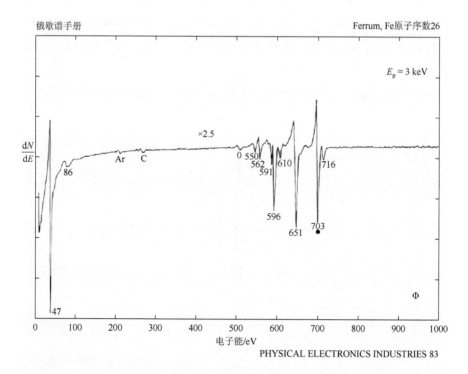

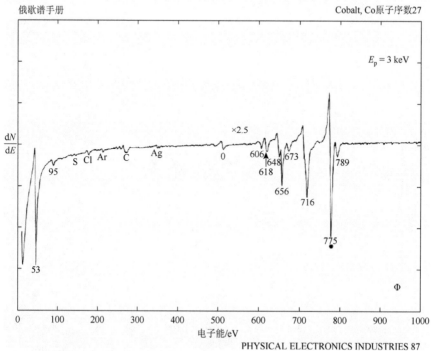

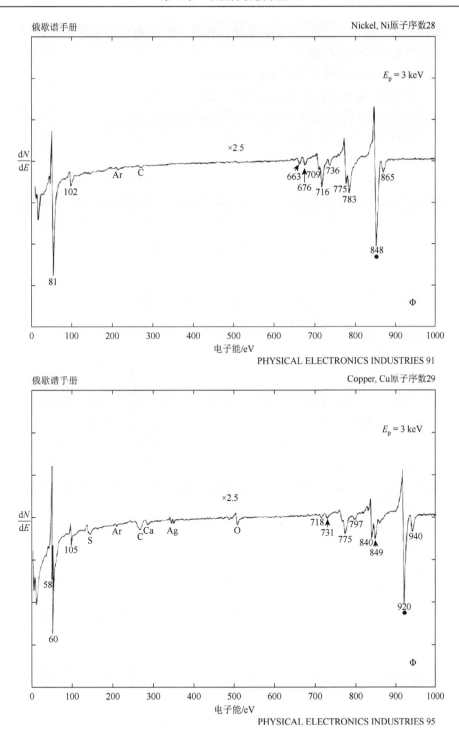

图 9-137　元素 Cr 至 Cu 的俄歇跃迁谱

片、金属表面的粉末样品等）、导体/绝缘体界面（金属/陶瓷结合面等）。测试时样品的导电层均需良好的接地。

部分绝缘样品经特殊处理后也能进行分析：

- 小绝缘颗粒镶嵌在纯软金属箔中，如铟、铝等；
- 表面加盖金属导电筛网，电子束从网孔穿过；
- 减薄样品，降低其绝缘性；
- 低能正离子中和表面负电荷。

总之，目前 AES 在表面分析中应用极广，仅次于 XPS。其采样区域小，空间分辨率高，特别适合微电子器件的分析，薄膜材料及某些功能材料的失效分析。

# 9.5　离子散射谱（ISS）

离子散射谱全称为 ion scattering spectroscopy（ISS）。

## 9.5.1　ISS 概况

1967 年 D. P. Smith 首先提出 ISS 这种表面分析方法[32]，Smith 使用 He、Ne 和 Ar 作为离子源，离子能量在 0.5~3.0 keV 之间。样品靶是多晶钼和镍，得到了从基质表面原子和吸附物质（如氧和碳）散射的谱峰。同时，Smith 还对吸附在银上的一氧化碳进行了研究，由碳峰和氧峰的相对高度推导出 CO 的吸附结构信息。之后，Smith 又根据峰的相对高度，识别出硫化镉单晶的镉面和硫面。这表明低能离子散射不仅能分析表面的化学组成，还能进行表面结构分析。从此，ISS 成为表面科学界公认的一种表面分析手段。

离子散射谱分类：

- 低能离子散射谱（ISS 或 LEISS）
- 中能离子散射谱（MEISS）
- 高能离子散射谱（HEIS 或 RBS 卢瑟福背散射）

一般多功能电子能谱仪常配的为 LEISS，即统称为 ISS。其离子源的动能为 200 eV~3 keV。

## 9.5.2　ISS 原理

已知质量（$m_1$）和能量（$E_0$）的一次离子轰击到靶样品表面原子（质量为 $m_2$）后，在固定散射角（$\theta$）处测量弹性散射后的一次离子的能量（$E_1$）分布，图 9-138

为 ISS 原理示意图。即可获得有关表面原子的种类及晶格排列等信息。这样，ISS 可以确定表面原子的质量与结构。

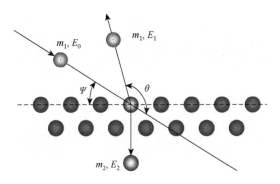

图 9-138　ISS 过程示意图

根据能量守恒关系，得式（9-16）：

$$\frac{E_1}{E_0} = \left(\frac{\cos\theta + \sqrt{m_2^2 / m_1^2 - \sin^2\theta}}{1 + (m_2 / m_1)}\right)^2 \qquad (9\text{-}16)$$

如果散射角 $\theta$ 为 90°则被简化为

$$E_1/E_0 = (m_2 - m_1)/(m_2 + m_1) \qquad (9\text{-}17)$$

由于低能离子的散射截面大及离子在表面内外的中和概率很高，所以在所有表面分析技术中，ISS 分析的表面深度最浅，其表面灵敏度最高，约为一个单原子（分子）层。检测极限约为 $10^{-3}$ 单层。

图 9-139 为一个经 XPS 检测认为是很干净的 Ag 表面（基本看不到样品表面污染层的 C 1s 信号），而 ISS 竟然测不到表面 Ag 的信号，只有在再次深度清洁（刻蚀）后，ISS 才测出 Ag 的信号，这充分证明了 ISS 分析的高表面灵敏度。

这种单层的灵敏度，在如多相催化剂及原子扩散、合金的分凝、氧化、腐蚀等材料的研究中是非常重要的，它使 ISS 成为有效的表面分析手段之一。

图 9-140 为笔者用带 ISS 功能的 Thermo-Fisher ESCALAB 250xi 谱仪测 Au、Ag、Cu 标准样的结果，离子源为 $He^+$，离子束能量为 1 keV。

### 9.5.3　ISS 相关仪器

低能离子散射谱仪比较简单，除激发源为离子源外，其他如超高真空系统、能量分析器和检测器等均相同于 XPS 谱仪，只不过此时能量分析器检测的是正离子而不再是电子。

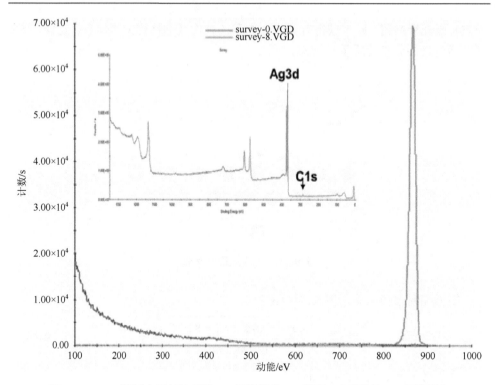

图 9-139　ISS 测试在再刻蚀后的 Ag 标准样的 Ag 谱图，小图为该 Ag 标准样在
再刻蚀前 XPS 检测的结果

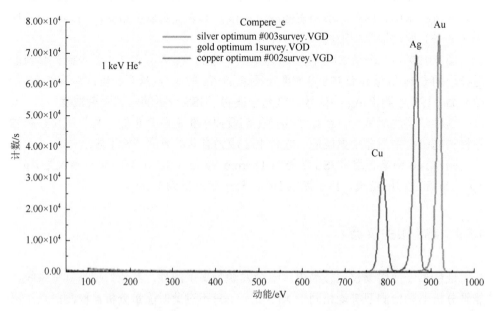

图 9-140　Au、Ag、Cu 样的 ISS 谱

### 1. 离子源

离子束通常是用电子轰击压强为 $5 \times 10^{-4} \sim 10^{-1}$ Pa 的气体得到。离子流密度约在几十 $\mu A/cm^2$，离子束能量在 100 eV～10 keV 之间，能量分散性小于 2 eV。

常用的惰性气体是氦、氖或氩，离子源处于正加速电位。离子由一个负偏置电极通过一个小光阑从离子源取出，再通过透镜系统形成离子束。

ISS 离子源的重要参数：

（1）很小的离子束能量分散，不大于 2 V；

（2）从离子源得到的离子流最小为几 $\mu A$；

（3）离子束的发散角应小于 1°；

（4）惰性气体的量要能精确控制；

（5）离子源的灯丝要便于更换。

初级离子选择原则：因仅有质量比初级离子大的原子才能被检测到，所以理论上用氦离子能提供最大的质量测量范围；但如果要求高质量分辨率，则初级离子质量要尽可能接近表面原子的质量，这点可从图 9-141 得到证明，用氦离子源能检测到磷青铜样品表层的铜、锡、氧 [图 9-141（a）]，而用氩离子源替代氦离子源，则铜的两种同位素 $Cu^{63}$ 与 $Cu^{65}$ 被分开 [图 9-141（b）]。

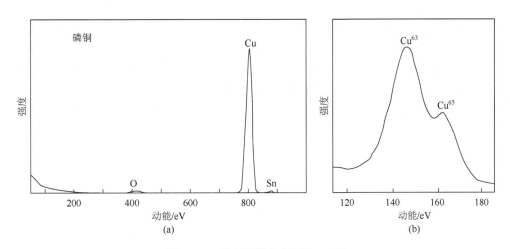

图 9-141　磷青铜样品表层的 ISS 谱

（a）用氦离子源；（b）用氩离子源

### 2. 真空系统与分析室

低能散射要求良好的真空条件，实验过程中，分析室的压力应在 $1 \times 10^{-7}$ Pa 或更低。由于低能离子散射法对表面非常敏感，本底气体的吸附层会严重地减小分析表面的离子散射产额。为了对"真实的"样品进行分析，应通过适当的抽真空和烘烤来减少系统内的残余气体。

应用 ISS 技术的主要困难是表面太灵敏，而表面污染直接影响测试的结果，要采用加热，离子刻蚀或原位切、削、刮等样品预处理手段，消除样品表面的污染以得一真实的表面。

3. 离子能量分析器

静电式电子能量分析器，如 CMA、SDA 都可以用作正离子能量分析器，但须有电位极性反转开关。这使 ISS 技术可与 AES、XPS 等表面分析技术兼容。

正离子探测也常用电子倍增器。入射到倍增器的离子需加速至 3 keV 以增加灵敏度。前置放大器，脉冲计数等信号处理系统与 AES、XPS 等相同。

## 9.5.4　ISS 实验中的几种效应

1. 离子中和效应

由于离子中和，能量低于 5 keV 时，静电分析器收集的散射离子只是总产额的一小部分。因此，散射产物的利用率很低。

而且中和效率可能还与许多参数有关，如离子能量、基质材料等。

2. 影子效应

每个原子后面都有一个入射离子无法进入的区域（遮蔽锥）。入射角（入射束与样品表面法线夹角）越大，遮蔽锥越大。图 9-142 为影子效应示意图。

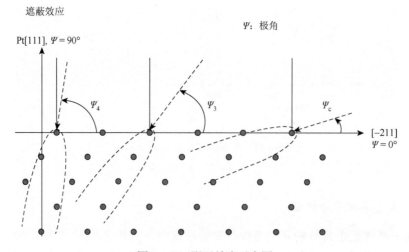

图 9-142　影子效应示意图

低能离子在表面散射时具有大的散射截面，这意味着表层原子对入射离子的遮蔽作用大，即在入射离子的路径上，若表面第二层原子恰好处在最表层原子的下面，则 ISS 谱峰中将看不到第二层原子的谱线。若改变入射方向，则有可能看见第二层原子的谱峰。

### 3. 荷电效应

当样品为绝缘体时，必须考虑表面电荷积累所引起的实验结果偏差——荷电位移。常使用中和电子枪，用低能电子流照射样品，以清除积累的表面电荷。

### 4. 溅射效应

要进行真正的单层检测必须使用能量较低的入射离子，以减弱溅射效应。

## 9.5.5　实验参数选择

### 1. 入射离子及其能量选择

为了得到合适的信号，必须有较大的离子束流密度（$10^{13} \sim 10^{14}$ 离子/$cm^2$）。但进行真正的单层检测必须使用能量较低的入射离子，以减弱溅射效应。但是入射离子能量也不能过低，否则散射效应将减弱。

### 2. 角度的选择

ISS 实验中需要考虑的角度有三个：入射角、散射角和方位角（对单晶样品而言，为绕样品法线旋转的角度）。

入射角（入射束与样品表面法线夹角）越大，遮蔽锥越大（影子效应）。

### 3. 质量分辨率的选择

当静电能量分析器工作在 $\Delta E/E$ 为常数模式时，散射角 $\theta$ 大，质量分辨率也高。在 $\theta = 180°$时，有最高质量分辨率。但随着散射角的增大，散射截面积减小，因而讯号也减弱。

## 9.5.6　应用实例

ISS 技术可用于催化材料、吸附态及反应机理研究，下面所表述的两个实例都与此有关。

**1. CO 在 Cu-Ni 合金上的吸附**

从图 9-143 中清洁表面与 CO 吸附后的表面的 ISS 谱可发现，Ni 峰与 Cu 峰的比例发生了明显变化，Ni 峰强度降低，这说明 CO 优先吸附在 Ni 原子上。

**2. CO 在 Ni（111）上的吸附**

从图 9-144 看出，O 峰远远强于 C 峰，说明 CO 是以分子状态直立在 Ni（111）上，O 原子朝外。

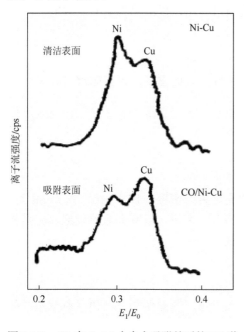
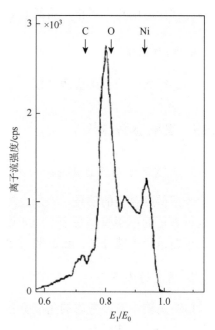

图 9-143　CO 在 Cu-Ni 合金上吸附前后的 ISS 谱　　图 9-144　CO 吸附在 Ni（111）上的 ISS 谱

但 ISS 技术适合于单晶、多晶、薄膜等有规整表面，且表面洁净的样品；对粉末或表面污染的样品则无意义。

# 9.6　表面分析技术的应用

## 9.6.1　在材料分析中的应用

本小节的内容为 XPS 与 AES 分析在金属材料腐蚀方面的实例。

**1. 微电子器材的 PET 上污染物的研究**

PET 上的污染物引起微电子器材失效，用 XPS 方法对污染物的成分与化学态进行分析。从图 9-145 的 XPS 分析与图 9-146 的 XPS 面扫描分析[17]，发现污染物为有机氟硅化合物。

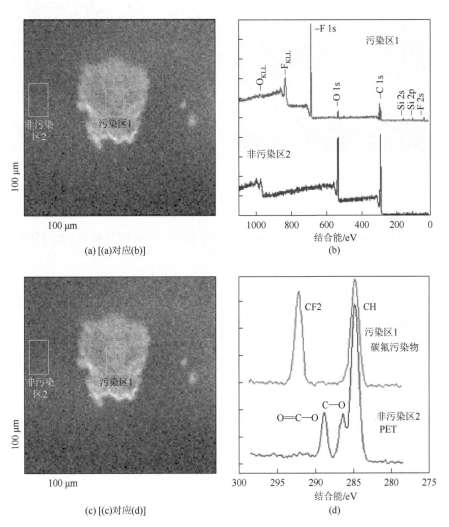

图 9-145　PET 表面小面积 XPS 分析。其中二次电子像（a）、（c）；污染区 1、非污染区 2 的 XPS 宽扫描谱（b），发现污染区有 F 与 Si 存在；污染区 1、非污染区 2 的 XPS C1s 谱（d），确定污染物为有机氟硅化物

**2. 铜-镍合金表面抗腐蚀性能的电子能谱研究**

在材料科学领域，一个重要的课题是材料、特别是金属的防腐。而金属的腐蚀是发生在表面的物理化学现象，其主要取决于金属的表面化学组成与结构。表面分析技术对研究金属的腐蚀机理起极其重要的作用。

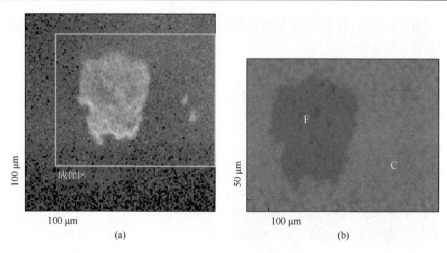

图 9-146　选定区域的二次电子像（a），XPS 的 C 与 F 的面分布成像（b）

这里介绍的是笔者在 1980 年的一项分析任务，使用的仪器为 PHI 550 ESCA/SAM 多功能能谱仪。

铜-镍合金常用于制作船舶的冷却水管道，要求有强耐海水腐蚀性能。

有不同来源的三种 Cu-Ni 合金管材，编号分别为 CN1、CN2 与 CN3。常规化学分析结论是，三者有几乎相同的元素组成。但在抗海水腐蚀测试中发现，CN2 与 CN3 性能良好，而 CN1 则极差。

对这三样品进行了 AES、AES-profile 与 XPS 分析，图 9-147～图 9-149 分别

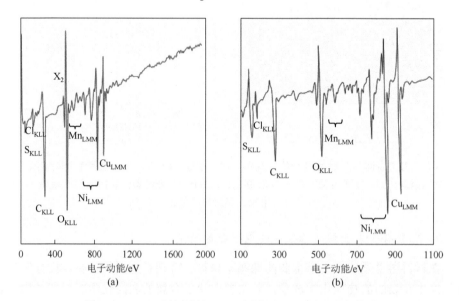

图 9-147　CN1 样刻蚀前（a）、刻蚀后（b）AES 宽扫描谱

为这三样品进行深度剖面分析前后的 AES 谱；图 9-150 为三样品深度剖面分析中五个主要元素 C、O、Cu、Ni、Mn 的分布；图 9-151、图 9-152 分别为这三样品进行深度剖面分析前后的 XPS 谱。

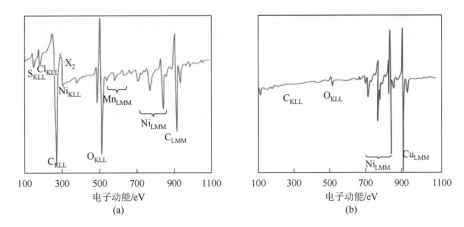

图 9-148　CN2 样刻蚀前（a）、刻蚀后（b）AES 宽扫描谱

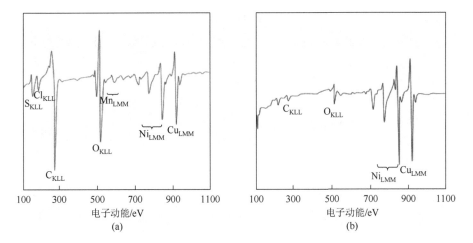

图 9-149　CN3 样刻蚀前（a）、刻蚀后（b）AES 宽扫描谱

仔细分析实验测得的数据，得出下面的结论：CN1 的表面与体相组成大致相同，体相也含相当量的氧；CN2 与 CN3 样则体相基本不含氧，表面是一致密的 $Ni_2O_3$ 钝化层。所以推断 CN2 与 CN3 是真空或惰性气氛保护冶炼，材料又作表面钝化处理；而 CN1 采用了加氧的普通冶炼，而且未作表面处理。这些表面分析结果对耐腐蚀 Cu-Ni 合金材料的制备有指导性的意义。

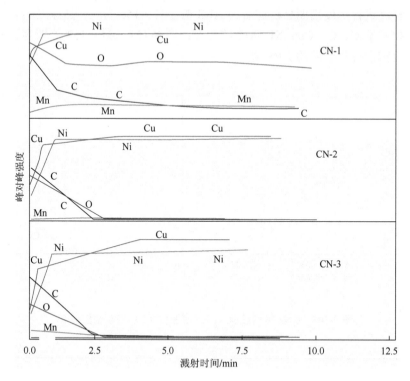

图 9-150　三个铜镍合金样品的五个主要元素（C、O、Cu、Ni、Mn）的深度分布

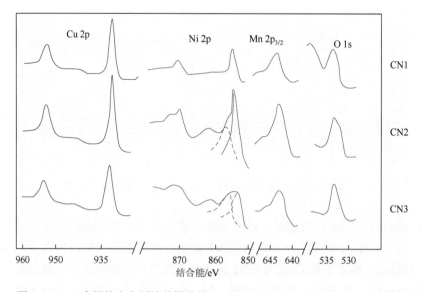

图 9-151　三个铜镍合金刻蚀前样品的 O 1s、Mn 2p$_{3/2}$、Cu 2p 与 Ni 2p 的谱图

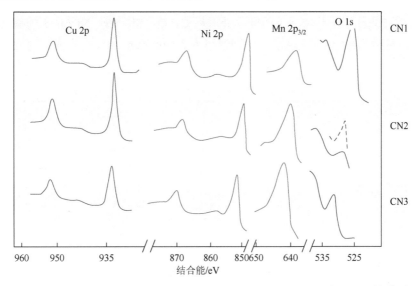

图 9-152　三个铜镍合金刻蚀后样品的 O 1s、Mn 2p$_{3/2}$、Cu 2p 与 Ni 2p 的谱图

### 3. 含硅耐酸不锈钢钝化膜的耐酸性能研究[33]

经钝化处理的含硅不锈钢有良好的耐酸性能，开始认为起主要作用的是材料中的 Cr、Ni，经对钝化前后的材料进行表面分析，得到了正确的结论。

测试材料为片状，其化学组成为（质量分数），C：0.047、Si：3.8、Cr：12.6、Ni：2.72、Mn：0.52、Nb：0.46、余下为 Fe。

进行钝化前后的 XPS、AES 测试与钝化后的 AES-profile（深度剖面分析）。AES 与 XPS 分析获得了材料钝化前后与深度剖面分析后（约 700 nm 深处）的表面元素分布的半定量与化学态的信息。

表 9-28 为样品主要组成元素的钝化处理前后与深度剖面分析后的 XPS 测试结果；表 9-29 为样品中 Si 在钝化处理前后的 AES 结果。

**表 9-28　含硅不锈钢表面处理前后 XPS 分析**

| 样品处理 | 结合能/eV | | | | |
| --- | --- | --- | --- | --- | --- |
| | Si 2p | O 1s | Cr 2p | Ni 2p | Fe 2p |
| 钝化前 | 99.1 | 530.8 | 574.2 | 852.5 | 706.8 |
| 钝化后 | 102.8 | 532.5 | 576.2 | 854.3 | 710.3 |
| 深度剖面分析后 | 99.1 | 530.9 | 574.1 | 852.7 | 706.9 |

**表 9-29　含硅不锈钢表面钝化处理前后 AES 分析**

| AES | 钝化处理前 | 钝化处理后 |
| --- | --- | --- |
| Si$_{KLL}$ $E_K$/eV | 92 | 76 |

图 9-153 为含硅不锈钢表面钝化处理后 C、O、Si、Cr、Ni 与 Fe 的深度分布结果，横坐标为刻蚀时间-深度（刻蚀速率为 30 nm/min），纵坐标为相对元素百分浓度。

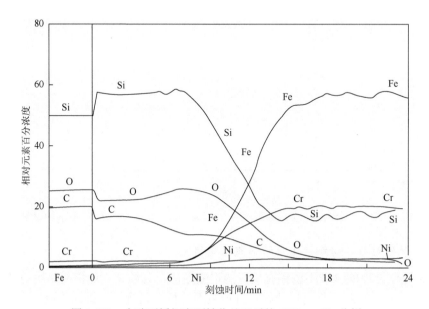

图 9-153　含硅不锈钢表面钝化处理后的 AES-profile 分析

经过上述表面分析方法对含硅的 Cr-Ni 不锈钢表面钝化层的测试，可得出结论：材料经钝化处理后生成约 300 nm 厚的致密 $SiO_2$ 层，而主要起耐酸作用的就是这个 $SiO_2$ 层。

### 9.6.2　用于有机化合物与聚合物的研究

有机化合物与聚合物主要由 C、O、N、S 和其他一些金属元素组成的各种官能团构成，因此在作有机化合物和聚合物 XPS 分析时就要能够对这些官能团进行定性和定量的分析和鉴别。

1. 表面碳物种的分析

1）C 1s 结合能

对 C 元素来讲，与自身成键（C—C）或与 H 成键（C—H）时 C 1s 电子的结合能约为 285 eV（常作为荷电校正的参考）。当用 O 原子来置换掉 H 原子后，对每一 C—O 键均可引起 C 1s 电子有约（1.5±0.2）eV 的化学位移。在 C—O—X（X

为卤素）中的次级影响一般较小（±0.4 eV）；而 X 为 $NO_2$ 则可产生 0.9 eV 的附加位移。

卤素元素诱导向高结合能的位移可分为初级取代效应（即直接接在 C 原子上）和次级取代效应（在近邻 C 原子上）两种。表 9-30 列出了卤素元素的初级取代效应和次级取代效应使 C 1s 结合能（285 eV）的位移量。图 9-154 为氟代聚乙烯的 C 1s 谱，可看出不一样的氟取代后的 C 1s 的位移。表 9-31 则列出部分有机官能团的典型 C 1s 结合能。

**表 9-30　卤素初级与次级取代效应引起 C 1s（285 eV）的位移量**

| 卤族元素 | 初级取代位移/eV | 次级取代位移/eV |
|---|---|---|
| F | 2.9 | 0.7 |
| Cl | 1.5 | 0.3 |
| Br | 1.0 | <0.2 |

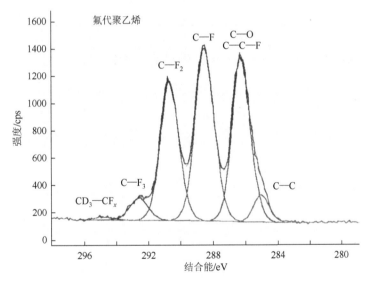

图 9-154　氟代聚乙烯的 C 1s 谱

**表 9-31　有机物官能团的典型 C 1s 结合能**

| 化学名称 | 官能团 | 结合能/eV |
|---|---|---|
| 烃 | C—H, C—C | 285.0 |
| 胺 | C—N | 286.0 |
| 醇，羟基，醚 | C—O—H, C—O—C | 286.5 |
| Cl 与 C 单键结合 | C—Cl | 286.5 |

续表

| 化学名称 | 官能团 | 结合能/eV |
|---|---|---|
| F 与 C 单键结合 | C—F | 287.8 |
| 羰基 | C＝O | 288.0 |
| 酰胺 | N—C＝O | 288.2 |
| 羧酸，酯 | O—C＝O | 289.0 |
| 尿素 | N—C—N （C＝O） | 289.0 |
| 氨基甲酸酯 | O—C—N （C＝O） | 289.6 |
| 碳酸盐 | O—C—O （C＝O） | 290.3 |
| 2F 键连 C | —CH₂CF₂— | 290.6 |
| PTFE 中的 C | —CF₂CF₂— | 292.0 |
| 3F 键连 C | —CF₃ | 293.4 |

从 poly-ethylene terephthalate（PET）聚对苯二甲酸乙二酯的 C 1s 谱（图 9-155）

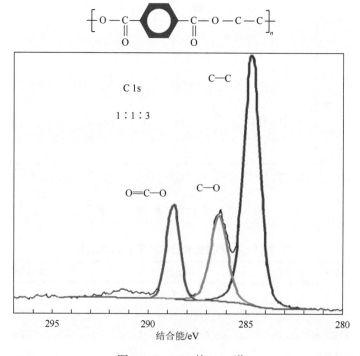

图 9-155　PET 的 C 1s 谱

可以看出，分成的三个峰正对应组成 PET 的三个含碳官能团：C—C、C—O、O—C＝O，三个峰的强度比为 3∶1∶1，与 PET 的结构也符合。

表 9-32 为初级取代对应于烃类(C—C、C—H)C 1s ＝ 285 eV 的结合能位移值[34]。

**表 9-32　初级取代对应于烃类（C—C、C—H）C 1s ＝ 285 eV 的结合能位移值**

含氧官能团

| 官能团 | 化学位移 | | | 样品数 | 官能团 | 化学位移 | | | 样品数 |
| --- | --- | --- | --- | --- | --- | --- | --- | --- | --- |
| | 最小值 | 最大值 | 平均值 | | | 最小值 | 最大值 | 平均值 | |
| C—O—C | 1.13 | 1.75 | 1.45 | 18 | —C—O—C— (O,O) | 4.36 | 4.46 | 4.41 | 3 |
| C—OH | 1.47 | 1.73 | 1.55 | 5 | —O—C—O— (O) | 4.35 | 5.44 | 5.40 | 2 |
| *C—O—C⁻ ‖ O | 1.12 | 1.98 | 1.64 | 21 | | | | | |
| C—C (环氧 O) | — | — | 2.02 | 1 | | | | | |
| C＝Cᵇ | 2.81 | 2.97 | 2.90 | 3 | | | | | |
| O—C—O | 2.83 | 3.06 | 2.93 | 5 | | | | | |
| C—O—*Cʳ ‖ O | 3.64 | 4.23 | 3.99 | 21 | | | | | |
| OH—C— ‖ O | 4.18 | 4.33 | 4.26 | 2 | | | | | |
| O—C—O ‖ O | 4.30 | 4.34 | 4.32 | 2 | | | | | |

＊ Neglecting aromatic carbonyl esters，mean of 18 is 1.72，min. 1.48；

＊ PEEK significantly tower：shift ＝ 2.10 （BE referenced to aromatic CH C 1s ＝ 284.70 eV）；

＊ Neglecting aromatic carbonyl esters，mean of 18 is 4.05，min. 3.84

**表 9-32　续**

含氮官能团　　　　　　　　　　　　　　　　　卤素和其他各种官能团

| 官能团 | 化学位移 | | | 样品数 | 官能团 | 化学位移 | | | 样品数 |
| --- | --- | --- | --- | --- | --- | --- | --- | --- | --- |
| | 最小值 | 最大值 | 平均值 | | | 最小值 | 最大值 | 平均值 | |
| C—NO₂ᵃ | — | — | 0.76 | 1 | C＝C | −0.24 | −0.31 | −0.27 | 4 |
| C—N< | 0.56 | 1.41 | 0.94 | 9 | (苯环)＊＊—X | −0.20 | −0.56 | −0.34 | 20 |

| 官能团 | 化学位移 | | | 样品数 | 官能团 | 化学位移 | | | 样品数 |
|---|---|---|---|---|---|---|---|---|---|
| | 最小值 | 最大值 | 平均值 | | | 最小值 | 最大值 | 平均值 | |
| C—N< | 0.99 | 1.22 | 1.11 | 2 | C—Si | −0.61 | −0.78 | −0.67 | 3 |
| *C—C≡N | 1.35 | 1.46 | 1.41 | 2 | C—S | $0.21^b$ | 0.52 | 0.37 | 2 |
| —C≡N | 1.73 | 1.74 | 1.74 | 2 | C—SO$_2$ | $0.31^b$ | 0.64 | 0.68 | 2 |
| C—ONO$_2$ | — | — | 2.62 | 1 | C—SO$_3^{-b}$ | — | — | 0.16 | 1 |
| N—C—O | — | — | 2.78 | 1 | C—Br$^b$ | — | — | 0.74 | 1 |
| N—C=O | 2.97 | 3.59 | 3.11 | 6 | ⟨苯环⟩*—Cl | 0.99 | 1.07 | 1.02 | 3 |
| C(=O)—N—C(=O) | 3.49 | 3.61 | 3.55 | 2 | C—Cl | 2.00 | 2.03 | 2.02 | 2 |
| N—C(=O)—N | — | — | 3.84 | 1 | —CCl$_2$ | — | — | 3.56 | 1 |
| N—C(=O)—O | — | — | 4.60 | 1 | C—F | — | — | 2.91 | 1 |
| | | | | | —CF$_2$ | — | — | 5.90 | 1 |
| | | | | | —CF$_3$ | 7.65 | 7.72 | 7.69 | 2 |

\* 这个例子中 C 原子在苯环上；

\*\* C 原子不直接与 X 相连

　　表 9-33 为次级取代对应于烃类（C—C、C—H）C 1s = 285 eV 的结合能位移值[34]。

表9-33　次级取代对应于烃类（C—C、C—H）C 1s = 285 eV 的结合能位移值

| 官能团 | 化学转移 | 实例数目 |
|---|---|---|
| O—C—C* | ～0.2 | 6 |
| F—C—C* | ～0.4 | 11 |
| Cl—C—C* | ～0.5 | 9 |
| —C(=O)—C* | ～0.4 | 4 |
| O—C(=O)—C* | ～0.4 | 7 |

续表

| 官能团 | 化学转移 | 实例数目 |
|---|---|---|
| O—C—Ċ—CH₃ ‖ O | ~0.7 | 8 |

2）参考 C 的价带谱

当仅采录 C 1s 谱不能区分含碳官能团时，可参考其价带谱。

PBMA（聚甲基丙烯酸正丁酯）有三个同分异构体，其 C 1s 峰型与峰位都一致，如图 9-156（a）所示，难以分辨。而其价带谱则有较大的差异，如图 9-156（b）、（c）、（d）所示，能把它们区分。

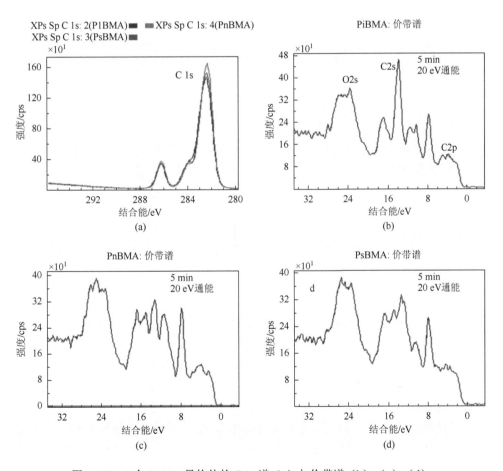

图 9-156　3 个 PBMA 异构体的 C 1s 谱（a）与价带谱（b）、（c）、（d）

同样聚烯烃：PE、PP、PB、PIB、PI 与 PS 的 C 1s 谱也难将它们区分，而它们的价带谱就有差别。见图 9-157。

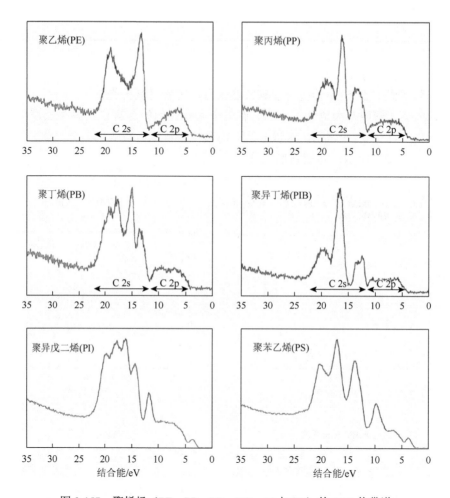

图 9-157　聚烯烃（PE、PP、PB、PIB、PI 与 PS）的 XPS 价带谱

虽然，含碳化合物的价带谱有助于该化合物或聚合物的结构研究，但目前一般价带谱的应用仅停留在"指纹"水平，还需深入进行理论计算方面的研究。

3）C 1s 的 Shake-up 峰分析

在光电离后，由于内层电子的发射引起价电子从已占有轨道向较高的未占轨道的跃迁，这个跃迁过程就被称为 shake-up 过程，就是在 XPS 主峰的高结合能端出现的能量损失峰。shake-up 峰是一种比较普遍的现象，特别是对于共轭体系会产生较多的 shake-up 峰。在有机体系中，shake-up 峰一般由 π-π*跃迁所产生

（图 9-158），即由价电子从最高占有轨道（HOMO）向最低未占轨道（LUMO）的跃迁所产生。

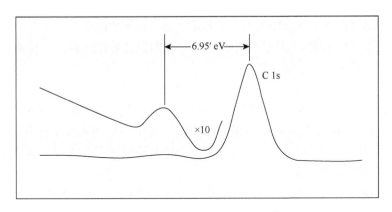

图 9-158　聚苯乙烯的 C 1s 谱，图中显示了 π-π* 的 shake-up 伴峰

　　C 1s 的结合能在不同的碳物种中有一定的差别。如图 9-159 所示，在石墨和碳纳米管中，C 1s 结合能均为 284.6 eV；而在 $C_{60}$ 材料中，其结合能为 284.75 eV。由于 C 1s 峰的结合能变化很小，难以鉴别这些纳米碳材料。但其高结合能处的 shake-up 峰的结构则有较大的差别，可以进行物种鉴别。

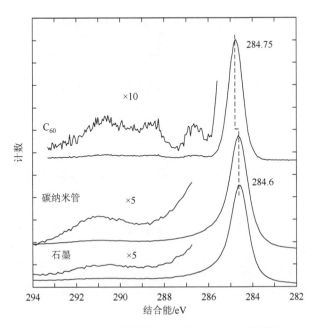

图 9-159　几种碳材料的 C 1s 与 shake-up 峰谱图

在石墨中，由于 C 原子以 $sp^2$ 杂化存在，并在平面方向形成共轭 π 键。这些共轭 π 键的存在可以在 C 1s 峰的高能端产生 shake-up 伴峰。这个峰是石墨的共轭 π 键的特征峰，可以用来鉴别石墨碳。

碳纳米管的 Shake-up 峰基本和石墨的一致，这说明碳纳米管具有与石墨相近的电子结构，这与碳纳米管的研究结果是一致的。在碳纳米管中，碳原子主要以 $sp^2$ 杂化并形成圆柱形层状结构。

$C_{60}$（Fullerene）材料的 shake-up 峰的结构与石墨和碳纳米管材料的有很大的区别，可分解为 5 个峰，这些峰是由 $C_{60}$ 的分子结构（足球状）决定的。在 $C_{60}$ 分子中，不仅存在共轭 π 键，并还存在 σ 键。因此，在 shake-up 峰中还包含了 σ 键的信息。所以，不仅可以用 C 1s 的结合能表征碳的存在状态，也可以用它的 shake-up 峰研究其化学状态。

不同材料 C 1s 的 shake-up 峰的峰型、与主峰的间距、与主峰的强度比均不一样，须做大量实验数据储备。

### 2. 表面氧物种分析

O 1s 结合能对绝大多数功能团来讲都在 533 eV 左右 2 eV 的窄范围内。极端情况可在羧基（carboxyl）和碳酸盐（carbonate group）中观察到。其单键氧具有较高的结合能。表 9-34 列出部分含氧有机基团典型的 O 1s 结合能。

**表 9-34　部分有机物典型 O 1s 结合能**

| 化学名称 | 官能团 | 结合能/eV |
| --- | --- | --- |
| 羧基 | $C=O$、$O-C=O^*$ | 532.2 |
| 醇、羟基、醚 | $C-O^*-H$、$C-O^*-C$ | 532.8 |
| 酯 | $C-O^*-C=O$ | 533.7 |
| 水 | $H_2O$ | 535.9～536.5 |

更多的氧元素在聚合物中 O 1s 结合能值（对应烃类 C 1s = 285 eV）见表 9-35 与表 9-35 续[34]。

**表 9-35　氧元素在聚合物中 O 1s 结合能值（对应烃类 C 1s = 285 eV）**

| 官能团 | 结合能 | | | 样品数 | 官能团 | 结合能 | | | 样品数 |
| --- | --- | --- | --- | --- | --- | --- | --- | --- | --- |
| | 最小 | 最大 | 平均值 | | | 最小 | 最大 | 平均值 | |
| $C-O-C$（aliphatic） | 532.47 | 532.83 | 532.64 | 8 | aromatic 1 | 531.62 | 531.70 | 321.65 | 3 |
| （aromatic）[a] | 532.98 | 533.45 | 533.25 | 3 | $O^2-C-Ar$ 与 $O^1$（双键）2 | 533.06 | 533.22 | 533.14 | |

续表

| 官能团 | 结合能 | | | 样品数 | 官能团 | 结合能 | | | 样品数 |
|---|---|---|---|---|---|---|---|---|---|
| | 最小 | 最大 | 平均值 | | | 最小 | 最大 | 平均值 | |
| C—OH（aliphatic） | 532.74 | 533.09 | 532.89 | 4 | | | | | |
| （aromatic）[b] | | | 533.64 | 1 | —C—O²—C— (O¹, O¹) | 1 532.52 | 532.81 | 532.64 | 3 |
| （环氧 C—C） | | | 533.13 | 1 | | 2 533.86 | 534.02 | 533.91 | |
| O—C—O | 532.94 | 533.51 | 533.15 | 5 | | | | | |
| O—C—O（O） | 532.95 | 533.02 | 532.99 | 2 | O²—C—O²（O¹） | 1 532.33 | 532.44 | 532.38 | 2 |
| C=O（aliphatic） | | | 532.33 | 3 | | 2 533.88 | 533.97 | 533.93 | |
| （aromatic）[c] | 1 532.30 | 532.37 | 532.25 | 1 | | | | | |
| aliphatic | 2 531.96 | 532.43 | 532.21 | 20 | | | | | |
| O²—C—C（O¹） | 533.24 | 533.86 | 533.59 | | | | | | |

a. 1 个或 2 个碳原子都在苯环上（PSM，PDMPO，PEEK）；

b. 碳原子在苯环上（PIIS）；

c. 碳官能团连苯环（PEEK）；

PEEK 和 PET 的结合能参考芳香环的 CH，C 1s = 284.70 eV

### 表 9-35　续

| 聚合物 | 官能团 | O 1s 结合能/eV | 聚合物 | 官能团 | O 1s 结合能/eV |
|---|---|---|---|---|---|
| PTFEA | O$^*$=C—O | 532.31 | PEOx | C—O—C | 531.10 |
| | O=C—O$^*$ | 533.92 | CTN | C—O—C | 533.59 |
| PCEMA | O$^*$=C—O | 532.32 | | C—O$^*$—NO$_2$ | 533.88 |
| | O=C—O$^*$ | 533.84 | | C—O—NO$_2^*$ | 534.70 |
| PAM | O=C—N | 531.54 | PNS | C—NO$_2$ | 532.45 |
| PMAM | O=C—N | 531.56 | FOM[b] | CF$_2$OCF$_2$ | 535.71 |
| PNVP | O=C—N | 531.30 | PVTFA | O$^*$—COCF$_3$ | 533.78 |
| N66 | O=C—N | 531.37 | | O—CO$^*$CF$_3$ | 532.58 |
| N6 | O=C—N | 531.35 | PHMS | —SO$_2$— | 531.74 |
| N12 | O=C—N | 531.33 | PES[a] | —SO$_2$— | 531.60 |
| PU | O=C—N | 531.90 | | C—O—C | 533.60 |
| | O=C—O$^*$ | 533.63 | PSS | —SO$_3^-$ | 531.72 |
| PUa | N—CO—N | 531.41 | PDMS | Si—O—Si | 532.00 |
| KPA[a] | O=C—N | 532.03 | PPMS[a] | Si—O—Si | 532.00 |

续表

| 聚合物 | 官能团 | O 1s 结合能/eV | 聚合物 | 官能团 | O 1s 结合能/eV |
|---|---|---|---|---|---|
| | C—O—C | 533.26 | PPP[a] | C—O—P | 533.37 |
| ULA | O＝C—N | 531.87 | | | |
| | C—O—C | 533.53 | | | |

\* 结合能与芳香环的 CH 有关 C 1s = 284.70 eV.

\* non-standard BE reference

从 poly-ethylene terephthalate（PET）聚对苯二甲酸乙二酯的 O 1s 谱（图 9-160）可看出，分成的两个峰正对应组成 PET 的两个含氧官能团：C—O、C＝O，两个峰的强度比为 1∶1，这与 PET 的分子式也符合。

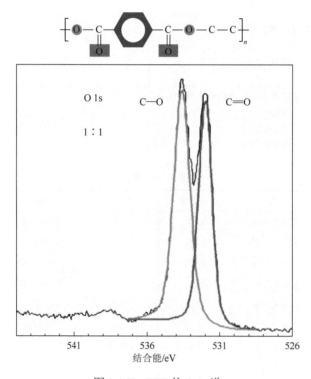

图 9-160　PET 的 O 1s 谱

### 3. 表面氮物种分析

许多常见的含氮官能团中 N 1s 电子结合能均在 399～401 eV 的窄范围内，这些包括—CN、—NH$_2$、—OCONH—和—CONH$_2$。氧化的氮官能团具有较高 N 1s 结合能：—ONO$_2$（≈408 eV）、—NO$_2$（≈407 eV）、—ONO（≈405 eV）。

更多的氮元素在聚合物中 N 1s 结合能值（对应烃类 C 1s = 285 eV）见表 9-36[34]。

**表 9-36　氮元素在聚合物中 N 1s 结合能值（对应烃类 C 1s = 285 eV）**

| 聚合物 | 官能团 | N 1s 结合能/eV | 聚合物 | 官能团 | N 1s 结合能/eV |
|---|---|---|---|---|---|
| PPP[a] | P=N—P | 397.93 | N12 | —C—N ( =O ) | 399.84 |
| PEI | C—N | 399.07 | PU | O—C—N ( =O ) | 400.32 |
| PEO$_x$ | C—N | 399.87 | PUa | N—C—N ( =O ) | 399.89 |
| PA | C—N | 399.92 | KAP[a] | —C—N—C— ( =O, =O ) | 400.60 |
| P9VC | C—N | 400.22 | ULTEM | —C—N—C— ( =O, =O ) | 400.40 |
| P2VP | Aronatic N | 399.30 | | | |
| P4VP | Aronatic N | 399.34 | PAAHC | —NH$_3^+$ | 401.46 |
| PAN[b] | C≡N | 399.57 | PVBTMAC | —N(CH$_3$)$_3^+$ | 402.14 |
| PMAN | C≡N | 399.57 | PNS | —NO$_2$ | 405.45 |
| PAM | —C—N ( =O ) | 399.83 | CTN | —ONO$_2$ | 408.15 |
| PMAM | —C—N ( =O ) | 399.96 | | | |
| PNVP | —C—N ( =O ) | 399.88 | | | |
| N66 | —C—N ( =O ) | 399.81 | | | |
| N6 | —C—N ( =O ) | 399.77 | | | |

a. 参考芳香环 CH，C 1s = 284.70 eV；

b. 参考 PMAN 的 N 1s

### 4. 表面硫物种分析

硫对 C 1s 结合能的初级效应是比较小（≈0.4 eV），S 2p 的电子结合能与其自身的化学态有关：R-S-R（≈164 eV）、R-SO$_2$-R（≈167.5 eV）、R-SO$_3$H（≈169 eV）。

硫元素在聚合物中 S 2p 结合能值（对应烃类 C 1s = 285 eV）见表 9-37[34]。

表 9-37　硫元素在聚合物中 S 2p 结合能值（对应烃类 C 1s = 285 eV）

| 聚合物 | 结合能/eV | | Δ/eV | $I$（2p$_{3/2}$） |
| --- | --- | --- | --- | --- |
| | S 2p$_{1/2}$ | S 2p$_{3/2}$ | | $I$（2p$_{1/2}$） |
| PETHS | 164.69 | 163.50 | 1.19 | 1.84 |
| PHMS | 168.90 | 167.64 | 1.26 | 1.91 |
| PPS | 164.84 | 163.66 | 1.18 | 1.90 |
| PES | 168.73 | 167.57 | 1.16 | 1.84 |
| PSS | 169.40 | 168.23 | 1.17 | 2.04 |
| 平均 | | | 1.19 | 1.91 |

高分辨 C 1s 谱、价带谱、C 1s 的 shake-up 伴峰等 XPS 谱，都能较真实地获得来自含碳材料、有机物与高分子聚合物的表面信息。实验时需注意 X 射线对有机样品的破坏。

在对材料进行表面分析时，还要注意辐射源特别是离子束对样品的破坏，可能会得到不正确的结论。

# 9.7　表面分析与催化

## 9.7.1　催化作用概述

催化即通过催化剂改变反应物的活化能，改变反应物的化学反应速率，但只能加快热力学可行的反应速率，不能改变反应平衡常数，反应前后催化剂的量和质均不发生改变的反应。

化学反应物要想发生化学反应，必须使其化学键发生改变。改变或者断裂化学键需要一定的能量支持，能使化学键发生改变所需要的最低能量阈值称为活化能，而催化剂通过降低化学反应物的活化能而使化学反应更易进行，且大大提高反应速率。

1976 年国际纯粹与应用化学联合会（International Union of Pure and Applied Chemistry，IUPAC）给催化作用下了确切定义：催化作用是一化学作用，是依靠用量极少且本身不消耗的一种称为催化剂的外加物质来加速化学反应的现象。

在催化反应中，催化剂与反应物发生化学作用，改变了反应途径，从而降低了反应的活化能，这是催化剂得以提高反应速率的原因。如化学反应 A + B ——→

AB，所需活化能为 $E$；加入催化剂 C 后，反应分两步进行，所需活化能分别为 $F$、$G$，其中 $F$、$G$ 均小于 $E$。

　　第 1 步 A + C —→ AC　　　活化能 $F$

　　第 2 步 AC + B —→ AB + C　　　活化能 $G$

　　这两步的活化能都比 $E$ 值小得多。根据阿伦尼乌斯公式 $k = Ae^{-E/RT}$，由于催化剂参与反应使 $E$ 值减小，从而使反应速率显著提高。

## 9.7.2　表面分析能提供的信息

　　用表面分析技术对催化材料表面组成、结构及其化学态在制备、预处理、吸脱附和反应过程中的变化进行研究，进而理解催化材料表面原子水平上的组成和结构与催化材料性能（即它的活性与选择性）的关系，重要的是对催化反应活性的机理研究。包括：

- 活性组分的状态及其表面浓度对催化剂活性及选择性的影响；
- 负载型催化剂的载体效应；
- 多元催化剂的活性组分调变与其他组分的添加；
- 活性组分在反应过程中的化学态变化及失活原因探讨：是活性组分流失？

积炭？中毒？烧结？……

## 9.7.3　应用实例

　　1. Pt-$TiO_2$、Pt-$Ti_2O_3$ 与 Pt-TiO 共溅射薄膜模型催化剂上的金属-担体间相互作用（SMSI）电子能谱考察

　　用 XPS 与 AES（包括深度剖面分析，简称 Profile）等电子能谱技术，考察了共溅射方法制备的 Pt-$TiO_2$、Pt-$Ti_2O_3$ 和 Pt-TiO 薄膜模型催化剂在不同温度下氢处理引起的金属-担体相互作用。共溅射薄膜能很好地模拟金属-担体界面层状况。三种样品表现出类似的倾向：在高温氢处理后，CO 的吸附被显著抑制，表现出 SMSI 的特征；同时由 XPS 检测到表面 Pt/Ti 原子比明显增大，并伴随有比较稳定的低价钛（$Ti^{3+}$、$Ti^{2+}$）物种生成。这是部分还原的 $TiO_x$ 扩散进入 Pt 晶格并与 Pt 键合生成类金属间化合物的结果。

　　对金属-担体强相互作用（SMSI），特别是对Ⅷ族金属与 $TiO_2$ 的相互作用，不同催化剂体系的催化行为差别是颇大的。例如，高温氢还原所引起的对 $H_2$ 和 CO 吸附的抑制，在 Pt/TiO 和 Ir/$TiO_2$ 体系中表现最为强烈，但对于活化 CO 及促

进 CO 加氢反应的活性及改善选择性方面最引人注目的却是 Ni/TiO$_2$ 和 Rh/TiO$_2$ 体系。

可以推测，各种Ⅷ族金属由于本身性质差别与 TiO$_2$ 担体之间的相互作用可以有不同的机理和本质。

近年来，一些在 Ni/TiO$_2$ 与 Rh/TiO$_2$ 等催化剂上获得的研究结果，提出部分还原的 TiO$_x$ 物类经表面迁移掩盖了部分金属表面，并在与金属表面交界处形成新的特殊活性位置，可能是引起 SMSI 现象的原因。详细内容见文献[35]。

### 2. 催化剂失活机理研究

催化剂失活的原因很多：表面积炭、活性组分中毒、烧结、活性组分流失等。

如果是催化剂表面积炭，进行 XPS 分析可发现反应后催化剂表面碳（石墨碳）含量增加，活性组分表面相对含量发生变化，进行刻蚀以确定积炭位置。图 9-161 为 Co$_x$Fe$_{3-x}$O$_4$ 催化剂失活前后的 XPS 宽扫描谱，可以明显看出失活催化剂表面 Co 2p 与 Fe 2p 强度大大降低，而 C 1s 强度增强。说明积炭在催化剂的活性位 Co 与 Fe 上，致使催化剂活性丧失。

作为甲烷部分氧化反应的 NiO/Al$_2$O$_3$ 催化剂，在反应后催化剂表面积炭严重，几乎丧失活性。而添加了 Li 与 La 的 LiLaNiO$_x$/Al$_2$O$_3$ 则在反应后其积炭程度得到抑制，仍有活性。进行 XPS 分析，从图 9-162 的 C 1s 谱可以看出，NiO/Al$_2$O$_3$ 催化剂反应后表面有大量的石墨碳（C—C），堵塞了多孔氧化铝的孔道；而 LiLaNiO$_x$/Al$_2$O$_3$ 催化剂反应后其表面很少有石墨碳积聚。详细内容见文献[36]。

如果催化剂中毒，进行 XPS 分析后能发现反应前后催化剂表面组成发生变化，并有其他元素加入，而且活性组分的化学态也会发生变化。

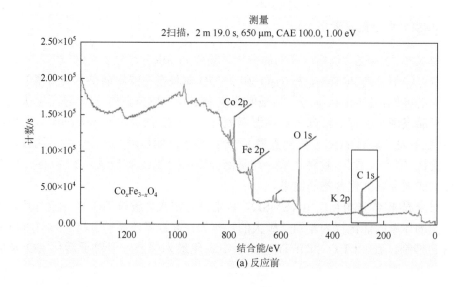

测量
2扫描，2 m 19.0 s, 650 μm, CAE 100.0, 1.00 eV

(a) 反应前

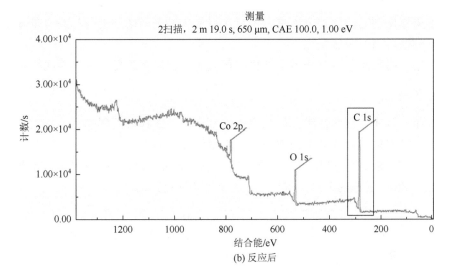

图 9-161　Co$_x$Fe$_{3-x}$O$_4$ 催化剂反应前（a）后（b）的 XPS 宽扫描谱

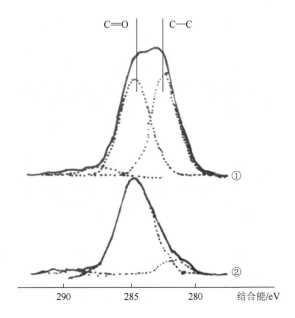

图 9-162　甲烷部分氧化催化剂反应后的 C 1s 谱

①NiO/Al$_2$O$_3$ 催化剂；②LiLaNiO$_x$/Al$_2$O$_3$ 催化剂

　　如果反应温度过高，会引起催化剂被烧结，即原高度分散的活性组分局部团聚，失去或降低活性。进行 XPS 分析后能发现烧结催化剂中某表面活性组分相对含量降低，而经离子刻蚀后又略增加。

如果催化剂的活性组分流失，则反应后催化剂表面活性组分相对含量降低，经离子刻蚀后仍无明显变化。

总之，用表面分析方法考察催化材料失活能获得有意义、有指导性的信息。

### 3. 其他

表面分析在考察活性组分的状态催化剂活性及选择性的影响、催化剂的载体效应、选择催化剂合适的预处理条件等方面均有作为。

图 9-163 显示用 XPS 分析新鲜、使用中、低活性、失活及再生后 Pd 催化剂的活性与 Pd 化学态的关系，说明 $Pd^0$ 决定了该催化剂活性。

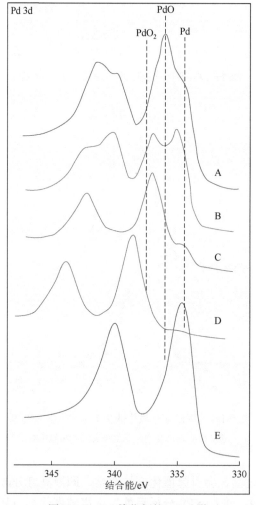

图 9-163　Pd 催化剂的 Pd 3d 谱

A：新鲜催化剂（未预还原）；B：使用中（有活性）；C：使用后（活性低）；D：失活催化剂；E：再生后的催化剂

　　MoO₃/Al₂O₃ 是一种较经典的加氢脱硫催化剂，低价态的 Mo 是活性关键。对载体组分进行调变，在载体中添加了 TiO₂ 后，该催化剂在预还原后低价态 Mo 的量增加，催化剂活性得以提高。

　　在 18wt% MoO₃/Al₂O₃ 催化剂的载体 Al₂O₃ 中，添加了部分 TiO₂，制成 18wt% MoO₃/Al₂O₃-11.2wt% TiO₂ 催化剂。从图 9-164 显示的这两种催化剂经 500℃，氢还原 2 h 后的 Mo 3d 谱中，可看出后者的低价态 Mo 含量明显增加，这也在实际反应中得以证实。

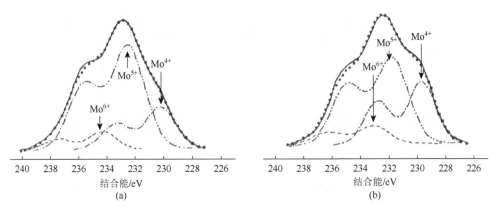

图 9-164　两种催化剂经 500℃，氢还原 2 h 后的 Mo 3d 谱

（a）18wt% MoO₃/Al₂O₃；（b）18wt% MoO₃/Al₂O₃-11.2wt% TiO₂

　　为寻找合适的催化剂预处理条件，可采用 XPS 对不同处理条件下的催化剂进行分析。图 9-165 为对不同温度氢还原后 1%Pd/SiO₂ 催化剂的 XPS Pd 3d 谱，看出在 200℃氢气氛处理即可将活性组分 Pd 还原，避免了选择催化剂预还原条件的盲目性，（在此仅列出 200℃与 600℃氢还原后的谱，实际实验时还取了 300℃、400℃、500℃等温度点的数据）。

　　图 9-166 为用不同气氛预处理 Mo-SnOₓ 催化剂的 XPS 分析结果。

　　上述样品的处理，均是在仪器所附的准原位气体反应池内进行。注意，决不能在别处处理后，再送进谱仪进行测试。

## 9.7.4　准原位技术

　　在谱仪的分析室前加入一个或多个样品处理室，在其中通入不同气氛并改变温度来处理样品材料，结束反应后，直接抽真空将样品转移至分析室中进行分析，这称为准原位 XPS 技术（*ex situ*-XPS）。

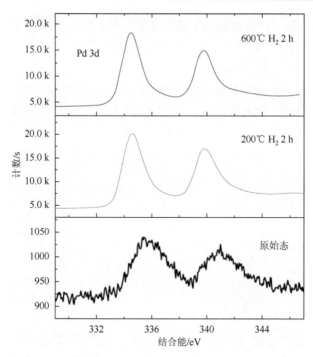

图 9-165　1%Pd/SiO$_2$ 催化剂不同温度（200℃与 600℃）预还原后的 Pd 3d 谱

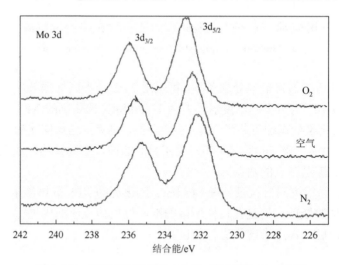

图 9-166　不同气氛处理的 Mo-Sn 催化剂的 Mo 3d 谱

　　利用准原位 XPS，样品可以在经过气氛和加热处理之后，在不暴露空气的情况下转移到分析室中，研究者可以得到更接近材料最终状态的信息。这类技术在研究催化剂反应前后表面价态变化时更为实用，也是目前众多研究者们通常采用的研究技术。

表面分析中样品预制备方法有多种，如预反应、预还原、预吸附、预氧化及真空镀膜法制备模型催化剂等，这里仅介绍用准原位技术对材料进行预处理。

由于表面分析只能在超高真空条件下进行，而大多重要的催化反应一般都要在高于约 0.01 MPa 的压力下才能以可测量的速率发生。因此，要检测处于工作态或在预处理态的催化材料的表面性质，需要将催化材料上的气体压力降低约十几个数量级，同时又要保持其原有的表面化学性质，这几乎是不可能的。

为使催化材料在 UHV 系统中进行表面分析时尽可能保持高压反应状态或预处理状态的结构特征，特别是要避免样品在离开预处理、吸附或反应气氛环境转移到 UHV 分析室过程中，暴露于空气而改变甚至完全破坏其表面状态。

Somorjai 教授（美国加州大学伯克利分校）的研究组在 1974 年首先报道了他们的开创性的工作[37]，在同一台 UHV 仪器上实现了 0.1013 MPa 压力下的催化反应动力学实验与反应前后的表面分析，如图 9-167 所示。

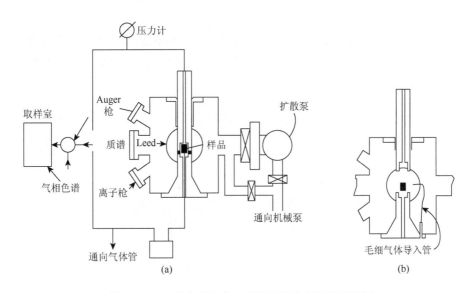

图 9-167　与谱仪组合的一套准原位反应装置示意图

之后 Yates 教授研究组又设计出效率更高的装置[38]，如图 9-168 所示。

位置①：用 AES 或 UPS 研究单晶表面组成或表面物类；

位置②：已知覆盖度的金属或助剂在表面沉积，以研究其对催化反应速率的影响；

位置③：研究单晶在高压（≤202.6 kPa）下的催化反应速率。利用真空泵使高压气体循环，从反应腔中采进行质谱-色谱分析。

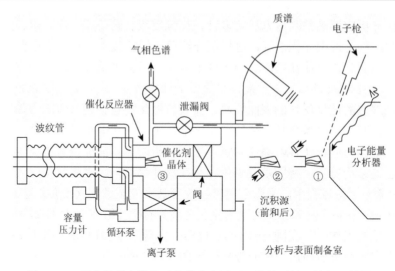

图 9-168　研究单晶在催化反应器中高压下工作前后情况的仪器装置

图 9-169 为安置在 Thermo-Fisher ESCALAB 250xi 谱仪快速进样室内的高压气体反应池，其耐压 20 bar（2 MPa），升温可达 600℃，适用惰性、还原性与弱氧化性气氛。

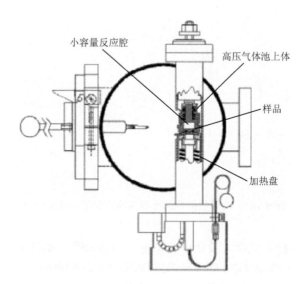

图 9-169　安置在 Thermo-Fisher ESCALAB 250xi 谱仪快速进样室内的高压气体反应池示意图

进行准原位处理样品需注意的细节有：①由于要抽排非惰性气氛，一定要选用合适的真空泵；②反应气体的纯度及配比宜掌控，以接近实际反应要求；③到达预处理温度时的恒温时间需控制，使样品得到完全的处理；④选择合适的降温抽空温度点；⑤制备室与分析室的压强与残余气体组成，不应有氧化性气氛；⑥进行表面分析前的停留时间要尽量短，要迅速抽空，尽快进行分析。

另外，进行 XPS 测试前，要清楚催化材料的特点：①催化材料大都为粉末，建议将其压成致密的片状。②样品表面活性组分的相对含量都比较低，采集数据需时较长，要注意 X 射线对样品表面的副效应。建议选低分辨、高灵敏度的实验参数，快速先测一遍。③催化材料大都是多孔，进入系统抽空时间较久，最好在进样前先作预除气处理，对使用过的或失活的催化材料更要注意。

# 9.8　XPS 技术进展简介

## 9.8.1　近常压 XPS 技术简介

原位近常压 XPS（NAP-XPS、APXPS）全称为 near ambient pressure XPS。

### 1. 概述

前面介绍了准原位 XPS 技术，但常规的准原位 XPS 依然存在缺陷。测试的样品是在处理完成（包括降温与抽真空）之后再被转入分析室的，在测试时，样品已经脱离了反应氛围。目前有研究已经证实，许多催化剂，特别是金属催化剂，在反应过程中会发生重构，这些重构产生的物种可能是真实的活性位，而这些活性位在离开反应气氛后，又可能消失，回到了初始状态[39]。这时，采用准原位 XPS 去测试处理完成的催化剂样品所收集到的信息已经与真实反应中的催化剂不同了，会造成不容忽视的误差。

为了解决上述问题，研究者们改进了 XPS 装置，直接用 X 射线照射反应气氛下的样品，利用静电场或电磁复合场形成的电子透镜来聚焦生成的光电子，并采用多级真空泵抽走反应气，形成一个气压梯度，在达到一定真空度后再检测光电子的信号。这样一来，所检测到的信号为样品在反应时所发出的，真正实现了气氛条件下的 XPS，即 APXPS 表征[40]。但目前反应气氛的压强仅能达 25 mbar，特殊的能达 50 mbar。

该技术填补了超高真空和真实条件间巨大压强差的空白，原位研究材料表面的化学变化，对催化反应、金属材料改性与腐蚀、电化学过程等的研究都有独到之处。近年来得到表面科学界的广泛重视，国内多所研究所与高校都先后引进了该项技术。

### 2. 设备

目前 APXPS 设备整机一般是仪器厂商根据用户要求定向设计、制作。图 9-170、

图 9-171、图 9-172 为三台设备整机外观照片，前两台能量分析器立式安装，后一台能量分析器卧式安装。

图 9-170　Enviro ESCA APXPS 仪器外观（安置在中国科学院大连化学物理研究所催化基础国家重点实验室）

图 9-171　一套 APXPS 装置外观（安置在郑州大学）

图 9-172　能量分析器卧式安装的 APXPS 仪

1）电子能量分析器

仪器的核心部件是电子能量分析器组件[41]，这包含电子能量分析器、静电透镜组、探测器与多级（一般四级）差分抽真空泵组，图 9-173 为其外观、图 9-174 为其剖面图、图 9-175 为结构示意图。能量分析器采用一般 XPS 谱仪用的静电式半球形，工作模式也相同。在仪器中可立式安置也可卧式安置。

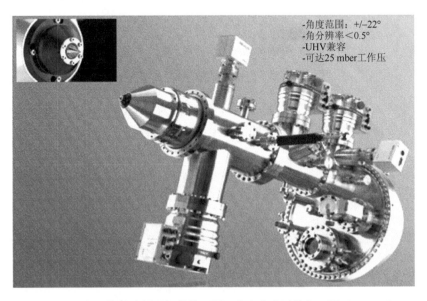

图 9-173　电子能量分析器组件外观图，左上角为透镜入口图（0.3 mm）

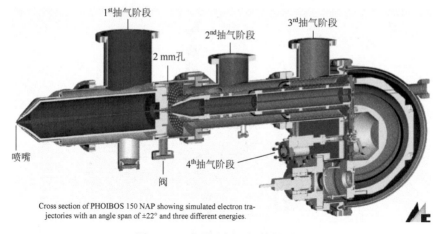

Cross section of PHOIBOS 150 NAP showing simulated electron trajectories with an angle span of ±22° and three different energies.

图 9-174　能量分析器组件剖面图

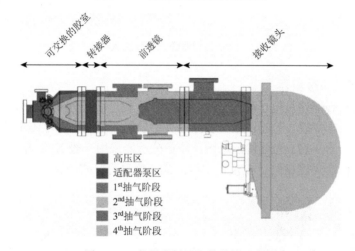

图 9-175　能量分析器组件结构示意图

透镜的入口（图 9-176）是一针孔，口径仅为 0.3 mm，防止大量气体进入透镜，乃至分析器。同样，能进入的出射电子数量也有限。

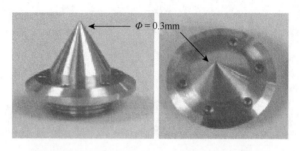

图 9-176　透镜入口（$\Phi = 0.3$ mm）实物外观

透镜段分成几级，如图 9-177 所示，带小孔的隔板将每级隔开；每级均有静电聚焦透镜汇聚光电子通过小孔进入下级；每级的抽真空法兰与真空泵组相连，真空度逐级升高，直至到能量分析器的 $10^{-9}$ mbar 量级。

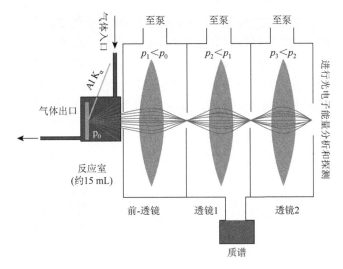

图 9-177　透镜工作原理与结构示意图

2）激发源

除部分特殊实验室采用同步辐射光源外，绝大部分实验室都用单色化 Al $K_\alpha$ 激发源，单色器均带单独的差分抽空系统，见图 9-178[41]。

3）真空系统

比起一般 XPS 谱仪，APXPS 仪器的真空系统要复杂些，一般需配置七八套：能量分析器组件、单色化 X 射线源、离子源、进样室、分析室等都需独立的真空泵组。一般配置的都是涡轮分子泵组，前级泵常用无油的涡旋泵。

3. 实验

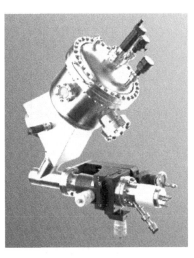

图 9-178　单色化 X 射线源外观

实验中 APXPS 仪器可通多种气氛（但不主张用还原性气体）与蒸气，还可配备电化学反应池，进行原位反应状态下的 XPS 测试。但压强仅能到 25 mbar（1 atm = 1013.25 mbar），而大多催化反应一般都要在高于 0.0133 MPa 的压力下才能以可测量的速率发生，所以不能称为真正的反应。

　　该仪器可测固态、液态，气态样品；可测无机物，也可测有机物。具体为工业排放的固、液、气，矿物，生物与医学材料，催化材料，聚合物与塑料，镀膜与薄膜材料，纳米材料，微电子与半导体材料，金属与合金材料，油脂等。

　　但由于分析器内大量高浓度的气体（与超高真空相比），样品表面出射的光电子大量被湮没，透镜入口直径仅 0.3 mm，又有多级差分抽空，光电子到能量分析器入口时已所剩无几，所以探测到的光电子强度极低。图 9-179 所示的三谱图为在不同氮分压（0 mbar、10 mbar、25 mbar）下实测 Ag 标准样的结果[41]，可发现无论强度还是分辨能力均无法与常规 XPS 相比。这就说明不是所有样品都适合 APXPS，表面含量低的元素，特别是实用催化材料中的活性组分，可能就检测不到。

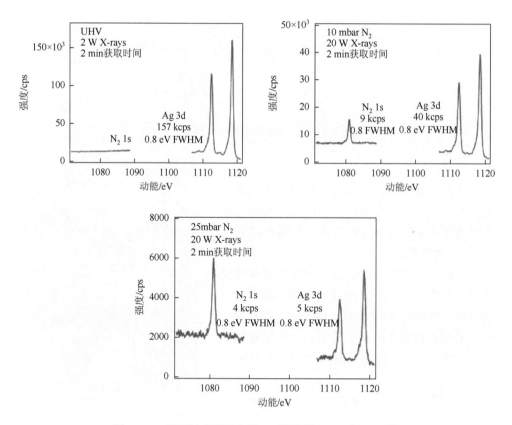

图 9-179　不同氮分压下实测 Ag 标准样 Ag 3d 与 N 1s 谱

4. 应用实例

（1）APXPS 具代表性的工作是 Franklin（Feng）Tao 等合成了具有核壳结构

的 Pd-Rh 合金催化剂,并在原位条件下,连续改变气氛(NO→NO＋CO→NO→NO＋CO→O₂)。通过测试,发现了催化剂在不同气氛下其表面和内部的元素分布存在着动态变化,即在处于氧化性气氛（NO 或 O₂）时,催化剂表面的 Rh 含量较高;换到反应气氛（NO＋CO）时,催化剂表面的 Pd 含量会上升,如图 9-180 所示。这种反应驱动的重构（reaction-driven restructuring）现象被精准地捕捉到。详见文献[42]。

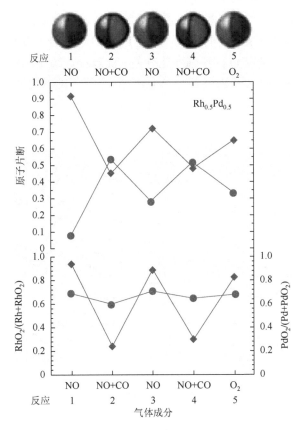

图 9-180　改变气氛催化剂表面 Rh 与 Pd 含量的变化
◆为 Rh ● 为 Pd

目前,对在原位条件下催化剂表面的元素化学态和组分的动态变化,以及催化剂真实活性位的研究已引起催化界广泛关注。

（2）还是 Franklin（Feng）Tao 等的工作,是 APXPS 配合扫描隧道显微镜（STM）等表征手段研究金属表面的精细结构变化。首先通过 STM,观察了 CO 压强增加（10⁻¹⁰ torr→5×10⁻⁸ torr→1 torr）时 Pt（557）面的变化。发现随着 CO 压强的增加,表面 Pt 原子的排列出现了波皱,并最终出现了三角形团簇结构。为证实三角形团簇结构的生成与 CO 覆盖度变化（即压强变化）有关，研究者又进行了 APXPS 实验，见图 9-181。通过模拟与 STM 实验中一样的气氛压强变化，采集了不同压强下的 Pt 4f 和 O 1s 信号。可以看出，在 CO 分压较高（$5 \times 10^{-1}$ torr）时，在 72.15 eV 处 Pt 4f 的信号显著增强（图中 A 箭头处所示），这是低配位的 Pt 信号，而 Pt 受 CO 气氛增加而产生重构生成 Pt 团簇的过程正是伴随着表面低配位数 Pt 的增加。同时，在 CO 分压较高（$5 \times 10^{-1}$ torr）的条件下，在 533.1 eV 处 CO 的 O 1s 信号的信号增强（图中 B 箭头处所示），这也是 CO 与低配位 Pt 作用的特征信号。作者多次改变 CO 的压强，发现 Pt 和 O 的结合能变化具有重复性，确定了低配位 Pt 的出现与 CO 的压强变化有关（Science，2010，327，850-853）。通过 STM 和 APXPS，研究了 Pt 的部分晶面在 CO 气氛下的重构现象。详见文献[43]

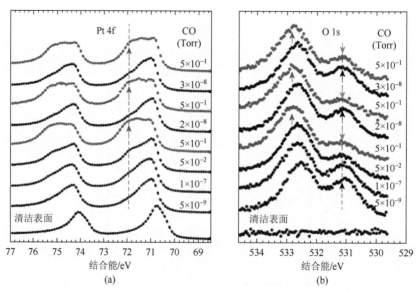

图 9-181　不同 CO 压强下 Pt 4f（a）和 O 1s（b）的 XPS 信号

　　由于实验中所通气氛是处于流动状态，而透镜入口直径仅 0.3 mm，要防止入口被堵塞，以致检测不到光电子信号。

## 9.8.2　脉冲 XPS 技术简介[44]

　　Pulse-Dynamic XPS 是一项快速采谱技术，图 9-182 为仅耗时 2 s 采得是 Ag 样品宽扫描谱（1300-0 eV $E_b$），仪器外表与普通 XPS 谱仪没大的差别。其关键在于测试时的高 X 射线功率，单色化 Al $K_\alpha$ 达 600 W，射线束斑小；而一般 XPS 谱仪在测试时单色化 Al $K_\alpha$ 功率为 100 W 左右。当然，X 射线功率高，阳极靶与灯丝的寿命都会缩短，故要求更换方便。另外，其探测器是高灵敏度的多层微通道板。

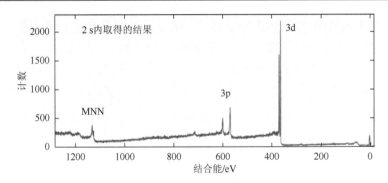

图 9-182　用时 2 s 采得的 Ag 样品宽扫描谱

　　这仪器配上程序升温样品台，能进行样品热还原过程中化学态变化的研究，图 9-183 显示了氧化钛在分析室（超高真空）加热过程中 C 1s、O 1s、Ti 2p 的强度与峰位随时间的变化。

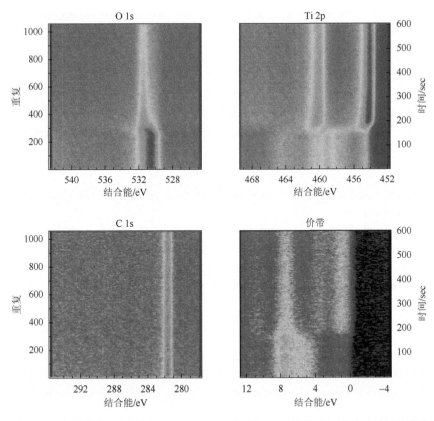

图 9-183　氧化钛加热过程中 O 1s、Ti 2p、价带与 C 1s 的强度与峰位随时间的变化

颜色深浅表示强度高与低

　　图 9-184 为采用 XPS 多道分析技术，采集的氧化钛在超高真空热还原过程中钛的状态：$Ti^0$、$Ti^{2+}$、$Ti^{3+}$ 与 $Ti^{4+}$ 在加热温度 600 K 与 725 K 段发生的变化［图 9-184（a）］，可看出在 600 K 时 $Ti^{4+}$ 大量存在，而到 725 K 时 $Ti^{3+}$ 与 $Ti^{4+}$ 均被还原；图（b）为该样品在超高真空热还原过程中钛的状态随加热温度的变化。

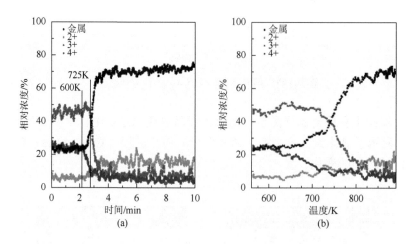

图 9-184　Ti 氧化物热还原过程中的化学态变化

　　脉冲 XPS 的快速采谱的确大大缩短了测试的时间，但作用于样品表面的光子密度过高，除 X 光源寿命短外，对样品表面原始状态的损坏程度也得考虑。

## 参 考 资 料

[1]　Klein M J. The Beginnings of the Quantum Theory. //Weiner C. History of Twentieth Century Physics. New York：Academic Press，1977.

[2]　Pais A. Inward Bound. Oxford：Oxford Press，1986.

[3]　Segre E. From X-rays to Quarks. San Francisco，CA：W. H. Freeman and Company，1980.

[4]　由 Thermo-fisher Scientific 公司葛亲青博士提供.

[5]　Hagstroem S，Nordling C，Siegbahn K. Zeitschrift fuer Physik，1964，178：429-444.

[6]　Thermo-fisher Scientific 公司广告宣传册.

[7]　Vickerman J C，Gilmore I S. Surface Analysis-the Principal Techniques，2nd edition. Chichester：John Wiley & Sons，Ltd.，2009；59-60.

[8]　Vickerman J C，Gilmore I S. Surface Analysis-the Principal Techniques，2nd edition. Chichester：John Wiley & Sons，Ltd.，2009：52.

[9]　Briggs D，Seah M P. Practical Surface Analysis by Auger and X-ray Photoelectron Spectroscopy，2nd edition，Chichester：John Wiley & Sons，Ltd.，1990.

[10]　Seah M P，Dench W A. Quantitative electron spectroscopy of surfaces：a standard data base for electron inelastic mean free paths in solids. Surface and Interface Analysis，1979，1：2-11.

[11] Vickerman J C，Gilmore I S. Surface Analysis-the Principal Techniques，2nd edition. Chichester：John Wiley & Sons，Ltd.，2009：78.

[12] Scofield J H. J Elec Spec，1976，8：129.

[13] Thermo-Fisher ESCALAB 250xi 仪器说明书 UK，2010.

[14] Perkin-Elmer PHI 550 ESCA/SAM 仪器说明书 USA，1979.

[15] Vickerman J C，Gilmore I S. Surface Analysis-the Principal Techniques，2nd edition. Chichester：John Wiley & Sons，Ltd.，2009：39.

[16] Vickerman J C，Gilmore I S. Surface Analysis-the Principal Techniques，2nd edition. Chichester：John Wiley & Sons，Ltd.，2009：90-91.

[17] Ulvac-PHI 公司宣传资料册页.

[18] Wagner C D. Handbook of X-ray photoelectron spectroscopy. Perkin-Elmer Co. PHI，1978.

[19] Vickerman J C，Gilmore I S. Surface Analysis-the Principal Techniques，2nd edition. Chichester：John Wiley & Sons，Ltd.，2009：67.

[20] Boudevilie Y，et al. J Catal，1979，58：52.

[21] Handbooks of Monochromatic XPS Spectra. Volume Two-Commercially Pure Binary Oxides. XPS international LLC，2005.

[22] ISO 15472：2001（E）Surface chemical analysis-X-ray photoelectron spectrometers-Calibration of energy scales.

[23] Hnatowich D J，Hudis J，Perlman M L，et al. Determination of chargeing effect in photoelectron spectroscopy of nonconducting solids. Journal of Applied Physics，1971，42（12）：4883-4886.

[24] Kohiki S. Problem of evaporated gold as an energy reference in X-ray photoelectron spectroscopy. Applications of Surface，1984，17（4）：497-503.

[25] 由岛津仪器公司龚沿东研究员提供.

[26] Turner D W，Baker C，Baker A D，et al. Molecular Photoelectron Spectroscopy. New York：Wiley，1970.

[27] Wayne R J，Principle of Ultraviolet Photoelectron Spectroscopy. New York：John Wiley & Sons，Inc.，1977.

[28] Auger P. J Phys Radium，1925，6：205.

[29] Vickerman J C，Gilmore I S. Surface Analysis-the Principal Techniques，2nd edition. Chichester：John Wiley & Sons，Ltd.，2009：13.

[30] Wagner C D. Handbook of Auger electron Spectroscopy. U.S.A.：Perkin-Elmer Co. PHI.，1978.

[31] Vickerman J C，Gilmore I S. Surface Analysis-the Principal Techniques，2nd edition. Chichester：John Wiley & Sons，Ltd.，2009：34.

[32] Smith D P. J Appl Phys，1967，18：340.

[33] 冯秀英，盛世善. 含硅不锈钢钝化膜的电子能谱分析. 金属学报，1989，25（3）：B212-B214.

[34] Beamson G，Briggs D. High Resolution XPS of Organic Polymers. http：//www. surfacespectra. com/xps.

[35] 唐胜，熊国兴，王弘立，等. Pt-TiO$_2$，Pt-Ti$_2$O$_3$ 与 Pt-TiO 共溅射薄膜模型催化剂上的金属-担体间相互作用 Ⅱ. 电子能谱考察. 催化学报，1987，8（3）：234-241.

[36] 刘盛林，熊国兴，盛世善，等. 锂和镧的添加对 NiO/Al$_2$O$_3$ 甲烷部分氧化积碳的影响. 天然气化工，1998，23（5）：5-7.

[37] Kahn D R，Peterseu E E，Somorjai G A. J Catal，1974，34：294.

[38] Goodman D W，Kelly R D，Madey T E，et al. J Catal，1980，63：226.

[39] Tao F，Salmeron M. *In situ* studies of chemistry and structure of materials in reactive environments. Science，2011，331：171-174.

[40]　Salmerom M，Schloegl R. Surface Science Peports，2008，63：169-199.

[41]　Specs Serface Nano Analysis GmbH 仪器说明书与推介 PDF 文件.

[42]　Tao F，Grass M E，Zhang Y，et al. Reaction-Driven Rrestructuring of Rh-Pd and Pt-Pd Core-Shell nanoparticles. Science，2008，322：932-934.

[43]　Tao F，Dag S，Wang L W，et al. Break-up of stepped platinum catalyst surfaces by high CO coverage. Science，2010，327：850-853.

[44]　Sigma Surface Science 公司推介资料.

作者简介 ————————————————————————————————

　　**盛世善**，男，1945 年 1 月生于上海。1962～1967 年复旦
大学化学系物理化学专业。之后，在中国科学院大连化学物
理研究所工作，高级工程师。1977 年起涉及表面科学研究。
1986 年赴英国进行表面科学仪器培训；1993～1994 年赴德国
FhG-IGB（弗朗和费协会界面技术与生物工程研究所）做访
问学者。1990 年被国家计划委员会、国家教育委员会与中国
科学院授予"为国家重点实验室作出重大贡献的先进个人"
称号（金牛奖）。现为中国科学院大连化学物理研究所退休职
工，2005～2018 年前为中国科学院大连化学物理研究所催化基础国家重点实验室
返聘人员；重庆大学分析测试中心特聘顾问；中南民族大学化学与材料学院特聘
教授；中科合成油股份有限公司（北京）特聘专家；国家标准化委员会表面分析
分技术委员会委员；国家自然科学基金委基金申请项目同行评议专家。曾从事微
波吸收材料、燃料电池电极、电催化、多相催化反应、无机膜材料与应用、膜反
应器、催化材料原位表征技术等研究。

# 第 10 章

# 多相催化反应动力学

梁长海

化学动力学是研究一个化学物种转化为另一物种的速率和机理的分支学科。这里所说的化学物种包括各种分子、原子、离子和基团。对一般多相催化来说，常只涉及分子和原子。所谓速率是指单位时间及单位反应空间（包括催化剂量）内某一反应物消耗或某一产物生成的质量，而机理则意味着达成所讨论的反应中各基元步骤发生的序列，甚至涉及其中每一步化学键的质变和量变的动力。

对于多相催化反应，一个化学物种从催化剂接近开始，要经历一系列物理的和化学的基元步骤。不妨把化学物种所经历的化学变化基元步骤序列称为"历程"，而把包括吸附、脱附、传递过程与化学变化步骤在内的序列关系称为机理。一般地，一个化学物种要先经历从流体克服流体-固相间膜的阻力，扩散而达催化剂颗粒表面，其中绝大部分还须再克服催化颗粒内阻力而扩散到内表面所在的大孔、中孔以至微孔中。这就是所谓的相间扩散和粒内扩散构成的物理传递过程。化学物种到达催化剂表面后，就与表面上的吸附位发生吸附作用而成为吸附物种，在表面上反应而形成处于吸附态的产物物种，然后从表面脱附，再经粒内扩散和相间扩散等物理传递过程而返回流体中。因此，多相催化过程的解析比匀相过程要考虑物理传递和吸附-脱附等问题。

化学反应种类繁多，从动力学观点来说，可以分为匀相反应（包括气相和液相）和多相反应（包括气-液相、液-液相、液-固相和气-液-固相）；又可以分为简单反应和复杂反应；还可以分为可逆反应和不可逆反应。无论是在相态方面增添一个相态，再从简单反应过渡到复杂反应，或从不可逆反应转为可逆反应，都使速率方程有不同程度的复杂化。

根据参与反应的分子种类，具有工业意义的多相催化反应从动力学上可分为以下几类。

（1）消除反应：

$$v_1 B_1 \longrightarrow v_2 B_2 + v_3 B_3$$

如脱氢、脱氢环化、脱水、脱卤化氢、脱烷基、裂化等都属该类反应。此类反应很多是可逆的。

（2）双组元加成反应：

$$v_1 B_1 + v_2 B_2 \longrightarrow v_3 B_3 + v_4 B_4$$

如加氢（包括氨合成、甲烷化、氢解、加氢裂化、加氢脱硫等）、氧化（包括氧化脱氢）、歧化、烃化、齐聚等反应。该类反应中有一些是可逆的。

（3）多组元加成反应：

$$v_1 B_1 + v_2 B_2 + \cdots \longrightarrow v_3 B_3 + v_4 B_4 + \cdots$$

如氨氧化、氧氯化、羰基合成等，都近于不可逆。

至于常用作基本解析的单分子反应

$$B_1 \longrightarrow B_2$$

虽然在动力学上易于处理，但作为催化反应的具体例子很少，如不可逆的环丙烷异构化成丙烯催化反应，以及可逆的正仲氢转换催化反应等。

上述的三类反应就其本身而言都是简单反应，但在实际催化过程中它们大多不是单独发生，而是和其他反应在同一催化剂上以不同程度同时地或相继地进行，从而构成不同复杂程度的反应网络。从本质看，复杂反应可以分为以下几种。

（1）连串反应：

$$B_1 \xrightarrow{k_1} B_2 \xrightarrow{k_2} B_3$$

（2）平行反应：

$$B_2 \xleftarrow{k_1} B_1 \xrightarrow{k_2} B_3$$

（3）连串-平行反应：

$$B_1 \longrightarrow B_3$$
$$\searrow \quad \nearrow$$
$$B_2$$

上述的反应都有一步或多步是可逆的。大部分工业催化过程中的反应都是连串-平行反应。例如，乙烯环氧化的反应历程被认为是

$$CH_2{=}CH_2 \longrightarrow CO_2{+}H_2O$$

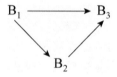

噻吩加氢脱硫过程的详细反应历程可以写为

甚至对于简单的乙炔选择加氢，除了乙炔通过乙烯进一步加氢成乙烷外，也

不能排除乙炔直接一步加氢成乙烷。显然，参与反应的组分越多，反应越复杂，动力学解析的难度就越大。但是如果对反应过程任意加以简化，往往就会背离实际情况而面目全非。

# 10.1　一般动力学概念

## 10.1.1　化学计量方程和化学计量数

通常，对于任何一个化学反应，无论是总包反应还是基元步骤都可以表示为

$$v_1 B_1 + v_2 B_2 + \cdots \longrightarrow v_3 B_3 + v_4 B_4 + \cdots \text{或} 0 = \sum v_i B_i$$

式中，$v_i$ 为组分 $B_i$ 的化学计量系数。若 $v_i > 0$，$B_i$ 为产物；若 $v_i < 0$，$B_i$ 为反应物。

## 10.1.2　基元反应、反应途径和总包反应

一般来说，化学反应方程式不能解释化学反应在分子水平上是如何发生的，除非该化学计量方程是指基元步骤的化学反应。对于基元反应的化学计量方程式，其化学计量系数是固定的，必须按照分子水平上所发生的实际反应来表达。例如，对基元反应氧分子在活性位上的解离吸附，其化学计量方程式为

$$O_2 + 2* \Longleftrightarrow 2O*$$

而不能写成：

$$\frac{1}{2}O_2 + 2* \Longleftrightarrow O*$$

式中，*为催化剂表面的活性位。因为从机理上说此化学计量方程式没有意义。

催化剂通过一组基元反应使反应物分子转化为产物分子而自身又回到原始状态的一系列反应形成了一闭合的循环反应，被称为催化循环。而一个催化循环中的基元反应加和而成的总的反应称为总包反应。催化循环中的基元反应顺序或基元步骤序列称为反应的反应途径，也称为反应序列。总包反应是由基元步骤序列组成的总反应，其反应物和产物均出现在流体中，是可被测的。

## 10.1.3　反应度、反应速率、速率方程及动力学参数

对反应

$$0 = \sum v_i B_i \tag{10-1}$$

物质 $B_i$ 反应度 $\xi$ 定义为

$$\mathrm{d}\xi_i = v_i^{-1}\mathrm{d}n_i \qquad (10\text{-}2)$$

式中，$n_i$ 为 $B_i$ 物质的量；$\mathrm{d}\xi_i$ 可以是正值或负值，视 $v_i$ 的正负而定[1]。于是有

$$\frac{\mathrm{d}\xi_i}{\mathrm{d}t} = v_i^{-1}\frac{\mathrm{d}n_i}{\mathrm{d}t} \qquad (10\text{-}3)$$

而反应速率 $r_i$ 定义为

$$r_i = \frac{1}{Q}\frac{\mathrm{d}\xi_i}{\mathrm{d}t} \qquad (10\text{-}4)$$

式中，$Q$ 是催化剂的质量、体积或比表面积，$r_i$ 是催化剂的单位质量、体积或比表面积上的比速率。这样，反应速率 $r_i$ 就仅与物质的本性和状态有关，是温度 $T$ 和所有存在于反应系统中物质的浓度 $c$ 或分压 $p$ 的函数。

$$r_i = \frac{1}{Q}\frac{\mathrm{d}\xi_i}{\mathrm{d}t} = f(k,T,c_i) = f(k,T,p_i) \qquad (10\text{-}5)$$

式中，$k$ 为速率常数。上式说明了反应速率与温度和反应物及产物浓度（或分压）的函数关系，称之为速率方程。而有的速率方程则表达了接触时间、温度和反应物转化率、生产率、摩尔分数之间的关系，则是一种积分表达式。

对于封闭系统的均相反应来说，$Q$ 是反应空间的体积 $V$，而反应速率 $r$ 是反应物质浓度的幂函数，即

$$r_i = \frac{1}{Q}\frac{\mathrm{d}\xi_i}{\mathrm{d}t} = \frac{1}{v_i V}\frac{\mathrm{d}n_i}{\mathrm{d}t} = \frac{1}{v_i}\frac{\mathrm{d}c_i}{\mathrm{d}t} = kc_1^{m_1}c_2^{m_2}\cdots c_n^{m_n} \qquad (10\text{-}6)$$

或写为

$$r_i = \frac{1}{v_i}\frac{\mathrm{d}c_i}{\mathrm{d}t} = k\prod_i c_i^{m_i} \qquad (10\text{-}7)$$

式（10-6）和式（10-7）中 $k$ 只是反应温度的函数，与浓度无关。$m_i$ 则是对反应组分 $B_i$ 的反应级数，可以是整数或分数、正数或负数，也可以是零。通常称式（10-6）和式（10-7）形式的速率方程为幂式速率方程。

单一的基元反应一般服从 Arrhenius 定律，即

$$k = A_0 \exp(-E/RT) \qquad (10\text{-}8)$$

式中，$A_0$ 为频率因子；$E$ 为活化能。但很多化学反应并不按单一的基元反应进行，特别是在多相催化反应过程中，往往有一系列的基元反应步骤（各有不同的活化能）逐一发生。虽然如此，整个反应的速率常数仍符合 Arrhenius 定律。此时的 $A_0$ 称为指前因子，而 $E$ 则为表观活化能。动力学参数一般指速率常数、反应级数、频率因子（指前因子）、活化能（表观活化能）等在速率方程中出现的参数。

### 10.1.4 转换数和转换频率

通过催化循环发生的总包反应次数为转换数（turnover number，TON）[2]，则

$$\text{TON} = \xi N_A \tag{10-9}$$

式中，$\xi$ 为在催化剂上转化的物质的量；$N_A$ 为阿伏伽德罗常量（$6.0225 \times 10^{23}\ \text{mol}^{-1}$）。因而，反应速率可以表达为

$$v = \frac{\text{dTON}}{\text{d}t} \tag{10-10}$$

转换频率（turnover frequency，TOF）是指某反应在给定温度、压力、反应物比率及一定的反应度下，在单位时间内单位活性位上发生的转换数[2]。在反应度很小的情况下，反应速率可以看作初始速率，因而转换频率为

$$v_t = \frac{1}{S} \frac{\text{dTON}}{\text{d}t} \tag{10-11}$$

式中，$S$ 为实验中起作用的活性位数，可以表示为

$$S = [L]A \tag{10-12}$$

式中，$[L]$ 为活性位密度，即单位面积上的活性位数；$A$ 为催化材料的总活性表面积。使用转换频率的优点是其因次为时间的倒数，便于对不同研究者的结果进行比较。然而使用转换频率时遇到的问题是如何准确测量和计算活性位数。而不同的活性位总是存在的，并且它们的反应速率也不尽相同，因此转换频率是催化活性的平均值。转换频率是反应速率，而不是速率常数，因此注明详细的反应条件是必要的。

## 10.1.5 碰撞理论和过渡态理论

由于很多反应都符合 Arrhenius 定律，所以早就有人试图从理论上寻求活化能和频率因子的理论根源。Lewis 和 Polanyi 等基于分子运动论在 20 世纪 20 年代末创立了碰撞理论。该理论认为，按照分子运动论，气体分子处于剧烈的运动状态中，并且其运动速度有一定的分布，其中一部分由于分子运动速度大而具有很高的平动能。运动的分子经常相互碰撞，如把分子视作刚性圆球，则 $B_1$ 分子和 $B_2$ 分子间的碰撞次数 $Z$ 可由下式给出：

$$Z = c_1 c_2 \sigma_{12}^2 \left( 8\pi RT \frac{M_1 + M_2}{M_1 M_2} \right)^{1/2} \tag{10-13}$$

式中，$c_i$ 为单位体积中 $B_i$ 的分子数；$M_i$ 为 $B_i$ 的相对分子质量；$\sigma_{12}$ 为碰撞中 $B_1$ 分子和 $B_2$ 分子的有效直径。

碰撞理论认为单位体积和单位时间内产物生成的分子数，即速率 $r$，为碰撞数 $Z$ 与因子 $f_c$ 的乘积。$f_c$ 为按麦克斯韦分布的气体分子中具有能量在 $E$ 以上的分子比例，故

$$f_c = \exp(-E/RT) \tag{10-14}$$

所以，

$$r = f_c Z = \sigma_{12}^2 \left( 8\pi RT \frac{M_1 + M_2}{M_1 M_2} \right)^{1/2} \exp(-E/RT) c_1 c_2 \tag{10-15}$$

但用速率常数和质量作用定律来表达，

$$r = k c_1 c_2 \tag{10-16}$$

于是按式（10-8），频率因子 $A_0$ 为

$$A_0 = \sigma_{12}^2 \left( 8\pi RT \frac{M_1 + M_2}{M_1 M_2} \right)^{1/2} \tag{10-17}$$

上式显示了活化能 $E$ 与频率因子 $A_0$ 的实质。碰撞理论用于一些双分子的气体反应是成功的，对少数几种简单离子反应也还满意。但对很多反应，用式（10-17）预测的 $A_0$ 值要高于实测值几个数量级。由于这一理论的预测能力过于有限，已经很少有人去花力气修正它。

20 世纪 30 年代末基于量子力学处理活化能问题而创立了过渡态理论。简言之，它承认反应起于碰撞，经过碰撞而从 $B_1$ 及 $B_2$ 生成过渡态 $(B_1 B_2)^*$，该过渡态产物与 $B_1$、$B_2$ 处于热力学平衡，并进一步分解而生成产物 $B_3$：

$$B_1 + B_2 \rightleftharpoons (B_1 B_2)^* \longrightarrow B_3$$

反应的控速步骤是 $(B_1 B_2)^*$ 的分解，其速率取决于 $(B_1 B_2)^*$ 的浓度 $[B_1 B_2]^*$，及分解频率 $f_t$。过渡态理论证明

$$f_t = \frac{k_B T}{h}$$

故

$$r = f_t [B_1 B_2]^* = \frac{k_B T}{h} [B_1 B_2]^* \tag{10-18}$$

把 $[B_1 B_2]^*$ 按热力学平衡式代入式（10-18），即得

$$r = \frac{k_B T}{h} \frac{\gamma_1 \gamma_2}{\gamma_{12}} c_1 c_2 \exp(-\Delta H^* / RT) \exp(\Delta S^* / R) \tag{10-19}$$

式中，$k_B$ 为玻尔兹曼常量；$h$ 为普朗克常量；$\gamma_i$ 为组分 $B_i$ 的活度系数；$\Delta H^*$ 和 $\Delta S^*$ 为过渡络合物 $(B_1 B_2)^*$ 与 $B_1$、$B_2$ 间之焓差及熵差。

而

$$\Delta H = E - RT + \Delta(PV)^* = E - RT + \Delta n RT = E + (\Delta n - 1) RT \tag{10-20}$$

式中，$\Delta n$ 为 $(B_1 B_2)^*$ 与反应物和产物的分子数之差，并且对于理想气体，活度系数为 1，即 $\gamma_1 = \gamma_2 = \gamma_{12} = 1$。

于是将式（10-20）代入式（10-19），并与式（10-8）、式（10-16）相比，即得

$$A_0 = \frac{k_B T}{h} \exp(1 - \Delta n + \Delta S^* / R) \qquad (10\text{-}21)$$

理论上，可根据过渡态络合物的构型计算 $\Delta H$ 和 $\Delta S$，从而得出 $A_0$ 和 $E$。目前，对简单的分子的理论计算是可行的。而对分子结构复杂的反应来说，即使较精细的过渡态理论也大受限制，更不用说更为复杂的多相催化反应，然而过渡态理论可以对反应速率方程有一些定性的理解。

### 10.1.6　理想反应器中的反应速率

在不同类型的反应器中反应物料的流型不同，传质和传热情况不同；即使在定态下，反应器中各点上的反应速率也可能不同，有其特定的空间分布。能够观测的总包反应速率是点速率（point rate）的集合。动力学方程与反应器类型有关。化学反应工程学根据特定的停留时间分布，建立了理想反应器的两类模型，即连续搅拌釜式反应器（continuously stirred-tank reactor，CSTR）和活塞流反应器（plug-flow reactor，PFR）。

CSTR 是一种稳态流动反应器 [图 10-1（a）]，其中的流体被充分理想混合。基本的假设是：①反应器内流体粒子理想混合，浓度和温度均匀；②出口流体的浓度和温度等参数与反应器内物料的浓度和温度等完全相同。因此反应器的状态不随时间和空间位置的变化而变化，其反应速率在定态下保持恒定值：

$$r = \frac{n_0 - n_f}{V / F} = \frac{n_0 - n_f}{\tau} \qquad (10\text{-}22)$$

式中，$n_0$ 和 $n_f$ 为单位质量的进和出反应器物流中关键组分的摩尔数；$F$ 为单位时间内进反应器物质的质量；$V$ 为反应器的容量；$\tau$ 为空时。故式（10-22）与浓度相关联的方程为代数方程，不存在积分问题。

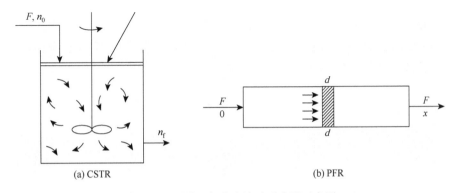

图 10-1　两种理想稳态流动反应器示意图

　　PFR 是另一种稳态流动反应器［图 10-1（b）］，其中反应流体的流动方式为理想置换，故又称为平推流、柱塞流反应器等。其基本假设是：①反应流体微元以相同的线速度在反应器轴向运动，停留时间相同，在流动方向上无混合；②在同一横截面上，浓度和温度等参数相等。在定态下，对一反应体积为 $V$ 的匀截面反应管，反应物料以恒定进料速率 $F$ 进入反应区域。对一体积元 $dV$ 而言，物料 B 以速率 $r$ 有 $dx$ 的转化，则根据物料衡算：

$$rdV = Fdx \qquad (10\text{-}23)$$

式中，速率 $r$ 为单位时间中单位反应体积内 B 转化的摩尔数；$x$ 为单位进料质量的 B 转化摩尔数。由式（10-23）可得反应速率 $r$ 为

$$r = \frac{dx}{dV/F} \qquad (10\text{-}24)$$

　　反应物料 B 经过体积为 $V$ 的反应空间而达到一定的转化 $x$，则从式（10-24）积分得

$$\frac{V}{F} = \int_0^x \frac{dx}{r} \qquad (10\text{-}25)$$

式中，$r$ 是 $x$ 的函数，式（10-25）理论上是可以积分的。

　　在催化反应器中，更多用催化剂重量 $W$ 的微元而不用体积微元，故上两式分别为

$$rdW = Fdx \qquad (10\text{-}26)$$

$$\frac{W}{F} = \int_0^x \frac{dx}{r} \qquad (10\text{-}27)$$

## 10.1.7　活塞流管式反应器中简单反应的积分式速率方程

　　工业上大多数多相催化过程是在活塞流管式反应器中进行的，除流化床反应器在解析上较复杂外，都可用式（10-26）或式（10-27）进行基本解析。但若考虑 $r$ 为 $x$ 的函数而对式（10-27）进行积分时，需要考虑变容、可逆性和反应级等问题。例如，对于一级不可逆的单组元简单反应，$B_1$ 的反应速率 $r_1$ 与其分压 $p_1$ 成正比：

$$r_1 = kp_1 \qquad (10\text{-}28)$$

作为理想气体处理：

$$p_1 = \frac{n_1}{n_t} p \qquad (10\text{-}29)$$

式中，$n_1$ 为反应体积元内单位质量的反应物料中 $B_1$ 的摩尔数；$n_t$ 为上述物料的总摩尔数；$p$ 为反应系统的总压力。

若在反应中反应物料的摩尔数有显著改变，则 $n_1$ 与 $n_t$ 均为 $x$ 的函数，其关系式如下：

$$n_t = n_{t0}\left(1 + \frac{\delta x}{n_{t0}}\right) = n_{t0}(1 + \omega x) \tag{10-30}$$

$$n_1 = n_{10} - x \tag{10-31}$$

上两式中，$n_{t0}$ 和 $n_{10}$ 为 $n_t$ 和 $n_1$ 的起始值；$\delta$ 为每转化一摩尔所增加的摩尔数；$\omega$ 为 $\delta/n_{t0}$。将式（10-28）～式（10-31）代入式（10-25）得到

$$\frac{V}{F} = \frac{n_{t0}}{kp}\int_0^x \frac{1 + \omega x}{n_{10} - x}\mathrm{d}x \tag{10-32}$$

积分可得

$$\frac{V}{F} = \frac{n_{t0}}{kp}(1 + n_{10})\ln\frac{n_{10}}{n_{10} - x} - \omega x \tag{10-33}$$

这里采用单位质量反应物中 $B_1$ 的转化摩尔数是为了某些情况下积分方便。在实际使用中，摩尔转化率 $X$（$X = x/n_{t0}$）更方便，即如令 $\omega n_{10} = \lambda$，则式（10-33）变为

$$k\left(\frac{p}{n_{t0}}\frac{V}{F}\right) = \left[(1 + \lambda)\ln\frac{1}{1 - X} - \lambda X\right] \tag{10-34}$$

如果反应中系统的摩尔数无显著改变（所谓"定容"），则 $\omega = 0$，式（10-33）简化为

$$k\left(\frac{p}{n_{t0}}\frac{V}{F}\right) = \ln\frac{1}{1 - X} \tag{10-35}$$

在催化反应中，$V$ 可用催化剂质量（$W$）、催化剂表面积（$A$）或反应床层长度（$z$）来代替，当然相应地 $k$ 也就改变其因次。

在上列各式中，$V/F$ 称为空时，是空速 $F/V$ 的倒数，有时为便于应用，把式（10-34）写为

$$k\tau = \ln\frac{1}{1 - X} \tag{10-36}$$

式中，$\tau$ 为接触时间，可以通过式（10-37）求得

$$\tau = \frac{\varepsilon_b V_b}{\left(\dfrac{273 + T}{pT}\right)v_m F n_{t0}} \tag{10-37}$$

式中，$\varepsilon_b$ 为催化床层空隙率；$V_b$ 为催化床层体积；$T$ 为催化床层温度；$v_m$ 为进料的平均摩尔体积。但须注意在式（10-34）中的 $k$ 以（摩尔/大气压·催化床体积·时间）为因次，而在式（10-35）中的 $k$ 以（时间$^{-1}$）为因次。

对不可逆非一级反应：

$$r = k\left(\frac{n_1}{n_t}p\right)^m \tag{10-38}$$

同样把式（10-30）、式（10-31）和式（10-37）代入式（10-25），并积分得到

$$\frac{V}{F} = \frac{n_{10}}{k}\left(\frac{n_{t0}}{n_{10}p}\right)^m \int_0^X \left(\frac{1+\lambda X}{1-X}\right)^m dX \tag{10-39}$$

如果为双组元不可逆反应，在反应系统中以幂函数方式表达的速率方程为

$$r = kp_1^{m_1} p_2^{m_2} \tag{10-40}$$

对此类反应，如果反应物料中有一个过量的组元（也可以是惰性稀释气）存在，系统的总摩尔数可以看作不变，而且 $B_2$ 对 $B_1$ 有一定的消耗计量比，则可得出积分表达式为

$$k'\frac{V}{F} = \int_0^X \frac{dX}{(1-X)^{m_1}(m_0-X)^{m_2}} \tag{10-41}$$

$$k' = \left(\frac{n_{10}}{n_t}p\right)^{m_1+m_2} \frac{v_2^{m_2}}{n_{10}}k$$

$$m_0 = v_{20}/v_2$$

式中，$v_{20}$ 为进料中 $B_2$ 对 $B_1$ 的起始摩尔比；$v_2$ 为化学反应式中 $B_2$ 对 $B_1$ 的消耗计量比。式（10-40）中的参数 $k'$、$m_1$ 和 $m_2$ 可以在实验测得一系列 $V/F$ 下的 $X$ 值后，对式（10-41）采用数值积分的方法估算。

### 10.1.8　复杂反应的速率方程及其解析

1）可逆反应
以单反应物-单产物的一级反应作例子说明。

$$B_1 \underset{k_{-1}}{\overset{k_1}{\rightleftharpoons}} B_2$$

上述反应的速率方程的微分表达式为

$$r = k_1 p_1 - k_{-1}p_2 = k_1\left(p_1 - \frac{1}{K_{eq}}p_2\right) \tag{10-42}$$

将类似式（10-29）的关系式代入式（10-41），并进一步代入式（10-25）积分可得

$$\frac{V}{F} = \frac{K_{eq}n_t}{(1+K_{eq})kp}\ln\frac{K_{eq}-v_{20}}{K_{eq}-v_{20}-(1+K_{eq})X} \tag{10-43}$$

式中，$K_{eq}$ 为可逆反应平衡常数。在实践中较有意义的此类反应是正仲氢转换反应。至于氨合成就更复杂了，后面还会谈到，在此不再赘述。

2）连串反应与平行反应

对于典型的、最简单的连串反应

$$B_1 \xrightarrow{k_1} B_2 \xrightarrow{k_2} B_3$$

和平行反应

$$B_2 \xleftarrow{k_1} B_1 \xrightarrow{k_2} B_3$$

反应组分的浓度对反应时间变化的典型情况分别如图 10-2（a）和图 10-2（b）所示。对连串反应，中间产物 $B_2$ 开始上升较快，但到达最高点后即下降，最终产物 $B_3$ 则起始上升很慢；而对平行反应，则两个平行产物 $B_2$ 和 $B_3$ 的浓度起始上升都快，但都趋于某一渐进线。对于这种不可逆的最简单例子，可以利用这些特点，根据各反应组分的浓度变化曲线来判别它们是中间产物还是最终产物。

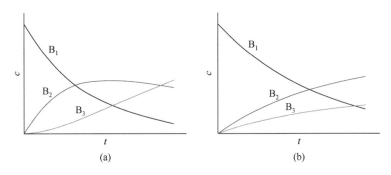

图 10-2　连串与平行反应中各物料的浓度-时间曲线（封底二维码彩图）

在确定各产物在反应历程中的位置后，对于一级反应网络，就可以估算其速率常数。如 $B_2$ 和 $B_3$ 都是平行反应的产物，而且本身不再进一步进行反应，动力学解析不存在特别的困难。因为反应物消耗和产物生成的速率方程为

$$\left. \begin{array}{l} \mathrm{d}c_1 / \mathrm{d}t = -(k_1 + k_2)c_1 \\ \mathrm{d}c_2 / \mathrm{d}t = k_1 c_1 \\ \mathrm{d}c_3 / \mathrm{d}t = k_2 c_1 \end{array} \right\} \tag{10-44}$$

上述方程易于积分。对于一级不可逆连串反应，如系统的总摩尔数不随反应变化，则

$$\left. \begin{array}{l} \mathrm{d}c_1 / \mathrm{d}t = -k_1 c_1 \\ \mathrm{d}c_2 / \mathrm{d}t = k_1 c_1 - k_2 c_2 \\ \mathrm{d}c_3 / \mathrm{d}t = k_2 c_2 \end{array} \right\} \tag{10-45}$$

其积分式分别为

$$c_1 / c_{10} = \mathrm{e}^{-k_1 t} \tag{10-46}$$

$$c_2/c_{20} = \frac{k_1}{k_2 - k_1}(e^{-k_1 t} - e^{-k_2 t}) \qquad (10\text{-}47)$$

从式（10-46）中求解 $k_1$ 是容易的。但再从式（10-47）求 $k_2$ 就比较麻烦。但利用 $B_2$ 的浓度有个最大值 $c_{2m}$ 和相应的时间 $t_m$ 就较容易求得。图 10-3 中的曲线 A 表明 $k_2/k_1$ 与 $c_{2m}/c_{10}$ 的关系，只要知道 $c_{2m}/c_{10}$ 值，从图即可得出 $k_2/k_1$ 值。而 $t_m$ 与 $k_2$、$k_1$ 的关系为

$$t_m = \frac{1}{k_2 - k_1}\ln\frac{k_2}{k_1} \qquad (10\text{-}48)$$

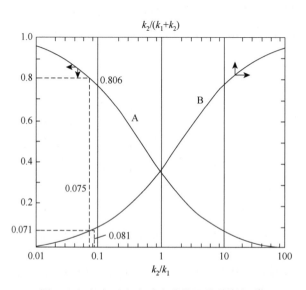

图 10-3　复杂反应中速率常数比值的图解法

因此只要从实验得到 $c_{2m}$ 值、$t_m$ 值和 $c_1$-$t$ 的一系列对应值中的任两套，$k_1$ 和 $k_2$ 即可求得。用该方法求解一级不可逆连串反应的两段速率常数是比较方便的。但其缺点是过分依赖单个实验点的数值。

3）连串-平行反应

复杂反应体系往往包含各种平行和连串反应，也是多相催化过程中常见的反应类型。

以最简单的连串-平行反应为例，其反应物消耗和产物生成的速率方程为

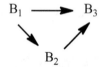

$$dc_1 / dt = -(k_1 + k_3)c_1$$
$$dc_2 / dt = k_1 c_1 - k_2 c_2$$
$$dc_3 / dt = k_3 c_1 + k_2 c_2$$

其积分表达式为

$$c_1 - c_{10} = e^{-(k_1 + k_3)t} \tag{10-49}$$

$$c_2 - c_{10} = \frac{k_1}{k_2 - k_1 - k_3}[e^{-(k_1 + k_3)t} - e^{-k_2 t}] \tag{10-50}$$

$$c_3 / c_{10} = 1 - \frac{k_2 - k_3}{k_2 - k_1 - k_3}e^{-(k_1 + k_3)t} + \frac{k_1}{k_2 - k_1 - k_3}e^{-k_2 t} \tag{10-51}$$

对于连串-平行反应，$B_2$ 也在某反有时间 $t_m$ 下出现最大浓度 $c_{2m}$。如令 $c_{1m}$ 表示在 $t_m$ 时 $B_1$ 的浓度，则从图 10-3 中 B 所示的 $k_2/(k_1 + k_3)$ 与 $c_{1m}/c_{10}$ 的关系曲线，由实验测得的 $c_{1m}/c_{10}$ 值读出 $k_2/(k_1 + k_3)$ 值。而 $k_1/k_2$ 的比值证明为

$$\frac{k_1}{k_2} = \frac{c_{2m} / c_{10}}{c_{1m} / c_{10}} = \frac{c_{2m}}{c_{1m}} \tag{10-52}$$

故可由 $c_{2m}/c_{1m}$ 求得 $k_1/k_2$。又从式（10-49）（经过取对数而化为线性）很容易得出 $k_1 + k_3$ 值。这样 $k_1$、$k_2$ 和 $k_3$ 就可以求出了。用这一估算方法求 $c_{2m}$ 和 $c_{1m}$ 的数值必须测得很精确才可以。

应该注意，虽然上面提到简单不可逆连串反应的中间产物在足够的接触时间下会出现最大浓度，但不能认为出现某一产物的浓度最大值就可证明是连串历程。有一些连串历程带有可逆反应，中间产物就不会出现最大浓度而渐进于一稳定值，如图 10-4 所示。而有些可逆性的平行历程中的最终产物却可出现最大浓度。

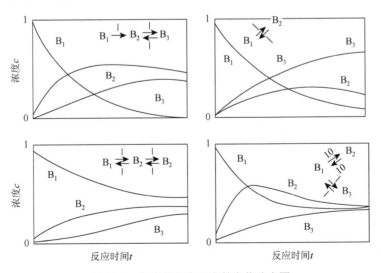

图 10-4　代表性复杂反应的产物分布图

　　判断反应历程较可靠的办法是把各个反应产物的生成率对接触时间作图，然后求得 $t \to 0$ 时的曲线斜率。生成曲线在 $t \to 0$ 处的斜率近于零的生成物应为次级产物，其斜率显然不为零的产物应为初级产物。对于较复杂的反应，网络的速率表达式可参考相关文献[3]。

　　4）复杂反应的近似处理方法

　　根据给定的复杂反应历程来推导动力学方程时，为了简化实验设计以确定反应速率常数，采取相应的近似处理方法是必要的。在稳态化学动力学中，有两种近似处理方法：稳态近似和平衡态近似[4]。大量实践证明这两种近似是行之有效的。

　　稳态近似假设在给定的反应历程中，中间产物是非常活泼的，体系能近似达到稳态。此时中间产物的浓度近似为与时间无关的常数。以下面的连串反应为例，应用稳态近似推导动力学方程。

$$B_1 \underset{k_{-1}}{\overset{k_1}{\rightleftharpoons}} B_2 \overset{k_2}{\longrightarrow} B_3$$

当反应达到稳态时，$dc_2/dt = 0$，所以有

$$\frac{dc_2}{dt} = k_1 c_1 - k_{-1} c_2 - k_2 c_2 = 0 \tag{10-53}$$

可以得到 $B_2$ 的稳态浓度为

$$c_2 = \frac{k_1 c_1}{k_{-1} + k_2}$$

由此可以得到相应的动力学方程

$$\frac{dc_3}{dt} = k_2 c_2 = \frac{k_1 k_2 c_1}{k_{-1} + k_2} \tag{10-54}$$

　　上述方程中所有的变量都可以由实验测定，因而可以与实验得到的动力学数据相比较，或者设计实验予以证明。对于含有多个中间产物的反应历程，如果应用稳态近似来推导其动力学方程，则必须假设每一中间产物的浓度都是与时间无关的常值。由此可以得到类似于式（10-53）的多个代数方程组，解此方程组即可得到中间产物的浓度表达式，从而推导出相应的动力学方程。

　　平衡态近似假设在给定的反应历程中存在以速率控制步骤。所谓的速率控制步骤是指一个总包化学反应的速率由其中最慢的基元反应速率所决定。以上面的连串反应为例推导平衡态近似得到的速率方程式。

　　当反应达到稳态时，各基元反应的净速率应是相等的，即

$$r = k_1 c_1 - k_{-1} c_2 = k_2 c_2$$

若 $k_{-1} \gg k_2$ 或者 $k_{-1} \gg k_1$、$k_2$，则 $c_2$ 的表达式为

$$c_2 \approx \frac{k_1}{k_{-1}} c_1 = K c_1 \qquad (10\text{-}55)$$

反应的总包速率为

$$r = k_1 c_1 + k_2 c_2 - k_{-1} c_2 \qquad (10\text{-}56)$$

将 $c_2$ 的表达式（10-55）代入，并整理后即得动力学方程：

$$r = k_2 K c_1 \qquad (10\text{-}57)$$

上述推导也表明如果给定的反应历程中有一个基元反应为速率控制步骤，那么只需考虑该基元反应的速率表达式，而其中涉及的中间产物浓度由与之相关的基元反应中的平衡浓度给出。

由于稳态近似和平衡态近似的具体假设不同，以致推导动力学的具体步骤及其结果可能不同。稳态近似能够给出含有较多动力学参数的动力学方程，因而有可能从实验中获得更多的动力学参数值；而平衡态近似不可能给出很多的动力学参数。但是稳态近似一般只应用于反应历程中仅包含一种或两种中间产物的比较简单情况，而对于多种中间产物的反应历程，采用稳态近似一般是不适宜的。因平衡态近似只需考虑速率决定步骤一步的动力学行为，所以对于多步骤的复杂多相催化反应来说平衡态近似则更多地被采用。

5）复杂反应动力学的解析

简单反应的反应动力学解析比较容易。而对于复杂的多相催化反应，需要求解微分方程组，并根据实验数据来估算其中包含的诸多参数。由于复杂反应动力学表达式，没有通用的方法，因此也是催化反应动力学的重要研究课题之一。目前比较常用的解析动力学方法以下三种[5]：

（1）同时求解法：该方法是指对相关的微分方程组如式（10-48）求解析解或数值解。现代计算机广泛普及，因而这种方法一般是可行的。但必须指出的是待定的参数越多，数值解的结果或参数值的可靠性越差。所以为了提高计算的可靠性，常常采取一些措施，如忽略一些相对不重要的单一反应，使待定参数的数目减少；将复杂的反应分解成若干简单反应，逐步求解等。

（2）时间消去法：该方法是将微分方程组中的时间变量消去，得到新的微分方程组，然后求解。值得注意的是，利用该方法求得的速率常数等参数是相对值。具有代表性的解析方法是 Wei-Prater 特征向量法，即采用线性变换，提出分析均相和多相一级反应网络的方法。近来也有采用拉普拉斯变换的，然后对多相一级反应网络进行解析。不管线性变换，还是拉普拉斯变换，由于变换均消去了时间变量，若想深入了解可参考相关的文献。

分离法：即先分别测定反应网络中各个或几个单一反应的速率方程或动力学参数，然后引入到总的反应网络中进行考察。该方法所确定的参数值一般较为可靠，但实验工作量很大。

# 10.2　吸附和多相催化反应速率方程

## 10.2.1　吸附与吸附等温方程

多相催化不同于一般化学反应之处在于其需要一个固态而不消耗的物质作为催化剂以促进化学反应。虽然多相催化作用的机理尚在探索中，但发生多相催化作用的第一步是至少有一种反应物吸附在催化剂表面上。这一吸附过程一般认为是化学吸附。通常在实验室中测定多相催化反应速率是把吸附过程和反应本身合并在一起考虑的，而且吸附过程对反应又有很大影响，所以要讨论多相催化的反应速率就须考虑吸附过程。

分子的化学吸附可以是解离吸附，也可以是非解离吸附。在吸附位数目恒定而且能量均一的表面上，理想气体的非解离吸附通常应遵循 Langmuir 吸附等温方程，即

$$B+L \Longleftrightarrow BL$$

则

$$\theta = \frac{Kp}{1+Kp} \qquad (10\text{-}58)$$

式中，$\theta$ 为表面覆盖度，即全部吸附位中吸附有 B 物种的吸附位的分数；$K$ 为吸附平衡常数；$p$ 为理想气体的压力。

但如果为解离吸附：

$$B_2 + 2L \Longleftrightarrow 2BL$$

则 Langmuir 吸附方程为

$$\theta = \frac{\sqrt{Kp}}{1+\sqrt{Kp}} \qquad (10\text{-}59)$$

如果 $B_1$、$B_2$ 两种物质在同一吸附位上进行竞争吸附，则

$$\theta = \frac{K_1 p_1}{1+K_1 p_1 + K_2 p_2} \qquad (10\text{-}60)$$

上述的 Langmuir 吸附等温方程需要满足三个基本假定：①在固体吸附剂表

面尚有一定数目的吸附位，每个吸附位只能吸附一个分子或原子；②表面上所有吸附位的吸附能力相同，也就是说所有吸附位上的吸附热相等；③被吸附分子间没有相互作用。若吸附熵是 $\theta$ 的函数，无论是由于吸附表面具有本征的非匀性，还是因有诱导的非匀性，Langmuir 吸附等温方程即不适用。当吸附熵与 $\ln\theta$ 成正比时，适应的是 Freundlich 吸附等温方程：

$$\theta = bp^{1/q} \tag{10-61}$$

式中，$b$、$q$ 均为吸附系统的常数，且 $q>1$，式（10-61）也适用于解离吸附的情况。

但如果吸附熵与 $\theta$ 呈线性关系，则又应为 Temkin 吸附等温方程：

$$\theta = q\ln(bp) \tag{10-62}$$

式中，$b$、$q$ 也为吸附系统的常数。式（10-62）也适用于解离吸附的情况。

以上三种吸附方程实际上都是先从实验数据证实为适用于一定分压范围的吸附系统的经验方程，然后根据各自的设定（即吸附熵与 $\theta$ 的关系）都可从理论推导得出。一般认为 Freundlich 方程经适当简化可还原为 Langmuir 方程或 Temkin 方程，而且对参数略加调节即可适应较广范围的 $\theta$ 值，而后两者却不行。虽然 Langmuir 方程从理论上说只能用于均匀表面，而催化表面一般都认为是不均匀的。但在多相催化动力学中相当多人习惯于采用 Langmuir 方程。

## 10.2.2　速率控制步骤

催化反应一般都是由多个基元反应步骤顺序相连而进行的。就每一个基元步骤而言，在有充分反应物存在时，其进行速率视其阻力大小而可以有几个数量级的差别。当它们互相衔接逐一进行时，在稳态或准稳态下，各基元步骤只能以同一速率进行，而这一速率取决于在隔离状态下（有充分反应物存在）基元步骤中最慢的反应速率，即所谓速率控制步骤。当整个反应在偏离化学平衡点的稳态下进行时，所有非控速步骤如果为可逆反应，则都应处于化学的或吸附的平衡状态。

一般多相催化反应动力学中，总是设定所包含的基元步骤序列中只有一个基元步骤是速率控制步骤，下面的大部分讨论也基于此设定。但人们很容易想到可能存在不止一个速率控制步骤，而且在温度、压力改变时，会由一个速率控制步骤转变为另一个。当然在某一中间的温度、压力下，可能出现两个基元步骤同时成为速率控制步骤的过渡状态。对多速率控制步骤的问题将以后述及。

在多相催化反应的各个化学的基元步骤序列中，速率控制步骤可以是吸附、表面反应或脱附。速率控制步骤不同，速率方程形式也会有很大不同。下面将基于 Langmuir 吸附等温方程论述速率控制步骤对速率方程形式的影响。

### 10.2.3　双曲线式多相催化速率方程

基于理想表面的多相催化动力学方程的要点是用表面覆盖度 $\theta$ 来表达反应速率，然后用 Langmuir 吸附方程把 $\theta$ 与流体中反应物浓度相关联。这种表达方式由 Hinsholwood 提出，被称为 Langmuir-Hinsholwood 方法。Hongen 和 Watson 又引入空吸附位的概念，有的就专称 Hongen-Watson 方法；但由于在形式上无甚改变，所以有的就合称 LH-HW 方法，有的仍称 L-H 方法。

以典型的双分子可逆反应为例

$$B_1 + B_2 \rightleftharpoons B_3 + B_4$$

设其基元步骤序列为

$$B_1 + L \overset{(1)}{\rightleftharpoons} B_1 \cdot L$$

$$B_2 + L \overset{(2)}{\rightleftharpoons} B_2 \cdot L$$

$$B_1 \cdot L + B_2 \cdot L \overset{(3)}{\rightleftharpoons} B_3 \cdot L + B_4 \cdot L$$

$$B_3 \cdot L \overset{(4)}{\rightleftharpoons} B_3 + L$$

$$B_4 \cdot L \overset{(5)}{\rightleftharpoons} B_4 + L$$

式中，L 为吸附位，即设定反应物 $B_1$ 与 $B_2$ 均须吸附，且须在相邻位上才能发生表面反应。如果表面反应（步骤 3）为速率控制步骤，整个反应速率即步骤 3 的速率，可推得为

$$r = k_3 K_1 K_2 S_0^2 \frac{c_1 c_2 - c_3 c_4 / K_0}{(1 + K_1 c_1 + K_2 c_2 + K_4 c_3 + K_5 c_4)^2} \tag{10-63}$$

式中，$k_3$ 为第 3 步的正向速率常数；$K_i$ 第 $i$ 步的吸附平衡常数；$S_0$ 为催化剂表面上活性位的密度；$c_i$ 第 $i$ 组分的气相浓度（或分压）；$K_0$ 为 $K_{eq}(K_1/K_2)K_4K_5$；$K_{eq}$ 为反应的化学平衡常数。

式（10-63）对以两种吸附反应物起表面反应为速率控制步骤的多相催化反应是个通式。在以下几种特殊情况下，式（10-63）可以进一步简化。

（1）当参与反应的各组分都是弱吸附时，即 $K_i c_i \ll 1$，则式（10-63）可以简化为

$$r = k \left( c_1 c_2 - \frac{c_3 c_4}{K_0} \right) \tag{10-64}$$

若为单分子不可逆的简单反应，则可去除 $c_2$、$c_3$、$c_4$，而成 $r = kc_1$ 的一级反应式。

（2）$B_3$ 为强吸附，而 $B_1$（及 $B_2$）为弱吸附，即 $K_4 c_3 \gg 1 \gg K_1 c_1$、$K_2 c_2$，对不可逆反应，式（10-63）可简化为

$$r = k\frac{c_1 c_2}{c_3^2} \tag{10-65}$$

如果为单组分的不可逆反应，即为

$$r = k\frac{c_1}{c_3} \tag{10-66}$$

（3）对强吸附的单反应物而产物为弱吸附（$K_1 c_1 \gg 1 \gg K_4 c_3$、$K_5 c_4$）的不可逆反应，则简化为零级反应 $r = k$。

如果速率控制步骤不是步骤 3 而是步骤 1（或步骤 2），即所谓吸附速率控制，则速率方程可推得为

$$r = \frac{k_1 S_0(c_1 - c_3 c_4 / K_0 c_2)}{1 + K_2 c_2 + (K_1 c_3 c_4 / K_0 c_2) + K_4 c_3 + K_5 c_4} \tag{10-67}$$

而如果步骤 4（或步骤 5）是速率控制步骤，所谓产物脱附速率控制，则速率方程为

$$r = \frac{K_4 S_0 K_0(c_1 c_2 / c_4 - c_3 / K_0)}{1 + K_1 c_1 + K_2 c_2 + K_0 K_4(c_1 c_2 / c_4) + K_5 c_4} \tag{10-68}$$

式（10-67）和式（10-68）也都是对双反应物-双产物的可逆反应的通式。对于单反应物或单产物反应，或是不可逆反应，去除相应项简化即得。

式（10-63）中的吸附项（分母）的指数为 2，这只适用于两种吸附物在一种吸附位上竞吸的情况；对于 $B_1$ 和 $B_2$ 独立地分别吸附在两种吸附位上的情况，则分母上这一吸附项应为 $(1 + K_1 c_1)(1 + K_2 c_2)$。对于各种特殊情况下的 L-H 表达式详见文献[6]。

上述的双组元反应中，假定 $B_1$ 和 $B_2$ 都先吸附在相邻吸附位上再发生表面反应，此种相邻吸附物相反应的机理一般称为 Langmuir-Hinsholwood 机理。还有一种催化反应机理则设定一个气相分子和一个吸附的反应物直接起表面反应，即所谓 Rideal-Eley 机理。该机理仍以 Langmuir 吸附方程为基础，其所得速率方程和式（10-63）、式（10-67）及式（10-68）相似，但分母上吸附项的指数为 1，详见文献[6]。

Rideal-Eley 机理还有一变体，即 Mars-van Krevelen 提出的氧化-还原机理[7]。而后又有学者提出稳态吸附机理[1]，两者推导出的动力学方程完全相同，且主要应用于烃类氧化反应。

氧化-还原机理由下列基元步骤组成：

（1）气相的烃分子（$B_1$）与催化剂表面上的晶格氧（或吸附在催化表面上的氧）$B_2L$ 相作用：

$$B_1 + B_2 \cdot L \underset{k_{-1}}{\overset{k_1}{\rightleftharpoons}} B_3 \cdot L$$

（2）产物（$B_3$）从吸附态脱附：

$$B_3 \cdot L \underset{k_{-2}}{\overset{k_2}{\rightleftharpoons}} B_3 + L$$

（3）还原了的活性位（L）被气相中氧分子所再氧化生成晶格氧（$B_2L$）（也可看作氧吸附到催化剂表面上）：

$$B_2 - L \underset{k_{-3}}{\overset{k_3}{\rightleftharpoons}} B_2 \cdot L$$

按 Bodenstein 稳态原则

$$d[B_2 \cdot L] / dt = d[B_3 \cdot L] / dt = 0$$

再合理地设定[L]、[$B_2$L]和[$B_3$L]等表面浓度分数之和等于 1，于是推导得到

$$r = \frac{k_1 k_2 k_3 c_1 c_2 - k_{-1} k_{-2} k_{-3} c_3}{k_3 c_2 (k_{-1} + k_2 + k_1 c_1) + k_1 c_1 (k_2 + k_{-2} c_3) + k_{-2} c_3 (k_{-1} + k_{-3}) + k_{-3}(k_2 + k_{-1})} \tag{10-69}$$

对上述氧化反应来说，可以认为除第二步外，其余两步均为不可逆的，即 $k_{-1} = k_{-3} = 0$，于是式（10-69）可简化为

$$r = \frac{k_1 k_2 k_3 c_1 c_2}{k_3 c_1 c_2 + k_2 k_3 c_2 + k_1 k_2 c_1 + k_1 k_{-2} c_1 c_3} \tag{10-70}$$

在烃类催化氧化反应中，$B_1$ 常需要几倍的 $B_2L$ 与之作用生成 $B_3L$，因此在式（10-70）中还应引入计量数 $v_0$，于是：

$$r = \frac{k_1 k_2 k_3 c_1 c_2}{k_1 k_3 c_1 c_2 + v_0 k_2 k_3 c_2 + k_1 k_2 c_1 + k_1 k_{-2} c_1 c_3} \tag{10-71}$$

式（10-63）及式（10-67）～式（10-71）等均属双曲线式速率方程，其中包含多个参数，因此适应性很广。也就是说，对同一组动力学数据可以用不同机理（不同速率控制步骤）的速率方程进行拟合而都能得到满意结果。

式（10-63）～式（10-71）都属于微分表达式，表达了反应速率与各反应组分的浓度或分压的关系。把上述微分表达式结合到连续性方程中去积分，可得出积分表达式，表达的是空时和转化率（或生成率）的关系。在匀相反应中要得到把 $r$ 表达为项 $x$ 的函数的积分式已很复杂。而在多相催化反应中，有不少微分表达式本身就很复杂，其积分式就更为烦琐了。因此，仅以单组元不可逆的表面反应为速率控制步骤的反应为例来说明。

$$B_1 \longrightarrow B_2$$

其微分表达式为

$$r = k S_0 \frac{K_1 p_1}{1 + K_1 p_1} \tag{10-72}$$

而将表达 $p_1$ 与 $x$ 关系的式（10-29）及式（10-31）和摩尔转化率代入式（10-27）后积分，得积分表达式为

$$\frac{W}{F} = \left(\frac{S_0 K_1 p}{n_t}\right) k = \ln\frac{1}{1-X} + K_1 p X \tag{10-73}$$

更复杂的微分表达式积分结果可参见文献[3]。

## 10.2.4　幂式多相催化速率方程

在研究多相催化动力学时，类似式（10-7）的幂式速率方程也经常被应用。对可逆反应，幂式速率方程通式为

$$r = k_1 \prod_i c_i^{m_i} - k_{-1} \prod_i c_i^{n_i} \tag{10-74}$$

式中，$m_i$ 和 $n_i$ 可为正数或负数，也可为整数或分数。例如，对于高压氨合成反应，普适动力学速率方程为：

$$r = k_1 p_{N_2} p_{H_2}^{3\alpha} p_{NH_3}^{-2\alpha} - k_{-1} p_{NH_3}^{2(1-\alpha)} p_{H_2}^{-3(1-\alpha)} \tag{10-75}$$

式中，$k_1$ 和 $k_{-1}$ 为解离吸附和脱附的速率常数；$\alpha$ 为 Temkin 常数，在数值在 $0\sim1$，通常为 0.5。也有很多其他催化反应的动力学数据符合式（10-74）的方程。

式（10-74）也是速率方程的微分表达式，其积分表达式往往比双曲线式的更难有解析表达式。简单的如式（10-39）及式（10-41）所示，复杂的只能用数值积分。

多相催化的幂式速率方程在形式上和匀相速率方程相似，似乎不包含吸附项。有人认为这只是一种数据关联方式，不反映反应机理，因此不具有外延性。其实不尽然，幂式速率方程也是可以从特定的机理推导得出的。如式（10-75）就可以从 $N_2$ 解离吸附控速机理出发，以 Temkin 吸附等温方程为基础而导出。氨合成的实验数据符合式（10-75），这表明此反应属于 $N_2$ 解离吸附控制速率的机理。Kwan[8] 系统地讨论了以 Freundlich 方程为基础，不同的控速步骤得出的不同的动力学方程，并指出很多化学吸附系统的吸附-脱附速率在较广泛的压力范围内可以幂式方程和 Freundlich 方程表达。例如，在铁基氨合成催化剂上氮气的化学吸附速率可以表示为

$$\frac{-\mathrm{d}p}{\mathrm{d}t} = k_1 p \theta^{-m_1} - k_{-1} \theta^{m_1'} \tag{10-76}$$

式中，$k_1$、$k_{-1}$、$m_1$、$m_1'$ 为常数（在低覆盖度时除外）。在平衡时，式（10-76）可以用 Freundlich 方程描述，即

$$\ln\theta = \frac{1}{n}\ln\frac{p}{p_s} \tag{10-77}$$

式中，$n$ 为 $m_1$ 和 $m_1'$ 之和；$p_s$ 为 $k_{-1}/k_1$ 之比。$p$ 最后只能趋近于 $p_s$，而使 $\theta$ 趋近于 1。对于每一吸附系统均有其恒定值。

对于发生在催化剂上单分子催化反应：

$$B_1 \longrightarrow B_2$$

其中，$B_1$ 的吸附较 $B_2$ 强。

（1）$B_1$ 吸附为速率控制步骤：对吸附为速率控制步骤的过程，总包反应速率 $r$ 应等于 $B_1$ 的吸附速率，即

$$r = -\frac{dp_1}{dt} = k_1 p_1 \theta_1^{-m_1} \tag{10-78}$$

假设表面上的 $B_1$ 与 $B_2$ 处于化学平衡中。若此时 $B_1$ 在表面上之分压为 $p_{1e}$，则根据 Freundlich 方程有

$$\theta_1 = (p_{1e} / p_{1s})^{1/n_1}$$

而把化学平衡式中

$$p_{1e} = p_2 / K_{eq}$$

代入，得

$$\theta_1 = [p_2 / (p_{1s} K_{eq})]^{1/n_1} \tag{10-79}$$

把式（10-79）代入式（10-78）可得

$$\theta_1 = [p_2 / (p_{1s} K_{eq})]^{1/n_1}$$

取 $k = k_1 (p_{1s} K_{eq})^{m_1/n}$ 和 $m_2 = m_1/n_1$，则

$$r = kp_1 / p_2^{m_2} \tag{10-80}$$

（2）$B_2$ 脱附为速率控制步骤

$$\theta_2 = (p_{2e} / p_{2s})^{1/n_2}$$

而总包速率反应 $r$ 等于 $B_2$ 的脱附速率，即

$$r = -\frac{dp_1}{dt} = k_2 \theta_2^{-m_1'}$$

故

$$r = k_{-1}(p_{2e} / p_{2s})^{m_1'/n_2} = k' p_2^{m_2}$$

（3）表面反应为速率控制步骤

$$\theta_1 = (p_{1e} / p_{1s})^{1/n_1}$$

而总包速率反应 $r$ 等于表面反应速率，即

$$r = k_2 \theta_1^{m_1} = k_2 (p_{1e} / p_{1s})^{m_1/n_1} = k_2' p_1^{m_2} \tag{10-81}$$

以 Freundlich 吸附等温方程为基础，可以推导与一定速率控制步骤相应的氨合成、氨分解、正仲氢转换、一氧化碳氧化及乙烷氢解等反应的幂式速率方程。

和上述从非均匀吸附表面的幂式规律出发不同，也有从理想均匀表面的 Langmuir 吸附方程出发对幂式动力学方程的理论解释。对于理想均匀表面的 Langmuir 吸附方程，设定双组元反应

$$B_1 + B_2 \longrightarrow B_3$$

是通过中间表面络合物 $B_1L$ 的不可逆生成和分解而进行的。

$$B_1 + L \longrightarrow B_1 \cdot L$$
$$B_1 \cdot L + B_2 \longrightarrow B_3 + L$$

$B_1$ 的表面覆盖度按 Langmuir 方程为

$$\theta_1 = \frac{K_1 p_1}{K_1 p_1 + K_2 p_2}$$

Голодец 证明了上述反应的幂式速率方程[9]

$$r = k p_1^{m_1} p_2^{m_2}$$

式中，$m_1$、$m_2$ 与 $\theta$ 的关系为

$$\left. \begin{aligned} m_1 &= \frac{K_2 p_2}{K_1 p_1 + K_2 p_2} = 1 - \theta_1 \\ m_2 &= \frac{K_1 p_1}{K_1 p_1 + K_2 p_2} = \theta_1 \end{aligned} \right\} \tag{10-82}$$

并将此种解析应用于化合物的氧化反应，论证了水中毒效应、$m_1 + m_2$ 常为 1、$m_1$ 和 $m_2$ 与氧化物催化剂的氧键能及活化能与补偿效应等现象的理论意义或关联。

双曲线式速率方程和幂式速率方程是多相催化中常用的两类动力学方程。它们分别以 Langmuir 和 Freundlich 吸附等温方程为基础，按不同速率控制步骤而有不同形式。一般以一定机理为背景的动力学方程可称为机理性的动力学方程，而仅以数据关联作用或凭经验得出的称为经验性动力学方程，甚至只能称为速率方程。尽管有人提出双曲线式方程可以反映机理，而幂式方程只是经验性方程或速率方程，如上所述幂式速率方程也可以从理论上进行解释。虽然 Langmuir 吸附方程还存在一系列局限性，如只能用于吸附焓守恒的理想表面，并要求吸附物之间无相互作用，压力范围也不及 Freundlich 吸附方程更为广泛，但使用 Langmuir 方程的人仍远较用 Freundlich 方程者为多。下面我们将讨论如何处理动力学数据，建立模型，以及机理的推断，可以发现一套动力学数据可以符合几种机理。因此仅凭一些简单的动力学数据，很难说明两种动力学方程哪一种更能反映作用机理。

# 10.3　多相催化动力学模型的建立和检验

## 10.3.1　催化动力学数据处理

实验室中获得的数据有两类。一类是微分数据，即一系列分压对反应速率的

数据；另一类是积分数据，即一系列空时对转化率（或生成率）的数据。因此催化动力学数据处理就有微分数据-微分处理和积分数据-积分处理两种方式。由于可以从积分数据加工得到微分数据，所以就有积分数据-微分处理的方式。微分数据可以从图解微分得到，也可从数值微分得到，也有把积分数据拟合为一条转化率对空时的三次幂多项式再解析微分取得反应速率的。一般这样得到的微分数据不如直接实验测定的微分数据更准确。但如积分表达式求起困难，只好采用积分数据-微分处理方式。

在要求不高或计算条件有限情况下，对可以线性化的速率方程一般采用作图法。表 10-1 列举了一些速率方法的线性化及其坐标与斜率。

表 10-1 几种速率方程作图求解

| 速率方程 | 纵坐标 | 横坐标 | 斜率 |
| --- | --- | --- | --- |
| （10-34） | $(1+\lambda)\ln\dfrac{1}{1-X}-\lambda X$ | $\dfrac{V}{F}$ | $\left(\dfrac{p}{n_{t0}}\right)k$ |
| （10-38） | $\ln r$ | $\ln\left(\dfrac{n_1}{n_2}p\right)$ | $m$ |
| （10-43） | $\ln\dfrac{K_{eq}-v_{20}}{K_{eq}-v_{20}-(1+K_{eq})X}$ | $\dfrac{V}{F}$ | $\dfrac{(1+K_{eq})kp}{K_{eq}n_t}$ |
| （10-72） | $\dfrac{1}{r}$ | $\dfrac{1}{p_1}$ | $\dfrac{1}{kS_0K_1}$ |

尽管作图法简便，但不能给出误差的定量概念，而且只对单自变量较方便，如果变量稍多，实验量就会增大很多。

例如，对式（10-39）和式（10-41）的积分表达式中参数的估算，用试误法是可以估出 $k$ 和 $m$ 的大概值的，当然比较烦琐，但是使用计算机就可以较容易求得。

## 10.3.2　动力学模型的线性和非线性回归分析

与作图方法相比，线性回归方法更为优越。该方法的基本原则是把微分的或积分的动力学方程变换为对动力学参数为现行的方程，如

$$y=\sum_{i=1}^{p}b_ix_i \qquad （10-83）$$

式中，$x_i$ 为自变量（空时或反应物的分压）；$b_i$ 为相应参数，共 $p$ 个；$y$ 为测量得到的因变量（如反应速率或转化率）。如果将求得的参数值代入式（10-83），$y$ 的估测值为 $y'$，则方差和为

$$S = \sum_{u=1}^{N} (y_u - y_u')^2 \tag{10-84}$$

式中，$u$ 为数据点，共 $N$ 个。于是从 $S$ 最小化条件：

$$\frac{\mathrm{d}S}{\mathrm{d}b_i} = -2\sum_{u=1}^{N} (y_u - y_u')^2 = 0 \tag{10-85}$$

由此可得到 $p$ 个方程，足以解出 $p$ 个 $b_i$ 值。

对式（10-83），如果有两个自变量，则为

$$y = b_0 + b_1 x_1 + b_2 x_2 \tag{10-86}$$

式（10-85）就具体化为

$$\left. \begin{array}{l} Nb_0 + b_1 \sum\limits_{u=1}^{N} x_{1u} + b_2 \sum\limits_{u=1}^{N} x_{2u} = \sum\limits_{u=1}^{N} y_u \\[2mm] b_0 \sum\limits_{u=1}^{N} x_{1u} + b_1 \sum\limits_{u=1}^{N} x_{1u}^2 + b_2 \sum\limits_{u=1}^{N} x_{1u} x_{2u} = \sum\limits_{u=1}^{N} x_{1u} y_u \\[2mm] b_0 \sum\limits_{u=1}^{N} x_{2u} + b_1 \sum\limits_{u=1}^{N} x_{1u} x_{2u} + b_2 \sum\limits_{u=1}^{N} x_{2u}^2 = \sum\limits_{u=1}^{N} x_{2u} y_u \end{array} \right\} \tag{10-87}$$

所谓的正规方程，通过解方程组得到相应的参数 $b_i$。

像式（10-63）的速率方程，如果为不可逆反应，经过移项可化为

$$C_1 \sqrt{c_1 c_2 / r} = 1 + K_1 c_1 + K_2 c_2 + K_4 c_3 + K_5 c_4 \tag{10-88}$$

式中，$C_1 = S_0 \sqrt{k_3 K_1 K_2}$（为一常数），就可以用类似式（10-87）的正规方程求解动力学参数。

但是线性回归法求解动力学参数存在不少严重的问题[10]。这主要因为上述的线性回归法有一些基本要求，即①现行参数的方程式（10-83）的右边为无随机误差的、确切的自变量，其左边则为误差属正态分布的因变量；②每个实验点的误差应具恒定方差；③涉及的误差互相独立，不相关联。但不少速率方程，经线性转换后［式（10-88）］，等式左边不再是单纯的因变量，而为其与自变量 $c_1$、$c_2$ 相等的组合，有时为因变量的对数。它们的误差不一定是正态分布，其方差也不一定恒定，甚至有时（特别在积分表达式中）最小化的目标函数根本不是因变量的方差和 $\sum\limits_{u=1}^{N} (y_u - y_u')^2$，而是自变量的方差和 $\sum\limits_{u=1}^{N} (x_u - x_u')^2$。

对于方差不恒定问题的改进方法是用加权法，即计入每个实验点的纯误差方差 $\sigma_u^2$。则所要最小化的目标函数就是

$$S = \sum_{u=1}^{N} \frac{(y_u - y_u')^2}{\sigma_u^2} \tag{10-89}$$

对于式（10-87），正规方程为

$$\left.\begin{array}{l} Nb_0 + b_1 \sum_{u=1}^{N} \xi_u x_{1u} + b_2 \sum_{u=1}^{N} \xi_u x_{2u} = \sum_{u=1}^{N} y_u \\[3mm] b_0 \sum_{u=1}^{N} \xi_u x_{1u} + b_1 \sum_{u=1}^{N} \xi_u x_{1u}^2 + b_2 \sum_{u=1}^{N} \xi_u x_{1u} x_{2u} = \sum_{u=1}^{N} x_{1u} y_u \\[3mm] b_0 \sum_{u=1}^{N} \xi_u x_{2u} + b_1 \sum_{u=1}^{N} \xi_u x_{1u} x_{2u} + b_2 \sum_{u=1}^{N} \xi_u x_{2u}^2 = \sum_{u=1}^{N} x_{2u} y_u \end{array}\right\} \qquad (10\text{-}90)$$

式（10-90）中

$$\xi_u = \frac{N / \sigma_u^2}{\sum_u 1 / \sigma_u^2}$$

更准确的参数估测方法是非线性回归法。其不需要把模型的速率方程线性化，直接用反应速率、浓度、温度分布、转化率等的实验数据的计算式表示方差。

例如，对于

$$r = f(K_i, p_i) \qquad (10\text{-}91)$$

即当反应速率 $r$ 为几个分压 $p_i$ 等自变量和几个参数 $K_i$ 的非线性函数时，直接对

$$S = \sum_{u}^{N} (r_u - r_u')^2 \qquad (10\text{-}92)$$

方差和进行最小化，或者说选出一套 $K_i$ 值使 $S$ 为最小。如果从一套 $K_i$ 的初估值 $(K_i)_0$ 出发，代入式（10-91）得出 $r_u'$，再从（10-92）求出 $S_0$ 与另一套 $(K_i)_1$ 值所得 $S_1$ 比较，用各种最小化方法使最后求得的一套 $(K_i)_n$ 值所具有的 $S_n$ 值比任何 $S$ 值都小。已有不少计算机标准程序可以方便地计算出非线性最小化。这种非线性回归法仍设定为恒方差，没有其他限定。

用非线性回归法的一个优点是它所估得的参数比较精确，方差和要小得多，而线性回归法所得参数有时可在相当大范围内变动，却并不使 $S$ 值有显著上升，即所谓95%置信区间范围较大。缺点是搜寻优化参数的数值计算工作量稍大，但在计算机发达的今天，数值计算已不是问题。

## 10.3.3　动力学数据回归分析实例

一个反应的动力学数据可以有多种处理方式。对于简单反应，以铂催化剂上正戊烷临氢异构化的可逆反应积分数据的处理为例，说明线性与非线性回归的结果[11]。以吸附控速机理而言，其微分表达式为

$$r = \frac{k(p_1 - p_2 / K_{eq})}{p_3 + K_2 p_2}$$

是较简单的，而其积分表达式却很复杂：

$$\frac{W}{F} = \frac{-K_{eq}\chi}{Y_{10}(K_{eq} + \chi)}\left(g_1 \frac{1}{k} + g_2 \frac{K_2}{k}\right) \tag{10-93}$$

上两式中，

$$g_1 = \left[Y_{30} + \frac{\chi(K_{eq}Y_{10} - Y_{20})}{K_{eq} + \chi}\left(1 - \frac{1}{\chi}\right)\right]\ln\left[1 - \frac{Y_{10}(K_{eq} + \chi)X}{\chi(K_{eq}Y_{10} - Y_{20})}\right] + Y_{10}\left(1 - \frac{1}{\chi}\right)X$$

$$g_2 = \left(Y_{10} - \frac{K_{eq}Y_{10} - Y_{20}}{K_{eq} + \chi}\right)\ln\left[1 - \frac{Y_{10}(K_{eq} + \chi)X}{\chi K_{eq}Y_{10} - Y_{20}}\right] - \frac{Y_{10}X}{\chi}$$

式中，$Y_{10}$、$Y_{20}$、$Y_{30}$ 分别为进料中正戊烷、异戊烷和氢的摩尔分数；$p_1$、$p_2$、$p_3$ 分别为正戊烷、异戊烷和氢的分压；$X$ 为正戊烷转化为异戊烷的摩尔分数；$\chi$ 为总转化的正戊烷中生成异戊烷的选择率。

式（10-93）对参数 $1/k$ 和 $K_2/k$ 还是线性的，可以用线性回归估算。而最小化的目的函数不是因变量 $X$ 的方差和而是自变量 $W/F$ 的方差和，$W/F$ 的误差分布未必是正态分布。因此有人对式（10-93）用非线性回归求参数[12]。两种回归法估算结果如表 10-2 所示，数值还是比较接近的，可能因为数据相当精确；但方差和则相差甚大，这说明它对参数比较敏感。同时表中也并列了 Pt/Al$_2$O$_3$ 上甲烷完全氧化的两种回归结果，相差较大。特别注意的是用线性方法估算的 $K_{H_2O}$ 为负值，因此这一机理应予摒弃。而用非线性回归法得到机理完全可以成立。

表 10-2　线性和非线性回归方法估算参数的比较

| 催化反应 | 动力学参数 | 线性回归估算值 | 非线性回归估算值 |
|---|---|---|---|
| 正戊烷异构化 | $k$，mol/(atm·g·h) | $0.89 \pm 0.10$ | $0.89 \pm 0.07$ |
| | $K_2$，atm$^{-1}$ | $6.57 \pm 3.47$ | $8.50 \pm 2.78$ |
| | 方差和 | 0.70 | $1.25 \times 10^{-3}$ |
| 甲烷完全氧化[13] | $k$，mol/(atm·g·h) | 98770 | 109800 |
| | $K_{O_2}$，atm$^{-2}$ | 50630 | 30000 |
| | $K_{CO_2}$，atm$^{-1}$ | 122 | 50 |
| | $K_{H_2O}$，atm$^{-1}$ | $-17$ | 60 |
| | 方差和 | $1.17 \times 10^{-6}$ | $1.12 \times 10^{-10}$ |

对于复杂的反应网络，动力学研究可详可略，难易相差很大。以邻二甲苯（o-X）在 $V_2O_5/TiO_2$ 催化剂上氧化生成邻苯二甲酸酐（PA）、甲苯甲醛（T）、邻羟甲基苯甲酸内酯（P）以及二氧化碳等一系列氧化产物为例，简单的动力学处理只取 o-X 总转化的积分数据，按幂式和双曲线式的积分表达式处理，其中利用了在一些情况下氧大量过剩而可把氧分压 $p_2$ 视作常数[14]。按

$$r = kp_1^{m_1} p_2^{m_2}$$

式积分可得

$$\frac{1}{1-m_1}[1-(1-X)^{1-m_1}] = kp_{10}^{m_1} p_{20}^{m_2}\left(\frac{W}{F}\right) \tag{10-94}$$

式中，$p_{10}$、$p_{20}$ 分别为 o-X 与氧的起始分压；$X$ 为 o-X 的摩尔转化率；$F$ 为 o-X 的摩尔进料速度。

用非线性回归时，可一步求得 $(X_{obs}-X')^2/X_{obs}^2$ 为最小时的 $k$、$m_1$、$m_2$。

按氧化-还原模型

$$r = \frac{k_1 k_2 p_1 p_2^m}{v_0 k_1 p_1 + k_2 p_2^m}$$

其积分表达式为

$$-\frac{\ln(1-X)}{p_{10}(W/F)} = k_1 - \frac{v_0 k_1}{k_2 p_2^m}\frac{X}{(W/F)} \tag{10-95}$$

以 $\dfrac{-\ln(1-X)}{p_{10}(W/F)}$ 为因变量，以 $\dfrac{X}{(W/F)}$ 为自变量，用线性回归方法可求得 $k_1$ 及 $v_0 k_1/k_2 p_2^m$ 值。在同一温度下比较式（10-94）和式（10-95）的回归结果，两者的偏差百分数分别为 7.3% 与 7.1%，表明两式都可用。但按式（10-94）回归分析所得 $m_1$ 与 $m_2$ 随温度上升都有相当变迁，未能求得表观活化能。

若对上述反应体系中发生的各反应求取动力学模型，情况就相当复杂。Papageorgiou 等提出了邻二甲苯在 $V_2O_5/TiO_2$ 催化剂上氧化生成邻苯二甲酸酐的详细动力学模型[15, 16]。基于催化剂上的两种活性中心：氧化位和还原位，若以还原位的再氧化作为速率决定步骤，则反应速率方程为

$$r = \frac{k_{m_i}\dfrac{K_a}{K_o'}\sqrt{p_{O_2}}}{1 + K_o'\sqrt{p_{O_2}} + K_A'(p_X + p_T)\sqrt{p_{O_2}} + K_B'(p_T + p_p + p_{PA})} \tag{10-96}$$

对于活塞流反应器，产品选择性有如下表达式：

$$S_T = \frac{k_{m_1} - (k_{m_2} + k_{m_3})}{k_{m_1} + k_{m_5}}$$

$$S_P = \frac{k_{m_2} - k_{m_4}}{k_{m_1} + k_{m_5}}$$

$$S_{PA} = \frac{k_{m_3} + k_{m_4}}{k_{m_1} + k_{m_5}}$$

$$S_T = \frac{k_{m_5}}{k_{m_1} + k_{m_5}}$$

很明显，无论转化率是多少及反应物浓度和分布，产物的选择性是恒值。这与实验数据不符，所以该模型是不成立的。

以芳烃氧化为速率控制步骤，则邻二甲苯的消耗速率及各产物生成速率的微分表达式如下：

$$r_X = \frac{(k_1 + k_5)p_X p_{O_2}}{den}$$

$$r_T = \frac{k_1 p_X p_{O_2} - p_T\left[k_2\sqrt{p_{O_2}} + k_3 p_{O_2}\right]}{den}$$

$$r_P = \frac{(k_2 p_T - k_4 p_P)\sqrt{p_{O_2}}}{den} \tag{10-97}$$

$$r_{PA} = \frac{k_3 p_T p_{O_2} + k_4 p_P \sqrt{p_{O_2}}}{den}$$

$$r_C = \frac{k_5 p_X p_{O_2}}{den}$$

其中，

$$den = \left[1 + K_o\sqrt{p_{O_2}} + K_A(p_X + p_T)\sqrt{p_{O_2}} + K_B(p_T + p_P + p_{PA})\right]^2$$

基于上述反应模型，在活塞流反应器中产品选择性有如下表达式

$$S_T = \frac{1}{k_1 + k_5}\left[k_1 - \left(\frac{k_2}{\sqrt{p_{O_2}}} + k_3\right)\frac{\int(p_T/den)d\tau}{\int(p_X/den)d\tau}\right]$$

$$S_P = \frac{1}{\sqrt{p_{O_2}}}\frac{k_2\int(p_T/den)d\tau - k_4\int(p_P/den)d\tau}{(k_1 + k_5)\int(p_X/den)d\tau}$$

$$S_{PA} = \frac{k_3 \int (p_T / \text{den}) \mathrm{d}\tau - \dfrac{k_4}{\sqrt{p_{O_2}}} \int (p_P / \text{den}) \mathrm{d}\tau}{(k_1 + k_5) \int (p_X / \text{den}) \mathrm{d}\tau}$$

$$S_T = \frac{k_5}{k_1 + k_5}$$

$$\tau = \frac{W}{F_X^0}$$

显然，甲苯甲醛的选择性随着氧分压的增加而增大，而邻苯二甲酸酐随着氧分压的增加而降低。也可以看出完全氧化的选择性是恒值，不随邻二甲苯的转化率而变化，这可归因于，上述模型仅假定邻二甲苯一条完全氧化途径。

尹元根[17]采用不同简化方法得出简化谱图，按幂式速率方程用非线性回归方法求出各个 $k$ 和温度系数，发现只考虑邻二甲苯的转化率时，拟和误差最小，若将串联和平行反应计入后，误差就相当的大，并且有 $k$ 不符合 Arrhenius 规律的；并且氧化-还原机理比幂式速率方程更好，L-H 表达式符合的最差。

### 10.3.4　动力学模型判别准则与方法

上述的幂式和双曲线式速率方程都有其相应的吸附等温方程作基础，而每种模型都与一定的速度控制机理相适应。但幂式速率方程通常就只有一种基本形式，例如，对不可逆反应为

$$r = k \prod_i^n c_1^{m_1} c_2^{m_2} \cdots c_n^{m_n}$$

其数学处理只有唯一解，即只能估算得一套参数。从而可以从参数的不同值（为正为负、为整数为分数）来推论反应机理。但对于双曲线式速率方程，就须对每个可能的机理分别用不同形式的速率方程去和数据拟合，原则上都可得出一套参数值。这样可能有几个模型的拟合都很好。因此，这就需要判别拟合良好的模型是否都具有物理意义。

动力学模型从物理意义上判别有几个准则。最常用的有以下几个：①速率和吸附平衡常数是否都为正值，负的常数值是没有意义的。②不同温度下的速率和吸附平衡常数是否具有合理的温度系数。对速率常数，负温度系数是没有意义的；对吸附平衡常数，正温度系数就没有意义了（即吸附应是放热的）。③速率和吸附平衡常数应遵循 Arrhenius-Von't Hoff 规律，即常数的对数值与 $1/T$ 绘图应得直线关系，活化能应为正值，指前因子也应为正值，而从吸附平衡常数求得的吸附焓

应为负值，吸附熵也应为负值。④同系物在进行同一个反应时，其相应的 $K$ 值在相近温度下应有相近数值。

为了使所得参数更为确实，可以前三个准则作为对参数最佳化的约束结合模型[18]。如对稳态吸附模型

$$r = \frac{k_1 k_2 c_1 c_2}{k_1 c_1 + v_0 k_2 c_2}$$

可写为

$$r = \frac{e^{\beta_1} \exp(-T_r e^{\lambda_1}) e^{\beta_2} \exp(-T_r e^{\lambda_2}) c_1 c_2}{e^{\beta_1} \exp(-T_r e^{\lambda_1}) c_1 + v_0 e^{\beta_2} \exp(-T_r e^{\lambda_2}) c_2} \tag{10-98}$$

其中，

$$T_r = \frac{1}{T} - \frac{1}{T_0}$$

$$e^{\beta_1} = A_{01} \exp(-\Delta E_1 / RT_0)$$

$$e^{\beta_2} = A_{02} \exp(-\Delta E_2 / RT_0)$$

$$e^{\lambda_1} = -\Delta E_1 / R$$

$$e^{\lambda_2} = -\Delta E_2 / R$$

式中，$T$ 为反应温度；$T_0$ 为适宜的参比温度。选择 $T_0$ 并使 $T$ 再参数化 $T_r$ 是为了解决回归中的收敛困难。使用了 $e^{\beta_i}$ 和 $e^{\lambda_i}$，使 $A_{0i}$ 和 $\Delta E_i$ 保证为正值。

虽然提出了上述判别准则，可以排除一些不合理的模型，但其物理依据还是有问题的。首先，催化反应在不同的反应温度下不一定按同一机理进行反应。动力学参数的 Arrhenius 图不成直线，也可能因控速步骤随温度变化而转移；其次，有些物种在表面上是离解吸附，例如，NO 在催化剂上吸附是吸热的，其吸附平衡常数就具有正的温度系数（吸附焓为正值）；再次，在双曲线式模型的参数估算中，不定性可以相当大。有时估算值虽为负值，但其 95%置信区间却可显著延伸到正值，且用线性回归得负值的参数，用非线性回归中却得出正值。

由于双曲线模型中所用参数很多，往往有多个模型都既能有良好拟合，又能符于上准则。这些问题促使人们探讨新的解决方案。以下几个方法或经验在模型判别中值得注意[19]：

1）初速度法

比较理论模型和实验的初速度 $r_{A0}$，因为当反应时间为 0 时，没有产物和副产物，速率表达式比较简单，实验数据处理也较容易，可以由此排除不符合实际的模型。如对于

$$r_A = \frac{k K_1 p_1 p_2}{1 + K_1 p_1 + K_2 p_2}$$

在初始时刻，$p_1 = p_2 = 1/2 p_0$，上式可以简化为

$$r_{A0} = \frac{a_0 p_0^2}{1 + b_0 p_0}$$

此时，$p_0^2 / r_{A0} - p_0$ 应为直线，由此可以检验模型的正确性或确定参数。

2）统计学显著性判别法

检查模型方程反映实际反应过程的可信程度，检查理论与实验的接近是否为偶然性所致。常用的方法有 $t$ 检验、$F$ 检验、方差分析、$\chi^2$ 检验等。线性回归的同时也要对总的相关和各回归系数作显著性检验。

3）热力学一致性判别法

当 $r_A = 0$ 时，即反应达到平衡，应由速率方程得到化学反应平衡式，表示与热力学的一致性。例如，对于氨合成反应 $N_2 + 3H_2 \rightleftharpoons 2NH_3$，其反应速率方程式为

$$r = k_1 p_{N_2} p_{H_2}^{3\alpha} p_{NH_3}^{-2\alpha} - k_{-1} p_{NH_3}^{2(1-\alpha)} p_{H_2}^{-3(1-\alpha)}$$

令 $r = 0$，即得到化学平衡

$$\frac{p_{N_2} p_{H_2}^3}{p_{NH_3}^2} = \frac{k_1}{k_{-1}} = \frac{1}{K}$$

由于多相催化表面上过程的极端复杂性，要弄清一个机理是很困难的。因此模型判别需要先进的实验技术支持。例如，近年来发展的用动态法实验建立和检验动力学模型得到较多的应用。

## 10.3.5　非均匀表面上的催化动力学方程

前面讨论的动力学方程基于反应中只存在一个速率控制步骤且催化表面均匀的前体。由于实际的催化剂表面是不均匀的，所以动力学方程将更加复杂。苏联和匈牙利科学家在 20 世纪中期对非均匀催化表面动力学发展做了大量的研究工作[20]。Boudart 等以非均匀表面动力学理论为基本出发点，并且存在速率控制步骤和最丰表面中间体，证明了非均匀表面上催化反应可以简化或等效为两步反应，从而得到动力学方程，但其中参数意义也不同于均匀表面催化反应动力学方程[2, 21]。

非均匀表面模型是具有不同能量域的催化剂活性位的集合，在不同能量域上的活性位具有在热力学和动力学上完全等同的性质。通常多相催化剂表面的不均匀性可以从不同表面覆盖度时吸附的不同结合能的变化得到证实，也可以由固体在不同晶面上给定分子的吸附覆盖度随键合能量的变化趋势得到证实。

在 Temkin 理论的基本假定前提下推导非均匀表面动力学的 Temkin 方程式。首先 Temkin 理论有以下基本假定：

（1）催化剂表面的活性位具有连续分布函数：

$$\mathrm{d}S' = a\exp(-\gamma A^\circ / RT)\mathrm{d}(A^\circ / RT)$$

式中，$\gamma$ 为分布特征的参数；$\mathrm{d}S'$ 为基团 $E_i$ 内标准吸附势在 $A^\circ$ 和 $A^\circ + \mathrm{d}A^\circ$ 之间的活性位数目；$a$ 为归一化因子。

（2）速率常数 $k_i$ 和平衡常数 $K_i = k_i/k_{-i}$ 之间有 Brönsted 类型的关系，即

$$k_i = cK_i^\alpha$$

式中，$\alpha$ 为 Temkin 系数，数值在 $0 \sim 1$ 之间，通常为 0.5。

（3）两种化学上类似的步骤（吸附和脱附）的变换系数是相同的。

（4）$t$ 值的上限就是全部活性位被占有，而 $t$ 值的下限就是全部活性位都是空的。

对于两步催化反应

$$S_1 + A_1 \underset{k_{-1}}{\overset{k_1}{\rightleftharpoons}} B_1 + S_2$$

$$S_2 + A_2 \underset{k_{-2}}{\overset{k_2}{\rightleftharpoons}} B_2 + S_1$$

由以上假设可推导出非均匀表面上速率的 Temkin 方程式：

$$v_t = \frac{v}{[\mathrm{L}]} = \tau \frac{k_1^\circ k_2^\circ [\mathrm{A}_1][\mathrm{A}_2] - k_{-1}^\circ k_{-2}^\circ [\mathrm{B}_1][\mathrm{B}_2]}{(k_1^\circ [\mathrm{A}_1] + k_{-2}^\circ [\mathrm{B}_2])^m (k_{-1}^\circ [\mathrm{B}_1] + k_2^\circ [\mathrm{A}_2])^{1-m}}$$

$$\tau = \frac{\pi}{\sin(\pi m)} \frac{\gamma}{\exp(\gamma f) - 1}$$

$$m = a - \gamma \tag{10-99}$$

上述方程式是从两步反应或其他可归结为两步反应的反应中导出的。并且得到铁基催化剂上氨合成的总包反应动力学数据、氮气吸附等温线的形式和氮的吸附速率数据的支持，更重要的是根据 Temkin 方程式可以导出一些普遍有用的结果，具体的推导及相关的推论可参考相关文献[2]和文献[22]。

# 10.4　多相催化中的传递过程

一般来说，多相催化反应过程包括 7 个步骤，即反应组分向催化剂外表面的传递（外扩散）、反应组分从催化剂外表面向内表面传递（内扩散）、反应组分在催化剂表面的活性中心吸附、表面反应、产物在催化表面的脱附、反应产物从催化剂内表面向外表面传递（内扩散）和反应产物从催化剂外表面向流体体相传递（外扩散）。反应物到达催化表面或产物从表面到达流体都要经历外扩散和内扩散等的物理传递过程。而物质传递过程推动力为其浓度梯度。前面提到通过吸附等

温方程使反应速率得以不用表面吸附浓度，而用与催化表面相接触的气相浓度表达。但后者并不一定等于反应物或产物在流体体相中的浓度，而体相浓度才是可以测量的。如果忽视浓度梯度的存在，把不同场合的浓度等同起来，求得的动力学方程或多或少是失真的，主要表现为活化能偏低，反应级数向 1 靠近。由于传质阻力的存在，在恒温情况下，所测得的是总包速率要低于化学反应的本征速率。

对于有显著焓变化的反应，也存在着热量传递过程，从而使得反应系统之间如催化颗粒内部、催化颗粒外表面和流体体相的温度存在梯度。热量传递过程往往使动力学方程失真程度更严重。

传质和传热过程与化学反应过程在催化反应器中紧密交织，这使动力学解析更为困难。从化学反应工程学来说，需要把全程分解为化学反应过程、相间传质（外扩散）过程、粒内质（内扩散）过程和传热过程（也有相间和粒内的），分别从催化系的物理和化学性质得到各过程的参数，再逐一纳入反应器模型中，就有可能解出反应器中的浓度和温度分布。从催化剂角度来看，通过这样的解析可以看清催化剂的薄弱环节是内扩散、导热性，还是本身的活性问题，从而进一步改进催化剂就有了方向。

### 10.4.1　流体与催化剂外表面间的传递过程[19, 23]

流体与催化剂外表面的传质速率与推动力大小有关，同时也与传质系数的大小相关。自流体体相向固体面的传质速率 $R$ 与推动力（$c_B-c_S$）成正比，而与扩散阻力成反比。如果以传质系数 $k_G$ 表达阻力的倒数，则

$$R = k_G(c_B - c_S) \tag{10-100}$$

式中，$c_B$ 为颗粒外表面上扩散组分的浓度；$c_S$ 为流体体相中该组分的浓度。传质系数 $k_G$ 与多相流动、粒子几何形状、体系物理性质等有关。准确的理论预测需要求解传递过程的微分方程，这在许多情况下还很困难。因此常用的方法还是经验和半经验的。如常从微分方程导出无因次准数，或带经验参数的理论关系式，在与实验数据拟和，总结出实用的公式。

常用 Sherwood 准数或传质因子 $j_D$ 来关联传质系数。

$$j_D = \frac{k_G \rho}{G} Sc^{2/3} = \frac{Sh}{Re\,Sc^{1/3}} \tag{10-101}$$

式中，$Sc$ 为 Schmidt 准数，$Sc = \dfrac{v}{D}$；$Sh$ 为 Sherwood 准数，$Sh = \dfrac{k_G d_p}{D}$；$Re$ 为 Reynolds 准数，$Re = \dfrac{G d_p}{\mu}$；$G$ 为质量流速；$d_p$ 为粒子直径；$D$ 为分子扩散系数。

对于固定床，当 $Re = 0.8\sim2130$，$Sc = 0.6\sim1300$ 时，有

$$j_D = \frac{0.725}{Re^{0.41} - 0.15} \tag{10-102}$$

对气体、液体都使用。当流-固系统中外扩散成为控速步骤时，扩散组分自流相输向固体外表面的速率即为该组分催化转化的速率，再据物料衡算，可得

$$\ln \frac{1}{1-X} = \frac{0.725 a d_p z}{d_p (Re^{0.41} - 0.15) Sc^{2/3}} \tag{10-103}$$

式中，$a$ 为单位体积床层颗粒的表面积；$z$ 为床层的高度。$ad_p$ 乘积是不随颗粒直径变化而变化的，且在催化床层的孔隙率较小范围内变化不大。典型的催化床层的孔隙率为 0.4 时，$ad_p$ 乘积为 3.6。因此由式（10-103）可以大致估算不同雷诺数下，外扩散控制的反应的摩尔转化率 $X$ 与催化床层长度（以颗粒层数 $z/d_p$ 表示）间的关系。对气体，$Sc$ 变化不大，可近似为 1，故在 $Re = 100$ 时，要达到 90%转化率，只需大约 6 粒催化剂那样长的催化床层就可以了。而如果反应需要 50~100层催化剂才能达到 90%，可以认为反应不是外扩散控速，反应本身阻力远大于外扩散阻力，气流中反应组分的分压基本上等于催化颗粒外表面上的分压值。

一般来说，反应级数越高，外扩散所施加的影响越大。但大多数催化反应是在相间传质不起阻碍作用的条件下进行的，也就是说，流-固间传质膜中的浓度梯度并不大。但对温度梯度来说，流-固间的温差常比催化颗粒内的温差大得多。

对流-固间的传热，热量传递速率 $Q$ 为

$$Q = R(-\Delta H_r) = \alpha_s a (T_S - T_B) \tag{10-104}$$

式中，$-\Delta H_r$ 为反应的热效应；$T_S$ 和 $T_B$ 分别为颗粒表面和流体体相温度；$\alpha_s$ 为传热系数。类似于传质过程，可以用传热因子关联传热系数，关系式如下：

$$j_H = \frac{\alpha_s}{G c_p} Pr^{2/3} = \frac{Nu}{Re Pr^{1/3}} \tag{10-105}$$

式中，$Pr$ 为 Prandtl 准数，$Pr = \frac{c_p \mu}{\lambda_f}$；$Nu$ 为 Nusselt 准数，$Nu = \frac{\alpha_s d_p}{\lambda_f}$：$c_p$ 为等压比热容；$\lambda_f$ 为热传导系数。类似与传质过程，对于固定床，当 $Re = 0.8$~2130，$Sc = 0.6$~1300 时，有

$$j_H = \frac{1.10}{Re^{0.41} - 0.15} \tag{10-106}$$

根据热量衡算，并将式（10-101）及式（10-105）代入，可得

$$T_S - T_B = \frac{j_D}{j_H} \left( \frac{Pr}{Sc} \right)^{2/3} \frac{(-\Delta H_r)}{\rho c_p} (c_B - c_S) \tag{10-107}$$

由式（10-102）与式（10-106）相比得 $j_D/j_H = 0.66$。又因为对大多数气体 $Pr/Sc \approx 1$，$(-\Delta H_r) c_B / \rho c_p$ 为放热反应的绝热温升 $\lambda$，故

$$T_S - T_B = 0.66 \lambda f \tag{10-108}$$

式中，$f$ 为流-固体系的浓度梯度，$f = (c_B - c_S)/c_B$。式（10-107）和式（10-108）还表明，如果反应热相当大，即使相间传质限制不大，相间传热仍可成为严重问题，足以使反应速率远高于无传热影响时的速率。

## 10.4.2　简化的恒温粒内传质过程及对反应活化能和反应级数的影响

固体催化剂大多是多孔材料，其表面积主要在其孔隙内。多相催化反应主要在催化剂的内表面上进行[19, 23]。反应物到达颗粒表面后，只有极少部分在外表面上吸附和反应，极大部分是通过扩散进入孔隙内表面上的活性位而吸附、反应。内扩散过程是和表面催化反应过程平行发生的，而外扩散过程则和表面反应过程及内扩散过程连串进行。

反应物从外表面进入颗粒内孔，根据反应物性质及孔结构的不同可以分为分子扩散、Knudsen 扩散、表面扩散和构型扩散。当分子平均自有程小于颗粒孔径时，气体分子与孔壁碰撞前，分子之间已发生碰撞，在孔中的扩散不受孔壁影响即为正常扩散或分子扩散。常压下气体分子的平均自由程约为 $10^{-7}$ m 数量级，且与压力成正比。当孔径大于 $10^{-7}$ m 时，在常压下气体在孔中的扩散主要是分子扩散。描述分子扩散速率的特征参数是扩散系数。扩散系数一般与气体总压力成反比，与温度 $T^{3/2}$ 成正比，而与孔直径无关。对于实际的催化剂颗粒，微孔的大小、长度、形状及取向的分布十分复杂，因此引入有效扩散系数 $D_{ej}$ 的概念。

$$D_{ej} = \frac{\varepsilon_p}{\Gamma} D_j \qquad (10\text{-}109)$$

式中，$\varepsilon_p$ 为催化剂颗粒的空隙率；$\Gamma$ 为催化剂颗粒的曲节因子。

当颗粒孔径小于分子平均自有程时，气体分子与孔壁碰撞的机会远高于分子间的碰撞，孔壁效应降低了分子扩散前进的速度，此时的扩散就是 Knudsen 扩散。根据气体分子运动论，Knudsen 扩散系数可表示为

$$D_K = 97 r_p \sqrt{\frac{T}{M}}$$

式中，$r_p$ 为孔半径；$M$ 为分子质量。显然 Knudsen 扩散系数与孔半径 $r_p$ 成正比，与绝对温度的平方根成正比，而与气体的压力无关。考虑到实际的催化剂颗粒，其有效 Knudsen 扩散系数为

$$D_{Ke} = \frac{D_K \varepsilon_p}{\Gamma} \qquad (10\text{-}110)$$

当分子扩散和 Knudsen 扩散共同起作用的过渡区，总的有效扩散系数可以通过下式估算

$$\frac{1}{D_e} = \frac{1}{D_{Ke}} + \frac{1}{D_{ej}} \qquad (10\text{-}111)$$

值得注意的是式（10-111）中的有效扩散系数与气体的组成相关。

吸附于固体表面的分子运动而产生的传质过程称为表面扩散。表面扩散的推动力是吸附于表面的分子浓度梯度。它涉及吸附分子在表面上从一个吸附位向另一个吸附位的移动。表面扩散系数 $D_s$ 可以表示为

$$D_s = D_0 \exp(-E_s / RT) \qquad (10\text{-}112)$$

式中，$D_0$ 为表面扩散常数；$E_s$ 为表面扩散的活化能。在常温或低表面覆盖度下，$D_s$ 的值在 $10^{-7} \sim 10^{-5}$ m/s，且多数情况下 $E_s$ 约为物理吸附活化能的一半。

当催化剂的孔径尺寸接近于分子大小时，扩散速率与分子的构型关系极大。这种扩散系数与被吸附分子的构型相关的扩散称为构型扩散[24]。构型扩散系数变化极大，相差可达几个数量级。利用构型扩散的特点，可以打破反应平衡，改善催化剂的选择性。如顺-2-丁烯和反-2-丁烯在 A 型分子筛中的扩散系数相差 200 倍以上，因此在 Pt/A 型分子筛上的顺-2-丁烯和反-2-丁烯加氢反应中，反-2-丁烯的加氢反应速率快几倍。

在实际催化剂中，孔径常在一较大范围内分布。部分催化剂由多孔的粉末压片或黏结而成，其孔径分布有两个较集中的范围，即所谓双孔分布。对此，其有效扩散系数的计算就更复杂，有关的计算和测量方法可参考相关专著[23, 25]。

催化剂颗粒内的传递过程和化学反应是强烈地耦合在一起的。由于化学反应本身的动力学上的复杂性及孔结构在几何上描述困难，使得耦合后的定量解析更加困难，因此需要进行必要的简化和假设。为处理和定量分析简单，首先考虑单一反应物的反应，并假定①恒温条件；②扩散遵从 Fick 法则，并可用一恒定的总包有效扩散系数来表征这一扩散系统；③反应不可逆、无分子数变化，且可用简单速率方程描述；④系统处于稳态（即扩散最深部的浓度梯度为零）。通常以假设催化剂颗粒为两种特定的几何形状，一种是半径为 $R$ 的圆球；另一种为厚度 $L$ 的平板（长度无限、或两端侧面封闭），板的正面与反应物接触，底面不接触。如果反应物在外表面的浓度为 $c_S$，一边以有效扩散系统数 $D_e$ 向球心或板底扩散，一边以 $k_S S_v c_m$ 的反应速率转化，则根据物料衡算，该反应物在离球心 $r$ 处或板底距离为 $l$ 处的浓度应为

$$\frac{c}{c_S} = \frac{\sinh(\phi_S r / R)}{(r / R)\sinh\phi_S} \quad (\text{球形}) \qquad (10\text{-}113)$$

或

$$\frac{c}{c_S} = \frac{\cosh(\phi_L l / L)}{\cosh\phi_L} \quad (\text{平板}) \qquad (10\text{-}114)$$

式中，$\phi_S$ 和 $\phi_L$ 为无因次的 Thiele 模数。

$$\phi_S = R\sqrt{\frac{S_v k_S}{D_e}}$$

$$\phi_L = L\sqrt{\frac{S_v k_S}{D_e}}$$

式中，$S_v$ 为单位粒体积之内表面积；$k_S$ 单位内表面积之速率常数。

由于球或板内部的反应物浓度低于外表面上浓度，内部的反应速率也递减。在稳态下，总包反应速率与扩散速率相等，以圆球模型为例

$$r = 4\pi R\phi_S D_e c_S\left(\frac{1}{\tanh\phi_S} - \frac{1}{\phi_S}\right) \tag{10-115}$$

但在无扩散限制时，内部浓度 $c$ 和 $c_S$ 相等时的反应速率 $r_0$ 应为

$$r_0 = \frac{4}{3}\pi R^3 S_v k_S c_S \tag{10-116}$$

催化剂的有效因子 $\eta$ 是指催化剂的体积利用率，定义为

$$\eta = \frac{有内扩散存在时的催化剂颗粒反应速率}{无内扩散存在时的催化剂颗粒反应速率} \tag{10-117}$$

对于球形催化剂颗粒，将式（10-114）、式（10-115）代入式（10-116），得

$$\eta = \frac{r}{r_0} = \frac{3}{\phi_S}\left(\frac{1}{\tanh\phi_S} - \frac{1}{\phi_S}\right)$$

对薄片催化剂颗粒模型，可求得

$$\eta = \tanh\phi_L / \phi_L$$

Thiele 模数的物理意义可以通过对球形颗粒推导出来，同时也适用于其他形状的颗粒。对于球形颗粒

$$\phi_S^2 = \frac{R^2 S_v k_S}{D_e} = \frac{RS_v k_S c_m}{D_e(c_m / R)} = \frac{反应速率}{扩散速率} \tag{10-118}$$

显然 Thiele 模数反映了反应速率和扩散速率的相对大小，因此也反映了内扩散的严重程度。对于一级不可逆反应，当催化颗粒小（$R$ 或 $L$ 小）、催化剂活性低（$k_S$ 小）、或 $D_e$ 较大时，$\phi$ 小而 $\eta$ 就近于 1，反之则 $\phi$ 越大而 $\eta$ 越小。一般情况下，$\phi < 0.4$，则 $\eta \approx 1$，内扩散可忽略；$0.4 < \phi < 3$，则 $\eta < 1$，内扩散有明显作用；$3 < \phi$，则 $\eta \approx 1/\phi$，内扩散严重。因此为了消除内扩散，即使 $\eta \approx 1$，必须降低 $\phi$ 值，这可以通过提高 $D_e$ 和减少粒度等方法实现。

对于 $m$ 级反应，如果简化条件不变，则表观反应速率方程的一般表示为

$$r = \eta k_S S_v c_S^m \tag{10-119}$$

两端取对数得

$$\ln r = \ln \eta + \ln k_S S_v + m \ln c_S$$

由于表观反应级数 $m'$ 为

$$m' = \frac{\mathrm{d}\ln r}{\mathrm{d}\ln c_{\mathrm{S}}}$$

在等温条件下，$k_{\mathrm{s}}S_{\mathrm{v}}$ 为常数，则

$$m' = \frac{\mathrm{d}\ln\eta}{\mathrm{d}\ln c_{\mathrm{S}}} + m$$

不是简单地等于 $m$，而是取决于 $\eta$ 和 $c_{\mathrm{S}}$ 之间的关系。

$$\phi_{\mathrm{S}} = R\sqrt{\frac{S_{\mathrm{v}}k_{\mathrm{S}}c^{m-1}}{D_{\mathrm{e}}}} \tag{10-120}$$

$$\phi_{\mathrm{L}} = L\sqrt{\frac{S_{\mathrm{v}}k_{\mathrm{S}}c^{m-1}}{D_{\mathrm{e}}}} \tag{10-121}$$

对于分子扩散，在 $D_{\mathrm{ej}}$ 与总压成反比，如按 $3 < \phi$ 且 $\eta \approx 1/\phi$，则将式（10-120）代入式（10-119）可知 $m' = m/2$。而对于 Knudsen 扩散，$D_{\mathrm{Ke}}$ 与压力无关，故 $m' = (m+1)/2$。

而其表观活化能 $E_{\mathrm{a}}$ 和 $\eta = 1$ 时的反应本征活化能 $E$ 分为

$$E_{\mathrm{a}} = -R\frac{\mathrm{d}(\ln\eta k_{\mathrm{S}})}{\mathrm{d}(1/T)}$$

$$E = -R\frac{\mathrm{d}(\ln k_{\mathrm{S}})}{\mathrm{d}(1/T)}$$

则 $E_{\mathrm{a}}/E$ 的比值为 $\eta$ 的函数，其关系如图 10-5 所示。在内扩散控制时，即 $3 < \phi$ 且 $\eta \approx 1/\phi$，$E_{\mathrm{a}}/E \approx 1/2$。

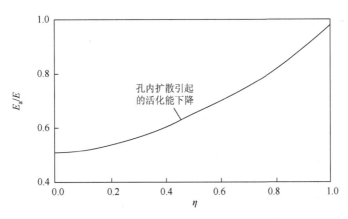

图 10-5　有效因子 $\eta$ 对表观活化能 $E_{\mathrm{a}}$ 的影响

### 10.4.3　复杂情况下恒温粒内传质过程

在实际催化系统中，上述简化和假设往往不能满足实际求解需要而使解析复杂化。下面分别加以讨论：

1）双组分反应

如果反应本身对两个反应物种都是一级的，而其中有一个（如为 $B_1$）对反应是内扩散控制时，以平板模型为例，其内扩散模数即为

$$\phi_{L,1} = L\sqrt{\frac{k_S S_v c_2}{(D_e)_1}} \qquad (10\text{-}122)$$

式中，下标 1、2 分别指 $B_1$、$B_2$ 的有关量。在 $\eta$ 小于 0.4 时，它可近似为 $1/\phi_{L,1}$，此时表观反应级对 $B_1$ 仍为一级，对 $B_2$ 却成 3/2 级（指在 Knudsen 扩散区中）。

2）反应伴有摩尔数变化的反应

在分子扩散或过渡区中，反应总摩尔数的增加使反应物更难扩散进入催化颗粒，$\eta$ 将更低；反应总摩尔数减少则作用相反。但定量说明需引入摩尔数增加 $\delta$ 及摩尔分数 $Y_1$ 的乘积作参数。例如，对于圆球状催化剂，如果 $\phi_S < 3$，而一级反应的主要反应物 $B_1$ 的 $\delta Y_1$ 值在 $\pm 0.5$ 以内时，$\eta$ 值的变化不超过 10%。

3）颗粒形状的影响

除上面最易解析的球形和平板形之外，也有以圆柱体或长杆体作模型解析的，为使各模型可以互相比较，可引入长度参数 $d$，定义为颗粒体积与扩散面积之比，统一使用。如对于平板，$d = L$；对于圆球，$d = 1/3R$。而以统一长度表达的 $\phi = 1/2\phi_S$。$\eta$-$\phi$ 曲线对不同几何模型也不相同。在 $\phi$ 很小或很大时，各形状的 $\eta$ 值差别相当小；在 $\phi = 1$ 左右时，$\eta$ 差别最大。例如，对一级反应，$\eta_L$ 最大而 $\eta_S$ 最小，两者相差约 0.09。其他如圆柱模型则在其中间。

4）双曲线式速率方程的有效因子 $\eta$

如果用 L-H 表达式，$\eta$ 与 $\phi$ 的关系就复杂得多，需引入新的参数：

$$K_d \equiv \frac{K_1 - D_1\sum_i v_i K_i / D_i}{1 + \sum_i K_i(p_i + v_i p_1 D_1 / D_i)}$$

$$v_d \equiv \frac{-D_2 p_2}{v_2 D_1 p_1} - 1 \qquad (10\text{-}123)$$

式中，$K_1$、$D_1$、$p_1$ 为双组分反应物中主要反应物的吸附平衡常数、扩散系数和分压，而带下标 $i$ 的为其他各组分的量。要选择一个反应物作为 $B_1$ 而使 $v_d \geq 0$。如各个 $K_1$ 值都很小，$K_d$ 值就趋近于零，反应成为一级反应。对零级反应，$K_d p_1$ 值趋于无穷大；而对高级次反应，$K_d p_1$ 值为负值。$K_d p_1$ 值最小为 $-1$，表明强产物阻抑。

当 $p_2$ 或 $D_2$ 大大超过 $B_1$ 的相应值时，$v_d$ 值较大。对于恒温下平板模型催化剂，扩散遵从 Fick 定律，各组分的扩散系数为恒值，而且式（10-123）中分母为正值时，不同 $K_d p_1$ 与值下的 $\eta$ 与 $\eta \phi_L$ 关系如图 10-6 所示。

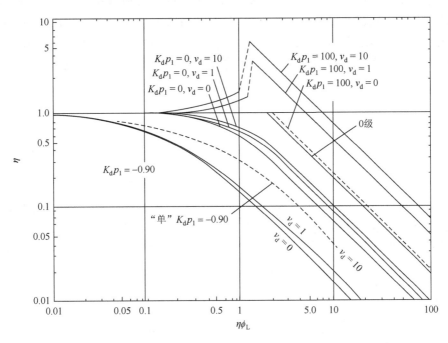

图 10-6　L-H 动力学模型中有效因子 $\eta$ 与内扩散模数 $\eta \phi_L$ 之关系

　　由图 10-6 可见，一般 $K_d p_1$ 或 $v_d$ 值越大，曲线位置越高；在 $K_d p_1$ 值越小时，$v_d$ 的影响就很小。有两点情况值得注意：一是当 $v_d > 0.1$ 而 $K_d p_1 \geqslant 10$ 时，$\eta$ 在某些 $\eta \phi_L$ 值的区间内可以比 1 大很多；二是一些曲线在其中段用点线连接处，实际上是 $\eta$ 有多值的区间，在此区间中操作是非稳态的。这两者都和非恒温的扩散控制速率反应相似。图中标明"单"的曲线表明单分子反应的情况。如 $K_d p_1$ 都为 $-0.90$，单分子反应比双组分反应的曲线位置低得多。

　　5）可逆反应

　　若存在显著的逆向反应，$\eta$ 的解析更加复杂。一些研究是按双曲线式速率方程解析的，也要引入类似式（10-123）的参数。一般来说，即使在同一 $\phi_L$ 值下，按可逆反应解析所得 $\eta$ 要比略去逆向反应所得值低。根据文献[23]所示图作粗略估计，对一级不可逆反应，在 $\phi_L$ 为 0.55 及 3.15 时的 $\eta$ 约为 1.0 及 0.30；而如果为一级可逆反应达到 50%平衡转化，同样 $\phi_L$ 值下的 $\eta$ 值分别降为 0.80 及 0.16。对高级数反应影响更大。

### 10.4.4　非恒温反应中的有效因子

当催化剂本身的导热率较低，反应系统的扩散系数和热效应较大时，催化剂颗粒内温度会显著不同于外表面上的温度。令有效因子 $\eta$ 仍定义为实测反应速率与无粒内传热传质限制（限粒内温度和反应物浓度与外表面上温度浓度相同）的反应速率的比值。在解热量和物料衡算的联立方程时须引入 Arrhenius 数 $\gamma$ 和热效参数 $\beta$[23]：

$$\gamma = \frac{E}{RT}$$

$$\beta \equiv \frac{c_s(-\Delta H)D_e}{\lambda_p T_s} \tag{10-124}$$

式中，$\Delta H$ 为反应的焓变；$\lambda_p$ 为多孔催化剂颗粒的热导率。

对放热反应，$\beta > 0$，实际为稳态下催化剂颗粒内所能有的最大温差与颗粒外表面温度的比值：$(T-T_s)_{max}/T_s$。图 10-7 给出在 $\gamma = 20$（典型的反应情况，即活化能 $E$ 约为 100 kJ/mol，反应温度 $T$ 约为 600 K），$\beta$ 在 $\pm 0.8$ 之间的一些 $\eta$-$\phi_s$ 关系曲线，其中 $\beta = 0$ 的曲线为恒温情况。

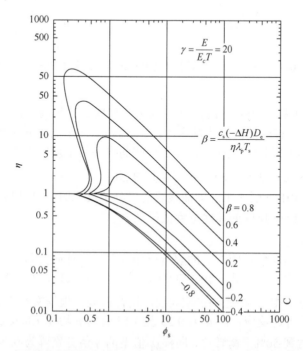

图 10-7　球形催化剂颗粒中进行一级反应（$\gamma = 20$）时非恒温 $\eta$-$\phi_s$ 关系曲线

由图 10-7 可见，$\phi_s$ 值较高时，各曲线的 $\eta$ 仍与 $\phi_s$ 成反比，如恒温情况。$\beta > 0$ 的曲线趋势表明，对一定的 $\phi_s$，$\eta$ 可以超过，或远超过 1。这是因为该情况下催化剂颗粒内温升所引起的反应速率增加远超过颗粒内浓度降低所引起的反应速率的下降。这类曲线中，在 $\phi_s$ 值较小的一段区间内，$\eta$ 又是多值的。同一个 $\phi_s$ 下可以有三个 $\eta$ 值，而放热量和散热量都能平衡。其中与中间 $\eta$ 值相应的状态是亚稳态。对反应系统稍有扰动，亚稳态立即破坏，颗粒温度不是上升到与较高 $\eta$ 值相应的一个稳态（反应的速率控制步骤为气固传质），就是下降到与较低 $\eta$ 值相应的一个稳态（表面化学反应为控速步骤）。

# 10.5　动力学测定方法和实验装置

在一般多相催化反应器所得实验结果中不同程度地存在着化学反应和传递过程的耦合。从耦合数据，无论是设计反应器，还是改进或提高催化剂性能都是困难的。因此，需要通过适当的实验工具和条件，把化学反应和传递过程分离开来从而得出催化反应本征的动力学参数和传递过程参数。为了获取可靠的实验数据，实验设备的选择至关重要。本节将主要介绍实验室常用的反应器，以及正确求得相关参数方面的问题。

## 10.5.1　实验室反应器[26]

实验室反应器种类繁多，并不是都可以用来求取动力学参数的。因此实验室反应器的选择应根据催化反应的特点及所要获取的信息而定。由于温度对反应速率的影响是指数性的，动力学反应器的一个最主要的条件是恒温性，特别对于复杂反应。第二个重要条件是停留或接触时间的确切性或均一性。第三是产物取样和分析是否容易。至于反应器制作是否价廉简易，应服从实验需要。常用的实验室反应器分述如下。

1）积分反应器

一般常用的管式反应器中装填足量的催化剂以达到较大的转化率，以致反应器进口和出口物料在组成上有显著不同，不可能用数学上的平均值代表全反应器中物料组成。对积分反应器，只能得到转化率（或生成率）对空时的积分数据，但在分析技术和方法上要求不高。催化反应须在排除传递过程影响的情况下进行。积分反应器在动力学研究中，又可分为恒温的和绝热的两种。

恒温积分反应器由于简单价廉，对分析精度要求不高，所以只要可能，总是先考虑使用。但由于在反应器中转化高，反应热稍大，就难保持恒温性。通常采用以下方法来达到对恒温的要求：一是减小管径，使径向温度尽可能均匀；二是用恒温导热介质；三是用惰性物质稀释催化剂。管径减小对相间传热和粒间传热都影响颇大，是非常有效的措施。在管径为催化剂粒径 4 倍以上时，减小管径对恒温性改善仍很明显。但管径过小会加剧沟流所致的壁效应而使转化偏低。对于导热介质，可用熔融金属（如锡-铅-镉合金）、导热姆（Dowtherm）、熔盐或大块铝铜合金。熔融金属和熔盐在导热性方面很好，但不能忽视其安全问题。最方便而有效的是流沙浴，可达 1000℃高温，控温快而简易。常用的是在锥形底部与金属圆筒间夹持有烧结金属板，内装氧化铝或硅胶微球的流沙浴，圆筒外壁在用石棉布绝缘后绕上电炉丝。用控温仪很容易保持温度稳定，即使对放热量较大的氧化反应也可以用。对强放热反应，有时须用惰性、大热容的固体粒子（如刚玉、石英砂）稀释催化剂以避免出现热点，从而保持恒温。采用非等比稀释，即在入口处加大稀释比，随转化加深而线性地减低稀释比，可使轴向温度梯度接近于零，径向梯度也接近于可略。

绝热积分反应器为直径均一、催化剂装填均匀、绝热良好的圆管反应器。通入预热至一定温度的反应物料，并在轴向可以测出与反应热量和动力规律相应的温度分布。从 $T$-$W$ 曲线作图或解析微分法求得一系列 $\mathrm{d}T/\mathrm{d}W$ 和 $\mathrm{d}^2T/\mathrm{d}^2W$。把这些导数代入热量衡算式

$$GA_b C_p \rho_b \frac{\mathrm{d}T}{\mathrm{d}W} - \lambda_e A_b \rho_b \frac{\mathrm{d}^2T}{\mathrm{d}^2W} + r_1(-\Delta H_1) = 0 \qquad (10\text{-}125)$$

如果催化剂的有效导热率 $\lambda_e$ 已知，且温度的径向和气固间梯度小到可略，就可求出在不同温度下的 $r_1$ 值。再按从能量衡算式导出的

$$Y_1 = \frac{Y_{10} + M_0(C_p/(-\Delta H_1)(T-T_0))}{1 + \delta_1 M_0(C_p/(-\Delta H_1)(T-T_0))} \qquad (10\text{-}126)$$

算出不同温度下组分 $B_1$ 的摩尔分数 $Y_1$。式（10-124）及式（10-125）中 $A_b$ 为反应管截面积；$C_p$ 为进料平均热容；$\rho_b$ 为催化剂堆密度；$\Delta H_1$ 为转化 1 摩尔 $B_1$ 的反应热；$M_0$ 为进料起始相对分子质量；$\delta_1$ 为转化 1 摩尔 $B_1$ 时改变的总摩尔数；$T_0$ 为入口反应温度。同样可以求得其他反应组分 $Y_i$ 的摩尔分数。有了一套不同 $T_0$ 的 $r_i$ 与 $Y_i$ 值，动力学参数就可以进一步求得，但只能用于简单反应。

2）微分反应器

若通过催化剂床层的转化率很低，床层进口和出口物料的组成差别小得足以用其平均值来代表全床层的组成，但足够用某种分析方法确定进出口的浓度差时，$\Delta c/\Delta t$ 就可近似为 $\mathrm{d}c/\mathrm{d}t$ 并等于反应速率 $r$，从而可求得 $r$ 与平均组成给出的分压等微分数据。一般在这种单程流通的管式微分反应器中转化率应在 5%以下（个别允许达 10%）。微分反应器优点在于转化低、发热少，易达到恒温要求；而且反应器机制也很简单。但存在两个严重问题：一是所得数据常是初速，较难以配出一个合成原来模拟一个复杂反应在高转化下的组成。对此，可在微分反应器前串接一个积分转化器以提供微分反应器所需进料。二是分析要求精度很高，大多数方法往往不能满足。

3）循环反应器

积分反应器中分析容易，但不能确保理想行为；而微分反应器能确保反应器的理想行为，但分析困难。循环反应器同时具备积分反应器和微分反应器的优点。反应物流体的循环可以采用外循环和内循环方式。在循环条件下，反应速率可以使用简单的质量平衡式来计算。循环反应器中，使反应混合物的大部分用泵在回路中循环的同时，连续引入一小股新鲜反应物料 $F_0$，并从反应器出口放出一股流出物使系统保持恒压（图 10-8）。如循环量为 $F_R$，$F_0$ 中反应组分 B 的摩尔分数为 $y_0$，入催化剂床层前 $F_R + F_0$ 中摩尔分数为 $y_{in}$，出口物中摩尔分数为 $y_f$，按物料衡算，可得

$$x = y_f - y_{in} = \frac{y_f - y_0}{1 + (F_R + F_0)} \tag{10-127}$$

当 $F_R \gg F_0$ 时，$y_{in} \to y_f$，$y_f - y_{in} \to 0$，按式

$$r = \frac{dx}{dW/(F_0 + F_R)} \approx \frac{y_f - y_0}{(1 + F_R/F_0)W/(F_0 + F_R)} = \frac{y_f - y_0}{W/F_0} \tag{10-128}$$

$F_R/F_0$ 一般为 20～40，远大于 1，相当于把 $y_f - y_{in}$ 微差值放大成分析较易测准的较大值 $y_f - y_0$，而易于分析准确。由于通过床层的转化率很低，床层温度变化就很小。再由于通过催化床层的流体量相当大、线速大，外扩散影响也就可以消除。循环反应器也被称为无梯度反应器。

循环反应器避免了分析精度方面的问题，代之而来的循环泵制作方面的问题，外循环反应器对泵的要求是，不能沾污反应混合物，滞留量要小，循环量要大（4 L/min 以上）。通常用一段软铁圆柱，外裹玻璃封壳作为在玻璃管泵体中做往复运动的泵心。往复运动靠磁场作用为动力，有的用交变电磁线圈和弹簧作用，有的直接用永久磁铁环和偏心轮联系作往复运动，也有靠热虹吸原理达成气体循环的。目前，多趋向用一种鼓膜泵来循回反应混合物，其循环量比往复式泵高出一两个数量级[27]。

外循环反应器比单程流通的管式微分反应器有根本改进，但仍有不足。一是循环气须冷却到泵体能忍受程度再进入，出泵后再与新鲜进料混合进入催化床以前需再预热到反应温度。冷却较易完成，而大量循环气预热往往给加热设备带来新问题。而且这又使自由体积/催化剂体积的比值相当

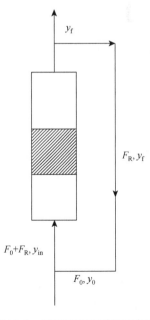

图 10-8　循环反应器系统示意图

大，达 10～100，时间常数很大，从一个操作条件变换到另一条件，需较长时间才能达到稳态，且有利于副反应进行。内循环反应器则将循环系统与反应系统结合在一起，如图 10-9 所示。这样自由体积可减为催化剂体积的 3～5 倍，时间常数显著缩短，易达成稳态。

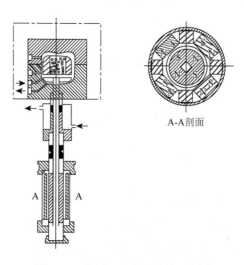

A-A剖面

图 10-9　内循环反应器结构示意图

　　装置上部为催化床层和风道（分别占据中间位置及环状空间，或反过来），其下部为涡轮叶片。当以高速转动时强制气流通过催化床，再从风道吸回。有的设计成相反方向流动。循环气量可达 150 L/min，气体混合是非常均匀的，更能达到浓度和温度的无梯度状态。反应速率也直接从式（10-127）给出。这种设计要求带动涡轮叶片的轴转速高达每分数千转，又必须能经受高温、高压而无泄漏和沾污。目前采用特殊轴承材料，可在 590℃ 及 15 MPa 下操作，并有专门公司制作出售[28, 29]。采用磁驱动、全玻璃（或石英）的内循环反应器的设计，除了避免金属结构材料对催化反应可能有的干扰外，最大优点是结构简单，价格低廉[30]。

　　4）搅拌反应器

　　当循环反应器的循环比足够高时，其实际上就是一种全返混反应器，这从循环反应器的速率表达式（10-127）与式（10-22）相比也可看出。实验室动力学反应器中和这种 CSTR 相当的是旋转篮式反应器，见图 10-10。最初出现的是 Carberry 所提出的 notre dame 式。在该装置中，催化剂颗粒装在金属网编织的筐篮中（一般是整齐排列）。筐篮有不同形状，常见的为十字交叉放置的扁矩形筐箱或圆柱筒体。它连于转轴上在反应容器中高速回转。这样，流入反应容器中的反应流体在瞬时内与容器内原有的流体完全均匀混合，在组成上和流出物完全相同。后来提出的 ICI 式提高了转速，改用磁驱动以防止沾污和泄漏，并缩小了自由体积。其后又用加挡板和固定筐篮而使容器高速旋转的办法以改进测温和加大流体穿透催化剂的相对速度[31]。

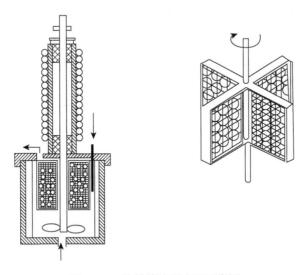

图 10-10　旋转篮式反应器示意图

另一种产生气体搅拌效果的方法是使催化反应器内的气体产生往复振荡。振荡通过外部交变电磁场使反应管内活塞产生往复运动而获得，或者通过蜂鸣器带动拉杆使两个对置的压缩器的聚四氟乙烯膜片往复移动而获得[32]。

5）流化床反应器

如果催化剂活性在反应过程中逐步上升（如诱导期）或逐步下降（如失活），就用流化床反应器或微反应器为宜。前者适于失活时间以秒计并有较多催化剂量可供应用的情况；后者则宜于活性变化稍慢而催化剂供应量很少的情况。流化床反应器曾用于邻二甲苯氧化动力学研究[33]。流化床反应器由内径为 17 mm、高 8.2 m 的不锈钢竖管作成。用含 $SO_2$ 的空气带入细粒氧化钒催化剂，达到稳定的两相流动后再进入一定量的邻二甲苯，几分钟后即达定态，从上、中、下三个取样点经烧结不锈钢过滤器滤去催化剂而将样品气吸入预抽空的样品瓶内以供分析。用流化床反应器不仅可以考察活性在变化的催化剂上反应的动力学，并可验证还原氧化机理是否有据。

6）无梯度反应器的性能比较

动力学反应器基本上是指无梯度反应器，如循环反应器和搅拌反应器。上述反应器的涡轮或催化筐篮的转速（或循环量）对无梯度状况有显著影响，后者需要用传质实验来检验外扩散阻力和用返混实验来表征流体在反应器中的混合均匀度。在传质实验中，一般用一定大小（如长径都为 3 mm 的圆柱体）的萘锭和催化剂装在一起，在 30℃ 下测定通过的氮气流中的萘的浓度而测出传质因子 $j_D$。要测定返混程度则用脉冲响应实验，即在一定流速的进反应器气流中注入一示踪气的脉冲。测定在出器气流中示踪物浓度随时间的变化，可以测出返混程度。表 10-3 中实验室常用的无梯度反应器性能的比较。

**表 10-3　实验室常用的无梯度反应器性能的比较**

| 反应器 | 温度均一性 | 接触时间均一性 | 取样/分析难易 | 数学解析难易 | 制作/成本 |
|---|---|---|---|---|---|
| 内循环 | 优 | 优 | 优 | 优 | 难、贵 |
| 外循环 | 优 | 优 | 优 | 优 | 中等 |
| 旋转篮式 | 优 | 良 | 优 | 良 | 难、贵 |
| 微分管式 | 良 | 良 | 差 | 良 | 易、廉 |
| 绝热 | 良 | 中 | 优 | 差 | 中等 |
| 流化床 | 中 | 良 | 差 | 良 | 难 |
| 积分 | 差 | 中 | 优 | 差 | 易、廉 |

由表 10-3 可见，单程通过的管式微分反应器要注意其对分析精度要求高，而积分反应器要注意其恒温性差。循环反应器除了构制较难，成本昂贵外，一般是比较适用的。对于高转化率的复杂反应网络，要注意 CSTR 中的组成和在 PFR 中同一转化率下的组成会有不同。有时在搅拌或循环反应器中和在管式反应器中所得的动力学结果出现不一致。这可能是由在两种反应器中催化剂处于不同的活性状态所致。例如，邻二甲苯在两种反应器中的结果，显示在搅拌反应器中催化剂的再氧化过程起控速作用，催化剂处于还原态；而在进料组成相同的管式积分反应器中，烃的外扩散起控速作用，催化剂处于氧化态，因而活性是不同的。

## 10.5.2　内扩散参数的测定

对扩散系数 $D_B$、$D_K$、$D_e$ 有估算方法，也有在无反应下测定的实验方法[19, 23]。在测定方法上，过渡应答方法发展较快，如发展的产物瞬态分析（TAP）技术，其应答时间可以达到毫秒数量级。根据对脉冲技术的动力学数据，可以采用多种方法对扩散系数和平衡常数进行拟合，如矩量分析、Fourier 拟合和 Laplace

拟合等，各种方法均有其特点[34]。在无反应下估算或测定的数值往往和在有反应情况下的实际有效扩散系数差距较大，甚至可达 4～5 倍。这主要是在反应和非反应情况下，两者的扩散通量比相差甚大；另外与表面扩散作用、孔径分布不匀等也都有关系。因此，在反应情况下测得的数据求内扩散参数更妥当，下面介绍两种方法。

1）求有效因子方法

如上所述，在恒定条件下，测定不同粒径催化剂的反应速率，到达极限反应速率时的 $\eta$ 值即为 1.0，而某一粒径催化剂上的反应速率与极限反应速率值的比值即为该粒径催化剂的 $\eta$ 值。通过对多种粒径催化剂的速率测定，可以求出 $\eta$ 值，从而求出扩散系数。

如果仅有两种粒径（设等效直径分别为 $d_1$ 和 $d_2$）的催化剂的反应速率（令分别为 $r_1$ 和 $r_2$），可用所谓"三角形"方法，即利用 $\eta$ 与 $\phi$（内扩散模数）的关系在一定范围内比较固定的特点，再根据式（10-108）～式（10-120）有

$$r_1 / r_2 = \eta_1 / \eta_2$$
$$d_1 / d_2 = \phi_1 / \phi_2$$

在图 10-11 中，$\eta_1/\eta_2$ 代表纵坐标一段长度，$\phi_1 / \phi_2$ 代表横坐标一段长度，均可分别在坐标轴上量出而作为一直角三角形的两直角边，如图 10-11 所示。保持直角边与坐标轴平行而将三角形顶点沿 $\eta$-$\phi$ 曲线移动至两顶点均与曲线上两点重合，即可得出相应的 $\eta_1$、$\eta_2$、$\phi_1$ 与 $\phi_2$ 值。但须拟合的这段曲线不在 $\eta$-$\phi$ 的直线段上。

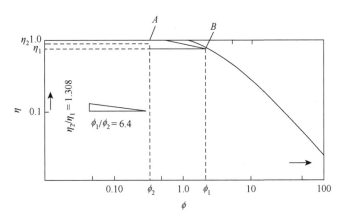

图 10-11　"三角形"方法示意图

例如，在丁烯氧化脱氢动力学实验中[35]，对催化剂的两种颗粒半径：0.025 cm 和 0.160 cm，求得其在 410℃反应温度下丁烯转化速率分别为 8.89 mmol/ghr 及 8.04 mmol/ghr，470℃下则分别为 14.25mmol/ghr 及 10.89 mmol/ghr。由上可知 $\phi_1 / \phi_2 =$

$d_1/d_2 = 0.160/0.025 = 6.4$，而 $\eta_2/\eta_1 = r_2/r_1$ 则为 1.106（410℃）及 1.308（470℃）。由图 10-11 可以作出 $\phi_1/\phi_2 = 6.4$ 的横坐标长度，$\eta_2/\eta_1 = 1.106$ 或 1.308 的纵坐标长度。所成的直角三角形顶端在图 10-11 曲线上滑移，可求得 410℃：$\phi_1 = 1.30$，$\eta_1 = 0.905$，$\phi_2 = 0.20$，$\eta_2 = 1.00$；470℃：$\phi_1 = 2.30$，$\eta_1 = 0.757$，$\phi_2 = 0.36$，$\eta_2 = 0.99$。得出催化剂的 $\eta$ 值，体系的扩散控制速率程度就有了量的概念。还可以求 $D_e$（有效扩散系数）。Weisz 定义一个新的内扩散模数 $\Phi$[36]：

$$\Phi = \eta\phi^2 = \frac{d^2}{D_e}\left(-\frac{1}{V_p}\frac{dn}{dt}\right)\frac{1}{c_s} \tag{10-129}$$

对于球形模型，$d = R$；对于平板模型，$d = L$。$\eta$-$\Phi$ 的关系曲线示如图 10-12 所示，它不像 $\phi$ 那样包含化学反应本身的速率常数和反应级数。从图 10-12 可以从 $\eta$ 求出 $\Phi$，再按式（10-129）求出 $\phi$，显然这样求 $D_e$ 更方便。

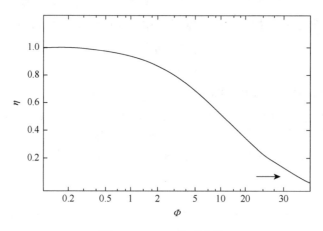

图 10-12　$\eta$-$\Phi$ 关系曲线

2）单锭扩散反应器

单锭扩散反应器（single pellet diffusion reactor）如图 10-13 所示。催化剂锭片挤压在不锈钢柱体中，压锭时使密度分布尽可能均匀。反应气体以足够速度用往复泵压经催化剂锭片的正面，用注射针筒取样色谱分析。一部分反应气体扩散到锭片的背面，也取样作色谱分析（也可以用质谱或红外光谱等）。如果取样量很少，催化剂活性稳定，到达定态后，锭片两面浓度，按 Petersen 的理论分析[37]，对不同的反应级 $m$，应有如图 10-14 的关系。令 $\Psi_1$ 为组分 $B_1$ 在锭片背面浓度 $c_1(1)$ 与正面浓度 $c_1(0)$ 的比值。按图 10-14，如果测得一系列 $\Psi_1$ 与 $c_1(0)$ 的实验值，即可得出反应级数。知道反应级数 $m$，从一个实验的 $\Psi_1$ 与 $\phi$ 的函数关系可求出内扩散模数 $\phi$，也可从图 10-15 读出。如文献[37]中对 $m = 2$、$1/2$、$0$、$-1/2$、$-3/4$、$-1$、$-2$ 所列举，而解出。进一步按照上述方法，可以得出 $D_e$ 值。

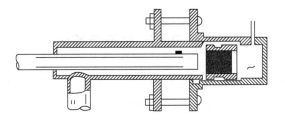

图 10-13　单锭扩散反应器示意图

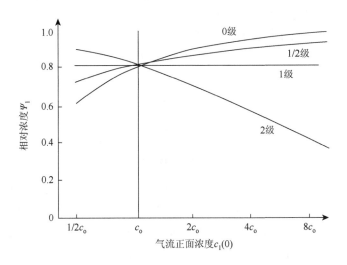

图 10-14　催化剂锭片两侧相对浓度 $\Psi_1$ 与气流正面浓度 $c_1(0)$ 的关系

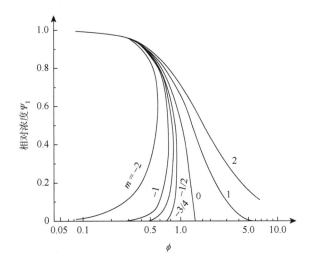

图 10-15　催化剂锭片两侧相对浓度 $\Psi_1$ 与内扩散模数 $\phi$ 的关系

### 10.5.3　速率方程中吸附参数的测定-过渡应答法

在 20 世纪 50 年代提出的测定反应条件下吸附，对确切了解反应机理和速率控制步骤显然是必要的。过渡应答法（transient response method）已引起人们的广泛关注。原则上，对一个稳态反应系统施加某种微扰，则这一反应系统在趋近新稳态过程中的应答方式对不同机理是各有特征的，由此可以抽提出关于吸附物种的吸附量、吸附和脱附速率的信息[22]。对多相催化，施加浓度的微扰较为方便。

设有一双组分相互作用的催化反应：

$$B_1 + B_2 \longrightarrow B_3$$

由三个基元步骤所组成：

$$B_1 + L \underset{k_{-1}}{\overset{k_1}{\rightleftharpoons}} B_1L$$

$$B_2 + B_1L \underset{k_{-2}}{\overset{k_2}{\rightleftharpoons}} B_3L$$

$$B_3L \underset{k_{-3}}{\overset{k_3}{\rightleftharpoons}} B_3 + L$$

对于理想流体（或全返混或活塞流）及无传热、传质限制的情况，当 $B_1$、$B_2$ 和大量惰性气以恒定组成、恒定流速通过催化床层而达稳态后，使 $B_1$（或 $B_2$、或 $B_3$）的浓度有一明确的阶跃变化，假设其分压自 $p_{10}$ 跃至 $p_{1s}$。如果进料中原先无组分 $B_2$，则 $B_1$ 的分压循曲线 A（图 10-16）渐升至 $p_{1s}$，这时阴影面积 $Q_1$ 即自 $t=0$ 至 $t_1$ 时间内 $B_1$ 所增加的吸附量，而 $t_1$ 时 $B_1$ 的吸附速率由 $\Delta p_1 F/p$ 给出，其中 $F$ 为进料速率，$p$ 为总压。而如果进料中原已有 $B_2$，则 $B_1$ 循另一曲线 B 渐升至 $p_{1s}'$，$p_{1s}' < p_{1s}$。

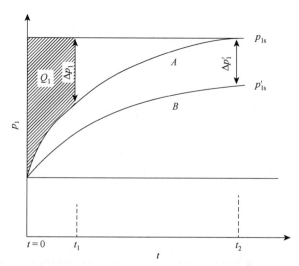

图 10-16　$B_3$ 浓度增加时的过渡应答曲线

当引入 $B_1$ 阶跃后，如果流出物中生成物 $B_3$ 分压的应答曲线显示立即到达新的稳态，就表明 $B_1$ 的吸附或脱附在动力学上都不重要，速率控制步骤是表面反应。图 10-17 则表示当进料中 $B_1$ 和 $B_2$ 的分压都突降至零时 $B_3$ 的应答情况，其中曲线 A 是 $K_{-2} \approx 0$（即基元步骤 2 为不可逆）时的应答，其中阴影面积 $Q_2$ 是到 $t = t_1$ 时 $B_3$ 的吸附量，而 $\Delta p_3 F/p$ 是 $B_3$ 的静脱附速率。曲线 B 则表明基元步骤 2 为可逆时的情况，低于曲线 A。

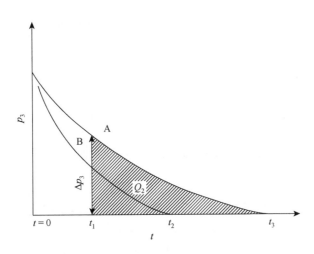

图 10-17　$B_1$ 浓度降为 0 时 $B_3$ 浓度的过渡应答曲线

作为过渡应答反应的物料衡算结果[38]，可以有一个微分方程组。如图 10-18 所示，对长为 100 cm、催化剂堆密度为 $1.0 \ \text{g/cm}^3$、空隙率为 0.5 的微分反应管，以线速 400 cm/min 通入 20.3 kPa $B_1$ 和 80.1 kPa 氦的混合气到达稳态，然后引入浓度为 20.3 kPa 的 $B_2$ 阶跃变化所产生的一些 $B_3$ 的过渡应答曲线，分别与几组 $k_1$、$k_2$、$k_3$、$k_{-3}$ 值（图 10-18）相对应（$k_{-1} = k_{-2} = 0$）。曲线 A 为 $k_1 \approx k_2 \gg k_3$ 情况的典型结果；曲线 C 为 $k_1$ 较高而 $k_2$ 逐步接近于 $k_3$ 的结果。而如果 $k_1$ 很小，则如 B 组曲线所示，$p_3$ 很快上升到一高值后旋即随时间而渐降，因为经基元步骤 2 所消耗的吸附的 $B_1$ 来不及补充。自 B-1 至 B-3 显示了 $k_2$ 值的影响。

过渡应答方法用以研究 CO 催化氧化和 NO 催化分解等简单反应取得了巨大的成功[38, 39]。在丙烯氧化、F-T 合成、甲烷氧化等反应中过渡应答方法也得到很好结果[40-42]。随着在脉冲进样技术和检测技术上的提高，过渡应答方法正成为一种重要的动力学研究技术，可以参见相关文献[22]和文献[43]。

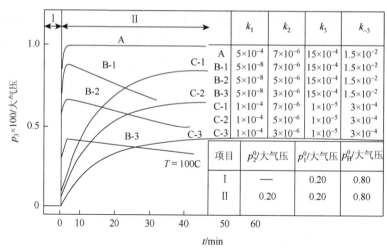

图 10-18　$B_2$ 浓度阶跃后 $B_3$ 浓度对于不同反应速率常数过渡应答曲线

### 10.5.4　本征动力学区的确定和排除传递过程干扰[44, 45]

对于多相催化反应，随温度增加可以观测到三个不同的催化反应区域。如图 10-19 所示，当温度足够低时，反应速率很慢，以至于扩散所需要的势能可以忽略，此时可以观测到反应本征动力学，称为本征动力学区。随着温度增加，扩散速率增加得较慢，而本征速率常数则呈指数增加，因此扩散消耗更多的有效势能，只有少量用以驱动化学反应。从而在颗粒内就产生显著的反应物浓度梯度，称为内扩散控制区。当温度进一步增加时，有效因子 $\eta$ 逐渐下降，反应物在进入催化剂颗粒内部之前就被消耗尽，如此流体体相与催化剂颗粒的外表面之间的浓度差就变大，并逐渐变得重要，称为外扩散控制区。

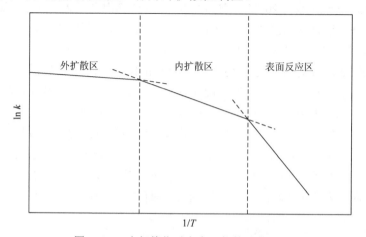

图 10-19　多相催化反应中可能的动力学区

在催化反应中，除少数非常复杂的情况外，随温度的增加可以碰到三个不同的催化区域，其顺序如图 11-19 所示，三个区域即三条线之间的相对位置与众多因素有关。在内扩散区，反应速率可以采用催化剂颗粒减小和改变孔结构方法提高，但表观活化能不变。使用足够小催化剂颗粒且无孔催化剂时，内扩散就能消失，发生本征动力学区向外扩散区的直接过渡。在外扩散区，反应速率与流体的线速度有直接的函数关系，而在内扩散区反应速率与流体的线速度无关。

要获得本征动力学数据，必须消除传递过程干扰，在本征动力学区（表面反应区）进行实验。确定催化反应在哪个反应区进行，最可靠的是实验方法，即考察催化剂粒度、温度、流体速度对反应速率的影响。在进行多相催化动力学实验时必须保证流体的理想混合模型。当反应管径过小而催化颗粒很大时特别是当催化颗粒装填不匀时，可能会发生沟流现象，导致垂直于流向的截面内各部分表观线速不均一。催化床层过短，轴向弥散可能较严重。上述两种情况都会破坏理想的活塞流状态。为保证理想活塞流反应器模式，一般应满足以下的条件：①反应管内径应至少为催化颗粒直径的 10 倍以上；②对于气-固反应，催化剂床层长度至少应为催化剂粒径的 50 倍以上；③对于液-固反应，催化剂床层长度至少应为催化剂粒径的几百倍以上。

外扩散对催化反应速率的干扰，可以在保持相同停留时间下，根据流速对转化率的影响来判断。在同一反应器内实验，随反应物的质量流速变化而增减催化剂的用量，以保持相同的接触时间。若质量流速增大，而转化率趋于稳定值，则外扩散已消除（图 10-20）。另一种实验方法基于相同的思想，但采用截面积相同的两个反应器，填充不同量的催化剂，引入与催化剂量成正比流量的反应物，

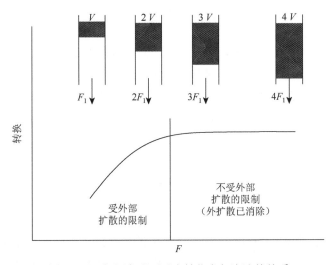

图 10-20　相同空速下反应转化率与流速的关系

使其在两个反应器中接触时间相同（图 10-21）。在高流速区，由于外扩散已消除，故两反应器的转化率无差别，但流速低时，转化率则不同。一般应在流速高到它对转化率无明显影响的区域内进行动力学实验。也可以在同一个反应器中改变流量，在不同温度下进行实验，计算表观反应速率常数。若不同流量的曲线重合，则外扩散不存在；但在较高温度下，几条曲线不重合，表示相应于不同流量的不同程度的外扩散在起作用。

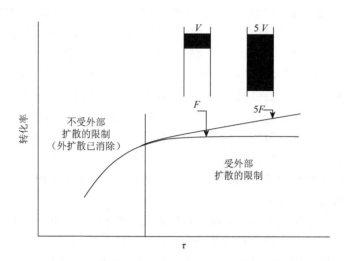

图 10-21　接触时间相同下反应转化率与流速的关系

对于 $m$ 级反应，可用 Damköhler 数 $Da$ 作为外扩散判据[45]：

$$Da \equiv \frac{rR}{k_m c_B} < \frac{0.15}{m} \tag{10-130}$$

式中，$c_B$ 为组分 $B_1$ 在流体相的浓度；$r$ 为观测到的组分 $B_1$ 的反应速率；$R$ 为催化剂颗粒的半径；$k_m$ 为催化剂颗粒外膜的传质系数。

对于内扩散问题，常用的方法是从同一批催化剂取得不同粒径的几份样品，测在不同催化剂粒径样品上的转化率。一般随粒径减少，同一空速下的转化率上升到一极限值。用与这一极限值相应的粒径以下的催化剂作研究，一般认为即可排除内扩散数干扰（图 10-22）。

理论上内扩散的排除可以使用 Weisz-Prater 判据，

$$\Phi = \frac{r\rho R^2}{D_e c_B} \tag{10-131}$$

式中，$\rho$ 为催化剂颗粒的密度；$D_e$ 为有效扩散系数。对于等温球形催化剂颗粒，一级反应时，当 $\Phi < 1$ 时可保证内扩散有效因子小于 0.95；而二级反应取 $\Phi < 0.3$。为保险起见，内扩散影响排除一般要求 $\Phi \ll 1$。

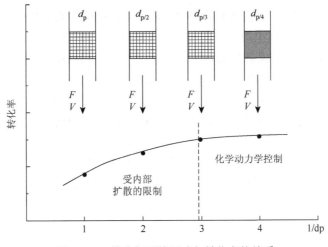

图 10-22　催化剂颗粒尺寸与转化率的关系

　　至于传热问题，存在着三类温度梯度，一般其大小顺序为：催化颗粒间梯度（包括壁传热）＞相间梯度＞粒内梯度。一般粒内温度梯度远不及粒内浓度梯度严重，故常忽略不计；但对气固相间来说，温度梯度常比浓度梯度严重。对相间传热所起的影响，也可从流量对转化率的影响定性地看出。定量地说，$\eta>0.95$ 的判据是

$$\frac{r(-\Delta H)R}{h_{B}T_{B}}<0.15\frac{RT_{B}}{E} \tag{10-132}$$

式中，$T_{B}$ 为流体温度。

# 10.6　非稳态催化过程动力学

## 10.6.1　积炭失活反应动力学

　　多相催化动力学主要基于稳态过程。然而在实际的催化过程中，催化剂的活性和选择性随反应时间而变化，如反应初期的催化活性在逐步上升（如诱导期）和反应末期的逐步下降（如失活）。也有通过人为的周期性的变动操作条件（温度、浓度和组成等）来提高反应过程的生产能力或者改善选择性。在非稳态反应过程中，反应速率随时间而变化。下面主要讨论催化剂积炭失活过程中的动力学处理。

　　早在 20 世纪 50 年代就有关于积炭导致催化剂的失活中积炭浓度与时间的指数关系的经验式，但难于发展成一种具有严格理论基础的动力学。其主要原因在于积炭本身是一个复杂的过程，同时碳沉积与主反应和扩散相互纠结在一起难以区分。积炭反应可以是起始反应物本身的一种副反应，也可以是从中间产物开始

的反应。碳沉积可以发生在全部活性位上，也可以选择性地发生在某些活性位上。根据扩散模数的大小或积炭反应的不同，积炭可以发生在催化剂孔道的外部或内部、催化剂颗粒的外表面或核心、催化剂床层的开始端或尾部。在较高积炭量时，催化剂的孔道会有不同程度的堵塞。堵塞的程度取决于积炭量、积炭机理和孔的结构。由于积炭活性位的性质还不是很清楚，孔的结构也很难在几何上描述，因此很难以严格的理论作动力学处理。Froment 等在积炭失活动力学方面开展了大量的研究，对碳的前体在活性位上的覆盖和覆盖后的聚合，以及对主反应和积炭本身的影响都做了严格的动力学处理，并在活性位、催化剂颗粒和反应器三个尺度建立了动力学方程[46-48]。以单分子可逆反应为例来说明活性位尺度的动力学方程。

对于单分子可逆反应

$$B_1 \underset{k_{-1}}{\overset{k_1}{\rightleftharpoons}} B_2$$

当表面反应为速率控制步骤时，根据 LH-HW 方法，其速率方程类似于式（10-63）可表示为

$$r = k_1 K_1 c_L (c_1 - c_2 / K_{eq}) \tag{10-133}$$

碳的前体 C 与吸附 $B_1$ 和 $B_2$ 的活性位竞争形成不可逆的 CL 物种，则总的活性位浓度 $c_t$ 为

$$c_t = c_L + c_1 + c_2 + c_{CL}$$

根据 Langmuir 吸附方程，上式可写为

$$c_t - c_{CL} = c_L (1 + K_1 c_1 + K_2 c_2) \tag{10-134}$$

将式（10-133）代入式（10-132）可得

$$r = \frac{c_t - c_{CL}}{c_t} \frac{k_1 K_1 c_t (c_1 - c_2 / K_{eq})}{1 + K_1 c_1 + K_2 c_2} \tag{10-135}$$

式中，$(c_t - c_{CL})/c_t$ 为活性系数。活性位的初始积炭覆盖速率 $r_s^0$ 不能直接测量的，可以通过得到的积炭形成速率计算

$$r_s^0 = \frac{r_C}{\gamma c_t m_C}$$

式中，$r_C$ 为积炭形成速率；$m_C$ 为积炭的相对分子质量；$\gamma$ 为单个活性位的积炭量。

活性位数目减少主要由积炭机理和生成速率决定。积炭可以由起始反应物形成与主反应平行进行，也可由中间产物生成，与主反应构成连串反应。对于平行积炭反应：

$$r_C = \frac{\varphi_C c_t k_{C1}^0 K_1 c_1}{1 + K_1 c_1 + K_2 c_2} = r_C^0 \varphi_C$$

对于连串积炭反应

$$r_\mathrm{C} = \frac{\varphi_\mathrm{C} c_t k_{\mathrm{C}2}^0 K_2 c_2}{1 + K_1 c_1 + K_2 c_2} = r_\mathrm{C}^0 \varphi_\mathrm{C}$$

若积炭和主反应在同一活性位上反应，并且速率决定步骤涉及相同数目的活性位，则 $\varphi_\mathrm{C} = \varphi_1$，即积炭系数等于主反应失活系数。如果 $n_1$ 是主反应的活性位，$n_\mathrm{C}$ 是积炭的活性位，则

$$\varphi_1 = \left( \frac{c_t - c_\mathrm{CL}}{c_t} \right)^{n_1}$$

$$\varphi_\mathrm{C} = \left( \frac{c_t - c_\mathrm{CL}}{c_t} \right)^{n_\mathrm{C}} \tag{10-136}$$

式（10-135）通过 $c_\mathrm{CL}$ 求解 $\varphi_\mathrm{C}$ 和 $\varphi_1$ 对于活性位的覆盖失活具有清晰的物理意义。

活性位尺度的积炭失活模型尽管没有考虑催化剂孔道堵塞和温度变化的问题，但对一些简单积炭失活动力学研究仍具有指导意义。例如，对于甲烷蒸气重整反应中积炭过程处理，其中积炭主要源于甲烷裂解反应。但对于石油炼制和化工中的积炭反应要复杂得多，主要是由于复杂的反应物及其积炭机理。因此对于复杂的积炭失活过程的动力学研究还有待深入研究。

对于催化剂颗粒尺度的积炭动力学，浓度分布和孔的网络结构必须考虑。Froment 等通过阈值理论和有效介质近似的方法处理建立了催化剂颗粒尺度的积炭动力学方程。对于反应器尺度的积炭失活过程，情况更加复杂，感兴趣的读者可以参考相关文献[47]～文献[49]。

Froment 等通常给出催化剂瞬时活性和积炭量与时间的关系。但是活性与积炭量的关系对机理研究及反应器设计或催化剂再生更实用。活性-积炭量的关系有不同的经验式：线性式、指数式与双曲线式。如 Nam 和 Kittrell[50] 把积炭分为单层覆盖（占据活性位）和多层覆盖（不另占活性位），并设定多层积炭生成速率对反应物 $B_1$ 的分压 $p_1$ 和单层积炭的浓度 $c_\alpha$ 均为一级关系，即

$$\frac{\delta c_\beta}{\delta t} = k_\beta c_\alpha p_1$$

从而推出总积炭量与活性系数的关系

$$c_\Sigma = q_1 (1 - k_t) - q_2 \ln k_t \tag{10-137}$$

$$q_1 = m_\mathrm{C} S_0 - q_2$$

$$q_2 = k_\beta m_\mathrm{C} S_0 (1 + K_1 p_1 + K_2 p_2) / k_\alpha K_1$$

式中，$c_\alpha$、$c_\beta$、$c_\Sigma$ 分别为单层、多层和总积炭量；$k_\alpha$ 和 $k_\beta$ 分别为单层和多层碳生成速率常数；$k_t$ 为活性系数。当 $q_1 \ll q_2$ 时，式（10-136）显示 $k_t$ 与 $c_\Sigma$ 为指数关系；若 $q_1 \gg q_2$ 时，则 $k_t$ 与 $c_\Sigma$ 为线性关系。上述动力学模型尽管没有考虑催化剂孔道堵

塞和温度变化的问题，也没有考虑表面反应速率控制以外的其他机理，但对于微分反应器上的失活动力学数据处理非常有用。

在非恒温条件下，积炭失活动力学的解析需要在物料衡算方程和失活方程中引入 Arrhenius 数 $\gamma$，在热平衡方程中引入主反应与积炭反应的热效应。在积炭本身不影响内扩散的前体下催化剂单颗粒中的平行和连串积炭动力学[51]。以放热反应为例，催化剂球形颗粒中 $B_1$ 的浓度与温度分布可用下列无因次方程组描述：

$$\nabla^2 C_1^0 - \phi^2 f(C_1^0,\ T^0,\ k_t) = 0$$

$$\nabla^2 T^2 + \beta\phi^2 f(C_1^0,\ T^0,\ k_t) = 0$$

而失活速率方程可由下式给出：

$$-\frac{\mathrm{d}k_t}{\mathrm{d}t_p^0} = F_1(C_1^0,\ T^0,\ k_t) + \frac{k_{f_1}}{k_{f_2}} F_2(C_2^0,\ T^0,\ k_t)$$

式中，加上角标的 $C_1^0$、$T^0$、及 $t_p^0$ 分别为无因次的浓度、温度与反应操作时间。通过数值计算可以求出平行积炭和连串积炭中不同反应时间催化剂颗粒中温度与活性系数的径向分布，以及催化剂颗粒的非恒温有效因子。具体的计算及结果可参考相关文献[51]。上述分析基于低积炭的情况，也即催化剂孔道无明显堵塞。当积炭量高时，孔道的堵塞严重影响扩散时，动力学中必须考虑失活对扩散的影响。

失活动力学在实用催化过程中更为复杂，通常只能用经验式表达。如重油催化裂化，组分非常复杂，催化剂活性位强度分布范围宽。即使简化后处理，还是发现积炭的反应级数从初期的高级数向后期的低级数过渡，由此可知过程的复杂程度。

上述积炭失活动力学的解析是假定反应动力学本身不受失活影响。尽管由学者指出从理论上论证非均匀表面上的失活动力学不宜采用上述假定[52]，但是由于催化剂表面非均匀性不易处理，且上述假定成功应用于一些失活动力学处理，因此用上述假定处理实际失活动力学问题还是可行的。

### 10.6.2　催化反应动力学中的多稳态与振荡[53]

催化反应的稳态是指体系的质量、能量流动处于平衡状态，体系的各项参数不随时间改变。催化反应多稳态的提出是基于对强放热反应进行反应器解析，即在同一入口温度下，绝热反应器可以在两个定态下操作。催化反应多稳态在催化剂颗粒、全混流反应器、进出口自换热反应体系等不同尺度均存在。催化反应多稳态最初主要归因于传质过程，但在恒温和无传质影响下仍出现多稳态现象。例如，在 $Pt/Al_2O_3$ 催化剂上的 CO 氧化反应，在相同恒温条件下 CO 转化率可以恒定在约 10%处（称为"低稳态"），也可以恒定在约 40%处（称为"高稳态"），依催化剂的预处理条件而定。当催化系统从高稳态自动转入低稳态，并随时间延长自动由低稳态转入高稳态，并在两个稳态之间形成持续性振荡。例如，CO 在

Pt/Al$_2$O$_3$-SiO$_2$ 氧化反应中反应速率随 CO 浓度的振荡，在低 CO 分压，反应对于 CO 是一级反应，而在高压则对于 CO 是负一级反应。

　　催化反应振荡的行为在氢气、氨气、烃类、甲醇和乙醇氧化，F-T 合成、乙烯和硝基苯加氢等反应中广泛存在。对于催化反应振荡现象的研究不仅能够揭示影响催化剂性能因素及在非稳态操作下潜在危险，同时还可以利用振荡提高催化反应的效率。例如，对于 Pt 上 CO 氧化反应振荡的研究，发现在催化条件下 Pt 表面的重构、具有高 O$_2$ 黏结系数的表面缺陷、CO 表面覆盖度变化等一系列影响催化剂性能的因素；同时可以通过调节温度和组成强制振荡提高反应的转化率。催化反应振荡是非常复杂的现象。原理上，它可以用总包反应中物种的表面浓度 $c_i$ 随时间变化的一组微分方程描述。那些速率方程可以从基元步骤得到

$$\mathrm{d}c_i / \mathrm{d}t = F_i(c_j, p_k) \tag{10-138}$$

式中，$c_j$ 为所有的态变量；$p_k$ 为外部参数如温度、分压等。然而对于实际体系，空间均一性是不可能的，甚至对于单晶表面。对于固定床反应器，催化反应振荡是多个因素同步化的结果。同步化的因素包括：催化剂、载体或气相的传热；表面振荡导致分压的变化；吸附物种的表面扩散或者表面结构的转变，因此式（10-137）可以修正为

$$\partial c_i / \partial t = F_i(c_j, p_k) + D_i(\partial^2 c_i / \partial r^2) \tag{10-139}$$

式中，$D_i$ 为普适扩散系数；$r$ 为空间坐标。一般每个反应均尤其自己的振荡机制，普适化只是在一定程度上可行。对于催化反应中的振荡现象的认识对于揭示催化过程的高度复杂性及对动态情况下的动力学研究具有重要的意义。

### 10.6.3　非稳态催化反应动力学方法-SSITKA[22, 54]

　　SSITKA（steady state isotopic transient kinetic analysis）也称为稳态同位素瞬变动力学分析，是同位素示踪技术和动态瞬变技术的结合。SSITKA 可区分为稳态和非稳态实验两类。非稳态实验主要用于获得有关反应机理的信息；而稳态实验则融瞬变和稳态实验于一身，在获得定性信息的同时还可以获得有关反应中间物的定量信息。SSITKA 实验技术一般采用质谱作为检测手段，通过检测未反应的反应物和反应产物的瞬变响应，获取反应机理和原位动力学方面的信息。原位红外或核磁共振技术在观察催化剂表面反应方面有独特的优势，可以直接观察反应过程中的催化剂表面和表面上吸附物种的变化，将 SSITKA 与傅里叶变换红外或核磁共振有机地结合起来，利用瞬变红外或核磁共振光谱不仅可以研究表面动态反应和鉴别表面吸附中间物种，而且还可以通过同位素位移效应正确表征表面的中间物种，包括其化学结构和表面覆盖度，并可分辨吸附反应物种和非反应物种，弥补了单纯用质谱检测的不足。

　　SSITKA 实验装置如图 10-23 所示，装置包括气路控制部分、反应器和质谱在线分析系统（MS），常常配一台色谱仪（GS）以测定反应物和产物的浓度。气路控制部分最重要的是切换气路的四通阀，切换时应尽量不对体系压力、气体组成和流动产生干扰，保持原有稳态。反应器采用理想反应器，如活塞流反应器或全混流反应器，尤其是活塞流反应器体积小、操作简单、短床层具有无轴向扩散等特点。检测的质谱仪是 SSITKA 的核心，要求能够多通道连续快速分析，且时间分辨率要高。

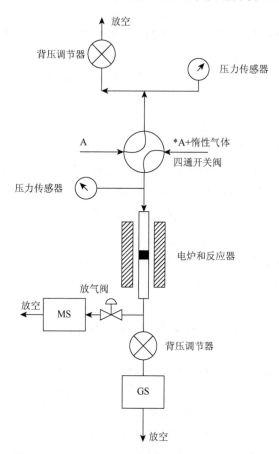

图 10-23　SSITKA 实验装置示意图

　　一般在 SSITKA 实验前，反应物和同位素标记的反应物两路气体需要连续流动，然后采用四通阀切换气路，使同位素标记的反应物通过反应器并在催化剂表面反应生成同位素标记的（中间）产物，用质谱仪可以跟踪其替代过程及其变化曲线。从 SSITKA 实验曲线通过积分可以获取两个基本参数：表面中间物种的停留时间和量。此外，SSITKA 实验还能测量与假定反应机理相关的一些参数。如果采用化学吸附测定出催化剂表面暴露的金属原子数，就可以计算出表面中间物种的覆盖度。若表面进行的化学反应能够假定为拟一级的,那么很容易求得拟一级反应速率常数。利用 SSITKA 实验研究过的典型催化反应有:氨合成、CO 加氢、乙烷裂解、甲烷活化和 CO 氧化等。具体的实验过程和方法可参考相关文献。

## 10.6.4　非稳态催化反应动力学方法-TAP[22, 55]

TAP(temporal analysis of products)是一种研究多相催化动力学的新技术。TAP 技术能够用于真空脉冲-应答实验、程序升温脱附/反应实验及常压稳态和瞬态实验,既可以研究模型催化剂,也可以研究工业催化剂。

TAP 技术主要由以下四部分组成:高真空下的微反应器、产生窄脉冲的电磁脉冲发生器、质谱检测器及自动控制/数据处理系统。TAP 组成如图 10-24 所示。微反应器可以只填充催化剂,也可以在两端填充惰性填料,中间填充催化剂。后者称为三区反应器,其优点是可以获得更多的信息和进一步简化数学处理。如果催化剂床层填充的非常薄,可以认为是全混流反应器,使得数学处理更加简化且催化剂床层变化更加均一。电磁脉冲发生器的时间宽度可以到 $10^{-4}$ s 数量级,弛豫时间可以在 $10^{-4}\sim10^3$ s 之间变化。如此短的脉冲使 TAP 能够检测到毫秒级的化学反应。脉冲进样的反应物可以控制在 $10^{10}\sim10^{15}$ 个分子,只占催化剂表面活性位数量的百万分之一,因此不会对催化剂的表面状态产生影响。由 TAP 检测到的结果是在催化剂表面恒定状态下的反应分子与催化剂表面的作用,反映的是本征的相互作用。同时由于反应物进样量非常少,分子对流传输消失,仅有 Knudsen 扩散。质谱检测器一般采用四极质谱仪检测反应物、中间产物和最终产物的化学组成。一般电离室与反应器出口间距离不大于 1 cm,背景压力小于 $10^{-6}$ Pa,具有非常高的灵敏度。

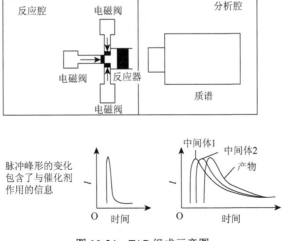

图 10-24　TAP 组成示意图

　　由 TAP 技术得到的结果是反应物、中间产物和最终产物气体流随时间变化的曲线，通过分析和数学处理得到相应的动力学和传递方面的信息。目前已发展出处理仅 Knudsen 扩散、扩散＋不可逆反应、扩散＋可逆吸附、快速吸附-慢脱附、快速吸附-脱附等的定态实验的理论标准曲线。对实验曲线与标准曲线的比较可以分析判断和测量扩散系数、不可逆吸附/反应、可逆吸附等参数。从而获得催化剂的物理化学和动力学状态的信息。

　　TAP 技术已用于氧化物上的吸附和脱附、氧活化、丙烯选择氧化、甲醇氧化/氨氧化、丁烷氧化、甲烷转化等研究，并给出吸附、脱附、扩散等参数和反应网络及机理的新论据。TAP 技术不仅是了解动力学的工具，而且有助于催化反应机理的理解，从而为催化剂性能的评价和制备技术的提高提供动力学数据的支持。

## 10.7　结　　论

　　多相催化动力学已发展成为内容非常丰富的一个交叉学科，尤其近五十年来多相催化动力学在宏观-介观-微观不同尺度都取得不同程度的发展。宏观尺度上的动力学是催化剂性能最直接的表征手段。然而多相催化动力学的所能表征的性能与反应的复杂程度直接相关。对于简单反应，其速率方程、速率常数、活化能、反应级数及吸附平衡常数等的表征可以较准确而全面的进行。而对于复杂反应，可通过反应网络的解析求出催化剂上初级和次级反应的速率常数，从而在更深层次认识催化反应的本质。同时在多相催化反应中的传递过程也是催化剂的一个重要性能，尤其对于实际催化过程。宏观多相催化动力学也为催化过程提供了数学模型。由于实验技术、分析方法和数值模拟的发展，得到的数学模型基本可以准确地反映工艺参数如温度、压力和空速等对催化反应速率、转化率和选择性的影响规律，也是催化反应器设计和过程优化的基础和手段。此外，宏观多相催化动力学有助于对催化剂设计及性能优化，以及催化反应机理等基础认识的发展。

## 符 号 说 明

| | |
|---|---|
| $v_i$ | 组分 $B_i$ 的计量数 |
| $\xi$ | 物质 $B_i$ 反应度 |
| $n_i$ | 组分 $B_i$ 物质的量 |
| $r_i$ | 反应速率 |
| $m_i$ | 对反应组分 $B_i$ 的反应级数 |
| $\xi$ | 在催化剂上转化的物质的量 |
| $N_A$ | 阿伏伽德罗常量 |

| $S$ | 实验中起作用的活性位数 |
| --- | --- |
| $[L]$ | 活性位密度 |
| $A$ | 催化材料的总活性表面积 |
| $c_i$ | 单位体积中 $B_i$ 的分子数 |
| $M_i$ | $B_i$ 的分子量 |
| $\sigma_{12}$ | 碰撞中 $B_1$ 分子和 $B_2$ 分子的有效直径 |
| $Z$ | 碰撞数 |
| $f_c$ | 碰撞因子 |
| $E$ | 活化能 |
| $A_0$ | 频率因子 |
| $f_t$ | 分解频率 |
| $k_B$ | 玻尔兹曼常量 |
| $h$ | 普朗克常量 |
| $\gamma_i$ | 组分 $B_i$ 的活度系数 |
| $\Delta H^*$ | 过渡络合物$(B_1 B_2)^*$与$B_1$、$B_2$间之焓差 |
| $\Delta S^*$ | 过渡络合物$(B_1 B_2)^*$与$B_1$、$B_2$间之熵差 |
| $\Delta n$ | $(B_1 B_2)^*$与反应物和产物的分子数之差 |
| $n_0$ | 单位质量的进反应器物流中关键组分的摩尔数 |
| $n_f$ | 单位质量的出反应器物流中关键组分的摩尔数 |
| $F$ | 单位时间内进反应器物质量 |
| $V$ | 反应器的容量 |
| $\tau$ | 空时 |
| $x$ | 单位进料质量的 B 转化摩尔数 |
| $n_1$ | 反应体积元内单位质量的反应物料中 $B_1$ 的摩尔数 |
| $n_t$ | 物料的总摩尔数 |
| $p$ | 反应系统的总压力 |
| $\delta$ | 每转化 1 mol 所增加的摩尔数 |
| $\omega$ | $\delta/n_{t0}$ |
| $\varepsilon_b$ | 催化床层空隙率 |
| $V_b$ | 催化床层体积 |
| $T$ | 催化床层温度 |
| $v_m$ | 进料的平均摩尔体积 |
| $v_{20}$ | 进料中 $B_2$ 对 $B_1$ 的起始摩尔比 |
| $v_2$ | 化学反应式中 $B_2$ 对 $B_1$ 的消耗计量比 |
| $K_{eq}$ | 可逆反应平衡常数 |

| $\theta$ | 表面覆盖度 |
| --- | --- |
| $K$ | 吸附平衡常数 |
| $P$ | 理想气体的压力 |
| $b$ | 吸附系统的常数 |
| $q$ | 吸附系统的常数 |
| $S_0$ | 催化剂表面上活性位的密度 |
| $c_i$ | 第 $i$ 组分的气相浓度（或分压） |
| $k_1$ | 解离吸附的速率常数 |
| $k_{-1}$ | 解离脱附的速率常数 |
| $\alpha$ | Temkin 常数 |
| $y'$ | $y$ 的估测值 |
| $\sigma_u^2$ | 纯误差方差 |
| $S$ | 方差和 |
| $T$ | 反应温度 |
| $T_0$ | 适宜的参比温度 |
| $\Gamma$ | 分布特征的参数 |
| $\mathrm{d}S'$ | 基团 Ei 内标准吸附势在 $A^o$ 和 $A^o + \mathrm{d}A^o$ 之间的活性位数目 |
| $a$ | 归一化因子 |
| $c_B$ | 颗粒外表面上扩散组分的浓度 |
| $c_S$ | 流体体相中该组分之浓度 |
| $k_G$ | 传质系数 |
| $Sc$ | Schmidt 准数 |
| $Sh$ | Sherwood 准数 |
| $Re$ | Reynolds 准数 |
| $G$ | 质量流速 |
| $d_p$ | 粒子直径 |
| $D$ | 分子扩散系数 |
| $a$ | 单位体积床层颗粒的表面积 |
| $z$ | 为床层的高度 |
| $-\Delta H_r$ | 反应的热效应 |
| $T_S$ | 颗粒表面温度 |
| $T_B$ | 流体体相温度 |
| $\alpha_s$ | 传热系数 |
| $Pr$ | Prandtl 准数 |

| $Nu$ | Nusselt 准数 |
|------|------|
| $c_p$ | 等压比热容 |
| $\lambda_f$ | 热传导系数 |
| $f$ | 流-固体系的浓度梯度 |
| $D_{ej}$ | 有效扩散系数 |
| $\varepsilon_p$ | 催化剂颗粒的空隙率 |
| $\Gamma$ | 催化剂颗粒的曲节因子 |
| $r_p$ | 孔半径 |
| $M$ | 分子质量 |
| $D_0$ | 表面扩散常数 |
| $E_s$ | 表面扩散的活化能 |
| $S_v$ | 单位粒体积之内表面积 |
| $k_s$ | 单位内表面积之速率常数 |
| $\phi$ | 无因次的 Thiele 模数（内扩散模数） |
| $\eta$ | 催化剂的有效因子 |
| $\Delta H$ | 反应的焓变 |
| $\lambda_p$ | 多孔催化剂颗粒的导热率 |
| $A_b$ | 反应管截面积 |
| $C_p$ | 进料平均热容 |
| $\rho_b$ | 催化剂堆密度 |
| $\Delta H_1$ | 转化 1 mol $B_1$ 的反应热 |
| $M_0$ | 进料起始相对分子质量 |
| $\delta_1$ | 转化 1 mol $B_1$ 时改变的总摩尔数 |
| $T_0$ | 入口反应温度 |
| $\Phi$ | 新的内扩散模数 |
| $Da$ | Damköhler 数 |
| $c_B$ | 组分 $B_1$ 在流体相的浓度 |
| $r$ | 观测到的组分 $B_1$ 反应速率 |
| $R$ | 催化剂颗粒的半径 |
| $k_m$ | 催化剂颗粒外膜的传质系数 |
| $\rho$ | 催化剂颗粒的密度 |
| $De$ | 总的有效扩散系数 |
| $T_B$ | 流体温度 |
| $r_C$ | 积炭形成速率 |
| $m_C$ | 积炭的相对分子质量 |

| | |
|---|---|
| $\gamma$ | 单个活性位的积炭量 |
| $c_\alpha$ | 单层积炭量 |
| $c_\beta$ | 多层积炭量 |
| $c_\Sigma$ | 总积炭量 |
| $k_\alpha$ | 单层碳生成速率常数 |
| $k_\beta$ | 多层碳生成速率常数 |
| $k_t$ | 活性系数 |
| $c_i^0$ | 无因次的浓度 |
| $T^0$ | 无因次的温度 |
| $t_p^0$ | 无因次反应操作时间 |

## 参 考 文 献

[1]　IUPAC. Pure Appl Chem，1979，51：1

[2]　Boudart M，Djéga-Mariadassou G. Kinetics of Heterogeneous Catalytic Reactions. Princeton：Princeton University Press，1984

[3]　Floger H S. Elements of chemical reaction engineering. 4$^{th}$ Ed. Beijing：Pearson Education Asia LTD. & Chem Ind. Press，2006

[4]　李作骏. 多相催化反应动力学基础. 北京：北京大学出版社，1990

[5]　Wei J，Prater C D. Adv Catal，1962，13：204

[6]　Perry R H，Green D W. Perry's Chemical Engineers' Handbook. Section 7. 7th Ed. New York：McGraw-Hill，1997

[7]　Mars P，van Krevelen D W. Chem Eng Sci，1954，3：41

[8]　Kwan T. J Phys Chem，1956，60：1033

[9]　Голодец ГИ. Теор Эксл Хим，1976，12：188

[10]　Kittrell J R，Hunter W G，Watson C C. AIChE J，1965，11：1051

[11]　Froment G F，Mezaki R. Chem Eng Sci，1970，25：293

[12]　Hosten L H，Froment G F. Ind Eng Chem Process Des Develop，1971，10：280

[13]　Kittrell J R，Mezaki R，Watson C C. Ind Eng Chem，1965，57：19

[14]　Herten J，Froment G F. Ind Eng Chem Process Des Develop，1968，7：516

[15]　Papageorgiou J N，Froment G F. Chem Eng Sci，1996，51：2091

[16]　Papageorgiou J N，Abello M C，Froment G F. Appl Catal A，1994，120：17

[17]　尹元根. 多相催化动力学//辛勤. 固体催化剂研究方法. 第十六章. 北京：科学出版社，2004

[18]　Pritchard D J，Bacon D W. Chem Eng Sci，1975，30：567

[19]　毛在砂，陈家镛. 化学反应工程学基础. 北京：科学出版社，2004

[20]　Kiperman S L，Kumbilieva K E，Petrov L A. Ind Eng Chem Res，1989，28：379

[21]　Boudart M. Ind Eng Chem Fundam，1986，25：656

[22]　陈诵英，陈平，李永旺，等. 催化反应动力学. 北京：化学工业出版社，2007

[23]　Satterfield C N. Mass Transfer in Heterogeneous Catalysis. Cambridge：MIT Press，1975

[24]　Weisz P B. Chemtech，1973，3：498

[25]　Aris R. The Mathematical Theory of Diffusion and Reaction in Permeable Catalyst. Oxford：Claredon Press，1975

[26]　Anderson J R，Pratt K C. Introduction to Characterization and Testong of Catalysts. New York：Academic Press，1985

[27]　Hedden K，Löwe A. Chem Ing Tech，1966，38：846

[28]　Berty J M. Chem Eng Progr，1974，70：79

[29]　Mahoney J A. J Catal，1974，32：247

[30]　Fitzharris W D，Katzer J R. Ind Eng Chem Fundam，1978，17：130

[31]　Choudhary V R，Doraiswamy L K. Ind Eng Chem Process Des Develop，1972，11：420

[32]　Pirard J P，L'Homme G A. J Catal，1978，51：422

[33]　Wainwright M S，Hoffman T W. Can J Chem Eng，1977，55：552

[34]　Ramachandran P A，Smith J M. Ind Eng Chem Fundam，1978，17：148

[35]　周望岳，王心安，李树本，等. 燃料化学学报，1965，6：291

[36]　Weisz P B，Prater C D. Adv Catal，1954，6：144

[37]　Hegedus L L，Petesen E E. Catal Rev，1974，9：245

[38]　Kobayashi H，Kobayashi M. Catal Rev，1974，10：139

[39]　Bennett C O. Catal Rev，1976，13：122

[40]　Kobayashi M. Can J Chem Eng，1980，58：588

[41]　Reymond J P，Bennett C O. J Catal，1980，64：163

[42]　Kaul D J，Wolf E E. J Catal，1984，89：348

[43]　陈诵英. 石油化工，2002，31：145

[44]　Perego C，Peratello S. Catalysis Today，1999，52：133

[45]　Mears D E. Ind Eng Chem Process Des Develop，1971，10：541

[46]　Moustafa T M，Froment G F. Ind Eng Chem Res，2003，42：14

[47]　Froment G F. Appl Catal A，2001，212：117

[48]　Froment G F. Catal Rev，2008，50：1

[49]　Bartholomew C，Butt J B. Catalyst Deactivation. New York：Elsevier，1991

[50]　Nam I S，Kittrell J R. Ind Eng Chem Process Des Develop，1984，23：237

[51]　Ramchandran P A，Kam E K T，Hughes R. J Catal，1977，48：177

[52]　Butt J B，Wachter C K，Billimoria R M. Chem Eng Sci，1978，33：1321

[53]　Ferino I，Rombi E. Catalysis Today，1999，52：291

[54]　沈师孔，李春义. 石油化工，2002，31：671

[55]　王德峥，李忠来. 石油化工，2002，30：884

作者简介 ————————————————————————————

　　**梁长海**，男，教授。大连理工大学盘锦校区科研与学科工作部部长。1994 年、1997 年于大连理工大学先后获工学学士和硕士学位，2000 年于中国科学院大连化学物理研究所获博士学位，随后在大连化学物理研究所催化基础国家重点实验室工作。2004 年获得德国洪堡基金会资助于波鸿鲁尔大学从事研究工作，2004～2006 年于苏黎世瑞士联邦理工大学从事博士后研究工作，2006 年大连理工大学教授。2007 年入选教育部"新世纪优秀人才支持计划"；2007 年和 2009 年两次获得高等学校科学技术奖自然科学奖一等奖（排名第二和第三）；2008 年辽宁省科学技术奖自然科学奖二等奖（第二）；2010 年获第二届 SCOPUS 青年科学之星新人奖，2014 年和 2015 年两次入选化学工程领域中国高被引学者榜单，2016 年入选科技部创新人才推进计划中青年科技创新领军人才。发明的非常规油品催化精馏-加氢提质工艺已在两家企业实现工业化应用；发明的高活性和稳定性的金属催化剂已成功用于工业化树脂加氢提质，填补了国内空白；研究开发的脱硝脱汞协同催化剂成功应用于燃煤锅炉的尾气处理。至今发表研究论文 160 余篇，其中 SCI 收录 150 篇，SCI 他人引用 4500 次，$h$ 因子 33，授权发明专利 38 项。

　　目前主要研究领域包括非常规资源催化转化生产清洁燃料和化学品、（类）贵金属催化新材料以及精细化学品的多相催化合成。

# 第 11 章

# 电化学催化研究方法

邢　巍

# 11.1　电化学基本原理

## 11.1.1　电化学与催化过程关系

### 1. 电化学的定义

电化学作为物理化学的重要组成部分，是以化学反应中的电子转移和在外加电场中的化学反应为研究对象的学科[1, 2]。相关的应用领域主要包括化学电源、电分析检测、电化学合成、工业电解、电化学腐蚀与防腐以及电化学抛光与阳极氧化等，其中又涉及了电子传输与转移、氧化还原电势、催化、界面、流体、传质等相关基础理论研究，是一门与生产生活密切相关的应用型学科。

### 2. 化学催化与催化化学

化学催化是指化学反应过程中通过催化剂作用使反应速率发生改变的反应过程，在该过程中，催化剂起重要作用，它是可以改变化学反应速率但不存在于产物中，即在总反应历程中不发生改变的物质[3, 4]。催化作为化学学科的重要组成部分从诞生至今一直保持其极高的活跃性，现在 80%以上的化工产品是通过催化过程获得的，这些化工产品和日常生产生活密切相关，可以说现代生活已经离不开催化。

催化化学并不只包含化学催化过程，一个化学反应的发生必然伴随着物质转变的各种能量转化。现有研究表明催化剂在化学反应过程中不仅仅加速反应速率，更在各个物质转化过程中所伴随的能量转化起到催化作用，这也是一个涵盖了对物质转变和能量转化各过程所起到的催化作用的催化化学的完整定义[3, 4]。

### 3. 电催化

电催化是电化学与催化化学的高度统一，讨论电催化化学时应同时从电化学和催化化学角度出发，即用催化剂来提升反应速率的电化学过程和以电为能量转化形式的催化过程。

电能在日常生活中是一种常见的能量形式，但在化学领域它具有极大的特殊性，从能斯特方程和热力学第二定律对能量等级的划分我们可以看出电能的优越性，即电化学反应的吉布斯自由能随着电势的改变而改变，因此电化学反应的方向性和反应速率可以通过电位来调控，当然这给电催化剂定义造成了一定的干扰。从电能的特殊性出发，一个电极只要在电化学体系中能发生化学反应或使电极表面的分子和离子发生反应就是电催化剂，但一般我们只把通过改变电极种类或电极表面修饰控制反应速率、选择性和方向性的电极称为电催化剂，这也是电化学和催化化学两个出发点的统一定义。

　　由于电化学和催化化学关注点的不同，对电化学性能测试结果和造成的原因的分析有较大的不同。从催化角度出发，人们更多的关注电催化剂对反应活化能的降低来提升反应的速率，注重电催化剂对能量转化过程的催化；而从电化学的角度出发，人们侧重于研究电催化剂对界面电场、电解质和参与电化学反应的分子或离子的活化而引起的反应速率的提升。虽然研究的侧重点不同，但通过电化学来加速电化学反应过程的总体方向是一致的，因此在电催化化学的研究中，两个方向具有同等的重要性，也都极大地促进了电催化化学的发展。

## 11.1.2　电化学涉及的基本概念

　　电化学作为一门古老又始终保持活跃的基础学科，在现实生产生活中扮演着重要的参与者角色，其发展至今涉及各式各样的基本概念，但其都有明确的概念定义，这样给我们进一步理解电化学提供了一个非常有效的途径。

### 1. 导体与绝缘体

　　当电流通过时，不同物质对电流的阻碍程度不同，某些可使电流顺利通过，有的却不能，这种阻碍电流通过的能力是由物质本身的电阻率或电导率决定的。电阻率是物质的基本性质，不同物质一般具有不同的电阻率，我们把电阻率 $\rho$ 低的物质（$\rho < 1\ \text{m}\Omega\cdot\text{cm}$）称为导体，如金、银、铜、铝、铁、电解液和石墨等都是良好的导体。反之，电阻率 $\rho$ 高的物质（$\rho > 1\ \text{G}\Omega\cdot\text{cm}$）称为绝缘体，如云母、橡胶、石英、陶瓷等。介于两者之间的称为半导体，如常用的晶体管原材料硅、锗、二氧化钛、氮化镓等。

### 2. 电解质与电解液

　　电解质是指在水溶液中或熔融状态下就能够导电的化合物，电解质溶液能够导电是基于溶液中荷电溶剂化离子在电场作用下的定向迁移。但电解质自身并不一定导电，根据电解质在溶液或熔融状态下是否完全电离，又可以分为强电解质和弱电解质，化合物的溶解度大小与是否为强电解质无关。

　　电解质是指在电解或化学电池中的导电介质，并在其工作时提供离子，一般可以认为是电解质溶液，但电解质并非都是液体，例如，聚合物锂离子电池和质子交换膜燃料电池中使用的电解质就是固体有机材料[5]。

### 3. 电极

在电池或电解装置中，连接导线和电解液的部件被称为电极。根据材料的不同电极一般可分为金属电极、氧化物电极、固体难溶盐电极等；根据其在装置中所起的功能的不同可分为工作电极、对电极、参比电极、离子选择电极；也有一些约定俗成的命名如滴汞电极、标准氢电极、膜电极等。各电极在化学电源、电解或电分析测试平台中所起的作用还是连接电解液和外电路，同时在其表面或近表面界面发生电化学反应。

### 4. 电势

电化学研究的是带电的化学，因此必然会涉及电势和电位的概念，在电池或电解池内，电极和电解质中的导电离子在与外电场的相互作用中发生特异性分布，在该过程中体系内涉及了几个电化学的重要概念：活度、电极电势、电迁移、Zeta电位、双电层与能斯特方程等。

在一定浓度溶液体相中的离子与其周围的离子存在相互作用而形成一个相对规律的离子排布区，我们称为离子氛。离子在到达电极表面与电极或表面离子发生反应之前需从离子氛中剥离出来，这个过程需要耗费一定的能量，使得溶液中离子的自由能和反应的活性比自由离子略低，为了描述这种实际溶液与理想溶液的偏离情况而引入活度这个概念，活度表征的是实际溶液中离子相对理想溶液中的浓度的有效值。由于离子氛随着溶液浓度的增大而变大，因而离子活度随着溶液浓度增大而减小，在无限稀溶液中的离子可以近似为自由离子。

在电化学中电极电势指因电极及其表面发生氧化还原反应而产生的电势。由于电极电势并不具有绝对值而是通过阴阳两极的相对电势来衡量的，人们为了更有效地描述各个电极反应所具有的电势引入了标准氢电极，所有电极反应相对标准氢电极所表现的电极电势称为相对标准电极电势。对于特定的电极反应，电极电势是一个确定的常量，因此，当两个电极串联并构成一个完整回路时就构成了一个电池，而两电极的相对标准电极电势的代数和就是电池的电动势。

对于下述电极总反应式：

$$aA+bB \Longrightarrow cC+dD+ne \qquad (11\text{-}1)$$

其电动势可表示为

$$E = E^{\ominus} - \frac{RT}{nF} \ln \frac{a_C^c \cdot a_D^d}{a_A^a \cdot a_B^b} \qquad (11\text{-}2)$$

式中，$E$ 为电动势；$E^{\ominus}$ 为标准电动势；$R$ 为摩尔气体常量，8.31441 J/(mol·K)；$T$

为热力学温度；$n$ 为参与电极反应的电子转移数；$F$ 为法拉第常量，96486.7 C/mol；$a$ 为参与化学反应各物质的活度。

电解质溶液本体中离子浓度差较小，导电是通过溶液内部阴阳离子在电场作用下发生定向移动来实现的，我们把这种在电场作用下溶剂化离子的定向移动称为电迁移。而在电极表面液层中，由于部分离子的持续反应而使浓度降低或升高，在浓度差驱动下，离子会发生扩散。扩散和电迁移是电解液中离子传输的主要途径，一般来讲，在电极附近，一个电活性物质的传递是由两者共同完成的。电极近表面的电化学活性物质的流量决定了反应的速率，从而控制了外电路上的电流。因此电流可分为迁移电流和扩散电流，分别反映电活性物质在电极表面所发生的电迁移和扩散流量[1]。

### 11.1.3　电势和电池热力学

电化学中，电势差推动电子在电路中定向移动；热力学中，恒温恒压等条件下，系统自发变化总是朝向 Gibbs 自由能减少的方向进行。如果系统的非膨胀功只有电功，则用公式表示为[6]：

$$(\Delta_r G)_{T,p} = -nEF \qquad (11\text{-}3)$$

式中，$n$ 为反应输出电荷的物质的量；$E$ 为可逆电池的电动势；$F$ 为法拉第常量。

式（11-3）是联系热力学和电化学的主要桥梁，人们可以通过测量电势（可观测量）等电化学方法解决催化反应过程中的热力学问题。

#### 1. 可逆电池

要构成化学可逆电池，反应过程必须满足热力学可逆性。考虑式（11-4）所示电化学池，所有物质处于标准状态时，当锌电极和银电极连接在一起时，电池反应按正向进行。

$$Ag(s)|AgCl(s)|Cl^-(a=1), Zn^{2+}(a=1)|Zn(s)$$

$$\frac{1}{2}Zn(s)+AgCl(s) \Longleftrightarrow \frac{1}{2}Zn^{2+}+Cl^-+Ag(s) \qquad (11\text{-}4)$$

如果用一个电池或者其他直流电源，来抵消这个电化学池的电压，那么电池反应将按反向进行。这种改变电池电流方向仅仅改变了电池反应的方向，并没有新的反应发生的电池，是化学上可逆的。

满足化学可逆的电池，当充电或放电电流无限小时，电池在平衡状态工作，该过程即为热力学可逆的。实际过程都是以一定的速率进行，它们不具有严格的热力学可逆性。然而，当外接足够大的电阻时，电池反应可能以这样的方式进行，即在要求的精度内，热力学公式仍然适用。

假设电池反应程度足够小，所有组分的活度基本保持不变。此时，电势也应该保持不变，满足式（11-3）成立条件，电池对外做最大电功$|\Delta G|$。这样，电池的电势差就与自由能联系起来，其他的热力学量便可由电化学测量导出。

例如，电池反应的熵变可由$\Delta G$与温度之间的关系而得到

$$\Delta S = -\left(\frac{\Delta G}{T}\right)_p \qquad (11\text{-}5)$$

因此，

$$\Delta S = nF\left(\frac{E}{T}\right)_p \qquad (11\text{-}6)$$

这样，就可以将无法直接观测的热力学量转化为电势等可观测量，运用电化学方法更加简单直接地分析解决催化过程中的相关问题。

### 2. 半反应与电极电势

一个电池反应由氧化和还原两个独立的半反应组成，可以认为将电池电势分成两个独立电极电势是合理的。实际上，单个电极的绝对电势值不能精确地测量。因此，采用一个具有标准半电池反应的标准参比电极来表示电极电势和半反应的电势时，可以得到一种有用的标度。

按惯例，一般常用的参比是常规氢电极（NHE），也称为标准氢电极（SHE）：

$$Pt|H_2(p^\ominus)|H^+(a=1) \qquad (11\text{-}7)$$

它的电势（静电学标准）在所有的温度下被认为是零。电极与 NHE 组成可逆电池，通过测量在整个电池中电极相对于 NHE 的电势，可以得到半电池电势。例如，针对式（11-4）的体系：

$$Pt|H_2(p^\ominus)|H^+(a=1), Cl^-(a=1)|AgCl(s)|Ag(s) \qquad (11\text{-}8a)$$

$$Pt|H_2(p^\ominus)|H^+(a=1)||Zn^{2+}(a=1)|Zn(s) \qquad (11\text{-}8b)$$

电池（11-8a）电势$E_a = +0.22$ V，可以认为 $Cl^-(a=1)|AgCl(s)|Ag(s)$电对的标准电势相对于 NHE 为 $+0.22$ V，电池（11-8b）电势$E_b = -0.76$ V。

通常，我们将半反应写为还原类，常用的电极电势即为相对 NHE 的还原电势。标准状态下，电池（11-4）电势差：

$$E = E_a - E_b = 0.98 \text{ V}$$

通过查找电极的标准电极电势表，可以计算得到常见电池反应的电势差值。

### 3. 浓度对电势影响

对于一个电池反应，所有物质不一定都处于标准状态。此时，

$$\upsilon H_2 + \upsilon_O O \longrightarrow \upsilon_R R + \upsilon H^+ \tag{11-9}$$

式中，$\upsilon$ 为化学计量数，根据化学反应等温式，电池反应的 $\Delta_r G$ 为

$$\Delta_r G = \Delta_r G^{\ominus} + RT \ln \frac{a_R^{\upsilon_R} a_H^{\upsilon_{H^+}}}{a_O^{\upsilon_O} a_{H_2}^{\upsilon_{H_2}}} \tag{11-10}$$

式中，$a_i$ 是组分 $i$ 的活度，将式（11-2）代入：

$$E = E^{\ominus} + \frac{RT}{nF} \ln \frac{a_R^{\upsilon_R} a_H^{\upsilon_{H^+}}}{a_O^{\upsilon_O} a_{H_2}^{\upsilon_{H_2}}} \tag{11-11}$$

式中，$E^{\ominus}$ 为所有参加反应的组分都处于标准状态时的电动势。纯液体或固态纯物质，其活度为 1；气态物质，$a_i = \gamma_i(p_i / p^{\ominus})$，$p_i$ 为 $i$ 的分压，$p^{\ominus}$ 为标准压力，$\gamma_i$ 为活度系数，无量纲；溶质 $i$，$a_i = \gamma_i(C_i / C^{\ominus})$，$C_i$ 为溶质的浓度；$C^{\ominus}$ 为标准浓度（通常是 1 mol/L）；$\gamma_i$ 为活度系数。

式（11-11）是 Nernst 方程，它反映了电池的电动势与参加反应的各组分的性质、浓度和温度等的关系。

离子选择性电极的本质思想是 Nernst 方程。通过选择性可透膜在两种电解质溶液间产生一个界面，若保持 $\alpha$ 相中物质 $i$ 的活度不变，通过测量膜电势 $E_m$ [式（11-12）] 可以得到物质 $i$ 在 $\beta$ 相中的活度。常用 pH 计玻璃电极就是离子选择性电极。

$$E_m = -\frac{RT}{nF} \ln \frac{a_i^{\alpha}}{a_i^{\beta}} \tag{11-12}$$

## 11.1.4　电极反应动力学

可逆电极电势值是在反应电流无限小时获得的，然而当有电流通过电极时，电极电势会偏离可逆值，这种现象称为电极的极化。电极极化现象与电极反应动力学行为密切相关，通过建立经典的 Butler-Volmer 模型，可以得到电流密度与电势和浓度的关系，有助于理解催化反应过程中的电极行为。

### 1. 电极电流

电极过程同时进行着氧化和还原两个相反过程。当两者以相同的速率进行时，电极处于平衡状态，外电路无电流通过。

$$O+ne\xrightleftharpoons[k_b]{k_f}R \tag{11-13}$$

此时，电极状态由 Nernst 方程表征。但是，当外电路有电流通过时，这种平衡状态就被打破了，电流与电势的关系就需要电极动力学模型来阐述了。

考虑均相动力学，电极反应符合 Arrhenius 公式。还原反应速率 $v_f$ 与 O 的表面浓度 $C_O$ 成正比，正比常数是速率常数 $k_f$。

$$v_f=k_fC_O=C_OA_f\exp\left(-\frac{E_{a,Red}}{RT}\right)=\frac{i_f}{nFA} \tag{11-14}$$

式中，$A_f$ 为速率常数指前因子；$E_{a,Ox}$ 为反应活化能；$i_f$ 为还原反应的电流；$A$ 为电极面积。同理，对于氧化反应：

$$v_b=k_bC_R=C_RA_b\exp\left(-\frac{E_{a,Ox}}{RT}\right)=\frac{i_d}{nFA} \tag{11-15}$$

所以，对于电极反应其电流 $i$ 为

$$i=i_f-i_b=nFA(k_fC_O-k_bC_R) \tag{11-16}$$

式（11-16）建立了电极电流与活化能的关系，通过电池热力学内容我们知道电极电势本身是与自由能相关的，即在有电子参与的反应中，电极电势的改变会对反应活化能产生影响。

### 2. Butler-Volmer 模型

针对反应式（11-13），其氧化和还原的标准活化自由能如图 11-1 所示，电势变化降低了电子能量，反应活化自由能也随之改变。

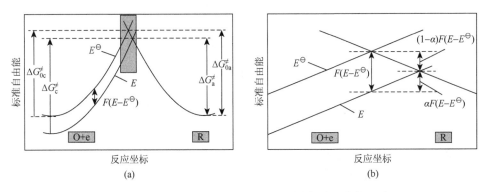

图 11-1　电势的变化对于氧化和还原反应标准活化能影响

（b）为（a）阴影部分放大图

现在考虑单步骤单电子过程情形，采用平衡电势 $E^\ominus$ 作为电势参考点。假设

当电极电势等于 $E^\ominus$ 时，图中上部曲线适用于 O + e。这样，阴极和阳极的活化能分别是 $\Delta G^{\neq}_{0c}$ 和 $\Delta G^{\neq}_{0a}$。

如果电势变化 $\eta$ 到达一个新值 $E$，在电极上的电子的相对能量变化为 $-F\eta = -F(E-E^\ominus)$；因此 O + e 的曲线将上移或下移。$\eta$ 称为过电位（又称超电势），是电极电势与平衡值的差值。图中考虑电势正移 $E-E^\ominus$ 的情况，电子能量降低，左侧曲线能量下降 $F\eta$。此时，氧化反应活化能垒值 $\Delta G^{\neq}_a$ 较 $\Delta G^{\neq}_{0a}$ 降低 $(1-\alpha)F(E-E^\ominus)$，还原反应活化能垒值 $\Delta G^{\neq}_c$ 较 $\Delta G^{\neq}_{0c}$ 升高了 $\alpha F(E-E^\ominus)$。这里 $\alpha$ 称为传递系数，其值与交叉区域形状有关，范围在 0～1 之间。所以，

$$\Delta G^{\neq}_a = \Delta G^{\neq}_{0a} - (1-\alpha)F(E-E^\ominus) = \Delta G^{\neq}_{0a} - (1-\alpha)F\eta$$

$$\Delta G^{\neq}_c = \Delta G^{\neq}_{0c} + \alpha F(E-E^\ominus) = \Delta G^{\neq}_{0c} + \alpha F\eta \tag{11-17}$$

反应速率常数符合 Arrhenius 方程，根据式（11-14）式（11-15）：

$$k_f = A_f \exp\left(-\frac{\Delta G^{\neq}_{0c}}{RT}\right)\exp\left(-\frac{\alpha F\eta}{RT}\right) \tag{11-18}$$

$$k_d = A_d \exp\left(-\frac{\Delta G^{\neq}_{0a}}{RT}\right)\exp\left[\frac{(1-\alpha)F\eta}{RT}\right] \tag{11-19}$$

考虑电极反应处于平衡状态，溶液中 $C_O = C_R$ 这一特殊情况。此时，溶液本体浓度与电极表面浓度一致，过电位 $\eta$ 为 0，$k_f C_O = k_d C_R$，则有 $k_f = k_b = k^\ominus$，$k^\ominus$ 称为标准速率常数。速率常数可通过 $k^\ominus$ 来表示：

$$k_f = k^\ominus \exp\left(-\frac{\alpha F\eta}{RT}\right) \tag{11-20}$$

$$k_d = k^\ominus \exp\left[\frac{(1-\alpha)F\eta}{RT}\right] \tag{11-21}$$

将这些关系式代入式（11-16），得到电流-电势特征关系式：

$$i = FAk^\ominus\left\{C_O \exp\left(-\frac{\alpha F\eta}{RT}\right) - C_R \exp\left[\frac{(1-\alpha)F\eta}{RT}\right]\right\} \tag{11-22}$$

该公式十分重要，是 Butler-Volmer 动力学表达式的一种表达形式。它是处理电极电流和电势关系的重要手段。

3. 交换电流与 Tafel 公式

电极反应处于平衡状态时，净电流 $i = 0$，O 和 R 的本体浓度 $C_O^*$、$C_R^*$ 与电极表面浓度相等，则有：

$$C_O^* \exp\left(-\frac{\alpha F \eta}{RT}\right) - C_R^* \exp\left[\frac{(1-\alpha)F\eta}{RT}\right] = 0$$

$$\exp\left(\frac{F\eta}{RT}\right) = \frac{C_O^*}{C_R^*} \tag{11-23}$$

令 $i_0 = i_f = i_d$，$i_0$ 称为交换电流，可以表示催化反应过程中活化能垒的大小：

$$i_0 = FAk^\ominus C_O^* \exp\left(-\frac{\alpha F\eta}{RT}\right) \tag{11-24}$$

将式（11-23）代入得

$$i_0 = FAk^\ominus C_O^{*(1-\alpha)} C_R^{*\alpha} \tag{11-25}$$

将交换电流 $i_0$ 代入式（11-22）替代速率常数项，可将方程简化，得到更加常用的 Butler-Volmer 方程形式：

$$i = i_0\left\{\frac{C_O}{C_O^*}\exp\left(-\frac{\alpha F\eta}{RT}\right) - \frac{C_R}{C_R^*}\exp\left[\frac{(1-\alpha)F\eta}{RT}\right]\right\} \tag{11-26}$$

图 11-2 描绘了式（11-26）所预测的行为。实线显示的是实际的总电流，它是 $i_f$ 和 $i_d$ 的总和，虚线显示的是 $i_f$ 或 $i_d$。

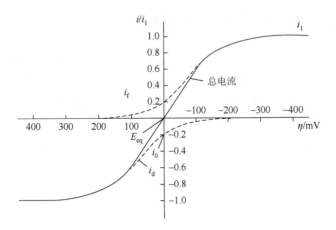

图 11-2　电流-过电位曲线（$\alpha = 0.5$，$i_0/i_l = 0.2$）

现在考虑 Butler-Volmer 方程的近似形式，它们在实际应用中也能得到较好的效果。

不考虑传质影响，当过电位 $\eta$ 较小时，根据泰勒方程，$e^x$ 可近似为 $1+x$，式（11-26）可表示为

$$i = -i_0 \frac{F\eta}{RT} \qquad (11\text{-}27)$$

电流与过电位呈线性关系。

当过电位 $\eta$ 较大时，式（11-26）括号中某项可忽略。考虑较大负过电位这一情形，此时 $\exp\left(-\dfrac{\alpha F\eta}{RT}\right) \gg \exp\left[\dfrac{(1-\alpha)F\eta}{RT}\right]$，则有

$$i = i_0 \exp\left(-\frac{\alpha F\eta}{RT}\right) \qquad (11\text{-}28)$$

将该式重排：

$$\eta = \frac{RT}{\alpha F}\ln i_0 - \frac{RT}{\alpha F}\ln i \qquad (11\text{-}29)$$

式（11-29）就是 Tafel 经验公式 $\eta = a + b\ln i$ 的具体形式，其中：

$$a = \frac{RT}{\alpha F}\ln i_0 \quad b = -\frac{RT}{\alpha F} \qquad (11\text{-}30)$$

从 Tafel 经验公式可以看出电极上过电位与电流之间的线性关系，由动力学方程可以知道 $a$ 和 $b$ 的物理意义。这些对理解催化反应过程中的电极行为有重要意义。

### 11.1.5　静态电极过程中的物质传递影响

电极反应热力学和动力学公式中均有电极表面物质浓度这一项。在实际过程中，除了电极处于平衡态等特殊情况外，溶液本体浓度 $C^*$ 和电极表面浓度 $C$ 是不一致的。所以，电极表面物质浓度信息对了解电极电化学催化中的浓差极化行为十分重要。

溶液中物质传递形式主要有迁移、扩散和对流三种，针对静态电极，对流作用可忽略。假设溶液中有过量支持电解质存在，电迁移作用也可不考虑。此时，电极周围物质传递由扩散过程控制，符合 Fick 扩散定律，速率与浓度梯度成正比。

$$N_O = D_O\left(\frac{\partial C_O}{\partial x}\right) \qquad (11\text{-}31)$$

式中，$N_O$ 为在距电极表面 $x$ 处的物质 O 的流量，$mol/(s \cdot cm^2)$；$D_O$ 为扩散系数，$cm^2/s$。

假设在电极表面存在一个厚度为 $\delta_O$ 的静止层（Nernst 扩散层），在 $x = \delta_O$ 以外的浓度均为溶液本体浓度 $C_O^*$。传递到电极表面的物质被完全消耗，根据 Faraday 定律：

$$\frac{i}{nFA} = -D_O\left(\frac{C_O^* - C_O}{\delta_O}\right) \tag{11-32}$$

当电极表面浓度 $C_O = 0$ 时，则有

$$\frac{i_t}{nFA} = -D_O\frac{C_O^*}{\delta_O} \tag{11-33}$$

此时，物质 O 的传递速率达到最大，该电流值称为极限电流 $i_t$，为图 11-2 中的电流平台值。极限电流可以表征电极表面的传质情况。

电极表面浓度对电极电势的影响由热力学和动力学两部分构成。根据 Nernst 方程，本体浓度 $C_O^*$ 和电极表面浓度 $C_O$ 对电极电势的影响如下：

$$\eta_1 = \left(E^\ominus + \frac{RT}{nF}\ln C_O\right) - \left(E^\ominus + \frac{RT}{nF}\ln C_O^*\right) \tag{11-34}$$

$$\eta_1 = \frac{RT}{nF}\ln\frac{C_O}{C_O^*} \tag{11-35}$$

将式（11-32）和式（11-33）代入得

$$\eta_1 = -\frac{RT}{nF}\ln\left(\frac{i_t}{i_t - i}\right) \tag{11-36}$$

根据 Butler-Volmer 方程，在高电流密度区，方程中第二项略去，此时电极表面浓度对电极电势影响如下：

$$i = i_0\frac{C_O}{C_O^*}\exp\left(-\frac{\alpha nF\eta}{RT}\right) \tag{11-37}$$

$$\eta = -\frac{RT}{\alpha nF}\left(\ln\frac{i}{i_0} + \ln\frac{C_O^*}{C_O}\right) \tag{11-38}$$

只考虑浓度对电极电势的影响，有

$$\eta_2 = -\frac{RT}{\alpha nF}\ln\frac{C_O^*}{C_O} = -\frac{RT}{\alpha nF}\ln\left(\frac{i_t}{i_t - i}\right) \tag{11-39}$$

所以，电极表面浓度造成总电极电势损失为

$$\eta_{conc} = \eta_1 + \eta_2 = -\frac{RT}{nF}\left(1 + \frac{1}{\alpha}\right)\left(\frac{i_t}{i_t - i}\right) \tag{11-40}$$

极限电流密度 $i_t$ 是电极物质传递过程中一个十分重要的参数，一般由经验或计算获得[6]。

## 11.2　控制电势的研究方法

本章所讨论的方法主要是依靠已知的程序强制电极电势按照预定的函数变

化，同时测定电流随时间或者电势变化的特征函数曲线来研究反应的过程。在本章中所介绍的研究方法，均假定面积体积比（$A/V$）很小，以保证在测试过程中电活性物质的本体浓度不随着电流而发生显著变化，为了达到这种要求，通常选用"微电极"（microelectrode）在足够大体积的溶液中进行短时间的实验。

图 11-3 所示为具体的实验装置图，其中函数发生器用来调控测试过程中电极电势的变化，恒电势仪（potentiostat）负责控制加在工作电极和对电极上的电压，保证实验中工作电极与参比电极间的电势差（通过高阻抗反馈回路测量）与预设定的程序一致，预设的程序由函数信号发生器设定。恒电势仪的作用是随时注入电流以保证工作电极电势满足要求。

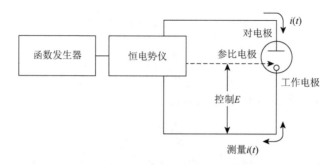

图 11-3　用于控制电势的实验装置

## 11.2.1　电势阶跃法

本节主要介绍通过电势阶跃的方法来定性和定量地观测电极过程反应的手段。通常的测试手段有以下几种。

（1）计时电流法或者计时安培法（chronoamperometry）：通过给体系一个电势阶跃，之后测定电流随时间的变化曲线，如图 11-4 所示。

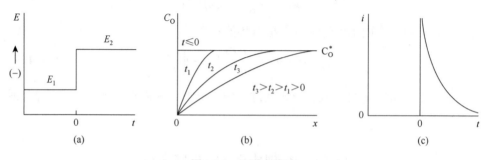

图 11-4　计时电流法

（a）阶跃实验波形，反应物 O 在电势 $E_1$ 不反应，在 $E_2$ 以扩散极限速度被还原；（b）各不同时刻的浓度分布；（c）电流与时间的关系曲线

（2）取样电流伏安法（sampled-current voltammetry）：给体系一系列电势阶跃，保证初始条件相同的情况下，分别测定其电流随时间变化的曲线。之后用阶跃后某一时间点的电流对相应的阶跃电势作图，如图 11-5 所示。

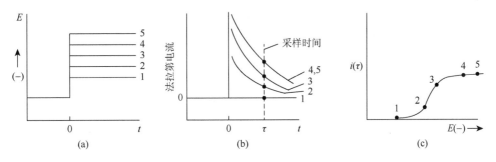

图 11-5　取样电流伏安法

（a）系列实验中使用的电势阶跃波形；（b）对应各阶跃观测到的电流-时间曲线；（c）取样电流伏安图

（3）双电势阶跃计时电流法（double potential step chronoamperometry）：先给体系一个阶跃电势，之后再让电势跃回初始值，测定电流随时间变化的曲线。这是一种反向技术，可以用来研究一些比较复杂的电极反应，如图 11-6 所示。

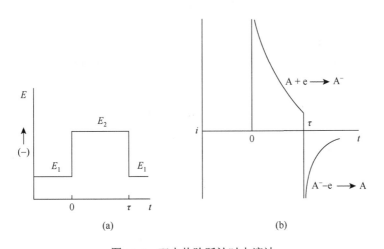

图 11-6　双电势阶跃计时电流法

（a）电势波形；（b）电流响应

当然，在控制电势的实验中，一般观测电流对时间或电势的关系。但有时，记录电流对时间的积分是很有用的。由于该积分表示通过的电量，故这些方法称为库仑（coulometric）方法。库仑方法中，最基本的是计时库仑法（chronocoulometry）

和双电势阶跃计时库仑法（double potential step chronocoulometry），见图 11-7，它们事实上就是相应计时电流法的积分量。不过，虽然观测电流/电量随时间的变化可以定性的理解实验，但是想要从曲线中获得定量的数据，还需要建立一些函数模型来表征各个参数之间的关系。

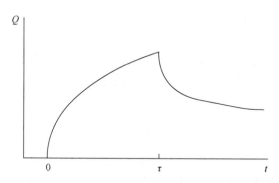

图 11-7　双电势阶跃计时库仑法的响应曲线电势阶跃波形与图 11-6（a）同

### 1. 扩散控制下的电势阶跃

扩散控制下的电势阶跃，指的是瞬间给体系一个大的电势阶跃，使得电极表面物质浓度为零，继续加大电势不会改变计时电流曲线，电流大小主要受溶液传质速率控制。

（1）假设可以瞬间阶跃到上述状态，对于平板电极：

（a）扩散方程的解，要得到极限扩散电流 $i_d$ 和浓度分布 $C_O(x,t)$，需要运用线性扩散方程（Fick 第二定律）：

$$\frac{\partial C_O(x,t)}{\partial t} = D_O \frac{\partial^2 C_O(x,t)}{\partial x^2} \tag{11-41}$$

在下述边界条件下求解：

$$C_O(x,t) = C_O^* \tag{11-42}$$

$$\lim_{n \to \infty} C_O(x,t) = C_O^* \tag{11-43}$$

$$C_O(x,t) = 0 \quad (t > 0) \tag{11-44}$$

解得为科特雷尔方程（Cottrell equation）：

$$i(t) = i_d(t) \frac{nFAD_O^{1/2}C_O^*}{(\pi t)^{1/2}} \tag{11-45}$$

可以注意到，表面附近的电活性物质的贫化效应造成电流与 $t^{1/2}$ 呈倒数关系，这也是电解速度受扩散控制的一个标志。

对这种条件下 $i$-$t$ 行为的实际观测，一定要注意仪器和实验上的限制。

（i）恒电势仪的限制。方程式（11-45）预示实验开始时会有很大的电流，但实际的最大电流取决于恒电势仪的电流和电压输出能力。

（ii）记录设备的限制。在电流的起始部分、示波器、暂态记录仪或其他记录设备可能过载，只有过载恢复后的记录才是准确的。

（iii）$R_u$ 和 $C_d$ 的限制。电势阶跃时，还有非法拉第电流流过。这种电流随电解池时间常数 $R_u$、$C_d$ 作指数衰减（$R_u$ 是未补偿电阻，$C_d$ 是双电层电容）。即使经过时间常数的 5 倍时间后，充电电流对总电流仍有可观的贡献，从中很难精确地分离出法拉第电流。

（iv）对流的限制。在长时间的实验中，浓度梯度和偶尔的振动会对扩散层造成对流扰动，表现为电流大于 Cottrell 方程计算值。对流的影响依赖于电极的取向、电极是否有保护罩及其他因素。

（b）浓度分布，在解 Fick 第二定律过程中得到浓度分布公式如下：

$$C_O(x,t) = C_O^* \left[ 1 - \mathrm{erfc}\left( \frac{x}{2(D_O t)^{1/2}} \right) \right] \tag{11-46}$$

或者

$$C_O(x,t) = C_O^* \mathrm{erf}\left[ \frac{x}{2(D_O t)^{1/2}} \right] \tag{11-47}$$

图 11-8 显示了式（11-46）对应不同时间的浓度分布，可观察到电极附近的氧化态被耗尽，电极表面的浓度梯度随时间变小。

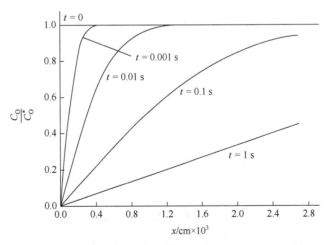

图 11-8　阶跃实验不同时刻的浓度分布（$D_O = 1 \times 10^{-5}\,\mathrm{cm^2/s}$）

（2）半无限球形扩散：

（a）对于球形扩散（如悬汞电极），需要考虑球形扩散场，此时对应的 Fick 第二定律为

$$\frac{\partial C_O(r,t)}{\partial t} = D_O\left[\frac{\partial^2 C_O(r,t)}{\partial r^2} + \frac{2}{r}\times\frac{\partial C_O(r,t)}{\partial r}\right] \tag{11-48}$$

式中，$r$ 为距电极球心的径向距离。此时的边界条件为（$r_0$ 是电极半径）：

$$C_O(r,0) = C_O^*(r > r_0) \tag{11-49}$$

$$\lim_{n\to\infty} C_O(r,t) = C_O^* \tag{11-50}$$

$$C_O(r_0,t) = 0(t > 0) \tag{11-51}$$

求解得到扩散电流方程：

$$i_d(t) = nFAD_OC_O^*\left[\frac{1}{(\pi D_O t)^{\frac{1}{2}}} + \frac{1}{r_0}\right] \tag{11-52}$$

也可写作

$$i_d(球形) = i_d(线形) + \frac{nFAD_OC_O^*}{r_0} \tag{11-53}$$

（b）浓度分布，可由求解扩散方程得到电极附近电活性物质的浓度分布为

$$C_O(r,t) = C_O^*\left[1 - \frac{r_0}{r}\text{erfc}\left(\frac{r-r_0}{2(D_O t)^{1/2}}\right)\right] \tag{11-54}$$

式中，$r-r_0$ 为从电极表面算起的距离。此式所示的浓度分布与式（11-46）的线性情况非常相似，差别只是式中的系数 $r/r_0$。如果扩散层和电极半径相比很薄，球形电极行为就和平面电极行为并无差别，就像日常生活中人们感觉不到地球是球形一样。

然而在实际测量中，电极表面总是不能像理想条件下一样平滑洁净，因此我们引入了粗糙度 $\rho$ 的概念，$\rho = \dfrac{A_m}{A_g}$，其中 $A_m$ 是微观面积，可以通过测双电层电容或者测电极表面形成单分子层所需的电量来测定；$A_g$ 是几何面积，是电极表面正投影所得的面积。在应用中，一种典型的电极——超微电极，是受到了广泛应用的。

超微电极由于其小尺寸的特性可以使实验结果和理论计算相接近，因此被广

泛使用，为了更好地界定超微电极，这里我们认定其临界尺寸小于 10 nm。虽然不同形状的超微电极会有一些差别，但是其共性也是有很多的。

在短时间区，扩散层厚度较小，小于临界尺寸或者近似临界尺寸时，可以用 Cottrell 方程来计算其电流，符合半无限线性扩散。

在长时间区，扩散层厚度较大时，超微电极电流的形式可以表述为

$$i_{ss} = nFAm_0C_O^*  \tag{11-55}$$

趋向于稳态或准稳态极限情况。

### 2. 取样电流伏安法

根据前文所述，结合取样电流伏安法的特点可知，取样电流伏安法的结果取决于是在稳态区取样还是在暂态区取样。

对于可逆电极反应：

（1）平板电极任意电势单阶跃，满足半无限线性扩散，其电流的响应公式为

$$i(t) = \frac{nFAD_O^{1/2}C_O^*}{\pi^{1/2}t^{1/2}(1+\xi\theta)}  \tag{11-56}$$

这是可逆电极体系对电势阶跃的一般响应公式，不难看出，Cottrell 方程正是此方程中极限扩散（即 $\theta$ 趋近于 0）时的形式。此外虽然常选平面电极为例，但要注意，电极形状并不是关键，只要满足扩散层厚度小于电极曲率半径这个条件即可。

（2）超微球形电极上的单电势阶跃模型，适用于稳态区取样，其响应公式为

$$i = \frac{nFAD_OC_O^*}{(1+\xi^2\theta)r^0}  \tag{11-57}$$

可逆电极反应取样电流伏安法的应用：

（a）通过波高可以测量浓度，用于校正或者测量标准添加物的浓度。

（b）可逆波的形状和位置反映了电极反应的能量依赖性，可以从中获得标准电势、自由能、平衡常数等信息，但是不能得到动力学信息。

（c）对于可逆反应，本方法可以用来估算尚未定性的化学体系电势（因为可逆波的半波电势和 $E^{\ominus'}$ 接近）。

对于准可逆和不可逆反应：

（a）平板电极任意单电势阶跃，满足半无限线性扩散，其电流的响应公式为

$$i = FA(k_fC_O^* - k_bC_R^*)\exp(H^2t)\mathrm{erfc}\left(Ht^{\frac{1}{2}}\right)  \tag{11-58}$$

（b）球形电极上的稳态伏安响应公式：

$$i = \frac{nFAD_O(C_O^* - \theta C_R^*)}{r_0s}\left[\frac{\delta+1}{\left[\dfrac{\delta+1}{k}\right]+(1+\xi^2r\theta)}\right]  \tag{11-59}$$

准可逆和不可逆反应取样电流伏安法的应用：

（a）准可逆和不可逆波的极限电流平台也完全受扩散控制，可以用于求 $C^*$、$n$、$A$、$D$、$r_0$ 等任何对 $i_d$ 有贡献的参数。

（b）有时候准可逆波可以用来得到 $E^{\ominus'}$ 的近似值，而对于不可逆波，由于其半波电势偏离形式电势，因而无法求得热力学信息，但是完全不可逆波，其波形和位置可以提供动力学信息。

### 3. 计时电量法

如前所述，计时电量法是一种记录电量和时间关系 $Q_{(t)}$ 的方法，此方法广泛用于代替计时电流法。其优势在于：

（1）由于测量的信号随时间增长，因此和早期相比，暂态后期受阶跃瞬间非理想电势变化的影响较轻微，可以更容易地得到实验数据，具有不错的信噪比。

（2）暂态电流中的随机噪声会因为积分而平滑，因此计时电量法更加清晰。

（3）可以区分双电层充电、吸附物质的电极反应对电量的贡献和扩散反应物法拉第反应对电量的贡献，这可以方便研究表面过程。

其具体的描述方程通过对 Cottrell 公式积分获得：

$$Q_d = \frac{2nFAD_O^{1/2}C_O^*t^{1/2}}{\pi^{1/2}} \tag{11-60}$$

式（11-60）表明，$t = 0$ 时扩散对电量的贡献为 0。然而，实际的电量 $Q$ 中还有来自双层充电和还原吸附的某种氧化态的电量，$Q$ 对 $t^{1/2}$ 的直线一般不通过原点。这些电量与随时间慢慢累积的扩散贡献电量不一样，它们只在瞬间出现，因此可以把它们作为与时间无关的两个附加项写在式（11-61）中：

$$Q_d = \frac{2nFAD_O^{1/2}C_O^*t^{1/2}}{\pi^{1/2}} + Q_{d1} + nFA\Gamma_0 \tag{11-61}$$

式中，$Q_{d1}$ 为电容电量；$nFA\Gamma_0$ 为表面吸附 O 还原的法拉第分量。

这一方法常用于测定电活性物质的表面余量，但需要再做一些反向实验。这里限于篇幅不再赘述。

## 11.2.2 电势扫描法

本节主要介绍通过随时间扫描电势，记录反应体系的电流-电势曲线，以获得体系完整电化学行为的方法。主要分为线性扫描伏安法（liner sweep voltammetry，LSV）和循环伏安法（cyclic voltammetry，CV）。其对应的曲线如图 11-9 所示。

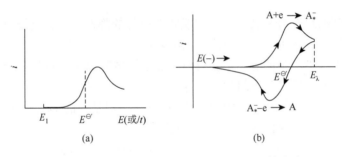

图 11-9　（a）线性扫描伏安法；（b）循环伏安法

　　这里主要以 Pt 在 $H_2SO_4$（0.5 mol/L）中的循环伏安曲线（50 mV/s）为例，如图 11-10 所示，简要说明如何通过循环伏安曲线分析反应体系的电化学行为。测量前首先将单晶表面在氢氧火焰中进行退火处理，退火的目的一是为了完全除去表面吸附的任何杂质，二是使单晶表面完美，即使原子完全按规则排列。在退火处理过程中，Pt 表面就会有氧在表面吸附，形成氧吸附层。电势扫描时，是从开路电势 OCP 出发，往低电势方向扫描。

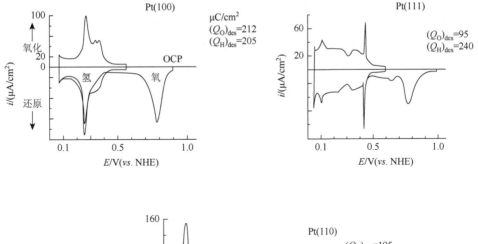

图 11-10　各单晶 Pt 在 $H_2SO_4$ 中的循环伏安曲线

首先看到的这个峰是表面吸附的氧随着电势的降低而发生电还原反应所产生的还原电流所致。所以这个峰对应表面吸附氧。

第二个峰是溶液中的氢离子获得电子被还原成氢原子并吸附在 Pt 表面。这个峰是表面吸附的氢原子的电氧化，即这个反应的逆反应。

其他单晶上这些氧和氢的吸脱附峰同样存在，但是峰的形状和位置是不同的，这是因为表面 Pt 原子的排列方式是不同的。

因此，利用这些峰形的特征可以辨别晶面属于那种单晶，是（100）、（110）还是（111）晶面。

通过对电流-时间曲线上的氢的吸附峰进行积分，所得的积分的面积就是由氢吸附所产成的电量（电流×时间 = 电量）。由对面积积分所得的电量值可以计算出吸附的氢原子的数目，显然单晶的晶面不同，$Q_H$ 不同，即吸附的氢原子的数目不同。根据 Pt 单晶的晶面上原子的排列方式和原子直径的大小，可以计算出单位面积的单晶表面的 Pt 原子的数目。把表面 Pt 原子的数目和吸附的氢原子的数目比较，发现这两个值很接近。这说明一个 Pt 原子吸附一个 H。

由于电活性物质（H 和 O）的反复氧化还原吸附和脱附，表面会逐渐变得粗糙，到最后单晶表面就会变成多晶表面。

多晶表面是由若干个小的不同的单晶表面组成，它反映的是这些单晶的平均行为。图 11-11 就是 Pt 多晶（如 Pt 丝、纳米 Pt 黑）的循环伏安图。

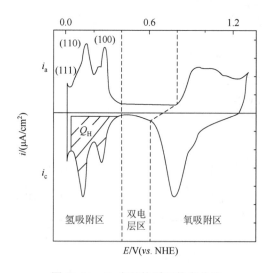

图 11-11　Pt 多晶的循环伏安曲线

这个图可以分成三个区域来看，左侧的这些峰对应的是氢的吸附和脱附，不同的峰是由氢在不同的晶面上吸附所致，和之前单晶的 CV 比较可知各个氢是在哪个晶面上吸脱附。右侧的这些峰是氧的吸附和脱附，也可以说是 Pt 表面的氧化和还原，不同的峰代表不同的氧化态，可能有 Pt-OH、$PtO_x$ 等，更详细的未知。中间这个区域是双电层区域，即这个区域内电流是由双电层的充放电引起，没有氧化还原反应。对这个区域积分，就可求得氢吸附的电量。我们还知道一个 Pt 原子上只吸附一个氢原子。因此 $Q_H/Q$ 就是 Pt 的真实表面积。因此利用 H 原子在 Pt 上的吸附和脱附研究，可以测定 Pt 的真实表面积。真实电极面积对于研究电极反应动力学是一个十分重要的参数。因为我们实验能够测定的是整个电极面积上产生的电流，面积越大电流就越大，因此忽略电极面积而简单地用电流大小来表示反应速率的快慢显然是不科学和不准确的。所以通常电极反应速率用电流密度来表示，电流密度定义为单位电极面积上产生的电流。这个电极面积就应该是电极的真实面积。

## 11.2.3　极谱法和脉冲伏安法

### 1. 极谱法简介

极谱法是由海洛夫斯基通过使用滴汞电极（dropping mercury electrode，DME）创建的一种伏安法。图 11-12 是典型的滴汞电极装置。

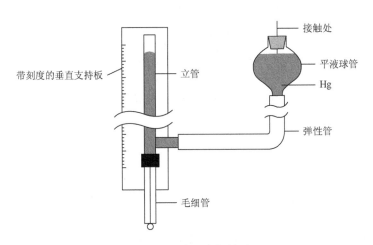

图 11-12　滴汞电极装置

使用时让 Hg 从毛细管中流出，在毛细管口逐渐长大成为具有 1 mm 左右直径的 Hg 滴，之后其重力超过表面张力而落下。在 Hg 滴长大过程中如有电解反应发生，就会有随时间变化的电流流过，$I$-$t$ 曲线能反映出电极的长大和电解的贫化效应。Hg 滴落下时，能够在一定程度上混合溶液，极大程度上减弱贫化效应。因为每一滴 Hg 滴都是在新鲜的溶液中产生，如果在 Hg 滴生长寿命（2～6 s）期间，维持电极电势不变，那么每个 Hg 滴的生长过程，都可以当成是一次阶跃实验。

但是经典的 DME 有两个主要的缺点：第一，Hg 滴面积在不断变化，使扩散处理变得复杂，双电层充电还产生不断变化的背景电流；第二，时间尺度受限于汞滴的寿命，一般在 0.5～10 s 之间，在此范围外工作是很难的。为了克服这些缺陷，有公司发明了静态滴汞电极（static mercury drop electrode，SMDE），不仅可以保留 DME 的优点，而且面积不会变化，简化了扩散处理，降低了背景噪声。见图 11-13，主要改进就是通过电控阀门控制 Hg 滴生长时间，以保证每一次下落的 Hg 滴大小相同。

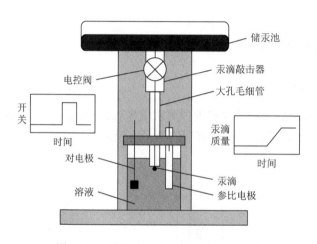

图 11-13　静态滴汞电极装置结构示意图

### 2. 脉冲伏安法

脉冲伏安法起源于经典的极谱技术，最初的设计目的是为了抑制 DME 中 Hg 滴连续扩张引起的充电电流。自从静态滴汞电极发明以来，这种方法逐渐向静态电极靠近，而渐渐与滴汞电极分离开来。

脉冲伏安法主要分为五种：断续极谱法/阶梯伏安法、常规脉冲伏安法、反向脉冲伏安法、示差脉冲伏安法和方波伏安法。这里主要介绍前两种方法，便于读者理解脉冲伏安法的特性和受用方向。

（1）断续极谱法/阶梯伏安法：滴汞电极的电流在 Hg 滴寿命期间，其特征曲线如图 11-14 所示。

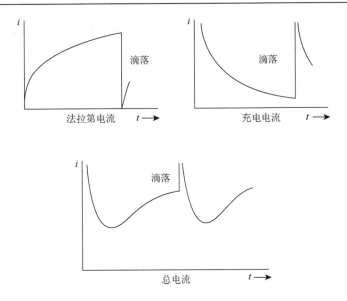

图 11-14　滴汞电极上电容电流和法拉第电流的叠加

由图 11-14 可以看出其法拉第电流不断上升，充电电流逐渐下降。因此，为了得到最佳的法拉第电流与充电电流比以提高灵敏度，就应该刚好在 Hg 滴下落前采样。因此断续极谱法和阶梯伏安法的阶跃电势如图 11-15 所示。

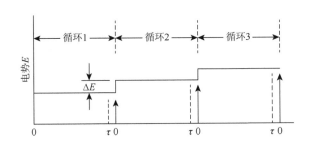

图 11-15　断续极谱法和阶梯伏安法的阶跃电势波形和采样方式

对于断续极谱法，每一滴 Hg 滴对应一个循环，可以用于各种周期更新的电极，但是对于静止电极，如悬汞电极，就不适用了，这时需要阶梯伏安法。阶梯伏安法和断续极谱法类似，只是不需要电极更新，与电势扫描方法类似，可用来替代线性扫描，还能抑制充电电流，但是其低信噪比以及速度和分辨率不能同时满足的缺陷限制了其使用。

（2）常规脉冲伏安法：由之前的说明可以看出，断续极谱法仅在很短的 $\tau$ 时间内采集电流，其他时间电流没有用途，但是采样前的电流会使待测物质贫化，降低灵敏度。为了禁止这种无用的电解，此方法仅在采样前的一小段时间才施加脉冲电势，具体程序如图 11-16 所示。这样就可以大大减小等待时的电解对测量精度的影响。

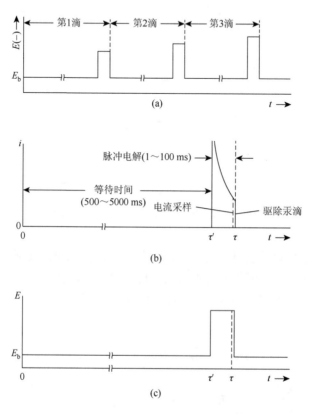

图 11-16　常规脉冲伏安法电势阶跃程序

（a）电势程序；（b）电流；（c）单汞滴寿命期间的电势波形

（3）反向脉冲伏安法[7]：与常规脉冲伏安法类似，但是脉冲电势逐渐变至电化学物质不电解的电势，这是一种反向技术，常常用于测定前一步初始电解产物的行为。

（4）示差脉冲伏安法[8]：与常规脉冲伏安法类似，但是 $E_b$ 在每个循环中会有所提升，实验记录结果是两个采样电流的差。显然这种方法测量的法拉第电流不会超过常规脉冲伏安法测得的电流，因此其高灵敏度不是因为增强了法拉第响应，而是降低了背景噪声，如图 11-17 所示。

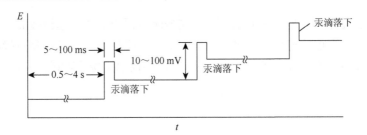

图 11-17　示差脉冲极谱实验中，几个汞滴的电势程序

（5）方波伏安法[9]：其具体波形和测量程序，如图 11-18 所示。

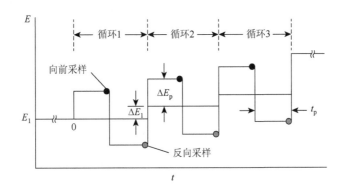

图 11-18　方波伏安法的电势波形程序

由图 11-18 可以看出这种方法不仅具有反向采样的特征，还具有示差法的特点，是结合了多种脉冲伏安法的一种方法，因此它也具有示差脉冲伏安的灵敏度和背景抑制、常规脉冲伏安的定性判断用途、反向脉冲伏安对产物的直接分析等，使用的时间范围也更宽，并常常用于痕量分析。

# 11.3　控制电流与整体电解研究方法

## 11.3.1　控制电流技术

研究者可控制通过研究电极的电流，同时以电势为因变量，测量电极电势随时间的变化，进而分析电极过程的机理、计算电极的有关参数或电极等效电路中各元件的数值。$E$ 作为时间的函数被测量记录，因而这类方法统称为计时电势技术。同时由于给工作电极施加的是恒定电流，也称为恒电流法。与控制电势方法相比，控制电流不需要从参比电极向控制器件的反馈，所以实验装置相对简单。

另外，由于边界条件是已知的电流，控制电流问题的数学处理比较简单。控制电流实验的主要缺点是整个实验过程中充电电流影响较大，而且不易直接校正。控制通过电极的电流的方式多种多样，常见的控制电流的波形如图 11-19 所示。

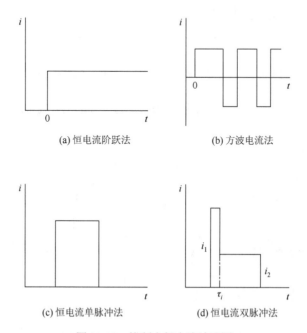

(a) 恒电流阶跃法　　　　(b) 方波电流法

(c) 恒电流单脉冲法　　　　(d) 恒电流双脉冲法

图 11-19　控制电极电流波形图

### 1. 控制电流阶跃的数学处理

开始极化后电极表面上通过的极化电流保持不变，在这种计划条件下，电极表面上的边界条件可以写成：

$$\left(\frac{\partial c_i}{\partial x}\right)_{x=0} = \pm \frac{v_i I_0}{nFD_i} = 常数 \tag{11-62}$$

将其作为边界条件，根据 Fick 第二定律：

$$c_i(x,t) = c_i^0 + \frac{v_i I_0}{nF}\left[\frac{x}{D_i}\mathrm{erfc}\left(\frac{x}{2\sqrt{D_i t}}\right) - 2\sqrt{\frac{t}{\pi D_i}}\exp\left(-\frac{x^2}{4D_i t}\right)\right] \tag{11-63}$$

在电极表面上，

$$c_i(0,t) = c_i^0 - \frac{2v_i I_0}{nF}\sqrt{\frac{t}{\pi D_i}} \tag{11-64}$$

即表面浓度随 $t^{1/2}$ 线性变化，若 $t^{1/2} = \dfrac{nFc_i^0}{2v_iI_0}\sqrt{\pi D_i}$ ，则反应粒子 i 的表面浓度下

降到 0。此时为了实现新的电极反应，电极电势会急剧变化。从开始恒电流极化到电极电势巨变所历经时间称为过渡时间（ $\tau_i$ ）。在已知电流 i 下测量得到的 $\tau_i$ 值，可以用来确定 $n$、 $c_i^0$ 或 $D_0$ 。

根据式（11-65）可以计算电极电势值：

$$\varphi(t) = \varphi_0 + \frac{RT}{nF}\sum v_i \ln c_i(0,t) \tag{11-65}$$

若电极反应为 $O + ne^- \longrightarrow R$ ，假设 $D_R = D_O$ 及 $c_R^0 = 0$ ，代入式（11-65）并整理得

$$\varphi(t) = \varphi_0 + \frac{RT}{nF}\ln\frac{\tau_O^{1/2} - t^{1/2}}{t^{1/2}} \tag{11-66}$$

见图 11-20。

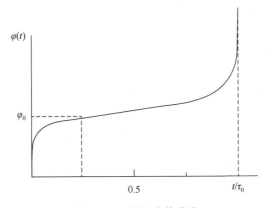

图 11-20　时间-电势曲线

## 2. 恒电流过程中的电势-时间曲线

### 可逆电极体系的电势-时间曲线

对于可逆电极体系，电极表面的电化学平衡基本上没有受到破坏，能斯特公式仍然适用，就可以利用式（11-67）来计算电极电势的瞬间值

$$E = E^{\ominus\prime} + \frac{RT}{nF}\ln\frac{C_O(0,t)}{C_R(0,t)} \tag{11-67}$$

式中，

$$\frac{C_O(0,t)}{C_O^*} = 1 - \sqrt{\frac{t}{\tau}}\ ,\quad \frac{C_R(0,t)}{C_R^*} = \xi\sqrt{\frac{t}{\tau}}$$

因此

$$E = E^{\ominus'} + \frac{RT}{nF}\ln\frac{\sqrt{D_R}}{\sqrt{D_O}} + \frac{RT}{nF}\ln\frac{\sqrt{\tau}-\sqrt{t}}{\sqrt{t}}$$

$$E = E_{1/2} + \frac{RT}{nF}\ln\frac{\sqrt{\tau}-\sqrt{t}}{\sqrt{t}} \qquad (11\text{-}68)$$

$$E_{1/2} = E^{\ominus'} + \frac{RT}{nF}\ln\frac{\sqrt{D_R}}{\sqrt{D_O}}$$

式中，$E_{1/2}$ 为稳态极化曲线的半波电势。

当 $t = \dfrac{\tau}{4}$ 时，所对应的电势为 $E_{\tau/4} = E_{1/2}$，称为四分之一电势，$E_{\tau/4}$ 同电流阶跃幅值 $i$ 无关，这是可逆电极体系的特征。根据实验测得的 $E\text{-}t$ 曲线，用 $E - \lg\dfrac{\sqrt{\tau}-\sqrt{t}}{\sqrt{t}}$ 作图，可得一条直线。由直线截距可求出 $E_{1/2}$，进而得到 $E^{\ominus'}$ 的近似值，由斜率可求出得失电子数 $n$，也可判断电极反应的可逆性。可逆 $E\text{-}t$ 曲线的特征标志是 $E\text{-}\lg\dfrac{\sqrt{\tau}-\sqrt{t}}{\sqrt{t}}$ 关系为线性，斜率为 $59/n$ mV，或 $|E_{\tau/4}-E_{3\tau/4}| = 47.9/n$ mV（25℃）。

### 完全不可逆电极体系的电势-时间曲线

对于完全不可逆的单电子，单步骤电极反应 $O + e^- \longrightarrow R$，电流动力学表达式为

$$i = FAk^{\ominus}C_O(0,t)\exp\left[-\frac{\alpha F}{RT}(E - E^{\ominus'})\right] \qquad (11\text{-}69)$$

将 $\dfrac{C_O(0,t)}{C_O^*} = 1 - \sqrt{\dfrac{t}{\tau}}$ 代入，得

$$i = FAk^{\ominus}C_O^*\left(1 - \sqrt{\frac{t}{\tau}}\right)\exp\left[-\frac{\alpha F}{RT}(E - E^{\ominus'})\right] \qquad (11\text{-}70)$$

$$E = E^{\ominus'} + \frac{RT}{\alpha F}\ln\frac{FAk^{\ominus}C_O^*}{i\sqrt{\tau}} + \frac{RT}{\alpha F}\ln(\sqrt{\tau}-\sqrt{t})$$

将 $\sqrt{\tau} = \dfrac{nFAC_O^*\sqrt{\pi D_O}}{2i}$ 代入，得

$$E = E^{\ominus'} + \frac{RT}{\alpha F}\ln\frac{2k^{\ominus}}{\sqrt{\pi D_O}} + \frac{RT}{\alpha F}\ln(\sqrt{\tau}-\sqrt{t}) \qquad (11\text{-}71)$$

根据实验测得的 E-t 曲线，E-lg($\sqrt{\tau} - \sqrt{t}$) 作图，可得到一条直线，由直线的斜率可得传递系数 $\alpha$，由直线的截距可求出 $k^{\ominus}$。对于完全不可逆波，$|E_{\tau/4} - E_{3\tau/4}| = 33.8/\alpha$ mV（25℃），随电流增大，整个 E-t 曲线向更负方向移动，电流每增大 10 倍，移动 $2.3RT/\alpha F$ mV（或在 25℃时为 $59/\alpha$ mV）。

**准可逆电极体系的电势-时间曲线**

对准可逆单步骤单电子反应：

$$O + e^- \rightleftharpoons P$$

联立

$$i = i_0\left[\frac{C_O(0,t)}{C_O^*}e^{-\alpha f\eta} - \frac{C_R(0,t)}{C_R^*}e^{(1-\alpha)f\eta}\right];$$

$$\frac{C_O(0,t)}{C_O^*} = 1 - \sqrt{\frac{t}{\tau}}; \quad \frac{C_R(0,t)}{C_R^*} = \xi\sqrt{\frac{t}{\tau}}$$

可得到普遍的 E-t 关系。若初始有 R 的本体浓度 $C_R^*$，则

$$\frac{I}{i_0} = \left[1 - \frac{2i}{FAC_O^*}\left(\frac{t}{\pi D_O}\right)^{\frac{1}{2}}\right]e^{-\alpha f\eta} - \left[1 + \frac{2i}{FAC_O^*}\left(\frac{t}{\pi D_O}\right)^{\frac{1}{2}}\right]e^{(1-\alpha)f\eta} \quad （11\text{-}72）$$

使用电流密度 $j$ 和异相反应速率常数，可改写为

$$j = k_f\left[FC_O^* - 2j\left(\frac{t}{\pi D_O}\right)^{1/2}\right] - k_b\left[FC_R^* + 2j\left(\frac{t}{\pi D_R}\right)^{1/2}\right]$$

当 $C_R^* = 0$ 时，

$$j = Fk_f C_O^* - \frac{2jt^{1/2}}{\pi^{1/2}}\left(\frac{k_f}{D_O^{1/2}} + \frac{k_b}{D_R^{1/2}}\right) \quad （11\text{-}73）$$

通常，研究准可逆电极反应动力学用的恒电流技术（一般称为恒电流和电流阶跃方法）使用小电流微扰，相应电势对平衡位置的偏离也不大，当 O 和 R 都存在时，则有

$$-\eta = \frac{RT}{F}i\left[\frac{2t^{1/2}}{FA\pi^{1/2}}\left(\frac{1}{C_O^* D_O^{1/2}} + \frac{1}{C_R^* D_R^{1/2}}\right) + \frac{1}{i_0}\right] \quad （11\text{-}74）$$

这样，小 $\eta$ 下，$\eta$ 与 $t^{1/2}$ 呈线性关系，从截距可求出 $i_0$。

### 3. 双电层充放电的一般影响

在施加电流阶跃过程中，电极电势不断变化，此时流经电极的电流并非全部用于电极反应，而是有一部分用于改变表面剩余电荷密度。

若 $\dfrac{dA}{dt} = 0$，$i_c$ 由式（11-75）给出：

$$i_c = -AC_d\left(\frac{\mathrm{d}\eta}{\mathrm{d}t}\right) = -AC_d\left(\frac{\mathrm{d}E}{\mathrm{d}t}\right) \tag{11-75}$$

施加的总电流中，只有部分用于法拉第反应

$$i_f = i - i_c$$

因为 $\dfrac{\mathrm{d}E}{\mathrm{d}t}$ 是时间的函数，所以虽然 $i$ 是恒定值，$i_c$ 和 $i_f$ 还是随时间变化的。对于单步骤单电子过程，且 $E\text{-}t$ 呈线性关系时，

$$-\eta = \frac{RT}{F}i\left[\frac{2t^{1/2}}{\pi^{1/2}}N - \frac{RT}{F}AC_dN^2 + \frac{1}{i_0}\right] \tag{11-76}$$

其中，$N = \dfrac{1}{FA}\left(\dfrac{1}{C_O^* D_O^{1/2}} + \dfrac{1}{C_R^* D_R^{1/2}}\right)$。

当 $1/i_0$ 远大于 $(RT/F)AC_dN^2$ 时，$\eta\text{-}t^{1/2}$ 可以通过图的截距来求出 $1/i_0$。

#### 4. 过渡时间 $\tau$ 的测定

控制电流暂态实验中，过渡时间 $\tau$ 是主要的测量数据之一。从电流阶跃实验测得的 $E\text{-}t$ 曲线上测定 $\tau$ 并不困难。因为当 $t = \tau$ 时，电极表面反应物浓度下降为零，这时电极电位必然突变到另一电极反应的电位。电位突变阶段的曲线斜率取决于双电层电容的充电。由于双电层充电所需的电量一般远小于反应物消耗至零所需的电量，所以电位突变阶段的曲线近乎垂直于时间轴。在斜率最大处作切线，与时间轴的交点即为过渡时间 $\tau$。

电流阶跃暂态实验中，不管电极反应可逆与否，均有 $\sqrt{\tau} = \dfrac{nFAC_O^*\sqrt{\pi D_O}}{2i}$。所以实验测得 $\tau$ 后，在已知 $n$、$c_i^0$ 的情况下，可计算扩散系数 $D_O$。在已知 $n$、$D_O$ 的情况下则可计算 $c_i^0$。或者利用 $c_i^0$ 正比于 $\sqrt{\tau}$ 的关系进行定量分析。

#### 5. 恒电流双脉冲法

施加电流脉冲的初期，电流主要用于双电层充电，是非法拉第电流，因而单脉冲恒电流方法不能用于研究大于 $i_0$ 的快速电子转移反应。为了消除双电层充电电流的影响，在初始时仅叠加双电层充电的电流脉冲，而后再叠加电荷移动反应的电流脉冲，测定电位对时间的响应。这种方法称为恒电流双脉冲法。

通过实验和误差判断，恰当的调整脉冲高度比（$i_1/i_2$），可以使第一脉冲结束后的 $E\text{-}t$ 曲线刚好为水平直线（图 11-21）。当 $t_1$ 足够小时，准可逆单步骤单电子过程的过电势为

$$-\eta \approx \frac{RT}{F}i_2\left(\frac{1}{i_0} + \frac{4N}{3\pi^{1/2}}t_1^{1/2}\right) \tag{11-77}$$

这就可以使用不同脉冲宽度 $t_1$ 进行一系列的试验，以 $i_2$ 开始时的过电势 $\eta$ 对 $t_1^{1/2}$ 作图，从截距求出交换电流。

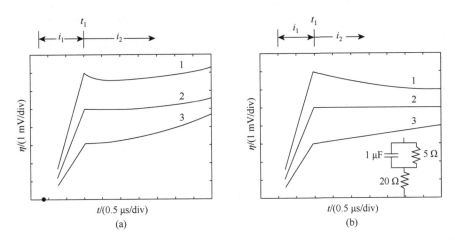

图 11-21　（a）恒电流双脉冲法，悬汞电极上 1 mol/L HClO$_4$，溶液中 0.25 mmol/L Hg$_2^{2+}$ 还原的过电势-时间图；（b）等效电路对恒电流双脉冲法的电压-时间响应[18]

$$C_d = \lim_{t_1 \to 0} \frac{Ft_1i_0}{RTA}\left(\frac{i_1}{i_2}\right)\left(1 - \frac{4Ni_0t_1^{1/2}}{3\pi^{1/2}}\right)^{-1} \qquad (11\text{-}78)$$

根据式（11-78）可求出双电层电容，此关系式的基础是，在短时间 $t_1$ 的极限内，第一阶跃中的全部电量 $i_1$、$t_1$ 完全用于双电层充电。

## 11.3.2　整体电解研究技术

整体电解技术是指通过电解使本体溶液的组成发生显著变化，这些包括分析测定［如电重量法或电量法（库仑法）］，消除或分离溶液中的一些组分的技术。与其他电解方法不同，整体电解方法的特点：$A$（电极面积）/$V$（溶液体积）大，并且尽可能具有高效的传质条件，以大电流并以分钟和小时计的实验时间为特点，遵循电极反应的原则。

### 1. 技术的分类

整体电解法的分类方法很多，我们可以根据设定的参数［$E$（电压）或 $I$（电流）］和要实现的过程或要测定的物理量来分类。举一个简单的例子，在电解产氢方面的应用如测试析氢催化剂的稳定性时，有一种常规的方法称为计时电流法，该过程中电流恒定不变，可以从电压随时间变化的趋势来评价催化剂的稳定性。

整体电解法也可以根据应用目的来分类。例如，电化学沉积过程，要分析沉积在电极表面上沉积物的重量（电重量法，electrogravimetry）。这个过程就不需要 100%电流效率，只需要所研究的物质以纯的已知形式沉积出来即可。但是在电量法中，需要测定消耗在这一完全电解中的总电量，然后根据法拉第定律，确定其他参数。对于电分离来说，电解可以选择性地消除溶液中的某些组分。

与整体电解相关的几种技术包括薄层电化学技术、流动电解技术和溶出分析技术，在薄层电化学方法中，把一个薄层（20～100 μm）中体积很小的溶液贴附于工作电极上，从而达到很大的 $A/V$ 比。在这种技术中，电流的大小以及时间的长短都与伏安法相似。流动电解技术是指溶质流过电解池时完全电解，这也是一种整体电解技术。最后是溶出分析方法，在整体电解用来使物质预富集到一个小的体积内或电极表面上，然后进行伏安法分析。

### 2. 整体电解技术的简要概述

#### 1）薄层电化学

实现整体电解条件及大的 $A/V$ 比的方法，就是在没有对流物质测定下降低 $V$，这样把很小的溶液体积限制在电极表面的一个薄层内（2～100 μm）。薄层电化学电解池首先在 20 世纪 60 年代初期得到利用，它的理论和应用在文献[10]、文献[11]中给予了深入的评述。

薄层电化学的应用很广，薄层方法曾被提出用于测定电极反应的动力学参数，但在这方面的应用尚不广泛。这种方法的问题在于溶液薄层有高的电阻，特别是在非水溶液或很低的支持电解质浓度时应用更困难。由于参比电极和辅助电极是放在薄层室之外，所以，就会有非常不均匀的电流分布和高的未补偿欧姆降。虽然可以通过不断完善电解池的设计来消除一些问题，但是在动力学测量中还必须严格控制实验条件。薄层电解池也用于研究吸附、电沉积、配位反应机理等。

#### 2）流动电解技术

整体电解的另一种方法是流动电解。该方法可以给出高的效率和快速的电解作用，溶液量大时特别方便。它主要适用于工业电解过程（如处理工业废水中的重金属），也适应于电合成、电分离和电分析过程。流动电解的电解池（图 11-22）包括一个大面积的工作电极，如可以用细的金属网或者导电材料的床（如石墨或玻碳颗粒、金属屑或粉）构成。要是不需要有隔离的电解槽，像金属电沉积那样，在辅助电极和工作电极之间加一简单的隔板绝缘即可。但是要求隔离的电解槽就对隔离物要求较高（如多孔玻璃或陶瓷、离子交换膜），尽量降低辅助电极和参比电极的 IR 降。所有电解槽的设计都要求高的效率、最小的电极长度和最大的流动速度。

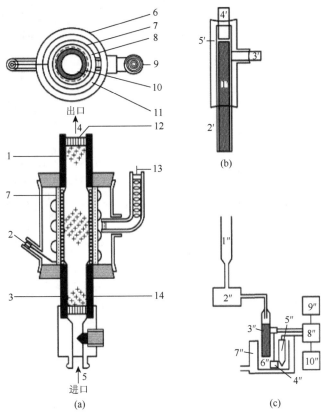

图 11-22  流动电解池[19]

（a）电解池采用玻碳颗粒工作电极。7. 银辅助电极；13、9. Ag/AgCl 参比电极；8. 多孔玻璃隔膜。其他的组成是：
1、3. 工作电极连线；2. 辅助电连线；4. 溶液出口；5. 溶液进口；6. 玻璃或塑料管；10、14. 多孔碳管；11. 饱和 KCl
溶液；12. 硅橡胶。（b）可有不同孔径的导电泡沫材料网状玻璃碳（RVCTM）电解池。1′. RVC 圆柱；2′. 热缩管；
3′. 石墨棒侧臂；4′. 玻璃管；5′. 玻璃和环氧支撑。（c）整个装置的示意图。1″. 储液池；2″. 泵；3″. RVC 电极；
4″. 铂电极；5″. SCE 参比电极；6″. 下游储液池；7″. 溢出液收集池；8″. 恒电势仪；9″. 记录仪；10″. 数字伏安计

  流动电解池还有双电极流动电解池，把两个工作电极装入流动管中的流动电解池
也曾有描述。这也可以看做是与旋转环-盘电极的流动电量法等效的方法，在这里对流
流动夹带着物质由第一个工作电极到第二个工作电极。它曾用作钚的电量分析，在此
两个工作电极是玻璃碳颗粒的大型床，第一个电极用于调整钚的氧化态到简单的已知
水平 [Pu（IV）]，第二个电极用于电量分析 [Pu（IV）+ e$^-$ ⟶ Pu（III）][12]。这种
类型的体系借助在第二个电极（检测电极）上电解（如 R ⟶ O + e$^-$），也可以用来
分析在第一个电极（产生电极）上产生的产物（如 O + e$^-$ ⟶ R 的反应中）。

  在这种用途中，薄且高效的两个工作电极由一个小的间隙 g 分开。曾描述过的
体系是多孔的银圆盘工作电极（平均孔径 50 μm），它们用厚度 200 μm 的多孔聚四
氟乙烯垫隔开（图 11-23）。在这种工作方式中，每个工作电极都配有自己的辅助电
极和参比电极（这样就是六电极电解池），必须用两个独立的控制电势的电路。

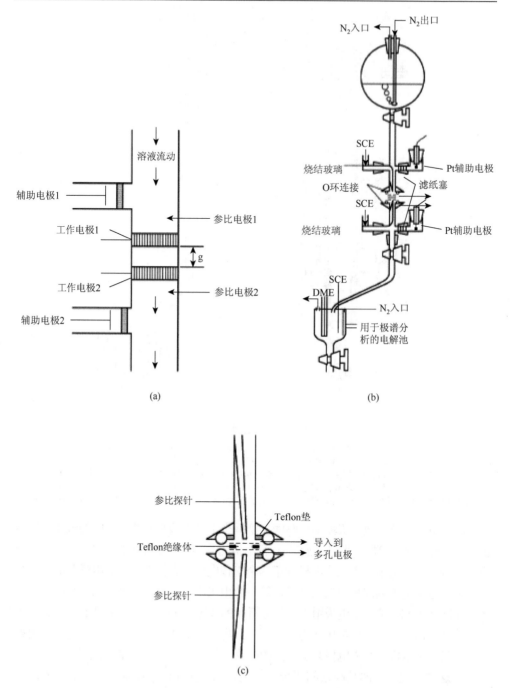

(a)

(b)

(c)

图 11-23　（a）双电极流动池的示意图。（b）实际完整的双电极流动池装置由重力引起的从上方储液池的溶液流动。为了清楚起见，具有双工作电极的电解池的"O 环连接"部分被放大。（c）显示了具有多孔银电极的该部分的特写图

流动电解池的一个重要的应用是它们可以作为液相色谱（LC）、毛细管区带电泳（CZE）及流动注射法（FI）的检测器[13-17]。这样的流动池可能是电量型的，所有流过该池的物质被电解，但更常用的是电流型或者伏安型的流动池，有时采用描述的超微电极在设计 LC 检测器时，已经采用了许多不同的几何类型和流动模式。一般的要求是：很好定义的流体力学、高的传质速率、高的信噪比、耐用的设计以及工作电极和参比电极响应的重复性。一个重要的因素是相对于电极的溶液流动的性质。图 11-24 显示了几种典型的模式。

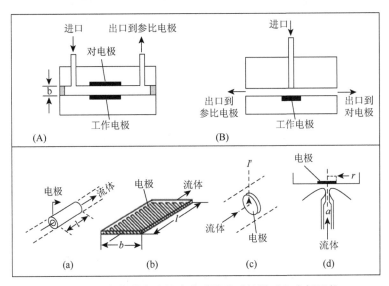

图 11-24 电化学流动池中典型的流动池模式和电极形状

上图：（A）薄层池；（B）壁喷射池。下图：各种电极形状。（a）管式电极；（b）具有平行流动的平板电极；（c）具有垂直于电极方向流动的平板电极；（d）壁喷射电极

### 3. 溶出分析

溶出分析是一种测定方法，它利用整体电解步骤（预电解）把物质由溶液预富集到汞电极的一个小体积中（悬汞滴或者薄膜）或到电极表面上去。在这样的电沉积步骤以后，采用某种伏安技术（最常用的是 LSV 或 DPV）把物质从电极中再溶解出来（溶出）。如果在预电解步骤时的条件维持恒定时，溶液的耗尽电解是不必要的过程，只要用准确的标定或固定的电解时间测定的伏安响应（如峰电流）就可以求出溶液的浓度。与原始溶液的直接伏安分析比较，这种方法的最大优点是把要分析的物质预富集于电极之上或电极之中（100～1000 倍），因此伏安（溶出）电流不太受充放电电流和杂质残余电流的干扰。这种技术尤其适于分析很稀的溶液。它最常用于测定金属离子，它是用阴极沉积然后再线性电势扫描进行阳极溶出，所以有时又称阳极溶出伏安法，有少数人又称它反向伏安法。阳极溶出原理见图 11-25 所示。

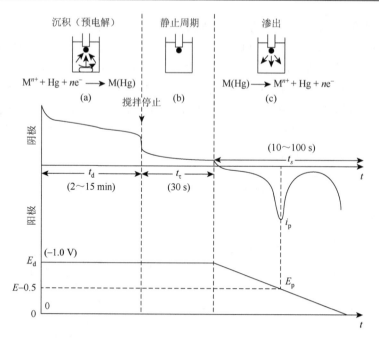

图 11-25　阳极溶出原理[20]

所显示的值是常用的值；电势和 $E_p$ 是分 $Cu^{2+}$ 常用的值。（a）在 $E_d$ 处预电解、搅拌溶液；（b）静止周期搅拌停止；（c）阳极扫描（$v = 10 \sim 100\ mV/s$）

溶出分析中所采用的汞电极是常规的 HMDE 或者汞膜电极（MFE）。在现代实践中，MFE 通常是沉积到一个旋转的玻碳或蜡浸石墨圆盘上面。人们通常把汞离子（$10^{-5} \sim 10^{-4}\ mol/L$）直接加到分析溶液中，这样在预电解过程中汞与被测物质共沉积。制得的汞膜一般 10 nm 厚。由于 MFE 比 HMDE 的体积小得多，故 MFE 表现出高的灵敏度。曾经证明过，与铂接触的汞电极在长时间的接触中有某些铂要溶入，有可能出现毒化现象，因此一般都避免接触铂。固体电极如 Pt、Ag、C、Hg（不常用），它们用于那些不能在汞上测定的离子（如 Ag、Au、Hg）。

电沉积步骤是在搅拌溶液中，在电势 $E_d$ 下进行，$E_d$ 比最容易还原的被测金属离子的 $E^{\ominus}$ 还负几百毫伏。相关的方程一般服从整体电解的那些方程。但是，因为电极面积很小，以致 $t_d$ 远远小于耗尽电解所需的时间，在这个步骤中，电流维持完全恒定（在 $i_d$ 下），沉积的金属物质的量是 $i_d t_d / nF$。因为电解不是耗尽式的，故沉积条件（如搅拌速度、$t_d$、温度）必须在样品和标准物之间一致。

用 HMDE 在搅拌停止时有一个静置时期，溶液可以成为静止的，在汞齐中金属的浓度变得更为均匀。溶出步骤使电势向着正值线性扫描。

当用 MFE 时，沉积时的搅拌由基底圆盘的旋转来控制。一般观察不到静置时间，在溶出步骤中照样旋转。在阳极扫描时，决定 $i$-$E$ 曲线行为的是所用电极的类型（图 11-26），对于半径为 $r_0$ 的 HMDE，还原型 M 的浓度在扫描开始时，在整个汞滴上都是均匀的，可由式（11-79）给出：

$$C_M^* \equiv \frac{i_d t_d}{nF(4/3)\pi \gamma_0^3} \tag{11-79}$$

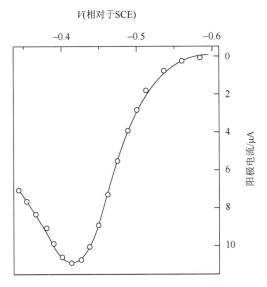

图 11-26　铊的阳极溶出 $i$-$E$ 曲线[21]

实验条件：$1.0 \times 10^{-5}$ mol/L Tl，0.1 mol/L KCl 溶液，$E_d = -0.7$ V（相对于 SCE），$t_d = 5$ min，$v = 33.3$ mV/s
[圆圈是由式（11-79）算得的点]

当扫描速度 $v$ 足够高，以致汞滴中央（$r = 0$）的浓度在整个扫描中维持在 $C_M^*$，则这种行为完全是半无限扩散对于滴汞的球形本性必须加以校正。在这种情况下，球形校正项必须由平板项减去，因为在汞滴内建立了浓度梯度，且已扩大的扩散场的面积随着时间而减小。因此对于 HMDE 上可逆溶出反应所用的方程为

$$i = nFAC_M^* \left[ (\pi D_M \sigma)^{1/2} \chi(\sigma t) - \frac{D_M \phi(\sigma t)}{r_0} \right] \tag{11-80}$$

$$i_p = AD_M^{1/2} C_M^* [(2.69 \times 10^5) n^{3/2} v^{1/2} - \frac{(0.725 \times 10) n D_M^{1/2}}{r_0} \tag{11-81}$$

式中，$A$ 单位是 $cm^2$；$D_M$ 单位是 $cm^2/s$；$C_M^*$ 单位是 $mol/cm^3$；$v$ 单位是 V/s；$r_0$ 单位是 cm；函数 $x(\sigma t)$ 和 $\phi(\sigma t)$ 中的 $\sigma = nFv/RT$。这些方程式在 $v > 20$ mV/s 时，对于 HMDE 是正确的，显然，在这些条件下，一大部分沉积的金属留在滴内。在图 11-27 中对比了式（11-80）所描述的 $i$-$E$。

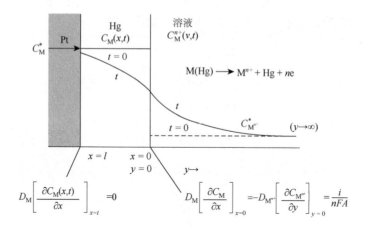

图 11-27　理论处理 MFE 的符号、初始和边界条件

曲线和 HMDE 上典型的实验溶出伏安图谱。在很大的扫描速度下，球形项可以忽略，并且得到线性扩散扫描行为，即 $i_p$ 正比于 $v^{1/2}$。实际的溶出测定通常是在这个条件下进行的。在较小的速度下，当扩散层厚度超过 $r_0$ 时，有限的电极体积和在 $r = 0$ 处 M 的贫化就必须考虑。在很小的 $v$ 的极端情况下，当扫描使滴中 M 完全贫化时，这时其行为应当接近薄层电解池或 MFE［见式（11-83）］，$i_p$ 正比于 $v$。

由于在 MFE 上汞膜的体积和厚度都小，这个电极的溶出行为更接近薄层行为，贫化效应是主要的。如果假定溶出反应是可逆的，在表面上 Nernst 方程式就适用：

$$C_{M^{n+}}(0,t) = C_M(0,t)\exp\left[\frac{nF}{RT}(E_i - E^{\ominus'}) + vt\right] \tag{11-82}$$

在这种条件及满足图 11-27 中的初始条件和边界条件下解扩散方程可导出一个微分方程，此微分方程必须是数值解。对于不同厚度 $l$ 的膜来说，$i_p$ 作为 $v$ 的函数的典型结果在图 11-28（a）中给出。在小的 $v$ 和 $l$ 时，贫化或薄层行为是主要的，$i_p$ 正比于 $v$。对于高的 $v$ 和大的 $l$，半无限线性行为是主要的，$i_p$ 正比于 $v^{1/2}$。这些区域的界限示于图 11-28（b）中。应当指出，对于实际上完全实用的扫描速度（≤500 mV/s）来讲，现代应用的 MFE 已经落入薄层行为可预想的区域。根据溶液的扩散层近似，曾提出薄层区峰电流的近似方程为

$$|i_p| = \frac{n^2 F^2 |v| l A C_M^*}{2.7 RT} \tag{11-83}$$

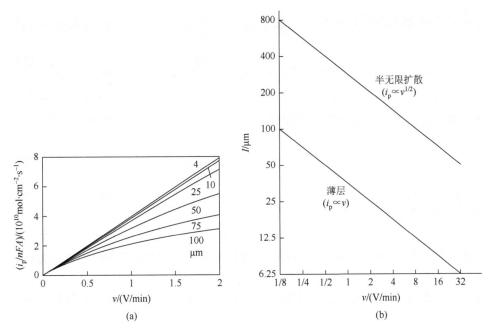

图 11-28  （a）在不同 MFE 厚度下计算的峰电流随扫描速度的变化；（b）应用于 MFE 的半无限方程和薄层方程的区带

# 11.4  流体动力学方法

## 11.4.1  流体动力学理论过程

流体动力学方法是处理反应物和产物的对流物质传递的方法。流体动力学方法具有以下显著优点：①达到稳态快；②测量精度高；③通常不需要记录仪或示波器；④稳态下双电层充电不包含在测量中；⑤排除了物质传递的影响，仅考虑电荷转移的影响（电极表面物质传递速度比仅扩散时快得多）。然而，提供已知的、再现性好的物质传递条件的流体动力学电极构造比静止电极困难得多，对此类电极的理论处理也是很困难的。目前广泛应用的体系还是旋转圆盘电极。

对于物质 $j$ 的流量 $J_j$ 的一般方程为

$$J_j = -D_j \nabla C_j - \frac{z_j F}{RT} D_j C_j \nabla \phi + C_j \upsilon \tag{11-84}$$

式中，右方第一项表示扩散，第二项表示迁移，第三项表示对流，对于含有过量支持电解质的溶液，离子迁移项可以忽略（在本节中此为默认条件），速度矢量 $\upsilon$ 表示溶液运动。

$C_j$ 随时间的变化方程为

$$\frac{\partial C_j}{\partial t} = -\nabla \cdot J_j = \mathrm{div} J_j \tag{11-85}$$

联立式（11-84）和式（11-85），并假设不存在迁移，且 $D_j$ 不随 $x$, $y$, $z$ 的变化而变化，于是我们得到对流-扩散公式：

$$\frac{\partial C_j}{\partial t} = D_j \nabla^2 C_j - \upsilon \cdot \nabla C_j \tag{11-86}$$

进而，我们指出，当对流不存在时［式（11-86）右侧第二项不存在］，式（11-86）即可简化为扩散方程式。

流体动力学问题中有两类不同的流体流动。当流动平滑且稳定时，如同各层液体都具有稳定和特有的速度，这种流动称为层流。当流动为不稳定且紊乱运动时，此时在一个具体方向上的静流动只有平均值，这种流动称为湍流。雷诺数是液体动力学问题中常见的无量纲变量，它与所研究体系的流体速度、特征长度和特征黏度有关，由式（11-87）给出：

$$Re = \mu_{\mathrm{ch}} l / \nu \tag{11-87}$$

雷诺数越高，意味着流动速度越高或电极转速越快。当雷诺数低于某一流体体系下的临界值时，流动状态为层流，当高于临界雷诺数时，流动状态变为湍流。

## 11.4.2　电荷转移与传质影响分离技术

为了将电荷转移与传质影响分离开来，目前开发的较为成熟的技术有旋转圆盘电极（rotating disk electrode，RDE）、旋转圆环电极（rotating ring electrode）和旋转环盘电极（rotating ring disk electrode）技术等。限于篇幅，我们在此主要介绍旋转圆盘电极技术。

旋转圆盘电极是通过把一个电极材料作为圆盘嵌入绝缘材料做的棒中（如聚四氟乙烯材料）制作。它的理论研究始于 Levich，已经成为固体电极上各种电化学反应研究中必不可少的研究手段。当转速一定时，向电极表面的物质传输状态保持不变，相较于溶液搅拌来说可以得到定量的结果。

在稳态条件下，冯卡曼（von Karman）和科克伦（Cochran）通过求解流体动力学方程得到在旋转圆盘附近流体的速度分布 $\nu$[22]。旋转的圆盘拖着其表面上的液体，并在离心力的作用下把溶液由中心沿径向甩出。圆盘表面的液体由垂直流向表面的液流补充。

我们在此采用柱坐标系比较方便[①]，由于体系是对称的，关于 $\varphi$ 的（偏）微分项为零。对于电化学研究用的旋转圆盘电极，重要的速度是 $v_r$ 和 $v_y$。

在确定方程及边界条件、初始条件下，我们求解旋转圆盘电极的对流-扩散方程式的解。首先讨论稳态极限电流。当 $\omega$ 一定时，就会得到一个稳定的速度分布，此时电势阶跃到极限电流区域中就会引起一个类似于在无对流时所观察到的暂态电流。但是，在不搅动的溶液中的平板电极上暂态电流趋于零，与此相反，在 RDE 上它变为一个稳态值。在这种条件下，电极附近的浓度不再是时间的函数，在柱坐标系上写出的稳态对流-扩散方程式成为

$$v_r\left(\frac{\partial C_O}{\partial r}\right)+\frac{v_\phi}{r}\left(\frac{\partial C_O}{\partial \phi}\right)+v_y\left(\frac{\partial C_O}{\partial y}\right)=D_O\left[\frac{\partial^2 C_O}{\partial y^2}+\frac{\partial^2 C_O}{\partial r^2}+\frac{1}{r}\frac{\partial C_O}{\partial r}+\frac{1}{r^2}\left(\frac{\partial^2 C_O}{\partial \phi^2}\right)\right] \quad (11\text{-}88)$$

在极限电流条件下，在 $y=0$ 处，$C_O=0$，并且 $\lim_{y\to\infty} C_O = C_O^*$。简化为

$$v_y\left(\frac{\partial C_O}{\partial y}\right)=D_O\frac{\partial^2 C_O}{\partial y^2} \quad (11\text{-}89)$$

经计算得到

$$C_O^*=\left(\frac{\partial C_O}{\partial y}\right)_{y=0} 0.8934\left(\frac{3D_O\omega^{-3/2}v^{1/2}}{0.51}\right)^{1/3} \quad (11\text{-}90)$$

电流：

$$i=nFAD_O\left(\frac{\partial C_O}{\partial y}\right)_{y=0} \quad (11\text{-}91)$$

这里在所选择的电流条件下，$i=i_{l,c}$。于是我们得到 Levich 方程式：

$$i_{l,c}=0.62nFAD_O^{2/3}\omega^{1/2}v^{-1/6}C_O^* \quad (11\text{-}92)$$

这个方程式适用于 RDE 上完全为物质传递控制的条件，并表明 $i_l$、$C$ 正比于 $C_O^*$ 和 $\omega^{1/2}$。它可以定出 Levich 常数 $i_{l,c}/\omega^{1/2}C_O^*$，它是 RDE 的一种常数。

这由简单的稳态扩散层模型给出：

$$i_{l,c}=nFAm_0C_O^*=nFA\left(\frac{D_O}{\delta_0}\right)C_O^* \quad (11\text{-}93)$$

---

① 示意图

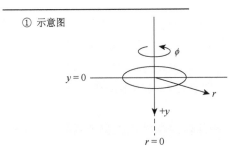

于是，对于 RDE：

$$m_O = \frac{D_O}{\delta_O} = 0.62 D_O^{2/3} \omega^{1/2} \nu^{-1/6} \tag{11-94}$$

$$\delta_O = 1.61 D_O^{1/3} \omega^{-1/2} \nu^{1/6} \tag{11-95}$$

针对式（11-92）中的结果，我们是将式（11-89）的积分上限设为 $y \to \infty$，$C_O(y \to \infty) = C_O^*$，积分下限设为 $y = 0$，$C_O(y = 0) = 0$。在非极限电流条件下，$y = 0$ 时，$C_O(y = 0) \neq 0$，那么求解式（11-89），我们可以得到

$$i = 0.62 nFAD_O^{2/3} \omega^{1/2} \nu^{-1/6} [C_O^* - C_O(y = 0)] \tag{11-96}$$

或

$$i = i_{l,c} \left[ \frac{C_O^* - C_O(y = 0)}{C_O^*} \right] \tag{11-97}$$

同理，对于还原态的表示为

$$i = i_{l,a} \left[ \frac{C_R^* - C_R(y = 0)}{C_R^*} \right] \tag{11-98}$$

其中，

$$i_{l,a} = -0.62 nFAD_R^{2/3} \omega^{1/2} \nu^{-1/6} C_R^* \tag{11-99}$$

对于可逆反应，其波形与 $\omega$ 无关，任一电势下的 $i$ 随 $\omega^{1/2}$ 变化，但 $i$ 对 $\omega^{1/2}$ 作图偏离交于原点的直线，这表明在电子转移反应中包含着某一动力学步骤。对于完全不可逆反应：

$$i = FAk_f(E)C_O^* \left( 1 - \frac{i}{i_{l,c}} \right) \tag{11-100}$$

而

$$i_K = FAk_f(E)C_O^* \tag{11-101}$$

则有在非极限电流条件下的 Kouteck-Levich 方程：

$$\frac{1}{i} = \frac{1}{i_K} + \frac{1}{i_{l,c}} = \frac{1}{i_K} + \frac{1}{0.62 nFAD_O^{2/3} \omega^{1/2} \nu^{-1/6} C_O^*} \tag{11-102}$$

式中，$i_K$ 为无任何传质作用时的电流，即如果传质能使电极表面维持一定的浓度，那么在不考虑电子反应的情况下在动力学限定下的电流与本底值是一样的。在不同电势下 $1/i$ 对 $1/\omega^{1/2}$ 图应为直线且可以外推到 $\omega^{-1/2} = 0$ 而得到 $1/i_K$（图 11-29），进而得到动力学参数 $k^0$ 和 $\alpha$。

在电势 $E_1$ 时电子转移速率足够慢，起着控制因素的作用，在 $E_2$ 时电子转移快，如在曲线的极限电流区。

在以前的推导中，假定溶液电阻很小。在这样的条件下，整个圆盘上电流密

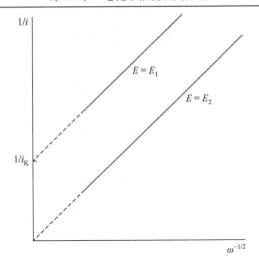

图 11-29　Kouteck-Levich 图

度是均匀的，并与径向距离无关。虽然这在实际体系中是常见的，但确切的电流分布将取决于溶液的电阻，以及电极反应的物质和电荷转移的参数。对该问题 Newman[23]做过处理，Albery 和 Hitchman[24]也讨论过。首先讨论初级电流分布，它表示这样的分布，即表面过电势（活化的与浓差的）可以忽略且电极可看作等势面时的分布。对于半径为 $r_1$ 的圆盘电极嵌入大的绝缘面中，且对电极在无穷远处时，在这种条件下的电势分布显示在图 11-30 中。电流的流向垂直于等势面，电流密度在整个圆盘表面是不均匀的，边缘处（$r = r_1$）大于中心处（$r = 0$）。产生这种情况的原因是边缘上的离子流来自边线方向和来自圆盘的垂直方向。

　　在完全由电阻控制下流到圆盘的总电流是[24, 25]：

$$i = 4\kappa r_1 (\Delta E) \tag{11-103}$$

式中，$\kappa$ 为本体溶液的电导率；$\Delta E$ 为在圆盘和辅助电极间的电势差，于是，总电阻 $R_\Omega$ 为

$$R_\Omega = \frac{1}{4\kappa r_1} \tag{11-104}$$

　　把电极动力学和物质传递影响包括进去以后，电流分布（现在称为次级电流分布）就比初级电流分布将更接近于均匀。Albery 和 Hitchman 曾经表明，电流分布可以采用无量纲参数 $\rho$ 来讨论：

$$\rho = \frac{R_\Omega}{R_E} \tag{11-105}$$

式中，$R_E$ 为由电荷传递和浓差极化造成的电极电阻。当 $\rho \to \infty$（即高的溶液电阻和小的 $R_E$）时，电流分布就达到初级分布。反之，小的 $\rho$（高的溶液电导和大的 $R_E$）得到非常均匀的电流分布。为了避免不均匀分布，条件必须是 $\rho < 0.1$。

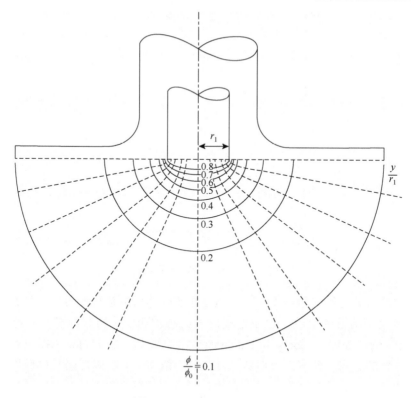

图 11-30　圆盘电极电势分布

所导出的与 RDE 相关的方程式不适用于很小或很大的 $\omega$ 值。当 $\omega$ 小时，流体动力学边界层很大，当其接近圆盘半径 $r_1$ 的大小时，近似性就被破坏了。$\omega$ 的上限是由湍流的出现所限定，在 RDE 上它是在 Reynolds 数 $Re_{cr}$ 大约超过 $2\times10^5$ 时发生。非湍流条件是 $\omega < 2\times10^5 v / r_1^2$。

当圆盘表面没有很好抛光时，当 RDE 的轴有点弯曲或偏心时，或当电解池壁与电极表面很近时，可以在较低的角速度 $\omega$ 下出现湍流。

对 RDE 反向技术是不能用的，因为电极反应的产物是连续地从圆盘表面移除。因此，在扫描速度与 $\omega$ 相比足够慢的条件下（即当正向扫描没有出现峰时），在 RDE 上电势扫描方向的反向，将会再现正向扫描的 i-E 曲线。等价于静止电极反向技术所得信息是在圆盘周围加一个独立的圆环电极获得的。把电势维持在一定值而测量环电极的电流，就可以了解在盘电极表面所发生的一些情况。

单独的环也可以用做电极（旋转圆环电极，如图 11-31 所示），例如，当圆盘不接通时圆环就是一个单独的电极。在一定的 A 和 $\omega$ 时，向圆环的物质传递大于向圆盘的物质传递，因为新鲜的溶液由环的内表面的径向和由本体溶液的法向流到环上[26]。

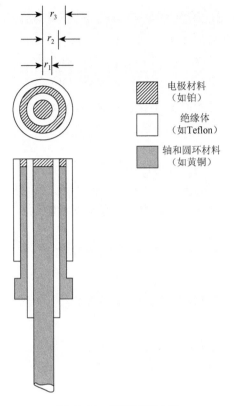

图 11-31　旋转圆环电极

对于内半径为 $r_2$ 和外半径为 $r_3$ 的环电极[$Ar = \pi(r_3^3 - r_2^2)$]在这种情况下必须解出的稳态对流-扩散方程式为

$$v_r\left(\frac{\partial C_O}{\partial r}\right) + v_y\left(\frac{\partial C_O}{\partial y}\right) = D_0\left(\frac{\partial^2 C_O}{\partial y^2}\right) \tag{11-106}$$

解此方程式可得到极限环电流[27]：

$$i_{R,l,c} = 0.62nF\pi(r_3^3 - r_2^3)^{2/3} D_O^{2/3} \omega^{1/2} v^{-1/6} C_O^* \tag{11-107}$$

旋转环-盘电极（RRDE）的盘电极的电流-电势特性不因环的存在而受到影响，由于 RRDE 实验包括测定两个电势（盘电势 $E_D$ 和环电势 $E_R$）和两个电流（盘电流 $i_D$ 和环电流 $i_R$），故结果的再现要比单个工作电极实验有更多的自由度。在 RRDE 上可能进行一些不同类型的实验。最常见的是收集实验，其盘上产生的物质在环上可观察到；以及屏蔽实验，其流到环上的本体电活性物质流受到盘反应的干扰。

（1）收集实验。讨论一下这样的实验，盘维持在 $E_D$ 电势，其上发生 $O + ne^- \longrightarrow R$ 反应，产生阴极电流 $i_D$，环维持足够正的电势 $E_R$，这样，达到环上的任何 R 都能被氧化，反应为 $R \longrightarrow O + ne^-$，并且在环表面上 R 的浓度完全为零。必须解稳态环的对流-扩散方程式：

$$r\left(\frac{\partial C_R}{\partial r}\right) - y\left(\frac{\partial C_R}{\partial y}\right) = \left(\frac{D_R}{B'}\right)\frac{1}{y}\left(\frac{\partial^2 C_R}{\partial y^2}\right) \qquad (11\text{-}108)$$

假设在本体溶液中开始时 R 不存在 $\lim\limits_{y\to\infty} C_R = 0$ 且 O 的本体浓度 $C_O^*$。环电流由式（11-109）给出：

$$i_R = nFD_R 2\pi \int_{r_2}^{r_3}\left(\frac{\partial C_R}{\partial y}\right)_{y=0} r\mathrm{d}r \qquad (11\text{-}109)$$

这个问题的数学包括在各个区中以无量纲变量解此问题，方法是采用 Laplace 变换以得到 Airy 函数解。

（2）屏蔽实验在盘处于开路时，O 还原为 R 的

$$i_{R,l} = i_{R,l}^0 - Ni_D \qquad (11\text{-}110)$$

特殊情况（$i_D = i_{D,1}$）时的环极限速率值为

$$i_{R,l} = i_{R,l}^0(1 - N\beta^{-2/3}) \qquad (11\text{-}111)$$

$i_{D,1}$ 为盘电极上发生反应时所可能达到的盘极限电流。于是，当盘电流是在其极限值时，环电流要减小一个因子 $(1 - N\beta^{-2/3})$。该因子总是小于 1，称为屏蔽因子。

## 11.4.3　超微电极

至少有一个维度足够小的电极（微米数量级）才能称为（超）微电极，（超）微电极的工作面积一般为 $10^{-14}$ m²，而常规电极的工作面积超过 $5 \times 10^{-5}$ m²。微米数量级的尺寸可以使（超）微电极在电化学分析方面具有常规电极无法比拟的优势[28]。由于稳态的建立取决于电极表面扩散层厚度与电极尺寸（等效半径之间的相对大小），当扩散层厚度显著大于电极尺寸（等效半径）时就可以建立稳态，反之则不能。（超）微电极等效半径非常小，等效扩散层厚度很容易超过（超）微电极等效半径，所以很容易得到稳态。以半径很小的有限超微圆盘电极来讲[29]，除了存在常规的垂直于电极表面的轴向线性扩散外，还存在着平行于电极表面的非线性（或径向）扩散。微电极半径小于自然对流的扩散层厚度，在电极的表面能形成半球形的扩散层，微盘电极表面液相传质存在强烈的"边缘效应"，即非线性扩散起主导作用，传质速度远大于常规电极，因而在极短的时间内就可达到稳态或准稳态。以微盘电极为例，电极的未补偿电阻表达式为[30]

$$R_u = \frac{1}{4\pi\sigma r_0}\left(\frac{x}{x+r_0}\right) \tag{11-112}$$

式中，$\sigma$ 为电解质的电导率；$x$ 为鲁金毛细管尖端到电极表面的距离；$r_0$ 为微电极半径）。对微电极来说，$x \gg r_0$，所以微盘电极的未补偿电势降可以表示为

$$iR_u = j\frac{\pi r_0^2}{4\pi\sigma r_0} = jr_0/4\sigma \tag{11-113}$$

式中，$i$ 为微盘电极上的总电流强度；$j$ 为电极上的电流密度。

　　式（11-113）说明，微盘电极上的未补偿电势降 IR 与电极半径 $r_0$ 呈正比，超微电极的电流密度虽然很大，但由于其半径可以做到微米、纳米尺寸，电极表面积很小，电流强度还是很小，总的 IR 降就可以很低，所以（超）微电极非常适合用于研究低电导率电解质中的各种电化学过程和相关机理。便于进行电化学流动分析、色谱电化学检测及体内在线检测等。

　　（超）微电极的时间常数表达式为

$$R_u C_d = \frac{r_0 C_d^0}{4\sigma} \tag{11-114}$$

式中，$C_d$ 为双电层电容；$C_d^0$ 为微分比电容。可以看出微电极的电极尺寸小，其时间常数也很小，一般认为电化学测量的时间窗口下限为 $10R_u C_d$，所以采用微电极和超微电极，可以实现对短时间内发生的快速电化学反应进行测量。

　　由于使用的材料尺寸极小，所以（超）微电极的制备难度大，制备成本也较高。（超）微电极上得到的电流信号很低（一般为 $10^{-8}$ A），这要求检测设备具有更低的信号检测限。极低的信号也易于受环境干扰，这对实验条件和操作人员技术水平的要求比常规电极要高。

# 11.5　阻抗研究方法

## 11.5.1　阻抗谱基本原理

　　电化学阻抗谱（electrochemical impedance spectroscopy，EIS）是指给电化学系统施加一个频率不同的小振幅的交流正弦电势波，测量交流电势与电流信号的比值（系统的阻抗）随正弦波频率 $\omega$ 的变化，或者是阻抗的相位角 $\phi$ 随 $\omega$ 的变化。由于扰动电信号是交流信号，所以电化学阻抗谱也称为交流阻抗谱（alternating current impedance spectroscopy）。可以更直观地从图 11-32 来看，利用波形发生器，产生一个小幅正弦电势信号，通过恒电位仪，施加到电化学系统上，将输出的电流/电势信号经过转换，再利用锁相放大器或频谱分析仪，输出阻抗及其模量或相

位角。通过改变正弦波的频率，可获得一系列不同频率下的阻抗、阻抗的模量和相位角。

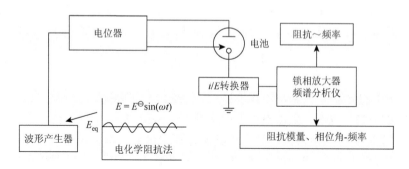

图 11-32　电化学阻抗法实验装置示意图

### 1. 电化学交流阻抗法的特点与优势

EIS 是一种以小振幅的正弦波电位（或电流）为扰动信号的电化学测量方法，观察体系在稳态时对扰动的响应，是频率域的测量。电极过程的快速步骤的响应由高频部分的阻抗谱反映，而慢速步骤的响应由低频部分的阻抗谱反映，可以从阻抗谱中显示的弛豫过程（relaxation process）的时间常数的个数及其数值大小获得各个步骤的动力学信息和电极表面状态变化的信息，还可以从阻抗谱观察电极过程中有无传质过程的影响。因而能比其他常规的电化学方法得到更多的动力学信息及电极界面结构的信息。该方法具有如下优势：①具有进行高精度测量的实验能力，这是因为响应可以是无限稳定的，因此可从很长时间当中得出平均值；②通过电流-电势特性的线性化（或其他简化），测量结果的数学处理变得简单；③在很宽的时间（或频率）范围（$10^{-6} \sim 10^4$ s 或 $10^{-4} \sim 10^6$ Hz）内进行测量，可在接近平衡状态下工作，所以常常不需要详细地了解 $i\text{-}E$ 响应曲线在过电势大的区域中的行为，使得动力学和扩散的处理大大简化。

### 2. 交流电及其相关概念

电流的大小和方向随时间成周期性变化的电压和电流称为交流电，又称交变电压或电流。正弦交流电是随时间按照正弦函数规律变化的电压和电流。一个纯正弦电压可表示为

$$e = E\sin\omega t \tag{11-115}$$

式中，$\omega$ 为角频率，它是 $2\pi$ 乘以用 Hz 表示的常规频率值；$E$ 为幅值。可以将电压用图 11-33 中的旋转矢量（或相量）表示。观察到的电压 $e$ 是任意时间投影在某一特定轴（通常在 0°）上相量的分量。

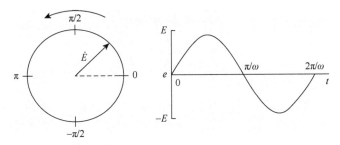

图 11-33　交流电压 $e = E\sin\omega t$ 的相量图

两个正弦信号电流 $i$ 和电压 $e$ 可以表示成以同样频率旋转的独立相量 $\dot{I}$ 和 $\dot{E}$，如图 11-34 所示，它们通常不是同相的，相量相差一个相角 $\phi$，$\dot{E}$ 作为参考信号，$\phi$ 相角是相对它测出的。图 11-34 中电流滞后于电压，可以表示为

$$i = I\sin(\omega t + \phi) \tag{11-116}$$

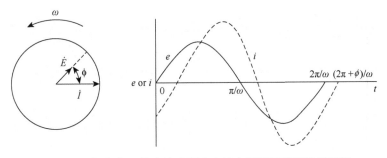

图 11-34　频率为 $\omega$ 的交流电压和电流之间相互关系的相量图

接下来分析简单电路元件对电压的响应。首先讨论一个纯电阻 $R$，其上施加正弦电压 $e = E\sin\omega t$，根据欧姆定律，电流是（$E/R$）$\sin\omega t$。图 11-35 为电阻上的电压和流过电阻的电流之间的相量（矢量）图，相角为零。

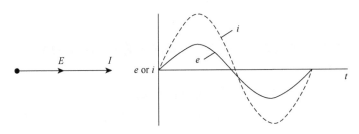

图 11-35　电阻上的交流电压和流过电阻的电流之间的相互关系

如果现在用纯电容 $C$ 来代替电阻去分析电路，所需的基本关系式有 $q = it$，$q = Ce$ 以及 $i = C$（$\mathrm{d}e/\mathrm{d}t$），因此：

$$i = \omega CE\cos(\omega t) \tag{11-117}$$

$$i = \frac{E}{X_C}\sin\left(\omega t + \frac{\pi}{2}\right) \tag{11-118}$$

式中，$X_C$ 为容抗，其值为 $1/\omega C$。

相关电流的公式与电阻是相似的，只是以 $X_C$ 代替 $R$，且相角由 0 变为 $\pi/2$，电流导前于电压，如图 11-36 所示。由于随着相角的改变，矢量图扩展为一个平面，因此用复数符号表示相量是方便的。规定横坐标分量为实部，纵坐标分量为虚部，并乘以 $j = \sqrt{-1}$。这里引入复数符号，力图使矢量的各分量为直线，实部与虚部这两种形式在相角可测量的意义上讲都是真实的。

$$E = -jX_C I \tag{11-119}$$

比较 $E = IR$ 和式（11-119）可知，$X_C$ 具有电阻的量纲，但与 $R$ 不同，其值随着频率的增加而下降。

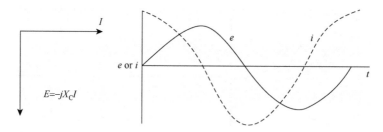

图 11-36　电容上的交流电压和流过电容的电流之间的相互关系

接下来讨论电阻 $R$ 和电容 $C$ 的串联，在 $R$ 和 $C$ 上施加电压 $E$，其值无论何时都等于电阻和电容上的电压降之和，因此

$$E = E_R + E_C \tag{11-120}$$

$$E = I(R - jX_C) \tag{11-121}$$

$$E = IZ \tag{11-122}$$

可看到，电压和电流通过一个称为阻抗的矢量 $Z = R - jX_C$ 联系在一起。阻抗可由式（11-123）表示：

$$Z(\omega) = Z_{Re} + Z_{Im} \tag{11-123}$$

式中，$Z_{Re}$ 和 $Z_{Im}$ 分别为阻抗的实部和虚部。$Z_{Re} = R$，$Z_{Im} = X_C = 1/\omega C$。$Z$ 的幅值为

$$|Z|^2 = R^2 + X_C^2 = (Z_{Re})^2 + (Z_{Im})^2 \tag{11-124}$$

相角为

$$\tan\phi = \frac{Z_{Im}}{Z_{Re}} = \frac{X_C}{R} = 1/\omega RC \tag{11-125}$$

相角表示串联电路中电容和电阻分量之间的配比。对于一个纯电阻，$\phi = 0$；对于一个纯电容，$\phi = \pi/2$；而对于混合体，可观察到两者之间的相角。

更为复杂的电路，可以根据类似于对电阻所运用的规则，通过合并阻抗来分析。对于串联阻抗，总阻抗是各阻抗值（表示为复数矢量）之和；对于并联阻抗，总阻抗是单个阻抗值（表示为复数矢量）倒数之和。

利用电化学阻抗谱研究一个电化学系统时，它的基本思路是将电化学系统看作是一个等效电路，如图 11-37 所示，这个等效电路是由电阻（$R$）、电容（$C$）和电感（$L$）等基本元件按串联或并联等不同方式组合而成，通过 EIS，可以测定等效电路的构成及各元件的大小，利用这些元件的电化学含义，来分析电化学系统的结构和电极过程的性质等。

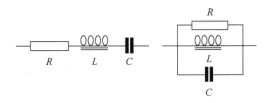

图 11-37　电阻（$R$）、电容（$C$）及电感（$L$）等元件的串联和并联

### 3. 电化学阻抗谱的特征

电化学阻抗技术是通过测定不同频率 $\omega$ 的扰动信号 $X$ 和响应信号 $Y$ 的比值，得到不同频率下阻抗的实部、虚部、模值和相位角等，然后将这些量绘制成各种形式的曲线，就得到电化学阻抗谱。常用的电化学阻抗谱有两种：一种称为能斯特图（Nyquist plot），一种称为波特图（Bode plot）。Nyquist plot 是以阻抗的实部（$Z_{Re}$）为横轴，虚部（$Z_{Im}$）为纵轴，图中的每个点代表不同的频率，左侧的频率高，成为高频区，右侧的频率低，成为低频区。Bode plot 图包括两条曲线，它们的横坐标都是频率的对数（$\lg f$），纵坐标一个是阻抗模值的对数（$\lg |Z|$），另一个是阻抗的相位角（$\phi$）。利用 Nyquist plot 或者是 Bode plot 就可以对电化学系统的阻抗进行分析，进而获得有用的电化学信息。

对纯电阻，在 Nyquist 图上表现为 $z'$ 轴（横轴）上的一点，该点到原点的距离为电阻值的大小；在 Bode 图中，$\lg |Z|$-$\lg f$ 为一条水平直线，相角 $\phi$ 为 0°，且不随测量频率变化。

对纯电容体系，在 Nyquist 图上表现为与 $z''$ 轴（纵轴）重合的一条直线；在 Bode 图中，$\lg |Z|$-$\lg f$ 是斜率为 $-1$ 的直线，$\phi$ 为 $-90°$。

对 Warburg 阻抗（$Z_W$），在 Nyquist 图上表现为相角为 45°的直线；在 Bode 图上表现为斜率为 $-1/2$ 和 $\phi$ 为 $-45°$的直线。

EIS 研究是在研究可逆的电极反应过程的基础上发展起来的，用线性元件作为等效元件，构成能给出与所测到的 EIS 一样谱图的等效电路。

等效电路中的常用等效元件如表 11-1 所示。

表 11-1　等效电路中的常用等效元件

| 名称 | 符号 | 意义 |
| --- | --- | --- |
| 溶液电阻 | $R_\Omega$ | 工作电极与参比电极之间的电阻 |
| 双电层电容 | $C_{dl}$ | 工作电极与电解质之间的电容 |
| 极化电阻 | $R_p$ | 当电位远离开路电位时，导致电极表面产生电流，电流受到反应动力学和反应物扩散的控制 |
| 电荷转移电阻 | $R_{ct}$ | 电化学反应动力学控制 |
| 扩散电阻 | $Z_w$ | 反应物从溶液本体扩散到电极反应界面的电阻 |
| 界面电容 | $C_c$ | 通常每一个界面之间都会存在的一个电容 |
| 电感 | $L$ | 影响电流的变化 |

理想极化电极、溶液电阻可以忽略的电化学极化电极、溶液电阻不能忽略的电化学极化电极及电化学极化和浓差极化同时存在的电极等几类电极的电化学阻抗谱图均可由 Nyquist 图和 Bode 图进行表示，这里以 Nyquist 图为代表进行一一介绍。

理想极化电极为不发生电极反应的电极，其 Nyquist 图为一条距 $Z''$轴为 $R_\Omega$，且垂直于实 $Z'$轴的直线。由直线在 $Z'$轴上的交点到原点的距离，可以求得电阻 $R_\Omega$。其等效电路及 Nyquist 如图 11-38 所示。

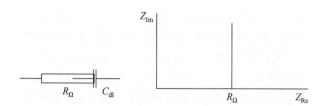

图 11-38　理想极化电极的等效电路及 Nyquist 图

溶液电阻可以忽略的电化学极化电极对应的 Nyquist 图为一半径为 $R_{ct}/2$ 的半圆，由 Nyquist 图圆的直径可以求得电阻 $R_{ct}$。圆的顶点对应的 $Z''$最大，由对应的角频率 $\omega$ 及得到的反应电阻，可以求得双电层电容 $C_{dl} = 1/(\omega R_{ct})$。其等效电路及 Nyquist 如图 11-39 所示。

对于电阻不能忽略的电化学极化电极，该过程假设为扩散过程引起的阻抗可以忽略，电极过程由电荷传递过程（电化学反应步骤）控制。所得 Nyquist 图为

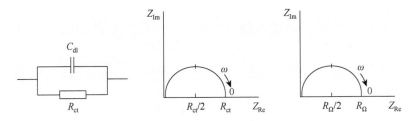

图 11-39　溶液电阻可以忽略的电化学极化电极的等效电路及 Nyquist 图

一半径为 $R_{ct}/2$ 的半圆，由其可求得溶液电阻 $R_{\Omega}$ 和电荷转移电阻 $R_{ct}$，由半圆顶点的 $\omega$ 可求得 $C_{dl}$。其等效电路及 Nyquist 如图 11-40 所示。

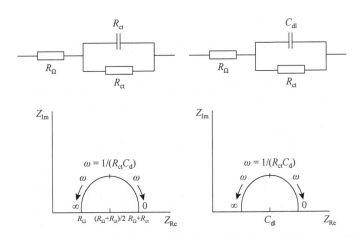

图 11-40　溶液电阻不可忽略电化学极化电极的等效电路及 Nyquist 图

对于电化学极化和浓差极化同时存在的电极，该电极过程由电荷传递过程和扩散过程共同控制，其 Nyquist 图是由高频区的一个半径为 $R_{ct}/2$ 的半圆和低频区的一条 45°的直线构成。半圆表示电荷传递过程为控制步骤；直线表示由电极反应的反应物或产物的扩散控制。其等效电路及 Nyquist 如图 11-41 所示。

## 11.5.2　阻抗技术在电催化领域中的应用

取决于研究目的，EIS 可以分为现场的（in-situ）和外场的（ex-situ）。现场 EIS 经常用于单池或电堆的分析，而外场 EIS 经常用于材料或组件的表征。现场 EIS 的测量装置通常是复杂、昂贵且耗时的，此外，运行期间（尤其在高直流负载时），由于电缆和连线等干扰可能引入人为因素。因此，外场 EIS 一般是很多燃料电池研究者的首选。外场 EIS 一般采用传统的三电极体系在硫酸电解质中进行，参比电极一般为饱和甘汞电极（SCE）、标准氢电极（NHE）、Ag/AgCl 或 Hg/HgO

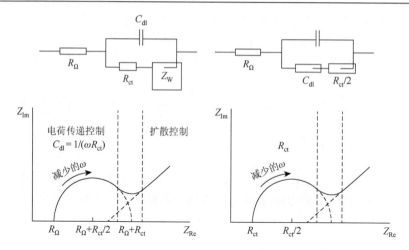

图 11-41　溶液电阻不可忽略电化学极化电极的等效电路及 Nyquist 图

电极，有时也用动态氢电极（DHE）作参比电极；工作电极一般通过将薄层催化剂铸在干净的玻碳电极或热解石墨电极上，或者将电极直接浸泡在含有欲测催化剂的溶液中，有时，气体扩散电极（GDE）也可以用作工作电极。

　　阻抗测量一般有两种模式，一种是恒电位模式，另一种是恒电流模式。从这两种模式中得到的结果基本上没有明显不同。然而，取决于测量对象，这两种模式各有优缺点。在恒电位模式中，扰动是交流电位，响应是通过研究体系的测量电流。由于一个小的电位都可能导致大的电流变化，从而导致恒电位仪的过载，因此，尝试不同的交流电压确保恒电位仪不会过载是非常必要的。在燃料电池的测量中，交流振幅一般选择在 5～15 mV，扫描频率范围一般在 1 mHz～100 kHz 之间。在催化剂活性的测量中，控制电位能更好地控制电化学反应的发生，因此，一般采用恒电位模式。在恒电流模式中，扰动是交流电流，响应是通过研究体系的测量电位。由于交流和直流大小很容易被运算放大器所确定，能有效防止电池和恒电位仪过载，因此能采用相对大的交流电，从而得到更多的阻抗信息。对于电池阻抗测量，一般电流比较大，因此更适合用恒电流模式测量，恒电位模式容易导致过载。

　　EIS 技术在电化学领域中有着很多的应用：①可以从阻抗谱中含有的时间常数个数及其数值大小推测电极过程的状态变量的情况；②可以从阻抗谱观察电极过程中有无传质过程的影响；③可以得到从参比电极到工作电极之间的溶液电阻、电双层电容及电极反应电阻等信息；④可以推测电极过程的反应机理和计算动力学常数等；⑤目前，阻抗谱分析方法已在各种传感器中有所应用，如免疫传感器、DNA 传感器及酶传感器等。

　　从燃料电池的 EIS 研究中可以得到以下信息：①提供关于燃料电池体系的微

观信息，这有助于燃料电池结构优化和最佳适宜操作条件的选择；②能够通过适当的等效电路对体系进行模拟，从而获得体系的各种电化学参数；③能够区分电池中各个元件的贡献，如膜、气体扩散电极、MEA、单池等，这能协助识别燃料电池中的问题元件；④能识别燃料电池中不同电极过程对总阻抗的贡献，如催化层和支撑层中的界面电荷转移过程或传质过程[31]。

下面对 EIS 在燃料电池研究中几个方面的应用进行简要归纳，并对典型图谱进行分析。

（1）膜透过：Wang 等[32]通过 EIS 研究了甲酸和甲醇在电氧化期间的膜透过率。

（2）催化剂：早在 1993 年，Matsui 等[33]采用 EIS 研究了甲酸在 Pt 电极上的电催化氧化。后来，Perez 等[34]和 Genies 等[35]通过 EIS 分别研究了氧在 Pt 电极和 Pt 纳米粒子上电还原行为；Azevedo 等利用 EIS 技术分别调查了 CO 在光滑多晶 Pt 电极上电氧化行为[36]及甲醇在 Pt 和 PtRu 电极上的速控步[37]；此外，Melnick 和 Palmore[38]，Antoine 等[39]，Hsing 等[40]，Lee 等[41]，Assiongbon 和 Roy[42]，Chakraborty 等[43]和 Seland 等[44]分别调查了甲醇在光滑 Pt、Au、PtRu、PtRuNi、Pt/C、Pt-Ru/C 等电极上电氧化的阻抗行为。

（3）MEA：Springer 等[45]，Ciureanu 等[46-48]，Eikerling 和 Kornyshev[49]，Muller 等[50]，Wagner 等和 Schiller[51, 52]，Jeng 等[53]，Diard 等[54, 55]将该技术用于 PEMFC 阳极的检测上；Wang 等[56]则用 EIS 模型解释了 PEMFCH₂/CO 混合物在阳极的动力学结果；Song 等[57]确定了 PEMFC 电极的最佳组分；Romero-Castanon 等[58]评估了 MEA 性能；Easton 和 Pickup[59]及 Makharia 等[60]研究了催化剂层的阻抗；Furukawa 等[61]对阴极催化层的 Nafion 含量和负载方法进行了研究；Jung[57]调查了 DFAFC 阳极的阻抗行为。

（4）单电池：Paganin 等[62]，Wagner 等[51]和 Mérida 等[63]详细研究了 PEMFC 单池的阻抗行为；Tang 等[64]则调查了高温下的 PEMFC；Kim 等[65]研究了 PEMFC 的耐 CO 性能；Schiller 等[52]分析了由 CO 毒化导致的燃料电池的失活机理；Andreaus 等[66]分析了高电流密度下 PEMFC 性能的损失；Mueller 等[67]及 Piela 等[68]研究了在不同操作条件下的 DMFC，Lee 等[69]调查了 DMFC 中催化层厚度对电池性能的影响。

（5）电堆：Diard 等[55]和 Yuan 等[70]分别测量了 10 W 和 500 W PEMFC 电堆的性能。

下面以光滑 Pt 电极在 0.5 mol/L H₂SO₄ + 1 mol/L CH₃OH 溶液中不同直流电位下的电化学阻抗谱 Nyquist 图为例进行分析[71]。如图 11-42（a）所示，随着直流电位的增加，阻抗谱显示了不同的阻抗行为。在电位为 0.10～0.20 V 范围时，阻抗图几乎为一条沿着虚轴接近于 90°的直线，这是一种理想极化电极的特征，类似于一个电双层电容器，因此这种行为被我们称为电容行为，低频时稍微偏离虚轴可能是由于甲醇离解吸附的开始；在电位为 0.20～0.33 V 范围时，阻抗谱呈弧状，而且随着直流电位的增加弧的直径越来越小，因为弧的直径大小用以表征该电化学过程的电荷转移电阻，这表明目前电化学过程是一个受电位活化的过程，而且该过程中的电荷转移电阻随电位在减小，因此称为电阻行为。增加电位，如图 11-42（b）所示，当电位达到 0.35 V 时，阻抗谱延伸至第四象限，出现了电感现象，表明这个电化学过程由于交流电位的叠加产生了电流滞后现象，这种滞后来源于电化学过程中的强吸附中间产物，根据甲醇电氧化机理的现场光谱研究，我们知道这种强吸附中间产物应该是甲醇离解过程中产生的 $CO_{ad}$。因此，电位在 0.35～0.46 V 范围内的阻抗行为称为电感行为，这种电感行为已经在很多文献中被报道。在 0.35～0.42 V 范围内，容抗弧直径逐渐减小，在 0.44～0.46 V 范围内，容抗弧直径逐渐变大，表明在 0.42 V 以前随着电位的增加甲醇的离解过程的电荷转移电阻是逐渐减小的，这是由于受电位的活

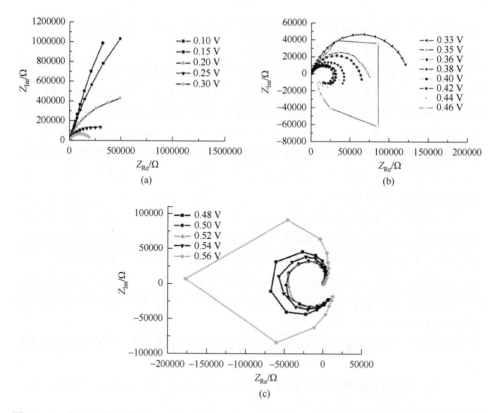

图 11-42　光滑 Pt 电极在 0.5 mol/L $H_2SO_4$ + 1 mol/L $CH_3OH$ 溶液中不同直流电位下的电化学阻抗谱的 Nyquist 图

$f$：20 mHz～5 kHz；AC：10 mV

化，而在 0.44～0.46 V 范围内电荷转移电阻是逐渐增加的，是由于强吸附中间产物 $CO_{ad}$ 的存在抑制了甲醇离解吸附的过程。继续增加电位，0.48 V 以上时，发现阻抗谱突然转向了第二象限，如图 11-42（c）所示，同时电感弧延伸至第三和第四象限，这种施加电位出现的负电阻现象与电化学腐蚀研究中的钝化相似，因此我们称为钝化行为，这种行为来源于 Pt 电极表面出现了含氧组分，如羟基。羟基的出现对于强吸附中间产物 $CO_{ad}$ 的除去是非常必要的，这也正是 0.48 V 以后阻抗弧逐渐减小的原因。

　　分析完 Nyquist 图之后，再以阻抗的另一种形式——Bode 图为例直接判断电化学反应速控步骤何时开始变化。如图 11-43（a）所示，在所有直流电位下，在高频约 1000 Hz 处出现一个相角最高点，接近于 90°，因此这个相角峰来源于参比电极到工作电极表面之间溶液的充放电电容。在直流电位为 0.10～0.20 V 范围时，

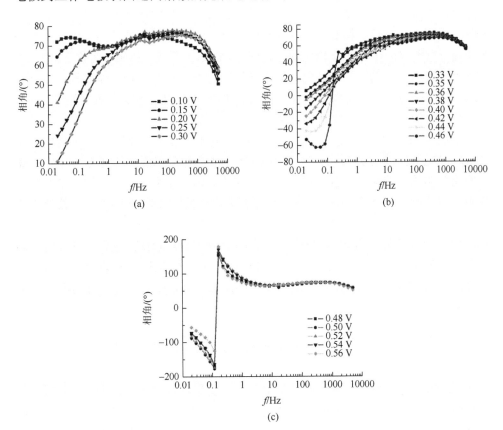

图 11-43　光滑 Pt 电极在 0.5 mol/L $H_2SO_4$ + 1 mol/L $CH_3OH$ 溶液中不同直流电位下的电化学阻抗谱的 Bode 图

$f$: 20 mHz～5 kHz；AC: 10 mV

低频时出现一个相角峰，接近于 90°，来源于甲醇或其离解时产生的非强吸附中间产物的吸附电容，该区域与图 11-42（a）所示相同是电容行为；在电位为 0.20～0.33 V 范围时，相角迅速下降，但仍在 0°以上，近似成为电阻行为；当电位达到 0.35 V 时，如图 11-43（b）所示，阻抗谱出现负相角，意味着电感现象的发生，这是一种电感行为，来源于电化学过程中的强吸附中间产物 $CO_{ad}$。当电位达到 0.48 V 以上时，如图 11-43（c）所示，阻抗谱发生突变，成为两段分离的曲线，高频段的相角超过了 90°，低频段的相角也超过了–90°，这个突变是电化学反应过程中速控步发生变化的标志。由于低频区的过程是速控步，因此下面我们分析在整个电位区间内低频区域速控步是如何变化的。在电位达到 0.35 V 前，电阻行为位于低频区，且各个阻抗曲线随电位的增加向高频方向移动，这表明甲醇离解吸附过程是速控步，并且其反应速率随着电位的增加而加快。在电位为 0.35～0.48 V 范围时，电感行为位于低频区，且各个阻抗曲线随电位的增加向高频方向移动，表明生成强吸附中间产物 $CO_{ad}$ 的反应是速控步，并且其反应速率随着电位的增加而加快。当电位达到 0.48 V 以上时，如图 11-43（c）所示，钝化行为位于低频区，且各个阻抗曲线随电位的增加向高频方向移动，表明 $CO_{ad}{\rightarrow}CO_2$ 是速控步，并且其反应速率随着电位的增加而加快。因此在 0.48 V 时阻抗谱发生的突变是 CO 的生成和消耗的速控步发生变化的结果。

最近，Xing 课题组使用 EIS 技术分别探究了直接甲酸燃料电池中所用钯基碳材料对电池性能的影响[72]，$Ni_2P$ 及 CoP 在增强直接甲醇和乙醇燃料电池中铂基催化剂和铂钌催化剂的促进作用[73-76]。总之，EIS 技术在电化学领域中有着很多的应用，除了以上分析之外，从阻抗谱中含有的时间常数个数及其数值大小还可以推测电极过程的状态变量的情况；可以从阻抗谱观察电极过程中有无传质过程的影响；可以得到从参比电极到工作电极之间的溶液电阻、电双层电容及电极反应电阻等信息；可以推测电极过程的反应机理和计算动力学常数等。因此，EIS 技术历来为广大电化学研究者所高度重视，以后也会很好地服务于电化学工作者。

# 11.6　现场谱学技术及应用

常规的电化学技术主要是针对测试过程中反应界面上电流 $I$ 对电势 $E$ 或时间 $t$ 的响应，来了解两项界面的结构，电化学反应机理及其动力学过程。但电化学研究得到的是界面反应微观信息的综合无法从分子水平上验证反应物、中间物种及产物，这对验证设想的电化学反应机理造成了阻碍。现场谱学是将各种各样的谱学技术和电化学方法同步结合，在得到电流 $I$、电势 $E$ 等电化学信息的同时获得反应过程中的其他分子水平信息，以研究电极过程机理、电极表面特性、检测中间物种和反应产物、测定转移电子数、确定反应速率常数及扩散系数等，为全面了解电化学反应过程提供更为有力测试研究手段。本章着重从现场红外、现场拉曼、现场质谱、现场单分子荧光四个方面分别介绍，并从实际出发阐述谱学与电化学测试同步结合的过程及应用。

## 11.6.1　现场红外光谱电化学

### 1. 现场红外光谱的简介

红外光谱电化学法（infrared spectroscopy in electrochemistry）是由红外光谱与电化学技术相结合而形成的一种研究方法，可分为现场红外光谱电化学和非现场红外光谱电化学两类。现场（*in situ*，又称原位[77]）红外光谱电化学是指在反应体系进行电化学调制及检测的同时，现场监测体系的红外光谱信号变化，从而得到物质结构及相关信息的方法。现场红外光谱不仅可以用来检测电极表面吸附物种的身份和分子结构的信息，也可以用来探测在电极表面和距电极表面很薄的溶液层中电极反应的反应物、产物及电极反应的中间体，更为固/液界面提供了双电层中物种的化学本质、成键方式和它们随电极电位的变化等信息；而非现场（*ex situ*）红外光谱电化学是指在终止电化学反应以后对电极过程产物进行红外光谱研究的方法。

1980 年 A. Bewick 等[78]首次将电化学现场红外光谱成功应用于电极/溶液界面现象的研究中，随后的几十年间，随着电化学现场红外光谱技术的理论和方法均有了迅速的发展，现在已成功渗透并应用于电化学的各个领域中。目前已建立的现场红外光谱电化学方法主要有：电化学调制红外光谱法（EMIRS）、差减归一化界面傅里叶变换红外光谱法（SNIFTIRS）、线性电位扫描反射光谱法（LPSIRS）、偏振调制红外光谱法（PMIRS），傅里叶变换红外反射吸收光谱法（FTIRRAS）、时间分辨光谱电化学法（TRFTIRS）、二维红外光谱（2D-IR）、显微红外光谱电化学法（MFTIRS）等。

### 2. 现场红外光谱的基本原理

现场反射红外光谱最常用的是外反射模式（external reflection mode），如图 11-44 所示，红外辐射通过窗口（电解池的窗口必须对红外辐射是透明的，并且不溶于所测试的溶液，如 $CaF_2$、Si、ZnSe 等）和溶液薄层，经过研究电极表面反射出来后被检测，这一过程中由于电化学体系中常见的水溶剂及其他有机溶剂分子都对红外辐射存在强烈的吸收从而给检测带来影响，所以窗口与电极表面间的薄层溶液必须非常薄（1～100 nm）。图 11-45 是一个典型的应用于现场反射光谱检测技术的光谱电解池构造图。研究电极是封在玻璃或绝缘惰性材料中的圆盘，电极表面要求平整度较高，将电极固定在一个可用于调节电极和窗口距离的活塞的末端，实验时研究电极充分接近窗口。实验过程中，通过调整反射镜角度以选择最佳的红外光入射角度，采用调制或差分技术得到有用的信号，从而得到最大的检测信号。

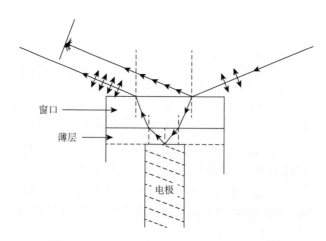

图 11-44　红外光谱电化学的外反射示意图[79]

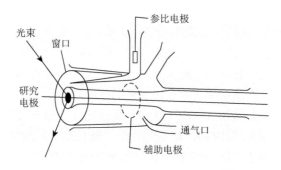

图 11-45　IR-SEC 的光谱电化学池[80]

### 3. 现场红外光谱的分类

目前电化学现场反射光谱技术主要有三种实验测试方法：

1）电化学调制红外光谱[81]（EMIRS，原理图如图 11-46 所示）

这种方法电势在无研究物质产生处和电化学产生处之间进行调制，在测试电化学产物信号的同时可以排除溶剂和其他溶解物对 IR 吸收的干扰，提高光谱的信噪比。在 EMIRS 测试时，通过振荡器改变电极电势，且为相敏检测器（PSD）提供一个参比信号。检测器调制的 IR 信号也反馈到 PSD[1]。实验测量

的是电极电势由 $E_1$ 变为 $E_2$ 时电极表面相对反射率的改变，电极在两个确定幅度的电位之间以一定的频率进行调制，电极在 $E_1$ 和 $E_2$ 两个电位之间调制时产生一个与电位调制频率相同的反射率变量 $\Delta R$（相当于 $R(E_2)-R(E_1)$，其中 $R(E_1)$ 和 $R(E_2)$ 分别为电位为 $E_1$ 和 $E_2$ 时采集到的红外反射光谱信号），这种测试方法最终得到的是两个电极电位下反射光谱信号的差值。最后用 $\Delta R/R$ 相对于波数作图就得到光谱图。

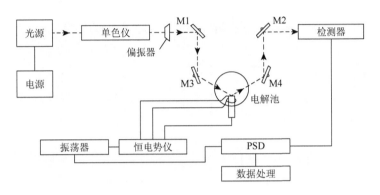

图 11-46 EMIRS 原理图[81]

2）差示归一化界面傅里叶变换红外光谱（SNIFTIRS，原理图如图 11-47 所示）

这是一种在傅里叶变化红外光谱的基础上发展的测试方法，单色光仪被干涉仪取代，得到的信号是一个代表了被测强度随干涉仪中物镜位置变化的干涉图。SNIFTIRS 的优点是可以通过多次采集并累加干涉图以提高图谱的信噪比。SNIFTIRS 是测量两个不同电势下的谱图信号，电势可在所测物质电化学过程发生或不发生处分别得到，在相应的波长处进行吸光度的差减即可以得到光谱图。然后由计算机处理得到差谱。

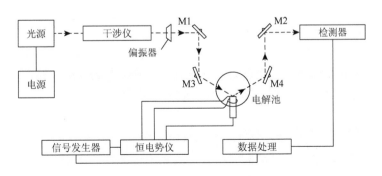

图 11-47 SNIFTIRS 原理图[81]

3）红外反射吸收光谱（IRRAS，原理图如图 11-48 所示）

　　根据红外反射光谱的表面选律，只有当吸附分子的偶极距在电极表面法线方向上的分量不为零时才能吸收平行于入射面的红外能量。该方法通过一个光弹性调制器对入射光的极性在 P-和 S-偏振波间进行调制，只有 P 光平行于入射面才能被电极表面和环境吸收，而 S 光由于垂直于入射面不能与电极表面吸附物质相互作用，只包含环境对红外光的吸收，因此，P 光和 S 光的反射光谱之差可以给出表面粒子的红外吸收光谱信息[82]。在 IRRAS 中，在获取光谱时，电势是保持不变的，因此最后得到的结果仅代表在固定电势下的表面层的信息。

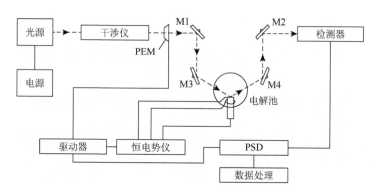

图 11-48　IRRAS 原理图[81]

## 11.6.2　现场拉曼

### 1. 现场拉曼的定义

　　现场拉曼又称为电化学原位拉曼，是在进行电化学过程中同时采用拉曼光谱技术研究处于电化学池中的电极/溶液界面的性质。即在测量电化学反应的电位、电流获得电信号的同时利用拉曼光谱技术将某种波长的入射光照射在电极表面，然后对反射、透射或散射光束进行分析。

　　1928 年，印度科学家 Raman[83]发现了穿过透明介质的光，频率发生了改变，这一现象称为拉曼散射。拉曼散射在研究分子的振动和转动结构时拥有巨大的优势，Raman 也因此于 1930 年获得了 Nobel 物理学奖。

### 2. 现场拉曼的组成

　　电化学原位拉曼光谱法的测量装置主要是由拉曼光谱仪和原位电化学拉曼池两个部分组成。拉曼光谱仪一般由激光源、收集系统、分光系统和检测系统构成，光源一般采用能量集中、功率密度高的激光，收集系统由透镜组成，分光系统采用光栅或陷波滤光片结合光栅以滤除瑞利散射和杂散光及分光。检测系统采用光电倍增管检测器、半导体阵检测器或多通道的电荷耦合器件。

原位电化学拉曼池一般具有工作电极、辅助电极和参比电极及通气装置。为了避免腐蚀性溶液和气体侵蚀仪器，拉曼池必须配备光学窗口的密封体系。在实验条件允许的情况下，为了尽量避免溶液信号的干扰，应采用薄层溶液（电极与窗口间距为 0.1~1 mm），这一点对于显微拉曼系统很重要，光学窗片或溶液层太厚会导致显微系统的光路改变，使表面拉曼信号的收集效率降低。

### 3. 现场拉曼的原理

拉曼散射的产生是由于光照射于分子或离子，设散射物分子原来处于基电子态，振动能级如图 11-49 所示。在照射过程中与分子或离子发生碰撞，碰撞的同时发生了能量的交换过程，因此光子的运动方向和能量发生改变。碰撞过程分为弹性碰撞和非弹性碰撞。弹性碰撞即在碰撞的过程中仅发生了方向的改变，能量并没有损失，这种情况下发生的散射称为瑞利（Rayleigh）散射。非弹性碰撞过程中不仅发生了方向的改变而且同时伴随着能量的变化。这种情况下发生的散射称为拉曼（Raman）散射。根据能量是否是增加或减少情况，散射分为反斯托克斯（anti-Stokes）线和斯托克斯（Stokes）线。当散射光的能量大于入射光的能量时，即频率大于入射光频率的谱线称为反斯托克斯线，或称为紫伴线；当散射光的能量小于入射光能量时，即频率小于入射光频率的谱线称为斯托克斯线，或称红伴线。最终则有如图 11-49 所示的三种情况[2]。

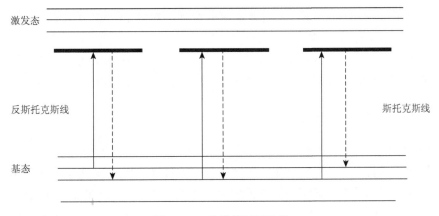

图 11-49　拉曼散射示意图

### 4. 现场拉曼的实际应用

**1）CO 的吸附过程**[84, 85]

作为一个典型的例子，CO 在贵金属表面吸附过程的拉曼光谱可以用于鉴别不同的金属。当 CO 等小分子在贵金属上吸附时，可以将其看作偶极子，这些偶极子之间存在很强的相互作用，即偶极耦合作用。偶极耦合作用会导致 C-O 及 metal-CO 的拉曼频率蓝移，一般来说 metal-CO 振动峰强于 C-O 的振动峰。通常认为 IR 强度可以代表金属上吸附 CO 的平均信号，在目前的 SERS 研究中，发现了和 IR 结果类似的分压依赖 CO 的光谱行为，因此可以认为 SERS 信号能够代表纳米粒子上吸附的 CO 分子的平均信号。

**2）酸性溶液中甲醇在 Pt 上吸附剂氧化的过程**[86]

张普等在 0.5 mol/L CH$_3$OH + 0.5 mol/L H$_2$SO$_4$ 溶液中扫甲醇氧化的循环伏安曲线，结合原位拉曼光谱通过分析电势和相对应的谱带得到甲醇在 Pt 上吸附氧化过程。实验指出正扫至 0.5 V 之前甲醇的电氧化电流很小，可以观察到 490 cm$^{-1}$、410 cm$^{-1}$、1060 cm$^{-1}$ 及 1850 cm$^{-1}$ 四个谱带，分别对应 Pt-CO$_L$、Pt-CO$_M$、C-O$_L$ 及 C-O$_M$ 的伸缩振动峰，这表明电极表面 Pt 处于 CO "中毒" 状态。正扫至 0.5 V 以后，四个能谱开始明显减弱，氧化电流明显增大，这表明电势扫至 0.5 V 时电化学反应过程中产生的 CO 在电极表面开始氧化。当电势扫至 0.8 V 时 CO 的相关谱带几乎完全消失，电极表面 CO 已经完全氧化。当电势扫至 1.1 V 时，580 cm$^{-1}$ 附近出现一谱带，来源于 Pt 的多种氧化物种的 Pt-O 振动。当开始负扫时，580 cm$^{-1}$ 的谱带逐渐减弱，氧化的 Pt 开始被还原，Pt 上活性位增加，氧化电流开始增大。负扫至 0.8 V 时，580 cm$^{-1}$ 的谱带消失，氧化的 Pt 被完全还原，出现更多的活性位点，此时反扫的氧化电流出现峰值。负扫至 0.5 V 以下的过程中 490 cm$^{-1}$、1060 cm$^{-1}$ 处的谱带逐渐增强，对应 Pt-CO、C-O$_L$ 的伸缩振动峰，说明低电势下甲醇重新吸附于电极表面脱氢后重新生成 CO。CO 在较低的电势下无法被氧化生成 CO$_2$，因此电极被 CO 毒化，阻碍甲醇的进一步脱氢过程，氧化电流值下降。

### 5. 现场拉曼现阶段存在的问题

**1）拉曼信号弱**

拉曼光谱技术作为 "物理学家送给化学家的最好礼物"，是化学家研究结构的重要工具，但此项技术却存在致命的缺点：检测灵敏度太低。Raman 散射光子数仅有荧光的 $10^{-14}$，红外的 $10^{-6}$，如此低强度的 Raman 散射光，用于研究表面或界面分子结构和性质十分困难。一般采用表面增强拉曼光谱技术来增强表面分子信号。将试样吸附于胶态金属离子（如 Cu、Ag、Au）上或者这些金属的粗糙表面上，再用普通的拉曼光谱方法进行测量的光谱技术称为表面增强拉曼光谱（surface enhanced Raman spectroscopy，SERS）。这样所得的拉曼光谱的强度可达到正常情况下的 $10^5 \sim 10^6$ 倍，因此可用于测量浓度极低的样品溶液。同时 SERS 能有效地避免溶液中相同物种的信号干扰，因此 SERS 可以轻而易举地获得高质量的表面分子信号，这对于详细了解分子与表面的作用方式及分子在表面的结构变化具有重要的意义。

2）研究条件与实际工作条件差别太大

燃料电池在实验室中的基础研究一般在室温下采用三电极体系，而组装成电堆后，为了能提高反应速率，一般采用高温运行。结合考虑到 Nafion 膜的稳定性和活性及三相水界面的要求，PEMFC 的使用温度一般在 80℃左右。燃料电池采用的高温、高压、高传质速率等条件。由 Arrhenius 公式知，温度对反应速率影响差别较大。

温度的改变同时也会影响反应途径。燃料电池的反应途径包含直接途径和间接途径，如甲醇、甲酸经过 CO 的间接反应机理和不经过 CO 的直接反应机理；氧气还原的 2 电子过程和 4 电子过程。不同的反应途径，最终得到的电化学性能也会不同。

若研究的条件与实际情况相差太大，则很难由研究条件下的表征结果得出实际工作条件下的情况。因此 SERS 作为现场研究技术的一种，有必要研制变温流动光谱电解池用于模拟燃料电池实际工作状态。

## 11.6.3　现场质谱

质谱仪与电化学反应装置联用最早出现在 20 世纪 70 年代。1971 年，Bruckenstein 和 Gadde[87]用气相质谱检测到了电化学反应产生的挥发性物质，率先建立了电化学质谱技术（electrochemical mass spectrometry，EMS）。其将 Pt 工作电极制备在多孔玻璃膜上，采用膜进样方式，用多孔 Teflon 膜将电解液与质谱的真空进样系统分隔开，只允许挥发性气体产物进入质谱电离室。其技术特点是当气体样品累积到一定的量之后，一次性地将产生的气体导入质谱仪进行定性和定量分析，采用 MS 测量电极上气体产物的响应时间是 20 s。1984 年，Wolter 和 Heitbaum[88]建立微分电化学质谱（differential electrochemical mass spectrometry，DEMS），该技术延用多孔 Teflon 膜的进样方式，与 EMS 不同之处在于采用两级真空泵分别对电离室、质量分析系统分级抽真空，进样口处利用压差将电化学反应产生的气体快速吸入质谱电离室，得到的质谱信号强度正比于电化学反应的法拉第电流。DEMS 的技术特点是实现了对挥发性产物的连续测量，总响应时间小于 1 s。由 DEMS 检测到的离子电流信号正比于电化学反应的法拉第电流信号，因此可将产物的瞬时生成量与电势进行关联，以获得有关反应路径的信息。另外，如果对反应物进行同位素标记，可更深入地对反应机理进行剖析。

如图 11-50 所示，DEMS 系统组成包含了三大部分[96]：电化学反应装置、膜接口及质谱仪系统，其中膜接口作为 DEMS 系统的核心设计实现了液相和真空的连接，电化学反应产物在膜两边压力差的作用下从液相挥发至真空系统，采样过程耗时极短，即实现了对电化学反应产物的在线检测。DEMS 系统除了对反应产物进行定性鉴定以外，还能够获得半定量或者严格定量的信息。DEMS 定量分析的理论基础是质谱检测到的离子电流信号和电化学分析仪检测到的法拉第电流信号之间理论上成严格的正比关系，其原理如下。

电化学反应单位时间产生的挥发性物种的量与法拉第电流之间成正比关系：

$$I_F = dQ_F/dt = d(zFn)/dt = zFdn/dt \tag{11-126}$$

挥发性产物在膜两端压力差的作用下进入真空系统，同时也可能发生向溶液本体的扩散现象，实际被采样的比例系数为 $K_1$。当产物进入质谱仪后，由于离子化室和进样管路的真空度存在差别，仅能允许一部分比例的样品进入离子源，而进入到离子源中的样品也仅有一部分能被电离进入质量分析器，可将这两项系数统一考虑，定义由此可得到，最终变成离子的挥发性产物的量为

$$n_i = K_1 K_2 n \tag{11-127}$$

最终由检测器检测到的电量为

$$Q_i = K_3 n_i \tag{11-128}$$

那么所对应的离子电流即为

$$I_i = dQ_i/dt = K_1 K_2 K_3 dn/dt = (K_1 K_2 K_3/zF) I_F \tag{11-129}$$

我们定义 $K = K_1 K_2 K_3/zF$，那么即可得到 $I_i = KI_F$，而如果法拉第电流效率不是 100% 时，电流效率常数也应列入系数的考虑范围。

由于影响 $K$ 值的因素众多，其中包含了电化学实验环境、质谱仪参数及物种自身的性质，因此不同物种在不同电化学实验环境下的 $K$ 值可能都不尽相同。那么，特定物种的 $K$ 值校正最好能够在电化学条件下定量地生成该物种，由质谱仪检测其离子电流信号，通过后续的数据处理即可获得该物种的校正系数。

1986 年，Hambitzer 和 Heitbaum[89]将 N, N-二甲基苯胺电解氧化，并将电极表面的电解液连续导入质谱热喷雾离子室的前置进样毛细管中，实现了电化学质谱在线检测电极反应的非挥发性产物。随着质谱技术的不断发展，电化学质谱联用技术结合了更多的样品电离方式，用以分析不同形态和性质的电极反应产物。这些电离方式包括电喷雾电离[90, 91]、大气压化学电离[92]、大气压光致电离[92]、快原子轰击电离[93]、电感耦合等离子体电离[94]等。另外一种设计可与更常用的电极材料匹配，是采用 Teflon 膜作为质谱仪的接口，将之放在与一个旋转圆柱电极很近

的位置（约 0.3 mm）。已有采用这些技术进行研究的系列报告[95]，例如，它们可以用于表征甲醇和甲酸氧化的燃料电池的催化剂。

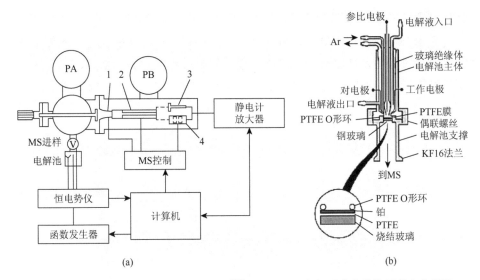

图 11-50　（a）DEMS 仪器装置示意图[96]；（b）多孔电极质谱在线检测的电化学池

（a）中，直接连接于电化学池和质谱的腔分别由涡轮式泵 PA 和 PB 控制。电解产物进入电离腔（1），在四极杆质量过滤器（2）中进行分析通过法拉第杯（3）或者电子倍增器（4）进行检测。（b）中，所示电极是 Pt，用 Teflon（PTFE）处理过的玻璃隔片

　　二次离子质谱（SIMS）是表征表面和薄膜的非现场 UHV 方法，其可以与电化学联用。此方法涉及采用高能一次离子束（如 15 keVCs＋）对表面进行轰击，通过溅射侵蚀表面，由表面组成中产生二次离子并用质谱进行离子检测。利用一次离子束的扫描可进行二维表征，通过监测单离子强度与溅射时间的关系，可得到深度分布。SIMS 提供较 XPS 或 AES 高得多的测量极限（$10^{-8}$～$10^{-4}$ 原子分数）。然而，SIMS 并不是一种真实的表面技术，因为二次离子产生的效率是由一次离子束所产生的薄的离子注入层的三维性质所决定的[97]。深度分布的假象可因此而产生。在将电极转移到 UHV 样品腔后采用质谱研究电极表面的其他可利用的方法是热脱附[98]和激光脱附[99]。

## 11.6.4　荧光单分子单纳米粒子催化技术

　　近年来，纳米材料领域与催化领域迅猛发展，迫切需要一种能够在微观层面解析纳米催化剂催化过程的新技术。荧光单分子单纳米粒子技术应运而生，它基于荧光显微技术，利用现代单光子检测器的高灵敏度来实现单个纳米粒子表面荧

光产物分子一个一个的观测，是一种能够从微观反应动力学热力学角度对催化过程解析的一种新技术。

### 1. 荧光单分子催化技术用途

荧光单分子催化技术可以在单个粒子层面分析催化剂在催化反应物分子转化为产物分子过程中，产物分子的形成过程及脱附过程的动力学信息，从而达到区分催化剂的催化活性的高低、揭示催化机理的目的。如图 11-51（a）所示，通过

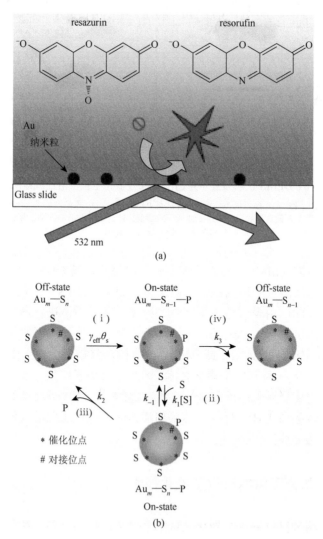

(a)

(b)

图 11-51　（a）单分子催化过程示意图[100]；（b）单分子单纳米粒子催化动力学模型

S：反应物分子；P：产物分子；Au：金纳米粒子（封底二维码彩图）

跟踪催化产物 resorufin 的荧光信号，对催化剂纳米粒子的活性进行分析。此外，利用荧光单分子催化技术还可以对催化活性位点进行超分辨成像分析。相较于传统的形貌表征技术，如透射电子显微镜给出的是催化剂纳米粒子形貌上的信息，而催化活性位点的超分辨成像给出的是活性位点的分布及其动态变化，更有利于研究者揭示纳米催化剂粒子精准的构效关系。

最典型的单分子单纳米粒子催化的系统研究出现在 2008 年[100]。陈鹏等以金纳米粒子作为催化模型，首次利用荧光单分子催化技术在单分子水平上，研究了单个金纳米粒子在催化羟胺和刃天青（resazurin）反应生成荧光产物试卤灵（resorufin）的过程，如图 11-51 所示。该工作还首次提出了适合于单分子单纳米粒子催化的动力学机理模型，并成功揭示了一系列全新的催化现象。

## 2. 荧光单分子催化技术基本原理

荧光单分子催化研究技术中的荧光是指该技术是通过跟踪单个分子的荧光信号来实施的，荧光相关的前驱体分子在被催化剂催化发生氧化还原反应的过程中，发生荧光态与非荧光态之间的转化，通过跟踪荧光信号的强弱来获取催化过程反应动力学信息。那么，如何才能获得单分子及单个纳米粒子的催化信号呢？首先，要求催化剂浓度与反应物浓度要极低，确保每次捕获的是单次反应所引起的荧光信号变化。其次，该技术充分利用了界面全反射原理，利用激光在界面处发生全反射时产生的渐逝波对界面处的荧光分子进行激发，避免了背景溶液中的荧光分子被激发而导致的背景升高，并利用现代超快单光子检测器对信号进行捕捉，从而实现单分子水平的观测。最后，在获得良好信噪比的信号之后，通过对大量荧光信号的统计分析，从而得到产物形成过程及脱附过程的信息。

具体地说，单分子荧光技术就是先把纳米粒子稀疏地分散在石英载玻片或类似的基底上，当反应物流过表面时，反应物分子在该纳米粒子表面活性位的催化下，生成可以被激光激发荧光的产物分子。该产物分子在生成之前我们看不到该纳米粒子，一旦催化反应完成，生成的荧光分子立刻被激光激发，发出荧光。由此，荧光就可以通过单分子荧光显微镜直接观察检测到，通过定位该荧光分子就可以精确定位该单个纳米粒子的位置。同时利用单光子检测器，可以实时记录该单个产物分子形成前的等待时间和形成后到脱附前其在纳米粒子表面的停留时间。也就是说，利用该方法，就可以把常规催化研究方法中研究的催化反应周期，进一步分为两个更细致的过程来研究，即一个是产物分子的生成过程，另一个是产物分子的脱附、释放出活性位的过程，由此完成一个催化周期。这样就可以考察单个纳米粒子表面的产物形成速率和产物分子的脱附速率，而这两个速率就可以特定地反映出该单个纳米粒子的催化特性。利用该方法，可以实现一个一个地研究看似一样的纳米粒子的催化特性，从而成功地鉴别出纳米粒子与纳米粒子之间的活性差别，如催化反应的快慢、产物分子的吸附强度或脱附速率的差别等信息，而这些信息是常规方法根本无法获得的（图 11-52）。利用该方法，除了可以利用统计分析的方法得出大量纳米粒子的平均信息，还可以更深层次地得出个别粒子的催化个性信息，而这些个性信息的获得，有助于人们更精确地理解催化剂特性与其本身的物理特性（如粒径、组成、晶面类型等）间的准确相关性。

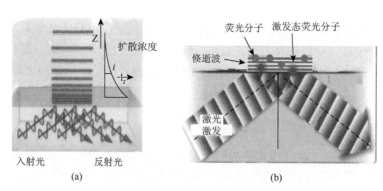

图 11-52　（a）全反射过程中倏逝波形成示意图；（b）倏逝波对界面处荧光分子进行激发过程示意图（封底二维码彩图）

### 3. 荧光单分子催化技术发展概况

利用荧光超分辨成像技术揭示催化活性位点的变化始于 Hofkens 等，2006 年，Hofkens 等利用荧光显微镜实时观察催化反应过程中单个有机分子的化学转化，绘制出催化剂晶体的活性位点分布，并发现了不同催化晶面具有催化不同化学反应的能力[101]。之后，科研者做出了许多利用催化过程中荧光信号 "on-off" 特点对催化剂活性位点进行超分辨成像的优秀工作。如在 2009 年 Hofkens 等进一步拓展了超分辨成像的精度，使它可以与电子显微镜等仪器精度匹敌[102]。2013 年日本的 Majima 课题组利用自主合成的探针对 $TiO_2$ 光解水过程中的活性位点进行了超分辨成像，发现可见光引起的还原反应发生在金纳米粒子附近几十纳米范围内，在微观层面证实等离子引发的电子空穴分离机理[103]。2014 年方宁课题组利用荧光超分辨成像揭示了单个金-硫化镉纳米粒子表面光催化性质，揭示了两种完全不同的能量依赖的电荷分离机理（不同机理导致产生的电子/空穴不同）[104]。2015年，Hofkens 等对石油裂解过程中产物荧光分子的超分辨成像发现分子筛催化石油裂解过程中催化产物主要在布朗斯特酸位点上形成，并揭示了不同粒子间的差异性[105]。荧光超分辨成像技术不仅可以对静态催化活性位点进行描绘，还可以对催化活性位点的位置进行跟踪，例如，中国科学院长春应用化学研究所徐维林课题组在 2015 年对纳米金三角等催化剂纳米粒子进行的动态超分辨成像的研究[106]，发现了金纳米粒子表面活性位点由于重构而发生移动的现象。

　　单分子单纳米粒子催化动力学方面，2008 年，陈鹏等利用催化剂在催化荧光分子发生荧光态与非荧光态之间的转化这一过程，实现了对微观催化反应过程的动力学分析并揭示了三种不同的催化机理[100]。2014 年，中国科学院长春应用化学研究所的徐维林课题组首次结合量化计算和巧妙的通过空心纳米笼"困住"反应分子的方法实现了化学反应过程中各基元步骤的分子反应动力学分析[107]。随后该组将荧光单分子催化技术拓展到电化学领域，并揭示了电催化剂的衰减机理[108]。同年，该课题组通过对不同粒径纳米立方钯催化剂的催化活性的解析获得了纳米粒子"边-面"活性差异，将单粒子催化技术拓展到亚单粒子水平[109]。单分子单纳米粒子催化技术虽然刚刚发展起来，但是它的应用正在朝着更深更广更全面的方向，不仅是在催化动力学上的研究，单分子单纳米粒子催化技术已经发展到热力学研究上来[110]。

# 参 考 文 献

[1]　阿伦.J. 巴德，拉里.R. 福克纳. 电化学方法原理和应用. 北京：化学工业出版社，2005.

[2]　贾铮，戴长松，陈玲. 电化学测量方法. 北京：化学工业出版社，2007：225-228.

[3]　吴越. 催化化学. 北京：科学出版社，1998：1290-1320.

[4]　吴越. 应用催化基础. 北京：化学工业出版社，2009：90-94.

[5]　卡尔.H. 哈曼，安德鲁·哈姆内特，沃尔夫·菲尔施蒂希. 陈艳霞，夏新华，蔡俊，译. 北京：化学工业出版社，2010.

[6]　傅献彩，沈文霞，等. 物理化学. 北京：高等教育出版社，2006.

[7]　Osteryoung J，Kirowa-Eisner E. Analytical Chemistry，1980，52（1）：62-66.

[8]　Parry E P，Osteryoung R A. Analytical Chemistry，1964，36（7）：1366-1367.

[9]　Ramaley L，Krause M S. Analytical Chemistry，1969，41（11），1362-1365.

[10]　Schmidt E，Gygax H R. Chimia，1962，16：156.

[11]　Sluyters J H. Rec Trav Chim. 1963，82：120.

[12]　Fujinaga T，Kihara S，Crit C R C. Rev Anal Chem，1977，6：223.

[13]　Lunte S M，Lunte C E，Kissinger P T. Laboratory Techniques in Electroanalytical Chemistry. 2nd. New York：Marcel Dekker，1996.

[14]　Johason D C，Coursse W R L. Anal Chem，1990，62：589A.

[15]　Radzik D M，Lunte S M，Crit C R C. Rev Anal Chem，1989，20：317.

[16]　White P C. Analyst，1984，109：677.

[17]　Jandik P，Haddad P R，Sturrock P E，et al. Rev Anal Chem，1988，20：1.

[18]　Kogoma M，Nakayama T，Aoyagui S. Journal of Electroanalytical Chemistry and Interfacial Electrochemistry，1972，34（1）：123-129.

[19]　Strohl A N，Curran D J. Anal.

[20]　Berendrecht E. Electroanal Chem，2：53.

[21]　Shain I，Lewinson J. Anal Chem，1961，33：187.

[22]　Levich V G. Physicochemical Hydrodynamics. Englewood Cliffs：Prentice-Hall，1962.

[23]　NewmanJ. J Electrochem Soc，1966，113（501）：1235.

[24]　Albery W J，Hitchman M L. Ring-Disc Electrodes. Oxford：Clarendon，1971：4.

[25]　Newman J. Electroanal Chem，1973，6：187.

[26]　Riddiford A C. Adv Electrochem Engr，1966，4：47.

[27]　Levich V G. op cit，p. 1.

[28]　Montenegro M I，Montenegro I，Queirós M A，et al. Microelectrodes：Theory and Applications. London：Springer，1991.

[29]　张祖训. 超微电极电化学. 北京：科学出版社，1998：1-14.

[30]　Bard A J，Faulkner L R. Electrochemical Methods：Fundamentals and Applications. New York：Wiley，2001：169-176.

[31]　Yuan X，Sun J C，Wang H，et al. Journal of Power Sources，2006，161（2）：929-937.

[32]　Wang X，Hu J M，Hsing I M. Journal of Electroanalytical Chemistry，2004，562（1）：73-80.

[33]　Matsui H，Yasuzawa M，Kunugi A. Electrochimica Acta，1993，38（14）：1899-1901.

[34]　Perez J，Gonzalez E R，Ticianelli E A. Journal of the Electrochemical Society，1998，145（7）：2307-2313.

[35]　Genies L，Bultel Y，Faure R，et al. Electrochimica Acta，2003，48（25-26）：3879-3890.

[36]　Azevedo D C，Pinheiro A L N，Torresi R M，et al. Journal of Electroanalytical Chemistry，2002，532（1）：43-48.

[37]　Azevedo D C，Lizcano-Valbuena W H，Gonzalez E R. Journal of New Materials for Electrochemical Systems，2004，7（3）：191-196.

[38]　Melnick R E，Palmore G T R. The Journal of Chemical Physics B，2001，105（5）：1012-1025.

[39]　Antoine O，Bultel Y，Durand R. Journal of Electroanalytical Chemistry，2001，499（1）：85-94.

[40]　Hsing I M，Wang X，Leng Y J. Journal of the Electrochemical Society，2002，149（5）：A615.

[41]　Lee J，Eickes C，Eiswirth M，et al. Electrochimica Acta，2002，47（13）：2297-2301.

[42]　Assiongbon K A，Roy D. Surface Science，2005，594（1-3）：99-119.

[43]　Chakraborty D，Chorkendorff I，Johannessen T. Journal of Power Sources，2006，162（2）：1010-1022.

[44]　Seland F，Tunold R，Harrington D A. Electrochim Acta，2006，51（18）：3827-3840.

[45]　Springer T E，Zawodzinski T A，Wilson M S，et al. Journal of the Electrochemical Society，1996，143（2）：587-599.

[46]　Ciureanu M，Wang H. Journal of the Electrochemical Society，1999，146（11）：4031-4040.

[47]　Ciureanu M，Wang H，Qi Z. The Journal of Chemical Physics B，1999，103（44）：9645-9657.

[48]　Ciureanu M，Roberge R. The Journal of Chemical Physics B，2001，105（17）：3531-3539.

[49]　Eikerling M，Kornyshev A A. Journal of Electroanalytical Chemistry，1999，475（2）：107-123.

[50]　Muller J T，Urban P M，Holderich W F. Journal of Power Sources，1999，84（2）：157-160.

[51]　Wagner N，Schnurnberger W，Lang M，et al. Electrochimica Acta，1998，43（24）：3785-3793.

[52]　Schiller C A，Richter F，Gülzow E，et al. Physical Chemistry Chemical Physics，2001，3（11）：2113-2116.

[53]　Jeng K T，Chien C C，Hsu N Y，et al. Journal of Power Sources，2007，164（1）：33-41.

[54]　Diard J P，Glandut N，Landaud P，et al. Electrochimica Acta，2003，48（5）：555-562.

[55]　Diard J P，Glandut N，Gorrec B L，et al. Journal of the Electrochemical Society，2004，151（12）：A2193-A2197.

[56]　Wang X，Hsing I M，Leng Y J，et al. Electrochimica Acta，2001，46（28）：4397-4405.

[57]　Song J M，Cha S Y，Leea M. Journal of Power Sources，2001，94（1）：78-84.

[58]　Romero-Castañón T，Arriaga L G，Cano-Castillo U. Journal of Power Sources，2003，118（1-2）：179-182.

[59]　Easton E B，Pickup P G. Electrochimica Acta，2005，50（12）：2469-2474.

[60]　Makharia R，Mathias M F，Baker D R. Journal of the Electrochemical Society，2005，152（5）：A970.

[61]　Furukawa K，Okajima K，Sudoh M. Journal of Power Sources，2005，139（1-2）：9-14.

[62]　Paganin V A，Oliveira C L F，Ticianelli E A，et al. Electrochimica Acta，1998，43（43）：3761-3766.

[63]　Mérida W，Harrington D A，Le Canut J M，et al. Journal of Power Sources，2006，161（1）：264-274.

[64]　Tang Y，Zhang J，Song C，et al. Temperature dependentperformance and *in situ* AC impedance of high-temperature
　　　PEM fuel cells using the nafion-112 membrane. Journal of the Electrochemical Society，2006，153（11）：A2036.

[65]　Kim J D，Park Y I，Kobayashi K，et al. Solid State Ionics，2001，140（3）：313-325.

[66]　Andreaus B，McEvoy A J，Scherer G G. Electrochimica Acta，2002，47（13-14）：2223-2229.

[67]　Mueller J T，Urban P M. Journal of Power Sources，1998，75（1）：139-143.

[68]　Piela P，Fields R，Zelenay P. Journal of the Electrochemical Society，2006，153（10）：A1902.

[69]　Lee J S，Han K I，Park S O，et al. Electrochimica Acta，2004，50（2-3）：807-810.

[70]　Yuan X，Sun J C，Blanco M，et al. Journal of Power Sources，2006，161（2）：920-928.

[71]　张仲华. 直接甲醇和甲酸燃料电池电催化剂的制备与催化机理的研究. 中国科学院长春应用化学研究所，
　　　2008，doctoral dissertation.

[72]　Chang J，Li S，Feng L，et al. Journal of Power Sources，2014，266（10）：481-487.

[73]　Chang J，Feng L，Liu C，et al. Energy & Environmental Science，2014，7（5）：1628-1632.

[74]　Li G，Feng L，Chang J，et al. ChemSusChem，2014，7（12）：3374-3381.

[75]　Chang J，Feng L，Liu C，et al. ChemSusChem，2015，8（19）：3340-3307.

[76]　Feng L，Li K，Chang J，Liu C，et al. Nano Energy，2015，15（10）：462-469.

[77]　Parsons R，Kolb D M，Lynch D W. Electronic and Molecular Structures of Electrode-Electrolyte Interfaces.
　　　Amsterdam：Elsevier，1983.

[78]　Bewiek A，Mellor J M，Pons B S. Electrochimica Aeta，1980，25（7）：93-41.

[79]　Ashley K，Pons S. Chemical Reviews，1988，88：675.

[80]　Bewick A，Kunimatsu K，Pons B S，et al. J Electroanal Chem，1984，160：47.

[81]　Foley J K，Korzeniewski C，Daschbach J L，et al. Electroanal Chem，1986，14：309.

[82]　程岩. 高能化学电源电极反应机理及其现场红外光谱研究. 上海：复旦大学，2006，doctoral dissertation.

[83]　Raman C V，Krishnan K S. Nature，1928，121（121）：711-711.

[84]　Luo H，Park S，Chan H Y H，et al. Journal of Physical Chemistry B，2000，104（34）：8250-8258.

[85]　Chan H Y H，Williams C T，Weaver M J，et al. Journal of Catalysis，1998，174（2）：191-200.

[86]　张普. CO 在贵金属电极表面吸附及氧化的电化学原位表面增强拉曼光谱研究. 合肥：中国科学技术大学博
　　　士学位论文，2000.

[87]　Bruckenstein S，Gadde R R. Journal of the American Chemical Society，1971，93：793-794.

[88]　Wolter O，Heitbaum J. Berichte der Bunsengesellschaft für physikalische Chemie，1984，88（1）：2-6.

[89]　Hambitzer G，Heitbaum. Jassoc of Anal Chem，1986：58.

[90]　Deng H，Van Berkel G J. Analytical Chemistry，1999，71（19）：4284-4293.

[91]　Johnson K A，Shira B A，Anderson J L，et al. Analytical Chemistry，2001，73（4）：803-808.

[92]　Kertesz V，Van Berkel G J. Journal of the American Society for Mass Spectrometry，2002，13（2）：109-117.

[93]　Barber M，Bordoli R S，Elliott G J，et al. Analytical Chemistry，1982，54（4569）：645A-657A.

[94]　Pretty J R，Evans E H，Blubaugh E A，et al. Journal of Analytical Atomic Spectrometry，1990，5（6）：437-443.

[95]　Wolter O，Heitbaum J. Berichte der Bunsengesellschaft für physikalische Chemie，1984，88（1）：2-6.

[96]　Bittins-Cattaneo B，Cattaneo E，Konigshoven P，et al. Electroanal Chem，1991，17：181.

[97]　Chang C C，Winograd N，Garrison B J. Surface Science，1988，202（1）：309-319.

[98]　Wilhelm S，Vielstich W，Buschmann H W，et al. Journal of Electroanalytical Chemistry and Interfacial Electrochemistry，1987，229（1）：377-384.

[99]　Zhou F，Yau S L，Jehoulet C，et al. The Journal of Physical Chemistry，1992，96（11）：4160-4162.

[100]　Xu W，Kong J S，Yeh Y T E，et al. Nature Materials，2008，7（12）：992-996.

[101]　Roeffaers M B J，Sels B F，Uji-i H，et al. Nature，2006，439（7076）：572-575.

[102]　Roeffaers M B，Cremer G，Ameloot R，et al. Angewandte Chemie-International Edition，2009，48（49）：9285-9289.

[103]　Tachikawa T，Yonezawa T，Majima T. ACS Nano，2013，7（1）：263-275.

[104]　Ha J W，Ruberu T P A，Han R，et al. Journal of the American Chemical Society，2014，136（4）：1398-1408.

[105]　Ristanovic Z，Kerssens M M，Kubarev A V，et al. Angewandte Chemie-International Edition，2015，54（6）：1836-1840.

[106]　Zhang Y W，Lucas J M，Song P，et al. Proceedings of the National Academy of Sciences of the United States of America，2015，112（29）：8959-8964.

[107]　Zhang Y W，Song P，Fu Q，et al. Nature Communications，2014，5（4238）：5238.

[108]　Zhang Y W，Chen T，Alia S，et al. Angewandte Chemie-International Edition，2016，55：3086-3090.

[109]　Chen T，Chen S，Zhang Y W，et al. Angewandte Chemie-International Edition，2016，55（5）：1839-1843.

[110]　Chen T，Zhang Y，Xu W. Journal of the American Chemical Society，2016，138（38）：12414-12421.

## 作者简介

　　**邢巍**，男，理学博士，研究员，博士生导师，二级教授。中国科学院长春应用化学研究所先进化学电源实验室主任，吉林省低碳化学电源重点实验室主任，吉林省化学电源工程实验室主任。中国化学会电化学专业委员会副主任委员、国际电化学会会员，《电化学》编委。作为访问学者先后在日本大阪工业研究所、丹麦技术大学、加拿大 NRC 燃料电池研究所进行研究。研究兴趣为可再生资源制备氢能与燃料电池，
包括聚合物电解质（SPE）能源系统，质子交换膜燃料电池（PEMFC，含直接醇类燃料电池，DMFC）、PEM 电解水及小分子催化分解制氢。先后主持过数十项国家及省部级科研项目，如："十二五"863 主题项目"先进燃料电池发电技术"首席专家；国家外专千人计划中方负责人；科技部对俄专项"直接甲醇燃料电池关键技术"负责人；中国科学院纳米先导项目中"水电解低铂催化剂"课题负责人；主持国家自然科学基金委员会重点基金项目"直接甲醇燃料电池基础研究"（2004~2008）、"多组分协同团簇基新型 PEMFC 催化剂研究"（2017~2021）及多项面上基金项目；吉林省重大科技项目研发人才团队带头人等。多次参加科技部、基金委等国家级项目的会评工作。

　　多年来系统地开展了 SPE 氢能/电能转化相关的电催化反应过程与机理、有机小分子电极动力学过程途径和相关电子转移理论基础、关键材料批量制备技术、核心部件电解质膜/催化电极复合体制备工艺、反应流场内多尺度传递优化、燃料电池堆整体结构与组装、发电系统集成与控制等关键问题和技术；目前 DMFC 发电电源系统已达到实用水平；在国际上率先实现小分子异相常温催化分解制氢。作为通讯作者在 *Nature Commun.*，*Angew. Chem. Int. Edit.*，*Adv. Mater.* 等学术刊物发表 SCI 论文近 300 篇，他引>7000 次，h 因子 43，多篇被选为高被引论文，专利 50 余件。担任 *Nature Commun.*，*JACS*，*Angew.Chem.Int.Edit.* 等国际期刊审稿人，主编和参与出版了多部学术专著，如 *Rotating Electrode Method and Reduction Electrocatalysts*（2014，Elsevier 出版，主编之一）。获 2017 年"基于有机小分子氢能/电能转化的高效催化剂基础研究"吉林省自然科学奖一等奖等省部级科技奖 3 次。主讲研究生课程"电化学基础"十余年，2015 年获中国科学院"朱李月华优秀教师奖"。

# 第 12 章

## 扫描探针显微镜与纳米光谱技术

杨　帆　刘　云　包信和

利用表面科学的方法来研究多相催化，可以追溯到 Langmuir 在 20 世纪初关于气体在固体催化剂表面吸附和反应的一系列开创性工作[1-3]。从那时起，关于催化作用与过程的表面科学研究就开始帮助我们从本质上认识多相催化反应。在过去的半个多世纪里，表面科学研究在为我们提供固体表面的化学反应的分子图像，以及构建反应与表面（电子）结构的关系上，取得了巨大成功，并进一步指导着我们改进催化剂性能和实现催化剂的合理设计。Gerhard Ertl 教授也因其利用表面科学技术取得对固体表面催化化学的分子尺度理解而获得了 2007 年的诺贝尔化学奖[4]。

表面科学研究的一个目标是在空间和时间分辨的极限上提供表面的（电子）结构和谱学信息，这对我们认识催化剂表面及其与反应分子的作用机制至关重要。在众多的表面科学技术中，扫描隧道显微镜（scanning tunneling microscopy，STM）及其之后出现的系列扫描探针显微镜技术（scanning probe microscopy，SPM）代表了表面科学发展中的一个里程碑式的巨大突破。STM 的发明者 Binnig 等[5]也因此于 1986 年被授予诺贝尔物理学奖。扫描探针显微镜可以在空间分辨上达到原子水平，因此自它的诞生之日起就引起了催化研究者的极大兴趣，并已逐渐成为催化科学研究中广泛使用的工具。

所有 SPM 技术的基础是将一个尖锐的针尖靠近表面，然后在扫描的同时逐点测量针尖和表面之间的电流、范德华力、磁力或者电容等（这里光子也可以当做探针靠近表面上），其测量的性质非常依赖于针尖和表面之间的距离。相对于其他表面科学技术，SPM 有一个显著特点，就是不存在固有的在现实反应条件（如高温高压）下工作的约束，这些 SPM 技术通常都非常灵活，可以在超高真空（ultrahigh vacuum，UHV）下操作，也可以在大气压下甚至溶液中工作。根据在催化研究中的使用程度和前景，我们在本章中将着重介绍三类扫描探针技术：扫描隧道显微镜（STM）[6-8]，原子力显微镜（atomic force microscopy，AFM）[9-11]和基于前两种扫描探针所发展出来的纳米光谱技术[12, 13]。纳米光谱技术属于扫描探针与光谱技术的结合，也是随着近场扫描光学显微镜（near-field scanning optical microscopy，NSOM）的发展而被开发出来，我们将在 12.6 节着重介绍扫描探针与传统分子光谱（如拉曼和傅里叶红外）结合的技术，这些技术在催化研究中具有重大潜力。

从原理上讲，STM 可适应于广泛的催化剂表面形貌研究，但是由于反馈电路和针尖稳定性能等方面的限制，目前的 STM 研究较多地集中于平整表面，以利于获得在原子尺度的空间分辨成像。在催化研究中，STM 已被广泛使用于在原子尺度研究模型固体催化剂表面的吸附、扩散、反应和脱附等基本过程。通过跟踪催化剂表面上的一些区域或分子，STM 可以实时测量催化转化的基元步骤；通过跟踪表面结构和吸附物种的动态变化，STM 可以分辨确定出催化反应的"活性位点/中心"。利用 STM，还可在原子尺度进行动力学测量，使我们对宏观反应能进行最为精确的模拟。随着 STM 技术的不断发展和完善，过去的 20 年里已经逐渐出现了大量的原位 STM 用于研究催化反应基本过程的工作[14]，如吸附和扩散、表面反应及催化剂失活的过程。这些工作为我们理解和解决催化的根本问题提供了宝贵的见解。

# 12.1　扫描隧道显微镜（STM）基本原理

## 12.1.1　STM 的基本工作原理与结构

扫描隧道显微镜是基于量子力学的电子隧穿效应而构建的（图 12-1）。当一个尖锐的导电针尖（通常是 W 或者 Pt/Ir 丝）被靠近一个导电表面约 1 nm 或更小的距离时，通过在针尖与表面间施加一个电压差，两者之间产生隧穿电流。进而在以针尖扫描表面的同时，将电流作为一个 $xy$ 坐标系的函数来测量记录，就可以得到表面的 STM 图像。这里的坐标系以 $x$ 和 $y$ 轴位于扫描表面的平面内，而 $z$ 轴则垂直于所述表面。基本上，STM 成像有两种主要模式：第一种也是最常用的模式，是恒定电流模式，即施加反馈于压电陶瓷扫描头以保持隧穿电流恒定，同时记录为保持恒流所调整的 $z$ 位移来作为 $xy$ 坐标的函数；第二种被称为恒定高度模式，即保持恒定电压的同时，直接测量隧穿电流作为 $xy$ 坐标的函数。

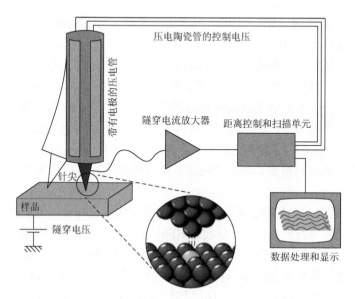

图 12-1　扫描隧道显微镜的基本工作原理与结构

Figure Copyright：Michael Schmid，TU Wien（封底二维码彩图）

STM 的仪器构造主要包括机械设计和电子线路两部分。机械设计部分包括扫描管、粗调定位器、针尖、样品台和振动隔离系统；电子线路部分主要包括电流放大器、反馈控制系统和扫描控制系统。其中，扫描管和粗调定位器都是由压电陶瓷材料构成的。压电陶瓷上施加电压时产生的形变（逆压电效应），其伸缩量与所施加的电压有精确的线性关系。因此，压电陶瓷良好的特性特别适合用来控制精确而细微的针尖运动。

以常用的管式扫描器为例，其本身用压电陶瓷制作而成。扫描管的外管壁镀了四个电极，分别对应于 $\pm x$ 和 $\pm y$ 四个象限，当在相对电极加上相反电压时，可以控制针尖在 $xy$ 平面内的运动；而管内壁连接 $z$ 电极，用来控制针尖在垂直方向的收缩与伸展。因为压电陶瓷的压电系数在 Å/V 量级，因此改变不同方向上电极的电压，针尖在 $x$、$y$ 和 $z$ 方向上的移动可以精确控制，精度达 0.1 Å。

实际上，STM 出现的隧穿电流信号极小（典型值是 $0.01\sim10$ nA），因此，需要将信号电流放大转化为电压，并输入反馈控制系统。反馈系统计算实际检测电流信号与设定电流信号（参考值）的误差，再放大输出到 $z$ 压电元件上实现针尖-样品的位置调整：若隧穿电流大于设定值，则电压加在 $z$ 压电元件上，使针尖回撤以远离样品，反之亦然。这样的负反馈机制，可以给出针尖-样品的平衡位置。当针尖沿 $xy$ 平面扫描时，针尖 $z$ 方向上平衡位置可以描绘相同隧穿电流的轮廓，这就是实验扫描得到的恒流模式 STM 图像。

为了实现稳定的原子成像，STM 的振动隔离也十分关键。除了增加扫描单元的刚性之外，一般的 STM 仪器中，还会将扫描单元悬挂在减震弹簧上，且配有涡流阻尼减震器将环境振动的影响减小至 1 pm 以下。

## 12.1.2　隧穿电流

在解释 STM 图像对比度的起源前，首先需要理解针尖与表面之间的电子流动过程。图 12-2（a）[15]显示当两种金属彼此靠近时，在没有相互连通的情况下，两者的真空能级保持一致，但各自的费米能级则保持其本征值不变，其费米能级的差异（接触电势）等于两种金属的功函数之差。当两个金属由导线连通时，真空能级即发生偏移，而两者的费米能级则拉平一致，从而在两种金属之间的真空产生电场；但是由于两者的费米能级保持一致，两个金属间没有产生电流[图 12-2（b）]。我们可以进一步通过调整两种金属间的电位差来打开电流，并控制电流的方向。如图 12-2（c）所示，当右侧金属相对于左侧金属被施加了一个正偏压，其费米能级 $E_F$ 则被相对拉低了 $eU$，其中 $e$ 是元电荷，$U$ 是偏压值。左侧金属的最高占据态能级位置与右侧金属的未占据态能级保持一致。当两个金属相离较远时，电流无法穿越其间的真空势垒。然而，当两种金属充分接近至 1 nm 左右时，其电子波函数发生重叠，由量子力学可知会发生电子的隧穿现象，从而产生隧穿电流。

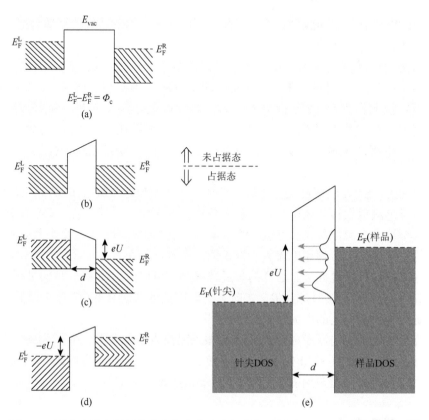

图 12-2　两个金属电极间费米能级和真空能级的相对位置，以及电子流动过程[15]

（a）两个金属相互靠近但不连通；（b）两个金属间以导线连通；（c）右侧金属相对于左侧金属被施加了一个正偏压 $eU$；（d）改变（c）的偏压方向，隧穿方向发生反转；（e）将左侧金属视为针尖，右侧金属视为样品，即为隧穿示意图。通过施加偏压来改变费米能级位置，即可打开一个能量窗口发生电子从样品占据态到针尖未占据态的隧穿（封底二维码彩图）

若我们考虑简单的一维隧穿模型。取真空能级作为能量参考点，金属表面功函数为 $\Phi$，则 $E_F = -\Phi$。在针尖与样品功函数相同的情形下，两者之间加上偏压 $U$ 就会出现隧穿电流。处于 $E_F-eU$ 与 $E_F$ 之间能量为 $E_n$ 的样品态 $\varphi_n$ 有机会隧穿入针尖。当偏压远小于功函数值时，即 $eU \ll \Phi$，对电流贡献的样品态能级主要在费米能级附近，即 $E_n = -\Phi$。因此，电子的隧穿运动，就可以用恒定势垒下的薛定谔方程描述，可知在 $z$ 点附近经典禁阻区域的电子波函数解为

$$\varphi(z) = \varphi(0)\mathrm{e}^{-kz}$$

式中，$k = \dfrac{\sqrt{2m\phi}}{\hbar}$ 称为衰减常数；$\varphi(0)$ 为样品表面处电子态。

因而第 $n$ 个样品态中的电子出现在针尖表面处 $z = W$ 的概率 $\omega \propto |\varphi_n(0)|^2\,\mathrm{e}^{-2kW}$，此时 $k$ 为势垒区中接近费米能级的样品态衰减常数。

在 STM 扫描中，隧穿电流直接正比于能量间隔为 $eU$ 内的样品表面电子态数目。把能量区间 $eU$ 内的所有样品态都包括在内时，隧穿电流为

$$I \propto \sum_{E_n = E_\mathrm{F} - eU}^{E_\mathrm{F}} |\varphi_n(0)|^2\,\mathrm{e}^{-2kW}$$

根据局域态密度（local density of state，LDOS）的定义，上式可改写成：

$$I \propto U\rho_\mathrm{s}(0, E_\mathrm{F})\mathrm{e}^{-2kW} \approx U\rho_\mathrm{s}(0, E_\mathrm{F})\mathrm{e}^{-1.0252\sqrt{\Phi}W}$$

$\rho_\mathrm{s}(0, E_\mathrm{F})$ 为费米能级附近的表面局域态密度。

根据上式可知,隧穿电流值与势垒高度呈指数衰减关系。假设金属功函数（$\Phi$）的典型值为 4 eV，则可以得到衰减常数的典型值 $k \approx 1\,\text{Å}^{-1}$。这意味着针尖和样品间距每增加 1 Å，电流衰减约至 $e^2$（$e^2$ 约为 7.4）[8]。这种对针尖-样品距离的敏感度也是 STM 纵向分辨率可达皮米量级的原因。我们从图 12-2 还可以看到，被成像的电子态取决于所施加的偏压符号，电子总是向着正电压和未占据态流动。当样品施加正偏压时，电子由针尖流向样品的空态；而样品施加负偏压时，样品中占据态电子将流向针尖。因此，调节不同的偏压，也可以探测费米面附近不同的态密度。

STM 图像衬度取决于针尖和样品的电子结构的卷积，以及它们之间的距离。对于洁净的金属表面，位置较高的原子通常也对应于 STM 图像中的凸起亮点；然而在催化研究中，我们常常关心表面吸附质结构的变化。由于吸附物种的电子结构与基底不同，解释吸附质在 STM 图像中的对比度起源也相对复杂些。在许多情况下，特别是当这些吸附物种与金属基底的作用不强时，它们可能不会造成表面电子结构的显著变化或者费米能级位置的迁移。然而 STM 却通常能够成功分辨出这些吸附物种的几何形态。对这些吸附质的图像衬度起源的解释，我们用 Xe 在 Ni 上吸附的情况加以说明[16]。吸附于 Ni（110）上的 Xe 原子，虽然其吸附原子的电子态并不位于费米能级附近，但是 STM 仍能很好地对其成像。这是因为在 STM 针尖的位置，Xe 的存在对 Ni 的局域态密度有显著影响，相比真空而言，Xe 降低了局域的隧穿势垒，使得表面波函数可以进一步延伸到真空中，而能被针尖

在更远的地方探测到。因此，即便对于一个绝缘性的吸附质，STM 也能够提供表面形貌的图像。

### 12.1.3　扫描隧道谱

扫描隧道显微镜的能力不仅仅是传递形貌信息。上述隧穿电流的公式已经表明，STM 图像不仅仅取决于表面形貌，也取决于加在针尖上的电压，对电压的控制决定了哪个电子态发生隧穿。因此，STM 可以用来实现原子尺度的局域电子结构测量，这种数据采集的模式也被称为扫描隧道谱（STS）。

根据 WKB 近似[17]，我们可以得到隧穿电流的另一个更为复杂的方程，

$$I = \int_0^{eU} \rho_s(r,E)\rho_t(r,\pm eU \mp E)T(E,eU,r)\mathrm{d}E$$

式中，$\rho_s(r,E)$ 和 $\rho_t(r,E)$ 为样品和针尖在位置 $r$ 和能级 $E$ 的电子态密度；$+eU{-}E$ 对应对样品施加正偏压 $eU$ 的情况；$-eU+E$ 对应于对样品施加负偏压 $eU$ 的情况；$T$ 为隧穿概率函数。

这个方程清楚地显示了隧穿电流与表面局域态密度（LDOS）成正比；同时方程也揭示了隧穿电流只取决于高于或低于费米能级 $eU$ 范围内的电子态密度，归一化后的微分电导将只取决于局域态密度和隧穿电压。因此，通过针尖悬停在一个固定位置，改变偏压来测量扫描隧道谱，我们可以得到表面的局域态密度在费米面附近的分布。

## 12.2　STM 在催化研究中的应用

### 12.2.1　催化反应机理和动力学的可视化研究

随着低温和变温 STM 技术的发展，STM 现在可以实时监测化学反应，即反应物的化学吸附、扩散和催化转化的基元步骤[14]。在下面的部分中，我们选取了几个例子来阐述如何采用原位 STM 来观测表界面催化反应的基本过程。

#### 1. 吸附物种和反应中间体的成像

STM 可利用针尖脉冲来诱发表面吸附物种的吸附、脱附和解离过程。在低温

下，由于表面扩散被抑制，吸附物种的运动是完全可控的，这有利于表面反应中间体的鉴定。以贵金属表面的催化 CO 氧化[18]为例，Hahn 和 Ho[19]展示了利用原位 STM 在 Ag（110）表面跟踪 CO 与氧的相互作用，并发生催化转化的反应过程（图 12-3）。整个反应过程遵循 Langmuir-Hinshelwood 机制，图 12-3（a）和（b）分别显示了吸附在 Ag（110）表面的一个 CO 分子和一对氧原子。氧原子对由 STM 针尖在一个分子氧顶端施加一个 0.47V 的脉冲，引起分子氧解离而形成。当 STM 针尖被置于 CO 分子顶端，0.24V 的偏压脉冲可驱动 CO 在 Ag（110）表面迁移；当 CO 分子靠近氧原子对时［图 12-3（c）］，CO 自动加入其中，形成 O—CO—O 复合体［图 12-3（e）］。该复合体在偏压脉冲作用下解离，形成 $CO_2$ 分子从表面脱附，而在 Ag 表面留下一个氧原子[19]。上述例子通过将 STM 的针尖操纵与成像

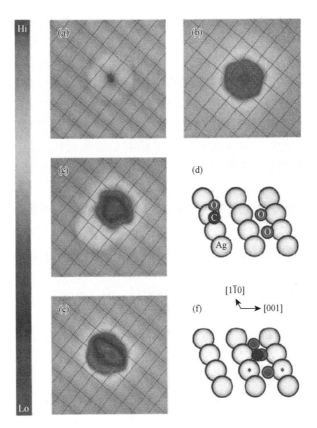

图 12-3　STM 实现 Ag（110）表面 CO 与 O 发生反应的过程观测[19]

（a）单个 CO 分子；（b）两个 O 原子；（c）、（d）相距 6.1 Å 的 CO 和两个 O 原子的 STM 图像和结构模型；（e）、（f）O—CO—O 复合体的 STM 图像和结构模型。所有 STM 图上的网格代表基底 Ag 原子的排列位置。
图像尺寸：2.5 nm×2.5 nm（封底二维码彩图）

相结合，成功展现了 STM 在单分子水平上进行反应路径成像的能力。利用 STM 针尖操纵来活化和合成分子，并测量其键能和活化能，已经开展了大量且详细的工作，具体可参考该方向的文献综述[20-23]。

2. 分子在金属表面的吸附与活化过程

为了深入对催化基元反应过程的理解，原位 STM 手段可被广泛应用于研究分子在金属和氧化物表面的吸附结构，活化以及扩散过程。在金属表面上，STM 研究发现在低表面覆盖度时，吸附分子可在表面自由移动和随机分布；随着覆盖度增加，吸附分子之间的相互吸引作用可导致吸附质岛的形成，其与表面自由移动的吸附分子形成动态平衡；随着覆盖度继续增加，表面的吸附质岛则聚集成长为一个覆盖整个表面的分子层，达到饱和吸附。Wintterlin 等[24]和 Wong 等[25]的研究都说明了吸附分子在金属表面的扩散速率取决于它们的覆盖度和近邻的吸附物种；在极低覆盖度的情况下，吸附分子间的相互作用对扩散的影响中可忽略不计，有利于扩散系数的测定。

当然，高表面覆盖度下所形成的吸附层结构常常与实际催化反应更为相关。Besenbacher 团队[26-30]研究了 CO 在 Pt（110）和 Pt（111）表面，以及 NO 在 Pd（111）表面高覆盖度情况下形成的吸附结构，发现吸附分子在低温真空条件下可以形成与实际高压情况下相同的吸附结构。这一发现表明，在低温下进行高覆盖度表面的反应研究可以取得与实际高压催化反应相关联的信息。

通过研究吸附分子（或吸附空位）的表面扩散过程，原位 STM 研究可以进一步带来关于活性位点的信息。钯是广泛用于加氢/脱氢反应的催化剂，$H_2$ 在钯表面的吸附是解离吸附过程。Salmeron 团队[31-33]研究了 Pd（111）表面氢气解离的过程。在约 65 K 和 $2 \times 10^{-7}$ torr（1 torr = 133.32 Pa）的 $H_2$ 中，Pd（111）表面可被 H 原子所饱和。在实验的起始阶段，Salmeron 等[33]控制 Pd（111）表面仅留下几个吸附空位以用于吸附解离 $H_2$ 分子（图 12-4）。这种表面可用于模拟实际加氢反应下的 Pd 表面。由于 STM 针尖上吸附了 H 原子，成像机制发生了反转，导致吸附空位在 STM 图中表现为凸起的亮点。从图 12-5（a）可以看到，在 H 覆盖的 Pd（111）表面，存在孤立的吸附空位（亮点），以及相邻的空位集体（由虚线标出）。每个空位集体包括一对吸附空位（二聚体），位于相邻的 fcc 位点。由于紧邻 H 原子的快速扩散，H 原子常常快速占据空位二聚体中的位点，导致在图 12-5 中二聚体总是成像为一个三叶草形象。孤立的空位在 Pd（111）表面则随机迁移，偶尔形成聚集体。如图 12-5（b）所示，空位 A 和 B 聚合，形成二聚体；而空位 C、D 和 E 结合形成一个三聚体。空位二聚体会进一步解体回到孤立空位；然而，三聚体则会消失，只留下一个吸附空位 [图 12-5（c）]。

由此可以推断，三聚体里的两个吸附空位是被 $H_2$ 解离形成的两个 H 原子所占据。根据大量的观察统计，Salmeron 等[33]还发现，四个或者更多空位的聚集体也会被 $H_2$ 快速解离吸附形成的 H 原子所填充，从而转化成一个孤立的空位或者完全消失。通过对表面吸附空位扩散的原位研究可以得到，在 Pd 表面只有三个或更多的空位聚集体才可以被 H 原子占据消失，空位二聚体或孤立空位则从未被 H 原子占据。也就是说，$H_2$ 分子在 Pd 表面的解离需要三个或更多紧邻空位。这一发现是相当惊人的，因为传统上一直默认两个相邻空位足以满足双原子分子解离的要求；而上述发现也展现了 STM 在研究催化反应基元步骤中的巨大作用。

图 12-4　被 H 原子接近饱和覆盖的 Pd（111）表面的 STM 图像[33]

H 原子按照基底晶格排列形成将近一个单层，图中亮点突起为 H 原子空位（暴露的 Pd 位点）。图像尺寸：6.5nm×6.5nm

### 3. 分子在氧化物表面的吸附与活化过程

对于分子在可还原氧化物表面的吸附与扩散过程目前也已进行了大量的 STM 研究。这其中，由于二氧化钛在热催化和光催化反应中的广泛应用，二氧化钛单晶是被研究最多的模型氧化物。而金红石作为二氧化钛最稳定的相，其 $TiO_2$（110）表面的化学过程也在二氧化钛表面的 STM 研究中受到了最广泛的关注，得

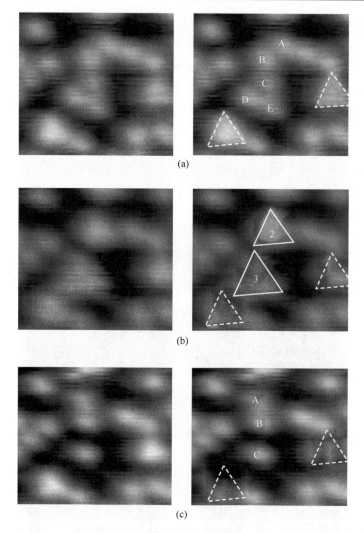

图 12-5　连续的 STM 图像显示 H 原子空位团簇的形成、分离和消除[33]

（a）图像中的五个空位被标记为（A～E）及用虚线三角形标记的两个空位对；（b）空位 A、B 形成一个空位对
（数字 2 所示），C～E 形成了一个三聚体（用更大三角形 3 所示）；（c）空位对 A、B 分开为孤立空位 A 和 B，
而三聚体 H 原子空位团簇被 $H_2$ 分子的解离吸附所消除，留下一个单空位 C。图像尺寸均为：3nm×2.5nm

到了比较深入的系统研究[34]。图 12-6[35]显示了金红石 $TiO_2$（110）-（1×1）表面
的结构模型，该表面包含两类沿[001]方向密集排列的 Ti 原子和 O 原子，其中桥 O
原子在加热过程中会部分从表面脱附，形成桥 O 空位。桥 O 空位是 $TiO_2$（110）
表面最常见和明确的缺陷位结构。

　　Wendt 等[35]和 Bikondoa 等[36]研究了 $H_2O$ 和 $O_2$ 在 $TiO_2$（110）表面的吸附和
解离过程。通过结合原位 STM 研究和 DFT 计算，可以将表面活性位、吸附物种

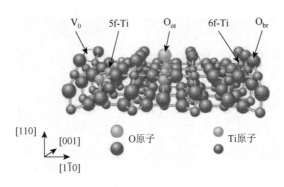

图 12-6　TiO$_2$（110）的球棍模型[35]

大、红色（深色）球代表 O 原子，小、灰色（浅色）球代表 5 配位 Ti 原子（5f-Ti），而小、黑色（深色）球代表 6 配位 Ti 原子（6f-Ti）。表面的桥 O 原子、O 空位和 5 配位 Ti 原子列顶端吸附的 O 原子分别用 O$_{br}$、V$_O$ 和 O$_{ot}$ 标记

及反应中间体进行明确地区分，如图 12-7（a）所示，桥 O 空位、表面 OH 及吸附的 H$_2$O 分子在 STM 图像中有明显的表观高度差异。在氧化物表面常用的正偏压扫描条件下，5 配位 Ti 原子列在 STM 中成像为亮行，而桥 O 列成像为暗行。Wendt 等[35, 37]利用原位 STM 发现 H$_2$O 分子在 TiO$_2$（110）表面的桥 O 空位优先吸附解离，解离的 H 原子落到近邻桥 O 原子上形成配对 OH。配对可与邻近 H$_2$O 分子相互作用，引起 OH 上的 H 原子被转移到相邻的桥 O 列，表现为 OH 的扩散和迁移。Dohnalek 等[38, 39]进一步测量了羟基（或 H 原子）的迁移动力学。原位 STM（图 12-8）证实 H 原子在室温下容易沿着桥 O 列迁移，然而配对 OH 的两个 H 原子呈现不等价的迁移速率。吸附在桥 O 空位的 OH 上的 H 原子（H$_V$），其迁移速率比吸附在相邻桥 O 位点（H$_B$）的 H 原子要慢得多。通过测量 300～410 K 之间 H$_V$ 和 H$_B$ 的迁移速率，可以得到 H$_B$ 的迁移能垒要比 H$_V$ 的低约 0.22 eV。这些 H 原子的迁移能垒随 OH 之间的间距变大而增加，表明 OH—OH 之间的排斥作用帮助了 H 原子的迁移。Dohnalek 等推测，存在一个长寿命的极化态导致 H$_V$ 和 H$_B$ 之间不等价的迁移速率。

　　类似的，原位 STM 也被用于研究醇类在 TiO$_2$ 表面的吸附、解离与扩散过程[40, 41]。图 12-9（a）显示了吸附甲醇前的干净 TiO$_2$（110）表面。甲醇的解离性吸附发生在 TiO$_2$ 的桥 O 空位 [图 12-9（b）]，形成甲氧基，以及紧邻 OH。在 STM 图像中，甲氧基比桥 O 空位要高 0.8 Å。随着时间的推移，OH 中 H 原子的迁移扩散可以被 STM 所跟踪和观察到 [图 12-9（c）和 12-9（d）红点（彩图请扫封底二维码）]。随机扩散的 H 原子可通过表观高度或者利用针尖操纵脱附实验 [图 12-9（e）] 来鉴定。图 12-9（f）给出甲醇在 TiO$_2$（110）上的解离和迁移路径，与其他长链醇类分子，如 2-丁醇 [CH$_3$CH$_2$CH（OH）CH$_3$] 等在 TiO$_2$

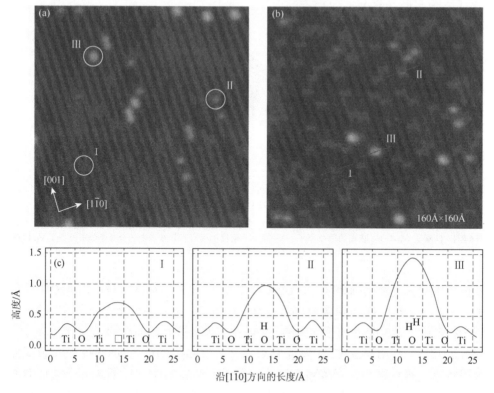

图 12-7　干净、部分还原的 TiO₂（110）表面的 STM 图像[35]

给出了桥位 O 空位（Ⅰ）、表面 OH（Ⅱ）和吸附 H₂O（Ⅲ）的差异。（b）的表面比（a）的表面还原程度更大。（c）显示了（b）中所示Ⅰ、Ⅱ、Ⅲ物种沿 [1̄10] 方向的 STM 高度轮廓图（封底二维码彩图）

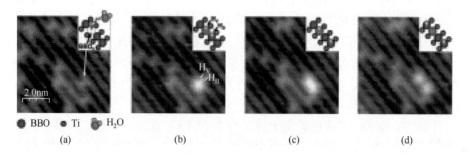

图 12-8　357 K 下 TiO₂（110）表面同一区域的 STM 图[38]

（a）干净 TiO₂（110）表面有一个桥位 O（BBO）空位；（b）H₂O 分子吸附和解离之后产生的 TiO₂（110）表面的相邻 OH 对，吸附在 O 空位的 OH 上的 H 原子标记为 $H_V$，吸附在相邻桥 O 位上的 H 原子标记为 $H_B$；（c）单个 $H_B$ 原子发生跳跃；（d）随后 $H_V$ 也发生跳跃。内嵌图为结构模型（封底二维码彩图）

（110）上的吸附类似[41]。这些研究证明原位 STM 在研究活性位点在催化反应中的作用方面具有巨大优势。

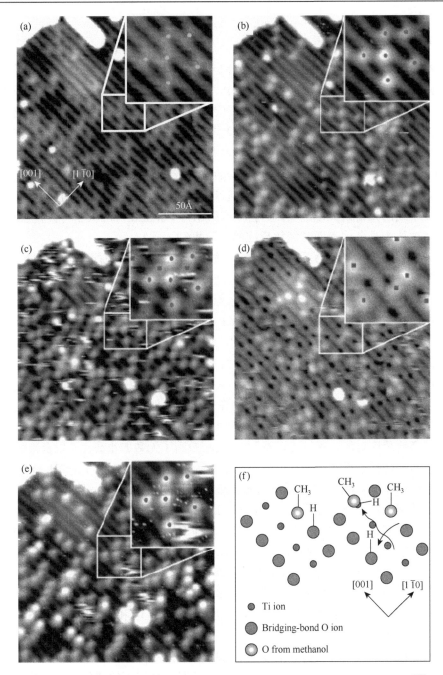

图 12-9　室温，在部分还原的 TiO$_2$（110）表面通入甲醇前后的原位 STM 图[40]

（a）干净表面；（b）暴露于甲醇气氛 80 s；（c）暴露于甲醇气氛 110 s；（d）STM 针尖发生状态改变后的图像；
（e）高偏压（3.0 V）扫描之后的 STM 图像；（f）甲醇吸附过程图示。内嵌图的黄点代表桥位氧空位，蓝点代表
吸附在氧空位上的甲氧基，红点代表在桥位氧列上迁移的 H 原子（封底二维码彩图）

### 4. 催化反应机理的可视化研究

在研究基元反应的基础上，原位 STM 也被进一步用于研究催化反应的反应路径，并在微观尺度测量反应动力学。由 Pt 等第Ⅷ族贵金属催化的氢氧化生成水的反应，是发现于 1823 年的第一个催化反应，然而其催化氢氧化反应的机理仍不是十分清楚。比如在早期研究中，人们发现在水的脱附温度以下，Pt 族金属催化的氢氧化反应甚至可以表现出令人惊讶的活性[42]。通常认为，该反应通过解离吸附的 O 原子（$O_{ad}$）和 H 原子（$H_{ad}$）之间的结合形成羟基，之后再与另一 $H_{ad}$ 原子相结合而形成水。其中羟基的形成常被假定为决速步，然而羟基作为反应中间体，难以在早期的光谱研究中证实。通过原位 STM 手段，上述反应机制可被直接观测，因此也被认为是金属表面氢氧化反应的主要机制。

Wintterlin 等[42, 43]研究了 Pt（111）表面的氢氧化反应。通过在 Pt（111）表面预先暴露 $O_2$，形成表面吸附的 $O_{ad}$ 原子，然后将该表面暴露于 $H_2$ 气氛中进行原位 STM 观测。如图 12-10 所示，吸附 $O_{ad}$ 原子的 Pt（111）表面有一个$(2×2)$—$O_{ad}$ 原子层，其中 $O_{ad}$ 原子都成像为暗点［图 12-10（a）］。在 $H_2$ 气氛中，$(2×2)$—$O_{ad}$ 层上方出现了一些亮岛［图 12-10（b）］，这些岛不断扩大，最终形成六方或者蜂窝状的有序结构［图 12-10（c）］。这两种结构都是通过氢键形成的表面羟基（$OH_{ad}$）覆盖层。在图 12-10（c）中还能看到一些迁移中的小团簇，可归属于生成的吸附水分子（$H_2O_{ad}$）。图 12-10（a）～（c）在分子尺度展示了作为反应中间体的羟基的形成，而图 12-10（d）～（f）则在更大的尺度展现了 $O_{ad}$ 覆盖的 Pt（111）表面的氢氧化反应过程。我们可以看到 Pt 表面布满了无数的小亮点，以及一个亮环随着时间往外推移扩展。这些小亮点就是在图 12-10（b）中看到的 $OH_{ad}$ 亮岛；而亮环由高浓度的 $OH_{ad}$ 亮岛组成，通常也被称为反应前沿，其外沿随着反应进行持续向外扩展。这表明在边界处，存在 $O_{ad}$ 原子和扩散 $H_2O_{ad}$ 分子之间的快速反应，该快速反应产生两个 $OH_{ad}$ 中间体，并进一步与 $H_{ad}$ 原子快速反应形成 $H_2O_{ad}$ 分子。由于 $O_{ad}$ 与 $H_{ad}$ 的组合形成表面羟基（$OH_{ad}$）是反应的决速步，$H_2O_{ad}$ 的参与则可以消除此动力学限制，促进一个自催化反应过程。由 STM 图像展示的自催化反应机制因此说明了氢氧化反应在水的脱附温度以下的高反应性的来源。当 $H_2O$ 分子开始自 Pt 表面脱附，$H_2O_{ad}$ 的寿命缩短，通过停止 $H_2O_{ad}$ 和 $O_{ad}$ 的快速反应，自催化反应循环因此被打破。

由于低温条件下可得到高浓度的表面吸附结构（类似于高压下的吸附），上述实验观察到的自催化反应机制因此可望同样适用于高压下的催化氢氧化反应。此外，上述研究是第一个使用 STM 在介观层面观测非线性表面反应动力学的研究，同时也表明了原位 STM 在反应中间体成像，以及在原子尺度的揭示反应路径的能力。

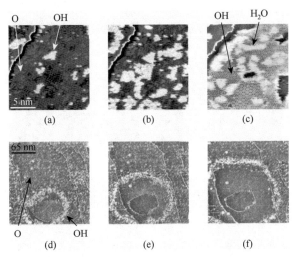

图 12-10　在 O 原子覆盖的 Pt（111）表面通入 H₂ 之后的原位 STM 图像[42]

（a）～（c）在 131 K，$P(H_2) = 8 \times 10^{-9}$ mbar 气氛下 O 原子覆盖的 Pt（111）表面。（a）中六方图案为（2×2）—O
结构；O 原子为暗点，而 OH 岛为亮点。（c）中大部分区域覆盖着 OH，且形成了有序图案。其中白色，模糊的
区域是 H₂O 覆盖的表面。（d）～（f）在 112 K，$P(H_2) = 2 \times 10^{-8}$ mbar 气氛下 O 原子覆盖的 Pt（111）表面。
（d）中表面大部分为 O 原子覆盖（未分辨）。白色亮点为小的 OH 岛，构成了一个扩大的圆环。H₂O 在圆环内
部，但并未分辨出来。垂直的线条为原子台阶（封底二维码彩图）

### 5. 原位测量催化反应的反应动力学

Pt 族贵金属催化的 CO 氧化反应是催化研究中最重要的一个模型反应。原位
STM 手段除了研究反应机理，也可用于测定 CO 氧化反应的反应动力学。类似于
上述氢氧化反应研究，单晶表面 CO 氧化的原位 STM 研究通常也以滴定实验的方
法进行。金属单晶表面会预先吸附 $O_{ad}$ 原子，然后将表面暴露于处于恒定压力的
CO 气氛，同时利用 STM 进行实时观测。在滴定实验中，表面反应的速率可以直
接由 STM 图像中吸附物种覆盖度随时间的变化得到。

Wintterlin 等[44]研究了 Pt（111）表面的 CO 催化氧化反应的动力学。他们通
过将 Pt（111）表面暴露于 O₂ 以形成 $O_{ad}$ 原子接近吸附饱和的 Pt 表面，进而将
该表面在恒温条件下暴露于 $5 \times 10^{-8}$ torr CO，利用原位 STM 跟踪一个选定区域，
通过测量表面吸附结构随时间的变化而得到反应动力学（图 12-11）。在 247 K，
$O_{ad}$ 原子在 Pt（111）上成像为暗点，并形成有序的（2×2）—O 覆盖层。在 $t = 0$
时，Pt（111）表面主要被（2×2）—O 区域覆盖，少量未被覆盖的 Pt 空位则成像
为亮岛。在引入 CO 分子后，表面的（2×2）—O 结构被缓慢压缩，变得越来越集
中；吸附的 CO 分子则在 Pt（111）表面形成有序的 c(4×2)结构。随时间推移，
c(4×2)—CO 区域逐渐扩大，与此同时，（2×2）—O 岛的面积则逐渐减小。根据
连续的 STM 图像，表面 CO 氧化的速率可以由（2×2）—O 岛屿面积的减少速率
来求得。

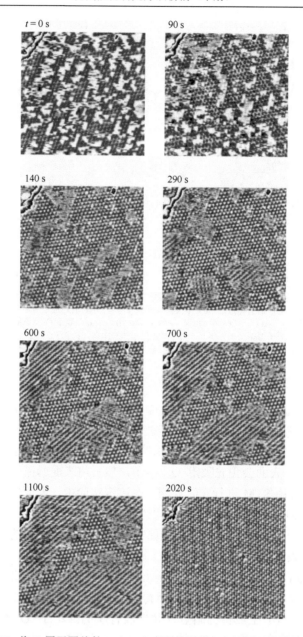

图 12-11　在 247 K，将 O 原子覆盖的 Pt（111）表面暴露于 CO 气氛下的原位实时 STM 观测[44]

在实验前，通过暴露 $O_2$，得到了一个亚单层的表面 O 原子层。从 $t = 0\,s$ 开始，将表面暴露于 $5 \times 10^{-8}$ mbar（1 bar = $10^5$ Pa）的 CO 气氛下，并用 STM 实时记录表面反应。STM 图像尺寸为 180 Å×170 Å（封底二维码彩图）

　　图 12-12 给出了 CO 反应速率随时间的变化，及其与表面 $O_{ad}$ 区域面积或者周长的相关性。可以看到反应速率相对于 $O_{ad}$ 区域的周长 [ 或者说 c(4×2)—CO 区

域与(2×2)—O 区域的畴界长度] 线性相关，这表明 CO 氧化主要沿 Pt 表面上的 (2×2)—O 和 c(4×2)—CO 区域的边界发生。进一步在不同温度（237~274 K）下重复上述滴定实验，则可以求出反应的活化能为 0.49 eV 和指前因子为 $3×10^{21}$ cm$^{-2}$·s$^{-1}$，与宏观测量所获得的动力学参数相符。

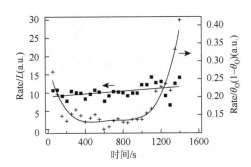

图 12-12　从原位 STM 图像中得到的 Pt（111）表面(2×2)—O 面积的减小速率随时间的变化[44]

该减小速率分别归一化到 c(4×2)—CO 区域与(2×2)—O 区域的畴界长度（方点，实线）及 c(4×2)—CO 区域与(2×2)—O 区域的面积乘积，即 $\theta_O$（1−$\theta_O$）（交叉点，虚线）

值得注意的是，即便在贵金属表面，$O_2$ 的解离吸附形成表面氧原子，往往容易导致金属表面的重构，也因此带来反应动力学的重大变化。Nakagoe 等[45, 46]研究了重构的 Ag（110）($n$×1)—O 表面的 CO 氧化过程。该重构表面由一维 AgO 链周期性排列构成。图 12-13 （a）～（g）显示了将 Ag（110）(2×1)—O 表面在室温下暴露于 $1×10^{-8}$ torr CO 时，表面结构随时间的变化。图 12-13(h)给出了表面 O 的剩余覆盖度随 CO 暴露量的变化。随着反应的进行，AgO 链逐渐分段消失，反应速率也显著加快。通过研究在不同温度下结构的波动性，Nakagoe 等[45, 46]发现在低于 230 K 时，CO 与 AgO 链的反应只发生在链的末端，反应对 CO 的暴露量表现出零级动力学，所得到的反应能垒为 41 kJ/mol，以及指前因子为 $1.7×10^3$ cm$^{-2}$·s$^{-1}$。在室温下，反应速率随着 AgO 链的分段和形状波动而大幅度加快。显然，这里的反应动力学与活性位结构直接相关，但是这种关联还无法由简单的一级或者二级动力学模型来定量描述。

## 12.2.2　近常压 STM 研究

上述研究表明，分子的化学吸附可导致金属催化剂表面结构或者组分的改变，这也带来了能否将真空表面科学的研究结果外推以指导实际催化的疑虑。前述的表面科学研究经常在超高真空条件下（$10^{-14}$~$10^{-10}$ bar）进行表征，而工业催化反

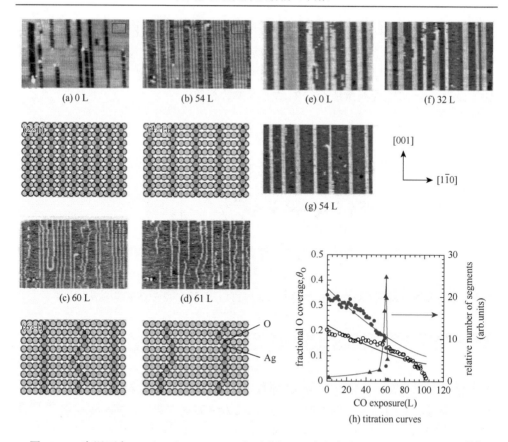

图 12-13　室温下在 Ag（110）（$n \times 1$）—O 表面进行 CO 滴定实验的原位 STM 图像观测[46]

CO 的分压为 $1 \times 10^{-8}$ torr，（a）～（d）和（e）～（g）是两套 STM 图像序列，分别代表在干净（a）～（d）和含碳（e）～（g）的 Ag（110）（$n \times 1$）—O 表面的观测。其中，（a）～（d）的下方有相应的结构模型。（h）表面 O 原子覆盖度随着 CO 暴露量变化的滴定曲线，红实线点为干净表面，空心点为含碳表面

应则是在高压（1～1000 bar）下进行。超过十个数量级的反应气体压差可以极大地改变反应物在催化剂表面的相互作用，从而影响到催化过程。为了跨越压力鸿沟，原位 STM 对活性催化表面动态行为的观测，需要从超高真空进一步拓展到近常压甚至高压环境。Salmeron 等[47]率先开展了将常压 STM 用于模型催化剂表面的研究。他们展示了 Pt（110）表面在接近一个大气压的 $H_2$、$O_2$ 或 CO 等单组分气体环境中所发生的表面重构。Frenken 等[48, 49]进一步设计了一个高压 STM 将扫描头置于一个流动反应器中，并用该设备研究了近常压下 Pt（110）表面的 CO 氧化反应。在超高真空中，Pt（110）表面会发生重构，转变成（$1 \times 2$）结构。在 CO 气氛中，该重构会被消除；在 1 bar 的 CO 气氛下，STM 显示高压 CO 不仅消除了（$1 \times 2$）重构，还引起了 Pt 表面的粗糙化（图 12-14）[49]。在高压 CO 气氛中，从（$1 \times 2$）结构重排回（$1 \times 1$）结构的过渡，导致 Pt（110）表面的碎片化，

形成高密度的台阶 [图 12-14，$t = 0$ min]。为了减少总表面能，表面台阶开始熟化 [图 12-14，$t = 1 \sim 135$ min]，Pt 表面也开始逐渐平滑，形成 CO 覆盖的光滑大岛。进一步将 CO/$O_2$ 混合气体通入流动反应器，CO、$O_2$ 及反应产物都由与反应器相连的一个四极质谱仪（QMS）实时监测，这样 Pt（110）的表面结构和反应性能可以实现同时测量，即 operando STM 研究。

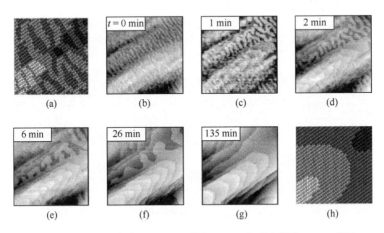

图 12-14　Pt（110）表面的原位高压 STM 观测，STM 从反应器在 425 K 通入 1.25 bar CO 开始记录[49]

$t = 0$ min 时，产生的类似虎皮状的图案显示了 Pt（110）表面从（1×2）到（1×1）的结构转变，产生高密度的台阶。随后的 STM 图像（反应时间记录在图像上侧）显示，台阶密度的逐渐减小及台阶图案的粗糙化。首尾两图分别为小球模型显示初始和终态的原子级几何特征

图 12-15[48]给出了 CO、$O_2$ 和 $CO_2$ 的实时压力变化，以及相应的 Pt 表面的原位 STM 图像。随 CO 和 $O_2$ 被通入反应器，$CO_2$ 同时产生，根据反应速率可分为低活性和高活性两种反应阶段。在低反应活性的阶段，相应的 STM 图像显示表面结构没有明显的变化，表明 Pt（110）表面保持金属态；在高反应活性阶段（图 12-15 中 D、G 段，比低反应活性段速率高约 3 倍），相应的 STM 图像显示了一个粗糙表面，显示可能有铂氧化物的形成。随反应速率的增加，STM 图像显示表面粗糙度也随之均匀增加。随后的高压表面 X 射线衍射（SXRD）研究提出此相为铂氧化物单层。与动力学测量相结合，Frenken 等[48]提出，在高反应活性阶段，CO 可直接从气相与表面氧化物的氧原子反应，即所谓的 Mars-Van Krevelen 机制。由于高压反应环境的复杂性（比如由于气体的输运受限，催化剂表面周围的气体环境可与远处的气体成分大不相同），上述反应在高压富氧条件下的构效关系还处于争议之中，还需要结合谱学手段做更多扎实深入的 operando 研究工作。

上述研究表明了高压 STM 研究的必要性。从表观上看气体在催化剂表面的

吸附，高压气体造成的表面吸附物种结构常常可以在高真空低温实验中重现。然而，由于金属原子在低温下运动受限，催化剂表面结构在实际催化条件下的动态变化则难以在超高真空实验中直接观察到。高温高压及化学反应环境下催化剂表面结构和吸附物种的动态变化为原位 STM 取得高分辨的表面原子图像带来了挑战。在这种情况下，发展快速扫描技术是非常必要的，可有利于提供在高压反应过程中更精确的表面信息。

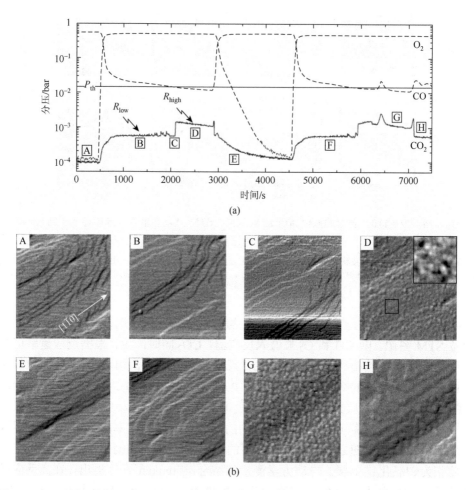

(a)

(b)

图 12-15　（a）高压反应器中 $O_2$、CO 和 $CO_2$ 的四极杆质谱信号。检测信号的同时，STM 也进行成像记录。A～H 分别对应图中质谱检测的时刻。$R_{low}$ 和 $R_{high}$ 对应着两种 $CO_2$ 生成速率的表面状态。$P_{th}$ 代表使反应速率和表面粗糙度发生明显变化对应的临界 CO 压力。（b）STM 在高压反应条件下的原位成像。反应条件为：425 K、0.5 bar $CO/O_2$ 混合气。A、B、E、F 和 H 显示了 Pt 台阶和平台，此为金属 Pt 被 CO 覆盖的表面，较为平整。C 显示了活性阶跃变化时表面的变化，扫描顺序自下而上。D 和 H 显示了表面比较粗糙，有大量的凸起和孔洞[48]

## 12.2.3 负载型纳米结构催化剂的模型研究

实际催化剂常常由尺寸在 1～10 nm 大小的活性纳米颗粒, 分散到一个高比表面载体上构成。这些活性纳米颗粒（常为金属团簇或纳米粒子）, 可以具有与体相完全不同的结构和性质。这就带来了实际催化剂与表面科学经常研究的单晶平整表面在结构和形态上的差距, 即材料鸿沟。大量催化研究表明, 催化剂的反应性和选择性常常取决于（金属）纳米颗粒的大小、形貌及与载体的相互作用。这些关键因素也经常被称为纳米催化研究中的两个基本效应, 即尺寸效应和界面效应。对这些基本效应的理解显然无法从传统的平整单晶表面的研究中得到。因此, 表面催化研究在过去二十多年里逐步转向对负载型纳米结构模型催化剂的构筑和表征, 以期从原子、分子尺度来理解尺寸和界面效应, 跨越材料鸿沟并实现催化剂的理性设计。作为一个高空间分辨手段, STM 在有序纳米结构催化剂的表征中发挥了巨大的作用。

### 1. 负载型有序纳米结构催化剂表征

近年来, 催化研究开始越来越关注金属与氧化物的界面位点在催化中的作用。为了研究金属-氧化物界面双功能位点的催化作用, 我们可以构筑将金属纳米粒子负载于氧化物平整表面的负载型模型催化剂, 或者将氧化物纳米粒子负载于金属单晶上的反转型模型催化剂。其中后者由于易于制备结构有序的界面位点, 且金属衬底的导电性适于广泛的表征手段, 因此特别适合用于研究界面的吸附、催化特性。

包信和团队在 Pt（111）表面构筑了 FeO-Pt 的界面位点, 发现 Pt 表面可以稳定配位不饱和的 $Fe^{2+}$（coordinatively unsaturated ferrous, CUF）中心。该 CUF 位点可以在室温 Pt 表面被 CO 毒化的情况下依然保持很高的 $O_2$ 活化能力, 并实现 CO 在富氢条件下的选择性氧化反应（PROX）。STM 成功地给出了 FeO 纳米岛边界的 CUF 位点的原子分辨图像[50, 51]。进一步, 他们在 Pt（111）表面构建了一系列不同尺寸的 FeO 纳米三角形岛（图 12-16）[52]。这些纳米岛呈现相同的极性 Fe-O 双层结构, 并且由于 Pt 对 CUF 位点的界面限域作用, 其边界呈现相同的 CUF 边界结构。借助扫描隧道谱（STS）, 他们对这些 FeO 纳米岛的电子结构, 如局域功函数（local work function, LWF）和局域态密度（local density of states, LDOS）, 随尺寸的变化进行了详细的对比研究。结果发现, LWF 或者 LDOS 随着 FeO 在 Pt（111）表面的位置而变化, 若 Fe 落位在 Pt（111）的 fcc 位点, 局域功函数最大（5.1 eV）, 而 Fe 落在 top 位点, 局域功函数最低（4.2 eV）。但是, 不同尺寸的 FeO 纳米岛（边长>3 nm）在相同位点（具有相同 Pt-Fe-O 界面结构）则表现出相同的 LWF 和 LDOS，不受尺寸影响。LDOS 的空间成像（mapping）结果显示（图 12-16），在边界靠近 top 位点以及 top-FeO 区域呈现出费米能级以上约 0.5 eV 的共振峰；并且不同尺寸的 FeO 纳米岛在相同位置处的 LDOS 分布相同。因此，Pt（111）上不同尺寸的 FeO 纳米岛（边长>3 nm），由于受界面限域调控，其几何结构和电子结构几乎不受尺寸影响[52]。

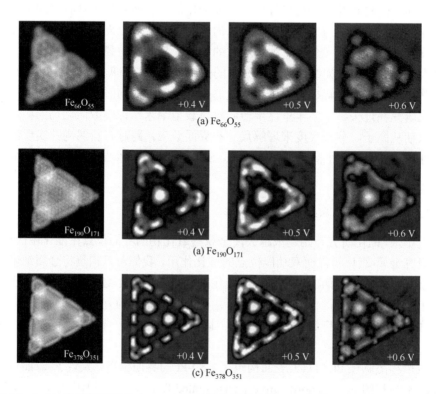

图 12-16　Pt（111）表面不同尺寸 FeO 纳米结构的原子分辨 STM 图像以及局域态密度（LDOS）空间成像[52]

根据 STM 图可得到各 FeO 纳米结构的准确化学计量比为 $Fe_{66}O_{55}$、$Fe_{190}O_{171}$、$Fe_{378}O_{351}$，其边界均呈现相同的 CUF 结构；而 LDOS 空间成像显示，不同尺寸的 FeO 纳米岛在相同位置处的 LDOS 分布相同（封底二维码彩图）

　　传统认识上，相同的活性结构和电子结构必然带来相同的化学反应活性，但是在利用原位 STM 观察不同尺寸的 FeO 纳米岛与 $O_2$ 的相互作用时，作者却发现，$O_2$ 在 CUF 边界的吸附解离同时也带来 FeO 纳米岛的动态重构，且表现出明显的尺寸依赖性[53]。通过不同模式的针尖，作者可以清晰地识别 $O_2$ 反应前后 FeO 岛的结构，对于边长约 3 nm 的 FeO 岛，氧在 CUF 边界的解离吸附，会同时导致整个岛面的 Fe-O 位置发生相对偏移，最终整个岛的氧原子晶格重构形成稳定的二配位氧终止边；而对于尺寸更大的岛（边长大于 4 nm），相同条件下，氧在 CUF 边界的解离仅能诱导部分岛面的重构，结果导致岛的边界活性位只有部分重构为二配位氧终止边，而另外的未重构 CUF 边界则吸附了相对不稳定的氧原子在边界（图 12-17）[53]。这种不完全重构的 FeO 纳米岛面会形成重构区域与未重构区域的畴界［即图 12-17（d）中岛面亮线结构］[54]。这种与尺寸相关的 $O_2$ 气氛下的动态重构被称为"动态尺寸效应"，能显著影响 FeO 纳米粒子在 $O_2$ 气氛下的稳定性。相应地，作者发现将 CUF 边界终止的规则 FeO 纳米结构样品在 500 K、$1×10^{-5}$ mbar $O_2$ 中进行处理时，可以看到尺寸小于 3.2 nm 的 FeO 纳米岛表现出反常的"抗氧化"行为。这是由于尺寸小于 3.2 nm 的岛更容易在氧化气氛下发生完整的岛面重构，边界形成惰性的二配位氧终止边。计算表明，这导致边界氧原子难

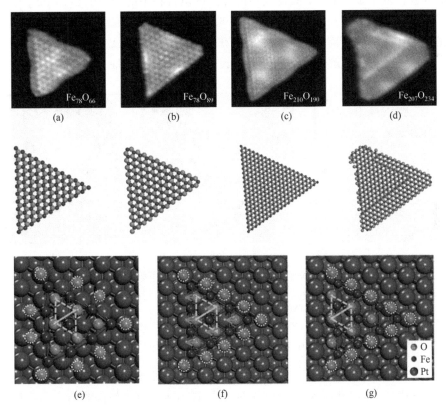

图 12-17　不同尺寸的 FeO 纳米岛在通 $O_2$ 前［（a）、（c）］和通 $O_2$ 后［（b）、（d）］的 STM 图像对比，以及结构模型图[53]。（b）$Fe_{78}O_{66}$ 在通氧后，三边全部重构为二配位氧终止边；（d）$Fe_{210}O_{234}$ 在通氧后仅部分边界重构为二配位氧终止边，且岛面生成氧位错线（岛面亮线）[54]。［（e）～（g）］FeO 纳米岛边界吸氧发生重构的过程示意图。黄色菱形标记了四个岛面氧原子的位置，在重构前（e）、（f），铁原子位于菱形的下三角中；而重构之后（g），铁原子位于菱形的上三角中。虚线圆圈示意吸附的氧原子（封底二维码彩图）

以进一步扩散入岛内，而使 FeO 深度氧化；而尺寸较大的岛，由于重构不完全，边界存留相对不稳定的氧原子则相对容易从 CUF 边或畴界处扩散进入，FeO 会深度氧化[53]。

值得一提的是，STM 不仅可以解析超高真空制备的模型纳米结构，也可以被用来解析实际纳米催化剂结构。图 12-18 展示了利用高分辨 STM 解析团簇催化剂结构的第一个例子。Goodman 等[55]通过在 Mo（112）单晶上预先制备 SiO$_2$ 单层薄膜，然后将一个分子团簇催化剂 Ru$_3$(CO)$_9$(SnPh$_2$)$_3$（Ph 是苯基）通过溶液分散并沉积到该超薄 SiO$_2$ 薄膜表面，并在真空下加热以去除 CO 和苯基配体。图 12-18（a）显示了一个包含若干小白色三角形的表面 STM 图像，该三角形的原子分辨图［图 12-18（b）］显示其包含六个金属原子，其排列与前体团簇复合物中的金属中心 Ru$_3$Sn$_3$ 的排列相同，这表明当配体在低温下去除时，这些金属原子团簇的结构在氧化硅表面保持完整。利用 STM 来研究实际催化剂，在确定氧化物载体上活性催化剂结构的同时，也帮助我们去理解催化剂前体如何转化为高度分散的催化剂。

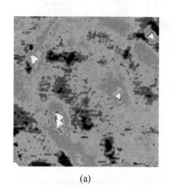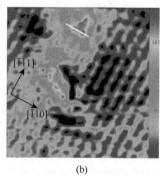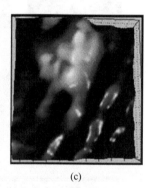

(a)　　　　　　　　　　(b)　　　　　　　　　　(c)

图 12-18　负载于 SiO$_2$/Mo（112）上的 Ru$_3$Sn$_3$ 合金团簇催化剂的 STM 图像[55]

（a）中白色三角为 Ru$_3$Sn$_3$ 团簇，其原子结构在高分辨 STM 图（b）中上方显示。（c）显示了 Ru$_3$Sn$_3$ 合金团簇 STM 图的三维图像（封底二维码彩图）

### 2. 金属-氧化物界面强相互作用

对于金属-氧化物界面作用研究的第一波热潮，始于 20 世纪 70 年代，Tauster 等发现第Ⅷ族过渡金属（如 Pt 和 Ir）负载在 TiO$_2$ 表面且在较高的温度还原时，表现出不寻常的催化特性（例如，对 CO 和 H$_2$ 的化学吸附受到了抑制，然而甲烷化反应的活性反而增加了），由此他们提出了"金属载体强相互作用"（strong metal support interaction，SMSI）这样一个概念，来描述第Ⅷ族金属负载于可还原氧化物表面的不同寻常的性质，关于 SMSI 效应的起源，至今都是催化研究中的一个热点。Bowker 等将 Pd 纳米颗粒（平均尺寸约 4 nm）负载于 TiO$_2$（110）表面，他们发现在 673 K 下 O$_2$ 气氛中，TiO$_2$（110）表面会发生再氧化过程（图 12-19）[56]。

由于 $O_2$ 在 Pd 上的解离效率比在 $TiO_2$（110）上要高出 3 个数量级，$O_2$ 解离主要发生在负载 Pd 粒子上，解离的 O 原子随即溢流到相邻的表面上，并与扩散到表面的间隙态 $Ti^{3+}$ 结合，导致 Pd 粒子周围 $TiO_x$ 物种的富集。$TiO_x$ 层的再生长因此在 Pd 周围加速，并最终超过 Pd 纳米粒子的高度，而充分地包裹 Pd 纳米粒子，原位 STM 研究因此证实了氧化物包裹是 SMSI 效应的一个重要原因。

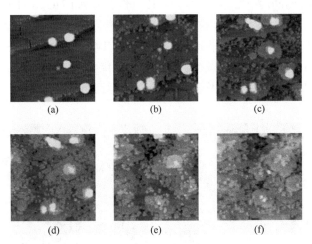

图 12-19　673 K、$5×10^{-8}$ mbar $O_2$ 下的原位 STM 图像显示了负载于 $TiO_2$（110）上的 Pd 纳米粒子的氧溢流和 $TiO_x$ 包裹过程[56]

（a）～（f）中，$O_2$ 的暴露量（单位：L，$1L = 10^{-6}$torr·s）依次为 114、178、237、282、344、531。氧溢流帮助 Pd 纳米粒子周围形成单层 $TiO_x$，其随后变成多层生长，最终 $TiO_x$ 层将 Pd 纳米粒子包埋。（f）中，Pd 纳米粒子周围的 $TiO_x$ 增加了 7 层

### 3. 负载 Au 纳米颗粒的烧结动力学

对于负载型纳米催化剂，$TiO_2$（110）负载的 Au 纳米颗粒，是模型催化中研究较多的一个体系。对于该体系的巨大兴趣来源于纳米金颗粒所表现出的奇异催化活性。人们通常认为，金作为贵金属，是化学惰性的；然而将 2～4 nm 尺寸范围的 Au 纳米颗粒负载在 $TiO_2$ 上时，该催化剂可在低温 CO 氧化和其他选择性氧化/加氢反应中表现出优异的催化活性（$TiO_2$ 本身的催化活性很低）。虽然负载型 Au 催化剂在商业应用上有巨大潜力，Au 催化剂商业化所面临的一个主要难题是催化剂由于容易烧结而导致失活。为了理解负载型 Au 催化剂的烧结，Goodman 等[57]在超高真空和近常压条件下研究了 Au/$TiO_2$（110）的烧结动力学。研究烧结过程的一个首要问题是确定其传质模式。纳米粒子的烧结通常有两种模式：①整个粒子的迁移和团聚；②单体（单个金属原子或金属配合物）的迁移和颗粒熟化。后者也通常被称为 Ostwald 熟化过程（即单体从较小的颗粒脱离，扩散并合并到大颗粒中）。

　　通过跟踪单个粒子的熟化过程，我们可以直接确定其传质模式。在真空条件下，$TiO_2$（110）负载的 Au 纳米颗粒在室温保持稳定，并未看到烧结现象发生；而当引入 0.1 torr 的 $CO/O_2$ 的混合气体时（物质的量比 1∶1），Au 粒子立刻开始了烧结过程。图 12-20[57]显示 Au 粒子的位置在气体引入后没有发生变化。原位 STM 的连续图像表明小的 Au 粒子逐渐变小消失，而大的 Au 粒子则逐渐长大：这表明发生了 Ostwald 熟化过程。作为对比，作者将 $Au/TiO_2$（110）被分别暴露于 $O_2$ 或者 CO 气体，却只看到 Au 粒子极其微弱的变化。由此，作者推断是 $CO/O_2$ 混合气体的协同作用，反应诱导并加速了 Au 粒子在 $TiO_2$ 上的烧结。基于 Ostwald 熟化模型，对 3 nm 直径的 Au 粒子求得表观熟化活化能约为 10 kJ/mol［图 12-20（c）］，这与该催化剂上 CO 氧化的活化能相近。而在超高真空中，负载 Au 纳米颗粒的

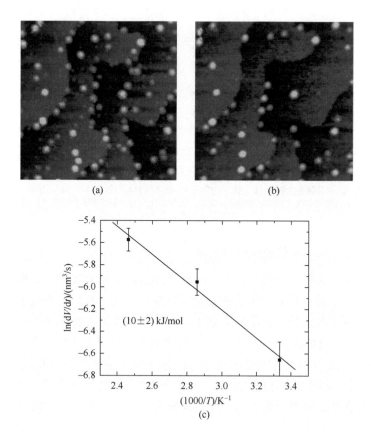

图 12-20　负载于 $TiO_2$（110）表面的 0.5 ML Au 纳米粒子在 300 K，0.1 torr $CO/O_2$（1∶1）混合气氛下的原位 STM 截图与熟化活化能[57]

（a）暴露气氛前，0 min；（b）暴露混合气 120 min；（c）由不同温度原位 STM 图像测量的 3 nm 金粒子的表观熟化活化能

烧结活化能则在 280 kJ/mol，这证明 CO 氧化反应本身诱导并影响了 Au 颗粒的熟化，这种效应很可能也存在于催化过程中的其他负载型金属催化剂。

## 12.3　原子力显微镜（AFM）基本原理

STM 因为检测到的是金属针尖与导体表面间的隧穿电流，因而对样品的导电性有较高的要求。Binnig 等在早期的 STM 实验中，发现了针尖与表面间存在微弱的作用力，基于此原理，于 1986 年发明了第一台原子力显微镜（atomic force microscope，AFM），突破了 STM 对样品导电性的要求，拉开了 AFM 发展的序幕[58]。1987 年，Martin 等引入了 AFM 的非接触模式，并测量了针尖-样品不同间距下的力曲线[59]。1991 年，基于频率调制的 AFM 问世，并成功地应用于真空中的成像研究[60]。1993 年，Zhong 等发明了轻敲模式 AFM[61]，大大提高了成像稳定性，且很快就被应用到液体中的成像中[62, 63]。1996 年，Giessibl 将钟表工业广泛使用的石英音叉作 AFM 微悬臂，发明了 qPlus 力学传感器，并成功实现 Si（111）-（7×7）表面的原子分辨[64-66]。2007 年，Custance 等利用原子力谱，实现了合金表面单原子的元素区分[67]。2009 年，Gross 等利用非接触式 AFM 成功实现了实空间碳碳化学键的直接观测，将 AFM 分辨率发展到亚原子级，再次掀起 AFM 研究的热潮[68, 69]。目前，AFM 已经被广泛地应用于真空、大气和液体中的成像研究，以及原子操纵和分子识别等领域[70]，其功能也可被扩展到近场光学成像。

### 12.3.1　针尖-样品间相互作用力[71, 72]

原子力显微镜是通过探测针尖尖端与样品表面之间的力学信号进行成像的，针尖在样品表面探测到的总有效相互作用力分为正值（排斥力）或负值（吸引力），分别确定了排斥和吸引这两个不同的成像工作区域。因此首先对针尖-样品表面的相互作用力做一些介绍。

针尖与样品间的相互作用力［图 12-21（a）］来自几种不同的长程力和短程力贡献。长程力除了静电力之外，一种常见的相互作用力是范德华力（van der Waals force），它是吸引性的相互作用力，广泛存在于中性原子和分子之间。而短程力只在针尖-样品距离很近时有明显表现，来自于针尖尖端原子与样品间的化学成键作用及 Pauli 排斥作用。对于不带电的样品和针尖（无静电作用），当针尖-样品距离大于 1 nm 以上时，长程的范德华作用是最大的相互作用力，此时一般是吸引力作用。当针尖继续靠近表面，接近化学成键距离时，短程的吸引性化学力作用（来源于针尖-样品表面原子最外层电子波函数的交叠）使得针尖-样品吸引力达到最

大。到成键距离以下，针尖原子和样品表面原子距离继续减小将导致电子间的
Pauli 排斥作用急剧增加，从而排斥力占据主导作用。一般而言，对于不带电的针
尖和样品，势能曲线（Lennard-Jones 势）可以反映针尖-表面相互作用随其间距的
变化特点。图 12-21（a）同时对比了隧穿电流和针尖-样品间作用力随距离的变化；
可以看到，较之于 STM，AFM 若能稳定地探测短程力作用，将可使针尖在离样
品更近的距离下操作，从而获得更好的分辨。

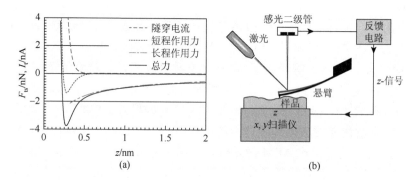

图 12-21　（a）隧穿电流、长程力、短程力与针尖-样品距离的定量关系。隧穿电流随着距离的减小
而单调增加，而针尖-样品作用力先由吸引力主导，其随距离减小而不断增大至最大吸引作用，接近
成键距离时排斥力不断增加以致在总力为零时到达成键距离，在成键距离以下则是由急剧增加的排
斥作用主导[73]。（b）基于光检测器的微悬臂 AFM 基本工作原理与结构[72]（封底二维码彩图）

## 12.3.2　AFM 的结构与工作模式[11, 71, 72]

AFM 的主要组成部分与 STM 十分类似，如基于压电陶瓷的针尖-样品运动系
统，反馈控制电路单元，以及探针检测系统。AFM 的核心在力学传感器，目前广
泛采用的是微悬臂探针（cantilever-tip）系统。微悬臂的前端有突出的针尖，在不
同的针尖-样品力学作用下，微悬臂发生相应偏转（deflection），根据测量偏转程
度可以反映样品表面的信息。目前，悬臂偏转的最常用检测技术有基于光束发射
或干涉的偏转检测技术［图 12-21（b）］和基于压电效应的自检测技术。

AFM 主要有三种基本工作模式：接触模式（contact mode）、轻敲模式（tapping
mode）与非接触模式（non-contact mode）。这三种模式都是基于针尖在样品面扫
描时，因为样品-表面相互作用力的改变而使得悬臂的偏转或振动模式改变，通过
检测此偏转信号的改变，可以反应表面的形貌或力学特征。

接触模式又称为静态 AFM，直接以悬臂的偏转作为力的度量。在针尖与样品
距离很远时，悬臂是处于零偏转位置。而如果针尖靠近或远离表面时，针尖-表面
间作用力改变，从而改变悬臂的偏转程度。而悬臂的偏转程度，作为反馈参数送

给反馈控制器，控制器再通过反馈运算控制 z 方向的压电陶瓷发生向上或向下的运动，以保持恒定的针尖-样品相互作用力。这样，记录 z 方向的压电陶瓷的运动信号就可以反映样品的形貌。

静态 AFM 扫描时针尖通常与表面直接接触，这样虽然能获得较好的分辨率，但是容易损坏样品。采用较软的悬臂（使其末端原子键能小于表面原子键能）可减少对表面的损伤，但是这样针尖在靠近样品表面时，又更容易发生不受控制的跳变接触（jump-to-contact），导致难以实现稳定的成像。为了避免这些问题，AFM 可以采取相对应的动态 AFM 模式。这是指仪器在工作状态时，微悬臂受到一个激励信号的激励，在一定的振幅范围内进行振动。当振动的微悬臂靠近样品表面时，悬臂振动会因为受到针尖-样品间相互作用力而发生改变，从而反应表面信息。动态 AFM 能够有效地消除不稳定的针尖样品接触，还能减小偏转测量中的噪声影响，因此目前操作的大部分是动态 AFM 模式，包括轻敲模式和非接触模式。

轻敲模式 AFM 是目前大气环境下或者液体中 AFM 所采用的常见工作模式。其将微悬臂以固定频率和振幅进行振动，此振幅一般相对较大（20～100 nm），而采用的反馈信号为悬臂振动振幅或相位。轻敲模式对样品的损坏小，适用于不同的材料，具有微米级扫描范围，对表面起伏程度大的样品表面适应性好，且能在大气和液体中工作，因此是目前最广泛的大气下 AFM 工作模式，但其响应时间比较长，扫描速度较慢。

非接触式 AFM（non-contact AFM，NC-AFM）常用于真空环境。其根据检测信号和反馈参数，又可分为振幅调制模式（amplitude-modulation mode，AM mode）和频率调制模式（frequency-modulation mode，FM mode）。后者（FM-AFM）是动态 AFM 中较易取得原子级空间分辨率的工作模式。其微悬臂振幅一般小于 5 nm，其反馈参数是悬臂共振频率的偏移。共振频率的变化直接反映了针尖-样品表面间的相互作用力梯度。近年来，Giessibl 发明的 qPlus 型传感器通过不断的改进，其空间分辨率达到亚原子级，成功实现单分子内的原子分辨，是目前 AFM 技术和应用研究的前沿[73]。

# 12.4　AFM 数学分析模型[11, 72]

在动态 AFM 模式中，微悬臂探针以其共振频率振动，整个微悬臂系统可近似为一个处于外界激励力的弹簧谐振子。因此，熟悉谐振子的性质是掌握任何动态 AFM 实验技术的前提。而针尖-样品作用力（$F_{ts}$）可以看成是对悬臂简谐振动的微扰，此时可将微悬臂看成受迫阻尼振动。以此出发，可以得到微悬臂重要的性质参数包括弹性常数（$k$）、共振频率（$\omega$）和品质因数（$Q$）。

### 12.4.1　针尖-样品远离时的悬臂振荡模型

若针尖远离表面，即针尖相互作用力（$F_{ts}$）为零时，微悬臂受到的作用力只有外界激励力（$F_{drive}$）和阻尼作用（$F_{frict}$），则微悬臂的振动可以简化为受迫阻尼谐振子，振子离平衡位置的距离为 $z$。

若外界力是一个余弦激励信号：$F_{drive} = F_0 \cos \omega t$；$F_0$ 为激励振幅，$\omega$ 为激励信号频率；而阻尼摩擦力假设为与速度成正比：$F_{frict} = m\gamma \dfrac{\mathrm{d}z}{\mathrm{d}t}$；$m$ 为振子质量，$\gamma$ 为阻尼系数；则受迫振动方程为

$$m \frac{\mathrm{d}^2 z}{\mathrm{d}t^2} = -kz - m\gamma \frac{\mathrm{d}z}{\mathrm{d}t} + F_0 \cos \omega t \tag{12-1}$$

式中，$k$ 为弹性常数；对于自由谐振子，弹性常数 $k$ 和自然共振频率（$\omega_0$）间存在关系式：$\omega_0 = \sqrt{\dfrac{k}{m}}$；而品质因数可定义为 $Q = \omega_0 / \gamma$。

在给定的参数下，上述方程有解析解，在此不再赘述[72]。对于大部分动态 AFM 而言，其解包含一个初始激励力导致的瞬态运动项和稳定运动项。初始阶段，两个运动都很显著；经过足够长的时间衰减之后，其振动方程可近似为

$$z = A\cos(\omega t - \phi)$$

振幅 $A$ 和相位偏移 $\phi$ 也是激励频率的函数：

$$A(\omega) = \frac{F_0 / m}{[(\omega_0^2 - \omega^2)^2 + (\omega\omega_0 / Q)^2]^{1/2}}$$

$$\tan \phi = \frac{\omega\omega_0 / Q}{\omega_0^2 - \omega^2}$$

可以看出外界激励作用下，悬臂的运动方程也是一个余弦函数，悬臂振动频率为外界力激励频率 $\omega$，且相对激励力有一个相位延迟 $\phi$[11]。

### 12.4.2　线性针尖-样品相互作用力的悬臂振荡模型

当针尖靠近表面时，振动中的微悬臂探针可以看作是在针尖-表面作用微扰下的受迫阻尼振子。首先考虑一个简单情况，即当针尖-表面相互作用力在平衡位置随距离呈线性变化时，此时振动方程依然有解析解。

在此线性近似下，针尖-表面间相互作用力梯度可以等效为一个新的弹簧弹性常数（$k_{ts}$）：

$$k_{ts} = -\frac{\partial F_{ts}}{\partial z}\bigg|_{z=0}$$

此时，受迫阻尼谐振子运动方程变为

$$m\frac{d^2 z}{dt^2} = -(k + k_{ts})z - m\gamma\frac{dz}{dt} + F_0\cos\omega t$$

与式（12-1）比较可知，悬臂在新的弹性常数下进行振动，可以定义出有效弹性力常数 $k_{eff}$ 为

$$k_{eff} = k + k_{ts}$$

新的有效共振频率 $\omega_{eff}$ 由下式给出：

$$\omega_{eff} = \sqrt{\frac{k_{eff}}{m}}$$

针尖-表面作用力较之于悬臂的回复力一般较小，因此有 $|k_{ts}| \ll k$，则悬臂共振频率相对自然共振频率偏移 $\Delta\omega = \omega_{eff} - \omega_0$ 可近似为

$$\Delta\omega \approx \omega_0\frac{k_{ts}}{2k} = -\frac{\omega_0}{2k}\frac{\partial F_{ts}}{\partial z}\bigg|_{z=0} \tag{12-2}$$

式（12-2）表明，当相互作用力做线性近似时，微悬臂的行为将如同一个线性谐振子，其共振频率偏移依赖于针尖-表面相互作用力的梯度。对于正的作用力梯度而言，$\partial F_{ts}/\partial z = -k_{ts} > 0$，则 $\Delta\omega < 0$，共振频率将向低频移动。而对于负作用力梯度而言，共振频率将向高频移动。

在实际条件下，如果振动幅度较大，则线性假设失效，因此该方法不能直接用于定量分析，但是基于谐振子模型的方法得到数学解析结果，对于理解动态 AFM 工作原理依然非常有价值。

### 12.4.3　实际工作状态下微悬臂振动的一般性结论

在实际应用中，振幅调制 AFM 的振幅很大（典型值约为 50 nm），此时针尖-表面作用线性近似已经失效。激励频率是固定的，往往接近或等同于微悬臂的自然共振频率，针尖在一个振动周期内可深入排斥力区和吸引力区。但是实验和数值计算证明，悬臂的振动幅度随针尖-样品间距的减小而线性下降。因此，以振幅作为线性反馈信号来控制针尖和样品的距离，依然十分有效，这也是振幅调制 AFM 广泛使用的一个原因。

而在实际频率调制 AFM 中，激励频率（$\omega$）总是保持在实际共振频率（$\omega \approx \omega_0$）。在针尖-表面间非线性作用下，悬臂频率偏移 $\Delta\omega$[72]：

$$\Delta\omega = -\frac{\omega_0}{A^2 k}\langle F_{ts} \cdot z\rangle \tag{12-3}$$

其中定义 $\langle F_{ts} \cdot z \rangle$：

$$\langle F_{ts} \cdot z \rangle \equiv \frac{1}{T} \int_0^T F_{ts}(d + A\sin\omega t) A\sin\omega t dt \qquad (12\text{-}4)$$

其中，振动周期 $T = 1/\omega_0$。可以看出，频率偏移正比于 $\langle F_{ts} \cdot z \rangle$，即一个振动周期 $T$ 内，针尖-样品作用力 $F_{ts}$ 与针尖样品距离的乘积平均。

特别地，当悬臂振幅很小时（约 100 pm），此时可用线性近似结果（详见上节），$\Delta\omega$ 可简化为式（12-2）。即频率偏移正比于针尖-表面间相互作用力梯度。以 qPlus 型传感器为例，其使用的石英音叉（quartz tuning fork）有着很高的弹性常数（$k = 1800$ N/m），因此可以稳定地以 100 pm 量级的振幅振动，刚好工作在线性近似区域，又因为短程力梯度很大，可有效消除长程力背景对成像的影响，获得短程力主导的成像衬度，使得 AFM 超越了 STM 的分辨，达到亚原子分辨层次[71, 73]。

# 12.5 AFM 在表面催化相关领域中的应用

## 12.5.1 氧化物表面结构表征

氧化物是催化剂的常见组成部分，例如可以作为载体负载金属纳米粒子，形成金属-氧化物界面的双活性中心，以及作为吸光载体用于光催化等。因此，原子尺度的氧化物表面结构表征，对于理解氧化物参与的催化反应过程有着重要意义。由于其较差的导电性，氧化物表面经常难以直接使用 STM 进行观测[74]；AFM 则在绝缘体表面也可正常工作，而且 AFM 还可以对针尖-表面间作用力进行详细的力谱表征，可为表面结构及表面吸附质物种的判别提供更多信息。目前，AFM 在 $CeO_2$（111）和 $TiO_2$ 等氧化物表面已经实现较为清楚的原子分辨，其他重要的氧化物催化剂表面如 $\alpha\text{-}Al_2O_3$ 也可用 AFM 实现原子级表征，为进一步理解氧化物催化剂表面的活性结构奠定了基础[75-79]。下面将以 $TiO_2$ 和 $CeO_2$ 表面为例，针对 AFM 探测表面吸附质和表面缺陷结构做一些简单的介绍。

图 12-22（a）～（f）给出了锐钛矿型 $TiO_2$（101）表面的三种结构的 AFM 和 STM 图[80]。动态 AFM 可通过采用导电金属针尖，在记录 AFM 信号的同时记录隧穿电流的变化（即 STM 的电流），从而实现 AFM 和 STM 的联用，也更有利于表面结构和表面物种的识别。通过详细地对比 STM、AFM 图像的衬度特征，并结合第一性原理的计算结果，Perez 和 Custance 等[80]成功地识别了表面吸附水分子，次表层氧缺陷，以及表面的羟基。此外，Perez 等还利用空间分辨的力学谱测量 [图 12-22（g）]，判定了 AFM 中的成像亮度主要来自于表层氧，而 STM 的成像中，亮点为次表层 $Ti_{5c}$ 位点。其中，AFM 更多地反映了最表层 O 原子的信息，而同时记录的 STM 电流信号对表面的局域电子态更为敏感，因此可从电流图中看

出次表层 Ti 位点。AFM 的力学谱还能给出金红石型 $TiO_2$（110）表面吸附的金属原子和羟基的识别信息［图 12-22（h）］[81]。

图 12-22（i）～（o）给出了 $CeO_2$（111）表面的氧缺陷和次表层氧缺陷的 AFM 拓扑图像及相应的结构模型[82]。可以看出，$CeO_2$（111）表面是氧终端面，

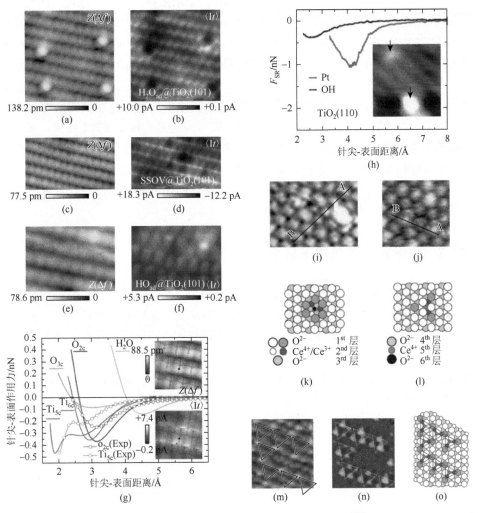

图 12-22　（a）～（f）STM/AFM 联合表征锐钛矿型 $TiO_2$（101）表面[80]。水分子（$H_2O_{ad}$），次表层氧缺陷（subsurface oxygen vacany，SSOV）和表面羟基（$HO_{ad}$）的 AFM（a）、（c）、（e）和 STM（b）、（d）、（f）图像。（g）DFT 计算和实验取得的不同表面位点力学曲线对比（实线：计算曲线，空心点：实验曲线）[81]。（h）金红石型 $TiO_2$（110）表面上表面羟基和 Pt 原子的力学谱识别[81]。（i）～（o）$CeO_2$（111）表面的氧缺陷和次表层氧缺陷观测[82]。（i）、（j）为 $CeO_2$（111）表面氧缺陷（i）和次表层氧缺陷（j）的 AFM 图。次表层氧缺陷的有序排列的 AFM 形貌图（m），能量耗散信号（n）及结构模型（o）（封底二维码彩图）

表层氧缺陷与次表层氧缺陷在 AFM 图像中表现出不同的特征：表层氧缺陷表现为一个缺失原子被周围六个突起的氧原子围绕[图 12-22（i）]；而次表层氧缺陷则在表面没有原子缺失，但是氧空位上方间距为两倍晶格常数的三个氧原子在 AFM 图中表现突起，其内的三个相邻氧原子则向内稍微弛豫[图 12-22（i）]，这些实验观察结果与第一性原理的计算结果吻合。AFM 在记录拓扑图像时，还可以同时记录维持悬臂恒振幅振动的能量耗散信号（dissipation signal），这种能量的耗散是由 AFM 针尖尖端的原子与表面发生相互作用导致的[84]。Torbrugge 等通过对比 AFM 的拓扑图像[图 12-22（m）]与能量损失信号图像[图 12-22（n）]，还发现次表层氧空位上方三个紧邻氧原子与针尖作用较强，导致其能量损失信号强于周围突起氧原子，由此推测这些紧邻氧原子应该比周围的氧原子具有更高的反应活性。

图 12-22 说明 AFM 可以探测表面微小的结构弛豫，相比 STM 图像，可提供更直观和更多的表面结构和键能信息，且对样品的导电性没有要求，特别适合氧化物表面结构表征和表面物种识别。随着 AFM 分辨率的提高，我们相信，未来的高分辨 AFM 图像/力学谱，会给出更多氧化物催化剂的表面信息，让人们从原子层面深入认识氧化物表面的催化机理。

## 12.5.2　化学元素的单原子区分

单原子或单分子层次的化学分辨对于 STM 和 AFM 一直都是一个特别有挑战的难题。动态 AFM 的出现使解决这个难题获得了一些突破。2007 年，Custance 等利用频率调制 AFM（FM-AFM）在室温的真空环境下，成功地实现了 Si-Sn-Pb 合金表面单个元素的化学区分[67]。一般而言，针尖与表面之间的相互作用力有长程相互作用如范德华力以及短程的化学成键作用力。他们发现，虽然不同针尖会影响到实验所得到的针尖-表面原子的力学曲线；但是即便对于不同针尖，不同原子与针尖之间的最大吸引力的比值是一个定值。因此，他们通过 AFM 测量得到同一针尖不同元素（Si、Pb、Sn）的力学曲线，并分别用 Si 元素的最大吸引力进行归一化，得到归一化的力学曲线，然后通过力学曲线求得最大吸引力之比，这个比值是与元素直接相关的，如对于 Sn/Si，此值为 0.77，而对于 Pb/Si 值为 0.59，因此通过这个最大力学比值，就可以排除针尖因素干扰，成功地实现不同元素单个原子的区分（图 12-23）。

利用 AFM 力学测量技术，Gross 等还实现了识别 NaCl 表面不同荷电状态的金属原子。他们发现在同样的针尖-样品间距下，与中性 $Au^0$ 原子相比，负电荷的 $Au^-$ 与针尖的吸引力作用更大[84]。利用 AFM，我们不仅可以获得更多关于氧化物负载的单原子催化剂的结构信息，还有望进一步从原子层面理解金属-氧化物之间的电子转移规律。

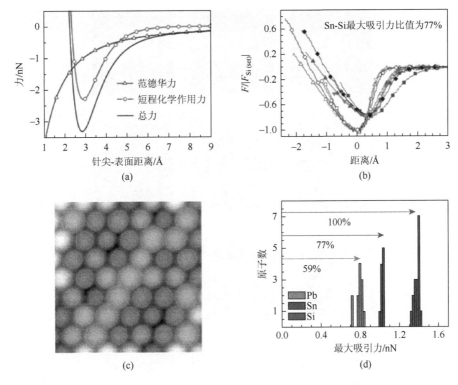

图 12-23　AFM 实现单原子尺度的化学元素区分[67]

（a）针尖与表面原子之间存在的长程的范德华力和短程的化学成键相互作用力，后者是产生不同元素成像衬度的基础；（b）归一化的短程力曲线。同一针尖分别在 Sn 和 Si 原子上得到一套短程力曲线，然后归一化到此针尖 Si 力学曲线中最大力值。结果发现归一化之后，Si（空心点曲线）和 Sn（实心点曲线）的力学曲线基本与针尖状态无关。（c）和（d）通过最大吸引力之比实现的 Pb、Sn 和 Si 三种元素的单原子识别，通过总合力也能实现元素的识别，但是大大减少了复杂的短程力确认步骤（封底二维码彩图）

### 12.5.3　金属团簇内部与衬底的键合结构确认

　　对于负载的金属纳米粒子，其原子尺度的结构信息，如金属内部成键，及其与衬底的成键信息，对于从根本上理解纳米催化剂的结构-性能关系有着重要作用，但是一直未能从实验上取得非常直观的成像证据。2015 年，Giessibl 等[85]使用 qPlus-AFM，利用 CO 分子修饰的针尖，进行了 $Fe_1 \sim Fe_{16}$ 的成像，成功实现了金属团簇内部的成键观测。图 12-24 给出了 Fe 在 Cu（111）表面的 STM 和 AFM 图，CO 修饰的针尖极为清楚地反映了 Fe 团簇因为表面吸附导致的电荷密度再分布，这将表面吸附原子的成像分辨率达到亚原子级别。作者再结合衬底的分辨图像确定了 Fe 原子的双聚体（a~d）和三聚体（e~h）在表面的成键位点并不是广为所知的表面 fcc 位点，而更为接近桥位（bridge）。而对于 Fe 单体和 Fe 四聚体（i、j）以上的金属团簇，所有的 Fe 都落位在更为稳定的表面 fcc 位。

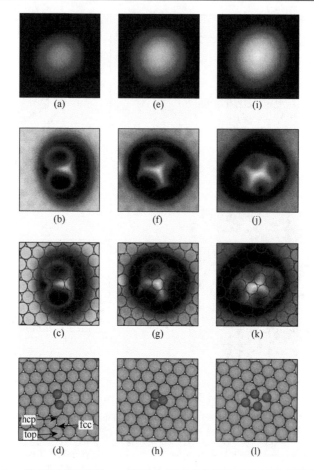

图 12-24　铁原子的双聚体、三聚体和四聚体的图像及计算的吸附位点[85]

（a）、（e）和（i）是恒流 STM 图像、（b）、（f）和（j）是 AFM 的频率偏移图像。（c）、（g）和（k）中用黑色圆圈显示表面 Cu 原子的信号。最后一排（d）、（h）和（l）给出了吸附位点，对于二聚体吸附在两个相邻的桥位。三聚体也吸附于桥位附近，中心为顶位。四聚体吸附在 fcc 位点（封底二维码彩图）

## 12.5.4　化学键的实空间成像

　　qPlus-AFM 具有极高的空间分辨率，使得人们可以直接观察共价键，甚至区分不同键级（bond order）的碳碳键[86]。而识别分子间的相互作用力对于揭示分子反应中间体、氢键的物理本质等有着重要意义。2013 年，国家纳米中心的裴晓辉等在国际上首次实现了氢键的直接观测[87]。如图 12-25 所示，作者在 Cu（111）表面沉积 8-羟基喹啉（8-hydroxy-quinoline，8-hq）分子，然后再用 qPlus-AFM 进行观测，发现分子聚集体之间形成了可观测的键，结合 DFT 计算模拟以及成键位置和取向，确认是分子间的氢键。因为 qPlus-AFM 对分子内成键衬度来源于针尖与样品原子间的 Pauli 排斥力，因此与电子密度的空间分布直接相关。而通过 AFM 成功实现了分子间氢键的观测，这就为氢键共价键成分和 H 到 N/O 之间的电荷转移提供了直接的实验证据。有意思的是，作者进一步观察到表面的 Cu 吸附原子与脱氢 8-hq 之间形成金属-N 配位键，这为直接观测表面反应、表面吸附与成键等提供了可能。

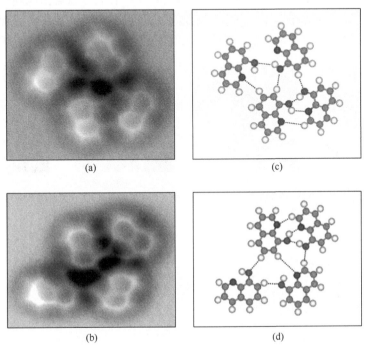

图 12-25　Cu（111）上 8-羟基喹啉分子四聚体的 AFM 图像，可以清楚地看到分子间的氢键[87]

（c）、（d）中颜色：蓝：N；绿：C；红：O；白：H（封底二维码彩图）

催化剂表面的反应中间体的直接观测也是理解反应动力学的重要方法。但是因为反应中间体的活性及表面浓度低的特点，使得许多常规手段难以获得反应中间体的信息。qPlus-AFM 因为可以直接看到化学键，应用于表面有机分子反应的观察中可以直接分辨反应分子和多种反应产物[88]。最近，Crommie 等[89]使用 qPlus-AFM 实现了表面分子反应的中间体的直接捕获和观察，并根据实验动力学产物分布信息，结合微观动力学模拟，揭示了衬底金属表面在反应过程中对反应分子能量传递及熵变的重要影响［图 12-26］。作者研究的是 1, 2-二（2-乙炔基苯基）乙炔［1, 2-bis（2-ethynyl phenyl）ethyne］分子（图 12-26 中 1）在 Ag（100）表面发生交叉偶联和分子内环化的反应（产物为 4c）。作者等不仅在表面上成功地看到了反应分子和产物，而且还捕捉到了反应中间体 2b 和 3c。为了获得更多的反应机理的认识，作者将表面加热到不同温度和时间，再用 qPlus-AFM 进行表面分子浓度的确定，得出了整个表面反应进程中产物和各个中间体的变化。他们发现，用经典的密度泛函理论结合微观动力学无法模拟出实验观察到的中间体浓度变化，必须要考虑到反应分子与表面的传能，以及表面对不同反应中间体活化熵的影响，才能将理论模拟结果与实验结果实现完美吻合。结合理论计算与实验观察，作者得出结论，因为反应中间体 2b 和 3c 在表面可以自由地旋转和平动，活化熵比较高，因此参与下一步反应的速率比较慢，从而可被实验所观察到，而其他理论计算预测的反应中间体因为活化熵较低，很快在反应中被消耗掉。

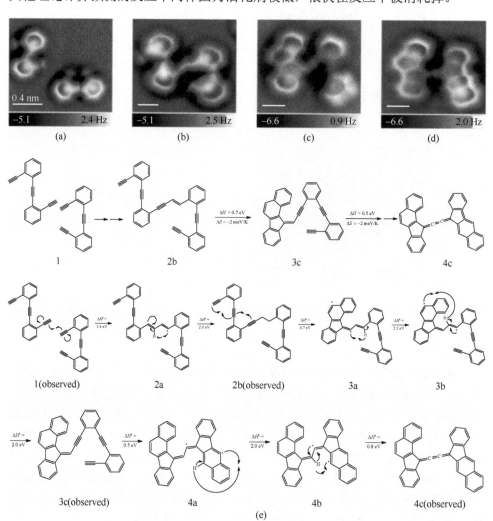

图 12-26　1,2-二（2-乙炔基苯基）乙炔［1,2-bis（2-ethynyl phenyl）ethyne］偶联和环化反应的逐步过渡中间态的实验观测和理论模型

（a）～（d）恒高 AFM 图像，显示从 1 到 4c 的反应中观察到的反应物、中间体和产物，相应的化学结构示于 AFM 图像下方。（e）中给出了理论计算得到的完整反应路径和相应的反应活化焓和活化熵值（封底二维码彩图）

### 12.5.5　固体水溶液界面的空间三维成像

　　固-液界面的原子级观测是理解电化学、生命现象的关键。一直以来，固体表面的水分子的原子排列模型都不是特别明确。特别是水溶液-固体界面，由于双电层的存在使得界面结构在空间上是局域变化的。因此，常规的二维扫描很难得到详细的界面结构在空间上的分布信息。由于 AFM 可以工作在较大的针尖-表面距离范围，因此在三维空间上的直接观测可解析固液结构的完整图像。

　　Fukuma 等[90]利用 AFM 直接观测了白云母片上的水分子排列，得到了近表面层水分子排列图像，且还结合力学曲线获得了离固体表面垂直距离为 0.78 nm 以内水-固体界面三维图像。图 12-27 显示在离白云母片表面较远处，AFM 基本看不到明显的衬度 [图 12-27（b）]。当 AFM 针尖更加靠近表面，$xy$ 平面截图才给出

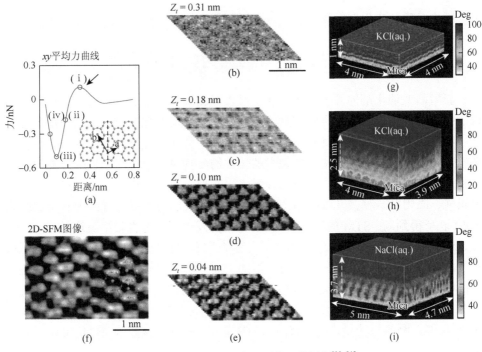

图 12-27　白云母-溶液界面的三维图像[90, 91]

（a）～（e）磷酸盐缓冲溶液中白云母-溶液界面的三维和二维 AFM 图像。（a）$xy$ 方向平均的力学曲线，插图为白云母表面结构。（b）～（e）三维 AFM 图像中不同高度（0.31 nm、0.18 nm、0.10 nm 和 0.04 nm）的 $xy$ 平面截面图，分别对应于（a）曲线的 i～iv 点。（f）另一针尖获得的二维图像[90]。（g）0.2 mol/L KCl 溶液中白云母-溶液界面三维 AFM 图像，显示了表面吸附的 K⁺单层（红色），其顶端有两层水合层（带状条纹）。水合层约 0.3 nm 厚，随表面起伏排列。（h）4 mol/L KCl 溶液中白云母-溶液界面三维 AFM 图像。此界面层分为两个区域：表面 2 nm 厚的有序液相层和体相溶液层。（i）约 5 mol/L NaCl 溶液中原子级有序的白云母-溶液界面的三维 AFM 图像[91]

（封底二维码彩图）

原子衬度［图 12-27（c）～（e）］，反映了针尖尖端原子与白云母表面原子之间的短程作用力。随着针尖靠近表面，如图 12-27（d）所示的六方排列的力学形貌图中开始呈现更多的细节，出现成对的亮点［图 12-27（e）］。通过比对不同针尖，排除针尖的影响，作者将这些亮点归结为白云母表面相邻的 Si 原子[图 12-27(e)]。基于此高分辨原子图像，作者还在固定的 $y$ 方向进行了 $xz$ 平面详细的力学谱线分析，确认了白云母表面 $Si_6O_6$ 六边形中心 OH 基团上方有局域分布的表面吸附水分子，且周围有部分相对无序的二维水合层。Garcia 等[91]也利用了三维分辨的 AFM 详细研究了电解质水溶液-白云母的界面［图 12-27（g）～（i）］。他们发现水溶液的界面结构是随电解质浓度变化的。在低、中等物质的量浓度的盐溶液中（＜1 mol/L），单层阳离子吸附在白云母表面，上方有数个水合层；而在盐浓度高时，界面层呈现出有序取向生长的类晶体结构，且向液体中外延约数纳米。通过力学曲线和理论计算模拟，作者确认这些有序层是由阳离子和阴离子交替排列而成，且大量的水分子处于层间以平衡静电作用。这也显示出 AFM 在深入理解液固界面，特别是电化学界面结构中的巨大应用前景。

## 12.6　扫描探针与光谱技术的结合

新型高效催化剂的开发取决于我们对表界面催化过程的分子尺度的认识。传统的催化剂开发较多的基于宏观尺度研究；而表界面催化在空间上的不均一性决定了我们需要测量活性物种和中间体在表面上的分布，建立其与活性中心结构的关联，从而实现具备定制特性的纳米催化剂的合理设计。虽然扫描探针显微镜可将物质的结构表征推向很高的空间分辨水平，但是对于催化研究所需的如表面元素组成、吸附分子种类及吸附构型等化学信息，我们还难以通过常规的 STM 和 AFM 表征得到。在 STM 的应用中，目前已经开发出了非弹性扫描隧道谱（inelastic electron tunneling spectroscopy，IETS）技术[23, 92]，可以提供原子分辨率的表面振动谱测量，这达到了目前分子振动谱学的空间分辨率极限；但是由于隧穿电流极低的吸收截面，以及信号灵敏度和隧穿结构稳定性的限制，目前 IETS 技术仅限于在极低温（通常为液氦温度）和超高真空下工作[93]。相比于传统谱学手段，IETS 所能探测的振动模式尚较有限，这些都大大限制了该技术在原位催化研究中的应用。

除扫描探针以外，其他具备高空间分辨率的技术在化学识别上也往往存在各种局限。如透射电子显微镜（TEM），可以在原子尺度探测固体的原子和电子结构，但是常常只能对重元素成像，导致在催化表征中只能对纳米粒子本身而非吸附分子做高分辨成像；而对表面分子或者反应中间体的表征鉴定恰恰是红外、拉曼等分子振动光谱技术所擅长的。这些经典的光谱技术对于深入理解催化机理可起到关键作用，但是受限于光学衍射极限，这些传统分子光谱技术所得到的宏观信息在解释局域活性位的特征与催化机理中常常遇到困难。

传统的远场光学成像的空间分辨率都受限于光波的衍射极限。由于光的衍射现象，点光源通过光学透镜成像时会呈现艾里斑（Airy pattern），从而导致对成像空间分辨率的限制。在 19 世纪末，Abbe 和 Rayleigh 推导了由衍射限制带来的光学成像的空间分辨率极限（Rayleigh limitation，瑞利衍射极限），两个点源之间可被清楚分辨的最小距离 $\Delta x \geqslant 0.61\lambda / n\sin\theta$，其中，$\lambda$ 为照明光波长，$n\sin\theta$ 为数值孔径（numerical aperture，N.A.）[12]。由于通常 $n < 2$，$\sin\theta < 1$，所以可分辨的最小距离 $\Delta x$ 一般不小于 $\lambda/2$，即成像光波长的一半；对于传统光学成像系统来说，其在可见光下的最大空间分辨率是 200~400 nm，如果使用中红外光谱，则空间分辨率要减至几微米的量级。为了突破传统光学显微镜的分辨极限，一种方法是使用更小的波长来成像，如利用高能电子和离子，其波长可小于一个原子，从而实现原子分辨率成像；但是非常高的能量，通常也会带来严重的样品损伤，导致在应用上的局限性。另外一种是采用荧光标记的方法，常用于生物样品的研究，也在近年被引入催化研究上。在荧光显微镜中，常用荧光标记物（如染料分子）进行化学标记，通过在一定波长（通常在可见光区）激发，其激发态弛豫发出荧光，从而对样品的不同成分进行选择性成像。通过选择合适的过滤器和检测器，可实现单分子荧光成像。目前的研究通过共聚焦荧光显微镜结合先进的光源与检测器，可以实现远低于衍射极限的空间分辨率荧光成像，这其中已开发出很多方法，如受激发射损耗显微术（stimulated emission depletion microscopy，STED），光活化定位显微术（photo-activated localization microscopy，PALM），随机光学重构显微术（stochastic optical reconstruction microscopy，STORM）等[15]。这些功能强大的超分辨率远场光学显微技术在生物研究等方面得到了广泛的应用，但是这些技术所能提供的光谱信息还比较有限。

在上述远场光学显微技术之外，实现光学衍射极限的另一种方法则是近年来迅速发展的近场光学显微成像技术，尤其适合与光谱技术相结合，利用扫描探针显微镜（SPM）来实现纳米空间分辨率的成像。事实上，在 STM 和 AFM 发明不久，就有人尝试将扫描探针技术的高空间分辨和光谱技术的化学分辨相结合，以实现高空间分辨的表面组成和化学成分分析。目前，近场光学显微镜、针尖增强的光谱技术及光学激发的针尖探测方法都具有运用于催化原位研究的潜力，以下将对这些技术做一些介绍。

## 12.6.1　近场扫描光学显微镜

在 1928 年，Synge[94]提出了一个利用小孔径使光学成像实现超衍射极限光学分辨率的想法。光通过一个小孔的传播是高度发散的。在远场中，当传播距离远大于光波长和孔径，衍射会导致强度分布的起伏，形成艾里斑；但是在近场区域，当物体足够接近小孔，光学成像就能够得到接近孔径尺寸和远小于光波长的分辨率。由于当时的技术难以实现对纳米空间尺度的精确控制，亚波长分辨率的可能性一直到 1972 年才被证实。本章前述的 STM 技术（见 12.1 节）[5, 95]，成功地实现探针对样品表面快速而精确的扫描，以及对探针-样品间隙的精确控制，这些进展也大大推动了近场扫描光学显微镜（NSOM，也被称为 SNOM）的开发。1984 年，在瑞士 IBM 研究实验室工作的 Pohl 等[96, 97]制造了第一台利用可见光进行测量的近场光学显微镜，该显微镜通过探针在样品表面保持数十纳米的距离采集反馈信息，并在几年后实现了高分辨成像，从而推动了近场光学领域的研究。

近场扫描光学显微镜（near-field scanning optical microscopy，NSOM）的初始方法，通过使用金属（如 Al 或 Ag）涂覆的锥形光纤作为探测头（光纤底部孔径约 100 nm），进而利用扫描探针的反馈机制将光纤靠近样品表面，光通过光纤底部的小孔照射样品表面，从而避免衍射引起的艾里斑，实现在测量表面形貌的同时，对样品进行远低于光波长分辨率的成像。这种技术现在也被称为孔径式扫描近场显微镜，其数据采集方式可随样品变化。当所用样品对探测光透明时，探测器可在样品下方检测透射光子，或者在样品周围检测激发的荧光；而对于不透明的样品，数据采集则需要通过检测反射光实现。当然，也可以在样品周围通过激光照射样品，然后利用光纤来收集光子并传送到检测器。这里面最值得注意的是光子扫描隧道显微镜（photon scanning tunneling microscopy，PSTM），也称为扫描隧道光学显微镜（scanning tunneling optical microscopy，STOM），其测量通常将光从样品背面进行全内反射产生隐失波（evanescent wave）[13]，进而利用光纤探针端部去检测样品表面的隐失场，将其转换为传播模式传到远处的探测器；由于隐失波受到了样品的调制，因此通过探测隐失场获得的近场光学像携带了局域样品信息，但是其图像的解析通常也较复杂，所以目前尚未见有用于催化研究的报道。

孔径式扫描近场显微镜的主要弱点在于小孔径光纤的低透过率，其所用光源通常都是一个高亮度、低发散的激光。即便如此，对于一个 $80\sim100$ nm 的孔径，光纤所传导的可见光透过率在 $10^{-7}\sim10^{-4}$ 量级，也就是几十纳瓦的功率[15]，这使得孔径式扫描近场显微镜的空间分辨率严重受限。此外，光的透过率随孔径减小或者波长变长而进一步减小，特别是对于中红外来说，50 nm 的孔径将只有 $10^{-30}$ 的透过率，因而难以实现红外的扫描近场显微镜。为了克服孔径式近场光学显微镜的限制，散射式近场光学显微镜（scattering-type SNOM 或 s-SNOM）被开发出来。散射式近场光学显微镜利用激光聚焦照射扫描探针的金属针尖，在针尖附近激发一个纳米尺度的增强近场信号区域。当针尖接近样品表面时，由于不同物质的介电性质差异，近场光学信息将被改变；通过精确调整实现焦斑-针尖-样品的三者对准，散射光经显微物镜被远场探测器收集。进一步，通过精密的调制过滤技术对采集的散射光信号进行解析，就能获取到样品表面的近场光学谱图并进行成像。以金属针尖的顶点作为纳米散射体，s-SNOM 突破了孔径式显微镜的限制，其空间分辨率和光学分辨率通常认为仅由扫描探针针尖的曲率半径决定；并且 s-SNOM 的运用可使几乎所有的光谱技术扩展到近场使用，其成像分辨率不再受波长限制，这使得 s-SNOM 尤其适合红外和太赫兹波的微观成像，并且可能具有 10 nm 或更好的空间分辨率。将扫描探针显微镜与传统光谱技术结合带来的针尖增强的光谱技术在催化研究中具备巨大的潜力，将在以下部分着重介绍。

## 12.6.2　针尖增强拉曼光谱技术（TERS）

散射式近场光学显微镜（s-SNOM）的开发，给针尖增强的振动光谱成像技术带来了新的机遇。一个典型的例子是针尖增强拉曼光谱技术（tip-enhanced Raman spectroscopy，TERS）。拉曼光谱已被广泛地用于原位检测多相催化剂及其表面化学反应，其灵敏度低的问题可以通过共振拉曼或表面增强拉曼光谱（surface-enhanced Raman spectroscopy，SERS）等方式来解决，但是在成像上，其空间分辨率还受到光学衍射限制，常规的远场手段难以实现突破衍射极限的分辨率。因此，要实现化学反应的纳米尺度监测，尤其是对单粒子催化活性的实时监测目前仍然是一个显著挑战。在 2000 年，美国、日本、德国和瑞士的几个研究组通过将拉曼光谱与特殊设计的扫描探针结合，分别在很相近的时间内提出了针尖增强拉曼光谱技术（TERS）。利用扫描探针的针尖探测底部样品，同时限域并增强入射光场强，TERS 实现了高空间分辨和高检测灵敏度的拉曼光谱成像。

TERS 结合了 SERS 的高化学敏感性和 SPM 的高空间分辨率，是目前发展最为迅速，并且实现了单分子识别的一种纳米光谱技术。该技术将金属（或涂覆薄层银或金）的 SPM 针尖靠近样品表面，并且放置在激光聚焦点中心，通过适当波长的照射，在针尖末端激发出强烈的局域表面等离子体共振（localized surface plasmon，LSP）来增强几纳米距离内的电磁场强。理论预测该电磁场的增强效率在 $10^3 \sim 10^9$（取决于针尖的曲率半径、样品和针尖间的距离及所用的材料等），从而导致针尖下方吸附分子的拉曼信号强度的急剧提升，实现突破衍射限制的空间分辨率。虽然 TERS 已经被应用于广泛的研究领域，如光电器件，碳纳米管、半导体、生物学和二维材料等，但用于催化反应的 TERS 研究尚处于起步阶段，主要是利用一些模型反应来展示其高分辨率光谱成像在催化研究中的可行性。

光催化生成 p, p'-二巯基偶氮苯（p, p'-dimercaptoazobisbenzene，DMAB）的

过程是 TERS 研究中常用的模型反应。Weckhuysen 等[98]率先展示了利用 TERS 来原位实时地研究 Au 纳米片上的光催化还原对硝基苯硫酚（p-nitrothiophenol，pNTP）生成 DMAB 的过程（图 12-28）。在他们的研究中，Ag 包覆的 TERS 针尖本身在受到可见光照射时，通过 LSP 共振增强了局域电磁场强度，这既增强了散射的拉曼信号，又有利于光化学中的电荷转移，也就是说 Ag 针尖在接触样品时，作为催化剂在金属表面产生热电子和空穴，并进一步激活了吸附分子和催化化学反应。研究中采用了两个激光源（532 nm 的绿光和 633 nm 的红光）的组合，在利用 532 nm 波长激发时，光催化反应可以被激活，而 633 nm 的波长激发则仅用于样品的监测，并不会触发反应（图 12-29）。采用这种组合，就可以对样品表面自然发生的过程（如扩散和分子取向带来的光谱特征）和实际光催化反应得到的产物进行区分。通过实时观察从反应物到产物的近场拉曼光谱的变化，作者展示了 Ag 针尖末端作为单一催化"粒子"的实时工况研究，并且利用金纳米片上的分子自组装展示了 TERS 可研究单层分子的高灵敏度。

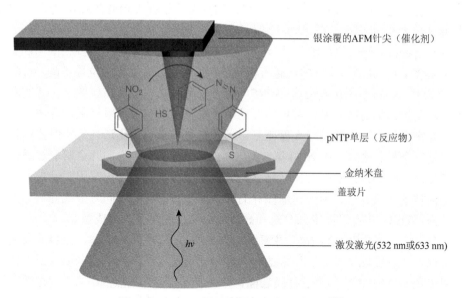

银涂覆的AFM针尖（催化剂）

pNTP单层（反应物）

金纳米盘

盖玻片

激发激光(532 nm或633 nm)

图 12-28　TERS 用于催化反应表征示意图[98]

Au 纳米片表面吸附的对硝基苯硫酚（pNTP）单分子层作为反应物，光激发和光谱收集从底部进行。银涂覆的 AFM 针尖在提供 TERS 所需的增强电磁场的同时，也作为催化剂来催化 pNTP 还原生成 DMAB 的光反应（封底二维码彩图）

也是利用 DMAB 这个模型化合物，Roy 和 Wain 等[99]在 2015 年进一步展示了 TERS 用于催化反应中的高分辨化学成像。由于上述 Weckhuysen 等工作中的 TERS 针尖在增强 Raman 灵敏度的同时也具有催化活性，为了使 TERS 技术更加普适，他们采用超薄氧化铝膜来保护 TERS 所用的 Ag 针尖，在阻止了针尖与反

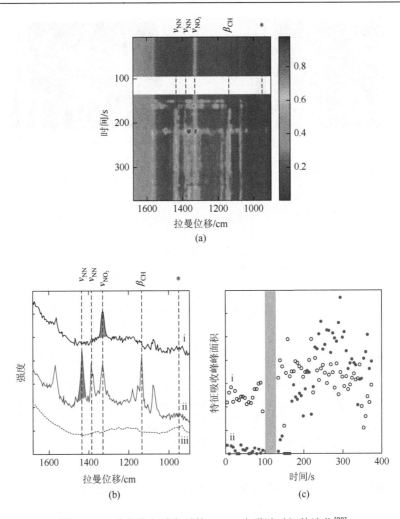

图 12-29　反应前和反应后的 TERS 光谱随时间的演化[98]

（a）633 nm 激发下的时间分辨 TERS 光谱，顶部为激光辐照前，底部为辐照后。（b）取自（a）的两条光谱线，i 取自 90 s，ii 取自 265 s，iii 为背景参照光谱。（c）pNTP 分子（i）和 DMAB 分子（ii）特征吸收峰面积随时间的演化。pNTP 分子的吸收峰在 1335 cm$^{-1}$ 位置，DMAB 分子的吸收峰在 1440 cm$^{-1}$ 位置，100～130 s 的绿光辐照用阴影带示出（封底二维码彩图）

应物分子化学作用的同时，又保持了其等离子体增强功能。采用氧化铝保护的 Ag
针尖，作者展示了利用 TERS 对纳米银基底上的对巯基苯胺（p-mercaptoaniline，
pMA）到 DMAB 光催化氧化过程的纳米级成像（图 12-30）。

　　上述例子展示了 TERS 可用于催化反应的实时原位成像研究，但是在实际催
化体系中其显示的成像最佳空间分辨率仍限于几十纳米，不足以实现化学分辨单
个反应物或产物分子。这其中，局域等离子场的空间范围似乎是空间分辨率的一

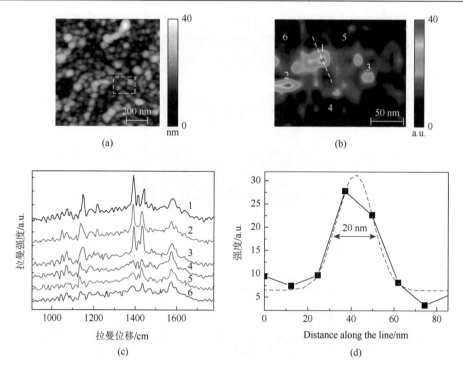

图 12-30　利用 TERS 在纳米尺度进行光催化反应的成像[99]

（a）玻璃衬底上 Ag 纳米粒子的 AFM 高度图。（b）DMAB 在 1142 cm$^{-1}$ 吸收峰的空间 TERS 成像，所成像区域为（a）中虚线方框。（c）为（b）中所示位点的近场 TERS 光谱图。其中 1、2、3 位点的近场光谱显示出较强的 DMAB 的特征 Raman 峰，而 4、5、6 位点则以反应物 pMA 的特征峰（1595 cm$^{-1}$）为主。（d）为（b）中所示直线的强度剖面图，显示出 20 nm 的空间分辨率（封底二维码彩图）

个主要限制因素。此外，传统的 TERS 通常需要使用强入射激光，可能导致一些不必要的副反应，如扩散、脱附甚至损坏分子，从而影响拉曼光谱成像的可持续性和稳定性。

　　近年来，我国科学家在突破 TERS 成像的空间分辨率极限上取得了显著进展，改变了人们对于分子光谱成像不可能取得原子尺度空间分辨率的传统认知。侯建国和董振超等[100]率先实现了 TERS 在亚纳米尺度的分辨率，提出了分辨单个分子内部结构的光谱成像方法。他们通过将超高真空低温 STM（工作温度 78 K）与拉曼光谱相结合，采用 Ag 针尖在单晶 Ag（111）基底上实现了对一个卟啉类分子 [*meso*-tetrakis（3, 5-di-tertiarybutylphenyl）-porphyrin，H$_2$TBPP] 内部的光谱特征进行成像，并确定了这些光谱特征如何随分子取向变化。通过调节 STM 探针尖端与基底之间的隧穿间隙来精确调谐纳米腔的宽频等离子体共振（LSP）频段，使 LSP 的共振频谱与 Raman 跃迁相匹配，有效实现了拉曼激发和拉曼发射的双谐振增强，从而产生了超高分辨率的 TERS 成像（图 12-31）。

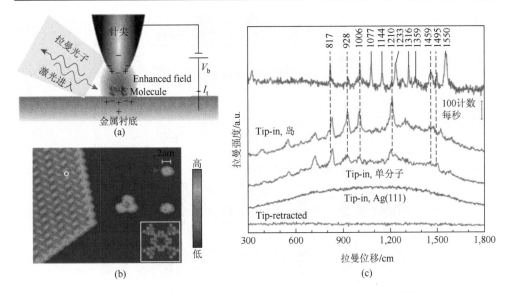

图 12-31　利用具备有序结构的针尖与样品获得的 TERS 谱图[100]

（a）共聚焦型侧向照明模式下的隧穿控制 TERS 的图示。（b）Ag（111）表面亚单层 $H_2TBPP$ 分子的 STM 形貌图。（c）不同条件下的 TERS 光谱。绿线为分子组装成岛的 TERS 光谱，红线为单个分子的 TERS 光谱，蓝线为干净 Ag（111）表面的 TERS 光谱，黑线为针尖远离表面 5 nm 的 TERS 谱线，棕线为 $H_2TBPP$ 分子的粉末样品的标准 Raman 谱图（封底二维码彩图）

单个 $H_2TBPP$ 卟啉分子的 TERS 成像（图 12-32）显示，在分子外部的花瓣状区域和分子中心区域可得到不同的拉曼散射特征峰，同时花瓣状区域的特征峰强度要强于分子中心处。针对 TERS 特征峰进行空间分布成像的清晰度也随特征峰位置和强度而变化，采用 1210 cm$^{-1}$ 及以下波数的特征峰成像时，四个花瓣状结构清晰可见且与中心处的对比度较强，而对 1210 cm$^{-1}$ 以上波数的特征峰成像时，则花瓣状结构变得模糊。这表明低波数的振动模式主要分布于花瓣状区域而高波数振动模式主要分布在分子中心，与理论模拟相符。图 12-32 还对比了 TERS 和 STM 成像，都获得了亚纳米的分辨率，作者估计其 TERS 成像的分辨率约为 0.5 nm，这是迄今为止空间分辨率最高的分子光谱成像。

传统认识认为受光可穿透金属针尖端部的深度所限，s-SNOM 和 TERS 在可见光和红外波段的空间成像分辨率极限应该在 10 nm 量级。然而，侯建国和董振超等在单个卟啉分子上所获得的空前的光学分辨率和灵敏度打破了这个传统认识。这个研究表明，光场几乎可以限制在任意小的区域，其只受所通过均匀介质中电子不再表现为自由粒子的介质尺寸所限；根据 Thomas-Fermi 屏蔽长度，这个尺寸限制约是 0.1 nm，低于该值则电子离域效应的影响将较为显著[101]。事实上，扫描近场光学显微镜技术之所以在以前没有达到这样高的空间分辨率，也可能是由于所采用的扫描探针仪器及测量环境并未着重考虑提升扫描探针本身的性能，

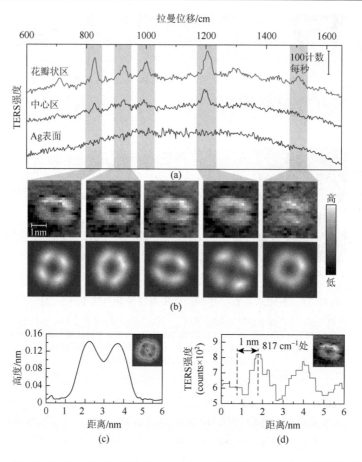

图 12-32　Ag（111）表面单个 H₂TBPP 分子的 TERS 空间成像[100]

（a）分子内不同区域的代表性 TERS 光谱，红线为分子的四周花瓣状区域处，蓝线为分子中心区域处，黑线为干净 Ag 表面处。（b）上部分给出了 H₂TBPP 分子在不同拉曼特征峰处的空间 TERS 成像图；下部分为理论模拟的 TERS 成像。（c）H₂TBPP 分子的 STM 形貌图（插图）所示的分子高度轮廓图。（d）与（c）所示高度轮廓相同位置处的 817 cm⁻¹ Raman 峰的 TERS 强度轮廓图（封底二维码彩图）

来获得原子分辨率。需要指出的是，与常规的拉曼或 TERS 光谱不同，在上述工作中测得的 TERS 信号可随入射激光的功率增加呈现非线性增大；作者将此归因于高阶非线性的响应产生信号，此外，TERS 信号对针尖的光学性质也表现出一定的敏感程度。这些因素都为进一步提高 TERS 的性能和应用提供了空间，并开辟了在分子尺度探测甚至控制材料的途径。

除了超高真空中获得的亚纳米分辨率 TERS 成像以外，任斌等[102]也展示了 TERS 成像在液相电化学体系中可获得 3 nm 的空间分辨率。他们采用一个被单层钯覆盖的单晶 Au（111）表面作为模型催化剂，通过对其表面进行 TERS 成像，成功地表征了该模型催化剂表面不同位点的电子与催化性质。在该研究中，作者通过电化学欠电位沉积的方法，在 Au（111）表面构筑了亚单层的 Pd 与 Au 衬底的界面，以异腈苯（phenyl isocyanide，PIC）为探针分子，通过 TERS 成像同时获得了相关联的 STM 形貌与 TERS 光谱。研究发现，与吸附在 Pd 平台位（terrace）上的 PIC 分子相比，吸附在 Pd 台阶位（step edge）的 PIC 分子 N≡C 三键削弱，振动频率降低，也导致 PIC 分子在台阶位更容易发生氧化（图 12-33）。与此同时，

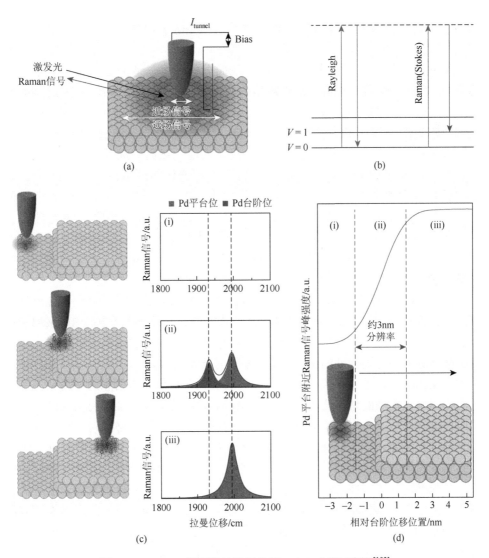

图 12-33　Pd/Au 界面的纳米级分辨 TERS 成像示意图[103]

（a）利用 STM 实现 TERS 的实验装置。信号主要来自于针尖下端的小部分区域。（b）Raman 散射的能级示意图显示出波长偏移的 Stokes 信号。（c）Raman 光谱可以解析来自不同表面不同吸附结构的振动峰。（d）TERS 可以在表面不同点获得 3 nm 空间分辨的化学信息（封底二维码彩图）

该工作还发现了台阶位的 TERS 信号相比于平台位更强，理论计算表明可能是由台阶位较强的等离激元光电场所致，这为等离激元共振效应的高空间分辨研究提供了基础。总体而言，该研究展示了高空间分辨 TERS 成像可在实际催化研究中实现，并具有在实空间上明确地解析催化剂的表界面构效关系的能力，有望推动对催化剂表面结构及反应机理的原位研究。

### 12.6.3　纳米傅里叶变换红外光谱技术（Nano-FTIR）

红外光谱是多相催化中广泛应用的表面分析技术，适应于原位反应条件下的实时观测。由于红外辐射（比较常用的是从 2.5～25 μm 的波长，对应于 400～4000 cm$^{-1}$）可以激发分子振动，声子、表面等离子激元和非金属导体的电子，通过对内禀的振动和电子模式的直接测量，傅里叶变换红外光谱（FTIR）可以提供分子和固体材料的无标记"指纹"化学表征。然而，红外光的微米尺度波长已经从根本上限制了红外光谱技术用于多相催化的纳米空间分辨成像，或者说任何需要纳米尺度化学信息的表征应用。此外，即使在微米级的空间分辨率，要取得高信噪比的傅里叶变换图谱，也必须通过高辐照度的光源来实现。虽然亚波长成像在一定程度上可以通过点扩散函数去卷积和衰减全反射技术来实现，但是 s-SNOM 的发展已经使 FTIR 可以开始向着纳米级空间分辨率成像迈进。

结合 FTIR 和 s-SNOM 的技术，通常也称为 Nano-FTIR[104]。其利用红外光束聚焦到扫描探针（通常是 AFM）的金属针尖末端，利用所激发的 LSP 来局部增强散射的红外信号，在探针扫描样品表面的同时，记录散射红外光的信息，进而产生样品表面的近场红外图像。和 TERS 只需要单色激光光源激发，与 CCD 检测相比，Nano-FTIR 要实现高分辨红外光谱成像，在局域光谱信息的获得和光源等方面都提出了更高的技术要求。由于从 AFM 探针悬臂和针尖散射出来的远场背景信号远强于从 AFM 针尖末端散射出来的近场信号，因此必须对近场红外信号的光强进行调制，才能从强散射背景中提取近场信息。利用针尖与样品间隙纳米腔的强电磁场，可以通过针尖在 z 方向的振动来调制电磁场强，进而对散射的近场信号强度进行周期性调制。当针尖以固定的机械振动频率 $\Omega$ 振动时，散射的近场红外信号会在探测器中产生频率为 $n\Omega$（$n = 1$、2、3、4、…）的周期性调制信号，通过锁相放大处理就可提取这些近场信号，同时剔除未受调制的背景信号（直流部分）。在一级近似上，Nano-FTIR 所获得近场红外光谱信号的空间分辨率与探针针尖顶点的曲率半径相当，从而不再受红外光波长的限制。由于近场信号调制的要求，目前的 Nano-FTIR 技术常将 AFM 在轻敲模式（tapping mode）下与 FTIR 光谱仪联用。

光源是目前 Nano-FTIR 技术发展的一个重要限制。传统的 FTIR 红外光源，如加热的灯丝或炽棒源，尽管总光通量较大，但缺乏空间相干性，难以聚焦，导致低光谱辐照度，从而严重限制了局域信号强度。在过去的研究中，也有人尝试采用加热的针尖或样品在热近场直接成像，利用增强的局域态密度及针尖散射光的空间相干性来提高信号强度，然而，这些方法仍不足以获得足够的信号强度来实现高空间分辨红外成像，同时又容易引起样品熔化等副作用而干扰测量。传统热源有限的功率，用于 s-SNOM 时只有强声子和等离子激元可以被成像，但是对于相对较弱的分子振动则难以分辨。因此，新型的红外近场光学显微镜或者 Nano-FTIR 商业化系统通常都采用激光器作为实验室光源，因为它们提供了高空间分辨率所必需的强频谱辐射，使扫描探针下的纳米级空间内产生可检测的信号。尽管红外纳米成像目前还比较费时，这些商业化系统已经可以在有限的波长范围实现红外光谱对材料表面的纳米成像，并广泛用于半导体器件，自由载流子的纳米级成像，高分子和生物样品的化学成分等方面的应用。此外，通过改进光谱仪的设计，采用一种非对称的 FTIR 光谱仪[105, 106]进行信号增强，也可将红外光谱的空间分辨率也可提高超过 1 个数量级。

在红外激光光源里，窄带连续波（continuous wave）可调谐激光器提供了最高的光谱辐照度，但这些激光器的窄调谐范围导致所采的纳米光谱通常只能覆盖 1 个振动模式。飞秒脉冲红外激光器增加了光谱带宽，可以覆盖多个振动模式，但是又牺牲了光谱辐照度和功率，难以实现可覆盖整个中红外区且具备足够功率的高重频源[107, 108]。总体而言，Nano-FTIR 目前所用最大的红外激光源的带宽也仅是常规红外热源提供的红外范围的一小部分。对于连续波和飞秒脉冲激光光源，通过光谱调谐以覆盖一个更宽的光谱范围通常容易伴生激光和样品的漂移，从而限制了 Nano-FTIR 的光谱质量[106, 109]。

与此相反，同步辐射提供的红外光源，是宽频谱，高亮度且空间相干的，克服了上述限制，并且光谱辐照度是热源的 1000 倍，光谱带宽比最宽的激光源也要宽超过 10 倍[107]。此外，同步光源的空间相干性和高光谱辐照度能使光以衍射限制聚焦，进而提高入射光与 AFM 针尖的耦合。同步光源的稳定性（如数据采集期间光照的最小波动，功率的高稳定性，以及稳定的光谱分布）还带来更好的信噪比，使有效信号可以在几分钟到几十分钟内取得。虽然宽带红外激光源还在持续发展，同步光源红外辐射是目前综合光谱辐照度、光谱范围、高重复频率等因素，可在单次采集中在整个中红外范围区域获得近场光谱的最优来源。结合同步辐射红外光源的 s-SNOM，目前已经展示了以优于 40 nm 空间分辨率获得覆盖整个中红外指纹区（700～5000 cm$^{-1}$）的分子振动光谱图，采集时间约为几秒钟，并且基于此的化学敏感的红外光谱成像可以在几分钟内收集完。这种技术通常被称为 synchrotron-radiation-based infrared nanospectroscopy 或者 SINS，其检测灵敏度为数百个分子或者化学键，从而使一个样品内的区域化学特性可以通过特征振动光谱峰成像来确定。

　　Gross 和 Toste 等[110]使用基于同步辐射红外纳米光谱（SINS）研究了直径约 100 nm 的 Pt 颗粒表面分子的反应性。他们将 N-杂环卡宾分子（N-heterocyclic carbene molecules，NHCs）锚定在 Pt 纳米颗粒的表面，并将这些颗粒沉积在硅片上，然后利用 SINS 研究了这些结合在 Pt 颗粒上的 NHC 分子的化学转化，光谱成像空间分辨率可达到 25 nm（图 12-34）。他们发现在氧化条件下，醇羟基（—OH）可以被氧化为羧酸基团（—COOH），而在还原条件下，羧酸基团可逆地被还原为醇羟基。利用 SINS 记录粒子不同位点处的官能团信息，即可得到相应位点所对应的催化活性。研究人员由此可以分辨具有不同活性的颗粒区域，结果表明，与颗粒顶部的平坦区域相比，包含低配位数金属原子的颗粒边缘的催化活性更高，能更有效地催化 NHC 分子中化学活性基团的氧化和还原（图 12-35）。此外，将样品暴露于轻度氧化或还原条件所得到的 IR 光谱与样品暴露于苛刻的氧化或还原条件的谱图相似，这也表明锚定分子在 Pt 颗粒上的不同取向对它们的吸附性质影响不大，除非发生了化学变化导致本征基团化学性质的改变。

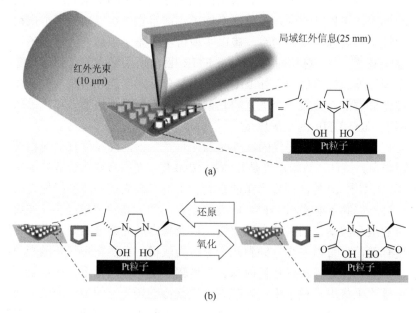

图 12-34　同步辐射红外纳米光谱的实验装置示意图[110]

　（a）羟基官能化的 NHC 分子（蓝色五边形）锚定于 Pt 粒子的表面。PtSi 材料制作的 AFM 针尖充当光学天线，将衍射限制的同步辐射红外光源（光斑为 10 μm）局域化，诱导出红外散射信号其空间分辨率为 25 nm。
　（b）在氧化条件下，催化活性的 Pt 纳米粒子将醇羟基氧化成羧基，且此过程可逆（封底二维码彩图）

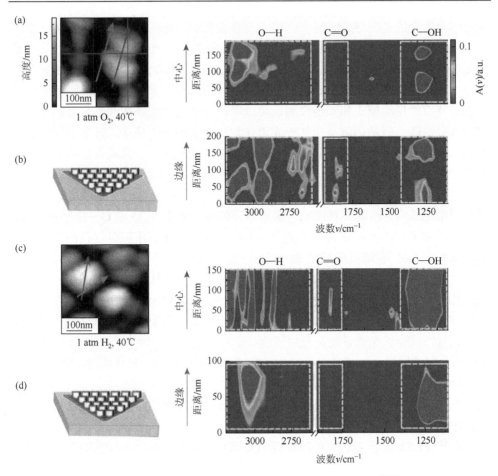

图 12-35　在 Pt 粒子中心和边缘的 SINS 红外纳米光谱[110]

（a）、（c）SINS 扫描线穿过 NHC 包覆 Pt 纳米粒子的中心（红线）和边缘（绿线），随后将样品暴露于温和的氧化（a）和还原（c）气氛下。虚线方框标识着 CO—H、C＝O 和 O—H 吸收峰的波数区域。（b）、（d）NHC 包覆的 Pt 粒子在暴露于还原（b）和氧化（d）条件的图示（封底二维码彩图）

　　这项研究展示了 Nano-FTIR 在催化研究中的可能性，将红外光谱的空间分辨率比远场技术提高了三个数量级。尽管其研究的颗粒仍比实际催化剂在 1~10 nm 的尺寸范围要大。这种折中是由于红外纳米光谱目前有限的空间分辨率，受限于针尖尖端直径（约 20 nm）来决定的。Nano-FTIR 当然也可以检测小纳米颗粒（＜10 nm）上表面分子的信号，但是只能提供其表面所有吸附分子的一个平均的红外信号，而不能对不同吸附部位的分子进行区分。

　　要使 Nano-FTIR 发挥其在催化研究中的潜力，目前还有很大的提高空间。首先，在时间分辨率上，即便利用同步辐射红外光源，目前每个单点的 Nano-FTIR 谱图的测量需要几分钟的时间。因此，无法做到原位实时地监测表面催化化学反应，因为反应的典型持续时间（<1 s）比单点红外光谱的获取时间短得多。在上述 Gross 等的研究中，取得单点的 FTIR 谱图需要大约 20 min 的时间，这导致他们无法实现 Nano-FTIR 成像，而仅限于线扫描测量。要对一个更大的面积成像，在技术上将更为挑战，还引起长时间扫描引起的热漂移等问题。当然，如果只限定某些特定的振动模式和频谱空间，可以考虑采用飞秒红外激光器来获得高时间和空间分辨率，但是仍需克服红外光谱在检测表面小分子振动灵敏度上的问题。在 Nano-FTIR 中，针尖极化了沿着针尖长轴方向的电场，因此测量主要对偶极矩平行于针尖的振动模式敏感，偶极矩平行于表面的振动将不会被检测到，这和远场单晶反射红外的表面选律相同。在已展示的研究中，对于表面单层分子的振动，目前比较容易检测具备高红外吸收截面的键，如 $C=O$ 和 $O—H$ 伸缩模式，而 $C—H$ 和 $C—C$ 伸缩模式的检测尚较具挑战性，需要利用可激发表面等离子场的金属（如 Au）来增强局域的 IR 信号。

在一定程度上，Nano-FTIR 与 TERS 是可以互补的技术，它们都通过针尖与光的相互作用来克服光的衍射极限，以高空间分辨率检测表面上的分子振动。Nano-FTIR 具有几个优势：①红外吸收截面比拉曼要高很多，从而导致所需的光通量较低，减少了光诱导副反应的可能；②与拉曼相比，IR 散射或吸收是线性现象，因此限域增强红外信号受到针尖结构变化的影响较小。与此同时，Nano-FTIR 用于原位催化研究也受限于需要高亮度，高度相干的宽带光源（同步光源），以及由较长采谱时间导致的有限时间分辨率。TERS 则可以在样品表面上以几秒的时间分辨率来识别吸附物种和跟踪化学反应。

前述 TERS 在超高真空中所展现的亚纳米分辨率，也显示目前的 Nano-FTIR 在空间分辨率上还存在着很多提高空间，而非简单地将扫描近场光学显微镜的空间分辨率归由针尖顶端直径确定。目前的商业化 s-SNOM 系统为了减少针尖对样品的破坏和干扰，通常采取轻敲模式 AFM 来最小化针尖-表面相互作用，以检测表面弱结合的物种，但这种方式也造成了针尖和表面之间较长的距离，从而减少了红外信号的增强。与此同时，s-SNOM 装置的稳定性、振动隔离及新型针尖的开发都有望进一步改善该技术的灵敏度和空间分辨率。

## 12.6.4 光学激发的针尖探测方法

另外一种利用扫描探针进行纳米级光谱和亚波长成像的方法是利用光学手段激发，而采用扫描探针来探测与成像。这种方法可以与各种不同波段的光相结合，以克服 s-SNOM 的一些弱点，这里面发展较快的是基于 AFM 的红外光谱技术（atomic force microscopy-based infrared spectroscopy，AFM-IR）[111, 112]，其与 s-SNOM 的显著差异在于，AFM-IR 测量样品吸收的光，而 s-SNOM 则测量样品散射的光。在样品是强烈的光散射体的情况下，s-SNOM 技术表现较佳；而对于较弱的红外散射，且针尖和样品作用较为复杂的情况下，AFM-IR 测量则可以相对快速并且直接获得吸收光谱。

AFM-IR 的工作原理[111, 112]，是通过使用 AFM 的悬臂针尖来检测由 IR 辐射引起的局部吸收产生的样品热膨胀，来获得局域的红外吸收光谱。在实验室设备中，AFM-IR 通常采用可调谐的红外激光器，来聚焦照射 AFM 探针尖端附近的样品区域，IR 吸收引起对悬臂尖端探测原子力的冲击，造成 AFM 悬臂探头的振荡；通过测量 AFM 探针对 IR 吸收的响应作为波长的函数，就可以在纳米尺度得到样品表面区域的 IR 吸收光谱。目前，我们对 AFM 针尖所探测的由于红外吸收导致的瞬态力的机制尚不太明晰，比较通用的一个理解是红外辐照导致样品局域温度升高，带来样品瞬时的热膨胀，这种热膨胀对悬臂振荡带来一个冲击力[111]。在大多数情况下，悬臂的振荡幅度与吸收光的量成正比，也与样品的吸收系数成正比。这些性质在样品的特定点保持恒定，因此，在样品上的固定点处测量悬臂的振荡幅度作为波数的函数，可以提供与其相应吸收系数成正比的信号，即获得局域 IR 吸收光谱。

AFM-IR 通常通过测量悬臂振荡幅度随波长（在光谱学的情况下）或样品位置（用于化学成像）的变化来进行，而悬臂的振荡幅度主要关注其峰-峰振荡幅度或悬臂的本征模振荡幅度。在某些情况下，可采用高阶模式来提高信噪比和改善由靠近悬臂的空气加热而导致的非局部背景力的排斥。通过采用高重复频率的 QCL 激光器来匹配 AFM 悬臂的共振，可以将悬臂振荡从衰减的瞬态振荡变为连续波振荡，从而允许更多的检测红外吸收，显著提高检测灵敏度。当然，相对 s-SNOM 作为一个表面敏感技术，AFM-IR 对红外的吸收深入到样品更深处，目前这种技术主要适用于高厚度的分子聚集体（>40~80 nm）[111, 113, 114]，还未出现可以分辨单层或亚单层吸附物种结构的催化或表面反应报道。在一定程度上，AFM-IR 对表界面单分子层不敏感的特点限制了目前其在催化反应中的应用。

光学激发的针尖探测方法的空间分辨率极限目前还有很大的提高空间。如前TERS 研究中所展现的，超高真空 STM 所具有的亚原子级空间分辨和更为精细的调制可以帮助提高光谱成像的空间分辨率和表面灵敏度。同样地，基于超高真空STM 所开发的红外扫描隧道显微镜（IRSTM）已经可以用来表征亚单层的分子在固体表面的红外吸收，表现出比非弹性电子隧道谱（IETS）更好的分子振动谱分辨率，并且最近的研究表明其可用来区分精细的化学结构，如单晶 Au（111）表面的两种四金刚烷异构体（[121]tetramantane 和[123]tetramantane）[114]。IRSTM 的主要工作原理是在可变波数的单色红外辐照下,利用隧穿模式下的 STM 针尖来检测分子红外吸收导致的样品热膨胀。当表面没有分子吸收时，恒定电流模式下的

STM 针尖检测到了晶体样品本身在垂直于其表面的方向上的热膨胀；当表面存在吸附分子，每当光的波长被调谐到分子振动共振时，则出现分子吸收，激发分子振动态。这种激发态通常在 10 ps 内弛豫并将能量转移到基底上，从而引起在该波长处的额外表面膨胀（表面膨胀有无分子之间的差异）。目前的研究表明，IRSTM 所获得红外光谱和传统的远场红外光谱是可以相互对应的。

除了分子振动光谱，利用光学激发的针尖探测方法还可以帮助其他表面化学分析手段提高空间分辨率。这里面一个充满希望的结合是超高真空 STM 与同步辐射 X 射线的结合，一种称为同步加速器 X 射线扫描隧道显微镜（synchrotron X-ray scanning tunneling microscopy，SX-STM）的新技术[115, 116]。通过在隧穿模式下，使用单色 X 射线照射针尖的隧穿结，以 X 射线激发调制隧穿电流，在 X 射线能量处于样品局域元素的共振吸收位置时，隧穿电流会大幅增大，从而获得化学对比度信息。当然要实现亚纳米的 X 射线吸收谱还有很多困难。第一，由 X 射线激发的电子不仅仅穿入针尖尖端，而且也可以由针尖侧壁吸收（这降低了空间分辨率）。第二，由于光电子由样品中喷出在远场提供了一种欺骗性的电流信号，STM 反馈控制器会将针尖提出隧穿状态。第三，测量的针尖电流是常规隧穿电流（与样品表面起伏相关）和 X 射线激发电子（其携带材料的化学信息）的总和，需要提取激发电子的信息。通过开发新型的智能针尖，以及表面形貌过滤器，目前已经在解决上述问题上取得了进展，在一定程度上展现了具有原子灵敏度的直接元素成像的可能。当然上述这些技术还处在概念性开发的阶段，要运用到实际的催化研究中还有很长的路要走，但是这些进展体现了将扫描探针与光学手段相结合，将表面与纳米研究带入一个更深层次的可能。

# 12.7　结　束　语

扫描隧道显微镜和原子力显微镜在过去的 30 年间，取得了长足的技术进步，在催化与表面科学领域发挥着重要的作用。从前述应用实例看，扫描隧道显微镜和原子力显微镜在催化剂表面结构的原子解析、表面催化反应机理和动力学的可视化方面有着独到的优势，且能在不同反应气氛、压力和介质环境下工作。而将扫描探针技术与分子光谱技术的结合以实现纳米光谱技术，如针尖增强拉曼光谱与纳米傅里叶变换红外光谱等，有望从实现催化剂原子结构以及反应/产物分子的振动结构的联合表征与关联。可以看到，扫描探针技术的发展，为纳米光谱技术的开发提供了一个很好的机会。尽管纳米光谱技术尚处于起步阶段，还未能广泛地用于多相催化剂的原位实时研究；但是现有研究已经表明了将纳米光谱技术用于催化研究的可行性，并且还有很大的发展空间来成为新一代的催化研究必备工具。

# 参 考 文 献

[1]　Langmuir I. J Am Chem Soc，1918，40：1361-1403.

[2]　Langmuir I. Physical Review，1915，6：79-80.

[3]　Langmuir I. Transactions of the Faraday Society，1922，17：621-654.

[4]　Ertl G. Angew Chem Int Ed，2008，47：3524-3535.

[5]　Binnig G，Rohrer H，Gerber C，et al. Phys Rev Lett，1982，49：57-61.

[6]　Wiesendanger R. Scanning Probe Microscopy and Spectroscopy：Methods and Applications. Cambridge：Cambridge University Press，1994.

[7]　Bai C. Scanning tunneling microscopy and its application. Springer Science & Business Media，2000：32.

[8]　Chen C J. Introduction to Scanning Tunneling Microscopy. New York：Oxford University Press，1993.

[9]　Eaton P，West P. Atomic Force Microscopy. 1 edition. Oxford：Oxford University Press，2010：256.

[10]　García R. Amplitude Modulation Atomic Force Microscopy. Wiley-VCH Verlag GmbH & Co. KGaA，2010：1-179.

[11]　里卡多·加西亚，程志海，裘晓辉. 振幅调制原子力显微术. 1 版. 北京：科学出版社，2016：204.

[12]　王佳，武晓宇，孙琳. 扫描近场光学显微镜与纳米光学测量. 北京：科学出版社，2016.

[13]　Novotny L，Hecht B. Principles of Nano-Optics. Cambridge：Cambridge University Press，2006.

[14]　Yang F，Goodman D W. *In situ* STM studies of model catalysts. In Scanning Tunneling Microscopy in Surface Science，Nanoscience and Catalysis，Wiley-VCH Verlag GmbH，2010：55-95.

[15]　Kolasinski K W. 2. Experimental Probes and Techniques// Surface Science：Foundations of Catalysis and Nanoscience，Third Edition. John Wiley & Sons，Ltd，2012：51-114.

[16]　Eigler D M，Weiss P S，Schweizer E K，et al. Phys Rev Lett，1991，66：1189.

[17]　Hamers R J. Annu Rev Phys Chem，1989.

[18]　Freund H J，Meijer G，Scheffler，et al. Angew Chem Int Ed，2011，50：10064-10094.

[19]　Hahn J R，Ho W. Phys Rev Lett，2001，87：166102/1-166102/4.

[20]　Meyer G，Repp J，Zöphel S，et al. Single Molecules，2000，1：79-86.

[21]　Hla S W，Rieder K H. Annu Rev Phys Chem，2003，54：307-330.

[22]　Hla S W. J Vac Sci Technol B，2005，23：1351-1360.

[23]　Ho W. J Chem Phys 2002，117：11033-11061.

[24]　Wintterlin J，Trost J，Renisch S，et al. Surf Sci，1997，394：159-169.

[25]　Wong K L，Rao B V，Pawin G，et al. J Chem Phys，2005，123：201102.

[26]　Longwitz S R，Schnadt J，Vestergaard E K，et al. J Phys Chem B，2004，108：14497-14502.

[27]　Vestergaard E K，Thostrup P，An T，et al. Phys Rev Lett 2002，88：259601.

[28]　Osterlund L，Rasmussen P B，Thostrup P，et al. Phys Rev Lett，2001，86：460-463.

[29]　Thostrup P，Vestergaard E K，An T，et al. J Chem Phys，2003，118：3724-3730.

[30]　Vang R T，Wang J G，Knudsen J，et al. J Phys Chem B，2005，109：14262-14265.

[31]　Salmeron M. Top Catal，2005，36：55-63.

[32]　Mitsui T，Rose M K，Fomin E，et al. Surf Sci，2003，540：5-11.

[33]　Mitsui T，Rose M K，Fomin E，et al. Nature，2003，422：705-707.

[34]　Diebold U. Surf Sci Rep，2003，48：53-229.

[35]　Wendt S，Schaub R，Matthiesen J，et al. Surf Sci，2005，598：226-245.

[36]　Bikondoa O，Pang C L，Ithnin R，et al. Nat. Mater. 2006，5，189-192.

[37]　Wendt S，Matthiesen J，Schaub R，et al. Phys Rev Lett. 2006，96.

[38]　Li S C，Zhang Z，Sheppard D，et al. J Am Chem Soc，2008，130：9080-9088.

[39]　Zhang Z，Bondarchuk O，Kay B D，et al. J Phys Chem B，2006，110：21840-21845.

[40]　Zhang Z R，Bondarchuk O，White J M，et al. J Am Chem Soc，2006，128：4198-4199.

[41]　Zhang Z，Bondarchuk O，Kay B D，et al. J Phys Chem C，2007，111：3021-3027.

[42]　Sachs C，Hildebrand M，Volkening S，et al. Science，2001，293：1635-1638.

[43]　Volkening S，Bedurftig K，Jacobi K，et al. Phys Rev Lett，1999，83：2672-2675.

[44]　Wintterlin J，Volkening S，Janssens T V W，et al. Science，1997，278：1931-1934.

[45]　Nakagoe O，Watanabe K，Takagi N，et al. J Phys Chem B，2005，109：14536-14543.

[46]　Nakagoe O，Watanabe K，Takagi N，et al. Phys Rev Lett，2003，90：226105-226104.

[47]　Mcintyre B J，Salmeron M，Somorjai G A. J Vac Sci Technol A，1993，11：1964-1968.

[48]　Hendriksen B L M，Frenken J W M. Phys Rev Lett，2002，89：046101.

[49]　Hendriksen B L M，Bobaru S C，Frenken J W M. Top Catal，2005，36：43-54.

[50]　Fu Q，Li W X，Yao Y，et al. Science，2010，328：1141-1144.

[51]　Fu Q，Yang F，Bao X. Acc Chem Res，2013，46：1692-1701.

[52]　Liu Y，Ning Y，Yu L，et al. ACS Nano，2017，11：11449-11458.

[53]　Liu Y，Yang F，Zhang Y，et al. Nat Commun，2017，8：14459.

[54]　Zeuthen H，Kudernatsch W，Peng G，et al. J Phys Chem C，2013，117：15155-15163.

[55]　Yang F，Trufan E，Adams R D，et al. J Phys Chem C，2008，112：14233-14235.

[56]　Bowker M. Bowker L J，Bennett R A，et al. J Mol Catal A：Chem，2000，163：221-232.

[57]　Yang F，Chen M S，Goodman D W. J Phys Chem C，2009，113：254-260.

[58]　Binnig G，Quate C F，Gerber C. Phys Rev Lett，1986，56：930-933.

[59]　Martin Y，Williams C C，Wickramasinghe H K. J Appl Phys，1987，61：4723-4729.

[60]　Albrecht T R，Grütter P，Horne D，et al. J Appl Phys，1991，69：668-673.

[61]　Zhong Q，Inniss D，Kjoller K，et al. Surf Sci，1993，290：L688-L692.

[62]　Hansma P K，Cleveland J P，Radmacher M，et al. Appl Phys Lett，1994，64：1738-1740.

[63]　Putman C A J，Grooth B G D，Hulst N F V，et al. Appl Phys Lett，1994，64：2454-2456.

[64]　Giessibl F J. Appl Phys Lett，1998，73：3956-3958.

[65]　Giessibl F J. Appl Phys Lett. 2000，76：1470-1472.

[66]　Giessibl F J. Reviews of Modern Physics，2003，75：949-983.

[67]　Sugimoto Y，Pou P，Abe M，et al. Nature，2007，446：64-67.

[68]　Gross L，Mohn F，Moll N，et al. Science，2009，325：1110-1114.

[69]　Gross L. Nature Chemistry，2011，3：273-278.

[70]　García R. Amplitude Modulation Atomic Force Microscopy. Wiley-VCH Verlag GmbH & Co. KGaA：Weinheim，Germany，2010.

[71]　袁秉凯，陈鹏程，仉君，等. 物理化学学报，2013：1370-1384.

[72]　Voigtländer B. Scanning probe microscopy：atomic force microscopy and scanning tunneling microscopy. Springer：Berlin New York Dordrecht，2015：382.

[73]　Giessibl F J. Materials Today，2005，8：32-41.

[74]　Esch F，Fabris S，Zhou L，et al. Science，2005，309：752-755.

[75]　Altman E I，Baykara M Z，Schwarz U D. Accounts Chem Res，2015，48：2640-2648.

[76]　Lauritsen J V，Reichling M. Journal of physics，Condensed matter：an Institute of Physics journal 2010，22：263001.

[77]　Barth C，Reichling M. Nature，2001，414：54-57.

[78]　Lauritsen J V，Jensen M C R，Venkataramani K，et al. Phys Rev Lett，2009，103：076103.

[79]　Jensen T N，Meinander K，Helveg S，et al. Phys Rev Lett，2014，113：106103.

[80]　Stetsovych O，Todorović M，Shimizu T K，et al. Nat Commun，2015，6：7265.

[81]　Fernández-Torre D，Yurtsever A，Onoda J，et al. Phys Rev B，2015，91：075401.

[82]　Torbrügge S，Reichling M，Ishiyama A，et al. Phys Rev Lett，2007，99.

[83]　Oyabu N，Pou P，Sugimoto Y，et al. Phys Rev Lett，2006，96：106101.

[84]　Gross L，Mohn F，Liljeroth P，et al. Science，2009，324：1428-1431.

[85]　Emmrich M，Huber F，Pielmeier F，et al. Science，2015，348：308-311.

[86]　Gross L，Mohn F，Moll N，et al. Science，2012，337：1326-1329.

[87]　Zhang J，Chen P，Yuan B，et al. Science，2013，342：611-614.

[88]　Oteyza D G，Gorman P，Chen Y C，et al. Science，2013，340：1434-1437.

[89]　Riss A，Paz A P，Wickenburg S，et al. Nature Chemistry，2016，8：678-683.

[90]　Fukuma T，Ueda Y，Yoshioka S，et al. Phys Rev Lett，2010，104：016101.

[91]　Martin-Jimenez D，Chacon E，Tarazona P，et al. Nat Commun，2016，7：12164.

[92]　Hapala P，Temirov R，Tautz F S，et al. Phys Rev Lett，2014，113：226101.

[93]　Lauhon L J，Ho W. Rev Sci Instrum，2001，72：216-223.

[94]　Synge E H. The London，Edinburgh，and Dublin Philosophical Magazine and Journal of Science，1928，6：356-362.

[95]　Binnig G，Rohrer H，Gerber C，et al. Appl Phys Lett，1982，40：178-180.

[96]　Pohl D W，Denk W，Lanz M. Appl Phys Lett，1984，44：651-653.

[97]　Fischer U C，Pohl D W. Phys Rev Lett，1989，62：458-461.

[98]　van Schrojenstein Lantman E M，Deckert-Gaudig T，Mank A J G，et al. Nat Nano，2012，7：583-586.

[99]　Kumar N，Stephanidis B，Zenobi R，et al. Nanoscale，2015，7：7133-7137.

[100]　Zhang R，Zhang Y，Dong Z C，et al. Nature，2013，498：82-86.

[101]　Atkin J M，Raschke M B. Nature，2013，498：44.

[102]　Zhong J H，Jin X，Meng L，et al. Nat Nanotechnol，2017，12：132-136.

[103]　Goubert G，Van Duyne R P. Nat Nano，2017，12：100-101.

[104]　Keilmann F，Hillenbrand R. Philos Trans R Soc Lond Ser A-Math Phys Eng Sci，2004，362：787-805.

[105]　Russell E E，Bell E E. J Opt Soc Am，1967，57：341-348.

[106]　Huth F，Schnell M，Wittborn J，et al. Nat Mater，2011，10：352-356.

[107]　Bechtel H A，Muller E A，Olmon R L，et al. Proc Natl Acad Sci USA，2014，111：7191-7196.

[108]　Jones A C，O'Callahan B T，Yang H U，et al. Prog Surf Sci，2013，88：349-392.

[109]　Huth F，Govyadinov A，Amarie S，et al. Nano Lett，2012，12：3973-3978.

[110]　Wu C Y，Wolf W J，Levartovsky Y，et al. Nature，2017，541：511-515.

[111]　Dazzi A，Prater C B. Chem Rev，2016.

[112]　Dazzi A，Prater C B，Hu Q，et al. Appl. Spectrosc. 2012，66：1365-1384.

[113] Felts J R，Kjoller K，Lo M，et al. ACS Nano，2012，6：8015-8021.

[114] Pechenezhskiy I V，Hong X，Nguyen G D，et al. Phys Rev Lett，2013，111：126101.

[115] Rose V，Shirato N，Rosenmann D，et al. Characterizing physical，chemical，and magnetic properties at the nanoscale. SPIE，2017.

[116] Kersell H，Shirato N，Cummings M，et al. Appl Phys Lett 2017，111：103102.

作者简介 ─────────────────────────────

**杨帆**，男，1980 年生。中国科学院大连化学物理研究所研究员。2001 年于北京大学获学士学位；2007 年于美国得克萨斯 A&M 大学获博士学位；2008～2012 年，先后在美国得克萨斯 A&M 大学、布鲁克海文国家实验室从事博士后研究；2012 年 8 月起在中国科学院大连化学物理研究所催化基础国家重点实验室工作，入选第五批"青年千人计划"学者。主要从事从模型体系出发的表界面催化基础研究，研究内容涉及对金属-氧化物界面和规整纳米结构表面的催化反应的原子/分子尺度理解，以及开发基于扫描探针技术的原位反应研究方法。

 作者简介 ─────────────────────────────

**刘云**，男，1989 年生。2011 年于华中科技大学获工学学士学位。2017 年于中国科学院大连化学物理研究所获理学博士学位，师从包信和院士和杨帆研究员。2017 年 9 月起，在德国马普协会 Fritz-Haber 研究所进行博士后研究。研究兴趣为模型催化剂在原子/分子尺度的构效关系，开发结合红外自由电子激光与扫描探针的纳米光谱技术等。

作者简介 ————————————

**包信和**，男，1959 年生。理学博士，研究员，博士生导师。2009 年当选为中国科学院院士；2011 年当选为发展中国家科学院院士。1987 年获复旦大学理学博士学位；1987～1989 年在复旦大学化学系任教；1989～1995 年获洪堡基金资助在德国马普协会 Fritz-Haber 研究所进行合作研究；1995 年至今，在中国科学院大连化学物理研究所工作，任催化基础国家重点实验室研究员，所学术委员会主任，洁净能源国家实验室（筹）能源基础和战略研究部部长，中国科学院研究生院教授；2000 年 8 月至 2007 年 2 月，任中国科学院大连化学物理研究所所长；2009 年 4 月至 2014 年 6 月任中国科学院沈阳分院院长；2015 年 7 月至 2017 年 6 月任复旦大学常务副校长；2017 年 6 月起任中国科学技术大学校长。2016 年当选为英国皇家化学会荣誉会士。

长期从事新型催化材料的创制和能源清洁高效转化过程的研发，在催化基础理论的发展和新催化剂开发、应用等方面取得了重要研究成果。发现和阐述了纳米限域条件下催化剂活性中心的结构、电子特性和催化活性间的关联机制和作用规律，在国际上首次提出了"纳米限域催化"概念，并在一维碳管、二维界面和三维晶格中获得拓展和完善，初步形成了理论体系。以此概念为指导，带领团队发展出了高性能的一氧化碳选择氧化催化剂；创制晶格限域的单铁催化剂，实现了甲烷无氧转化直接制烯烃和高值化学品；首创氧化物和分子筛纳米复合催化剂和催化过程，成功实现煤基合成气一步转化直接制低碳烯烃。为碳基资源的高效、清洁利用开辟了新途径，在国际学术界和产业界形成了重大影响。相关研究成果分别于 2014 年和 2016 年入选"中国科学十大进展"。

发表论文 660 余篇，申报国际、国内专利 140 余件。1995 年获国家杰出青年基金资助。先后获得香港求是"杰出青年学者奖"（1996 年），国家自然科学二等奖（2005 年），辽宁省自然科学一等奖（2009 年），何梁何利科学与技术进步奖（2012 年），周光召基金会基础科学奖（2015 年），中国科学院杰出科技成就奖（2015 年），第五届中国化学会-中国石油化工股份有限公司化学贡献奖（2016 年），国际天然气转化杰出成就奖（2016 年），德国催化学会 Alwin Mittasch 奖（2017 年）等奖项。2017 年团队获首届全国创新争先奖奖牌。*J. of Energy Chemistry* 期刊（Elsevier）共同主编，《中国科学》《国家科学评论（NSR）》及 *Angew. Chem. Int-Ed*、*Energy & Env. Sci.*、*Surf. Sci. Report* 等学术期刊编委和顾问编委。中国化学会第二十七届常务理事，第二十八届、第二十九届副理事长。

# 附录1　历届国际催化大会

ICC'01（1956），Philadelphia（USA）

ICC'02（1960），Paris（France）

ICC'03（1964），Amsterdam（The Netherlands）

ICC'04（1968），Moscow（Russia）

ICC'05（1972），Palm Beach（USA）

ICC'06（1976），London（UK）

ICC'07（1980），Tokyo（Japan）

ICC'08（1984），Berlin（Germany）

ICC'09（1988），Calgary（Canada）

ICC'10（1992），Budapest（Hungary）

ICC'11（1996），Baltimore（USA）

ICC'12（2000），Granada（Spain）

ICC'13（2004），Paris（France）

ICC'14（2008），Seoul（South Korea）

ICC'15（2012），Munich（Germany）

ICC'16（2016），Beijing（China）

# 附录2 历届全国（中国）催化大会

第一届全国催化与动力学学术交流会，1981 年，成都

第二届全国催化科学学术报告会，1984 年，厦门

第三届全国催化学术报告会，1986 年，上海

第四届全国催化学术报告会，1988 年，天津

第五届全国催化学术报告会，1990 年，兰州

第六届全国催化学术报告会，1992 年，上海

第七届全国催化学术报告会，1994 年，大连

第八届全国催化学术报告会，1996 年，厦门

第九届全国催化学术报告会，1998 年，北京

第十届全国催化学术报告会，2000 年，张家界

第十一届全国催化学术报告会，2002 年，杭州

第十二届全国催化学术报告会，2004 年，北京

第十三届全国催化学术报告会，2006 年，兰州

第十四届全国催化学术报告会，2008 年，南京

第十五届全国催化学术报告会，2010 年，广州

第十六届全国催化学术报告会，2012 年，沈阳

第十七届全国催化学术报告会，2014 年，杭州

第十八届全国催化学术报告会，2017 年，天津

# 附录3　*Studies in Surface Science and Catalysis* 丛书书目

由比利时 B. Delmon 教授和美国的 J. T. Yates 教授主编的 *Studies in Surface Science and Catalysis* 催化丛书已出版了 177 卷，其中四卷由中国催化科学家主编（170、165、147、112 卷）。这是目前全世界最全的一套催化丛书!

**Volume 177**

pp. 1-692（2017）

Morphological，Compositional，and Shape Control of Materials for Catalysis

Edited by Paolo Fornasiero and Matteo Cargnello

ISBN：978-0-12-805090-3

**Volume 176**

pp. 1-181（2013）

Heterogeneous Catalysis of Mixed Oxides Perovskite and Heteropoly Catalysts

Edited by Makoto Misono

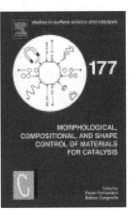

Studies in Surface
Science and Catalysis

**Volume 175**

pp. 1-857（2010）

Scientific Bases for the Preparation of Heterogeneous Catalysts Proceedings of the 10th International Symposium，Louvain-la-Neuve，Belgium，July 11-15，2010

Edited by E. M. Gaigneaux，M. Devillers，S. Hermans，P. A. Jacobs，J. A. Martens and P. Ruiz

**Volume 174，Part B**

pp. 757-1387（2008）

Zeolites and related materials：Trends，targets and challenges，Proceedings of the 4 International FEZA Conference

Edited by Antoine Gédéon，Pascale Massiani and Florence Babonneau

**Volume 174，Part A**

pp. 3-754（2008）

Zeolites and related materials: Trends, targets and challenges, Proceedings of the 4 International FEZA Conference

Edited by Antoine Gédéon, Pascale Massiani and Florence Babonneau

**Volume 173**

pp. 1-592（2007）

Alkene Polymerization Reactions with Transition Metal Catalysts

Edited by Yury V. Kissin

**Volume 172**

pp. 1-652（2007）

5th Tokyo Conference on Advanced Catalytic Science and Technology

Edited by K. Eguchi, M. Machida and I. Yamanaka

**Volume 171**

pp. 1-410（2007）

Past and Present in DeNO$_x$ Catalysis From Molecular Modelling to Chemical Engineering

Edited by P. Granger and V. I. Pârvulescu

**Volume 170**

pp. 3-2171（2007）

From Zeolites to Porous MOF Materials—The 40th Anniversary of International Zeolite Conference, Proceedings of the 15 International Zeolite Conference

Edited by Ruren Xu, Zi Gao, Jiesheng Chen and Wenfu Yan

**Volume 169**

pp. 1-387（2007）

Catalyst for Upgrading Heavy Petroleum Feeds

Edited by Edward Furimsky

**Volume 168**

pp. 1-1058（2007）

Introduction to Zeolite Science and Practice

Edited by JiříČejka, Herman van Bekkum, Avelino Corma and Ferdi Schüth

**Volume 167**

pp. 1-532（2007）

Natural Gas Conversion Ⅷ, Proceedings of the 8th Natural Gas Conversion Symposium

Edited by Fábio Bellot Noronha, Martin Schmal and Eduardo Falabella Sousa-Aguiar

**Volume 166**

pp. 1-319（2007）

Fluid Catalytic Cracking Ⅶ Materials，Methods and Process Innovations

Edited by M. L. Ocelli

**Volume 165**

pp. 1-922（2007）

Recent Progress in Mesostructured Materials Proceedings of the 5 International Mesostructured Materials Symposium（IMMS2006），Shanghai，P. R. China，August 5-7，2006

Edited by Dongyuan Zhao，ShilunQiu，Yi Tang and Chengzhong Yu

**Volume 164**

pp. 1-406（2007）

Biocatalysis in Oil Refining

Edited by M. M. Ramérez-Corredores and Abhijeet P. Borole

**Volume 163**

pp. 1-420（2007）

Fischer-Tropsch Synthesis，Catalyst and Catalysis

Edited by B. H. Davis and M. L. Occelli

**Volume 162**

pp. 1-1048（2006）

Scientific Bases for the Preparation of Heterogeneous Catalysts

Edited by E. M. Gaigneaux，M. Devillers，D. E. De Vos，S. Hermans，P. A. Jacobs，J. A. Martens and P. Ruiz

**Volume 161**

pp. 4-282（2006）

Progress in Olefin Polymerization Catalysts and Polyolefin Materials

Edited by Takeshi Shiono，Kotohiro Nomura and Minoru Terano

**Volume 160**

pp. 1-734（2007）

Characterization of Porous Solids Ⅶ Proceedings of the 7th International Symposium on the Characterization of Porous Solids（COPS-Ⅶ），Aix-en-Provence，France，26-28 May 2005

Edited by P. L. Llewellyn，F. Rodriquez-Reinoso，J. Rouqerol and N. Seaton

**Volume 159**

pp. 1-951（2006）

New Developments and Application in Chemical Reaction Engineering

Edited by Hyun-Ku Rhee，In-Sik Nam and Jong Moon Park

**Volume 158，Part B**

pp. 955-2144（2005）

Molecular Sieves：From Basic Research to Industrial Applications，Proceedings of the 3 International Zeolite Symposium（3 FEZA）

Edited by J. Čejka，N. Žilková and P. Nachtigall

**Volume 158，Part A**

pp. 1-954（2005）

Molecular Sieves：From Basic Research to Industrial Applications，Proceedings of the 3 International Zeolite Symposium（3 FEZA）

Edited by J. Čejka，N. Žilková and P. Nachtigall

**Volume 157**

pp. 1-380（2005）

Zeolites and Ordered Mesoporous Materials：Progress and Prospects

Edited by J. Ĉejka and H. van Bekkum

**Volume 156**

pp. 1-984（2005）

Nanoporous Materials Ⅳ，Proceedings of the 4 International Symposium on Nanoporous Materials

Edited by AbdelhamidSayari and MietekJaroniec

**Volume 155**

pp. 1-538（2005）

Oxide Based Materials New sources，novel phases，new applications

Edited by Aldo Gamba，Carmine Colella and Salvatore Coluccia

**Volume 154，Part C**

pp. 2118-3114（2004）

Recent Advances in the Science and Technology of Zeolites and Related Materials，Proceedings of the 14 International Zeolite Conference

Edited by E. van Steen，M. Claeys and L. H. Callanan

**Volume 154，Part B**

pp. 1160-2117（2004）

Recent Advances in the Science and Technology of Zeolites and Related Materials Part B，Proceedings of the 14 International Zeolite Conference

Edited by E. van Steen，M. Claeys and L. H. Callanan

**Volume 154，Part A**

pp. 1-1159（2004）

Recent Advances in the Science and Technology of Zeolites and Related Materials，Proceedings of the 14 International Zeolite Conference

Edited by E. van Steen，I. M. Claeys and L. H. Callanan

**Volume 153**

pp. 1-606（2004）

Carbon Dioxide Utilization for Global Sustainability，Proceedings of 7th International Conference on Carbon Dioxide Utilization

Edited by Sang-Eon Park，Jong-San Chang and Kyu-Wan Lee

**Volume 152**

pp. 1-700（2004）

Fischer-Tropsch Technology

Edited by André Steynberg and Mark Dry

**Volume 151**

pp. 1-545（2004）

Petroleum Biotechnology Developments and Perspectives

Edited by Rafael Vazquez-Duhalt and Rodolfo Quintero-Ramirez

**Volume 150**

pp. 1-350（2004）

Coal and Coal-Related Compounds Structures，Reactivity and Catalytic Reactions

Edited by Toshiaki Kabe，Atsushi Ishihara，EikaWeihua Qian，I Putu Sutrisna and Yaeko Kabe

**Volume 149**

pp. 1-381（2004）

Fluid Catalytic Cracking VI Preparation and Characterization of Catalysts，Proceedings of the 6th International Symposium in Fluid Cracking Catalysts（FCCs）

Edited by M. Occelli

**Volume 148**

pp. 1-297（2004）

Mesoporous Crystals and Related Nano-Structured Materials，Proceedings of the Meeting on Mesoporous Crystals and Related Nano-Structured Materials

Edited by Osamu Terasaki

**Volume 147**

pp. 1-730（2004）

Natural Gas Conversion Ⅶ, Proceedings of the 7 Natural Gas Conversion Symposium

Edited by Xinhe Bao and Yide Xu

**Volume 146**

pp. 1-823（2003）

Nanotechnology in Mesostructured Materials, Proceedings of the 3 International Materials Symposium

Edited by Sang-Eon Park, RyongRyoo, Wha-Seung Ahn, Chul Wee Lee and Jong-San Chang

**Volume 145**

pp. 3-564（2003）

Science and Technology in Catalysis 2002, Proceedings of the Fourth Tokyo conference on Advance Catalytic Science and Technology

Edited by Masakazu Anpo, Makoto Onaka and Hiromi Yamashita

**Volume 144**

pp. 1-789（2002）

Characterization of Porous Solids Ⅵ, Proceedings of the 6 International Symposium on the Characterization of Porous Solids（COPS-Ⅵ）

Edited by F. Rodriguez-Reinoso, B. McEnaney, J. Rouquerol and K. Unger

**Volume 143**

pp. 1-1129（2000）

Scientific Bases for the Preparation of Heterogeneous Catalysts Proceedings of the 8 International Symposium, Louvain-la-Neuve, Belgium 9-12, 2002

Edited by E. Gaigneaux, D. E. De Vos, P. Grange, P. A. Jacobs, J. A. Martens, P. Ruiz and G. Poncelet

**Volume 142**

pp. 3-2027（2002）

Impact of Zeolites and other Porous Materials on the new Technologies at the Beginning of the New Millennium, Proceedings of the 2 International FEZA（Federation of the European Zeolite Associations）Conference

Edited by R. Aiello, G. Giordano and F. Testa

**Volume 141**

pp. 1-691（2002）

Nanoporous Materials Ⅲ, Proceedings of the 3International Symposium on Nanoporous Materials

Edited by A. Sayari and M. Jaroniec

**Volume 140**

pp. 1-441（2001）

Oxide-based Systems at the Crossroads of Chemistry Second International Workshop October 8-11，2000，Como，Italy

Edited by A. Gamba，C. Colella and S. Coluccia

**Volume 139**

pp. 1-523（2001）

Catalyst Deactivation 2001，Proceedings of the 9 International Symposium

Edited by J. J. Spivey，G. W. Roberts and B. H. Davis

**Volume 138**

pp. 1-485（2001）

Spillover and Mobility of Species on Solid Surfaces

Edited by A. Guerrero-Ruiz and I. Rodríguez-Ramos

**Volume 137**

pp. 1-1062（2001）

Introduction to Zeolite Science and Practice

Edited by H. van Bekkum，E. M. Flanigen，P. A. Jacobs and J. C. Jansen

**Volume 136**

pp. 1-561（2001）

Natural Gas Conversion Ⅵ

Edited by E. Iglesia，J. J Spivey and T. H. Fleisch

**Volume 135**

pp. 1-443（2001）

Zeolites and Mesoporous Materials at the dawn of the 21st century，Proceedings of the 13 International Zeolite Conference

Edited by A. Galarneau，F. Fajula，F. Di Renzo and J. Vedrine

**Volume 134**

pp. 1-342（2001）

Fluid Catalytic Cracking Ⅴ Materials and Technological Innovations

Edited by M. L. Occellie and P. O'Connor

**Volume 133**

pp. 3-648（2001）

Reaction Kinetics and the Development and Operation of Catalytic Processes，Proceedings of the 3rd International Symposium

Edited by G. F. Froment and K. C. Waugh

**Volume 132**

pp. 1-1104（2001）

Proceedings of the International Conference on Colloid and Surface Science，25th Anniversary of the Division of Colloid and Surface Chemistry，The Chemical Society of Japan

Edited by Yasuhiro Iwasawa，Noboru Oyama and Hironobu Kunieda

**Volume 131**

pp. 1-1272（2000）

Catalytic Polymerization of Cycloolefins Ionic，Ziegler-Natta and ring-opening metathesis polymerization

Edited by Valerian Dragutan and Roland Streck

**Volume 130**

pp. 1-3940（2000）

12th International Congress on Catalysis，Proceedings of the 12th ICC

Edited by AvelinoCorma，Francisco V. Melo，SagrarioMendioroz and José Luis G. Fierro

**Volume 129**

pp. 1-889（2000）

Nanoporous Materials Ⅱ，Proceedings of the 2nd Conference on Access in Nanoporous Materials

Edited by AbdelhamidSayari and MietekJaroniec

**Volume 128**

pp. 1-673（2000）

Characterisation of Porous Solids Ⅴ

Edited by K. K. Unger，G. Kreysa and J. P. Baselt

**Volume 127**

pp. 1-446（1999）

Hydrotreatment and hydrocracking of oil fractions，Proceedings ofthe 2nd International Symposium/7th European Workshop

Edited by B. Delmon，G. F. Froment and P. Grange

**Volume 126**

pp. 3-496（1999）

Catalyst deactivation 1999，Proceedings of the 8th International Symposium

Edited by B. Delmon and G. F. Froment

**Volume 125**

pp. 1-824（1999）

Porous materials in environmentally friendly pocesses，Proceedings of the 1st international FEZA conference

Edited by I. Kiricsi，G. Pál-Borbély，J. B. Nagy and H. G. Karge

**Volume 124**

pp. 1-268（1999）

Experiments in catalytic reaction engineering

Edited by J. M. Berty

**Volume 123**

pp. 3-582（1999）

Catalysis：An Integrated Approach

Edited by R. A. van Santen，P. W. N. M. van Leeuwen，J. A. Moulijn and B. A. Averill

**Volume 122**

pp. 3-478（1999）

Reaction Kinetics and the Development of Catalytic Processes

Edited by G. F. Froment and K. C. Waugh

**Volume 121**

pp. 3-492（1999）

Science and Technology in Catalysis 1998，Proceedings of the Third Tokyo Conference on Advanced Catalytic Science and Technology

Edited by Hideshi Hattori and Kiyoshi Otsuka

**Volume 120，Part B**

pp. 3-1065（1999）

Adsorption and its Applications in Industry and Environmental Protection Vol Ⅱ：Applications in Environmental Protection

Edited by A. Dąbrowski

**Volume 120，Part A**

pp. 3-1067（1999）

Adsorption and its Applications in Industry and Environmental Protection Vol. Ⅰ：Applications in Industry

Edited by A. Dąbrowski

**Volume 119**

pp. 1-979（1998）

Natural Gas Conversion Ⅴ，Proceedings of the 5th International Natural Gas Conversion Symposium

Edited by A. Parmaliana，D. Sanfilippo，F. Frusteri，A. Vaccari and F. Arena

**Volume 118**

pp. 1-987（1998）

Preparation of Catalysts Ⅶ，Proceedings of the 7th International Symposium on Scientific Bases for the Preparation of Heterogeneous Catalysts

Edited by B. Delmon，P. A. Jacobs，R. Maggi，J. A. Martens，P. Grange and G. Poncelet

**Volume 117**

pp. 1-615（1998）

Mesoporous Molecular Sieves 1998，Proceedings of the 1st International Symposium

Edited by L. Bonneviot，F. Béland，C. Danumah，S. Giasson and S. Kaliaguine

**Volume 116**

pp. 3-699（1998）

Catalysis and Automotive Pollution Control Ⅳ，Proceedings of the Fourth International Symposium（CAPoC4）

Edited by N. Kruse，A. Frennet and J. M. Bastin

**Volume 115**

pp. 1-447（1998）

Methods for Monitoring and Diagnosing the Efficiency of Catalytic Converters A Patent-oriented Survey

Edited by Marios Sideris

**Volume 114**

pp. 1-699（1998）

Advances in Chemical Conversions for Mitigating Carbon Dioxide，Proceedings of the Fourth International Conference on Carbon Dioxide Utilization

Edited by T. Inui，M. Anpo，K. Izui，S. Yanagida and T. Yamaguchi

**Volume 113**

pp. 3-1065（1998）

Recent Advances In Basic and Applied Aspects of Industrial Catalysis，Proceedings of 13th National Symposium and Silver Jubilee Symposium of Catalysis of India

Edited by T. S. R. Prasada Rao and G. Murali Dhar

**Volume 112**

pp. 1-523（1997）

Spillover and Migration of Surface Species on Catalysts，Proceedings of the 4th International Conference on Spillover

Edited by Can Li and Qin Xin

**Volume 111**

pp. 1-697（1997）

Catalyst Deactivation，Proceedings of the 7th International Symposium

Edited by C. H. Bartholomew and G. A. Fuentes

**Volume 110**

pp. 1-1248（1997）

3rd World Congress on Oxidation Catalaysis，Proceedings of the 3rd World Congress on Oxidation Catalysis

Edited by R. K. Grasselli，S. T. Oyama，A. M. Gaffney and J. E. Lyons

**Volume 109**

pp. 3-597（1997）

Dynamics of Surfaces and Reaction Kinetics in Heterogeneous Catalysis，Proceedings of the International Symposium

Edited by G. F. Froment and K. C. Waugh

**Volume 108**

pp. 1-675（1997）

Heterogeneous Catalysis and Fine Chemicals Ⅳ，Proceedings of the 4th International Symposium on Heterogeneous Catalysis and Fine Chemicals

Edited by H. U. Blaser，A. Baiker and R. Prins

**Volume 107**

pp. 3-582（1997）

Natural Gas Conversion Ⅳ

Edited by M. de Pontes，R. L. Espinoza，C. P. Nicolaides，J. H. Scholtz and M. S. Scurrell

**Volume 106**

pp. 1-582（1997）

Hydrotreatment and Hydrocracking of Oil Fractions，Proceedings of the 1st International Symposium/6th European Workshop

Edited by G. F. Froment，B. Delmon and P. Grange

**Volume 105**

pp. 3-2385（1997）

Progress in Zeolite and Microporous Materials，Preceedings of the 11th International Zeolite Conference

Edited by Hakze Chon，Son-Ki Ihm and Young Sun Uh

**Volume 104**

pp. 1-884（1997）

Equilibria and Dynamics of Gas Adsorption on Heterogeneous Solid Surfaces

Edited by W. Rudziński，W. A. Steele and G. Zgrablich

**Volume 103**

pp. 1-474（1997）

Semiconductor Nanoclusters-Physical，Chemical，and Catalytic Aspects

Edited by Prashant V. Kamat and Dan Meisel

**Volume 102**

pp. 1-468（1996）

Recent advances and new horizons in zeolite science and technology

Edited by H. Chon，S. I. Woo and S. E. Park

**Volume 101**

pp. 1-1441（1996）

11th International Congress On Catalysis-40th Anniversary，Proceedings of the 11th ICC

Edited by Joe W. Hightower，W. Nicholas Delgass，Enrique Iglesia and Alexis T. Bell

**Volume 100**

pp. vxii，1-604（1996）

catalysts in Petroleum Refining and Petrochemical Industries 1995，Proceedings of the 2nd International Conference on Catalysts in Petroleum refining and Petrochemical Industries

Edited by M. Absi-Halabi，J. Beshara and A. Stanislaus

**Volume 99**

pp. 3-926（1996）

Adsorption on New and Modified Inorganic Sorbents

Edited by A. Dąbrowski and V. A. Tertykh

**Volume 98**

pp. 1-492（1995）

Zeolite Science 1994: Recent Progress and Discussions Supplementary Materials to the 10th International Zeolite Conference, Garmish-Partenkirchen, Germany, July 17-22, 1994

Edited by H. G. Karge and J. Weitkamp

**Volume 97**

pp. 1-566（1995）

Zeolites: A Refined Tool for Designing Catalytic Sites, Proceedings of the International Zeolite Symposium

Edited by Laurent Bonneviot and Serge Kaliaguine

**Volume 96**

pp. 3-940（1995）

Catalysis and Automotive Pollution Control III, Proceedings of the Third International Symposium CAPoC 3

Edited by A. Frennet and J. M. Bastin

**Volume 95**

pp. 1-734（1995）

Catalysis by Metals and Alloys

Edited by Vladimir Ponec and Geoffrey C. Bond

**Volume 94**

pp. 1-792（1995）

Catalysis by Microporous Materials, Proceedings of ZEOCAT '95

Edited by H. K. Beyer, H. G. Karge, I. Kiricsi and J. B. Nagy

**Volume 93**

pp. 3-556（1995）

Characterization and Chemical Modification of the Silica Surface

Edited by E. F. Vansant, P. van Der Voort and K. C. Vrancken

**Volume 91**

pp. 1-1182（1995）

Preparation of Catalysis VI Scientific Bases for the Preparation of Heterogeneous Catalysts, Proceedings of the Sixth International Symposium

Edited by G. Poncelet, J. Martens, B. Delmon, P. A. Jacobs and P. Grange

**Volume 90**

pp. iii-xxvii, 1-557（1994）

Acid-Base Catalysis II, Proceedings of the International Symposium on Acid-Base Catalysis II

Edited by Hideshi Hattori，Makoto Misono and Yoshio Ono

**Volume 89**

pp. iii-xix，1-416（1994）

Edited by Kazuo Soga and Minoru Terano

**Volume 88**

pp. iii-xiv，1-684（1994）

Catalyst Deactivation 1994，Proceedings of the 6th International Symposium

Edited by B. Delmon and G. F. Froment

**Volume 87**

pp. iii-v，1-802（1994）

Characterization of Porous Solids Ⅲ

Edited by J. Rouquerol，F. Rodríguez-Reinoso，K. S. W. Sing and K. K. Unger

**Volume 86**

pp. iii-xiii，1-387（1994）

Oscillating Heterogeneous Catalytic Systems

Edited by Marina M. Slin'ko and Nils I. Jaeger

**Volume 85**

pp. 1-697（1994）

Advanced Zeolite Science and Applications

Edited by J. C. Jansen，M. Stöcker，H. G. Karge and J. Weitkamp

**Volume 84**

pp. iii-xxxvii，3-756，iii-iv，893-1514，iii-iv，1515-2366（1994）

Zeolites and Related Microporous Materials：State of the Art 1994-Proceedings of the 10th International Zeolite Conference，Garmisch-Partenkirchen，Germany，17-22 July 1994

Edited by J. Weitkamp，H. G. Karge，H. Pfeifer and W. Hölderich

**Volume 83**

pp. iii-xxi，3-504（1994）

Zeolites and Microporous Crystals，Proceedings of the International Symposium on Zeolites and Microporous Crystals

Edited by Tadashi Hattori and TatsuakiYashima

**Volume 82**

pp. iii-viii，1-884（1994）

New Developments in Selective Oxidation Ⅱ，Proceedings of the Second World Congress and Fourth European Workshop Meeting

Edited by V. Cortés Corberán and S. Vic Bellón

**Volume 81**

pp. iii-vii，1-585（1994）

Natural Gas Conversion Ⅱ Proceedings of the Third Natural Gas Conversion Symposium

Edited by H. E. Curry-Hyde and R. F. Howe

**Volume 80**

pp. iii-xiv，1-799（1993）

Fundamentals of Adsorption，Proceedings of the Fourth International Conference on Fundamentals of Adsorption

Edited by Motoyuki Suzuki

**Volume 79**

pp. iii-xviii，3-465（1993）

Catalysis An Integrated Approach to Homogeneous，Heterogeneous and Industrial Catalysis

Edited by J. A. Moulijn，P. W. N. M. van Leeuwen and R. A. van Santen

**Volume 78**

pp. iii-xvii，1-719（1993）

Heterogeneous Catalysis and Fine Chemicals Ⅲ，Proceedings of the 3rd International Symposium

Edited by M. Guisnet，J. Barbier，J. Barrault，C. Bouchoule，D. Duprez，G. Pérot and C. Montassier

**Volume 77**

pp. iii-vi，1-435（1993）

New Aspects of Spillover Effect in Catalysis For Development of Highly Active Catalysts，Proceedings of the Third International Conference on Spillover

Edited by T. lnui，K. Fujimoto，T. Uchijima and M. Masai

**Volume 76**

pp. iii-xi，1-605（1993）

Fluid Catalytic Cracking：Science and Technology

Edited by John S. Magee and Maurice M. Mitchell

**Volume 75**

pp. iii-v，1-925，iii-iv，927-1898，iii-iv，1899-2860（1993）

New Frontiers in Catalysis-Proceedings of the 10th International Congress on Catalysis，Budapest，19-24 July 1992

Edited by L. Guczi，F. Solymosi and P. Tétényi

**Volume 74**

pp. iii-x，1-610（1992）

Angle-Resolved Photoemission Theory and Current Applications

Edited by S. D. Kevan

**Volume 73**

pp. iii-ix，3-400（1992）

Progress in Catalysis，Proceedings of the 12th Canadian Symposium on Catalysis

Edited by Kevin J. Smith and Emerson C. Sanford

**Volume 72**

pp. iii-xiii，1-477（1992）

New Developments in Selective Oxidation by Heterogeneous Catalysis

Edited by P. Ruiz and B. Delmon

**Volume 71**

pp. iii-xiv，1-685（1991）

Edited by A. Crucq

**Volume 70**

pp. iii-vi，1-345（1991）

Poisoning and Promotion in Catalysis Based on Surface Science Concepts and Experiments

Edited by M. P. Kiskinova

**Volume 69**

pp. iii-xiv，1-514（1991）

Zeolite Chemistry and Catalysis，Proceedings of an International Symposium

Edited by P. A. Jacobs，N. I. Jaeger，L. Kubelková and B. Wichterlov'

**Volume 68**

pp. 1-826（1991）

Catalyst Deactivation 1991，Proceedings of the 5th International Symposium

Edited by Calvin H. Bartholomew and John B. Butt

**Volume 67**

pp. iii-x，1-364（1991）

Structure-Activity and Selectivity Relationships in Heterogeneous Catalysis，Proceedings of the ACS Symposium on Structure-Activity Relationships in Heterogeneous Catalysis

Edited by R. K. Grasselli and A. W. Sleight

**Volume 66**

pp. iii-xiv，1-696（1991）

Dioxygen Activation and Homogeneous Catalytic Oxidation，Proceedings of the Fourth International Symposium on Dioxygen Activation and Homogeneous Catalytic Oxidation

Edited by L. I. Simándi

**Volume 65**

pp. 1-718（1991）

Proceedings of ZEOCAT 90

Edited by G. Öhlmann，H. Pfeifer and R. Fricke

**Volume 64**

pp. iii-xiii，1-490（1991）

New Trends in Coactivation

Edited by L. Guczi

**Volume 63**

pp. iii-xiv，1-748（1991）

Preparation of Catalysts Ⅴ Scientific Bases for the Preparation of Heterogeneous Catalysts，Proceedings of the Fifth International Symposium

Edited by G. Poncelet，P. A. Jacobs，P. Grange and B. Delmon

**Volume 62**

pp. iii-xiii，1-782（1991）

Characterization of Porous Solids Ⅱ，Proceedings of the IUPAC Symposium（COPS 11）

Edited by F. Rodriguez-Reinoso，J. Rouquerol，K. S. W. Sing and K. K. Unger

**Volume 61**

pp. iii-xii，3-572（1991）

Natural Gas Conversion

Edited by A. Holmen，K. J. Jens and S. Kolboe

**Volume 60**

pp. iii-xx，3-384（1991）

Chemistry of Microporous Crystals，Proceedings of the International Symposium on Chemistry of Microporous Crystals

Edited by Tomoyuki lnui，SeitaroNamba and Takashi Tatsumi

**Volume 59**

pp. iii-xviii，1-608（1991）

Heterogeneous Catalysis and Fine Chemicals Ⅱ, Proceedings of the 2nd International Symposium

Edited by M. Guisnet, J. Barrault, C. Bouchoule, D. Duprez, G. Pérot, R. Maurel and C. Montassier

**Volume 58**

pp. iii-xvi, 1-754（1991）

Introduction to Zeolite Science and Practice

Edited by H. van Bekkum, E. M. Flanigen and J. C. Jansen

**Volume 57, Part B**

pp. iii-xiv, B1-B394（1990）

Spectroscopic Characterization of Heterogeneous Catalysts Part B: Chemisorption of Probe Molecules

Edited by J. L. G. Fierro

**Volume 57, Part A**

pp. iii-xii, A1-A379（1990）

Spectroscopic Characterization of Heterogeneous Catalysts Methods of Surface Analysis

Edited by J. L. G. Fierro

**Volume 56**

pp. iii-xvii, 1-574（1990）

Catalytic Olefin Polymerization, Proceedings of the International Symposium on Recent Developments in Olefin Polymerization Catalysts

Edited by TominagaKeii and Kazuo Soga

**Volume 55**

pp. iii-xiv, 1-891（1990）

New Developments in Selective Oxidation

Edited by G. Centi and F. Trifiro

**Volume 54**

pp. iii-vii, 3-381（1990）

Edited by M. Misono, Y. Moro-oka and S. Kimura

**Volume 53**

pp. iii-xii, 1-606（1989）

Catalysts in Petroleum Refining 1989, Proceedings of the Conference on Catalysts in Petroleum Refining

Edited by D. L. Trimm, S. Akashah, M. Absi-Halabi and A. Bishara

**Volume 52**

pp. iii-viii，1-309（1989）

Recent Advances in Zeolite Science，Proceedings of the 1989 Meeting of the British Zeolite Association

Edited by Jacek Klinowski and Patrick J. Barrie

**Volume 51**

pp. iii-v，1-365（1989）

New Solid Acids and Bases Their Catalytic Properties

Edited by Kozo Tanabe，Makoto Misono，Yoshio Ono and Hideshi Hattori

**Volume 50**

pp. iii-x，1-295（1989）

Hydrotreating Catalysts Preparation，Characterization and Performance，Proceedings of the Annual International AlChE Meeting

Edited by M. L. Occelli and R. G. Anthony

**Volume 49**

pp. iii-xx，3-688，iii-iv，691-1466（1989）

Zeolites: Facts，Figures，Future Part A—Proceedings of the 8th International Zeolite Conference

Edited by P. A. Jacobs and R. A. van Santen

**Volume 48**

pp. iii-xiv，1-970（1989）

Structure and Reactivity of Surfaces

Edited by Claudio Morterra，Adriano Zecchina and Giacomo Costa

**Volume 47**

pp. iii-xx，1-581（1989）

Photochemistry on Solid Surfaces

Edited by M. Anpo and T. Matsuura

**Volume 46**

pp. iii-xvi，1-871（1989）

Zeolites as Catalysts，Sorbents and Detergent Builders Applications and Innovations，Proceedings of an International Symposium

Edited by H. G. Karge and J. Weitkamp

**Volume 45**

pp. iii-viii，1-282（1989）

Transition Metal Oxides Surface Chemistry and Catalysis

Edited by Harold H. Kung

**Volume 44**

pp. iii-xi，3-355（1989）

Successful Design of Catalysts Future Requirements and Development, Proceedings of the Worldwide Catalysis Seminars，July，1988，on the Occasion of the 30th Anniversary of the Catalysis Society of Japan

Edited by T. Inui

**Volume 43**

pp. iii-xiv，1-403（1989）

Catalytic Processes under Unsteady-State Conditions

Edited by Yu. Sh. Matros

**Volume 42**

pp. iii-xiii，1-260（1989）

Laboratory Studies of Heterogeneous Catalytic Processes

Edited by Erhard G. Christoffel and ZoltánPaálMoldave

**Volume 41**

pp. iii-iv，xi-xvi，1-417（1988）

Heterogeneous Catalysis and Fine Chemicals，Proceedings of an International Symposium

Edited by M. Guisnet，J. Barrault，C. Bouchoule，D. Duprez，C. Montassier and G. Pérot

**Volume 40**

pp. iii-v，vii，1-365（1988）

Physics of Solid Surfaces 1987

Edited by J. Koukal

**Volume 39**

pp. iii-iv，xi，1-645（1988）

Characterization of Porous Solids，Proceedings of the IUPAC Symposium（COPS I），Bad Soden a. Ts.

Edited by K. K. Unger，J. Rouquerol，K. S. W. Sing and H. Kral

**Volume 38**

pp. iii-iv，xiii，xv，1-947（1988）

Catalysis 1987，Proceedings of the 10th North American Meeting of the Catalysis Society

Edited by J. W. Ward

**Volume 37**

pp. iii-iv, xi-xiv, 1-541 (1988)

Innovation in Zeolite Materials Science, Proceedings of an International Symposium

Edited by P. J. Grobet, W. J. Mortier, E. F. Vansant and G. Schulz-Ekloff

**Volume 36**

pp. iii-iv, xi-xiii, 1-738 (1988)

Methane Conversion, Proceedings of a Symposium on the Production of Fuels and Chemicals from Natural Gas

Edited by D. M. Bibby, C. D. Chang, R. F. Howe and S. Yurchak

**Volume 35**

pp. ii-iii, xi, 1-436 (1988)

Keynotes in Energy-Related Catalysis

Edited by S. Kaliaguine

**Volume 34**

pp. iii-v, 1-661 (1987)

Catalyst Deactivation 1987, Proceedings of the 4th International Symposium

Edited by B. Delmon and G. F. Froment

**Volume 33**

pp. iii-iv, x-xvi, 3-390 (1987)

Synthesis of High-Silica Aluminosilicate Zeolites

Edited by Peter A. Jacobs and Johan A. Martens

**Volume 32**

pp. iii-iv, xv-xviii, 1-538 (1987)

Thin Metal Films and Gas Chemisorption

Edited by P. Wissmann

**Volume 31**

pp. iii-xviii, 1-868 (1987)

Preparation of Catalysts IV, Proceedings of the Fourth International Symposium

Edited by B. Delmon, P. Grange, P. A. Jacobs and G. Poncelet

**Volume 30**

pp. iii-iv, xiv-xxiv, 1-495 (1987)

Catalysis and Automotive Pollution Control, Proceedings of the First International Symposium (CAPOC I)

Edited by A. Crucq and A. Frennet

**Volume 29**

pp. iii-xxv，1-648（1986）

Metal Clusters in Catalysis

Edited by B. C. Gates，L. Guczi and H. Knozinger

**Volume 28**

pp. iii-xxvii，3-1091（1986）

New Developments in Zeolite Science and Technology，Proceedings of the 7th International Zeolite Conference

Edited by Y. Murakami，A. Iijima and J. W. Ward

**Volume 27**

pp. iii-xxv，1-677（1986）

Catalytic Hydrogenation

Edited by L. Cerveny

**Volume 26**

pp. i-xxxiii，1-360（1986）

Vibrations at Surfaces 1985，Proceedings of the Fourth International Conference

Edited by D. A. King，N. V. Richardson，S. Holloway，D. A. King，N. V. Richardson and S. Holloway

**Volume 25**

pp. iii-x，1-489（1986）

Catalytic Polymerizatlon of Olefins，Proceedings of the International Symposium on Future Aspects of Olefin Polymerization

Edited by TominagaKeii and Kazuo Soga

**Volume 24**

pp. iii-xiv，1-690（1985）

Zeolites Synthesis，Structure，Technology and Application，Proceedings of an International Symposium，organized by the "Boris Kidrič" Institute of Chemistry，Ljubljana，on behalf of the International Zeolite Association

Edited by B. Držaj，S. Hočevar and S. Pejovnik

**Volume 23**

pp. iii-iv，vii，1-240（1985）

Physics of Solid Surfaces 1984

Edited by J. Koukal

**Volume 22**

pp. iii-xii，1-364（1985）

Unsteady Processes in Catalytic Reactors

Edited by Yu. Sh. Matros

**Volume 21**

pp. ii-xviii, 1-442 (1985)

Adsorption and Catalysis on Oxide Surfaces: Proceedings of a Symposium, Brunel University, Uxbridge, June 28-29, 1984

Edited by M. Che and G. C. Bond

**Volume 20**

pp. iii-xiv, 1-445 (1985)

Catalysis by Acids and Bases

Edited by B. Imelik, C. Naccache, G. Coudurier, Y. Ben Taarit and J. C. Vedrine

**Volume 19**

pp. ii-xv, 1-602 (1984)

Catalysis on the Energy Scene

Edited by S. Kaliaguine and A. Mahay

**Volume 18**

pp. iii-xi, 1-376 (1984)

Structure and Reactivity of Modified Zeolites, Proceedings of an International Conference

Edited by P. A. Jacobs, N. I. Jaeger, P. Jírů, V. B. Kazansky and G. Schulz-Ekloff

**Volume 17**

pp. iii-iv, ix-xi, 1-319 (1983)

Spillover of Adsorbed Species

Edited by G. M. Pajonk, S. J. Teichner and J. E. Germain

**Volume 16**

pp. iii-xv, 1-853 (1983)

Preparation of Catalysts III Scientific Bases for the Preparation of Heterogeneous Catalysts

Edited by G. Poncelet, P. Grange and P. A. Jacobs

**Volume 15**

pp. iii-xii, 1-878 (1983)

Heterogeneous Catalytic Reactions Involving Molecular Oxygen

Edited by G. I. Golodets

**Volume 14**

pp. iii-xxiv, 1-309 (1983)

Vibrations at Surfaces，Proceedings of the Third International Conference

Edited by C. R. Brundle and H. Morawitz

**Volume 13**

pp. iii-ix，1-337（1983）

Adsorption on Metal Surfaces An Integrated Approach

Edited by J. Bénard，Y. Berthier，F. Delarnare，E. Hondros，M. Huber，P. Marcus，A. Masson，J. Oudar and G. E. Rhead

**Volume 12**

pp. iii-vii，1-283（1982）

Metal Microstructures in Zeolites Preparation-Properties-Applications，Proceedings of a Workshop

Edited by P. A. Jacobs，N. I. Jaeger，P. Jírů and G. Schulz-Ekloff

**Volume 11**

pp. iii-xii，1-384（1982）

Metal-Support and Metal-Additive Effects in Catalysis，Proceedings of an International Symposium organized by the Institut de Recherches sur la Catalyse—CNRS—Villeurbanne and sponsored by the Centre National de la Recherche Scientifique

Edited by B. Imelik，C. Naccache，G. Coudurier，H. Praliaud，P. Meriaudeau，P. Gallezot，G. A. Martin and J. C. Vedrine

**Volume 10**

pp. iii-xii，1-512（1982）

Adsorption at the Gas-Solid and Liquid-Solid Interface，Proceedings of an International Symposium held in Aix-en-Provence

Edited by J. Rouquerol and K. S. W. Sing

**Volume 9**

pp. iii-iv，1-282（1982）

Physics of Solid Surfaces

Edited by M. Láznička

**Volume 8**

pp. iii-xx，1-522（1981）

Catalysis by Supported Complexes

Edited by Yu. I. Yermakov，B. N. Kuznetsov and V. A. Zakharov

**Volume 7，Part B**

pp. iii-xvii，755-1537（1981）

New Horizons in Catalysis，Proceedings of the 7th International Congress on

Catalysis

Edited by T. Seiyama and K. Tanabe

**Volume 7, Part A**

pp. iii-xvii, 3-751 (1981)

New Horizons in Catalysis, Proceedings of the 7th International Congress on Catalysis

Edited by T. Seivama and K. Tanabe

**Volume 6**

pp. iii-ix, 1-602 (1980)

Catalyst Deactivation

Edited by B. Delmon and G. F. Froment

**Volume 5**

pp. iii-xii, 1-351 (1980)

Catalysis by Zeolites

Edited by B. Imelik, C. Naccache, Y. Ben Taarit, J. C. Vedrine, G. Coudurier and H. Praliaud

**Volume 4**

pp. iii-xviii, 1-549 (1980)

Growth and Properties of Metal Clusters

Edited by Jean Bourdon

**Volume 3**

pp. iii-xiii, 1-762 (1979)

Preparation of Catalysts II, Proceedings of the Second International Symposium

Edited by B. Delmon, P. Grange, P. Jacobs and G. Poncelet

**Volume 2**

pp. iii-v, 1-226 (1979)

The Control of the Reactivity of Solids

Edited by V. V. Boldyrev, M. Bulens and B. Delmon

**Volume 1**

pp. ii-xvi, 1-706 (1976)

Preparation of Catalysts I Scientific Bases for the Preparation of Heterogeneous Catalysts, Proceedings of the First International Symposium held at the Solvay Research Centre

Edited by B. Delmon, P. Jacobs and G. Poncelet